KB015925

건축구조기술사 대비 111회~120회 문제 풀이 수록

딸기맛호가든의

건축구조기술사 기출문제풀이집

정재천 지음

도서출판 오스틴북스

머리말

안녕하세요. 건축구조기술사 딸기맛호가든입니다.

1. 건축구조기술사 기출문제풀이집을 출판하게 된 배경

건축구조기술사 시험을 준비하는 분들중 많은 분들이 기출문제풀이에 대한 갈증을 가지고 있었을 거라 생각합니다. 저또한 시험을 준비하는 과정에서는 마찬가지였구요. 건축구조기술사 관련수험서나, 몇몇 학원에서 제공하는 풀이들이나, 혹은 몇몇 블로그나 까페 등을 뒤져봐도, 전체문제에 비해 풀어져 있는 문제의 비율은 매우 적습니다. 그것도 대부분 계산문제 위주로만 풀어져 있죠. 현실적인 부분을 생각해도, 이러한 풀이가 제공되는 것은 어려웠을 것 같습니다. 건축구조기술사 시험의 난이도와, 넓은 공부범위를 감안하면, 건축구조에 대한 지식이 상당한 사람이라 하더라도 본인이 "이게 정답이다" 라고 확신할 수 있는 문제는 전체문제에서 그렇게 높은 비율이 아닐 가능성이 높습니다. 그러다보니, 상대적으로 계산문제에 대한 풀이를 구하기가 쉬운 상황이 자연스럽게 만들어지는 것이죠. 틀렸을 가능성이 적어지니까요.

이러한 부분에 대한 갈증을 해소시킬만한 기출문제풀이집에 대한 욕심은 저또한 꽤 예전부터 생각해왔던 부분입니다. 물론 저는 기본적으로도 최근의 기출문제들은 상당히 높은 비율의 문제들을 풀어서 풀이를 블로그에 제공하고 있었습니다. 이미 상당히 많은 수험생분들이 제 블로그에서 기출문제풀이자료를 통해 도움을 받았었을 것입니다.

물론 책을 준비하는 것에 대한 부담감 또한 매우 컸다는 것을 미리 알려드립니다. 저는 건축구조기술사 시험 합격이후에 건축구조기술사 강의도 하고 있고, 기본적으로 공부욕심이 상당한 편이라 비교적 남들보다 넓은 범위의 문제를 풀 수 있는 상황이라는 것에 대한 확신은 있습니다만, 저 또한 제가 푸는 문제들이 막상 체점자들에게 어느 정도의 점수를 어필할 수 있을지에 대한 확신이 없으며, 답이 맞는지에 대한 검증 또한 까다로운 경우가 상당히 많을 수밖에 없습니다.

이러한 점을 감수하고도 이 책을 내는 것은, 전체문제의 80~90%수준의 모범답안을 만들어 수험생들이 답안을 작성하는데 도움을 줄 뿐만 아니라, 앞으로의 공부방향을 잡는데 도움을 주기 위함입니다.

답안 작성의 오류를 줄이고, 답안의 수준을 향상하기 위해 제 대학후배이자 저보다 3회먼저인 114회 건축구조기술사 시험을 합격한 밍찡(이하 M군) 건축구조기술사의 도움을 받았음을 미리 알려드립니다.

2. 이 책의 구성 특징

(1) 최대한 많은 종류의 문제를 풀려고 노력하였다.

제가 건축구조기술사 강의를 하면서 느끼는 저의 가장 큰 장점은, 누구보다도 많은 종류의 기출문제를 풀수 있다는 점입니다. 많아봐야 50~60%수준의 기출문제가 풀어져 있는 다른사람들의 자료와 달리, 이 책에서는 89.4%의 문제의 모범답안을 제공하고 있습니다. 물론 많은 종류의 문제를 풀려고 하다보니 몇몇 문제의 답안은 작성수준이 조금 떨어진다거나, 오류가 많다거나 하는 부분 또한 있습니다. 하지만 이 부분을 감수하더라도, 최대한 많은 문제를 풀려고 노력한 이 자료가 수험생들에게 높은 가치가 있을 것이라 생각합니다. 워드로 치지 않고 저의 엉망인 필체의 답안을 유지한 것도, 자료의 퀄리티를 올리기보다는 형식에 얽메이지 않고 한문제라도 더 푸는 쪽을 택했기 때문입니다.

(2) 답안작성과 관련된 기준 및 참고자료를 명시하였다.

건축구조기술사 시험에서, 서술형문제의 핵심은 건축구조기준(KDS 41) 및 구조설계기준(KDS 14)입니다. 기준을 제대로 이해해야 답안작성수준을 높일 수 있습니다. 따라서 제가 작성한 답안들이, 어떠한 기준들을 근거로 작성되었는지를 전달하기 위해 관련기준을 명시하였습니다. 또한 기타의 참고자료가 있는 경우 가급적 명시하려고 노력하였습니다. 다만, 제가 공부하는동안 작성한 서브노트에 이전에 어디에서 참조했는지기 불분명한 내용들이 다수 있었기에, 이부분에 대한 참고자료는 명시하지 못한 부분이 많이 있습니다.

(3) 계산기 사용법이 익숙하지 않은 분들을 위하여 계산기 입력창을 제공하였다.

건축구조기술사 시험의 핵심중 하나는 계산기 사용입니다. 물론 계산기 입력이 익숙할 정도로 숙달된 분들에게는 이러한 내용이 필요없겠으나, 그렇지 않은 수험자들을 위하여 계산문제는 가급적 대부분 계산기입력창을 캡쳐하여 같이 제공하고 있습니다.

(4) 딸기맛호가든 만의 풀이법을 포함하고 있다.

기존의 책에서 확인할 수 없는 저만의 풀이법이 몇 개 있는데요, 어떤 풀이법들은 정말 사소한 것들이며, 어떤 풀이법들은 정말 기발하게 기존의 풀이보다 간단하게 풀 수 있는 경우도 있습니다. 이러한 풀이법들을 기출문제풀이집에서 확인할 수 있습니다. 물론 계산기 입력창을 같이 제공하고 있으니 익히는게 어렵지는 않을 것이라 생각합니다.

(5) 몇몇 역학 문제들은 2가지 이상의 풀이법을 제공하고 있다.

2가지 이상의 풀이법을 제시하여 간단한 문제는 시험장에서 2가지 풀이법으로 풀이 및 검산까지 하는 것을 유도하고 있으며, 그렇지 않은 경우에도 본인에게 맞는 풀이법을 고를 수 있게 하였습니다.

(6) 2020년 5월시점에서 현 기준을 기준으로 풀이하였다. 또한 2020년 설계기준 개정예정사항을 코멘트로 일부 포함하고 있다.

최근에 콘크리트기준(KDS 14 중 일부)의 일부가 개정예정 공고가 떴었습니다. 개정내용이 확정되었다면 개정된 내용을 반영하여 자료를 한번 더 수정하였을텐데, 개정검토중이며 개정내용이 확정되지는 않은 상황입니다. 따라서 본 서에서는 기본적으로 개정내용이 반영되지 않은 풀이를 제공하고 있으나, 개정예정인 내용을 추가로 포함하여 차후 개정내용이 확정되었을 때 수험생들의 혼란을 줄이고자 하였습니다.

(7) 120회 이후의 풀이는 블로그에 지속 업데이트 예정입니다.

이 책에서는 111회부터 120회까지의 풀이만 제공하고 있습니다. 그이후의 풀이는 제가 블로그에 꾸준히 공개하고 있으니, 블로그를 통해서 확인하시기 바랍니다.
(https://blog.naver.com/saintload1, 딸기맛호가든의 블로그)

3. 수험생들에게 드리는 당부사항

(1) 기출문제의 문제와 답을 암기하는 것만으로는 결코 합격할 수 없다.

본서는 일정수준이상에 도달한 수험생들이, 기출문제를 풀면서 실전감각을 익히고 실력을 쌓는데 도움을 주는 것을 목적으로 하고 있습니다. 건축구조기술사는 시험자체가 어려우므로, 본 서의 기출문제와 기출문제풀이를 열심히 암기한다고 해서 결코 합격할수 없음을 미리 알려드립니다. 이론에 대한 부분은 별도의 수험서들을 참고하시기 바랍니다.

(2) CAS 기능이 있는 계산기 사용은 선택이 아닌 필수이다.

건축구조기술사 시험을 쳐보신 분들이라면 시험장에서 보셨을 것입니다. 이미 대부분의 수험생들은 Ti-Nspire Cx CAS 계산기를 사용하고 있습니다. 핵심은 CAS 기능입니다. 즉 문자연산 기능이지요. 이 기능이 있고 없고의 차이는, 풀이방법과 풀이시간에서 매우 큰 차이가 나게 됩니다. 뿐만 아니라 제가 사용하는 몇몇의 풀이법들은 CAS 기능이 없는 계산기로는 애초에 따라하실 수 없을 것입니다.

(3) 합격까지 필요한 가장 중요한 사항은 끈기이다.

공부는 장기전입니다. 오래 꾸준히 하는 것이 가장 확실한 방법입니다. 더구나 건축구조기술사처럼 공부량이 방대한 시험은 더더욱 그러합니다. 합격에 필요한 공부량을 채워야 합격하는데, 이 공부량은 단기간에 결코 채워질 수 없으니까요. 즉 합격하는 순간까지 공부에서 절대 손을 떼지 않는 것이 무엇보다도 중요합니다.

전국에 계신 건축구조기술사를 준비하는 수험생들에게 이 책이 많은 도움이 되길 바랍니다.

– 2020년 5월, 건축구조기술사 딸기맛호가든 –

저자소개

- 건축구조기술사(117회 합격)
- 한양대학교(ERICA) 건축공학과 학사 졸업
- 한양대학교 건축공학전공 석사 졸업
- (주) 센구조연구소 근무
- (주) 디씨알앤씨에이치엔지니어링 근무
- 정안구조기술사사무소 소장
- 종로 기술사학원 겸임교수(응용정규반, 설계기준 및 설계하중, 철근콘크리트 구조, 철골구조 강의)
- 강남토목건축학원 강사(건축구조3, 건축구조기술사 전과목 강의)
- 건축구조기술사 기출문제풀이 블로그운영(딸기맛호가든의 블로그)

목차

111회 건축구조기술사

(2017년 1월 22일 시행)

대상	응시	결시	합격자	합격률
219	199	20	4	2.01%

총 평

난이도 상

1교시는 비교적 무난하였으나, 2~4교시 모두 상당히 까다로운 문제들로 구성되었다. 비교적 쉬운 역학문제중 2교시 1번문제는 생소할만한 형태의 구조물이므로, 시험장에서 많은 분들이 고전하였을 것이고, 그렇다면 남은 쉬운문제는 2교시 2번문제와 4교시 3번정도였을 것이다.

특히 2교시 3번이나 4교시 1번문제는 도저히 25분안에 풀수 없는 문제들이었으며, 자주 출제되지 않던 안정론문제도 많은 수험생들을 당황시켰을 것이다. 그나마 쉬운문제는 동역학 문제였을라나

111회의 특징은 KBC2016의 개정사항이 유난히 많이 출제되었다는 점이다. 시기적으로도 KBC2016이 개정된지 얼마안되었으므로, 그나마 이에 대한 대비가 많았던 사람들은 그나마 서술형에서 한숨을 돌릴수 있었을 것이다.

합격률은 2.01%로 매우 낮은 편이었다.

국가기술자격 기술사 시험문제

기술사 제 111 회 제 1 교시 (시험시간: 100분)

분야	건설	종목	건축구조기술사	수험번호		성명	

※ 다음 문제 중 10문제를 선택하여 설명하시오. (각10점)

1. 건축구조기준(KBC 2016)에 의거하여 다음의 용어를 설명하시오.
   1) 강도감소계수 2) 강도설계법 3) 공칭강도

2. 건축구조기준(KBC 2016)에 의거하여 구조설계의 원칙 4개항(안전성, 사용성, 내구성, 친환경성)을 설명하시오.

3. 건축구조기준(KBC 2016)에 근거하여 다음 용어에 대하여 설명하시오.
   1) Tributary area 2) Non-building structures
   3) Placing drawing 4) Contractor

4. 건축구조기준(KBC 2016)의 성능설계법에 따라 구조부재를 설계하는 방법에 대하여 설명하시오.

5. 장방형 단면의 형상계수에 대하여 설명하고, 중앙 집중하중을 받는 단순보(장방형 단면)의 소성힌지 영역을 형상계수로 표현하시오.

6. 풍동실험 대상 구조물과 풍동실험의 종류에 대하여 설명하시오.

7. 2016년 9월 12일 발생한 규모 5.8 경주지진의 지진파는 기존의 해외지진파와 다른 특징을 보였다. 경주 지진파의 특징과 건물의 주기(단주기～장주기)에 따라 예상되는 피해에 대하여 설명하시오.

국가기술자격 기술사 시험문제

기술사 제 111 회 | 제 1 교시 (시험시간: 100분)

분야	건설	종목	건축구조기술사	수험번호		성명	

8. 고력볼트를 인장접합에 사용할 경우 지레작용(Prying action)에 대하여 설명하시오.

9. 구조용 목재의 등급을 육안등급구조재 및 기계등급구조재로 구분하고 설명하시오.

10. 철근콘크리트용 봉강(원형철근 및 이형철근)에 대한 KS D 3504 규정 중 2016년 개정된 주요 내용에 대하여 설명하시오.

11. 건설기술진흥법에 근거하여 현장에 상주하는 건설사업관리기술자를 지원하는 기술지원기술자의 8가지 업무내용에 대하여 설명하시오.

12. 2경간보를 다음 3가지 경우로 설계할 경우 각각의 장단점에 대하여 설명하시오.
    1) 2경간 단순지지
    2) 2연속보지지(중앙점 연속)
    3) 동일경간 겔버보

13. 강구조 이음에서 판두께 차이가 있을 경우와 판폭이 차이가 있을 경우, 각각의 그루브(groove) 용접이음부 접합상세를 설명하시오.

국가기술자격 기술사 시험문제

기술사 제 111 회 제 2 교시 (시험시간: 100분)

분야	건설	종목	건축구조기술사	수험번호		성명	

※ 다음 문제 중 4문제를 선택하여 설명하시오. (각25점)

1. 그림과 같이 파이프로 구성된 펜스구조물에서 DEF 보부재는 연속되어 있고, AD, BE, CF 부재는 캔틸레버 형태로 상부가 힌지로 보에 연결되어 있다. 수평하중 P가 y방향으로 E점에 작용할 때 모멘트분포를 일반식으로 나타내고, $H = L/2$일 때의 모멘트 분포도(BMD)를 그리시오.

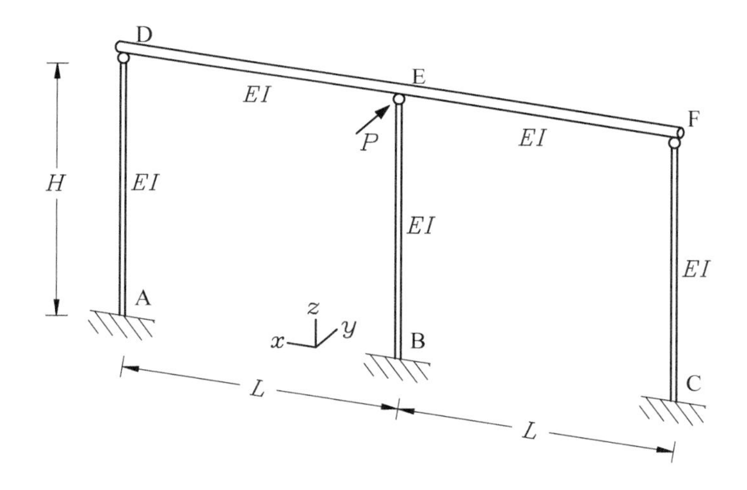

5 - 1

국가기술자격 기술사 시험문제

기술사 제 111 회 제 2 교시 (시험시간: 100분)

분야	건설	종목	건축구조기술사	수험번호		성명	

2. 그림(a), (b)와 같이 단순지지인 압축재가 그림(c)와 같은 H-형강으로 구성되어 있고 중심압축력을 받고 있다. 강축에 대한 오일러좌굴하중[$(P_{cr})_x$]과 약축에 대한 오일러좌굴하중[$(P_{cr})_y$]이 같아지기 위한 H-형강의 플랜지의 폭(b_f)을 구하시오.

[검토조건]

- 부재의 항복강도 : 235MPa
- 부재의 탄성계수 : 205,000MPa
- 압축재의 전체총길이 : 6,000mm, 강축은 전체길이로 지지
- 약축은 중앙 3,000mm에서 횡지지
- 길이단위는 mm임

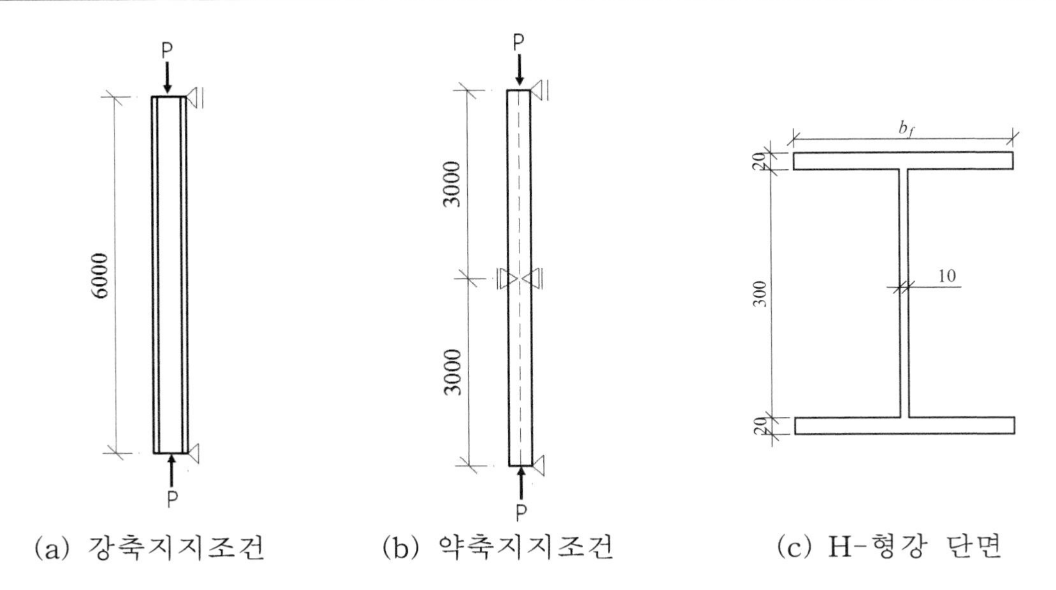

(a) 강축지지조건 (b) 약축지지조건 (c) H-형강 단면

국가기술자격 기술사 시험문제

기술사 제 111 회 제 2 교시 (시험시간: 100분)

분야	건설	종목	건축구조기술사	수험번호		성명	

3. 아래와 같이 수평하중 P가 작용하는 구조물에서 각 지점의 기초크기를 경제적으로 계획하시오. (단, 부재치수의 단위는 mm임)

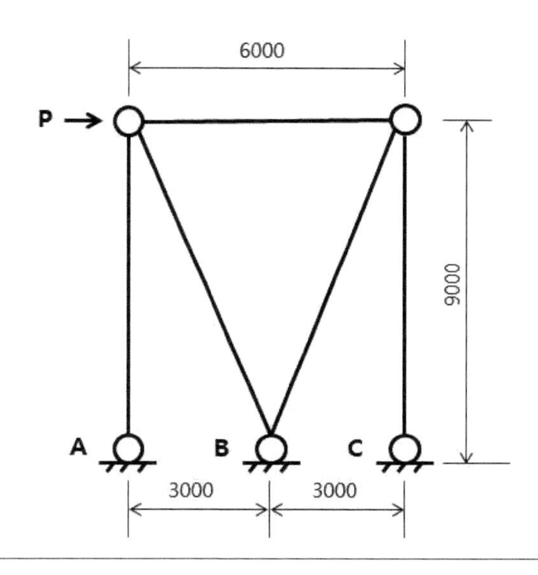

[검토조건]

- P = 80 kN (장기 사용하중)
- Fe = 200 kN/m^2 (허용지내력)
- Pedestal 상단 level = Ground level
- Bottom of foundation = GL-2,000 mm
- Pedestal size = 400mm×400mm
- 인발에 대한 안전율 : 1.2
- 흙의 단위중량 : 20kN/m^3

5 - 3

국가기술자격 기술사 시험문제

기술사 제 111 회 제 2 교시 (시험시간: 100분)

분야	건설	종목	건축구조기술사	수험번호		성명	

4. 아래 그림과 같은 철골구조도에서
   1) 수직하중(P)가 작용할 때 A점의 처짐량을 계산하시오.
   2) 접합부 B에서 편심이 최소화되는 2면전단 접합상세를 스케치하시오.
      (단, 볼트의 수는 별도의 계산 없이 검토조건을 적용함.)

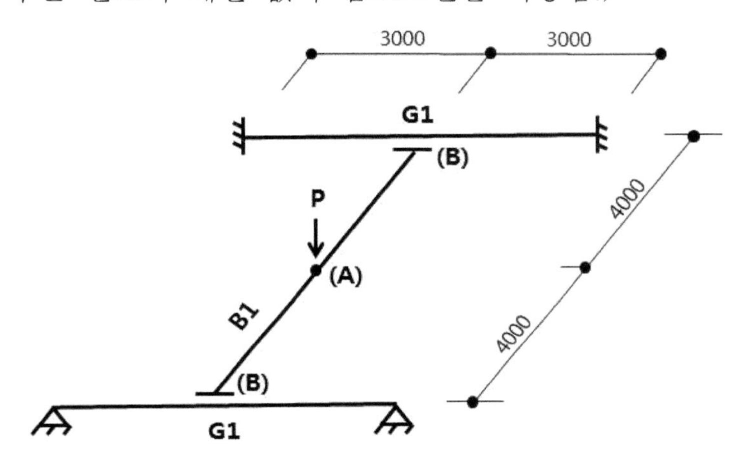

[검토조건]
- P = 100 kN (사용하중), 부재의 자중은 무시함
- B1 : H-350×175×7×11 (I_x = 136×10^6 mm^4)
- G1 : H-294×200×8×12 (I_x = 113×10^6 mm^4)
- 앵글(2L-90×90×7)과 3-M20 고장력볼트 사용
- 상세는 양방향 단면상세를 스케치 할 것
- 부재치수의 단위는 mm임

국가기술자격 기술사 시험문제

기술사 제 111 회 제 2 교시 (시험시간: 100분)

분야	건설	종목	건축구조기술사	수험번호		성명	

5. 2016년 8월 개정된 건축구조기준(KBC 2016)의 활하중 개정사항 중 아래 항목에 대하여 설명하시오.
   1) 공동주택의 공용실
   2) 로비 및 복도
   3) 지붕의 출입이 제한된 조경구역
   4) 발코니
   5) 계단

6. 그림과 같은 보에 고정하중과 활하중의 20%가 지속하중으로서 휨모멘트가 작용할 경우의 최대 균열폭을 계산하시오.
   (단, 강재의 부식에 대한 환경조건은 습윤환경에 놓인 건물이다.)

[검토조건]
- M_D=300kN·m (고정하중모멘트)
- M_L=200kN·m (활하중모멘트)
- d(인장철근 중심에서 압축측 콘크리트 연단까지 거리)=631mm
- 피복두께=40mm
- 인장철근 A_s=3,177mm^2 (4-D32) d_b=31.8mm
- D13 U형스터럽 d_b=12.7mm
- f_{ck}=27MPa (일반콘크리트), f_y=400MPa
- E_S=200,000MPa

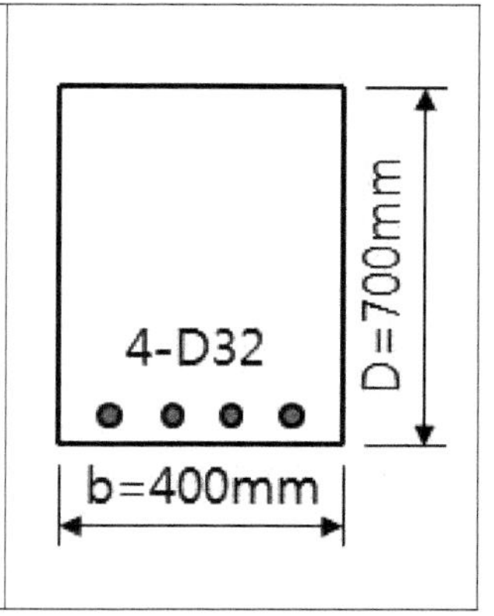

5 - 5

국가기술자격 기술사 시험문제

기술사 제 111 회 제 3 교시 (시험시간: 100분)

분야	건설	종목	건축구조기술사	수험번호		성명	

※ 다음 문제 중 4문제를 선택하여 설명하시오. (각25점)

1. 그림과 같은 기둥에서 집중하중 P에 의하여 CA부재는 인장력을 받고, CB부재는 압축력을 받고 있을 때, CA부재가 인장항복하고 CB부재가 좌굴임계하중에 동시에 도달하는 C점의 위치를 찾아 b/L값을 계산하시오.

[검토조건]

- 기둥의 세장비 : $L/r = 200$
- 기둥 재료의 항복강도 : $F_y = 205\text{MPa}$
- 기둥 재료의 탄성계수 : $E = 205{,}000\text{MPa}$
- C점(hinge)은 횡지지되어 수평이동은 제한됨

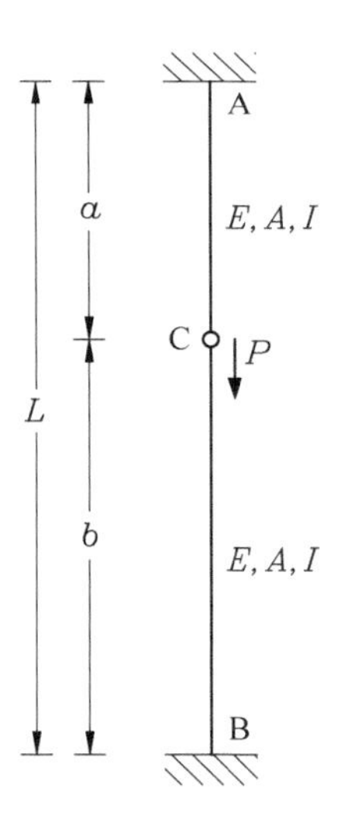

국가기술자격 기술사 시험문제

기술사 제 111 회 제 3 교시 (시험시간: 100분)

분야	건설	종목	건축구조기술사	수험번호		성명	

2. 그림과 같은 부정정 트러스 구조물에 집중하중 P가 작용하고 있을 때 모든 부재의 축력을 계산하시오.

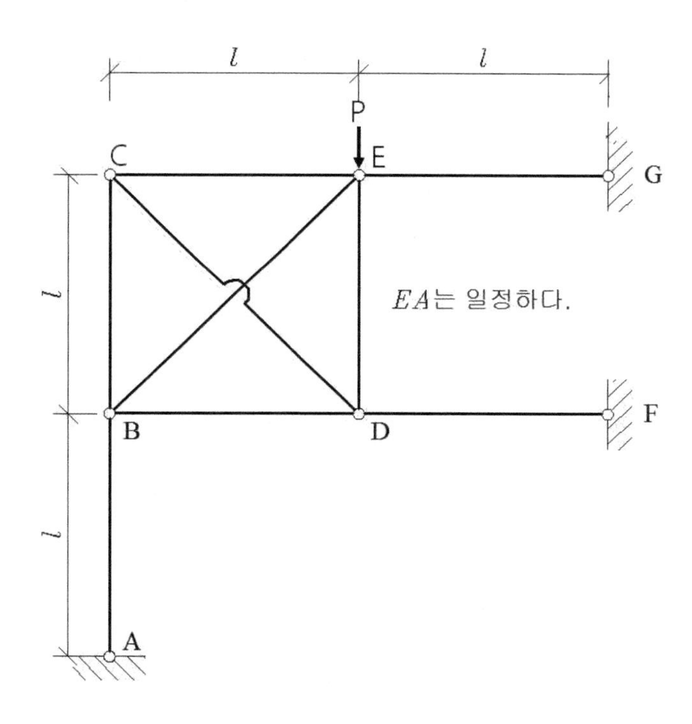

국가기술자격 기술사 시험문제

기술사 제 111 회 　　　　　　　　　　　　　　　제 3 교시 (시험시간: 100분)

분야	건설	종목	건축구조기술사	수험번호		성명	

3. 아래 그림과 같은 RC기둥의 구조해석을 위한 모델링과 모멘트도를 제시하고 기둥의 최소철근량($0.01A_g$)을 기준하여 배근도를 스케치하시오.

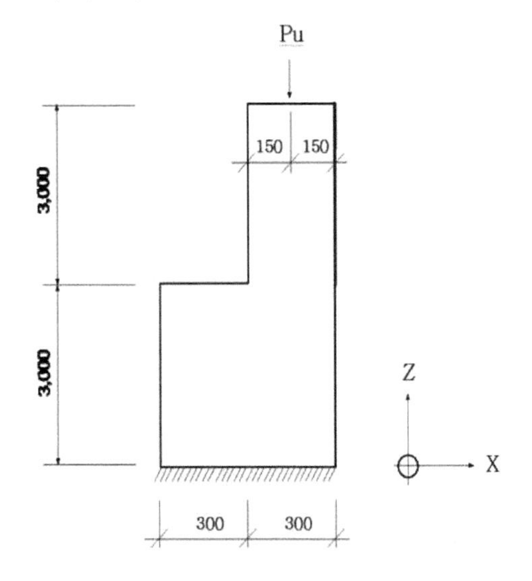

[검토조건]
- 상부와 하부기둥의 폭 : 200mm (모든 길이 단위는 mm)
- f_{ck} = 27MPa, f_y = 400MPa
- P_u = 10 kN (계수 축하중)
- 철근을 경제적으로 배치할 것
- 철근콘크리트 단위중량 : 24kN/m^3

4. 면진구조물의 내진설계에 있어 면진시스템 요구사항 중 5가지에 대하여 설명하시오.

4 - 3

국가기술자격 기술사 시험문제

기술사 제 111 회 제 3 교시 (시험시간: 100분)

분야	건설	종목	건축구조기술사	수험번호		성명	

5. 철근콘크리트 특수모멘트골조의 보와 기둥의 배근상세, 특수경계요소 배근상세, 대각 보강연결보 배근상세를 각각 도시하고 설명하시오.

6. 그림과 같이 압연 H형강 H-400×400×13×21(SM 490)의 양단 핀인 기둥에 축압축력과 강축방향의 1축 휨모멘트가 동시에 작용하고 있다. 이 기둥의 안전성을 검토하시오.

[검토조건]

- 축압축력 : $P_D = 900\,\text{kN}$, $P_L = 1{,}300\,\text{kN}$
- 기둥 상단부 휨모멘트 $M_D = 20\,\text{kN·m}$, $M_L = 30\,\text{kN·m}$
- 기둥 하단부 휨모멘트 $M_D = 70\,\text{kN·m}$, $M_L = 110\,\text{kN·m}$
- $K_x = 1.0$, $K_y = 1.0$,
- $E = 205{,}000\,\text{N/mm}^2$, $F_y = 315\,\text{N/mm}^2$
- H $-400 \times 400 \times 13 \times 21$의 단면성능

  ($A = 21{,}870\text{mm}^2$, $Z_x = 3{,}670{,}000\text{mm}^3$,
  r(필렛반경)$= 22\text{mm}$, $I_x = 666 \times 10^6\text{mm}^4$,
  $I_y = 224 \times 10^6\text{mm}^4$, $S_x = 3.33 \times 10^6\text{mm}^3$,
  $J = 2.73 \times 10^6\,\text{mm}^4$, $r_x = 175\text{mm}$, $r_y = 101\text{mm}$)
- $L_p = 1.76\, r_y \sqrt{E/F_y}$
- $L_r = 1.95\, r_{ts} \dfrac{E}{0.7F_y} \sqrt{\dfrac{Jc}{S_x h_o}} \sqrt{1 + \sqrt{1 + 6.76\left(\dfrac{0.7F_y}{E}\dfrac{S_x h_o}{Jc}\right)^2}}$
  $= 15{,}451\text{mm}$

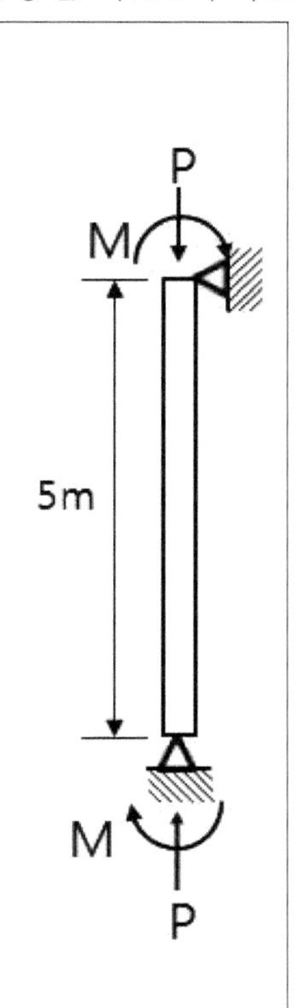

4 - 4

국가기술자격 기술사 시험문제

기술사 제 111 회 제 4 교시 (시험시간: 100분)

분야	건설	종목	건축구조기술사	수험번호		성명	

※ 다음 문제 중 4문제를 선택하여 설명하시오. (각25점)

1. 그림(a)와 같은 골조에 수평하중 P가 작용하고 있다. 그림(b)와 같이 강봉을 이용하여 가새보강하였을 때 다음 물음에 답하시오.

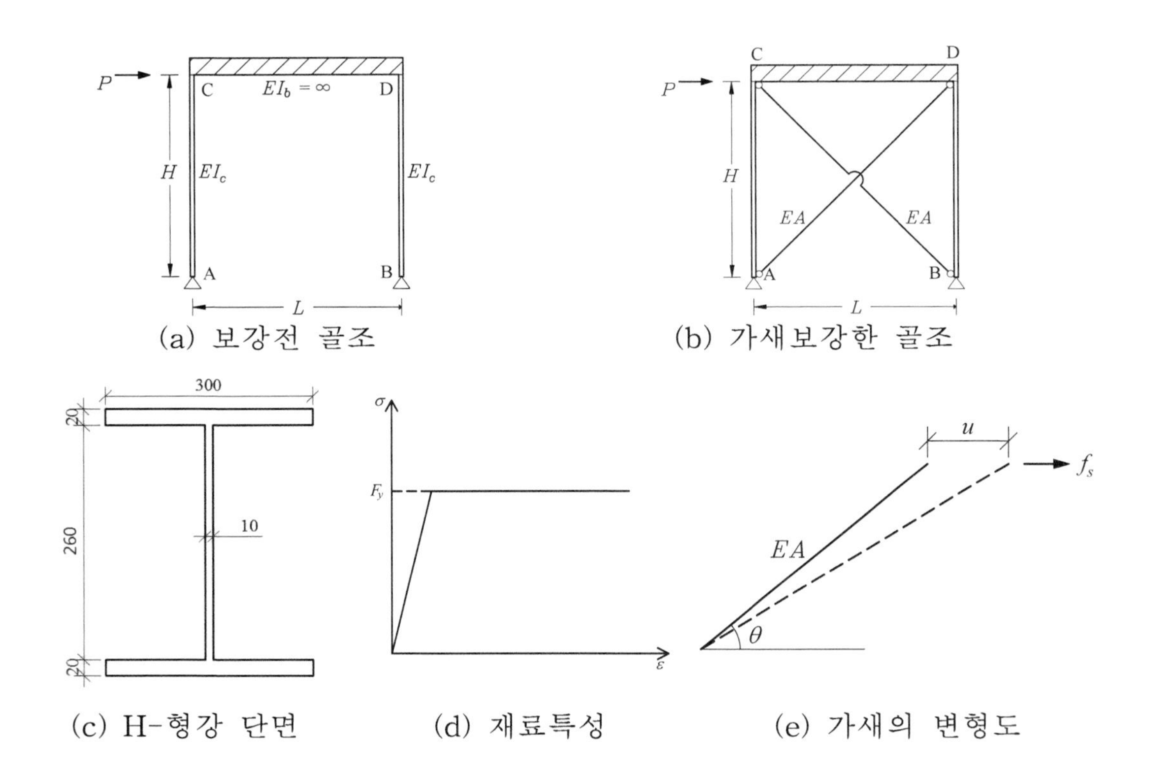

5 - 1

국가기술자격 기술사 시험문제

기술사 제 111 회 제 4 교시 (시험시간: 100분)

분야	건설	종목	건축구조기술사	수험번호		성명	

1) 그림(a)의 보강전 골조에 작용하는 수평하중 P에 대하여 발생하는 수평변위 Δ의 관계를 그래프(P-Δ)로 표현하시오. (단, 소성붕괴하중 P_p까지 고려)
2) 그림(b)와 같은 가새보강 골조의 가새에 대하여 탄소성거동에 의한 그림(e)와 같이 $f_s - u$의 관계를 그래프로 표현하시오.
3) 1)과 2)를 고려하여 가새 보강 후의 수평하중-변위 관계를 그래프로 표현하시오. (단, 가새의 축력에 의한 기둥의 축력변화는 무시)

[설계조건]

- 골조에서 보의 휨강성 EI_b는 무한대로 가정
- 기둥 부재는 그림(c)와 같은 H-형강을 이용하여 강축으로 저항
- 기둥에 발생되는 축력은 무시하고, 휨거동만 고려
- 가새로 사용한 강봉은 인장력에만 유효한 것으로 가정
- 사용한 강재는 그림(d)처럼 완전탄소성의 응력-변형률 관계로 가정
- 강재의 항복강도는 $F_y = 235$MPa, 탄성계수는 $E = 205,000$MPa
- 강봉의 직경은 $\phi = 20$mm
- 기둥의 높이는 $H = 4,000$mm, 골조의 스팬은 $L = 4,000$mm.
- 부재치수의 단위는 mm임

국가기술자격 기술사 시험문제

기술사 제 111 회 제 4 교시 (시험시간: 100분)

분야	건설	종목	건축구조기술사	수험번호		성명	

2. 강구조 기둥-보 접합부의 공장용접 시, 용접접근공(스캘럽)의 가공에 의한
   1) 보의 단면2차모멘트 결손율을 계산하시오.
   2) 단면결손에 의한 영향을 최소화하기 위한 용접상세의 구조안전성 확보방안에 대하여 설명하시오.
   3) 스캘럽이 있는 경우와 없는 경우의 건축공사표준시방서에 의한 상세를 그리시오.

[검토조건]

- 보단면 : $H-294\times200\times8\times12$, $I_x=113\times10^6\,\text{mm}^4$
- 기둥단면 : $H-300\times300\times10\times15$

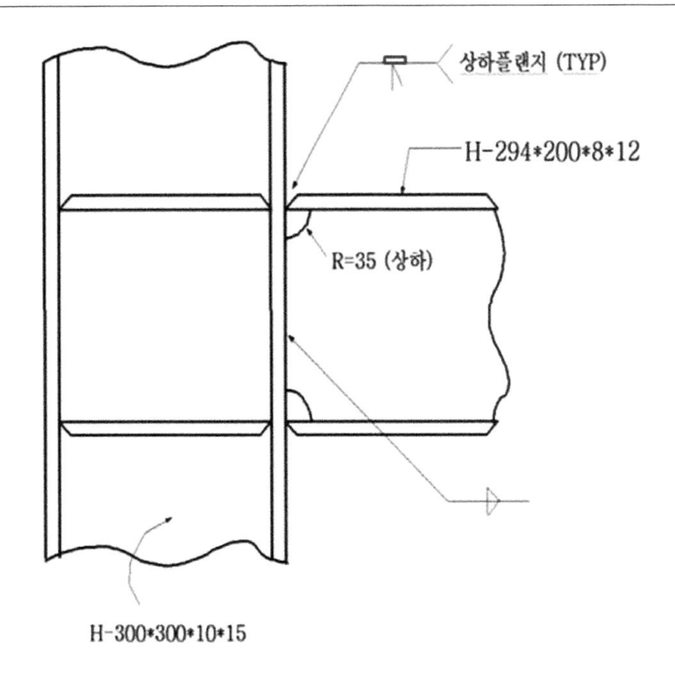

5 - 3

국가기술자격 기술사 시험문제

기술사 제 111 회 | 제 4 교시 (시험시간: 100분)

분야	건설	종목	건축구조기술사	수험번호		성명	

3. 그림 (a)와 같은 테이블의 수평진동시 고유주기는 0.5 sec 이다. 이 테이블 위에 그림 (b)와 같이 200 N의 플레이트가 완전히 고정되었을 때, 수평진동 시 고유주기는 0.75 sec이다. 플레이트 고정전 테이블의 무게와 수평강성을 구하시오.

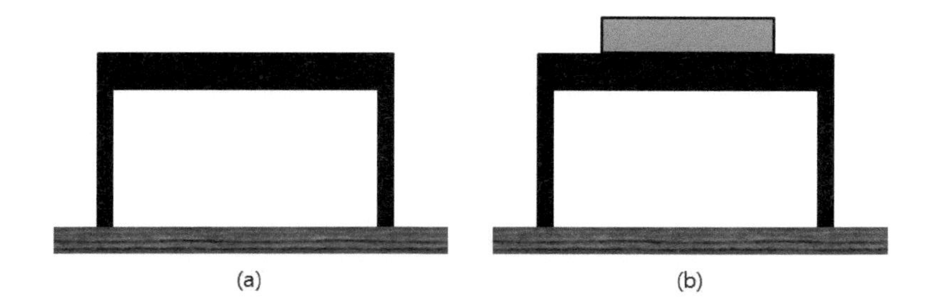

4. 다음 복근보의 설계강도를 구하시오.
   (단, f_{ck}=24 MPa, f_y=400 MPa, E_s=2.0×10^5 MPa)

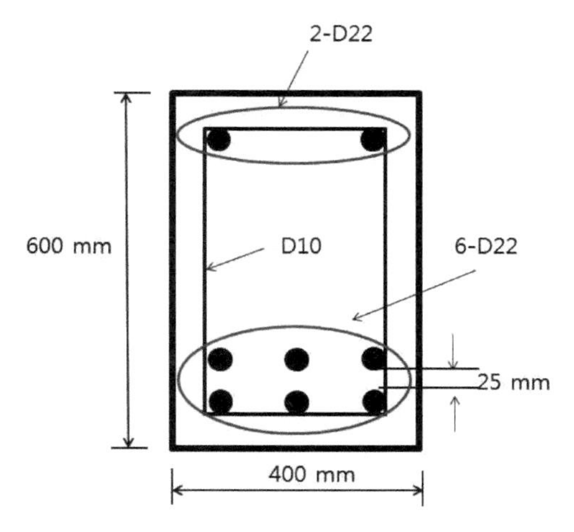

국가기술자격 기술사 시험문제

기술사 제 111 회 | 제 4 교시 (시험시간: 100분)

분야	건설	종목	건축구조기술사	수험번호		성명	

5. 그림과 같이 집중하중을 받는 케이블에서 케이블의 자중을 무시하고 다음을 계산하시오.
   1) 케이블 현에서 하중의 작용점까지의 수직거리 (y_C, y_D)
   2) 케이블의 전체길이(ACDEB의 길이)
   3) 케이블의 최대장력

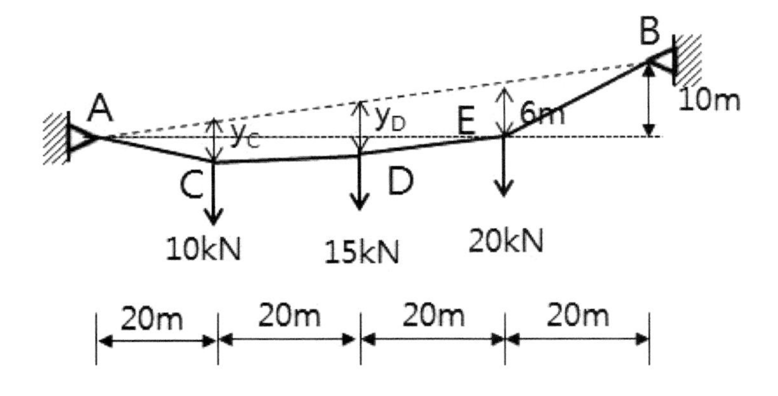

6. 그림과 같은 편심압축력을 받는 부재의 압축력(P)과 처짐(y)과의 식을 유도하고, 상관관계를 그래프로 설명하시오.(단, 부재의 EI는 일정)

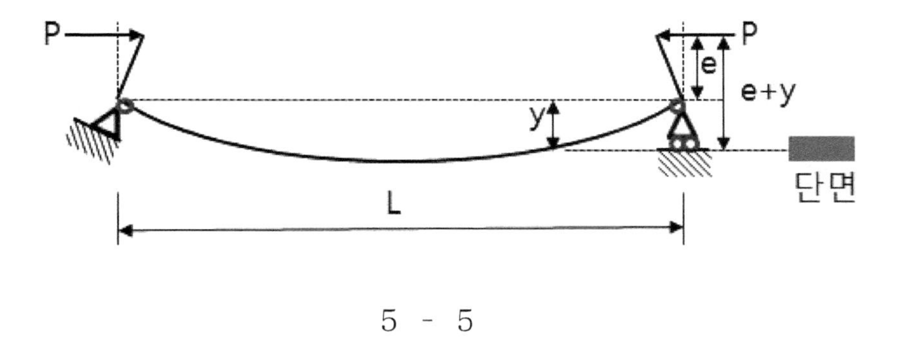

5 - 5

111회 기출문제 풀이

1. 건축구조기준(~~KBC 2016~~ KDS41)에 의거하여 다음의 용어를 설명하시오.

1) 강도감소계수 2) 강도설계법 3) 공칭강도 <111회 1교시>

 # KDS 41 10 05, 2. 을 기본으로 하되 보다 살을 붙여 작성한다.

(1) 강도 감소 계수 (ϕ)

강도설계법 또는 한계상태설계법에서 적용하는 안전계수.
다음의 불확실성을 고려한 계수로 불확실성이 클수록 강도감소계수는 작아진다.

① 재료의 공칭강도에 대한 불확실성
② 제작오차 및 시공오차
③ 내력추정 및 해석의 불확실성

(2) 강도설계법

$\phi R_m \geq R_u$ 를 만족하게 하여 구조물이 안전하도록 하는 설계방법

여기서 ϕ: 강도감소계수
R_m: 공칭강도
R_u: 소요강도, 강도설계법에서는 계수하중에 대한 하중조합을 고려하여 소요강도를 산정한다.

(3) 공칭강도

구조체에서 각 구조부재의 하중저항능력.

① 공칭강도 산정 시에 재료의 강도는 각 재료의 공칭강도를 사용한다.
② 구조부재의 실제 저항능력을 역학적인 방법에 의해 산정한다.
③ 구조기준에 제시된 식이나 방법이 있을 시, 이를 우선하여 적용한다.

끝

2. 건축구조기준(~~KBC 2016~~ KDS41)에 의거하여 구조설계의 원칙 4개항(안전성, 사용성, 내구성, 친환경성)을 설명하시오. <111회 1교시>

 # KDS 41 10 05, 4.1을 기본으로 하고, 구조엔지니어 관점에서의 추가적인 의견을 기술한다.

건축구조물은 안전성, 사용성, 내구성을 확보하고 친환경성을 고려하여야 한다.

(1) 안전성

건축구조물은 유효적절한 구조계획을 통하여 건축구조물 전체가 건축구조기준에 따른 각종하중에 대하여 구조적으로 안전하도록 한다.
안전성 확보의 기준은 건축구조기준을 기본으로 하며, 기준에 명시되지 아니한 부분은 책임구조기술자의 판단을 따른다.

(2) 사용성

건축구조물은 사용에 지장이 되는 변형이나 진동이 생기지 아니하도록 충분한 강성과 인성의 확보를 고려한다.
과도한 변형이나 진동이 발생할 경우 외장재나 마감 등이 손상될 우려가 있으며, 또한 거주자가 불안이나 불쾌감을 느낄 수 있으므로 이를 방지해야 한다.

(3) 내구성

구조부재로서 특히 부식이나 마모훼손의 우려가 있는 것에 대해서는 모재나 마감재에 이를 방지할 수 있는 재료를 사용하는 등 필요한 조치를 취한다.
철근 또는 강재의 부식이 발생하거나 마모·훼손으로 인한 단면결손이 발생하면 구조부재의 성능저하로 이어지며, 이로인해 구조안전성에 문제가 발생할 수 있으므로 이를 방지한다.

(4) 친환경성

건축구조물은 저탄소 및 자원순환 구조부재를 사용하고, 피로저항성능, 내화성능, 복원가능성 등 친환경성의 확보를 고려한다.
건축물을 신축 및 철거하는 과정은 많은 폐기물을 발생시키며 이는 자연환경에 큰 부담을 줄수밖에 없다. 따라서 저탄소 및 자원순환 구조부재를 사용하는 것도 중요하지만, 구조물의 내구성을 확보하고 사고 발생시 복원가능성을 높여 종국적으로는 사용수명을 늘리는 것이 매우 중요하다.

끝

3. 건축구조기준(~~KBC 2016~~ KDS41)에 근거하여 다음 용어에 대하여 설명하시오.

1) Tributary area　　2) Non-building structures　　<111회 1교시>

3) Placing drawing　　4) Contractor

 # KBC 2016 및 KDS 41의 각장 앞부분에 나오는 용어설명을 참조한다.

(1) Tributary area (부하면적)

연직하중 전달 구조부재가 분담하는 하중의 크기를 바닥면적으로 나타낸 것

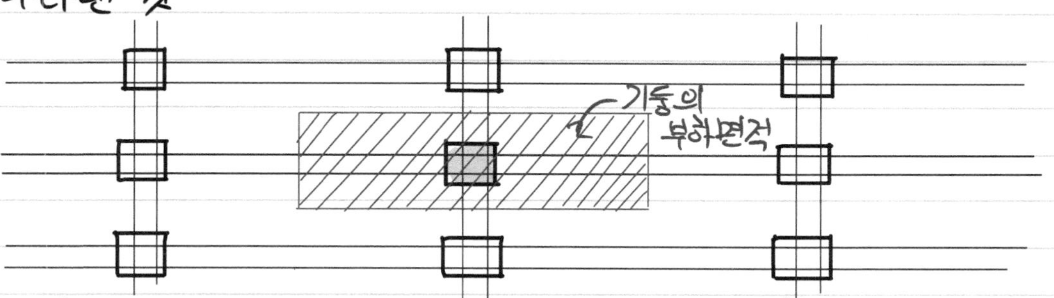

(2) Non-Building structures (건물외 구조물)

연직하중을 받는 구조물 중에서 건물, 차량 또는 철도용 교량, 원자력발전소, 해양 선착장 또는 댐으로 분류되지 않는 자립구조물

(3) Placing drawing (배근시공도)

배근공사를 구조설계도의 취지에 맞게 하기 위하여 철근을 설치할 위치와 간격 등을 상세히 나타낸 도면

(4) Contrator (도급업자)

어떤 일을 완성하고 그 결과로 보수를 받는 사람.

강구조에서는 강구조제작자 또는 강구조설치자를 지칭한다.

끝

4. 건축구조기준(~~KBC 2016~~)의 성능설계법에 따라 구조부재를 설계하는 방법에 대하여 설명하시오. KDS41

<111회 1교시>

KDS 41 10 05, 4.2.3

성능설계법은 주어지는 설계방법과 관계없이 비선형해석이나 실물실험 등을 통하여 성능을 검증하는 설계법이다.

(1) 성능설계로 설계하는 경우에도 구조설계 4원칙을 만족해야 한다.
구조물은 적절한 수준의 신뢰성과 경제성을 확보하면서 목표로 하는 사용수명동안 발생가능한 모든 하중과 환경에 대하여 요구되는 구조적 안전성능, 사용성능, 내구성능, 친환경성능을 갖도록 설계한다.

(2) 설계시 의도하는 성능수준에 적합한 하중조합에 근거하여야 한다.
재료 및 구조물치수에 대한 적절한 설계값을 선택한 후 합리적인 거동이론을 적용하여 구한 구조성능이 요구되는 한계성능을 만족시킨다는 것을 검증한다.
이때, 구조부재의 강성·강도와 감쇠·물성치는 관련기준 또는 실험결과를 기초로 한다

(3) 실험절차는 KDS 41 10 10(건축구조기준 구조검사 및 실험)을 따른다.

(4) 구조부재, 비구조부재 및 그 연결부는 해석 또는 실험에 의하여 강도설계법에 따라 설계된 부재에서 기대되는 신뢰성 이상의 강도·강성을 보유한 것이 입증되어야 한다.

끝

M군

장점 : 정확성 우수(실제거동과 유사한 해석), 경제성 우수(안전률이 없어 과대평가하지 않아 물량절감)

단점 : 오차율이 큼(안전률이 없어 엔지니어의 판단에 따라 오차가 커질 수 있음), 제3자검토 필요(안전율이 없어 별도의 제3자 검증 필요), 설계기간이 오래걸림(구조설계 및 해석시간 증가)

5. 장방형 단면의 형상계수에 대하여 설명하고, 중앙 집중하중을 받는 단순보(장방형 단면)의 소성힌지 영역을 형상계수로 표현하시오.

<111회 1교시>

(1) 장방형 단면의 형상계수

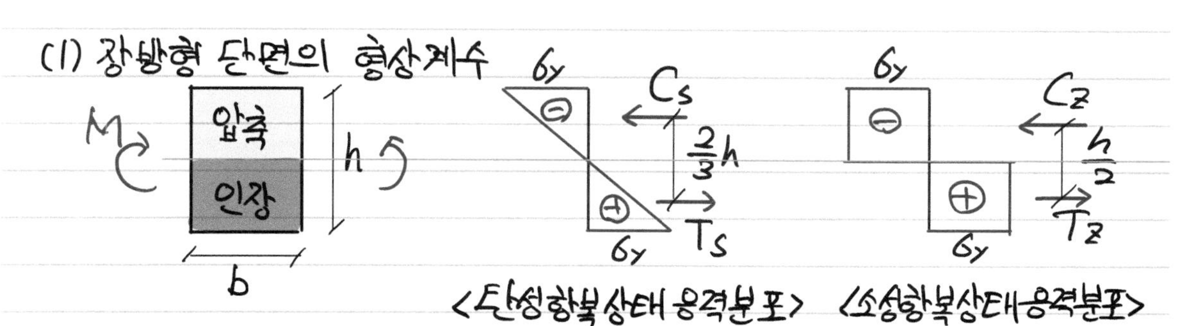

① 탄성항복시 저항모멘트 M_y

$$C_s = \underbrace{\frac{bh}{2}}_{\text{면적}} \times \underbrace{\frac{\sigma_y}{2}}_{\text{응력}} = \frac{bh}{4}\sigma_y = T_s$$

$$M_y = \underbrace{C_s}_{\text{압축력}} \times \underbrace{\frac{2}{3}h}_{\text{팔길이}} = \frac{bh^2}{6}\cdot\sigma_y$$

② 소성항복시 저항모멘트 M_p

$$C_z = \underbrace{\frac{bh}{2}}_{\text{면적}} \times \underbrace{\sigma_y}_{\text{응력}} = \frac{bh}{2}\sigma_y = T_z$$

$$M_p = \underbrace{C_z}_{\text{압축력}} \times \underbrace{\frac{h}{2}}_{\text{팔길이}} = \frac{bh^2}{4}\cdot\sigma_y$$

③ 형상계수 $= M_p/M_y = 1.5$

즉 재료가 탄성항복이후 소성힌지 발생시까지 1.5배 힘을 받을수있다.

(2) 중앙집중하중 단순보 소성힌지영역

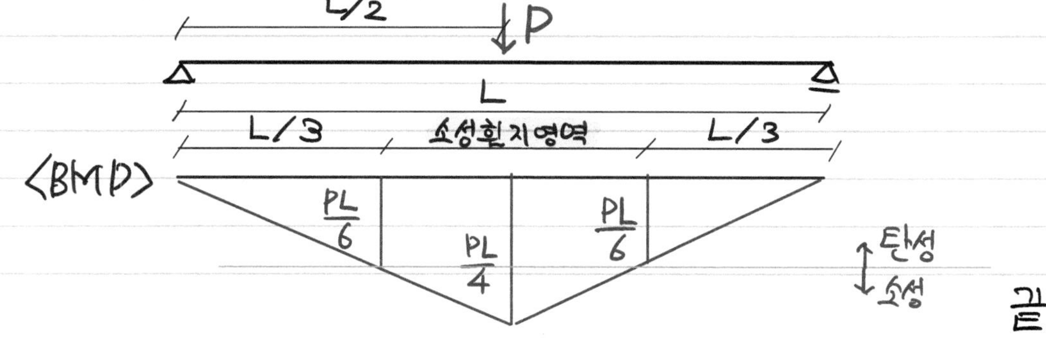

끝

6. 풍동실험 대상 구조물과 풍동실험의 종류에 대하여 설명하시오. <111회 1교시>

KDS 41 10 15, 5.1.3 특별풍하중

(1) 풍동실험을 해야하는 경우(KDS 41 10 15, 5.1.3 특별풍하중)

① 풍진동의 영향을 고려해야 할 건축물

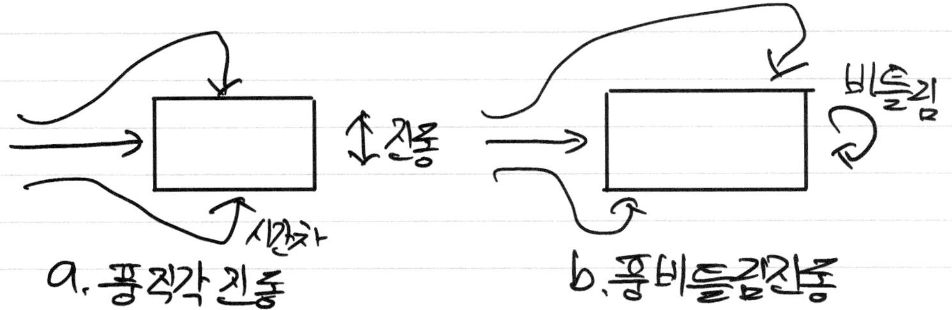

a. 풍직각 진동　　b. 풍비틀림진동

형상비가 크고 유연한 구조물은 다음에 해당시 풍직각진동 및 풍 비틀림 진동을 고려하여야 한다.

(원형이고 $H/d \geq 7$에 해당 (H : 높이, d : 2/3 H에서의 외경)

원형이외 평면이고 $H/\sqrt{BD} \geq 3$ 또는 $H/\sqrt{A_f} \geq 3$ 에 해당
(B : 건물폭, D : 건물 깊이, A_f : 기준층 면적)

* 단, 평면형상이 사각형이고 높이방향으로 일정한 경우중

$H/\sqrt{BD} \leq 6$, $0.2 \leq \frac{D}{B} \leq 5$, $\frac{V_H}{n_L \cdot \sqrt{B \cdot D}} \leq 10$ 을 모두 만족할 경우 풍직각진동 및 풍비틀림진동 직접산정 가능

② 특수한 지붕골조

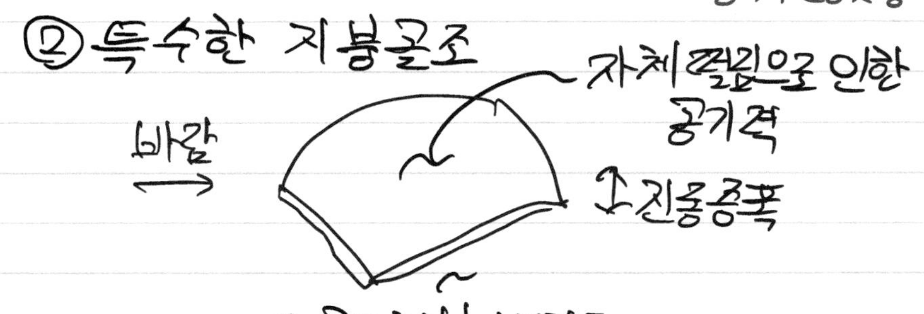

c. 공기력불안정진동

장경간 현수, 사장, 공기막 지붕등 강성이 낮아 공기력 불안정 진동을 하는 지붕골조

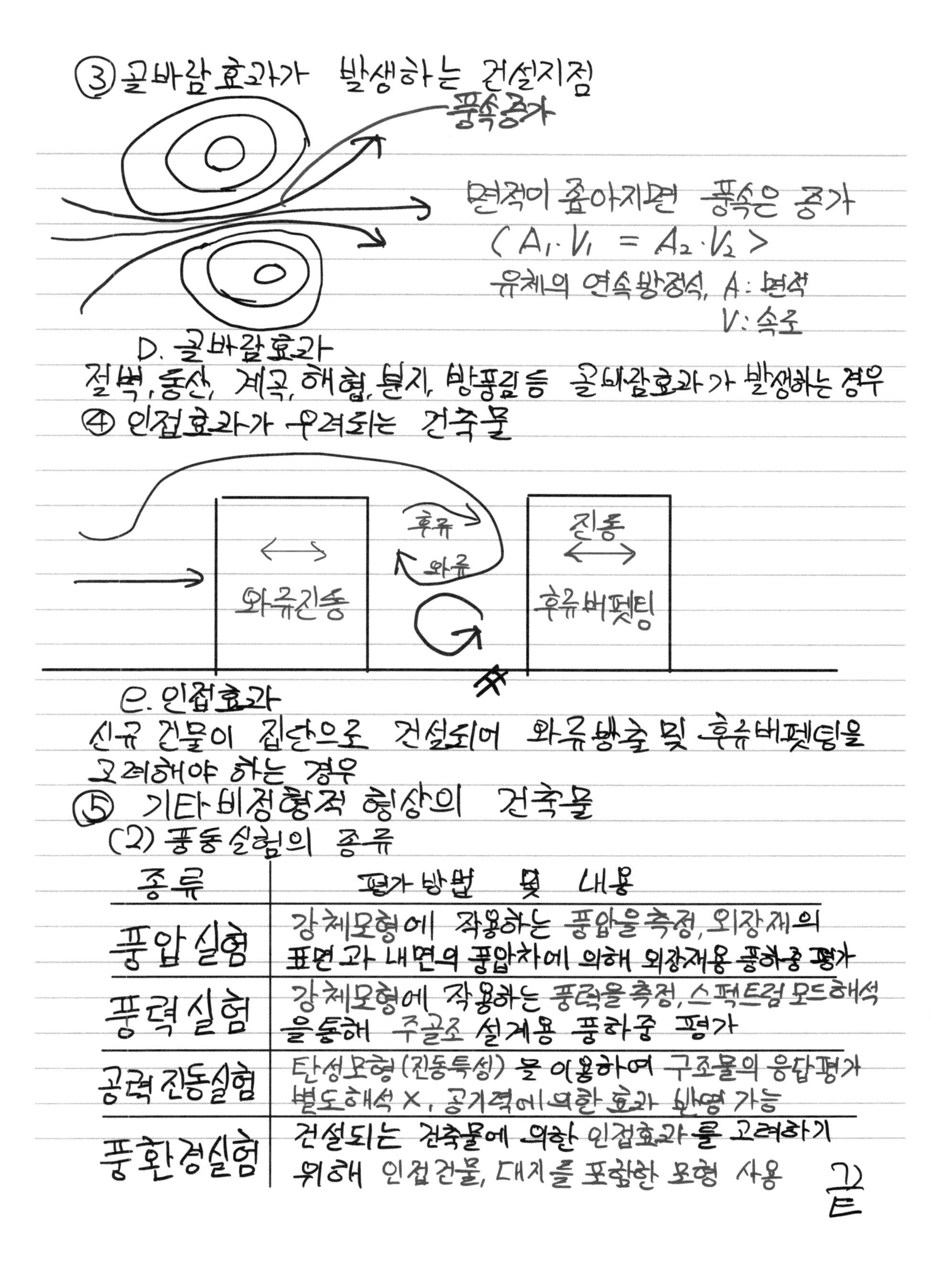

③ 골바람효과가 발생하는 건설지점

면적이 좁아지면 풍속은 증가
$(A_1 \cdot V_1 = A_2 \cdot V_2)$
유체의 연속방정식, A: 면적
V: 속도

D. 골바람효과
절벽, 동산, 계곡, 해협, 분지, 방풍림 등 골바람효과가 발생하는 경우

④ 인접효과가 우려되는 건축물

e. 인접효과
신규 건물이 집단으로 건설되어 와류방출 및 후류버펫팅을 고려해야 하는 경우

⑤ 기타 비정형적 형상의 건축물

(2) 풍동실험의 종류

종류	평가 방법 및 내용
풍압실험	강체모형에 작용하는 풍압을 측정, 외장재의 표면과 내면의 풍압차에 의해 외장재용 풍하중 평가
풍력실험	강체모형에 작용하는 풍력을 측정, 스펙트럼 모드해석을 통해 주골조 설계용 풍하중 평가
공력진동실험	탄성모형(진동특성)을 이용하여 구조물의 응답평가 별도해석 X, 공기력에 의한 효과 반영 가능
풍환경실험	건설되는 건축물에 의한 인접효과를 고려하기 위해 인접건물, 대지를 포함한 모형 사용

끝

7. 2016년 9월 12일 발생한 규모 5.8 경주지진의 지진파는 기존의 해외지진파와 다른 특징을 보였다. 경주 지진파의 특징과 건물의 주기(단주기~장주기)에 따라 예상되는 피해에 대하여 설명하시오.

<111회 1교시>

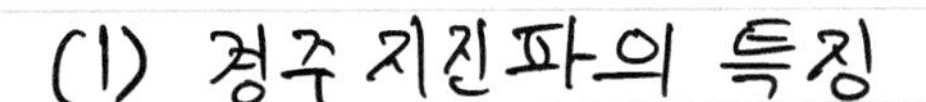

(1) 경주 지진파의 특징

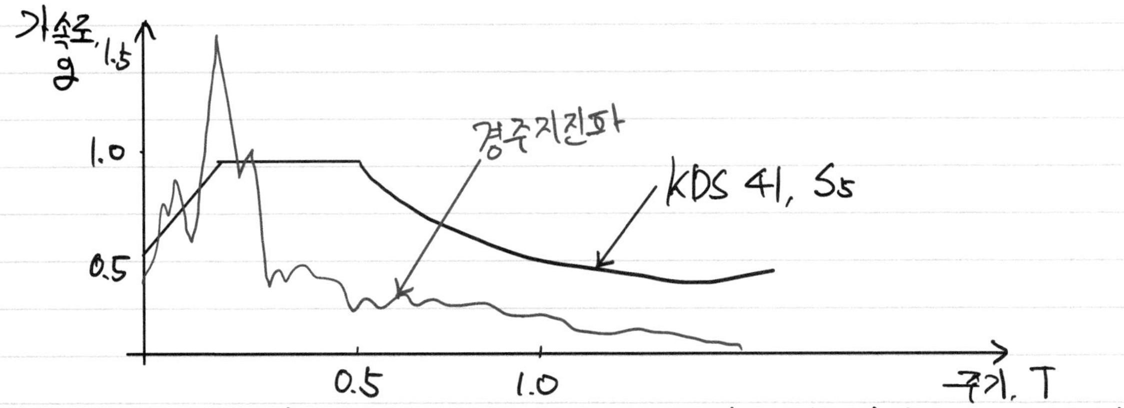

경주지진파는 건축구조기준(KDS 41) 또는 다른 기존의 해외지진파에 비해 단주기에서 매우 높은 가속도 값을 가지고, 0.1초 이후에는 예측모델 보다 급격한 감쇄현상을 보인다.

(2) 건물의 주기에 따라 예상되는 피해

경주지진파는 0.2초 이하의 주기에서 설계기준으로 예측한 가속도보다 매우 높은 가속도를 보인다. 따라서 0.2초 이하의 단주기가 예상되는 1~3층의 건축물에 심각한 피해가 나타날 것으로 예상된다.

	단주기	중간주기	장주기
피해 정도	심각한 피해	경미한 피해	경미한 피해

끝

8. 고력볼트를 인장접합에 사용할 경우 지레작용(Prying action)에 대하여 설명하시오.

<111회 1교시>

인장접합시, 접합 부재의 변형에 의해 추가적인 반력이 발생한다.

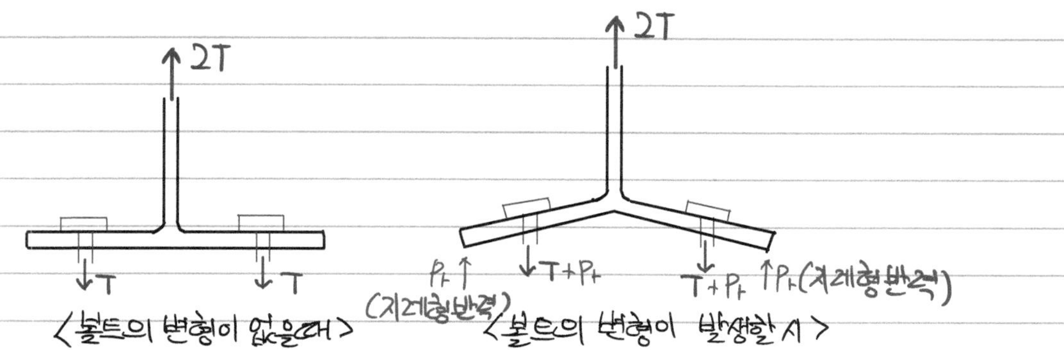

인장접합부는 하중의 작용축과 고장력 볼트의 내력이 작용하는 축이 일치하지 않으므로, 굽힘 변형이 발생할 시 지레형 반력이 발생하며, 이 반력은 인장접합부에 부과된다.

이 현상은 지레의 원리와 유사하므로, 이를 지레작용이라 한다.

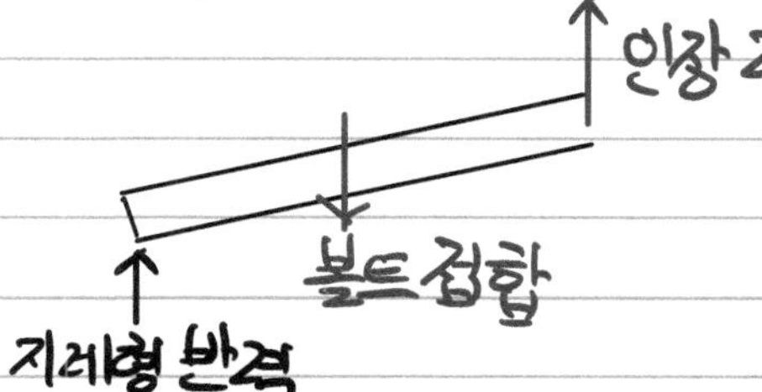

(누르는힘에의해 반력발생)

끝

M군 : 지레작용으로 인해 발생할 수 있는 문제점

고력볼트 인장접합 검토시 기존 인장력에 추가적으로 발생하는 인장력을 더하여 더 안전측으로 검토 필요

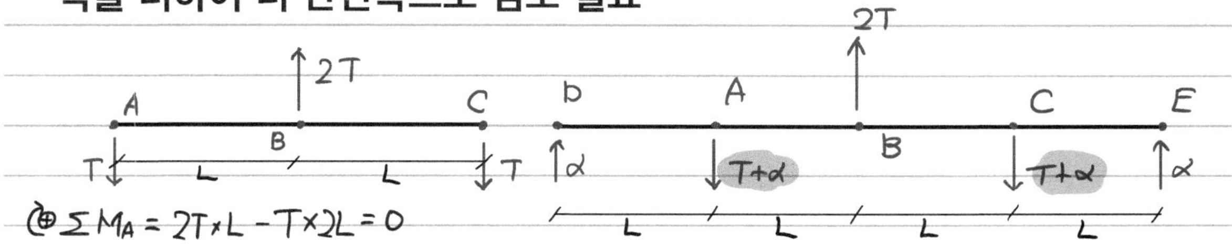

$\oplus \Sigma M_A = 2T \times L - T \times 2L = 0$

$\oplus \Sigma M_D = -(T+\alpha)\cdot L + 2T\cdot 2L - (T+\alpha)\cdot 3L + \alpha\cdot 4L$

$= -(T+\alpha)\cdot 4L + (T+\alpha)\cdot 4L = 0$

9. 구조용 목재의 등급을 육안등급구조재 및 기계등급구조재로 구분하고 설명하시오.

<111회 1교시>

KDS 41 33 02, 1.1.1.2 등급

(1) 육안등급구조재

육안으로 표면을 관찰하여 결점의 크기, 분산정도에 따라 목재를 분류

1종구조재(규격재) : 두께 38이상, 114미만, 너비 38 이상

2종구조재(보재) : 두께 및 너비 114이상, 두께와 너비 치수차 52이상

3종구조재(기둥재) : " " , " " 52미만

※ 단위는 mm

각 1~3종 구조재를 등급별 품질기준(옹이 지름비, 둥근모, 갈라짐, 평균나이테간격, 섬유주행경사, 굽음, 썩음, 비틀림, 수심, 방부·방부처리)에 따라 1~3등급으로 각각 구분한다.

(2) 기계등급구조재

휨탄성계수를 측정하는 기계장치에 의하여 등급구분한 구조재.

침엽수 기계등급구조재의 품질기준(휨탄성계수와 구조재의 결점사항)에 의하여 E6 ~ E17의 12가지 등급으로 구분한다.

E6등급은 휨탄성계수 6000 MPa,

E7등급은 " 7000 MPa 를 의미.

즉 등급뒤에 숫자는 휨탄성계수의 크기를 의미한다.

끝

딸기맛호가든 : 시험준비중에 목재등급을 외우면서 내가 왜 이런부분까지 외우고 있는지 자괴감이 들었다고 한다.

10. 철근콘크리트용 봉강(원형철근 및 이형철근)에 대한 KS D 3504 규정 중 2016년 개정된 주요 내용에 대하여 설명하시오.

<111회 1교시>

(1) 강종 폐지 및 추가

① 사용량이 적은 SD350 강종 폐지

② 특수내진용 봉강 추가(SD400S, SD500S, SD600S)

(2) 화학성분 제한 강화

P.S 0.05% 이하 → 0.04% 이하(SD400 제외)
0.045% 이하(SD400)

(3) 상한치 규정 제한

항복강도 상한치를 최소값의 1.3배로 제한

끝

M군 : KBC2016 및 이후기준에서 **RC** 구조물의 경우 중간모멘트 골조 이상의 내진성능을 확보하기 위해서 지진력 저항 부재는 내진용 철근 사용 필요

	내진용 철근	일반용 철근
Fu	**1.25 Fy.** 이상	**1.10 Fy** 이상
특징	**Fu>Fy** 이므로 에너지 흡수율이 높아 연성거동 가능	**Fu=Fy** 이므로 에너지 흡수율이 낮아 비교적 취성 거동

딸기맛호가든 : **KDS 41 17 00, 9.3.1** 및 해표 **9.2-1** 참조

12. 2경간보를 다음 3가지 경우로 설계할 경우 각각의 장단점에 대하여 설명하시오.

1) 2경간 단순지지

2) 2연속보지지(중앙점 연속)

3) 동일경간 겔버보

<111회 1교시>

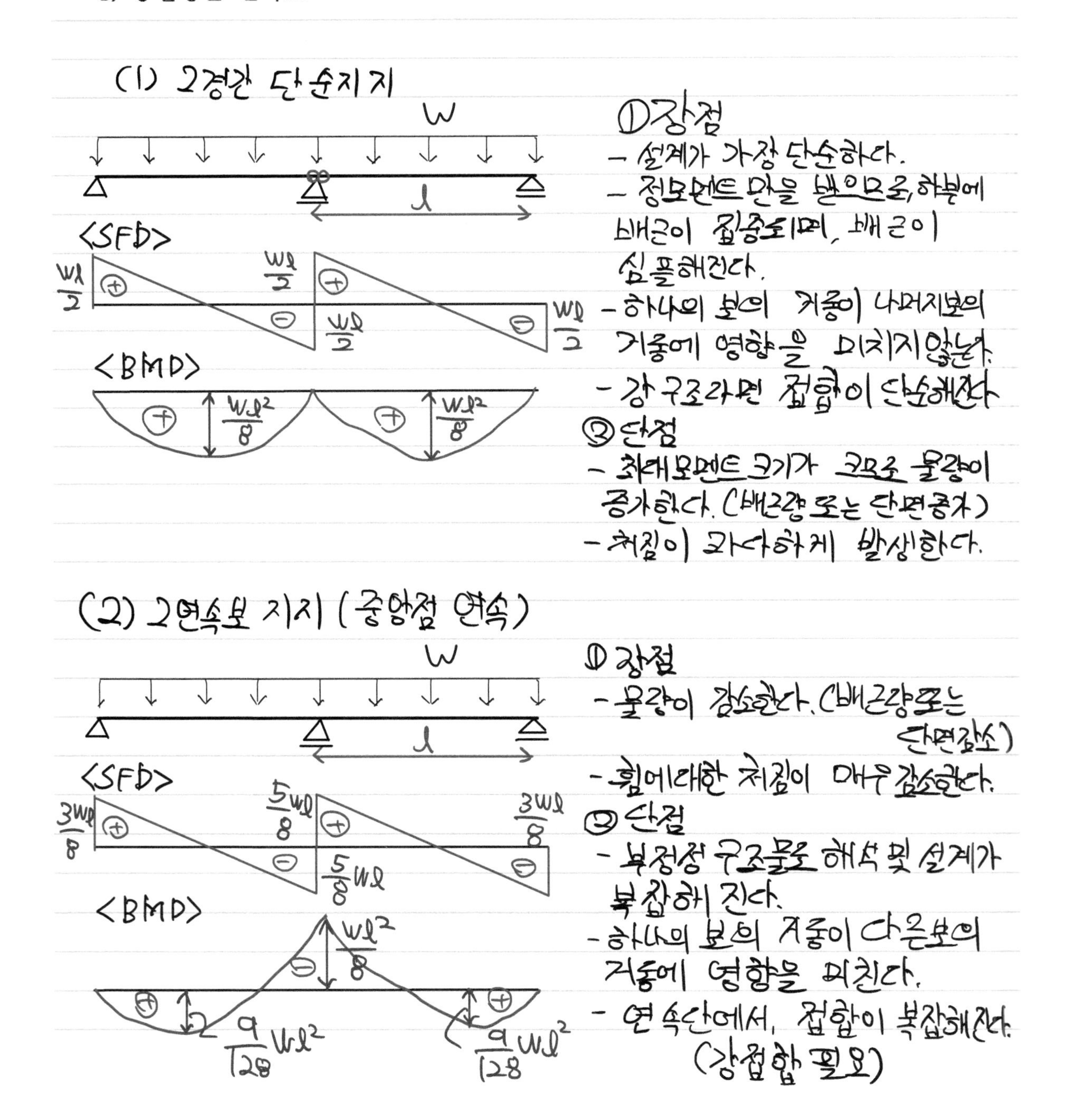

(1) 2경간 단순지지
w
l
<SFD>
wl/2
wl/2
wl/2
wl/2
<BMD>
wl²/8
wl²/8
① 장점
- 설계가 가장 단순하다.
- 정모멘트만을 받으므로, 하부에 배근이 집중되며, 배근이 심플해진다.
- 하나의 보의 거동이 나머지보의 거동에 영향을 미치지않는다.
- 강구조라면 접합이 단순해진다
② 단점
- 최대모멘트 크기가 크므로 물량이 증가한다. (배근량 또는 단면증가)
- 처짐이 과다하게 발생한다.
(2) 2연속보 지지 (중앙점 연속)
w
l
<SFD>
3wl/8
5wl/8
5/8 wl
3wl/8
<BMD>
wl²/8
9/128 wl²
9/128 wl²
① 장점
- 물량이 감소한다. (배근량 또는 단면감소)
- 휨에대한 처짐이 매우 감소한다.
② 단점
- 부정정 구조물로 해석 및 설계가 복잡해 진다.
- 하나의 보의 거동이 다른보의 거동에 영향을 미친다.
- 연속단에서, 접합이 복잡해진다. (강접합 필요)

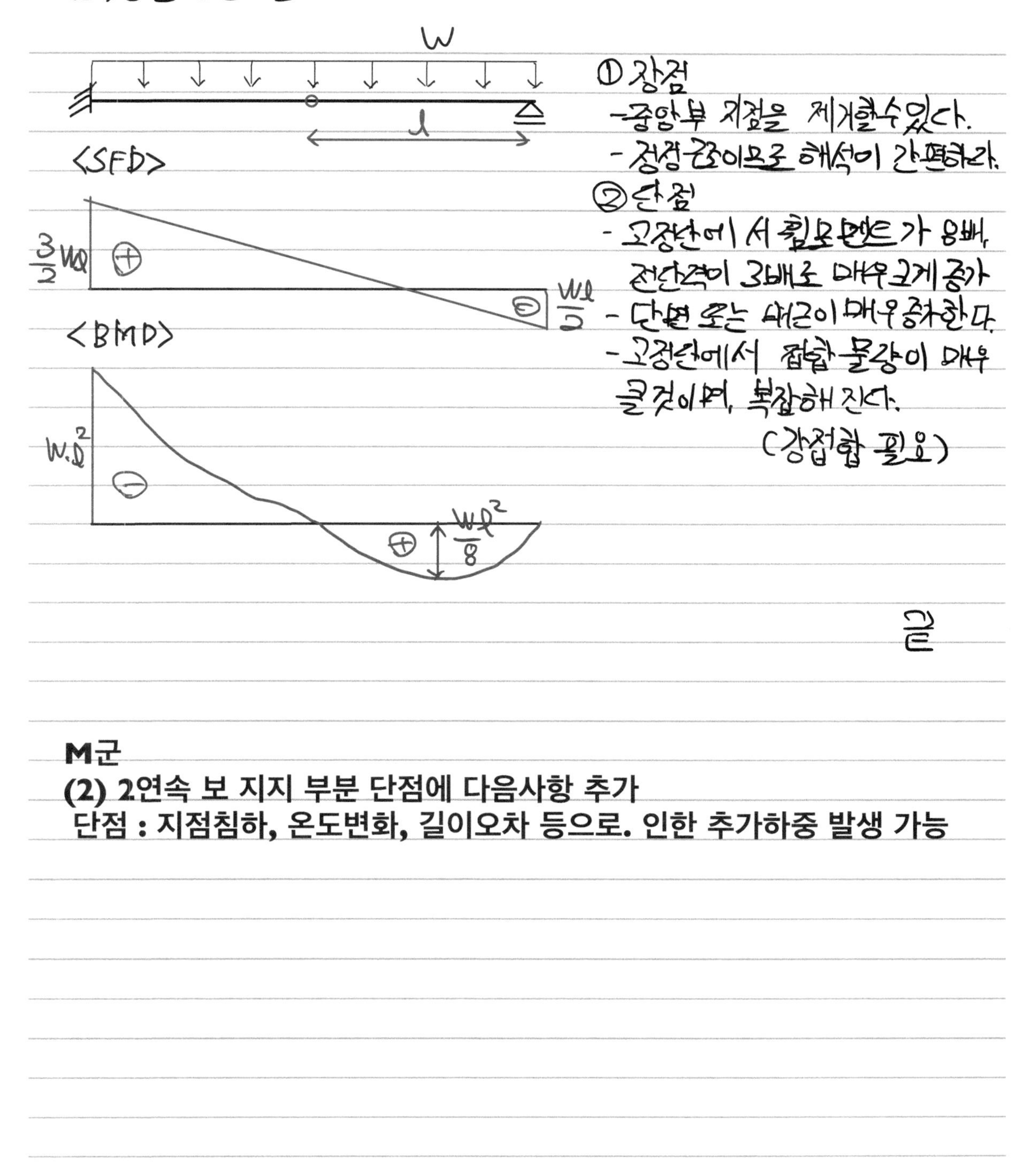

(3) 동일 경간 겔버보
W
l
<SFD>
3/2 wl
⊕
⊖
wl/2
<BMD>
w.l²
⊖
⊕
wl²/8
① 장점
-중앙부 지점을 제거할수있다.
- 정정구조이므로 해석이 간편하다.
② 단점
- 고정단에서 휨모멘트가 8배, 전단력이 3배로 매우크게 증가
- 단면 또는 배근이 매우 증가한다.
-고정단에서 접합 물량이 매우 클것이며, 복잡해 진다.
(강접합 필요)
글

M군
(2) 2연속 보 지지 부분 단점에 다음사항 추가
단점 : 지점침하, 온도변화, 길이오차 등으로. 인한 추가하중 발생 가능

1. 그림과 같이 파이프로 구성된 펜스구조물에서 DEF 보부재는 연속되어 있고, AD, BE, CF 부재는 캔틸레버 형태로 상부가 힌지로 보에 연결되어 있다. 수평하중 P가 y방향으로 E점에 작용할 때 모멘트분포를 일반식으로 나타내고, $H=L/2$일 때의 모멘트 분포도(BMD)를 그리시오.

<111회 2교시>

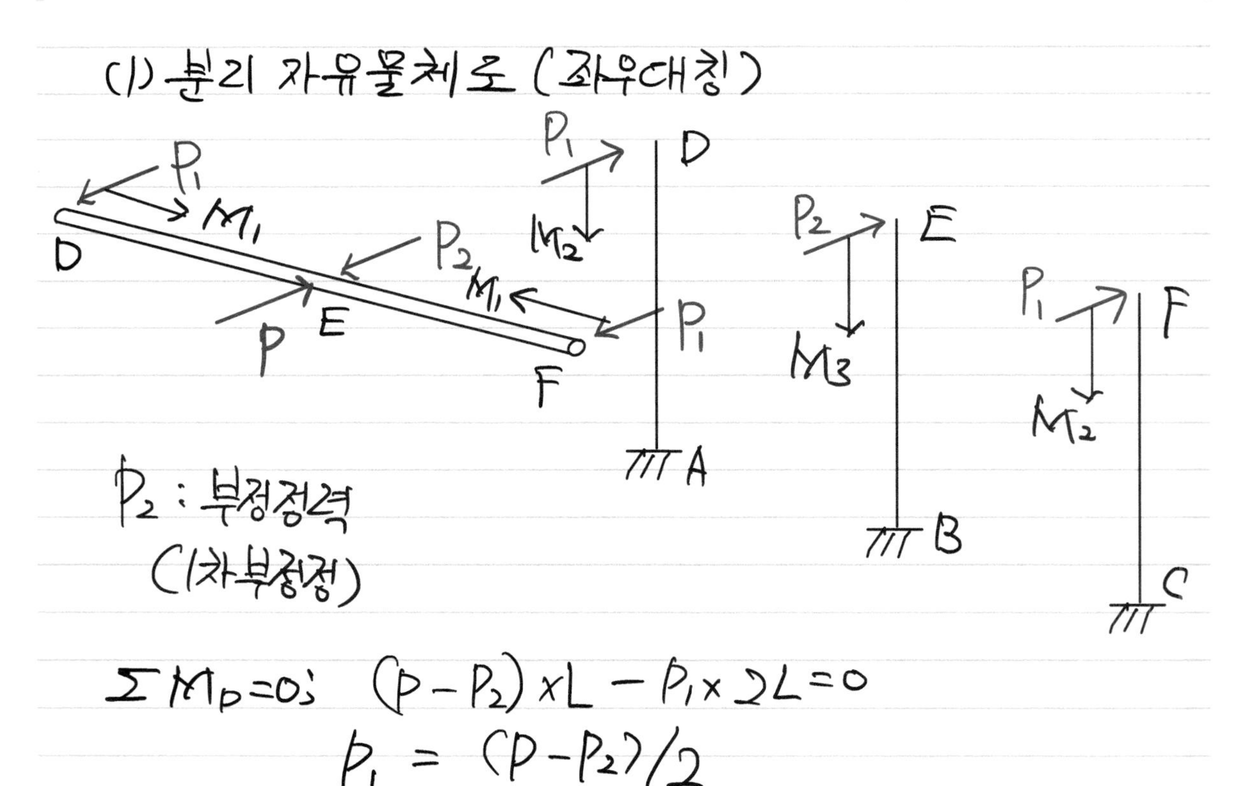

(2) 부재력 산정

$M_1 = -P_1 \times x$ (DEF 구조물)　　$M_2 = -P_1 \times x$ (DA, FC 구조물)

$M_3 = -P_2 \times x$ (EB 구조물)

(3) 구조물 변형에너지 산정

$$U = \underbrace{2\times\int_0^L \frac{M_1^2}{2EI}dx}_{\text{(DEF 구조물)}} + \underbrace{2\times\int_0^H \frac{M_2^2}{2EI}dx}_{\text{(DA, FC 구조물)}} + \underbrace{\int_0^H \frac{M_3^2}{2EI}dx}_{\text{(EB 구조물)}}$$

(4) 부정정력 산정 (최소일의 원리)

$\frac{\partial U}{\partial P_2} = 0;$　　$P_2 = \frac{(H^3+L^3)\cdot P}{3\cdot H^3 + L^3}$

(5) 모멘트 일반식

$$M_1 = M_2 = \left(\frac{P\cdot L^3}{3\cdot(3\cdot H^3+L^3)} - \frac{P}{3}\right)\cdot x$$

$$M_3 = \frac{-(H^3+L^3)\cdot P\cdot x}{3\cdot H^3+L^3}$$

(6) BMD (H = L/2)

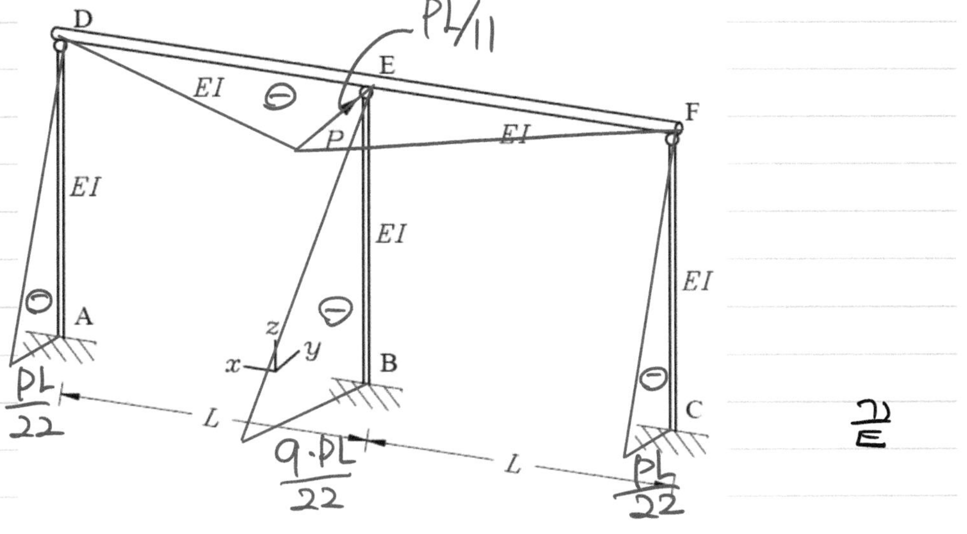

끝

딸기맛호가든 : 분리 자유물체도를 잘 그리는 것이 핵심이다.

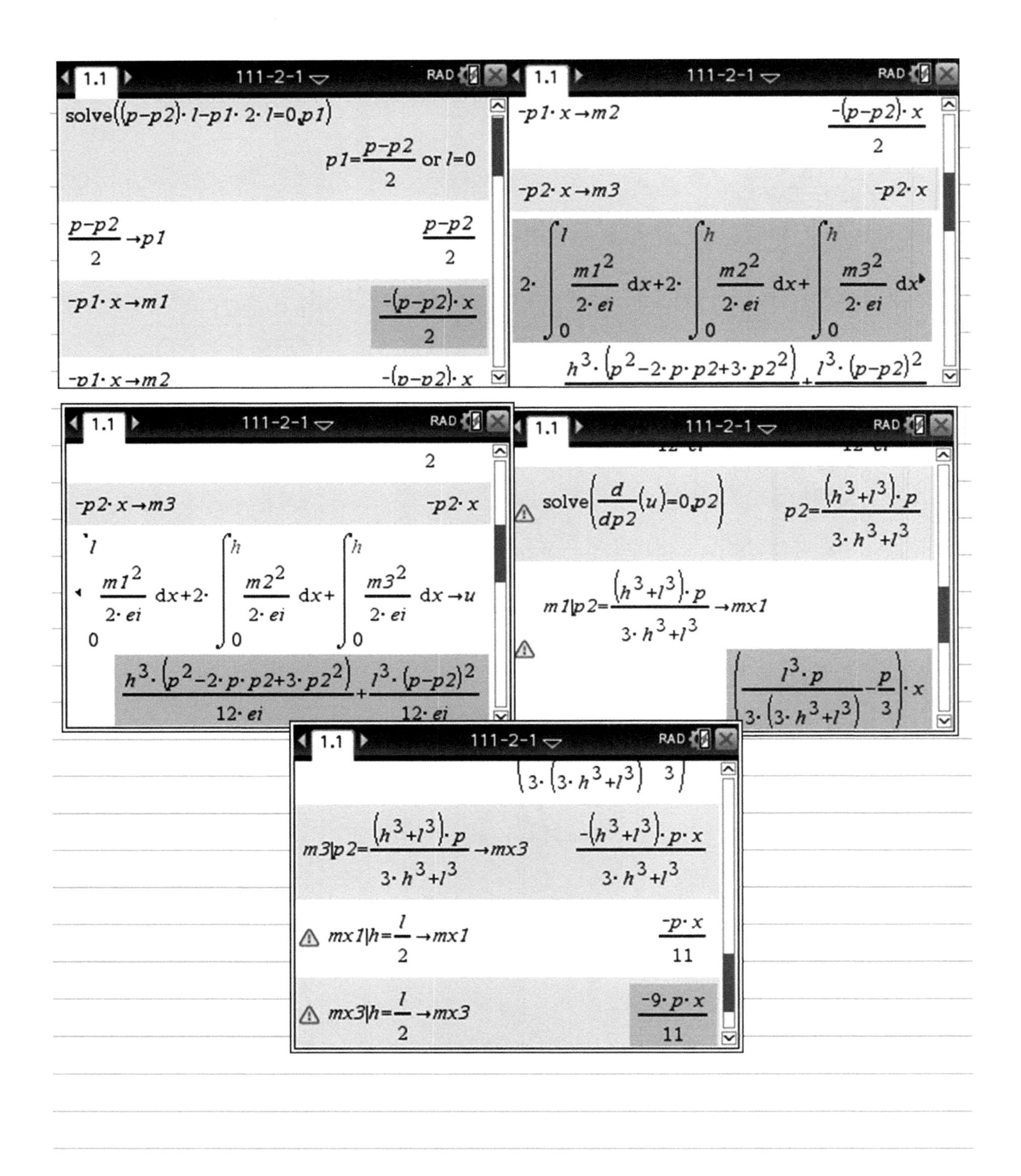

2. 그림(a), (b)와 같이 단순지지인 압축재가 그림(c)와 같은 H-형강으로 구성되어 있고 중심압축력을 받고 있다. 강축에 대한 오일러좌굴하중[$(P_{cr})_x$]과 약축에 대한 오일러 좌굴하중[$(P_{cr})_y$]이 같아지기 위한 H-형강의 플랜지의 폭(b_f)을 구하시오.

[검토조건] <111회 2교시>

- 부재의 항복강도 : 235MPa
- 부재의 탄성계수 : 205,000MPa
- 압축재의 전체총길이 : 6,000mm, 강축은 전체길이로 지지
- 약축은 중앙 3,000mm에서 횡지지
- 길이단위는 mm임

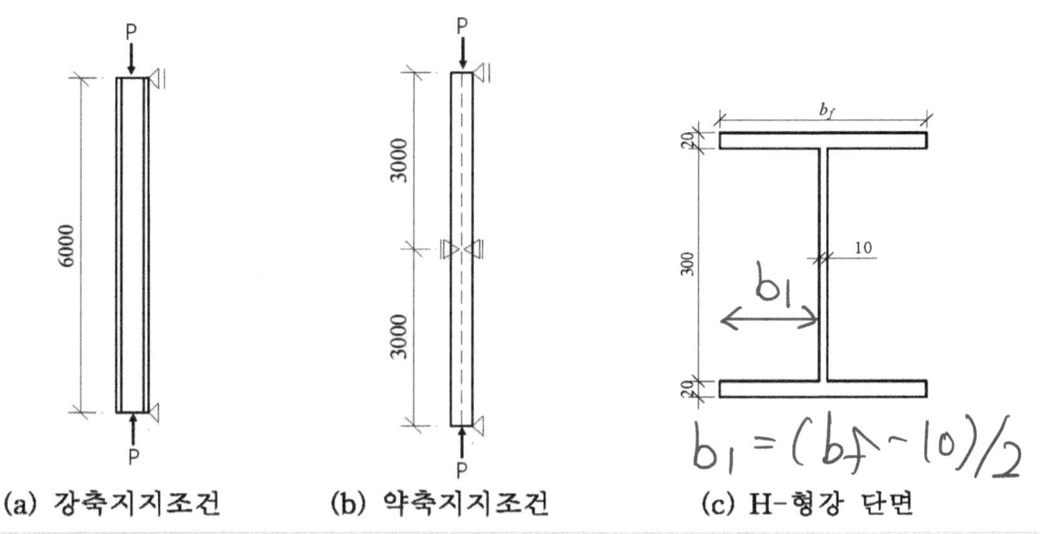

(a) 강축지지조건 (b) 약축지지조건 (c) H-형강 단면

(1) 단면2차모멘트

① 강축

$$I_x = \frac{bf \cdot 340^3}{12} - 2\times\left(\frac{b1\times 300^3}{12}\right) = \frac{3076000\cdot bf}{3} + 22500000$$

② 약축

$$I_y = \frac{340\times bf^3}{12} - 2\times\left(\frac{300\times b1^3}{12} + b1\times 300\times(b1/2+5)^2\right)$$

$$= \frac{10+bf^3}{3} + 25000$$

(2) 오일러 좌굴하중

① 강축

$$P_{cr,x}=\frac{\pi^2\cdot \overset{205000}{E}\cdot I_x}{(\underset{6000}{KL_x})^2}=\frac{205\cdot(769\cdot b_f+16875)\cdot\pi^2}{27}$$

② 약축

$$P_{cr,y}=\frac{\pi^2\cdot E\cdot I_y}{(\underset{3000}{K\cdot L_y})^2}=\frac{41\cdot(b_f^3+7500)\cdot\pi^2}{540}$$

(3) b_f 산정

$P_{cr,x}=P_{cr,y}$ 이므로,

$b_f = 287.646\,mm$

끝

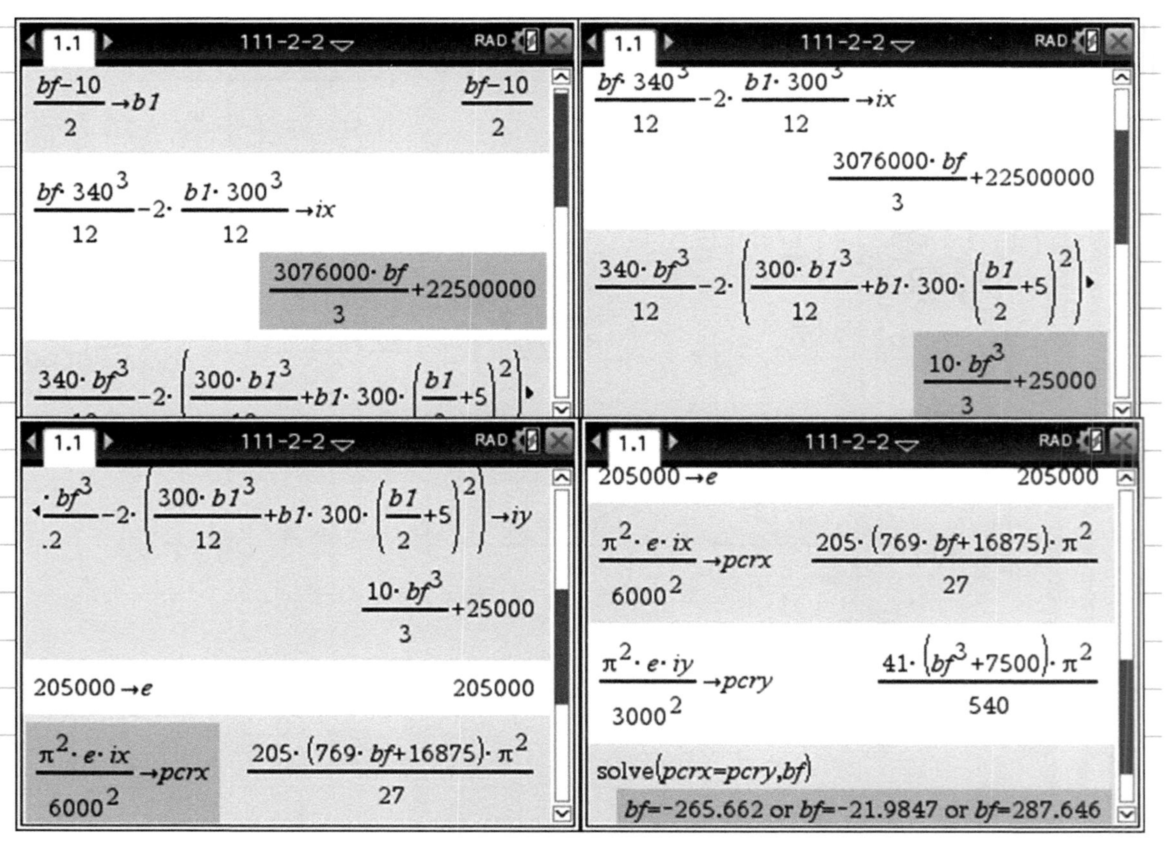

3. 아래와 같이 수평하중 P가 작용하는 구조물에서 각 지점의 기초크기를 경제적으로 계획하시오. (단, 부재치수의 단위는 mm임)

<111회 2교시>

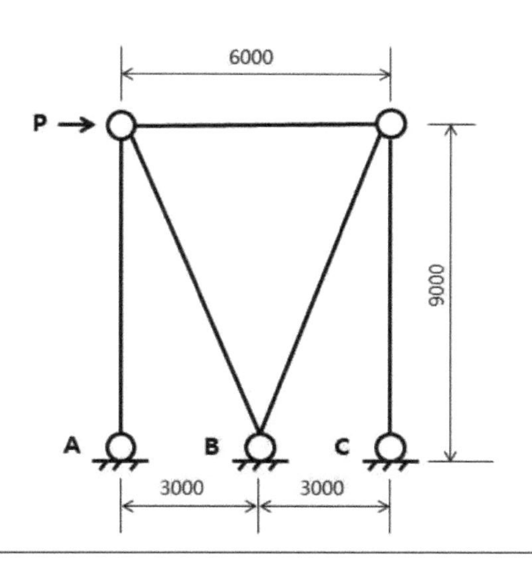

[검토조건]

- P = 80 kN (장기 사용하중)
- Fe = 200 kN/m² (허용지내력)
- Pedestal 상단 level = Ground level
- Bottom of foundation = GL-2,000 mm
- Pedestal size = 400mm×400mm
- 인발에 대한 안전율 : 1.2
- 흙의 단위중량 : 20kN/m³

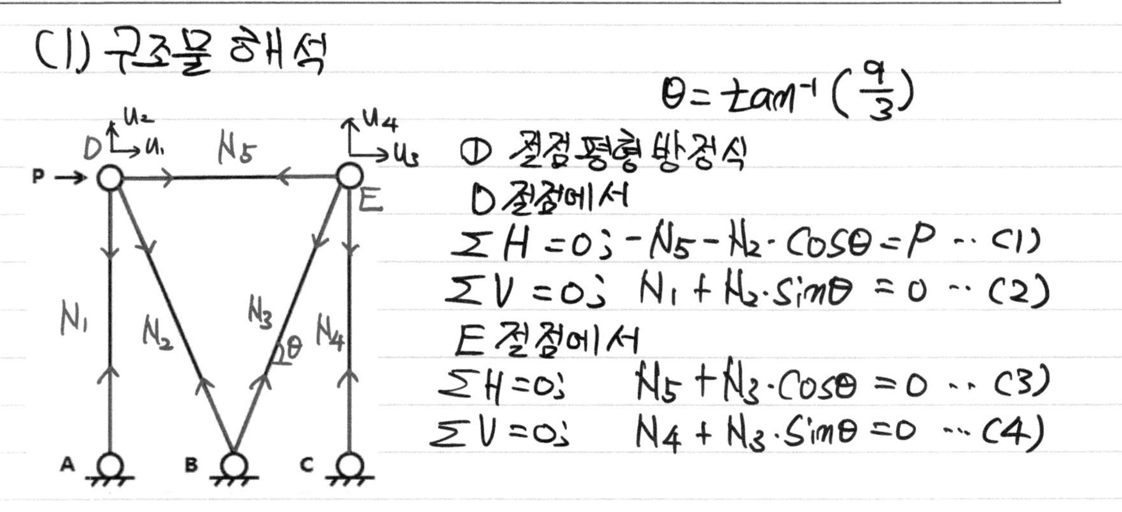

(1) 구조물 해석

$\theta = \tan^{-1}\left(\frac{9}{3}\right)$

① 절점평형 방정식

D절점에서

$\Sigma H = 0;\ -N_5 - N_2 \cdot \cos\theta = P \cdots (1)$

$\Sigma V = 0;\ N_1 + N_2 \cdot \sin\theta = 0 \cdots (2)$

E절점에서

$\Sigma H = 0;\ N_5 + N_3 \cdot \cos\theta = 0 \cdots (3)$

$\Sigma V = 0;\ N_4 + N_3 \cdot \sin\theta = 0 \cdots (4)$

② $P = A \cdot Q$

식(1)~(4)를 매트릭스로 표현

$$\begin{bmatrix} 0 & -\cos\theta & 0 & 0 & -1 \\ 1 & \sin\theta & 0 & 0 & 0 \\ 0 & 0 & \cos\theta & 0 & 1 \\ 0 & 0 & \sin\theta & 1 & 0 \end{bmatrix} \begin{bmatrix} N_1 \\ N_2 \\ N_3 \\ N_4 \\ N_5 \end{bmatrix} = \begin{bmatrix} P \\ 0 \\ 0 \\ 0 \end{bmatrix}$$

평형매트릭스 A / Q 부재력매트릭스 / P 하중매트릭스

③ 전부재강도매트릭스 S

$$S = EA \times \begin{bmatrix} 1/9 & 0 & 0 & 0 & 0 \\ 0 & 1/\sqrt{3^2+9^2} & 0 & 0 & 0 \\ 0 & 0 & 1/\sqrt{3^2+9^2} & 0 & 0 \\ 0 & 0 & 0 & 1/9 & 0 \\ 0 & 0 & 0 & 0 & 1/6 \end{bmatrix}$$

각부재의 EA는 일정한 것으로 가정하였음

④ 구조물강성 매트릭스 K

$$K = A \cdot S \cdot A^T$$

⑤ 변위 매트릭스 d

$$d = K^{-1} \cdot P$$

⑥ 부재력 매트릭스 Q

$$Q = S \cdot A^T \cdot d = \begin{bmatrix} N_1 = 122.013\,kN \\ N_2 = -128.613\,kN \\ N_3 = 124.370\,kN \\ N_4 = -117.987\,kN \\ N_5 = -39.329\,kN \end{bmatrix}$$

(2) 각지점 반력 산정

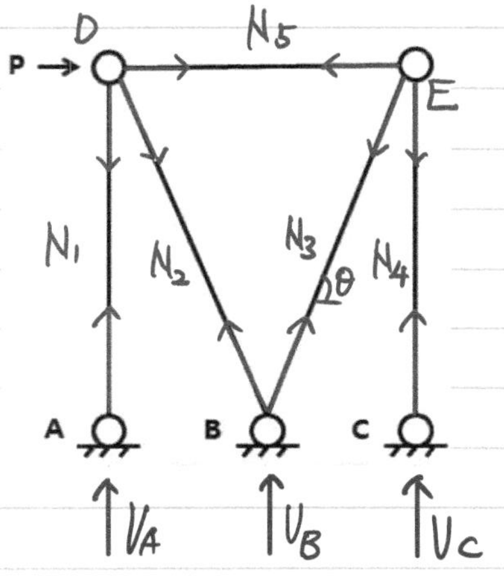

A 절점에서

$V_A + N_1 = 0$, $V_A = -122.013\,kN$ (인발)

B 절점에서

$V_B + N_2 \cdot \sin\theta + N_3 \sin\theta = 0$,

$V_B = 4.025\,kN$ (압축)

C 절점에서

$V_C + N_4 = 0$, $V_C = 117.987\,kN$ (압축)

(3) 기초판 크기 산정. (기초두께는 600mm로 가정)

① A 지점 – 인발력을 기초의 자중으로 상쇄 시켜야 한다.

$$122.013 \times 1.2 \le (\underbrace{20 \times 1.4}_{\text{흙의 자중}} + \underbrace{24 \times 0.6}_{\text{기초의 자중}}) \times A_{req}$$

$A_{req} \ge 3.453\,m^2$, $1.9m \times 1.9m \times 0.6m$ 적용

② B 지점 – 기초의 크기는 페데스탈 크기 이상이어야 한다.

$$4.025 / A_{req} \le \frac{fe}{200} - \underbrace{20 \times 1.4}_{\text{흙의 자중}} - \underbrace{24 \times 0.6}_{\text{기초의 자중}}$$

$A_{req} \ge 0.026\,m^2$, $0.4m \times 0.4m \times 0.6m$ 적용

③ C 지점.

$$117.987 / A_{req} \le \frac{fe}{200} - \underbrace{20 \times 1.4}_{\text{흙의 자중}} - \underbrace{24 \times 0.6}_{\text{기초의 자중}}$$

$A_{req} \ge 0.749\,m^2$ $0.9m \times 0.9m \times 0.6m$ 적용 끝

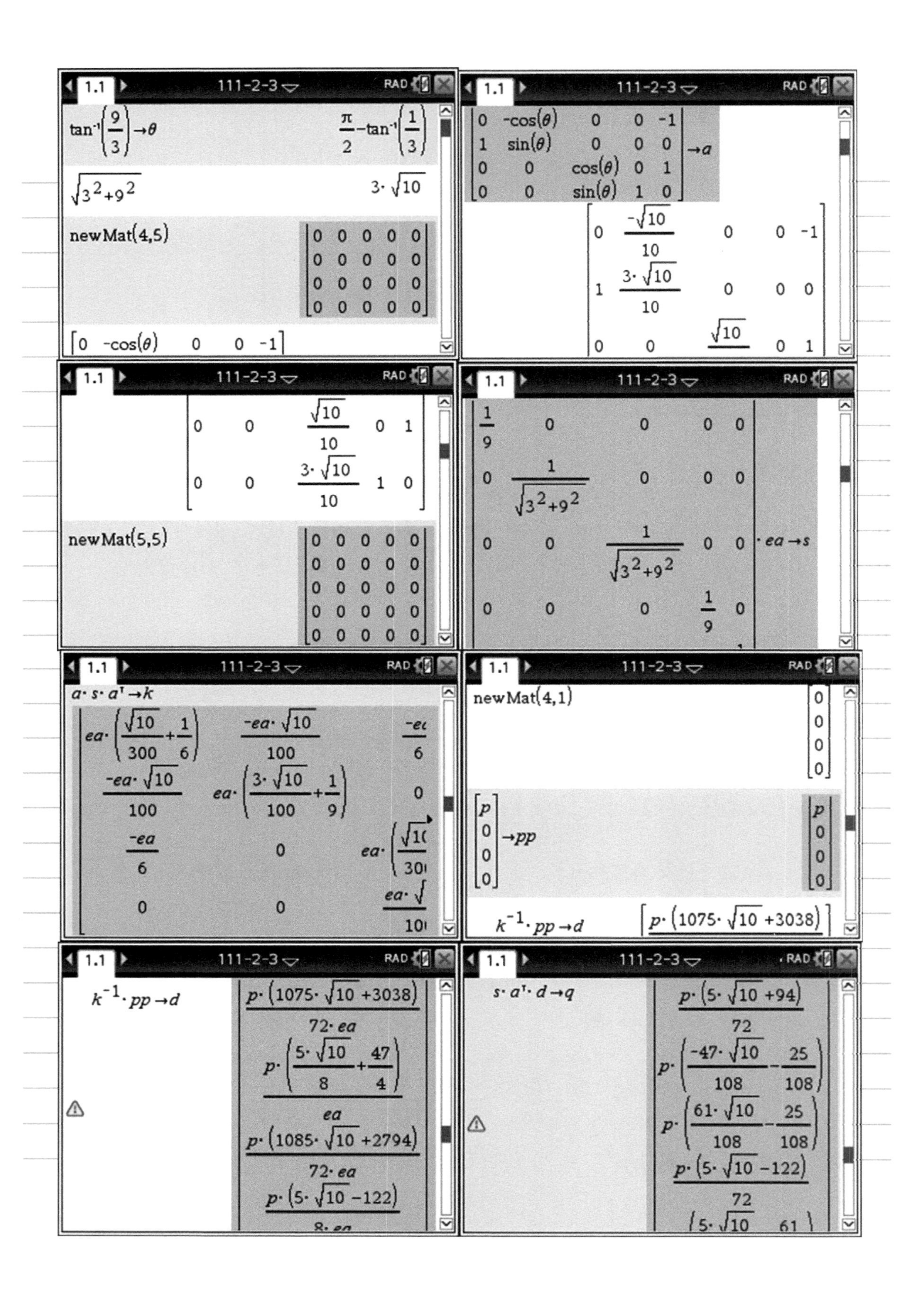
1.1
111-2-3
RAD
tan⁻¹(9/3)→θ
π/2 − tan⁻¹(1/3)
√(3²+9²)
3·√10
newMat(4,5)
newMat(5,5)
→a
a·s·aᵀ→k
newMat(4,1)
→pp
k⁻¹·pp→d
p·(1075·√10 +3038)
72·ea
p·(1085·√10 +2794)
p·(5·√10 −122)
8·ea
s·aᵀ·d→q
p·(5·√10 +94)
72
·ea→s

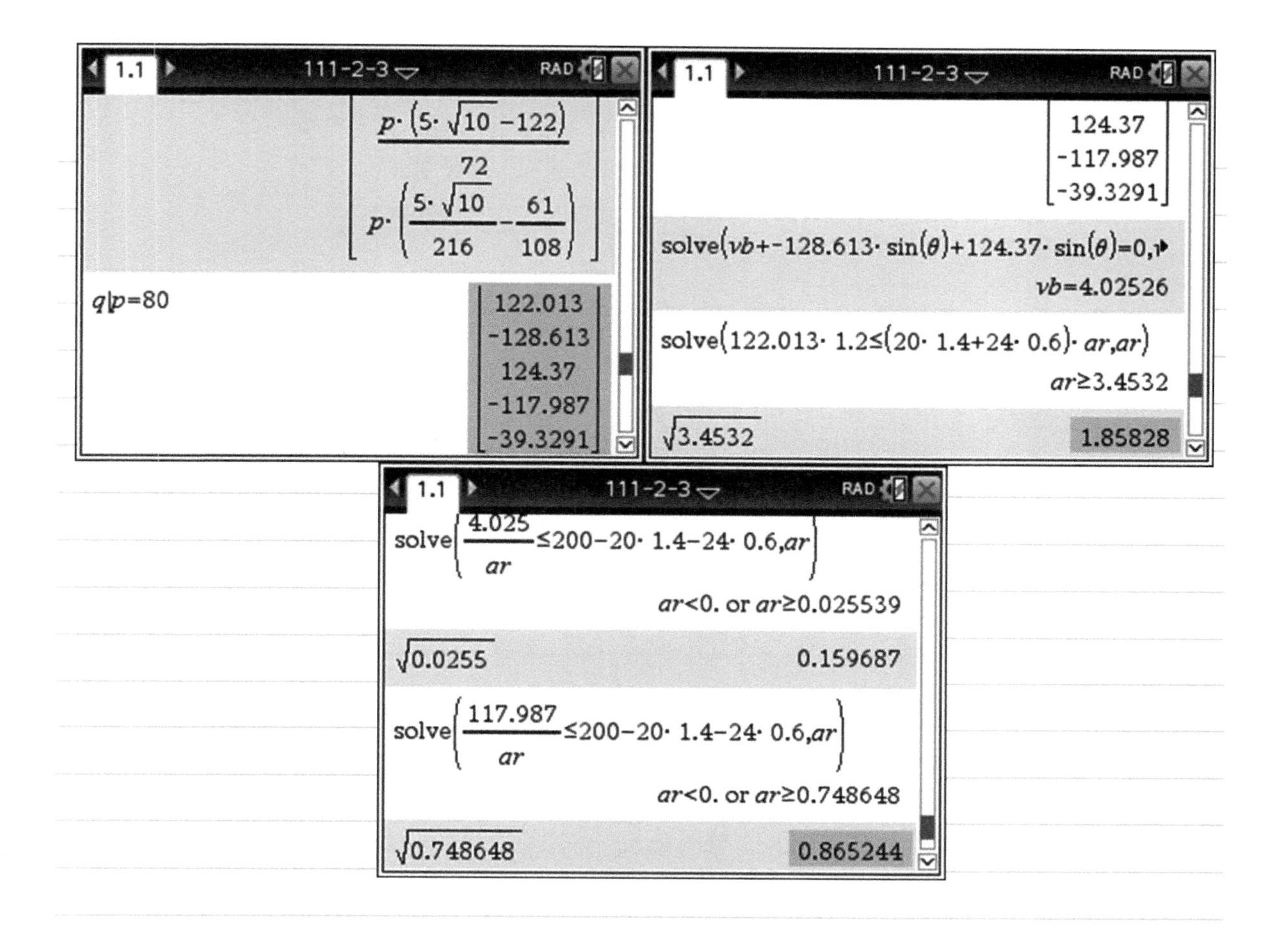

딸기맛호가든 : 시험장에서 풀엄두가 전혀 나지 않을 정도였다고 한다.
시험장에서 이문제를 25분안에 풀 수는 없을 것이다.

4. 아래 그림과 같은 철골구조도에서

1) 수직하중(P)가 작용할 때 A점의 처짐량을 계산하시오.

2) 접합부 B에서 편심이 최소화되는 2면전단 접합상세를 스케치하시오.
(단, 볼트의 수는 별도의 계산 없이 검토조건을 적용함.)

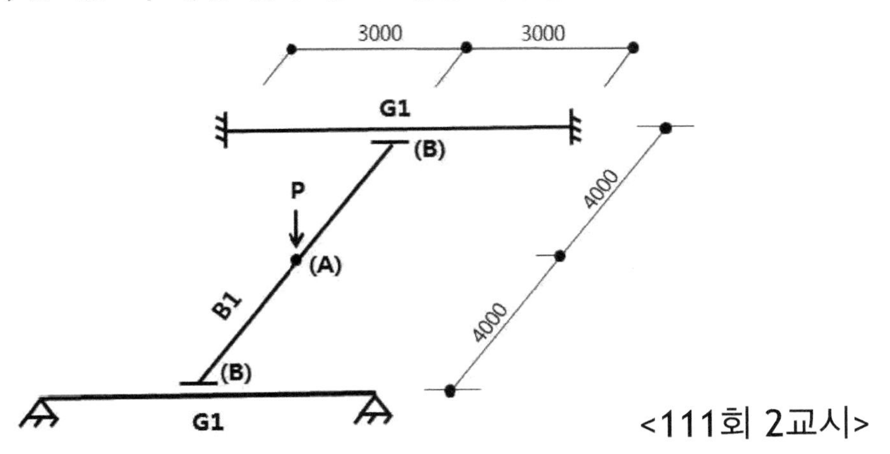

<111회 2교시>

[검토조건]
▪ P = 100 kN (사용하중), 부재의 자중은 무시함
▪ B1 : H-350×175×7×11 (I_x = 136×10^6 mm^4)
▪ G1 : H-294×200×8×12 (I_x = 113×10^6 mm^4)
▪ 앵글(2L-90×90×7)과 3-M20 고장력볼트 사용
▪ 상세는 양방향 단면상세를 스케치 할 것
▪ 부재치수의 단위는 mm임

(1) 분리자유물체도

P
P/2
B1
P/2
P/2
P/2
G1-B
G1-A

(2) 부재력 산정

① B1부재

$$M_1 = \frac{P}{2} \times x$$

↓P

P/2 ↑→ M_1 M_1 ←↑ P/2

② G1-A부재

$$M_2 = \frac{P}{4} \times x$$

↓P/2

P/4 ↑→ M_2 M_2 ←↑ P/4

③ G1-B부재

M (부정정력) ↓P/2 M

$$M_3 = \underset{\text{부정정력}}{\underline{M}} + P/4 \times x$$

P/4 ↑→ M_3 M_3 ←↑ P/4

(3) 변형에너지 산정 (E=210,000MPa로 가정)

$$EI_{B1} = 210{,}000 \times 136 \times 10^6 = 2.856 \times 10^{13}\ N \cdot mm^2$$
$$= 28560\ KN \cdot m^2$$

$$EI_{G1} = 210{,}000 \times 113 \times 10^6 = 23730\ KN \cdot m^2$$

$$U = \underbrace{2 \times \int_0^4 \frac{M_1^2}{EI_{B1}} dx}_{\text{B1 변형에너지}} + \underbrace{2 \times \int_0^3 \frac{M_2^2}{EI_{G1}} dx}_{\text{G1-A 변형에너지}} + \underbrace{2 \times \int_0^3 \frac{M_3^2}{EI_{G1}} dx}_{\text{G1-B 변형에너지}}$$

(4) 부정정력 산정 (최소일의 원리)

$$\frac{\partial U}{\partial M} = 0, \quad M = -0.375P$$

(5) A점 처짐 산정

$$\frac{\partial U}{\partial P} = \delta_A = 0.04327m = 43.274\ mm$$

(6) 접합부 B 상세

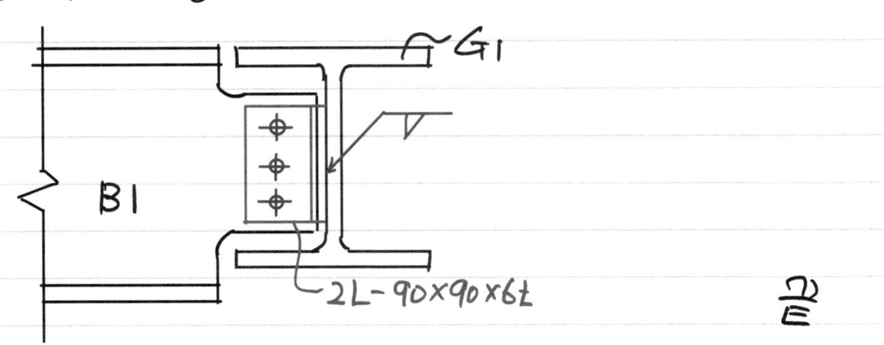

**M군 : 국부좌굴방지를 위해 플레이트 보강 필요
해당 부재사이즈에서 3- M20를 1열배치시 최소연단거리 확보가 안되므로, 이에 대한 부분을 언급하고 상세 수정 필요**

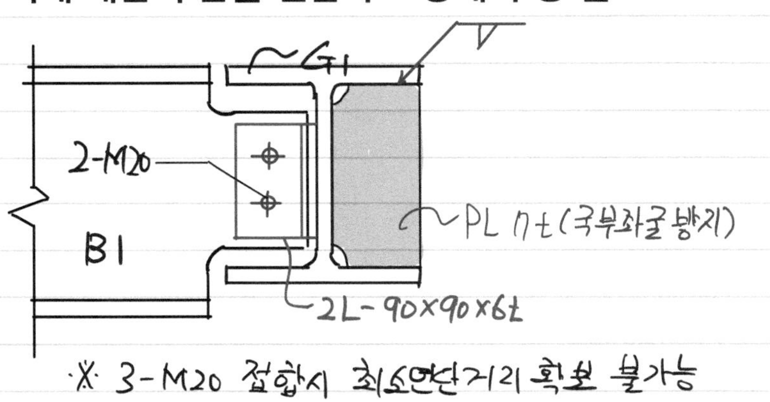

M군 : 실무적으로 이와 비슷한 상황이 발생할 경우에 고민해볼 법한 실용적인 문제라고 생각된다. 이런 문제는 풀이 후에 실무에서 역 V형 가새를 도입했던 경험 사례와 본인의 의견을 명기하면 추가적인 점수를 받을 수 있을 것이다.

딸기맛호가든 : 하지만 나처럼 처짐식을 못외우는 경우라면.. 문제를 푸는것만으로도 시간이 빡빡했을 거라고 한다 ㅠㅠ

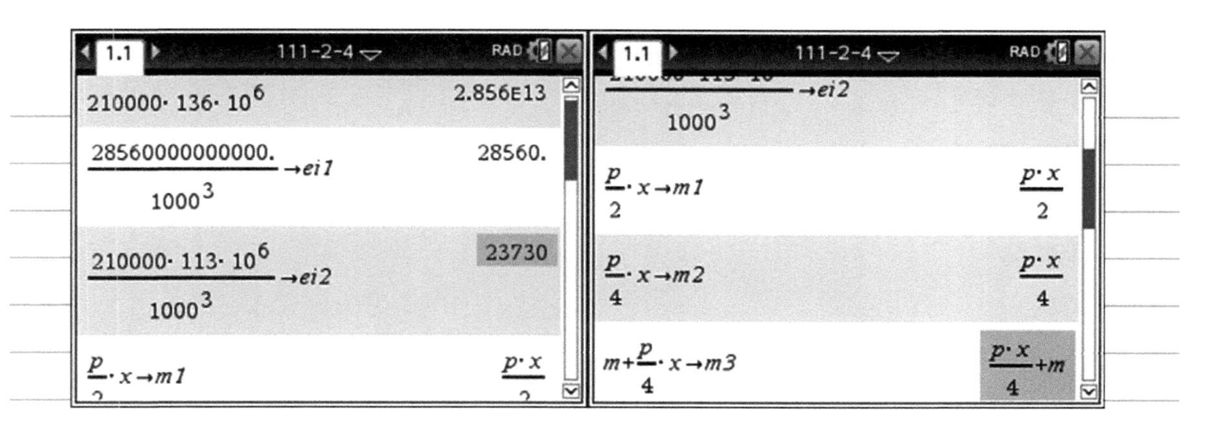
1.1
111-2-4
RAD
210000· 136· 10^6
2.856E13
28560000000000. / 1000^3 →ei1
28560.
210000· 113· 10^6 / 1000^3 →ei2
23730
p/2 · x→m1
p·x / 2
p/4 · x→m2
p·x / 4
m+p/4 · x→m3
p·x / 4 +m

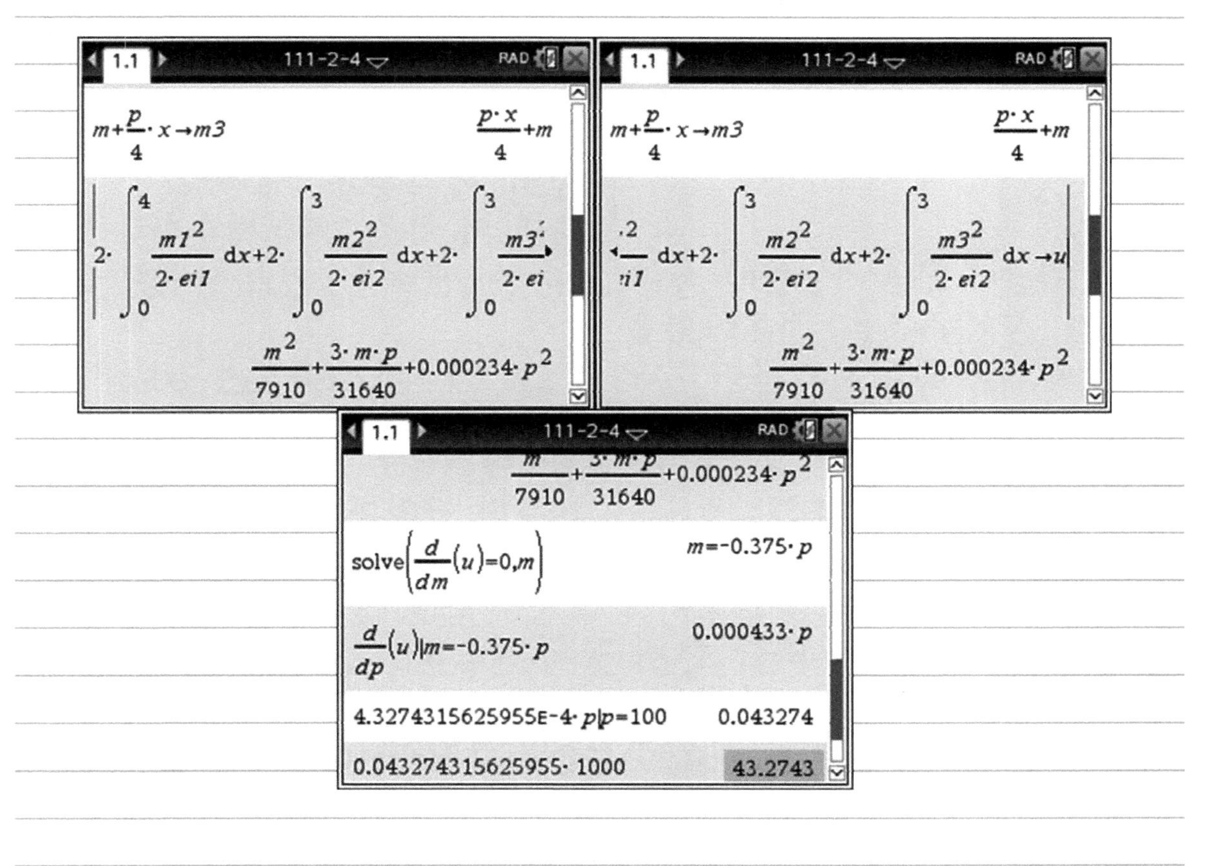
1.1
111-2-4
RAD
m+p/4 · x→m3
p·x / 4 +m
2·∫ m1^2 / 2·ei1 dx+2·∫ m2^2 / 2·ei2 dx+2·∫ m3^2 / 2·ei2 dx →u
m^2 / 7910 + 3·m·p / 31640 +0.000234·p^2
solve(d/dm(u)=0,m)
m=-0.375·p
d/dp(u)|m=-0.375·p
0.000433·p
4.3274315625955E-4·p|p=100
0.043274
0.043274315625955· 1000
43.2743

5. 2016년 8월 개정된 건축구조기준(KBC 2016)의 활하중 개정사항 중 아래 항목에 대하여 설명하시오.

<111회 2교시>

1) 공동주택의 공용실

2) 로비 및 복도

3) 지붕의 출입이 제한된 조경구역

4) 발코니

5) 계단

KBC 2016 0303.2.1 기본등분포활하중

(1) 공동주택의 공용실 : 5kN/m²

다양한 용도로 사용을 고려하였음

(2) 로비 및 복도
- 로비, 1층복도 : 5kN/m²
- 1층외 복도
  - 병원, 사무실, 학교, 도서관 : 4kN/m²
  - 집회 및 유흥장 : 5kN/m²
  - 기타의 경우 : 출입 바닥활하중

많은 사람이 모일 가능성이 높은 로비나 1층복도, 집회 및 유흥장의 복도는 5kN/m²를 적용하였음.
병원, 사무실, 학교, 도서관의 1층외 복도는 위의 경우보다 작은 4kN/m² 적용
그외의 경우는 기본적으로 출입하는 바닥의 활하중과 동일하게 적용

(3) 지붕의 출입이 제한된 조경구역 : 1.0 kN/m²

일반인의 출입이 제한되고 작업자들만 출입가능한 조경구역은 1.0kN/m²의 낮은 활하중을 적용. 다만 정원 및 조경구역의 조경용 재료의 무게는 별도로 산정하여 고정하중으로 고려해야 한다.

(4) 발코니 : 출입바닥활하중의 1.5배, 5.0kN/m² 이하

발코니의 활하중은 일시적으로 많은 사람이 모일 가능성과, 이삿짐 등의 물품이 적재될 가능성을 고려하여 출입바닥 활하중의 1.5배 적용. 다만 5kN/m²를 초과할 필요는 없다.

(5) 계단
- 단독주택 또는 2세대 거주 주택 : 2.0 kN/m²
- 기타의 계단 : 5.0 kN/m²

2세대 이하거주 주택 이외의 계단은 일시적으로 많은 사람이 모일 가능성을 고려하여 5kN/m²으로 적용

끝

6. 그림과 같은 보에 고정하중과 활하중의 20%가 지속하중으로서 휨모멘트가 작용할 경우의 최대 균열폭을 계산하시오.
(단, 강재의 부식에 대한 환경조건은 습윤환경에 놓인 건물이다.) <111회 2교시>

[검토조건]
- M_D=300kN·m (고정하중모멘트)
- M_L=200kN·m (활하중모멘트)
- d(인장철근 중심에서 압축측 콘크리트 연단까지 거리)=631mm
- 피복두께=40mm
- 인장철근 A_s=3,177mm² (4-D32) d_b=31.8mm
- D13 U형스터럽 d_b=12.7mm
- f_{ck}=27MPa (일반콘크리트), f_y=400MPa
- E_s=200,000MPa

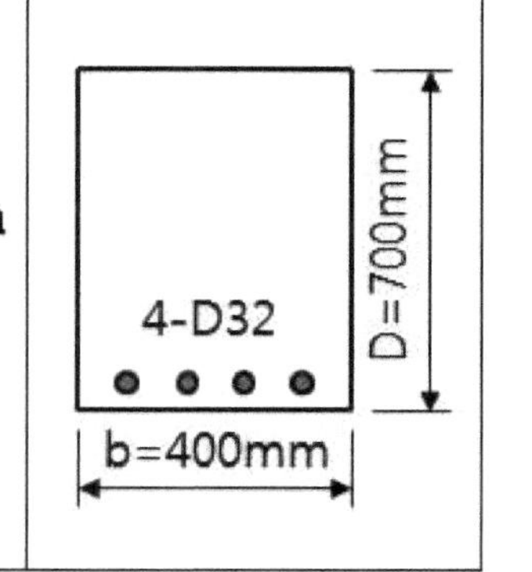

KDS 14 20 30, 부록. 균열의 검증

(1) 평균균열폭(W_m)

$$W_m = l_s \times (\varepsilon_{sm} - \varepsilon_{cm})$$

l_s: 평균균열간격, $(\varepsilon_{sm} - \varepsilon_{cm})$: 평균 변형률

① 평균균열간격

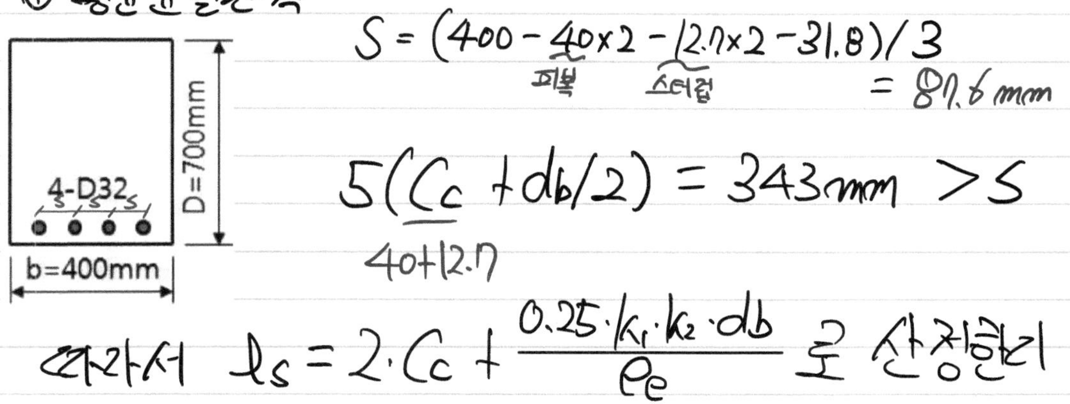

$S = (400 - 40\times2 - 12.7\times2 - 31.8)/3$ (피복 40×2, 스터럽 12.7×2)
$= 87.6\,mm$

$5(C_c + d_b/2) = 343mm > S$ (C_c = 40+12.7)

따라서 $l_s = 2\cdot C_c + \dfrac{0.25\cdot k_1\cdot k_2\cdot d_b}{\rho_e}$ 로 산정한다

$k_1 = 0.8$ (이형철근)
$k_2 = 0.5$ (휨모멘트를 받는부재)

d_{cte} 산정을 위해 중립축 거리를 산정해야 한다.

4-D32

x

$d-x$

$$M_{cr} = \underset{0.63\cdot\lambda\sqrt{f_{ck}}}{\underline{f_r}} \cdot \underset{bh^2/6}{\underline{S}} = 106.937\ kN\cdot m > \underset{(M_D+0.2M_L)}{\overset{340}{M_{sus}}}$$

지속 하중에서 균열은 발생한다.

$$E_c = 8500\sqrt[3]{27+4} = 26701.736\ MPa$$

$$n = E_s/E_c = 7.490$$

중립축에서 단면1차모멘트는 "0"이므로

$$b\cdot x \times \frac{x}{2} - n \times \underset{3177}{\underline{A_s}} \times (d-x) = 0$$

$$x = 220.895\ mm$$

$$d_{cte} = Min(\underset{172.5}{\underline{2.5(h-d)}},\ \underset{159.702}{\underline{(h-x)/3}}) = 159.702$$

$$A_{cte} = b\cdot d_{cte} = 63880.667\ mm^2$$

$$\rho_e = A_{cte}/A_s = 0.0497$$

$$l_s = 2\cdot C_c + \frac{0.25\cdot k_1\cdot k_2\cdot d_b}{\rho_e} = 169.341\ mm$$

② 평균변형률 $(\varepsilon_{sm} - \varepsilon_{cm})$

$$\varepsilon_{sm} - \varepsilon_{cm} = \frac{f_{so}}{E_s}\left[1 - \beta_1\cdot\beta_2\ (1+n_i\cdot\rho_e)\left(\frac{f_{sr}}{f_{so}}\right)^2\right] \geq 0.6\frac{f_{so}}{E_s}$$

$$I_g = \frac{b\cdot h^3}{12} = 1.14333 \times 10^{10}\ mm^4$$

$$I_{cr} = \frac{b\cdot x^3}{12} + b \times x \times \left(\frac{x}{2}\right)^2 + n\cdot A_s\cdot(d-x)^2 = 5.439 \times 10^9\ mm^4$$

$$f_{so}\text{(균열단면 철근응력)} = n\cdot\frac{M_{sus}\cdot(d-x)}{I_{cr}} = 192.008\ MPa$$

$$f_{sr}\text{(균열발생직후 균열면철근응력)} = n\cdot\frac{M_{cr}\cdot(d-x)}{I_g} = 28.730\ MPa$$

$$n_i = E_s/(E_c/0.85) = 6.367$$

1.0 (이형철근) 0.0497

$$\varepsilon_{sm} - \varepsilon_{cm} = \frac{f_{so}}{E_s}\left[1 - \beta_1 \cdot \beta_2 \left(1 + n_i \cdot \rho_e\right)\left(\frac{f_{st}}{f_{so}}\right)^2\right] \geq 0.6\frac{f_{so}}{E_s}$$

1.0 6.367

0.000932 0.000576

$\varepsilon_{sm} - \varepsilon_{cm} = 0.000932$

③ 평균균열폭

$W_m = l_s \cdot (\varepsilon_{sm} - \varepsilon_{cm}) = 0.158$ mm

(2) 최대 균열폭 ($k_{st} = 1.7$)

$W_d = k_{st} \cdot W_m = 0.268$ mm $< W_a$

0.3mm (습윤환경)

허용균열폭을 만족한다.

끝

딸기맛호가든 : KBC2005 및 그이전의 기준에 따라 균열폭을 산정할 경우 비교적 쉽게 구할 수 있다. 다만, 개정사항을 반영하지 않는 것이 되므로 이전의 기준에 따라 풀 경우 감점이 상당히 클 것으로 판단된다. 그렇다고 변경된 기준으로 풀자니... 일부수식이 너무 지나치게 복잡하다.

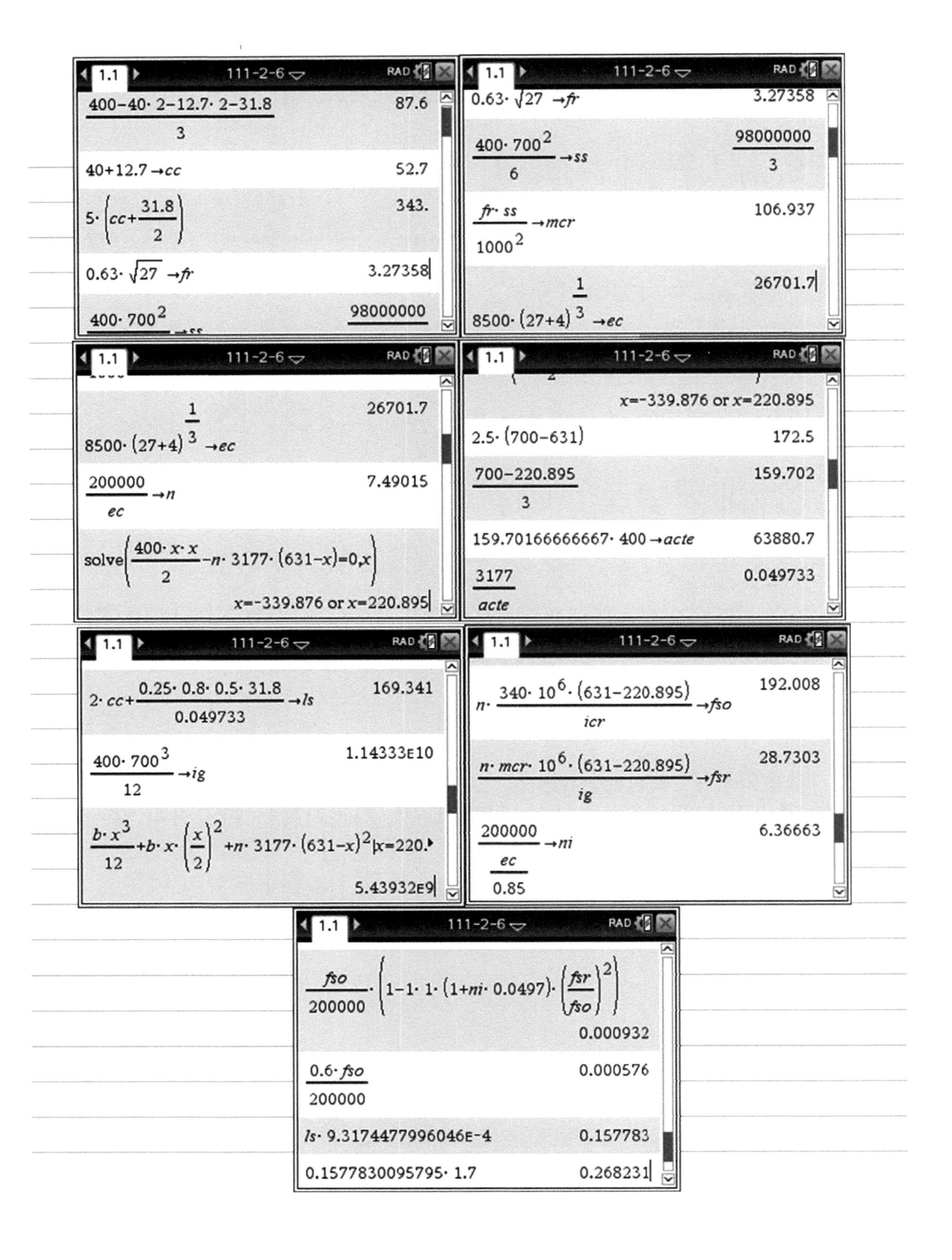

1.1
111-2-6
RAD
(400−40·2−12.7·2−31.8)/3 87.6
40+12.7→cc 52.7
5·(cc+31.8/2) 343.
0.63·√27 →fr 3.27358
400·700^2/6 →ss 98000000/3
fr·ss/1000^2 →mcr 106.937
8500·(27+4)^(1/3) →ec 26701.7
200000/ec →n 7.49015
solve((400·x·x)/2 −n·3177·(631−x)=0,x)
x=−339.876 or x=220.895
2.5·(700−631) 172.5
(700−220.895)/3 159.702
159.70166666667·400→acte 63880.7
3177/acte 0.049733
2·cc+(0.25·0.8·0.5·31.8)/0.049733 →ls 169.341
400·700^3/12 →ig 1.14333E10
b·x^3/12+b·x·(x/2)^2+n·3177·(631−x)^2|x=220.
5.43932E9
n·(340·10^6·(631−220.895))/icr →fso 192.008
(n·mcr·10^6·(631−220.895))/ig →fsr 28.7303
200000/(ec/0.85) →ni 6.36663
fso/200000·(1−1·1·(1+ni·0.0497)·(fsr/fso)^2)
0.000932
0.6·fso/200000 0.000576
ls·9.3174477996046E−4 0.157783
0.1577830095795·1.7 0.268231

1. 그림과 같은 기둥에서 집중하중 P에 의하여 CA부재는 인장력을 받고, CB부재는 압축력을 받고 있을 때, CA부재가 인장항복하고 CB부재가 좌굴임계하중에 동시에 도달하는 C점의 위치를 찾아 b/L값을 계산하시오. <111회 3교시>

[검토조건]

- 기둥의 세장비 : $L/r = 200$
- 기둥 재료의 항복강도 : $F_y = 205$MPa
- 기둥 재료의 탄성계수 : $E = 205{,}000$MPa
- C점(hinge)은 횡지지되어 수평이동은 제한됨

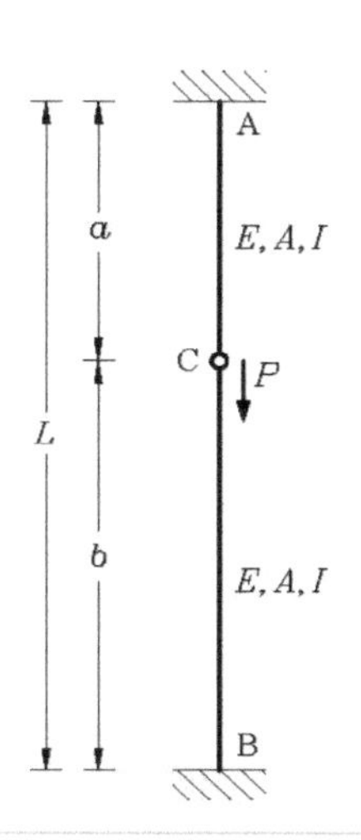

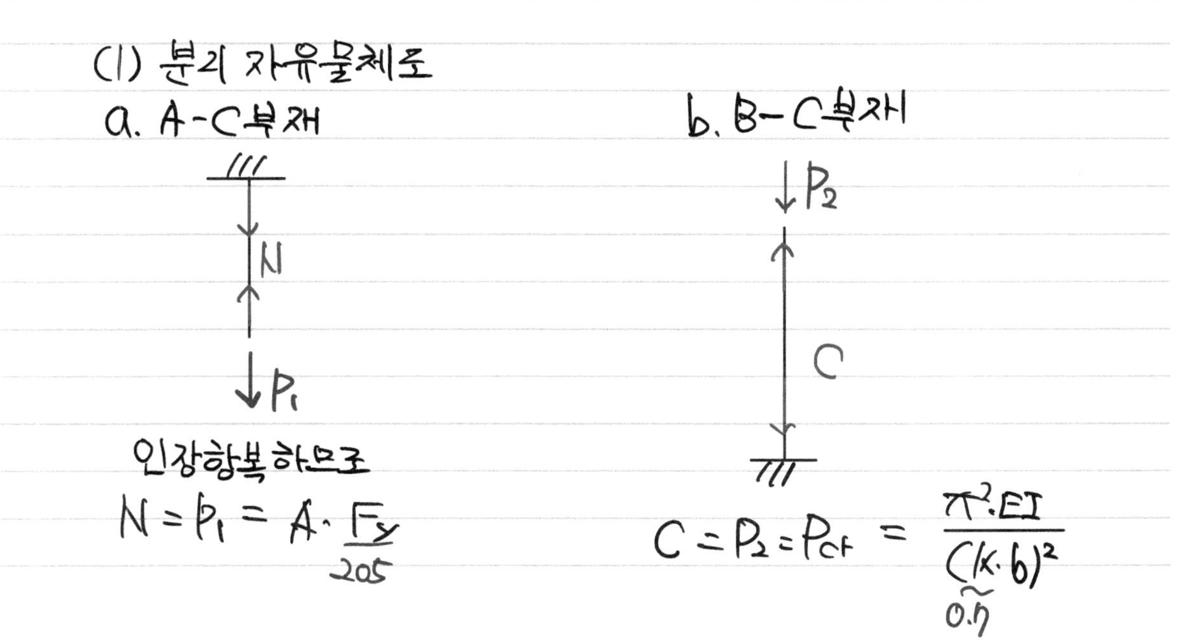

(2) C점 위치 산정

CA부재 인장과 CB부재 좌굴이 동시에 발생하므로

$$A \cdot F_y = \frac{\pi^2 \cdot EI}{(0.7b)^2}$$

$$\underset{205}{F_y} = \frac{\pi^2 \cdot E}{\left(\frac{0.7b}{r}\right)^2}$$

$L/r = 200$이므로

$r = L/200$

$b = 0.7096L$, $b/L = 0.7096$

끝

딸기맛호가든 : 달리 풀방법이 없어 항복시하중(P1)=좌굴시하중(P2) 인 것으로 가정하고 풀었으며, 해당가정이 없을시 이문제는 풀수 없다.

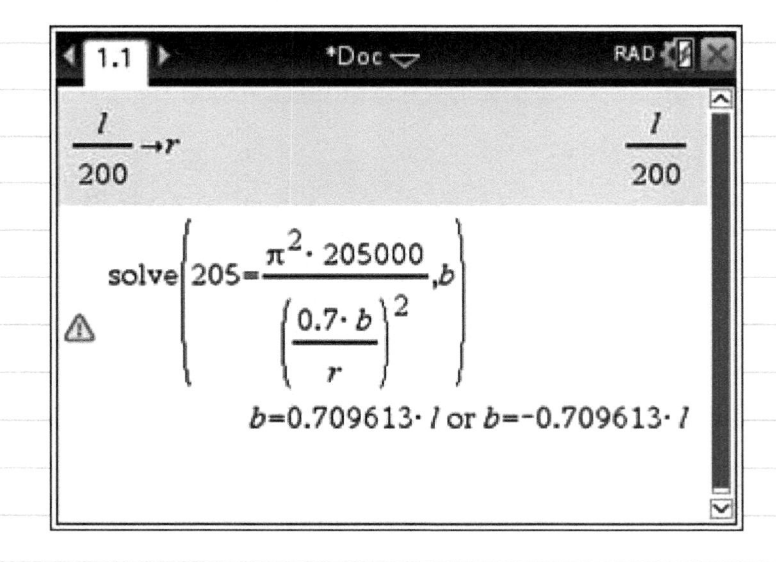

2. 그림과 같은 부정정 트러스 구조물에 집중하중 P가 작용하고 있을 때 모든 부재의 축력을 계산하시오.

<111회 3교시>

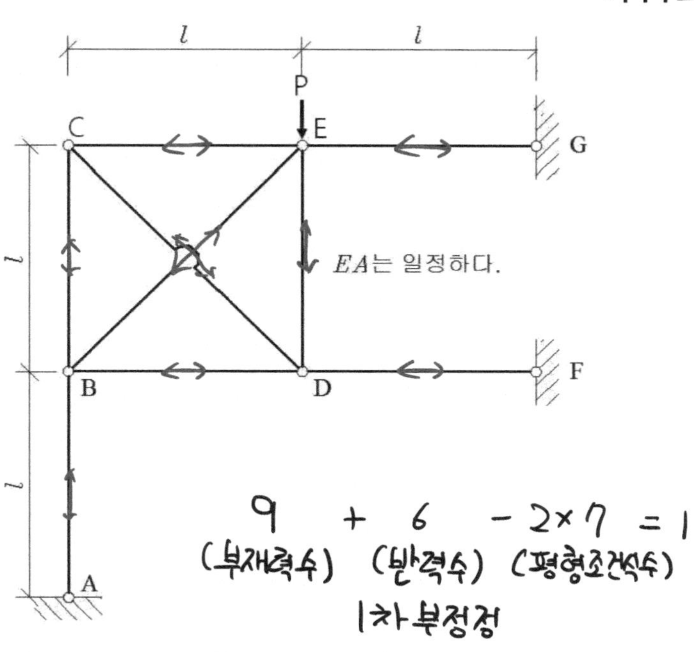

$$9 + 6 - 2\times 7 = 1$$

(부재력수) (반력수) (평형조건식수)

1차 부정정

(1) 부정정력 선정

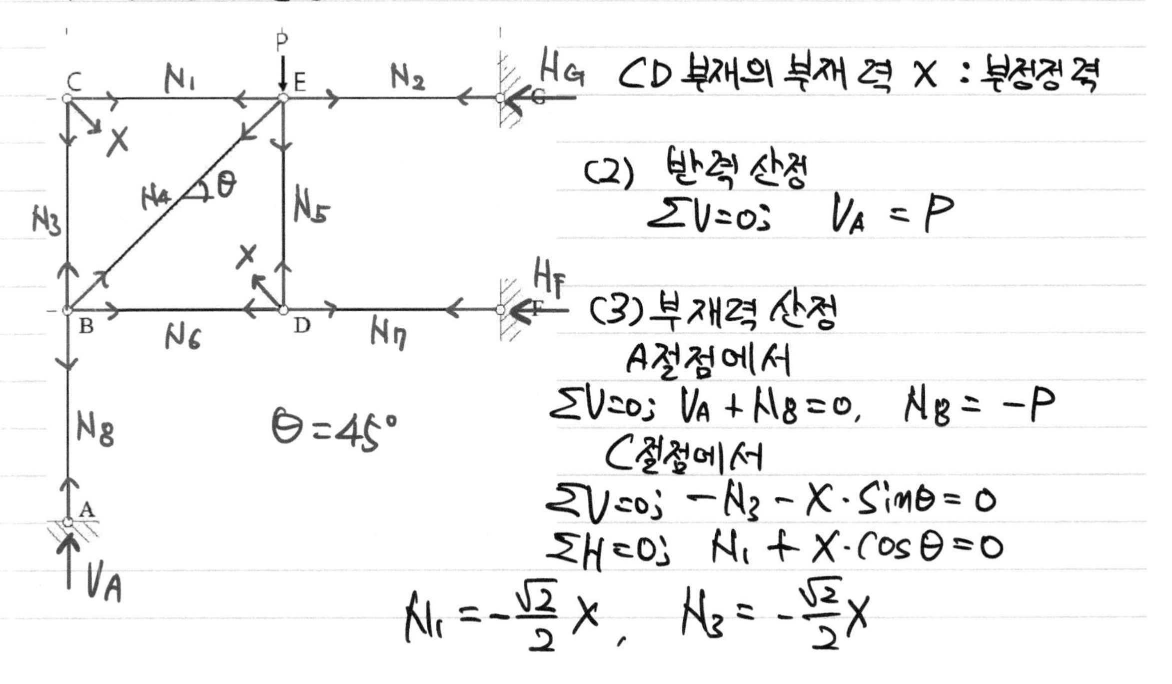

CD 부재의 부재력 X : 부정정력

(2) 반력 산정

$\Sigma V=0;\ V_A = P$

(3) 부재력 산정

A절점에서

$\Sigma V=0;\ V_A + N_8 = 0,\quad N_8 = -P$

C절점에서

$\Sigma V=0;\ -N_3 - X\cdot\sin\theta = 0$

$\Sigma H=0;\ N_1 + X\cdot\cos\theta = 0$

$$N_1 = -\frac{\sqrt{2}}{2}X,\quad N_3 = -\frac{\sqrt{2}}{2}X$$

B 절점에서

$\Sigma V=0;\quad N_3 + N_4 \cdot \sin\theta - N_8 = 0$

$\Sigma H=0;\quad N_4 \cdot \cos\theta + N_6 = 0$

$$N_4 = X - \sqrt{2}P, \quad N_6 = \frac{-(\sqrt{2}\cdot X - 2P)}{2}$$

D 절점에서

$\Sigma V=0;\quad N_5 + X \cdot \sin\theta = 0$

$\Sigma H=0;\quad -N_6 - X \cdot \cos\theta + N_7 = 0$

$$N_5 = -\frac{\sqrt{2}}{2}X, \quad N_7 = P$$

E 절점에서

$\Sigma H=0;\quad -N_1 - N_4 \cdot \cos\theta + N_2 = 0, \quad N_2 = -P$

$\Sigma V = -N_4 \cdot \sin\theta - N_5 - P = 0 \quad$ O.K

(4) 변형에너지 산정

$$U = \frac{\Sigma N_i^2 \cdot L_i}{2EA} = \frac{1}{2EA} \times \left[(N_1^2 + N_2^2 + N_3^2 + N_5^2 + N_6^2 + N_7^2 + N_8^2) \times L + (N_4^2 + X^2) \times \sqrt{2}L \right)$$

(5) 부정정력 산정

$$\frac{\partial U}{\partial X} = 0; \quad X = \frac{P}{4}(3\sqrt{2} - 2) \fallingdotseq 0.561P$$

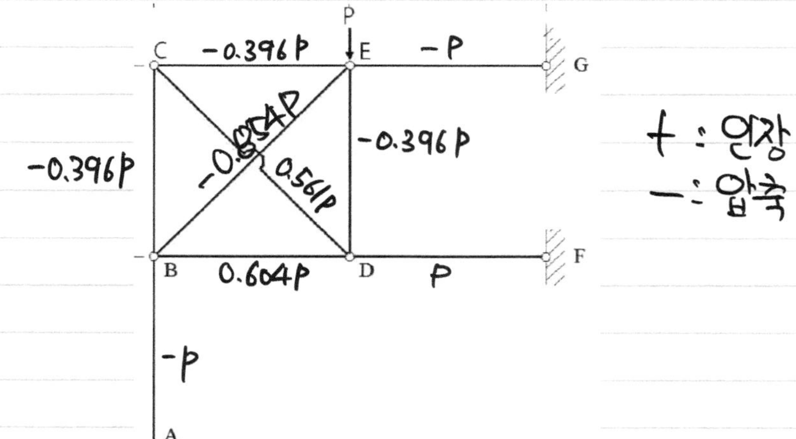

+ : 인장
− : 압축

끝

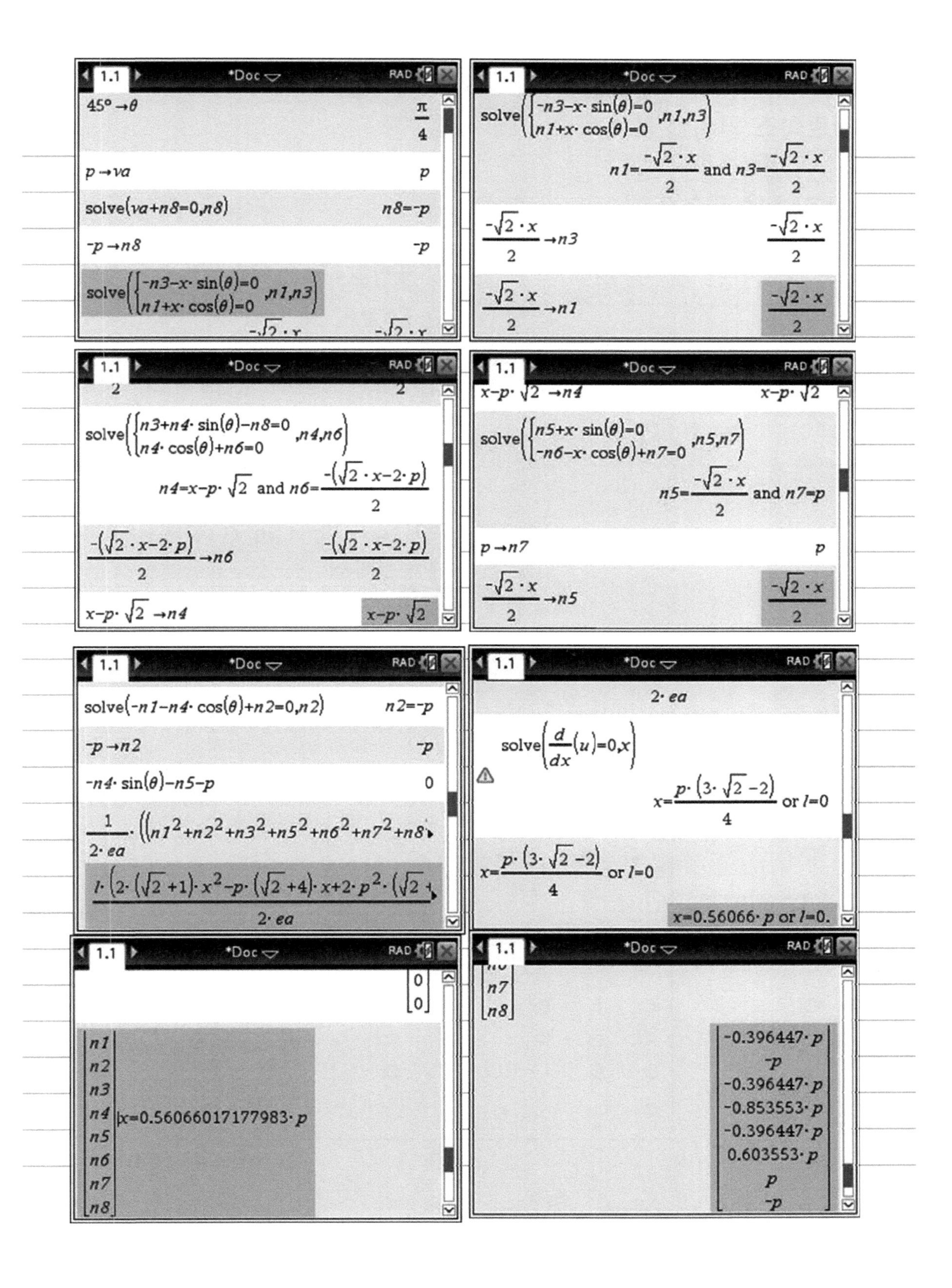
1.1 *Doc RAD
45° →θ π/4
p →va p
solve(va+n8=0,n8) n8=-p
-p →n8 -p
solve({-n3-x·sin(θ)=0, n1+x·cos(θ)=0},n1,n3)
n1=-√2·x/2 and n3=-√2·x/2
-√2·x/2 →n3 -√2·x/2
-√2·x/2 →n1 -√2·x/2
solve({n3+n4·sin(θ)-n8=0, n4·cos(θ)+n6=0},n4,n6)
n4=x-p·√2 and n6=-(√2·x-2·p)/2
-(√2·x-2·p)/2 →n6 -(√2·x-2·p)/2
x-p·√2 →n4 x-p·√2
solve({n5+x·sin(θ)=0, -n6-x·cos(θ)+n7=0},n5,n7)
n5=-√2·x/2 and n7=p
p →n7 p
-√2·x/2 →n5 -√2·x/2
solve(-n1-n4·cos(θ)+n2=0,n2) n2=-p
-p →n2 -p
-n4·sin(θ)-n5-p 0
1/(2·ea)·((n1^2+n2^2+n3^2+n5^2+n6^2+n7^2+n8^2
l·(2·(√2+1)·x^2-p·(√2+4)·x+2·p^2·(√2+ / 2·ea
2·ea
solve(d/dx(u)=0,x)
x=p·(3·√2-2)/4 or l=0
x=p·(3·√2-2)/4 or l=0
x=0.56066·p or l=0.
[n1 n2 n3 n4 n5 n6 n7 n8]|x=0.56066017177983·p
[-0.396447·p, -p, -0.396447·p, -0.853553·p, -0.396447·p, 0.603553·p, p, -p]

매트릭스 변위법 풀이시

(1) 절점 평형 방정식

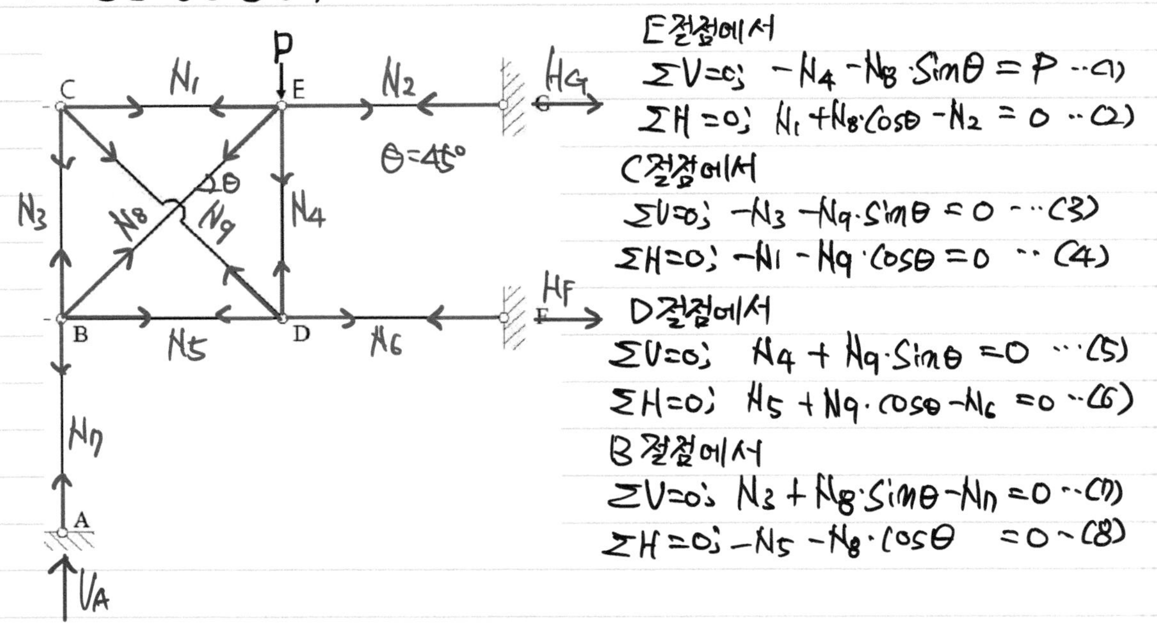

(2) $P = A \cdot Q$

식(1) ~ (8)을 매트릭스로 표현

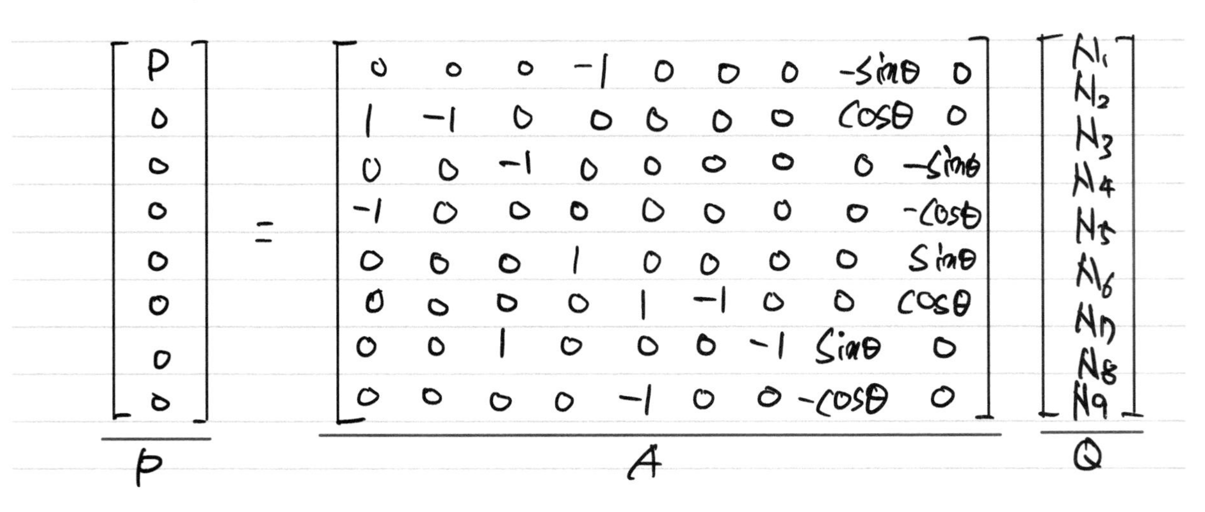

$$\underbrace{\begin{bmatrix} P \\ 0 \\ 0 \\ 0 \\ 0 \\ 0 \\ 0 \\ 0 \end{bmatrix}}_{P} = \underbrace{\begin{bmatrix} 0 & 0 & 0 & -1 & 0 & 0 & 0 & -\sin\theta & 0 \\ 1 & -1 & 0 & 0 & 0 & 0 & 0 & \cos\theta & 0 \\ 0 & 0 & -1 & 0 & 0 & 0 & 0 & 0 & -\sin\theta \\ -1 & 0 & 0 & 0 & 0 & 0 & 0 & 0 & -\cos\theta \\ 0 & 0 & 0 & 1 & 0 & 0 & 0 & 0 & \sin\theta \\ 0 & 0 & 0 & 0 & 1 & -1 & 0 & 0 & \cos\theta \\ 0 & 0 & 1 & 0 & 0 & 0 & -1 & \sin\theta & 0 \\ 0 & 0 & 0 & 0 & -1 & 0 & 0 & -\cos\theta & 0 \end{bmatrix}}_{A} \underbrace{\begin{bmatrix} N_1 \\ N_2 \\ N_3 \\ N_4 \\ N_5 \\ N_6 \\ N_7 \\ N_8 \\ N_9 \end{bmatrix}}_{Q}$$

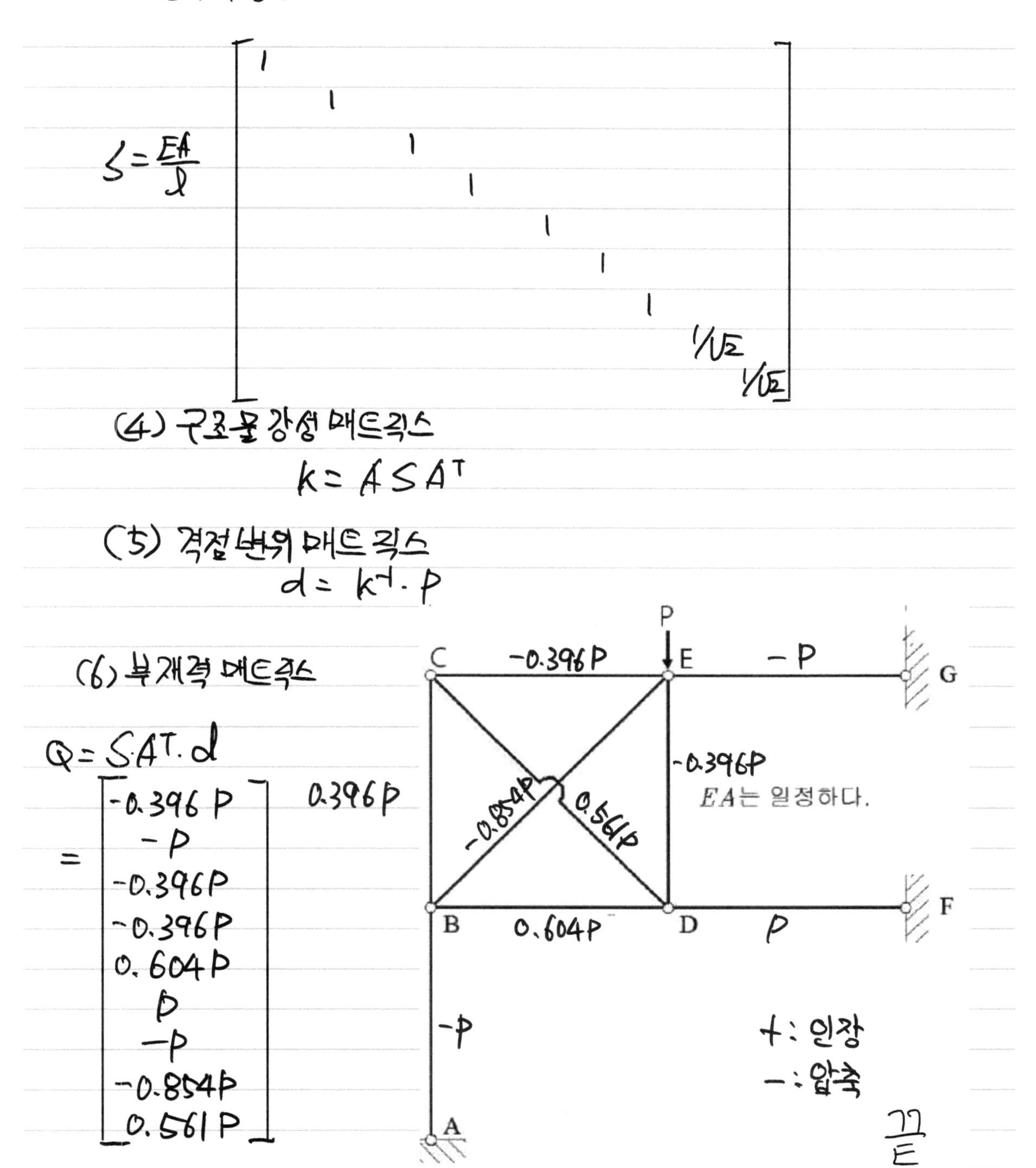

(3) 전부재 강성 매트릭스 S

$$S = \frac{EA}{l}\begin{bmatrix} 1 &&&&&&&& \\ & 1 &&&&&&& \\ && 1 &&&&&& \\ &&& 1 &&&&& \\ &&&& 1 &&&& \\ &&&&& 1 &&& \\ &&&&&& 1 && \\ &&&&&&& 1/\sqrt{2} & \\ &&&&&&&& 1/\sqrt{2} \end{bmatrix}$$

(4) 구조물 강성 매트릭스

$$k = A S A^T$$

(5) 격점변위 매트릭스

$$d = k^{-1} \cdot P$$

(6) 부재력 매트릭스

$$Q = S A^T \cdot d = \begin{bmatrix} -0.396P \\ -P \\ -0.396P \\ -0.396P \\ 0.604P \\ P \\ -P \\ -0.854P \\ 0.561P \end{bmatrix}$$

딸기맛호가든 : 자유도가 많으므로, 매트릭스가 매우 커진다.

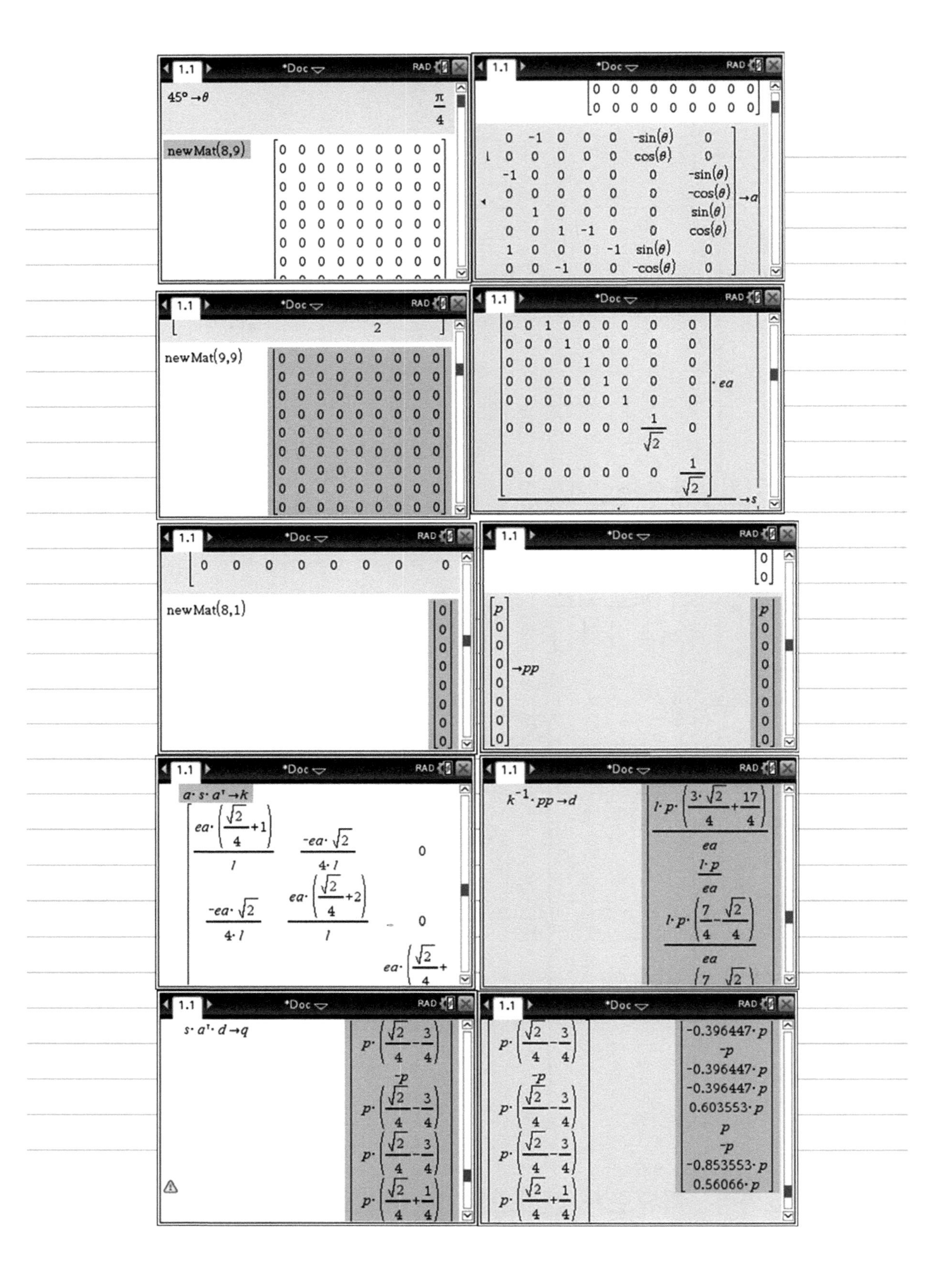
1.1
*Doc
RAD
45° →θ
π/4
newMat(8,9)
→a
ea
→s
newMat(9,9)
newMat(8,1)
→pp
a· s· aᵀ →k
k⁻¹· pp →d
s· aᵀ· d →q
-0.396447· p
-p
-0.396447· p
-0.396447· p
0.603553· p
p
-p
-0.853553· p
0.56066· p

3. 아래 그림과 같은 RC기둥의 구조해석을 위한 모델링과 모멘트도를 제시하고 기둥의 최소철근량($0.01A_g$)을 기준하여 배근도를 스케치하시오.

<111회 3교시>

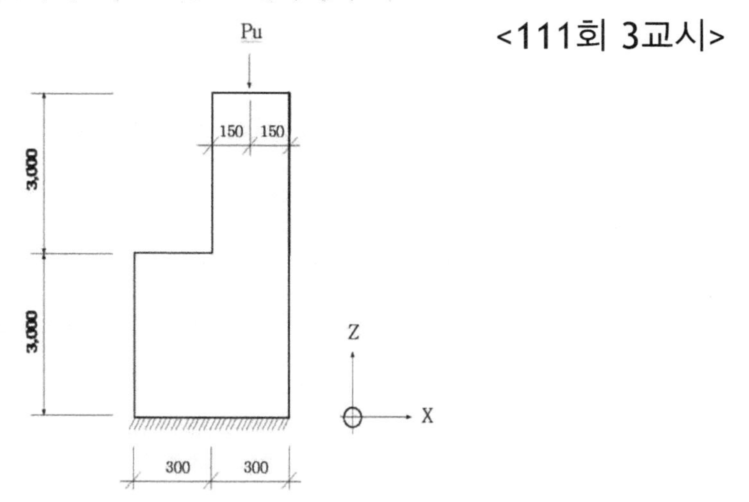

[검토조건]

- 상부와 하부기둥의 폭 : 200mm (모든 길이 단위는 mm)
- f_{ck} = 27MPa, f_y = 400MPa
- P_u = 10 kN (계수 축하중)
- 철근을 경제적으로 배치할 것
- 철근콘크리트 단위중량 : 24kN/m³

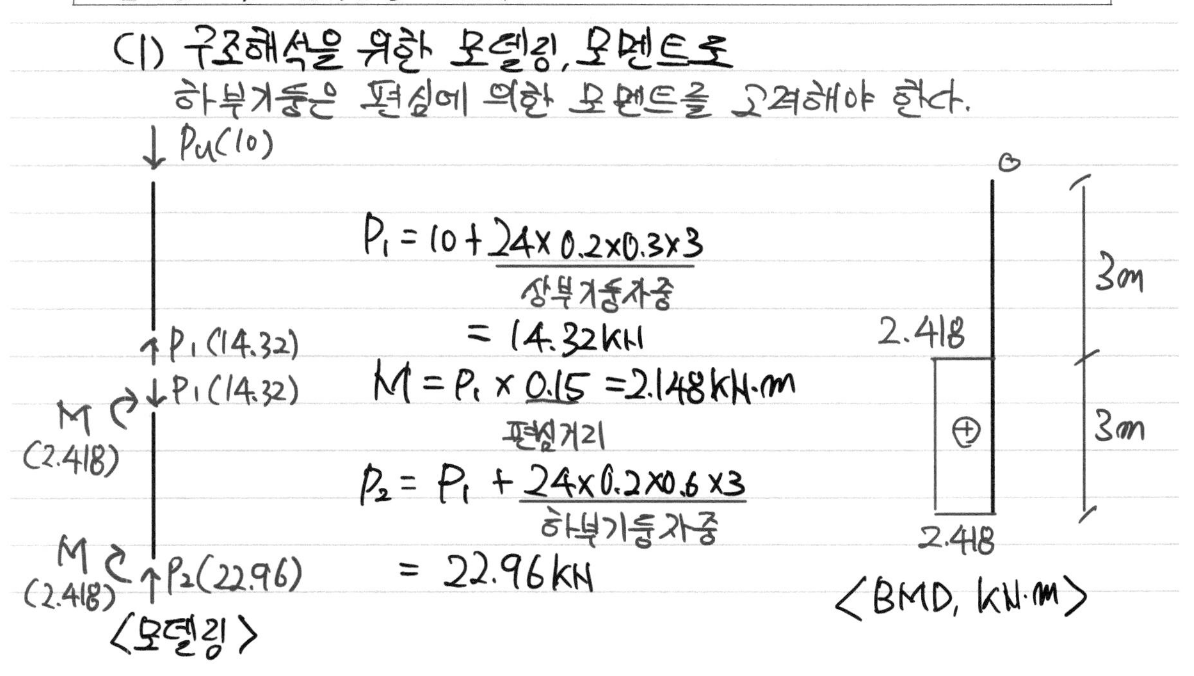

(2) 배근도

① 상부기둥 ($P_u = 14.32 kN$, $M_u = 0$)

$$\phi P_n = 0.65 \times 0.8 \times (0.85 \cdot f_{ck} \cdot (A_g - \underset{A_{s,min}}{A_s}) + f_y \cdot \underset{A_{s,min}}{A_s}) = 833.680 kN > P_u$$

최소철근으로 압축력 저항가능

$$A_{s,min} = 0.01 \times A_g = 600 mm^2 \rightarrow 4\text{-}D16 (796 mm^2)$$

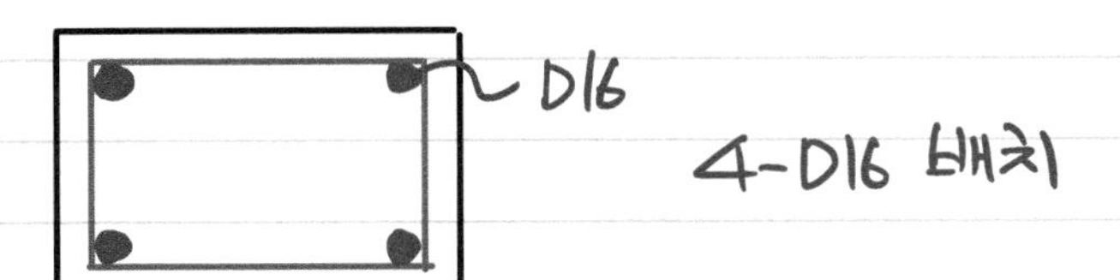

② 하부기둥 ($P_u = 22.96 kN$, $M_u = 2.418 kN \cdot m$)

$$\phi P_n = 0.65 \times 0.8 \times (0.85 \cdot f_{ck} \cdot (A_g - \underset{A_{s,min}}{A_s}) + f_y \cdot \underset{A_{s,min}}{A_s}) = 1667.360 kN$$

$$A_{s,min} = 0.01 \times A_g = 1200 mm^2$$

$$\phi P_n \times \underset{(15+0.03h)}{e_{min}} = 55.023 kN \cdot m > M_u$$

P
1667.36
(P_u, M_u)
55.023
M

따라서 이기둥은 최소철근배치시 안전하다.
4-D16 + 2-D19 배치 (1370 mm^2)

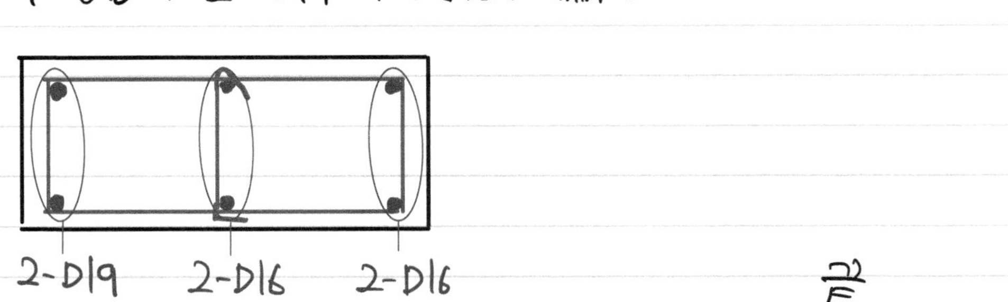

딸기맛호가든 : 하부기둥 검토에서, 축력이 매우 작으므로 이경우 최소편심거리에 의한 모멘트보다 소요모멘트가 작다고 해서 반드시 소요하중을 만족할 것이라고 볼수는 없다. 다만 전체하중에 비해 매우 작은 크기의 하중이므로 P-M 상관도의 전체크기를 봤을때 소요하중을 만족하지 못할 가능성은 없다고 판단된다. 이부분을 보다 정확하게 검증하겠다면 기둥을 해석하여야 하며, 상당한 시간이 소요된다.

M군 : 실무적으로 기둥 주심도에서 상하층 기둥의 중심이 일치하지 않는 경우에 편심의 영향을 고민해야 한다는 메세지를 담고 있는 문제라고 생각한다. 실제 실무시 적용했던 경험을 추가하는 것이 점수확보에 도움이 될 것으로 판단된다.

1.1 111-3-3 RAD	
10+24· 0.2· 0.3· 3	14.32
14.32· 0.15	2.148
14.32+24· 0.2· 0.6· 3	22.96
0.65· 0.8· (0.85· 27· (200· 300−as)+400· as)|	833680.
199· 4	796
600· 200· 0.01	1200.

1.1 111-3-3 RAD	
10+24· 0.2· 0.3· 3	14.32
14.32· 0.15	2.148
14.32+24· 0.2· 0.6· 3	22.96
.8· (0.85· 27· (200· 300−as)+400· as)|as=600	833680.
199· 4	796
600· 200· 0.01	1200.

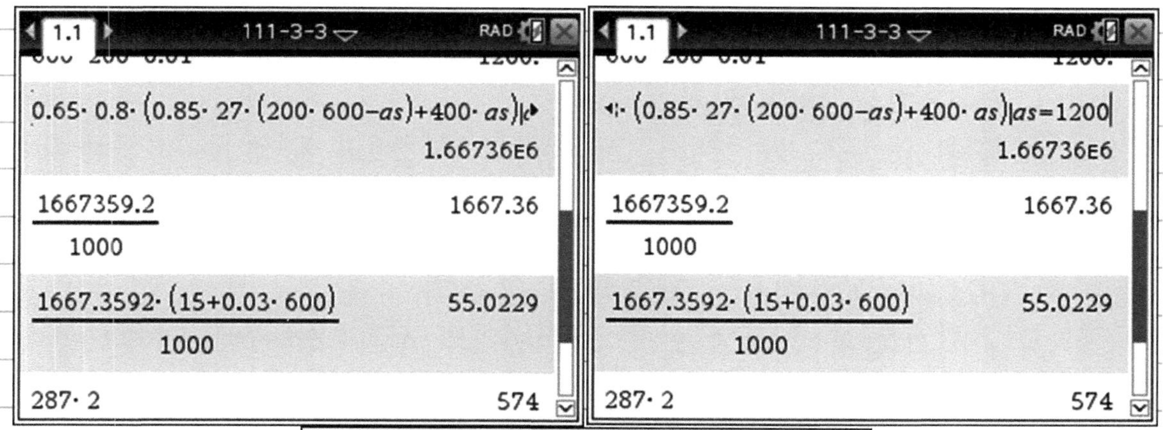

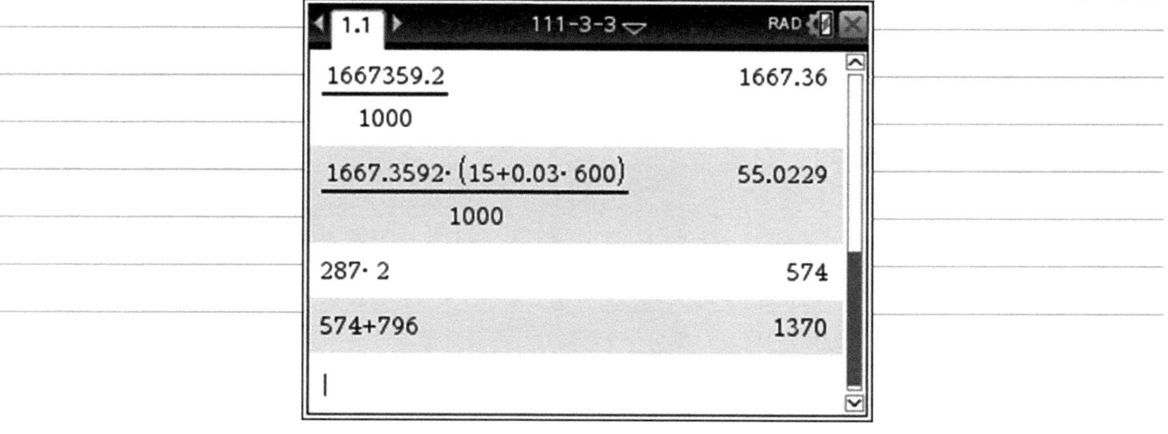

4. 면진구조물의 내진설계에 있어 면진시스템 요구사항 중 5가지에 대하여 설명하시오.

<111회 3교시>

KDS 41 17 00, 16.2.2 면진시스템 요구사항

(1) 생애 주기동안의 성능저하, 크리프, 피로, 온도, 습기 등의 환경조건에 대한 요구조건을 만족하여야 한다.

(2) 면진층에서 풍하중에 의한 횡변위는 면진상부구조 허용층간변위 이하로 구속하여야 한다.

(3) 건축법의 용도구분에 따른 내화구조 요구사항을 만족하여야 한다.

(4) 총 설계변위에서의 수평력이 총 설계변위의 50%에서의 수평력보다 최소 $0.025\,W_{D+0.5L}$ 이상의 복원력 특성을 가져야 한다.

(5) 아래의 조건을 모두 만족하는 경우가 아니라면, 면진시스템의 지진하중에 의한 횡변위는 최대고려지진시의 변위 이하로 제한되어서는 안된다.

① 최대고려 지진시의 응답이 면진시스템과 면진 상부구조의 비선형특성을 명확히 고려한 동적 해석에 따라 산정된다.

② 면진시스템과 면진 하부구조의 극한성능이 최대고려지진시의 강도와 변위 요구조건을 초과한다.

③ 면진 상부구조가 최대고려지진시의 안정성과 연성 요구사항에 대해 충분히 검토된다.

④ 면진시스템의 지진하중에 대한 횡변위 제한기능이 총 설계변위의 0.75배 이하에서는 작동하지 않는다.

(6) 면진시스템의 각 요소는 총 최대변위와 설계수직하중에 대하여 안정하도록 설계하여야 한다. 이를 위하여 설계수직하중과 관련된 하중조합에서 지진하중효과를 1.5배로 하여 검토한다.

(7) 면진층에서 전체 구조물의 전도에 대한 안전계수는 요구하중조합에 대해 1.0 이상이어야 한다.

(8) 면진 상부구조의 변형이 작은 경우, 면진구조물의 감쇠는 면진시스템에 의한 에너지 소산 능력만을 고려하여 산정해야 한다. 면진 시스템의 이력거동이 비선형 해석모델에서 고려되고, 변형이 면진층에 집중되어 상부구조 변형이 작은 경우 구조물의 감쇠비는 0%를 사용해야 한다.

(비고전적 감쇠모델 적용시 상부구조 감쇠 포함가능)

끝

5. 철근콘크리트 특수모멘트골조의 보와 기둥의 배근상세, 특수경계요소 배근상세, 대각 보강연결보 배근상세를 각각 도시하고 설명하시오.

<111회 3교시>

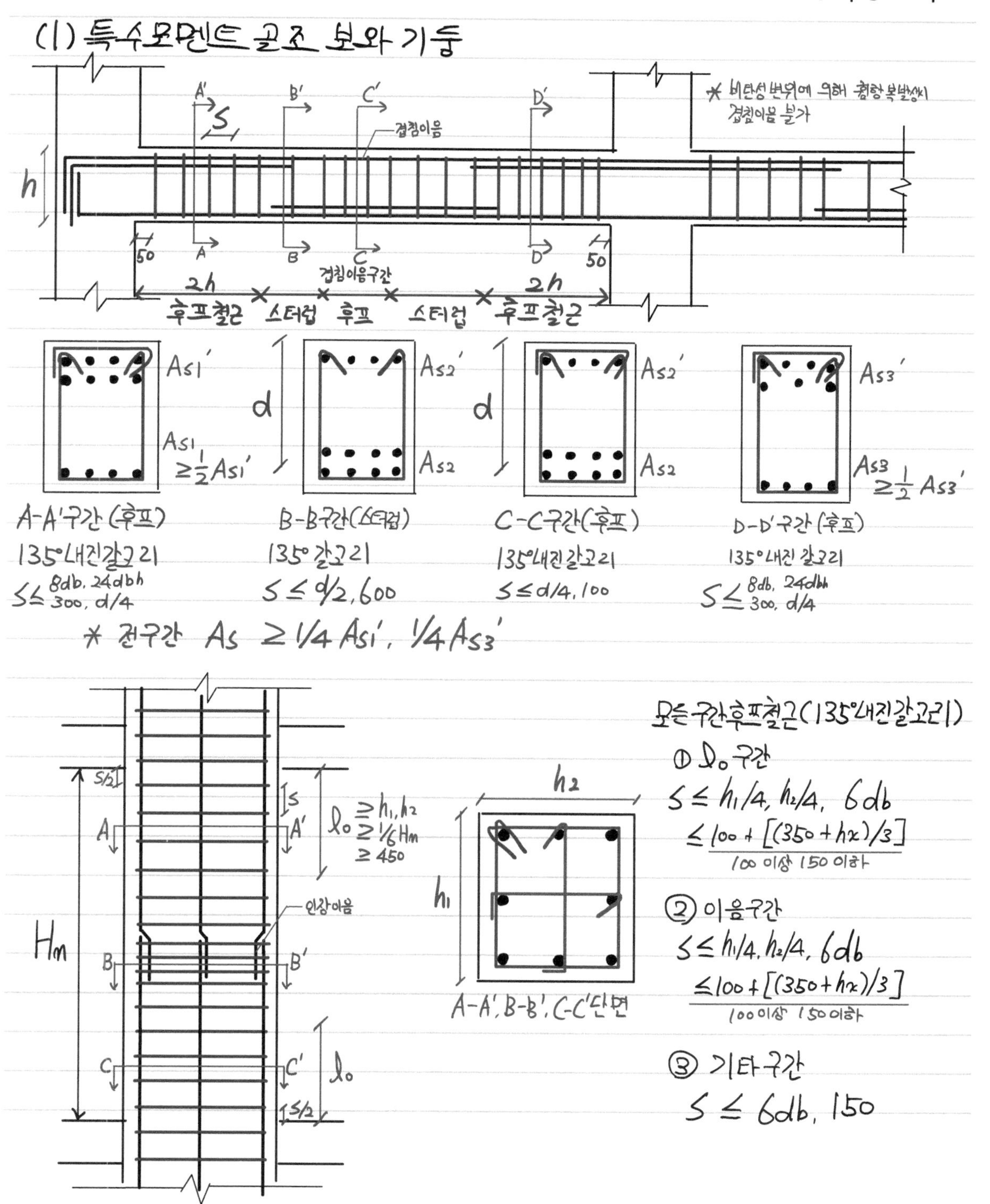

(2) 특수경계요소

① 특수경계요소 설계

$c \geq l_w / (600 \cdot \delta_u / h_w)$ 에 해당시

(c: 중립축, $\delta_u / h_w \geq 0.007$) → $Max[l_w, M_u/4V_u]$ 까지 특수경계요소 보강

$c < l_w / (600 \cdot \delta_u / h_w)$ 에 해당시

→ 벽체 경계부근 혹은 개구부 연단에서 $0.2f_{ck}$ 이상응력 발생시, 해당 부위로부터 압축응력 $0.15f_{ck}$ 까지 특수경계요소 보강

② 특수경계요소의 요구상세 및 요구사항

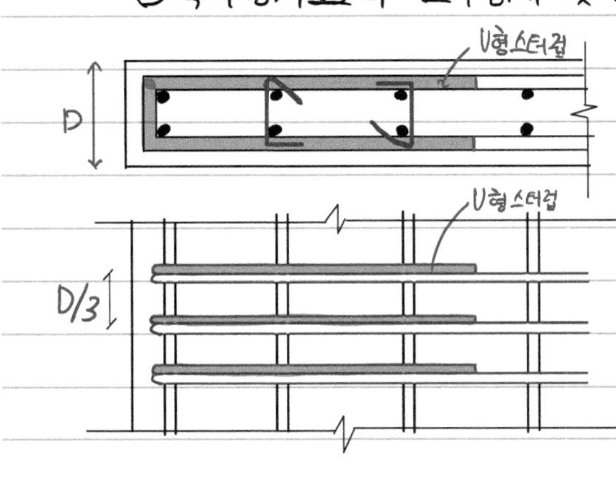

a. 경계요소 범위는 압축단부에서 ($c-0.1l_w$, $c/2$) 중 큰값 이상

b. 플랜지를 가진 벽체인 경우 경계요소는 압축을 받는 플랜지 뿐만 아니라 복부쪽으로 300mm 이상 포함

c. 특수경계요소 횡방향 철근은 특수모멘트 골조의 횡방향 철근규정을 만족하여야 함

d. 경계요소에 있는 가장큰 주철근의 인장정착길이 만큼 횡방향철근이 받침대 내부로 배치, 기초판과 만날 시 그 안쪽으로 300mm 이상 정착

e. 벽체 복부의 수평철근은 항복강도 f_y 까지 도달할 수 있도록 경계요소의 코어 내부에 정착

(3) 대각 연결 보강보

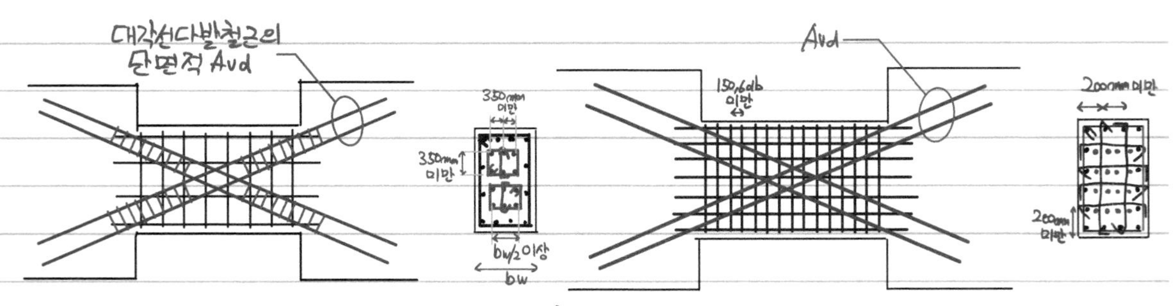

a. 개별 대각선철근의 횡구속

b. 대각보강된 보 전체 단면의 횡구속

끝

M군 : 후프철근 배근시 135° HOOK 번갈아 시공 필요

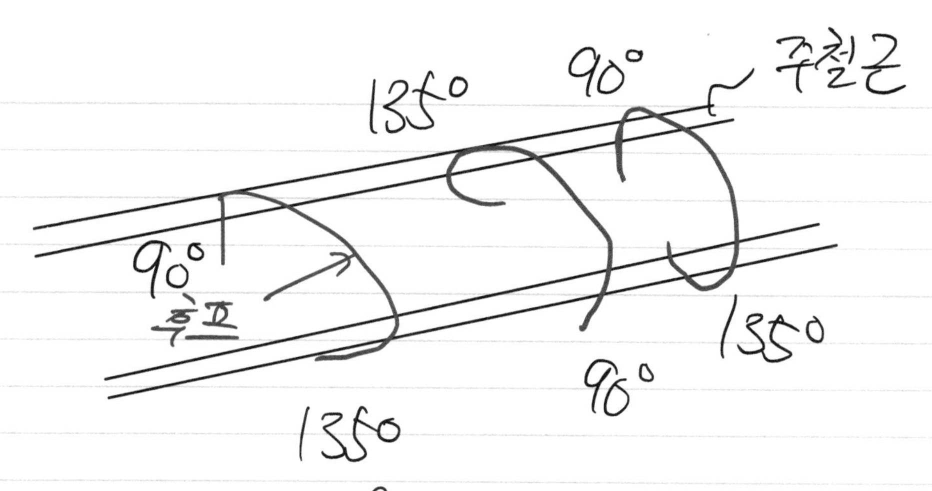

M군 : 사원시절 나에게 135° HOOK 번갈아 가면서 배치해야 한다고 그 당시 회사 대표님께서 거듭 강조하셨던 기억이 있다. 실무에서 이 사항을 지키지 않으면 추후에 구조 모니터링에 걸리기 좋으므로 주의해야 한다.

딸기맛호가든 : 그림으로 표현하기 까다로워서 제꼈다가 M군에게 딱걸림

딸기맛호가든 : 상세를 그릴때, 건축구조기술사회의 철근콘크리트 배근 상세, 혹은 실무시 적용했던 일반사항에 있었던 상세를 적용해볼 수 있다. 이러한 상세들에는 반드시 지켜야 할 사항은 아니지만, 실무시 일반적으로 적용되는 내용까지 포함하고 있다.
다만, 이경우 상세가 과도하게 복잡해지며, 시험장에서 시간내에 답안을 작성하는데 불리할 수 있다. 따라서, 필자는 설계기준에 제시되어 있는 비교적 단순한 형태의 상세로 그리는 것을 보다 더 권장한다.

6. 그림과 같이 압연 H형강 H-400×400×13×21(SM 490)의 양단 핀인 기둥에 축압축력과 강축방향의 1축 휨모멘트가 동시에 작용하고 있다. 이 기둥의 안전성을 검토하시오.

<111회 3교시>

[검토조건]

- **축압축력 :** $P_D = 900\,\text{kN}$, $P_L = 1{,}300\,\text{kN}$
- **기둥 상단부 휨모멘트** $M_D = 20\,\text{kN·m}$, $M_L = 30\,\text{kN·m}$
- **기둥 하단부 휨모멘트** $M_D = 70\,\text{kN·m}$, $M_L = 110\,\text{kN·m}$
- $K_x = 1.0$, $K_y = 1.0$,
- $E = 205{,}000\,\text{N/mm}^2$, $F_y = 315\,\text{N/mm}^2$
- H－400×400×13×21**의 단면성능**
  ($A = 21{,}870\,\text{mm}^2$, $Z_x = 3{,}670{,}000\,\text{mm}^3$,
  r(**필렛반경**)$= 22\,\text{mm}$, $I_x = 666 \times 10^6\,\text{mm}^4$,
  $I_y = 224 \times 10^6\,\text{mm}^4$, $S_x = 3.33 \times 10^6\,\text{mm}^3$,
  $J = 2.73 \times 10^6\,\text{mm}^4$, $r_x = 175\,\text{mm}$, $r_y = 101\,\text{mm}$)
- $L_p = 1.76\, r_y \sqrt{E/F_y}$
- $L_r = 1.95\, r_{ts} \dfrac{E}{0.7F_y} \sqrt{\dfrac{Jc}{S_x h_o}} \sqrt{1 + \sqrt{1 + 6.76\left(\dfrac{0.7F_y}{E}\dfrac{S_x h_o}{Jc}\right)^2}}$
  $= 15{,}451\,\text{mm}$

(1) 소요하중 산정

① 계수소요하중

$P_u = 1.2 \times 900 + 1.6 \times 1300 = 3160\,\text{kN}$

$M_{u1} = 1.2 \times 20 + 1.6 \times 30 = 72\,\text{kN·m}$

$M_{u2} = 1.2 \times 70 + 1.6 \times 110 = 260\,\text{kN·m}$

② $P-\delta$ 효과 고려

$$P_{e1} = \frac{\pi^2 \cdot E \cdot I_x}{(k \cdot L_x)^2} = 5.39 \times 10^7\,\text{N} = 53899.884\,\text{kN}$$

$C_m = 0.6 - 0.4(72/260) = 0.489$

$$B_1 = \frac{0.489}{1 - P_u/P_{e1}} = 0.519 \longrightarrow$$ 1.0이하이므로 $B_1 = 1.0$ 적용

$P_r = P_u = 3160\,\text{kN}$

$M_r = B_1 \times M_{u1} = 260\,\text{kN·m}$

(2) 설계휨강도 산정

① M_p 산정

$$M_p = F_y \cdot Z_x = 1.156\times10^9 N\cdot mm = 1156.050\ kN\cdot m$$

② 횡좌굴 검토 ($L_b = 5000mm$)

$L_p = 1.76 \cdot r_y \cdot \sqrt{E/F_y} = 4534.774\ mm$, $L_r = 15451\ mm$

$L_p < L_b \leq L_r$ 이므로 비탄성 횡좌굴이다.

$$\Delta M = \frac{260+72}{4} = 83\ kN\cdot m$$

$M_{max} = 260 kN\cdot m$

$M_A = 260 - 3\cdot\Delta M = 11\ kN\cdot m$

$M_B = 260 - 2\cdot\Delta M = 94\ kN\cdot m$

$M_C = 260 - \Delta M = 177\ kN\cdot m$

$$C_b = \frac{12.5M_{max}}{2.5M_{max}+3M_A+4M_B+3M_C}\times1.0 = 2.044$$

$$M_n = C_b\cdot\left[M_p - (M_p - 0.7\cdot F_y\cdot S_x)\left(\frac{L_b - L_p}{L_r - L_p}\right)\right] \leq M_p$$

$$2.326\times10^9 N\cdot mm > M_p$$

$M_n = M_p$

③ 국부좌굴 검토

$$\lambda_f = \frac{200}{21} = 9.524 \leq \lambda_{pf} = 0.38\sqrt{E/F_y} = 9.694$$

$$\lambda_w = \frac{400-2\times21-2\times22}{13} = 24.154 \leq \lambda_{pw} = 3.76\sqrt{E/F_y} = 95.920$$

콤팩트 플랜지 콤팩트웨브이므로 국부좌굴에 지배되지 않는다.

④ 설계휨강도

$$\phi M_n = 0.9M_n = 1040.445\ kN\cdot m$$

(3) 설계압축강도

기성단면은 비콤팩트 단면을 만족하므로 폭두께비 검토 생략

① F_{cr} 산정 (약축이 지배)

$$F_e = \frac{\pi^2 \cdot E}{(K \cdot L_y / r_y)^2} = 825.575\,MPa$$

$F_y/F_e = 0.382 \leq 2.25$ 이므로 비탄성좌굴이다.

$$F_{cr} = 0.658^{F_y/F_e} \times F_y = 268.506\,MPa$$

② 설계압축강도

$$\phi P_n = 0.9 \cdot F_{cr} \cdot A_g = 5.285 \times 10^6 N = 5285.006\,kN$$

(4) 조합하중에 대한 검토

$P_r/\phi P_n = 0.598 > 0.2$ 이므로 (P_r = 3160, ϕP_n = 5285.006)

$$\frac{P_r}{\phi P_n} + \frac{8}{9} \times \left(\frac{M_r}{\phi M_n}\right) = 0.820 \leq 1.0$$

(M_r = 260, ϕM_n = 1040.445)

이 기둥은 안전하다. 끝

딸기맛호가든 : 강구조 기둥과, 강구조 보를 모두 풀수 있는 상태라면, 그저 기둥 한번 풀고 보 한번 푼 뒤, 조합하중검토를 하면 될 뿐이다.

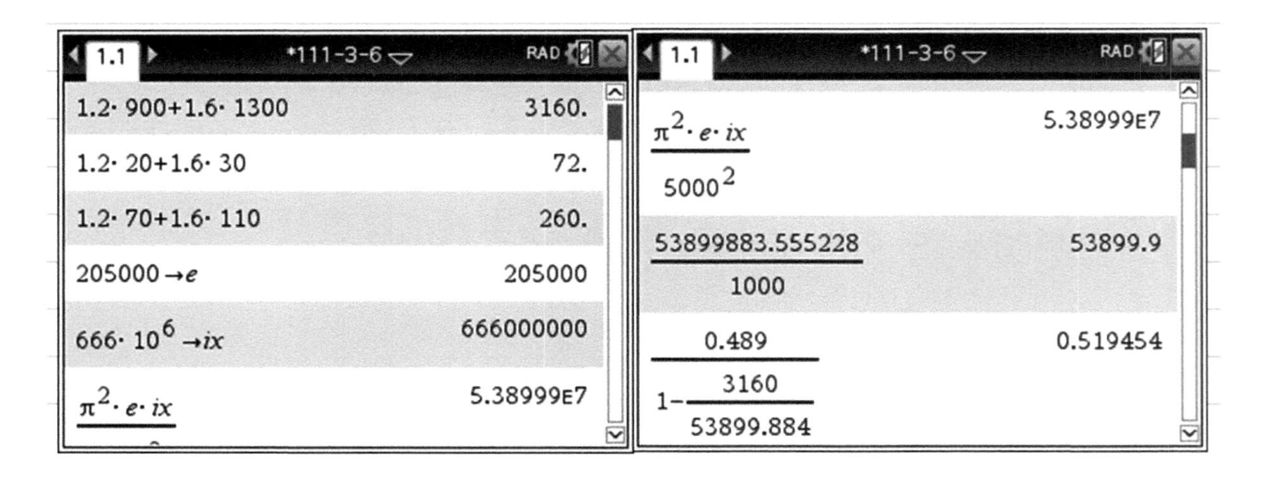

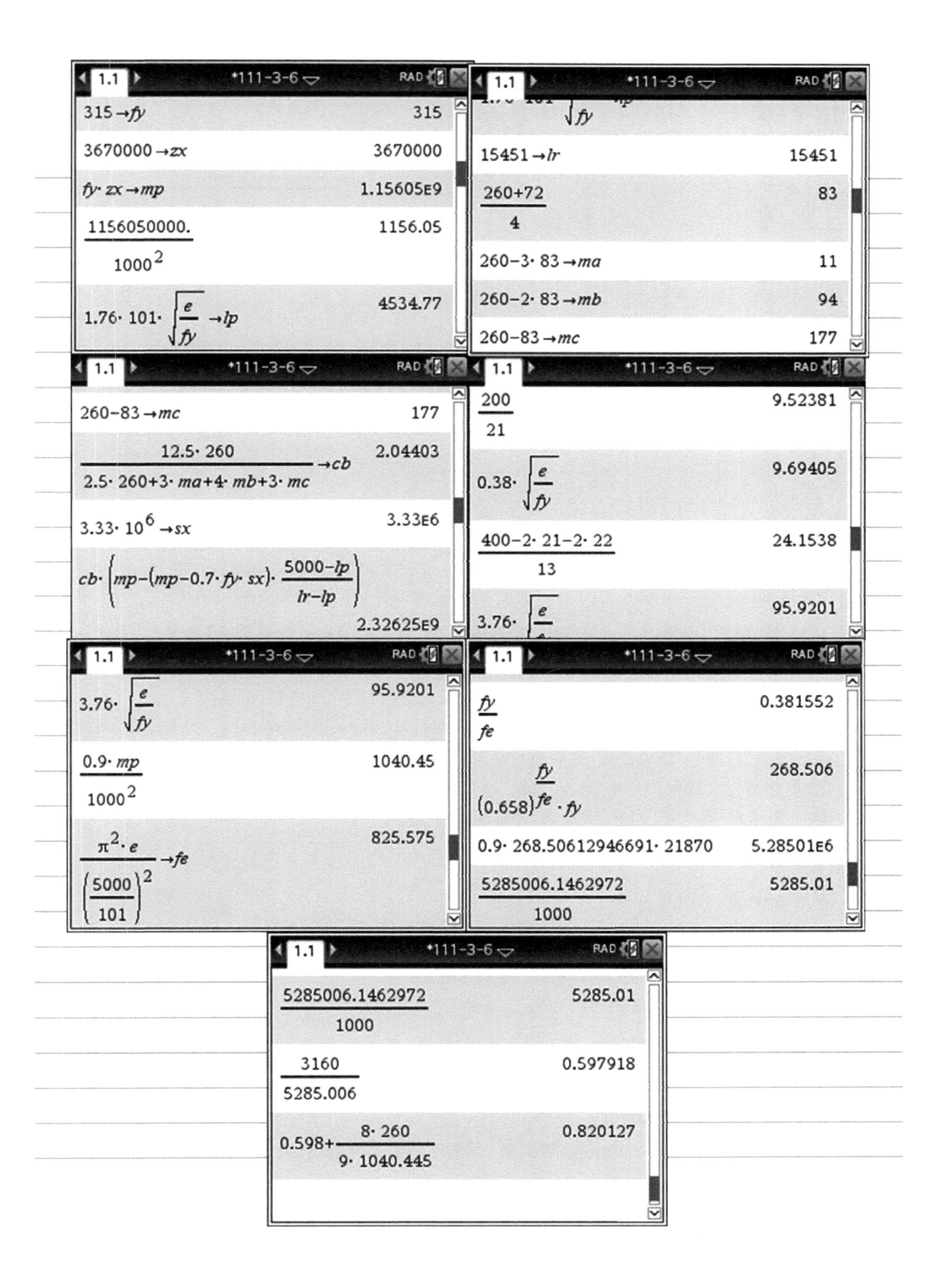
1.1
*111-3-6
RAD
315→fy 315
3670000→zx 3670000
fy·zx→mp 1.15605E9
1156050000. / 1000^2 1156.05
1.76·101·√(e/fy)→lp 4534.77
15451→lr 15451
(260+72)/4 83
260−3·83→ma 11
260−2·83→mb 94
260−83→mc 177
260−83→mc 177
(12.5·260)/(2.5·260+3·ma+4·mb+3·mc)→cb 2.04403
3.33·10^6→sx 3.33E6
cb·(mp−(mp−0.7·fy·sx)·(5000−lp)/(lr−lp)) 2.32625E9
200/21 9.52381
0.38·√(e/fy) 9.69405
(400−2·21−2·22)/13 24.1538
3.76·√(e/fy) 95.9201
0.9·mp/1000^2 1040.45
π^2·e/(5000/101)^2→fe 825.575
fy/fe 0.381552
(0.658)^(fy/fe)·fy 268.506
0.9·268.50612946691·21870 5.28501E6
5285006.1462972/1000 5285.01
5285006.1462972/1000 5285.01
3160/5285.006 0.597918
0.598+(8·260)/(9·1040.445) 0.820127

1. 그림(a)와 같은 골조에 수평하중 P가 작용하고 있다. 그림(b)와 같이 강봉을 이용하여 가새보강하였을 때 다음 물음에 답하시오.

<111회 4교시>

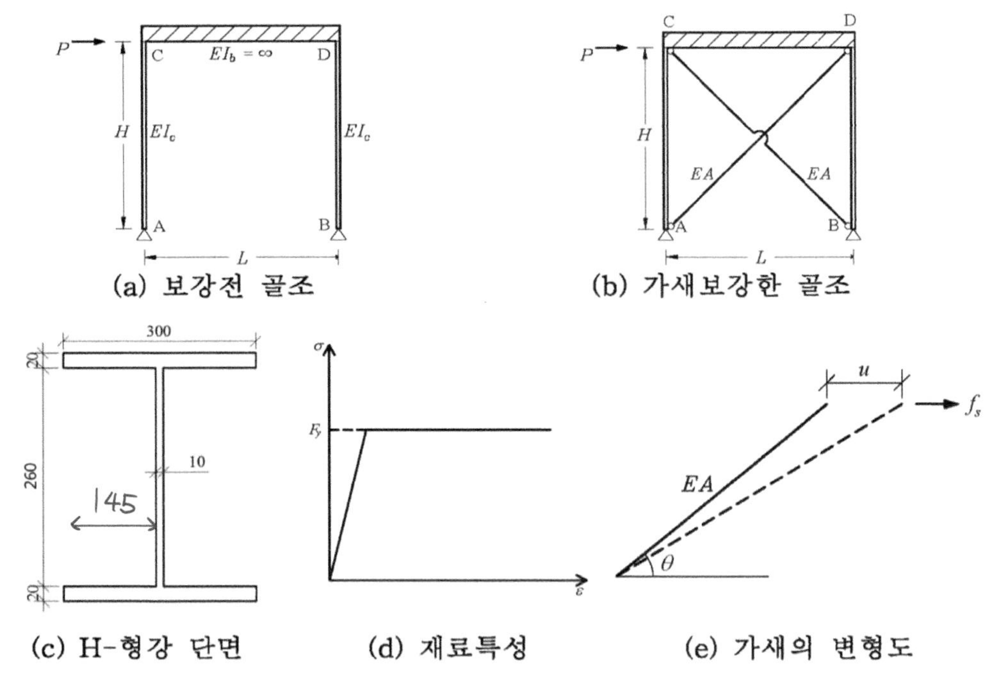

(a) 보강전 골조 (b) 가새보강한 골조

(c) H-형강 단면 (d) 재료특성 (e) 가새의 변형도

1) 그림(a)의 보강전 골조에 작용하는 수평하중 P에 대하여 발생하는 수평변위 Δ의 관계를 그래프(P-Δ)로 표현하시오. (단, 소성붕괴하중 P_p까지 고려)

2) 그림(b)와 같은 가새보강 골조의 가새에 대하여 탄소성거동에 의한 그림(e)와 같이 $f_s - u$의 관계를 그래프로 표현하시오.

3) 1)과 2)를 고려하여 가새 보강 후의 수평하중-변위 관계를 그래프로 표현하시오. (단, 가새의 축력에 의한 기둥의 축력변화는 무시)

[설계조건]

- 골조에서 보의 휨강성 EI_b는 무한대로 가정
- 기둥 부재는 그림(c)와 같은 H-형강을 이용하여 강축으로 저항
- 기둥에 발생되는 축력은 무시하고, 휨거동만 고려
- 가새로 사용한 강봉은 인장력에만 유효한 것으로 가정
- 사용한 강재는 그림(d)처럼 완전탄소성의 응력-변형률 관계로 가정
- 강재의 항복강도는 $F_y = 235$MPa, 탄성계수는 $E = 205,000$MPa
- 강봉의 직경은 $\phi = 20$mm
- 기둥의 높이는 $H = 4,000$mm, 골조의 스팬은 $L = 4,000$mm.
- 부재치수의 단위는 mm임

(1) 보강전 골조

① 항복이전의 거동

$P_y \rightarrow$ C, $EI_b = \infty$, δ_y, $P_y/2$, A

$I_c = \frac{300}{12} \times 300^3 - 2 \times \left(\frac{145}{12} \times 260^3\right)$

$= 2.50247 \times 10^8 \ mm^4$

$K = 2 \times \frac{3EI_c}{H^3} = 4809.428 \ N/mm$

$S_x = \frac{I_c}{y_t \sim 150} = 1.66831 \times 10^6 \ mm^3$

C점에서 최대모멘트 발생.

$M_C = P_y/2 \times H = F_y \cdot S_x \rightarrow P_y = 196.027 \ kN$

$P_y = K \cdot \delta_y, \quad \delta_y = P_x/K = 40.759 \ mm$

② 항복이후의 거동

$Z_x = \frac{300}{4} \times 300^2 - 2 \times \frac{145}{4} \times 260^2 = 1.849 \times 10^6 \ mm^3$

$M_p = F_y \cdot Z_x = 4.34515 \times 10^8 \ N \cdot mm$

$P_p \rightarrow$ C, $EI_b = \infty$, δ_p, M_p, $\theta = \frac{\delta_p}{H}$, A

내부일(M_p가 한 일)

$2 \times M_p \cdot \theta$

외부일(P_p가 한 일)

$P_p \times \delta_p$

내부일 = 외부일 이므로,

$P_p \cdot \delta_p = 2 \times M_p \cdot \theta$

$P_p = 217.258 \ kN$

$P_p = K \cdot \delta_p, \quad \delta_p = P_p/K = 45.173 \ mm$

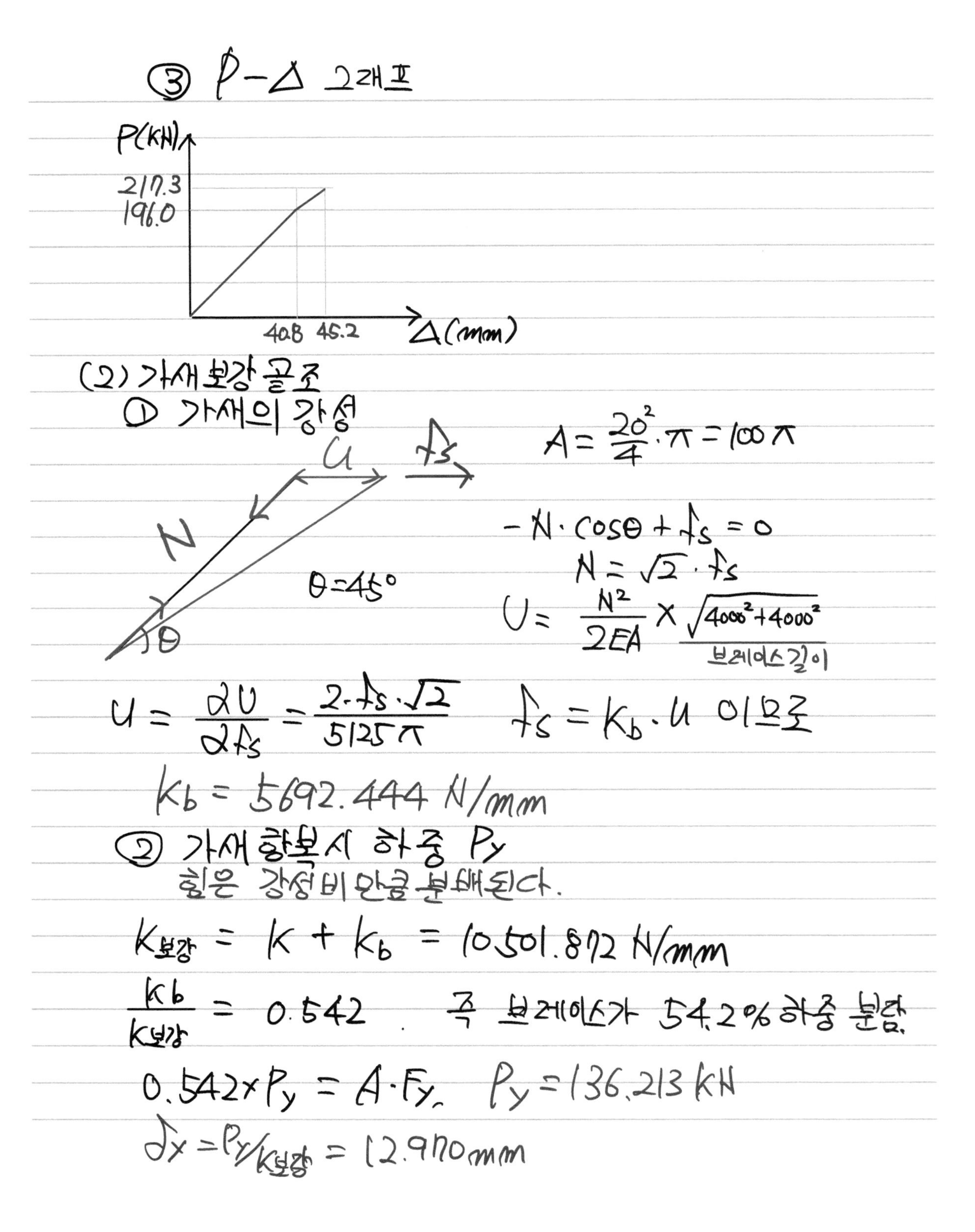
③ P-Δ 그래프
P(kN)
217.3
196.0
40.8
45.2
Δ(mm)
(2) 가새보강골조
① 가새의 강성
u
fs
N
θ=45°
θ
A = 20²/4 · π = 100π
-N · cosθ + fs = 0
N = √2 · fs
U = N²/2EA × √(4000²+4000²)
브레이스길이
u = ∂U/∂fs = 2·fs·√2 / 5125π
fs = Kb · u 이므로
Kb = 5692.444 N/mm
② 가새항복시 하중 Py
힘은 강성비 만큼 분배된다.
K보강 = K + Kb = 10501.872 N/mm
Kb/K보강 = 0.542 즉 브레이스가 54.2% 하중 분담.
0.542×Py = A·Fy. Py = 136.213 kN
δx = Py/K보강 = 12.970 mm

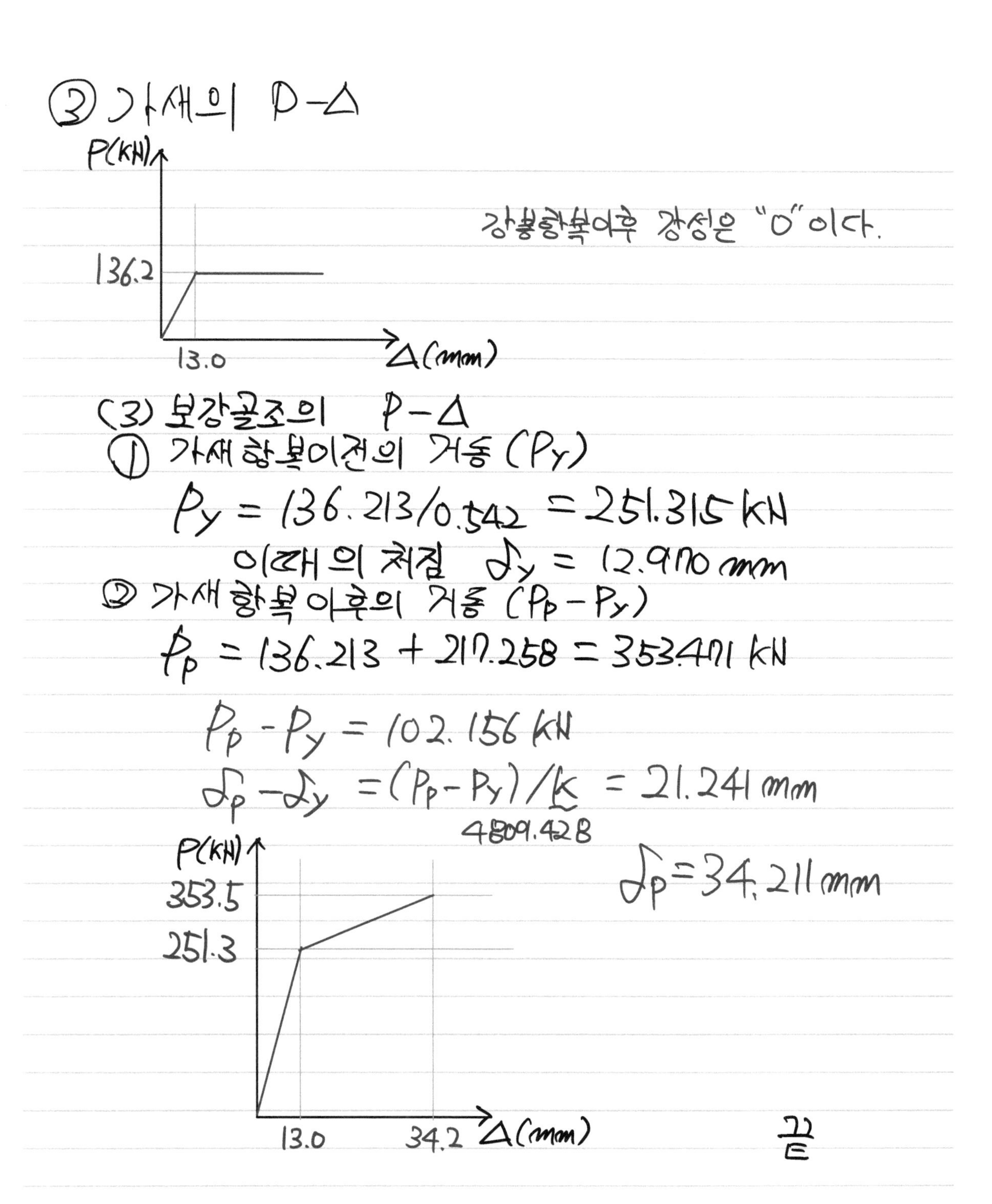

③ 가새의 P-Δ

강봉항복이후 강성은 "0"이다.

(3) 보강골조의 P-Δ

① 가새 항복이전의 거동 (P_y)

$$P_y = 136.213/0.542 = 251.315\ \text{kN}$$

이때의 처짐 $\delta_y = 12.970\ \text{mm}$

② 가새 항복 이후의 거동 ($P_p - P_y$)

$$P_p = 136.213 + 217.258 = 353.471\ \text{kN}$$

$$P_p - P_y = 102.156\ \text{kN}$$

$$\delta_p - \delta_y = (P_p - P_y)/\underset{4809.428}{k} = 21.241\ \text{mm}$$

$$\delta_p = 34.211\ \text{mm}$$

끝

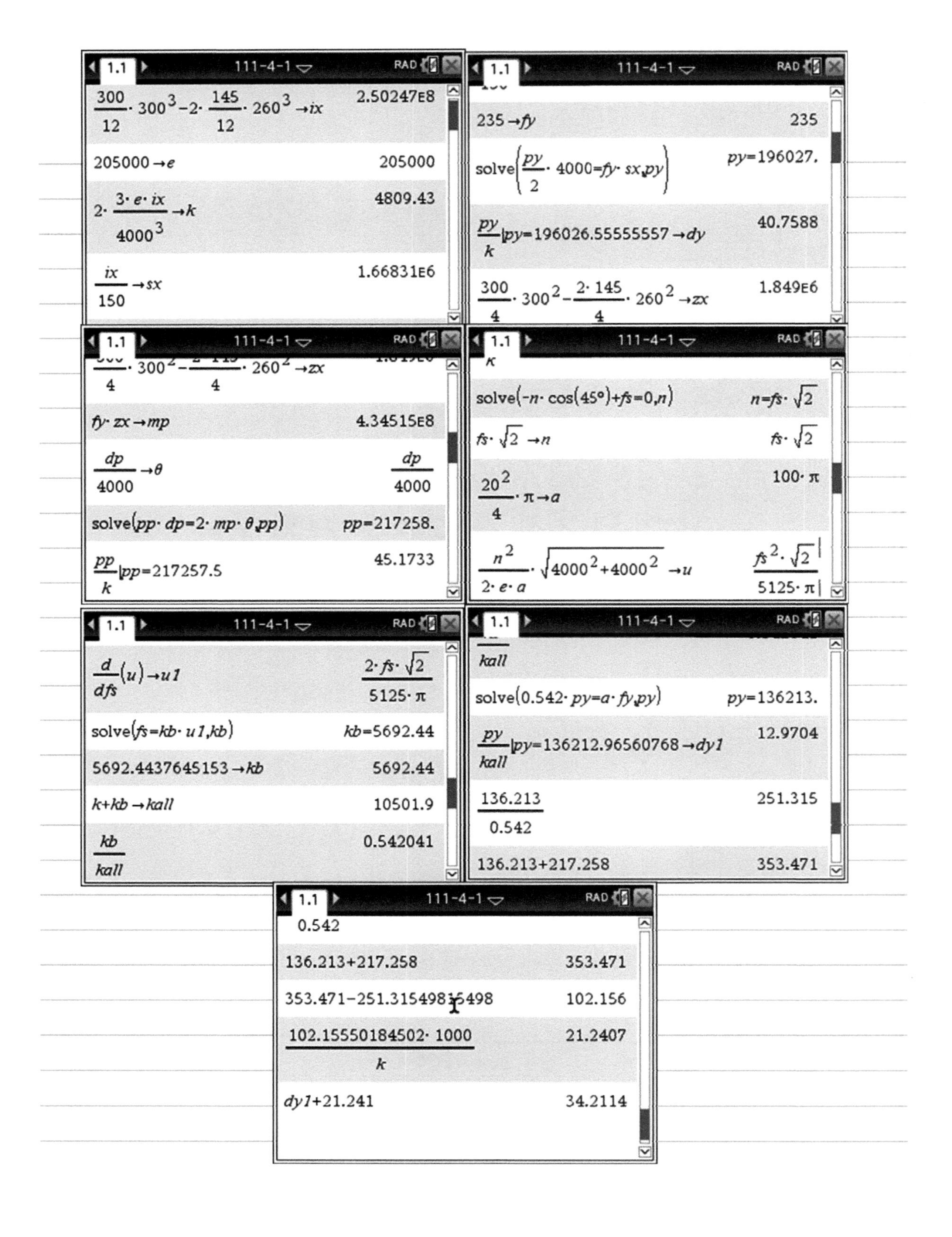
1.1 111-4-1 RAD
300/12 · 300^3 − 2 · 145/12 · 260^3 → ix 2.50247E8
205000 → e 205000
2 · (3 · e · ix)/4000^3 → k 4809.43
ix/150 → sx 1.66831E6
235 → fy 235
solve(py/2 · 4000 = fy · sx, py) py=196027.
py/k | py=196026.55555557 → dy 40.7588
300/4 · 300^2 − (2 · 145)/4 · 260^2 → zx 1.849E6
fy · zx → mp 4.34515E8
dp/4000 → θ dp/4000
solve(pp · dp = 2 · mp · θ, pp) pp=217258.
pp/k | pp=217257.5 45.1733
solve(−n · cos(45°) + fs = 0, n) n=fs · √2
fs · √2 → n fs · √2
20^2/4 · π → a 100 · π
n^2/(2 · e · a) · √(4000^2 + 4000^2) → u fs^2 · √2 / 5125 · π
d/dfs(u) → u1 2 · fs · √2 / 5125 · π
solve(fs = kb · u1, kb) kb=5692.44
5692.4437645153 → kb 5692.44
k + kb → kall 10501.9
kb/kall 0.542041
solve(0.542 · py = a · fy, py) py=136213.
py/kall | py=136212.96560768 → dy1 12.9704
136.213/0.542 251.315
136.213+217.258 353.471
353.471−251.31549815498 102.156
102.15550184502 · 1000 / k 21.2407
dy1+21.241 34.2114

2. 강구조 기둥-보 접합부의 공장용접 시, 용접접근공(스캘럽)의 가공에 의한
   1) 보의 단면2차모멘트 결손율을 계산하시오.
   2) 단면결손에 의한 영향을 최소화하기 위한 용접상세의 구조안전성 확보방안에 대하여 설명하시오.
   3) 스캘럽이 있는 경우와 없는 경우의 건축공사표준시방서에 의한 상세를 그리시오.

[검토조건] <111회 4교시>
▪ 보단면 : H − 294 × 200 × 8 × 12, $I_x = 113 \times 10^6 \mathrm{mm}^4$
▪ 기둥단면 : H − 300 × 300 × 10 × 15

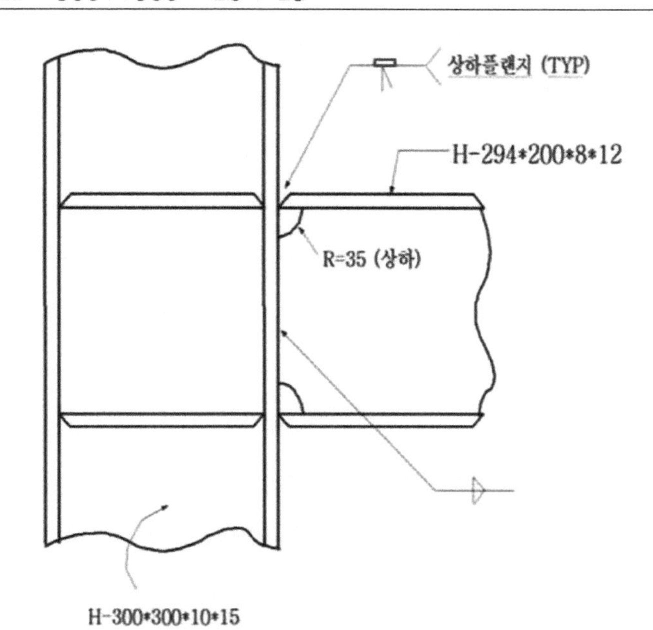

(1) 보의 단면2차모멘트 결손율

200
12
35
141
8
200
141
35

$$I_x' = \underbrace{2\times\left(\frac{200}{12}\times 12^3 + 200\times 12\times 141^2\right)}_{\text{결손단면의 플랜지}} + \underbrace{\frac{8}{12}\times 200^3}_{\text{결손단면의 웨브}}$$

$$= 1.0082\times 10^8\ \mathrm{mm}^4$$

$$\text{결손율} = \frac{I_x - I_x'}{I_x} = 0.10779\ (10.779\%)$$

(2) 단면 결손영향을 최소화 하기위한 용접상세의 구조안전성확보방안

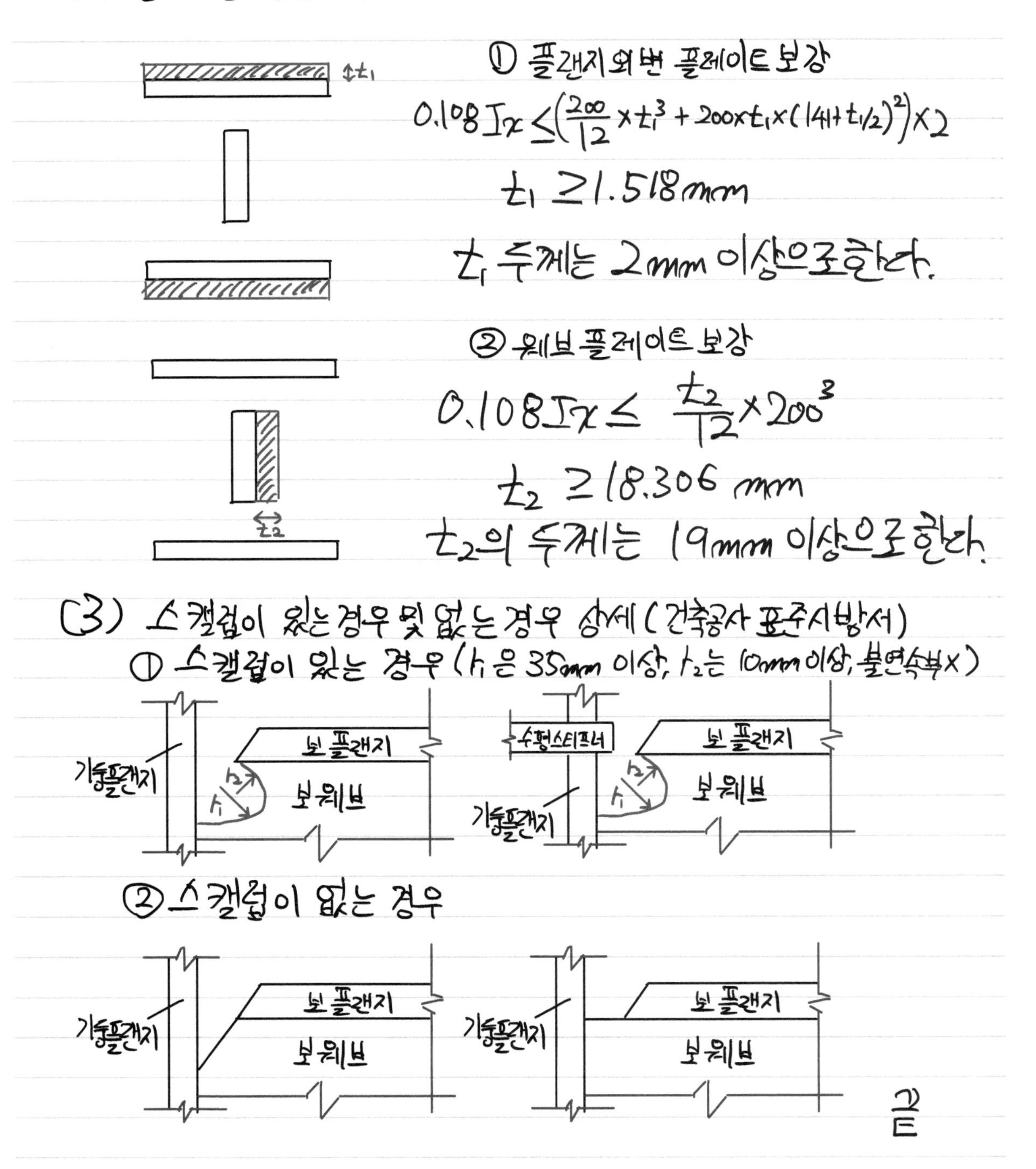

① 플랜지외변 플레이트보강

$$0.108 I_x \le \left(\frac{200}{12} \times t_1^3 + 200 \times t_1 \times (141 + t_1/2)^2\right) \times 2$$

$$t_1 \ge 1.518\,mm$$

t_1 두께는 2mm 이상으로한다.

② 웨브플레이트보강

$$0.108 I_x \le \frac{t_2}{12} \times 200^3$$

$$t_2 \ge 18.306\,mm$$

t_2의 두께는 19mm 이상으로한다.

(3) 스캘럽이 있는경우 및 없는경우 상세(건축공사 표준시방서)

① 스캘럽이 있는 경우 (r_1은 35mm 이상, r_2는 10mm 이상, 불연속부 X)

② 스캘럽이 없는 경우

끝

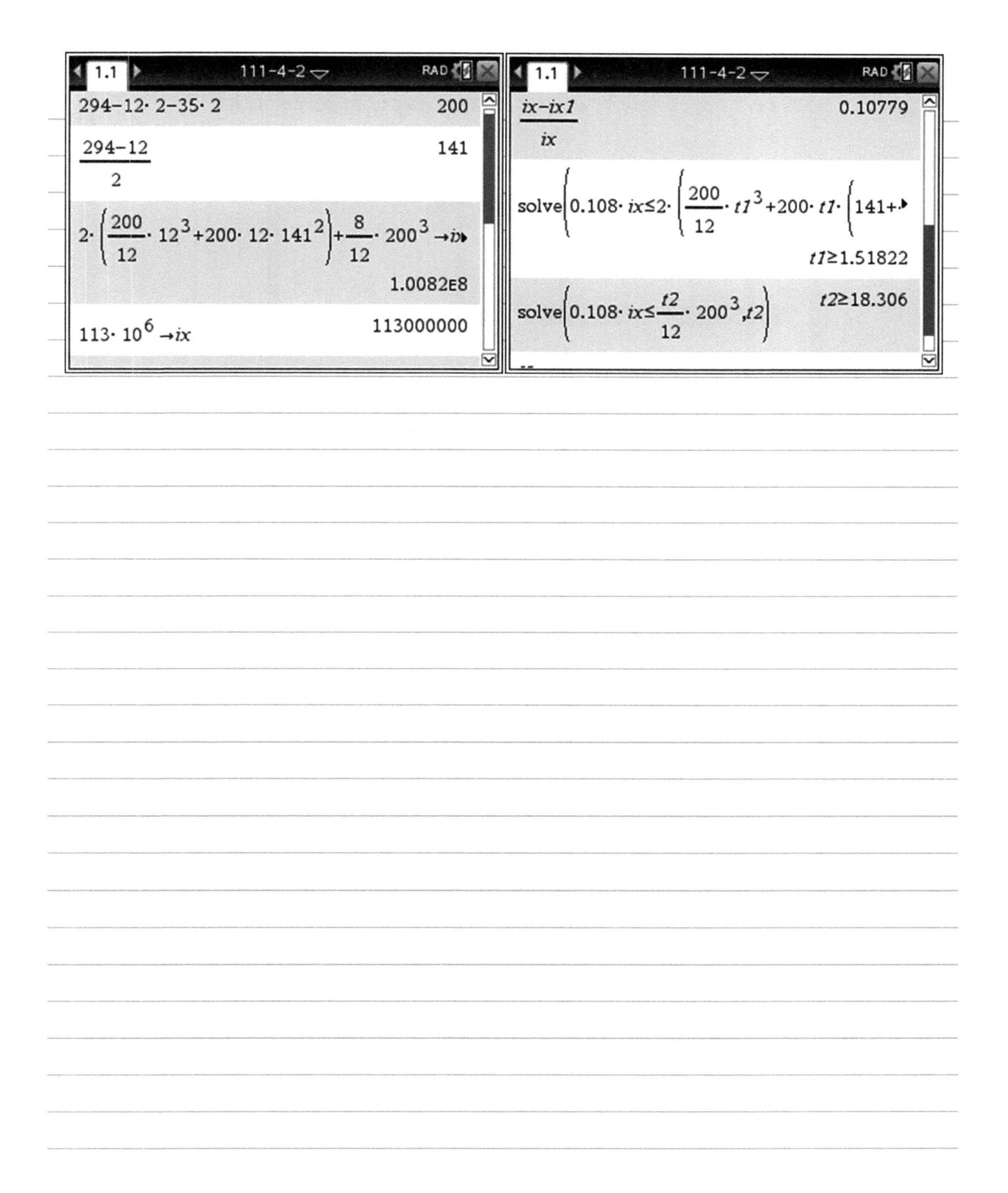
1.1
111-4-2
RAD
294−12· 2−35· 2
200
294−12 / 2
141
2· (200/12 · 12^3 +200· 12· 141^2) + 8/12 · 200^3 →i
1.0082E8
113· 10^6 →ix
113000000
1.1
111-4-2
RAD
(ix−ix1) / ix
0.10779
solve(0.108· ix≤2· (200/12 · t1^3 +200· t1· (141+
t1≥1.51822
solve(0.108· ix≤ t2/12 · 200^3,t2)
t2≥18.306

3. 그림 (a)와 같은 테이블의 수평진동시 고유주기는 0.5 sec 이다. 이 테이블 위에 그림 (b)와 같이 200 N의 플레이트가 완전히 고정되었을 때, 수평진동 시 고유주기는 0.75 sec이다. 플레이트 고정전 테이블의 무게와 수평강성을 구하시오. <111회 4교시>

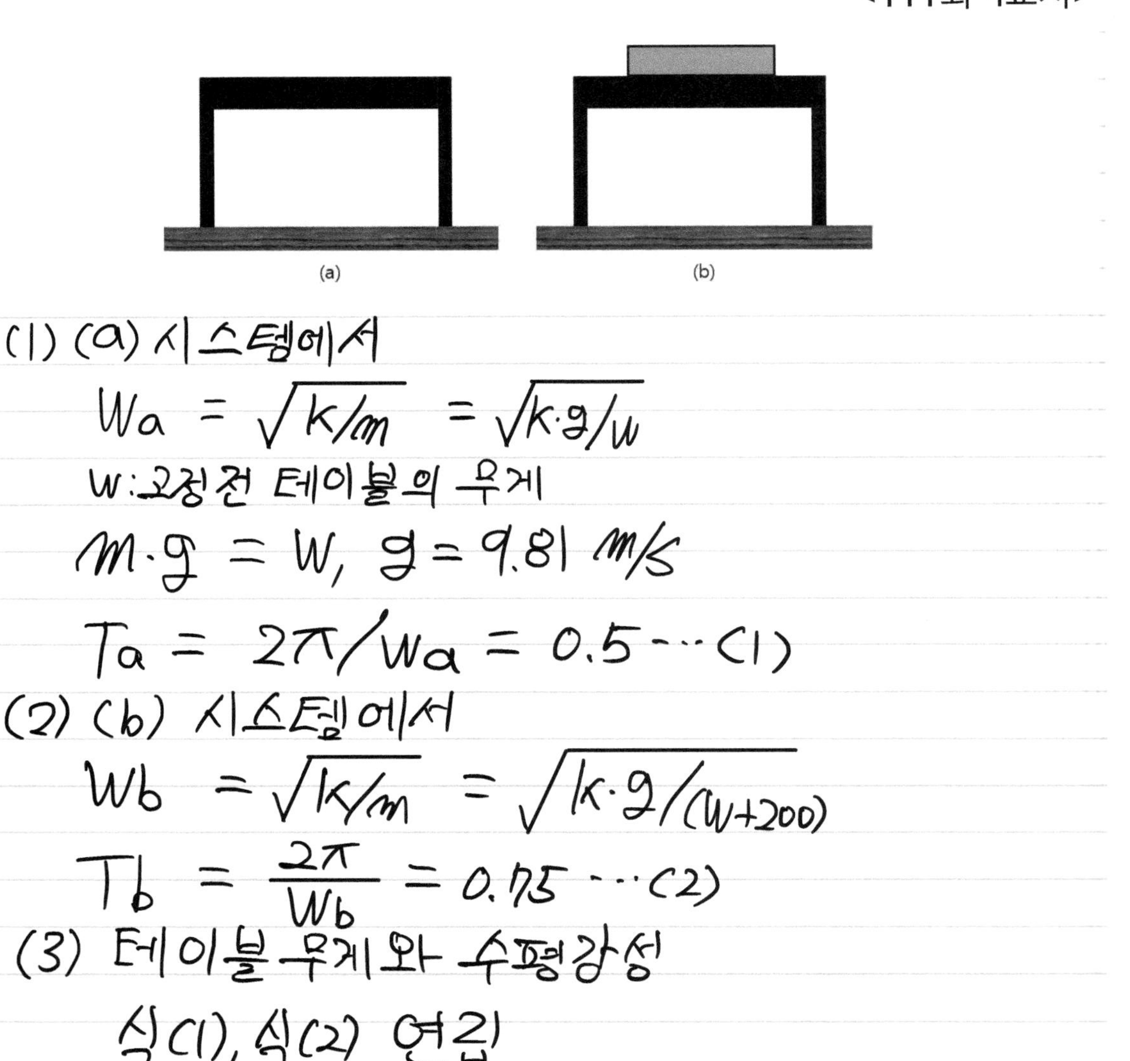

(a) (b)

(1) (a) 시스템에서

$W_a = \sqrt{k/m} = \sqrt{k \cdot g / W}$

W : 고정전 테이블의 무게

$m \cdot g = W$, $g = 9.81\ m/s$

$T_a = 2\pi / W_a = 0.5 \cdots (1)$

(2) (b) 시스템에서

$W_b = \sqrt{k/m} = \sqrt{k \cdot g / (W+200)}$

$T_b = \dfrac{2\pi}{W_b} = 0.75 \cdots (2)$

(3) 테이블 무게와 수평강성

식(1), 식(2) 연립

$W = 160N$, $k = 2575.55\ N/m$

끝

딸기맛호가든 : 질량과 무게의 단위만 혼동하지 않는다면 매우 간단한 문제이다. 사실상 1교시에 나와도 무방할만한 수준이다.

M군 : 이 문제는 풀이가 간단한 대신에 답만 썼을 경우 고득점이 힘들 가능성이 있다. 수험자중에 본인의 경험과 의견을 추가로 명기한 사람이 있을 경우, 해당 수험생과 차별을 두기 위하여 나머지 수험생들의 점수가 낮아질 가능성이 존재한다. 따라서, 가능하다면 본인의 경험이나 의견이 서술가능하다면 서술하는 편이 좋다.

M군 : 해당 문제의 경우, 질량 추가시 고유주기가 증가하는 것은 수직 증축시 발생할수 있는 상황과 비슷하므로 이를 추가적으로 언급하는 방법을 생각해 볼수 있다.

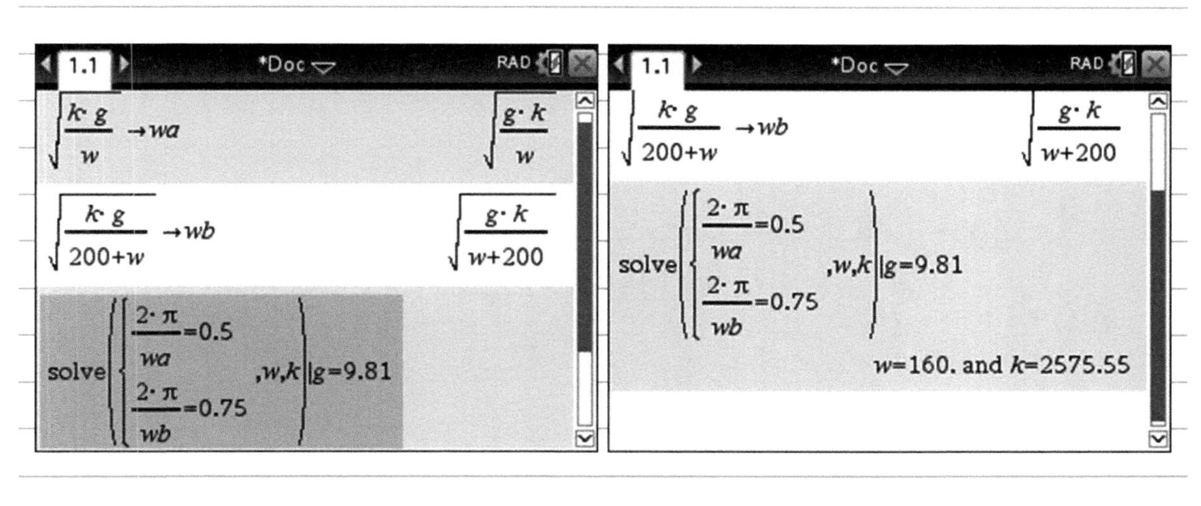

4. 다음 복근보의 설계강도를 구하시오.
(단, f_{ck}=24 MPa, f_y=400 MPa, $E_s=2.0\times10^5$ MPa)

<111회 4교시>

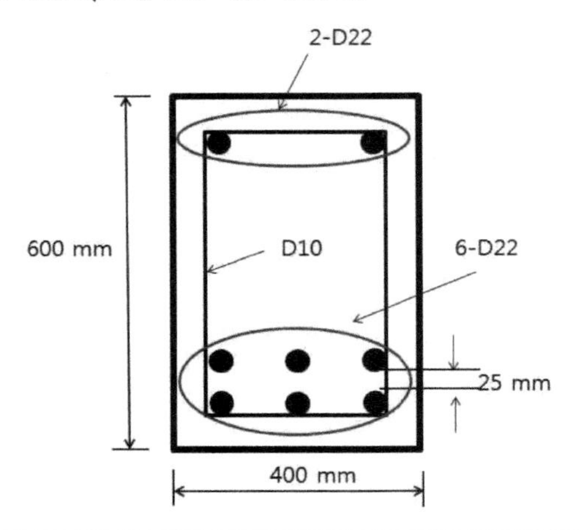

(1) 인장최소철근 검토

$d = 600-(40+10+22+25/2) = 1031/2$

$A_{s,min} = Max\left[\frac{0.25\sqrt{f_{ck}}}{f_y}, \frac{1.4}{f_y}\right] \times b_w \cdot d = 721.7mm^2 \le A_s = 387\times6$

($\frac{0.25\sqrt{f_{ck}}}{f_y}$ = 0.00306, $\frac{1.4}{f_y}$ = 0.0035, b_w = 400)

인장최소철근을 만족한다.

(2) 등가응력 블록깊이 a 산정

① 압축철근 항복으로 가정

$d_c = 40+10+22/2 = 61$

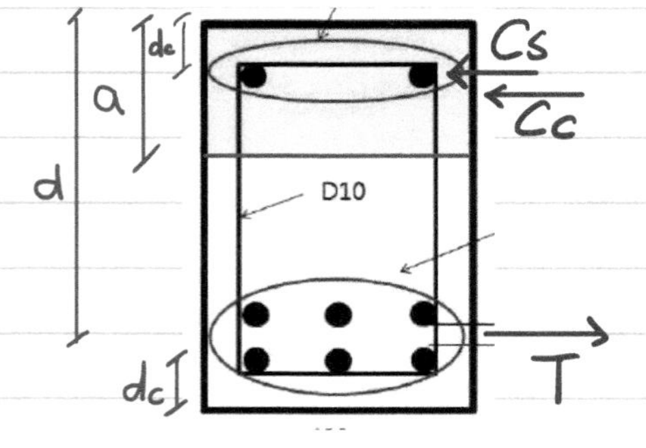

$C_c = 0.85 \cdot f_{ck} \cdot a \cdot 400$

$C_s = 2\times387\times F_y$ (압축철근 항복)

$T = 6\times387\times F_y$

$C_c + C_s - T = 0$ 이므로, $a = 75.882mm$

② 가정조건 검토

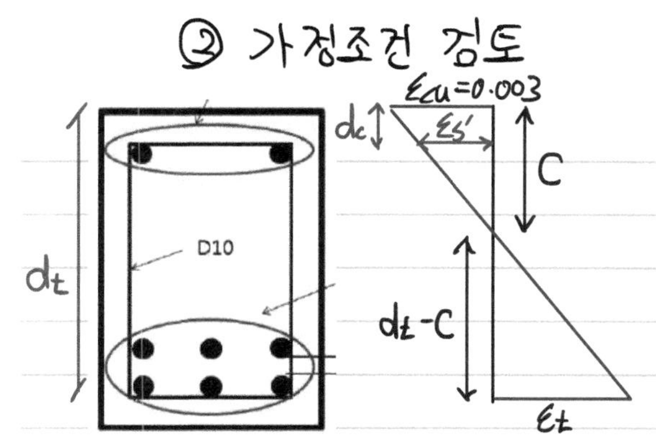

$\beta_1 \cdot c = a,\ c = a/\beta_1 = 89.273\,mm$

$\beta_1 = 0.85\ (f_{ck} < 28)$

$\varepsilon_{cu} : C = \varepsilon_s' : C - d_c$

$\varepsilon_s' = 0.00095 < \varepsilon_y$

압축철근은 항복하지 않는다.

③ 등가응력블록깊이 재산정(압축철근 항복 X)

$\varepsilon_{cu} : C = \varepsilon_s' : (C - d_c)$

$\varepsilon_s' = \dfrac{0.003 \cdot (C-61)}{C}$, $C_s = 2 \times 387 \times \underset{200000}{E_s} \times \varepsilon_s'$

* C_c와 T의 값은 변동 없음

$C_c + C_s - T = 0$ 이므로, $a = 89.780\,mm$

$C = a/\beta_1 = 105.623\,mm$

④ ε_t 검토

$\varepsilon_{cu} : C = \varepsilon_t : (\underset{600-d_c}{d_t} - C)$, $\varepsilon_t = 0.0123 > 0.005$

인장지배 단면, $\phi = 0.85$

(3) ϕM_n 산정

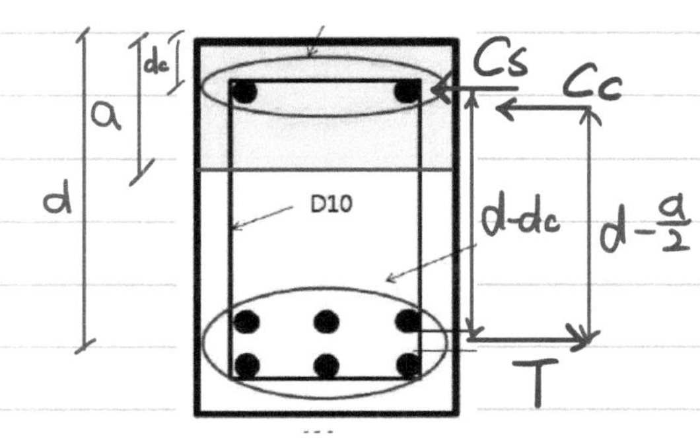

$M_n = C_s \times (d - d_c) + C_c \times (d - \frac{a}{2})$

$= 4.33942 \times 10^8\ N \cdot mm$

$= 433.942\ kN \cdot m$

$\phi M_n = 0.85 M_n = 368.851\ kN \cdot m$

끝

M군 : 풀이과정 (2)에서, "작용하중이 정모멘트라고 가정" 한다는 문구 추가 필요(작용하중이 부모멘트일 경우가 있을수 있으므로)

딸기맛호가든 : KDS14 2020 개정사항 반영시,

$\varepsilon_{cu} = 0.0033,\ \beta_1 = 0.8$, 인장최소철근 : $\phi M_n \geq 1.2 M_{cr}$을 만족시키는 인장철근

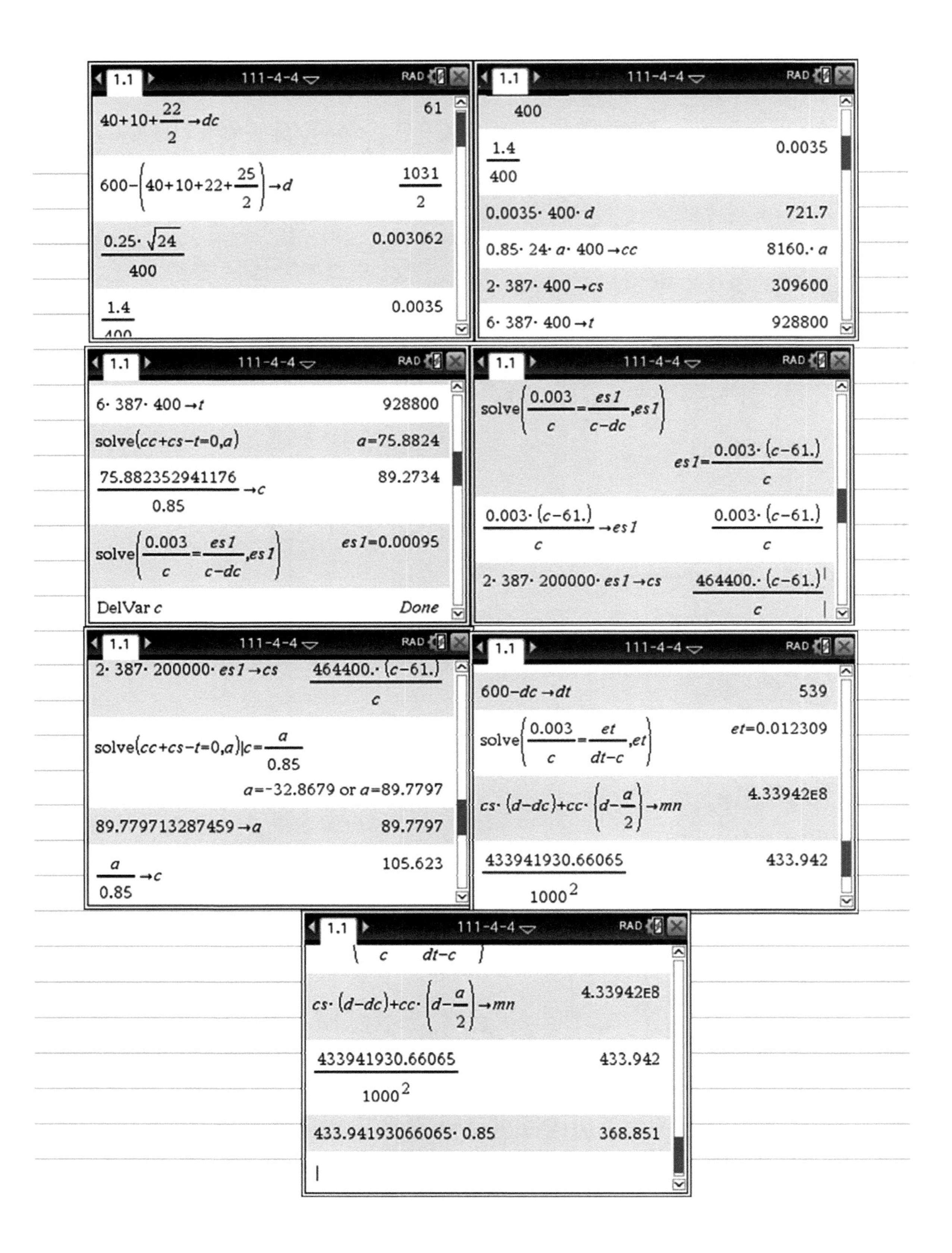
1.1
111-4-4
RAD
40+10+22/2→dc 61
600−(40+10+22+25/2)→d 1031/2
0.25·√24/400 0.003062
1.4/400 0.0035
1.4/400 0.0035
0.0035·400·d 721.7
0.85·24·a·400→cc 8160.·a
2·387·400→cs 309600
6·387·400→t 928800
6·387·400→t 928800
solve(cc+cs−t=0,a) a=75.8824
75.882352941176/0.85→c 89.2734
solve(0.003/c=es1/(c−dc),es1) es1=0.00095
DelVar c Done
solve(0.003/c=es1/(c−dc),es1) es1=0.003·(c−61.)/c
0.003·(c−61.)/c→es1 0.003·(c−61.)/c
2·387·200000·es1→cs 464400.·(c−61.)/c
2·387·200000·es1→cs 464400.·(c−61.)/c
solve(cc+cs−t=0,a)|c=a/0.85
a=−32.8679 or a=89.7797
89.779713287459→a 89.7797
a/0.85→c 105.623
600−dc→dt 539
solve(0.003/c=et/(dt−c),et) et=0.012309
cs·(d−dc)+cc·(d−a/2)→mn 4.33942E8
433941930.66065/1000^2 433.942
cs·(d−dc)+cc·(d−a/2)→mn 4.33942E8
433941930.66065/1000^2 433.942
433.94193066065·0.85 368.851

5. 그림과 같이 집중하중을 받는 케이블에서 케이블의 자중을 무시하고 다음을 계산하시오.

1) 케이블 현에서 하중의 작용점까지의 수직거리 (y_C, y_D)

2) 케이블의 전체길이(ACDEB의 길이) <111회 4교시>

3) 케이블의 최대장력

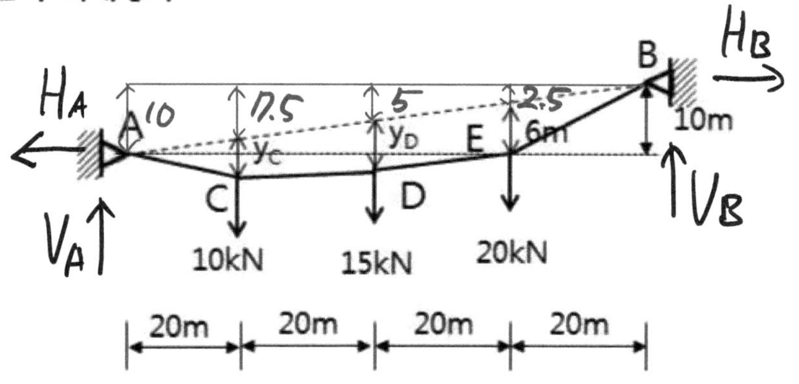

(1) 반력 산정

$\sum M_A = 0;$

$10 \times 20 + 15 \times 40 + 20 \times 60 + H_B \times 10 - V_B \times 80 = 0 \cdots (1)$

20 B HB

2.5

6

V_B

E

20

$\sum M_E = 0;$

$H_B \times 17/2 - V_B \times 20 = 0 \cdots (2)$

식(1), 식(2) 연립

$V_B = 425/12$ kN, $H_B = 250/3$ kN

$\sum V = 0;\ V_A + V_B - 10 - 15 - 20 = 0,\ V_A = 115/12$ kN

$\sum H = 0;\ -H_A + H_B = 0,\ H_A = H_B = 250/3$ kN

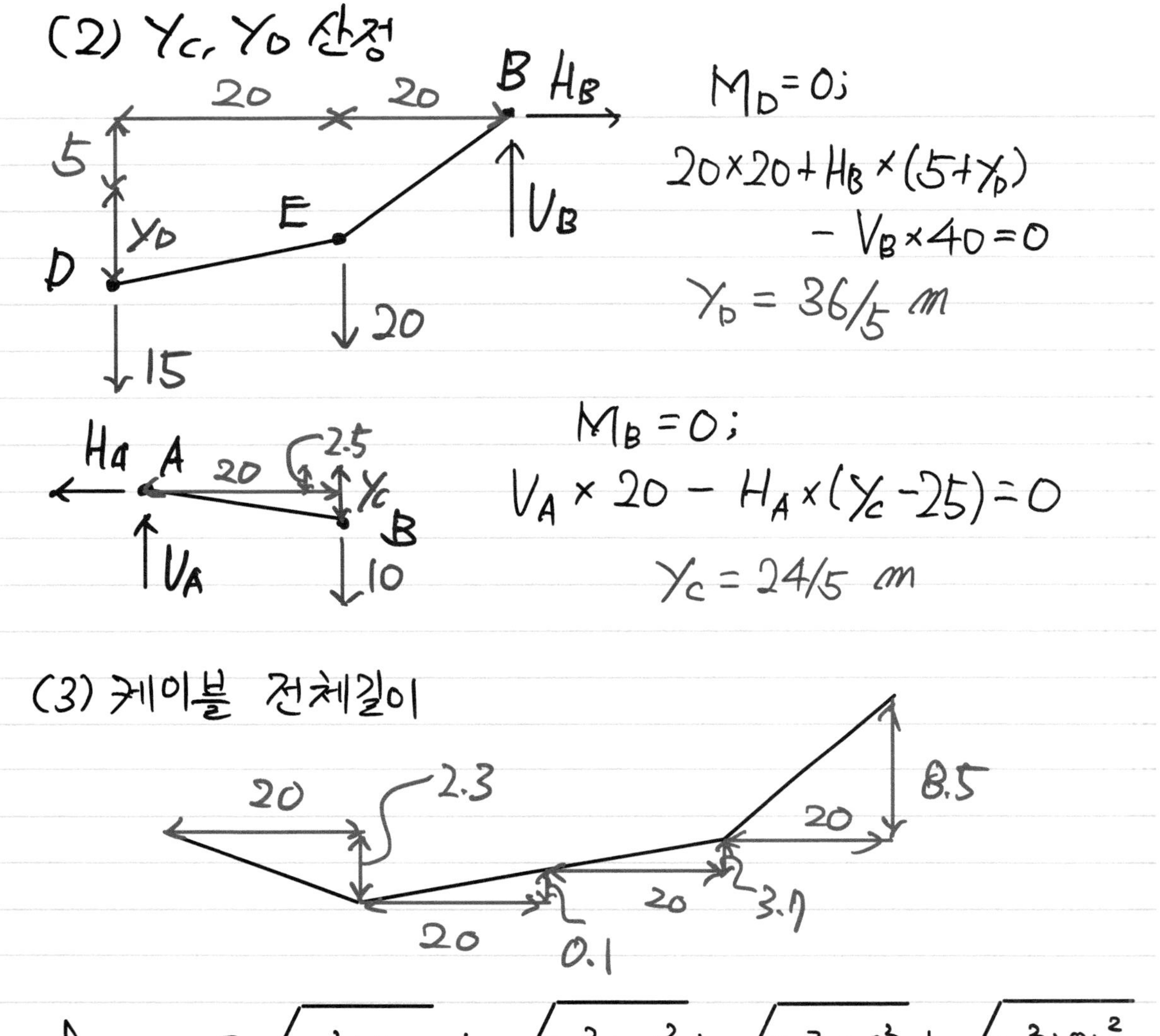

$$l_{ABCDE} = \sqrt{20^2+2.3} + \sqrt{20^2+0.1^2} + \sqrt{20^2+3.7^2} + \sqrt{20^2+8.5^2}$$

$$= 82.203\,m$$

(4) 케이블 최대 장력

기울기가 가장 큰 곳에서 최대장력

$$N_{BE} = \sqrt{H_B^2+V_B^2} = 90.547\,kN$$

딸기맛호가든 : 케이블의 정리를 이용하여 풀 수도 있다. 그러나, 수식까지 외워가며 일부러 케이블의 정리로 풀 이유는 없을것이다.

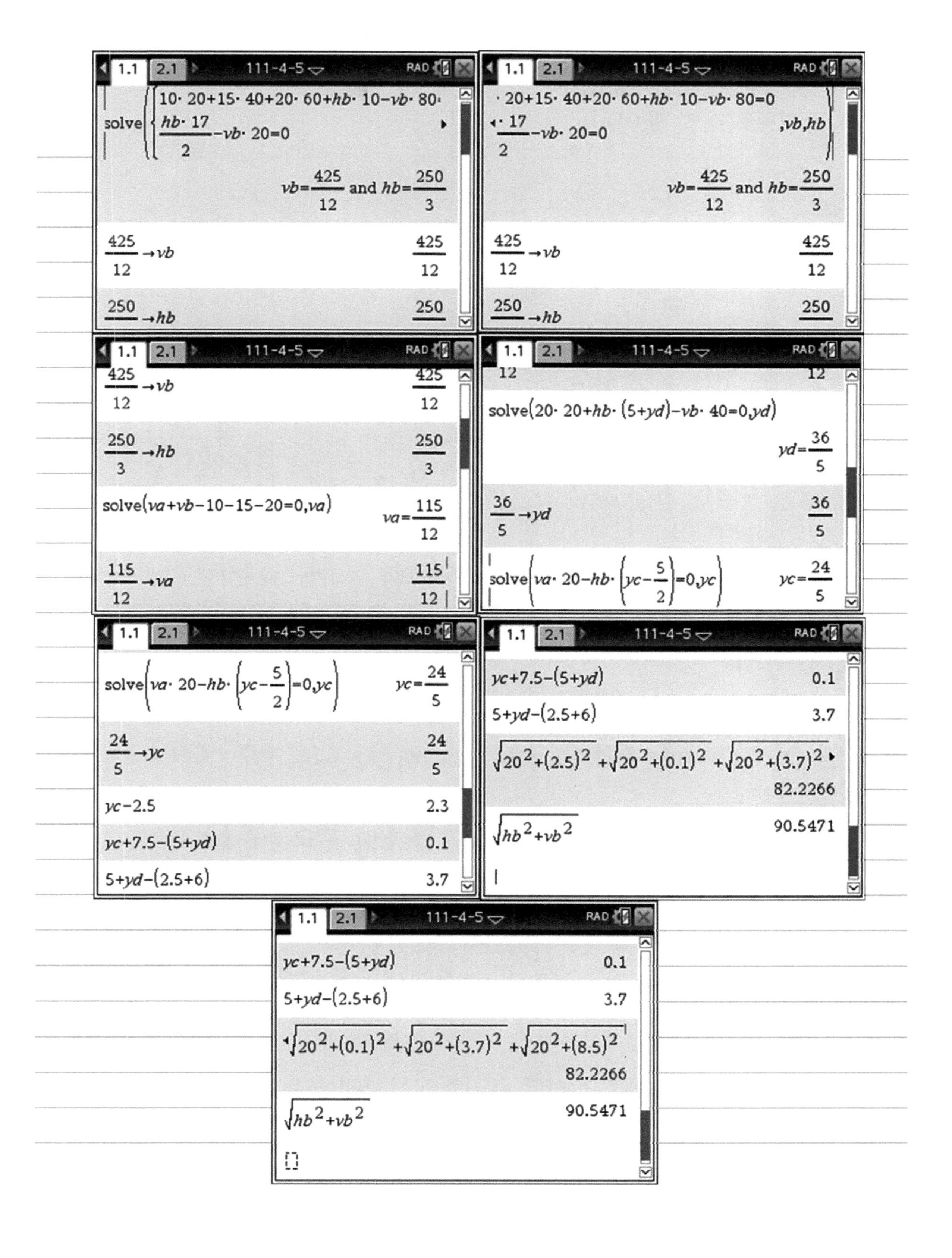
1.1 2.1 111-4-5 RAD
solve(10· 20+15· 40+20· 60+hb· 10−vb· 80=0, hb· 17/2 −vb· 20=0, vb,hb)
vb=425/12 and hb=250/3
425/12 →vb 425/12
250/3 →hb 250/3
solve(va+vb−10−15−20=0,va) va=115/12
115/12 →va 115/12
solve(20· 20+hb· (5+yd)−vb· 40=0,yd) yd=36/5
36/5 →yd 36/5
solve(va· 20−hb· (yc−5/2)=0,yc) yc=24/5
24/5 →yc 24/5
yc−2.5 2.3
yc+7.5−(5+yd) 0.1
5+yd−(2.5+6) 3.7
√(20²+(2.5)²) +√(20²+(0.1)²) +√(20²+(3.7)²) 82.2266
√(hb²+vb²) 90.5471
√(20²+(0.1)²) +√(20²+(3.7)²) +√(20²+(8.5)²) 82.2266
√(hb²+vb²) 90.5471

직접매트릭스법 풀이시

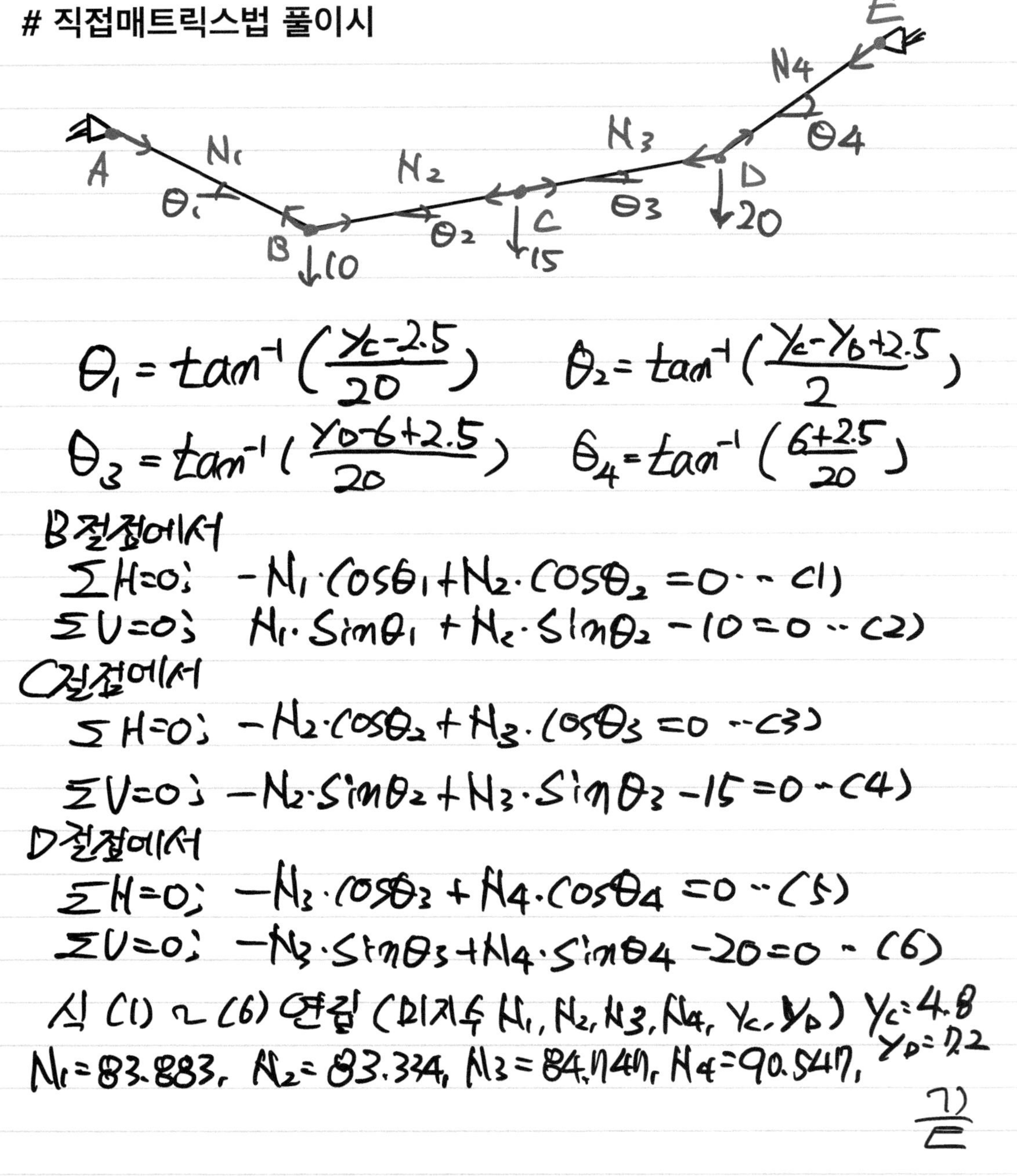

딸기맛호가든 : 직접매트릭스법은 트러스해석시에 쓰는 절점법을 케이블에 응용한 것에 불과하다.

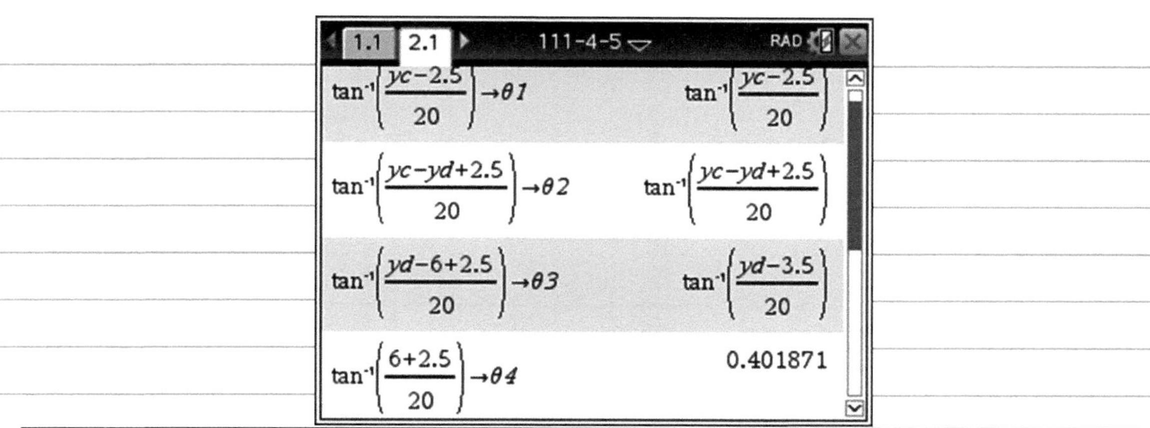
1.1
2.1
111-4-5
RAD
$\tan^{-1}\left(\frac{yc-2.5}{20}\right)\to\theta 1$
$\tan^{-1}\left(\frac{yc-2.5}{20}\right)$
$\tan^{-1}\left(\frac{yc-yd+2.5}{20}\right)\to\theta 2$
$\tan^{-1}\left(\frac{yc-yd+2.5}{20}\right)$
$\tan^{-1}\left(\frac{yd-6+2.5}{20}\right)\to\theta 3$
$\tan^{-1}\left(\frac{yd-3.5}{20}\right)$
$\tan^{-1}\left(\frac{6+2.5}{20}\right)\to\theta 4$
0.401871

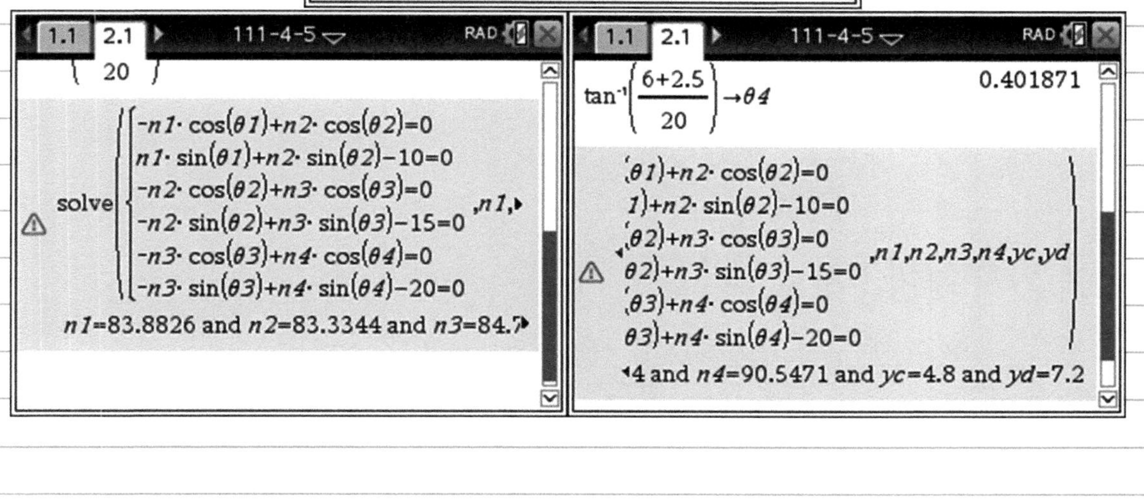
1.1
2.1
111-4-5
RAD
20
solve
$-n1\cdot\cos(\theta 1)+n2\cdot\cos(\theta 2)=0$
$n1\cdot\sin(\theta 1)+n2\cdot\sin(\theta 2)-10=0$
$-n2\cdot\cos(\theta 2)+n3\cdot\cos(\theta 3)=0$
$-n2\cdot\sin(\theta 2)+n3\cdot\sin(\theta 3)-15=0$
$-n3\cdot\cos(\theta 3)+n4\cdot\cos(\theta 4)=0$
$-n3\cdot\sin(\theta 3)+n4\cdot\sin(\theta 4)-20=0$
,n1,
n1=83.8826 and n2=83.3344 and n3=84.7
1.1
2.1
111-4-5
RAD
$\tan^{-1}\left(\frac{6+2.5}{20}\right)\to\theta 4$
0.401871
,n1,n2,n3,n4,yc,yd
4 and n4=90.5471 and yc=4.8 and yd=7.2

6. 그림과 같은 편심압축력을 받는 부재의 압축력(P)과 처짐(y)과의 식을 유도하고, 상관관계를 그래프로 설명하시오.(단, 부재의 EI는 일정)

<111회 4교시>

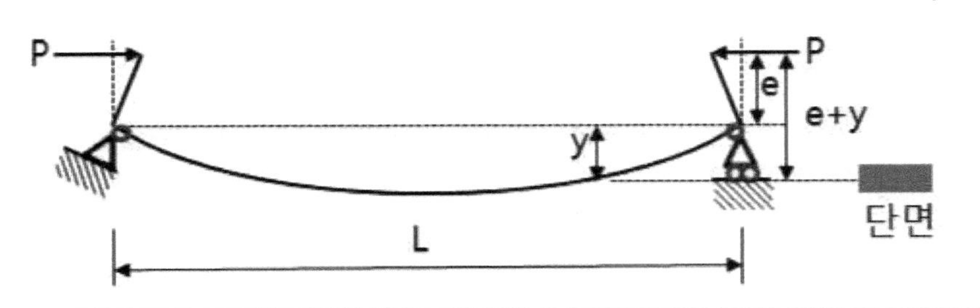

(1) 처짐곡선의 해

$$M_x = P \times (e+y) = -EI \cdot y''$$

$$y'' + \frac{P}{EI}(e+y) = 0 \quad \left(\frac{P}{EI} = k^2\right)$$

(2) 미분방정식의 해

$$y = \underbrace{C_1 \cdot \cos kx + C_2 \cdot \sin kx}_{\text{일반해}} \underbrace{- e}_{\text{특수해}}$$

경계조건. $y(0) = 0$ 이므로, $C_1 = e$

$y(L) = 0$ 이므로, $C_2 = e \cdot \tan\left(\frac{kL}{2}\right)$

따라서

$$y = e \cdot \cos kx + e \cdot \tan\left(\frac{kL}{2}\right) \cdot \sin k \cdot x - e$$

(3) 최대 처짐

$x = L/2$ 일때 최대처짐 발생

$$\delta_{max} = e \cdot \cos\left(\frac{kL}{2}\right) + e \cdot \tan\left(\frac{kL}{2}\right) \cdot \sin\left(\frac{kL}{2}\right) - e$$

$$= -e + \sec\left(\frac{kL}{2}\right) \cdot e$$

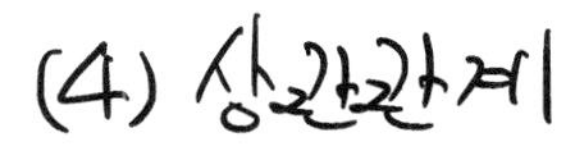

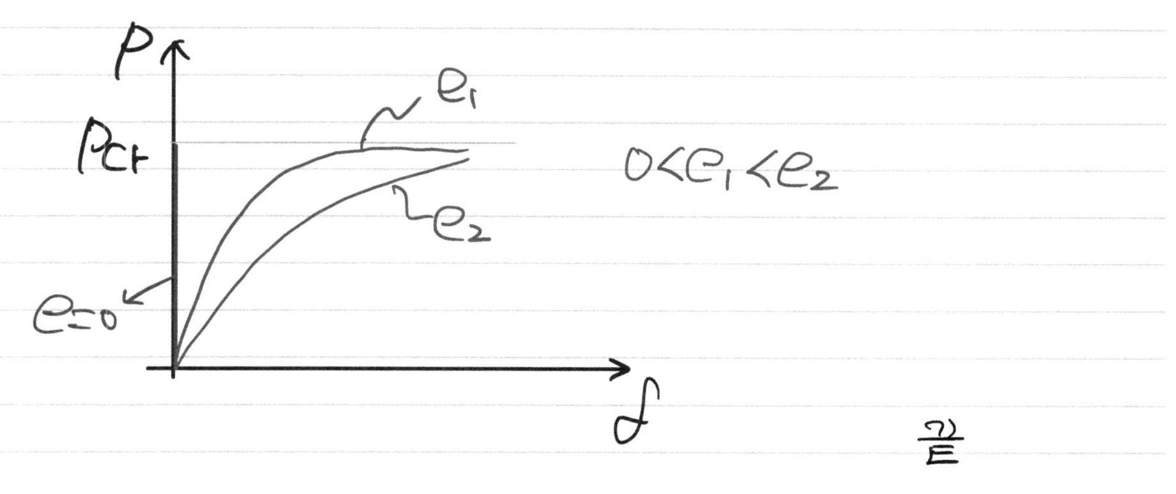

딸기맛호가든 : 안정론에서의 매우 기본적인 문제이다. 하지만 애초에..
안정론이란 과목을 공부해야 한다는 게 괴로움...

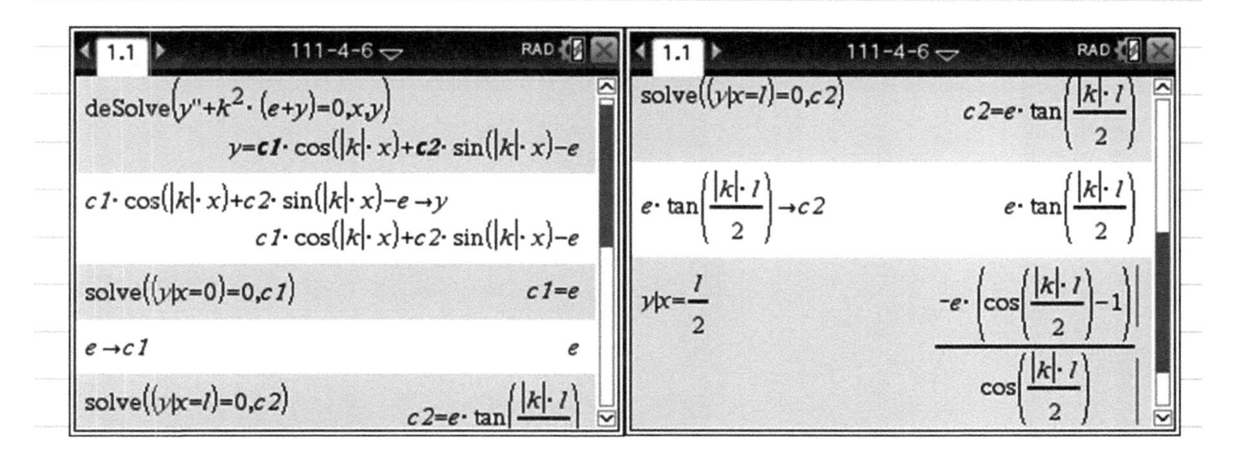

112회 건축구조기술사

(2017년 5월 14일 시행)

대상	응시	결시	합격자	합격률
264	216	48	4	1.85%

총 평

난이도 중상

1교시와 4교시는 비교적 무난하였으나, 2~3교시 모두 상당히 까다로운 문제들로 구성되었다. 얼핏보면 3교시는 쉽다고 착각하기 쉬우나, 3교시 1번문제는 막상 시험장에서 받으면 도대체 뭘 풀라는 건지 이해가 되지 않아 헤멜 가능성이 높으며, 3교시 3번문제 또한 비교적 쉬워야 할 인장재지만 생소한 형태의 인장재이므로, 시험장에선 헤멜 가능성이 매우 높다. 그렇다고 4교시 또한 모멘트 분배법에서 함정요소가 있었으므로, 고득점이 쉬웠다고 할정도의 교시는 아니다.

112회의 특징은 지진과 관련된 서술형 문제가 매우 많이 나왔다는 점인데, 시기상으로도 지진이 많이 이슈화되고 있던 시점이며, 지진은 여러부분에서 중요한 이슈사항이었으므로, 이러한 경향은 112회 이후에도 계속되고 있다.

합격률은 1.85%로 매우 낮은 편이었다.

국가기술자격 기술사 시험문제

기술사 제 112 회 제 1 교시 (시험시간: 100분)

분야	건설	종목	건축구조기술사	수험번호		성명	

※ 다음 문제 중 10문제를 선택하여 설명하시오. (각10점)

1. 신뢰도 지수(Reliability Index)에 대하여 설명하시오.

2. 질량참여계수(Mass Participation Factor)에 대하여 설명하시오.

3. 최근 건설재료로 사용되기 시작한 초고성능 콘크리트 UHPC(Ultra High Performance Concrete)의 특성에 대하여 설명하시오.

4. 건축구조기준(KBC2016)에 명기된 유사활하중에 대하여 설명하시오.

5. 강구조 설계에서 인장력에 기초하여 설계되는 부재의 세장비(L/r)는 가급적 300을 넘지 않도록 하는 이유에 대하여 설명하시오.

6. 건축구조기준(KBC2016)에 따른 풍하중 산정 시 고려할 '지표면 조도구분'에 대하여 설명하시오.

7. 건축구조기준(KBC2016)에 따른 구조설계도(구조설계의 최종결과물로서 구조체의 구성, 부재의 형상, 접합상세 등을 표현하는 도면)에 포함되어야 할 내용에 대하여 설명하시오.

8. 내진설계에서 고려하는 건물형상의 수직비정형성 중 다음 유형에 대해서 설명하시오.
   ① 강성 비정형-연층 ② 기하학적 비정형

2 - 1

국가기술자격 기술사 시험문제

기술사 제 112 회 제 1 교시 (시험시간: 100분)

분야	건설	종목	건축구조기술사	수험번호		성명	

9. 지진력을 받는 말뚝기초 설계 시 만족시켜야 되는 요구 조건에 대하여 설명하시오.

10. 지하외벽(basement wall)과 옹벽(retaining wall)의 차이점을 설명하고, 설계할 때 토압을 다르게 적용하는 이유를 설명하시오.

11. 비선형 해석 시 부재의 모델링 변수결정을 위한 부재력 결정 방법에 대하여 설명하시오.

12. 응답스펙트럼의 개념을 설명하시오.

13. 점탄성댐퍼, 마찰댐퍼의 이력곡선에 대하여 설명하시오.

국가기술자격 기술사 시험문제

기술사 제 112 회 | 제 2 교시 (시험시간: 100분)

분야	건설	종목	건축구조기술사	수험번호		성명	

※ 다음 문제 중 4문제를 선택하여 설명하시오. (각25점)

1. 그림과 같은 프리스트레스트 콘크리트 보에 폭 2,000mm, 두께 200mm의 슬래브를 현장 타설하여 합성보로 하고자 한다. 그림의 보를 18m 단순보로 지주를(support) 사용하지 않는 조건에서 시공 가능 여부를 검토하시오.
(단, 처짐에 대한 검토는 제외한다.)

- 긴장재 : 강연선 ($A_g = 1,664\,\mathrm{mm}^2$)
- 초기 긴장력 : P_i = 2,000 kN
- 유효 긴장력 : P_e = 1,700 kN
- 보의 콘크리트 압축강도 : 40 MPa
- 슬래브의 콘크리트 압축강도 : 27 MPa
- 콘크리트 중량 : 25 kN/m^3

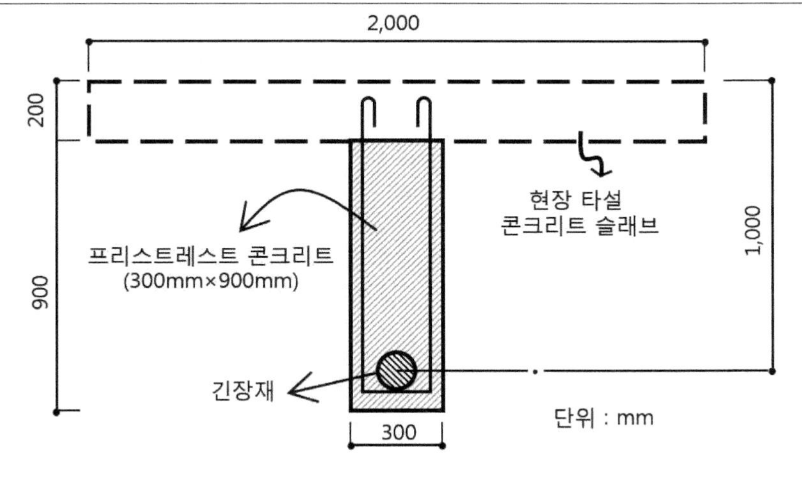

5 - 1

국가기술자격 기술사 시험문제

기술사 제 112 회 제 2 교시 (시험시간: 100분)

분야	건설	종목	건축구조기술사	수험번호		성명	

2. 그림과 같은 트러스 구조물에서 AB부재는 5mm, DE 부재는 10mm 짧게 제작되었다. G점의 수평변위를 구하시오.
(단, 모든 부재의 EA는 동일하며, E=200GPa, A=400mm^2)

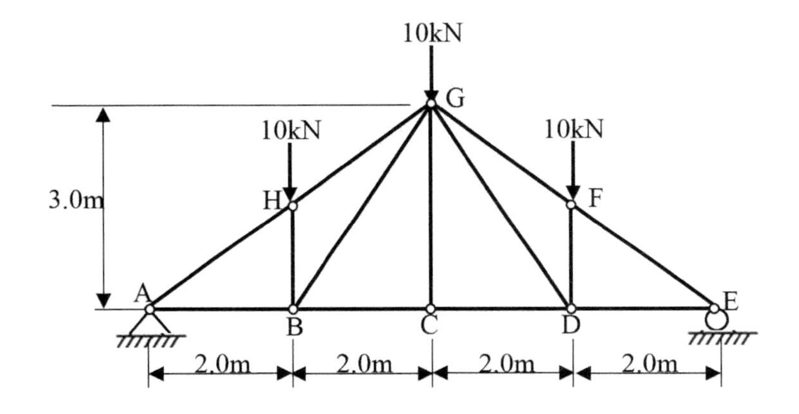

3. 푸시오버(pushover) 해석의 특성 및 해석과정에 대하여 설명하시오.

5 - 2

국가기술자격 기술사 시험문제

기술사 제 112 회 제 2 교시 (시험시간: 100분)

분야	건설	종목	건축구조기술사	수험번호		성명	

4. 그림과 같이 직사각형 결손부(0.1m × 0.2m)가 있는 철근콘크리트 단근 T형보가 있다. 보에 배근할 수 있는 최대 인장철근량(A_s)과 그때의 모멘트 강도(ϕM_n)를 구하시오. (단, 사용재료의 강도는 $f_{ck} = 30\,\text{MPa}$, $f_y = 500\,\text{MPa}$, $E_s = 2 \times 10^5\,\text{MPa}$이다.)

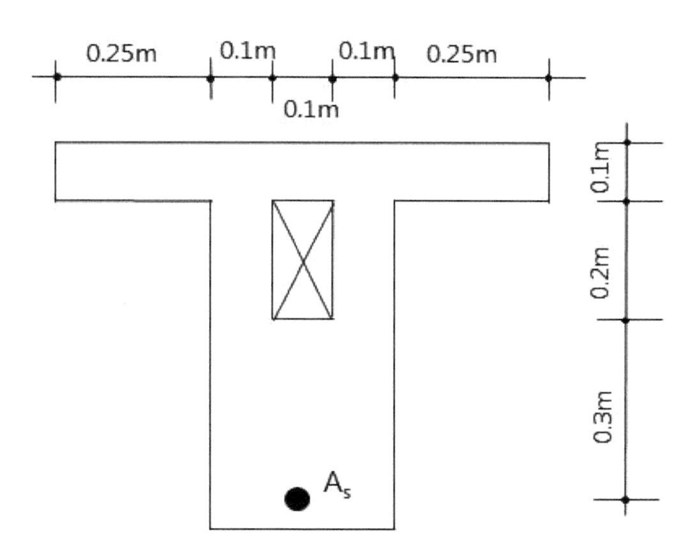

5 - 3

국가기술자격 기술사 시험문제

기술사 제 112 회   제 2 교시 (시험시간: 100분)

분야	건설	종목	건축구조기술사	수험번호		성명	

5. 아래 철골보의 전단력은 전면과 후면의 압축력만으로 콘크리트 벽체로 전달되고, 지압력은 브라켓에서 하중전달과 같은 방식으로 전달되므로 그에 대한 트러스 모델을 적용할 수 있다. H형강 보가 벽 또는 기둥에 매입되는 경우에 대한 트러스 모델을 구성하시오.

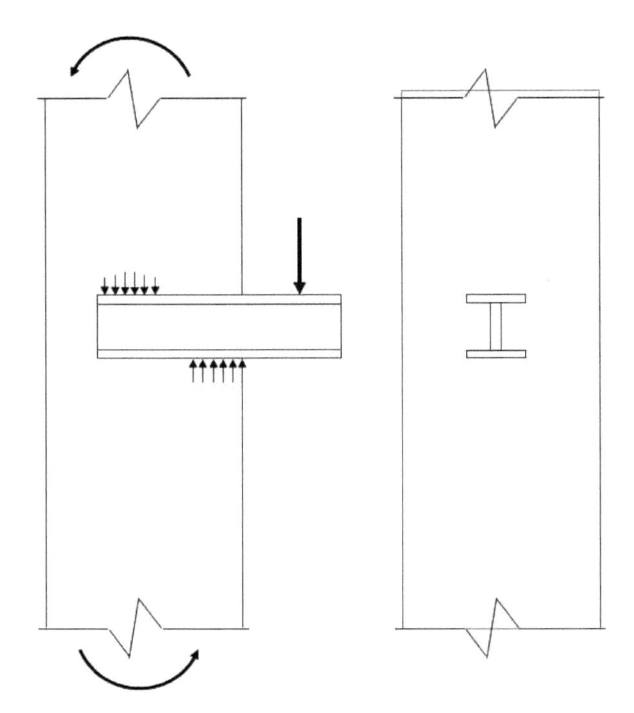

국가기술자격 기술사 시험문제

기술사 제 112 회 제 2 교시 (시험시간: 100분)

분야	건설	종목	건축구조기술사	수험번호		성명	

6. 매입형 합성부재 또는 충전형 합성부재에 외력이 축방향으로 가해질 때, 강재와 콘크리트간에 전달되어야 할 힘의 크기 산정을 위한 외력의 분배조건에 대하여 설명하시오.

국가기술자격 기술사 시험문제

기술사 제 112 회　　　　　　　　　　　　　　　　제 3 교시 (시험시간: 100분)

분야	건설	종목	건축구조기술사	수험번호		성명	

※ 다음 문제 중 4문제를 선택하여 설명하시오. (각25점)

1. 그림과 같이 구조물을 3-hinge 골조로 구조계획을 하고자 한다. 골조에 작용하는 하중은 좌측과 우측에 집중하중으로 표현하였다. 골조에 휨모멘트가 발생하지 않고 축력만 발생하도록 골조의 형상을 그림으로 표현하시오.

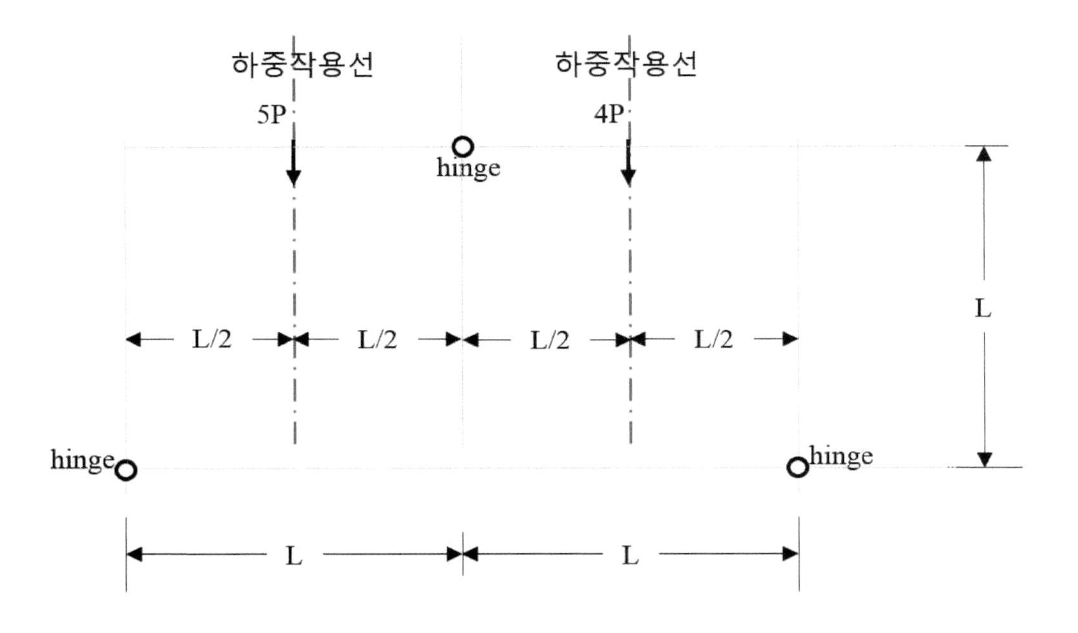

5 - 1

국가기술자격 기술사 시험문제

기술사 제 112 회 제 3 교시 (시험시간: 100분)

분야	건설	종목	건축구조기술사	수험번호		성명	

2. 우측 그림과 같은 길이 L=3000mm인 연결보(Coupling Beam)(300mm×540mm)의 모멘트와 전단력은 다음과 같다.

$M = 185\,\mathrm{kN \cdot m}$, $V = 143\,\mathrm{kN}$

변형 지배 작용, 하중 지배 작용을 구분하고 아래 표를 참조하여 보의 부재 비선형 모델의 변수(parameter) 값을 구하시오. (IO, LS, CP로 구분)

$K = \dfrac{6EI}{L}$, $E = 8500\sqrt[3]{f_{cu}}$, $f_{ck} = 24\,\mathrm{MPa}$, $f_y = 400\,\mathrm{MPa}$

연결보 유효 강성 : $0.2EI_g$

* 작용전단력비율 $V/(\sqrt{f_{ck}}b_w d)$, (단 d는 490mm로 검토한다.)

540

300

Top : 5- HD16
Bottom : 5- HD16
Stirrup : D10@100

조건		비선형 모델의 파라메터			허용기준(소성회전각, rad.)		
		소성회전각 (rad.)		잔류강도비	거주가능(IO)	1차부재	
		a	b	c		인명안전(LS)	붕괴방지(CP)
1. 휨에 의해 지배되는 경우 : 연결보(coupling beam)							
내진상세단면인 경우	0.25 이하	0.025	0.04	0.75	0.01	0.02	0.025
	0.5 이상	0.02	0.035	0.5	0.005	0.01	0.02
비내진상세단면인 경우	0.25 이하	0.02	0.025	0.5	0.006	0.012	0.02
	0.5 이상	0.01	0.05	0.25	0.005	0.008	0.01
대각선배근	N.A.	0.03	0.05	0.8	0.006	0.018	0.03

국가기술자격 기술사 시험문제

기술사 제 112 회 | 제 3 교시 (시험시간: 100분)

분야	건설	종목	건축구조기술사	수험번호		성명	

2. 전단에 의해 지배되는 경우 : 연결보(coupling beam)

조건	작용 전단력의 비율	전체횡변형각(%) 혹은 전체회전각(rad.)		잔류 강도비	거주 가능	1차부재 (% 또는 rad.)	
		d	e	c		인명 안전	붕괴 방지
내진상세단면인 경우	0.25 이하	0.02	0.03	0.6	0.006	0.015	0.02
	0.5 이상	0.016	0.024	0.3	0.005	0.012	0.016
비내진상세단면인 경우	0.25 이하	0.012	0.025	0.4	0.006	0.008	0.01
	0.5 이상	0.008	0.014	0.2	0.004	0.006	0.007

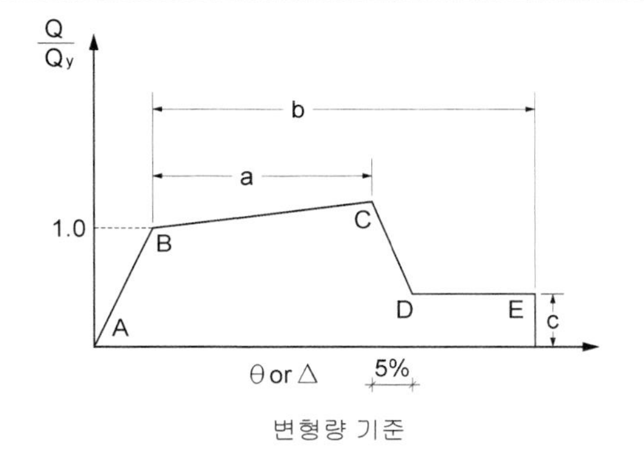

변형량 기준

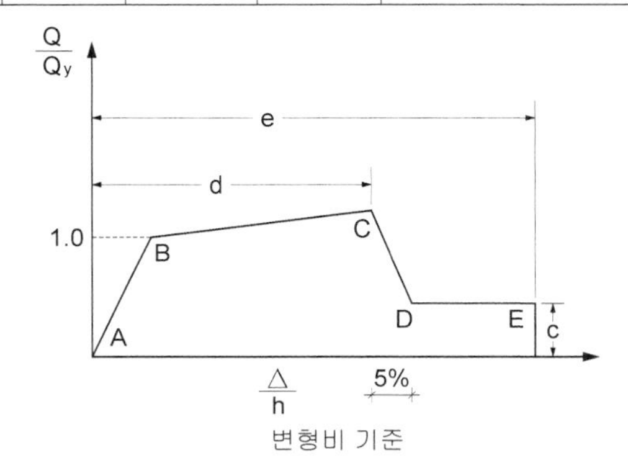

변형비 기준

* C, D점은 5% 간격으로 한다.

5 - 3

국가기술자격 기술사 시험문제

기술사 제 112 회 제 3 교시 (시험시간: 100분)

분야	건설	종목	건축구조기술사	수험번호		성명	

3. 직경 40mm 원형 결손부를 갖는 L형강 $L-90\times90\times10$으로 그림과 같은 접합부 설계를 하였다. 인장재의 설계인장강도를 구하고, 설계인장강도에 대한 필릿용접부의 안전성 검토를 하시오.

   (단, L형강의 재질은 SS400($F_y=235\,\mathrm{MPa}$)이며, 단면적은 $A_g=1700\,\mathrm{mm}^2$, 도심은 $C_x=C_y=25.4\,\mathrm{mm}$, Gusset Plate는 충분히 안전한 것으로 가정한다.)

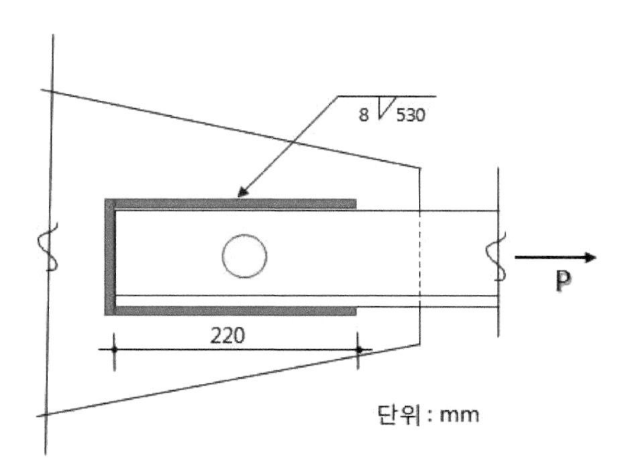

5 - 4

국가기술자격 기술사 시험문제

기술사 제 112 회 　　　　　　　　　　　　제 3 교시 (시험시간: 100분)

분야	건설	종목	건축구조기술사	수험번호		성명	

4. 그림에서와 같이 10 kN의 장비가 매달린 레일 구조물에서 이동한다. B지점에서 발생하게 될 최대 휨모멘트를 구하시오.

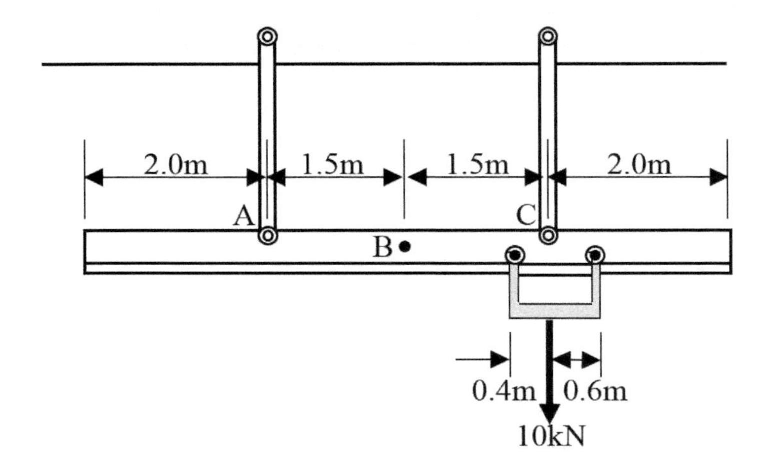

5. 건축, 기계 및 전기 비구조요소는 등가정적하중과 변위에 견디도록 설계하여야 한다. 이때, 등가정적하중 산정 방법에 대하여 설명하시오.

6. 강관 트러스 접합부의 한계상태에 대하여 그림을 그리고 설명하시오.

국가기술자격 기술사 시험문제

기술사 제 112 회 제 4 교시 (시험시간: 100분)

분야	건설	종목	건축구조기술사	수험번호		성명	

※ 다음 문제 중 4문제를 선택하여 설명하시오. (각25점)

1. 다음과 같은 연속보를 모멘트분배법을 이용하여 반력을 구하고 SFD, BMD를 그리시오.

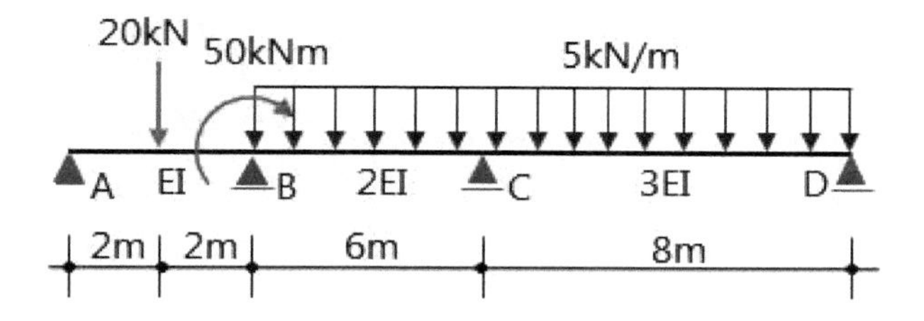

2. 그림과 같은 조건의 기초판에서 전단 보강재를 배치하지 않는 상태로 작용 전단력을 지지할 수 있는 기초판의 두께를 결정하시오.

- 기둥 크기 : 400mm × 700mm
- 사용 고정하중 : 1,600 kN
- 사용 활하중 : 1,300 kN
- $f_{ck} = 24\text{MPa}$
- $\lambda = 1$(일반 콘크리트)
- 내부기둥
- $\rho = 0.005$

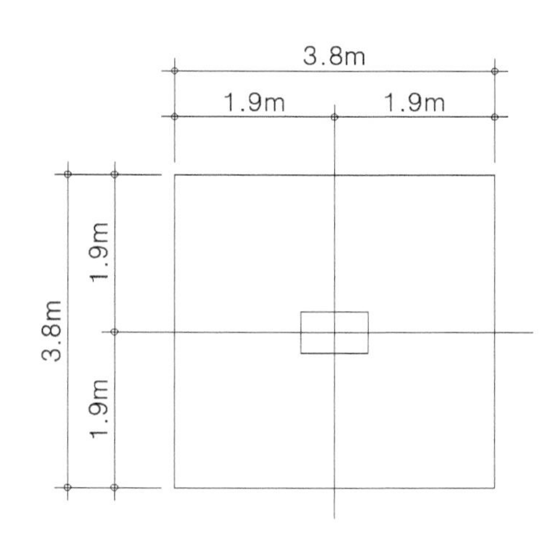

4 - 1

국가기술자격 기술사 시험문제

기술사 제 112 회　　　　　　　　　　　　　　　　제 4 교시 (시험시간: 100분)

분야	건설	종목	건축구조기술사	수험번호		성명	

3. 길이 L=7.5m의 용접 H형강 보 H-600×300×9×12(SM490)가 아래 그림과 같이 단순지지보가 L/3간격으로 횡비틀림이 구속되어 있다. 휨재의 국부좌굴과 전체좌굴을 고려해서 허용할 수 있는 최대집중하중 크기를 단계적으로 구하시오.

- $F_y = 315\,\mathrm{MPa}$, $E = 205\,\mathrm{GPa}$, 휨단면성능 : $r_{ts} = \sqrt{\dfrac{I_y h_o}{2S_x}}$
- 압축플랜지 국부좌굴강도 : 웨브 $\lambda_p = 3.76\sqrt{\dfrac{E}{F_y}}$

  플랜지 $\lambda_r = \lambda_{rf} = 0.95\sqrt{\dfrac{k_c E}{F_L}}$, $\lambda_{pf} = 0.38\sqrt{\dfrac{E}{F_y}}$
- 횡좌굴강도 : $L_p = 1.76 r_y \sqrt{\dfrac{E}{F_y}}$, $L_r = \pi r_{ts}\sqrt{\dfrac{E}{0.7F_y}}$
- 공칭모멘트 : $M_n = [M_p - (M_p - 0.7F_y S_x)(\dfrac{\lambda - \lambda_{pf}}{\lambda_{rf} - \lambda_{pf}})]$

H형강 부재

- $A = 12384\,\mathrm{mm}^2$
- $I_x = 7.657 \times 10^8\,\mathrm{mm}^4$
- $S_x = 2.55 \times 10^6\,\mathrm{mm}^3$
- $I_y = 5.4 \times 10^7\,\mathrm{mm}^4$

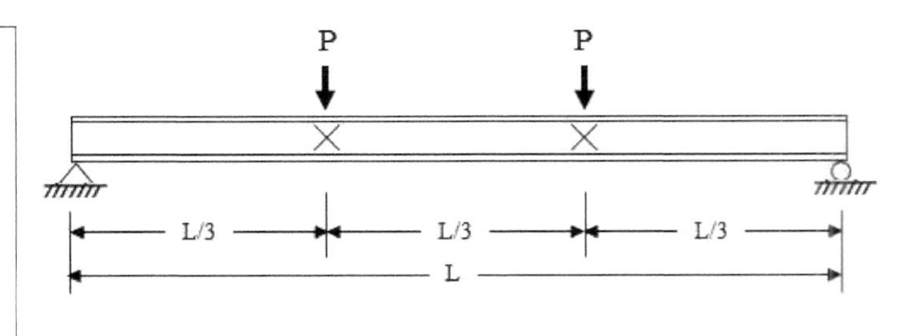

4 - 2

국가기술자격 기술사 시험문제

기술사 제 112 회 제 4 교시 (시험시간: 100분)

분야	건설	종목	건축구조기술사	수험번호		성명	

4. 그림과 같은 비 균일단면 보가 있다. 등분포하중이 작용하고 있을 때 최대 휨응력이 발생하는 위치를 구하고, 허용휨응력이 $f_a = 20\text{MPa}$일 때 작용할 수 있는 최대등분포하중의 크기를 구하시오.

   (단, 지점 A, B에서의 단면 크기는 300mm×300mm, 중앙부 C에서의 단면 크기는 300mm×750mm이며, 보 자중은 무시한다.)

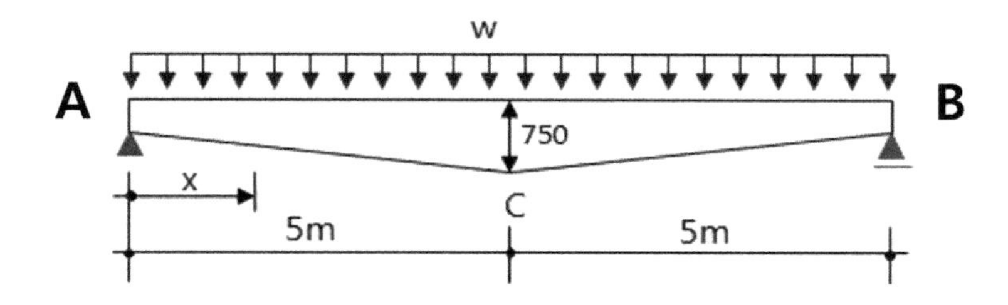

5. 건축구조기준(KBC2016)에 따른 강구조에서 기둥과 보의 안정용 가새에 대하여 설명하시오.

국가기술자격 기술사 시험문제

기술사 제 112 회 제 4 교시 (시험시간: 100분)

분야	건설	종목	건축구조기술사	수험번호		성명	

6. <그림 A>와 같은 H-형강 캔틸레버 보의 처짐이 과도하게 발생하여 원형강봉을 이용하여 <그림 B>와 같이 매달고자 한다.
   1) <그림 A>에서 B점의 처짐량을 구하시오.
   2) <그림 B>와 같이 원형강봉으로 매달았을 때, B점의 처짐량이 10mm이하로 되기 위해 필요한 원형강봉(SS400)의 최소직경을 구하시오.

- ($H-450\times200\times9\times14(SS400)$, $A=9.676\times10^3\,\mathrm{mm}^2$, $I_x=3.35\times10^8\,\mathrm{mm}^4$)
- H-형강 및 원형강봉의 탄성계수 : $E=205\,\mathrm{GPa}$
- $SS400$: $F_y=235\,\mathrm{MPa}$

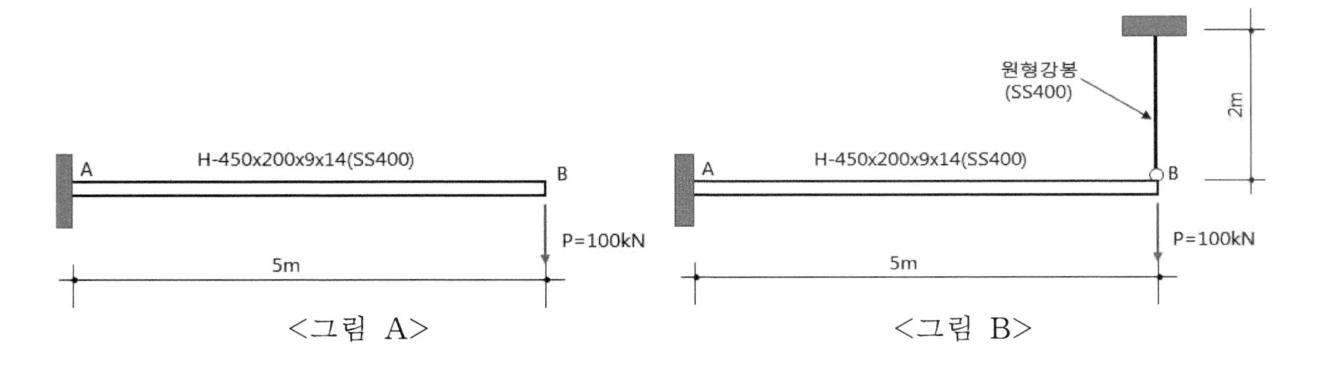

<그림 A> <그림 B>

4 - 4

112회 기출문제 풀이

1. 신뢰도 지수(Reliability Index)에 대하여 설명하시오. <112회 1교시>

구조물에 가해지는 하중효과 S와 구조물의 저항능력 R을 확률밀도함수로 나타내면

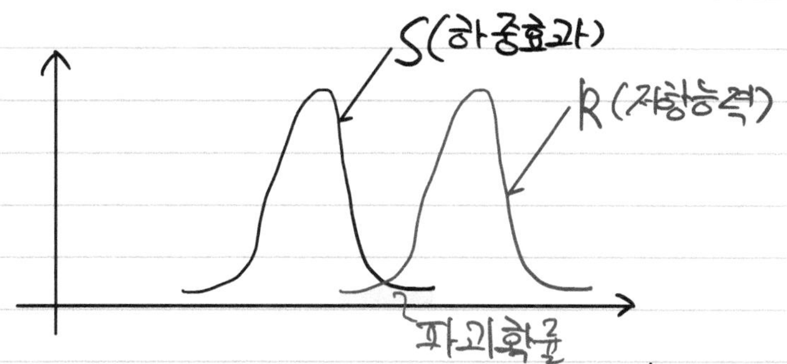

구조물의 성능을 상실했을 때의 한계상태 $g=R-S$를

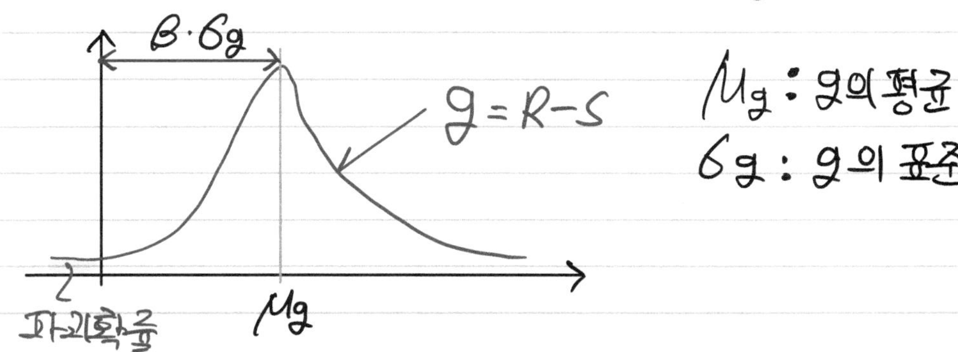

여기서 신뢰도지수 β는 변동계수 COV의 역수로 다음과 같다

$$\beta = \frac{\mu_g}{\sigma_g}$$

여기서 $\mu_g = \mu_R - \mu_S$, $\sigma_g = \sqrt{\sigma_R^2 + \sigma_S^2}$ 이므로

$$\beta = \frac{\mu_R - \mu_S}{\sqrt{\sigma_R^2 + \sigma_S^2}}$$

한계상태설계법에서는 신뢰도지수를 기준으로 강도감소계수와 하중계수를 결정한다. 끝

딸기맛호가든 : 강구조설계 예제집 앞부분에 해당부분에 대한 간단한 설명이 있으며, 이 내용을 상세히 이해하고 싶다면 신뢰성공학을 공부하여야 한다.

2. 질량참여계수(Mass Participation Factor)에 대하여 설명하시오.

다자유도계의 동적해석으로부터 나타난 각 모드의 응답으로부터 각모드의 영향력을 나타내는 계수

(1) 모드응답

다자유도 구조물의 동적응답은 고유치해석을 통해 여러개의 모드응답으로 분리 가능하다.

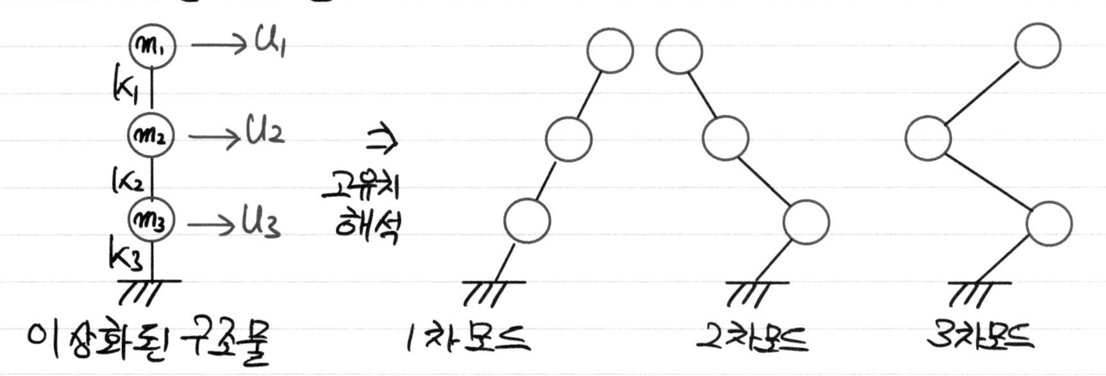

(2) 모드참여계수 Γ_i

i 번째 모드가 응답에 참여하는 정도를 나타낸 모드응답계수 Γ_i 는

$$\Gamma_i = \frac{\{\psi_i\}^T \cdot [M] \cdot [1]}{\{\psi_i\}^T \cdot [M] \cdot \{\psi_i\}}$$

여기서 $\{\psi_i\}$ 는 i 번째 자유진동모드

$[M]$은 질량행렬

(3) 유효모드질량 M_{ii}^*

고유치해석시, 구조물의 모드수는 구조물의 자유도 수만큼 발생한다. 모드중첩법 사용시 전체모드수 만큼을 해석에 포함시킬 경우 계산의 효율성이 떨어지므로, 통상 유효모드질량을 기준으로 유효모드질량의 합이 전체질량의 90%이상이 되도록 모드수를 결정한다. 이때 유효모드 질량 M_{ii}^* 는

$$M_{ii}^* = \frac{L_i^2}{M_{ii}}$$

여기서 $M_{ii} = \{\psi_i\}^T \cdot [M] \cdot \{\psi_i\}$

$L_i = \{\psi_i\}^T \cdot [M] \cdot [1]$

(4) 질량참여계수 α_i

질량참여계수는 구조계의 전체질량에 대한 모드참여질량의 비로 정의된다.

$$\alpha_i = \frac{M_{ii}^*}{m_t}$$

여기서 구조계의 전체질량 m_t는

$$m_t = \sum_{i=1}^{n} M_{ii}^*$$

끝

M군 : (3) 유효모드질량과 관련하여 다음사항 추가
- 유효모드질량의 합이 전체질량의 90% 미만일 경우, 이 때 산정한 동적 지진 하중의 크기는 실제 지진 하중에 대해서 비교적 작게 산정된다

딸기맛호가든 : 이 내용들은 당연히 설계기준(KDS 41 17 00)에도 명시되어 있다. 그러나, 이에 대한 자세한 설명은 되어있지 않다. 따라서, 이부분에 대한 개념을 이해하기 위해서는 상당한 수준의 구조동역학을 공부하여야 할 것이다.

3. 최근 건설재료로 사용되기 시작한 초고성능 콘크리트 UHPC(Ultra High Performance Concrete)의 특성에 대하여 설명하시오. <112회 1교시>

(1) 구성요소

① 미세모래 입자

② 실리카 퓸(공극률↓)

③ 강섬유 (연성, 인성확보)

④ 고강도 콘크리트 특수혼합물

(2) 특성

① 역학적 성질 우수

- 150~200MPa의 높은 압축강도를 가지며, 탄성계수가 보통콘크리트의 2배가량

- 인장강도 및 휨강도가 우수하여 무근 콘크리트로도 휨성능을 발휘한다.

② 고내구성, 긴수명

- 시멘트 경화체 조직이 밀실하여 열화인자 침입이 어려우며, 이로인해 염해저항성, 중성화, 동결융해 등에 유리하다.

- 내구성 및 수밀성이 우수하므로 유지관리가 용이하고, 일반콘크리트 5배가량의 긴 수명동안 사용가능하다.

③ 강섬유 보강으로 인한 연성거동

(3) 제조방법

① 비빔 [시멘트 + 실리카퓸 + 충진재 + 골재 건비빔, 배합수 + 고성능 감수재 추가투입 후 비빔

② 강섬유 혼입 - 자동분산기로 투입

③ 양생 - 24시간 습윤양생 후 24~48시간 고온증기양생

(4) 기대효과

① 건축적 요소를 살린 다양한 형태 사용가능(철근없이)

② 콘크리트 단면 감소 및 이로인한 자중절감효과

③ 구조물의 수명향상 및 유지관리비용 절감

끝

KDS 41

4. 건축구조기준(~~KBC2016~~)에 명기된 유사활하중에 대하여 설명하시오.

KDS 41 10 15, 3.7 유사활하중

활하중과 유사하게 시간변동성을 가지면서 횡방향으로 작용하는 하중

(1) 손스침하중

지붕, 발코니, 계단 등의 난간 손스침에 의한 하중
0.9kN의 집중하중 또는 0.8kN/m의 등분포하중 적용
2세대이하 주거용 구조물일시 0.4kN/m 적용가능

(2) 내벽횡하중

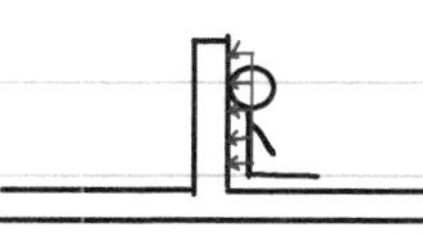

건축물 내부에 설치되는 1.8m 이상의 각종내벽에 적용.
벽면에 직각 방향으로 0.25 kN/m² 의 등분포하중 적용
이동성 경량칸막이벽이나 이와 유사한 것은 제외한다.

(3) 고정사다리 하중

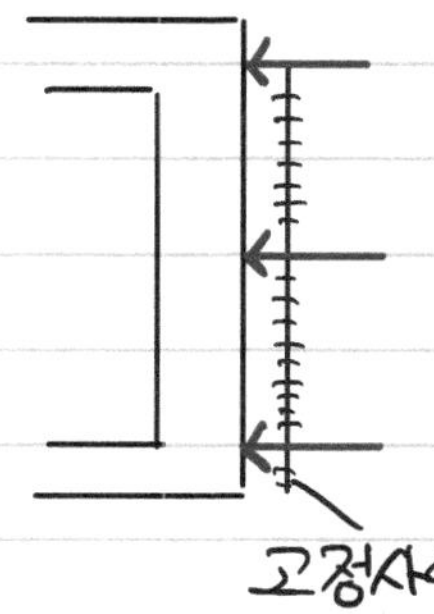

가로대를 가진 고정사다리의 활하중은 최소한 1.5kN 의 집중하중을 가장 큰 하중효과를 일으키는 위치에 적용.
3m 높이마다 하나이상 적용

끝

5. 강구조 설계에서 인장력에 기초하여 설계되는 부재의 세장비(L/r)는 가급적 300을 넘지 않도록 하는 이유에 대하여 설명하시오. <112회 1교시>

 # KDS 14 31 10, 4.1.1 세장비 제한
KBC2016 기준 및 해설의 0704.1 해설부분 참조

(1) 세장비 L/r =300 일때의 좌굴강도

$$F_e = \frac{\pi^2 \cdot E}{(L/r)^2} = 23.029\ MPa$$

즉 세장비 300 초과시 23.029MPa 미만의 매우 작은 좌굴강도를 갖는다.

(2) 세장비 제한 이유

① 인장재는 압축을 받지 않으므로, 좌굴을 고려할 필요는 없다. 이에따라 인장재의 세장비 제한은 권장사항으로 개정되었다.

② 지나치게 세장할 경우 자중에의해 처짐이나 진동이 과다해질 우려가 있다.

③ 세장비 300 초과시 매우 작은 좌굴강도를 가지므로, 운반 및 시공시 작은하중에도 휘어 버릴 우려가 있다.

(3) 예외조항

인장력을 받는 강봉이나 매달린부재는 세장비제한을 적용하지 않는다.

끝

6. 건축구조기준(KDS 41 ~~KBC2016~~)에 따른 풍하중 산정 시 고려할 '지표면 조도구분'에 대하여 설명하시오. <112회 1교시>

KDS 41 10 15, 5.5.3의 표 5.5-2

(1) 지표면 조도구분의 정의

지표면의 건물밀집도에 따라 달라지는 풍속의 크기를 산정하기 위한 구분방법.

지표면조도구분	주변지역의 지표면 상태
A	대도시 중심부에서 고층건축물(10층이상)이 밀집
B	수목·3.5m 정도의 주택이 밀집 또는 중층건물(4~9층) 산재
C	높이 1.5~10m 정도의 장애물 산재 또는 수목·저층건물 산재
D	장애물이 거의 없고, 장애물 평균높이 1.5m 이하, 해안·초원·비행장

(2) 지표면 조도구분별 풍속고도분포계수 K_{zr} 산정

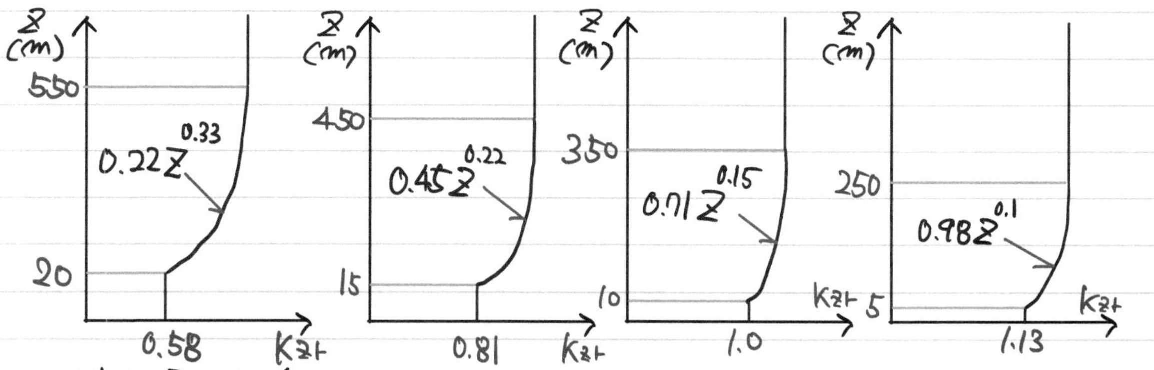

<지표면조도구분 A> <지표면조도구분 B> <지표면조도구분 C> <지표면조도구분 D>

(3) 지표면 조도구분의 선정

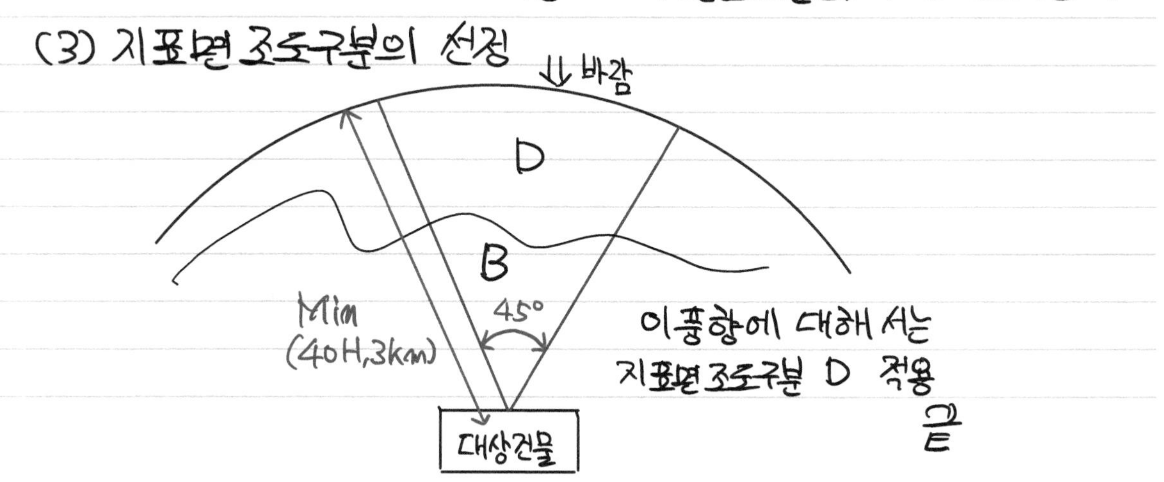

끝

KDS41

7. 건축구조기준(~~KBC2016~~)에 따른 구조설계도(구조설계의 최종결과물로서 구조체의 구성, 부재의 형상, 접합상세 등을 표현하는 도면)에 포함되어야 할 내용에 대하여 설명하시오.

KDS 41 10 05, 4.3.4 구조설계도의 작성

(1) 구조설계도에 포함될 내용

① 구조기준
② 활하중 등 주요설계하중
③ 구조재료강도
④ 구조부재의 크기 및 위치
⑤ 철근과 앵커의 규격, 설치위치
⑥ 철근정착길이, 이음의 위치 및 길이
⑦ 강부재의 제작·설치와 접합부 설계에 필요한 전단력, 모멘트, 축력등의 접합부소요강도
⑧ 기둥중심선과 오프셋, 워킹포인트
⑨ 접합의 유형
⑩ 치올림이 필요할 경우 위치, 방향 및 크기
⑪ 부구조체의 시공상세도 작성에 필요한 경우 상세기준
⑫ 기타 구조시공상세도 작성에 필요한 상세와 자료
⑬ 책임구조기술자, 자격명 및 소속회사명, 연락처
⑭ 구조설계 연월일

(2) 설계단계별 포함 내용

계획설계시 : ①, ③, ④, ⑨, ⑬, ⑭ 포함

기본설계시 : ①, ②, ③, ④, ⑤, ⑥, ⑧, ⑨, ⑬, ⑭ 포함

실시설계시 : 모두 포함

끝

딸기맛호가든 : 고득점을 노린다면 단순히 각 항목을 적는것으로 안되며, 각각에 대한 설명이 추가되어야 한다. 필자의 경우 그냥 외우는 것을 포기하고 그동한 실무한 기억을 되살려서 적당히 채우는 것을 목표로 하였다.

8. 내진설계에서 고려하는 건물형상의 수직비정형성 중 다음 유형에 대해서 설명하시오.

① 강성 비정형-연층　　　② 기하학적 비정형　　　<112회 1교시>

KDS 41 17 00, 5.3.2 수직비정형성

(1) 강성비정형 – 연층

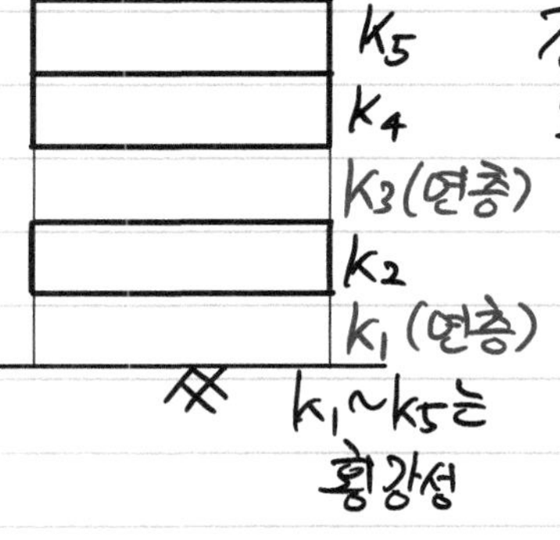

정의: 층강성이 상부층강성 70% 미만 ($K_3<0.7K_4$)
또는 층강성이 상부 3개층 평균강성 80% 미만
($K_1<0.8(K_2+K_3+K_4)/3$)

고려사항: 내진설계 범주 D일시 동적해석법
* 연층으로 인해 구조물의 동적거동이 더이상 1차모드에 지배되지 않을 확률이 높으므로, 동적해석법을 적용한다.

(2) 기하학적 비정형

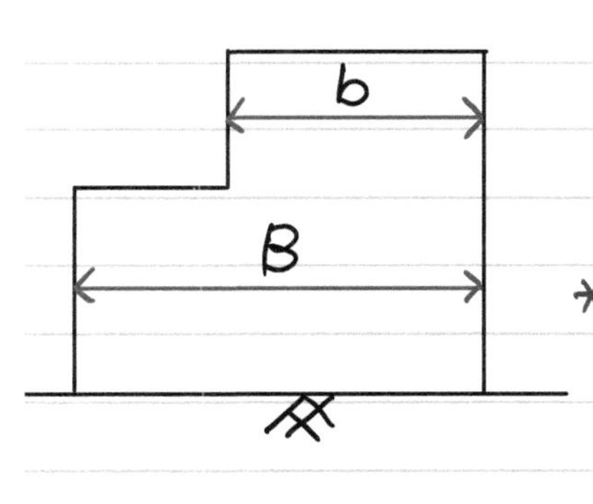

정의: 임의층 수평치수 > 1.3 인접층 수평치수
($b>1.3B$ 또는 $B>1.3b$)

고려사항: 내진설계 범주 D일시 동적해석법
* 기하형상 차이로 인해 구조물의 동적거동이 더이상 1차모드에 지배되지 않을 확률이 높으므로, 동적해석법을 적용한다.

끝

딸기맛호가든 : 비정형성은 그림으로 기억하고 연상하는 것이 좋다.

9. 지진력을 받는 말뚝기초 설계 시 만족시켜야 되는 요구 조건에 대하여 설명하시오.

<112회 1교시>

KDS 41 20 00, 4.4.12~4.4.13

(1) 말뚝기초의 내진해석

① 기초지반과 상부구조물의 특성을 고려하여 지진하중을 말뚝머리에 작용하는 등가정적하중으로 환산한 후 정적해석을 수행

② 무리말뚝의 경우 무리말뚝 해석을 통하여 구조물의 하중을 각 단일말뚝에 분배하고, 이 때 가장 큰하중을 받는 단일말뚝에대하여 등가정적해석을 수행한다.

(2) 말뚝기초의 내진상세

① 공통사항

현장타설말뚝의 횡방향철근은 직경 10mm 이상의 폐쇄띠철근 또는 나선철근, 간격은 말뚝머리부터 말뚝직경 3배구간 - Min [주철근직경 8배, 150mm]

나머지구간 - 주철근직경 16배 이하

② 내진설계 범주 C인 구조물의 현장타설 말뚝의 종방향 주철근

[4개이상, 설계단면적 0.25% 이상

Max[말뚝길이 1/3, 말뚝최소직경 3배, 3.0m, 설계균열모멘트 > 소요휨강도] 에 배치

③ 내진설계 범주 C 또는 D인 구조물

a. 콘크리트 말뚝의 띠철근 및 나선철근 135° 갈고리상세 적용

b. 말뚝의 이음부는 다음값 이상 저항

Min [말뚝재료공칭강도, 특별지진하중으로부터 발생된 축력, 전단력, 모멘트]

c. 프리텐션이 미적용된 기성콘크리트 말뚝

[종방향 주철근비 1% 이상 (전체길이에 적용)

횡방향 철근 직경 9.5m 이상 폐쇄띠철근 또는 나선철근

④ 내진설계 범주 D인 구조물 현장타설말뚝

- 종방향 주철근은 4개이상, 설계단면적 0.5% 이상
- Max [말뚝길이 1/2, 말뚝최소직경 3배, 3.0m, 설계균열모멘트 > 소요휨강도] 에 배치
- 인발에대한 정착은 다음에 저항

 Min [종방향주철근 인장강도, 철골부재공칭인장강도, 말뚝-지반마찰력 1.3배]
- 비틀림 저항에대한 정착은 Min (특별지진하중에 의해 발생되는 축력, 전단력, 휨모멘트 / 말뚝의 축력, 휨, 전단에 대한 공칭강도) 에저항

끝

10. 지하외벽(basement wall)과 옹벽(retaining wall)의 차이점을 설명하고, 설계할 때 토압을 다르게 적용하는 이유를 설명하시오. <112회 1교시>

(1) 차이점

지하외벽 : 구조물에 의해 지지되어 움직이지 않는 상태에서 토압지지

옹벽 : 구조물과 독립되어 약간의 이동을 허용한 상태에서 토압지지

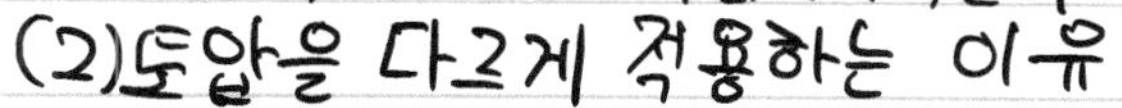

(2) 토압을 다르게 적용하는 이유

① 토압의 종류

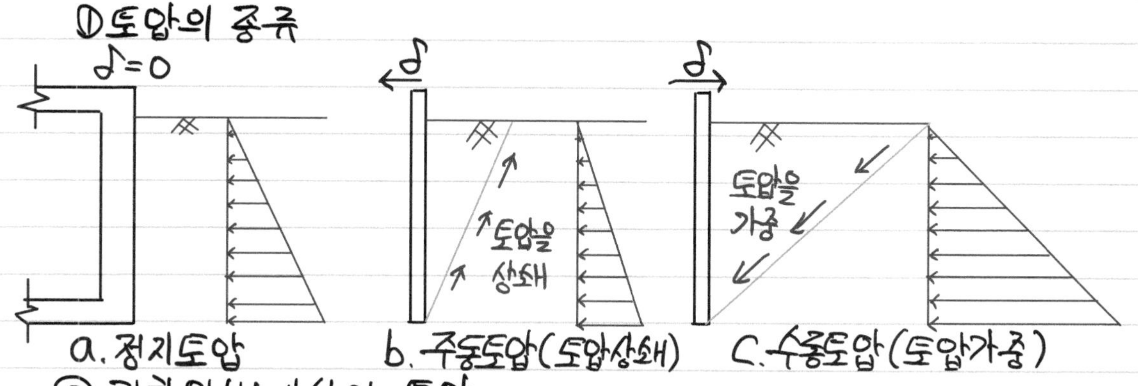

② 지하외벽에서의 토압

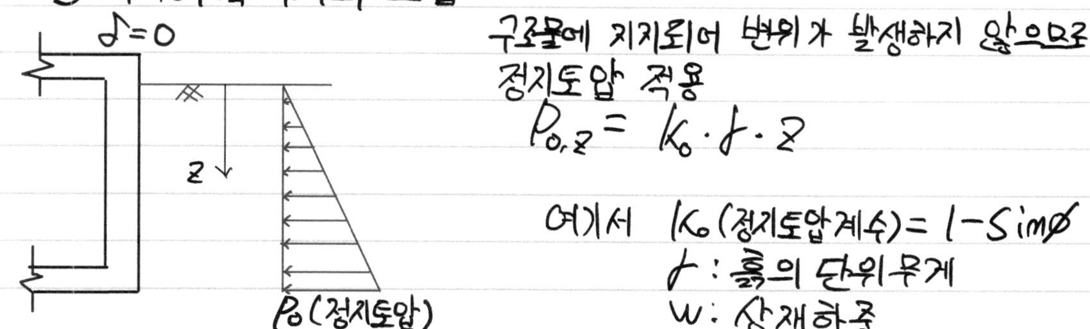

구조물에 지지되어 변위가 발생하지 않으므로 정지토압 적용

$P_{0,z} = K_0 \cdot \gamma \cdot z$

여기서 K_0(정지토압계수) $= 1-\sin\phi$

γ : 흙의 단위무게

w : 상재하중

③ 옹벽에서의 토압

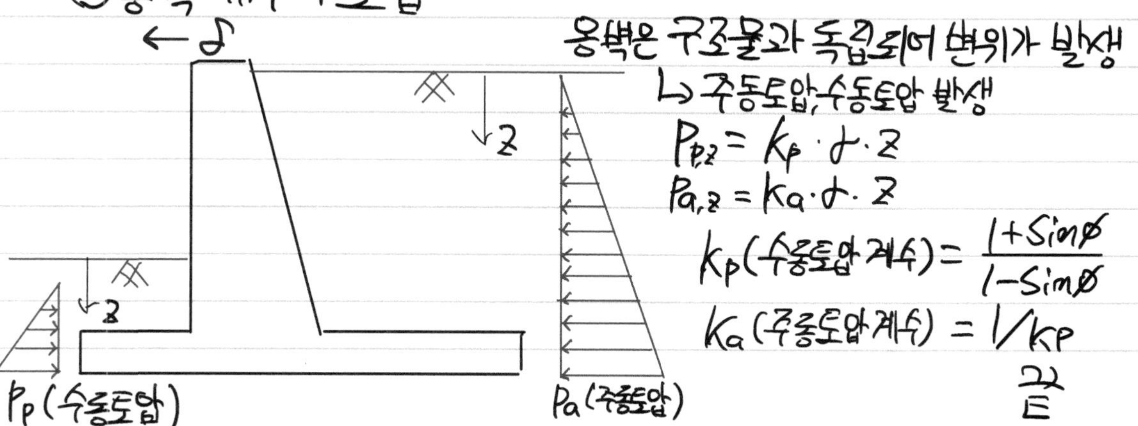

옹벽은 구조물과 독립되어 변위가 발생

↳ 주동토압, 수동토압 발생

$P_{p,z} = K_p \cdot \gamma \cdot z$

$P_{a,z} = K_a \cdot \gamma \cdot z$

K_p(수동토압계수) $= \dfrac{1+\sin\phi}{1-\sin\phi}$

K_a(주동토압계수) $= 1/K_p$

끝

M군 : 옹벽관련 추가사항

- 옹벽은 지하외벽과는 달리 토압에 의해 활동 및 전도가 발생할 수 있으므로, 지하외벽에 작용하는 정지토압보다 크기가 더 작은 주동토압으로 검토한다.
- 주동토압으로 옹벽을 검토하는 대신 활동, 전도 같은 옹벽 안정성에 대해 추가적으로 검토해야 한다.

11. 비선형 해석 시 부재의 모델링 변수결정을 위한 부재력 결정 방법에 대하여 설명하시오.

공동주택 성능기반 내진설계 지침(대한건축학회)의 4.5

(1) 거동특성 분류

① 변형 지배거동

지진력 저항시 연성거동이 수반되는 부재의 거동

② 힘 지배 거동

지진력 저항시 비탄성 변형에 수반되지 않고 최대강도 도달이후 취성파괴되어 저항력을 가지할 수 없는 부재의 거동

	변형지배작용	힘 지배 작용
보	휨	전단력
기둥	휨	축력, 전단력
벽체	휨	축력, 전단력
연결보	휨, 전단력	-

(2) 부재의 모델링 변수

① 보의 모델링 변수

충분한 전단강도와 적절한 정착 및 이음상세 적용시 → 변형지배작용

충분한 전단강도 확보가 어려울시 → 힘지배작용

② 기둥의 모델링 변수

기둥은 전단보강상세, 전단력 및 축력비를 고려하여 예상되는 거동에 따라 변형지배와 힘지배로 분류

③ 벽체의 모델링 변수

대체로 변형지배 거동이나, 전단 변형을 고려하여야 하는 경우 전단탄성모델을 사용할 수 있다.

④ 연결보의 모델링 변수

일반적으로 연성거동에 유리한 휨지배모델을 사용하며, 비선형 해석 결과에 따라서 요구되는 전단강도 및 내진상세 요구조건을 만족해야 한다.

끝

M군 : 단, 벽체 면내방향 전단력은 변형지배 거동이다(기존 시설물 내진성능평가 요령 P45 및 학교시설 내진성능평가 및 보강 매뉴얼 62P)

12. 응답스펙트럼의 개념을 설명하시오. <112회 1교시>

(1) 정의

지진동에 의해 단자유도 구조물이 갖는 최대응답을 응답스펙트럼으로 정의한다. 여기에서 응답은 최대 변위응답, 최대속도응답, 최대 가속도 응답이다.

(2) 응답스펙트럼 작성 절차

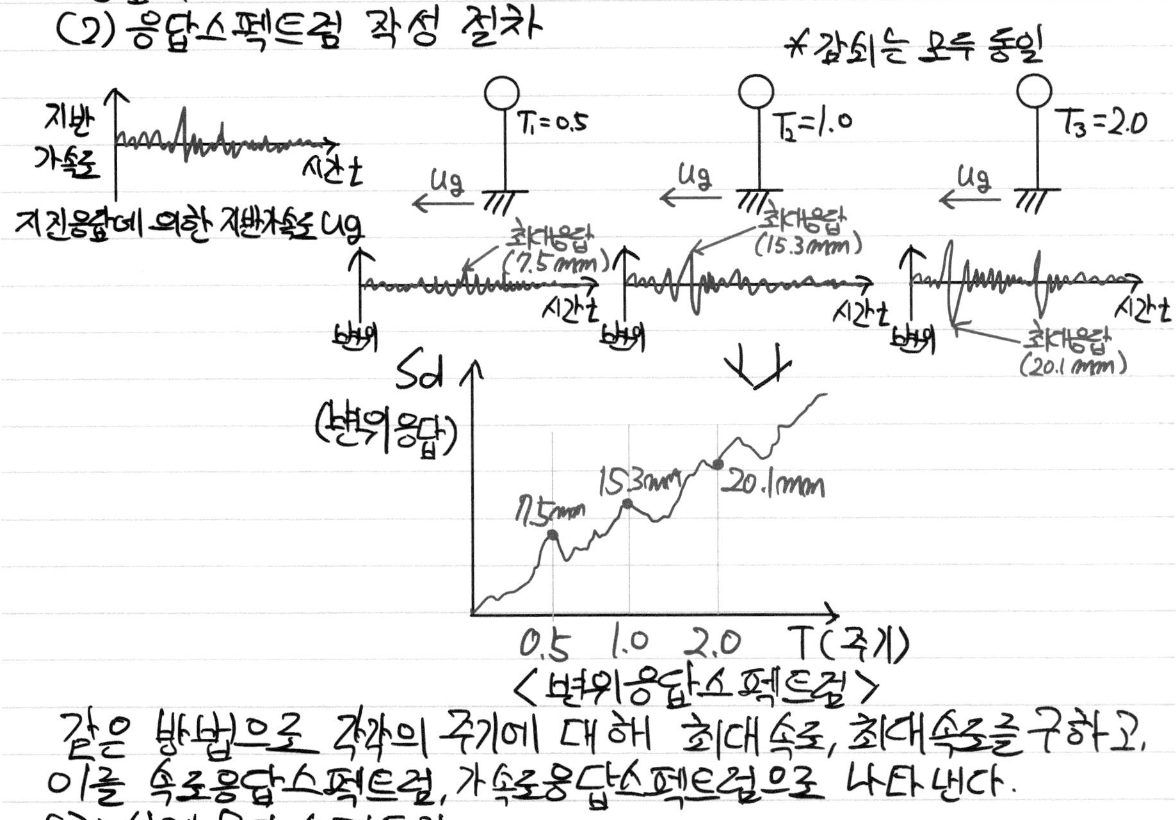

<변위응답스펙트럼>

같은 방법으로 각각의 주기에 대해 최대속도, 최대속도를 구하고, 이를 속도응답스펙트럼, 가속도응답스펙트럼으로 나타낸다.

(3) 설계 응답 스펙트럼

구조물설계시, 매번 해석을통해 응답을 얻기 번거로우므로 KDS41의 설계응답스펙트럼을 이용 가능하다.

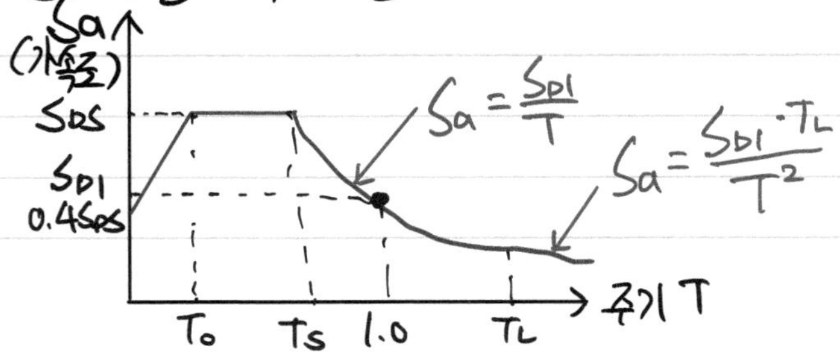

끝

13. 점탄성댐퍼, 마찰댐퍼의 이력곡선에 대하여 설명하시오. <112회 1교시>

(1) 점탄성댐퍼의 이력곡선

원리 : 점성물질의 에너지 흡수능력을 이용하여 지진에너지 소산 (속도의존형)

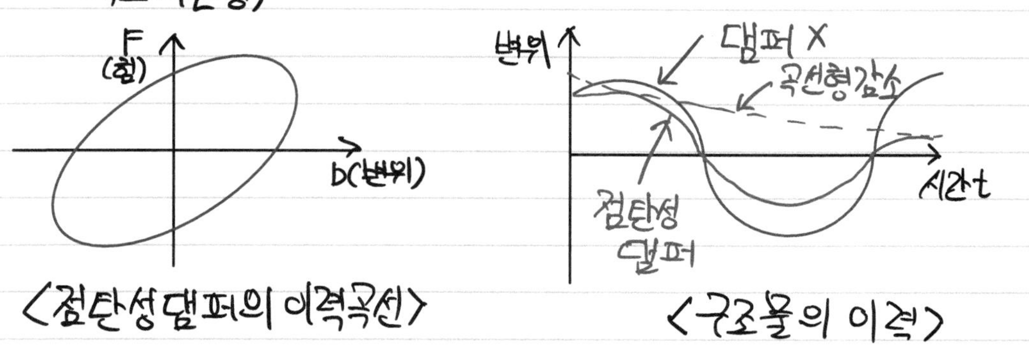

<점탄성댐퍼의 이력곡선> <구조물의 이력>

(2) 마찰댐퍼의 이력곡선

원리 : 안정적 거동을 하는 마찰재가 구조물이 흡수해야 할 지진에너지를 마찰에너지로 소산 (변위의존형)

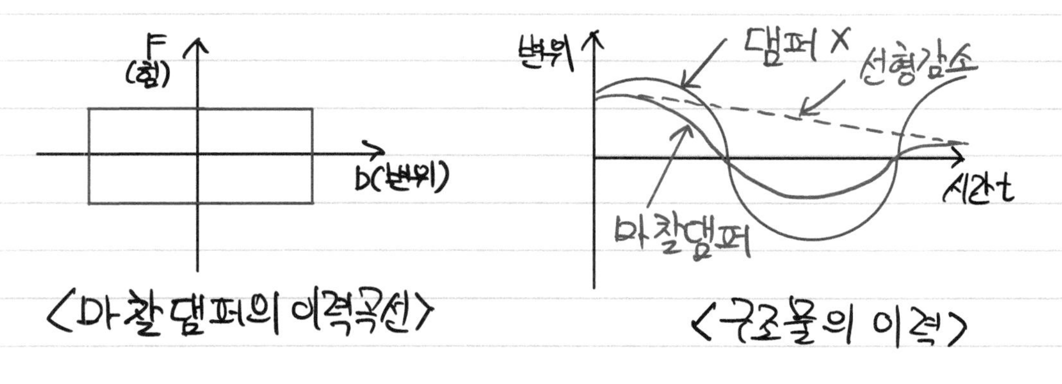

<마찰댐퍼의 이력곡선> <구조물의 이력>

끝

딸기맛호가든 : 답안만 놓고 보면 단순해보이지만, 구조동역학의 상당한 지식이 있어야 하는 문제이다.

1. 그림과 같은 프리스트레스트 콘크리트 보에 폭 2,000mm, 두께 200mm의 슬래브를 현장 타설하여 합성보로 하고자 한다. 그림의 보를 18m 단순보로 지주를(support) 사용하지 않는 조건에서 시공 가능 여부를 검토하시오.
(단, 처짐에 대한 검토는 제외한다.) <112회 2교시>

- 긴장재 : 강연선 ($A_g = 1,664\,\mathrm{mm}^2$)
- 초기 긴장력 : P_i = 2,000 kN
- 유효 긴장력 : P_e = 1,700 kN
- 보의 콘크리트 압축강도 : 40 MPa
- 슬래브의 콘크리트 압축강도 : 27 MPa
- 콘크리트 중량 : $25\,\mathrm{kN/m^3}$

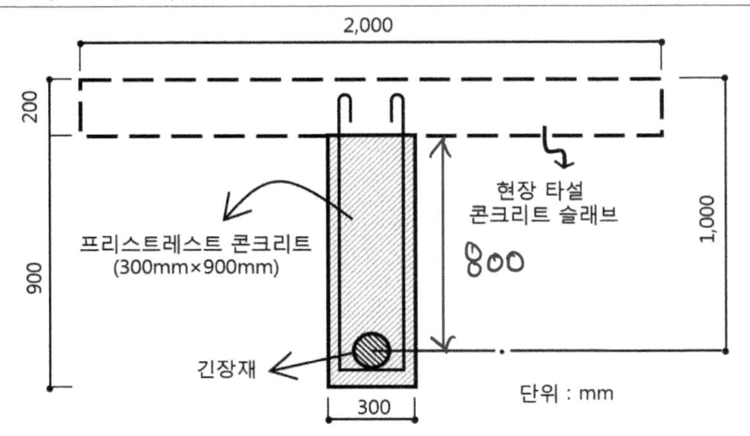

(1) 소요하중산정

고정하중 : $\underbrace{25\times2\times0.2}_{\text{슬래브 자중}} + \underbrace{25\times0.3\times0.9}_{\text{보의 자중}} = 16.75\,\mathrm{kN/m}$

활하중 : $2.5\times2 = 5\,\mathrm{kN/m}$

* 타설높이 0.5m 이하이므로, 작업하중은 $2.5\,\mathrm{kN/m^2}$으로 고려하였음

$W_u = 1.2W_D + 1.6W_L = 28.10\,\mathrm{kN/m}$

$M_u = \dfrac{W_u\cdot l^2}{8} = 1038.05\,\mathrm{kN\cdot m}$, $V_u = \dfrac{W_u\cdot l}{2} = 252.9\,\mathrm{kN}$

(2) f_{ps} 산정

지간(l)/높이(h) = 20 ≤ 35 이므로

$P_e/A_g = f_{pe} = 1021.63\,\mathrm{MPa}$

$P_i/A_g = f_{pi} = 1201.92\,\mathrm{MPa}$

$\rho_p = \dfrac{A_g}{300\times800} = 0.00693$

$f_{ps} = \underbrace{f_{pe} + 70 + f_{ck}/100\rho_p}_{1149.33\,\mathrm{MPa}} \le f_{py},\ f_{pe}+420$

(3) 시공시 모멘트 검토

$C_c = 0.85 \cdot \underset{40}{f_{ck}} \cdot a \cdot \underset{300}{b}$

$d - \frac{a}{2}$

$T_p = A_g \cdot f_{ps}$

$C_c = T_p$ 이므로, $a = 187.50\,mm$

$M_n = T_p \times (\underset{800}{d} - \frac{a}{2}) = 1.35069 \times 10^9\,N \cdot mm$

$= 1350.69\,kN \cdot m$

$\phi M_n = 0.85 \cdot M_n = 1148.09\,kN \cdot m > M_u = 252.9\,kN \cdot m$

모멘트에 대해 안전하다.

(4) 시공시 전단력 검토

$\phi V_c = \underset{0.75}{\phi} \times \frac{1}{6} \times \underset{1.0}{\lambda} \times \sqrt{\underset{40}{f_{ck}}} \times \underset{300}{b_w} \times \underset{800}{d} = 189737\,N$

$= 189.74\,kN$

$V_u - \phi V_c = \phi V_s = 63.16\,kN \le 2 \times \phi V_c$

$V_s = \underset{71 \times 2}{A_v} \cdot \underset{400\,MPa}{f_{yt}} \cdot d/s = 63.16/\underset{0.75}{\phi}$, $s \le 539.58\,mm$

(D10 가정) (가정)

$\le d/2,\ 600$

$A_{v,min} = [0.0625\sqrt{f_{ck}} > 0.35] \cdot \frac{b_w \cdot s}{f_{yt}} = 118.59 < 71 \times 2$

최소전단 철근인 D10 @ 400 이상으로 전단 배근되었다면 전단력에 대해 안전하다.

끝

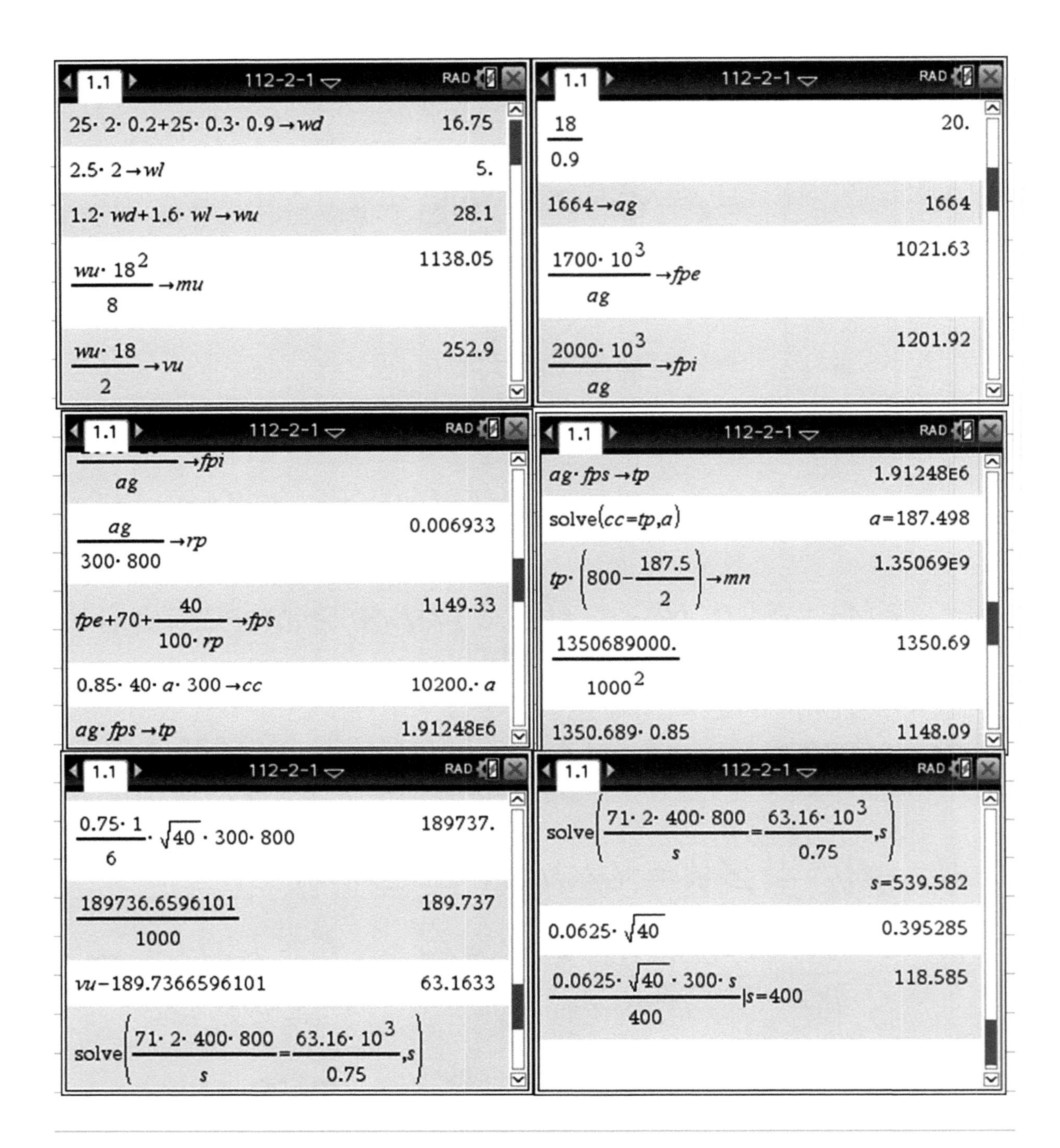
1.1
112-2-1
RAD
25· 2· 0.2+25· 0.3· 0.9→wd 16.75
2.5· 2→wl 5.
1.2· wd+1.6· wl→wu 28.1
wu· 18^2 / 8 →mu 1138.05
wu· 18 / 2 →vu 252.9
18 / 0.9 20.
1664→ag 1664
1700· 10^3 / ag →fpe 1021.63
2000· 10^3 / ag →fpi 1201.92
→fpi
ag
ag / 300· 800 →rp 0.006933
fpe+70+ 40 / 100· rp →fps 1149.33
0.85· 40· a· 300→cc 10200.· a
ag· fps→tp 1.91248E6
ag· fps→tp 1.91248E6
solve(cc=tp,a) a=187.498
tp· (800− 187.5 / 2)→mn 1.35069E9
1350689000. / 1000^2 1350.69
1350.689· 0.85 1148.09
0.75· 1 / 6 · √40 · 300· 800 189737.
189736.6596101 / 1000 189.737
vu−189.7366596101 63.1633
solve(71· 2· 400· 800 / s = 63.16· 10^3 / 0.75 ,s)
solve(71· 2· 400· 800 / s = 63.16· 10^3 / 0.75 ,s)
s=539.582
0.0625· √40 0.395285
0.0625· √40 · 300· s / 400 |s=400 118.585

2. 그림과 같은 트러스 구조물에서 AB부재는 5mm, DE 부재는 10mm 짧게 제작되었다. G점의 수평변위를 구하시오.

(단, 모든 부재의 EA는 동일하며, E=200GPa, A=400mm²) <112회 2교시>

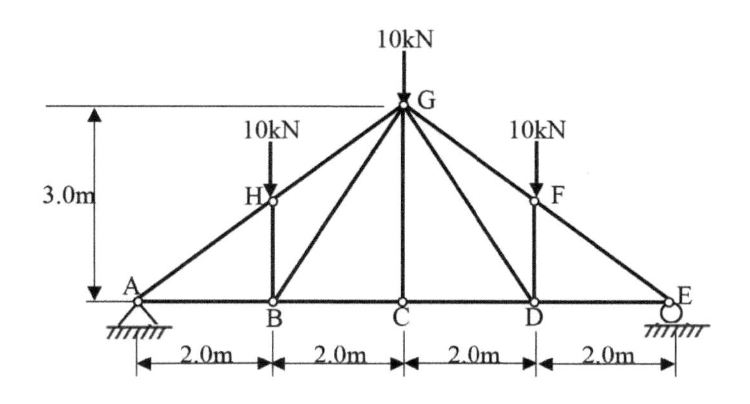

※ 제작오차나 지점침하가 있을시, 에너지법이 가장 유리하다.

(1) 자유물체도

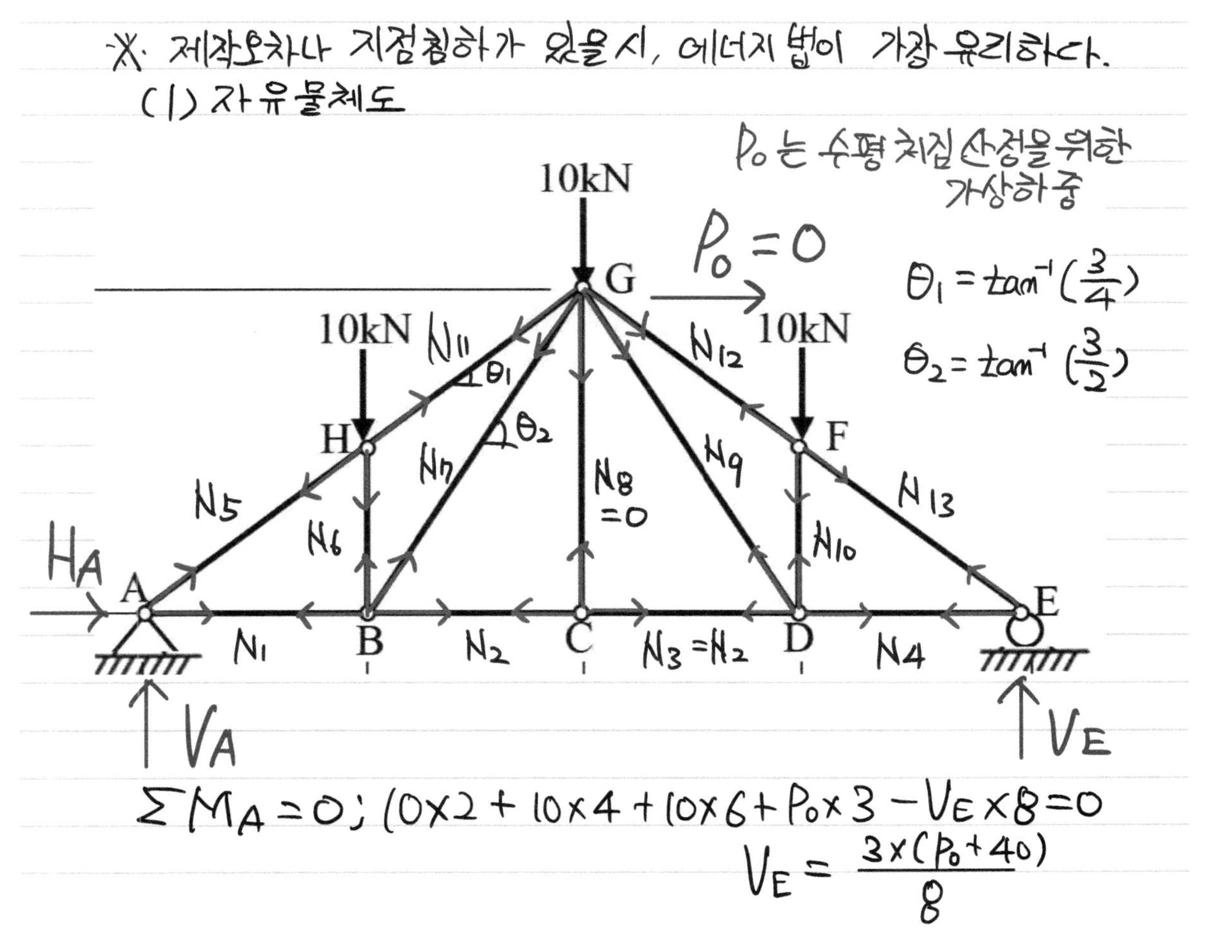

$$\Sigma M_A = 0;\ 10\times2 + 10\times4 + 10\times6 + P_0\times3 - V_E\times8 = 0$$

$$V_E = \frac{3\times(P_0+40)}{8}$$

(2) 부재력 산정

E절점에서 $\Sigma V=0;\ V_E + N_{13}\cdot\sin\theta_1 = 0$
$\Sigma H=0;\ -N_4 - N_{13}\cdot\cos\theta_1 = 0$) 연립

$N_4 = (P_0+40)/2,\quad N_{13} = -5\times(P_0+40)/8$

F절점에서 $\Sigma V=0;\ N_{12}\cdot\sin\theta_1 - N_{13}\cdot\sin\theta_1 - N_{10} - 10 = 0$
$\Sigma H=0;\ -N_{12}\cdot\cos\theta_1 + N_{13}\cdot\cos\theta_1 = 0$) 연립

$N_{10} = -10,\quad N_{12} = -5(P_0+40)/8$

D절점에서 $\Sigma V=0;\ N_{10} + N_9\cdot\sin\theta_2 = 0$
$\Sigma H=0;\ -N_2 + N_4 - N_9\cdot\cos\theta_2 = 0$) 연립

$N_3 = (3\cdot P_0 + 80)/6\qquad N_9 = 10\sqrt{13}/3$

G절점에서 $\Sigma V=0;\ -N_{11}\cdot\sin\theta_1 - N_7\cdot\sin\theta_2 - N_9\cdot\sin\theta_2 - N_{12}\cdot\sin\theta_1 - 10 = 0$
$\Sigma H=0;\ -N_{11}\cdot\cos\theta_1 - N_7\cdot\cos\theta_2 + N_9\cdot\cos\theta_2 + N_{12}\cdot\cos\theta_1 + P_0 = 0$) 연립

$N_{11} = 5\cdot(P_0-40)/8\qquad N_7 = 10\sqrt{13}/3$

H절점에서 $N_5 = N_{11},\ N_6 = -10$ (F절점과 동일조건)

B절점에서 $\Sigma H=0;\ -N_1 + N_2 + N_7\cdot\cos\theta_2 = 0$
$N_1 = (P_0+40)/2$

(3) 변형에너지

① 하중에 의한 변형에너지

$$U_1 = \Sigma\frac{N_i^2}{2EA}\cdot L_i = \frac{1}{2EA}\times\Big[(N_1^2+N_2^2+N_3^2+N_4^2)\times 2 + (N_5^2+N_{11}^2+N_{12}^2+N_{13}^2)\times\sqrt{2^2+1.5^2} + (N_6^2+N_{10}^2)\times 1.5 + (N_7^2+N_9^2)\times\sqrt{2^2+3^2}\Big]$$

$EA = 200\times 400 = 80000\,kN$

② 제작오차에 의한 변형에너지

$U_2 = -N_1\times 0.005 - N_4\times 0.01$

③ 전체 변형에너지

$U = U_1 + U_2$

(4) G점 수평변위 산정

$$\delta_{Gh} = \frac{\partial U}{\partial P_0} = 0.0000074 \cdot P_0 - 0.000667$$
$$= -6.67\,mm$$

부호가 ㊀ 이므로, P_0의 반대 방향인 ← 방향으로 6.67mm 처짐이 발생한다.

끝

딸기맛호가든 : 가상일법을 이용하여 풀 수도 있으나, 이 경우는 트러스 해석을 2번 해야 하므로 권장하지 않는다.

딸기맛호가든 : 경험상 지점침하, 사전변형, 온도하중 등이 있는 경우에 에너지법이 가장 쉬운 풀이법일 가능성이 높았다.

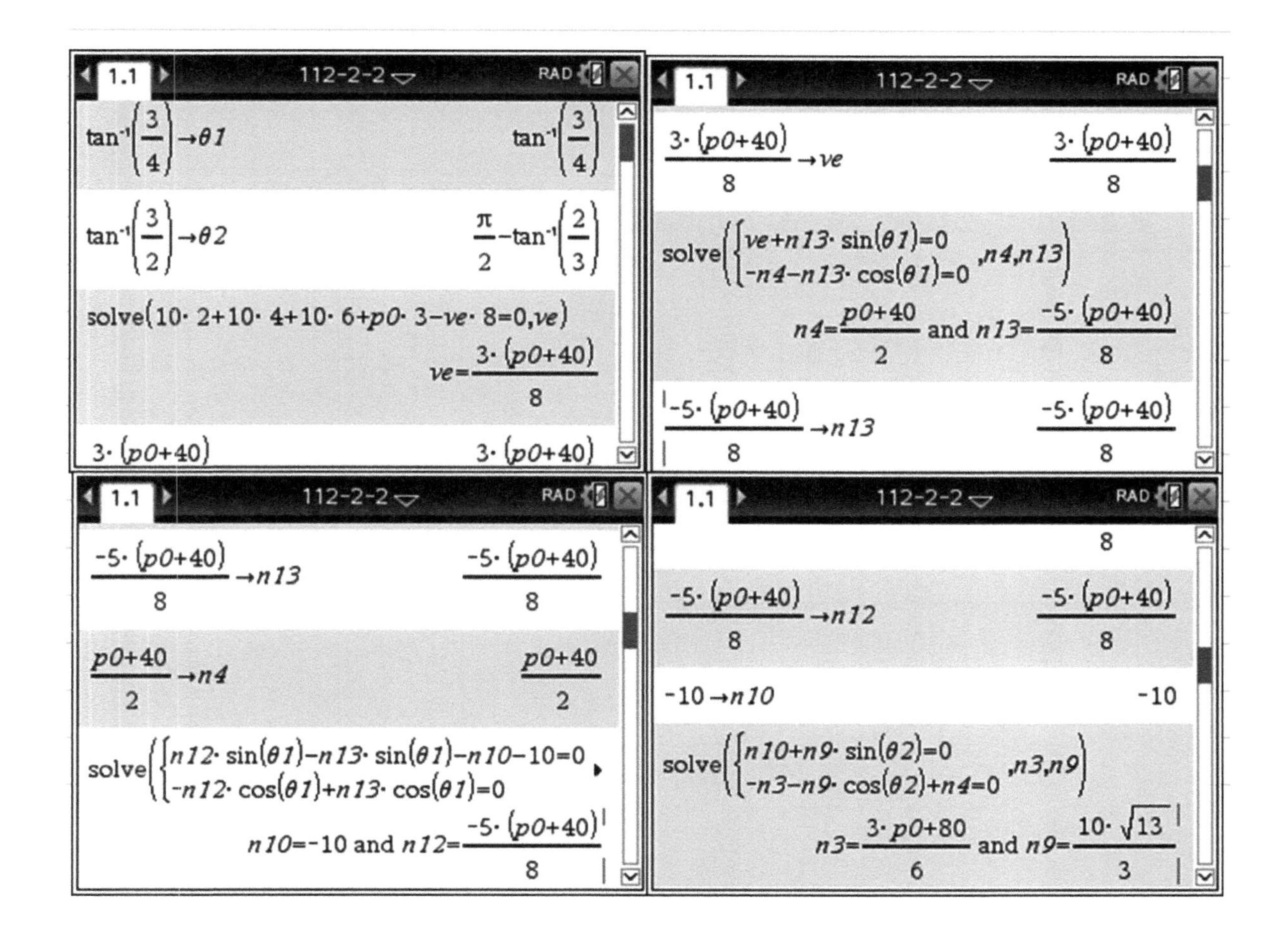

1.1
112-2-2
RAD
solve({n10+n9· sin(θ2)=0, -n3-n9· cos(θ2)+n4=0 ,n3,n9)
n3=(3· p0+80)/6 and n9=(10· √13)/3
(10· √13)/3 →n9 (10· √13)/3
(3· p0+80)/6 →n3 (3· p0+80)/6
(3· p0+80)/6 →n3 (3· p0+80)/6
solve({-n11· sin(θ1)-n7· sin(θ2)-n9· sin(θ2)-, -n11· cos(θ1)-n7· cos(θ2)+n9· cos(θ2
n11=(5· (p0-40))/8 and n7=(10· √13)/3
(10· √13)/3 →n7 (10· √13)/3
(10· √13)/3 →n7 (10· √13)/3
(5· (p0-40))/8 →n11 (5· (p0-40))/8
n11→n5 (5· (p0-40))/8
-10→n6 -10
-10→n6 -10
n3→n2 (3· p0+80)/6
solve(-n1+n2+n7· cos(θ2)=0,n1)
n1=(p0+40)/2
(p0+40)/2 →n1 (p0+40)/2
(p0+40)/2 →n1 (p0+40)/2
1/(2· ea) · ((n1^2+n2^2+n3^2+n4^2)· 2+(n5^2+n11^2
(2.95313· (p0^2+22.575· p0+1676.65))/ea
200· 400→ea 80000
u+-n1· 0.005-n4· 0.01→u
200· 400→ea 80000
u+-n1· 0.005-n4· 0.01→u
0.000037· p0^2-0.006667· p0-0.238108
d/dp0(u)|p0=0 -0.006667
-0.0066666666666667· 1000 -6.66667

3. 푸시오버(pushover) 해석의 특성 및 해석과정에 대하여 설명하시오.

<112회 2교시>

(1) 푸시오버 해석의 특징

① 정적해석이다.

따라서 1차모드 거동을 고려하며, 2차모드 이상은 간접고려

② 비선형 해석이다.

구조물의 비탄성 거동까지 고려하여 해석한다.

③ 설계응답스펙트럼 사용

지진하중 산정시 설계응답스펙트럼을 사용한다.

(2) 해석과정

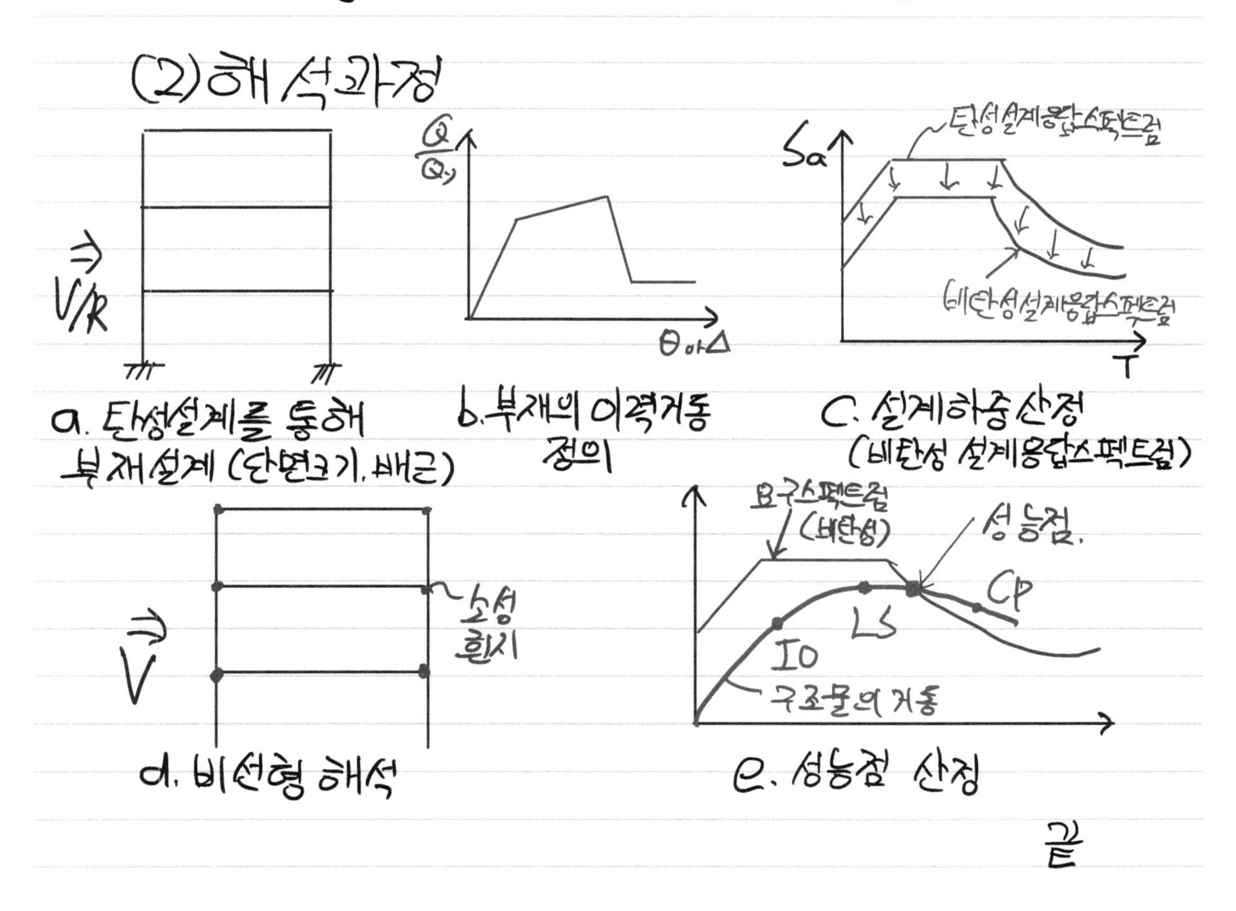

끝

M군

<소성힌지 발생위치>

- 보 단부
- 1층 기둥 하부
- 강기둥 약보 거동으로 다음과 같이 거동

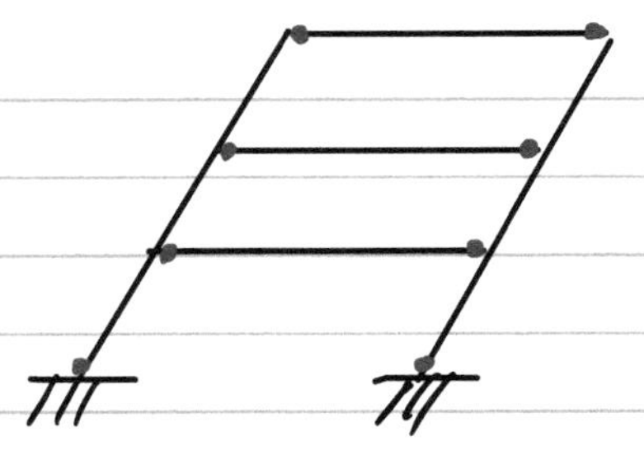

<푸쉬오버 해석과정>

1. 예비 푸쉬오버 해석

(1) 부재별 항복강도 산정

(2) 부재별 소성힌지에서 강성저하가 발생하지 않는다고 가정하여 비선형 해석 수행

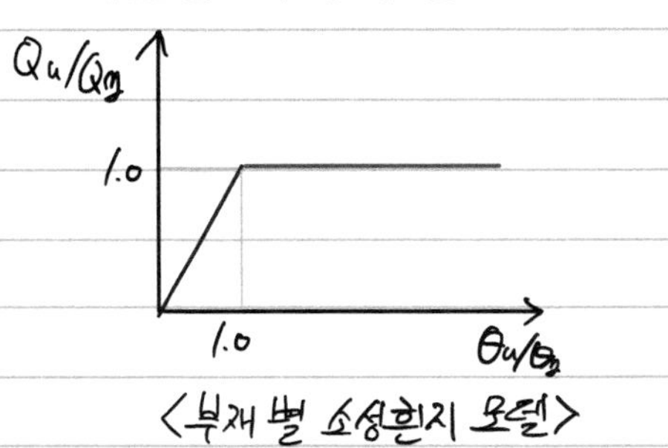

〈부재별 소성힌지 모델〉

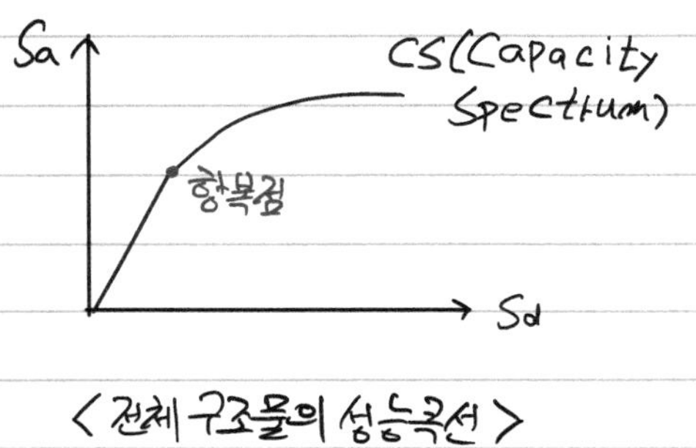

〈전체 구조물의 성능곡선〉

(3) 탄성 ADRS 산정

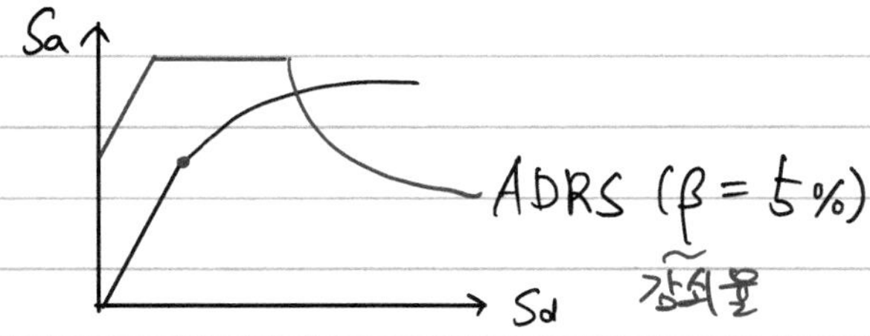

(4)ATC40 또는 FEMA440의 방법으로 비탄성 ADRS 산정 및 예비성능점 산정

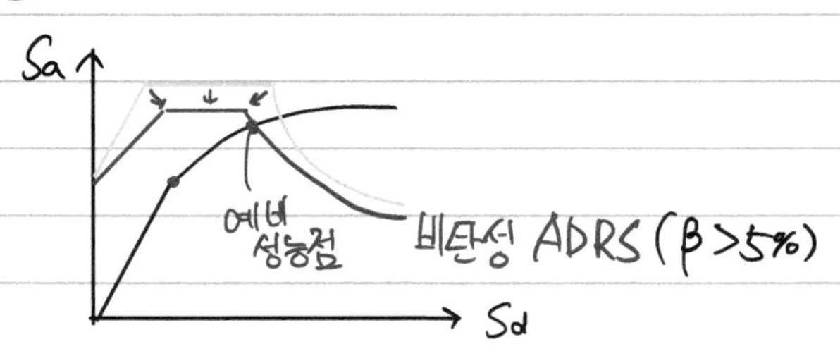

(5) 예비성능점에서의 Sa, Sd값으로 각 부재별 Vu,Pu값을 산정하여 부재별 소성힌지 모델 산정

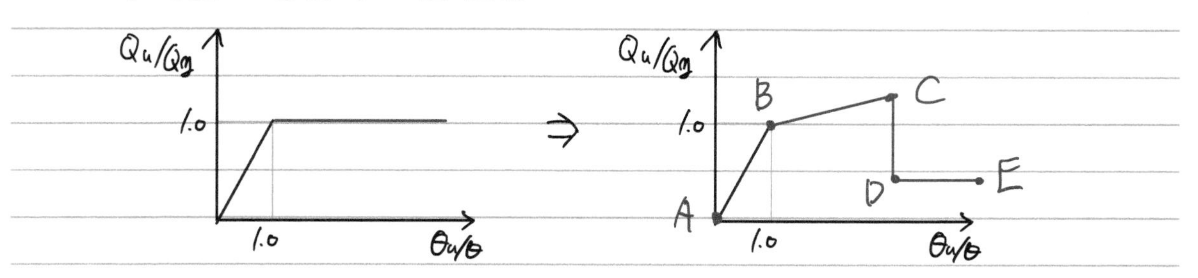

2. 실시 푸쉬오버 해석

(1) 푸쉬오버 해석 재수행

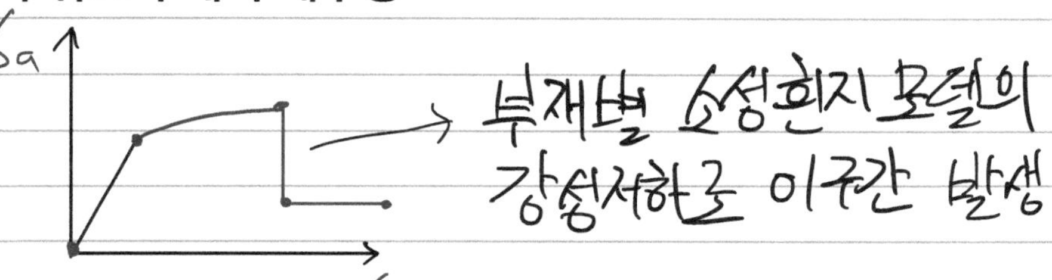

(2) 탄성 ADRS 산정

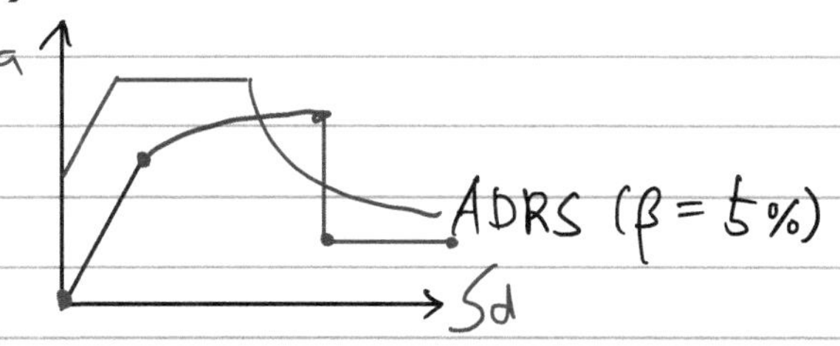

(3) ACT40 또는 FEMA440의 방법으로 비탄성 ADRS 산정 및 실시 성능점 산정

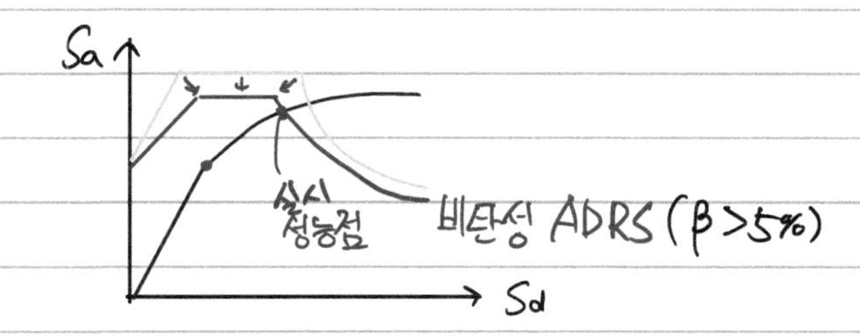

(4) 실시 성능점에서의 **Sd**값으로 부재별 각 소성흰지에서의 내진성능 검토

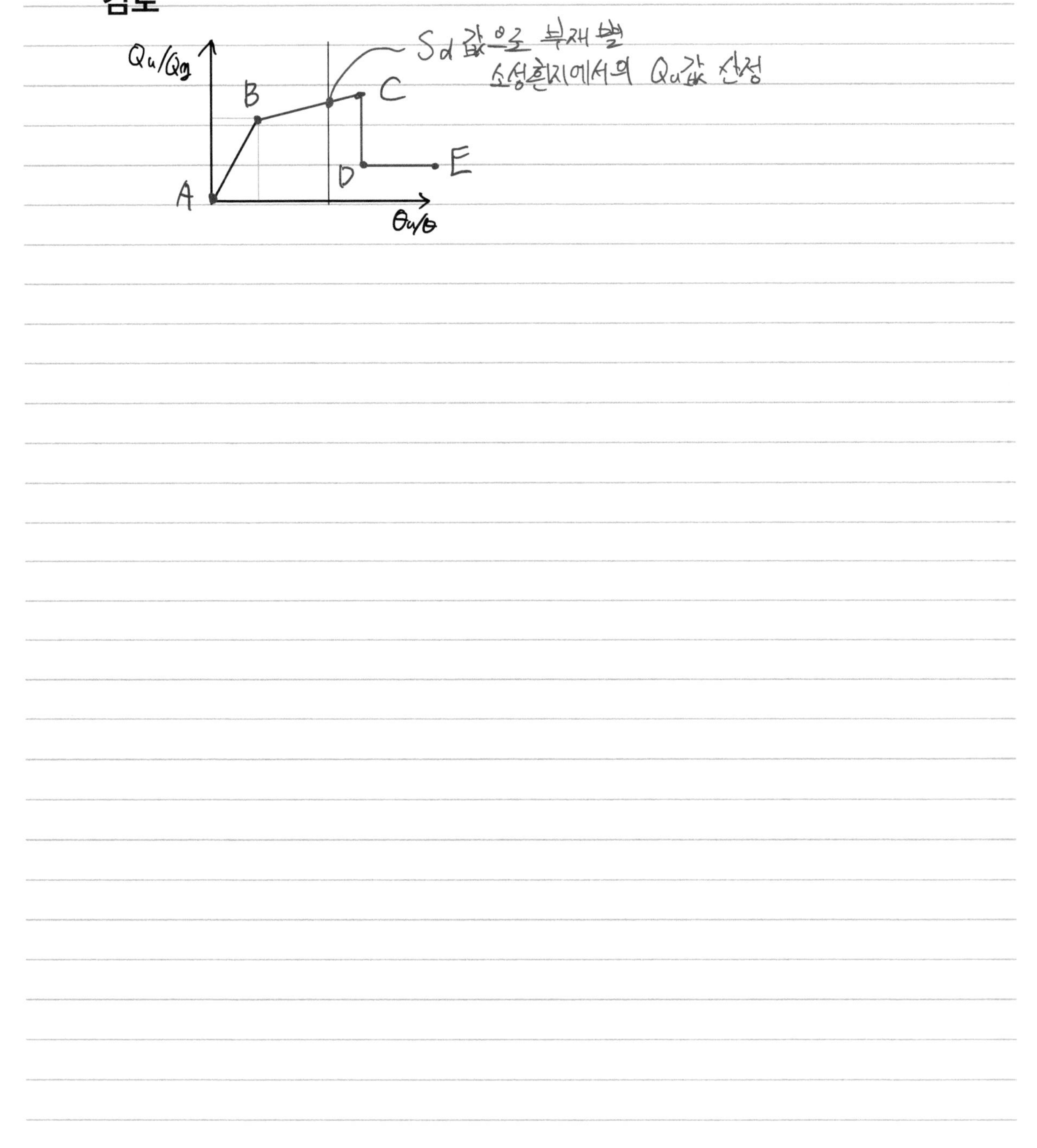

4. 그림과 같이 직사각형 결손부($0.1\text{m} \times 0.2\text{m}$)가 있는 철근콘크리트 단근 T형보가 있다. 보에 배근할 수 있는 최대 인장철근량(A_s)과 그때의 모멘트 강도(ϕM_n)를 구하시오. (단, 사용재료의 강도는 $f_{ck} = 30\text{MPa}$, $f_y = 500\text{MPa}$, $E_s = 2 \times 10^5\text{MPa}$이다.)

<112회 2교시>

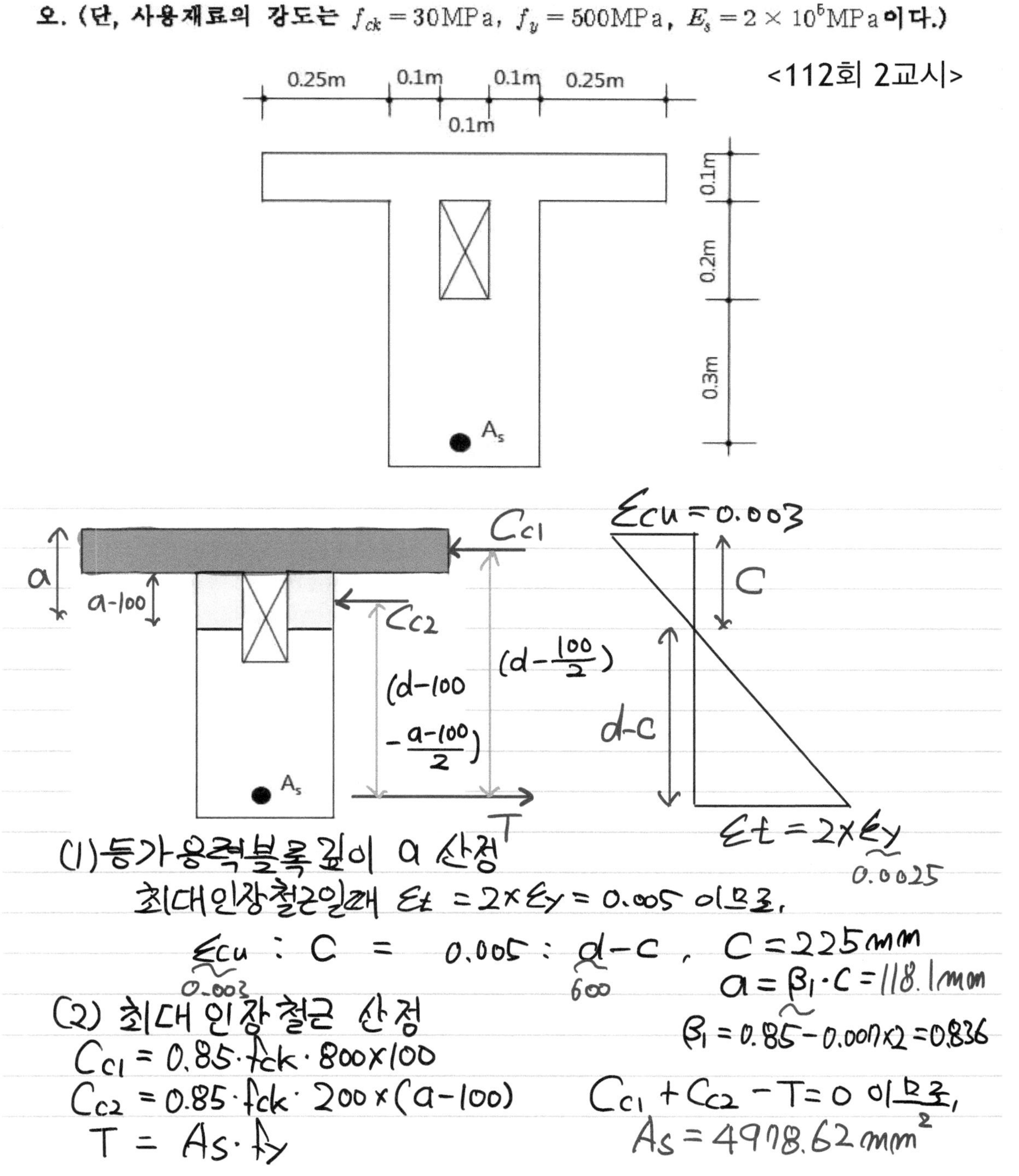

(3) ϕM_n 산정

$$M_n = C_{c1} \times \left(d - \frac{100}{2}\right) + C_{c2} \times \left(d - 100 - \frac{a-100}{2}\right)$$
$$= 1326.86\ \text{kN}\cdot\text{m}$$

$$\phi = 0.65 + 0.2 \times \frac{2.0\varepsilon_y - \varepsilon_y}{2.5\varepsilon_y - \varepsilon_y} = 0.783$$

$$\phi M_n = 1039.38\ \text{kN}\cdot\text{m}$$

*최대인장철근 산정이므로, 최소인장철근 보다 많을 것이므로 최소인장철근 검토는 생략하였음. 끝

딸기맛호가든 : KDS 14 개정예정사항을 반영할 경우

$\varepsilon_{cu} = 0.0033$, $\beta_1 = 0.8$로 적용해야 한다.

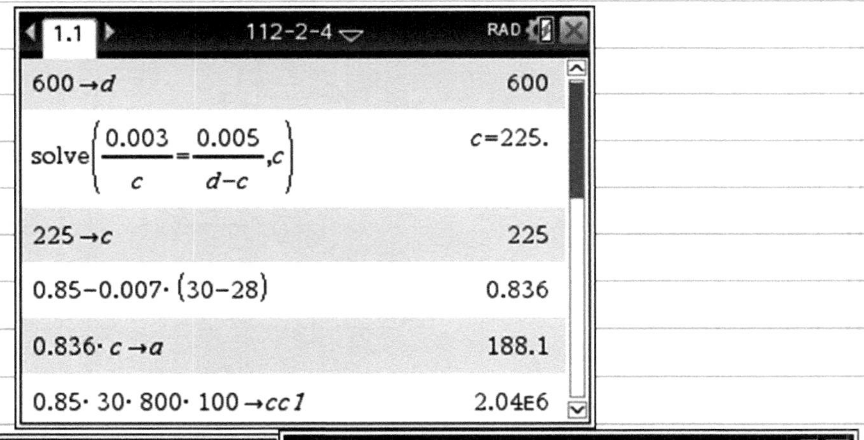

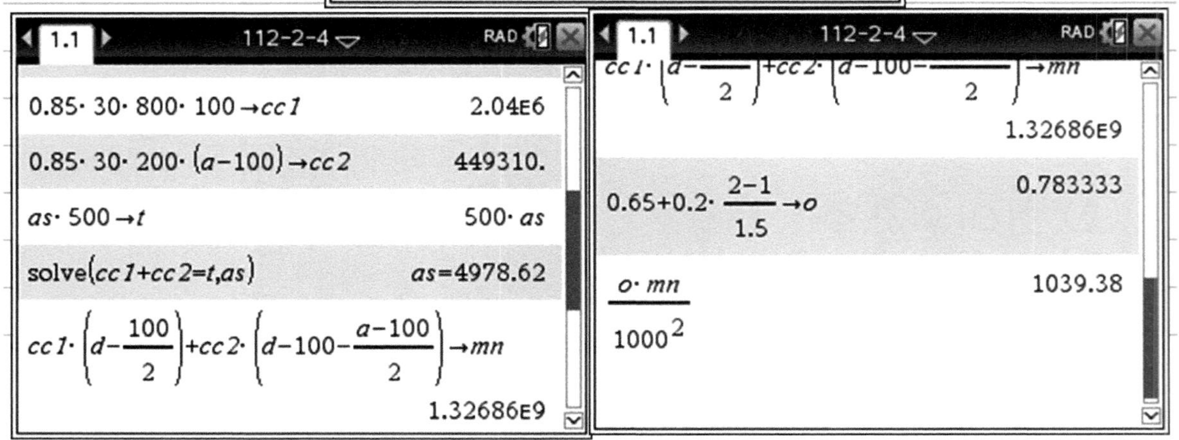

6. 매입형 합성부재 또는 충전형 합성부재에 외력이 축방향으로 가해질 때, 강재와 콘크리트간에 전달되어야 할 힘의 크기 산정을 위한 외력의 분배조건에 대하여 설명하시오. <112회 2교시>

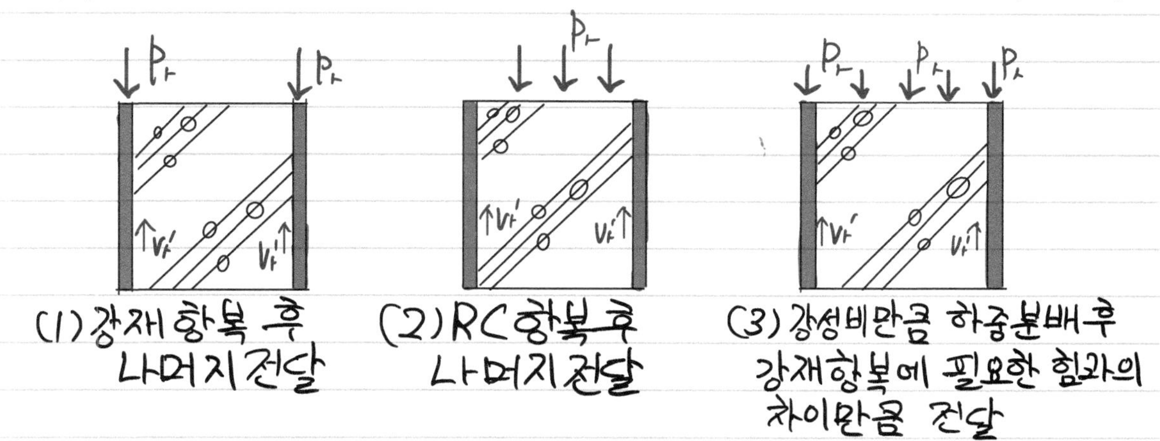

(1) 모든외력이 강재에 직접 가해지는 경우

$$V_r' = P_r \cdot (1 - F_y \cdot A_s / P_{no})$$

여기서 $P_{no} = A_s \cdot F_y + A_{sr} \cdot F_{yr} + C_2 \cdot A_c \cdot f_{ck}$

$C_2 = 0.85$ (매입형, 충전형-각형)

$C_2 = 0.85 \cdot (1 + 1.56 (F_y \cdot t)/(D_c \cdot f_{ck}))$ 충전형-원형

P_r : 합성부재에 가해지는 소요외력

(2) 모든 외력이 콘크리트에 직접 가해지는 경우

$$V_r' = P_r \cdot (A_s \cdot F_y / P_{no})$$

(3) 외력이 강재와 콘크리트에 동시에 가해지는 경우

$$V_r' = P_{rs} - P_r \cdot (A_s \cdot F_y / P_{no})$$

P_{rs} : 강재에 직접 가해지는 외력의 일부힘

끝

딸기맛호가든 : 원리를 이용한다면, 딱히 외워야 할 수식이 아님을 알게 될 것이다.

1. 그림과 같이 구조물을 3-hinge 골조로 구조계획을 하고자 한다. 골조에 작용하는 하중은 좌측과 우측에 집중하중으로 표현하였다. 골조에 휨모멘트가 발생하지 않고 축력만 발생하도록 골조의 형상을 그림으로 표현하시오. <112회 3교시>

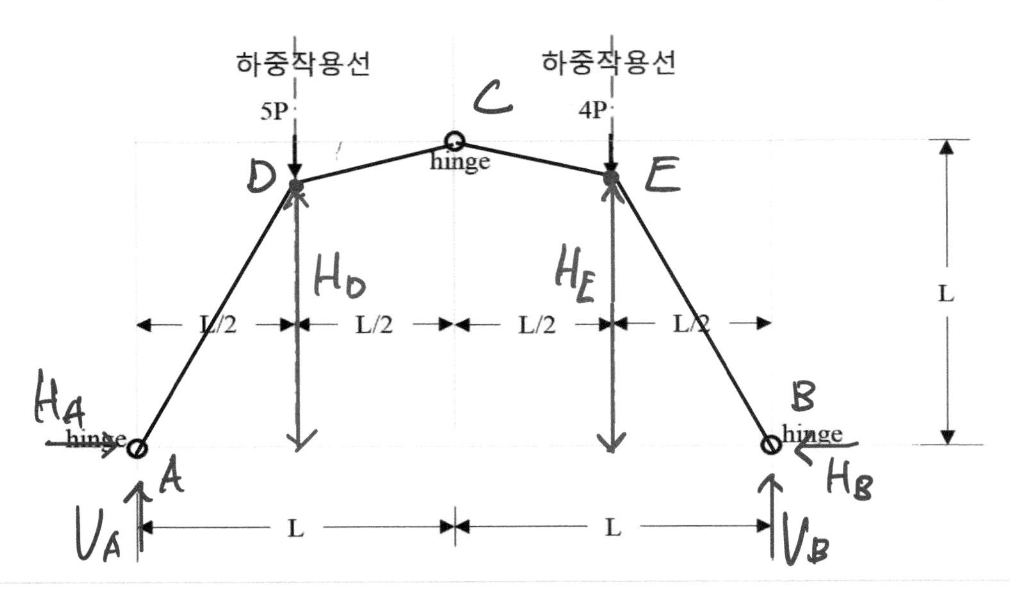

(1) 반력산정

$\Sigma M_B = 0;\ V_A \times 2L - 5P \times \frac{3}{2}L - 4P \times \frac{L}{2} = 0$

$V_A = \frac{19}{4}P$

A-D-C 구조물에서

$\Sigma M_C = 0;\ V_A \times L - H_A \times L - 5P \times \frac{L}{2} = 0$

$H_A = \frac{9}{4}P$

$\Sigma V = 0;\ V_A + V_B - 5P - 4P = 0$

$V_B = \frac{17}{4}P$

$\Sigma H = 0;\ H_A = H_B$

(2) H_D 산정

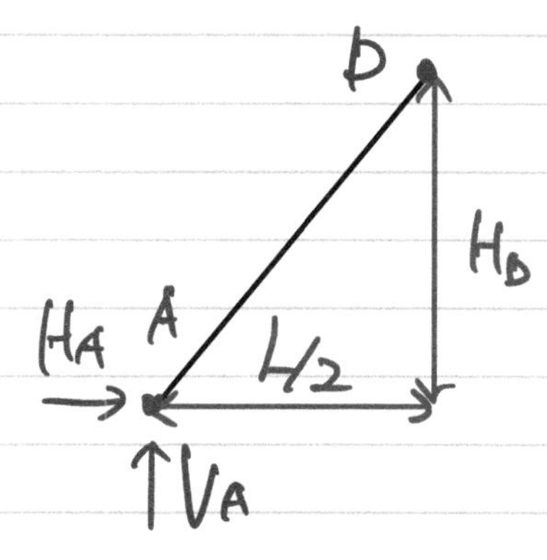

$M_D = 0$;

$V_A \times L/2 - H_A \times H_D = 0$

$H_D = \frac{19}{18}L$

(3) H_E 산정

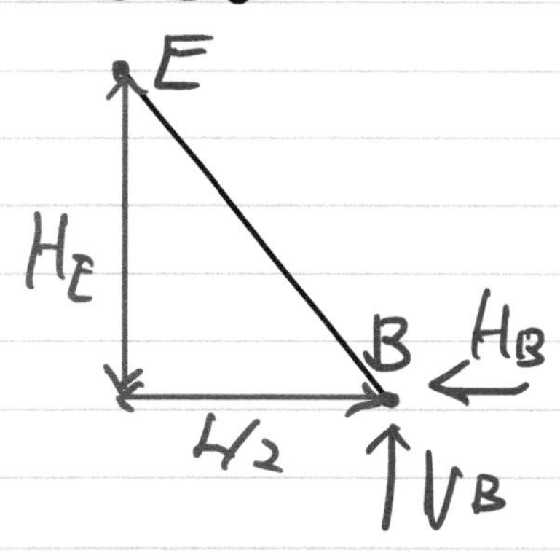

$M_E = 0$;

$-H_B \times H_E + V_B \times L/2 = 0$

$H_E = \frac{17}{18}L$

(4) 구조의 형상

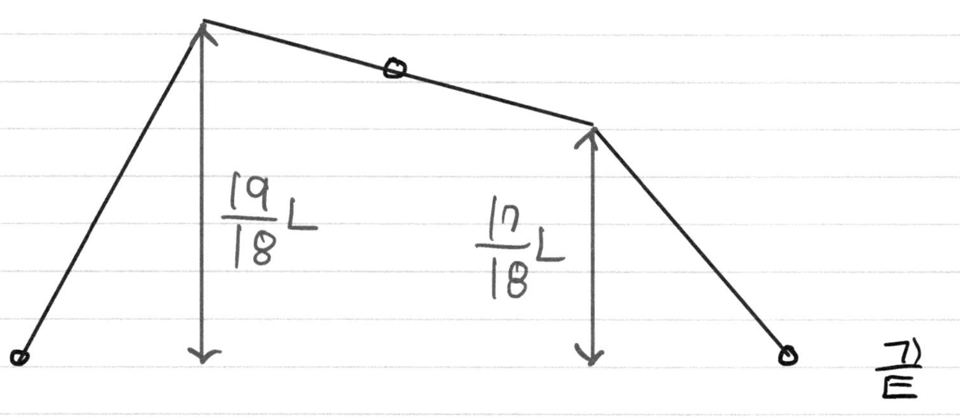

끝

딸기맛호가든 : 전단력과 모멘트를 받지 않는 구조물이라는 점으로, 케이블에 대해 물어보는 문제임을 연상해 낼 수 있어야 풀 수 있다.

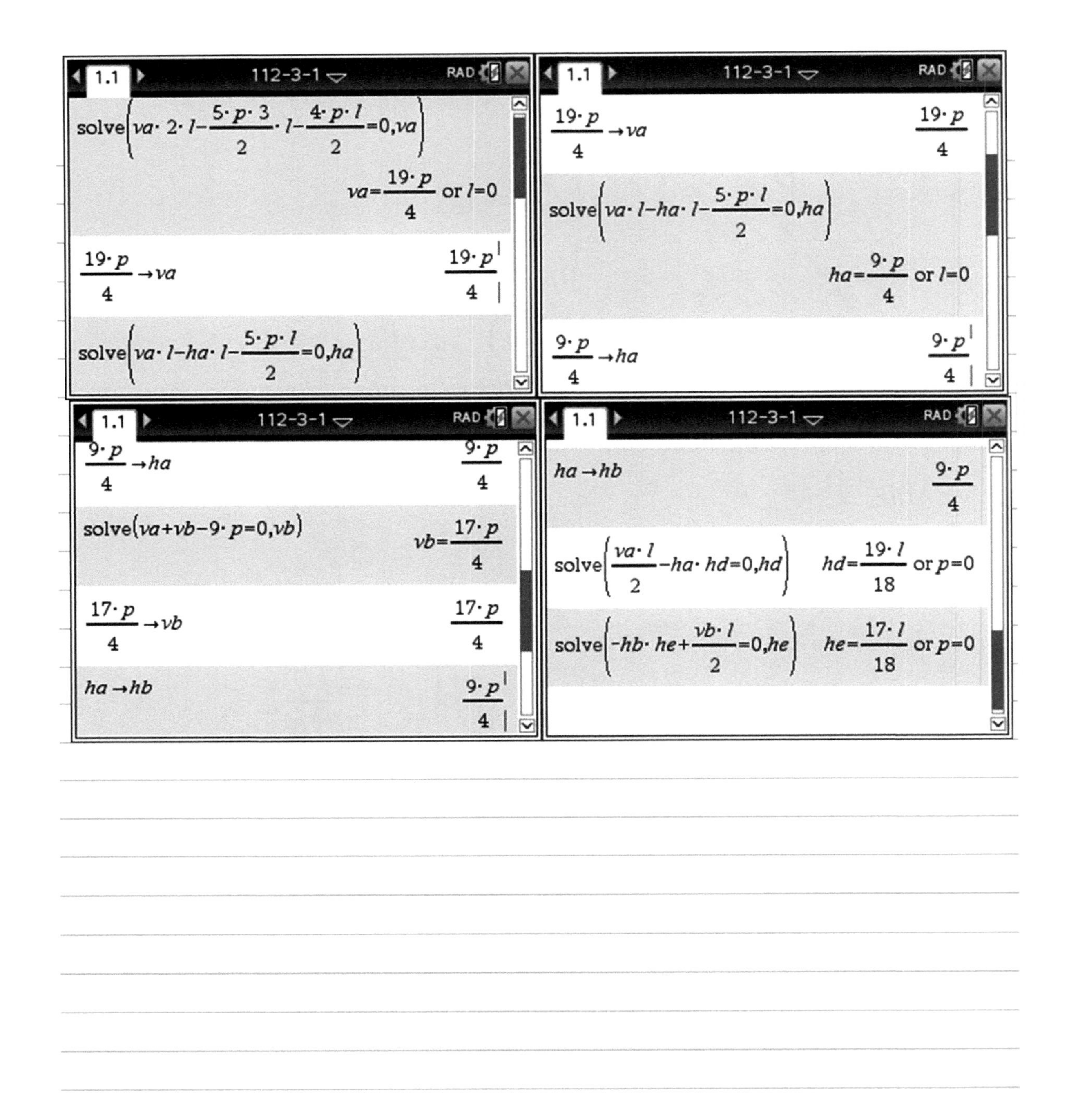

1.1
112-3-1
RAD
solve(va· 2· l−(5· p· 3)/2 · l−(4· p· l)/2=0,va)
va=(19· p)/4 or l=0
(19· p)/4 →va
(19· p)/4
solve(va· l−ha· l−(5· p· l)/2=0,ha)
ha=(9· p)/4 or l=0
(9· p)/4 →ha
(9· p)/4
solve(va+vb−9· p=0,vb)
vb=(17· p)/4
(17· p)/4 →vb
(17· p)/4
ha →hb
(9· p)/4
solve((va· l)/2−ha· hd=0,hd)
hd=(19· l)/18 or p=0
solve(−hb· he+(vb· l)/2=0,he)
he=(17· l)/18 or p=0

3. 직경 40mm 원형 결손부를 갖는 L형강 $L-90\times90\times10$으로 그림과 같은 접합부 설계를 하였다. 인장재의 설계인장강도를 구하고, 설계인장강도에 대한 필릿용접부의 안전성 검토를 하시오.

(단, L형강의 재질은 SS400($F_y=235\text{MPa}$)이며, 단면적은 $A_g=1700\text{mm}^2$, 도심은 $C_x=C_y=25.4\text{mm}$, Gusset Plate는 충분히 안전한 것으로 가정한다.)

<112회 3교시>

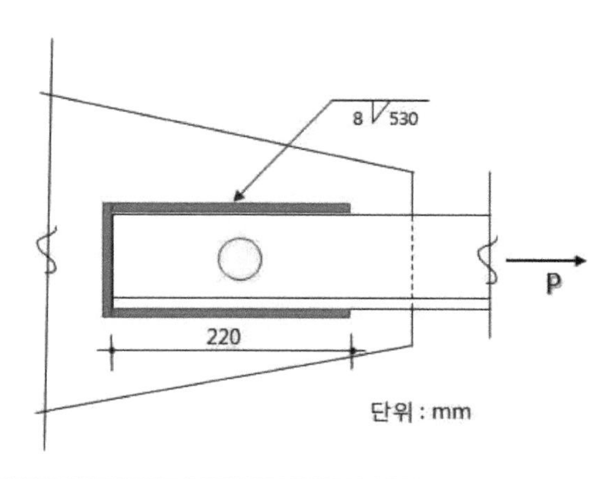

(1) 인장재 검토

① 총단면적 항복

$$\phi P_n = \underset{0.9}{\phi} \times \underset{235}{F_y} \times \underset{1700}{A_g} = 359550\text{N} = 359.550\text{kN}$$

② 유효순단면적 파단

$$U = 1 - \frac{\bar{x}}{L} = 1 - \frac{25.4}{220} = 0.8845$$

$$A_n = A_g - 40\times10 = 1300\,\text{mm}^2$$

$$\phi P_n = \underset{0.75}{\phi} \times \underset{460}{F_u} \times \underset{U\cdot A_n}{A_e} = 344973\text{N} = 344.973\text{kN}$$

(2) 용접부 안전성 검토

$P \le \phi P_n$ 으로 가정, $F_{uw} = 420\text{MPa}$로 가정

$$\phi R_{wl} = \underset{0.75}{\phi}\cdot 0.6\cdot \underset{420}{F_{uw}}\cdot A_{wl} = 465696\text{N} = 465.696\text{kN}$$

$$A_{wl} = 0.7\cdot S\cdot 220\times2 = 2464\,\text{mm}^2$$

$$\phi R_{wt} = \underset{0.75}{\phi} \cdot 0.6 \cdot \underset{420}{F_{uw}} \cdot A_{wt} = 95256\ N = 95.256\ kN$$

$$A_{wt} = 0.7 \cdot 5 \cdot 90 = 504\ mm^2$$

$$\phi R_n = Max\begin{cases} \phi R_{wl} + \phi R_{wt} = 560.952\ kN \\ 0.85\phi R_{wl} + 1.5\phi R_{wt} = 538.726\ kN \end{cases}$$

$$\phi R_n = 547.596\ kN > 344.973\ kN \quad O.K$$

끝

M군 : 용접봉은 실무적으로 E6106(Fuw=420MPa)를 많이 사용.
ㄷ형 용접에 대한 별도 검토 필요(H형강 접합부 설계매뉴얼 참조)

딸기맛호가든 : 본문에 반영하여 풀이를 수정하였음.

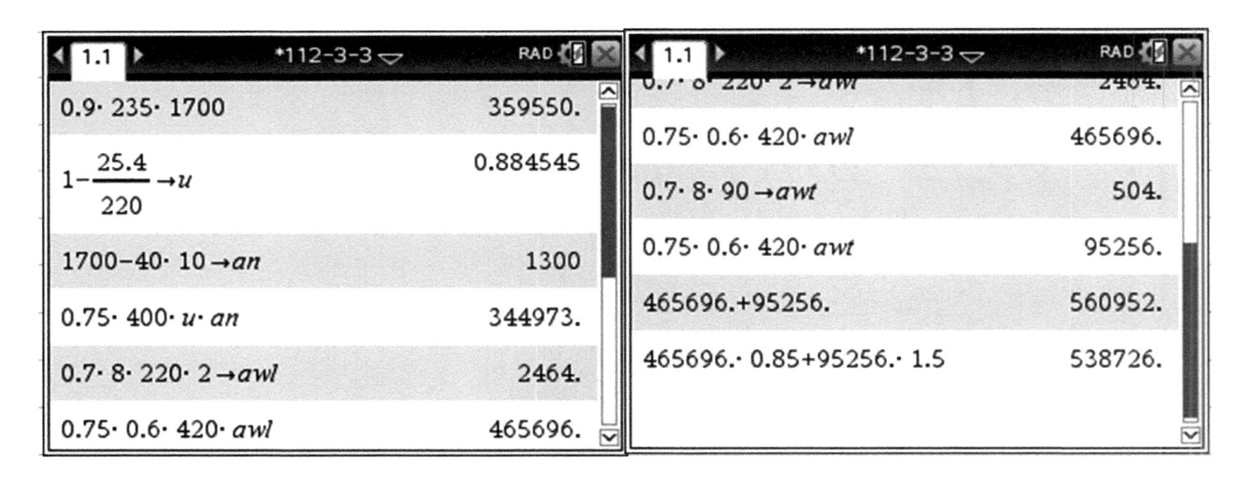

4. 그림에서와 같이 10 kN의 장비가 매달린 레일 구조물에서 이동한다. B지점에서 발생하게 될 최대 휨모멘트를 구하시오.

<112회 3교시>

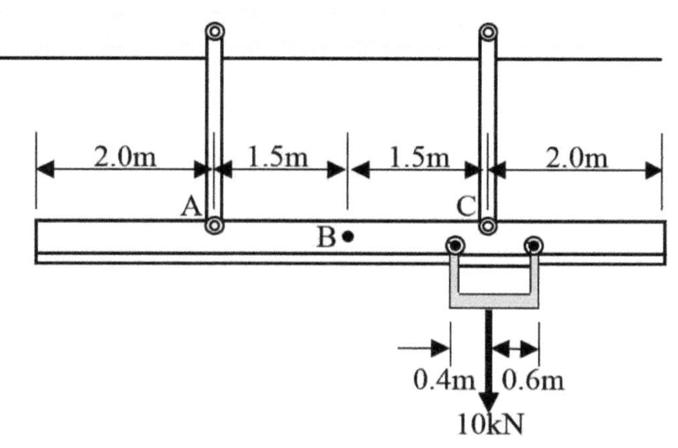

(1) 자유물체도

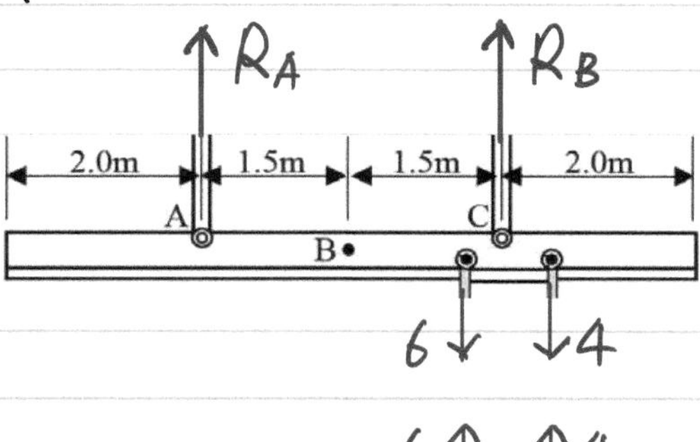

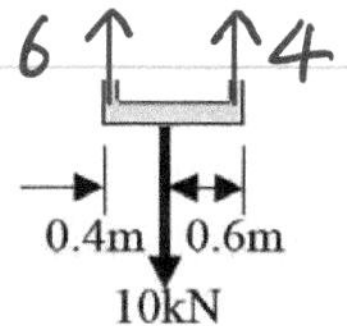

(2) Case1 이동하중의 오른쪽 하중이 B점도달이전 $(0 \le x \le 2.5)$

$\uparrow R_A$ B $\uparrow R_B$

x $\downarrow 6$ $\downarrow 4$

$\Sigma M_c = 0;$

$-6 \times (5-x) - 4 \times (4-x) + R_A \times 3 = 0$

$R_A = -\frac{2}{3}(5 \cdot x - 23)$

$M_B = -6 \times (3.5-x) - 4 \times (2.5-x) + R_A \times 1.5 = 5 \cdot x - 8$

$x = 0$ 일때 최대 $(M_B = -8\text{kN} \cdot \text{m})$

(3) Case 2 이동하중의 오른쪽 하중(4kN)이 B점도달이후
〃 왼쪽 하중(6kN)이 B점도달이전
$(2.5 \le x \le 3.5)$

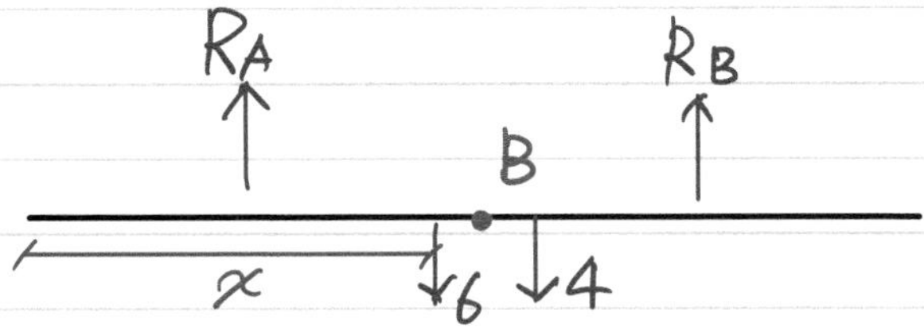

$M_B = R_A \times 1.5 - 6 \times (3.5 - x) = x + 2$
$x = 3.5$일때 최대 ($M_B = 5.5$ kN·m)

(4) Case3 이동하중이 모두 B점을 지난이후
명백히 지배되지 않으므로 검토 생략
(Case 1이 더 불리하다.)

따라서 Case1이 지배한다.
$M_{max} = 8$ kN·m (5) 끝

M군 : 영향선도를 그려서 풀수도 있으나 시간이 오래걸림

딸기맛호가든 : 이동하중과 관련된 문제에서, 모든 경우 우리는 단순히 고등학교 수학시간에 배운 방법인 미분해서 극값을 구하는 방법으로 최대하중 위치와, 최대하중 크기를 산정할 수 있다. 따라서, 영향선도를 그린다거나 절대최대휨모멘트 위치를 외운다거나 할 필요는 없다.

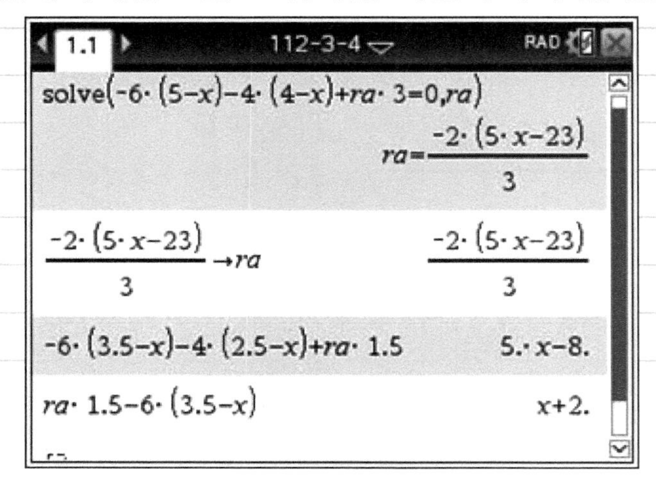

5. 건축, 기계 및 전기 비구조요소는 등가정적하중과 변위에 견디도록 설계하여야 한다. 이때, 등가정적하중 산정 방법에 대하여 설명하시오. <112회 3교시>

 # KDS 41 17 00, 18. 비구조요소

등가정적하중에 의한 수평설계지진력 산정식

① 등가정적하중 F_p

$$F_p = \frac{0.4\,\alpha_p \cdot S_{DS} \cdot W_p}{R_p / I_p}\left(1 + 2\frac{z}{h}\right)$$

여기서, α_p : 1.0~2.5의 값을 갖는 증폭계수

R_p : 비구조요소의 반응수정계수 (1~3.5)

S_{DS} : 단주기 설계스펙트럼 가속도

W_p : 비구조요소의 가동중량

h : 구조물 높이

z : 비구조요소 부착높이 (단, $0 \le z \le h$)

I_p : 비구조요소의 중요도 계수

* 인명 피해 우려가 있거나 지진후 작동필요시

$I_p = 1.5$

* 기타의 경우

$I_p = 1.0$

② 최대, 최소값 제한

$$0.3\,S_{DS} \cdot I_p \cdot W_p \le F_p \le 1.6 \cdot S_{DS} \cdot I_p \cdot W_p$$

끝

딸기맛호가든 : 비구조요소의 등가정적하중과 관련된 사항들은 이후로도 계속해서 많이 출제되고 있으므로, 상당히 중요한 사항이다.

<112회 3교시>

6. 강관 트러스 접합부의 한계상태에 대하여 그림을 그리고 설명하시오.

KBC2016 기준 및 해설 0711.2 해그림 0711.2.3

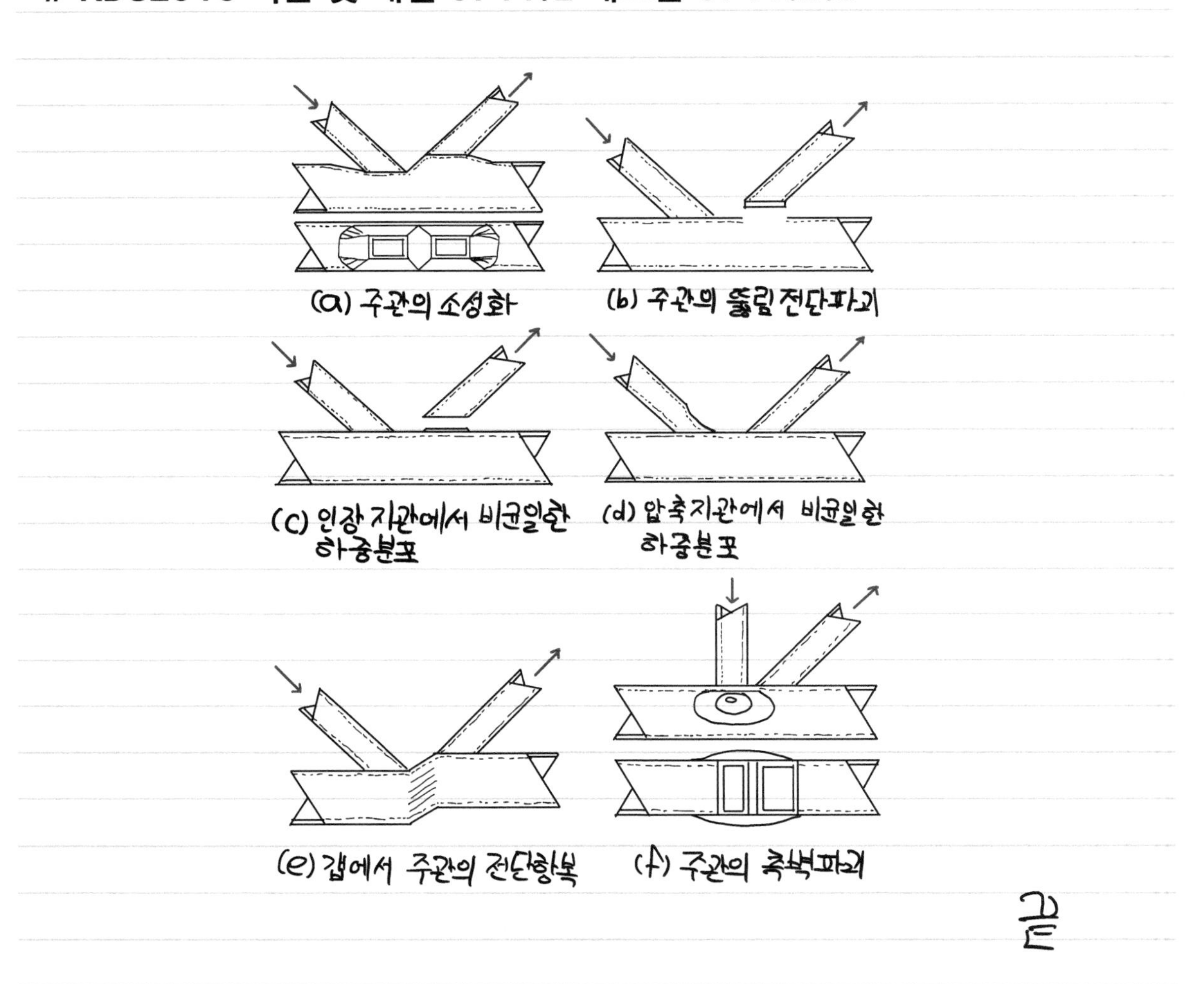

딸기맛호가든 : 뭔가 자세한 서술을 추가해보고 싶었으나, 설명할 방법이 잘 떠오르지 않아 설계기준에 나온 그림만 표시하였다. 이 문제를 뺄까 말까 고민을 조금 했다는 후문..

1. 다음과 같은 연속보를 모멘트분배법을 이용하여 반력을 구하고 SFD, BMD를 그리시오.

<112회 4교시>

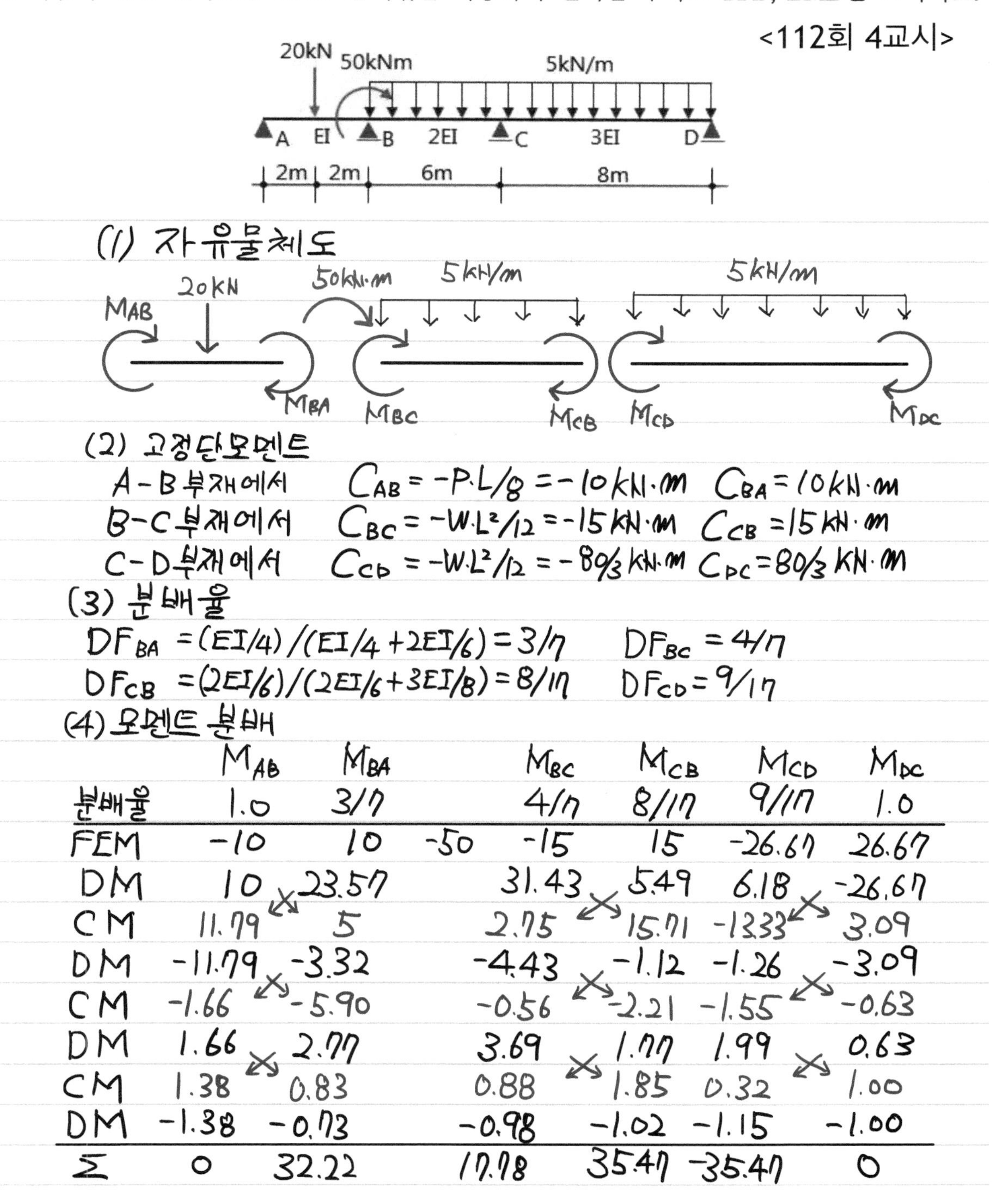

(1) 자유물체도

(2) 고정단모멘트

A-B 부재에서 $C_{AB} = -P \cdot L/8 = -10\text{kN}\cdot\text{m}$ $C_{BA} = 10\text{kN}\cdot\text{m}$

B-C 부재에서 $C_{BC} = -W \cdot L^2/12 = -15\text{kN}\cdot\text{m}$ $C_{CB} = 15\text{kN}\cdot\text{m}$

C-D 부재에서 $C_{CD} = -W \cdot L^2/12 = -80/3\text{kN}\cdot\text{m}$ $C_{DC} = 80/3\text{kN}\cdot\text{m}$

(3) 분배율

$DF_{BA} = (EI/4)/(EI/4 + 2EI/6) = 3/7$ $DF_{BC} = 4/7$

$DF_{CB} = (2EI/6)/(2EI/6 + 3EI/8) = 8/17$ $DF_{CD} = 9/17$

(4) 모멘트 분배

	M_{AB}	M_{BA}		M_{BC}	M_{CB}	M_{CD}	M_{DC}
분배율	1.0	3/7		4/7	8/17	9/17	1.0
FEM	-10	10	-50	-15	15	-26.67	26.67
DM	10	23.57		31.43	5.49	6.18	-26.67
CM	11.79	5		2.75	15.71	-13.33	3.09
DM	-11.79	-3.32		-4.43	-1.12	-1.26	-3.09
CM	-1.66	-5.90		-0.56	-2.21	-1.55	-0.63
DM	1.66	2.77		3.69	1.77	1.99	0.63
CM	1.38	0.83		0.88	1.85	0.32	1.00
DM	-1.38	-0.73		-0.98	-1.02	-1.15	-1.00
Σ	0	32.22		17.78	35.47	-35.47	0

(5) 반력산정

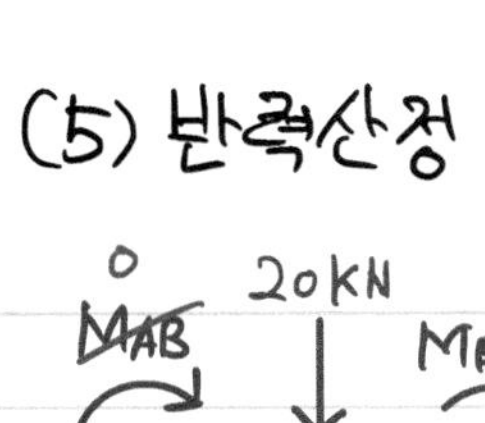

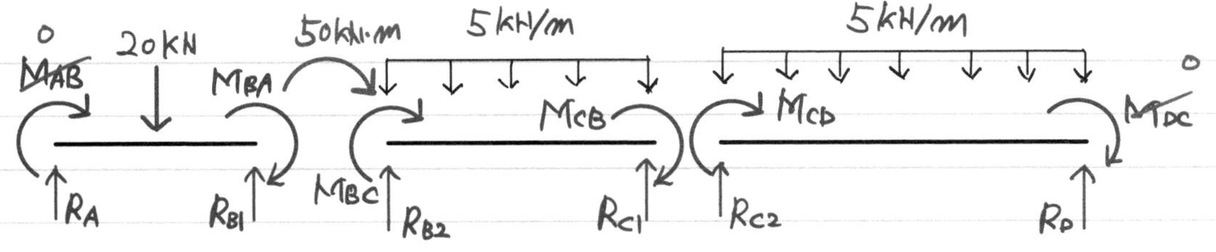

A-B에서, $\Sigma M_B=0;\ R_A\times4-20\times2+M_{BA}=0,\ R_A=1.95kN$

$\Sigma V=0;\ R_A+R_{B1}=20 \qquad R_{B1}=18.05kN$

B-C에서, $\Sigma M_C=0;\ R_{B2}\times6+M_{BC}+M_{CB}-5\times6\times3=0,\ R_{B2}=6.13kN$

$\Sigma V=0;\ R_{B2}+R_{C1}=5\times6 \qquad R_{C1}=23.87kN$

C-D에서 $\Sigma M_D=0;\ R_{C2}\times8+M_{CD}-5\times8\times4=0, \qquad R_{C2}=24.43kN$

$\Sigma V=0;\ R_{C2}+R_D=5\times8 \qquad R_D=15.57kN$

$R_B = R_{B1}+R_{B2}=24.18kN,\ R_C=R_{C1}+R_{C2}=48.30kN$

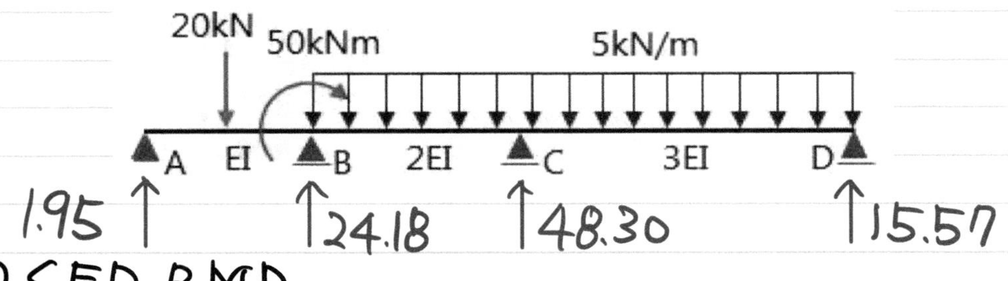

(6) SFD, BMD

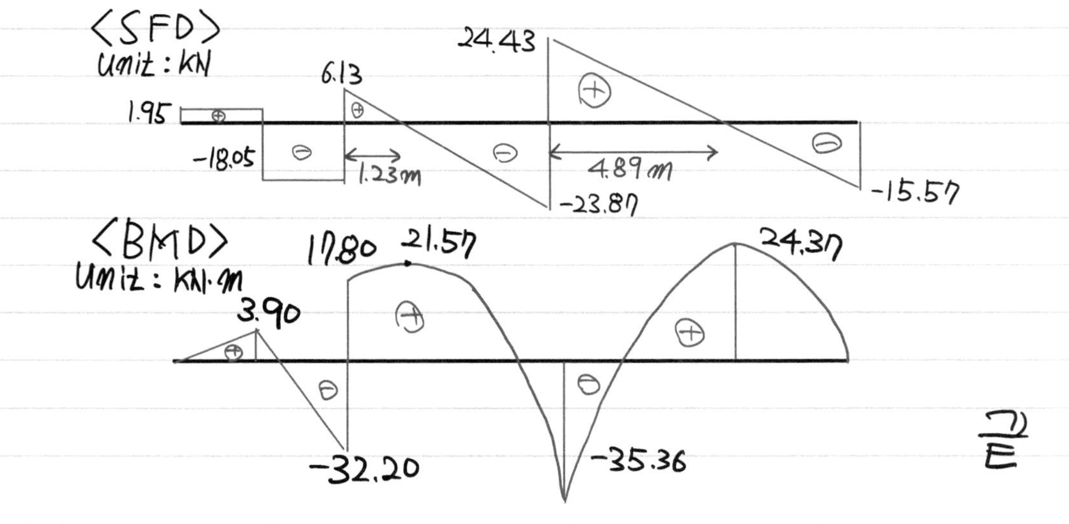

딸기맛호가든 : 모멘트하중에 대한 처리방법이 핵심이다.

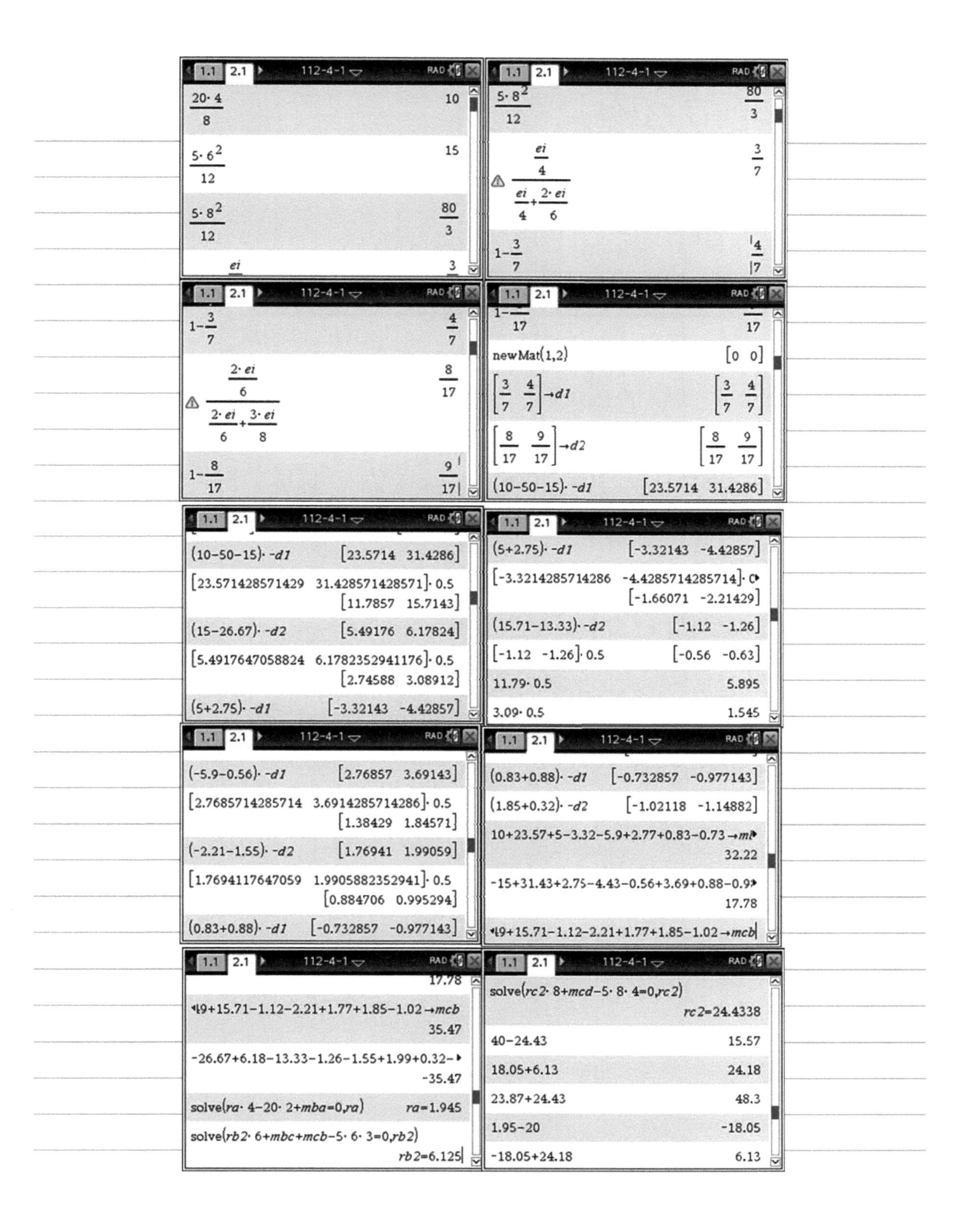

112-4-1
20·4/8 10
5·6²/12 15
5·8²/12 80/3
(ei/4)/(ei/4+2·ei/6) 3/7
1−3/7 4/7
(2·ei/6)/(2·ei/6+3·ei/8) 8/17
1−8/17 9/17
newMat(1,2) [0 0]
[3/7 4/7]→d1
[8/17 9/17]→d2
(10−50−15)·−d1 [23.5714 31.4286]
[23.571428571429 31.428571428571]·0.5 [11.7857 15.7143]
(15−26.67)·−d2 [5.49176 6.17824]
[5.4917647058824 6.1782352941176]·0.5 [2.74588 3.08912]
(5+2.75)·−d1 [−3.32143 −4.42857]
[−3.3214285714286 −4.4285714285714]·0 [−1.66071 −2.21429]
(15.71−13.33)·−d2 [−1.12 −1.26]
[−1.12 −1.26]·0.5 [−0.56 −0.63]
11.79·0.5 5.895
3.09·0.5 1.545
(−5.9−0.56)·−d1 [2.76857 3.69143]
[2.7685714285714 3.6914285714286]·0.5 [1.38429 1.84571]
(−2.21−1.55)·−d2 [1.76941 1.99059]
[1.7694117647059 1.9905882352941]·0.5 [0.884706 0.995294]
(0.83+0.88)·−d1 [−0.732857 −0.977143]
(1.85+0.32)·−d2 [−1.02118 −1.14882]
10+23.57+5−3.32−5.9+2.77+0.83−0.73→m 32.22
−15+31.43+2.75−4.43−0.56+3.69+0.88−0.9 17.78
19+15.71−1.12−2.21+1.77+1.85−1.02→mcb 35.47
−26.67+6.18−13.33−1.26−1.55+1.99+0.32− −35.47
solve(ra·4−20·2+mba=0,ra) ra=1.945
solve(rb2·6+mbc+mcb−5·6·3=0,rb2) rb2=6.125
solve(rc2·8+mcd−5·8·4=0,rc2) rc2=24.4338
40−24.43 15.57
18.05+6.13 24.18
23.87+24.43 48.3
1.95−20 −18.05
−18.05+24.18 6.13

* 에너지법 검산

(1) 해제 정정보 (2차부정정)

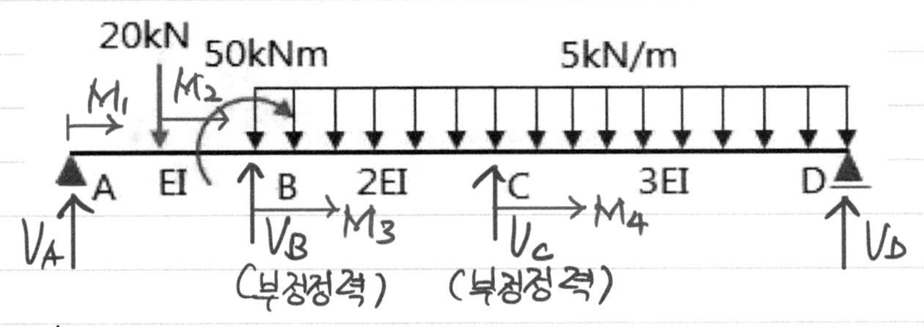

(2) 반력산정

$\Sigma M_D = 0$; $V_A \times 18 - 20 \times 16 + 50 + V_B \times 14 + V_C \times 8 - 5 \times 14 \times 7 = 0$

$$V_A = -\frac{7 \cdot V_B + 4 \cdot (V_C - 95)}{9}$$

(3) 부재력 산정

$M_1 = V_A \times x$

$M_2 = V_A \times (2 + x) - 20 \times x$

$M_3 = V_A \times (4 + x) - 20 \times (2 + x) + 50 + V_B \times x - \frac{1}{2} w \cdot x^2$

$M_4 = V_A \times (10 + x) - 20 \times (8 + x) + 50 + V_B \times (6 + x) - W \times 6 \times (3 + x) + V_C \times x - \frac{1}{2} w \cdot x^2$

(4) 변형에너지 산정

$$U = \int_0^2 \frac{M_1^2}{2EI} dx + \int_0^2 \frac{M_2^2}{2EI} dx + \int_0^6 \frac{M_3^2}{4 \cdot EI} dx + \int_0^8 \frac{M_4^2}{6 \cdot EI} dx$$

(5) 부정정력 산정 (최소일법)

$\frac{\partial U}{\partial V_B} = 0$, $\frac{\partial U}{\partial V_C} = 0$; $V_B = 24.10\,kN$, $V_C = 48.34\,kN$

값일치 확인

끝

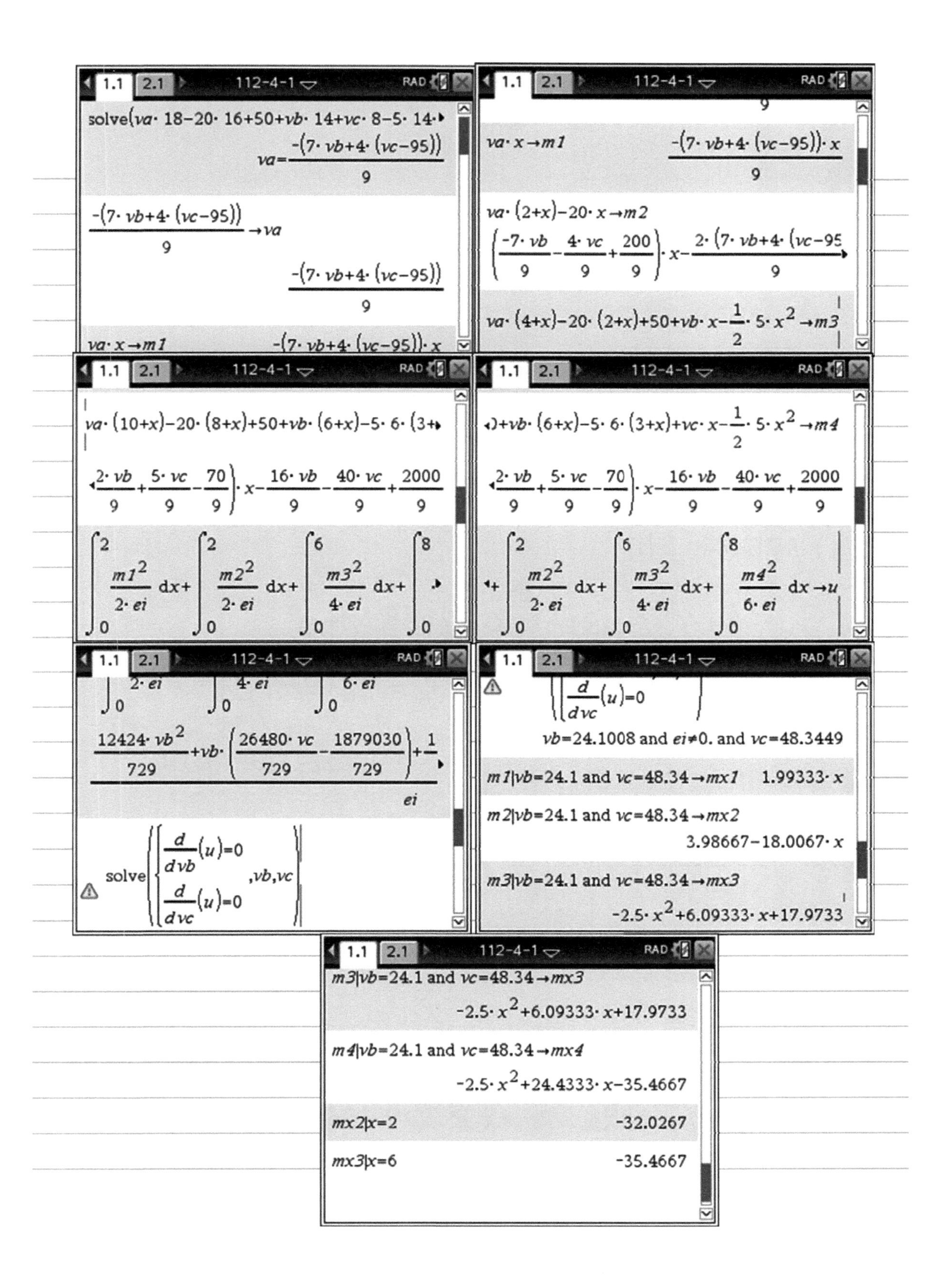
1.1 2.1 112-4-1 RAD
solve(va· 18−20· 16+50+vb· 14+vc· 8−5· 14·
va=-(7· vb+4· (vc−95))/9
-(7· vb+4· (vc−95))/9 →va
-(7· vb+4· (vc−95))/9
va· x→m1 -(7· vb+4· (vc−95))· x/9
va· (2+x)−20· x→m2
(-7· vb/9 − 4· vc/9 + 200/9)· x − 2· (7· vb+4· (vc−95
va· (4+x)−20· (2+x)+50+vb· x−1/2· 5· x^2 →m3
va· (10+x)−20· (8+x)+50+vb· (6+x)−5· 6· (3+
)+vb· (6+x)−5· 6· (3+x)+vc· x−1/2· 5· x^2 →m4
2· vb/9 + 5· vc/9 − 70/9)· x − 16· vb/9 − 40· vc/9 + 2000/9
∫ m1^2/(2· ei) dx + ∫ m2^2/(2· ei) dx + ∫ m3^2/(4· ei) dx + ∫ m4^2/(6· ei) dx →u
(12424· vb^2/729 + vb· (26480· vc/729 − 1879030/729) + 1/...)/ei
solve({d/dvb(u)=0, d/dvc(u)=0},vb,vc)
vb=24.1008 and ei≠0. and vc=48.3449
m1|vb=24.1 and vc=48.34→mx1 1.99333· x
m2|vb=24.1 and vc=48.34→mx2 3.98667−18.0067· x
m3|vb=24.1 and vc=48.34→mx3 -2.5· x^2+6.09333· x+17.9733
m4|vb=24.1 and vc=48.34→mx4 -2.5· x^2+24.4333· x−35.4667
mx2|x=2 -32.0267
mx3|x=6 -35.4667

2. 그림과 같은 조건의 기초판에서 전단 보강재를 배치하지 않는 상태로 작용 전단력을 지지할 수 있는 기초판의 두께를 결정하시오. <112회 4교시>

- 기둥 크기 : 400mm × 700mm
- 사용 고정하중 : 1,600 kN
- 사용 활하중 : 1,300 kN
- $f_{ck} = 24\,\text{MPa}$
- $\lambda = 1$(일반 콘크리트)
- 내부기둥
- $\rho = 0.005$

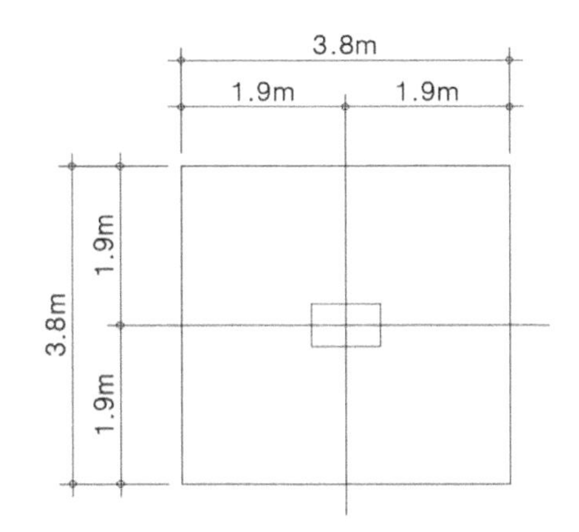

※ 기초판의 두께를 미지수 d로 놓고 이를 구한다 (unit : N, mm)

(1) 1면전단 검토

$P_u = 1.2P_D + 1.6P_L = 4000\,kN = 4 \times 10^6\,N$

$q_u = P_u/(3800 \times 3800) = 0.277008\,N/mm^2$

① 소요전단강도

$V_{u1} = q_u \times$ 부하면적

$= q_u \times (3800 \times (1900 - 200 - d))$

$= -1052.63 \times (d - 1700)\,N$

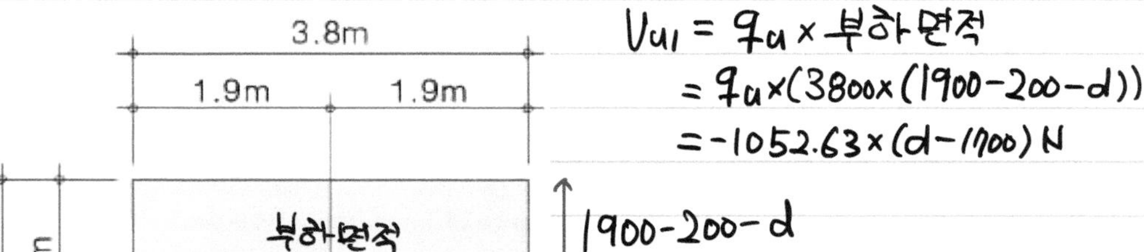

② 설계전단강도

$V_{n1} = \frac{1}{6} \times \underset{1.0}{\lambda} \times \sqrt{\underset{24}{f_{ck}}} \cdot \underset{3800}{b_w} \cdot d$

$= 3102.69d\,N$

$\phi V_{n1} = 0.75 V_{n1}$

③ 소요유효폭 산정

$V_{u1} \le \phi V_{n1}$ 이므로, $d \ge 529.485\,mm$

$d \ge 529.485\,mm$ 일때 1면전단에 안전하다.

(2) 2면전단 검토

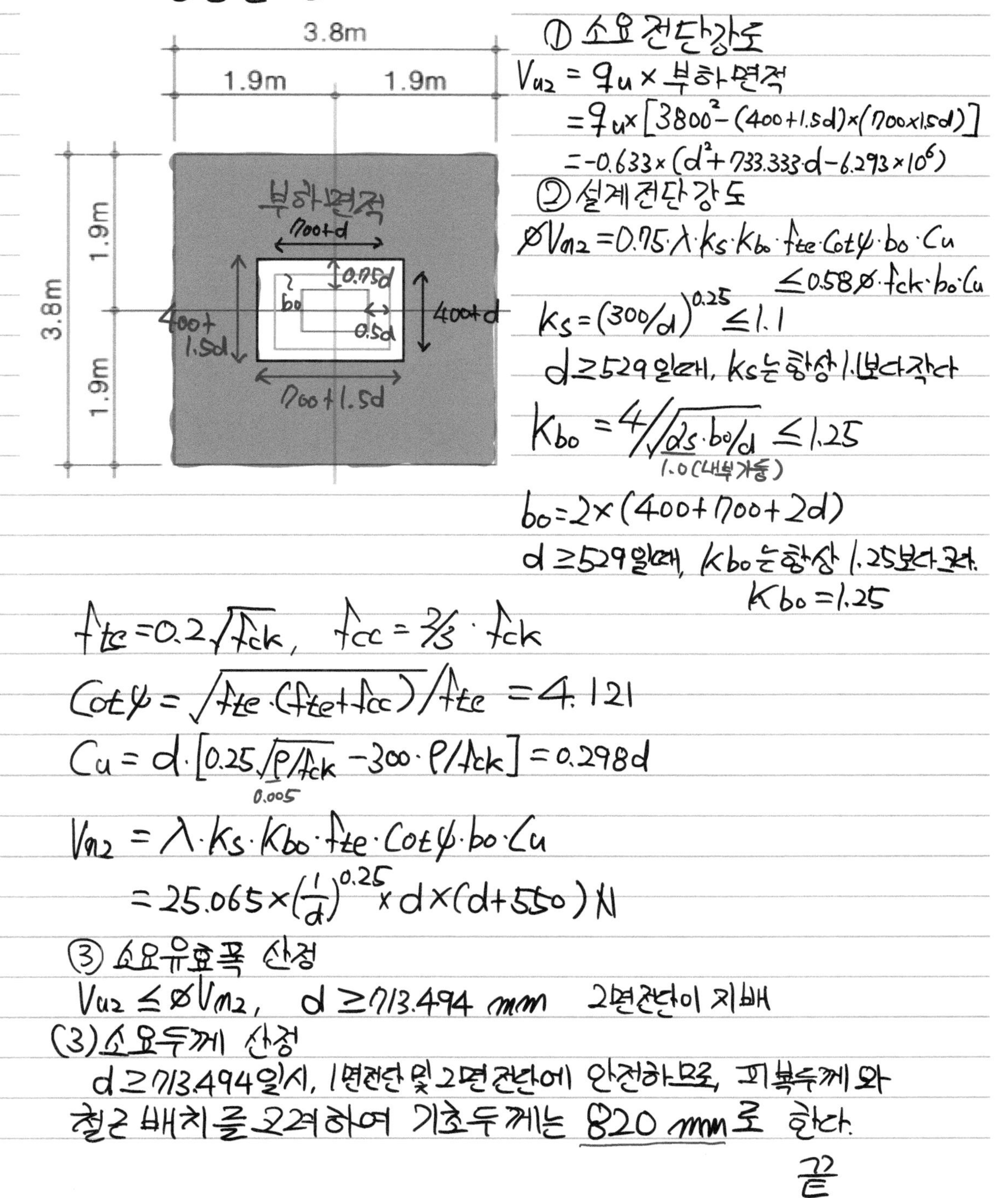

① 소요전단강도

$V_{u2} = q_u \times$ 부하면적

$= q_u \times [3800^2 - (400+1.5d) \times (700 \times 1.5d)]$

$= -0.633 \times (d^2 + 733.333d - 6.293 \times 10^6)$

② 설계전단강도

$\phi V_{n2} = 0.75 \cdot \lambda \cdot k_s \cdot k_{bo} \cdot f_{te} \cdot \cot\psi \cdot b_o \cdot C_u$

$\leq 0.58 \phi \cdot f_{ck} \cdot b_o \cdot C_u$

$k_s = (300/d)^{0.25} \leq 1.1$

$d \geq 529$일때, k_s는 항상 1.1보다 작다

$k_{bo} = 4 / \sqrt{\alpha_s \cdot b_o / d} \leq 1.25$ (α_s = 1.0(내부기둥))

$b_o = 2 \times (400 + 700 + 2d)$

$d \geq 529$일때, k_{bo}는 항상 1.25보다 크다.

$k_{bo} = 1.25$

$f_{te} = 0.2\sqrt{f_{ck}}$, $f_{cc} = 2/3 \cdot f_{ck}$

$\cot\psi = \sqrt{f_{te} \cdot (f_{te} + f_{cc})} / f_{te} = 4.121$

$C_u = d \cdot [0.25\sqrt{\rho/f_{ck}} - 300 \cdot \rho/f_{ck}] = 0.298d$ (ρ = 0.005)

$V_{n2} = \lambda \cdot k_s \cdot k_{bo} \cdot f_{te} \cdot \cot\psi \cdot b_o \cdot C_u$

$= 25.065 \times \left(\frac{1}{d}\right)^{0.25} \times d \times (d + 550)$ N

③ 소요유효폭 산정

$V_{u2} \leq \phi V_{n2}$, $d \geq 713.494$ mm 2면전단이 지배

(3) 소요두께 산정

$d \geq 713.494$일시, 1면전단 및 2면전단에 안전하므로, 피복두께와 철근 배치를 고려하여 기초두께는 820 mm로 한다.

끝

딸기맛호가든 : 일반적인 경우, 이 문제의 풀이시 d값을 가정을 하고 풀기 시작하였을 것이다. 그러나 이렇게 풀게 될 경우, 처음에 가정한 d값이 소요전단을 만족하지 못한다면 처음부터 다시 풀어야 하므로, 본 풀이에서는 이러한 리스크를 배제하기 위하여 굳이 d값을 미지수로 놓은 상태로 풀이를 진행하였다. CAS기능이 있으므로 사용가능한 방법이다.

M군 : 실무적으로 기초 전단 보강재는 지내력이 좋은 암반 위에 지내력 기초가. 놓일 경우 기초판 두께를 줄이고 암반 발파 비용을 저감하여야 할 경우에 주로 쓰인다. 따라서 연약지반에 설치되는 말뚝기초판에는 기초 전단 보강재가 쓰이지 않는다.

딸기맛호가든 : 물론 예외적으로, 공사규모가 크고, 매트기초일때, 또한 기초전단보강을 해야 하는 범위가 상당히 적은 편일 경우 물량절감을 위하여 보강을 하기도 한다. 매트 기초의 두께가 줄어들면 최소철근또한 상당히 줄어들게 되므로, 물량절감의 효과는 크다.

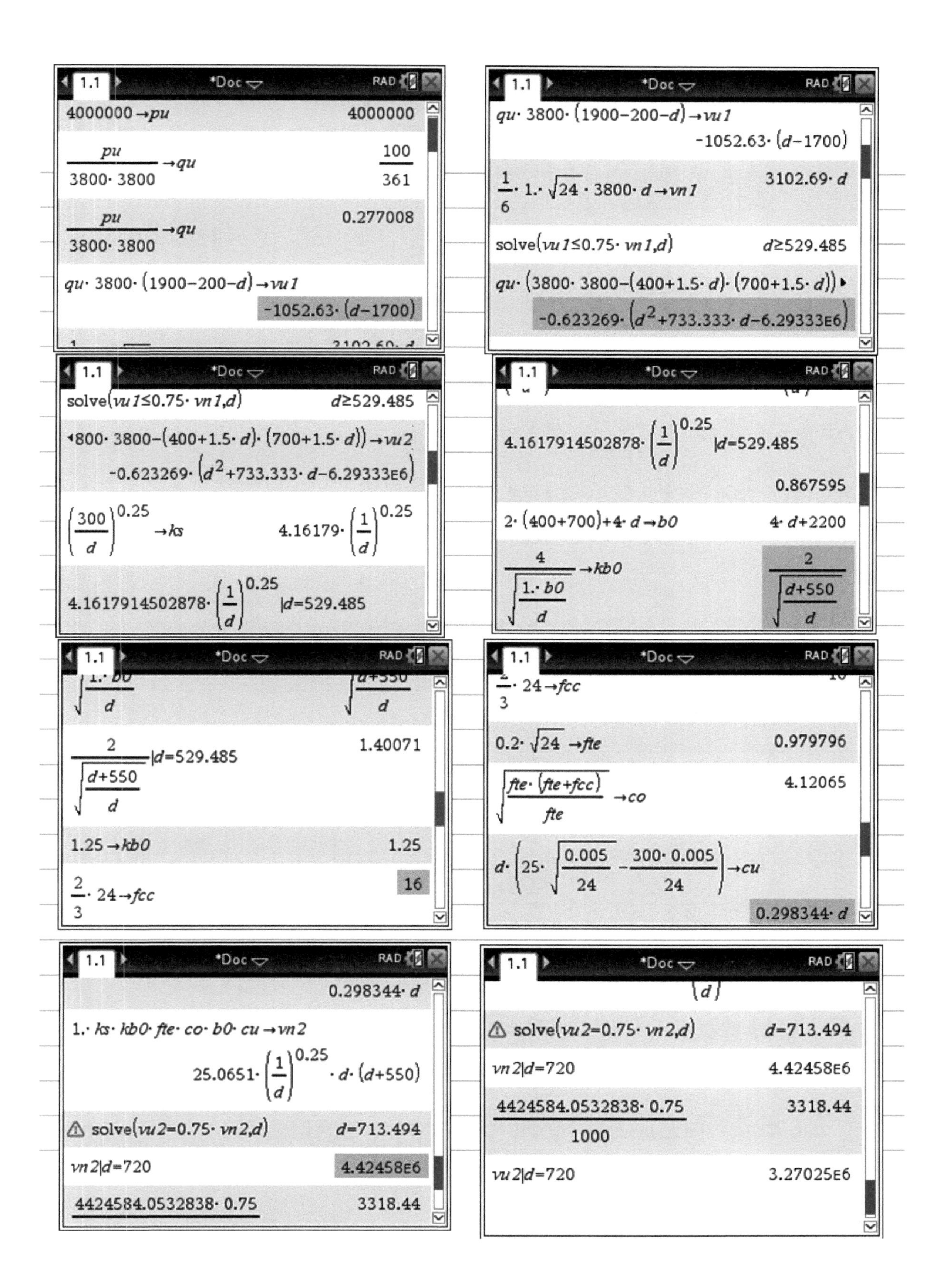

1.1 *Doc RAD
4000000→pu 4000000
pu / 3800·3800 →qu 100/361
pu / 3800·3800 →qu 0.277008
qu·3800·(1900−200−d)→vu1
-1052.63·(d−1700)
1.1 *Doc RAD
qu·3800·(1900−200−d)→vu1
-1052.63·(d−1700)
1/6·1.·√24·3800·d→vn1 3102.69·d
solve(vu1≤0.75·vn1,d) d≥529.485
qu·(3800·3800−(400+1.5·d)·(700+1.5·d))
-0.623269·(d^2+733.333·d−6.29333E6)
1.1 *Doc RAD
solve(vu1≤0.75·vn1,d) d≥529.485
800·3800−(400+1.5·d)·(700+1.5·d))→vu2
-0.623269·(d^2+733.333·d−6.29333E6)
(300/d)^0.25 →ks 4.16179·(1/d)^0.25
4.1617914502878·(1/d)^0.25 |d=529.485
1.1 *Doc RAD
4.1617914502878·(1/d)^0.25 |d=529.485
0.867595
2·(400+700)+4·d→b0 4·d+2200
4/√(1.·b0/d) →kb0 2/√((d+550)/d)
1.1 *Doc RAD
2/√((d+550)/d) |d=529.485 1.40071
1.25→kb0 1.25
2/3·24→fcc 16
1.1 *Doc RAD
2/3·24→fcc
0.2·√24 →fte 0.979796
√(fte·(fte+fcc)/fte) →co 4.12065
d·(25·√(0.005/24) − 300·0.005/24)→cu
0.298344·d
1.1 *Doc RAD
0.298344·d
1.·ks·kb0·fte·co·b0·cu→vn2
25.0651·(1/d)^0.25·d·(d+550)
solve(vu2=0.75·vn2,d) d=713.494
vn2|d=720 4.42458E6
4424584.0532838·0.75 3318.44
1.1 *Doc RAD
solve(vu2=0.75·vn2,d) d=713.494
vn2|d=720 4.42458E6
4424584.0532838·0.75 / 1000 3318.44
vu2|d=720 3.27025E6

3. 길이 L=7.5m의 용접 H형강 보 H−600×300×9×12(~~SM490~~ SM355)가 아래 그림과 같이 단순지지보가 L/3간격으로 횡비틀림이 구속되어 있다. 휨재의 국부좌굴과 전체좌굴을 고려해서 허용할 수 있는 최대집중하중 크기를 단계적으로 구하시오.

• $F_y = 315\,\text{MPa}$, $E = 205\,\text{GPa}$, 휨단면성능 : $r_{ts} = \sqrt{\dfrac{I_y h_o}{2S_x}}$ <112회 4교시>
• 압축플렌지 국부좌굴강도 : 웨브 $\lambda_p = 3.76\sqrt{\dfrac{E}{F_y}}$
플렌지 $\lambda_r = \lambda_{rf} = 0.95\sqrt{\dfrac{k_c E}{F_L}}$, $\lambda_{pf} = 0.38\sqrt{\dfrac{E}{F_y}}$
• 횡좌굴강도 : $L_p = 1.76 r_y \sqrt{\dfrac{E}{F_y}}$, $L_r = \pi r_{ts}\sqrt{\dfrac{E}{0.7F_y}}$
• 공칭모멘트 : $M_n = [M_p - (M_p - 0.7F_y S_x)(\dfrac{\lambda - \lambda_{pf}}{\lambda_{rf} - \lambda_{pf}})]$

H형강 부재

- $A = 12384\,\text{mm}^2$
- $I_x = 7.657 \times 10^8 \text{mm}^4$
- $S_x = 2.55 \times 10^6 \text{mm}^3$
- $I_y = 5.4 \times 10^7 \text{mm}^4$

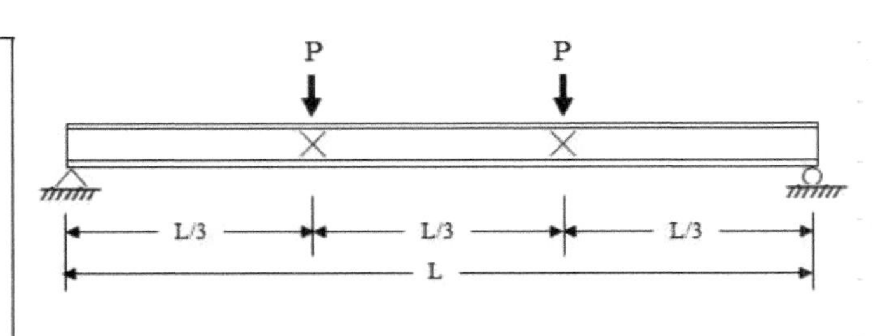

(1) 소요하중

$M_u = P \times L/3 = 2.5P\,(\text{kN}\cdot\text{m})$

(2) M_p 산정

$Z_x = \dfrac{300 \times 600^2}{4} - 2 \times \dfrac{145.5 \times 576^2}{4} = 2.863 \times 10^6\,\text{mm}^3$

(576, 145.5)

$M_p = F_y \cdot Z_x = 1.01647 \times 10^9\,\text{mm}^3$ (F_y = 355)

(3) 횡좌굴검토 ($L_b = 2500\,\text{mm}$)

$r_y = \sqrt{I_y/A} = 66.034$ $L_p = 1.76 r_y \cdot \sqrt{E/F_y} = 2826.666\,\text{mm}$ (E = 210000, F_y = 355)

$L_b \le L_p$ 이므로 횡좌굴에 지배되지 않는다

(4) 국부좌굴검토

$k_c = 4/\sqrt{h_0/t_w} = 4/\sqrt{576/9} = 0.5$, $0.35 \leq k_c \leq 0.76$ O.K

$\lambda_{pf} = 0.38\sqrt{E/F_y} = 9.242$, $\lambda_{rf} = 0.95\sqrt{k_c \cdot E/F_L} = 19.528$ (F_L = 0.7Fy)

$\lambda_f = 150/12 = 12.5 \rightarrow \lambda_{pf} < \lambda_f \leq \lambda_{rf}$

$\lambda_w = 576/9 = 64 \leq \lambda_{pw} = 3.76\sqrt{E/F_y} = 91.450$

비콤팩트 플랜지 콤팩트 웨브 → 국부좌굴강도가 지배

$$M_n = \left[M_p - (M_p - 0.7F_y \cdot S_x)\left(\frac{\lambda_f - \lambda_{pf}}{\lambda_{rf} - \lambda_{pf}}\right)\right] = 8.585 \times 10^8 \text{ N}\cdot\text{mm}$$

$= 858.508 \text{ kN}\cdot\text{m}$

$\phi M_n = 0.9 \cdot M_n = 772.657 \text{ kN}\cdot\text{m}$

(5) 최대 집중하중 산정

$M_u = 2.5P \leq \phi M_n$ 이므로, $P \leq 309.063$ kN

최대집중하중 크기는 309.063 kN이다. 끝

M군 : $0.35 \leq k_c \leq 0.75$ 검토내용 추가할것

딸기맛호가든 : 본문풀이에 반영하였음

딸기맛호가든 : 일반적인 압연 형강의 경우, 단면자체가 처음부터 국부좌굴에 지배되지 않는 사이즈로 정해져서 나오는 경우가 대부분. 따라서, 국부좌굴에 대해 물어보는 문제가 나온다면 본 문제처럼 용접형강에 대해서 물어볼 가능성이 매우 높다.

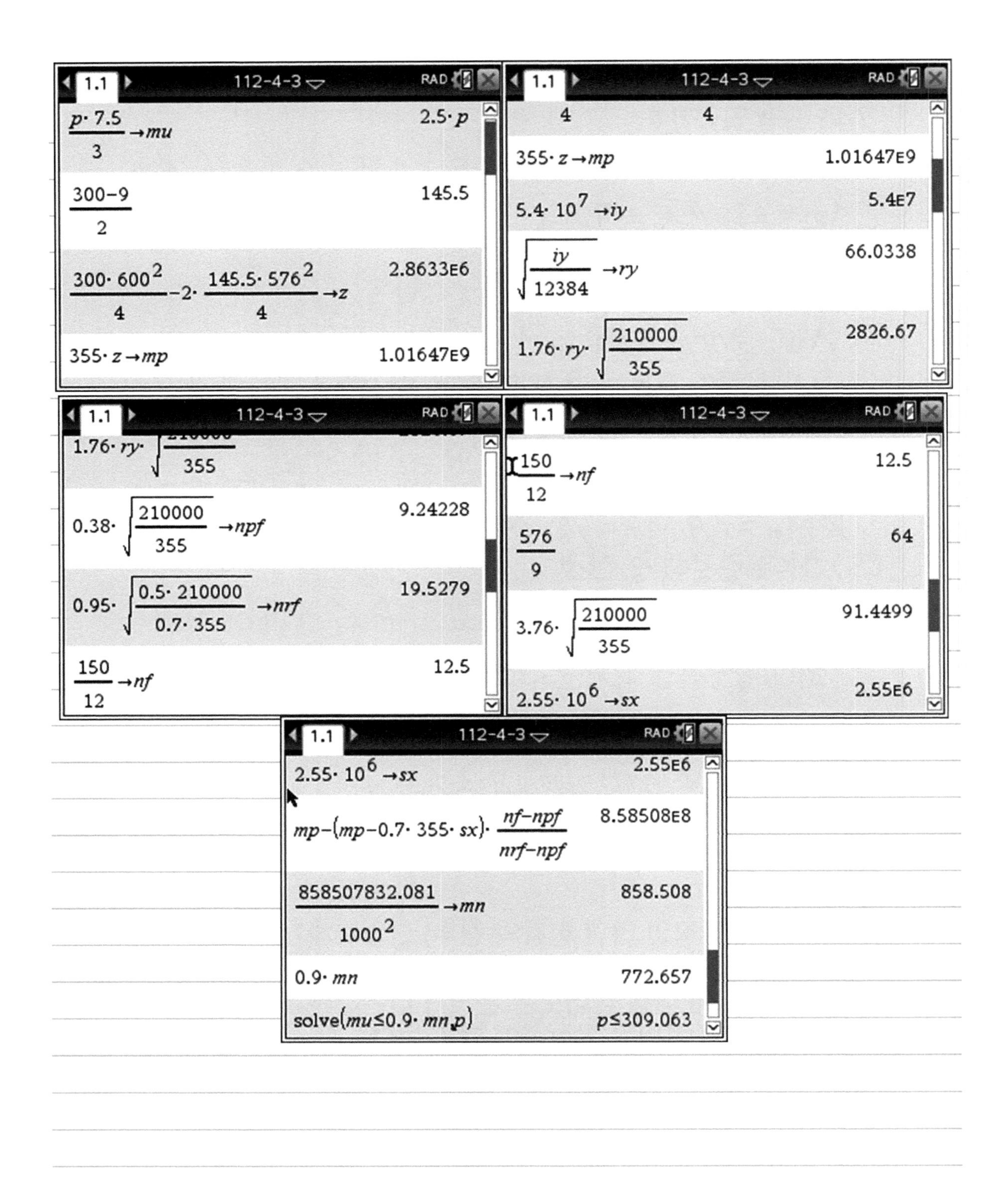
1.1
112-4-3
RAD
p· 7.5 / 3 →mu
2.5· p
300−9 / 2
145.5
300· 600^2 / 4 −2· 145.5· 576^2 / 4 →z
2.8633E6
355· z→mp
1.01647E9
4
4
355· z→mp
1.01647E9
5.4· 10^7 →iy
5.4E7
√(iy / 12384) →ry
66.0338
1.76· ry· √(210000 / 355)
2826.67
1.76· ry· √(210000 / 355)
0.38· √(210000 / 355) →npf
9.24228
0.95· √(0.5· 210000 / 0.7· 355) →nrf
19.5279
150 / 12 →nf
12.5
150 / 12 →nf
12.5
576 / 9
64
3.76· √(210000 / 355)
91.4499
2.55· 10^6 →sx
2.55E6
2.55· 10^6 →sx
2.55E6
mp−(mp−0.7· 355· sx)· nf−npf / nrf−npf
8.58508E8
858507832.081 / 1000^2 →mn
858.508
0.9· mn
772.657
solve(mu≤0.9· mn,p)
p≤309.063

4. 그림과 같은 비 균일단면 보가 있다. 등분포하중이 작용하고 있을 때 최대 휨응력이 발생하는 위치를 구하고, 허용휨응력이 $f_a = 20\text{MPa}$일 때 작용할 수 있는 최대등분포 하중의 크기를 구하시오.

(단, 지점 A, B에서의 단면 크기는 300mm × 300mm, 중앙부 C에서의 단면 크기는 300mm × 750mm이며, 보 자중은 무시한다.) <112회 4교시>

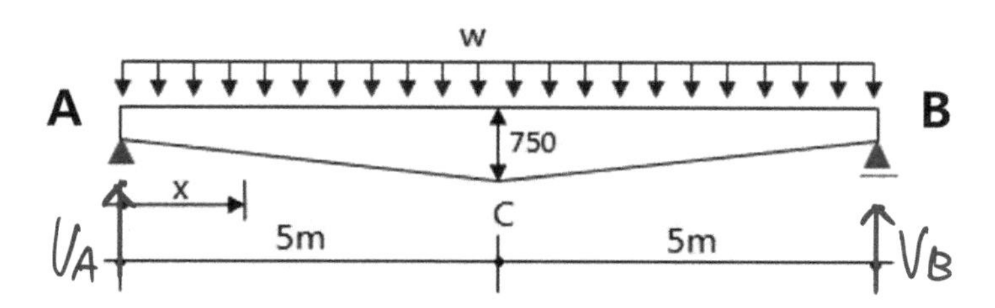

(1) 반력산정

좌우대칭이므로, $V_A = V_B = 5000 \times W$ (mm단위)

(2) x위치 응력산정

$$M_x = V_A \times x - \frac{W}{2} \cdot x^2$$

$$h_x = 300 + \frac{450}{5000} x$$

$$S_x = \frac{b \cdot h_x^2}{6} = \frac{300}{6} \times h_x^2$$

$$\sigma_x = \frac{M_x}{S_x} = \frac{-100 \cdot W \cdot x \cdot (x - 10000)}{9 \cdot (3 \cdot x + 10000)^2}$$

(3) 최대휨응력 발생위치

$\frac{d\sigma_x}{dx} = 0$, $x = 2000\text{mm}$ 일때 최대응력 $\frac{25}{36} W$

(4) $f_a = 20\text{MPa}$ 일때 등분포하중 W

$20 = \frac{25}{36} W$, $W = 144/5 \text{ N/mm} = 144/5 \text{ kN/m}$ 끝

딸기맛호가든 : 미분하여 극값을 구하면 끝나는 간단한 문제. 다만, CAS기능이 없는 계산기를 이용한다면 분수형태의 수식을 직접 미분하여야 한다.

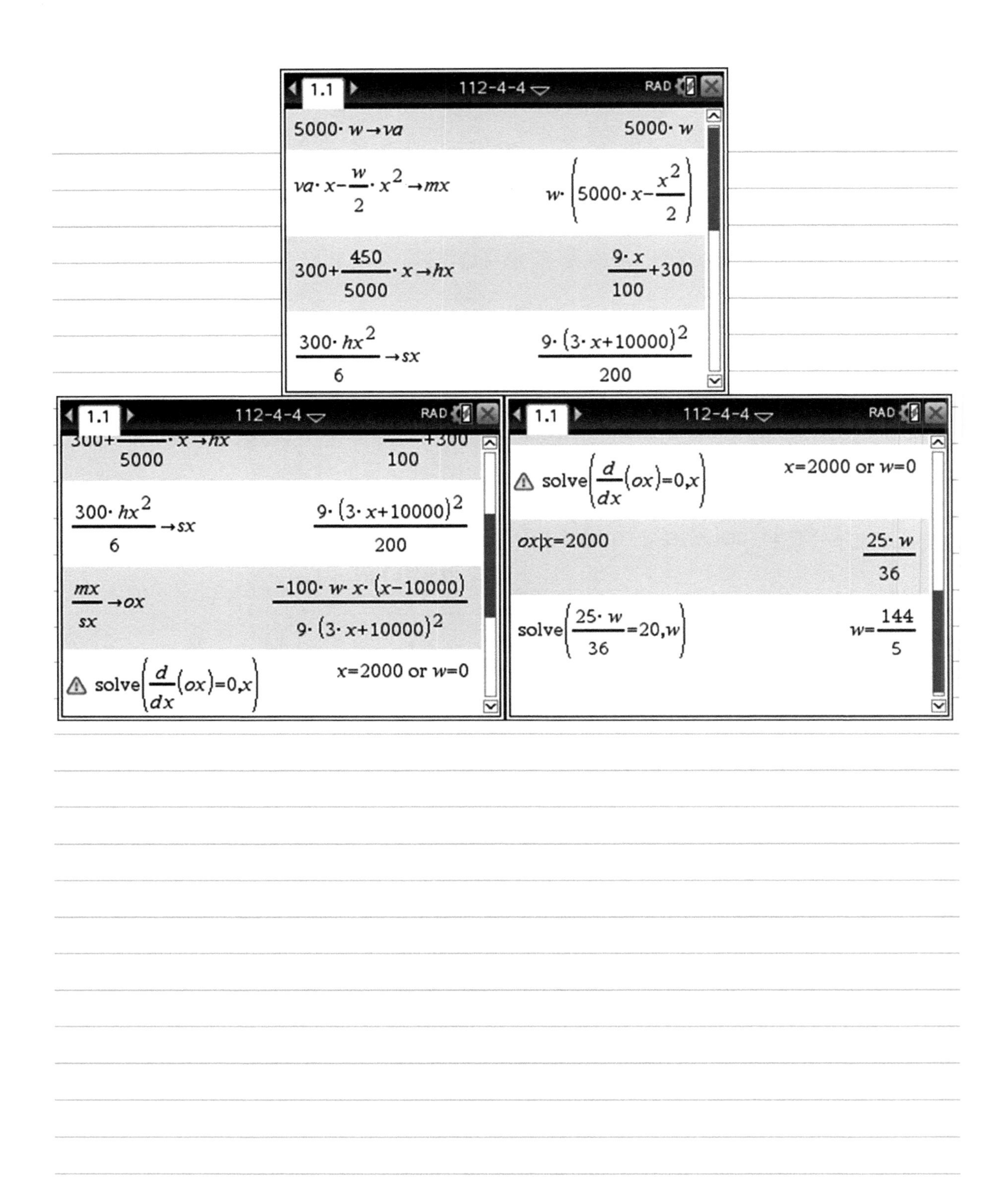

1.1
112-4-4
RAD
5000· w→va
5000· w
va· x−w/2· x^2 →mx
w· (5000· x−x^2/2)
300+450/5000· x→hx
9· x/100+300
300· hx^2/6 →sx
9· (3· x+10000)^2/200
mx/sx →ox
−100· w· x· (x−10000)/9· (3· x+10000)^2
solve(d/dx(ox)=0,x)
x=2000 or w=0
ox|x=2000
25· w/36
solve(25· w/36=20,w)
w=144/5

5. 건축구조기준(~~KBC2016~~ KDS 41)에 따른 강구조에서 기둥과 보의 안정용 가새에 대하여 설명하시오. <112회 4교시>

※ KDS 41 30 00, 4.17 기둥과 보의 안정용 가새

(1) 보의 안정용 가새

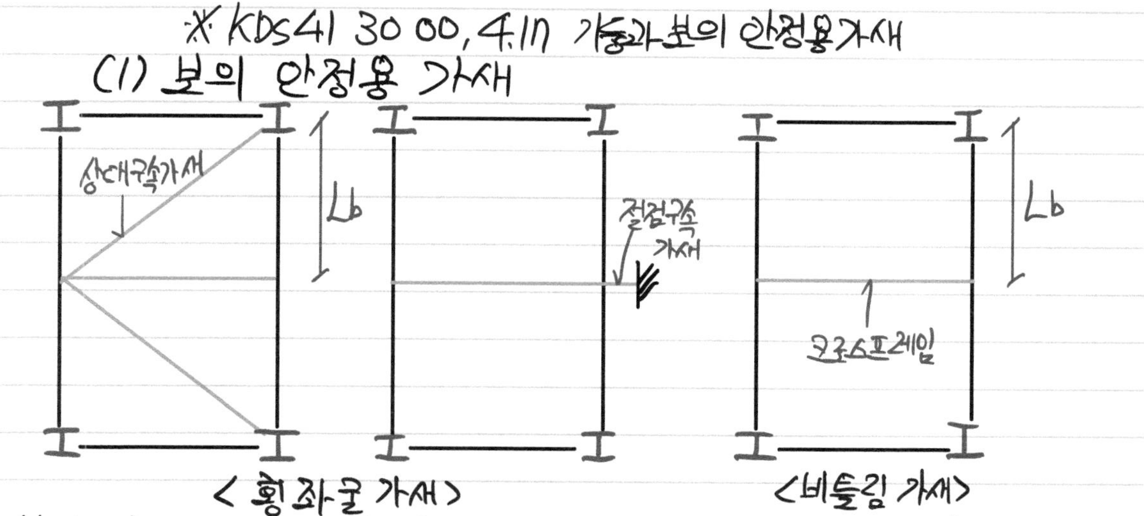

<횡좌굴 가새> <비틀림 가새>

보의 안정용가새는 횡좌굴 및 비틀림좌굴을 방지할 수 있어야 한다.

① 횡좌굴 가새 (상대구속 가새, 절점구속 가새)
압축측에 부착하여 횡좌굴 방지
복곡률 또는 중간모멘트 골조이상일 시 상하부 모두 설치

② 비틀림 좌굴가새 (크로스 프레임)
단면내 어느위치로 설치가능

(2) 기둥의 안정용 가새

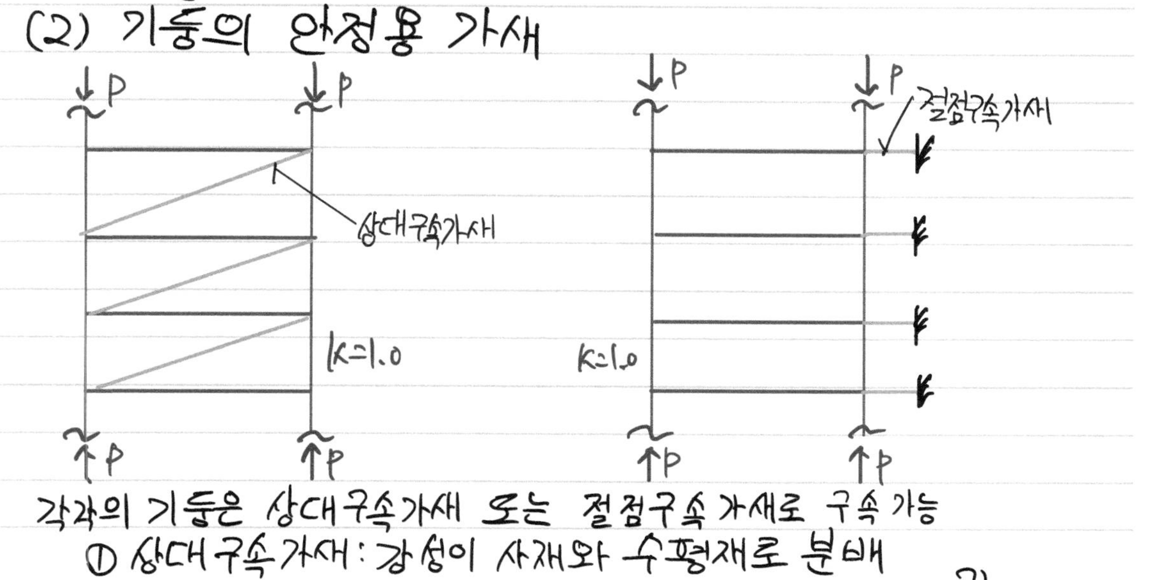

각각의 기둥은 상대구속가새 또는 절점구속 가새로 구속 가능
① 상대구속가새 : 강성이 사재와 수평재로 분배
② 절점구속가새 : 절점의 거동만 제어

끝

6. <그림 A>와 같은 H-형강 캔틸레버 보의 처짐이 과도하게 발생하여 원형강봉을 이용하여 <그림 B>와 같이 매달고자 한다.

<112회 4교시>

1) <그림 A>에서 B점의 처짐량을 구하시오.

2) <그림 B>와 같이 원형강봉으로 매달았을 때, B점의 처짐량이 10mm이하로 되기 위해 필요한 원형강봉(SS400)의 최소직경을 구하시오.

- ($H-450\times200\times9\times14(SS400)$, $A=9.676\times10^{3}\,\mathrm{mm}^{2}$, $I_x=3.35\times10^{8}\,\mathrm{mm}^{4}$)
- **H-형강 및 원형강봉의 탄성계수** : $E=205\,\mathrm{GPa}$
- $SS400$: $F_y=235\,\mathrm{MPa}$

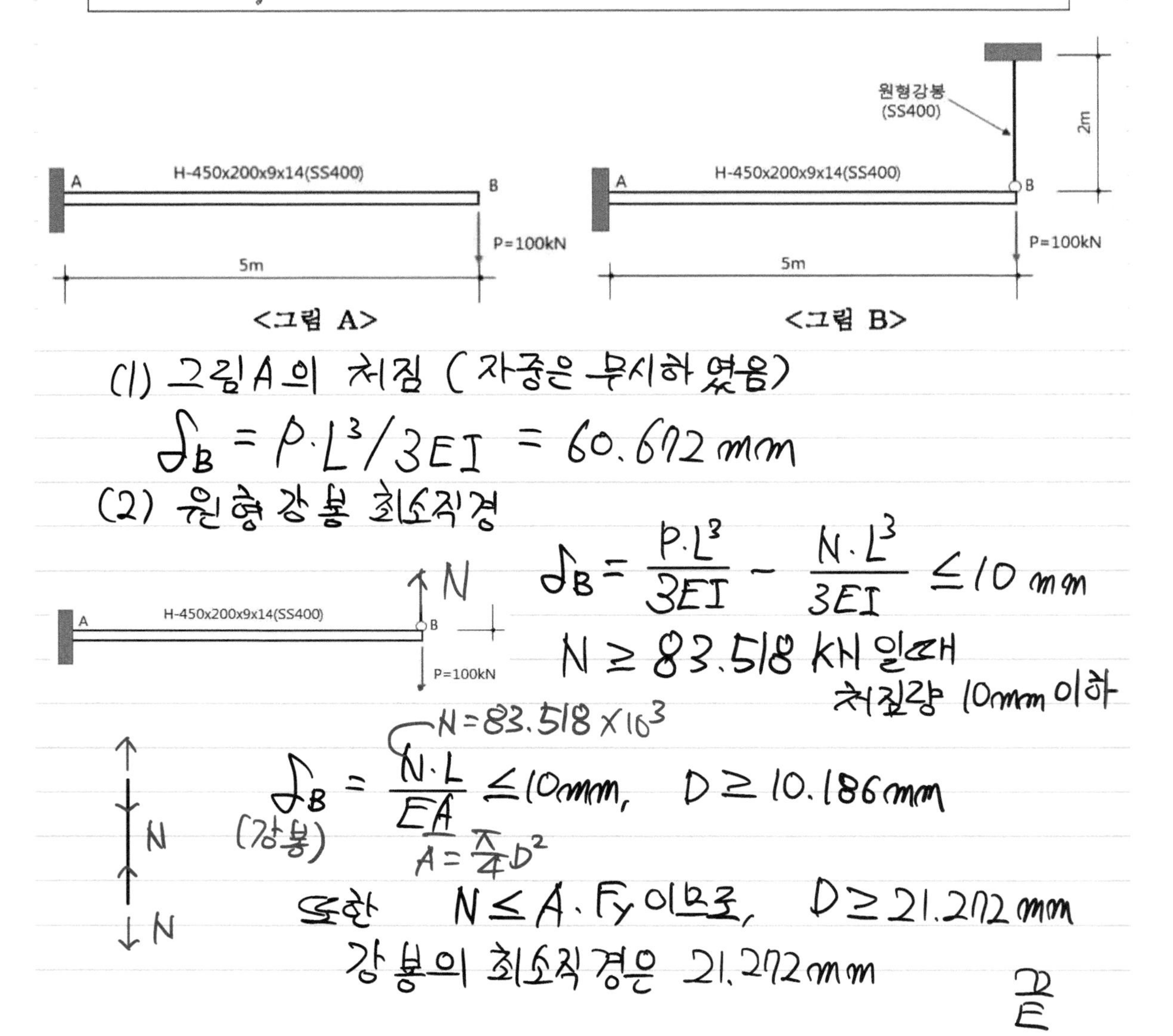

<그림 A> <그림 B>

(1) 그림A의 처짐 (자중은 무시하였음)

$$\delta_B = P\cdot L^3/3EI = 60.672\,mm$$

(2) 원형강봉 최소직경

$$\delta_B = \frac{P\cdot L^3}{3EI} - \frac{N\cdot L^3}{3EI} \le 10\,mm$$

$N \ge 83.518$ kN 일때 처짐량 10mm 이하

$N = 83.518\times10^3$

$$\delta_B\ (강봉) = \frac{N\cdot L}{EA} \le 10mm,\quad D \ge 10.186mm$$

$A = \frac{\pi}{4}D^2$

또한 $N \le A\cdot F_y$ 이므로, $D \ge 21.272\,mm$

강봉의 최소직경은 21.272mm

끝

딸기맛호가든 : 강봉이 탄성구간에 있지 않은 것이 함정이다. 필자 또한 시험장에서는 10.18mm 이상으로 하여야 한다고 풀었었다.

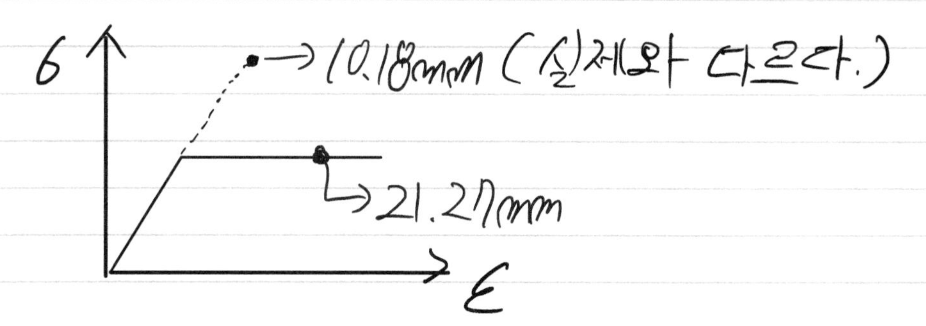

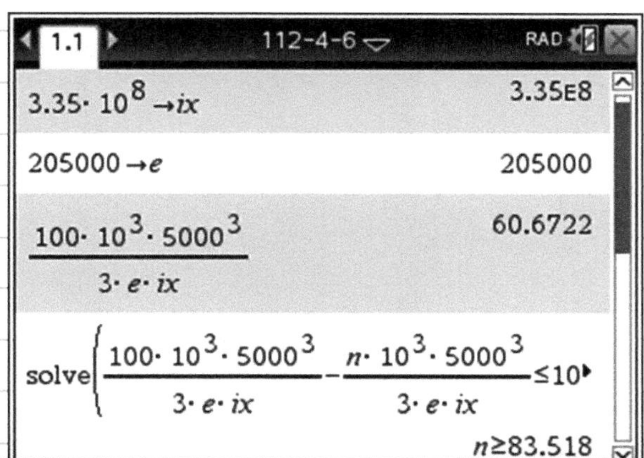

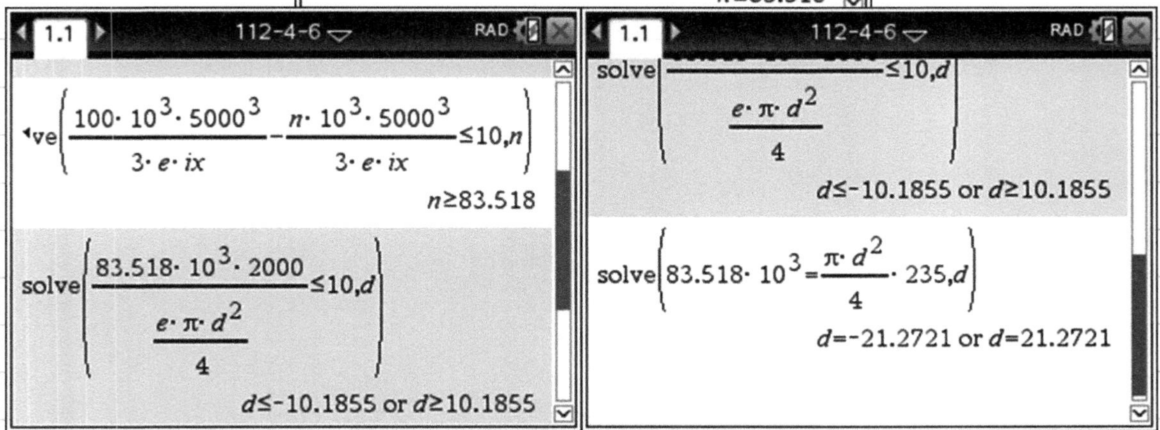

113회 건축구조기술사

(2017년 8월 12일 시행)

대상	응시	결시	합격자	합격률
239	203	36	4	1.97%

총 평

난이도 중하

사실 합격자가 4명밖에 나오지 않은 것이 너무 의아할 정도로 전체적으로 무난한 시험이었다. 1교시는 까다로운 편이었지만 그렇다고 못 건드릴 정도의 난이도는 결코 아니었으며, 2~4교시에는 어렵지 않게 풀수 있는 계산문제가 상당히 많은 편이었다.

113회의 특징은, 2가지 이상의 사항에 대해 풀어야 하는 문제가 많았다는 점이 있다. 라멘구조물을 풀고 철골기둥 안전성을 검토하라던지, 정정보를 풀어서 처짐을 산정하고 접합부를 검토하라던지 라는 식의 2문제같은 1문제가 많이 있어, 시험문제가 쉬운 편이었음에도 불구하고 이러한 점 때문에 많은 수험생들이 시간부족에 시달렸을 것이라 생각된다.

이러한 점과, 또 비교적 짜게 점수를 줬다는 느낌을 주는 야속한 체점으로 인해, 합격자수가 비교적 적었던 것이 아닌가 라고 조심스레 추측해 본다.

국가기술자격 기술사 시험문제

기술사 제 113 회 제 1 교시 (시험시간: 100분)

분야	건설	자격종목	건축구조기술사	수험번호		성명	

수험자 여러분의 합격을 기원합니다. 공익신고 홈페이지 : www.cleani.org

※ 다음 문제 중 10문제를 선택하여 설명하시오. (각10점)

1. 각 공사 단계별 건축물 안전강화를 위하여 시행하는 법 제도에 대하여 설명하시오.
   1) 건축심의 전 2) 건축허가 후 3) 공사착공 후 4) 공사준공 후
2. 건축구조기준(KBC2016)에 따른 표피철근의 배근 목적과 배치방법에 대하여 설명하시오.
3. 건축구조기준(KBC2016)에 따른 막구조 재료(막재)의 특성과 품질기준상 필요한 강성 및 강도에 대하여 설명하시오.
4. 건축구조기준(KBC2016)은 내하력이 의심스러운 기존 콘크리트 구조물의 안전성 평가를 규정하고 있는데, 여기서 평가를 위한 강도감소계수와 하중 및 하중계수에 대하여 설명하시오.
5. 지면 굴착 후 기초공사 전에 타설하는 버림콘크리트의 역할에 대하여 설명하시오.
6. 강구조 내진설계에서는 볼트와 용접이 한 조인트에서 응력을 분담하거나 또는 한 접합부에서 같은 응력성분을 분담하여 설계할 수 없도록 규정하고 있는데, 그 이유를 설명하고 H형강 가새 접합부를 예로 들어 바람직한 접합상세를 도시하시오.
7. 건축구조기준(KBC2016)에 따라 중간모멘트골조에 적용되는 휨부재의 스터럽 형태 및 간격, 설치구간을 도시하여 설명하시오.

2 - 1

국가기술자격 기술사 시험문제

기술사 제 113 회 제 1 교시 (시험시간: 100분)

분야	건설	자격종목	건축구조기술사	수험번호		성명	

8. 건축구조기준(KBC2016)에 의한 강도설계법에서 슬래브 설계 시 직접설계법의 제한사항에 대하여 설명하시오.
9. 철근콘크리트 보에는 개구부를 설치하지 않는 것이 기본 원칙이나, 현장상황에 따라 설비배관 등의 관통구를 설치해야 할 경우 개구부에 대한 일반적인 제한사항에 대하여 설명하시오.
10. 진동문제 $m\ddot{y} + c\dot{y} + ky = p(t)$에서 각 항의 의미와 공진(Resonance)현상 및 계수 c의 역할을 설명하시오.
11. 건축구조기준(KBC2016)에 따라 유효지반가속도 S = 0.2g, 단주기 지반증폭계수 F_a = 1.5, 1초주기 지반증폭계수 F_v = 2.0 인 경우에 설계응답가속도스펙트럼을 도시하시오.
12. 철근콘크리트 보 주철근의 구부림각도에 따른 표준갈고리 길이 및 표준갈고리를 갖는 인장 이형철근의 기본정착길이에 대하여 설명하시오.
13. 강재의 재료적 성질 중 충격강도와 피로강도에 대하여 설명하시오.

국가기술자격 기술사 시험문제

기술사 제 113 회 제 2 교시 (시험시간: 100분)

분야	건설	자격종목	건축구조기술사	수험번호		성명	

수험자 여러분의 합격을 기원합니다. 공익신고 홈페이지 : www.cleani.org

※ 다음 문제 중 4문제를 선택하여 설명하시오. (각25점)

1. 그림과 같은 접합부에 $P_u = 340\,kN$이 작용할 때 다음을 검토하시오.

 1) 필릿용접 사이즈(s=6)가 최소 사이즈와 최대 사이즈 사이에 있는가를 검토하고 필릿용접부의 용접길이를 구하시오.

 2) 마찰접합인 고장력볼트 접합부의 설계미끄럼강도를 구하고 안전성을 검토하시오.

- 강재 : SM490
- 고장력볼트 : M22 (F10T, 표준구멍)
- 미끄럼계수 $\mu = 0.5$
- 필러계수 $h_f = 1.0$
- 설계볼트장력 $T_o = 200\,kN$
- 필릿용접은 양측면 대칭으로 설계
- 필릿용접부의 설계강도는 용접재의 강도로 결정함
- 용접재의 인장강도 : $F_{uw} = 490\,N/mm^2$

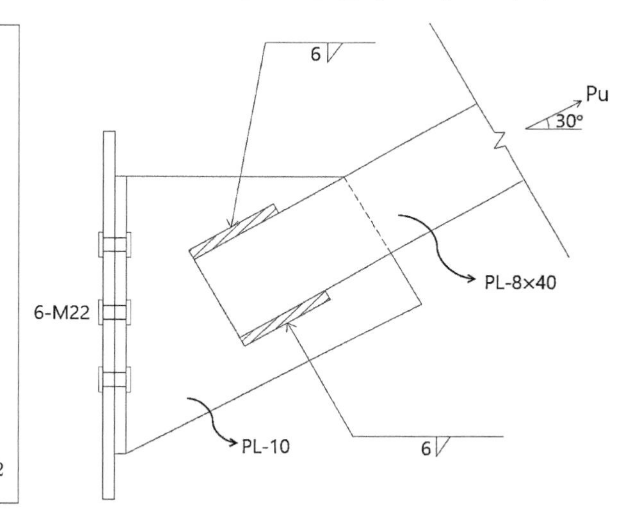

국가기술자격 기술사 시험문제

기술사 제 113 회 　　　　　　　　　　　　　　　　　　　제 2 교시 (시험시간: 100분)

분야	건설	자격종목	건축구조기술사	수험번호		성명	

2. 그림과 같은 보부재의 B점에서의 처짐과 처짐각, 반력 및 부재력을 강성매트릭스법으로 구하고 전단력도와 휨모멘트도를 그리시오.

- 보부재의 단면적 : A
- 보부재의 자중은 무시함
- B지점에서 수직하중 P와 휨모멘트 P·L이 작용함

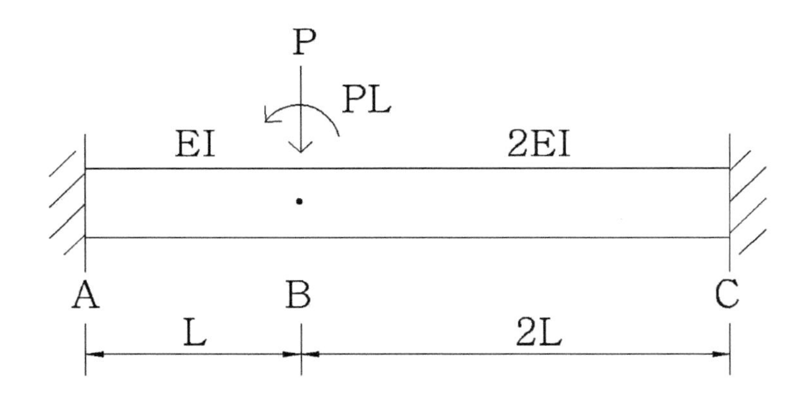

7 - 2

국가기술자격 기술사 시험문제

기술사 제 113 회 제 2 교시 (시험시간: 100분)

분야	건설	자격종목	건축구조기술사	수험번호		성명	

3. 그림과 같은 구조물의 내부에 위치하는 슬래브(S1)를 상대 처짐을 고려할 경우와 고려하지 않을 경우에 대하여 설계하고, 주어진 도표를 이용하여 배근도를 그려서 비교하시오.

- f_{ck}=24 MPa, f_y=400 MPa
- 슬래브 두께 150 mm, 보 B1/G1/G2는 400 mm × 700 mm, 기둥은 600 mm × 600 mm
- 고정하중 5 kN/m^2(슬래브 자중 + 마감하중 포함), 활하중 3 kN/m^2
- 상대 처짐을 고려할 경우 G1과 B1의 상대 처짐량 10 mm
- 슬래브 유효강성(I_e)은 $0.35I_g$로 가정한다.

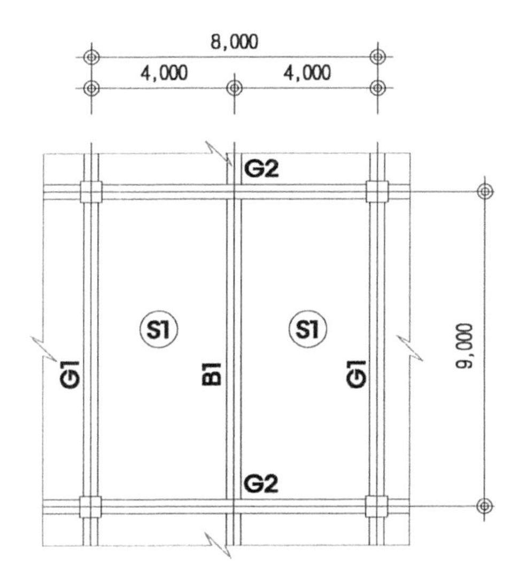

Slab Thk : 150 mm

Major Direction Moment (Unit : kN·m/m)

	@ 100	@ 120	@ 125	@ 150	@ 200
D10	28.7	24.1	23.2	19.5	14.8
D10+D13	38.6	32.6	31.4	26.5	20.1
D13	47.9	40.7	39.2	33.1	25.3
D13+D16	59.1	50.5	48.7	41.4	31.8
D16	69.2	59.5	57.5	49.1	37.9

Minor Direction Moment (Unit : kN·m/m)

	@ 100	@ 120	@ 125	@ 150	@ 200
D10	26.0	21.9	21.1	17.7	13.4
D10+D13	34.6	29.3	28.2	23.8	18.1
D13	42.4	36.1	34.8	29.5	22.6
D13+D16	51.6	44.3	42.7	36.4	28.0
D16	55.2	51.5	49.8	42.6	33.1

ϕV_c = 75.7 kN/m

7 - 3

국가기술자격 기술사 시험문제

기술사 제 113 회　　　　　　　　　　　　제 2 교시 (시험시간: 100분)

분야	건설	자격종목	건축구조기술사	수험번호		성명	

4. 그림과 같이 신축건물과 기존건물 사이에 연결통로를 설치하고자 한다. 신축건물과는 핀(Pin)접합으로 하고 기존건물과는 신축이음(Expansion Joint)을 두어 분리할 계획이다. 주어진 조건에 대하여 다음 물음에 답하시오.

- AB부재: 9 m, BC부재: 3 m, BD부재: 8 m,
- AB부재, BC부재: H-500×200×10×16($I_x = 4.78 \times 10^8 mm^4$, 부재 자중은 무시함)
- BD부재: H-300×300×10×15(부재의 축변형은 무시함)
- AB부재, BC부재에 작용하는 등분포하중 $w_D = 10kN/m$, $w_L = 10kN/m$
- 고력볼트 4-M20(F10T), 설계볼트장력(T_o)=165kN, 표준구멍, 1면전단

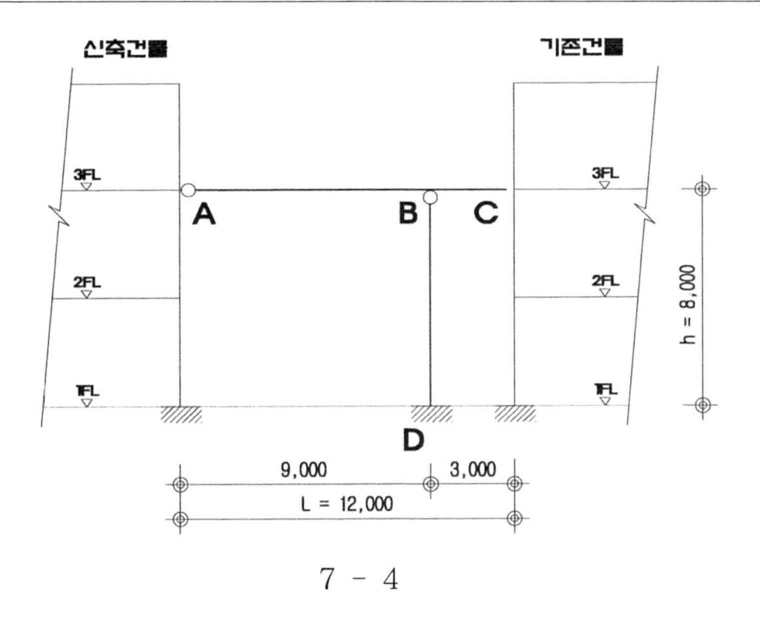

7 - 4

국가기술자격 기술사 시험문제

기술사 제 113 회 제 2 교시 (시험시간: 100분)

분야	건설	자격종목	건축구조기술사	수험번호		성명	

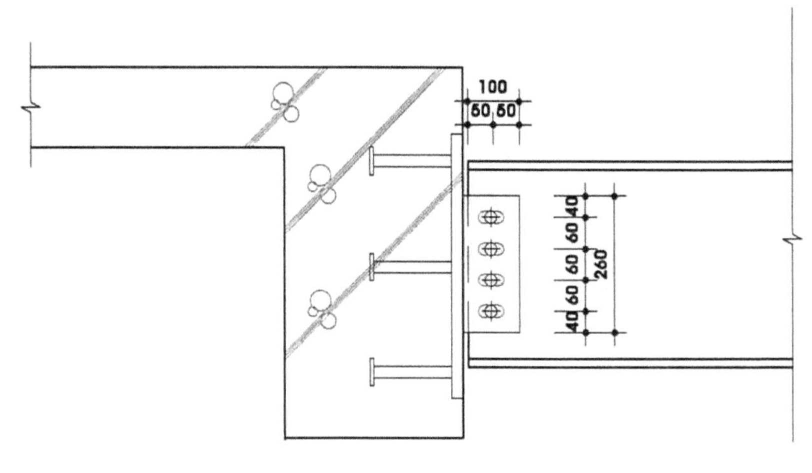

(A점의 접합부 상세)

1) C점의 처짐을 구하시오.

2) A점에서 고장력볼트의 설계미끄럼강도에 대한 안전성을 검토하시오.

국가기술자격 기술사 시험문제

기술사 제 113 회 　　　　　　　　　　　　　　　　　　　　제 2 교시 (시험시간: 100분)

분야	건설	자격종목	건축구조기술사	수험번호		성명	

5. 다음과 같은 조건하에서 경간이 12m인 철골보의 설계휨강도 및 설계전단강도를 검토하시오. (KBC2016 적용, 철골보 자중은 설계 시 무시한다.)

◎ 검토조건

- 작용하중 : P (고정하중(P_D)= 55kN, 활하중(P_L) = 60kN)
- 경계조건 : 양단고정, 4등분점 횡지지
- 철골보 : H-600×200×11×17 (SS400강재, F_y= 235MPa)

◎ 단면성능

- $I_x = 776 \times 10^6 mm^4$, $S_x = 2.59 \times 10^6 mm^3$, $Z_x = 2.98 \times 10^6 mm^3$

  $I_y = 22.8 \times 10^6 mm^4$, $h_o = 583mm$, $r_y = 41.2mm$, $r = 22mm$
- 강재의 탄성계수: $E = 2.05 \times 10^5 MPa$

◎ 횡좌굴강도 산정시 L_r은 다음과 같다.

- $L_r = \pi r_{ts} \sqrt{\dfrac{E}{0.7F_y}}$

7 - 6

국가기술자격 기술사 시험문제

기술사 제 113 회 제 2 교시 (시험시간: 100분)

분야	건설	자격종목	건축구조기술사	수험번호		성명	

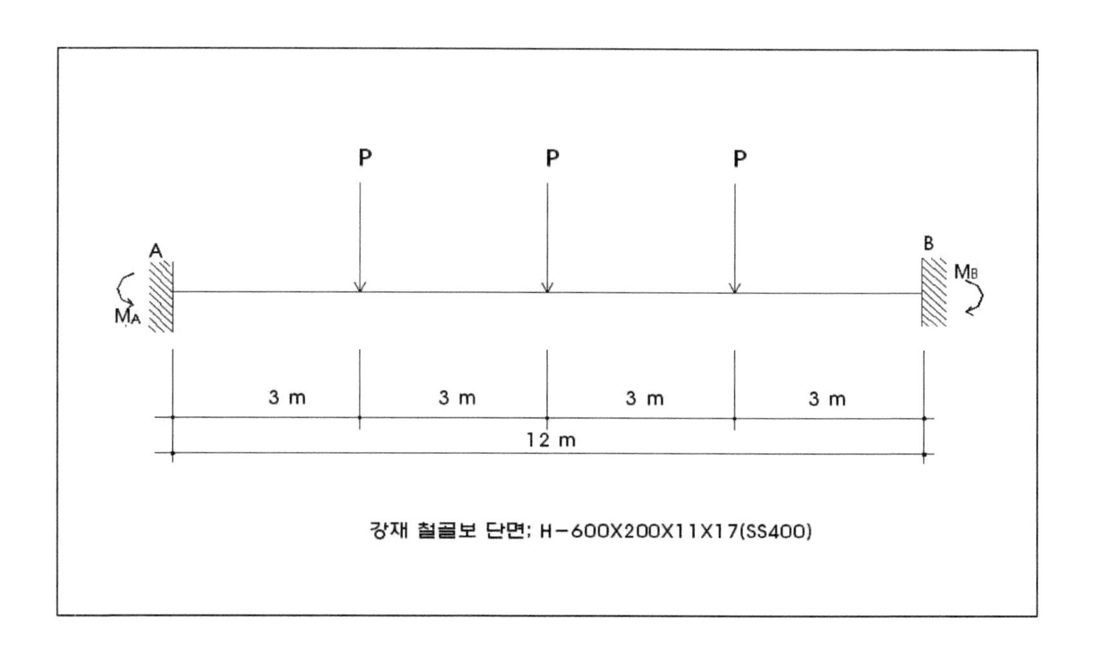

6. 각형 강관 기둥의 기둥-보 접합부의 다이어프램 형식을 그림으로 그리고, 특성을 설명하시오.

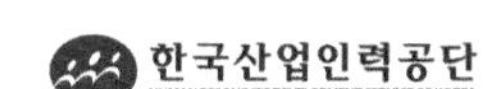

국가기술자격 기술사 시험문제

기술사 제 113 회 제 3 교시 (시험시간: 100분)

분야	건설	자격종목	건축구조기술사	수험번호		성명	

수험자 여러분의 합격을 기원합니다. 공익신고 홈페이지 : www.cleani.org

※ 다음 문제 중 4문제를 선택하여 설명하시오. (각25점)

1. 그림과 같은 3힌지 라멘에서 주어진 조건에 대하여 다음 물음에 답하시오.

- L=10m, h1=5m, h2=9m, h2의 약축에 대한 좌굴길이 4.5m
- 유효좌굴길이계수 $K_x = K_y = 1.0$, Wu=30kN/m, Pu=1300kN, Hu=20kN
- 단면치수 H-250×250×9×14(SM490) :
  F_y=315N/mm^2, E=205,000N/mm^2, A_g=9,218mm^2, r_x=108mm, r_y=62.9mm
- 부재의 자중은 무시함

1) 각 부재의 단면력을 구하고 단면력도를 그리시오.

2) CD부재의 안전성을 검토하시오.

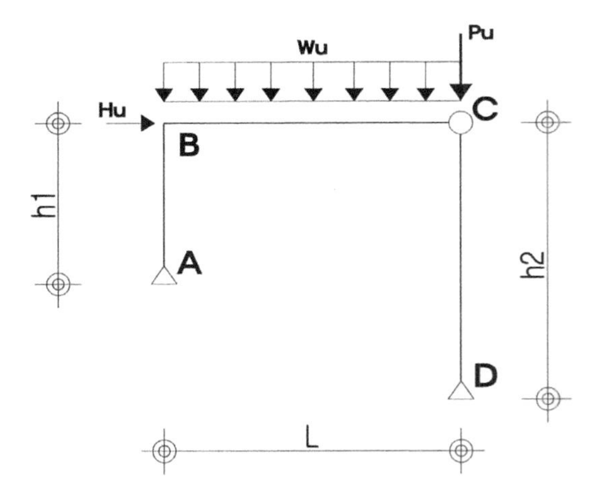

6 - 1

국가기술자격 기술사 시험문제

기술사 제 113 회 제 3 교시 (시험시간: 100분)

분야	건설	자격종목	건축구조기술사	수험번호		성명	

2. 등분포하중을 받는 단순보의 단부에서 발생되는 사인장균열에 대하여 다음을 설명하시오.

   1) 사인장균열의 발생원인과 대책방안을 설명하시오.

   2) A, B, C 위치에서 발생되는 응력을 표현하고, 그에 따른 주응력의 방향과 균열 발생방향을 그림으로 설명하시오.

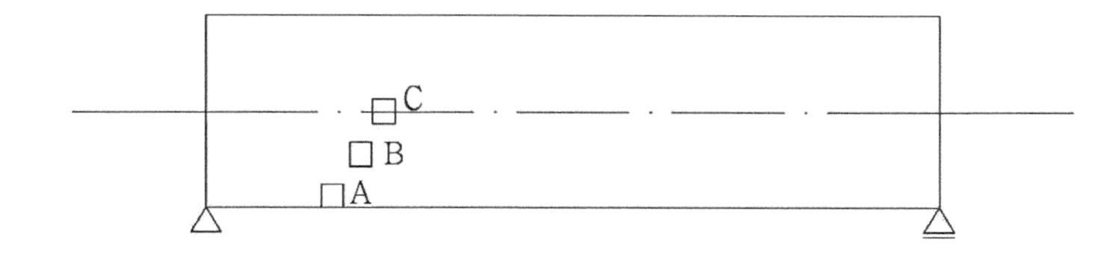

국가기술자격 기술사 시험문제

기술사 제 113 회 제 3 교시 (시험시간: 100분)

분야	건설	자격종목	건축구조기술사	수험번호		성명	

3. 그림과 같은 2자유도 구조물의 고유진동주기와 진동모드형상을 구하시오.

- m_1, m_2는 각 층의 질량을 의미하며, k_1, k_2는 각 층의 층강성을 의미한다. 여기서 $m = 10\,\text{ton}$, $k = 500\,kN/m$ 이다.
- 진동모드형상은 u_2의 형상이 1이 되도록 정규화한다.

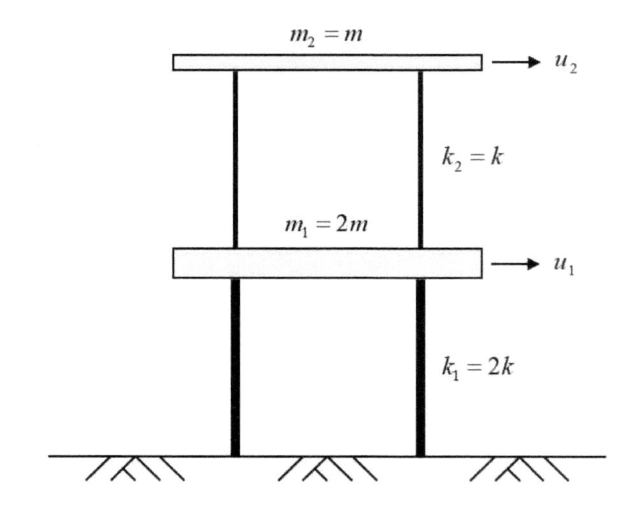

국가기술자격 기술사 시험문제

기술사 제 113 회 제 3 교시 (시험시간: 100분)

분야	건설	자격종목	건축구조기술사	수험번호		성명	

4. ㄷ형강의 전단중심(shear center) 위치에 대해 다음을 검토하시오.

   1) 전단중심의 개념을 설명하시오.

   2) 그림과 같은 ㄷ형강의 전단중심위치 e를 계산하시오.

- 형강 두께 $t = 3mm$
- $b = 100mm$, $h = 150mm$

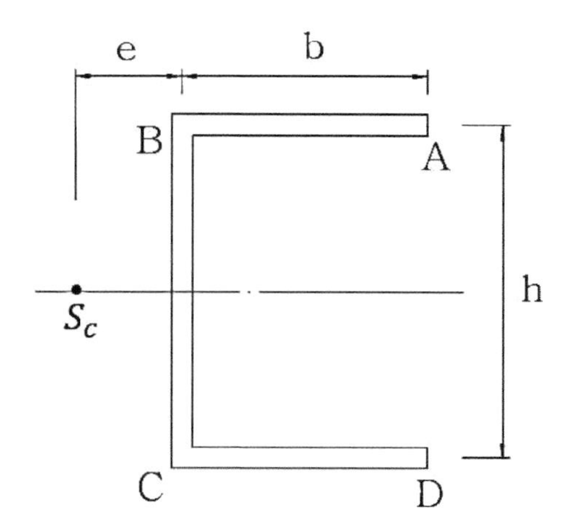

6 - 4

국가기술자격 기술사 시험문제

기술사 제 113 회 제 3 교시 (시험시간: 100분)

분야	건설	자격종목	건축구조기술사	수험번호		성명	

5. 그림과 같은 줄기초에서 단변(횡) 방향으로 D19철근이 200㎜ 간격으로 배근되어있을 때 다음을 검토하시오.

   1) 단변방향으로 배근된 인장철근의 정착길이 l_d를 계산하시오.

   2) 기초판폭(B)이 1300㎜일 경우 정착길이의 확보여부를 검토하고 정착길이가 부족할 경우 보완방안을 설명하시오.

- 보정계수 산정을 위한 추가조건으로
  - 도막되지 않은 철근이며, 보통 콘크리트를 사용한다.
- 콘크리트 압축강도 $f_{ck}=21MPa$
- 철근의 항복강도 $f_y=400MPa$

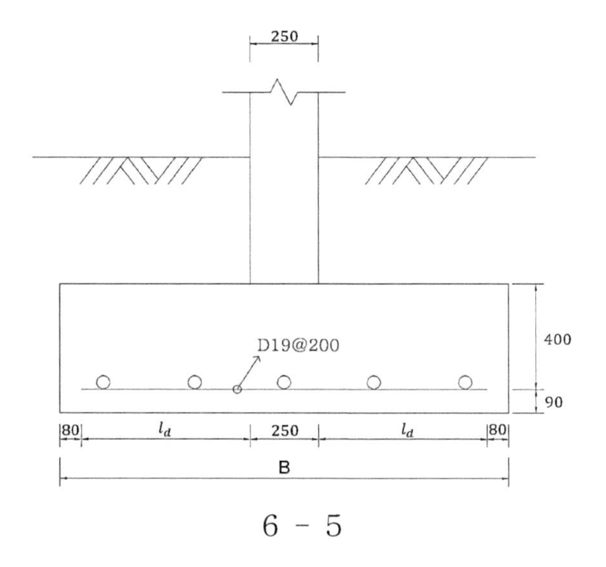

6 - 5

국가기술자격 기술사 시험문제

기술사 제 113 회 　　　　　　　　　　　　　　　　　　제 3 교시 (시험시간: 100분)

분야	건설	자격종목	건축구조기술사	수험번호		성명	

6. 기성콘크리트말뚝 시공 시 다음에 대하여 설명하시오.

   1) 합리적인 말뚝 두부 정리 요령

   2) 말뚝 두부 균열의 종류, 원인 및 대책

   3) 시공 오차에 대한 말뚝 보강방법

   4) 말뚝 두부가 다음의 경우와 같은 하자가 있을 때 보강방법을 구체적으로 스케치(도시화)하시오.

      ① 말뚝 두부가 기초 저면보다 낮은 경우

      ② 파일 강선이 부족한 경우

      ③ 말뚝 두부가 손상된 경우

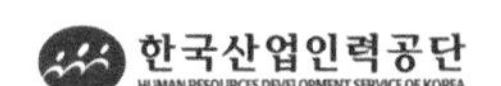

국가기술자격 기술사 시험문제

기술사 제 113 회 제 4 교시 (시험시간: 100분)

분야	건설	자격종목	건축구조기술사	수험번호		성명	

수험자 여러분의 합격을 기원합니다. 공익신고 홈페이지 : www.cleani.org

※ 다음 문제 중 4문제를 선택하여 설명하시오. (각25점)

1. 그림과 같이 100kN/m의 등분포하중을 지지하는 케이블 구조의 A, B, C 위치에서 케이블의 인장력을 구하시오.

- B점은 케이블에서 가장 하단이며, 접선의 기울기가 0인 점이다.
- 케이블에 작용하는 등분포하중(w), 수평력(F_H), 수평방향거리 x, 수직방향거리 y 의 관계식은 다음과 같다.

$$y = \frac{w}{2F_H}x^2$$

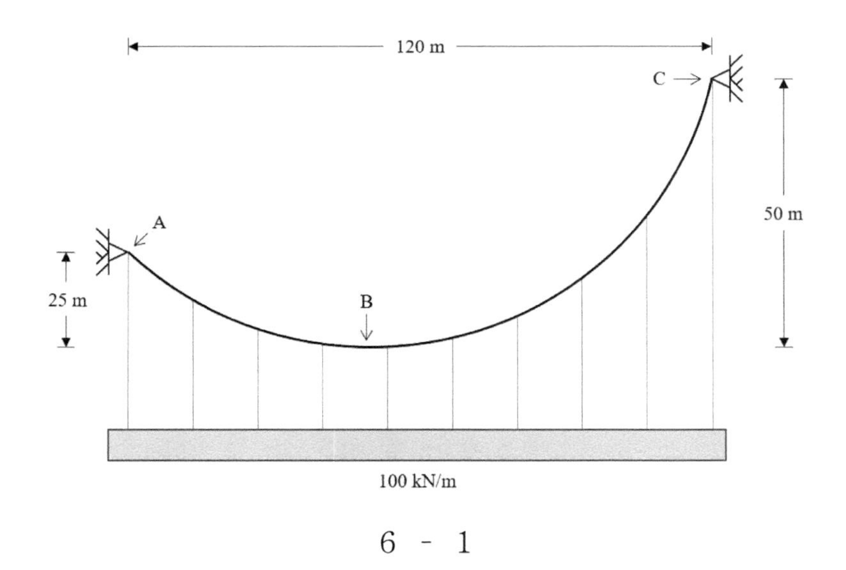

6 - 1

국가기술자격 기술사 시험문제

기술사 제 113 회 제 4 교시 (시험시간: 100분)

분야	건설	자격종목	건축구조기술사	수험번호		성명	

2. 다음 그림과 같은 주각이 중심축하중을 받을 때 베이스플레이트(SM490)를 설계하시오.

◎ 설계조건
- 기둥 H-350×350×12×19(SM490), 기초 크기 2,000×2,000mm
- 콘크리트 압축강도 f_{ck}=21MPa
- 베이스플레이트(SM490) F_y=315MPa
- 중심축하중 P_u=4,000kN

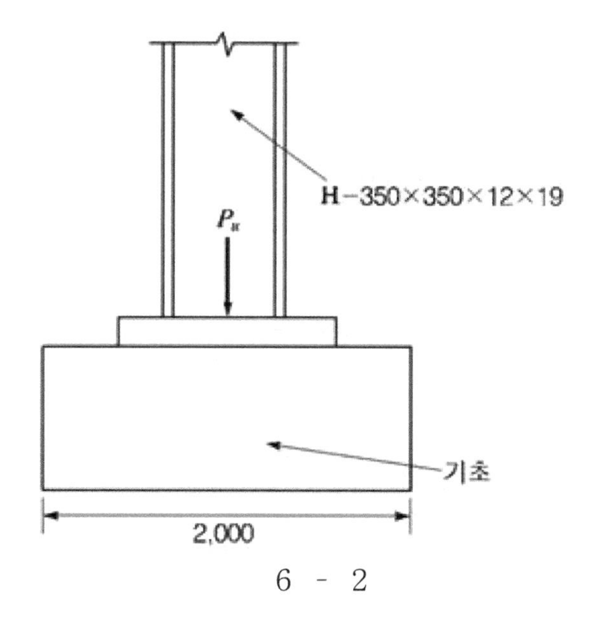

6 - 2

국가기술자격 기술사 시험문제

기술사 제 113 회　　　　　　　　　　　　　　　　제 4 교시 (시험시간: 100분)

분야	건설	자격종목	건축구조기술사	수험번호		성명	

3. 그림과 같이 스프링(spring)으로 지지된 캔틸레버보에 대하여 답하시오.
(부재의 EI는 전구간 동일함)

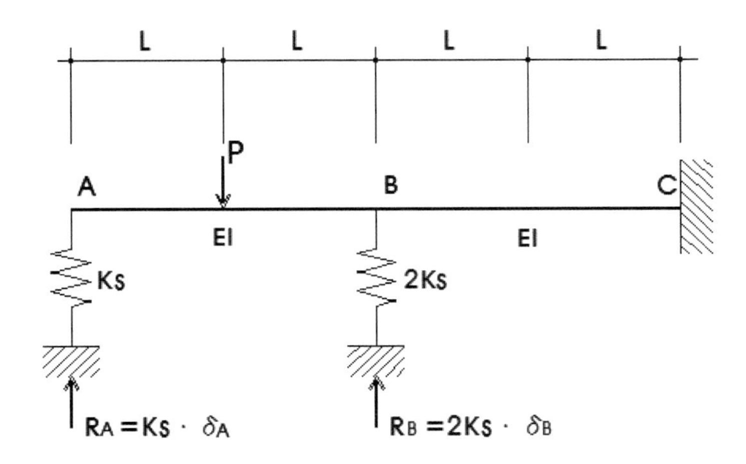

1) $R_A = R_B$ 일 때 스프링상수 Ks 값을 EI, L로 표시하시오.

2) $R_A = R_B$ 일 때 A점과 B점의 수직 반력값 R_A, R_B를 P로 표시하시오.

3) $R_A = R_B$ 일 때 A점의 수직처짐 δ_A 와 B점의 수직처짐 δ_B를 EI, L, P로 표시하시오.

국가기술자격 기술사 시험문제

기술사 제 113 회 제 4 교시 (시험시간: 100분)

분야	건설	자격종목	건축구조기술사	수험번호		성명	

4. 각형강관 □-400×400×12(SM490)에 철근콘크리트로 채워진 8m 높이의 충전합성기둥의 중심에 고정하중 1800kN, 활하중 2500kN의 압축력이 작용할 때 충전합성기둥의 구조안전성을 검토하시오. (KBC2016 적용)

◎ 검토조건

- 각형강관 : □-400×400×12 (SM490강재)
  F_y= 315MPa , F_u = 490MPa , $E_s = 2.05 \times 10^5$MPa, A_s=18,624mm²
- 콘크리트 : f_{ck} = 27MPa, $E_c = 2.67 \times 10^4$MPa, A_c=138,280mm²
- 철 근 : f_{yr} = 400MPa, $E_{sr} = 2.0 \times 10^5$MPa, HD22 (A_1=387mm²)
  A_{sr}=387×8=3,096mm²
- 하중조건 : P_{DL} = 1800kN, P_{LL} = 2500kN
- 기둥의 양단부 경계조건은 핀으로 가정한다.

6 - 4

국가기술자격 기술사 시험문제

기술사 제 113 회 제 4 교시 (시험시간: 100분)

분야	건설	자격종목	건축구조기술사	수험번호		성명	

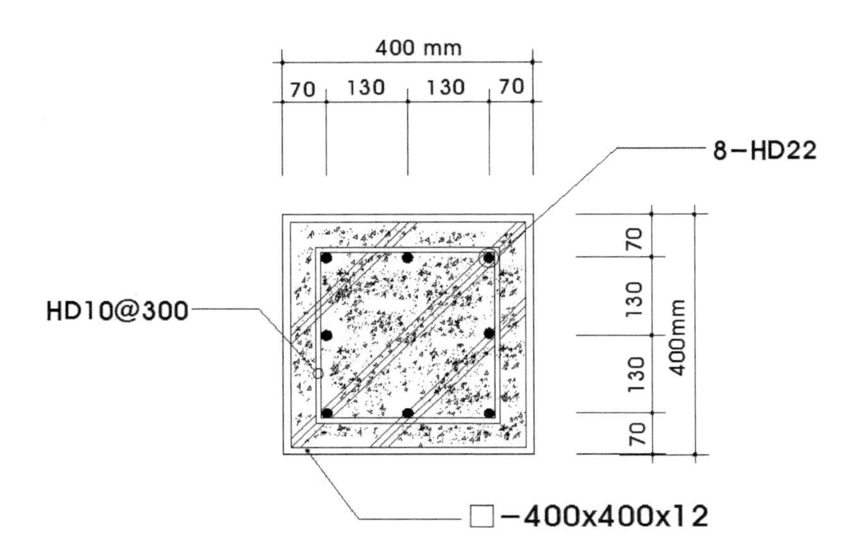

국가기술자격 기술사 시험문제

기술사 제 113 회 제 4 교시 (시험시간: 100분)

분야	건설	자격종목	건축구조기술사	수험번호		성명	

5. 나선철근과 띠철근 콘크리트 기둥의 설계축강도와 관련하여 다음 물음에 답하시오.

   1) 설계축강도($\phi P_{n(max)}$) 식을 제시하시오.

   2) 편심을 고려한 계수가 서로 다른 이유를 설명하시오.

   3) 강도감소계수가 서로 다른 이유를 설명하시오.

   4) 콘크리트 압축강도 f_{ck}에 추가로 계수를 적용하는 이유를 설명하시오.

   5) 철근의 최대 설계기준항복강도를 제한하고 있는 이유를 설명하시오.

6. 매스콘크리트에 대하여 다음 사항을 중심으로 설명하시오.

   1) 정의 및 적용범위
   2) 온도균열
   3) 온도균열지수
   4) 수화열 저감대책 (6가지 이상)

113회 기출문제 풀이

2. 건축구조기준(~~KBC2016~~ KDS 14)에 따른 표피철근의 배근 목적과 배치방법에 대하여 설명하시오.

<113회 1교시>

KDS 14 20 20, 4.2.3, (6)

(1) 표피철근의 배근목적

춤이 큰 보는 춤이 작은 보에 비해 상대적으로 양 측면 표면에 균열이 발생하기 쉬우며, 이를 억제하기 위하여 인장연 수직면 가까이에 부재길이 방향의 표피철근을 배근한다.

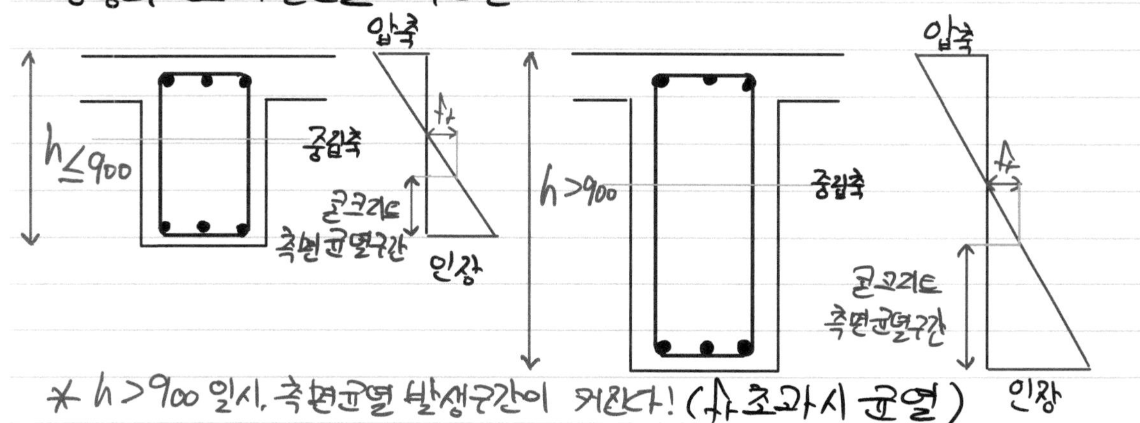

* $h > 900$ 일시, 측면균열 발생구간이 커진다! (f_t 초과시 균열)

(2) 표피철근 배치방법

① 적용대상 : 보의 유효깊이(h)가 900을 초과할 시 적용.

② 배치방법

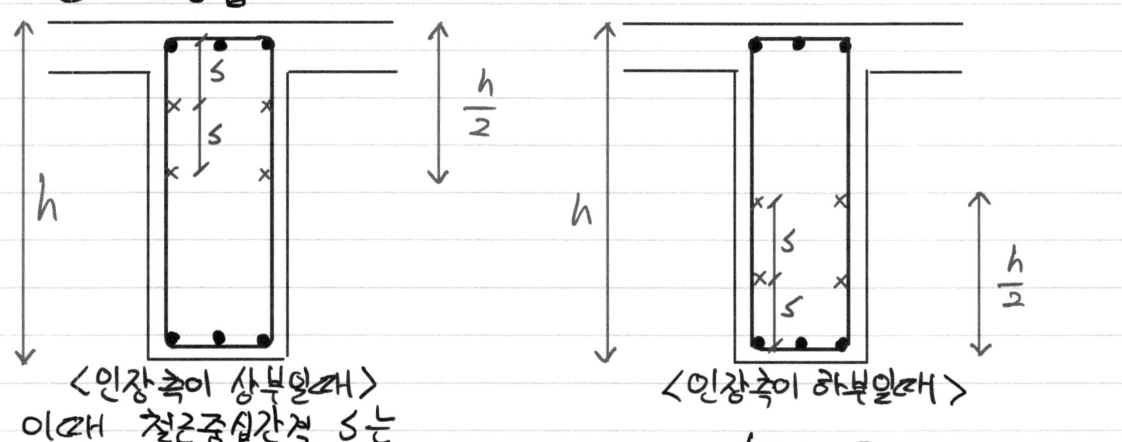

<인장측이 상부일때> <인장측이 하부일때>

이때 철근중심간격 s는

$$s \le Min\left[375 \times (k_{cr}/f_s) - 2.5C_c,\ 300 \times (k_{cr}/f_s)\right]$$

$k_{cr} = 280$ (건조환경) $k_{cr} = 210$ (그외환경)

f_s : 사용시 최외단 철근에 작용하는 응력, 근사값 $2/3 f_y$ 적용가능

C_c : 콘크리트 피복두께

끝

4. 건축구조기준(KDS14 ~~KBC2016~~)은 내하력이 의심스러운 기존 콘크리트 구조물의 안전성 평가를 규정하고 있는데, 여기서 평가를 위한 강도감소계수와 하중 및 하중계수에 대하여 설명하시오. <113회 1교시>

KDS 14 20 90, 4.2.4 및 4.2.5

(1) 평가를 위한 강도감소계수

기존의 건축물을 평가 할 시, 시공오차, 제작오차 등에 대한 불확실성이 제거되었으므로, 강도감소계수를 설계시보다 상향 적용 가능하다.

① 인장지배단면 : 0.85 → 1.0

② 압축지배단면 - 나선철근보강부재: 0.7 → 0.85

- 기타의 경우 : 0.65 → 0.8

③ 전단력 및 비틀림모멘트 : 0.75 → 0.8

④ 콘크리트 지압력 : 0.65 → 0.8

(2) 평가를 위한 하중계수

하중조사를 통해 얻은 실제하중 적용가능

① 일반적으로 기설계 하중 반영

② 하중조사 수행시 이를 반영가능

③ 설계기준의 하중조합 사용 (하중조사 수행시 수직하중 5% 저감가능)

끝

<113회 1교시>

5. 지면 굴착 후 기초공사 전에 타설하는 버림콘크리트의 역할에 대하여 설명하시오.

(1) 구조적 역할

① 상대적으로 흙보다 강성이 강한 콘크리트가 기초로부터 지반에 전달되는 하중을 분산시킴 → 집중하중에 의한 펀칭 위험 감소

② 흙에 대한 응력 구근의 범위 확장 ⟶ 지내력 향상

(2) 시공적 역할

① 잡석 지정 면을 고르게 함

② 먹매김 및 거푸집 설치 용이

끝

M군

버림콘크리트의 역할

(1) 잡석지정의 유동방지

(2) 콘크리트의 수분 침수 완화

- 버림 콘크리트 타설시 책임구조기술자의 기초저면 균일 시공상태 확인 전제하에 피복두께 40~60mm 가능

- 미타설시 피복두께 80 mm 적용

(건축구조기술사회 Q&A 참조)

딸기맛호가든 : KDS 14 개정예정사항 반영시, 영구히 흙에 묻히는 경우의 피복두께는 75mm

6. 강구조 내진설계에서는 볼트와 용접이 한 조인트에서 응력을 분담하거나 또는 한 접합부에서 같은 응력성분을 분담하여 설계할 수 없도록 규정하고 있는데, 그 이유를 설명하고 H형강 가새 접합부를 예로 들어 바람직한 접합상세를 도시하시오.

<113회 1교시>

(1) 용접과 볼트의 하중분담을 피해야 하는 이유

강진으로 인한 응력역전 또는 비탄성 변형 발생시, 볼트에서 미끄럼이 발생하게 되며, 볼트가 완전히 지압상태에 이르기 전까지 상대적으로 강성이 큰 용접부에 응력이 집중되어 파괴되며 용접부 파괴이후에는 접합부 전체의 파괴로 이어질 우려가 있다.

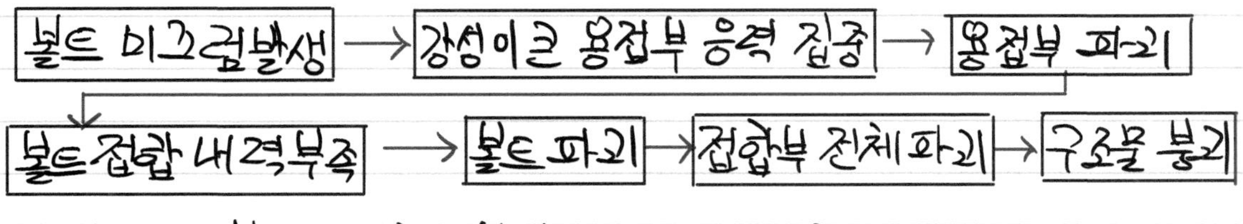

(2) 용접과 볼트의 하중분담을 피하기 위한 상세

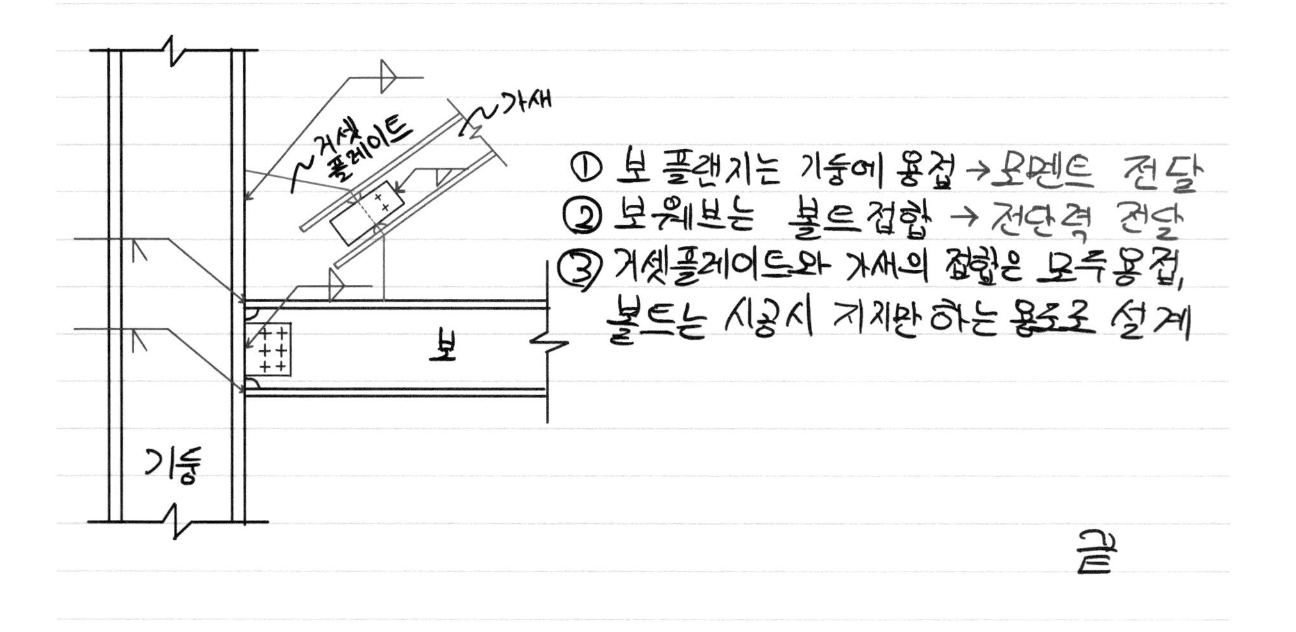

가새
거셋플레이트
보
기둥
① 보 플랜지는 기둥에 용접 → 모멘트 전달
② 보웨브는 볼트접합 → 전단력 전달
③ 거셋플레이트와 가새의 접합은 모두 용접,
볼트는 시공시 지지만 하는 용도로 설계

끝

7. 건축구조기준(KBC2016)에 따라 중간모멘트골조에 적용되는 휨부재의 스터럽 형태 및 간격, 설치구간을 도시하여 설명하시오.

<113회 1교시>

KBC 2016 기준 및 해설 해그림 0520.4.2

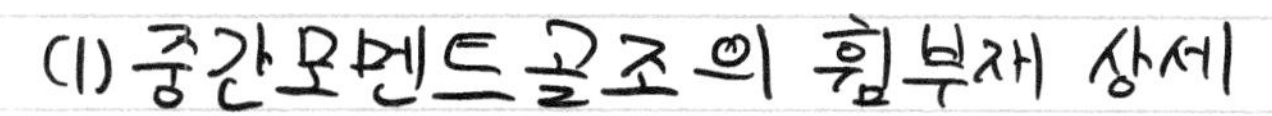

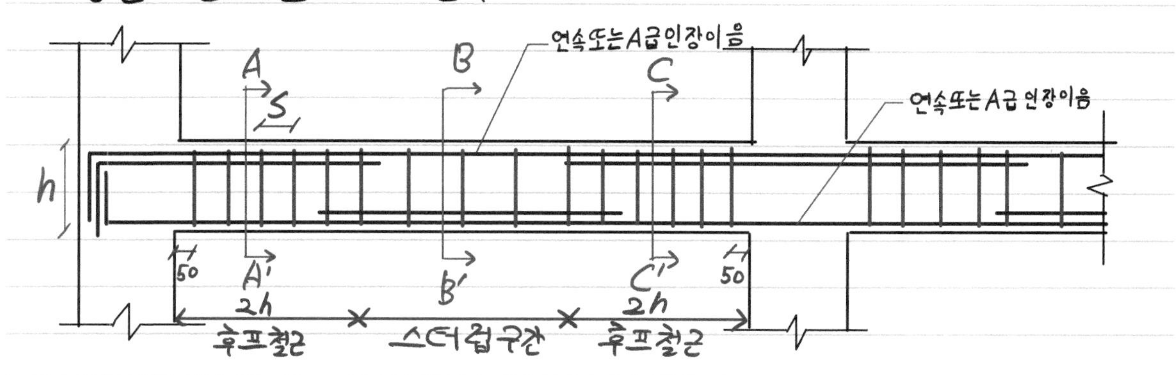

(2) 후프철근

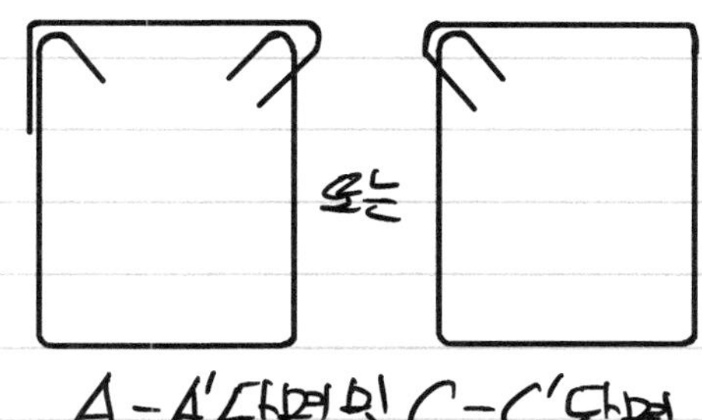

A-A'단면및 C-C'단면
(둘다 사용가능)

설치구간 : 기둥면으로 부터 2h이상
135° 갈고리 사용
간격 $s \le d/4$
300
$8d_b$ (d_b : 주근직경)
$24d_{bh}$ (d_{bh} : 후프철근직경)

(3) 스터럽

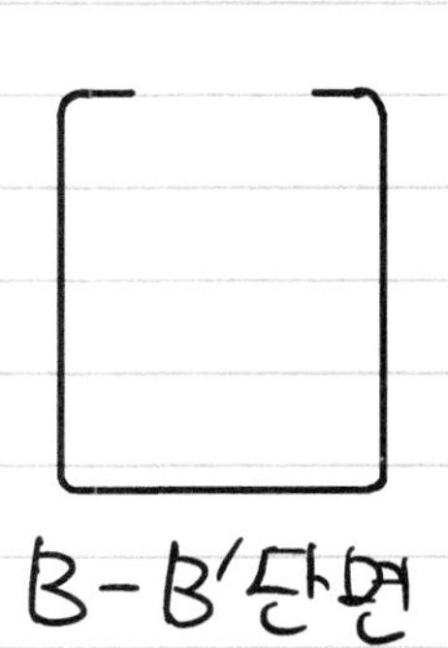

B-B'단면

설치구간 : 후프철근 비설치 구간 (중앙부)
90° 갈고리 사용
간격 $s \le d/2$

끝

M군 : 135° 후프 번갈아 시공 필요

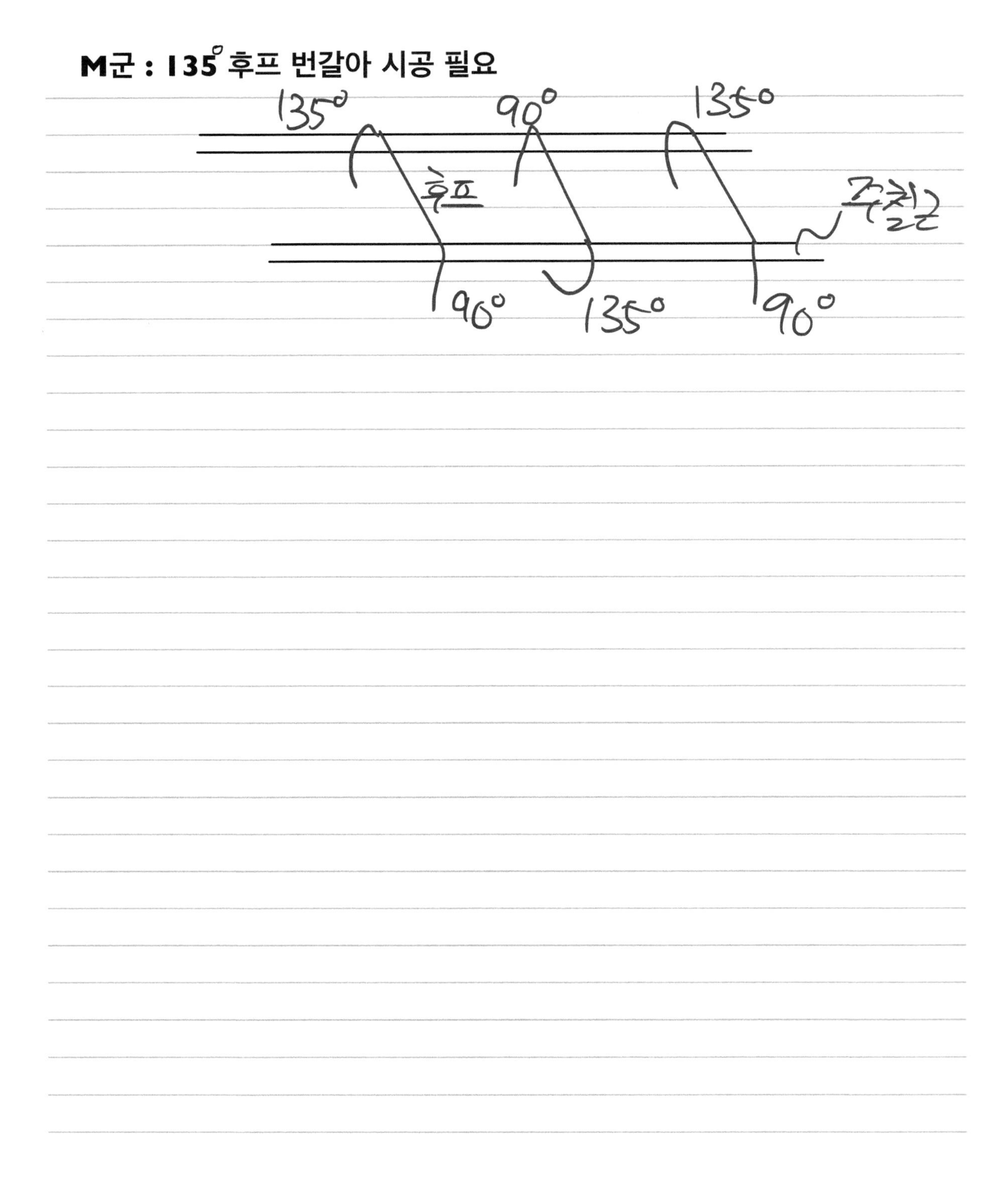

8. 건축구조기준(~~KBC2016~~ KDS14)에 의한 강도설계법에서 슬래브 설계 시 직접설계법의 제한사항에 대하여 설명하시오.

<113회 1교시>

 # KDS 14 20 70, 4.1.3.1

(1) 직접설계법 제한사항

다음규정 만족시 직접설계법으로 설계가능

① 각 방향으로 3경간 이상 연속

② 단변에 대한 장변의 경간비가 2이하인 직사각형

③ 각 방향으로 연속한 받침부 중심간 경간차이는 긴 경간의 1/3 이하

④ 연속된 기둥 중심선을 기준으로 기둥의 어긋남은 그 방향 경간의 10% 이하

⑤ 모든 하중은 슬래브판 전체에 걸쳐 등분포된 연직하중, 활하중은 고정하중 2배 이하

⑥ 모든 변에서 보가 슬래브를 지지할 시 직교하는 두방향에서 보의 상대강성은 $0.2 \le \frac{\alpha_1 \cdot l_1^2}{\alpha_2 \cdot l_2^2} \le 5.0$을 만족

⑦ 휨모멘트 재분배 적용시 직접설계법 사용불가

(2) 예외규정

다음의 경우 제한사항을 다소 벗어나더라도 직접설계법 적용가능

① 평형조건과 기하학적 적합조건 만족시 어떠한 방법도 적용가능 (단, 모든단면 설계강도가 소요강도 이상, 처짐등의 사용성 만족)

② 슬래브와 보가 있을 경우 받침부 사이의 보 및 이들과 직교하여 골조를 이루는 기둥또는 벽체를 포함하는 슬래브 시스템은 연직하중에 대하여 직접설계법이나 등가골조법 사용가능

끝

9. 철근콘크리트 보에는 개구부를 설치하지 않는 것이 기본 원칙이나, 현장상황에 따라 설비배관 등의 관통구를 설치해야 할 경우 개구부에 대한 일반적인 제한사항에 대하여 설명하시오. <113회 1교시>

 # 핵심구조상식 2017(삼성물산) 참조

(1) Opening 직경은 보춤의 1/3 이하

(2) Opening 간격은 Opening 직경의 3배 이상

(3) Opening 직경이 보춤의 1/10 이하일시 철근보강 생략

(4) 보강근은 D13 이상의 철근 사용

(5) 전단력이 크게 작용하는 위치에는 설치를 피할것

(6) 알루미늄 및 도장·피복을 하지않은 PIPE 매립 X

(7) 보하단에서 Opening 까지의 이격거리

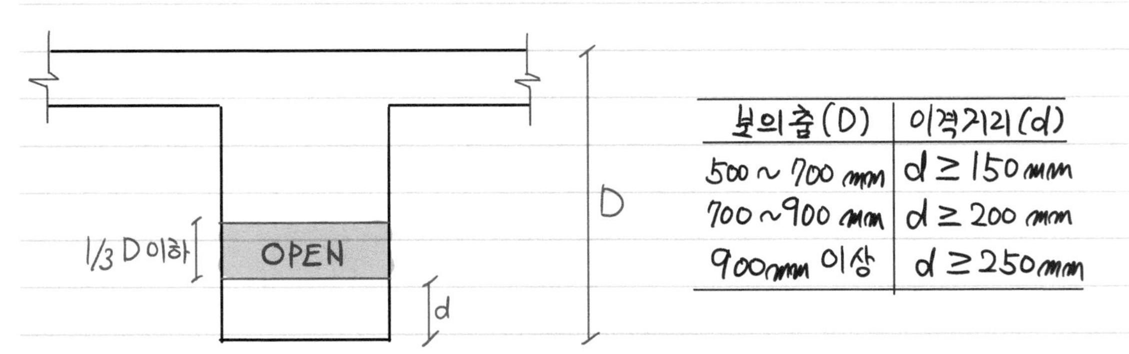

보의춤(D)	이격거리(d)
500 ~ 700 mm	d ≥ 150 mm
700 ~ 900 mm	d ≥ 200 mm
900mm 이상	d ≥ 250 mm

끝

딸기맛호가든 : 설계기준에 주어진 내용이 아니다.
따라서, 책임구조기술자의 판단하에 적용한다.

10. 진동문제 $m\ddot{y}+c\dot{y}+ky=p(t)$에서 각 항의 의미와 공진(Resonance)현상 및 계수 c의 역할을 설명하시오. <113회 1교시>

(1) 각항의 의미

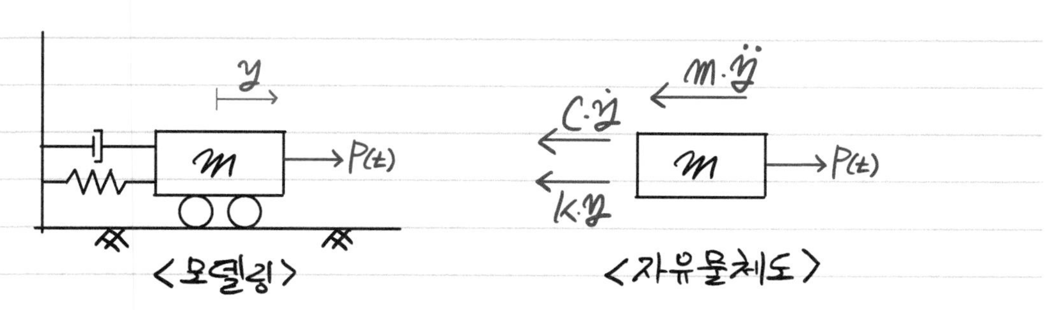

자유물체도에서 $\Sigma F_x = 0$ 이므로

$$m\cdot\ddot{y} + C\cdot\dot{y} + k\cdot y = P(t) \cdots (1)$$

여기서, $m\cdot\ddot{y}$: 관성에 의한 힘, m은 질량, $\ddot{y}$는 가속도
$C\cdot\dot{y}$: 감쇠에 의한 힘, C는 감쇠상수, $\dot{y}$는 속도
$k\cdot y$: 강성에 의한 힘, k는 강성, y는 변위
$P(t)$: 시간 t에 대한 외력의 함수

(2) 공진현상 및 계수C의 역할

외력 $P(t)$가 진동을 일으키는 조화하중일 경우 미분방정식과 그 해는

$$m\cdot\ddot{y} + C\cdot\dot{y} + k\cdot y = X\cdot \sin(\Omega t) \cdots (2)$$

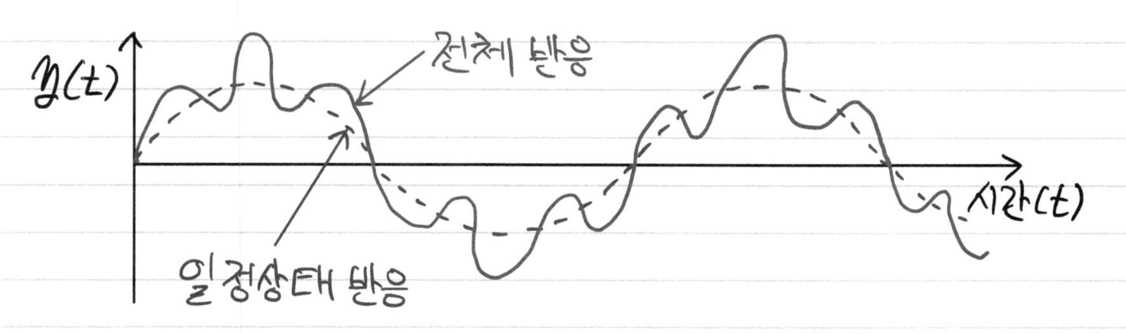

이때 일정상태 반응의 진폭X는 다음과 같이 정리된다.

$$X = \delta_{st} \cdot \frac{1}{1-r^2}$$

이때, r(진동수비) $= \frac{\Omega}{w}$

δ_{st} : 정적하중 작용시 변위

정적과 동적반응의 진폭비 D는

$$D = \frac{X}{\delta_{st}} = \frac{1}{1-r^2}$$

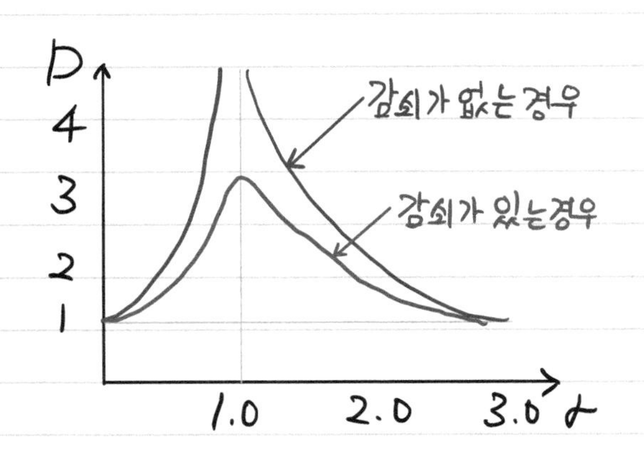

가진주기 Ω와 구조물의 고유주기 W가 같을 경우

$$D = \frac{1}{1-1} = \frac{1}{0} = \infty$$

즉 진폭비 D는 무한대로 발산하며, 이경우 구조물은 진동이 점차 커지다 구조물의 성능한계를 초과하면 파괴가 발생하며 이를 공진이라 한다.

그러나 감쇠상수 C가 있을 경우, 상기 그래프와 같이 무한대로 발산하지않고, 공진은 발생하지 않는다.

끝

딸기맛호가든 : 제대로 설명하자니 설명할게 너무 많고, 짧게 설명하자니 어디까지 설명해야 할지 잘모르겠는 한편으론 난감한 문제

11. 건축구조기준(~~KBC2016~~ KDS41)에 따라 유효지반가속도 S = 0.2g, 단주기 지반증폭계수 F_a = 1.5, 1초주기 지반증폭계수 F_v = 2.0 인 경우에 설계응답가속도스펙트럼을 도시하시오. <113회 1교시>

KDS 41 17 00, 4.2.1 설계응답스펙트럼의 정의

(1) 설계기본값 산정

$$S_{DS} = 2.5 \times \underset{0.2g}{S} \times \underset{1.5}{F_a} \times 2/3 = 0.5g$$

$$S_{D1} = \underset{0.2g}{S} \times \underset{2.0}{F_v} \times 2/3 = 0.267g$$

(2) 설계응답스펙트럼 가속도

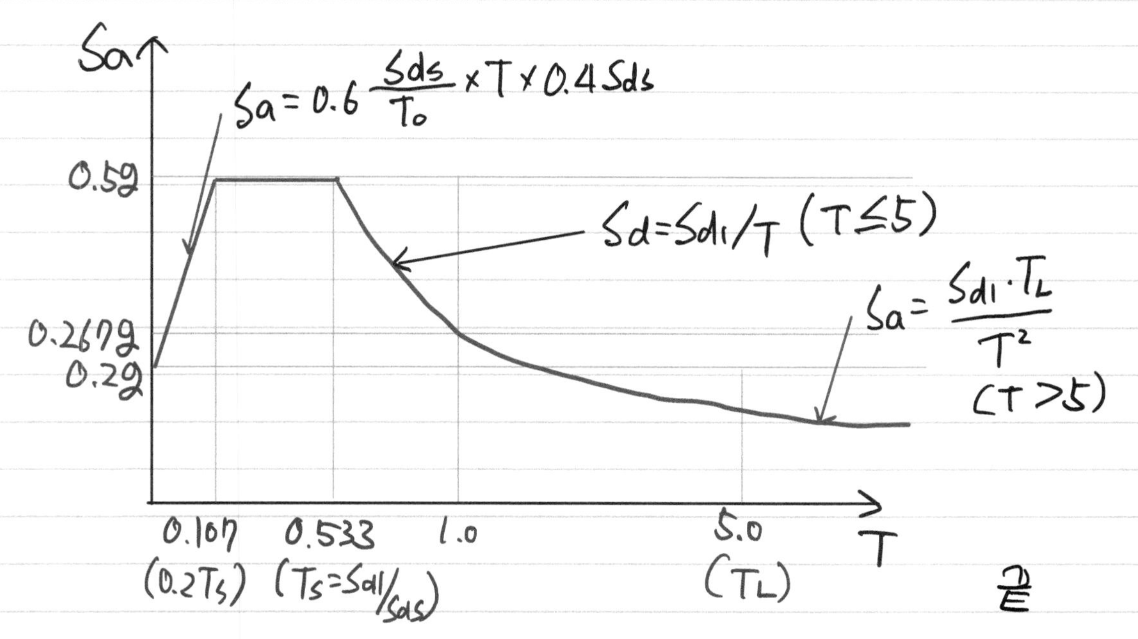

딸기맛호가든 : 장주기구조물(5초이상)에 대한 설계응답스펙트럼이 KDS41 에서 개정되었다. 이사항을 반드시 숙지하자.

12. 철근콘크리트 보 주철근의 구부림각도에 따른 표준갈고리 길이 및 표준갈고리를 갖는 인장 이형철근의 기본정착길이에 대하여 설명하시오. <113회 1교시>

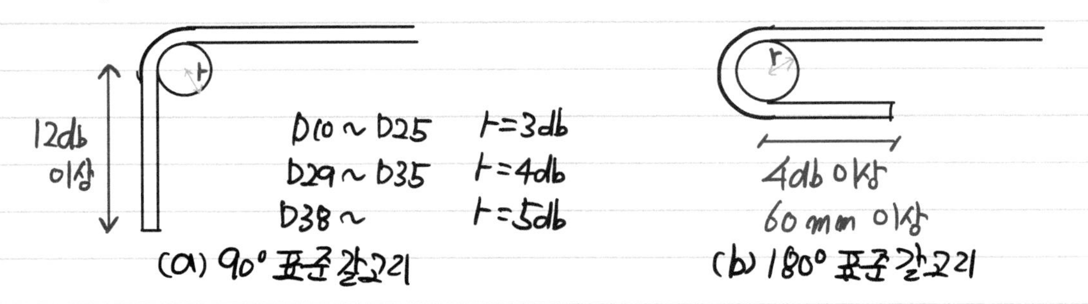

(2) 표준 갈고리를 갖는 인장이형철근의 기본정착길이

$$l_{dh} = \frac{0.24 \cdot f_y \cdot d_b \cdot \beta}{\lambda \cdot \sqrt{f_{ck}}} \cdot \text{보정계수} \geq 8d_b, 150\,mm$$

여기서 λ : 경량콘크리트 계수

β : 에폭시 도막 계수

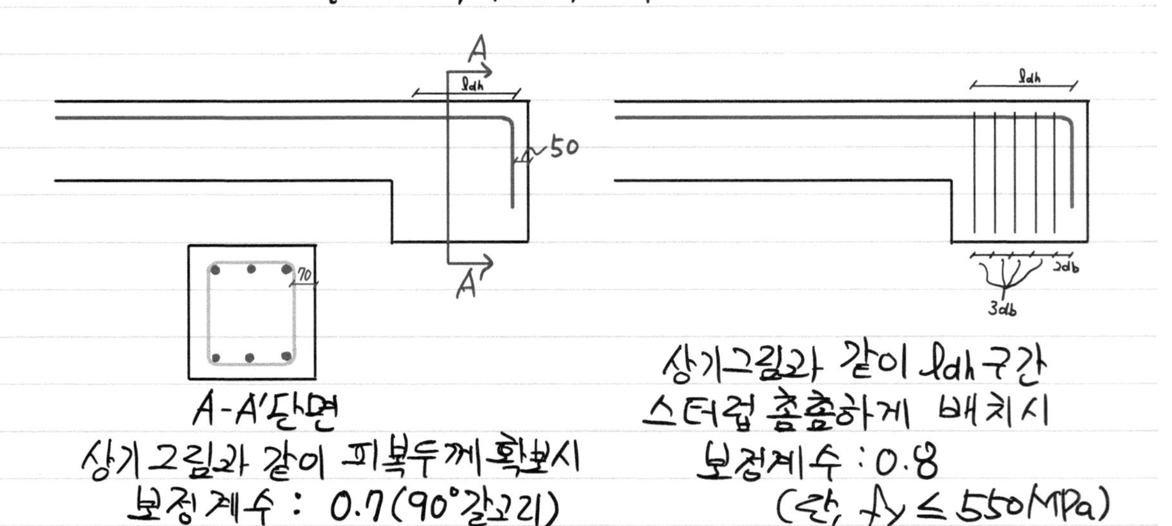

A
ldh
50
A'
70
A-A'단면
상기 그림과 같이 피복두께 확보시
보정 계수 : 0.7(90°갈고리)
ldh
2db
3db
상기그림과 같이 ldh 구간
스터럽 촘촘하게 배치시
보정계수 : 0.8
(단, fy ≤ 550MPa)

끝

딸기맛호가든 : 표준갈고리를 갖는 이형철근의 인장정착길이 식에서, 보정계수 관련사항은 반드시 그림으로 숙지해야 헷갈리지 않는다.

13. 강재의 재료적 성질 중 충격강도와 피로강도에 대하여 설명하시오.

(1) 충격강도

부재가 탄성한계 내에서 충격에 의하여 갑자기 취성파괴 할 때의 강도. 정적인 경우에 비해 변형속도가 빨라 충분히 변형하지 못하고 파괴된다.

노치가 있으면 충격강도는 본래보다 크게 낮아지게 되는데, 강재의 특성상 예기치 못한 노치의 발생을 완전히 배제할 수 없다. 따라서 강재의 충격강도 측정시 노치가 있을때를 기준으로 측정하기위해 샤르피 테스트를 수행한다.

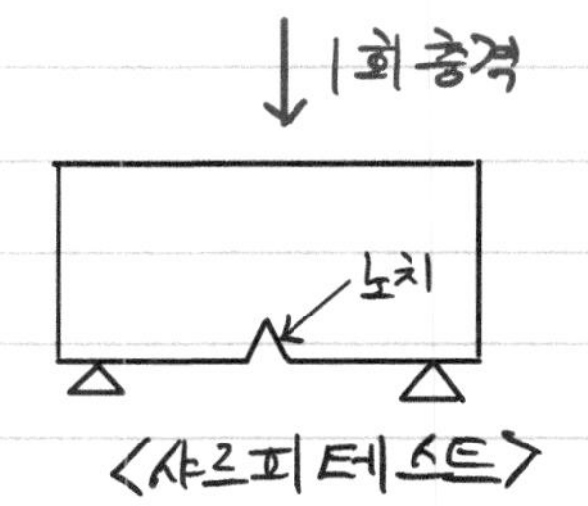

<샤르피 테스트>

노치를 가진 시험편을 지지대에 놓고 1회 충격으로 파단

(2) 피로강도

구조체가 항복강도 이하의 강도를 유발하는 반복하중을 장기간 받을때, 부재의 금속조직의 불연속으로 인한 응력집중으로 인해 미세한 균열이 계속적으로 증가하며, 이로인해 항복강도 이하에서 파괴된다.

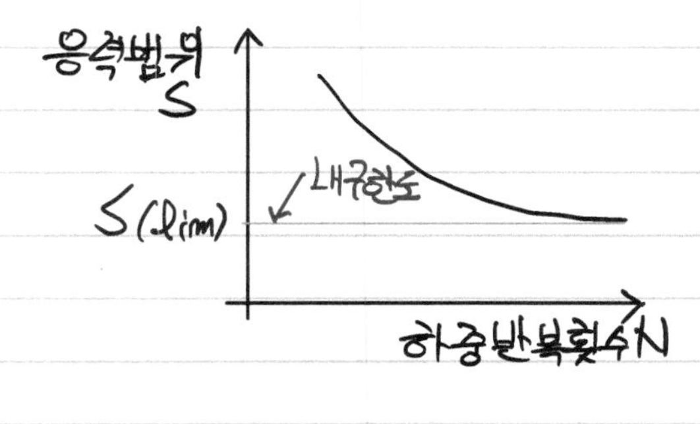

응력범위 S와 반복횟수 N은 대략 반비례 관계 이나, N이 일정횟수 이상이 되면 더이상 S가 감소하지 않는데, 이때의 강도를 피로강도(내구한도)라 한다.

끝

1. 그림과 같은 접합부에 $P_u = 340\,kN$이 작용할 때 다음을 검토하시오.

1) 필릿용접 사이즈(s=6)가 최소 사이즈와 최대 사이즈 사이에 있는가를 검토하고 필릿용접부의 용접길이를 구하시오. <113회 2교시>

2) 마찰접합인 고장력볼트 접합부의 설계미끄럼강도를 구하고 안전성을 검토하시오.

- 강재 : SM490
- 고장력볼트 : M22 (F10T, 표준구멍)
- 미끄럼계수 $\mu = 0.5$
- 필러계수 $h_f = 1.0$
- 설계볼트장력 $T_o = 200\,kN$
- 필릿용접은 양측면 대칭으로 설계
- 필릿용접부의 설계강도는 용접재의 강도로 결정함
- 용접재의 인장강도 : $F_{uw} = 490\,N/mm^2$

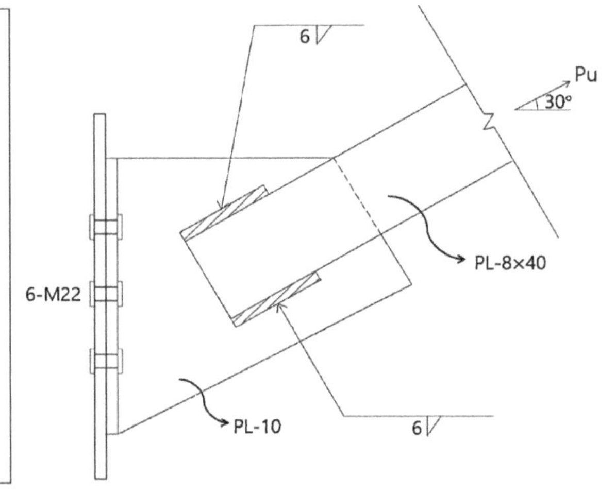

(1) 용접사이즈 검토

$S_{min} = 5mm, \quad S_{max} = t - 2 = 6mm$

$S_{min} \le 6 \le S_{max}$, 용접사이즈는 적정하다.

(2) 용접길이 산정

$A_w = 0.7 \times S \times (l_w - 2 \cdot s)$

$\phi R_n = 2 \times 0.75 \cdot 0.6 \cdot F_{uw} \cdot A_w \ge 340 \times 10^3 N$

$l_w \ge 195.57mm$

시공성을 고려하여 용접길이는 200mm로 적용

(3) 마찰접합 접합부

① 소요하중 산정

$V_u = P_u \times \sin 30° = 170kN$

$T_u = P_u \times \cos 30° = 294.45kN$

② K_s 산정

$K_s = 1 - \dfrac{T_u}{T_o \cdot N_b} = 1 - \dfrac{294.45}{200 \cdot 6} = 0.75$

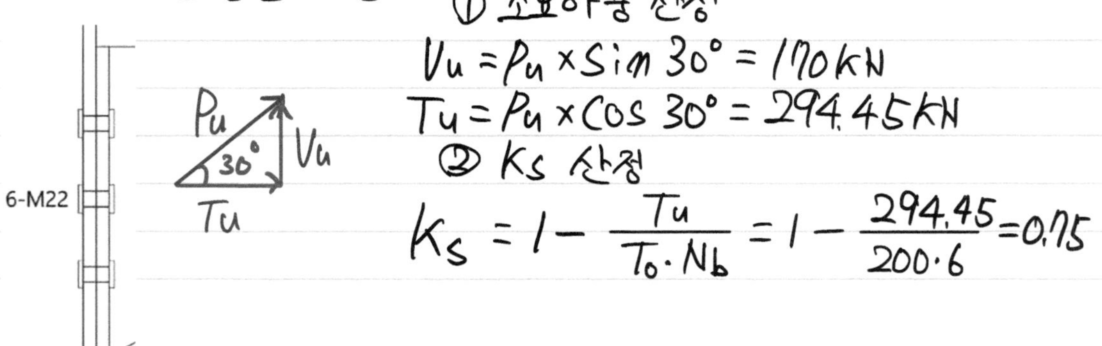

③ 설계 미끄럼 강도

$\phi R_n = k_s \cdot \phi \cdot \mu \cdot h_f \cdot T_o \cdot N_s = 75.46$ kN/EA

(0.75, 1.0, 0.5, 1.0, 200, 1.0)

④ 안전성 검토

$\phi R_n = 75.46$ kN/EA $> V_u/6EA = 28.33$ kN/EA

이 볼트는 안전하다.

볼트구멍의 지압검토는 생략하였음.

끝

M군 : 필릿용접 사이즈 허용기준

접합판 중 두꺼운 판두께 t	Smin
t < 6	3mm
t < 13	5mm
t < 20	6mm
20 ≤ t	8mm

(t=10mm)

연단이 용접되는 판 두께 t	Smax
t < 6	t
6 < t	t-2

(t=8mm)

M군 : 판두께가 2mm인 판끼리 용접시 Smin=3mm, Smax=2mm로 모순이 발생한다.

딸기맛호가든 : 하지만 건축에서 3mm미만의 철판을 용접할 일은 없을꺼 같음...

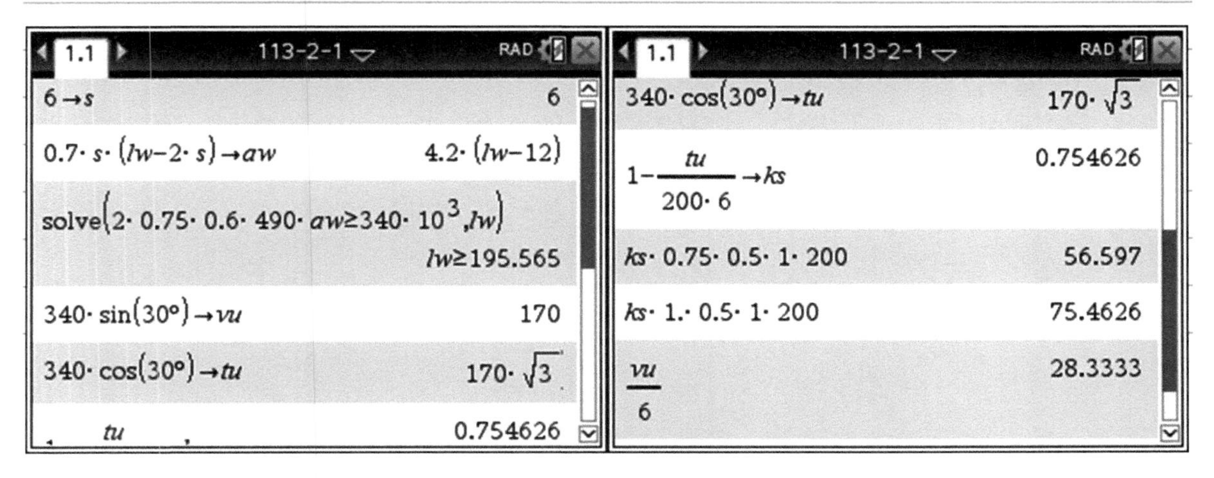

2. 그림과 같은 보부재의 B점에서의 처짐과 처짐각, 반력 및 부재력을 강성매트릭스법으로 구하고 전단력도와 휨모멘트도를 그리시오. <113회 2교시>

> • 보부재의 단면적 : A
> • 보부재의 자중은 무시함
> • B지점에서 수직하중 P와 휨모멘트 P·L이 작용함

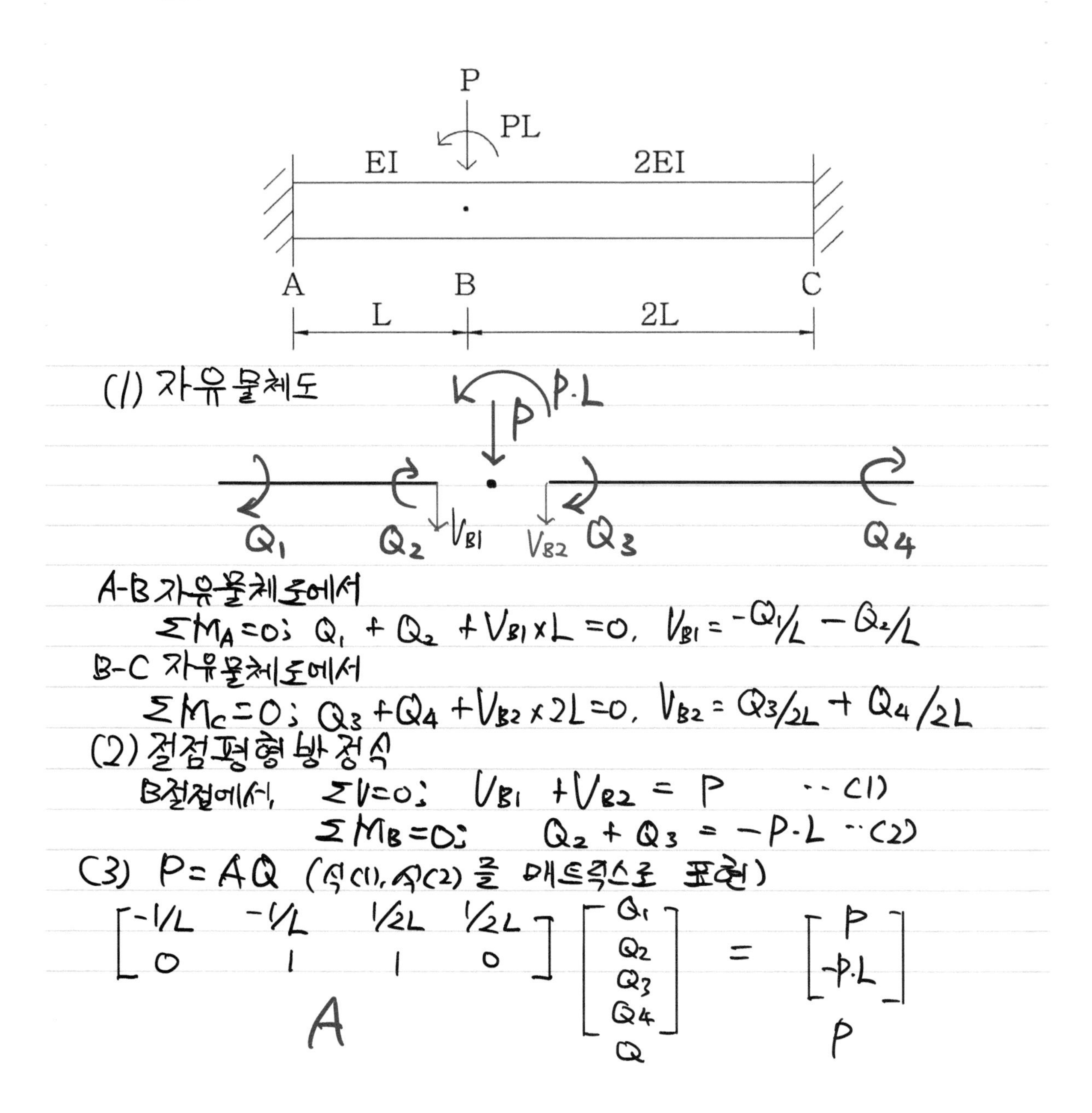

(1) 자유물체도

A-B 자유물체도에서

$\Sigma M_A = 0;\ Q_1 + Q_2 + V_{B1} \times L = 0,\ V_{B1} = -Q_1/L - Q_2/L$

B-C 자유물체도에서

$\Sigma M_C = 0;\ Q_3 + Q_4 + V_{B2} \times 2L = 0,\ V_{B2} = Q_3/2L + Q_4/2L$

(2) 절점평형방정식

B절점에서, $\Sigma V = 0;\ V_{B1} + V_{B2} = P \cdots (1)$

$\Sigma M_B = 0;\ Q_2 + Q_3 = -P \cdot L \cdots (2)$

(3) $P = AQ$ (식(1), 식(2)를 매트릭스로 표현)

$$\underset{A}{\begin{bmatrix} -1/L & -1/L & 1/2L & 1/2L \\ 0 & 1 & 1 & 0 \end{bmatrix}} \underset{Q}{\begin{bmatrix} Q_1 \\ Q_2 \\ Q_3 \\ Q_4 \end{bmatrix}} = \underset{P}{\begin{bmatrix} P \\ -P \cdot L \end{bmatrix}}$$

(4) 전부재 강도 매트릭스

$$S = \begin{bmatrix} \frac{4EI}{L} & \frac{2EI}{L} & 0 & 0 \\ \frac{2EI}{L} & \frac{4EI}{L} & 0 & 0 \\ 0 & 0 & \frac{8EI}{2L} & \frac{4EI}{2L} \\ 0 & 0 & \frac{4EI}{2L} & \frac{8EI}{2L} \end{bmatrix}$$

(5) 구조물 강성 매트릭스

$$K = A \cdot S \cdot A^T = \begin{bmatrix} 15EI/L^3 & -3EI/L^2 \\ -3EI/L^2 & 8EI/L \end{bmatrix}$$

(6) 격점변위 매트릭스

$$d = K^{-1} \cdot P = \begin{bmatrix} \frac{5P \cdot L^3}{111EI} \\ \frac{-4P \cdot L^2}{37EI} \end{bmatrix}$$

~ B점 처짐

~ B점 처짐각

(7) 부재력 매트릭스

$$Q = S \cdot A^T \cdot d = \begin{bmatrix} \frac{-18}{37} P \cdot L \\ \frac{-26}{37} P \cdot L \\ \frac{-11}{37} P \cdot L \\ \frac{-3}{37} P \cdot L \end{bmatrix} \begin{matrix} Q_1 \\ Q_2 \\ Q_3 \\ Q_4 \end{matrix}$$

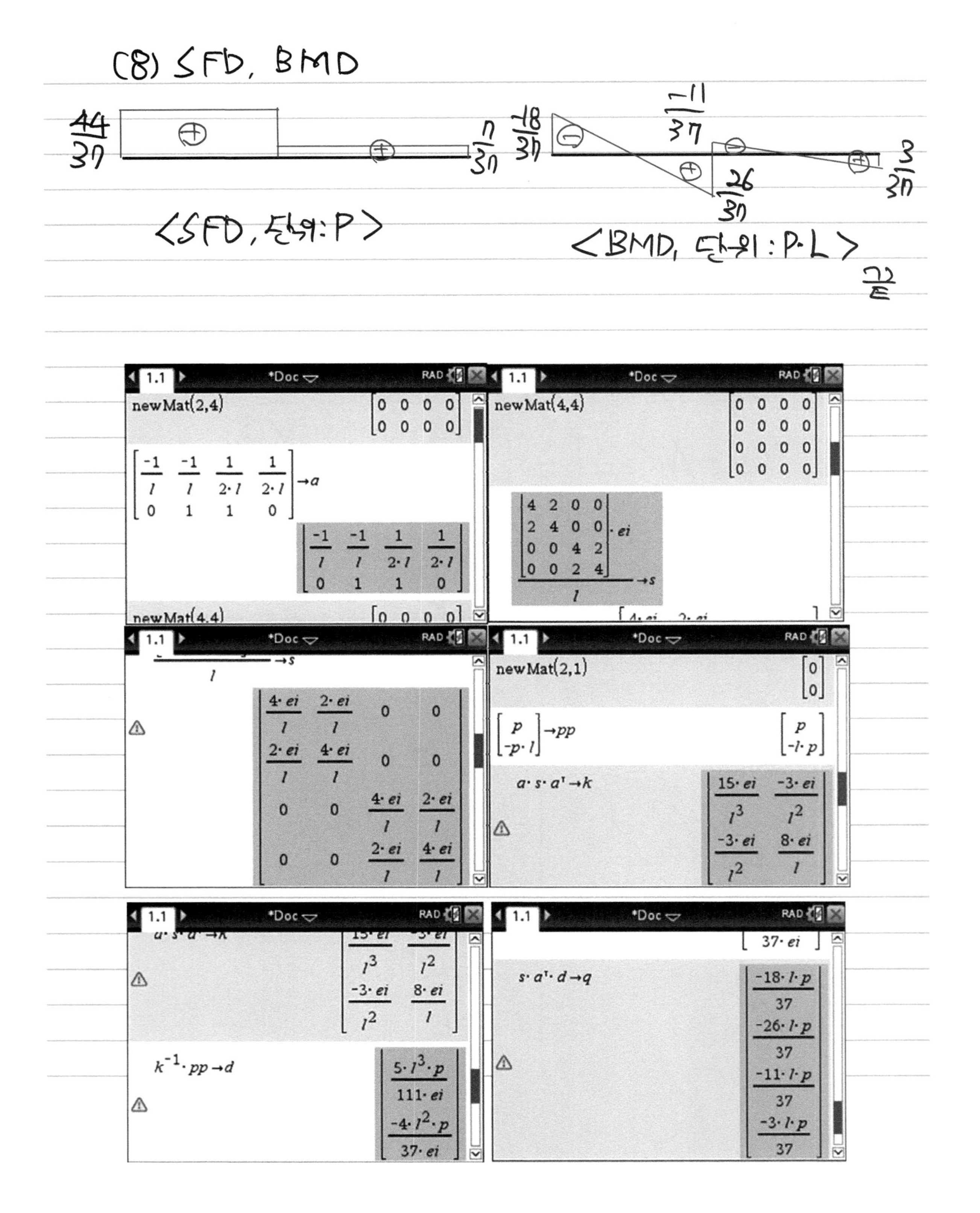

(8) SFD, BMD
44/37
7/37
-18/37
-11/37
26/37
3/37
<SFD, 단위: P>
<BMD, 단위: P·L>
끝
newMat(2,4)
→a
newMat(4,4)
·ei
→s
newMat(2,1)
→pp
a·s·aᵀ→k
k⁻¹·pp→d
s·aᵀ·d→q

에너지법으로 검산

(1) 해제보

P
PL
M_A
EI
2EI
V_A
M_1
M_2

M_A, V_A : 부정정력

(2) 부재력산정

$$M_1 = M_A + V_A \times x$$

$$M_2 = M_A + V_A \times (L + x) - P \cdot L - P \times x$$

(3) 구조물 변형에너지

$$U = \int_0^L \frac{M_1^2}{2EI} dx + \int_0^{2L} \frac{M_2^2}{4EI} dx$$

(4) 부정정력 산정

$\frac{\partial U}{\partial V_A} = 0$, $\frac{\partial U}{\partial M_A} = 0$ 이므로, $V_A = \frac{44}{37} P$, $M_A = \frac{-18}{37} P \cdot L$

값일치 확인

이하 생략

1.1 1.2 113-2-2 RAD

$ma + va \cdot x \rightarrow m1$ $\quad va \cdot x + ma$

$ma + va \cdot (l + x) - p \cdot l - p \cdot x \rightarrow m2$

$(va - p) \cdot x + l \cdot (va - p) + ma$

$\int_0^l \frac{m1^2}{2 \cdot ei} dx + \int_0^{2 \cdot l} \frac{m2^2}{4 \cdot ei} dx \rightarrow u$

$l \cdot (l^2 \cdot (13 \cdot p^2 - 26 \cdot p \cdot va + 14 \cdot va^2) - 3 \cdot l \cdot (4 \cdot p$

1.1 1.2 113-2-2 RAD

$\frac{l \cdot (l^2 \cdot (13 \cdot p^2 - 26 \cdot p \cdot va + 14 \cdot va^2) - 3 \cdot l \cdot (4 \cdot p}{6 \cdot ei}$

$\text{solve}\left(\begin{cases} \frac{d}{dma}(u) = 0 \\ \frac{d}{dva}(u) = 0 \end{cases}, ma, va\right)$

$ma = \frac{-18 \cdot l \cdot p}{37}$ and $ei \neq 0$ and $va = \frac{44 \cdot p}{37}$ or m

직접강성도 매트릭스법으로 계산할 시

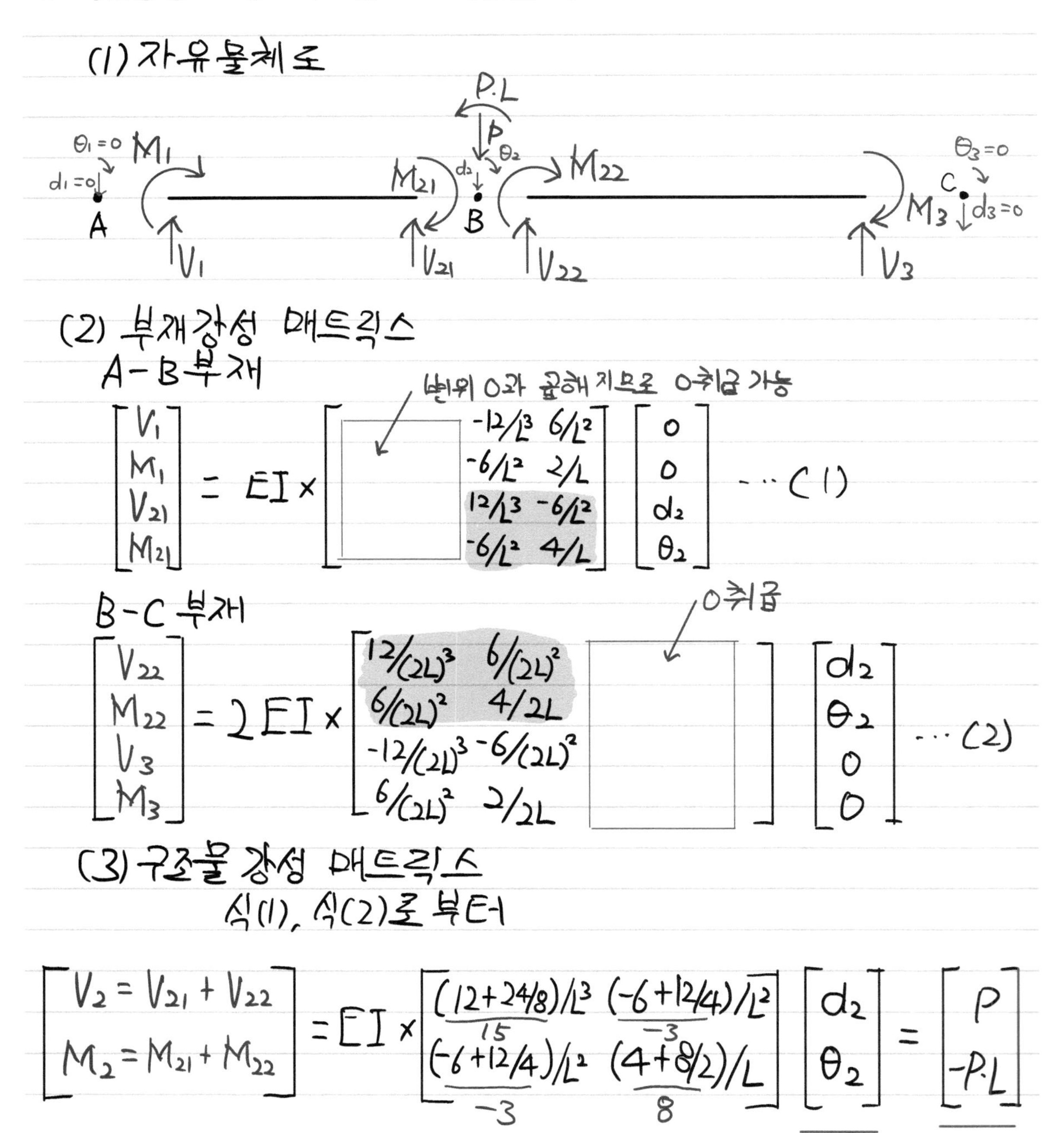

(4) 변위 산정

$$[K]^{-1} \times [P] = \begin{bmatrix} \dfrac{5 \cdot P \cdot L^3}{111EI} \\ \dfrac{-4 \cdot P \cdot L^2}{37EI} \end{bmatrix} \begin{matrix} d_1 \\ \theta_2 \end{matrix}$$

(5) 부재력 산정

식(1)에 d_2, θ_2 대입

$$EI \times \begin{bmatrix} \square & -12/L^3 & 6/L^2 \\ \square & -6/L^2 & 2/L \\ \square & 12/L^3 & -6/L^2 \\ \square & -6/L^2 & 4/L \end{bmatrix} \begin{bmatrix} 0 \\ 0 \\ d_2 \\ \theta_2 \end{bmatrix} = \begin{bmatrix} -44P/37 \\ -18P \cdot L/37 \\ 44P/37 \\ -26P \cdot L/37 \end{bmatrix} \begin{matrix} V_1 \\ M_1 \\ V_{21} \\ M_{21} \end{matrix}$$

식(2)에 d_2, θ_2 대입

$$2EI \times \begin{bmatrix} 12/(2L)^3 & 6/(2L)^2 & \square \\ 6/(2L)^2 & 4/2L & \square \\ -12/(2L)^3 & -6/(2L)^2 & \square \\ 6/(2L)^2 & 2/2L & \square \end{bmatrix} \begin{bmatrix} d_2 \\ \theta_2 \\ 0 \\ 0 \end{bmatrix} = \begin{bmatrix} -7P/37 \\ -11 \cdot P \cdot L/37 \\ 7 \cdot P/37 \\ -3 \cdot P \cdot L/37 \end{bmatrix} \begin{matrix} V_{22} \\ M_{22} \\ V_3 \\ M_3 \end{matrix}$$

BMD, SFD 생략 (매트릭스변위법과 동일) 끝

딸기맛호가든 : 매트릭스변위법 또한 강성 매트릭스법이다. 따라서 일부러 직접강성도 매트릭스법을 사용할 이유는 없을 것이다.

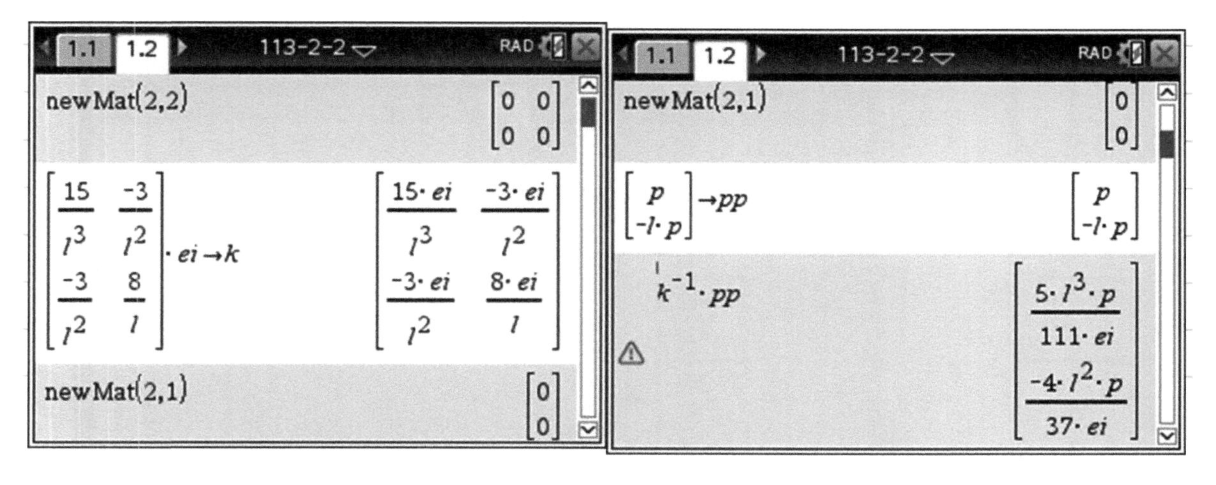

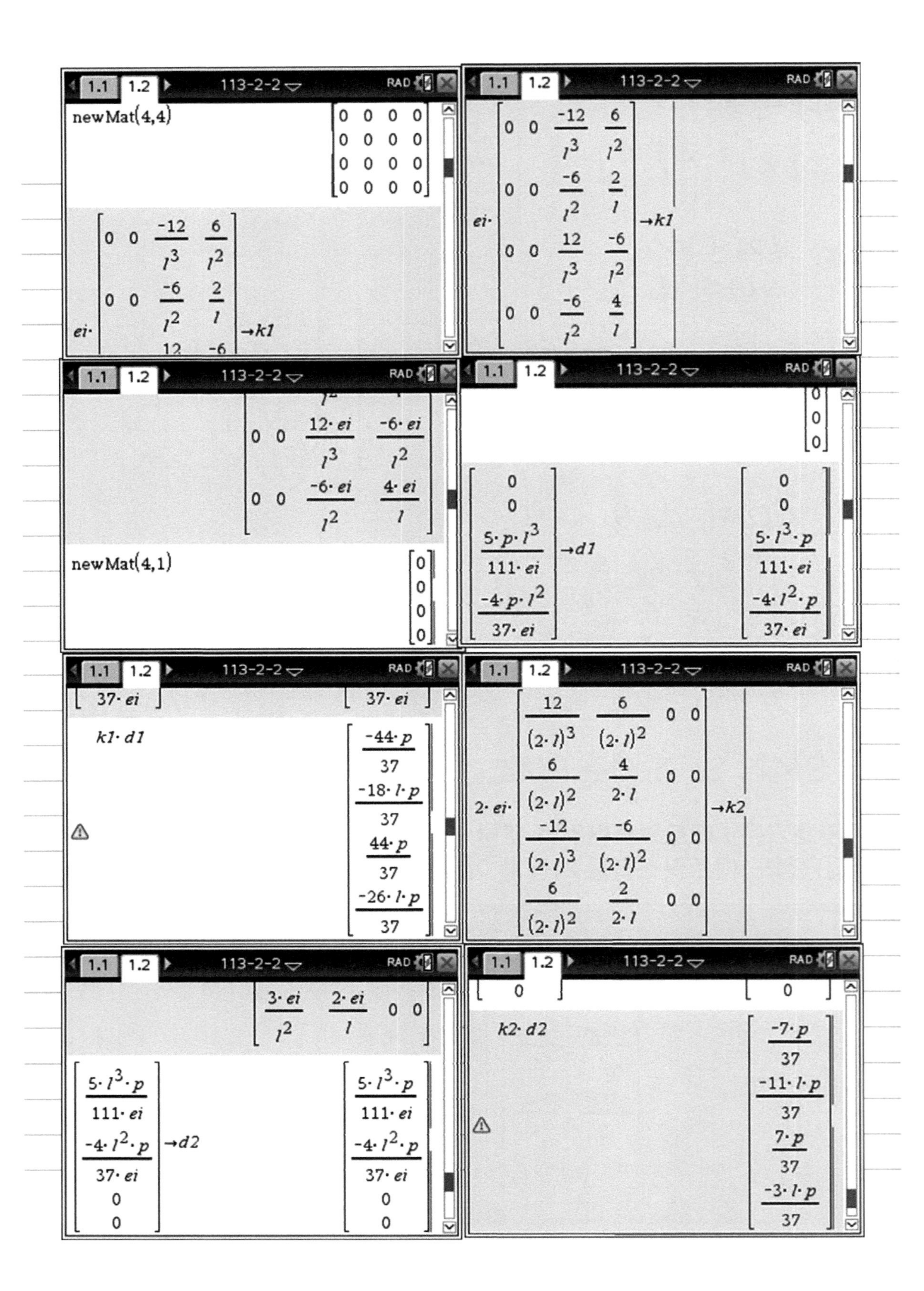
1.1
1.2
113-2-2
RAD
newMat(4,4)
→k1
newMat(4,1)
→d1
k1· d1
→k2
→d2
k2· d2

3. 그림과 같은 구조물의 내부에 위치하는 슬래브(S1)를 상대 처짐을 고려할 경우와 고려하지 않을 경우에 대하여 설계하고, 주어진 도표를 이용하여 배근도를 그려서 비교하시오.

<113회 2교시>

- f_{ck}=24 MPa, f_y=400 MPa
- 슬래브 두께 150 mm, 보 B1/G1/G2는 400 mm × 700 mm, 기둥은 600 mm × 600 mm
- 고정하중 5 kN/m^2(슬래브 자중 + 마감하중 포함), 활하중 3 kN/m^2
- 상대 처짐을 고려할 경우 G1과 B1의 상대 처짐량 10 mm
- 슬래브 유효강성(I_e)은 $0.35I_g$로 가정한다.

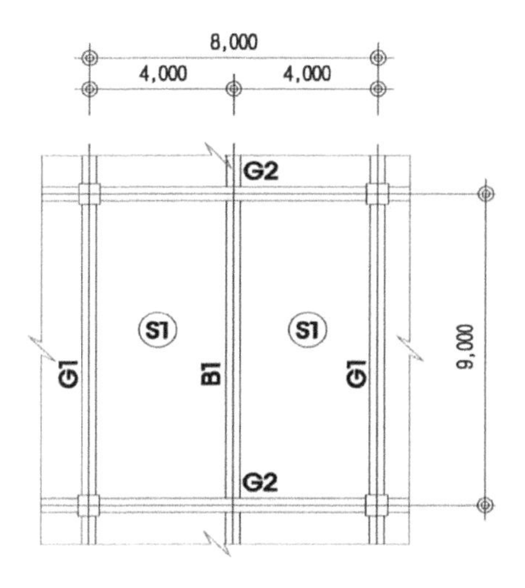

Slab Thk : 150 mm

Major Direction Moment (Unit : kN·m/m)

	@ 100	@ 120	@ 125	@ 150	@ 200
D10	28.7	24.1	23.2	19.5	14.8
D10+D13	38.6	32.6	31.4	26.5	20.1
D13	47.9	40.7	39.2	33.1	25.3
D13+D16	59.1	50.5	48.7	41.4	31.8
D16	69.2	59.5	57.5	49.1	37.9

Minor Direction Moment (Unit : kN·m/m)

	@ 100	@ 120	@ 125	@ 150	@ 200
D10	26.0	21.9	21.1	17.7	13.4
D10+D13	34.6	29.3	28.2	23.8	18.1
D13	42.4	36.1	34.8	29.5	22.6
D13+D16	51.6	44.3	42.7	36.4	28.0
D16	55.2	51.5	49.8	42.6	33.1

ϕV_c = 75.7 kN/m

M군의 풀이

(1) 상대처짐 미고려시 M_u값 산정 (근사해석법 사용)

$$W_u = Max(1.2\underset{5}{W_D} + 1.6\underset{3}{W_L},\ 1.4\underset{5}{W_D}) \times 1m = 10.8\ kN/m^2/m$$

$$l_n = 4m - 0.4m = 3.6m$$

$$M_u = \frac{W_u \cdot l_n^2}{11} = 12.7\ kN \cdot m/m \quad (단부 상부)$$

$$M_u = \frac{W_u \cdot l_n^2}{16} = 8.8\ kN \cdot m/m \quad (중앙부 하부)$$

(2) 상대처짐 고려시 Mu값 산정 (처짐각법)

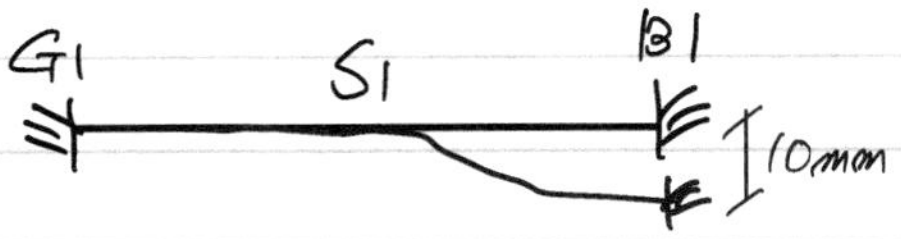

$$M_{ij} = \frac{2EI}{l}(2\cdot\phi_I + \phi_j - 3\psi) + \overline{M_{ij}}$$

($\phi_I = 0$, $\phi_j = 0$, $\psi = 10/3600$)

$M_{G1} = -12.7\ kN\cdot m/m$

$M_{B1} = 12.7\ kN\cdot m/m$

$E = E_c = 8500\cdot\sqrt[3]{f_{cu}} = 25811\ MPa$ ($f_{cu} = 24+4$)

$I_g = \frac{bh^3}{12} = \frac{1000\times150^3}{12} = 281.25\times10^6\ mm^4/m$

$I_e = 0.35 I_g$

$$\frac{2EI}{l}(2\cdot\phi_I + \phi_j^{\,0} - 3\psi) = -11.8\ kN\cdot m/m$$

($\phi_I = 0$, $\psi = 10/3600$)

$M_{G1} = -11.8 - 12.7 = -24.5\ kN\cdot m/m$

$M_{B1} = -11.8 + 12.7 = 0.9\ kN\cdot m/m$

$M_u = Max(24.5,\ 0.9) = 24.5\ kN\cdot m/m$

(3) 주근배근 산정 (단변방향)

주어진 표로부터

① 상대처짐 미고려시, D10@200 ($\phi M_n = 14.8\ kN\cdot m/m$)

주근은 최외단 배치 → Major

② 상대처짐 고려시, D13@200 ($\phi M_n = 25.3\ kN\cdot m/m$)

③ 인장철근의 균열제어간격 검토

$S_{max} = Min\left[375\times\frac{k_{cr}}{f_s} - 2.5C_c,\ 300\times\frac{k_{cr}}{f_s}\right] = 210mm \geq S = 200mm$ O.K

($k_{cr} = 280$ (내부), $f_s = \frac{2}{3}f_y$, $C_c = 20$)

④ 최소철근비

$A_{s,min} = \rho_{min}\cdot b\cdot h = 0.002\times1000\times150 = 300\ mm^2/m$

$S_{max} = A_s\times1000/A_{s,min} = 414mm \geq S = 200mm$, O.K

($A_s = 71\times2$ (상하부배근))

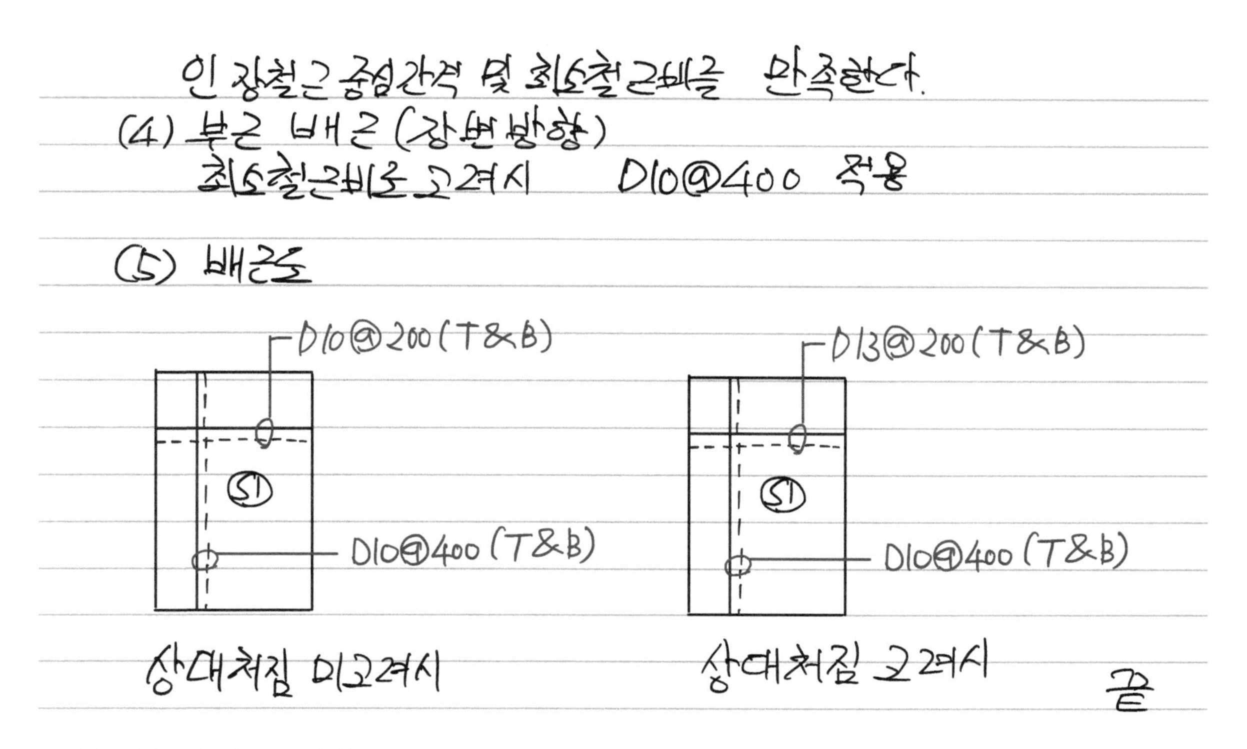
인장철근 중심간격 및 최소철근비를 만족한다.

(4) 부근 배근 (장변방향)

최소철근비로 고려시 D10@400 적용

(5) 배근도

딸기맛호가든 : 검토해달랬더니 내가안푼문제 풀어놨음. 개이득!

M군 : 실무에서도 주어진 문제처럼 보의 강성차이로 인해 상대처짐이 발생하여 추가하중을 고려해야 한다.
다만, 그럴 바에야 1방향 슬래브로 설계하는 것이 상대처짐을 고려하지 않아도 되므로 더 유리하다.

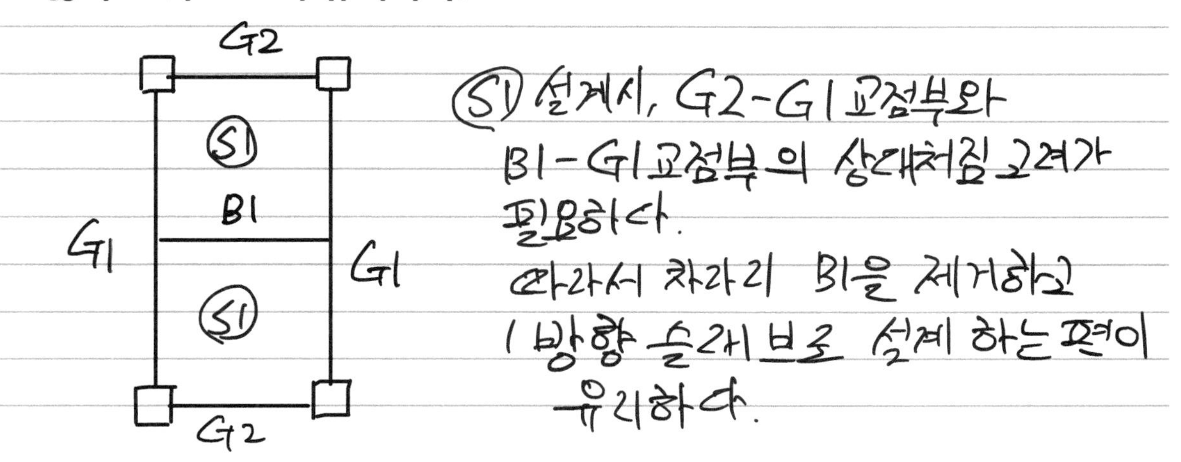

S1 설계시, G2-G1 교점부와 B1-G1 교점부의 상대처짐 고려가 필요하다.
따라서 차라리 B1을 제거하고 1방향 슬래브로 설계하는 편이 유리하다.

4. 그림과 같이 신축건물과 기존건물 사이에 연결통로를 설치하고자 한다. 신축건물과는 핀(Pin)접합으로 하고 기존건물과는 신축이음(Expansion Joint)을 두어 분리할 계획이다. 주어진 조건에 대하여 다음 물음에 답하시오. <113회 2교시>

- AB부재: 9 m, BC부재: 3 m, BD부재: 8 m,
- AB부재, BC부재: H-500×200×10×16($I_x = 4.78 \times 10^8 mm^4$, 부재 자중은 무시함)
- BD부재: H-300×300×10×15(부재의 축변형은 무시함)
- AB부재, BC부재에 작용하는 등분포하중 $w_D = 10kN/m$, $w_L = 10kN/m$
- 고력볼트 4-M20(F10T), 설계볼트장력(T_o)=165kN, 표준구멍, 1면전단

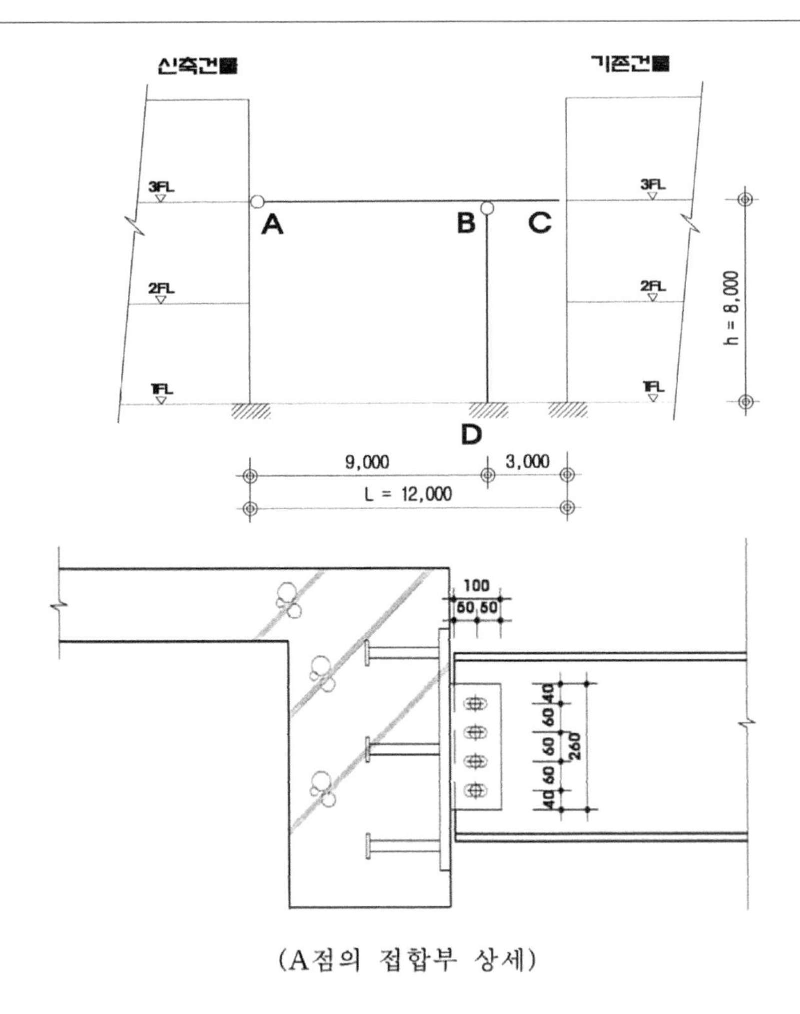

(A점의 접합부 상세)

1) C점의 처짐을 구하시오.

2) A점에서 고장력볼트의 설계미끄럼강도에 대한 안전성을 검토하시오.

(1) C점 처짐산정

BD부재의 축변형을 무시하므로 축강성은 ∞ 이다.

BD부재의 압축파괴는 무시하였다.

① 자유물체도

$W_a = 20\,kN/m$, P_0 — $P_0 = 0$ (처짐산정을 위한 가상하중)

A, B, C; V_A, M_1; V_B, M_2

② 반력산정

$\Sigma M_C = 0;\ V_A \times 12 - W_a \times 12 \times 6 + V_B \times 3 = 0$

$\Sigma V = 0;\ V_A + V_B = W_a \times 12 + P_0$) 연립

$$V_A = \frac{-(P_0 - 12\cdot W_a)}{3} = \frac{-(P_0 - 240)}{3},\quad V_B = \frac{4\cdot(P_0 + 6W_a)}{3} = \frac{4\times(P_0+120)}{3}$$

③ 구간별 모멘트 산정

$$M_1 = V_A \times x - \frac{1}{2} W_a \cdot x^2$$

$$M_2 = V_A \times (9+x) - 9\times W_a \times (9/2 + x) + V_B \times x - \frac{1}{2} W_a \cdot x^2$$

④ 변형에너지 산정

$$U = \int_0^9 \frac{M_1^2}{2EI}dx + \int_0^3 \frac{M_2^2}{2EI}dx$$

$$EI = 210{,}000 \times 4.78 \times 10^8 = 1.0038 \times 10^{14}\,N\cdot mm^2$$

$$= 100380\,kN\cdot m^2$$

⑤ C점 처짐산정

$$\delta_C = \frac{\partial U}{\partial P_0} = 0.000359(P_0^{\,0} - 22.5) = -0.008069\,m$$

$$= -8.069\,mm$$

C점은 위로 8.069 mm 만큼 처짐 발생

(2) A점에서 고장력볼트 미끄럼강도 검토

① 소요하중 산정 (계수소요하중 적용)

$$W_u = 1.2 \times 10 + 1.6 \times 10 = 28 \text{ kN/m}$$

$$V_A = \frac{-(\cancel{96} - 12 \cdot W_u)}{3} = 112 \text{ kN} = V_u$$

② 미끄럼 강도 산정 ($\mu = 0.5$, $h_f = 1.0$으로 가정)

$$\phi R_n = \underset{1.0}{\phi} \cdot \underset{0.5}{\mu} \cdot \underset{165}{T_o} \cdot \underset{1.0}{h_f} \cdot \underset{1.0}{N_s} = 82.5 \text{ kN/EA}$$

$$82.5 \times 4 = 330 \text{ kN} > V_A = 112 \text{ kN} \quad \text{O.K}$$

이접합에서 볼트는 미끄럼에 대해 안전하다.

접합되는 플레이트의 두께가 주어지지 않았으므로

볼트구멍의 지압강도 및 접합플레이트의 검토는 생략

끝

딸기맛호가든 : 처짐을 산정하는 역학문제 + 볼트를 검토하는 문제이나, 정정 구조물이며, 볼트산정또한 시간이 오래 걸리는 사항이 아니므로 생각보다 시간이 빽빽하지는 않다.(그렇다고여유있지도 않긴 하다.) 다만 이문제에는 매우 중요한 함정이 존재한다. 처짐을 산정할 때는 사용하중을 사용하여야 하고, 볼트를 검토할 때는 계수하중을 사용하여야 하는 기본적인 사항을 문제를 풀다보면 망각하기 쉬우니, 주의하자. 실제 필자도 113회에서 이문제의 볼트검토를 사용하중으로 하는 치명적인 실수를 저질렀다.

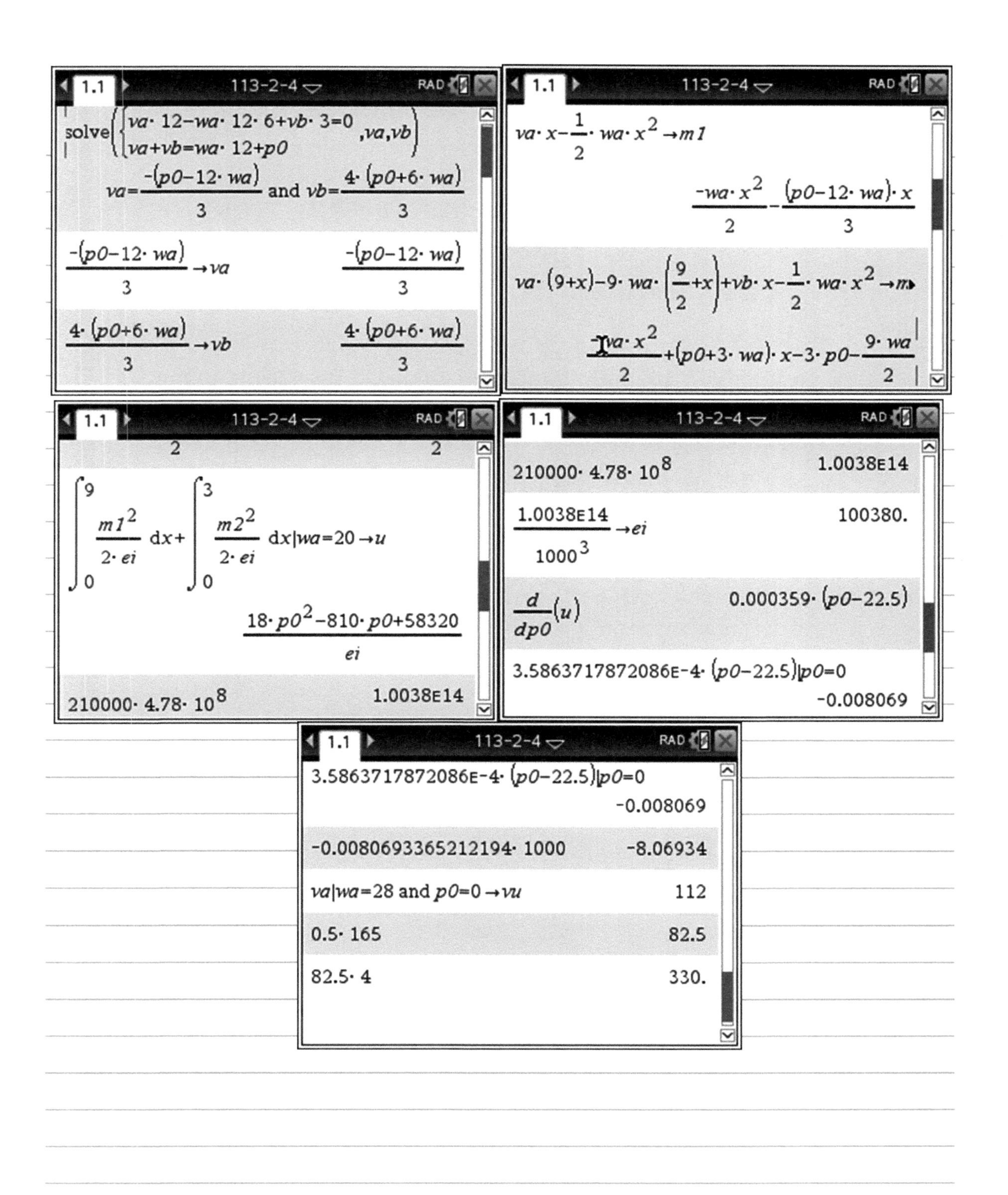
1.1
113-2-4
RAD
solve({va· 12−wa· 12· 6+vb· 3=0, va+vb=wa· 12+p0},va,vb)
va=-(p0−12· wa)/3 and vb=4· (p0+6· wa)/3
-(p0−12· wa)/3 →va
-(p0−12· wa)/3
4· (p0+6· wa)/3 →vb
4· (p0+6· wa)/3
va· x−1/2· wa· x^2 →m1
-wa· x^2/2 − (p0−12· wa)· x/3
va· (9+x)−9· wa· (9/2+x)+vb· x−1/2· wa· x^2 →m
-wa· x^2/2 +(p0+3· wa)· x−3· p0−9· wa/2
∫(0 to 9) m1^2/(2· ei) dx+∫(0 to 3) m2^2/(2· ei) dx|wa=20 →u
(18· p0^2−810· p0+58320)/ei
210000· 4.78· 10^8
1.0038E14
1.0038E14/1000^3 →ei
100380.
d/dp0(u)
0.000359· (p0−22.5)
3.5863717872086E-4· (p0−22.5)|p0=0
-0.008069
-0.0080693365212194· 1000
-8.06934
va|wa=28 and p0=0 →vu
112
0.5· 165
82.5
82.5· 4
330.

5. 다음과 같은 조건하에서 경간이 12m인 철골보의 설계휨강도 및 설계전단강도를 검토하시오. (KBC2016 적용, 철골보 자중은 설계 시 무시한다.)

<113회 2교시>

◎ 검토조건

- 작용하중 : P (고정하중(P_D)= 55kN, 활하중(P_L) = 60kN)
- 경계조건 : 양단고정, 4등분점 횡지지
- 철골보 : H-600×200×11×17 (SS400강재, F_y= 235MPa)

◎ 단면성능

- $I_x = 776 \times 10^6 mm^4$, $S_x = 2.59 \times 10^6 mm^3$, $Z_x = 2.98 \times 10^6 mm^3$

  $I_y = 22.8 \times 10^6 mm^4$, $h_o = 583mm$, $r_y = 41.2mm$, $r = 22mm$

- 강재의 탄성계수: $E = 2.05 \times 10^5 MPa$

◎ 횡좌굴강도 산정시 L_r은 다음과 같다.

- $L_r = \pi r_{ts} \sqrt{\dfrac{E}{0.7F_y}}$

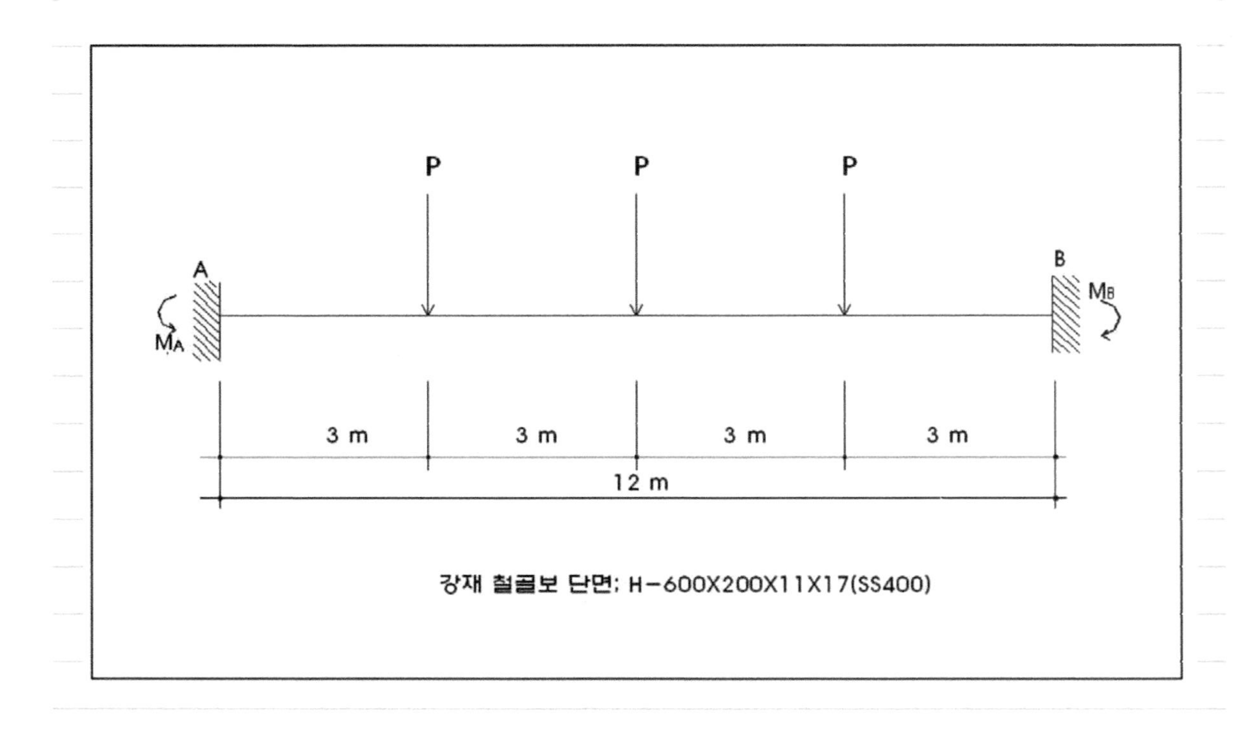

(1) 소요하중 산정

① 하중 P_u

$$P_u = 1.2P_D + 1.6P_L = 162\,kN$$

② 해제 정정보 (2차 부정정, 좌우대칭 이용)

③ 반력산정

$$V = 3 \times P_u / 2 = 243\,kN$$

④ 부재력 산정

$$M_1 = M + V \times x \qquad M_2 = M + V \times (3 + x) - P_u \times x$$

⑤ 변형에너지 산정

$$U = 2 \times \left(\int_0^3 \frac{M_1^2}{2EI} dx + \int_0^3 \frac{M_2^2}{2EI} dx \right)$$

⑥ 부정정력 산정 (최소일의 원리)

$$\frac{\partial U}{\partial M} = 0, \qquad M = -607.5\,kN \cdot m$$

⑦ 소요강도

$$M_u = 607.5\,kN \cdot m$$

$$V_u = 243\,kN$$

(2) 설계휨강도 산정

① M_p 산정

$$M_p = F_y \times Z_x = 7.003 \times 10^8\,N \cdot mm = 700.300\,kN \cdot m$$

② 횡좌굴 검토 ($L_b = 3000\,mm$)

$L_p = 1.76 \cdot r_y \sqrt{E/F_y} = 2147.67\,mm < L_b$

$C_w = I_y \times h_o^2/4 = 1.93737 \times 10^{12}\,mm^6$

$r_{ts}^2 = \sqrt{I_y \cdot C_w}/S_x = 2566.100\,mm^2$, $r_{ts} = 50.657\,mm$

$L_r = \pi \cdot r_{ts} \cdot \sqrt{E/F_y} = 5617.986\,mm > L_b$

$L_p < L_b \le L_r$ 에 해당하므로 비탄성횡좌굴

$M_2 = 81x + 121.5$

$M_{max} = 364.5$ ($x=3$)

$M_A = 182.25$ ($x=3/4$)

$M_B = 243.0$ ($x=6/4$)

$M_C = 303.75$ ($x=9/4$)

M_1 → M_2 M_2 ← M_1

Cb 산정시 M_2 구간이 불리하다.

$$C_b = \frac{12.5 \times M_{max}}{2.5 \times M_{max} + 3 \times M_A + 4 \times M_B + 3 \times M_A} \times \underset{1.0}{R_m} = 1.364$$

$$M_n = C_b \cdot \left[M_p - (M_p - 0.7 F_y \cdot S_x) \left(\frac{L_b - L_p}{L_r - L_p} \right) \right]$$

$= 8.626 \times 10^8\ N \cdot mm \le M_p = 7.003 \times 10^8\ N \cdot mm$

$M_n = M_p = 700.3\ kN \cdot m$

③ 국부좌굴 검토

$\lambda_f = \dfrac{100}{17} = 5.882 \le \lambda_{pf} = 0.38 \sqrt{E/F_y} = 11.224$

$\lambda_w = \dfrac{600 - 2 \times (17 + 22)}{11} = 47.455 \le \lambda_{pw} = 3.76 \sqrt{E/F_y} = 111.053$

콤팩트 플랜지, 콤팩트 웨브이므로 국부좌굴에는 지배되지 않는다

④ 설계 휨강도

$\phi M_n = 0.9 \times 700.300 = 630.27 kN \cdot m > M_u$

이 부재는 소요모멘트에 대해 안전하다.

(3) 설계 전단강도

$\lambda_w = 47.455 \leq 2.24\sqrt{E/F_y} = 66.159$

따라서 $\phi = 1.0$, $C_v = 1.0$

$\phi V_n = \phi \cdot 0.6 \cdot F_y \cdot \underset{600 \times 11}{A_w} \cdot C_v = 930.600 kN$

$> V_u = 243 kN$

이 부재는 소요전단력에 대해 안전하다. 끝

#횡좌굴 검토관련 추가사항

M2 구간에서 최대모멘트는 Cb=1.0 일때의 하한치인 0.7 x Fy x Sx에 강도감소계수를 적용한 값보다 작다. 따라서, 이부분에 대해 설명하면, M2구간에서는 굳이 Cb값을 산정할 필요가 없다.
또한, M1 구간은 복곡률이므로, Cb값은 1.667보다 크다.

단, 이 풀이에서는 에너지법으로 최초 부정정보에서의 부재력을 모두 산정한 상황이라면 이전에 산정한 부재력을 이용하여Cb값을 쉽게 풀수 있음을 보여주기 위하여 굳이 Cb를 산정하였다.

집중하중 작용시
등분포하중 작용시
1.0
Ma
Mb
Mc

$C_b = \dfrac{12.5 \times 1.0}{3 \times 1.0 + 3 \times 0.75 + 4 \times 0.5 + 3 \times 0.25} = 1.667$

복곡률일때, 항상 이 경우보다 안전측이므로 $C_b \geq 1.667$ 이다.

일반적인 H형강의 형상계수(Z_x/S_x)는 1.15이하가 많으므로

$1.667 \times 0.7 F_y \cdot S_x / F_y \cdot Z_x = 1.0147 > 1.0$ 즉 $M_n = M_p$

따라서 비탄성횡좌굴에 해당하고 복곡률이라면, 일반적으로는 $M_n = M_p$ 에 해당하게 될것이다.

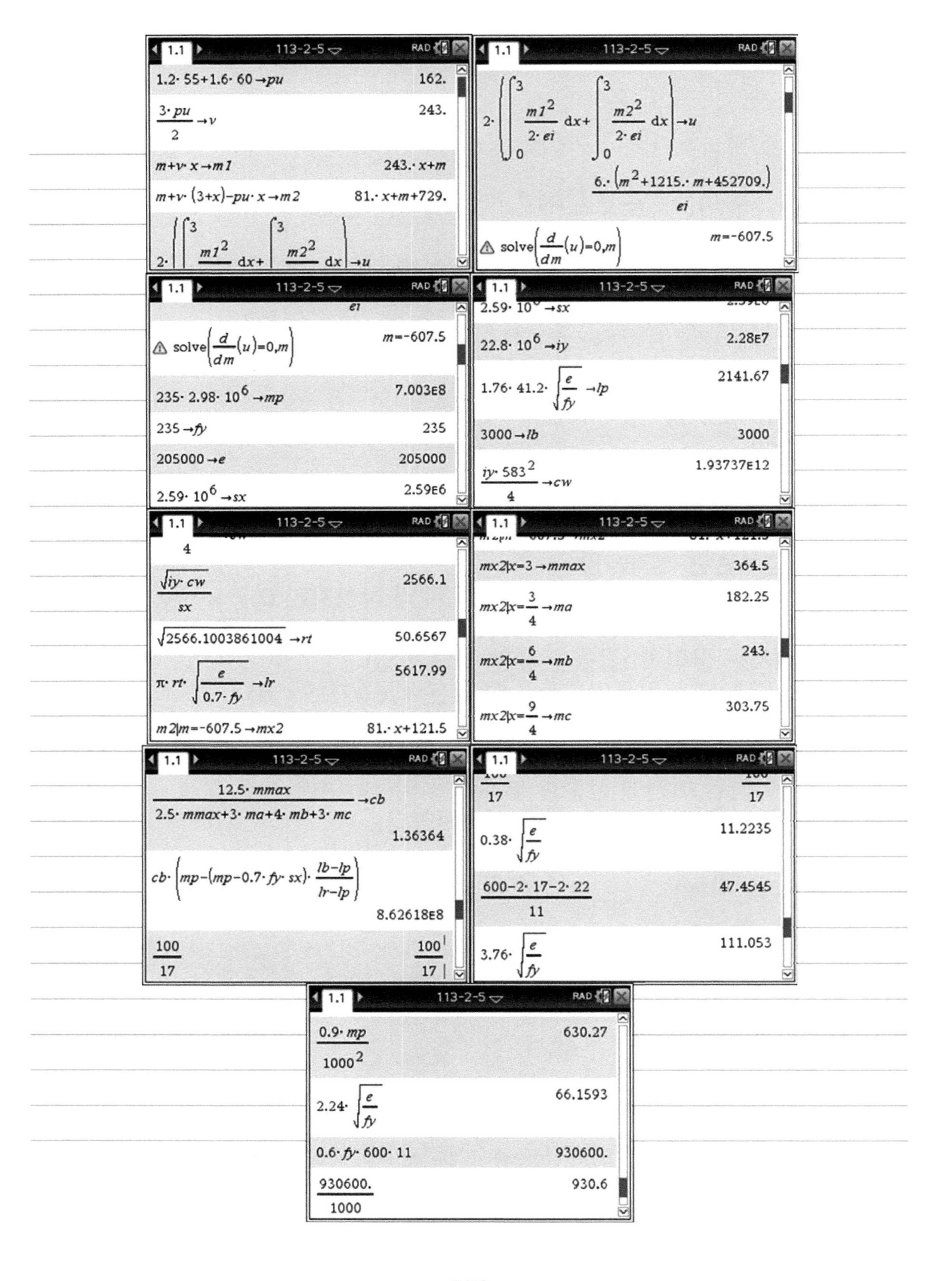
1.2· 55+1.6· 60→pu 162.
3· pu / 2 →v 243.
m+v· x→m1 243.· x+m
m+v· (3+x)−pu· x→m2 81.· x+m+729.
6.· (m^2+1215.· m+452709.) / ei
solve(d/dm(u)=0,m) m=−607.5
235· 2.98· 10^6→mp 7.003E8
235→fy 235
205000→e 205000
2.59· 10^6→sx 2.59E6
22.8· 10^6→iy 2.28E7
1.76· 41.2· √(e/fy)→lp 2141.67
3000→lb 3000
iy· 583^2 / 4 →cw 1.93737E12
√(iy· cw) / sx 2566.1
√2566.1003861004→rt 50.6567
π· rt· √(e/(0.7· fy))→lr 5617.99
m2|m=−607.5→mx2 81.· x+121.5
mx2|x=3→mmax 364.5
mx2|x=3/4→ma 182.25
mx2|x=6/4→mb 243.
mx2|x=9/4→mc 303.75
12.5· mmax / (2.5· mmax+3· ma+4· mb+3· mc) →cb 1.36364
cb· (mp−(mp−0.7· fy· sx)· (lb−lp)/(lr−lp)) 8.62618E8
100/17 100/17
0.38· √(e/fy) 11.2235
(600−2· 17−2· 22) / 11 47.4545
3.76· √(e/fy) 111.053
0.9· mp / 1000^2 630.27
2.24· √(e/fy) 66.1593
0.6· fy· 600· 11 930600.
930600. / 1000 930.6

1. 그림과 같은 3힌지 라멘에서 주어진 조건에 대하여 다음 물음에 답하시오.

• L=10m, h1=5m, h2=9m, h2의 약축에 대한 좌굴길이 4.5m　　<113회 3교시> • 유효좌굴길이계수 $K_x = K_y = 1.0$, Wu=30kN/m, Pu=1300kN, Hu=20kN • 단면치수 H-250×250×9×14(SM490) : F_y=315N/mm², E=205,000N/mm², A_g=9,218mm², r_x=108mm, r_y=62.9mm • 부재의 자중은 무시함

1) 각 부재의 단면력을 구하고 단면력도를 그리시오.

2) CD부재의 안전성을 검토하시오.

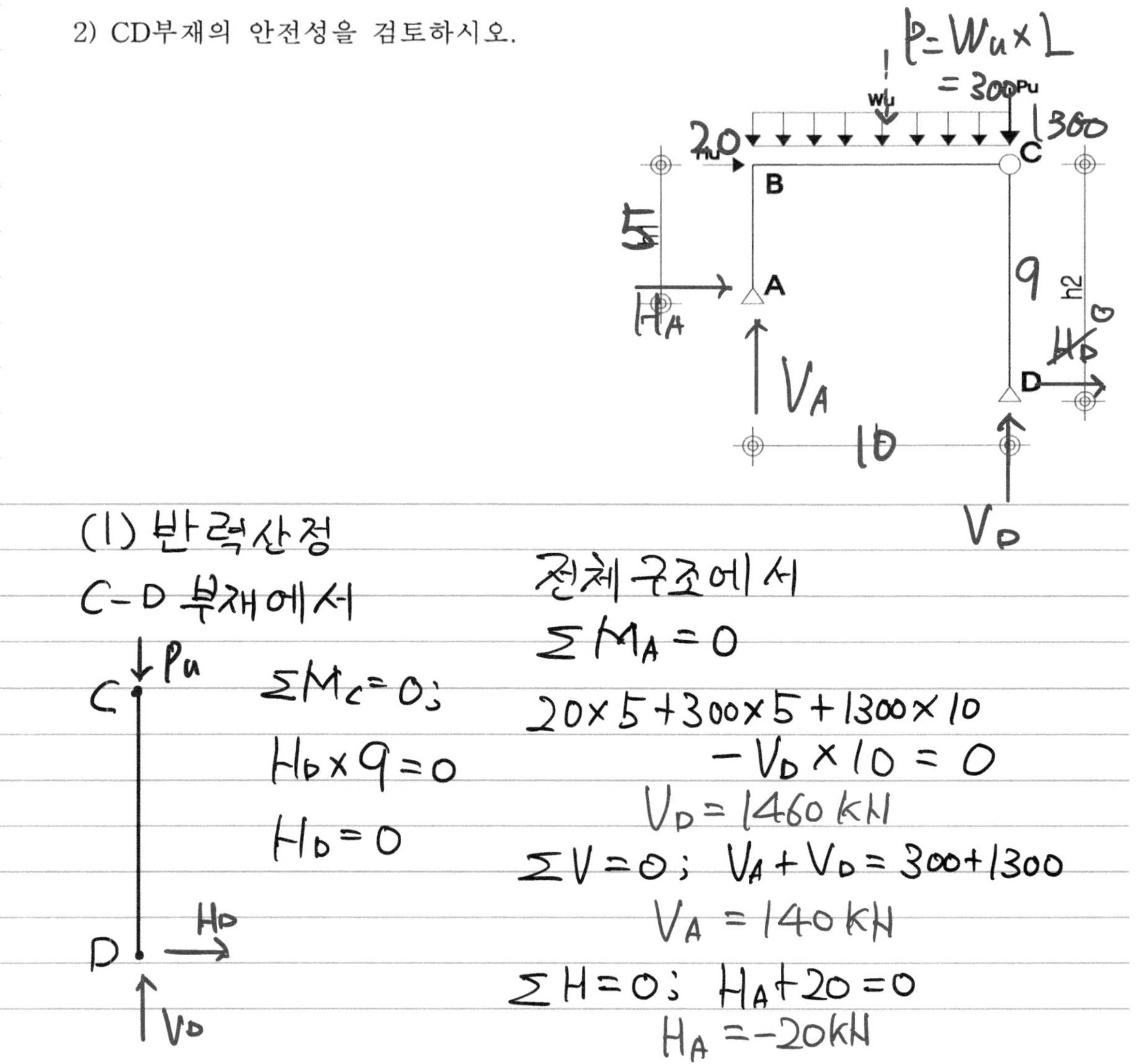

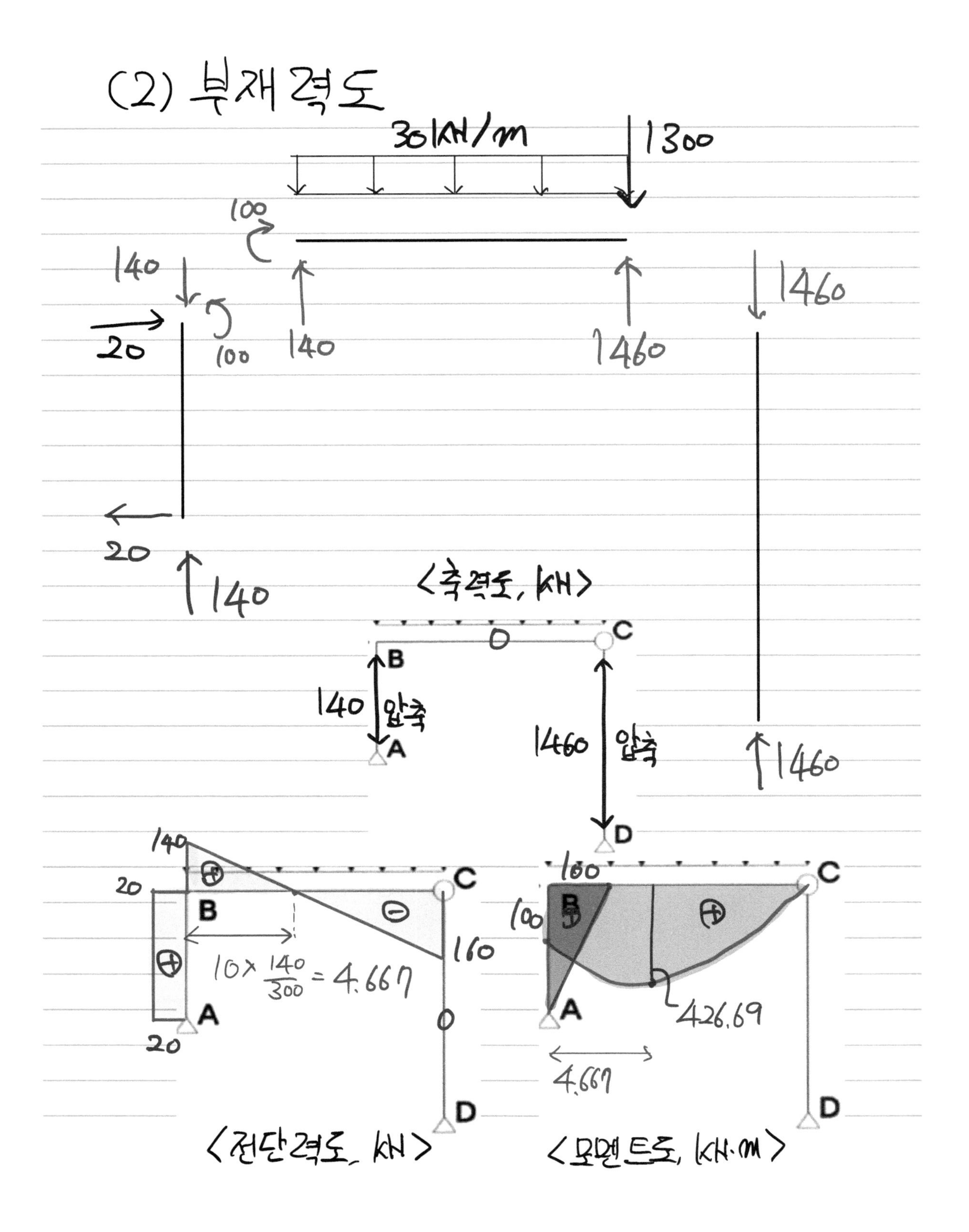
(2) 부재력도
30kN/m
1300
100
140
20
100
140
1460
1460
20
140
1460
<축력도, kN>
0
C
B
140 압축
A
1460 압축
D
140
20
⊕
C
B
⊖
160
⊕
$10 \times \frac{140}{300} = 4.667$
A
0
20
D
<전단력도, kN>
100
C
100
B
⊕
A
426.69
4.667
D
<모멘트도, kN·m>

(3) CD부재 안전성 검토 ($P_u = 1460$ kN)

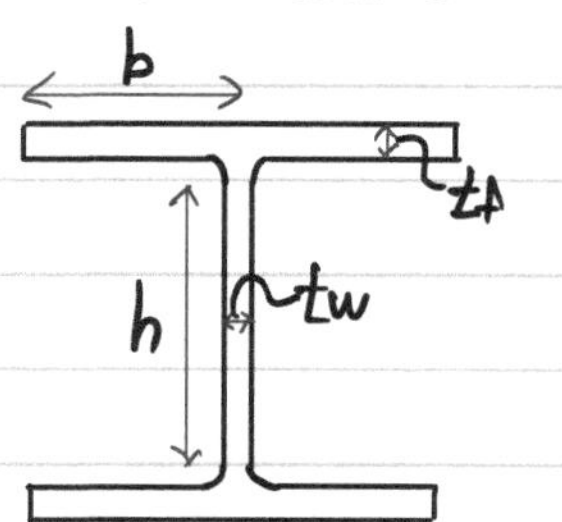

① 폭두께비 검토

$b/t_f = 150/14 = 10.714 \le 0.56\sqrt{E/F_y} = 14.286$

$h/t_w = 222/9 = 24.667 \le 1.49\sqrt{E/F_y} = 38.011$

조밀단면 또는 비조밀단면이다.

※ 강재단면의 곡선부분은 무시하고 폭두께비를 검토하였음.

② F_{cr} 산정

$F_{e,강축} = \pi^2 \cdot E/(1.0 \times 9000/r_x)^2 = 291.351$ MPa 강축이 지배!

$F_{e,약축} = \pi^2 E/(1.0 \times 4500/r_y)^2 = 395.303$ MPa

$F_y/F_e = 315/291.351 = 1.081 < 2.25$, 비탄성 좌굴이다.

$F_{cr} = 0.658^{1.081} \times 315 = 200.346$ MPa.

③ $\phi P_n = 0.9 \times F_{cr} \times A_g = 1662.11$ kN $> P_u = 1460$ kN O.K

끝

딸기맛호가든 : 합격권에 근접한 사람이라면, 정정라멘의 해석이건, 기둥의 안전성 검토건, 둘다 못풀리는 없다. 다만 한문제에서 정정라멘해석 후 기둥의 안전성 검토를 하다보면, 문제자체의 난이도가 쉬움에도 생각보다 시간이 빡빡하게 느껴질 것이다.

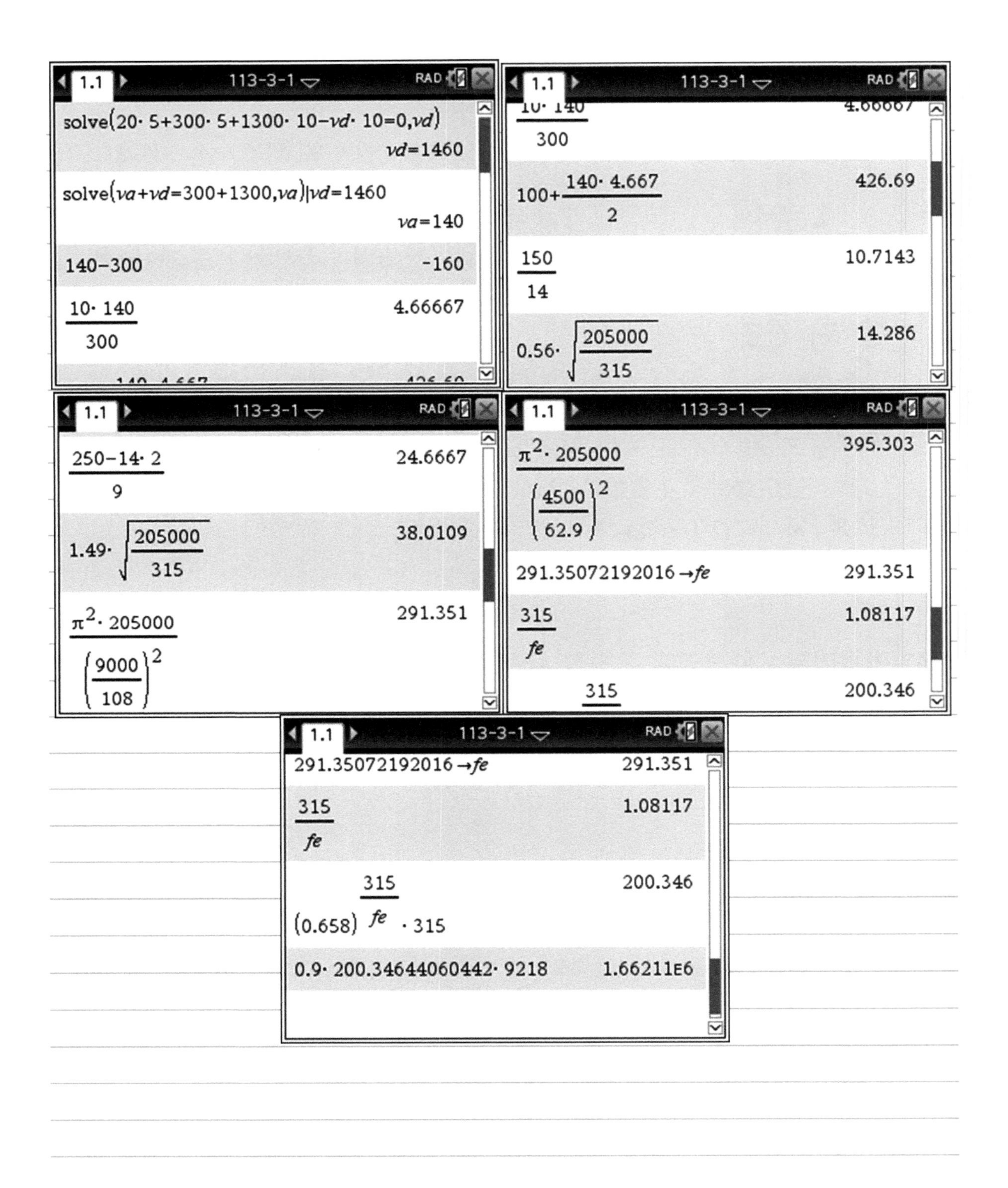
1.1
113-3-1
RAD
solve(20· 5+300· 5+1300· 10−vd· 10=0,vd)
vd=1460
solve(va+vd=300+1300,va)|vd=1460
va=140
140−300
-160
10· 140 / 300
4.66667
100+ 140· 4.667 / 2
426.69
150 / 14
10.7143
0.56· √(205000 / 315)
14.286
250−14· 2 / 9
24.6667
1.49· √(205000 / 315)
38.0109
π2· 205000 / (9000 / 108)2
291.351
π2· 205000 / (4500 / 62.9)2
395.303
291.35072192016 →fe
291.351
315 / fe
1.08117
(0.658)^(315/fe) · 315
200.346
0.9· 200.34644060442· 9218
1.66211E6

2. 등분포하중을 받는 단순보의 단부에서 발생되는 사인장균열에 대하여 다음을 설명하시오.

1) 사인장균열의 발생원인과 대책방안을 설명하시오.

2) A, B, C 위치에서 발생되는 응력을 표현하고, 그에 따른 주응력의 방향과 균열 발생방향을 그림으로 설명하시오.

<113회 3교시>

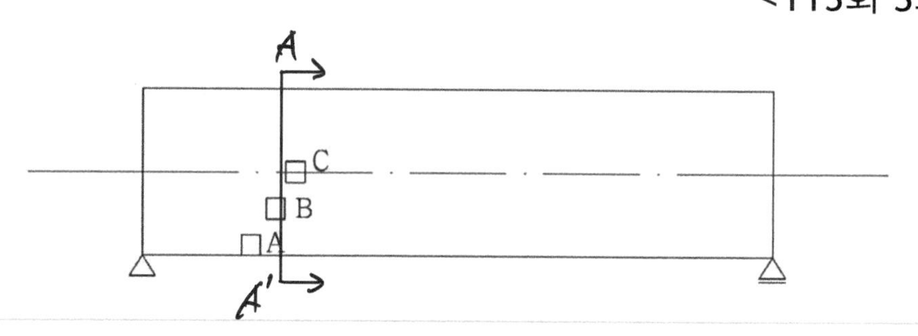

(1) 사인장균열 발생원인과 대책방안

① 발생원인

휨과 전단력을 동시에 받는 부재에서 휨응력과 전단응력의 조합에 의한 주응력이 약 45° 방향으로 발생하게 되고, 인장에 취약한 재료인 콘크리트가 이로인해 45° 방향의 사인장균열 발생

② 대책방안

사인장 균열을 방지할 수 있는 스터럽 배치, 응력교란영역이 나타나는 깊은보일 경우 스트럿타이 모델을 적용하여 부재설계

(2) 위치별 발생응력, 주응력 및 균열방향

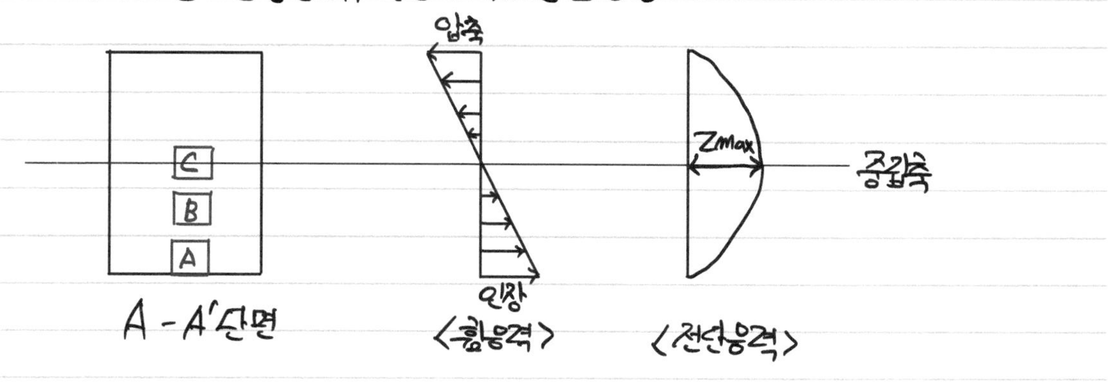

① A 위치일 때

휨응력은 크고, 전단응력은 작으므로 휨응력 영향이 크다.

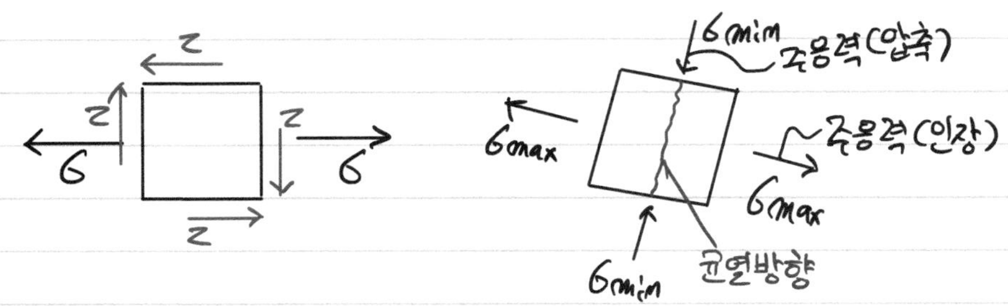

② B 위치일 때

휨응력과 전단응력 모두 중간정도 존재

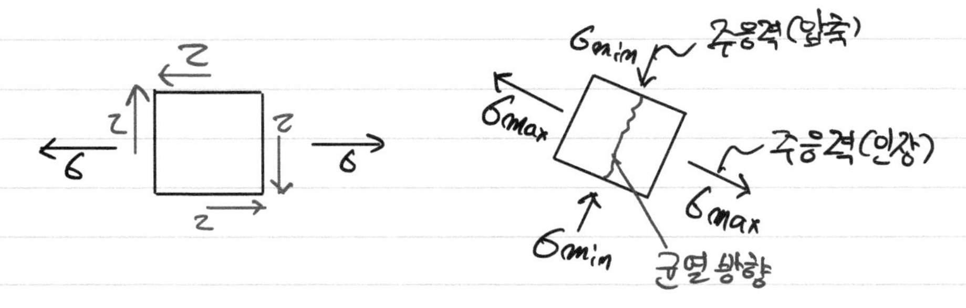

③ C 위치일 때

C 위치는 중립축이므로 휨응력은 0이 되고, 전단응력은 최대가 된다.

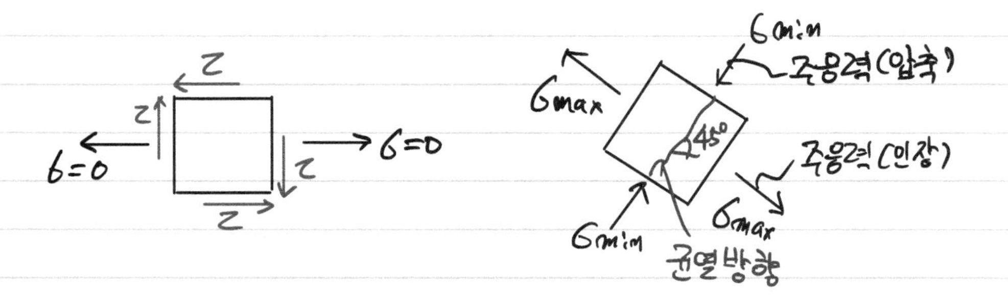

휨응력이 0이고 전단력만 존재할 때, 주응력 방향을 구하면 45°가 된다. 따라서 C 위치 균열은 45°로 발생한다.

(콘크리트는 인장에 취약하므로 주응력 인장에 의해 균열 발생) 끝

3. 그림과 같은 2자유도 구조물의 고유진동주기와 진동모드형상을 구하시오.

- m_1, m_2는 각 층의 질량을 의미하며, k_1, k_2는 각 층의 층강성을 의미한다. 여기서 $m = 10\,\text{ton}$, $k = 500\,kN/m$ 이다.
- 진동모드형상은 u_2의 형상이 1이 되도록 정규화한다.

<113회 3교시>

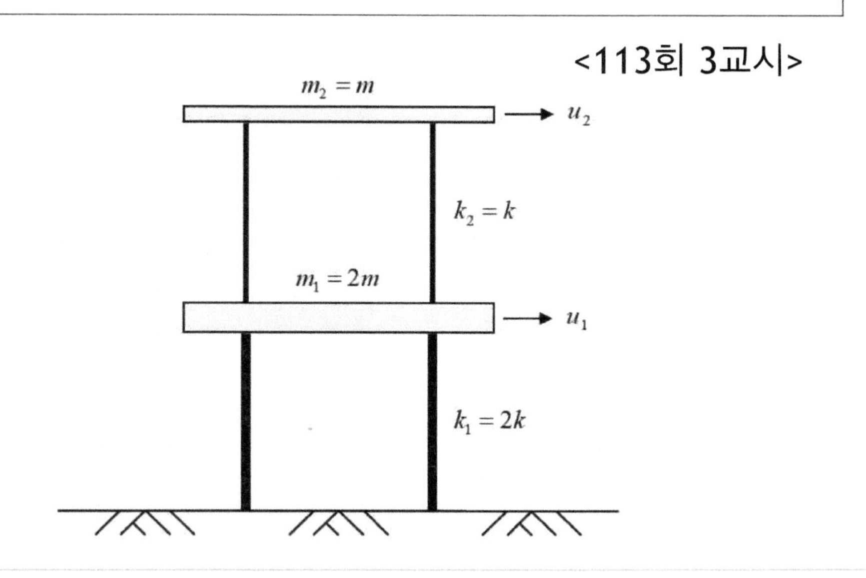

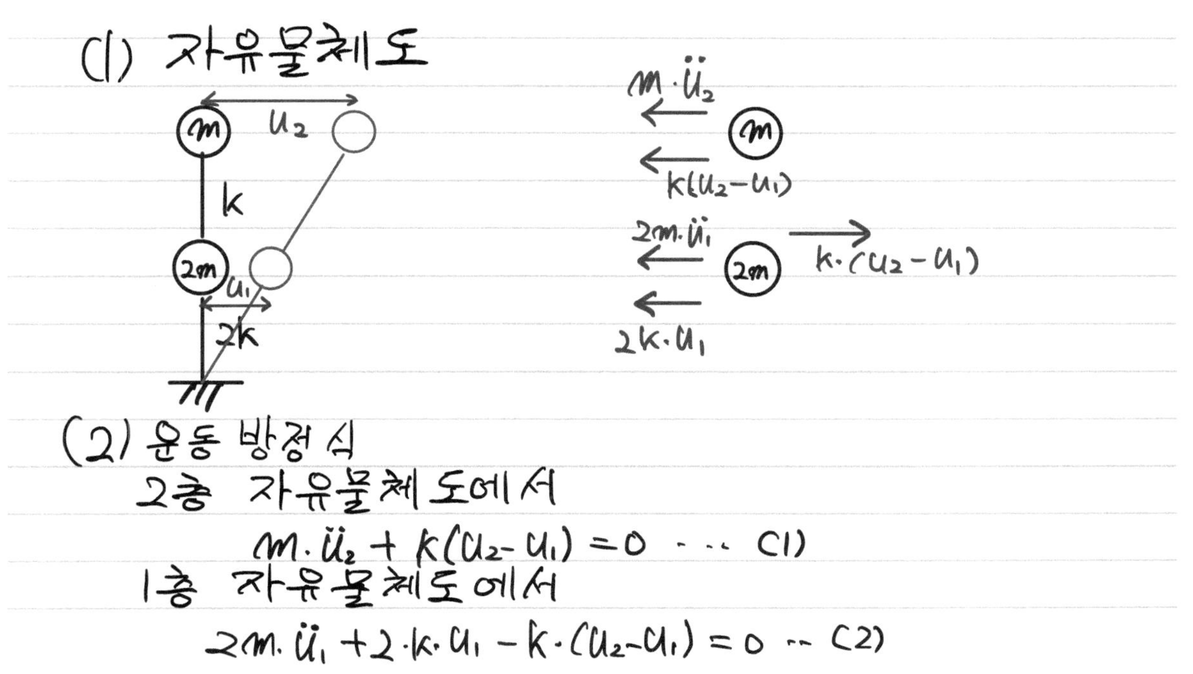

식 (1), (2) 를 매트릭스로 표현

$$\begin{bmatrix} m & 0 \\ 0 & 2m \end{bmatrix} \begin{bmatrix} \ddot{u}_2 \\ \ddot{u}_1 \end{bmatrix} + \begin{bmatrix} k & -k \\ -k & 3k \end{bmatrix} \begin{bmatrix} u_2 \\ u_1 \end{bmatrix} = 0 \cdots (3)$$

$[M] \qquad\qquad [k]$

(3) 고유치 해석

$$\left. \begin{aligned} u_2 &= \phi_2 \cdot \sin wt, & \ddot{u}_2 &= -w^2 \cdot \sin wt \\ u_1 &= \phi_1 \cdot \sin wt, & \ddot{u}_1 &= -w^2 \cdot \sin wt \end{aligned} \right) \cdots (4)$$

식(4) 를 식(3) 에 대입

$$\left(-w^2[M] + [k]\right) \cdot \begin{pmatrix} u_2 \\ u_1 \end{pmatrix} = 0$$

$$\det |A| = 0, \quad w^2 = 25, 100 \qquad w = 5, 10$$

	w (고유각진동수)	f (고유진동수)	T (고유주기)
1 차모드	5.0 rad/sec	0.786 hz	1.257 sec
2차모드	10.0 rad/sec	1.592 hz	0.628 sec

(4) 모드형상

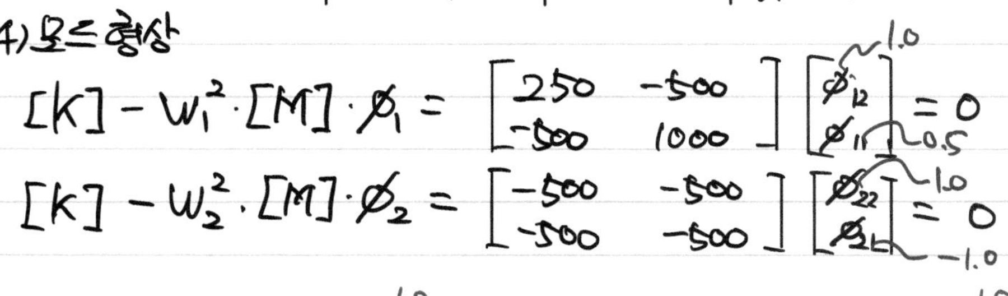

$$[k] - w_1^2 \cdot [M] \cdot \phi_1 = \begin{bmatrix} 250 & -500 \\ -500 & 1000 \end{bmatrix} \begin{bmatrix} \phi_{12} \\ \phi_{11} \end{bmatrix} = 0 \qquad \phi_{12} = 1.0, \ \phi_{11} = 0.5$$

$$[k] - w_2^2 \cdot [M] \cdot \phi_2 = \begin{bmatrix} -500 & -500 \\ -500 & -500 \end{bmatrix} \begin{bmatrix} \phi_{22} \\ \phi_{21} \end{bmatrix} = 0 \qquad \phi_{22} = 1.0, \ \phi_{21} = -1.0$$

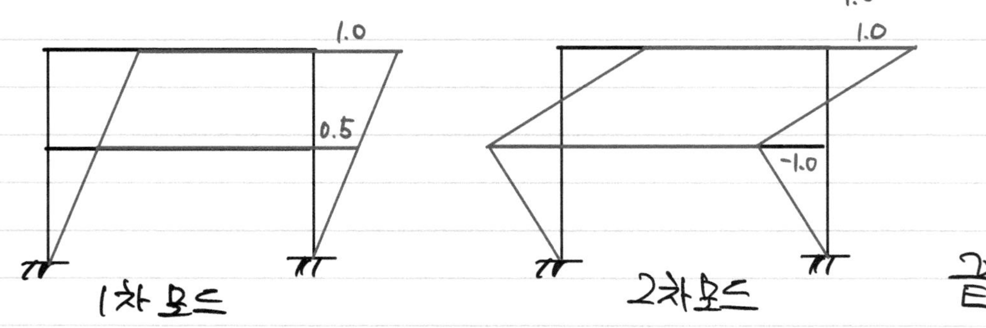

끝

딸기맛호가든 : 2자유도 동역학 문제치고는 가장 단순하고 쉬운 문제

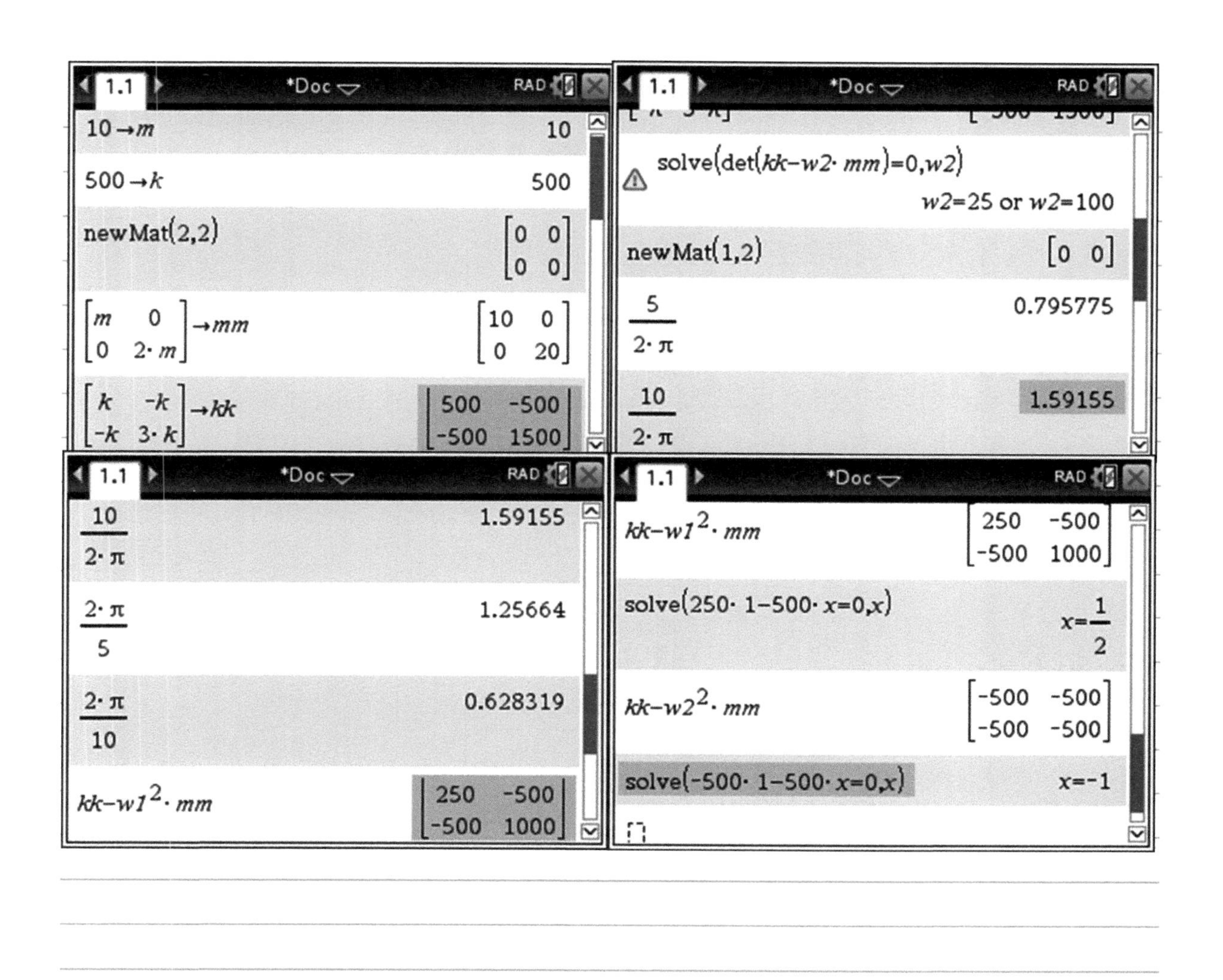
1.1
*Doc
RAD
10→m 10
500→k 500
newMat(2,2) [0 0; 0 0]
[m 0; 0 2·m]→mm [10 0; 0 20]
[k -k; -k 3·k]→kk [500 -500; -500 1500]
1.1
*Doc
RAD
solve(det(kk−w2·mm)=0,w2)
w2=25 or w2=100
newMat(1,2) [0 0]
5/(2·π) 0.795775
10/(2·π) 1.59155
1.1
*Doc
RAD
10/(2·π) 1.59155
2·π/5 1.25664
2·π/10 0.628319
kk−w1²·mm [250 -500; -500 1000]
1.1
*Doc
RAD
kk−w1²·mm [250 -500; -500 1000]
solve(250·1−500·x=0,x) x=1/2
kk−w2²·mm [-500 -500; -500 -500]
solve(-500·1−500·x=0,x) x=-1

4. ㄷ형강의 전단중심(shear center) 위치에 대해 다음을 검토하시오.

1) 전단중심의 개념을 설명하시오. <113회 3교시>

2) 그림과 같은 ㄷ형강의 전단중심위치 e를 계산하시오.

• 형강 두께 $t = 3mm$
• $b = 100mm$, $h = 150mm$

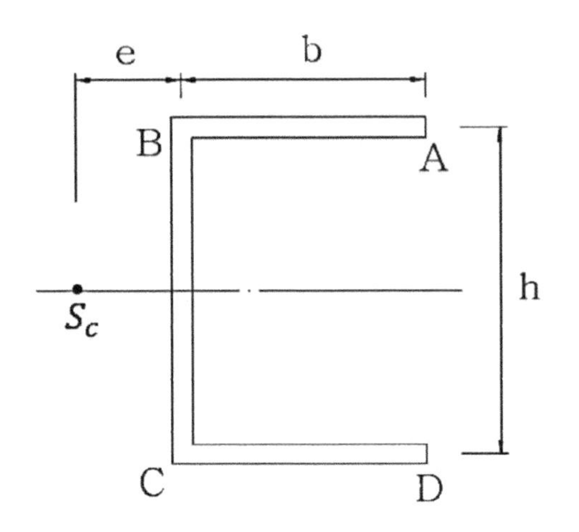

(1) 전단중심(S.C)의 개념

부재에 비틀림이 생기지 않고 휨만 유발하게되는 하중의 중심을 전단중심이라 한다.

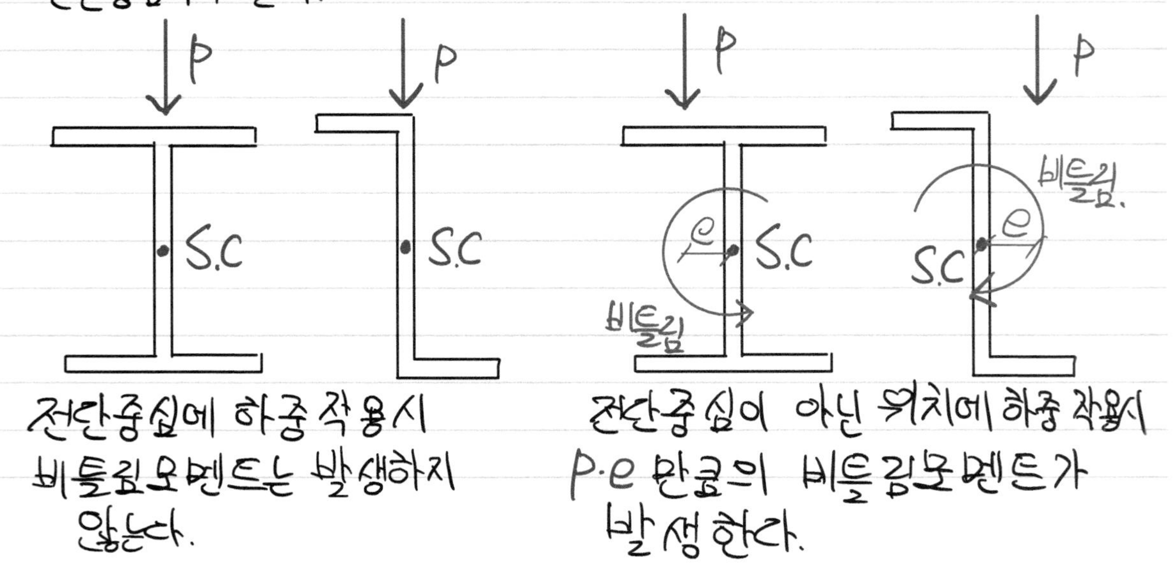

(2) 전단중심 위치 산정

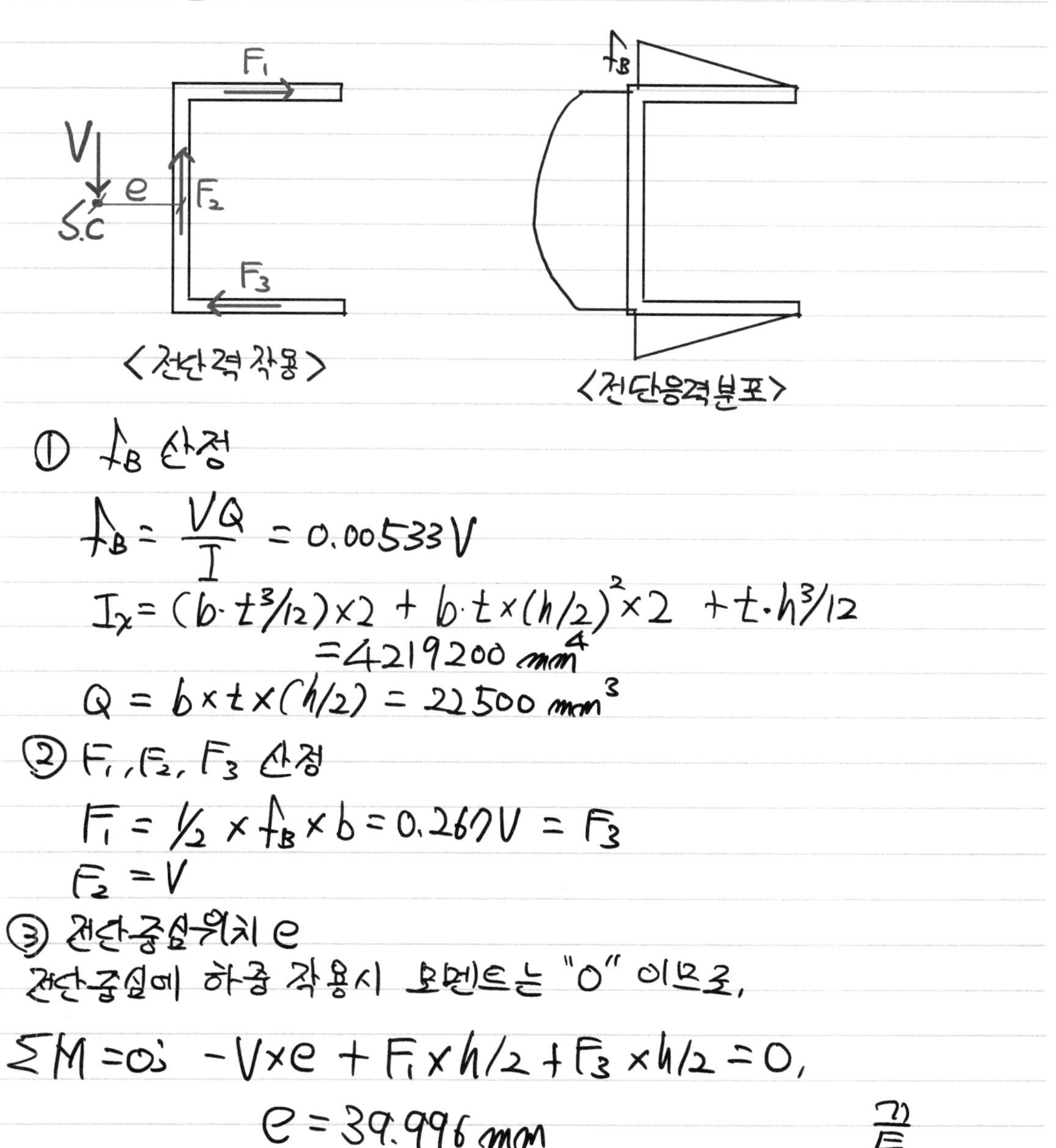

<전단력 작용>

<전단응력분포>

① f_B 산정

$$f_B = \frac{VQ}{I} = 0.00533V$$

$$I_x = (b \cdot t^3/12) \times 2 + b \cdot t \times (h/2)^2 \times 2 + t \cdot h^3/12$$

$$= 4219200\ mm^4$$

$$Q = b \times t \times (h/2) = 22500\ mm^3$$

② F_1, F_2, F_3 산정

$$F_1 = 1/2 \times f_B \times b = 0.267V = F_3$$

$$F_2 = V$$

③ 전단중심위치 e

전단중심에 하중 작용시 모멘트는 "0" 이므로,

$$\Sigma M = 0;\ -V \times e + F_1 \times h/2 + F_3 \times h/2 = 0,$$

$$e = 39.996\ mm$$

끝

딸기맛호가든 : 앞부분 서술 없이. 계산만 하도록 나온 문제였다면 매우 감사할만한 쉬운 문제가 되었을 것이다.

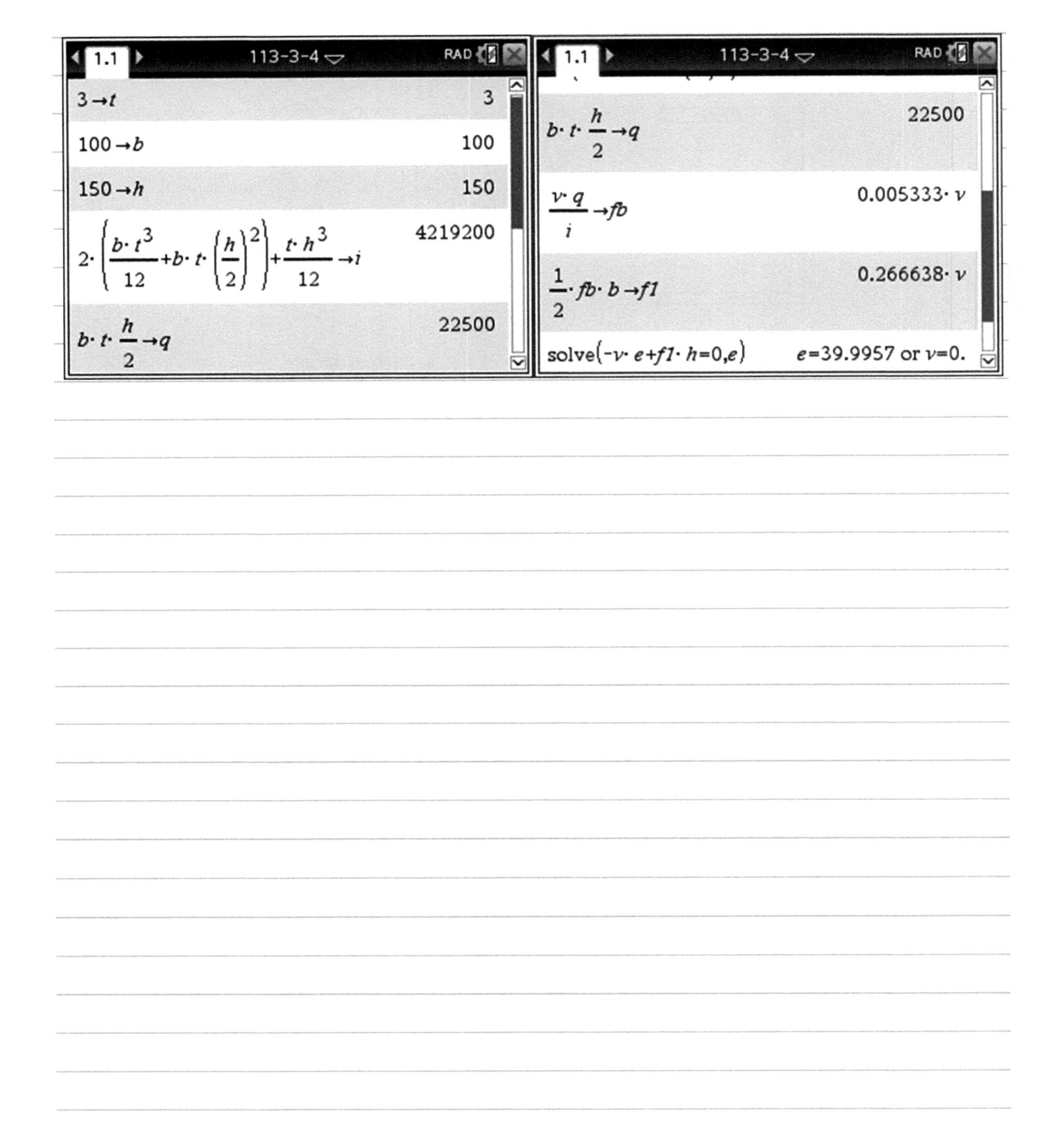
1.1
113-3-4
RAD
3→t 3
100→b 100
150→h 150
2·(b·t^3/12+b·t·(h/2)^2)+t·h^3/12→i 4219200
b·t·h/2→q 22500
1.1
113-3-4
RAD
b·t·h/2→q 22500
v·q/i→fb 0.005333·v
1/2·fb·b→f1 0.266638·v
solve(-v·e+f1·h=0,e) e=39.9957 or v=0.

5. 그림과 같은 줄기초에서 단변(횡) 방향으로 D19철근이 200㎜ 간격으로 배근되어있을 때 다음을 검토하시오.

1) 단변방향으로 배근된 인장철근의 정착길이 l_d를 계산하시오.

2) 기초판폭(B)이 1300㎜일 경우 정착길이의 확보여부를 검토하고 정착길이가 부족할 경우 보완방안을 설명하시오. <113회 3교시>

- 보정계수 산정을 위한 추가조건으로
  - 도막되지 않은 철근이며, 보통 콘크리트를 사용한다.
- 콘크리트 압축강도 $f_{ck} = 21MPa$
- 철근의 항복강도 $f_y = 400MPa$

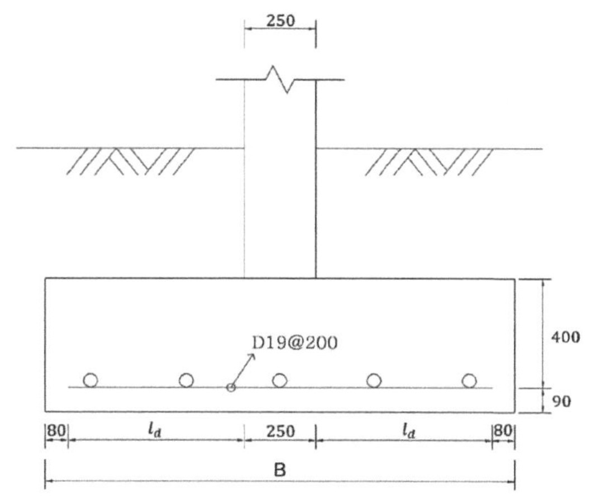

(1) 인장철근 정착길이 산정

피복두께와 철근간격이 충분하므로 정해식을 사용한다.

$\dfrac{C+K_{tr}}{d_b} = \dfrac{89.5}{19} > 2.5$, 2.5로 적용한다.

$l_d(\text{정해식}) = \left[\dfrac{0.9 \cdot f_y \times \alpha \cdot \beta \cdot \gamma}{\lambda \cdot \sqrt{f_{ck}} \times \left(\dfrac{C+K_{tr}}{d_b}\right)}\right] \times d_b = \left[\dfrac{0.9 \cdot 400 \times 1.0 \cdot 1.0 \cdot 0.8}{1.0\sqrt{21} \times 2.5}\right] \times 19$

$= 477.64mm$, 480mm 적용

(2) B=1300 일때 정착길이 확보여부 검토

$B = 80 \times 2 + 250 + 2 \times l_d$

$l_d = 445mm < l_{d,\text{소요}} = 480mm$ 정착길이가 부족하다.

(3) 정착길이 부족시 보완 방안

① 배근량을 늘린다 (D19@200 → D19@150)

배근 간격을 조절하여 응력비만큼 인장정착 길이를 저감한다.

$l_{d,\text{소요}} = 447.64 \times 0.75 = 358.23\,mm \longrightarrow 360\,mm$ 적용

$l_{d,\text{소요}} = 360\,mm \leq 445\,mm$ O.K

② 표준갈고리를 사용한다.

표준갈고리를 사용하여 인장정착길이를 저감한다.

$$l_{dh,\text{소요}} = \left[\frac{0.24 \cdot \beta \cdot f_y}{\lambda \cdot \sqrt{f_{ck}}} \cdot d_b\right] \times \text{보정계수} \geq Max\,[8d_b, 150]$$

$$= \left[\frac{0.24 \cdot 1.0 \times 400}{1.0\sqrt{21}} \cdot 19\right] \times 0.7 = 278.62\,mm$$

$\rightarrow 280\,mm$ 적용

$l_{dh,\text{소요}} = 280\,mm \leq 445\,mm$ O.K

③ 확대머리 이형철근을 사용한다.

확대머리 이형철근을 사용하여 인장정착길이를 저감한다.

$$l_{dh,\text{소요}} = \frac{0.19 \times \beta \times f_y}{\sqrt{f_{ck}}} \times d_b \geq Max\,[8d_b, 150]$$

$$= \frac{0.19 \times 1.0 \times 400}{\sqrt{21}} \times 19 = 315.11\,mm \longrightarrow 320\,mm \text{ 적용}$$

$l_{dh,\text{소요}} = 320\,mm \leq 445\,mm$ O.K

①, ②, ③ 중 하나의 방법으로 보완가능하다. 끝

M군 : 정착길이 산정시 c값 산정과 관련하여 상세설명 보완필요

100 100

89.5

89.5

$C = Min\,(89.5, 100)$

$= 89.5\,mm$

M군 : (3) 의 표준갈고리 적용한 경우에서
보정계수 **0.7** 적용 사유
- 갈고리 방향 피복두께 **50mm** 이상
- 측면 피복두께 **70mm** 이상

딸기맛호가든 : KDS 14 개정사항 반영시**,** 확대머리 이형철근 적용시의
정착길이 식이 다음과 같이 달라진다**.**

$$l_{dh} = 0.24 \frac{\beta \cdot f_y \cdot d_b}{\sqrt{f_{ck}}}$$ (접합부를 제외한 경우)

1.1	113-3-5
$\frac{80+\frac{19}{2}}{19}$	4.71053
$\frac{0.9 \cdot 400 \cdot 0.8}{\sqrt{21} \cdot 2.5} \cdot 19$	477.635
solve(80· 2+250+2· ld=1300,ld)	ld=445
477.63531814852· 0.75	358.226

1.1	113-3-5
solve(80· 2+250+2· ld=1300,ld)	ld=445
477.63531814852· 0.75	358.226
$\frac{0.24 \cdot 400}{\sqrt{21}} \cdot 19 \cdot 0.7$	278.621
$\frac{0.19 \cdot 400}{\sqrt{21}} \cdot 19$	315.107

1. 그림과 같이 100kN/m의 등분포하중을 지지하는 케이블 구조의 A, B, C 위치에서 케이블의 인장력을 구하시오.

<113회 4교시>

- B점은 케이블에서 가장 하단이며, 접선의 기울기가 0인 점이다.
- 케이블에 작용하는 등분포하중(w), 수평력(F_H), 수평방향거리 x, 수직방향거리 y 의 관계식은 다음과 같다.

$$y = \frac{w}{2F_H}x^2$$

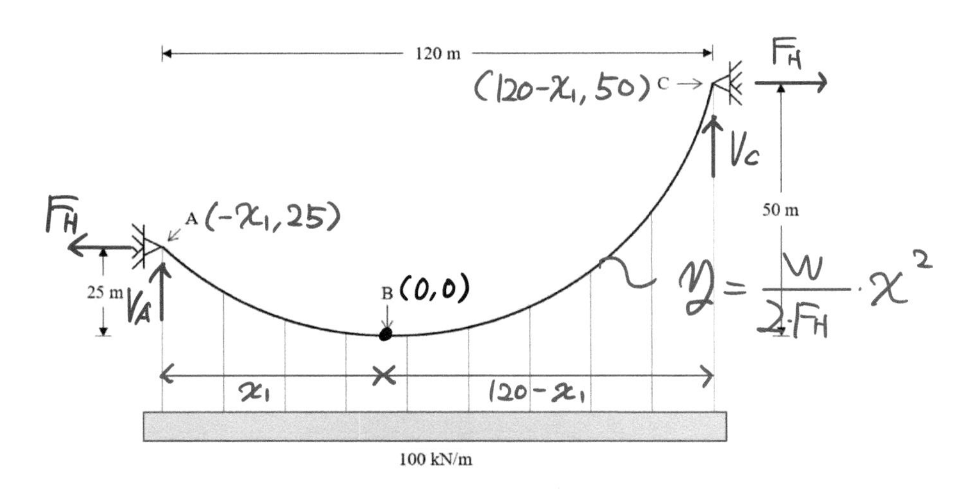

(1) x_1, F_H 산정

포물선 $y = \frac{w}{2 \cdot F_H}x^2$ 은 A점$(-x_1, 25)$, C점$(120-x_1, 50)$ 을 지나므로

$$y = \frac{w}{2 \cdot F_H}x_1^2 = 25 \cdots (1)$$

$$y = \frac{w}{2 \cdot F_H}(120-x_1)^2 = 50 \cdots (2)$$

식(1), 식(2) 를 연립

$F_H = 4941.299\,\text{kN}$, $x_1 = 49.706\,\text{m}$

(2) 반력산정

$\Sigma M = 0;\ V_A \times 120 + F_H \times 25 - 100 \times 120 \times 60 = 0$

$V_A = 4970.563\ kN$

$\Sigma V = 0;\ V_A + V_C - 120 \times 100 = 0$

$V_C = 7029.437\ kN$

(3) A, B, C 위치 인장력

A위치 $N_A = \sqrt{V_A^2 + F_H^2} = 7008.776\ kN$

B위치 $N_B = F_H = 4941.299\ kN$

C위치 $N_C = \sqrt{V_C^2 + F_H^2} = 8592.405\ kN$

끝

1.1 *113-4-1 RAD

$\frac{100}{2\cdot fh}\cdot x^2 \rightarrow y$ $\quad \frac{50\cdot x^2}{fh}$

solve$\left(\begin{cases}(y|x=x1)=25\\(y|x=120-x1)=50\end{cases}, fh, x1\right)$

fh=4941.3 and x1=49.7056 or fh=167859. an▸

4941.299 → fh $\quad$ 4941.3

solve(va· 120+fh· 25−100· 120· 60=0,va)

va=4970.56

1.1 *113-4-1 RAD

va=4970.56

4970.563 → va $\quad$ 4970.56

solve(va+vc−120· 100=0,vc) $\quad$ vc=7029.44

7029.437 → vc $\quad$ 7029.44

$\sqrt{va^2+fh^2}$ $\quad$ 7008.78

$\sqrt{vc^2+fh^2}$ $\quad$ 8592.4

2. 다음 그림과 같은 주각이 중심축하중을 받을 때 베이스플레이트(SM490)를 설계하시오. <113회 4교시>

◎ 설계조건
- 기둥 H-350×350×12×19(SM490), 기초 크기 2,000×2,000mm
- 콘크리트 압축강도 f_{ck}=21MPa
- 베이스플레이트(SM490) F_y=315MPa
- 중심축하중 P_u=4,000kN

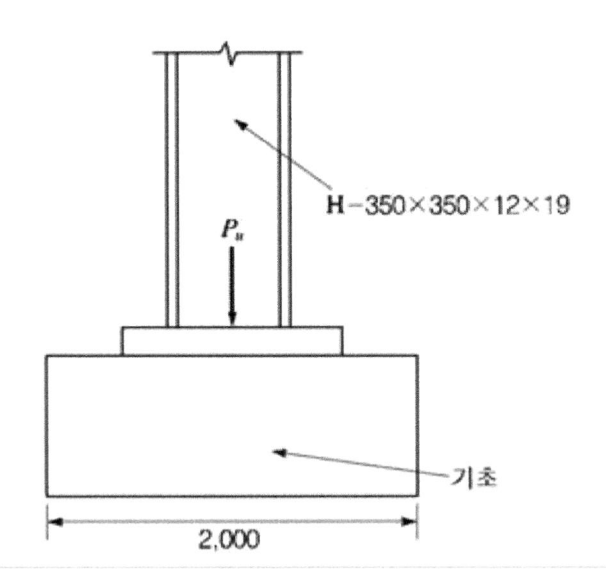

(1) 베이스플레이트 크기 검토

기초사이즈가 충분히 크므로, $\sqrt{A_1/A_2} = 2$

$$\phi P_p = 0.65 \cdot 0.85 \cdot f_{ck} \cdot A_1 \times 2 \geq P_u = 4000\ kN$$

$$A_1 \geq 172377\ mm^2$$

$$N = \sqrt{A_1} + 0.5 \times (0.95\underset{350}{d} - 0.8\underset{350}{b_f}) = 441.433\ mm$$

N=450으로 결정

$$B = A_1/N = 383.06\ mm$$

B=400으로 결정

베이스플레이트의 크기는 400mm(B) × 450mm(N)

(2) 경간산정

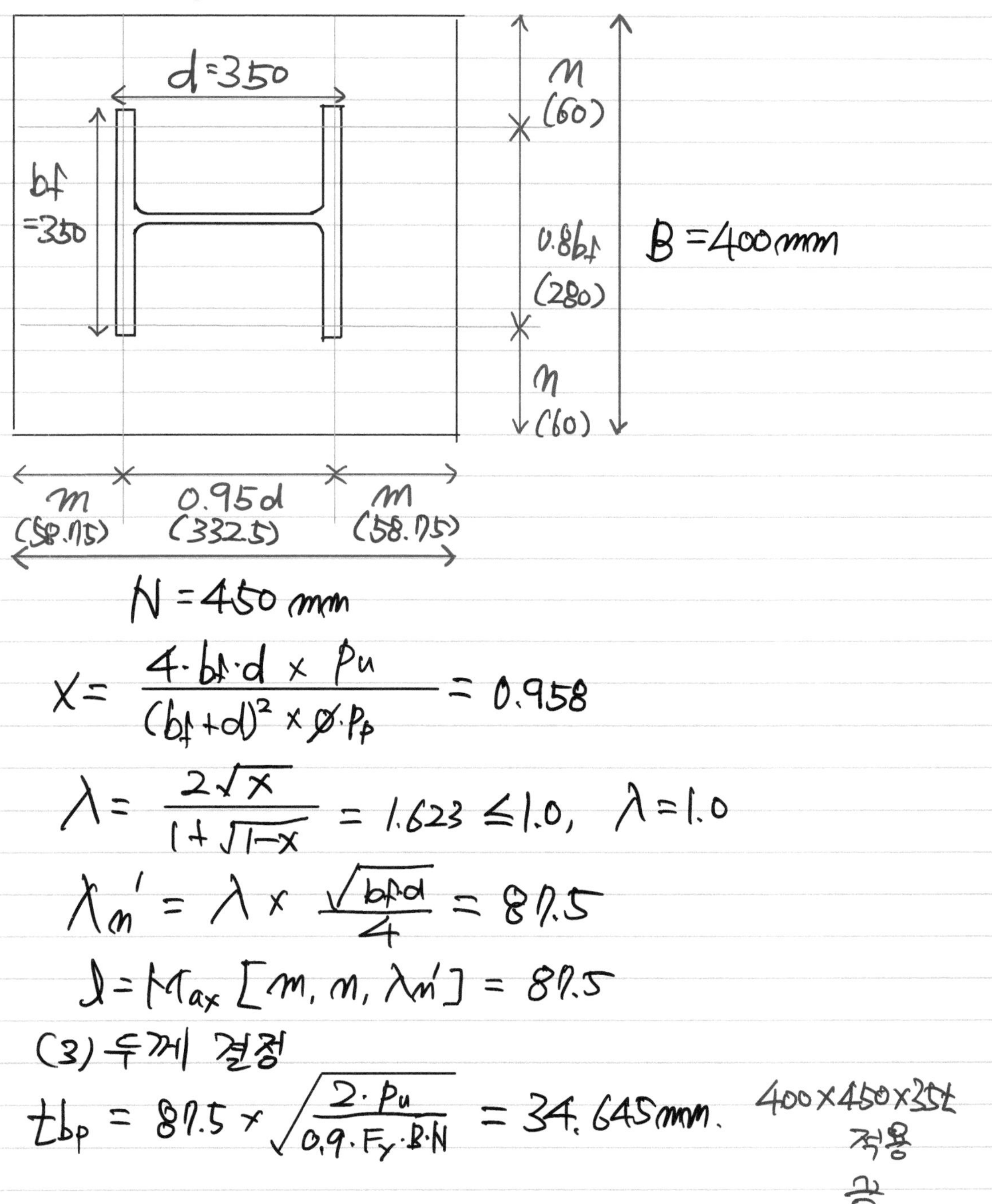
d=350
bf
=350
n
(60)
0.8bf
(280)
n
(60)
B=400mm
m
(58.75)
0.95d
(332.5)
m
(58.75)
N=450 mm
X = 4·bf·d × Pu / (bf+d)² × ø·Pp = 0.958
λ = 2√X / 1+√1−X = 1.623 ≤ 1.0, λ=1.0
λn' = λ × √bf·d / 4 = 87.5
l = Max [m, n, λn'] = 87.5
(3) 두께 결정
tbp = 87.5 × √(2·Pu / 0.9·Fy·B·N) = 34.645mm.
400×450×35t
적용
끝

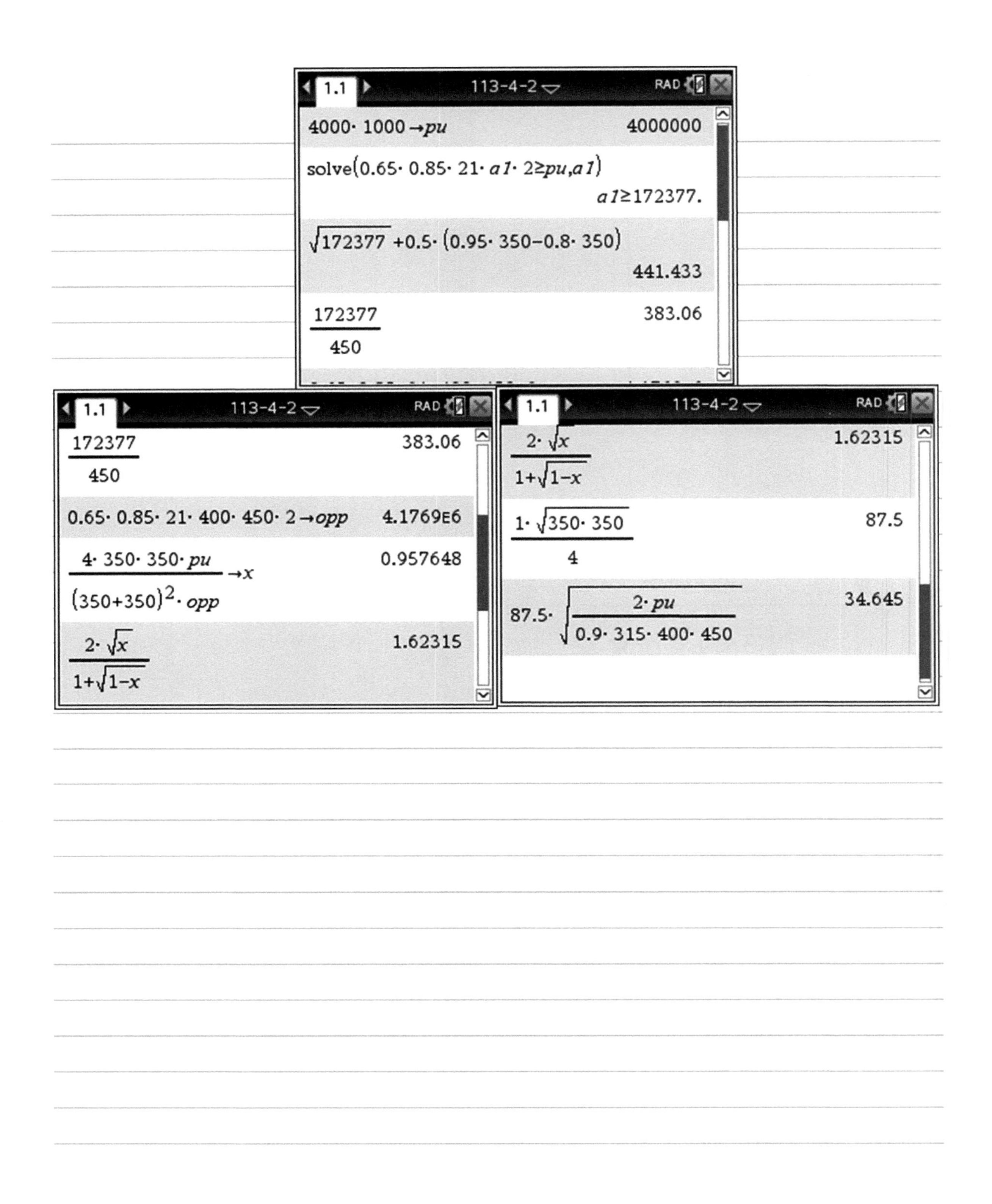

1.1
113-4-2
RAD
4000· 1000→pu
4000000
solve(0.65· 0.85· 21· a1· 2≥pu,a1)
a1≥172377.
√172377 +0.5·(0.95· 350−0.8· 350)
441.433
172377/450
383.06
1.1
113-4-2
RAD
172377/450
383.06
0.65· 0.85· 21· 400· 450· 2→opp
4.1769E6
4· 350· 350· pu/(350+350)²· opp →x
0.957648
2·√x/(1+√(1−x))
1.62315
1.1
113-4-2
RAD
2·√x/(1+√(1−x))
1.62315
1·√(350· 350)/4
87.5
87.5·√(2·pu/(0.9· 315· 400· 450))
34.645

3. 그림과 같이 스프링(spring)으로 지지된 캔틸레버보에 대하여 답하시오.
(부재의 EI는 전구간 동일함)

<113회 4교시>

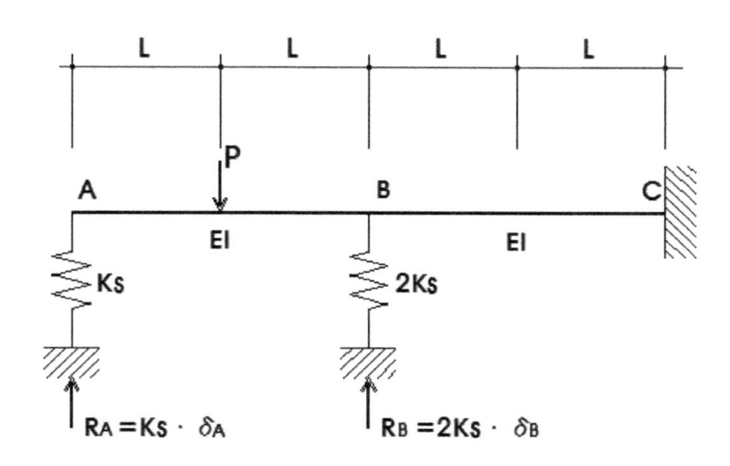

1) R_A = R_B 일 때 스프링상수 Ks 값을 EI, L로 표시하시오.
2) R_A = R_B 일 때 A점과 B점의 수직 반력값 R_A, R_B를 P로 표시하시오.
3) R_A = R_B 일 때 A점의 수직처짐 δ_A 와 B점의 수직처짐 δ_B를 EI, L, P로 표시하시오.

(1) 분리자유물체도

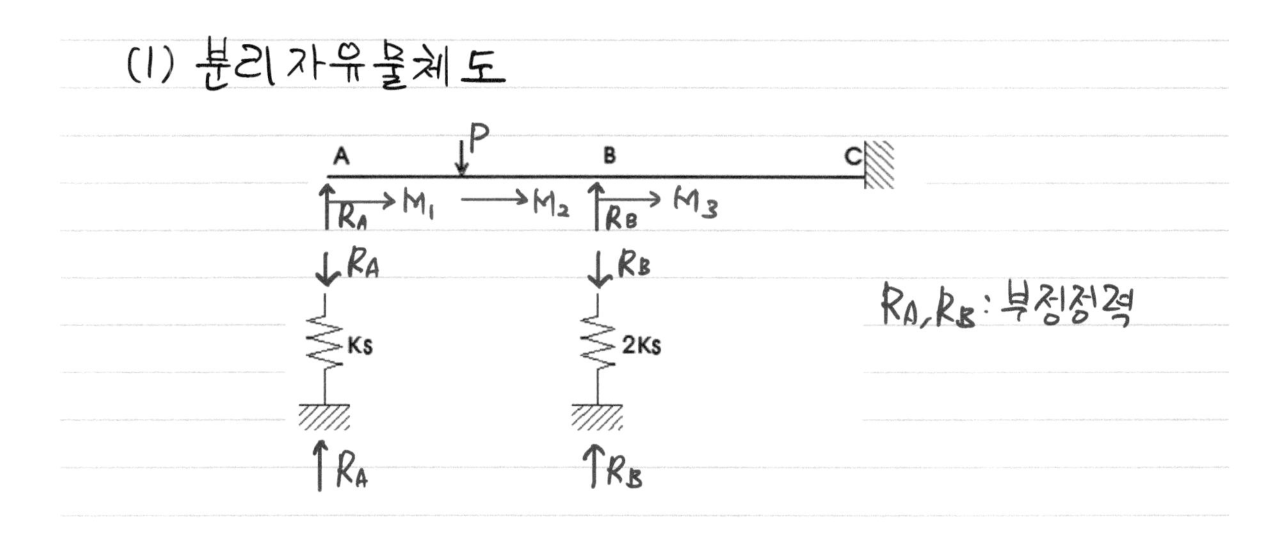

(2) 부재력 검토

$$M_1 = R_A \cdot x$$

$$M_2 = R_A \times (l + x) - P \cdot x$$

$$M_3 = R_A \times (2l + x) - P \cdot (l + x) + R_B \cdot x$$

(3) 변형에너지

$$U = \underbrace{\int_0^l \frac{M_1^2}{2EI} dx + \int_0^l \frac{M_2^2}{2EI} dx + \int_0^{2l} \frac{M_3^2}{2EI} dx}_{\text{보의 변형에너지}} + \underbrace{\frac{R_A^2}{2 \cdot k_s} + \frac{R_B^2}{4 k_s}}_{\text{스프링 변형에너지}}$$

(4) 부정정력 산정

$$\frac{\partial U}{\partial R_A}, \frac{\partial U}{\partial R_B} = 0 \qquad R_A = \frac{P \cdot k_s \cdot l^3 \cdot (176 \cdot l^3 \cdot k_s + 243 EI)}{2 \cdot (224 l^6 \cdot k_s^2 + 240 \cdot l^3 \cdot EI \cdot k_s + 9EI^2)}$$

$$R_B = \frac{4 \cdot P \cdot k_s \cdot l^3 \cdot (43 \cdot l^3 \cdot k_s + 21 \cdot EI)}{224 l^6 \cdot k_s^2 + 240 \cdot l^3 \cdot EI \cdot k_s + 9EI^2}$$

(5) $R_A = R_B$ 일때, k_s 산정

$$R_A = R_B \qquad k_s = \frac{25EI}{56 \cdot l^3}$$

(6) $R_A = R_B$ 일때, 반력

$$R_A = R_B = \frac{25}{56} P$$

(7) A점, B점 수직처짐

$$R_A = k_s \cdot \delta_A \qquad \delta_A = \frac{P \cdot l^3}{EI}$$

$$R_B = 2 \cdot k_s \cdot \delta_B \qquad \delta_B = \frac{P \cdot l^3}{2EI}$$

끝

딸기맛호가든 : 113회 시험칠 당시 Ti-89 계산기를 쓰고 있었는데, 이 문제 푸는데 연산속도 부족해서 버벅거리는걸 보고 계산기를 보다 상위 기종으로 바꿨다고 한다.

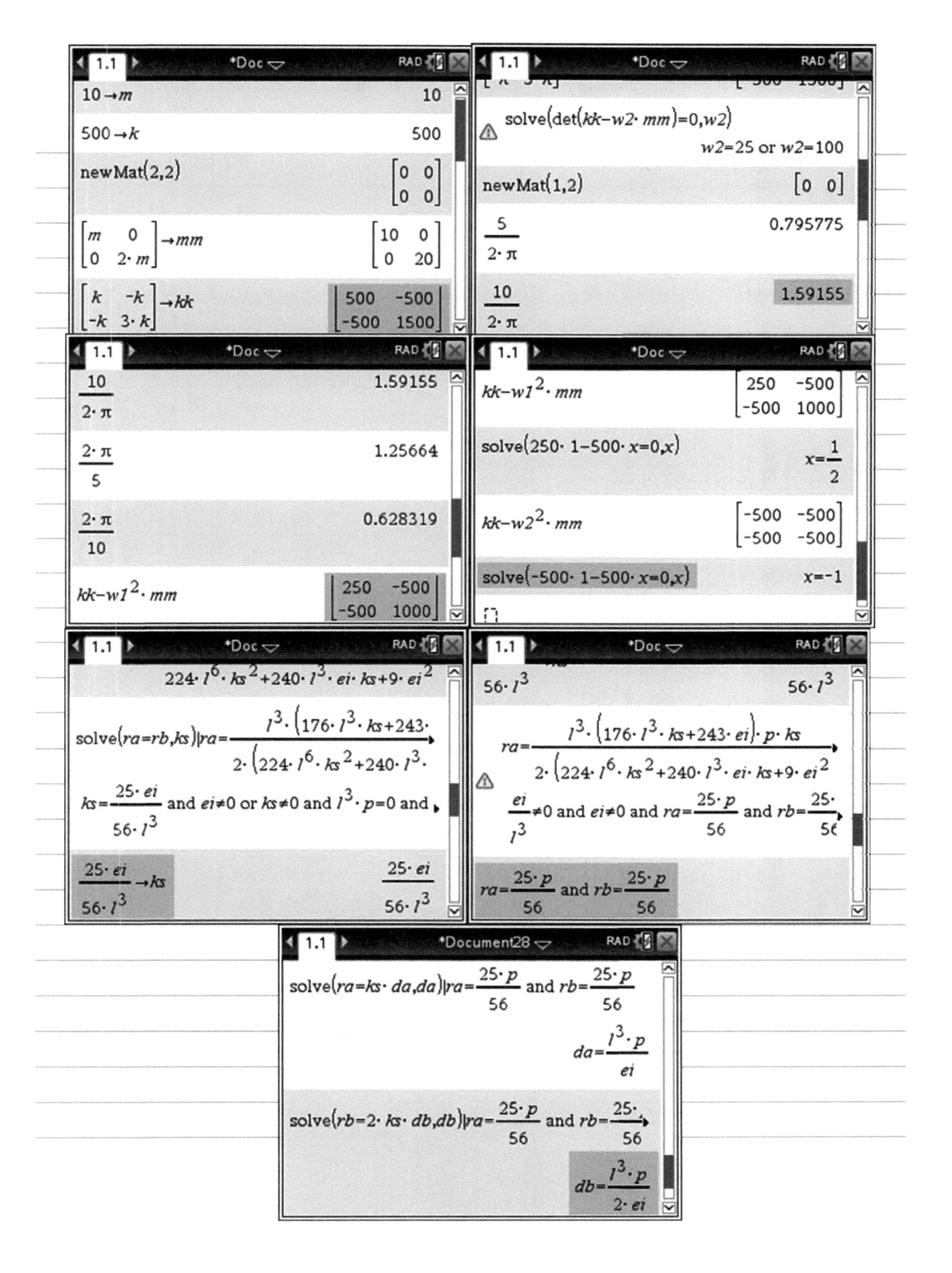

1.1
*Doc
RAD
10→m 10
500→k 500
newMat(2,2) [0 0; 0 0]
[m 0; 0 2·m]→mm [10 0; 0 20]
[k -k; -k 3·k]→kk [500 -500; -500 1500]
solve(det(kk-w2·mm)=0,w2)
w2=25 or w2=100
newMat(1,2) [0 0]
5/(2·π) 0.795775
10/(2·π) 1.59155
10/(2·π) 1.59155
2·π/5 1.25664
2·π/10 0.628319
kk-w1^2·mm [250 -500; -500 1000]
kk-w1^2·mm [250 -500; -500 1000]
solve(250·1-500·x=0,x) x=1/2
kk-w2^2·mm [-500 -500; -500 -500]
solve(-500·1-500·x=0,x) x=-1
224·l^6·ks^2+240·l^3·ei·ks+9·ei^2
solve(ra=rb,ks)|ra=l^3·(176·l^3·ks+243·/2·(224·l^6·ks^2+240·l^3·
ks=25·ei/(56·l^3) and ei≠0 or ks≠0 and l^3·p=0 and
25·ei/(56·l^3)→ks 25·ei/(56·l^3)
56·l^3 56·l^3
ra=l^3·(176·l^3·ks+243·ei)·p·ks/2·(224·l^6·ks^2+240·l^3·ei·ks+9·ei^2
ei/l^3≠0 and ei≠0 and ra=25·p/56 and rb=25·/56
ra=25·p/56 and rb=25·p/56
*Document28
solve(ra=ks·da,da)|ra=25·p/56 and rb=25·p/56
da=l^3·p/ei
solve(rb=2·ks·db,db)|ra=25·p/56 and rb=25·/56
db=l^3·p/(2·ei)

4. 각형강관 □-400×400×12(SM490)에 철근콘크리트로 채워진 8m 높이의 충전합성기둥의 중심에 고정하중 1800kN, 활하중 2500kN의 압축력이 작용할 때 충전합성기둥의 구조안전성을 검토하시오. (KBC2016 적용)

<113회 4교시>

◎ 검토조건

- 각형강관 : □-400×400×12 (SM490강재)

  F_y= 315MPa , F_u = 490MPa , $E_s = 2.05 \times 10^5$MPa, A_s=18,624mm²

- 콘크리트 : f_{ck} = 27MPa, $E_c = 2.67 \times 10^4$MPa, A_c=138,280mm²

- 철 근 : f_{yr} = 400MPa, $E_{sr} = 2.0 \times 10^5$MPa, HD22 (A_1=387mm²)

  A_{sr}=387×8=3,096mm²

- 하중조건 : P_{DL} = 1800kN, P_{LL} = 2500kN

- 기둥의 양단부 경계조건은 핀으로 가정한다.

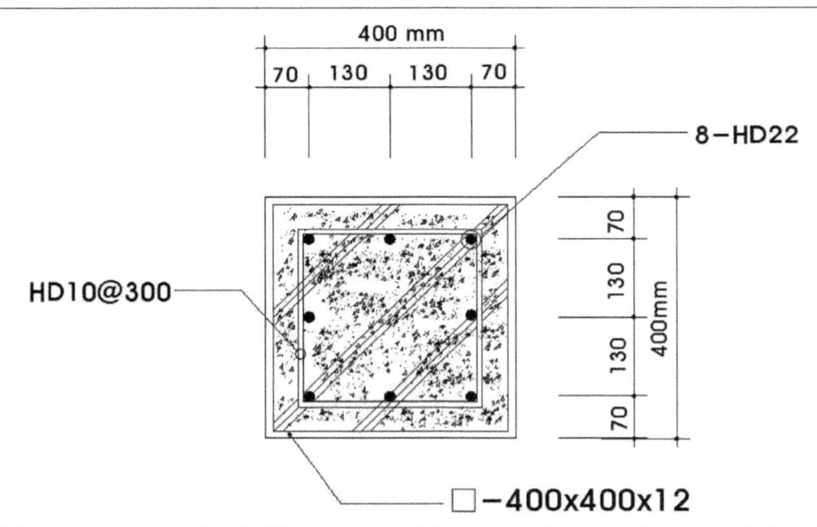

(1) 소요하중 산정

$$P_u = 1.2 \times P_{DL} + 1.6 \times P_{LL} = 6160 \text{ kN}$$

(2) 폭두께비 검토

$$\frac{400}{12} = 33.333 \leq 2.26\sqrt{E/F_y} = 57.654$$

조밀단면이다

(3) EI_{eff} 산정

$$I_s = \frac{400^4}{12} - \frac{376^4}{12} = 4.677\times10^8 mm^4$$

$$I_{st} = 3\times387\times130^2\times2 = 3.92418\times10^7 mm^4$$

$$I_c = \frac{376^4}{12} = 1.6656\times10^9 mm^4$$

$$C_3 = 0.6 + 2\cdot A_s/A_g = 0.837$$

$$EI_{eff} = E_s\cdot I_s + E_{st}\cdot I_{st} + C_3\cdot E_c\cdot I_c = 1.4097\times10^{14} N\cdot mm^2$$

(4) P_n

$$P_{no} = A_s\cdot F_y + A_{st}\cdot F_{yt} + 0.85A_c\cdot f_{ck} = 1.0279\times10^7 N$$

$$P_e = \frac{\pi^2\cdot EI_{eff}}{(KL)^2} = 2.174\times10^7 N$$

$P_{no}/P_e = 0.473 \le 2.25$ 이므로

$$P_n = P_{no}\times0.658^{P_{no}/P_e} = 8.433\times10^6 N = 8433.11kN$$

(5) 안전성 검토

$$\phi P_n = 0.75\times P_n = 6324.83kN \ge P_u = 6160kN$$

이 기둥은 안전하다.

끝

딸기맛호가든 : 충전형 합성기둥은 많이 출제되는 데에 비해 항상 비슷한 형태로 출제가 된다. 다만 113회에서는 합성기둥 내부에 철근이 배치되어 이전 문제보단 약간은 난이도가 높았다고 할 수 있다. 그래봐야 많이 어려운 사항은 결코 아니니 놓치지 말자.

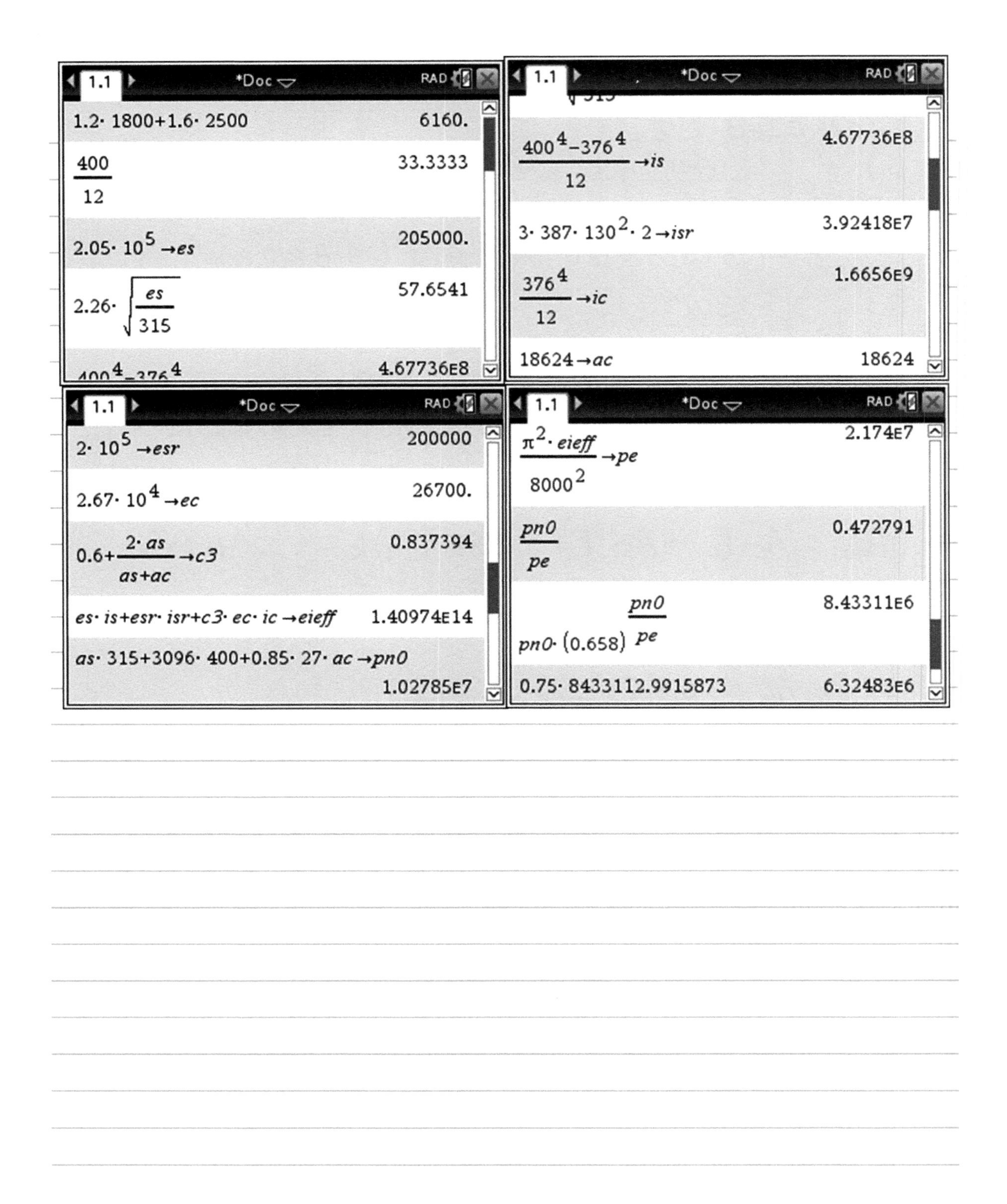
1.1 *Doc RAD
1.2· 1800+1.6· 2500 6160.
400/12 33.3333
2.05· 10^5 →es 205000.
2.26· √(es/315) 57.6541
4.67736E8
1.1 *Doc RAD
(400^4−376^4)/12 →is 4.67736E8
3· 387· 130^2· 2 →isr 3.92418E7
376^4/12 →ic 1.6656E9
18624 →ac 18624
1.1 *Doc RAD
2· 10^5 →esr 200000
2.67· 10^4 →ec 26700.
0.6+(2· as)/(as+ac) →c3 0.837394
es· is+esr· isr+c3· ec· ic →eieff 1.40974E14
as· 315+3096· 400+0.85· 27· ac →pn0 1.02785E7
1.1 *Doc RAD
(π^2· eieff)/8000^2 →pe 2.174E7
pn0/pe 0.472791
pn0· (0.658)^(pn0/pe) 8.43311E6
0.75· 8433112.9915873 6.32483E6

5. 나선철근과 띠철근 콘크리트 기둥의 설계축강도와 관련하여 다음 물음에 답하시오.

1) 설계축강도($\phi P_{n(max)}$) 식을 제시하시오. <113회 4교시>

2) 편심을 고려한 계수가 서로 다른 이유를 설명하시오.

3) 강도감소계수가 서로 다른 이유를 설명하시오.

4) 콘크리트 압축강도 f_{ck}에 추가로 계수를 적용하는 이유를 설명하시오.

5) 철근의 최대 설계기준항복강도를 제한하고 있는 이유를 설명하시오.

(1) 설계축강도 식을 제시하시오.

① P_o (공통)

$$P_o = A_s \cdot f_y + 0.85 \cdot f_{ck} \cdot A_c$$

(A_s: 철근단면적, f_y: 철근강도, f_{ck}: 콘크리트강도, A_c: 콘크리트 면적)

② 띠철근 기둥

$$\phi P_{n,max} = 0.65 \times 0.8 \times P_o$$

(0.65: ϕ, 0.8: 편심고려)

③ 나선철근 기둥

$$\phi P_{n,max} = 0.7 \times 0.85 \times P_o$$

(0.7: ϕ, 0.85: 편심고려)

(2) 편심을 고려한 계수가 다른 이유 (띠철근기둥: 0.8, 나선철근기둥: 0.85)

나선철근기둥의 연성적인 거동을 반영하였다.

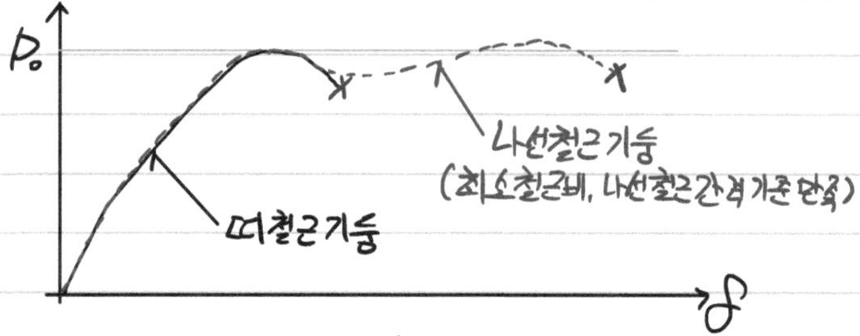

위 그림은 띠철근기둥과, 나선 철근기둥의 거동특성을 나타낸다.
띠철근 기둥은, 최대 하중도달 후 연성적인 거동을 거의 보이지 못하고 있으나,
나선철근기둥은, 최대하중도달 후 피복두께 만큼 떨어져 나간 후에도
나선 철근으로 구속된 내부 콘크리트와 주철근이 추가로 내력을 발휘하여
연성적인 거동을 보이게 되며, 이 효과를 반영하여 편심을 고려한 계수를
다르게 적용한다.

(3) 강도감소계수가 서로 다른 이유 (띠철근기둥 : 0.65, 나선철근기둥 : 0.7)

횡 구속효과에 의한 압축력 증가를 반영하였다.

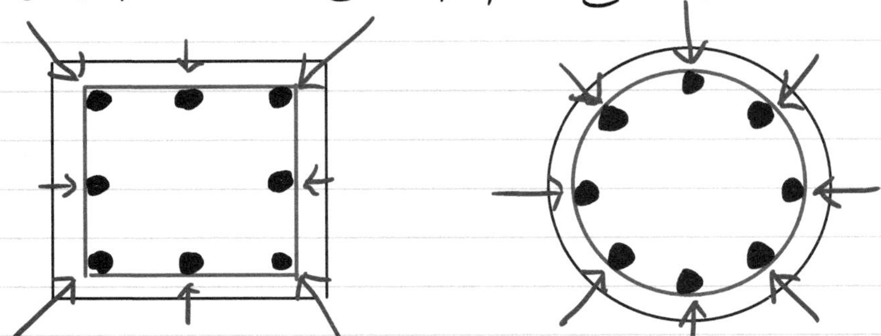

띠철근기둥의 횡구속효과는 모서리만 크다! $\phi = 0.65$

나선철근기둥의 횡구속효과는 모든방향에서 크다! $\phi = 0.7$

콘크리트는 횡방향 구속효과가 클수록 압축강도가 증가하는 특성을 보인다.
그런데, 위 그림에서와 같이 모서리만 강하게 구속되는 띠철근기둥보다 모든방향에서 강하게 구속되는 나선철근기둥이 전체적인 횡구속효과가 더 크므로,
이러한 횡방향 구속효과의 차이를 반영하여 강도감소계수를 다르게 적용한다.

(4) 콘크리트 압축강도 fck에 추가로 계수를 적용하는 이유

콘크리트의 재료적인 특성 및 실험과의 차이를 반영하였다.

$$P_0 = f_y \cdot A_s + 0.85 \cdot f_{ck} \cdot A_c$$

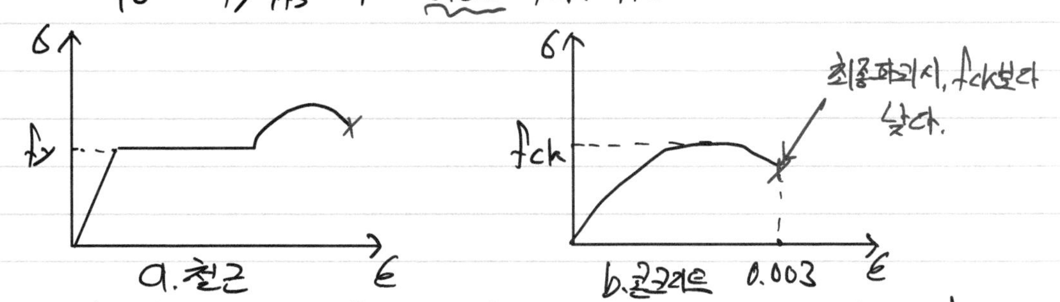

a. 철근

b. 콘크리트

항복이후 강도가 일정하다 증가하는 철근과 달리, 콘크리트의 강도는 fck 도달이후 오히려 작아지게 되며, 따라서 최종 파괴시의 압축강도는 fck보다 낮은 값이 되어야 한다. 또한 표준공시체의 실험시 조건과, 실제 압축력이 가해질 때의 실험조건과 실제 상황의 차이도 발생한다. 이런 차이를 반영하여 0.85fck로 적용한다.

(5) 철근의 최대 설계기준 항복강도를 제한하는 이유를 설명하시오.

$f_y \le 600\,MPa$

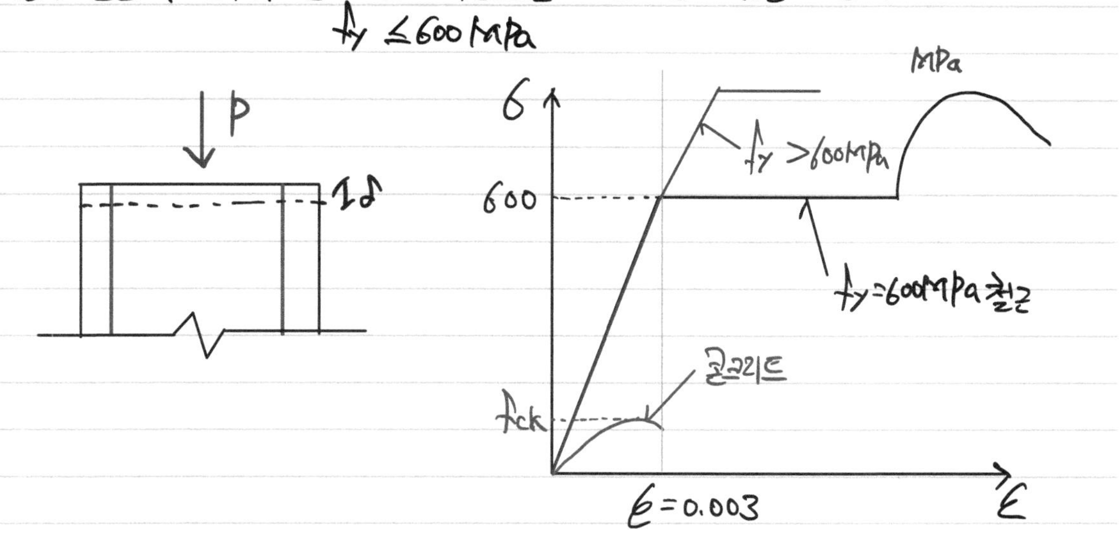

위 그림에서와 같이, 콘크리트의 파괴시 변형률인 $\varepsilon_{cu} = 0.003$ 이고, 이는 SD600 ($f_y = 600MPa$) 철근의 항복변형률과 동일하다.
$f_y > 600MPa$ 철근을 사용한다 해도, 콘크리트가 변형률 0.003에서 파괴할 것이므로, 철근의 항복강도는 변형률 0.003 일때의 강도인 600MPa 까지만 유효하다. 따라서 철근의 최대 설계기준 항복강도를 600MPa로 제한한다.
(우리는 철근콘크리트 설계시 완전부착을 가정하므로 같은위치 콘크리트 및 철근의 변형률은 동일하다.)

끝

딸기맛호가든 : 이 문제의 풀이에는 필자의 자의적인 해석이 많이 포함되어 있다. 그럼에도 이 5개의 항목에 대한 각각의 이유를 이해하는 것이 이후 다른 서술형 문제를 푸는 것에 많이 도움이 될 것이라 판단하여 자의적 해석이 많이 포함되었음에도 이 문제를 중요하게 판단하고 있다.

6. 매스콘크리트에 대하여 다음 사항을 중심으로 설명하시오. <113회 4교시>

1) 정의 및 적용범위 2) 온도균열

3) 온도균열지수 4) 수화열 저감대책 (6가지 이상)

KCS 14 20 42, 매스콘크리트

(1) 정의 및 적용범위

① 정의

넓이가 넓은 평판구조로서 두께 0.8m 이상인 경우

하단이 구속된 벽체로서 두께가 0.5m 이상인경우

② 적용범위

위의 정의에 포함된 경우 이외에 프리스트레스 등 부배합의 콘크리트가 쓰이는 경우 더 얇은 부재라도 구속조건에 따라 매스콘크리트 관련기준의 적용대상이 된다.

(2) 온도균열

① 내외부 온도차이에 의한 균열

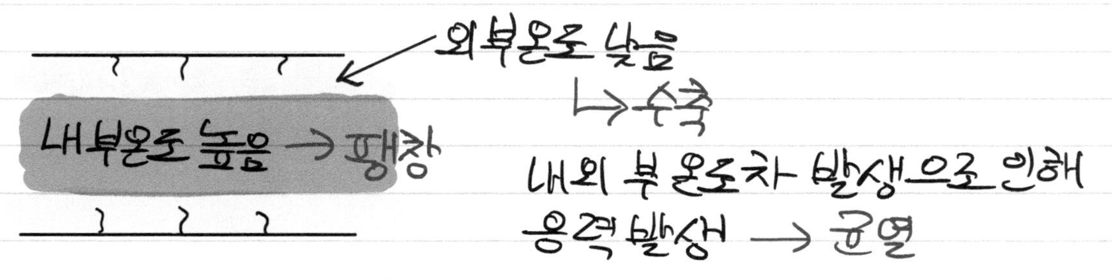

② 타설이후 수화열 감소에 의한 균열

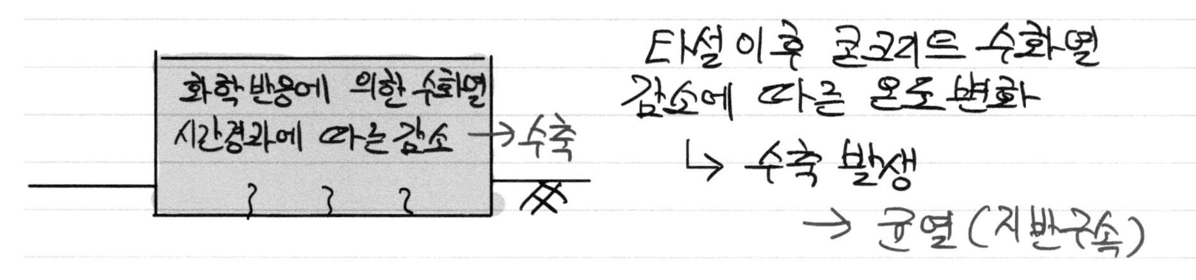

(3) 온도 균열 지수

임의 재령에서의 콘크리트의 인장강도와 수화열에 의한 온도응력 비율로서 온도균열을 평가하기 위한 지수

① 정밀한 해석에 의한 온도 균열지수

$$\text{온도균열지수 } I_{cr}(t) = \frac{f_{sp}(t)}{f_t(t)}$$

여기서 $f_t(t)$: 재령 t일에서 수화열에 의한 부재 내부 온도응력 (최대치)

$f_{sp}(t)$: 재령 t일에서의 콘크리트의 쪼갬인장강도

② 조건에 따른 온도균열지수 기준값

균열발생 방지시 : 1.5이상

균열 발생 제한시 : 1.2~1.5

유해한 균열발생 제한시 : 0.7~1.2

(4) 수화열 저감대책

① 저 발열 시멘트 사용

② 단위시멘트 량 저감 (플라이 애쉬, 고로슬래그 사용)

③ 유동화제, 지연 제 등의 혼화제 사용

④ 분 말도 조절 (분말도 클수록 반응속도증가)

→ 반응속도 감소

⑤ 보온 양생 → 내외부 온도차 감소

⑥ 분할 타설

끝

딸기맛호가든 : 이문제는 웬지 시공기술사에나 나와야 할꺼같은 느낌이..
KCS 는 표준시방서와 관련된 코드번호이다.

114회 건축구조기술사

(2018년 2월 4일 시행)

대상	응시	결시	합격자	합격률
295	254	41	17	6.69%

총 평

난이도 중하

1~4교시 모두 전체적으로 무난한 시험이었다. 3~4교시는 조금 까다로운 편이었지만, 역학에 비교적 강한 사람이라면 어떻게든 커버할 수 있는 수준이었다.

까다로운 문제들 난이도만 보면 113회보다 난이도가 높다고 할수 있으나, 2교시의 쉬운문제들로 인해 숨통이 트였을거라는 점, 그리고 난이도가 높은 문제들중에 역학문제는 풀기만 하면 고득점이 가능했을 거라는 점에서 전체적으로는 113회랑 비슷한 수준의 난이도라고 판단된다.

114회의 특징은, 계산문제중에 역학문제의 출제비율이 유난히 높다는 점이다. 역학이 강한데 다른부분이 약해서 그동안 합격하지 못했던 수험생들은 114회에서 대거 합격했을 것이라 판단된다. 114회에 유난히 합격자가 많았던 이유 또한, 역학문제는 맞췄을 때 고득점을 했을 가능성이 높기 때문으로 판단된다.

물론.. 6.69%정도의 합격률을 높다고 판단해야 하는 시점에서 이미.. 건축구조기술사 시험의 어려움을 다시 실감하게 된다고 해야하나..

국가기술자격 기술사 시험문제

기술사 제 114 회 　　　　　　　　　　　　제 1 교시 (시험시간: 100분)

분야	건설	종목	건축구조기술사	수험번호		성명	

수험자 여러분의 합격을 기원합니다. 　　　　　　　　공익신고 홈페이지 : www.cleani.org

※ 다음 문제 중 10문제를 선택하여 설명하시오. (각10점)

1. 건축구조기준(KBC2016)의 돌발하중에 대한 하중조합에 대하여 설명하시오.
2. 주동토압, 수동토압, 정지토압을 각각 설명하고 각 토압이 작용하는 예를 들어 설명하시오.
3. 콘크리트구조에서 연속보 또는 1방향슬래브의 해석에 근사해법을 적용할 수 있는 조건을 나열하시오.
4. 콘크리트구조의 중간모멘트골조에서 기둥 양단부 횡보강철근의 배근상세를 설명하시오.
5. 「건축물의 구조기준등에 관한 규칙」에 의하면, 내진능력표기가 의무화되어 있는 바, 응답스펙트럼 방식에 의한 최대지반가속도(g)에 대한 산정근거식을 적고 산정근거식에 포함된 용어 및 계수를 설명하시오.
6. 아래 용어의 정의를 설명하시오.

   1) 지반의 극한지지력 　2) 지반의 허용지지력 　3) 지반의 허용지내력

   4) 말뚝의 극한지지력 　5) 말뚝의 허용지지력 　6) 말뚝의 허용지내력
7. 건축구조기준(KBC2016)의 하중조합식에서 지진하중이 포함된 강도설계법의 소요강도 하중조합식과 허용응력법의 하중조합식을 설명하시오.

   (단, F, Lr, S, R은 하중조합식에서 제외한다.)

2 - 1

국가기술자격 기술사 시험문제

기술사 제 114 회 제 1 교시 (시험시간: 100분)

분야	건설	종목	건축구조기술사	수험번호		성명	

8. 건축구조기준(KBC2016) 지진하중에서 정의하고 있는 반응수정계수(R)와 변위증폭계수(C_d)를 비교하여 설명하시오.
9. 프리스트레스트 보에서 비부착(Debonding)의 의미와 비부착(Debonding)하는 강연선의 개수제한에 대하여 설명하시오.
10. 굴복좌굴(Flattening or Limit-point Buckling)에 대하여 설명하시오.
11. 바닥판의 공진현상, 맥놀이 현상 및 바닥진동 제한값에 대하여 설명하시오.
12. 샤르피 충격시험(Charpy Impact Test)방법, 파면율, 천이곡선 및 천이온도에 대하여 설명하시오.
13. 콘크리트 현장공시체 강도미달시 조치사항 및 재하시험에 대하여 설명하시오.

국가기술자격 기술사 시험문제

분야	건설	종목	건축구조기술사	수험번호		성명	

※ 다음 문제 중 4문제를 선택하여 설명하시오. (각25점)

1. 다음 단순보에서 A, B 지점의 지점반력을 구하고 단면력도(전단력도, 휨모멘트도, 축방향력도)를 도시하시오.

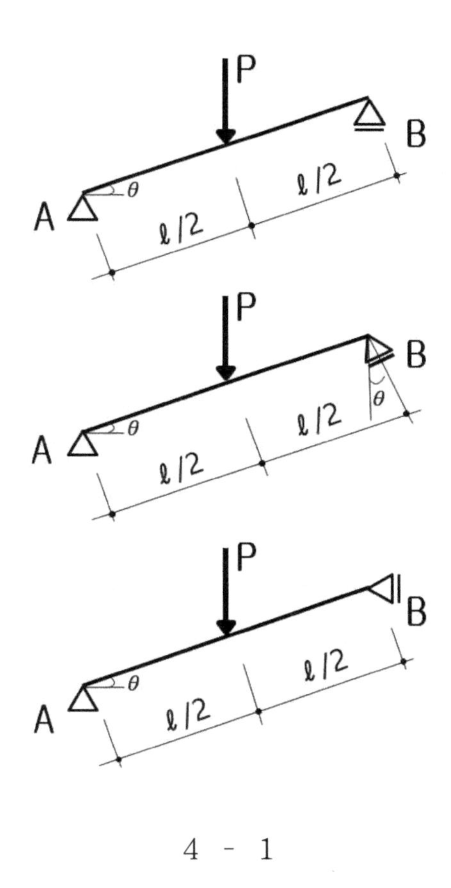

국가기술자격 기술사 시험문제

기술사 제 114 회 제 2 교시 (시험시간: 100분)

분야	건설	종목	건축구조기술사	수험번호		성명	

2. 다음과 같이 지지점을 지나 연장되는 휨철근(5-D25)이 정착요구조건을 만족하는지 검토하시오.

검토조건
- 휨철근은 지지점의 중심을 지나 200 mm 연장되었음
- 스터럽은 표기되지 않았으며 스터럽의 간격은 충분히 안전한 것으로 가정함
- 보통중량콘크리트이고, $f_{ck}=24$ MPa, $f_y=400$MPa
- 정착철근 순간격 d_b이상, 피복두께 d_b이상, 휨철근량은 적정하게 배근되고 도막되지 않음
- $D25(d_b=25mm,\ A_b=507mm^2)$

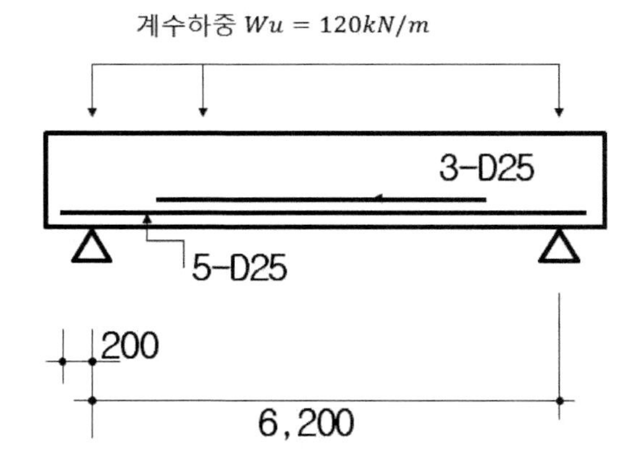

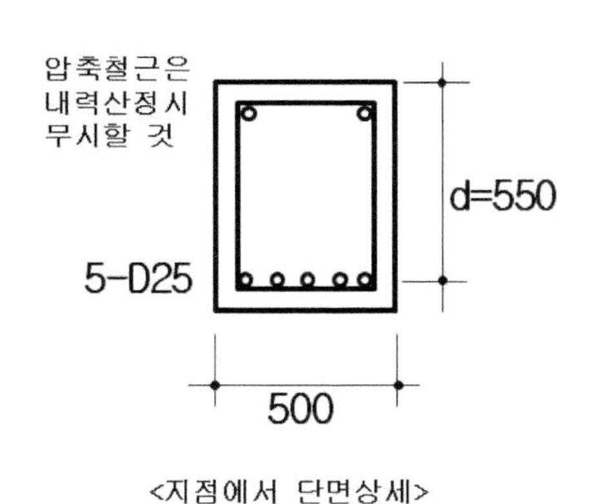

<지점에서 단면상세>

4 - 2

국가기술자격 기술사 시험문제

기술사 제 114 회　　　　　　　　　　　　　　　　　　제 2 교시 (시험시간: 100분)

분야	건설	종목	건축구조기술사	수험번호		성명	

3. F10T 고장력볼트 M20(공칭단면적 314 mm^2), M22(공칭단면적 380 mm^2)의 설계미끄럼강도를 구하시오.

검토조건
- 구멍은 표준구멍과 대형구멍의 두 가지를 고려하고 마찰면은 블라스트 후 페인트하지 않음 - 전단 및 지압강도는 충분히 안전함 - 설계볼트장력은 직접 구하기 바람 - 필러계수는 1.0 적용 - 전단면의 수는 1 적용

4. 다음 트러스에서 A점의 수직변위 δ_v를 구하시오.

(단, 모든 부재의 단면적은 200 mm^2, 탄성계수는 2×10^5 MPa이다.)

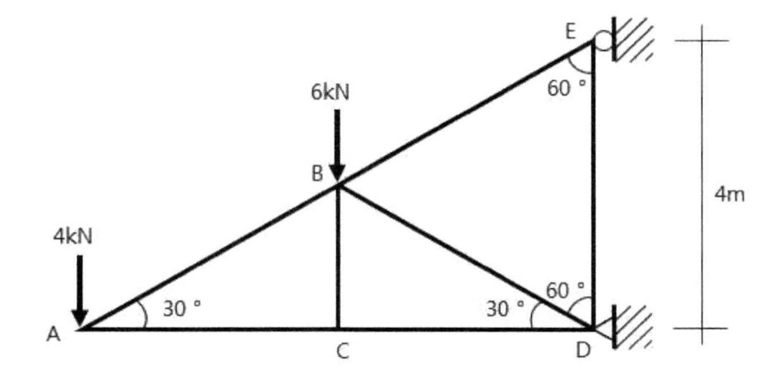

4 - 3

국가기술자격 기술사 시험문제

기술사 제 114 회 　　　　　　　　　　　　　　　　　　　　제 2 교시 (시험시간: 100분)

분야	건설	종목	건축구조기술사	수험번호		성명	

5. 강재기둥에서 메탈터치(metal touch)이음의 장·단점에 대하여 설명하시오.

6. 그림과 같은 강봉에서 탄소성 처짐을 고려한 B점의 처짐을 구하시오.

(단, 자중과 하중을 모두 고려하고 단면적 A = 1000 mm^2, 단위중량 γ_w = 25 kN/m^3, 항복응력 δ_y = 104 MPa, E_1 = 80000 MPa, E_2 = 15000 MPa이다.)

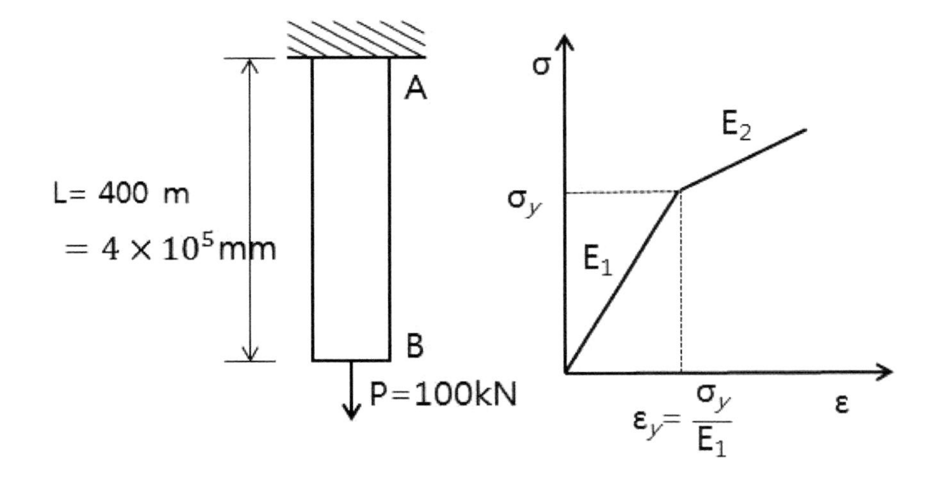

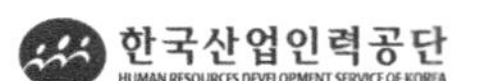

국가기술자격 기술사 시험문제

기술사 제 114 회 제 3 교시 (시험시간: 100분)

분야	건설	종목	건축구조기술사	수험번호		성명	

수험자 여러분의 합격을 기원합니다. 공익신고 홈페이지 : www.cleani.org

※ 다음 문제 중 4문제를 선택하여 설명하시오. (각25점)

1. 다음 그림과 같은 단면을 갖는 철근콘크리트 부재의 콘크리트에 경과시간 t(일)에 따라 ϵ_{sh}로 주어지는 건조수축이 발생한다. 이 건조수축으로 인한 인장응력이 콘크리트의 인장강도 f_t를 초과하여 균열이 발생하는 시점을 예측하시오.

   (단, 건조수축은 콘크리트 단면 내에서 부재 길이 방향으로 동일하게 발생한다고 가정하고 크리프와 같은 다른 장기거동 효과는 무시한다.)

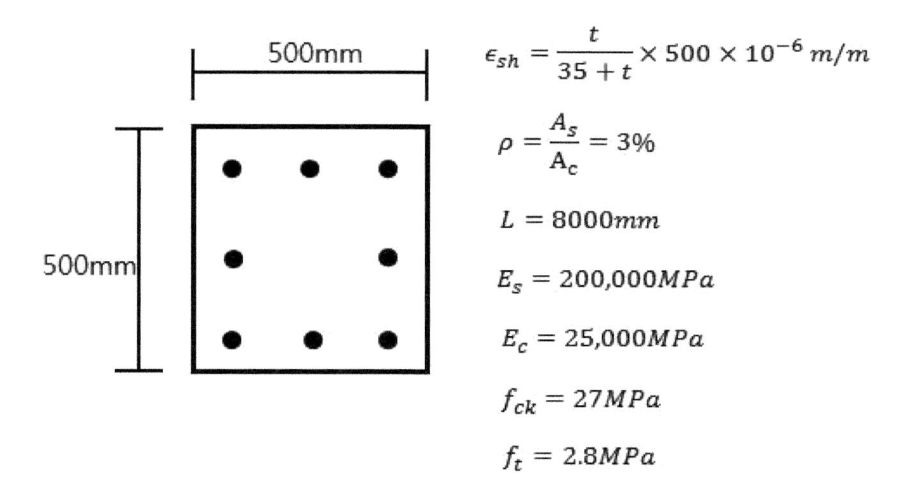

500mm
500mm
$\epsilon_{sh} = \frac{t}{35+t} \times 500 \times 10^{-6}\ m/m$
$\rho = \frac{A_s}{A_c} = 3\%$
$L = 8000mm$
$E_s = 200{,}000MPa$
$E_c = 25{,}000MPa$
$f_{ck} = 27MPa$
$f_t = 2.8MPa$

4 - 1

국가기술자격 기술사 시험문제

기술사 제 114 회 제 3 교시 (시험시간: 100분)

분야	건설	종목	건축구조기술사	수험번호		성명	

2. 그림과 같은 조건의 H형강 H-400×400×13×21(SHN355) 기둥에 $P_D = 700\,\text{kN}$, $P_L = 1200\,\text{kN}$ 의 압축력이 작용하고 복곡률을 유발하는 강축방향의 재단모멘트가 양쪽 단부에 $M_{nt.D} = 100\,\text{kN}\cdot\text{m}$ 및 $M_{nt.L} = 200\,\text{kN}\cdot\text{m}$이 작용할 경우, 이 기둥의 소요휨강도를 산정하시오.
(단, 기둥의 면외방향 유효좌굴길이계수 K_x=K_y=1.0이다.)

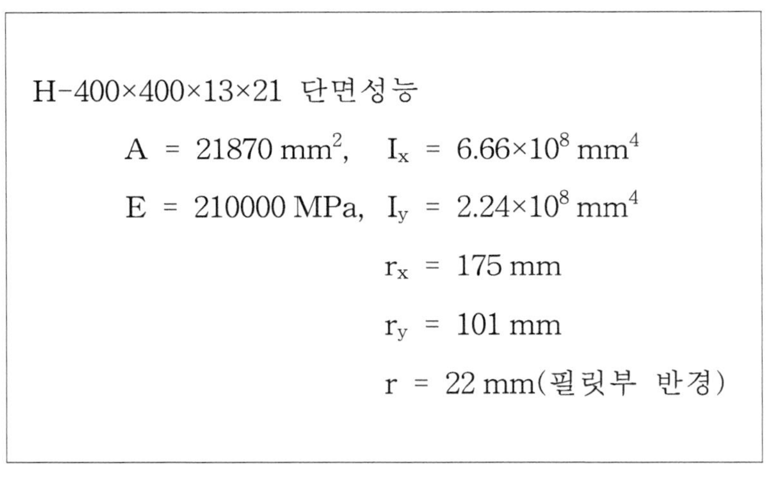
H-400×400×13×21 단면성능

$A = 21870\,\text{mm}^2$, $I_x = 6.66\times10^8\,\text{mm}^4$

$E = 210000\,\text{MPa}$, $I_y = 2.24\times10^8\,\text{mm}^4$

$r_x = 175\,\text{mm}$

$r_y = 101\,\text{mm}$

$r = 22\,\text{mm}$(필릿부 반경)

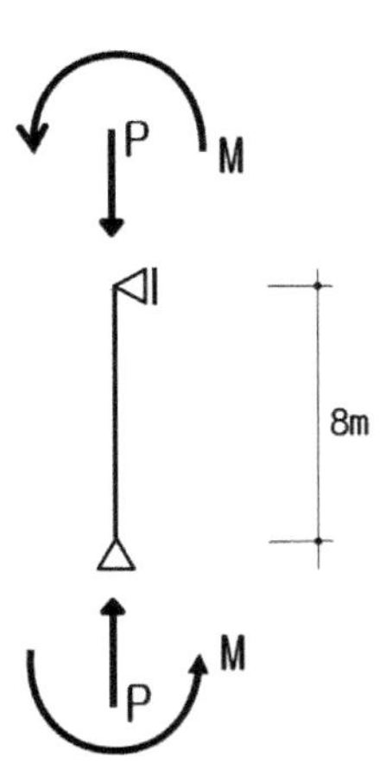

3. 말뚝에서 부마찰력의 발생원인 및 저감방안에 대하여 설명하시오.

4 - 2

국가기술자격 기술사 시험문제

기술사 제 114 회 제 3 교시 (시험시간: 100분)

분야	건설	종목	건축구조기술사	수험번호		성명	

4. 그림과 같이 2개의 보로 이루어진 구조물을 u_1과 u_2의 2자유도 시스템으로 동적해석하려고 한다. 지반에 수평지반가속도 $\ddot{u}_g(t)$가 작용할 때 주어진 구조물의 운동방정식을 유도하시오.
(단, 감쇠와 보의 축변형은 무시한다.)

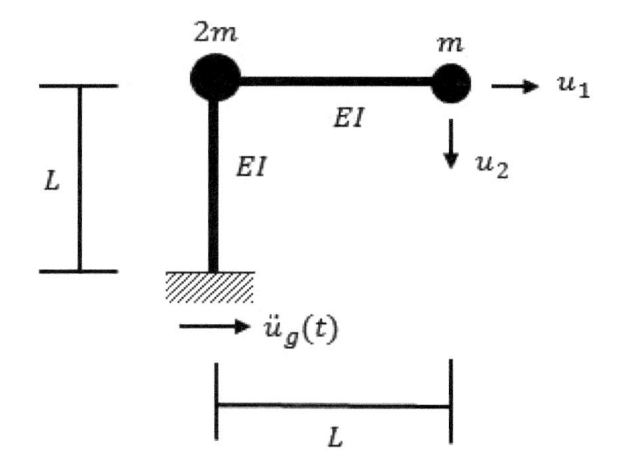

5. 콘크리트의 초기동해에 영향을 주는 인자 5가지를 설명하시오.

4 - 3

국가기술자격 기술사 시험문제

기술사 제 114 회 제 3 교시 (시험시간: 100분)

분야	건설	종목	건축구조기술사	수험번호		성명	

6. H형강기둥 주각에 소요응력 ($M_u = 400\,\text{kN}\cdot\text{m}$, $P_u = 1000\,\text{kN}$)이 작용할 때 아래 조건을 이용하여 앵커볼트 개수(6개) 및 베이스플레이트 두께(50 mm)의 안전에 대하여 검토하시오.
(단, 별도의 소요응력 계산, 리브플레이트 설계, 주각용접부 설계 및 앵커볼트 상세 설계는 생략한다.)

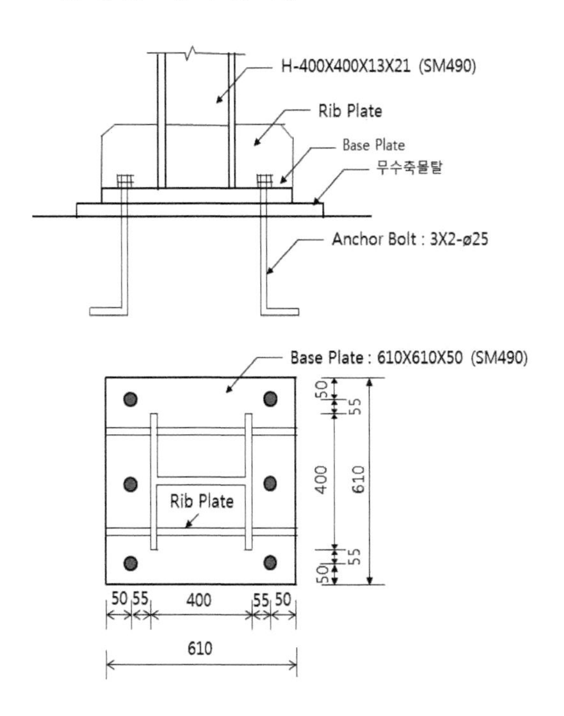

앵커볼트

$F_y = 480\text{MPa}$, $F_u = 600\text{MPa}$

$\lambda = 1$ (베이스플레이트 설계 시 단순화 하기 위한 안전을 고려한 계수)

$\sqrt{\dfrac{A_2}{A_1}} = 1$

$f_{ck} = 24\,\text{MPa}$

기둥 : H－400×400×13×21
(SM 490,
$F_y = 315\,\text{MPa}$, $F_u = 490\,\text{MPa}$)

국가기술자격 기술사 시험문제

기술사 제 114 회 　　　　　　　　　　　　　　　　　　제 4 교시 (시험시간: 100분)

분야	건설	종목	건축구조기술사	수험번호		성명	

수험자 여러분의 합격을 기원합니다. 　　　　　　　　　　　공익신고 홈페이지 : www.cleani.org

※ 다음 문제 중 4문제를 선택하여 설명하시오. (각25점)

1. 초고층 건축의 CFT(Concrete Filled Steel Tube) 기둥과 철골보의 접합부 형식에 대하여 설명하시오.

2. 다음 구조물의 정정, 부정정을 판정한 후 지점반력을 구하고 단면력도(휨모멘트도, 전단력도, 축방향력도)를 그리시오.

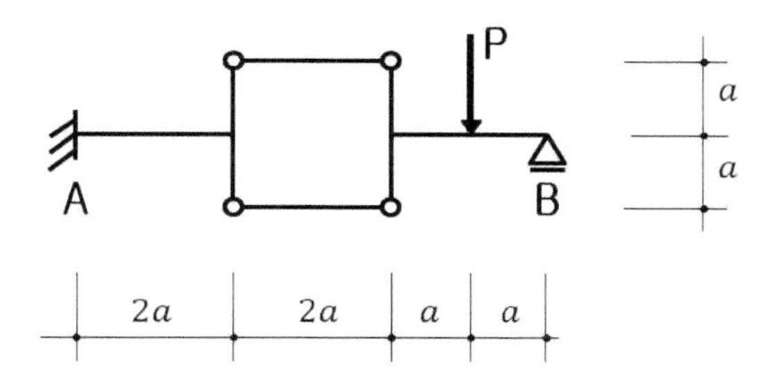

3. 다음 구조물에서 A, B, C점의 수평반력을 구하시오.

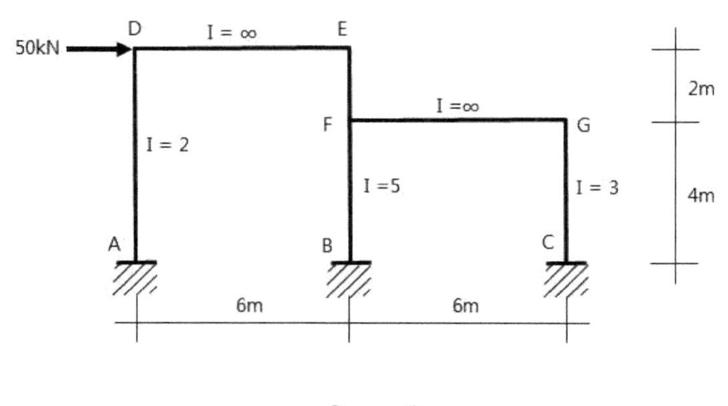

3 - 1

국가기술자격 기술사 시험문제

기술사 제 114 회 　　　　　　　　　　　　　　　　　　　　　제 4 교시 (시험시간: 100분)

분야	건설	종목	건축구조기술사	수험번호		성명	

4. 다음 조건을 이용하여 정사각형단면 기둥(C1)에 지지되는 C1기둥 부위의 플랫슬래브 전단에 대하여 검토하고, 만약 설계기준을 만족하지 못하면 전단철근을 사용하여 보강설계를 하시오.

w_d = 6 kN/m^2

w_l = 4 kN/m^2

주철근비 ρ = 0.005

C1기둥 크기 500 mm × 500 mm

플랫슬래브 크기 $l_1 = l_2 = 6.5m$

슬래브 두께 h = 200 mm

(d = 160 mm)

f_{ck} = 27MPa (보통콘크리트)

스터럽은 D10

(A_v = 71.3 mm^2, f_y = 400 MPa)

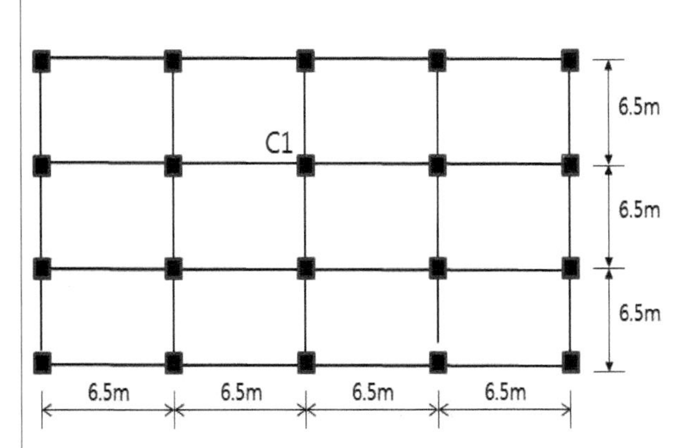

3 - 2

국가기술자격 기술사 시험문제

기술사 제 114 회 제 4 교시 (시험시간: 100분)

분야	건설	종목	건축구조기술사	수험번호		성명	

5. 다음 그림과 같은 보에서 탄성상태에서의 휨모멘트도를 작성하고, A점과 C점에서 모두 소성힌지가 형성될 때의 하중은 탄성한도 일때의 하중의 몇 배인지 구하시오.
(단, $\dfrac{M_p}{M_y}=1.5$로 한다.)

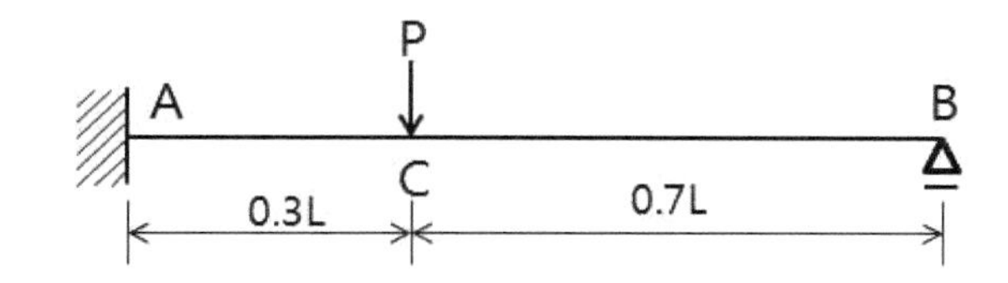

6. 다음과 같이 띠철근으로 보강된 철근콘크리트 기둥의 균형변형률 상태의 설계축강도 ϕP_{nb}와 설계휨강도 ϕM_{nb}를 각각 구하시오.
(단, $f_{ck}=27\,\mathrm{MPa}$, $f_y=400\,\mathrm{MPa}$, 콘크리트 외면에서 철근 중심까지의 거리는 65 mm이다.)

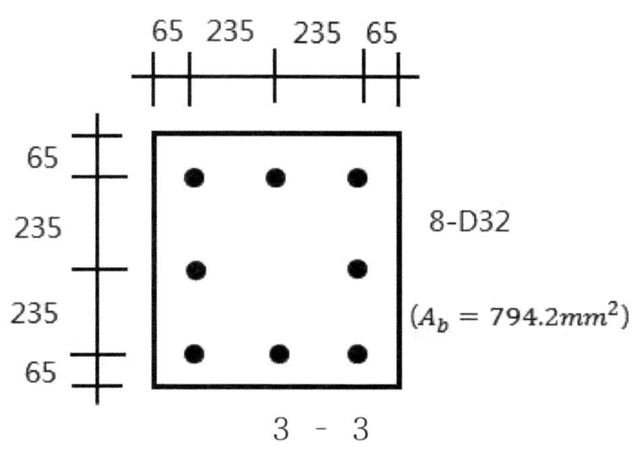

3 - 3

114회 기출문제 풀이

KDS41

1. 건축구조기준(~~KBC2016~~)의 돌발하중에 대한 하중조합에 대하여 설명하시오.

<114회 1교시>

KDS 41 10 15, 1.5.3 돌발하중에 대한 하중조합

(1) 건축구조물이 화재, 폭발, 차량충돌 등에 의한 돌발하중에 저항하여 비비례 붕괴를 방지하도록 다음의 하중조합을 이용하여 검토

$$(0.9 \text{ or } 1.2)D + A_k + 0.5L + 0.2S$$

여기서, A_k : 돌발사고 A에 의한 하중
D : 고정하중
L : 활하중
S : 적설하중

(2) 돌발하중 발생이후 잔존저항능력 평가시의 하중조합
돌발사고 발생시, 손상이 크게 발생이 예상되는 부재를 책임구조기술자가 식별하여 선정하고, 이 부재가 제거된 상태에서 다음의 하중조합으로 잔존저항능력 평가

$$(0.9 \text{ or } 1.2)D + 0.5L + 0.2(L_r \text{ or } S \text{ or } R)$$

여기서, L_r : 지붕활하중
R : 강우하중

끝

딸기맛호가든 : 돌발사고는 발생확률이 높은 편이 아니므로, 상황에 따라 부재의 비탄성 거동까지 허용하는 수준으로 설계하기도 한다. 따라서 돌발사고시 직접 영향을 받는 부재는 심각한 피해를 입는 수준으로 설계될 수도 있다. 이런 경우까지 고려해야 하므로, 잔존저항능력에서 손상이 클 것으로 예측되는 부재를 제거한 상태에서 구조물의 잔존저항능력을 검토하여야 한다.

딸기맛호가든 : 대표적인 적용사례로는 방폭설계가 있다.

2. 주동토압, 수동토압, 정지토압을 각각 설명하고 각 토압이 작용하는 예를 들어 설명하시오.

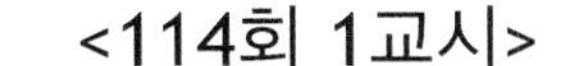
<114회 1교시>

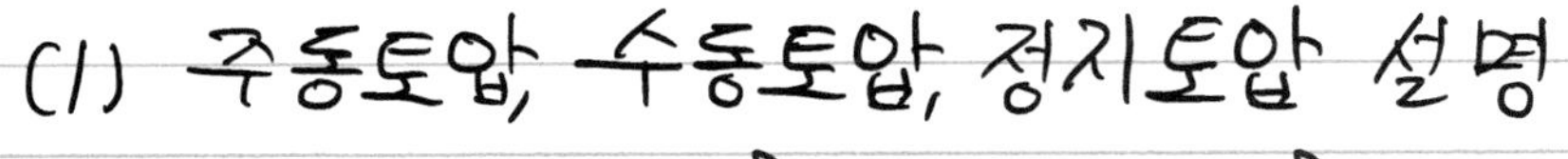
(1) 주동토압, 수동토압, 정지토압 설명

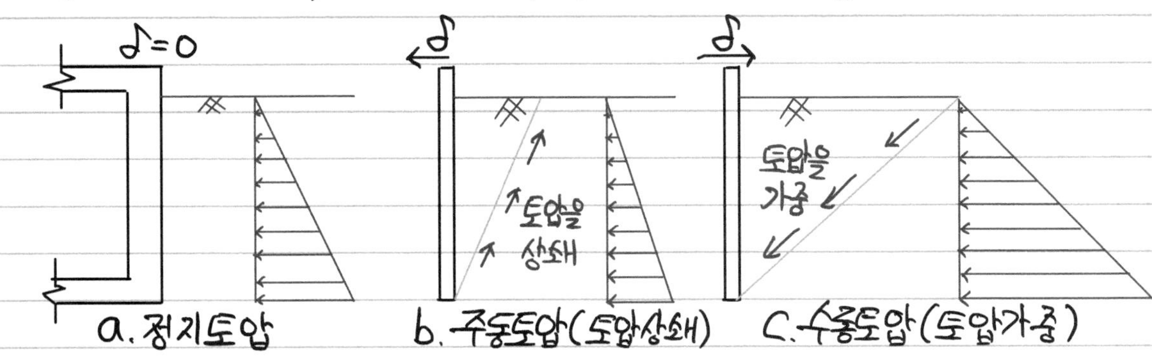

(2) 지하외벽에서의 토압 ⟶ 정지토압 작용

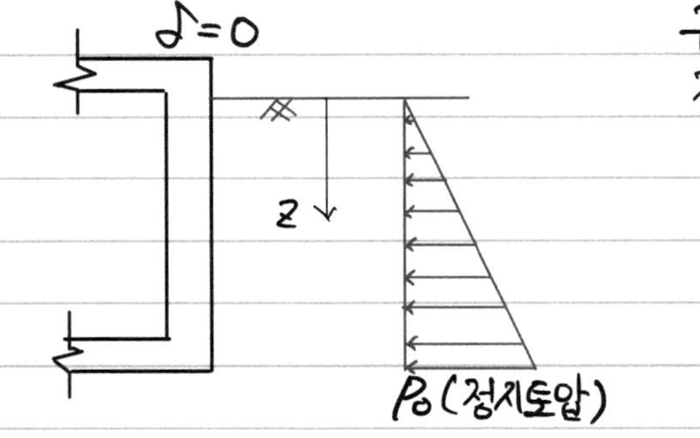

구조물에 지지되어 변위가 발생하지 않으므로 정지토압 작용

$P_{0,z} = K_0 \cdot \gamma \cdot z$

여기서 K_0(정지토압계수) $= 1 - \sin\phi$

γ : 흙의 단위무게

w : 상재하중

(3) 옹벽에서의 토압 ⟶ 주동토압, 수동토압 작용

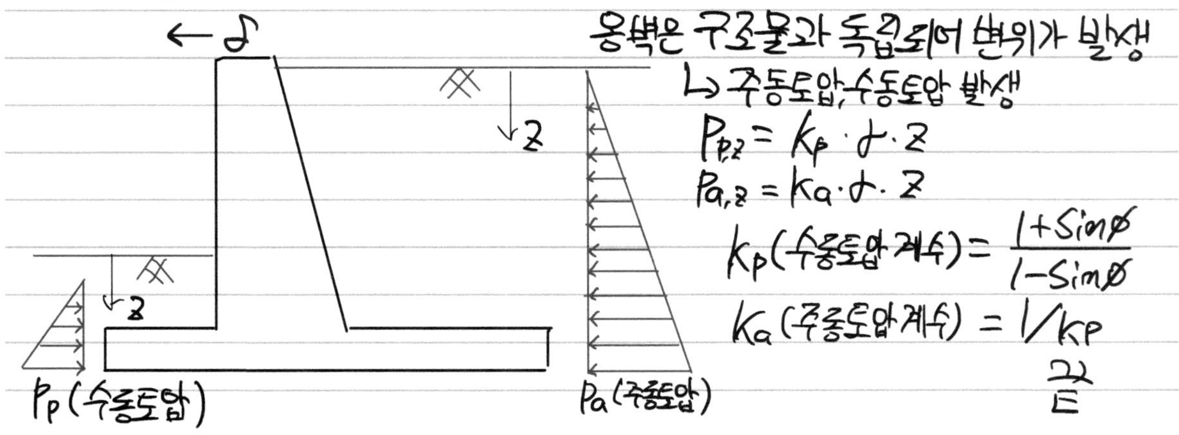

옹벽은 구조물과 독립되어 변위가 발생

↳ 주동토압, 수동토압 발생

$P_{p,z} = K_p \cdot \gamma \cdot z$

$P_{a,z} = K_a \cdot \gamma \cdot z$

K_p(수동토압계수) $= \dfrac{1+\sin\phi}{1-\sin\phi}$

K_a(주동토압계수) $= 1/K_p$

끝

M군 : (3) 옹벽에서의 토압관련 다음항목 추가

- **주동토압 지지 구조물의 경우 토압에 대해 완전히 지지하지 못하여 구조물 자체에 추가적인 거동이 발생하게 되므로, 활동, 전도, 침하의 구조안정성 검토를 추가적으로 수행해야 한다.**
- **주동토압 지지 구조물에 발생하는 추가적인 거동으로 인해 토압의 에너지 소산효과가 발생하게 되므로, 주동토압은 에너지 소산효과가 고려되지 않은 정지토압보다 크기가 작다 (K_0 > K_a)**

3. 콘크리트구조에서 연속보 또는 1방향슬래브의 해석에 근사해법을 적용할 수 있는 조건을 나열하시오. <114회 1교시>

다음의 조건을 모두 만족시 근사해법 적용가능

(1) 2경간이상
(2) 인접 경간의 차이가 짧은경간의 20% 이하
(3) 등분포하중 작용
(4) 활하중이 고정하중의 3배 이하
(5) 부재의 단면크기가 일정.

또한 근사해법 적용시 연속휨부재의 부모멘트 재분배가 불가하다.

끝

M군 : 항목별 다음 설명 추가

(1) 2경간 이상

- 1경간일 경우 구조역학적 원리에 따라 산정 필요

(2) 인접경간의 차이가 짧은경간의 20% 이하

- 위의 조건에서 20%초과시 근사해석법의 공식들과 실제 구조역학적 원리에 의해 산정한 공식들과의 차이가 커지므로 오차율이 증가

(3) 등분포 하중 작용

- 인접슬래브에 과하중이 걸릴 경우 근사해석법과 실제 구조역학적 원리에 의한 해석 사이의 오차율 증가

(4) 활하중이 고정하중의 3배 이하

- 활하중이 고정하중에 비해 상대적으로 너무 클 경우 즉시처짐 증가 ~δ_L
- 과처짐에 의해 추가하중이 발생하므로 근사해석법 적용 불가

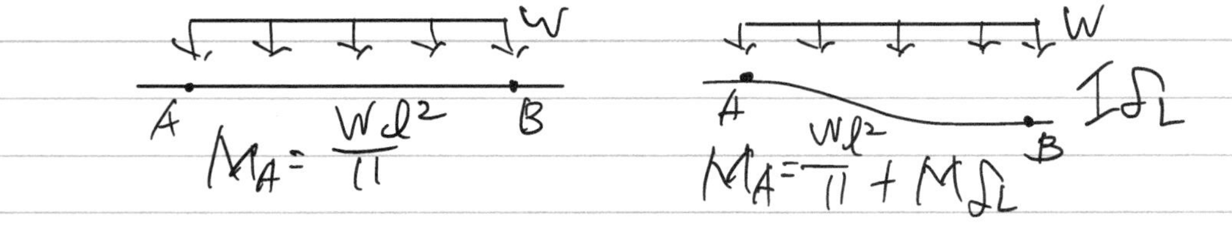

(5) 부재 단면크기가 일정

- 부재 단면 크기 차이가 클 경우 부재 강성차이로 인한 상대처짐 발생으로 인해 추가하중이 발생하게 되므로 근사해석법 적용 불가

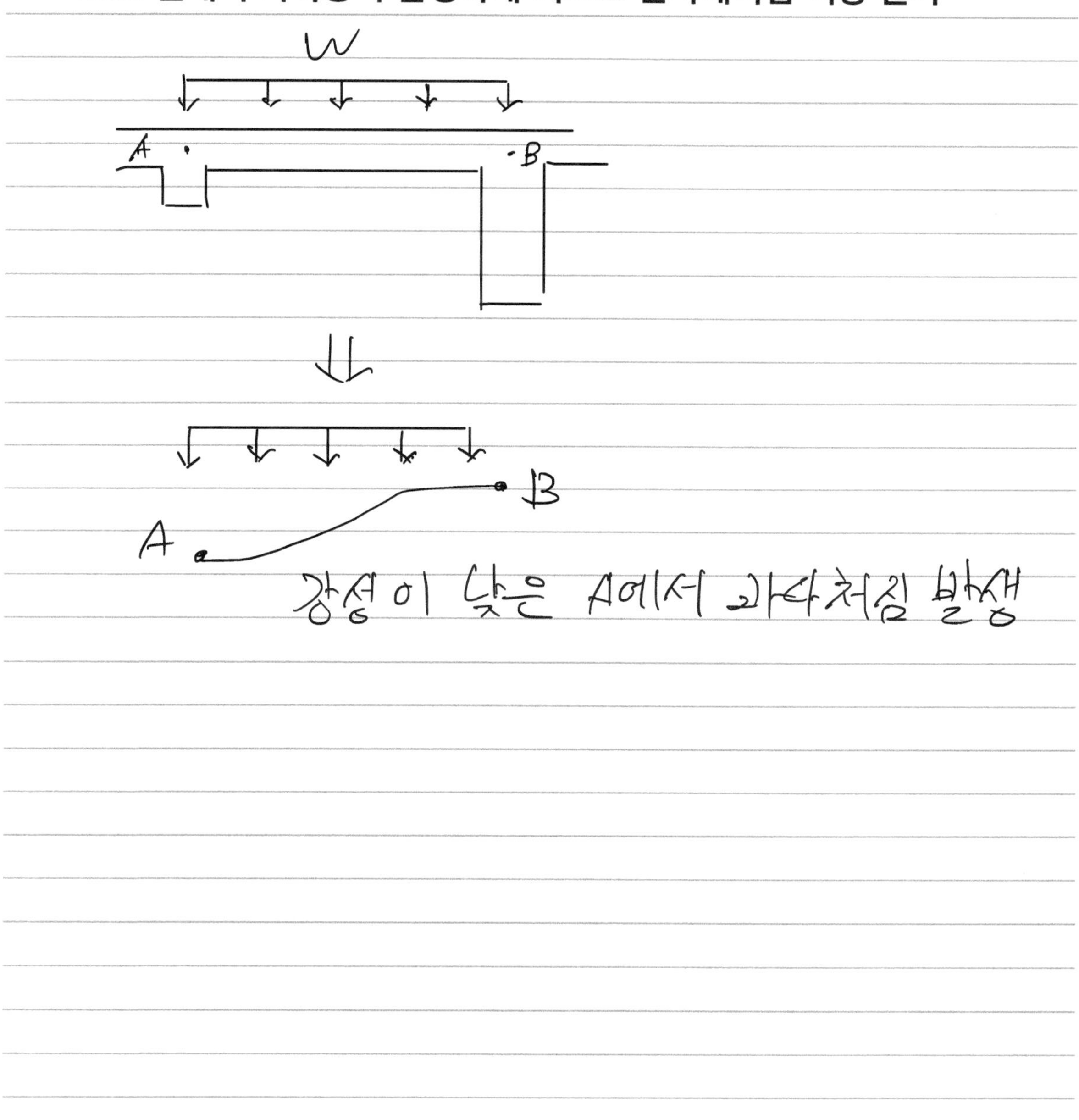

4. 콘크리트구조의 중간모멘트골조에서 기둥 양단부 횡보강철근의 배근상세를 설명하시오.

<114회 1교시>

KBC 2016 기준 및 해설 해그림 0520.5.4

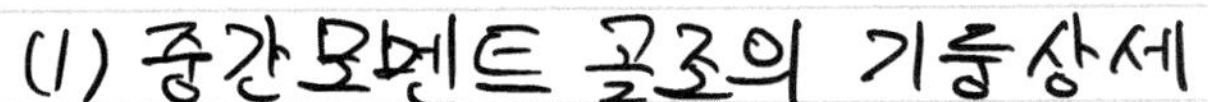

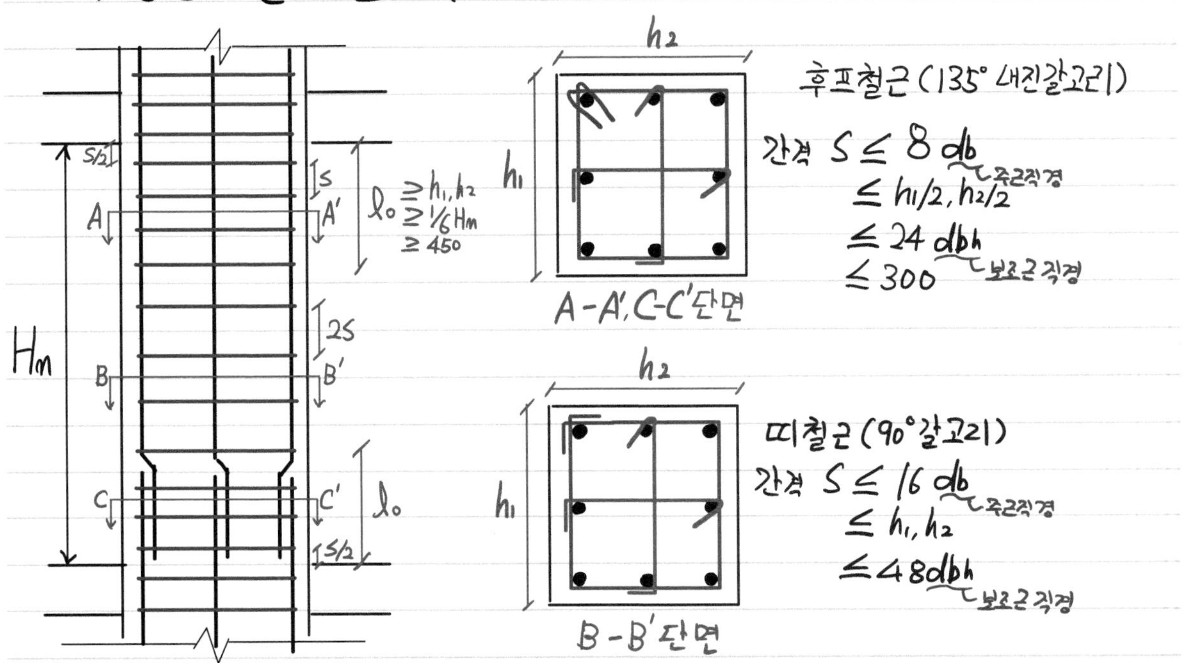

(2) 양단부 횡보강 철근 (A-A', C-C' 단면)

① l_0 구간은 후프 철근을 적용한다 (135° 갈고리)

② l_0 구간은 h_1, h_2 이상, 1/6 H_m 이상, 450 이상 적용

③ 후프철근 간격 S는 8db 이하, $h_1/2$ 이하, $h_2/2$ 이하, 24dbh 이하, 300 이하

④ 첫번째 후프 철근간 격은 S/2 이하로 적용

⑤ 횡보강 철근의 135° 갈고리 위치는 같은위치가 연속되지 않게 한다

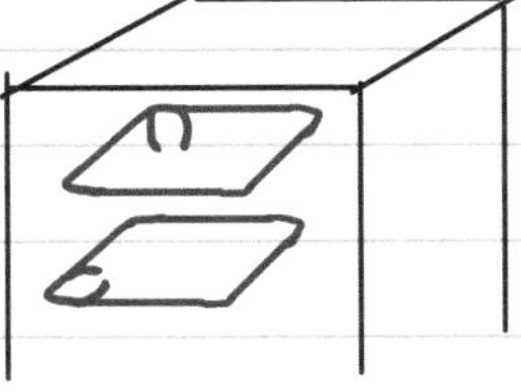

끝

M군 : 기둥단면이 극단적으로 한측면이 길 경우, 기둥 전 구간을 후프철근으로 배근해야 하는 경우가 있으므로 주의 필요

- **지하층이 주차장인 건축물의 경우 주차공간 확보를 위해 장방향 기둥을 배치하는 경우가 있음**

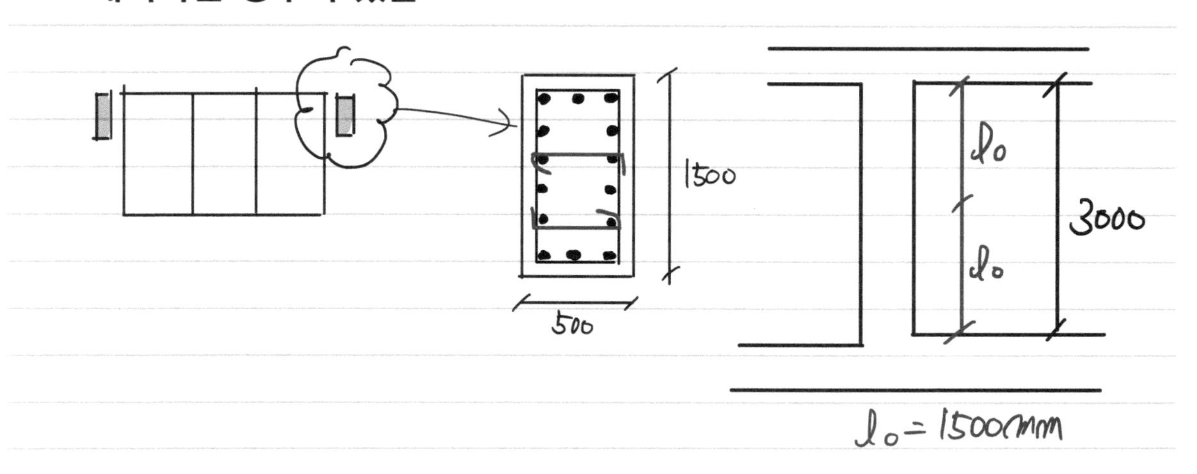

딸기맛호가든 : 후프와 띠철근의 차이를 구분하는 것이 핵심이다.
이 둘의 차이를 구분하지 못하는 실무자가 생각외로 많이 있었다.
사실.. 필자도 대리정도의 직급 초창기에 이 둘의 차이를 구분하지 못해 엄청 갈굼을 받은 기억이 있다.

5. 「건축물의 구조기준등에 관한 규칙」에 의하면, 내진능력표기가 의무화되어 있는 바, 응답스펙트럼 방식에 의한 최대지반가속도(g)에 대한 산정근거식을 적고 산정근거식에 포함된 용어 및 계수를 설명하시오.

<114회 1교시>

(1) 최대 지반 가속도 (응답스펙트럼 방식)

최대지반가속도(g) = $\frac{2}{3} \times S \times I_E \times Fa$

(2) 용어 및 계수 설명

① S : 지진구역계수, 2400년 재현주기의 지반가속도를 의미한다

지진Ⅰ구역일시 0.22 (강원, 제주 제외 전지역)

지진Ⅱ구역일시 0.14 (강원, 제주) 적용.

지진재해지도를 이용해 S값을 저감가능하나 구역별 지진구역계수 80% 이상 적용해야 한다.

② 2/3 S

지진구역계수의 2/3는 1000년 재현주기의 지반가속도를 의미한다.

③ I_E : 중요도 계수

내진등급 특 일시 1.5

〃 Ⅰ 일시 1.2

〃 Ⅱ 일시 1.0

④ Fa : 지반조건에 따라 달라지는 지반증폭계수 끝

M군

- **최대지반가속도 값 산정시 소숫점 넷째자리에서 반올림 처리한다.**
- **국내의 내진설계된 건축물의 경우 최대지반가속도를 산정하면, 대부분 0.133g ~ 0.264g 이므로 내진능력은 MMI 등급표에 따라 대부분 VII 로 볼 수 있다.**

6. 아래 용어의 정의를 설명하시오. <114회 1교시>

1) 지반의 극한지지력 2) 지반의 허용지지력 3) 지반의 허용지내력

4) 말뚝의 극한지지력 5) 말뚝의 허용지지력 6) 말뚝의 허용지내력

KDS 41 20 20, 1.3

(1) 지반의 극한 지지력

구조물을 지지할 수 있는 지반의 최대 저항력

(2) 지반의 허용지지력

지반의 극한 지지력을 안전율로 나눈 값

(3) 지반의 허용지내력

허용침하 이내이며, 허용 지지력 이내가 되도록 하는 저항력

지반의 허용 지내력은 다음 값중 최소 값을 적용한다. (평판재하실험)

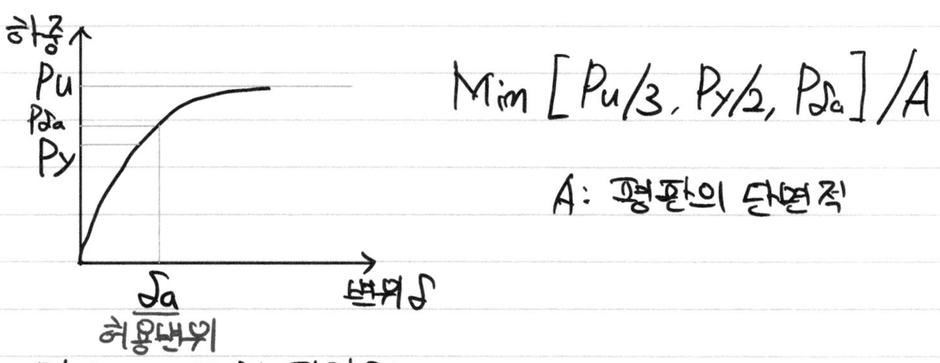

$$Min\left[P_u/3,\ P_y/2,\ P_{\delta a}\right]/A$$

A: 평판의 단면적

(4) 말뚝의 극한 지지력

말뚝이 지지할 수 있는 최대의 수직 방향 하중

(5) 말뚝의 허용 지지력

말뚝의 극한 지지력을 안전율로 나눈 값

(6) 말뚝의 허용지내력

말뚝의 허용 지지력 내에서 침하 또는 부등 침하가 허용한도 내로 될수 있게 하는 하중

끝

KDS 41

7. 건축구조기준(~~KBC2016~~)의 하중조합식에서 지진하중이 포함된 강도설계법의 소요강도 하중조합식과 허용응력법의 하중조합식을 설명하시오.

(단, F, Lr, S, R은 하중조합식에서 제외한다.)

<114회 1교시>

KDS 41 10 15, 1.5 하중조합

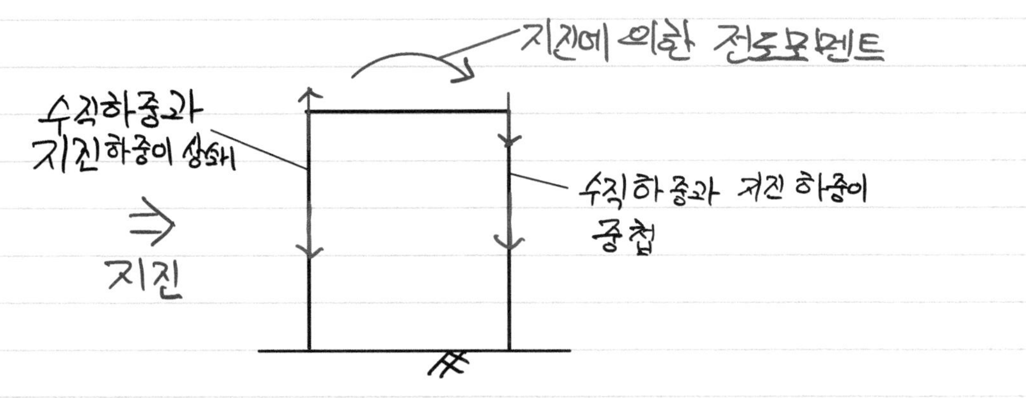

(1) 수직하중과 지진하중이 중첩될때

① 강도설계법

$1.2D + 1.6L + 1.0E$

② 허용응력설계법

$1.0D + 0.75L + 0.75 \times (0.7E)$

$1.0D + 0.7E$

여기서 D : 고정하중, L : 활하중, E : 지진하중

(2) 수직하중과 지진하중이 상쇄될때

① 강도설계법

$0.9D + 1.0E$

② 허용응력설계법

$0.6D + 0.7E$

(1)과 (2)중 불리한 케이스를 적용한다.

끝

8. 건축구조기준(KDS 41 ~~KBC2016~~) 지진하중에서 정의하고 있는 반응수정계수(R)와 변위증폭계수(C_d)를 비교하여 설명하시오. <114회 1교시>

KDS 41 17 00, 6.1 지진저항력 시스템의 설계계수

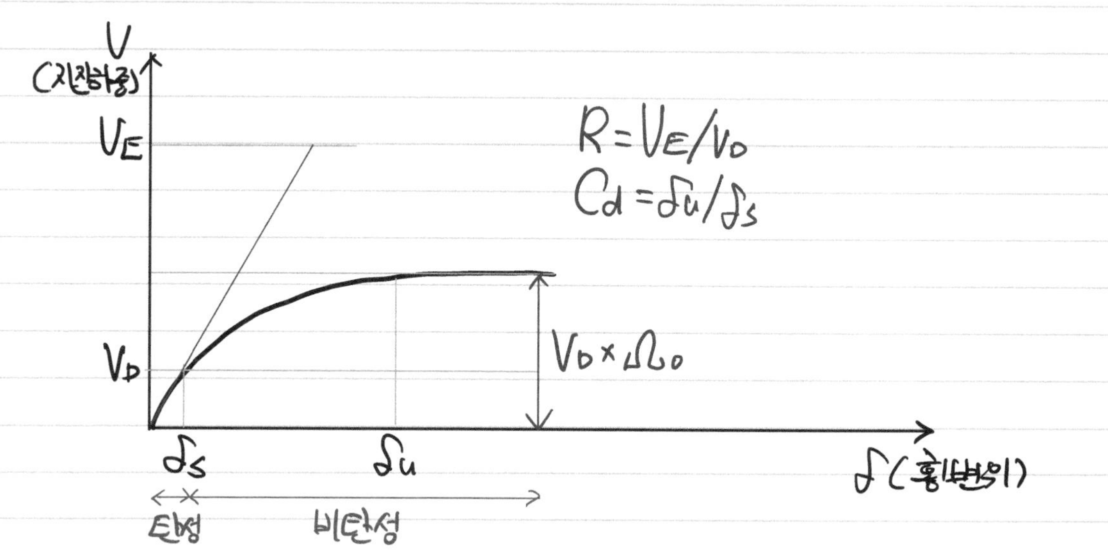

(1) 반응수정계수 ($R = V_E/V_s$)

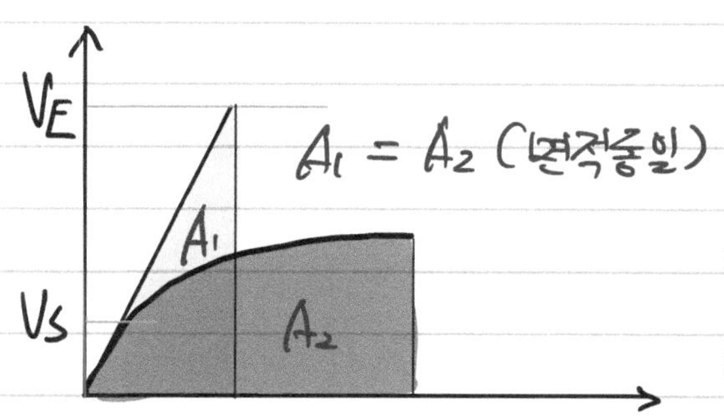

비탄성능력고려시의 구조물의 실제 저항능력을 간접적으로 반영하는 계수. R에는 다음의 사항이 고려되었다.

① 재료의 기대강도(실제강도)
② 강도감소계수 및 설계자에 의한 안전율로 인해 발생하는 여유능력
③ 소성힌지 발생이후 구조물의 연성능력에 의한 추가저항능력.

(2) 변위증폭계수 ($C_d = \delta_u/\delta_s$)

구조물의 탄성구간 변위로부터 실제 비탄성 변위를 예측하기 위한 계수

(3) 반응수정계수 R과 변위증폭계수 Cd의 비교

공통점 : 구조물의 비탄성능력을 탄성설계에 반영하기 위한 계수이다.
차이점 : R은 강도차이를 반영, Cd는 변형저항능력을 반영한다.

끝

M군 : 반응수정계수와 변위증폭계수에서

- 일반적인 구조해석 모델링의 경우 내진연성거동에 의한 에너지 소산 효과를 감안하여 실제지진하중에서 반응수정계수를 나눈 값으로 내진해석을 하게 된다. 그러나 지진해석에 의한 모델링 횡변위 값은 실제보다 크기가 작은 지진하중으로 인해 실제 지진 변위값보다 크기가 작은 값이 산정되게 된다. 이때 실제 지진변위에 근접하게 지진해석 모델링 변위값을 증폭시키기 위한 계수가 변위증폭계수

딸기맛호가든 : 이 계수들은, 실무를 하는데 있어서도 반드시 이해하여야 할 계수들이다. 이 계수들을 이해하고 나면, 내진설계가 어떤식으로 이루어 지는지 이해할 수 있게 될 것이다.

10. 굴복좌굴(Flattening or Limit-point Buckling)에 대하여 설명하시오.

<114회 1교시>

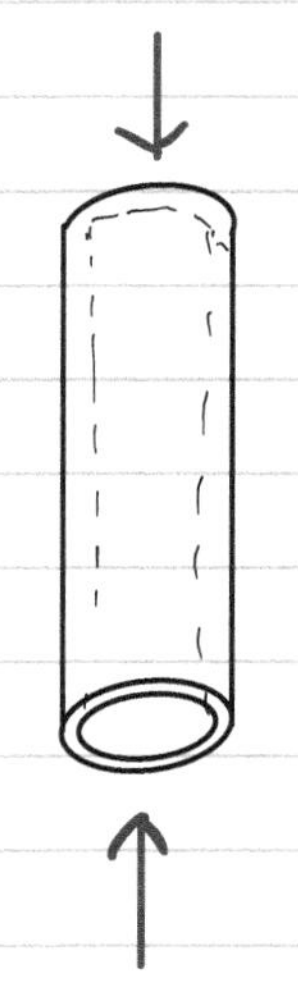

두께가 얇은 판으로 이루어진 원형강관에서, 압축력을 받게 되면 판의 편평화가 발생한다.

<단면의 편평화>

편평화된 단면은 이전의 단면보다 휨강성이 저하하며, 휨모멘트와 곡률의 관계에 극댓값이 생겨 재하능력이 급격하게 저하하는 좌굴을 굴복좌굴이라 한다.

대표적인 발생예로 캔이 찌그러지는 경우가 있다.

끝

딸기맛호가든 : 빈 캔을 밟아서 찌그러트릴때를 연상하자

12. 샤르피 충격시험(Charpy Impact Test)방법, 파면율, 천이곡선 및 천이온도에 대하여 설명하시오. <114회 1교시>

(1) 샤르피 충격시험 방법

↓ 1회충격 ~ 시험편

10mm

노치

40mm

노치를 가진 시험편을 지지대에 놓고 1회 충격으로 파단, 파단시 까지 나타나는 흡수에너지, 충격치, 파면율, 천이온도를 측정

(2) 샤르피 충격치

샤르피 흡수에너지를 노치부 최초 단면적으로 나눈 값.

SM강재는 샤르피 충격치를 기준으로 등급분류

SM강재
- A등급 : 20°C 에서 27J 이상의 충격치 요구
- B등급 : 0°C 에서 〃 〃 〃
- C등급 : -20°C 에서 〃 〃 〃
- D등급 : -40°C 에서 〃 〃 〃

(3) 파면율

취성 파면율: 파단면 전체 면적중 취성 파단면 비율

연성 파면율: 〃 〃 연성 〃 〃

(4) 천이곡선, 천이온도

천이곡선 : 시험편을 온도별로 측정시 나타나는 흡수에너지의 상승·저하를 나타내는 곡선

천이온도 : 시험편의 성질이 급격하게 변하는 온도 (취성 ↔ 연성)

끝

13. 콘크리트 현장공시체 강도미달시 조치사항 및 재하시험에 대하여 설명하시오.

KDS 14 20 01, 3.1.5, (4) 및 KDS 14 20 90, 5

(1) 강도미달시 조치사항

① 실험실에서 양생된 공시체 개개의 압축시험 결과가

3개 평균 $f_{ck}-3.5$ 이하 ($f_{ck} \le 35$)
3개 평균 $f_{ck} \times 0.9$ 이하 ($f_{ck} > 35$)) 해당시, 또는

현장양생 공시체 강도가 동일조건 실험실 양생공시체 강도 85% 미만시
구조물 하중지지 내력이 부족하지 않도록 적절한 조치를 취해야 함

② 콘크리트 강도가 현저히 부족하다고 판단될 때, 그리고 계산에 의한 하중저항 능력이 크게 감소되었다고 판단될 때, 문제된 부분에서 3개의 코어를 채취하여 KSF 2422에 따라 강도시험 수행

③ 기건상태 일시 7일간 건조(15~30℃, 상대습도 60% 이하)
습윤상태 일시 40시간 이상 물속에 담가둔 후 시험수행

④ 3개 평균값이 0.85f_{ck} 이상, 각각의 코어강도가 0.75f_{ck} 이상일시 적합
강도 불규칙시 재시험 수행

⑤ 구조적 적합성이 의심될시 책임구조기술자는 구조물의 의심스러운 부분에 대해서 구조물의 재하시험을 지시하거나 기타 적당한 조치를 취하여야 한다

(2) 재하시험에 의한 평가

① 책임구조기술자는 재하시험계획시 재하시험의 수행 필요성을 면밀히 검토하여야 하며 시험수행 전에 안전계획을 수립해야 한다.

② 재하 시험 전과정에서 적절한 계측과 안전관리가 이루어져야 하며, 안전을 위한 조치가 재하시험에 지장이 없거나 시험결과에 영향을 주지 않도록 하여야 한다

③ 재하시험은 정적재하시험과 동적재하시험으로 분류된다.

	정적 재하 시험	동적 재하 시험
목적	평가하중에 대한 내하력측정	구조물의 동특성과 동적거동을 측정
시험방법	설계하중 95% 이상 적용 활하중 저감 적용가능	가진기에 의한 강제진동시험법, 상시진동 시험법 등 적용
측정및 결과분석	취성파괴 예고 균열 발생여부 처짐제한 만족 여부	충격계수, 감쇠 비, 고유진동수 및 진동모드

④ 해석결과와 재하시험 결과가 충분히 부합되는 것으로 책임구조 기술자가 판단할 시, 재하시험에 의한 내하력 평가 수행

⑤ 재하 대상건물 휨부재가 처짐제한 조건 이나 판정기준 불만족시 책임구조기술자는 제한된 낮은 재하력 범위에서 구조물을 사용하도록 제한할 수 있다

끝

1. 다음 단순보에서 A, B 지점의 지점반력을 구하고 단면력도(전단력도, 휨모멘트도, 축방향력도)를 도시하시오.

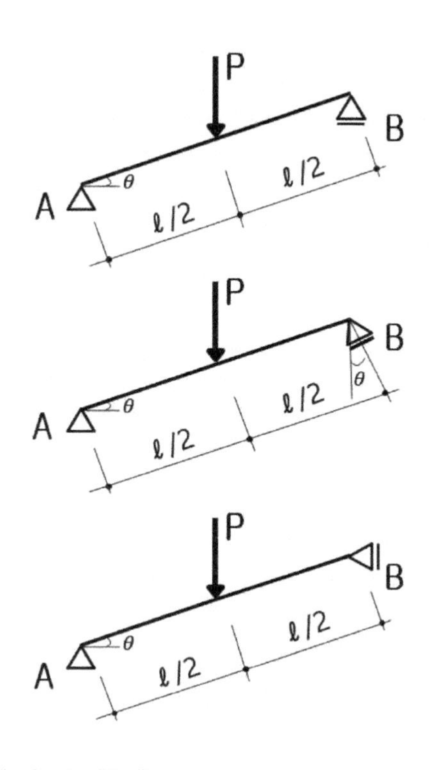

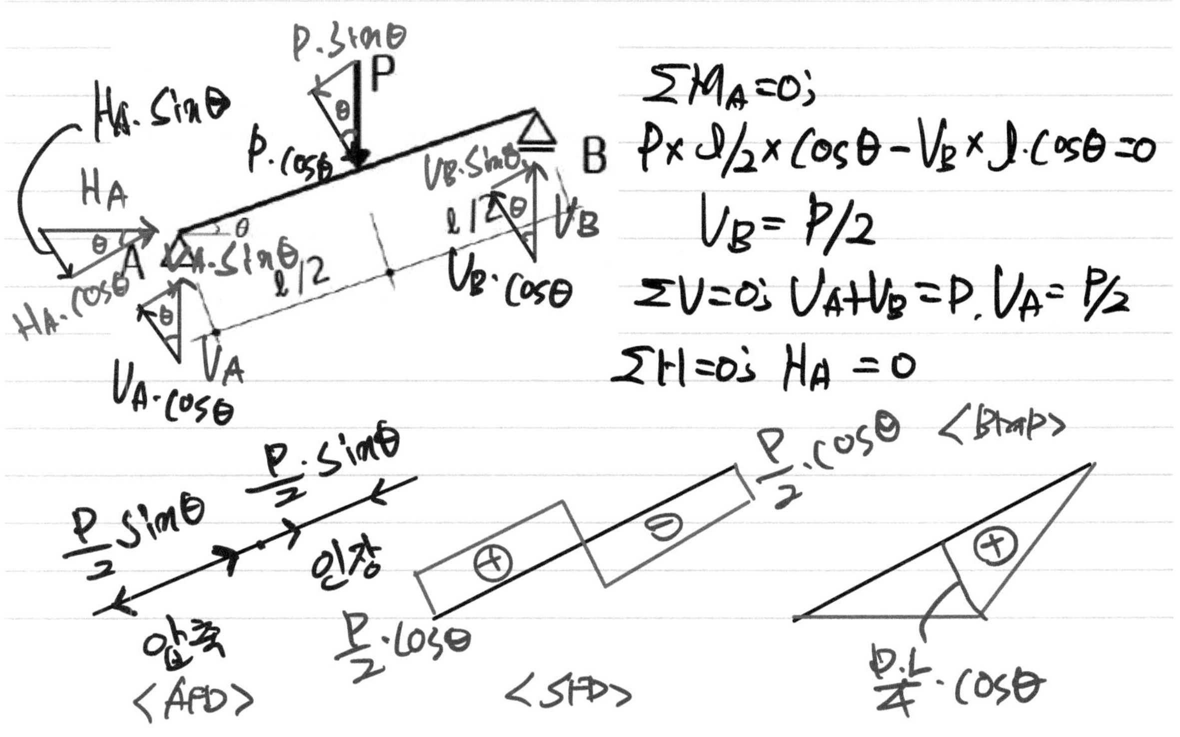

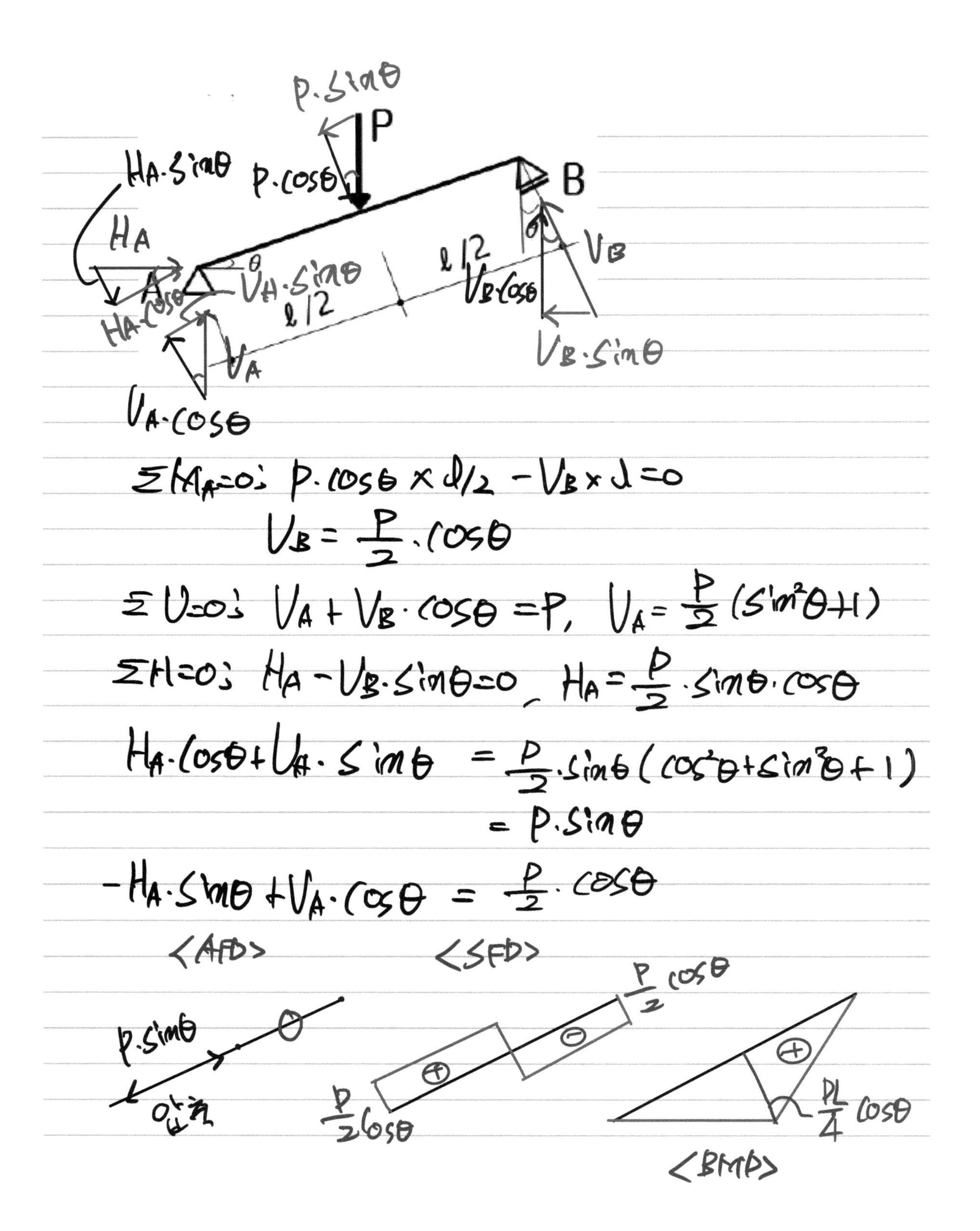
P·sinθ
P
P·cosθ
B
HA·sinθ
HA
θ
A
VA·sinθ
HA·cosθ
l/2
l/2
VB
VB·cosθ
VB·sinθ
VA
VA·cosθ
ΣMA=0; P·cosθ × l/2 − VB × l = 0
VB = P/2·cosθ
ΣV=0; VA + VB·cosθ = P, VA = P/2 (sin²θ+1)
ΣH=0; HA − VB·sinθ = 0, HA = P/2·sinθ·cosθ
HA·cosθ + VA·sinθ = P/2·sinθ(cos²θ+sin²θ+1)
= P·sinθ
−HA·sinθ + VA·cosθ = P/2·cosθ
<AFD>
<SFD>
P·sinθ
압축
P/2 cosθ
P/2 cosθ
PL/4 cosθ
<BMD>

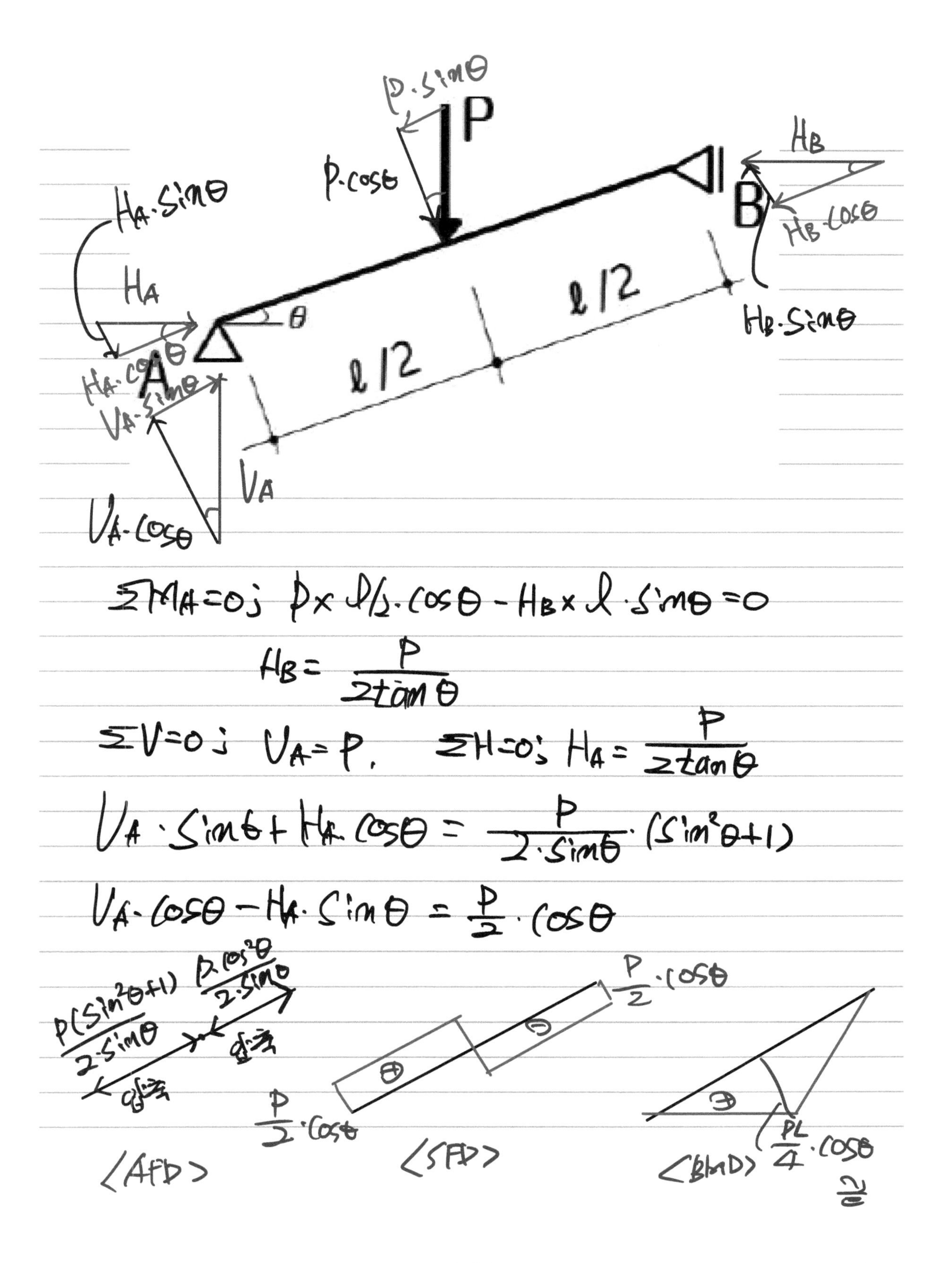
P·sinθ
P
P·cosθ
H_B
B
H_B·cosθ
H_B·sinθ
H_A·sinθ
H_A
θ
H_A·cosθ
A
V_A·sinθ
l/2
l/2
V_A
V_A·cosθ
$\Sigma M_A=0;\ P\times l/2\cdot\cos\theta - H_B\times l\cdot\sin\theta=0$
$H_B=\dfrac{P}{2\tan\theta}$
$\Sigma V=0;\ V_A=P,\quad \Sigma H=0;\ H_A=\dfrac{P}{2\tan\theta}$
$V_A\cdot\sin\theta+H_A\cdot\cos\theta=\dfrac{P}{2\cdot\sin\theta}\cdot(\sin^2\theta+1)$
$V_A\cdot\cos\theta-H_A\cdot\sin\theta=\dfrac{P}{2}\cdot\cos\theta$
$\dfrac{P(\sin^2\theta+1)}{2\cdot\sin\theta}$
$\dfrac{P\cos^2\theta}{2\cdot\sin\theta}$
압축
압축
$\dfrac{P}{2}\cdot\cos\theta$
⊕
⊖
$\dfrac{P}{2}\cdot\cos\theta$
⊕
$\dfrac{PL}{4}\cdot\cos\theta$
<AFD>
<SFD>
<BMD>
끝

딸기맛호가든 : 쉽지만 역학 기본기가 약하다면 헤멜만한 문제이다.

2. 다음과 같이 지지점을 지나 연장되는 휨철근(5-D25)이 정착요구조건을 만족하는지 검토하시오.

<114회 2교시>

검토조건
- 휨철근은 지지점의 중심을 지나 200 mm 연장되었음
- 스터럽은 표기되지 않았으며 스터럽의 간격은 충분히 안전한 것으로 가정함
- 보통중량콘크리트이고, $f_{ck}=24$ MPa, $f_y=400$MPa
- 정착철근 순간격 d_b이상, 피복두께 d_b이상, 휨철근량은 적정하게 배근되고 도막되지 않음
- $D25(d_b=25\,mm,\ A_b=507\,mm^2)$

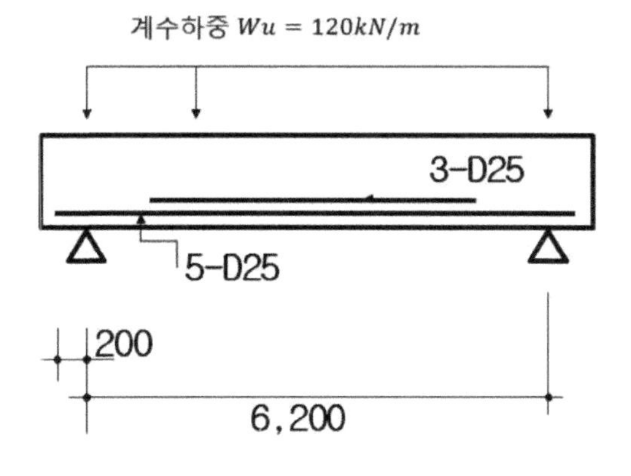

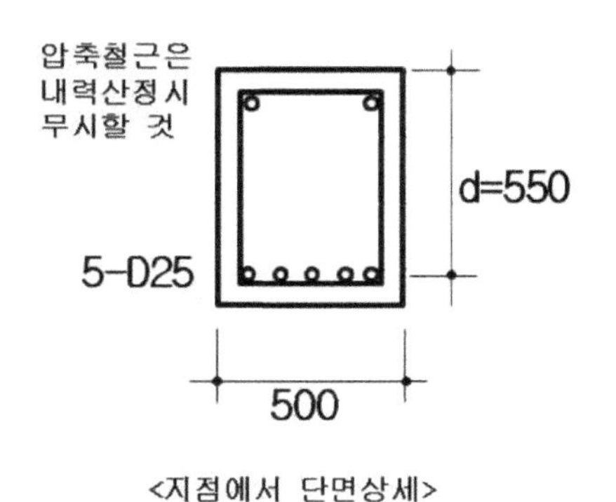

<지점에서 단면상세>

(1) 인장정착길이 산정

$$l_d(\text{약산식}) = \left[\frac{0.6\times f_y\times d_b}{\lambda\cdot\sqrt{f_{ck}}}\times \text{보정계수}\right] \geq 300mm$$

$$= \frac{0.6\times 400\times 25}{1.0\sqrt{24}}\times 1.0 = 1224.74mm > 200mm$$

정착길이가 부족하므로 응력비를 이용하여 정착길이 저감

(2) x위치에서의 응력비 산정

① 소요휨모멘트

$$V_A = \frac{w_u}{2}\times \underset{6.2m}{l} = 372kN$$

$$M_x = V_A\times x - \frac{1}{2}w_u\cdot x^2 = 372x - 60x^2$$

② 설계 휨모멘트

a, d, $d-\frac{a}{2}$, A_s

$C_c = 0.85 \cdot \underset{24}{f_{ck}} \cdot a \cdot \underset{500}{b}$

$T = \underset{507\times5}{A_s} \cdot \underset{400}{F_y}$

a. 등가응력블록깊이 a 산정 ($\Sigma C = \Sigma T$)

$C_c = T$, $a = 99.412\ mm$ $C = a/\underset{0.80}{\beta_1} = 124.265\ mm$

b. M_n 산정 ($M_n = \Sigma C \times y$)

$M_n = C_c \times (\underset{550}{d} - \frac{a}{2}) = 507.299\ kN\cdot m$

c. ϕ 산정 (ε_t 검토)

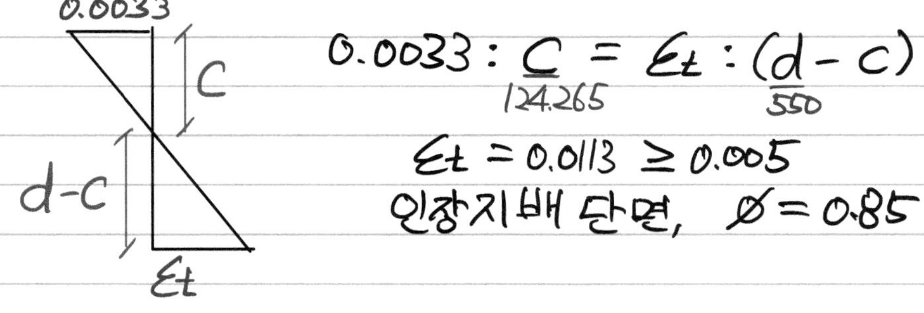

$0.0033 : \underset{124.265}{c} = \varepsilon_t : (\underset{550}{d} - c)$

$\varepsilon_t = 0.0113 \geq 0.005$

인장지배 단면, $\phi = 0.85$

$\phi M_n = 0.85 \cdot M_n = 431.204\ kN\cdot m$

(3) x 위치에서 정착길이 검토

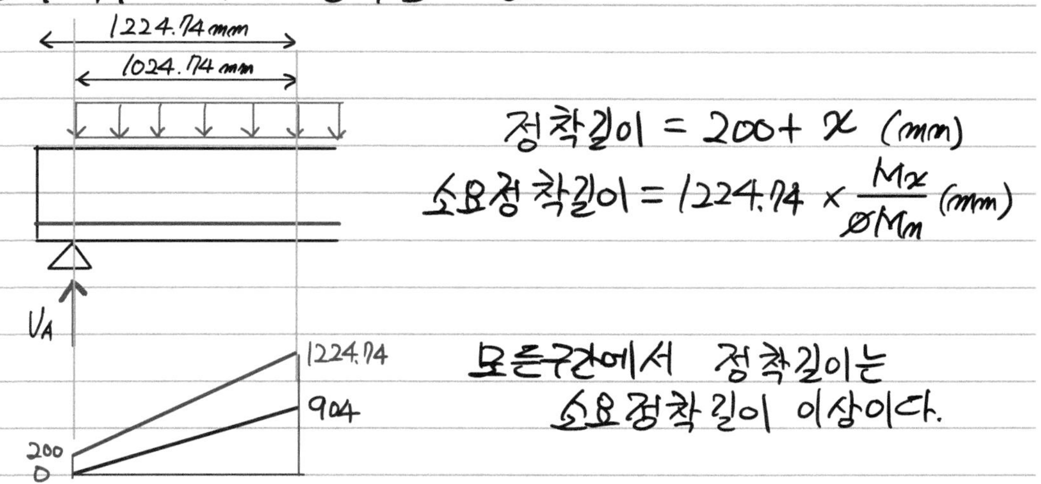

단, 인장정착길이 최소값이 300mm 이므로, 이를 고려할시 표준 갈고리나 확대머리 이형철근 적용을 검토해야 한다.

끝

M군 : (1) 중앙부 3-D25 철근에 대한 정착 검토 의견

(2) 지점구간 철근 200mm 정착 적절성 검토(추가)

$$\underset{0.2m}{l_a} \geq \frac{\overset{\sim 312}{V_u} - \frac{1}{2}\phi V_s}{\underset{A_s \cdot f_y = 1014kN}{T_s}} \times \underset{1.225m}{l_d} \quad \cdots (1)$$

$$\frac{1}{2}\phi V_s = \frac{1}{2} \cdot \phi \cdot A_{st} \cdot F_y \cdot d/s_v \quad \cdots (2)$$

(1), (2)로부터, $A_{st}/s_v \geq 1.25$ 일경우 O.K

D10 적용시 2-D10@50 스터럽확보 필요

D13 적용시 2-D13@100 스터럽확보 필요

스터럽 과다배치를 방지를 위해 90° 표준갈고리를 적용하는것이 바람직하다.

M군 : 정모멘트 정착 검토시 (ℓ_{d}(정모) $\le 1.3\, M_u / V_u$)

- 미성립시 단순보 단부 하부 주근량을 증가시켜 ∅Mn값 상향 필요

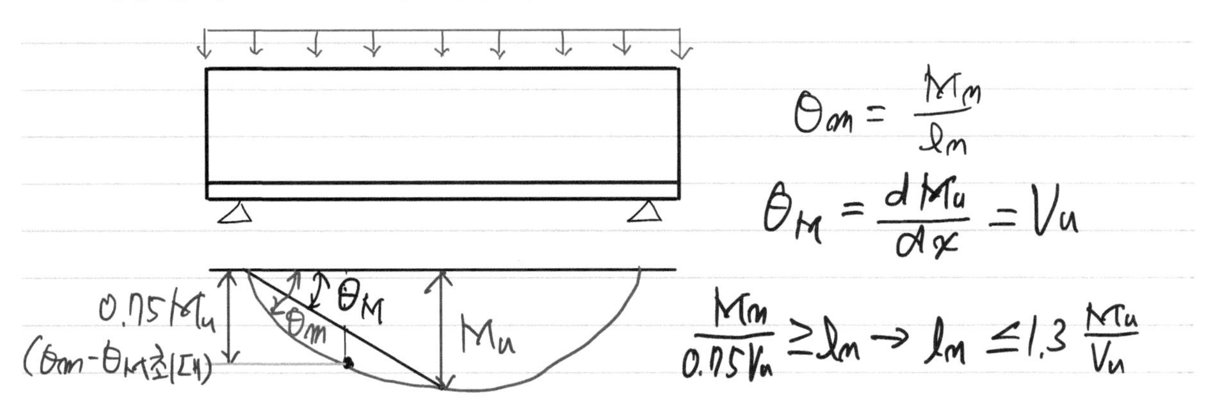

딸기맛호가든 : 정모멘트 정착으로 인한 문제는 보의 스팬이 짧을 때 주로 발생. 해당 보의 스팬도 충분히 길다 볼 수 없으므로 M군의 정모멘트 정착 검토의견은 타당하다고 판단됨.

- 다만 본 풀이에서는, 구간별 모멘트값을 실제 수식으로 반영하고 있음 즉 곡선상태의 수식(Mx=-60x^2+372x)으로 반영하였으므로, 해당사항이 이미 반영된 것으로 보고 본 풀이에 반영하지 않음.

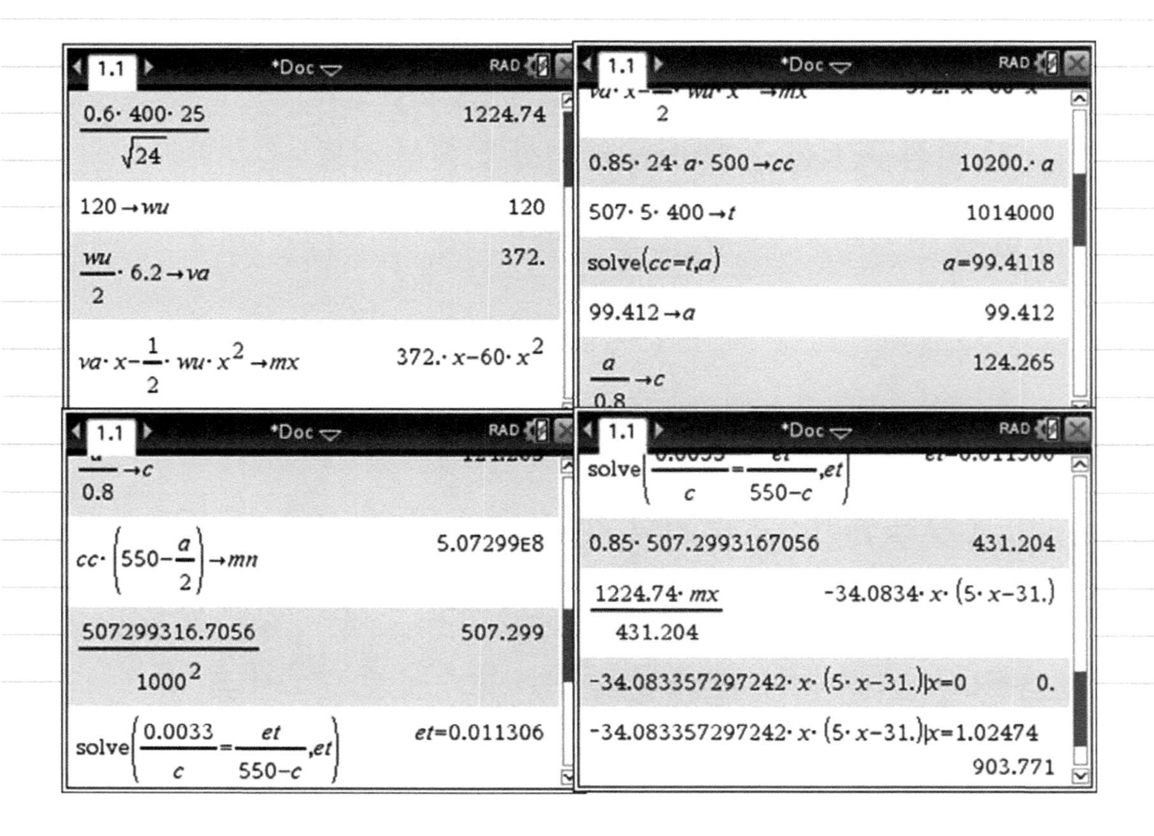

3. F10T 고장력볼트 M20(공칭단면적 314 mm^2), M22(공칭단면적 380 mm^2)의 설계미끄럼강도를 구하시오.

<114회 2교시>

검토조건
- 구멍은 표준구멍과 대형구멍의 두 가지를 고려하고 마찰면은 블라스트 후 페인트하지 않음
- 전단 및 지압강도는 충분히 안전함
- 설계볼트장력은 직접 구하기 바람
- 필러계수는 1.0 적용
- 전단면의 수는 1 적용

(1) 설계 볼트 장력 산정

$T_o = 0.7 \times F_u \times 0.75 \times A_b$

① M20 (F10T)

$T_o = 0.7 \times 1000 \times 0.75 \times 314 = 164.85 kN$

② M22 (F10T)

$T_o = 0.7 \times 1000 \times 0.75 \times 380 = 199.50 kN$

(2) 설계미끄럼강도

① M20, 표준구멍

$\phi R_n = \underset{1.0}{\phi} \cdot \underset{0.5}{\mu} \cdot \underset{1.0}{h_f} \cdot \underset{164.85}{T_o} \cdot \underset{1.0}{N_s} = 82.43 kN$

② M20, 대형구멍

$\phi R_n = \underset{0.85}{\phi} \cdot \underset{0.5}{\mu} \cdot \underset{1.0}{h_f} \cdot \underset{164.85}{T_o} \cdot \underset{1.0}{N_s} = 70.06 kN$

③ M22, 표준구멍

$\phi R_n = \underset{1.0}{\phi} \cdot \underset{0.5}{\mu} \cdot \underset{1.0}{h_f} \cdot \underset{199.5}{T_o} \cdot \underset{1.0}{N_s} = 99.75 kN$

④ M22, 대형구멍

$\phi R_n = \underset{0.85}{\phi} \cdot \underset{0.5}{\mu} \cdot \underset{1.0}{h_f} \cdot \underset{199.5}{T_o} \cdot \underset{1.0}{N_s} = 84.79 kN$

끝

딸기맛호가든 : 너무 간단해서 허무한 문제..

M군 : 본인의 경우 답 이외에 표준구멍, 대형구멍, 표준 마찰면 등의 용어를 추가로 서술하였음.

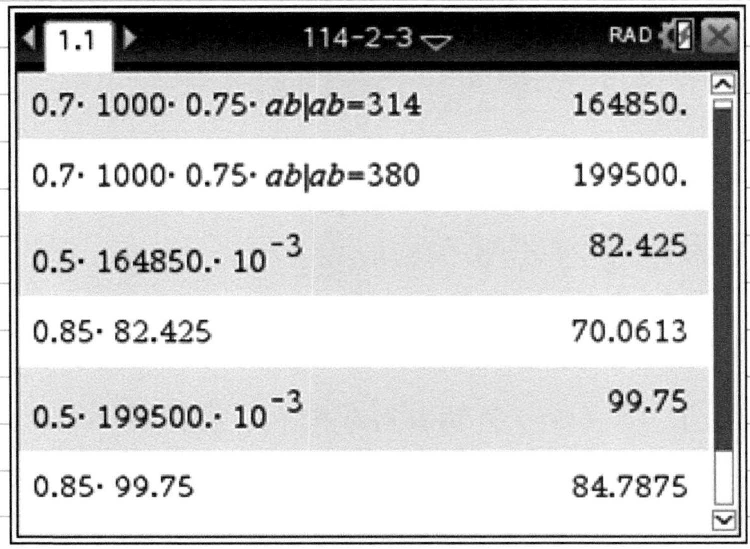

1.1 114-2-3 RAD

$0.7 \cdot 1000 \cdot 0.75 \cdot ab \vert ab=314$	164850.
$0.7 \cdot 1000 \cdot 0.75 \cdot ab \vert ab=380$	199500.
$0.5 \cdot 164850. \cdot 10^{-3}$	82.425
$0.85 \cdot 82.425$	70.0613
$0.5 \cdot 199500. \cdot 10^{-3}$	99.75
$0.85 \cdot 99.75$	84.7875

4. 다음 트러스에서 A점의 수직변위 δ_v를 구하시오. <114회 2교시>

(단, 모든 부재의 단면적은 200 mm², 탄성계수는 2×10⁵ MPa이다.)

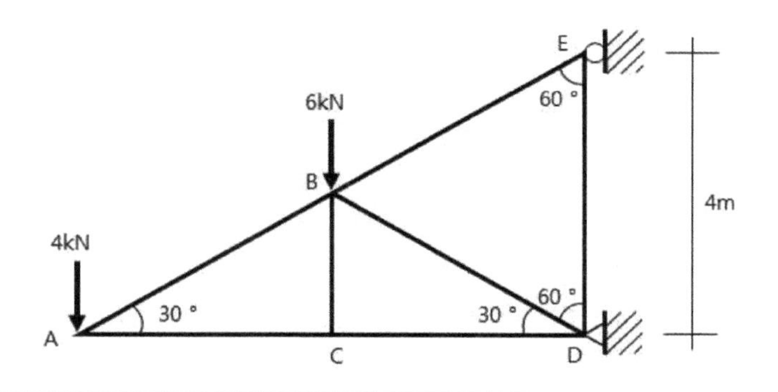

(1) 자유물체도

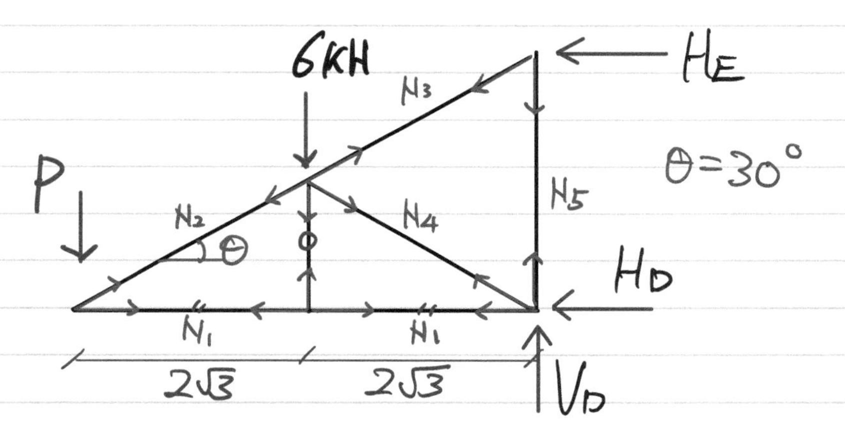

(2) 반력 산정

$\Sigma M_D = 0;\ -P \times 4\sqrt{3} - 6 \times 2\sqrt{3} - H_E \times 4 = 0$

$H_E = -(P+3)\cdot\sqrt{3}$

$\Sigma V = 0;\ V_D = P + 6$

$\Sigma H = 0;\ H_D = (P+3)\sqrt{3}$

(3) 부재력 산정

A 절점에서 $\Sigma H=0;\ N_1+N_2\cdot\cos\theta=0$
$\Sigma V=0;\ -P+N_2\cdot\sin\theta=0$) 연립

$N_1=-\sqrt{3}P,\quad N_2=2\cdot P$

B 절점에서

$\Sigma H=0;\ -N_2\cdot\cos\theta+N_3\cdot\cos\theta+N_4\cdot\cos\theta=0$
$\Sigma V=0;\ -N_2\cdot\sin\theta+N_3\cdot\sin\theta-N_4\cdot\sin\theta-6=0$) 연립

$N_3=2\cdot(P+3),\quad N_4=-6$

E 절점에서

$\Sigma V=0;\ -N_3\cdot\sin\theta-N_5=0$

$N_5=-(P+3)$

D 절점에서 (검산)

$\Sigma H=-N_1-N_4\cdot\cos\theta-H_D=0$ O.K

$\Sigma V=N_5+N_4\cdot\sin\theta+V_D=0$ O.K

(4) 변형에너지 산정

$$U=\Sigma\frac{N_i^2}{2EA}\cdot L_i$$

$$=\frac{1}{2EA}\times\left[(2\times N_1^2)\times 2\sqrt{3}+(N_2^2+N_3^2+N_4^2+N_5^2)\times 4\right]$$

$$=\frac{6\left[P^2\cdot(\sqrt{3}+3)+10\cdot P+27\right]}{EA}$$

$EA=200\times 2\times 10^5=4\times 10^7 N=40000\ kN$

(5) A절 수직처짐

$$\delta_A=\frac{\partial U}{\partial P}=\frac{3\cdot\left[P\cdot(\sqrt{3}+3)+5\right]}{10000}=0.007178m=7.178\,mm$$

(P ← 4kN)

A점은 ↓방향으로 7.178mm 처짐 발생 끝

딸기맛호가든 : 최근에 나온 트러스 치고는 상당히 쉬운 수준이었다. 이정도는 여유있게 풀수있어야 한다. 63회인가에 같은형태의 트러스가 나왔던 것 같은 기분이 든다.

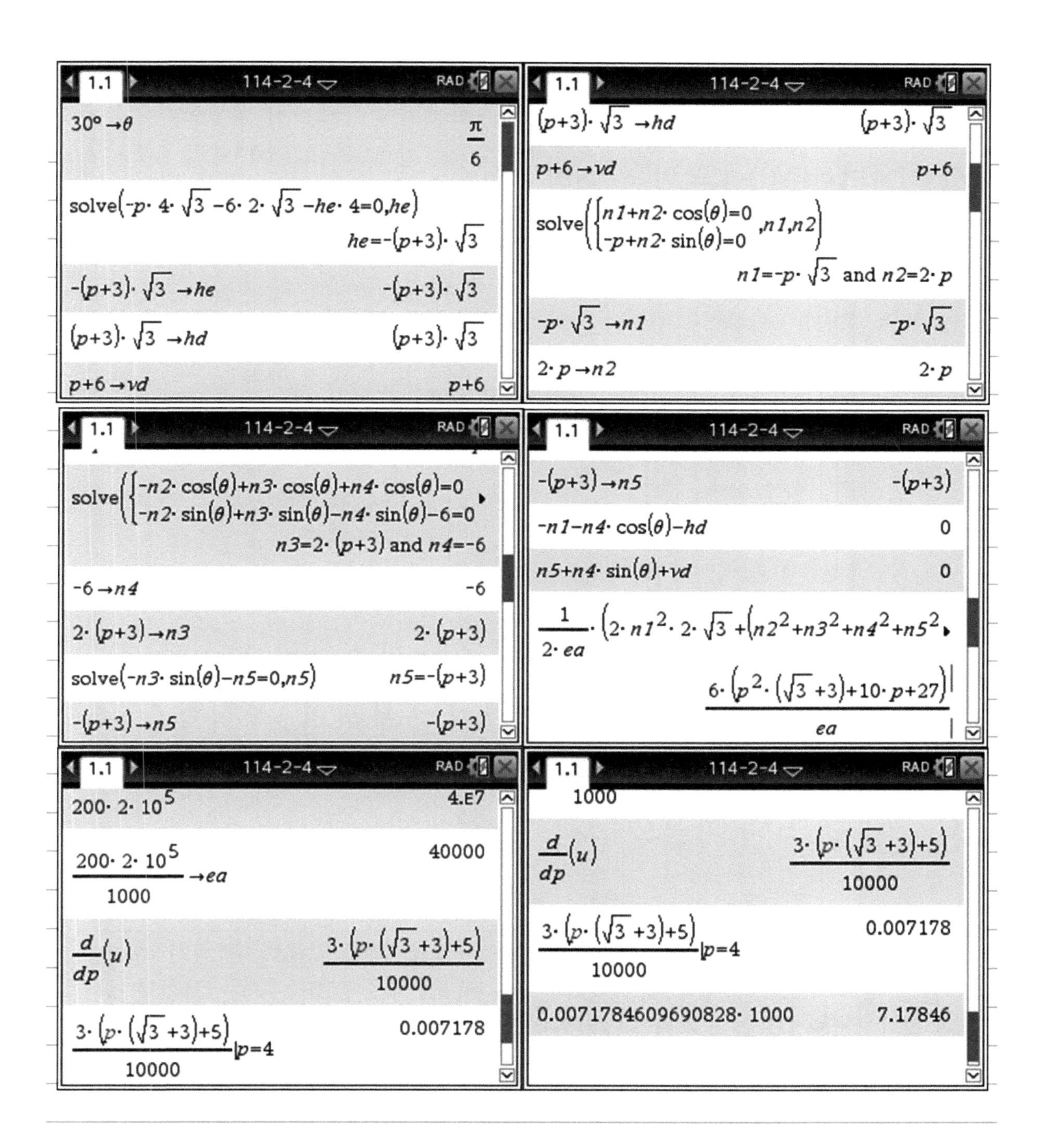
1.1
114-2-4
RAD
30° →θ
π/6
solve(-p· 4· √3 -6· 2· √3 -he· 4=0,he)
he=-(p+3)· √3
-(p+3)· √3 →he
-(p+3)· √3
(p+3)· √3 →hd
(p+3)· √3
p+6→vd
p+6
solve({n1+n2· cos(θ)=0, -p+n2· sin(θ)=0},n1,n2)
n1=-p· √3 and n2=2· p
-p· √3 →n1
-p· √3
2· p→n2
2· p
solve({-n2· cos(θ)+n3· cos(θ)+n4· cos(θ)=0, -n2· sin(θ)+n3· sin(θ)-n4· sin(θ)-6=0
n3=2· (p+3) and n4=-6
-6→n4
-6
2· (p+3)→n3
2· (p+3)
solve(-n3· sin(θ)-n5=0,n5)
n5=-(p+3)
-(p+3)→n5
-(p+3)
-n1-n4· cos(θ)-hd
0
n5+n4· sin(θ)+vd
0
1/(2· ea)· (2· n1^2· 2· √3 +(n2^2+n3^2+n4^2+n5^2
6· (p^2· (√3 +3)+10· p+27)/ea
200· 2· 10^5
4.E7
(200· 2· 10^5)/1000 →ea
40000
d/dp(u)
3· (p· (√3 +3)+5)/10000
3· (p· (√3 +3)+5)/10000 |p=4
0.007178
1000
0.0071784609690828· 1000
7.17846

5. 강재기둥에서 메탈터치(metal touch)이음의 장 · 단점에 대하여 설명하시오.

<114회 2교시>

(1) 메탈터치 이음의 정의

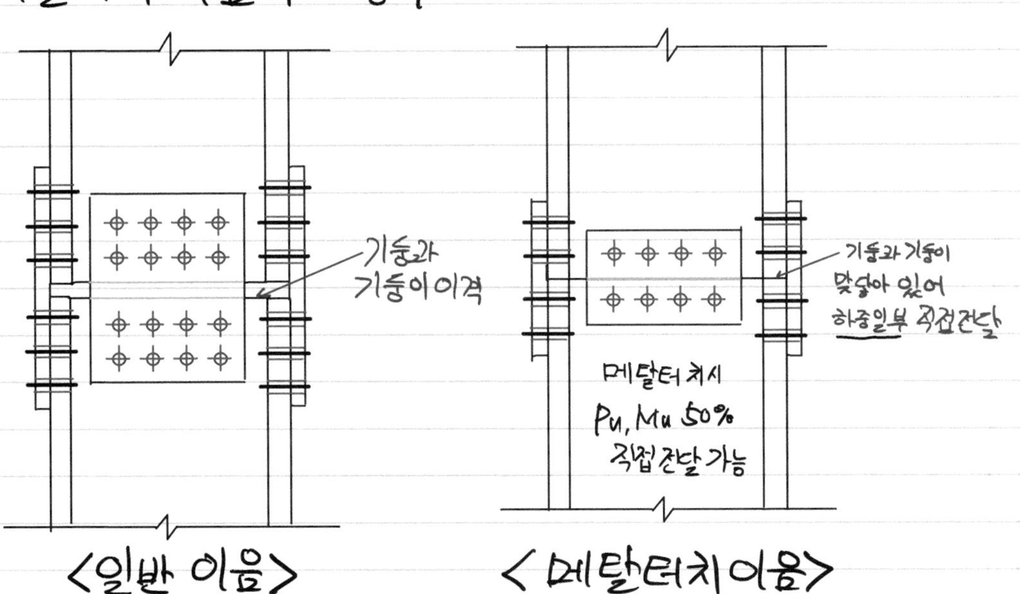

<일반 이음> <메탈터치이음>

기둥과 기둥의 접합에서, 접합되는 부재의 부재력 일부가 부재 끼리의 접촉면을 통해 직접 전달되는 접합방법

(2) 메탈터치 이음의 장·단점

장 점	단 점
- 접합 물량의 감소 (볼트 수량, 용접량, 접합 플레이트 크기 및 두께 절감) - 용접시 변형 및 잔류응력 발생 감소 - 볼트 이음 또는 덧판 모살 용접과 병행시 부분용입 용접이 없으므로 내부 결함 검사가 용이	- 이음부 마무리면의 면처리 어려움 - 시공오차로 인해 메탈터치면이 이격할 수 있으므로 주의가 필요함 - 국내 시방규정이 엄격하여 크게 경제적이지 못함

끝

6. 그림과 같은 강봉에서 탄소성 처짐을 고려한 B점의 처짐을 구하시오.

(단, 자중과 하중을 모두 고려하고 단면적 A = 1000 mm^2, 단위중량 γ_w = 25 kN/m^3, 항복응력 σ_y = 104 MPa, E_1 = 80000 MPa, E_2 = 15000 MPa이다.)

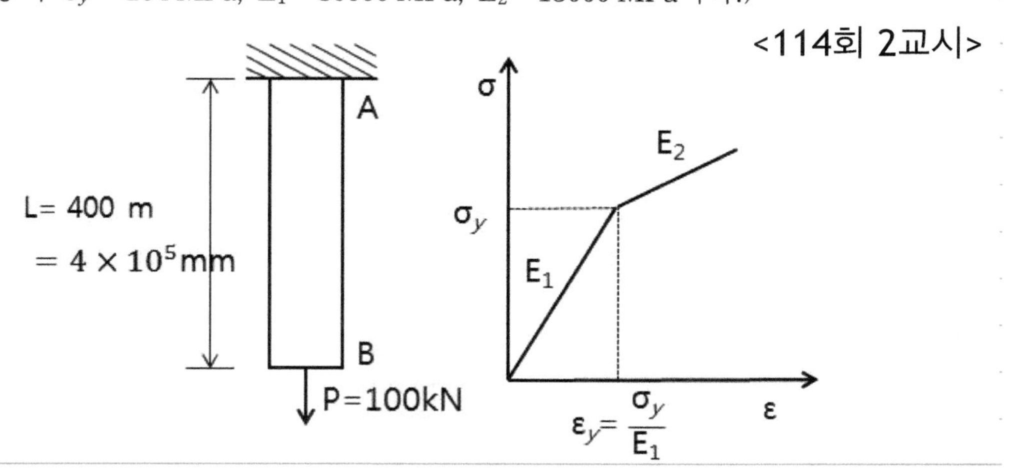

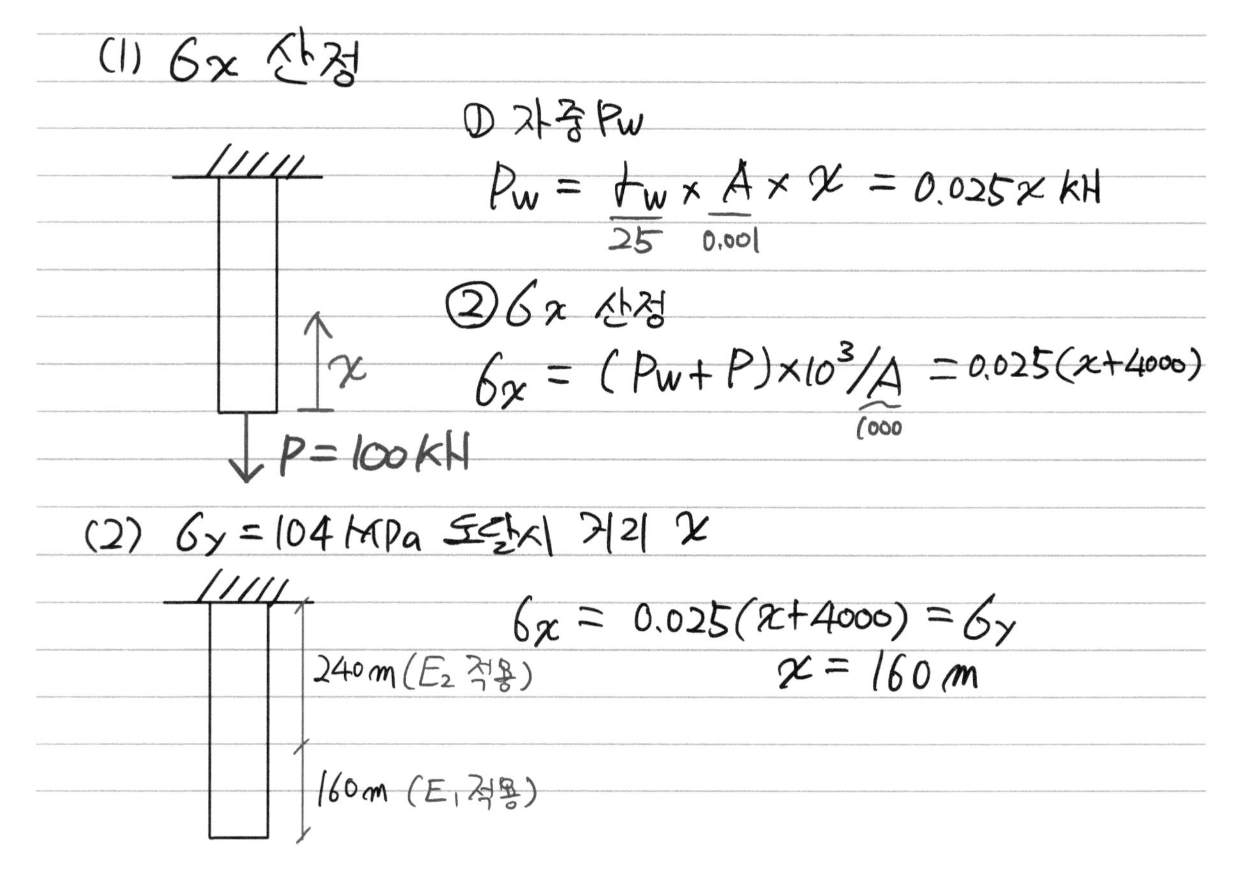

(3) B점처짐산정

0 ~ 160m 구간에서, $\varepsilon_1 = \sigma x / E_1$

$x = 160\,m$ 일때, $\varepsilon = 0.0013$

160 ~ 400m 구간에서, $\varepsilon_2 = 0.0013 + (\sigma x - \sigma y)/E_2$

$$\delta_B = \int_0^{160} \varepsilon_1 \cdot dx + \int_{160}^{400} \varepsilon_2 \cdot dx$$

$$= 0.564\,m$$

끝

딸기맛호가든 : 계산시 처짐과 변형률을 혼동하지 않도록 주의하자.

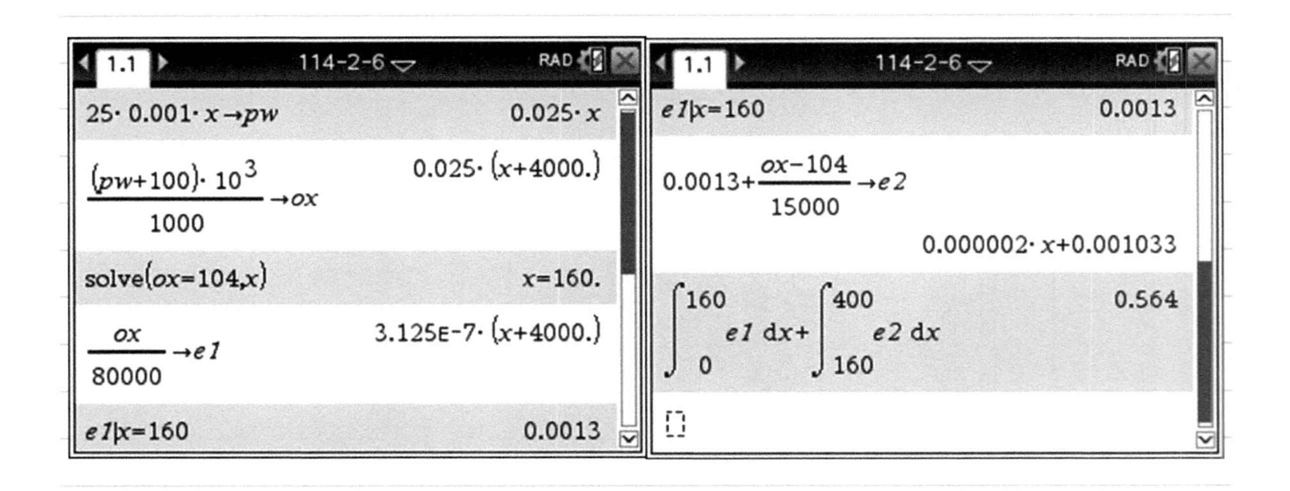

1. 다음 그림과 같은 단면을 갖는 철근콘크리트 부재의 콘크리트에 경과시간 t(일)에 따라 ϵ_{sh}로 주어지는 건조수축이 발생한다. 이 건조수축으로 인한 인장응력이 콘크리트의 인장강도 f_t를 초과하여 균열이 발생하는 시점을 예측하시오. <114회 3교시>

(단, 건조수축은 콘크리트 단면 내에서 부재 길이 방향으로 동일하게 발생한다고 가정하고 크리프와 같은 다른 장기거동 효과는 무시한다.)

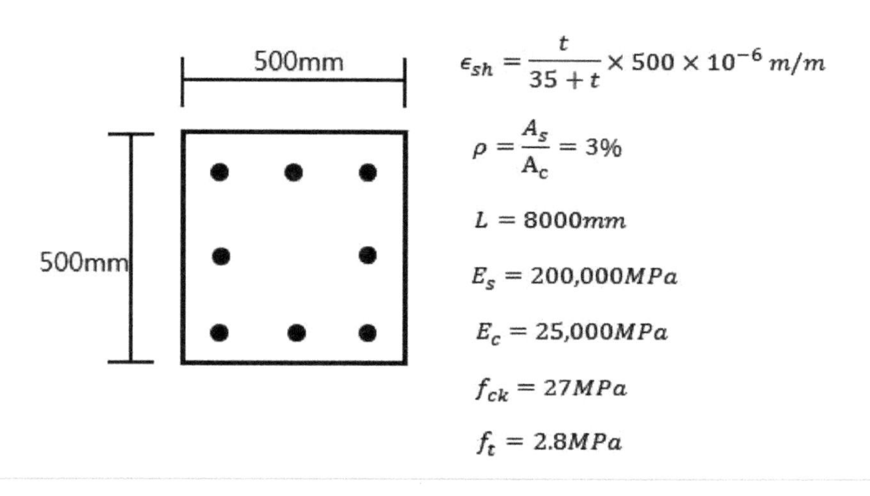

500mm
500mm
$\epsilon_{sh} = \frac{t}{35+t} \times 500 \times 10^{-6}\ m/m$
$\rho = \frac{A_s}{A_c} = 3\%$
$L = 8000mm$
$E_s = 200,000MPa$
$E_c = 25,000MPa$
$f_{ck} = 27MPa$
$f_t = 2.8MPa$

(1) 건조수축에 의한 처짐 δ_T

t일경과, δ_T

$$\varepsilon_{sh} = \frac{t}{35+t} \times 500 \times 10^{-6}$$

$$\delta_T = \varepsilon_{sh} \times L$$

(2) 인장력 P에 의한 처짐

δ_P, → P

$$\delta_P = \frac{P \cdot L}{EA} = \sigma_P \times \frac{L}{E}$$

(3) 변위일치법 적용

$\delta_T = \delta_P$ 이므로, $\varepsilon_{sh} \times L = \sigma_P \times \frac{L}{E_c}$

2.8MPa 시 균열.

$t = 10.103$

10.103일 이후 균열 발생

끝

딸기맛호가든 : 풀이자체는 간단하지만 생소하고 쉬운문제는 아니었다.

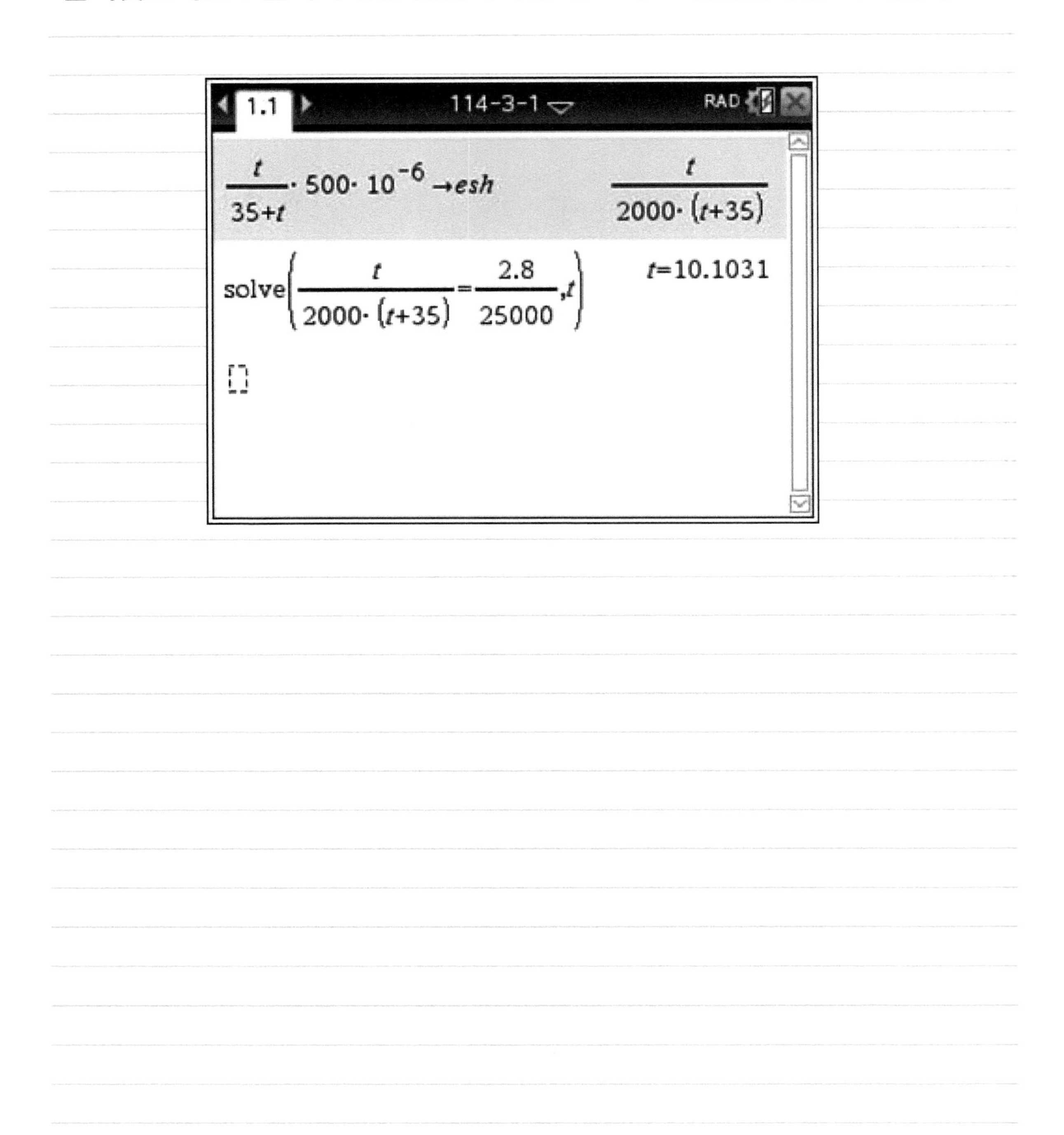

2. 그림과 같은 조건의 H형강 H-400×400×13×21(SHN355) 기둥에 $P_D = 700\,\text{kN}$, $P_L = 1200\,\text{kN}$ 의 압축력이 작용하고 복곡률을 유발하는 강축방향의 재단모멘트가 양쪽 단부에 $M_{nt.D} = 100\,\text{kN}\cdot\text{m}$ 및 $M_{nt.L} = 200\,\text{kN}\cdot\text{m}$이 작용할 경우, 이 기둥의 ~~소요휨강도를 산정하시오~~. 구조안전성을 검토하시오. <114회 3교시>

(단, 기둥의 면외방향 유효좌굴길이계수 $K_x = K_y = 1.0$이다.)

H-400×400×13×21 단면성능

$A = 21870\,\text{mm}^2$, $I_x = 6.66\times10^8\,\text{mm}^4$

$E = 210000\,\text{MPa}$, $I_y = 2.24\times10^8\,\text{mm}^4$

$r_x = 175\,\text{mm}$

$r_y = 101\,\text{mm}$

$r = 22\,\text{mm}$(필릿부 반경)

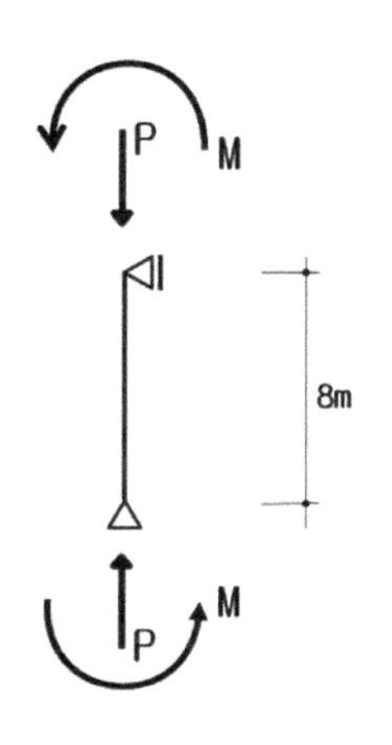

(1) 소요하중 산정

① P_u, M_u

$P_u = 1.2P_D + 1.6P_L = 2760\,\text{kN}$

$M_u = 1.2M_D + 1.6M_L = 440\,\text{kN}\cdot\text{m}$

② B_1 산정

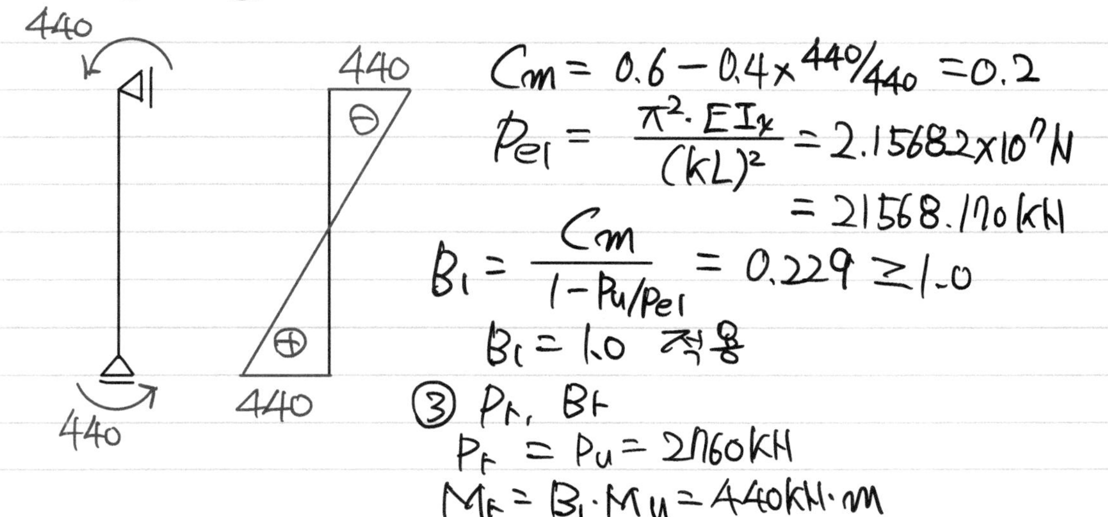

440
440
440
440
$C_m = 0.6 - 0.4\times 440/440 = 0.2$
$P_{e1} = \dfrac{\pi^2 \cdot EI_x}{(KL)^2} = 2.15682\times10^7\,\text{N}$
$= 21568.170\,\text{kN}$
$B_1 = \dfrac{C_m}{1 - P_u/P_{e1}} = 0.229 \geq 1.0$
$B_1 = 1.0$ 적용
③ P_r, B_r
$P_r = P_u = 2760\,\text{kN}$
$M_r = B_1 \cdot M_u = 440\,\text{kN}\cdot\text{m}$

(3) 설계 압축강도

① 폭두께비

$b/t_f = 200/21 = 9.524 \le 0.56\sqrt{E/F_y} = 13.620$

$h/t_w = 314/13 = 24.154 \le 1.49\sqrt{E/F_y} = 36.239$

콤팩트 또는 비콤팩트 단면

② F_e 산정

약축이 지배하므로

$$F_e = \frac{\pi^2 \cdot E}{(K \cdot L/r)^2} = 330.356\ MPa$$

③ F_{cr} 산정

$F_y/F_e = 1.075 \le 2.25$, 비탄성 좌굴이다.

$$F_{cr} = 0.658^{(F_y/F_e)} \times F_y = 226.409\ MPa$$

④ ϕP_n 산정

$\phi P_n = 0.9 \times F_{cr} \times A = 4.45641 \times 10^6 N = 4456.408\ kN$

(4) 설계 휨강도

① M_p

$$Z_x = \frac{400}{4} \times 400^2 - \frac{(400-13)}{4} \times (400-2\times21)^2 = 3.60013\times10^6\ mm^4$$

Z_x 산정시 필릿부는 무시하였다.

$M_p = F_y \cdot Z_x = 1.27805\times10^9\ N.mm = 1278.047\ kN.m$

② 횡좌굴 검토 ($L_b = 8000\ mm$)

$L_p = 1.76 \cdot r_y \cdot \sqrt{E/F_y} = 4323.441$

$C_w = I_y \cdot h_o^2/4 = 8.0439\times10^{12}\ mm^6$ (h_o = 400-21)

$S_x = I_x/200 = 1.12\times10^6\ mm^3$

$r_{ts}^2 = \sqrt{C_w \cdot I_y}/S_x = 37900$, $r_{ts} = 194.679$

$L_r = \pi \cdot r_{ts}\sqrt{E/0.7F_y} = 11779.352\ mm$

$L_p < L_b \leq L_r$ 에 해당.

$$C_b = \frac{12.5 \times 440}{(2.5 + 3 \times 0.5 + 0 + 3 \times 0.5) \times 440} \times \frac{R_m}{1.0} = 2.272$$

$C_b \times 0.7 F_y \cdot S_x \geq M_p$ 에 해당하므로,

$M_n = M_p$

③ 국부좌굴 검토

$b/t_f = 9.524 \geq 0.38\sqrt{E/F_y} = 9.242$

$< 1.0\sqrt{E/F_y} = 24.322$

$h/t_w = 24.154 \leq 3.76\sqrt{E/F_y} = 91.449$

$$M_n = M_p - (M_p - 0.7 F_y \cdot S_x)\left(\frac{9.524 - 9.242}{24.322 - 9.242}\right)$$

$= 1.25935 \times 10^9 \, N \cdot mm = 1259.352 \, kN \cdot m$

④ ϕM_n

$\phi M_n = 0.9 M_n = 1133.417 \, kN \cdot m$

(5) 조합하중 검토

$P_r / \phi P_n = 0.619 > 0.2$

$$P_r / \phi P_n + \frac{8}{9} \times \left(\frac{M_r}{\phi M_n}\right) = 0.619 + 0.345$$

$= 0.964 \leq 1.0$

이 기둥은 조합하중에 대해 안전하다.

끝

M군 : 오타확인

딸기맛호가든 : 수정완료

딸기맛호가든 : 소요휨강도 산정을 하려고 해도 무엇을 산정해야 하는지 모호하게 되므로 구조안정성 검토로 풀이하였다.

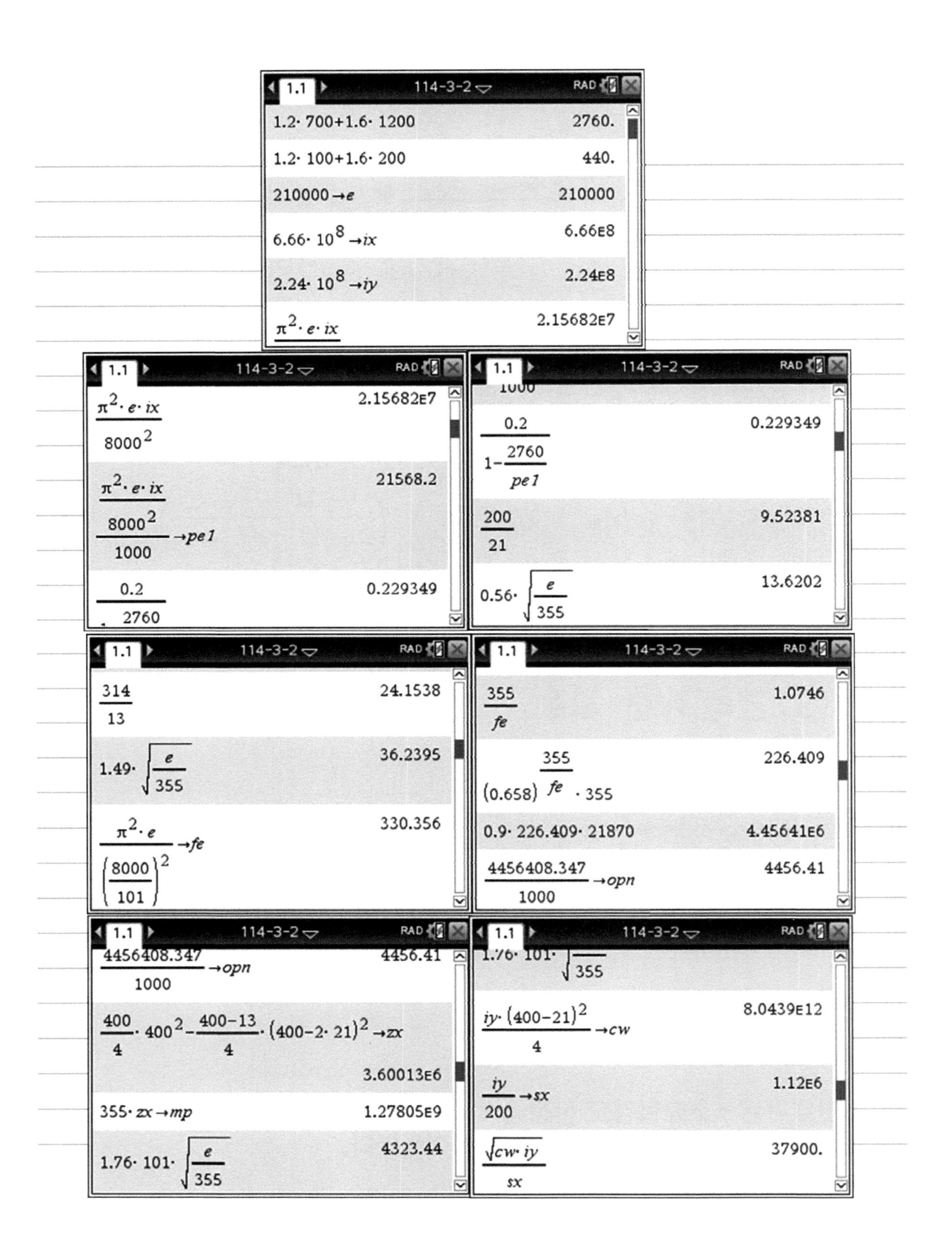

1.1
114-3-2
RAD
1.2· 700+1.6· 1200
2760.
1.2· 100+1.6· 200
440.
210000→e
210000
6.66· 10^8 →ix
6.66E8
2.24· 10^8 →iy
2.24E8
π^2· e· ix
2.15682E7
8000^2
21568.2
→pe1
1000
0.2
0.229349
2760
pe1
200
21
9.52381
0.56·
e
355
13.6202
314
13
24.1538
1.49·
36.2395
→fe
8000
101
330.356
fe
1.0746
(0.658)
· 355
226.409
0.9· 226.409· 21870
4.45641E6
4456408.347
→opn
4456.41
400
4
400^2−
400−13
(400−2· 21)^2 →zx
3.60013E6
355· zx→mp
1.27805E9
1.76· 101·
4323.44
iy· (400−21)^2
→cw
8.0439E12
iy
→sx
1.12E6
√cw· iy
sx
37900.

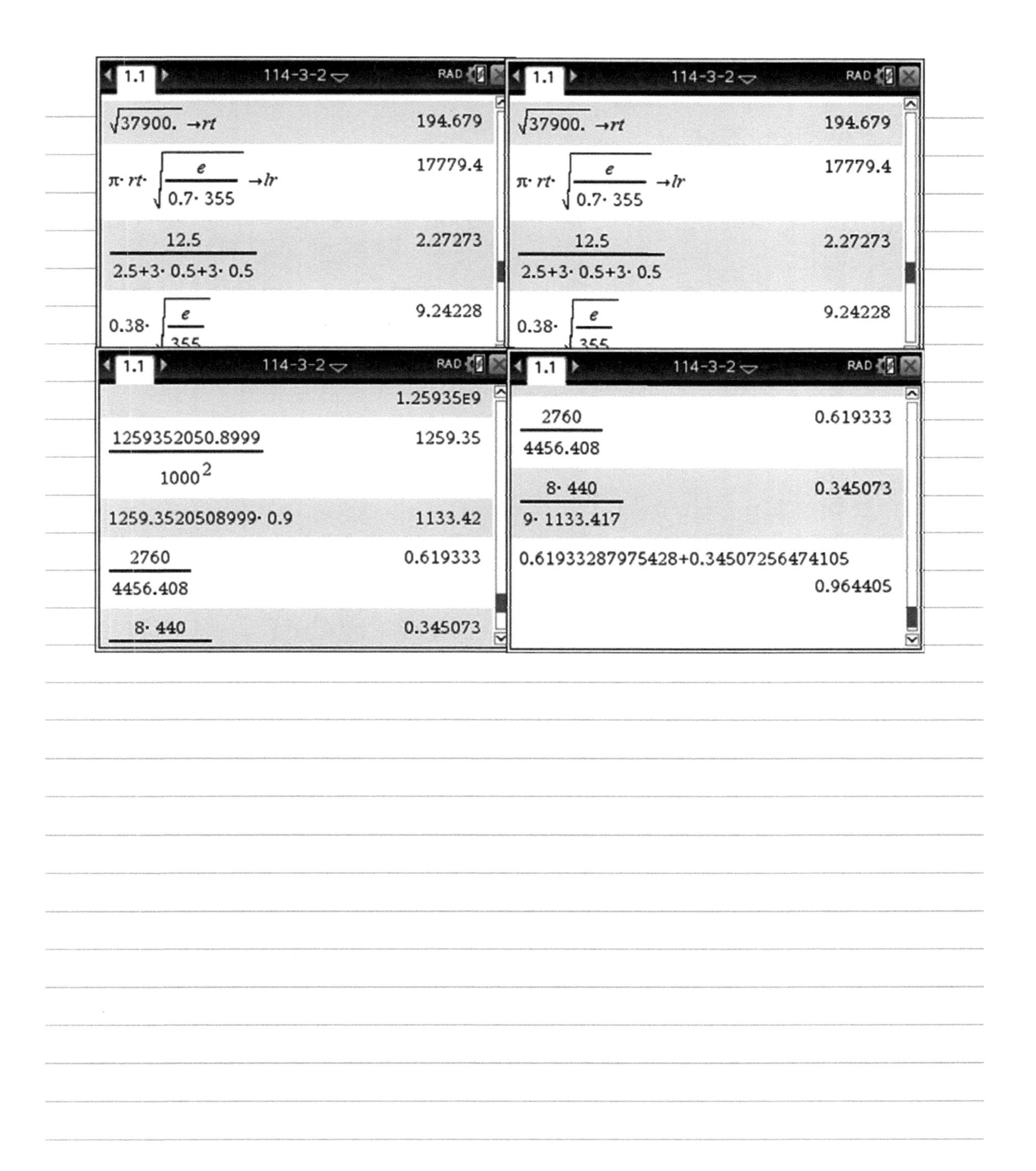
1.1
114-3-2
RAD
√37900. →rt
194.679
π· rt· √(e / 0.7· 355) →lr
17779.4
12.5 / 2.5+3· 0.5+3· 0.5
2.27273
0.38· √(e / 355)
9.24228
1.1
114-3-2
RAD
√37900. →rt
194.679
π· rt· √(e / 0.7· 355) →lr
17779.4
12.5 / 2.5+3· 0.5+3· 0.5
2.27273
0.38· √(e / 355)
9.24228
1.1
114-3-2
RAD
1.25935E9
1259352050.8999 / 1000^2
1259.35
1259.3520508999· 0.9
1133.42
2760 / 4456.408
0.619333
8· 440
0.345073
1.1
114-3-2
RAD
2760 / 4456.408
0.619333
8· 440 / 9· 1133.417
0.345073
0.61933287975428+0.34507256474105
0.964405

3. 말뚝에서 부마찰력의 발생원인 및 저감방안에 대하여 설명하시오.

<114회 3교시>

(1) 부마찰력 정의

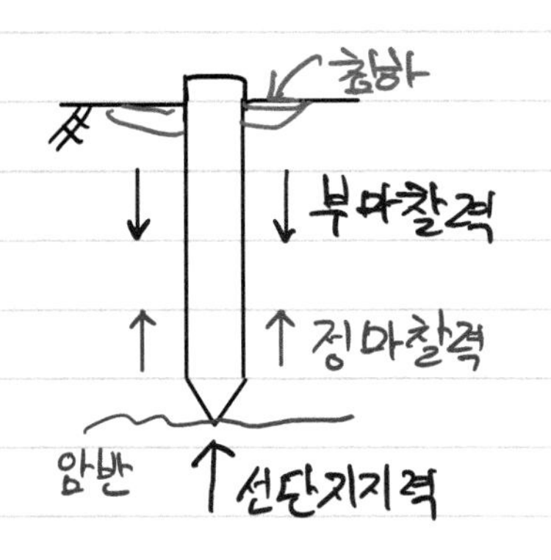

지반침하로 인하여 말뚝의 침하량 < 지반의 침하량이 될경우, 말뚝의 선단지지력과 반대 방향으로 마찰력이 발생하며, 이를 부마찰력이라 한다.

(2) 부마찰력 발생원인

① 연약지반 상부에 매립층이 있을시
② 압밀침하가 우려 되는 경우
③ 연약지반에 지하수위 저하가 발생시
④ 말뚝 간격이 좁을 때
⑤ 말뚝이음 상세처리 불량시

(3) 부마찰력 저감방안

① SL재를 말뚝 표면에 도장하여 마찰력 저감
② 선행하중을 가하거나 하중을 저감하여 침하를 감소
③ 말뚝 주위에 관을 설치 → 말뚝과 토사를 이격
④ 말뚝을 그룹으로 설계

끝

4. 그림과 같이 2개의 보로 이루어진 구조물을 u_1과 u_2의 2자유도 시스템으로 동적해석 하려고 한다. 지반에 수평지반가속도 $\ddot{u}_g(t)$가 작용할 때 주어진 구조물의 운동방정식을 유도하시오.

<114회 3교시>

(단, 감쇠와 보의 축변형은 무시한다.)

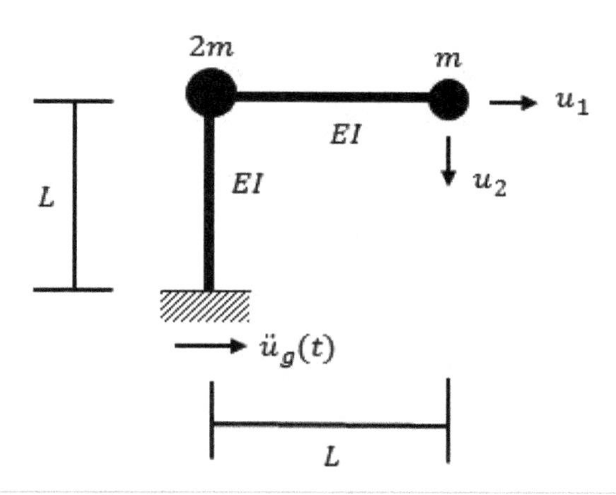

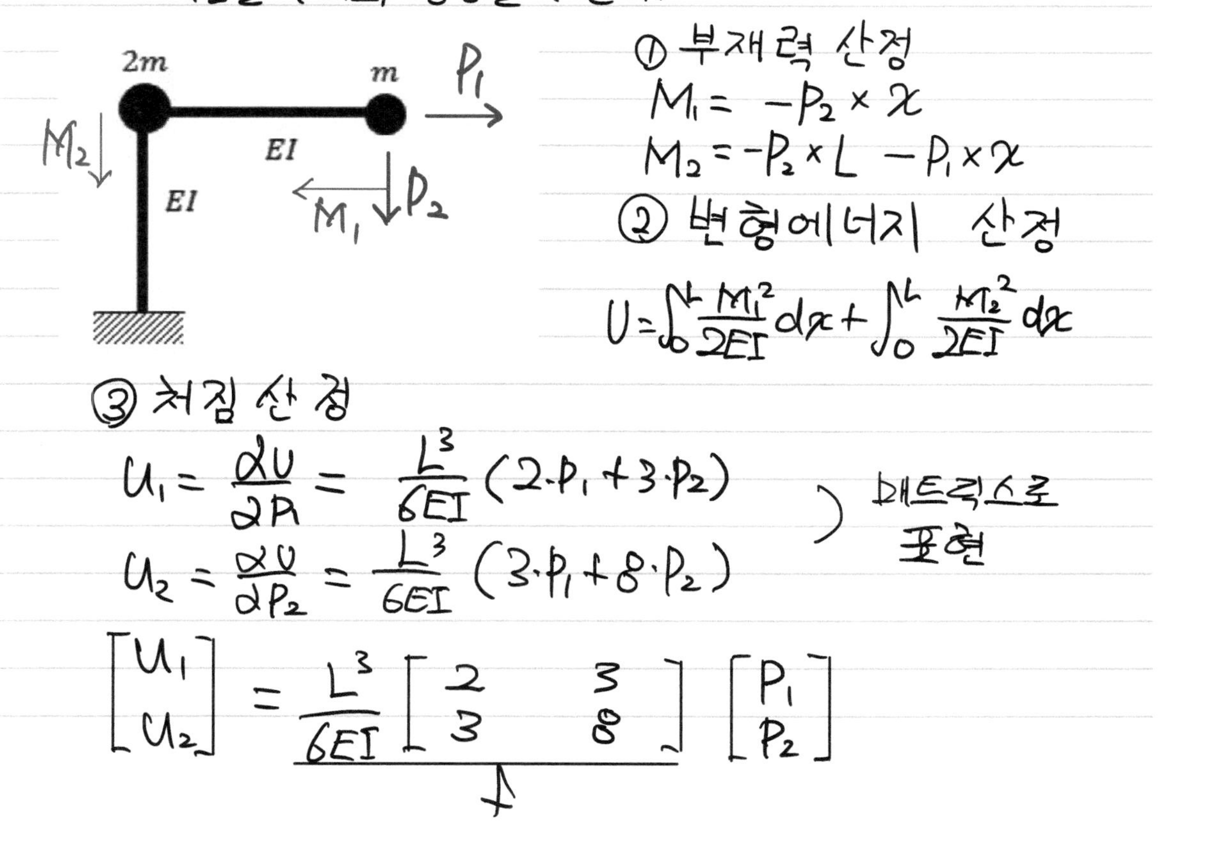

(1) 구조물 강성 산정

처짐을 구하고, 강성을 구한다.

① 부재력 산정

$M_1 = -P_2 \times x$

$M_2 = -P_2 \times L - P_1 \times x$

② 변형에너지 산정

$$U = \int_0^L \frac{M_1^2}{2EI}dx + \int_0^L \frac{M_2^2}{2EI}dx$$

③ 처짐 산정

$$u_1 = \frac{\partial U}{\partial P_1} = \frac{L^3}{6EI}(2 \cdot P_1 + 3 \cdot P_2)$$

$$u_2 = \frac{\partial U}{\partial P_2} = \frac{L^3}{6EI}(3 \cdot P_1 + 8 \cdot P_2)$$

) 매트릭스로 표현

$$\begin{bmatrix} u_1 \\ u_2 \end{bmatrix} = \underbrace{\frac{L^3}{6EI}\begin{bmatrix} 2 & 3 \\ 3 & 8 \end{bmatrix}}_{f} \begin{bmatrix} P_1 \\ P_2 \end{bmatrix}$$

④ 구조물 강성 산정

$P = k \cdot \delta$ 이므로,

$$k = \delta^{-1} = \begin{bmatrix} 48EI/7L^3 & -18EI/7L^3 \\ -18EI/7L^3 & 12EI/7L^3 \end{bmatrix}$$

(2) 구조물 운동방정식

$$\underbrace{\begin{bmatrix} 3m & 0 \\ 0 & m \end{bmatrix}}_{[M]} \begin{bmatrix} \ddot{u}_1 \\ \ddot{u}_2 \end{bmatrix} + \begin{bmatrix} 48EI/7L^3 & -18EI/7L^3 \\ -18EI/7L^3 & 12EI/7L^3 \end{bmatrix} \begin{bmatrix} u_1 \\ u_2 \end{bmatrix} = -[M]\ddot{u}_g(t)$$

끝

딸기맛호가든 : CHOPRA 구조동역학 책에 거의 같은 문제가 있다.

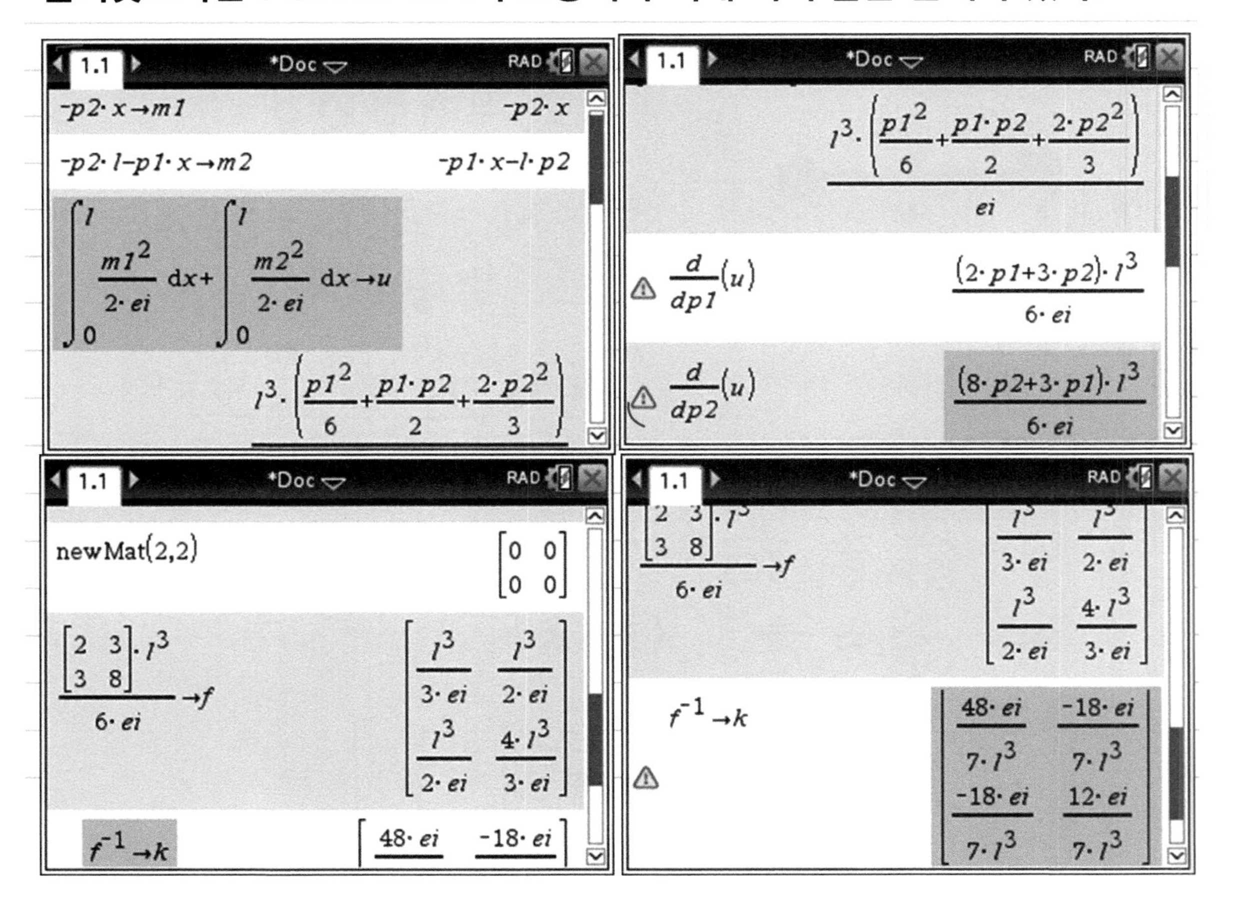

1. 초고층 건축의 CFT(Concrete Filled Steel Tube) 기둥과 철골보의 접합부 형식에 대하여 설명하시오. <114회 4교시>

초고층 건축의 CFT 접합부는 대표적으로 외측 다이어프램 형식, 내측다이어프램 형식, 관통다이어프램 형식이 있다.

(1) 외측 다이어프램 형식

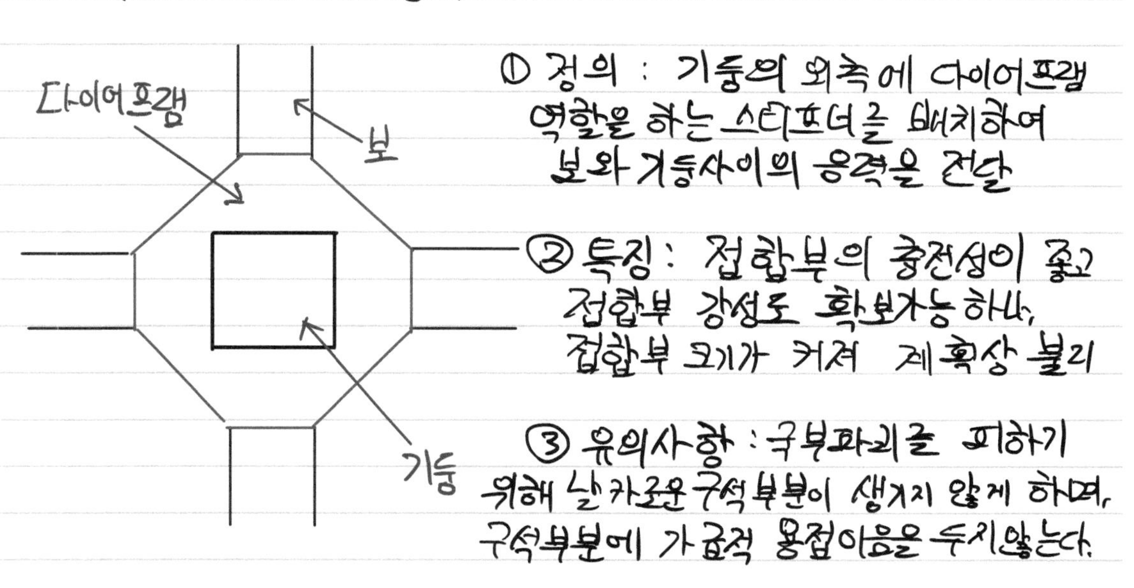

① 정의 : 기둥의 외측에 다이어프램 역할을 하는 스티프너를 배치하여 보와 기둥사이의 응력을 전달

② 특징 : 접합부의 충전성이 좋고 접합부 강성도 확보가능하나, 접합부 크기가 커져 계획상 불리

③ 유의사항 : 국부파괴를 피하기 위해 날카로운 구석부분이 생기지 않게 하며, 구석부분에 가급적 용접이음을 두지않는다.

(2) 내측다이어프램 형식

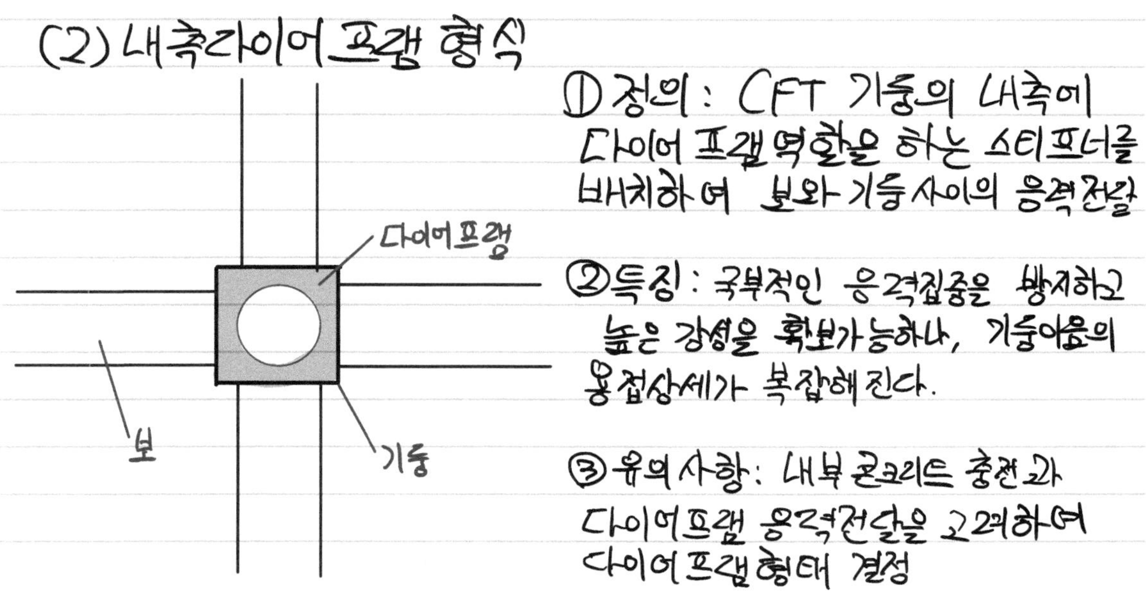

① 정의 : CFT 기둥의 내측에 다이어프램 역할을 하는 스티프너를 배치하여 보와 기둥사이의 응력전달

② 특징 : 국부적인 응력집중을 방지하고 높은 강성을 확보가능하나, 기둥이음의 용접상세가 복잡해진다.

③ 유의사항 : 내부콘크리트 충전과 다이어프램 응력전달을 고려하여 다이어프램형태 결정

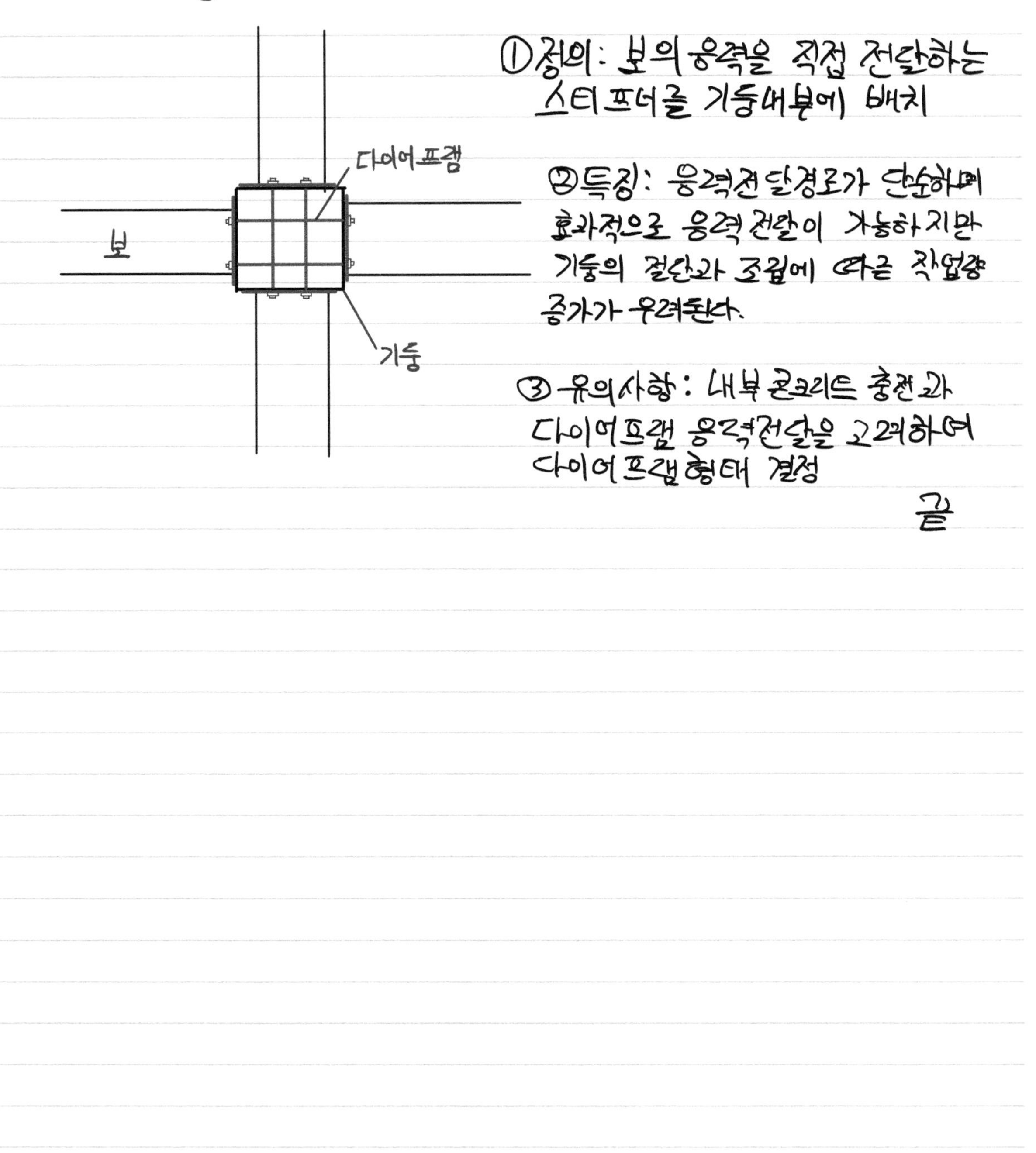

(3) 관통 다이어프램 형식

① 정의: 보의 응력을 직접 전달하는 스티프너를 기둥내부에 배치

② 특징: 응력전달경로가 단순하며 효과적으로 응력전달이 가능하지만 기둥의 절단과 조립에 따른 작업량 증가가 우려된다.

③ 유의사항: 내부 콘크리트 충전과 다이어프램 응력전달을 고려하여 다이어프램형태 결정

끝

2. 다음 구조물의 정정, 부정정을 판정한 후 지점반력을 구하고 단면력도(휨모멘트도, 전단력도, 축방향력도)를 그리시오.

<114회 4교시>

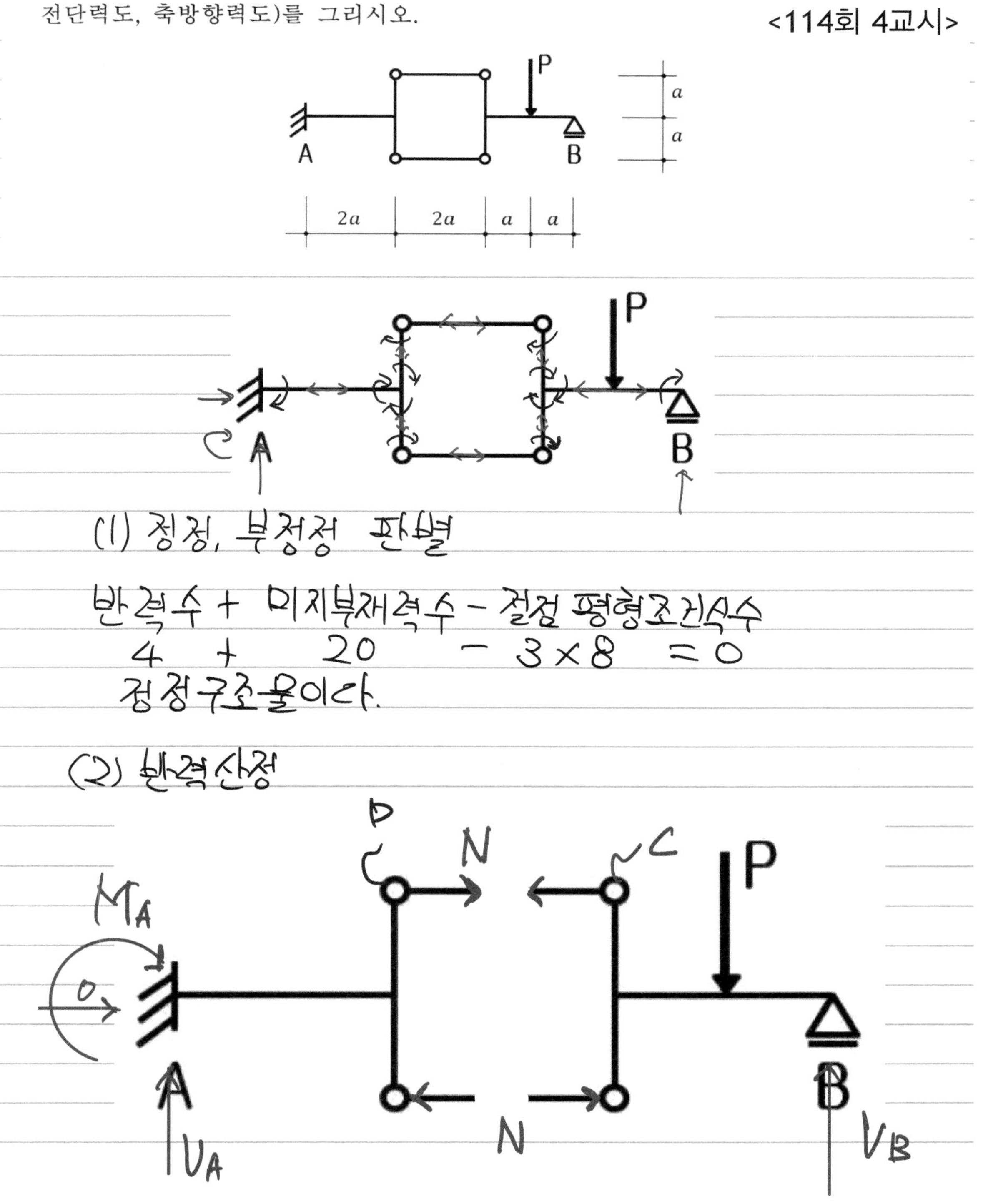

①우측 자유물체도에서

$\Sigma V=0;\ -P+V_B=0,\ V_B=P$

$\Sigma M_C=0;\ -N\times 2a+P\times a-V_B\times 2a=0$

$N=-P/2$

② 좌측자유물체도에서

$\Sigma V=0;\ V_A=0$

$\Sigma M_D=0;\ M_A+V_A\times 2a+N\cdot 2a=0$

$M_A=P\cdot a$

(3) 부재력도

<축력도>

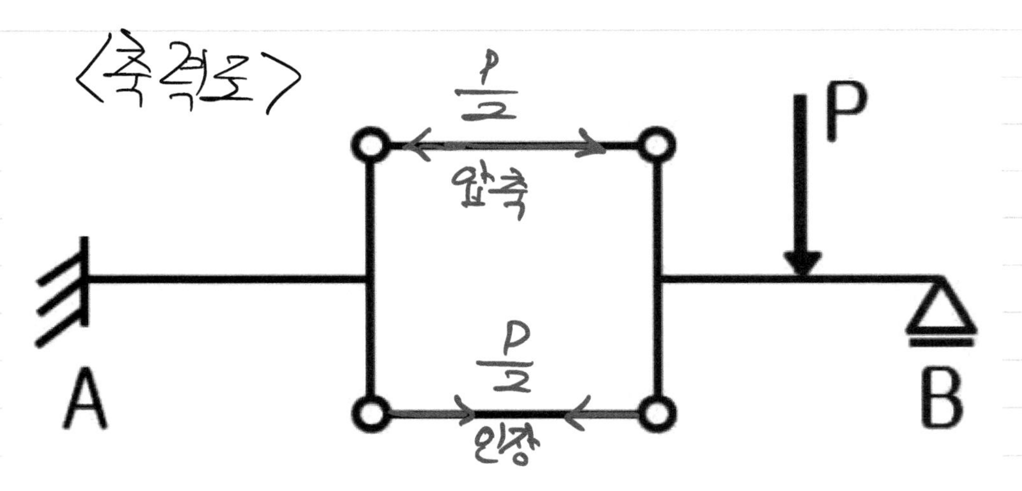

축력은 표시된 2개의 부재에서만 발생한다.

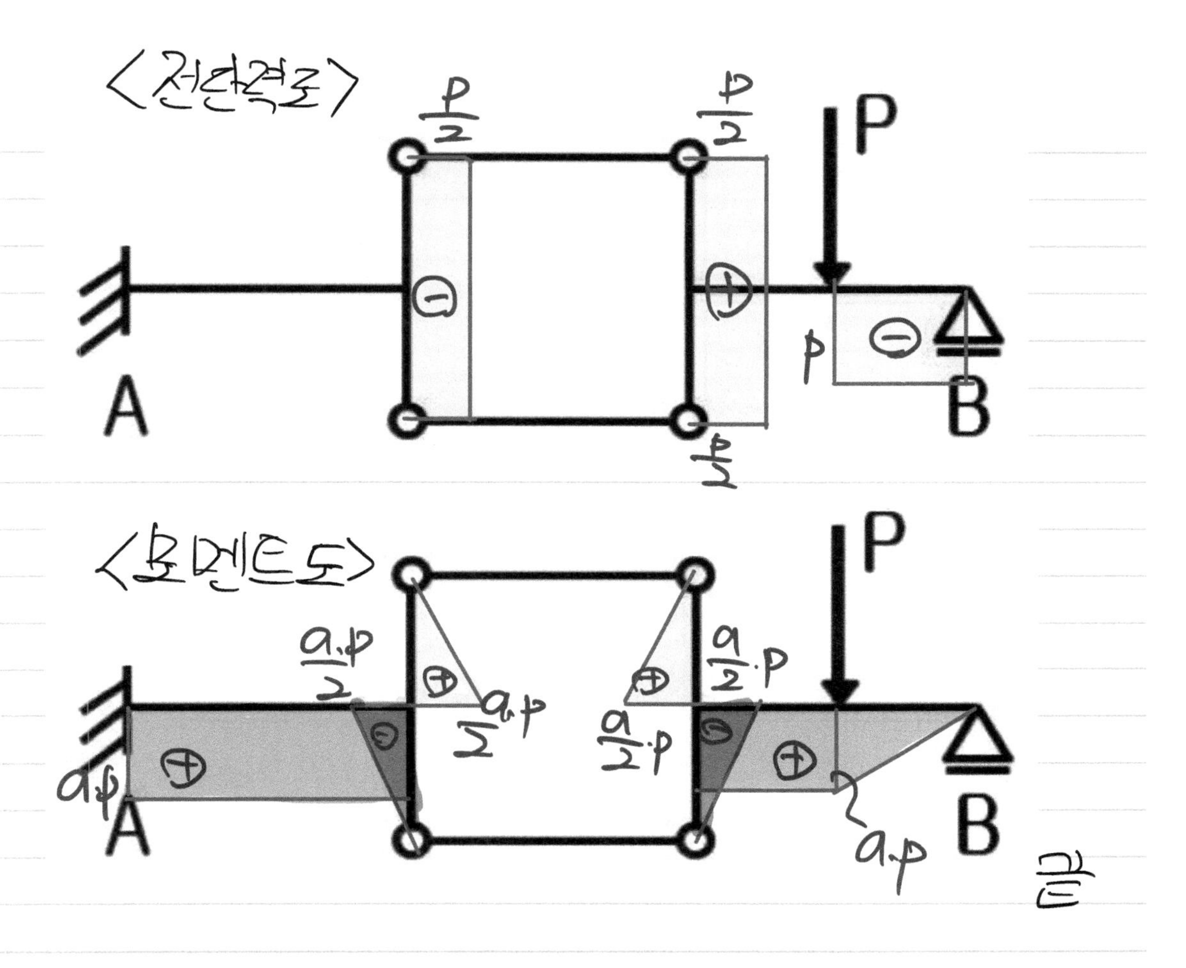

딸기맛호가든 : 축력만 받는 부재 부재 두개를 잘 판단하는 것이 핵심

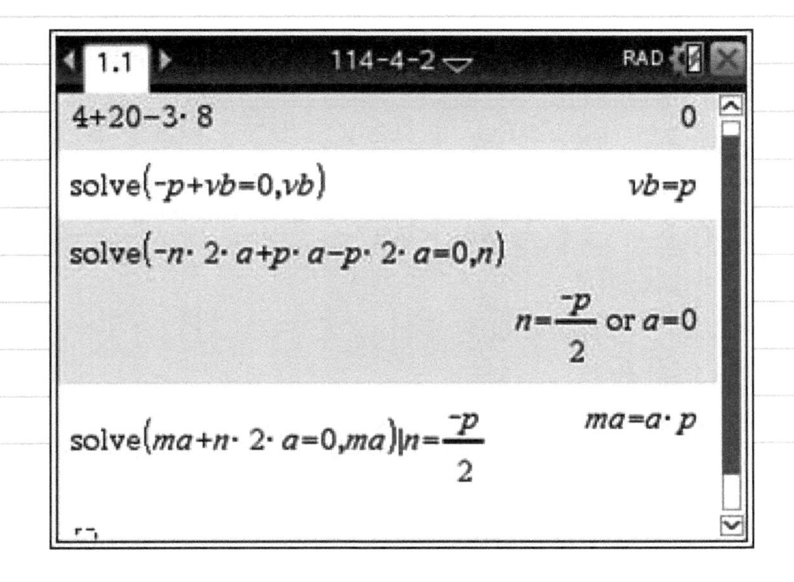

3. 다음 구조물에서 A, B, C점의 수평반력을 구하시오. <114회 4교시>

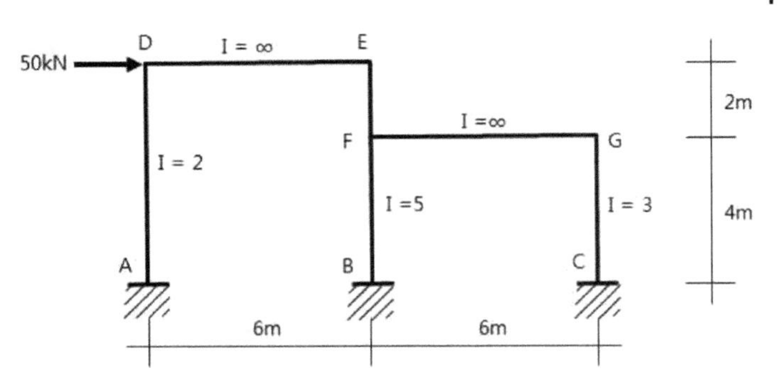

축변형을 무시할 시, 2자유도 이므로 강성도법을 이용한다.

(1) 자유물체도

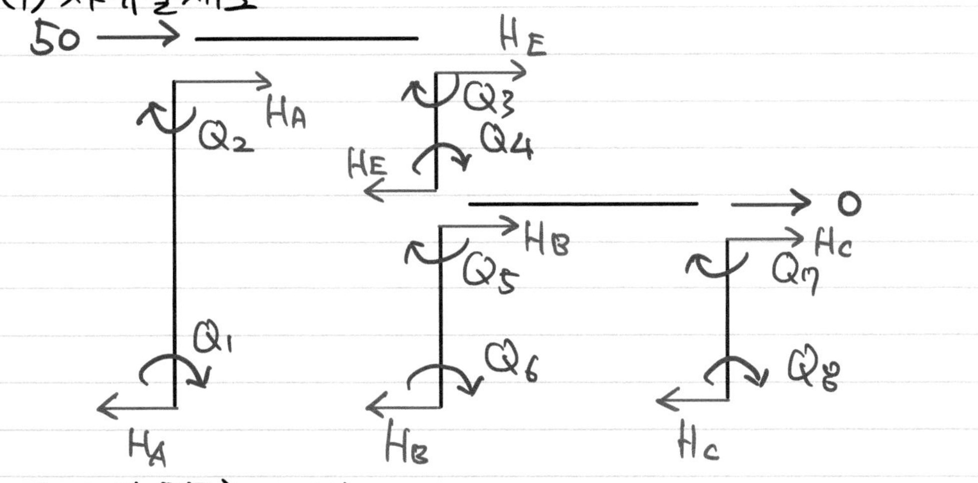

A-D 자유물체도에서,

$\Sigma M_A = 0$; $Q_1 + Q_2 + H_A \times 6 = 0$, $H_A = -Q_1/6 - Q_2/6$

E-F 자유물체도에서

$\Sigma M_E = 0$; $Q_3 + Q_4 + H_E \times 2 = 0$, $H_E = -Q_3/2 - Q_4/2$

B-F 자유물체도에서

$\Sigma M_B = 0$; $Q_5 + Q_6 + H_B \times 4 = 0$, $H_B = -Q_5/4 - Q_6/4$

C-G 자유물체도에서

$\Sigma M_C = 0$; $Q_7 + Q_8 + H_C \times 4 = 0$, $H_c = -Q_7/4 - Q_8/4$

(2) 절점 평형 방정식.

D-E부재 에서, $H_A + H_E = 50 \cdots (1)$

F-G 부재에서, $H_B + H_c - H_E = 0 \cdots (2)$

(3) $P = AQ$ (식(1), (2)를 매트릭스로 표현)

$$\underbrace{\begin{bmatrix} -1/6 & -1/6 & -1/2 & -1/2 & 0 & 0 & 0 & 0 \\ 0 & 0 & 1/2 & 1/2 & -1/4 & -1/4 & -1/4 & -1/4 \end{bmatrix}}_{A} \underbrace{\begin{bmatrix} Q_1 \\ Q_2 \\ Q_3 \\ Q_4 \\ Q_5 \\ Q_6 \\ Q_7 \\ Q_8 \end{bmatrix}}_{Q} = \underbrace{\begin{bmatrix} 50 \\ 0 \end{bmatrix}}_{P}$$

(4) 전부재 강성 매트릭스

$$S = E \begin{bmatrix} \begin{pmatrix} 4 & 2 \\ 2 & 4 \end{pmatrix} \times \frac{2}{6} & 0 & 0 & 0 \\ 0 & \begin{pmatrix} 4 & 2 \\ 2 & 4 \end{pmatrix} \times \frac{5}{2} & 0 & 0 \\ 0 & 0 & \begin{pmatrix} 4 & 2 \\ 2 & 4 \end{pmatrix} \times \frac{5}{4} & 0 \\ 0 & 0 & 0 & \begin{pmatrix} 4 & 2 \\ 2 & 4 \end{pmatrix} \times \frac{3}{4} \end{bmatrix}$$

(5) 구조물강성 매트릭스 k

$$k = ASA^T = \begin{bmatrix} 137E/18 & -15 \cdot E/2 \\ -15 \cdot E/2 & 9 \cdot E \end{bmatrix}$$

(6) 격점변위 매트릭스 d

$$d = k^{-1} \cdot P = \begin{bmatrix} 1800/49E \\ 1500/49E \end{bmatrix}$$

(7) 부재력 매트릭스

$$Q = S \cdot A^T \cdot d = \begin{bmatrix} -12.245 \\ -12.245 \\ -45.918 \\ -45.918 \\ -57.398 \\ -57.398 \\ -34.439 \\ -34.439 \end{bmatrix} \begin{matrix} Q_1 \\ Q_2 \\ Q_3 \\ Q_4 \\ Q_5 \\ Q_6 \\ Q_7 \\ Q_8 \end{matrix}$$

(8) 수평반력

$$H_A = -Q_1/6 - Q_2/6 = 4.082\,kN$$

$$H_B = -Q_5/4 - Q_6/4 = 28.699\,kN$$

$$H_C = -Q_7/4 - Q_8/4 = 17.219\,kN$$

$$H_A + H_B + H_C = 50.000\,kN \quad O.K$$

끝

M군 : 이 문제는 본인에게 있어서 안타까운 문제임. 풀이과정은 맞았으나 계산기 덧셈 뺄셈 잘못누른 죄로 오답을 써버림.
다행히 점수를 절반정도는 받은 것으로 판단하고 있음.

딸기맛호가든 : 114회는 아직 문항별 점수가 공개되지 않은 시점이라 M군이 점수를 정확히 얼마를 받았는지는 알수 없으나, 필자가 117회 분수의 분모 분자를 순간적으로 착각하여 틀린 문제에서 받은 점수가 10/25점 이었음. 아마도 M군도 이와 비슷한 점수를 받지 않았을까 라고 판단됨.

딸기맛호가든 : 이처럼 부정정차수가 높은 경우에는 강성도법으로 풀이 하는 것이 바람직하다. 따라서, 역학에서 고득점을 받겠다면 최소한 유연도법 중 한가지 풀이법, 강성도법 중 한가지 풀이법을 할 수 있어야 한다

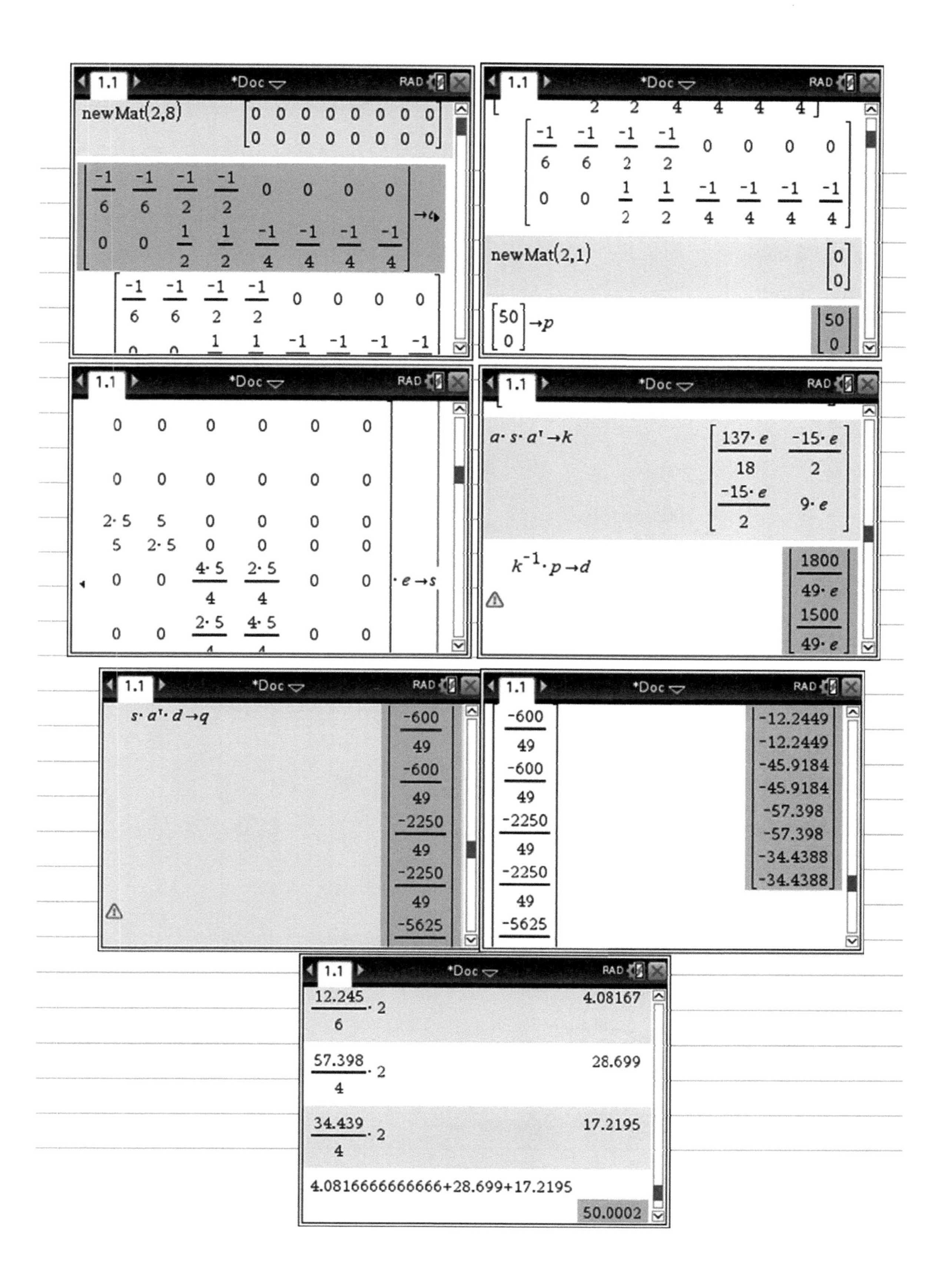
1.1
*Doc
RAD
newMat(2,8)
newMat(2,1)
→p
· e →s
a· s· aᵀ →k
k⁻¹· p →d
s· aᵀ· d →q
-12.2449
-12.2449
-45.9184
-45.9184
-57.398
-57.398
-34.4388
-34.4388
4.08167
28.699
17.2195
4.0816666666666+28.699+17.2195
50.0002

4. 다음 조건을 이용하여 정사각형단면 기둥(C1)에 지지되는 C1기둥 부위의 플랫슬래브 전단에 대하여 검토하고, 만약 설계기준을 만족하지 못하면 전단철근을 사용하여 보강설계를 하시오.

<114회 4교시>

w_d = 6 kN/m^2
w_l = 4 kN/m^2
주철근비 ρ = 0.005
C1기둥 크기 500 mm × 500 mm
플랫슬래브 크기 $l_1 = l_2 = 6.5m$
슬래브 두께 h = 200 mm
(d = 160 mm)
f_{ck} = 27MPa (보통콘크리트)
스터럽은 D10
(A_v = 71.3 mm^2, f_y = 400 MPa)

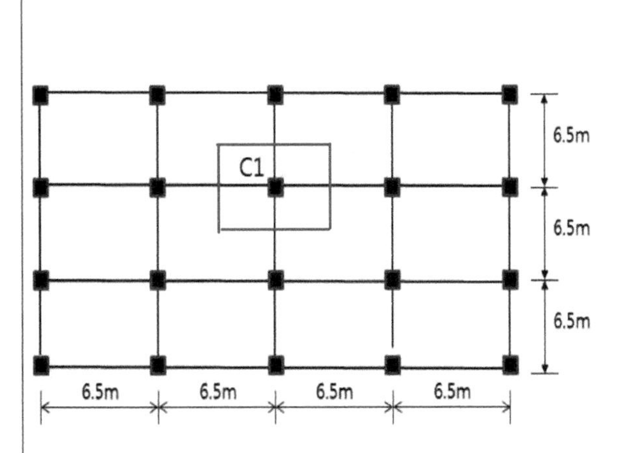

(1) 소요하중 산정 (2면전단)

$W_u = 1.2W_D + 1.6W_L = 13.6\ kN/m^2$

$V_u = W_u \times (\underset{분담면적}{6.5\times6.5} - (0.5 + \underset{0.16}{d})^2) = 568.676\ kN$

(2) ϕV_c 산정

$k_s = (300/d)^{0.25} = 1.17 \leq 1.1$, $k_s = 1.1$ 적용

$k_{bo} = 4/\sqrt{\underset{1.0(내부)}{\alpha}\cdot b_o/d} =$

$b_o = 4\times(500 + d) = 2640mm$

$f_{te} = 0.2\sqrt{f_{ck}} = 1.039$ $\qquad f_{cc} = \frac{2}{3} f_{ck} = 18$

$\cot\psi = \dfrac{\sqrt{f_{te}(f_{te}+f_{cc})}}{f_{te}} = 4.280$

$c_u = d\cdot\left[25\sqrt{\underset{0.005}{\rho}/f_{ck}} - 300(\rho/f_{ck})\right] = 45.544$

$\phi V_c = \underbrace{\overset{\sim 0.75}{\phi}\cdot \overset{\sim 1.0}{\lambda}\cdot k_s\cdot k_{bo}\cdot f_{te}\cdot \cot\psi\cdot b_o\cdot c_u}_{434500\text{ N}} \le \underbrace{\phi\cdot 0.58\cdot f_{ck}\cdot b_o\cdot c_u}_{1.41218\times10^6\text{ N}}$

$= 434.500\text{ kN} < V_u = 568.676\text{ kN}$

2면전단에 대해 전단내력이 부족하다.

(3) 전단 보강량 산정

$\phi V_s = V_u - \phi V_c = 134.176\text{ kN}, \quad V_s = 178.901\text{ kN}$

D10 철근으로 전단보강시

$s = \dfrac{\phi\cdot 0.5\cdot A_v\cdot f_y\cdot d}{V_s} = \dfrac{0.75\cdot 0.5\cdot(4\times2\times71)\times400}{178.901\times10^3}\times d = 76.199\text{ mm}$

$s_{max} = d/2 = 80\text{ mm}$

D10 @ 75로 보강한다.

(4) 보강 범위 산정

$V_u \le \underbrace{\phi\cdot V_c}_{434.5}/b_o\times b_o'$ 이므로, $b_o' \ge 3455.246\text{ mm}$

$4\times a\sqrt{2} + 4\times500 \ge b_o'$

$a \ge 257.254\text{ mm}$

$a = 300\text{mm}$ 적용.

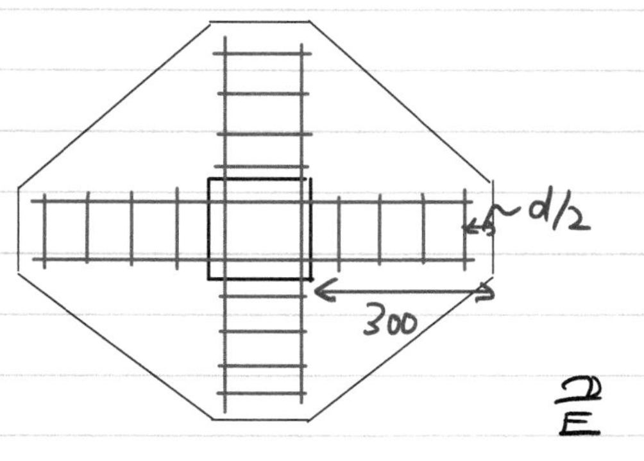

끝

M군 : 전단보강검토와 관련하여 다음사항 추가

(1) 전단보강시 요구사항

- $d_v \le d/16 = 160/16 = 10$ 전단보강근 D10적용
- $f_{yt} \le 400\ MPa$
- $\phi V_c = 434.5kN \le \phi \cdot 0.58 \cdot f_{ck} \cdot b_o \cdot C_a = 1412kN$

→ 전단보강 가능

(2) 전단보강근 단면 배근 상세

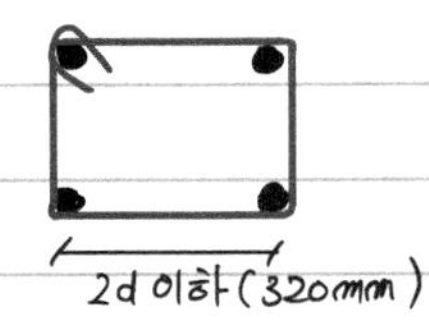

(3) 플랫슬래브가 횡력 저항시 ϕVc 값을 40% 저감 필요

- 횡력 저항시 펀칭으로 인한 조기파괴 방지를 위한 조항

(KBC 2016 0520.3.6.8)

1.1 114-4-4 RAD

$1.2 \cdot 6+1.6 \cdot 4$	13.6
$13.6 \cdot \left((6.5)^2-(0.5+0.16)^2\right) \rightarrow vu$	568.676
$160 \rightarrow d$	160
$\left(\frac{300}{160}\right)^{0.25} \rightarrow ks$	1.17017
$1.1 \rightarrow ks$	1.1

1.1 114-4-4 RAD

$(500+160) \cdot 4 \rightarrow b0$	2640
$\frac{4}{\sqrt{\frac{1 \cdot b0}{d}}} \rightarrow kb0$	0.984732
$0.2 \cdot \sqrt{27} \rightarrow fte$	1.03923
$\frac{2}{3} \cdot 27 \rightarrow fcc$	18

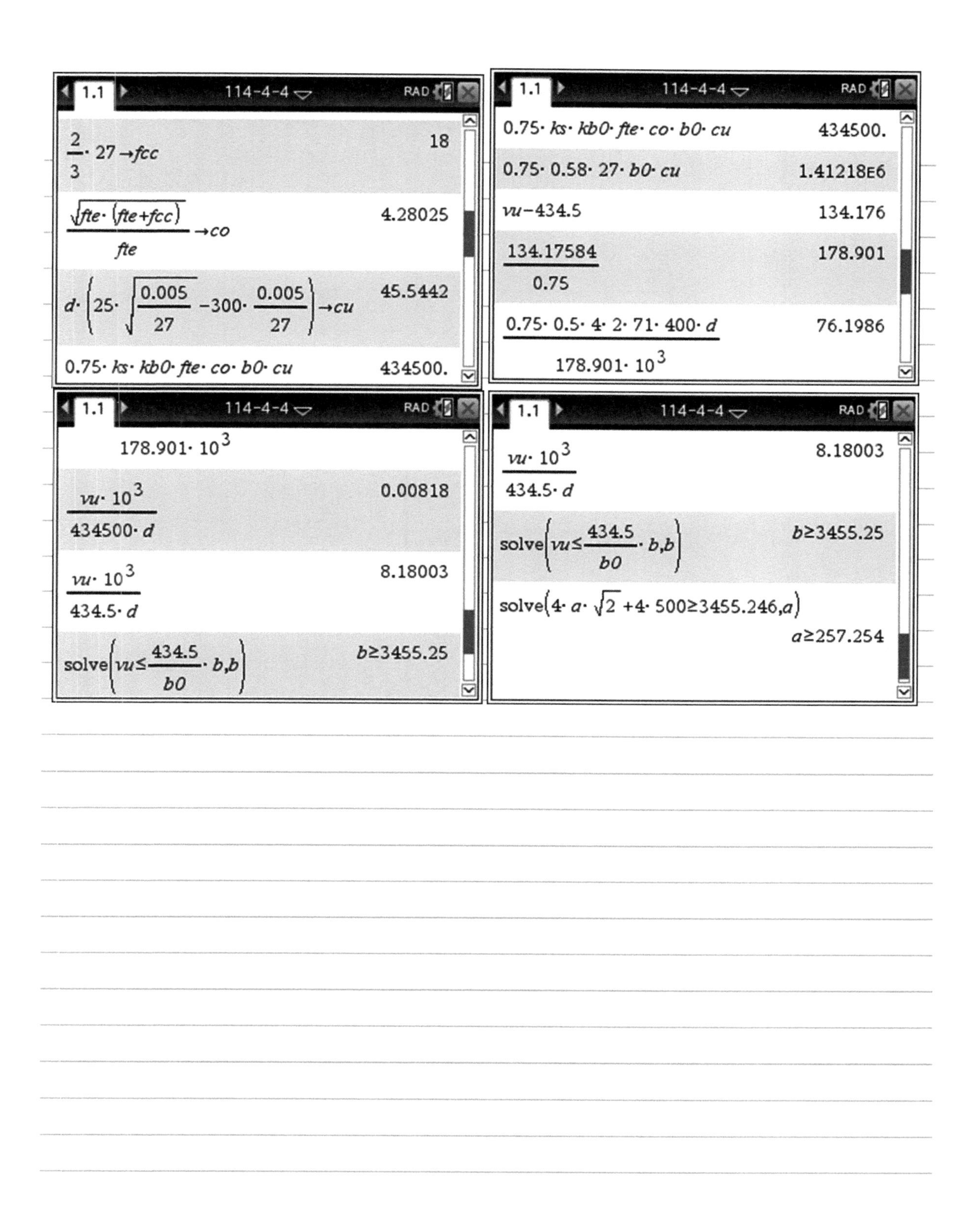
1.1
114-4-4
RAD
2/3 · 27 →fcc
18
√(fte·(fte+fcc)) / fte →co
4.28025
d·(25·√(0.005/27) −300·0.005/27)→cu
45.5442
0.75· ks· kb0· fte· co· b0· cu
434500.
0.75· 0.58· 27· b0· cu
1.41218E6
vu−434.5
134.176
134.17584 / 0.75
178.901
0.75· 0.5· 4· 2· 71· 400· d / 178.901· 10^3
76.1986
vu· 10^3 / 434500· d
0.00818
vu· 10^3 / 434.5· d
8.18003
solve(vu≤434.5/b0 · b,b)
b≥3455.25
solve(4· a· √2 +4· 500≥3455.246,a)
a≥257.254

5. 다음 그림과 같은 보에서 탄성상태에서의 휨모멘트도를 작성하고, A점과 C점에서 모두 소성힌지가 형성될 때의 하중은 탄성한도 일때의 하중의 몇 배인지 구하시오.

(단, $\dfrac{M_p}{M_y} = 1.5$로 한다.) <114회 4교시>

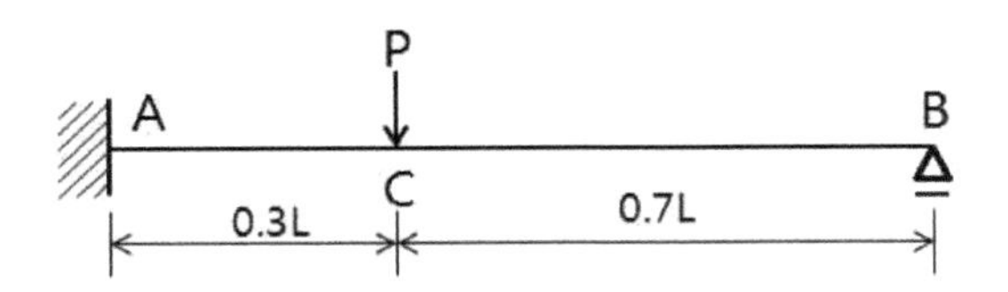

(1) 탄성한도일시 하중 P_y

① 해제 보

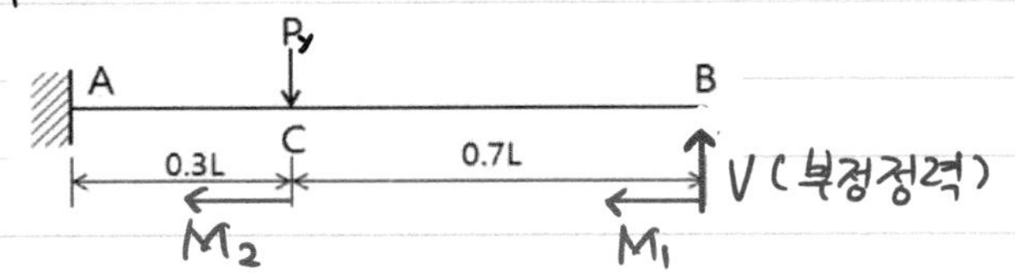

② 부재력 산정

$M_1 = V \times x$

$M_2 = V \times (0.7L + x) - P_y \times x$

③ 변형에너지 산정

$$U = \int_0^{0.7L} \frac{M_1^2}{2EI} dx + \int_0^{0.3L} \frac{M_2^2}{2EI} dx$$

④ 부정정력 산정

$\dfrac{\partial U}{\partial V} = 0;$ $V = 0.1215 P_y$

⑤ BMD, P_y 산정

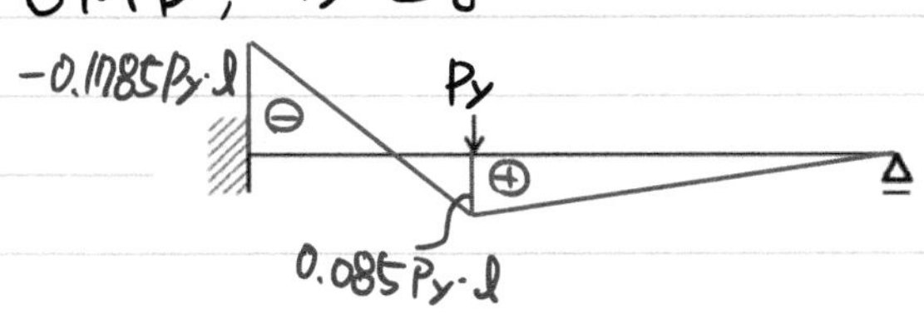

$M_y = 0.1785 \cdot P_y \cdot l,$ $P_y = \dfrac{5.602}{l} M_y$

(2) A점 소성힌지 발생 이후의 거동

P_2, V_A, V_B, $0.21P_2 \cdot l$

① 반력산정

$\Sigma M_B = 0;\quad V_A \times L - P_2 \times 0.7L = 0,\ V_A = 0.7P_2$

$\Sigma V = 0;\quad V_B = 0.3P_2$

② P_2산정

$$0.085 \cdot P_y \cdot l \times \frac{M_P}{M_y} + 0.21 P_2 \cdot l = 0.1785 \cdot P_y \cdot l \times \frac{M_P}{M_y}$$

$P_2 = 0.668\, P_y$

(3) A, C점 소성힌지 발생시 하중 P_P

$$P_P = P_y \times 1.5 + P_2 = 2.168 P_y = \frac{12.145\, M_y}{l}$$

$$= \frac{8.097}{l} M_P$$

(4) 상한계법으로 검산

P_P, A, B, C, θ_1, θ_2, δ, M_P, $\theta_1+\theta_2$

$$\theta_1 = \frac{\delta}{0.3L}$$

$$\theta_2 = \frac{\delta}{0.7L}$$

$$\underbrace{P_P \times \delta}_{\text{내부일}} = \underbrace{M_P \times \theta_1 + M_P \times (\theta_1 + \theta_2)}_{\text{외부일}}$$

$$P_P = \frac{8.095}{l} M_P$$ 값 거의 일치 (반올림오차) 끝

딸기맛호가든 : 비교적 간단한 문제이다 보니 하한계법으로 계산 후 상한계법으로 검산하는 것이 가능하다.

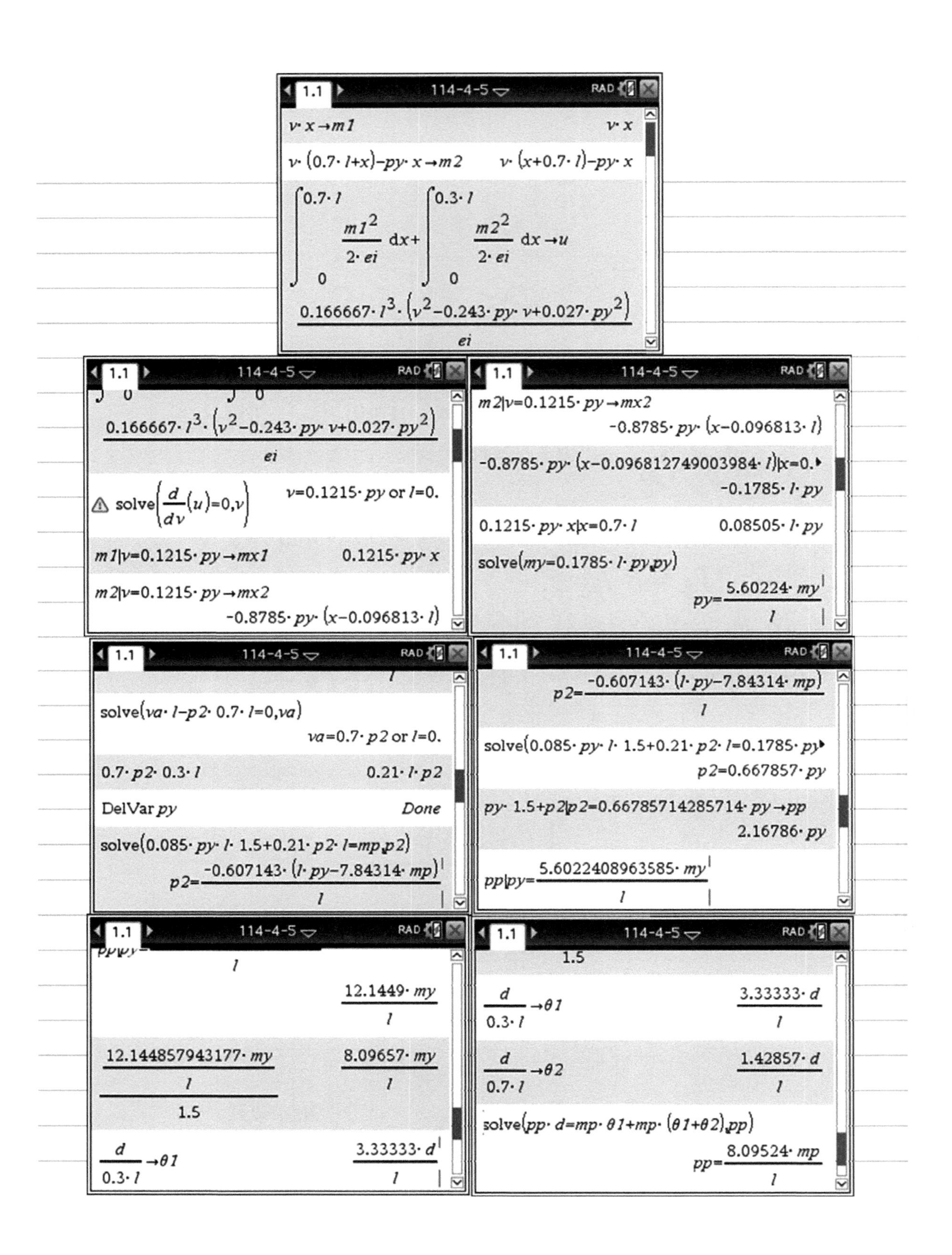
1.1 114-4-5 RAD
v·x→m1 v·x
v·(0.7·l+x)−py·x→m2 v·(x+0.7·l)−py·x
∫(0 to 0.7·l) m1^2/(2·ei) dx + ∫(0 to 0.3·l) m2^2/(2·ei) dx → u
0.166667·l^3·(v^2−0.243·py·v+0.027·py^2)/ei
solve(d/dv(u)=0,v) v=0.1215·py or l=0.
m1|v=0.1215·py→mx1 0.1215·py·x
m2|v=0.1215·py→mx2 −0.8785·py·(x−0.096813·l)
−0.8785·py·(x−0.096812749003984·l)|x=0. −0.1785·l·py
0.1215·py·x|x=0.7·l 0.08505·l·py
solve(my=0.1785·l·py,py) py=5.60224·my/l
solve(va·l−p2·0.7·l=0,va) va=0.7·p2 or l=0.
0.7·p2·0.3·l 0.21·l·p2
DelVar py Done
solve(0.085·py·l·1.5+0.21·p2·l=mp,p2) p2=−0.607143·(l·py−7.84314·mp)/l
solve(0.085·py·l·1.5+0.21·p2·l=0.1785·py p2=0.667857·py
py·1.5+p2|p2=0.66785714285714·py→pp 2.16786·py
pp|py=5.6022408963585·my/l 12.1449·my/l
(12.144857943177·my/l)/1.5 8.09657·my/l
d/(0.3·l)→θ1 3.33333·d/l
d/(0.7·l)→θ2 1.42857·d/l
solve(pp·d=mp·θ1+mp·(θ1+θ2),pp) pp=8.09524·mp/l

6. 다음과 같이 띠철근으로 보강된 철근콘크리트 기둥의 균형변형률 상태의 설계축강도 ϕP_{nb}와 설계휨강도 ϕM_{nb}를 각각 구하시오.

(단, $f_{ck} = 27\,\text{MPa}$, $f_y = 400\,\text{MPa}$, 콘크리트 외면에서 철근 중심까지의 거리는 65 mm이다.)

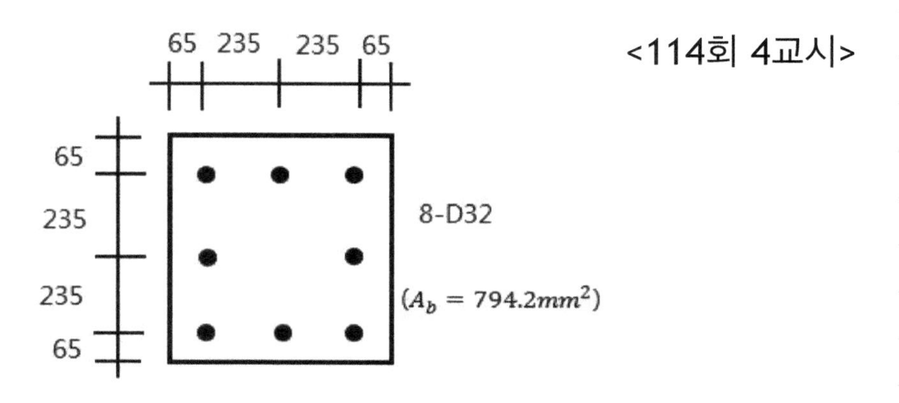

KDS 14 20 20 개정안을 미리 반영하여 계산하였음

(1) 균형 변형률상태 중립축 Cb 산정

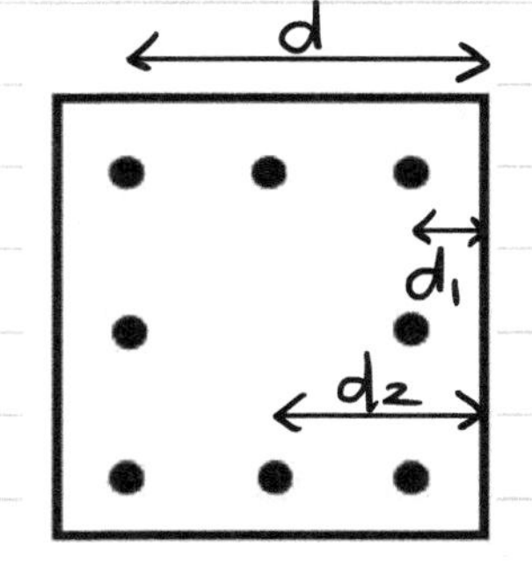

$d = 65 + 235 \times 2 = 535mm$

$d_1 = 65mm$

$d_2 = 65 + 235 = 300mm$

$0.0033 : Cb = 0.002 : \underset{535}{d} - Cb$

$Cb = 333.113mm$

(2) 철근 변형률 산정 ($\varepsilon_{s1}, \varepsilon_{s2}$)

0.002

Cb

d-Cb

ε_{s2}

ε_{s1}

0.0033

$0.0033 : Cb = \varepsilon_{s1} : Cb - d_1$

$\varepsilon_{s1} = 0.00266 > \underset{0.002}{\varepsilon_y}$ (항복)

$0.0033 : Cb = \varepsilon_{s2} : Cb - d_2$

$\varepsilon_{s2} = 0.000328 < \varepsilon_y$ (항복X)

(3) ϕP_{nb} 산정

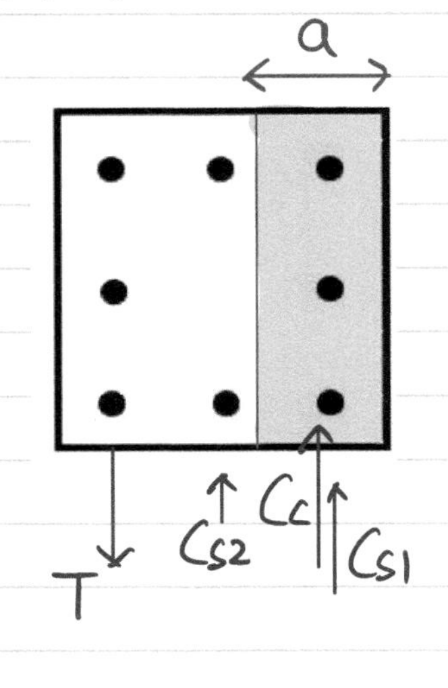

$a = \underset{0.8\,(f_{ck} \le 40)}{\beta_1}\, C_b = 266.491\,mm$

$C_c = \underset{1.0\,(f_{ck} \le 40)}{\eta} \times 0.85 \cdot f_{ck} \cdot a \times 600$

$C_{s1} = \underset{794.2}{A_b} \times 3 \times (f_y - \eta \cdot 0.85 \cdot f_{ck})$

$C_{s2} = A_b \times 2 \times \underset{200000}{E_s} \times \varepsilon_{s2}$

$T = A_b \times 3 \times f_y$

$$P_n = C_c + C_{s1} + C_{s2} - T = 3.71911 \times 10^6\,N$$
$$= 3719.105\,kN$$

$\phi P_n = 0.65 \cdot P_n = 2417.418\,kN$

(4) ϕM_n 산정

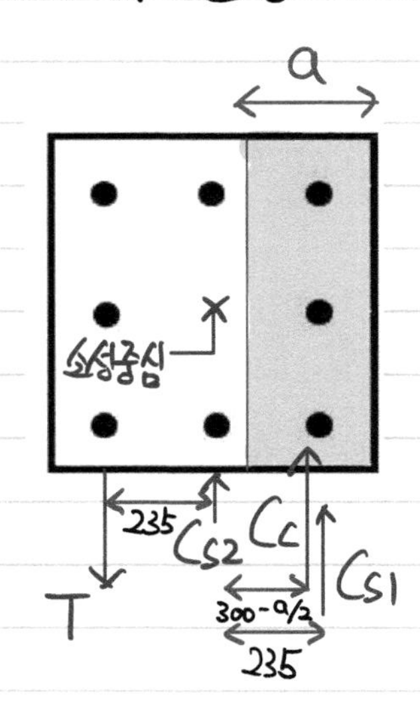

$M_n = C_c \times (300 - \frac{a}{2}) + C_{s1} \times 235 + C_{s2} \times 0$
$+ T \times 235$
$= 1.047 \times 10^9\ N \cdot mm$
$= 1047.998\ kN \cdot m$

$\phi M_n = 0.65 \times M_n = 680.549\ kN \cdot m$

끝

딸기맛호가든 : 개정안 미반영시 $\varepsilon_{cu} = 0.003,\ \beta_1 = 0.85$

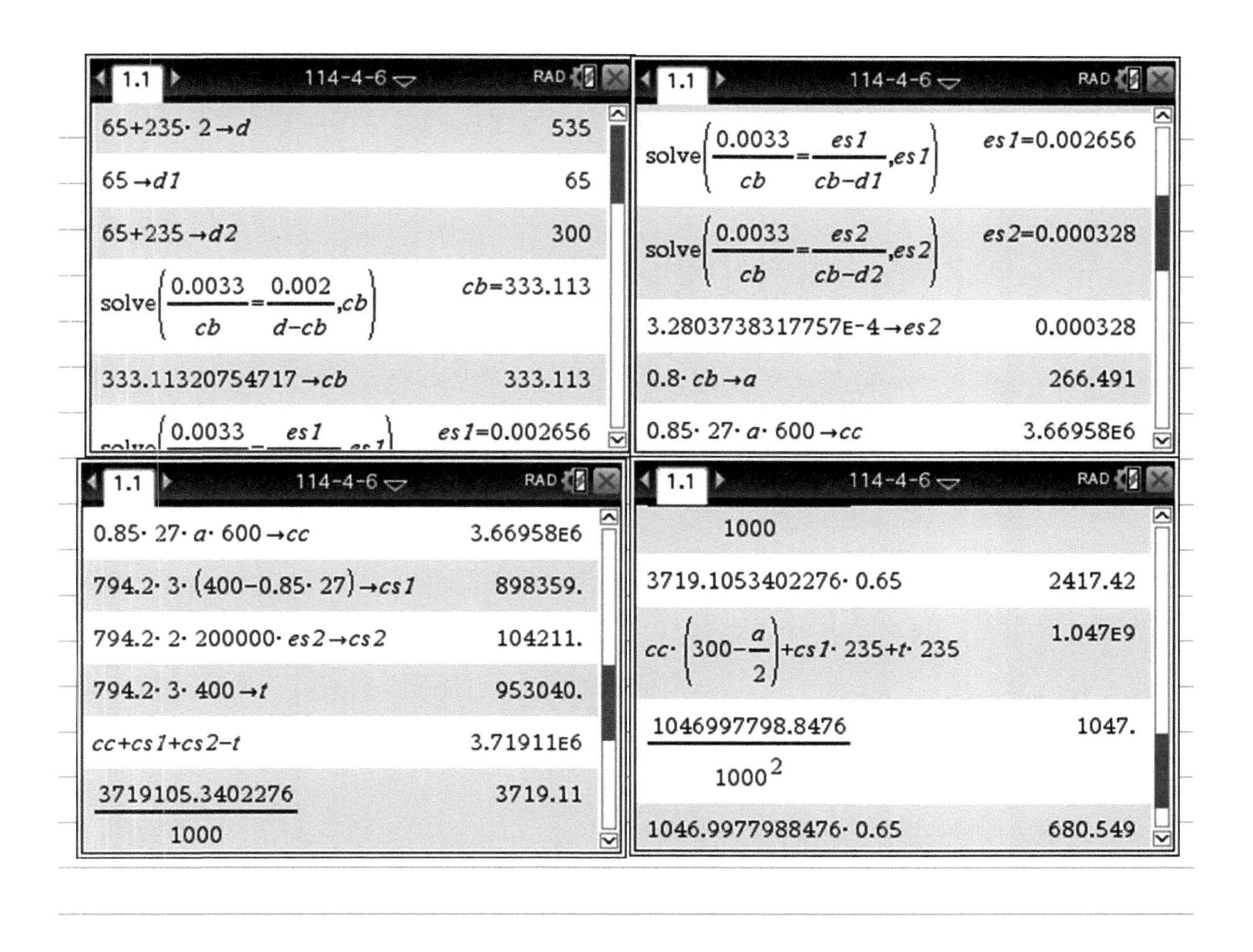
1.1
114-4-6
RAD
65+235· 2→d
535
65→d1
65
65+235→d2
300
solve(0.0033/cb=0.002/(d−cb),cb)
cb=333.113
333.11320754717→cb
333.113
es1=0.002656
solve(0.0033/cb=es1/(cb−d1),es1)
es1=0.002656
solve(0.0033/cb=es2/(cb−d2),es2)
es2=0.000328
3.2803738317757E−4→es2
0.000328
0.8· cb→a
266.491
0.85· 27· a· 600→cc
3.66958E6
0.85· 27· a· 600→cc
3.66958E6
794.2· 3· (400−0.85· 27)→cs1
898359.
794.2· 2· 200000· es2→cs2
104211.
794.2· 3· 400→t
953040.
cc+cs1+cs2−t
3.71911E6
3719105.3402276/1000
3719.11
1000
3719.1053402276· 0.65
2417.42
cc· (300−a/2)+cs1· 235+t· 235
1.047E9
1046997798.8476/1000^2
1047.
1046.9977988476· 0.65
680.549

115회 건축구조기술사

(2018년 5월 13일 시행)

대상	응시	결시	합격자	합격률
305	248	57	4	1.61%

총 평

난이도 중상

1~4교시 모두 전체적으로 골고루 어려운 시험이었다. 그렇다고 특정교시가 매우 어려웠던 것은 아니므로, 일정수준이상의 실력자라면 교시당 3~4문제를 골라서 푸는 것은 가능했을 것이다. 그러나 막상 풀어보면 만만한 문제는 별로 없으며, 몇몇 문제는 시간도 상당히 소요되는 문제들이었다.

2교시의 6번 역학문제는... 쉬워보이는 역학문제지만, 시험장에서 건드리면 낭패를 볼수도 있다. 25분안엔 결코 풀수 없을 것이다. 비교적 무난해 보이지만 함정요소가 은근히 많이 숨어있으며, 4교시는 생소한 문제가 많아, 쉬운역학문제인 6번문제를 풀고나면 나머지는 뭘 풀어야 할지부터 상당히 고민을 하게 되었을 것이다.

115회의 특징은, 강구조에서 접합과 관계된 계산문제가 3문제나 나왔다는 점이다. 물론 접합으로서 나올 수 있는 문제중에서는 상당히 어려운 문제가 나왔다고 볼 수 있다. 그밖에는 비교적 문제가 골고루 출제되어, 공부범위가 넓지 않은 사람들에게는 상당히 괴로운 시험이 되었을 것이라 판단된다.

실제 합격률도 1.61%로 상당히 저조하였다.

국가기술자격 기술사 시험문제

기술사 제 115 회						제 1 교시 (시험시간: 100분)	
분야	건설	자격종목	건축구조기술사	수험번호		성명	

※ 다음 문제 중 10문제를 선택하여 설명하시오. (각10점)

1. 철근콘크리트구조의 깊은보에 대한 전단설계 시 최소 철근량 산정 및 배치에 대하여 설명하시오.

2. 건축구조기준(KBC2016)에 제시되어 있는 현장타설콘크리트 말뚝의 구조세칙에 대하여 4가지 설명하시오.

3. 풍동실험을 실시해야 하는 경우에 대하여 설명하시오.

4. 강재의 응력-변형도 곡선에 대하여 설명하시오.

5. 구조물의 성능수준은 지진에 의한 구조체의 손상정도에 따라 거주가능(Immediate Occupancy, IO), 인명안전(Life Safety, LS), 붕괴방지(Collapse Prevention, CP)의 3가지 수준으로 구분한다. 각각의 피해 정도를 설명하시오.

6. 건축구조기준(KBC2016)에 따르면 '건축, 기계 및 전기 비구조요소'의 지진하중 산정 시 비구조요소의 중요도계수 I_P=1.0을 적용한다. 이와 다르게 중요도계수 I_P=1.5를 적용하는 특정한 경우에 대하여 설명하시오.

7. 강구조의 병용접합에서 '고장력볼트와 일반볼트', '고장력볼트와 용접접합'에 대하여 설명하시오.

8. 강성과 강도에 대하여 정의하고, 강성비정형과 강도의 불연속-약층에 대하여 설명하시오.

국가기술자격 기술사 시험문제

기술사 제 115 회　　　　　　　　　　　　　　　　　　　제 1 교시 (시험시간: 100분)

분야	건설	자격종목	건축구조기술사	수험번호		성명	

9. 구조물의 내진거동을 평가하기 위한 층간변위, 허용층간변위, 설계층간변위에 대하여 설명하시오.

10. 지진하중을 받는 건축물의 내진해석 시 응답스펙트럼해석법으로 수행하는 경우, 모드 밑면전단력 산정에 대하여 기술하시오.

11. 기초구조에서 지반침하대책에 대하여 설명하시오.

12. 건축구조기준(KBC2016)의 기초구조에서 지반의 액상화, 액상화 평가 및 액상화 대책에 대하여 설명하시오.

13. 활하중의 저감계수에 대하여 설명하시오.

국가기술자격 기술사 시험문제

기술사 제 115 회 제 2 교시 (시험시간: 100분)

분야	건설	자격종목	건축구조기술사	수험번호		성명	

※ 다음 문제 중 4문제를 선택하여 설명하시오. (각25점)

1. 다음 그림과 같은 원형 나선철근 기둥이 아래 조건을 만족하고, A_{s1} 철근이 균형변형률 상태일 때, 설계축하중(ϕP_n)과 설계모멘트(ϕM_n)를 각각 구하시오.

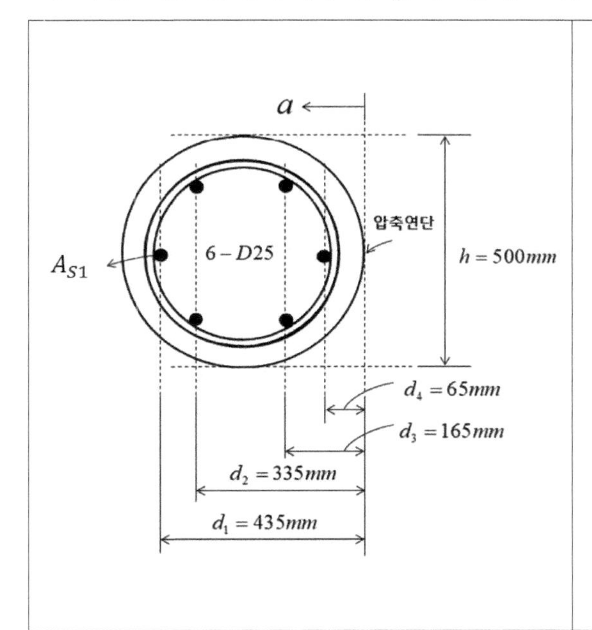

- 압축부 단면적과 중심거리는 다음 표를 이용
- f_{ck}=24MPa, f_y=400MPa, E_s=200,000MPa
- D25의 철근 단면적(A_s=506.7mm^2)
- 변형률(ϵ_{si}) 값은 소숫점 5째 자리에서 반올림

6 - 1

국가기술자격 기술사 시험문제

기술사 제 115 회 제 2 교시 (시험시간: 100분)

분야	건설	자격종목	건축구조기술사	수험번호		성명	

	$\frac{a}{h}$	.00	.01	.02	.03	.04	.05	.06	.07	.08	.09
	0.0	.0000	.0013	.0037	.0069	.0105	.0147	.0192	.0242	.0294	.0350
	0.1	.0409	.0470	.0534	.0600	.0668	.0739	.0811	.0885	.0961	.1039
	0.2	.1118	.1199	.1281	.1365	.1449	.1535	.1623	.1711	.1800	.1890
	0.3	.1982	.2074	.2167	.2260	.2355	.2450	.2546	.2642	.2739	.2836
$\frac{A}{h^2}$	0.4	.2934	.3032	.3130	.3229	.3328	.3428	.3527	.3627	.3727	.3827
	0.5	.3927	.4027	.4127	.4227	.4327	.4426	.4526	.4625	.4724	.4822
	0.6	.4920	.5018	.5115	.5212	.5308	.5404	.5499	.5594	.5687	.5780
	0.7	.5872	.5963	.6054	.6143	.6231	.6319	.6405	.6489	.6573	.6655
	0.8	.6736	.6815	.6893	.6939	.7043	.7115	.7186	.7254	.7320	.7384
	0.9	.7445	.7504	.7560	.7612	.7662	.7707	.7749	.7785	.7816	.7841
	0.0	.0000	.0007	.0018	.0033	.0050	.0069	.0089	.0111	.0133	.0156
	0.1	.0180	.0204	.0229	.0254	.0279	.0304	.0328	.0353	.0378	.0403
	0.2	.0427	.0450	.0474	.0497	.0519	.0541	.0563	.0583	.0603	.0623
	0.3	.0642	.0660	.0677	.0693	.0709	.0723	.0737	.0750	.0762	.0774
$\frac{A\bar{y}}{h^3}$	0.4	.0784	.0793	.0802	.0809	.0815	.0821	.0825	.0829	.0831	.0833
	0.5	.0833	.0833	.0831	.0829	.0825	.0821	.0815	.0809	.0802	.0793
	0.6	.0784	.0774	.0762	.0750	.0737	.0723	.0709	.0693	.0677	.0660
	0.7	.0642	.0623	.0603	.0583	.0563	.0541	.0519	.0497	.0474	.0450
	0.8	.0427	.0403	.0378	.0353	.0328	.0304	.0279	.0254	.0229	.0204
	0.9	.0180	.0156	.0133	.0111	.0089	.0069	.0050	.0033	.0018	.0007

국가기술자격 기술사 시험문제

기술사 제 115 회 제 2 교시 (시험시간: 100분)

분야	건설	자격종목	건축구조기술사	수험번호		성명	

2. 그림과 같이 예상균열과 직각방향으로 경사스터럽을 배근할 때, 경사스터럽에 의한 $V_s = \left(\dfrac{A_v f_{yt} d}{s}\right) \times \sin\alpha(\cot\alpha + \cot\beta)$ 식을 유도하시오.

- A_v : 간격 s내의 전단철근의 단면적
- f_{yt} : 횡방향 철근의 설계기준 항복강도
- d : 유효깊이
- s : 경사스터럽 간격(일정)

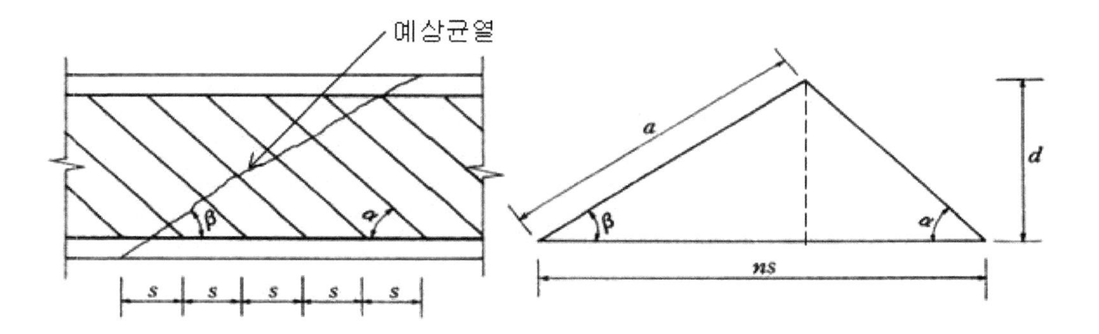

6 - 3

국가기술자격 기술사 시험문제

기술사 제 115 회　　　　　　　　　　　　　　　　　　제 2 교시 (시험시간: 100분)

분야	건설	자격종목	건축구조기술사	수험번호		성명	

3. 브라켓에 고정하중 P_D=50kN, 활하중 P_L=40kN 이 작용할 때, 필릿 용접부의 안전성을 검토하시오.

(단, 기둥 및 브라켓 단면은 충분히 안전한 것으로 가정하며, 용접재의 인장강도 F_{uw}=420MPa이다.)

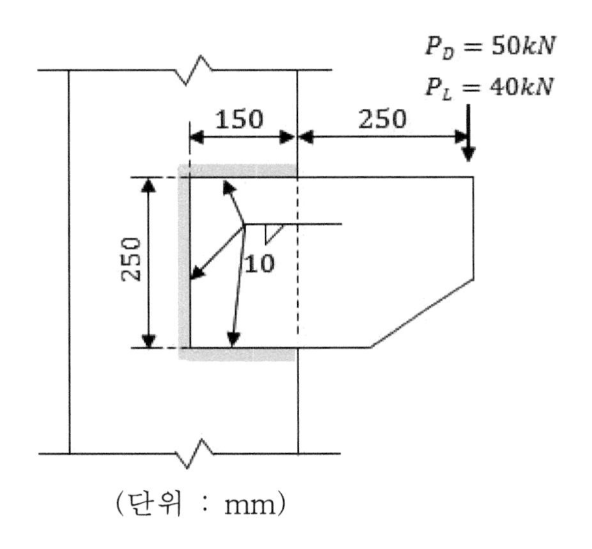

(단위 : mm)

6 - 4

국가기술자격 기술사 시험문제

기술사 제 115 회 제 2 교시 (시험시간: 100분)

분야	건설	자격종목	건축구조기술사	수험번호		성명	

4. 내진성능평가 방법 중 2단계 상세평가 수행 시 성능점 산정의 방법에는 '역량스펙트럼법'과 '변위계수법'이 있다. 이 중 '변위계수법'에 대하여 설명하시오.

5. 1층 공장구조물에 대한 동적 계수를 구하고자 한다. 아래조건에 따라
   a) 장변 방향의 횡강성을 구하시오.
   b) 단변 방향의 횡강성을 구하시오.

· 구조물의 전체중량은 80kN이고, 지붕트러스는 강한 보의 역할을 한다. · 4개의 기둥은 모두 동일한 단면(I_{xx}=5180cm^4, I_{yy}=337cm^4)으로 되어 있다. · 단변방향의 횡하중은 핀(pin)접합 트러스로 구성된 가새시스템에 의해서 저항한다. · 수직 가새의 단면적은 A_b(6cm^2) · 강재의 탄성계수는 200GPa

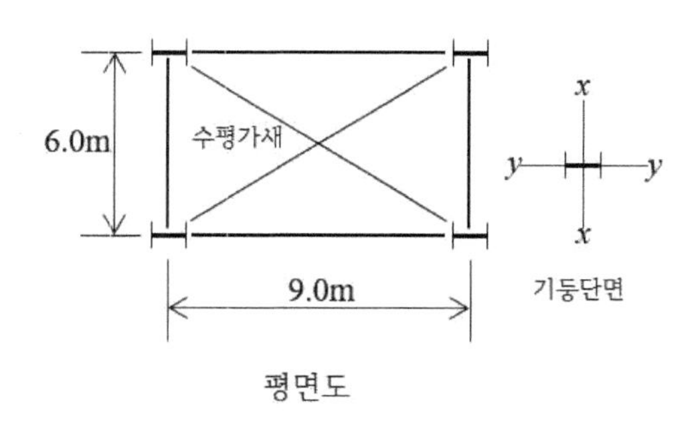

평면도

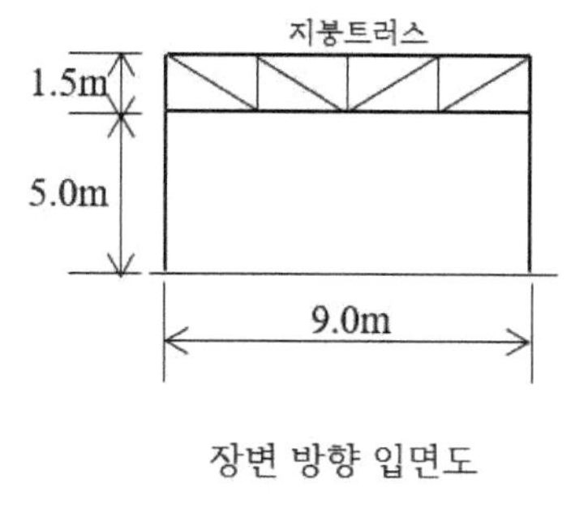

장변 방향 입면도

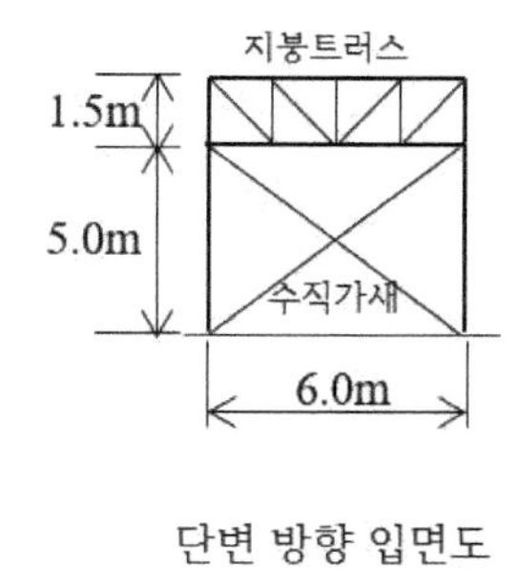

단변 방향 입면도

국가기술자격 기술사 시험문제

기술사 제 115 회 제 2 교시 (시험시간: 100분)

분야	건설	자격종목	건축구조기술사	수험번호		성명	

6. 그림과 같은 3힌지 골조의 G점에서의 단면력을 구하고, 전체구조물의 단면력도(축력도, 전단력도, 휨모멘트도)를 그리시오.

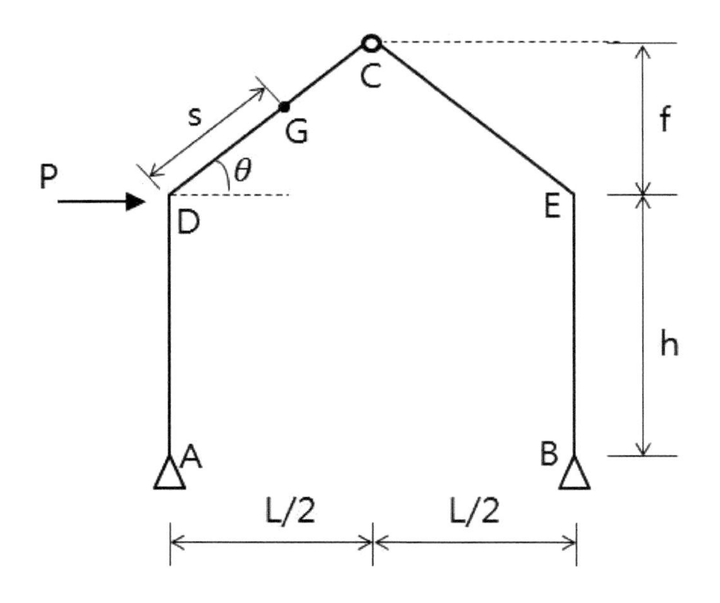

6 - 6

국가기술자격 기술사 시험문제

기술사 제 115 회 제 3 교시 (시험시간: 100분)

분야	건설	자격종목	건축구조기술사	수험번호		성명	

※ 다음 문제 중 4문제를 선택하여 설명하시오. (각25점)

1. 다음 그림과 같은 고력볼트 접합부에서 고력볼트에 발생하는 최대 전단력 크기를 구하시오.

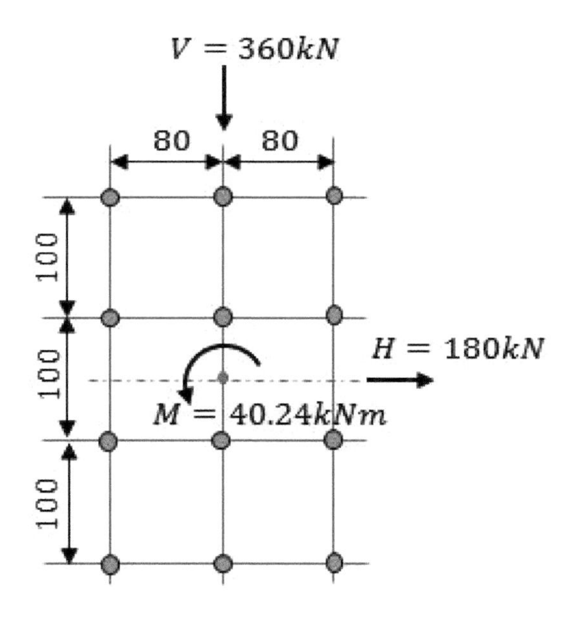

(단위 : mm)

국가기술자격 기술사 시험문제

기술사 제 115 회　　　　　　　　　　　　　　　　　　　제 3 교시 (시험시간: 100분)

분야	건설	자격종목	건축구조기술사	수험번호		성명	

2. 다음 그림과 같이 인장과 전단의 조합력을 받는 접합부에 대하여 검토하시오.

(단, 사용된 M16볼트의 설계전단강도는 60.3kN/ea, 설계인장강도는 113kN/ea, 접합면의 미끄럼강도는 검토를 제외한다.)

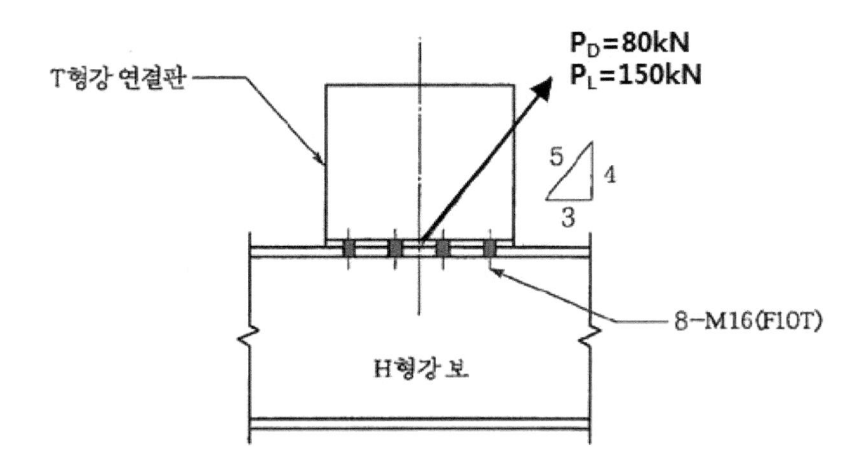

5 - 2

국가기술자격 기술사 시험문제

기술사 제 115 회 제 3 교시 (시험시간: 100분)

분야	건설	자격종목	건축구조기술사	수험번호		성명	

3. 다음 그림과 같은 단순지지 철근콘크리트 직사각형 보에서 고정하중만 지속하중으로 작용한다고 가정할 때, 5년 경과후의 전체 처짐을 건축구조기준(KBC 2016)에 따라 산정하시오.

(단, f_{ck}=24MPa, f_y=400MPa이고, 철근 D22(As=387mm^2), 보통 중량콘크리트를 사용하였다.)

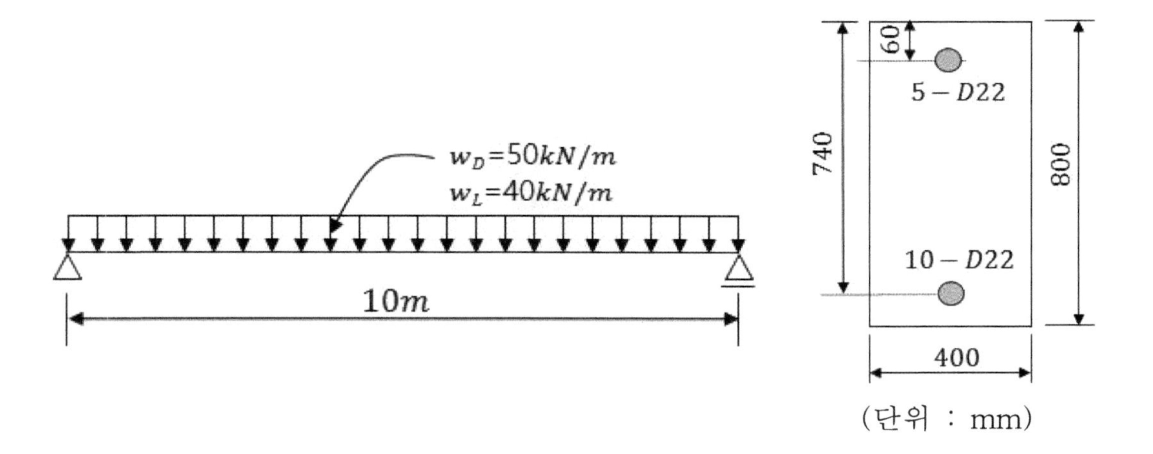

(단위 : mm)

5 - 3

국가기술자격 기술사 시험문제

기술사 제 115 회 　　　　　　　　　　　　　　　　　　　　　제 3 교시 (시험시간: 100분)

분야	건설	자격종목	건축구조기술사	수험번호		성명	

4. 다음 보의 최대 하중을 산정하고, 최대하중 도달 시 B점의 처짐을 산정하시오.
   (단, 모든 부재의 휨강성은 EI, 소성모멘트는 M_P 이다.)

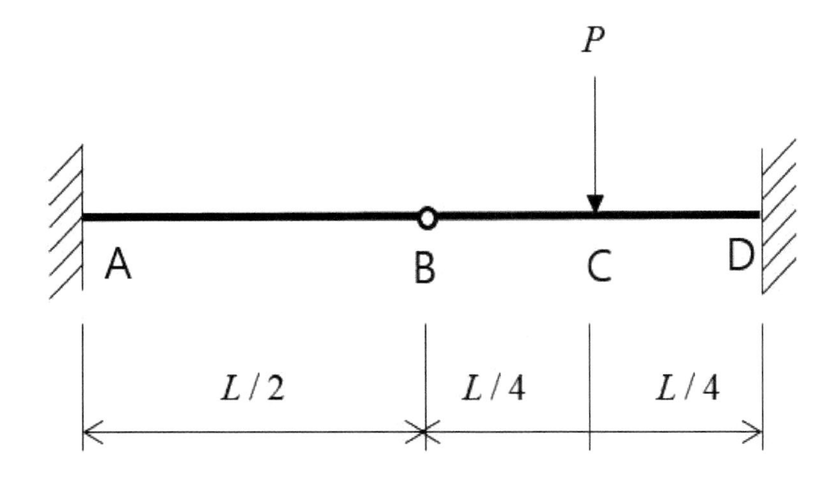

5. 전체기초가 외부에 노출된 전면(온통)기초의 경우, 기초하부의 동결가능성이 있다. 이에 대한 대책 방안을 설명하시오.

국가기술자격 기술사 시험문제

기술사 제 115 회 　　　　　　　　　　　　　　　　　제 3 교시 (시험시간: 100분)

분야	건설	자격종목	건축구조기술사	수험번호		성명	

6. 다음 그림과 같은 연속보에서 B지점이 δ 만큼 수직침하 하였을 때 B지점의 반력을 에너지법을 이용하여 구하시오.

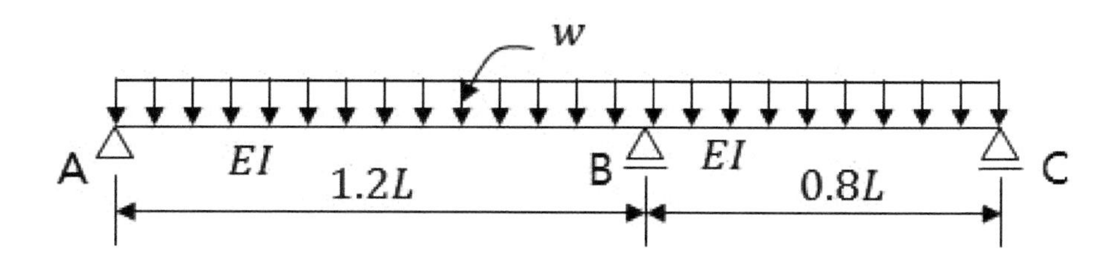

국가기술자격 기술사 시험문제

기술사 제 115 회　　　　　　　　　　　　　　　　　제 4 교시 (시험시간: 100분)

분야	건설	자격종목	건축구조기술사	수험번호		성명	

※ 다음 문제 중 4문제를 선택하여 설명하시오. (각25점)

1. 다음 충전형 원형강관기둥(CFT)에서 조건이 다음과 같을 때 설계압축강도(ϕP_n)를 산정하시오.

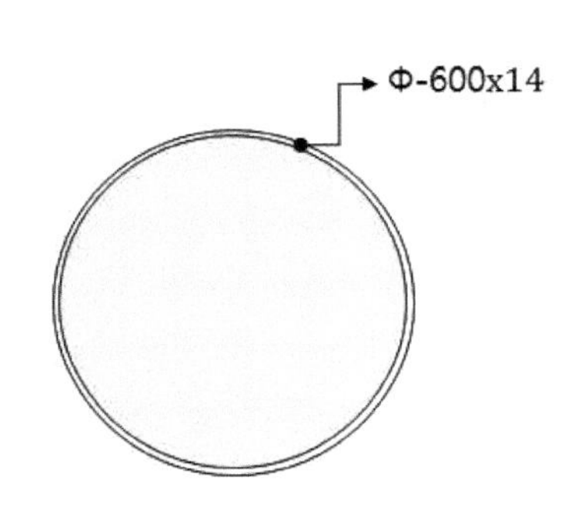

- 원형강관 : F_y=355MPa, A_s=25770mm^2, I_s=1.11x10^{9}mm^4
- 콘크리트 : f_{ck}=30MPa(보통골재 사용)
- 부재의 유효좌굴길이 : KL=7,000mm
- 조밀 및 비조밀단면의 한계

$$\lambda_p = \frac{0.15E}{F_y},\ \lambda_r = \frac{0.19E}{F_y}$$

- 탄성계수 : E=210,000MPa

5 - 1

국가기술자격 기술사 시험문제

기술사 제 115 회 제 4 교시 (시험시간: 100분)

분야	건설	자격종목	건축구조기술사	수험번호		성명	

2. 직경 20mm인 단일 갈고리볼트가 그림과 같이 기초판 상부에 설치되어 있다. 볼트의 인장강도는 f_{uta}=400MPa, 콘크리트의 설계기준압축강도는 f_{ck}=30MPa이다. 갈고리볼트는 기초판 가장자리의 영향을 받지 않으며, 하중계수가 고려된 20kN의 계수인장하중이 작용하고 있다. 사용 시 앵커가 설치된 기초판에 균열이 발생하고, 콘크리트 파괴를 구속하기 위한 별도의 보조철근은 배근하지 않는다고 가정할 때 갈고리볼트의 안정성을 검토하시오.

(단, 볼트의 인장 강도감소계수 ϕ=0.75, 앵커의 뽑힘강도에 대한 강도감소계수 ϕ=0.7 적용한다.)

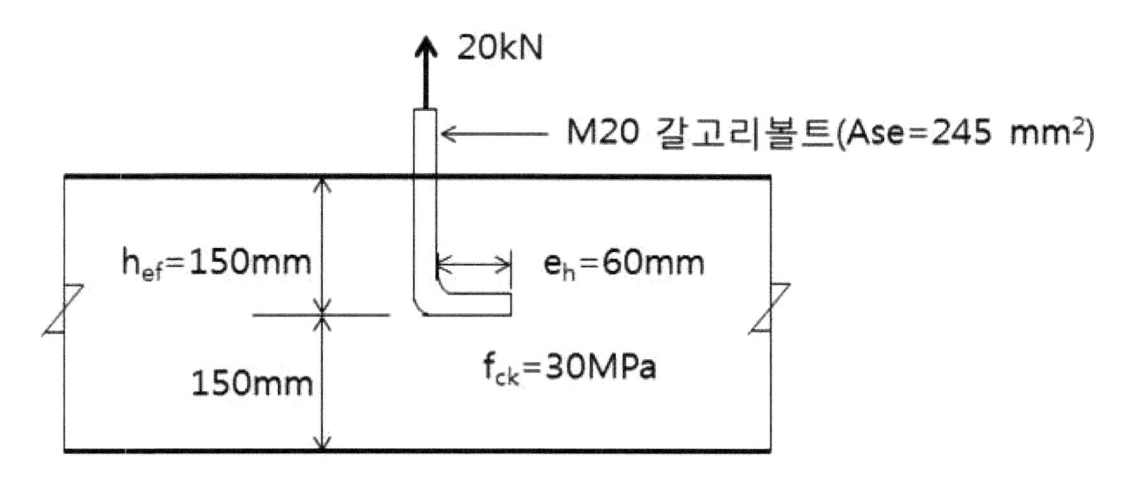

5 - 2

국가기술자격 기술사 시험문제

기술사 제 115 회　　　　　　　　　　　　　　　　제 4 교시 (시험시간: 100분)

분야	건설	자격종목	건축구조기술사	수험번호		성명	

3. 변형에너지와 관련된 용어에 대해 설명하시오.
   (1) 변형에너지 밀도
   (2) 레질리언스계수
   (3) 인성계수

4. 경사지에 위치한 1층 철근콘크리트 골조가 지형 때문에 높이 차이가 있는 기둥으로 설계되어 있다. 지진이 발생하여 상층 수평변위가 1.5cm로 측정되었다. 골조의 고유진동수와 각 기둥에 나타나는 전단력을 구하시오.
   (단, 구조물의 전체중량은 50kN이고, 기둥과 보는 동일한 단면으로, 한 변이 30cm인 정사각형 단면이다.)

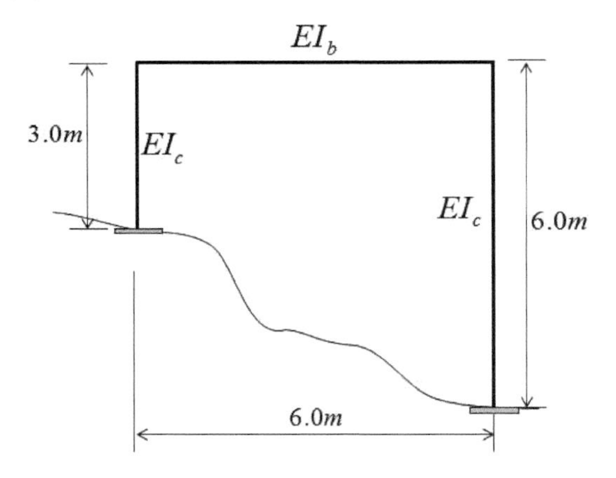

국가기술자격 기술사 시험문제

기술사 제 115 회 제 4 교시 (시험시간: 100분)

분야	건설	자격종목	건축구조기술사	수험번호		성명	

5. 그림과 같이 2가지 전단벽 배열을 하고 있는 구조시스템에 횡하중 F가 작용한다. 각 시스템에 대하여 강한 격막(rigid diaphragm)일 때와 유연한 격막(flexible diaphragm) 일 때의 각각의 전단벽에 분담되는 작용력을 구하시오.
(단, 횡하중 F는 diaphragm의 중심에 작용한다.)

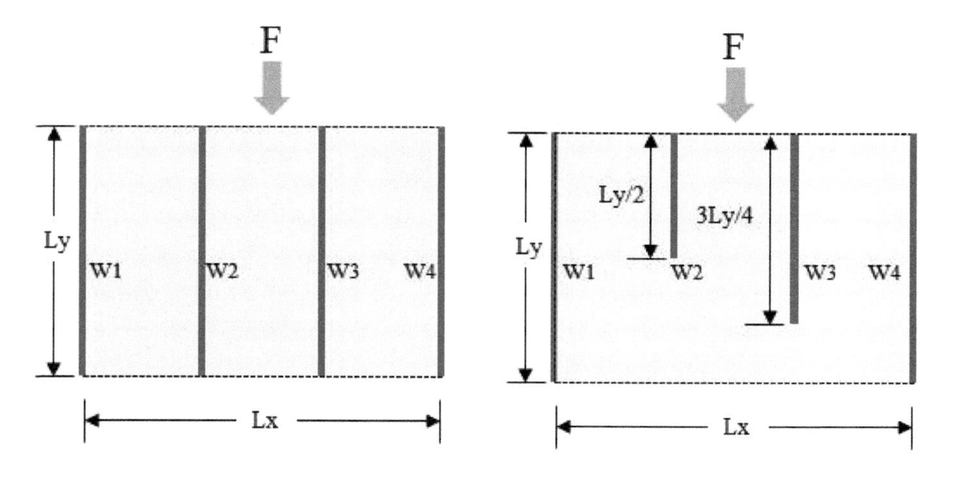

*전단벽의 배치간격은 일정하다.

5 - 4

국가기술자격 기술사 시험문제

기술사 제 115 회 제 4 교시 (시험시간: 100분)

분야	건설	자격종목	건축구조기술사	수험번호		성명	

6. 길이 6.0m 강재 보의 좌측 단부는 상하 방향의 수직이동만 가능하고, 우측은 이동단(Roller) 지점조건으로 되어 있다. 항복강도가 250MPa인 동일한 강재를 이용해서 2가지 단면형상(상자형, H-형)의 소성거동을 분석해 보고자 한다. 다음 사항을 구하시오.

(1) 부재력도(축력도, 전단력도, 휨모멘트도)

(2) 각 단면형상계수

· 상자형 단면 : $b = 150mm, h = 300mm, b_1 = 110mm, h_1 = 260mm$

· H-형 단면 : $b = 150mm, h = 300mm, t_f = 20mm, t_w = 10mm$

(3) 각 단면형상이 감당할 수 있는 최대 등분포하중의 크기

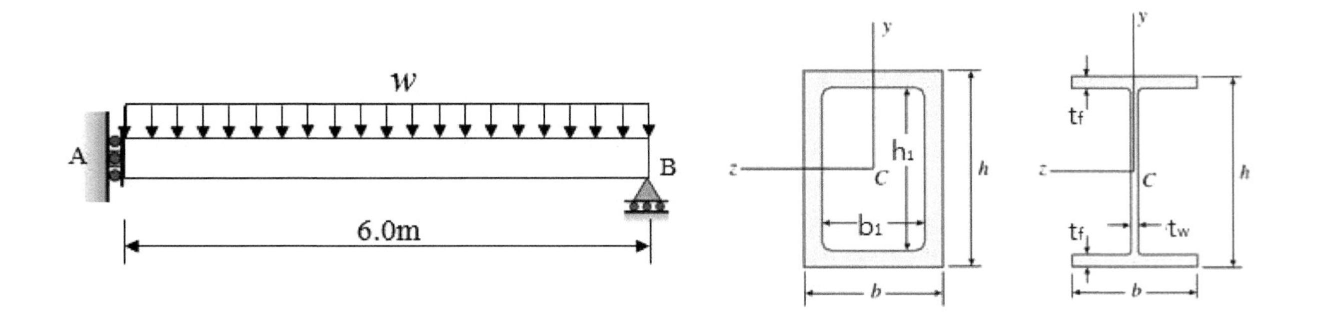

5 - 5

115회 기출문제 풀이

1. 철근콘크리트구조의 깊은보에 대한 전단설계 시 최소 철근량 산정 및 배치에 대하여 설명하시오.

<115회 1교시>

KDS 14 20 22, 4.7

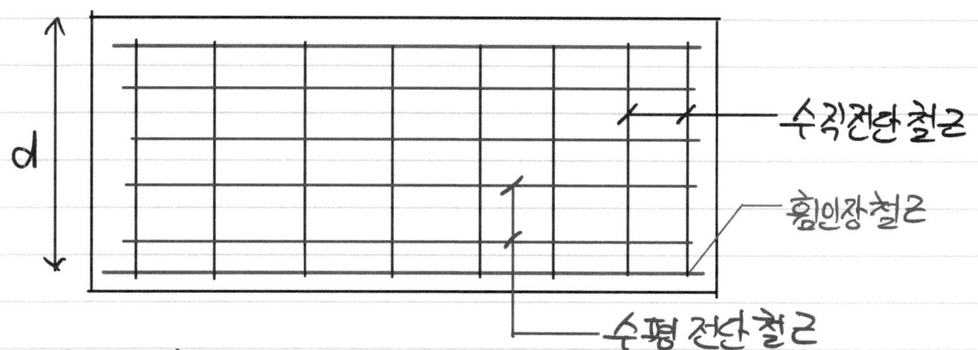

(1) 휨인장철근과 직각인 수직전단철근

단면적 $A_v \geq 0.0025 b_w \cdot s$, (보폭) 간격 $s \leq d/5$, $\leq 300\,mm$

(2) 휨인장철근과 평행한 수평전단철근

단면적 $A_{vh} \geq 0.0015 b_w \cdot s_h$, 간격 $s_h \leq d/5$, $\leq 300\,mm$

(3) 스트럿타이 모델을 적용할 경우

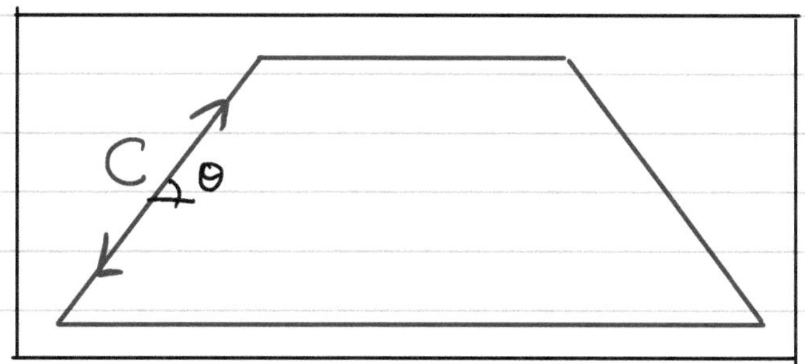

스트럿 타이 모델 적용시, 스트럿의 압축력 C 로부터

$C \cdot \cos\theta$ 의 힘을 지지하는 수평 전단철근을,

$C \cdot \sin\theta$ 의 힘을 지지하는 수직 전단철근을 배치한다.

(1),(2) 대신 스트럿 타이 모델의 설계 기준을 만족시키는 철근을 적용가능하다.

끝

KDS41

2. 건축구조기준(~~KBC2016~~)에 제시되어 있는 현장타설콘크리트 말뚝의 구조세칙에 대하여 4가지 설명하시오. <115회 1교시>

KDS 41 20 00, 4.4.10.6

① 시공시 공벽의 붕괴, 보링 및 굴착기기를 뺄 때의 흡인현상 등에 따라 지지층이 교란되지 않도록 충분한 고려, 공저 슬라임에 대한 제거대책을 강구

② 말뚝의 단면적 전체 길이에 걸쳐 설계 단면적 이상

③ 선단부는 지지층에 도달

④ 주근은 4개이상, 설계 단면적 0.25% 이상 띠철근 또는 나선철근 보강, 피복 60mm 이상

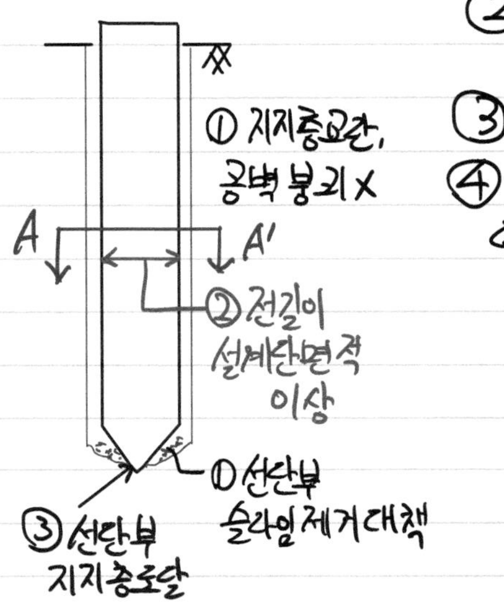

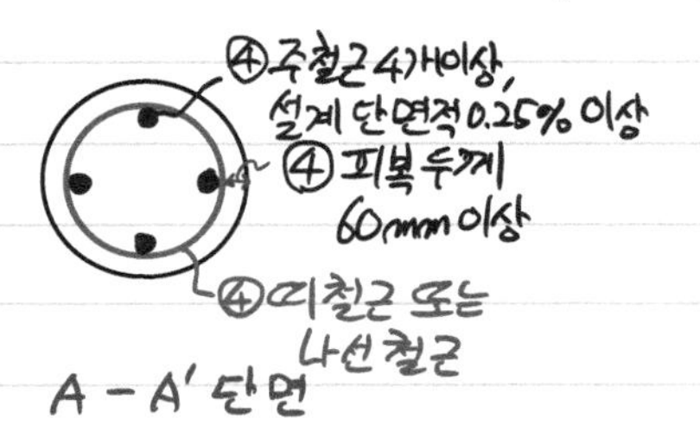

⑤ 저부의 단면을 확대한 말뚝의 측면경사가 수직면과 이루는 각은 30° 이하, 전단력 검토

⑥ 말뚝 중심간격은 (말뚝머리지름 2배이상, 〃 〃 〃 +1000 mm 이상

⑦ 케이싱이 없는 경우,

$$\phi M_n = 0.25\sqrt{f_{ck}} \times S_m$$

ϕM_n: 설계균열모멘트, S_m: 철근 및 케이싱을 무시한 단면계수

끝

3. 풍동실험을 실시해야 하는 경우에 대하여 설명하시오. <115회 1교시>

KDS 41 10 15, 5.1.3

다음의 경우 바람으로 인한 특수한 영향을 고려하기 위해 풍동실험

(1) 풍진동의 영향을 고려해야 할 건축물

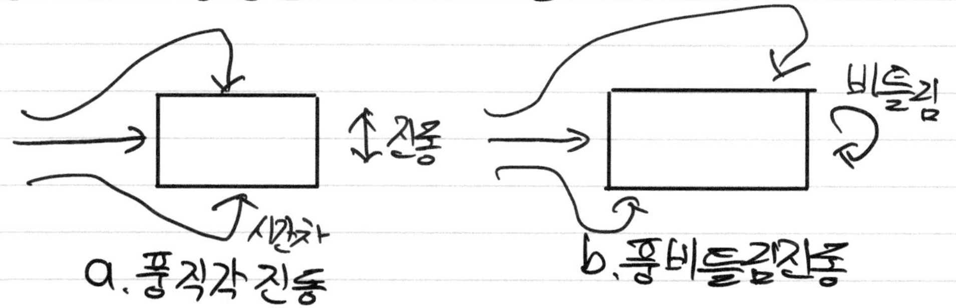

a. 풍직각 진동

b. 풍비틀림진동

형상비가 크고 유연한 건축물이 다음에 해당시 a, b 고려

① 원형평면 $H/d \geq 7$ 여기서 d: 높이 $\frac{2}{3}H$ 에서의 건축물의 외경

② 원형 평면이외 $H/\sqrt{BD}$, $H/\sqrt{A_f} \geq 3$ 여기서 B: 건축물의 폭, D: 건축물의 깊이, A_f: 기준층의 바닥면적

* 단, 평면형상이 사각형이고 높이방향으로 일정한 경우중

$H/\sqrt{BD} \leq 6$, $0.2 \leq \frac{D}{B} \leq 5$, $\frac{V_H}{n_L \cdot \sqrt{B \cdot D}} \leq 10$ 을 모두 만족할 경우 풍직각 진동 및 풍비틀림 진동 직접산정 가능

② 특수한 지붕골조

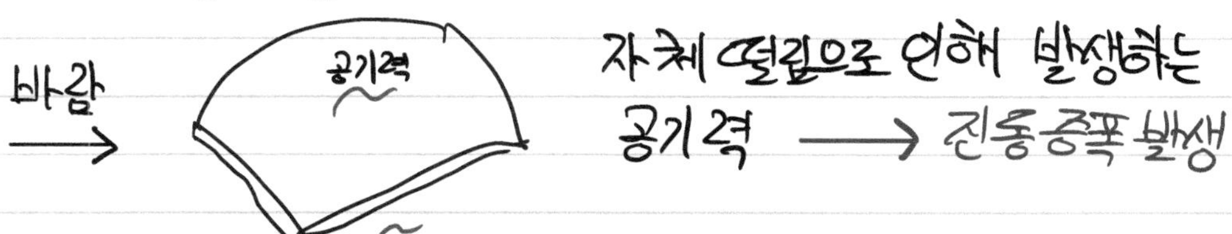

자체 떨림으로 인해 발생하는 공기력 ⟶ 진동증폭 발생

C. 공기력 불안정 진동

장경간의 현수, 사장, 공기막지붕 등 경량이며 강성이 낮아 C를 고려

(3) 골바람 효과가 발생하는 건설지점

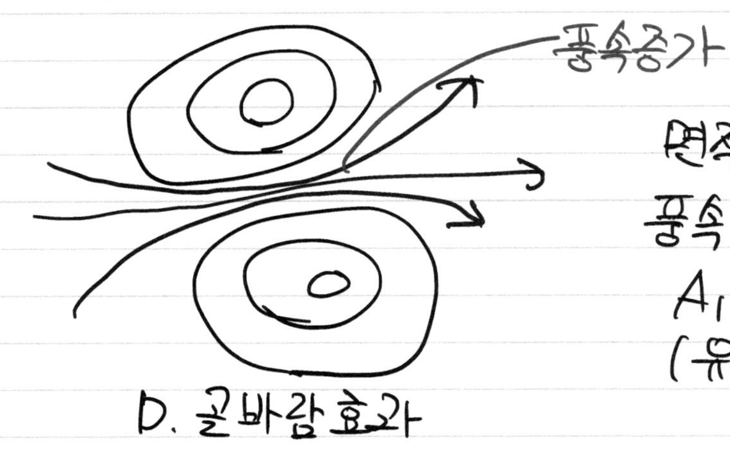

D. 골바람효과

절벽, 동산, 계곡, 해협, 분지 등 국지적인 지형 및 지물의 영향 또는 풍상측의 장애물로 인해 D를 고려해야 하는 경우

(4) 인접효과가 우려되는 건축물

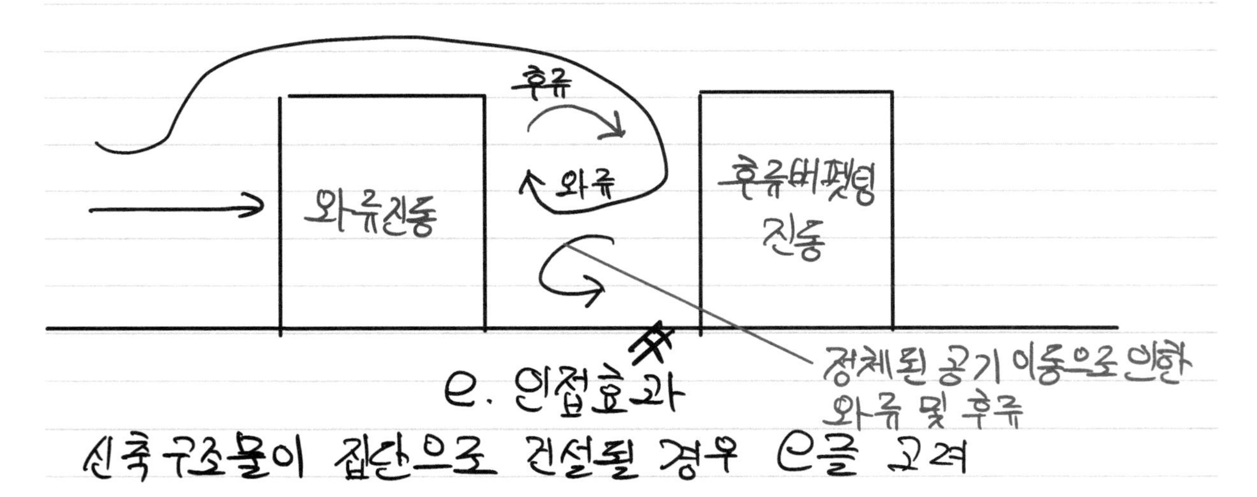

e. 인접효과

신축 구조물이 집단으로 건설될 경우 e를 고려

(5) 비정형적 형상의 건축물

(1)~(4)에 해당되지 않지만 기타 비정형적 형상을 가진 경우

끝

4. 강재의 응력-변형도 곡선에 대하여 설명하시오. <115회 1교시>

(1) 일반강도의 강재 (항복강도가 뚜렷)

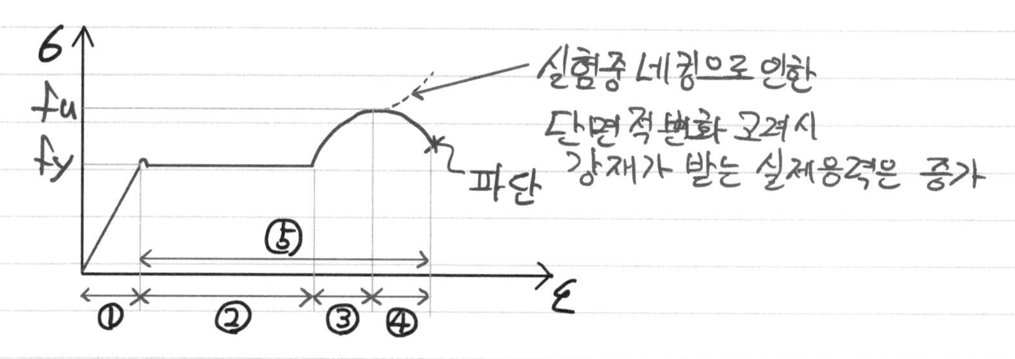

① 탄성영역 : 응력과 변형도가 비례, 즉 후크의 법칙이 성립하는 구간.
하중을 제거하여도 원래대로 돌아온다.

② 소성영역 : 응력의 증가없이 변형도만 증가, 하중제거시 잔류변형이 발생하여 원래대로 돌아오지 않는다.

③ 변형도 경화영역 : 소성영역이후 비선형으로 응력과 변형도가 증가하는 구간

④ 파괴영역 : 네킹으로 단면적이 감소하며 강재의 파단이 발생하는 영역
응력감소는 강재의 최초(네킹이전) 단면적을 고려했으므로 발생
실제 강재가 받는 응력은 증가한다.

⑤ 비탄성 영역 : 탄성구간을 제외한 모든구간은 비탄성영역에 해당

(2) 고강도 강재 (항복강도가 뚜렷하지 않은 경우)

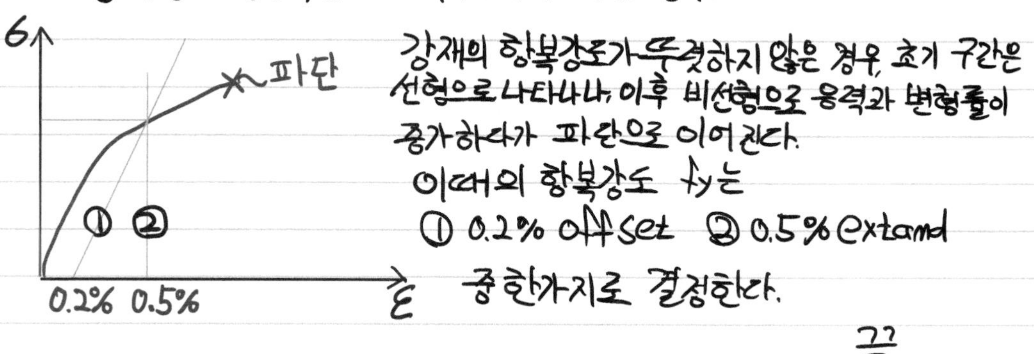

강재의 항복강도가 뚜렷하지 않은 경우, 초기 구간은 선형으로 나타나나, 이후 비선형으로 응력과 변형률이 증가하다가 파단으로 이어진다.
이때의 항복강도 f_y는
① 0.2% offset ② 0.5% extand
중 한가지로 결정한다.

끝

5. 구조물의 성능수준은 지진에 의한 구조체의 손상정도에 따라 거주가능(Immediate Occupancy, IO), 인명안전(Life Safety, LS), 붕괴방지(Collapse Prevention, CP)의 3가지 수준으로 구분한다. 각각의 피해 정도를 설명하시오. <115회 1교시>

KDS 41 17 00 건축물 내진설계기준 및 해설 해표 2.4-1

성능수준	구조체 피해	여진발생시	건물재사용	거주자이주
IO	경미한 손상	피해 X	경미한 보수	불필요
LS	상당한 손상	인명피해 가능	상당한 복구	보수완료까지
CP	심각한 피해	붕괴 가능	복구 어려움	이주필요

(1) 거주가능 (IO)

구조물의 피해는 경미하며 수직하중저항시스템과 지진력저항시스템은 대체로 지진전의 강성과 강도를 보유하고 있다. 구조부재의 손상으로 인명에 피해를 입을 가능성은 매우 낮으며 손상부재에 대한 보수가 필요하지만 시급하지는 않다

(2) 인명안전 (LS)

구조부재에 상당한 손상이 발생해서 횡강성과 강도의 손실이 있으나 붕괴에 대해서는 여전히 여력을 보유하고 있다. 구조부재에 영구변형이 있으며 지진력 저항시스템의 일부 요소에서 균열, 파단, 항복 혹은 좌굴이 발생할 수 있으나 인명손실의 위험은 낮다. 보수는 가능하지만 경제적이지 않을 수도 있다. 당장 무너지지는 않으나 거주를 위해서는 보수와 보강이 요구된다.

(3) 붕괴 방지 (CP)

구조물이 심각한 피해를 입은 상태로 국부적 혹은 전체적인 붕괴가 임박한 상태이다. 지진력저항시스템에 상당한 강도 및 강성의 저하가 있으며 횡방향 영구변형이 있다. 그러나 중력하중은 여전히 지지가능. 구조부재의 박락 등으로 인명피해가 발생가능 하며, 일반적인 보수보강 후에도 거주에 안전하지 않을 수 있다. 여진으로 인한 붕괴가능성이 있다.

끝

M군 : (2), (3) 제목명기

딸기맛호가든 : 반영완료

6. 건축구조기준(KBC2016)에 따르면 '건축, 기계 및 전기 비구조요소'의 지진하중 산정 시 비구조요소의 중요도계수 I_P=1.0을 적용한다. 이와 다르게 중요도계수 I_P=1.5를 적용하는 특정한 경우에 대하여 설명하시오.

<115회 1교시>

지진 발생시에도 작동하여야 하는 비구조요소에 대해서는 중요도계수를 1.5로 적용하여 내진등급 특(중요도 특)과 동일한 수준의 내진성능을 확보한다. (KDS 41 17 00, 18.1.2)

(1) 소화 배관과 스프링클러 시스템 등 인명안전을 위해 지진후에도 반드시 기능하여야 하는 비구조요소

(2) 피난 경로상의 계단, 캐노피, 비상유도등, 중량칸막이벽 등 손상시 피난 경로 확보에 지장을 주는 비구조요소

(3) 대형 창고형 매장 등에 설치되어 일반대중에게 개방된 적재장치

(4) 규정된 저장용량 이상의 독성, 맹독성, 폭발 위험 물질을 저장하거나 지지하는 비구조요소

(5) 내진등급 특(중요도 특)에 해당하는 구조물에서 시설물의 지속적인 기능 수행을 위해 필요하거나 손상시 시설물의 지속적인 가동에 지장을 줄 수 있는 비구조요소

끝

7. 강구조의 병용접합에서 '고장력볼트와 일반볼트', '고장력볼트와 용접접합'에 대하여 설명하시오. <115회 1교시>

KDS 14 31 25, 4.1.3.2 및 4.1.1.8

(1) 고장력 볼트와 일반볼트의 병용

① 일반볼트 접합은 볼트축 또는 구멍과의 간격이 크므로 접합강성이 작다. 또한 고장력볼트는 미끄럼이 발생하기 전까지 강성이 매우 크므로, 일반볼트와 병용하여 사용시 고장력 볼트에 전내력을 부담시켜야 한다.

② 일반볼트는 영구적인 구조물에서 가체결용으로만 사용가능하다.

(2) 고장력볼트와 용접접합의 병용

① 고장력볼트와 용접접합을 병용하여 사용시, 볼트의 미끄럼으로 인해 용접부가 손상되면 용접접합이 본래내력을 발휘할 수 없으므로, 용접이 전체하중을 부담하여야 한다.

② 예외적으로 전단접합시, 표준구멍 또는 하중방향에 직각인 단슬롯 볼트 접합은 하중에 평행한 필릿용접과 하중을 분담 가능하다. 이때, 볼트의 설계강도는 지압볼트접합 설계강도의 50% 이하로 한다.

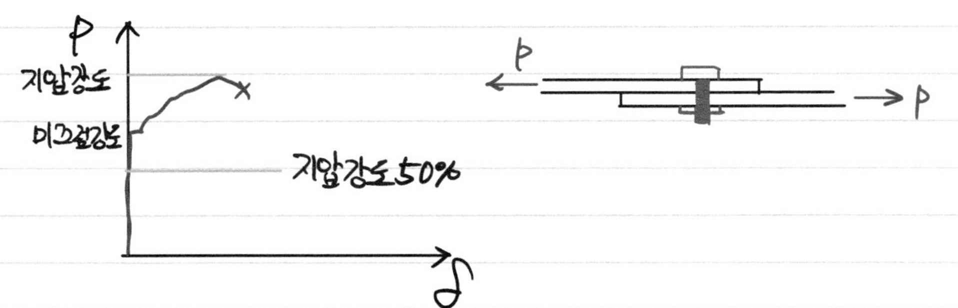

지압강도 50% 이하로 제한할 시, 미끄럼은 거의 발생하지 않는다.

③ 마찰볼트 접합으로 이미 시공된 구조물을 개축할 경우, 고장력볼트가 이미 시공된 하중을 받는 것으로 가정하고, 병용되는 용접은 추가 소요강도를 받는 것으로 용접을 병용사용 가능하다.

끝

8. 강성과 강도에 대하여 정의하고, 강성비정형과 강도의 불연속-약층에 대하여 설명하시오.

<115회 1교시>

(1) 강성과 강도의 정의

① 강도 : 파괴에 저항하는 성질
강도에 비해 강성이 매우 큰 경우(유리등), 변형없이 큰 힘에 저항 가능하지만, 일정이상의 힘을 받을시 취성파괴한다

② 강성 : 변형에 저항하는 성질
강성에 비해 강도가 매우 큰 경우(고무등), 파괴 강도에 도달이전에 변형이 매우 크게 발생한다.

③ 구조물이 힘을 받을 때, 강도가 아닌 강성이 큰 부재에 힘이 쏠린다.

(2) 강성비정형

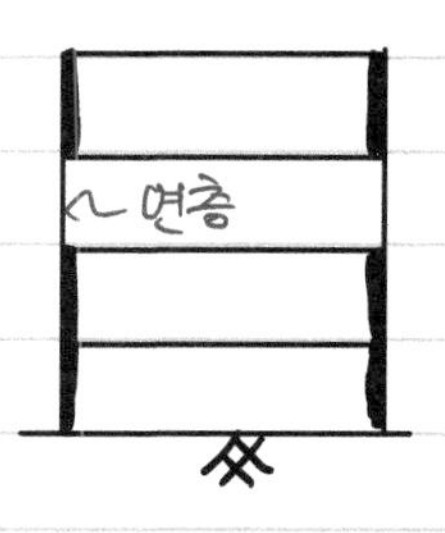

정의 (층강성이 상부층 강성 70% 미만 또는
" 상부3개층 평균강성의 80%) 해당시

고려사항 : 해석법 제한 – 내진 설계 범주D일시
동적해석법 적용 → 고차모드 영향 직접고려
강성비정형일 경우, 구조물의 동적거동이 1차모드에 지배되지 않으므로 동적해석법을 적용한다.

(3) 강도불연속 약층

SHN355 약층 SHN275 SHN355
E,I 동일

정의 : 임의층의 횡강도 < 0.8×직상층횡강도

고려사항: 구조물높이 2층 또는 9m 초과시
약층에 Ω_0배 지진하중 적용
(내진설계 범주 B, C, D)
강도불연속 약층이 있을시, 힘은 강성에 비례하므로 약층도 다른층과 동일한 수준의 힘을 받으므로 강도부족으로 먼저 파괴될 우려가 있으므로, Ω_0을 적용하여 지진하중에 대해 탄성으로 저항가능하게 한다.

끝

9. 구조물의 내진거동을 평가하기 위한 층간변위, 허용층간변위, 설계층간변위에 대하여 설명하시오. <115회 1교시>

KDS 41 17 00, 7.2.9 및 8.2.3

(1) 층간변위 δ_x

$$\delta_x = C_d \cdot \delta_{xe} / I_e$$

여기서 δ_{xe} : 탄성해석에 의한 층변위
C_d : 변위증폭계수
I_e : 중요도 계수

구조물을 탄성해석할 시, R배만큼 저감된 하중에 의한 탄성변위 δ_{xe}를 얻는다. 그러나 우리는 강진에 의한 비탄성 변형이 반영된 층간변위를 구해야 하므로, 탄성변위 δ_{xe}에 C_d/I_e를 곱해준다.

(2) 허용층간변위 Δ_a

특정층에서의 과도한 비탄성 변형은 구조물의 중력하중에 의한 P-Δ효과를 가져오며, 이는 구조물의 붕괴를 가져올수 있으므로, 이를 방지하기 위해 설계층간변위가 허용층간변위 이하가 되도록 한다.

Δ_a

내진등급 특		$0.01\ h_x$
〃	I	$0.015\ h_x$
〃	II	$0.02\ h_x$

h_x : 층고

(3) 설계층간변위 Δ

설계층간변위는 층간변위에 P-Δ효과를 고려한 증폭계수 a_d를 곱하여 산정한다.

$$\Delta = \underset{1.0/(1-\theta)}{\underline{a_d}} \times \delta_x$$

여기서 안정계수 $\theta \le 0.1$일 경우, P-Δ효과를 고려하지 않을수 있다.

끝

M군

(1) 층간변위 Δ

- 해당층의 상·하단 질량중심의 횡변위 차이값으로 산정
- 해당층이 비틀림 비정형이거나 내진설계범주 C 또는 D일 경우 해당층의 상·하단 모서리 횡변위 중 최대값으로 산정

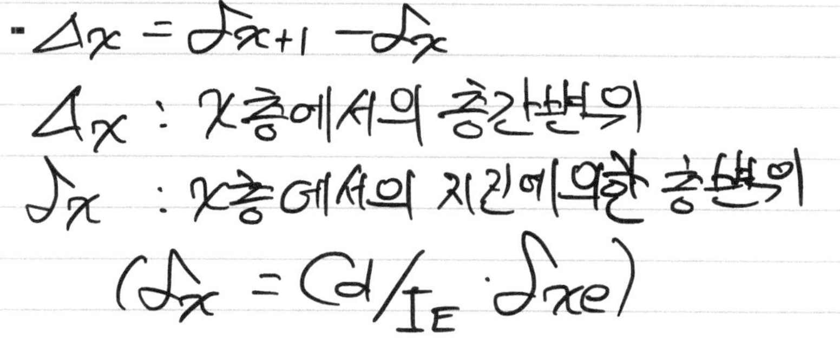

- $\Delta_x = \delta_{x+1} - \delta_x$
Δ_x : x층에서의 층간변위
δ_x : x층에서의 지진에 의한 층변위
$(\delta_x = C_d / I_E \cdot \delta_{xe})$

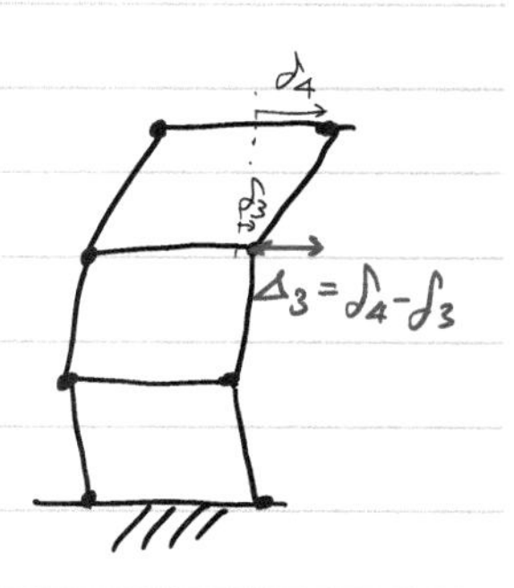

(3) 설계층간변위 Δ

- 증폭계수 α_d 값까지 고려한 설계층간변위 값이 허용층간변위 값보다 작아야 한다.

딸기맛호가든 : 강진 발생시 비탄성 거동을 허용하므로, 탄성해석으로 실제 지진발생시의 변위를 산정할 수 없다. 그러므로 변위증폭계수를 적용하여야 한다.

10. 지진하중을 받는 건축물의 내진해석 시 응답스펙트럼해석법으로 수행하는 경우, 모드 밑면전단력 산정에 대하여 기술하시오. <115회 1교시>

KDS 41 17 00, 7.3.3.2

응답스펙트럼 해석법 사용시 모드해석에서는 건물의 독립적인 각 주요모드에 대한 응답을 조합하여 지진응답을 구한다.

(1) 고유치해 해석을 통한 모드응답 분리

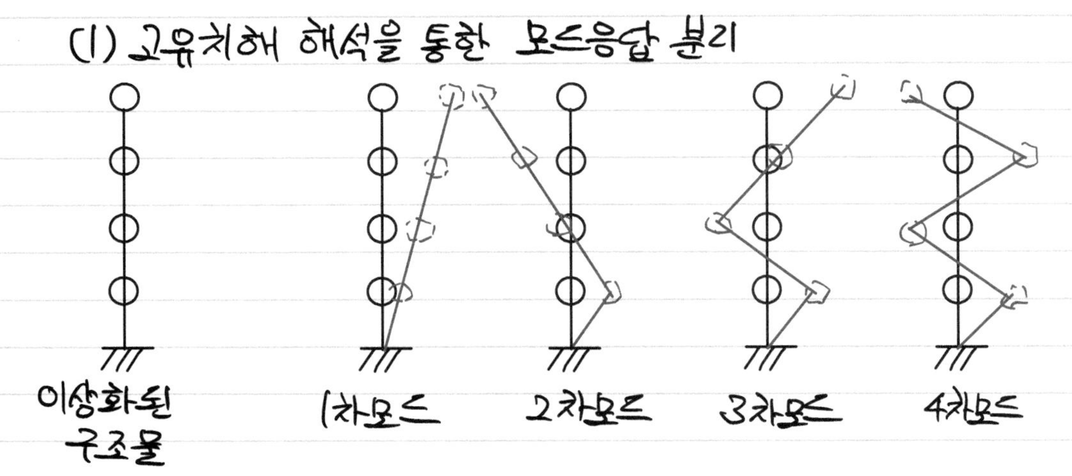

실제 구조물은 자유도 개수만큼의 모드응답이 발생하므로, 모든응답을 해석에 고려하는 경우 해석시간이 과도하게 늘어나게 되므로, 해석에 포함되는 모드개수는 직교하는 각 방향에 대해 질량참여율이 90% 이상이 되도록 결정한다

(2) 모드별 밑면전단력 산정

m차모드의 밑면전단력은 다음 식으로 구한다.

$$V_m = C_{sm} \times \overline{W_m}$$

V_m: m차모드 밑면전단력, C_{sm}: m차 지진응답계수, $\overline{W_m}$: m차 유효중량

여기서, $C_{sm} = S_{am} \times I_E / R$

S_{am}: m차 설계스펙트럼 가속도

$$\overline{W_m} = \frac{\left(\sum_{i=1}^{n} w_i \cdot \phi_{im}\right)^2}{\sum_{i=1}^{n} w_i \cdot \phi_{im}^2}$$

w_i : i층 유효중량

ϕ_{im} : m차 모드벡터 i층성분

(3) 각모드의 응답조합

구조물의 밑면전단력 V_t는 각모드 밑면전단력 V_m을 SRSS나 CQC로 조합하여 산정 (각모드 주기차이 25% 이내일시 반드시 CQC사용)

$V_t \leq 0.85V$ 일때 보정계수 $C_m = 0.85\,V/V_t$ 적용

등가정적해석법 밑면전단력

끝

M군 : 누적 질량 참여율이 **90%** 이하인 상태에서 모드합성하여 산정한 모드밑면 전단력은 실제 밑면전단력보다 크기가 작으므로, 누적 질량 참여율 값을 **90%** 이상 확보해야 한다.

오래전부터 사용되어 온 등가정적 지진하중의 신뢰성을 완전히 무시할 수 없기 때문에, 동적 지진하중 산정시 보정계수 **Cm** 값을 곱하여 무조건 등가정적 지진하중값의 **85%** 이상이 되도록 한다.

M군 : CQC의 경우 **SRSS**의 개념을 포함하는 상위 개념이기 때문에 실무에서는 모드 합성시 고민할 것 없이 **CQC**를 사용하는 것이 편하다

딸기맛호가든 : 단 **SRSS**는 수계산시 매우 편리한 방법이다.

11. 기초구조에서 지반침하대책에 대하여 설명하시오.

<115회 1교시>

KDS 41 20 00, 2.2.6.2 (2)

지반침하가 구조물에 손상을 야기할 가능성이 있을시 다음중 하나의 대책을 세워야 한다.

(1) 저항형 - 지반 침하에 발생되는 응력에 대해 기초가 충분한 강도보유

① 선단지지 말뚝이 저항형에 해당.

②지반 침하가 발생하면 부마찰력을 고려해야함

(2) 추종형 - 지반침하에 따라 기초도 변형하게 한다.

① 보상기초, 마찰말뚝, 말뚝전면 복합 기초가 추종형에 해당.

②구조물이 지반과 동시에 침하하므로 부등침하 발생가능

③침하량 차이로 인한 구조체 및 설비시설 손상가능성, 각종 마감재 사용성 및 거주성 등에 대해 검토 필요

(3) 조절형 - 지반침하의 진행에 따라 침하량을 조절하는 장치 사용

기초판과 최하층 바닥판 사이에 잭-업 장치를 미리 설치하여 기초판이 부등침하에 따른 변형에 대응하여 수평을 유지하게 한다.

끝

KDS41

12. 건축구조기준(~~KBC2016~~)의 기초구조에서 지반의 액상화, 액상화 평가 및 액상화 대책에 대하여 설명하시오.

<115회 1교시>

KDS 41 20 00, 2.2.9

(1) 액상화 정의

포화 사질토가 비배수 상태에서 급속한 재하를 받게되면 과잉간극수압의 발생과 동시에 유효응력이 감소하며, 이로인해 지반이 액체 처럼 유동하는 현상

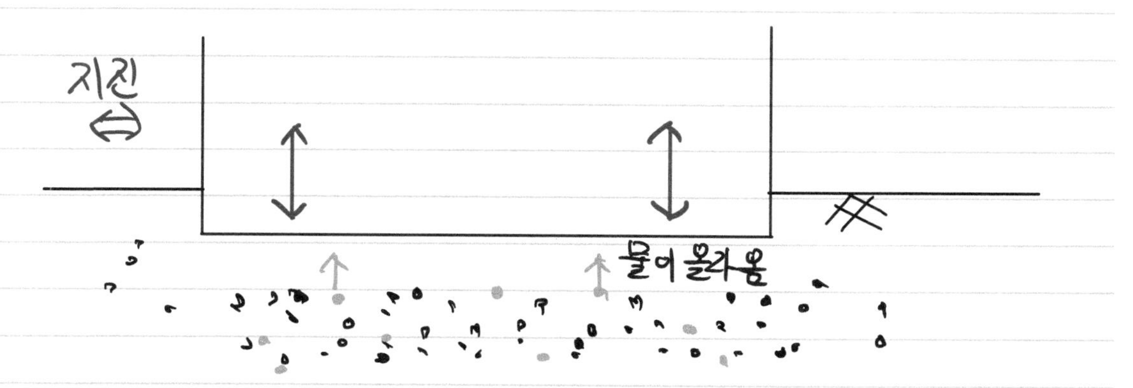

(2) 액상화 평가

- 대상지반의 주상도와 입도분포를 이용하여 가능성을 판단후 실시
- 설계 지진하중에 따라 현장실험을 통해 평가

(3) 액상화 대책

① 모래다짐 말뚝공법 → 흙의 밀도를 증가
② 치환공법 → 입도개량
③ 주입고화공법 또는 혼합고화공법

끝

딸기맛호가든 : 급속한 재하가 발생하는 것은 통상 지진이다.

13. 활하중의 저감계수에 대하여 설명하시오. <115회 1교시>

KDS 41 10 15, 3.5

지붕활하중을 제외한 등분포 활하중은 영향면적이 $36m^2$ 이상인 경우 활하중 저감계수 C를 곱하여 저감할 수 있다.

(1) 저감계수의 산정

$$C = 0.3 + 4.2/\sqrt{A} \quad , \quad A : \text{영향면적} \ (A \geq 36m^2)$$

(2) 영향면적

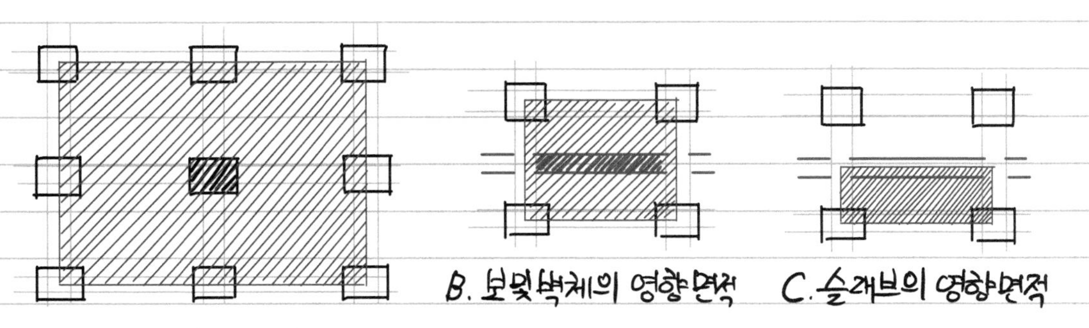

B. 보및벽체의 영향면적 C. 슬래브의 영향면적

A. 기둥및 기초의 영향면적

영향면적은 기둥 및 기초에서는 부하면적의 4배, 보 또는 벽체에서는 부하면적의 2배, 슬래브에서는 부하면적을 사용.

(3) 제한사항

① 1개층 지지부재 : $C \geq 0.5$, 2개층이상 지지부재 : $C \geq 0.4$

② 5kN/m²를 초과하는 활하중, 승용전용 주차장의 활하중) 2개층이상 지지부재에만 저감 $(C \geq 0.8)$

③ 5kN/m² 이하의 공중집회용도에 대해서는 저감불가

④ 1방향 활하중의 영향면적은 슬래브경간 × 슬래브폭
단 슬래브 폭은 슬래브 경간의 1.5배 이하

끝

M군 : 활하중 저감계수의 경우 실무에서 자주 다루므로 평소에도 바로 반영할 수 있도록 숙지하여야 한다.

1. 다음 그림과 같은 원형 나선철근 기둥이 아래 조건을 만족하고, A_{s1} 철근이 균형변형률 상태일 때, 설계축하중(ϕP_n)과 설계모멘트(ϕM_n)를 각각 구하시오. <115회 2교시>

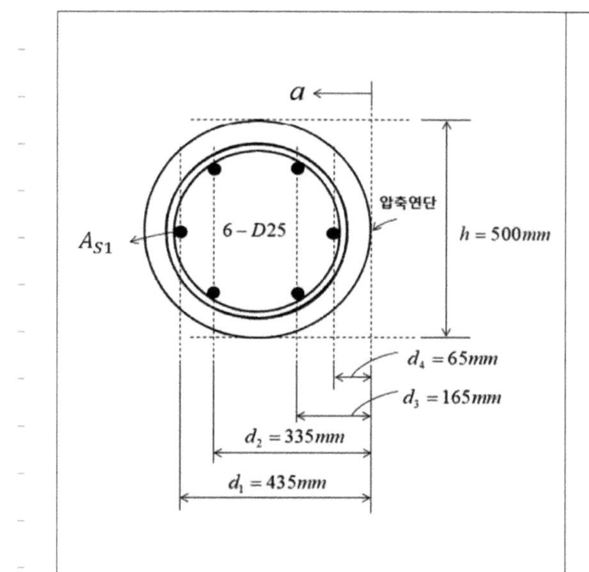

- 압축부 단면적과 중심거리는 다음 표를 이용
- f_{ck}=24MPa, f_y=400MPa, E_s=200,000MPa
- D25의 철근 단면적(A_s=506.7mm^2)
- 변형률(ϵ_{si}) 값은 소숫점 5째 자리에서 반올림

	$\frac{a}{h}$	.00	.01	.02	.03	.04	.05	.06	.07	.08	.09
$\frac{A}{h^2}$	0.0	.0000	.0013	.0037	.0069	.0105	.0147	.0192	.0242	.0294	.0350
	0.1	.0409	.0470	.0534	.0600	.0668	.0739	.0811	.0885	.0961	.1039
	0.2	.1118	.1199	.1281	.1365	.1449	.1535	.1623	.1711	.1800	.1890
	0.3	.1982	.2074	.2167	.2260	.2355	.2450	.2546	.2642	.2739	.2836
	0.4	.2934	.3032	.3130	.3229	.3328	.3428	.3527	.3627	.3727	.3827
	0.5	.3927	.4027	.4127	.4227	.4327	.4426	.4526	.4625	.4724	.4822
	0.6	.4920	.5018	.5115	.5212	.5308	.5404	.5499	.5594	.5687	.5780
	0.7	.5872	.5963	.6054	.6143	.6231	.6319	.6405	.6489	.6573	.6655
	0.8	.6736	.6815	.6893	.6939	.7043	.7115	.7186	.7254	.7320	.7384
	0.9	.7445	.7504	.7560	.7612	.7662	.7707	.7749	.7785	.7816	.7841
$\frac{A\bar{y}}{h^3}$	0.0	.0000	.0007	.0018	.0033	.0050	.0069	.0089	.0111	.0133	.0156
	0.1	.0180	.0204	.0229	.0254	.0279	.0304	.0328	.0353	.0378	.0403
	0.2	.0427	.0450	.0474	.0497	.0519	.0541	.0563	.0583	.0603	.0623
	0.3	.0642	.0660	.0677	.0693	.0709	.0723	.0737	.0750	.0762	.0774
	0.4	.0784	.0793	.0802	.0809	.0815	.0821	.0825	.0829	.0831	.0833
	0.5	.0833	.0833	.0831	.0829	.0825	.0821	.0815	.0809	.0802	.0793
	0.6	.0784	.0774	.0762	.0750	.0737	.0723	.0709	.0693	.0677	.0660
	0.7	.0642	.0623	.0603	.0583	.0563	.0541	.0519	.0497	.0474	.0450
	0.8	.0427	.0403	.0378	.0353	.0328	.0304	.0279	.0254	.0229	.0204
	0.9	.0180	.0156	.0133	.0111	.0089	.0069	.0050	.0033	.0018	.0007

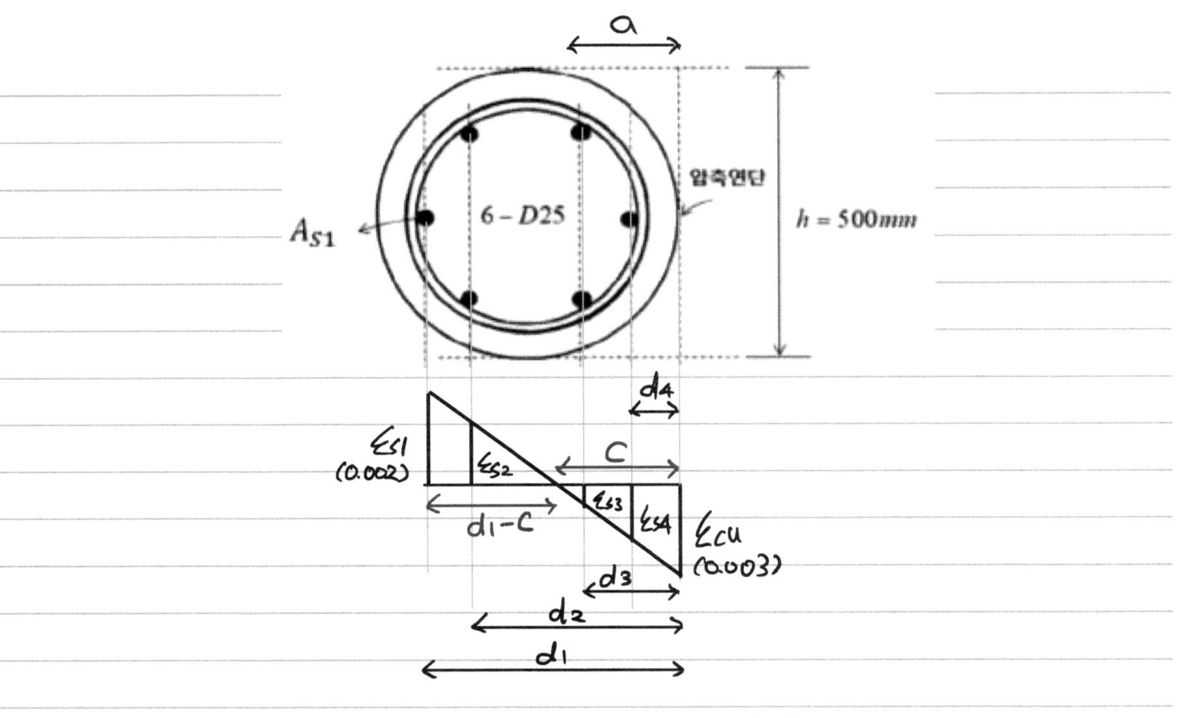

(1) 균형변형률 상태에서의 a값 산정 $\varepsilon_{s1} = \varepsilon_y$ (0.002)

$\underset{0.003}{\varepsilon_{cu}} : C = \underset{0.002}{\varepsilon_{s1}} : \underset{485}{d_1} - C$

$C = 261\,mm$

$a = \underset{0.85 (fck<28)}{\beta_1} \cdot C = 221.85\,mm$

(2) 철근변형률 산정

$\varepsilon_{s1} = 0.002$ (인장)

$\underset{0.003}{\varepsilon_{cu}} : \underset{261}{C} = \varepsilon_{s2} : \underset{335}{d_2} - \underset{261}{C}$ $\quad \varepsilon_{s2} = 0.000851 \simeq 0.0009$ (인장)

$\underset{0.003}{\varepsilon_{cu}} : \underset{261}{C} = \varepsilon_{s3} : \underset{261}{C} - \underset{335}{d_3}$ $\quad \varepsilon_{s3} = 0.001103 \simeq 0.0011$ (압축)

$\underset{0.003}{\varepsilon_{cu}} : \underset{261}{C} = \varepsilon_{s4} : \underset{261}{C} - \underset{65}{d_4}$ $\quad \varepsilon_{s4} = 0.002253 > \varepsilon_y = 0.002$

압축항복한다.

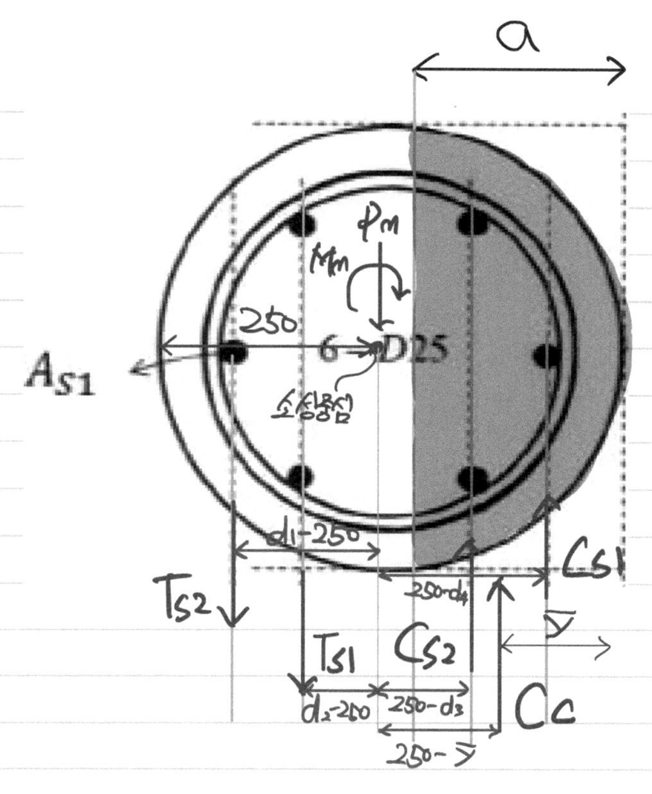

(3) 설계 축하중 산정

$C_c = 0.85 \cdot f_{ck} \cdot A$

여기서 $a/h = 0.4437$ 이므로, 주어진 테이블로부터

$A/h^2 = 0.3328$, $A = 0.3328 \cdot h^2 = 83200\ mm^2$

$C_{s1} = 506.7 \times (F_y - 0.85 f_{ck})$

$C_{s2} = 2 \times 506.7 \times (\varepsilon_{s3} \cdot E_s - 0.85 f_{ck})$

$T_{s1} = 506.7 \times 2 \times (\varepsilon_{s2} \cdot E_s)$

$T_{s2} = 506.7 \times F_y$

$P_n = C_c + C_{s1} + C_{s2} - T_{s1} - T_{s2} = 1.70681 \times 10^6 N$

$= 1706.81 kN$

$\phi P_n = 0.7 \cdot P_n = 1194.76 kN$

* 나선철근기둥이 최소나선철근비와 간격 기준을 만족하는 것으로 가정

(4) 설계 모멘트 산정

주어진 데이터 이용하면 ($a/h = 0.443$)

$A \cdot \bar{y} / h^3 = 0.0815$, $\bar{y} = 0.0815 \times h^3 / A = 122.446\,mm$

$M_n = C_c \times (250 - \bar{y}) + C_{s1} \times (250 - d_4) + C_{s2} \times (250 - d_3)$

($\bar{y}$ = 122.446, d_4 = 65, d_3 = 165)

$+ T_{s1} \times (d_2 - 250) + T_{s2} \times (d_1 - 250) = 3.22273 \times 10^8\,N \cdot mm$

$= 322.273\,kN \cdot m$

(d_2 = 335, d_1 = 435)

$\phi M_n = 0.7 \cdot M_n = 225.591\,kN \cdot m$

* 나선 철근 기둥이 최소나선 철근비와 간격기준을 만족하는 것으로 가정.

끝

딸기맛호가든 : KDS 14 개정예정사항 반영시

$\varepsilon_{cu} = 0.0033$, $\beta_1 = 0.8$

딸기맛호가든 : 원형기둥이라고 해석방법이 딱히 달라지지는 않는다. 다만 계산이 복잡해진 근본 원인은 철근의 배치때문이라고 할 수 있다. 실제로 시험장에서 필자의 경우 이문제에 약 30분가량이 소요되었다.

2. 그림과 같이 예상균열과 직각방향으로 경사스터럽을 배근할 때, 경사스터럽에 의한 $V_s = \left(\dfrac{A_v f_{yt} d}{s}\right) \times \sin\alpha\,(\cot\alpha + \cot\beta)$ 식을 유도하시오. <115회 2교시>

- A_v : 간격 s 내의 전단철근의 단면적
- f_{yt} : 횡방향 철근의 설계기준 항복강도
- d : 유효깊이
- s : 경사스터럽간격(일정)

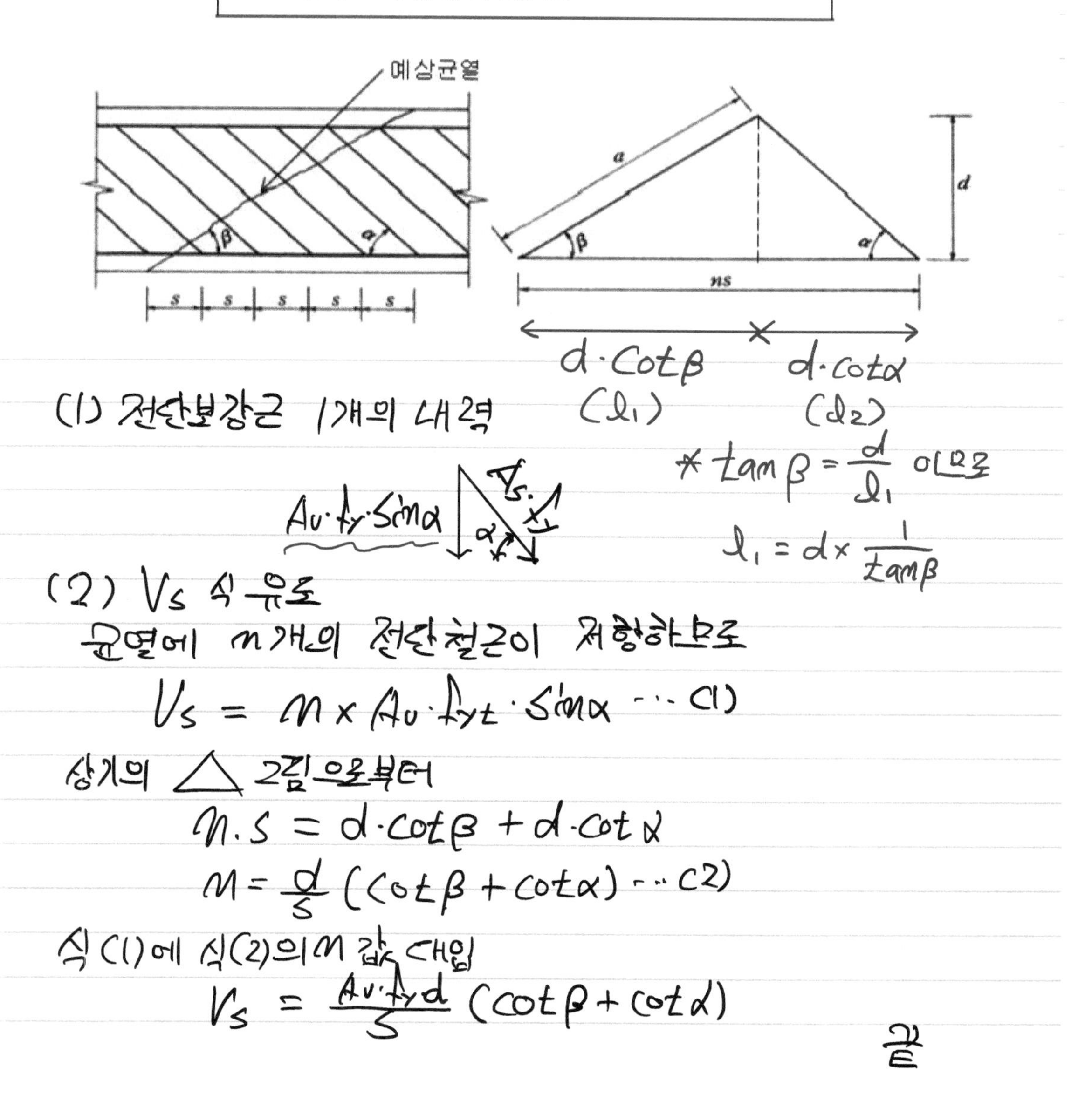

3. 브라켓에 고정하중 P_D=50kN, 활하중 P_L=40kN 이 작용할 때, 필릿 용접부의 안전성을 검토하시오.

(단, 기둥 및 브라켓 단면은 충분히 안전한 것으로 가정하며, 용접재의 인장강도 F_{uw}=420MPa이다.)

<115회 2교시>

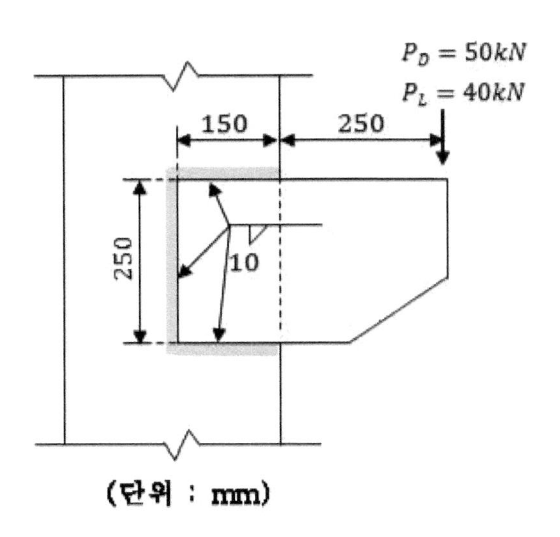

(단위 : mm)

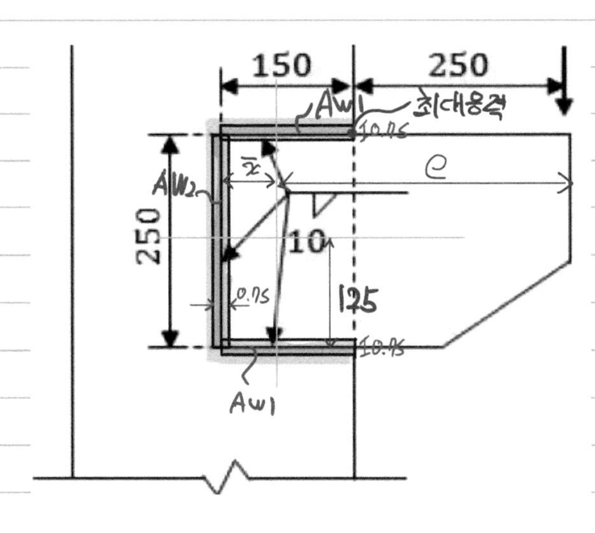

(1) 용접부의 도심 산정

상하 대칭이므로, $\bar{x}$만 구한다.

$A_{w1} = 0.7\cdot 5 \times 150 = 1050\ mm^2$

$A_{w2} = 0.7\cdot 5 \times 250 = 1750\ mm^2$

$$\bar{x} = \frac{\Sigma A_w \cdot x}{\Sigma A_w} = \frac{A_{w1} \times 75 \times 2 + A_{w2} \times 0}{A_{w1} \times 2 + A_{w2}}$$

$$= 40.909\ mm$$

* 유효길이 산정시 공제되는 부분을 무시하고 실제의 길이를 고려하였다.

(2) 소요하중 산정

$P_u = 1.2 \cdot P_D + 1.6 \cdot P_L = 124\ kN$

$M_u = P_u \times e = P_u \times (400 - \bar{x}) = 4.45273 \times 10^7\ N \cdot m$

$= 44.527\ kN \cdot m$

(3) P_u에 의한 응력 산정

$$\tau = P_u / \Sigma A_w = P_u / (A_{w1} \times 2 + A_{w2}) = 32.208\,MPa$$

(4) M_u에 의한 응력 산정

① 용접부의 단면2차 모멘트

$$I_x = 2 \times \left(\frac{150}{12} \times (0.75)^3 + A_{w1} \times 125^2 \right) + \frac{0.75}{12} \times 250^3$$
$$= 4.19357 \times 10^7\,mm^4$$

$$I_y = 2 \times \left(\frac{0.75}{12} \times 150^3 + A_{w1} \times (75 - \bar{x})^2 \right) + \frac{250}{12} \times (0.75)^3 + A_{w2} \times \bar{x}^2$$
$$= 9.31396 \times 10^6\,mm^4$$

$$I_p = I_x + I_y = 5.12496 \times 10^7\,mm^4$$

② 비틀림에 의한 응력 산정

$$\sigma_x = \frac{M_u}{I_p} \times 125 = 108.604\,MPa$$

$$\sigma_y = \frac{M_u}{I_p} \times (150 - \bar{x}) = 94.782\,MPa$$

(5) 용접부 안전성 검토

$$R_u = \sqrt{\sigma_x^2 + (\tau + \sigma_y)^2} = 167.096\,MPa \leq \phi R_n = 0.75 \cdot 0.6 \cdot 420$$
$$= 189\,MPa$$

이 용접부는 안전하다. 끝

딸기맛호가든 : 모멘트 산정시, 팔길이를 위험단면까지의 거리가 아닌 용접단면전체의 도심까지의 거리로 산정해야 하는 것이 핵심이다.

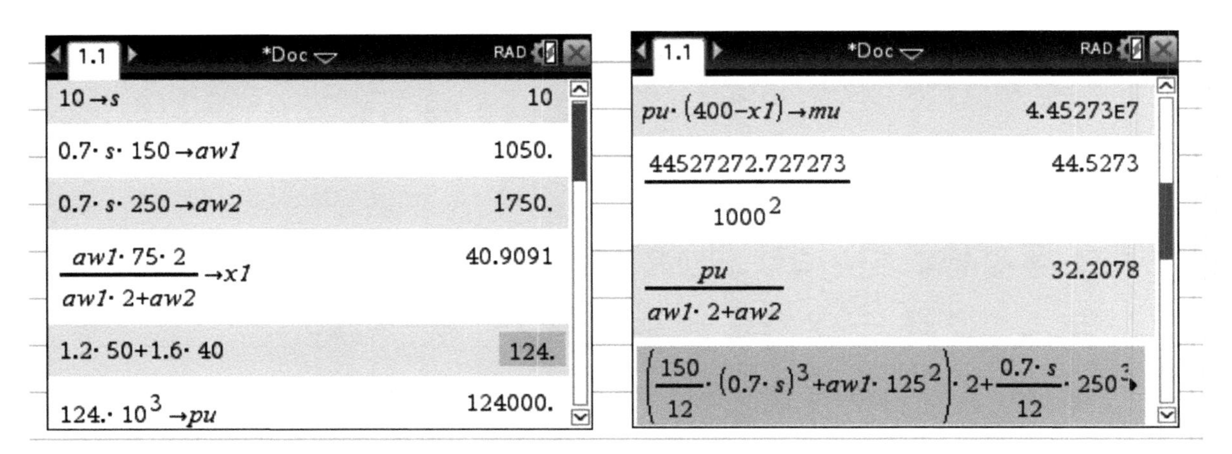

1.1
*Doc
RAD
10→s 10
0.7· s· 150→aw1 1050.
0.7· s· 250→aw2 1750.
aw1· 75· 2 / aw1· 2+aw2 →x1 40.9091
1.2· 50+1.6· 40 124.
124.· 10^3 →pu 124000.
1.1
*Doc
RAD
pu· (400−x1)→mu 4.45273E7
44527272.727273 / 1000^2 44.5273
pu / aw1· 2+aw2 32.2078
(150/12 · (0.7· s)^3+aw1· 125^2)· 2+ 0.7· s/12 · 250^3

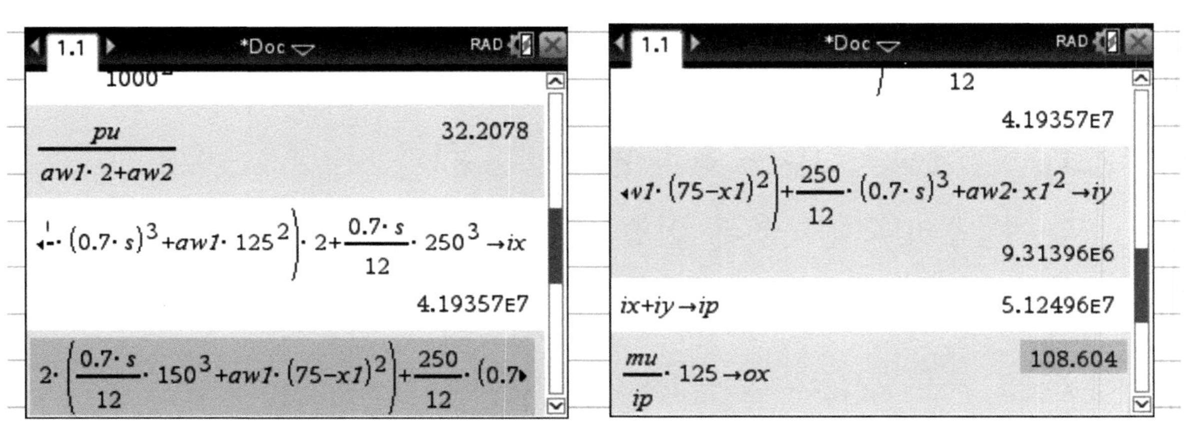

1.1
*Doc
RAD
1000^2
pu / aw1· 2+aw2 32.2078
(0.7· s)^3+aw1· 125^2)· 2+ 0.7· s/12 · 250^3 →ix
4.19357E7
2· (0.7· s/12 · 150^3+aw1· (75−x1)^2)+ 250/12 · (0.7
1.1
*Doc
RAD
12
4.19357E7
w1· (75−x1)^2)+ 250/12 · (0.7· s)^3+aw2· x1^2 →iy
9.31396E6
ix+iy→ip 5.12496E7
mu/ip · 125→ox 108.604

1.1 *Doc RAD

ix+iy→ip	5.12496E7
$\frac{mu}{ip}\cdot 125 \rightarrow ox$	108.604
$\frac{mu}{ip}\cdot (150-x1) \rightarrow oy$	94.7816
$\sqrt{ox^2+(32.208+oy)^2}$	167.096
0.75· 0.6· 420	189.

4. 내진성능평가 방법 중 2단계 상세평가 수행 시 성능점 산정의 방법에는 '역량스펙트럼법'과 '변위계수법'이 있다. 이 중 '변위계수법'에 대하여 설명하시오. <115회 2교시>

유사 가속도와 유사 변위 사이의 관계를 이용하여 변위를 산정하고, 변위계수로 보정하여 목표변위를 산정하는 방법

(1) 목표변위의 산정

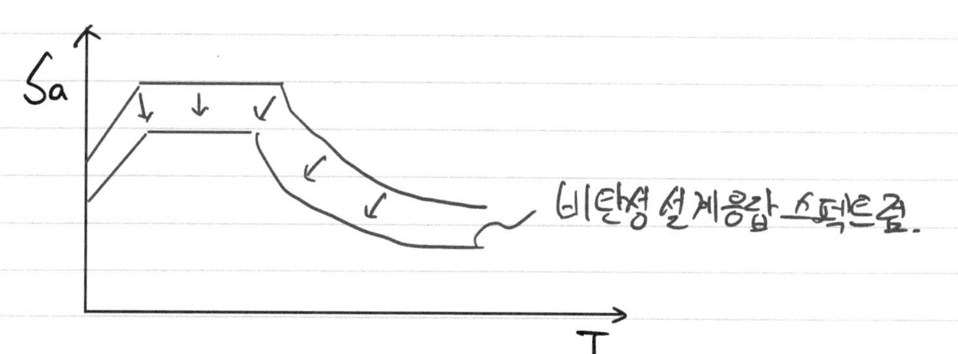

설계응답 스펙트럼으로부터 다음식에 의해 목표변위 δ_t 산정

$$\delta_t = C_0 \cdot C_1 \cdot C_2 \cdot C_3 \times S_a \times \left(\frac{T}{2\pi}\right)^2 \cdot g$$

여기서 C_0 : 스펙트럼변위 보정계수

C_1 : 비탄성 변위와 탄성변위 관계에 대한 보정계수

C_2 : 구조물의 이력거동효과에 대한 보정계수

C_3 : 동적이차효과를 고려하기 위한 보정계수

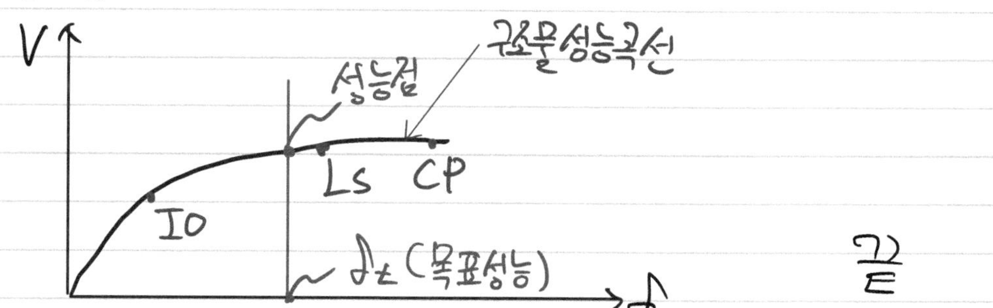

끝

딸기맛호가든 : 공동주택 성능기반 내진설계 지침(대한건축학회) 의 부록을 참조하였다.

5. 1층 공장구조물에 대한 동적 계수를 구하고자 한다. 아래조건에 따라

a) 장변 방향의 횡강성을 구하시오.

b) 단변 방향의 횡강성을 구하시오. <115회 2교시>

· 구조물의 전체중량은 80kN이고, 지붕트러스는 강한 보의 역할을 한다. · 4개의 기둥은 모두 동일한 단면(I_{xx}=5180cm^4, I_{yy}=337cm^4)으로 되어 있다. · 단변방향의 횡하중은 핀(pin)접합 트러스로 구성된 가새시스템에 의해서 저항한다. · 수직 가새의 단면적은 A_b(6cm^2) · 강재의 탄성계수는 200GPa

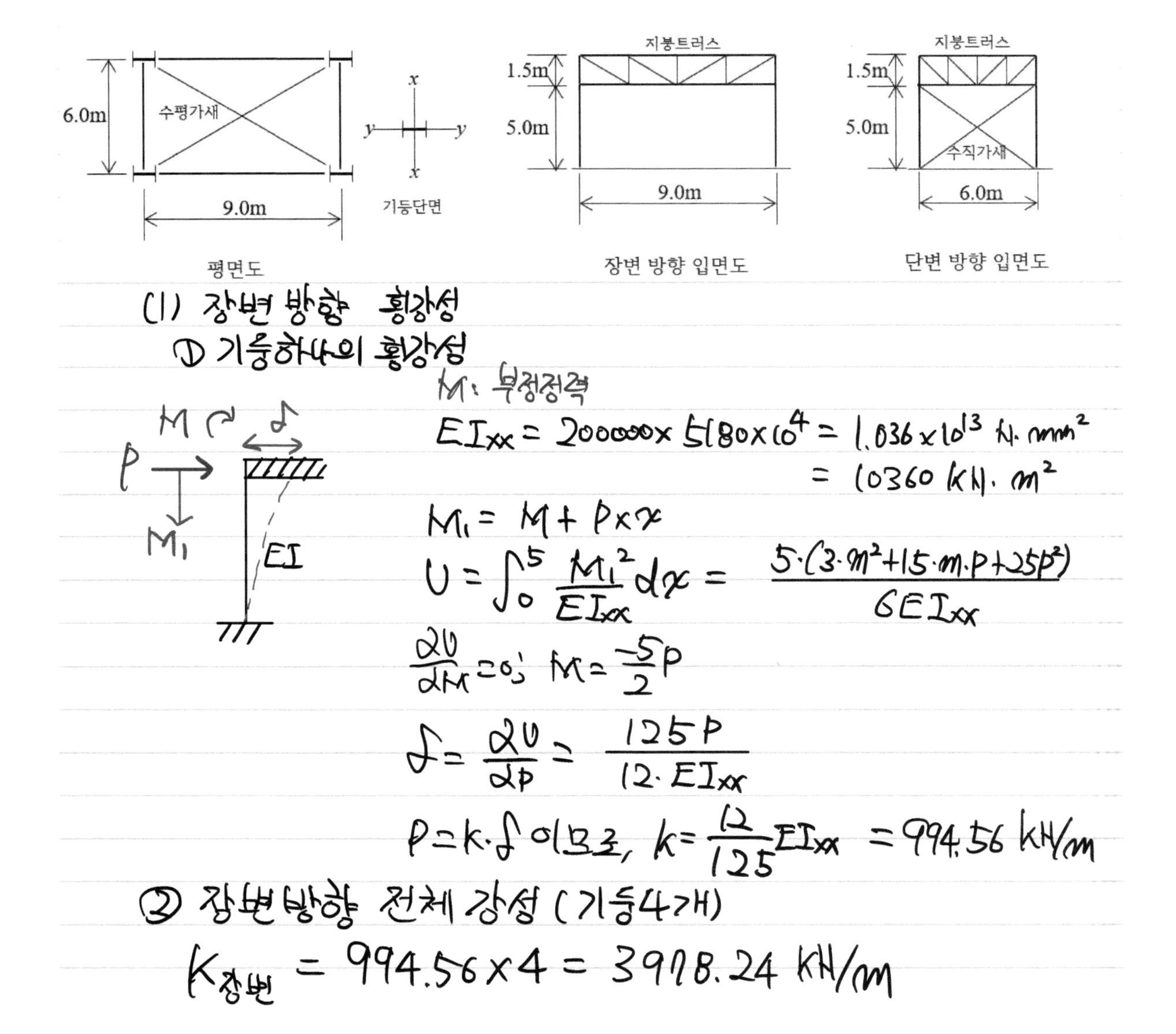
6.0m
수평가새
9.0m
평면도
x
y
y
x
기둥단면
지붕트러스
1.5m
5.0m
9.0m
장변 방향 입면도
지붕트러스
1.5m
5.0m
수직가새
6.0m
단변 방향 입면도
(1) 장변 방향 횡강성
① 기둥하나의 횡강성
M: 부정정력
M
δ
P
M₁
EI
$EI_{xx} = 200000 \times 5180 \times 10^4 = 1.036 \times 10^{13}$ N·mm²
$= 10360$ kN·m²
$M_1 = M + P \times x$
$U = \int_0^5 \frac{M_1^2}{EI_{xx}} dx = \frac{5 \cdot (3 \cdot m^2 + 15 \cdot m \cdot P + 25P^2)}{6EI_{xx}}$
$\frac{\partial U}{\partial M} = 0$; $M = \frac{-5}{2}P$
$\delta = \frac{\partial U}{\partial P} = \frac{125P}{12 \cdot EI_{xx}}$
$P = k \cdot \delta$ 이므로, $k = \frac{12}{125} EI_{xx} = 994.56$ kN/m
② 장변방향 전체 강성 (기둥4개)
$K_{장변} = 994.56 \times 4 = 3978.24$ kN/m

(2) 약축의 강성

① 기둥 1개의 강성

$$K = \frac{12}{125} \cdot E \cdot I_{yy} = 64.704 \text{ kN/m}$$

$EI_{yy} = 6.74 \times 10^{11} \text{ N}\cdot\text{mm}^2 = 674$

② 가새 1개의 강성

$\theta = \tan^{-1}\left(\frac{5}{6}\right)$

$\Sigma H = 0$; $-N \cdot \cos\theta + P = 0$

$$N = \frac{\sqrt{61}}{5} \cdot P$$

$$U = \frac{N^2}{2EA} \cdot l = \frac{61 \cdot P^2 \cdot \sqrt{61}}{50 \cdot EA}$$

$l = \sqrt{5^2+6^2}$

$$\delta = \frac{\partial U}{\partial P} = \frac{61 \cdot \sqrt{61}}{25EA} \times P$$

$EA = 200000 \times 600 = 1.2 \times 10^8 \text{ N} = 120000 \text{ kN}$

$P = k \cdot \delta$ 이므로, $k = 0.052474 \cdot EA = 6296.896 \text{ kN/m}$

③ 단변방향 전체강성

기둥 4개, 가새 4개 이므로

$$K = 64.704 \times 4 + 6296.896 \times 4 = 25446.4 \text{ kN/m}$$

끝

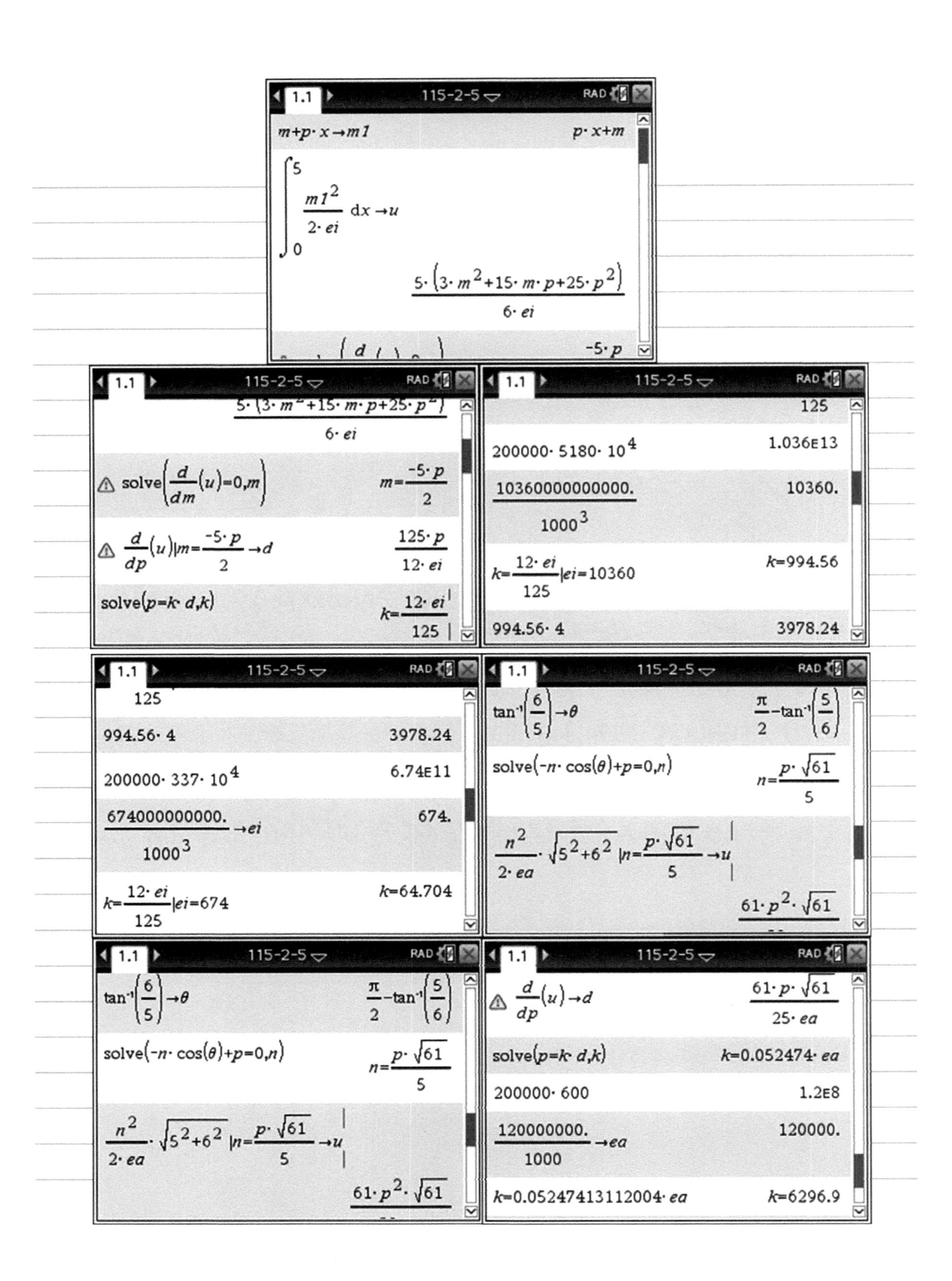
1.1
115-2-5
RAD
m+p· x→m1
p· x+m
5· (3· m²+15· m· p+25· p²) / 6· ei
solve(d/dm(u)=0,m)
m=-5· p/2
d/dp(u)|m=-5· p/2 →d
125· p / 12· ei
solve(p=k· d,k)
k=12· ei/125
200000· 5180· 10⁴
1.036E13
10360000000000. / 1000³
10360.
k=12· ei/125|ei=10360
k=994.56
994.56· 4
3978.24
200000· 337· 10⁴
6.74E11
674000000000. / 1000³ →ei
674.
k=12· ei/125|ei=674
k=64.704
tan⁻¹(6/5)→θ
π/2-tan⁻¹(5/6)
solve(-n· cos(θ)+p=0,n)
n=p· √61 / 5
n²/2· ea · √(5²+6²) |n=p· √61/5 →u
61· p²· √61
d/dp(u)→d
61· p· √61 / 25· ea
k=0.052474· ea
200000· 600
1.2E8
120000000. / 1000 →ea
120000.
k=0.05247413112004· ea
k=6296.9

6. 그림과 같은 3힌지 골조의 G점에서의 단면력을 구하고, 전체구조물의 단면력도(축력도, 전단력도, 휨모멘트도)를 그리시오.

<115회 2교시>

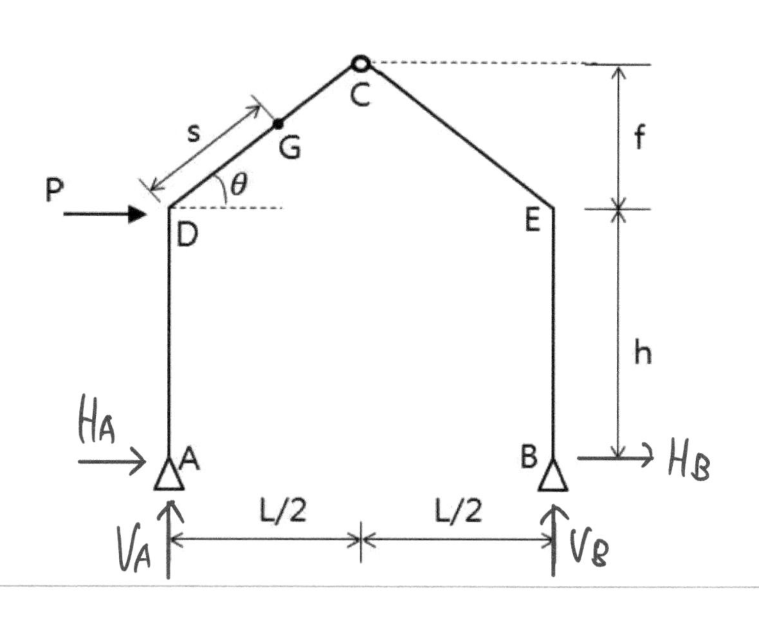

(1) 반력산정

$\Sigma M_B = 0;\ V_A \times L + P \times h = 0 \quad V_A = \frac{-P \cdot h}{L}$

$\Sigma M_C = 0;\ V_A \times L/2 - H_A \times (h+f) - P \times f = 0$

$$H_A = \frac{-(2 \cdot f + h)}{2 \cdot (f+h)} \cdot P$$

$\Sigma V = 0;\ V_A + V_B = 0, \quad V_B = \frac{P \cdot h}{L}$

$\Sigma H = 0;\ H_A + H_B + P = 0$

$$H_B = \frac{-P \cdot h}{2 \cdot (f+h)}$$

(2) G점단면력 산정

S G θ

$H_D = \frac{P \cdot h}{2 \cdot (f+h)}$ θ

θ $\frac{P \cdot h}{l} = V_D$

$\frac{P \cdot h}{l}$

P $\frac{P \cdot h}{2 \cdot (f+h)}$

$\frac{(\frac{h}{2}+f) P}{h+f}$

$P \cdot h / 2$

G(축력)

$= H_D \cdot \cos\theta - V_D \cdot \sin\theta$

$= \frac{P \cdot h \cdot \cos\theta}{2 \cdot (f+h)} - \frac{P \cdot h \cdot \sin\theta}{L}$

G(전단력)

$= -H_D \cdot \sin\theta - V_D \cdot \cos\theta$

$= \frac{-h \cdot P \cdot \sin\theta}{2 \cdot (f+h)} - \frac{P \cdot h \cdot \cos\theta}{L}$

G(모멘트)

$= G(\text{전단력}) \times S = \left(\frac{-h \cdot P \cdot \sin\theta}{2(f+h)} - \frac{P \cdot h}{L} \cdot \cos\theta \right) \times S$

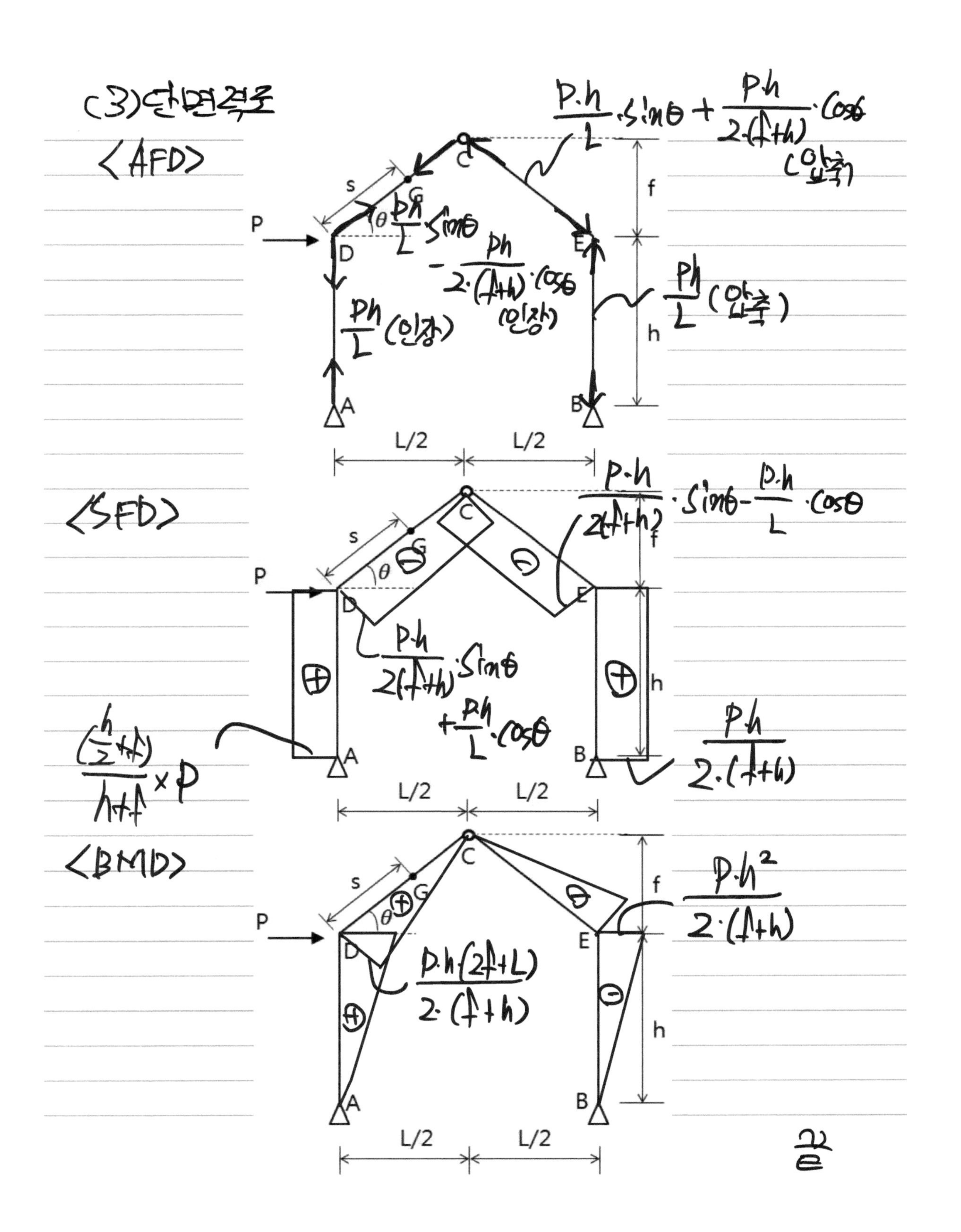
(3) 단면력도
<AFD>
P
s
G
C
D
E
A
B
f
h
L/2
$\frac{P \cdot h}{L} \cdot \sin\theta + \frac{P \cdot h}{2 \cdot (f+h)} \cdot \cos\theta$ (압축)
$\frac{Ph}{L} \sin\theta - \frac{Ph}{2 \cdot (f+h)} \cdot \cos\theta$ (인장)
$\frac{Ph}{L}$ (인장)
$\frac{Ph}{L}$ (압축)
<SFD>
$\frac{P \cdot h}{2(f+h)} \cdot \sin\theta - \frac{P \cdot h}{L} \cdot \cos\theta$
$\frac{P \cdot h}{2(f+h)} \cdot \sin\theta + \frac{Ph}{L} \cdot \cos\theta$
$\frac{(\frac{h}{2}+f)}{h+f} \times P$
$\frac{P \cdot h}{2 \cdot (f+h)}$
<BMD>
$\frac{P \cdot h^2}{2 \cdot (f+h)}$
$\frac{P \cdot h \cdot (2f+L)}{2 \cdot (f+h)}$
끝

딸기맛호가든 : 각 치수가 숫자로 주어졌다면 매우 쉬운문제가 되었을 것. 모든 치수가 문자로 주어졌기 때문에 풀다보면 상당한 짜증을 유발한다. 계산자체도 오래걸리므로 30~40분까지 각오하고 풀어야 할 문제이다. 문제자체는 분리자유물체도만 잘 끊으면 어렵지는 않다.

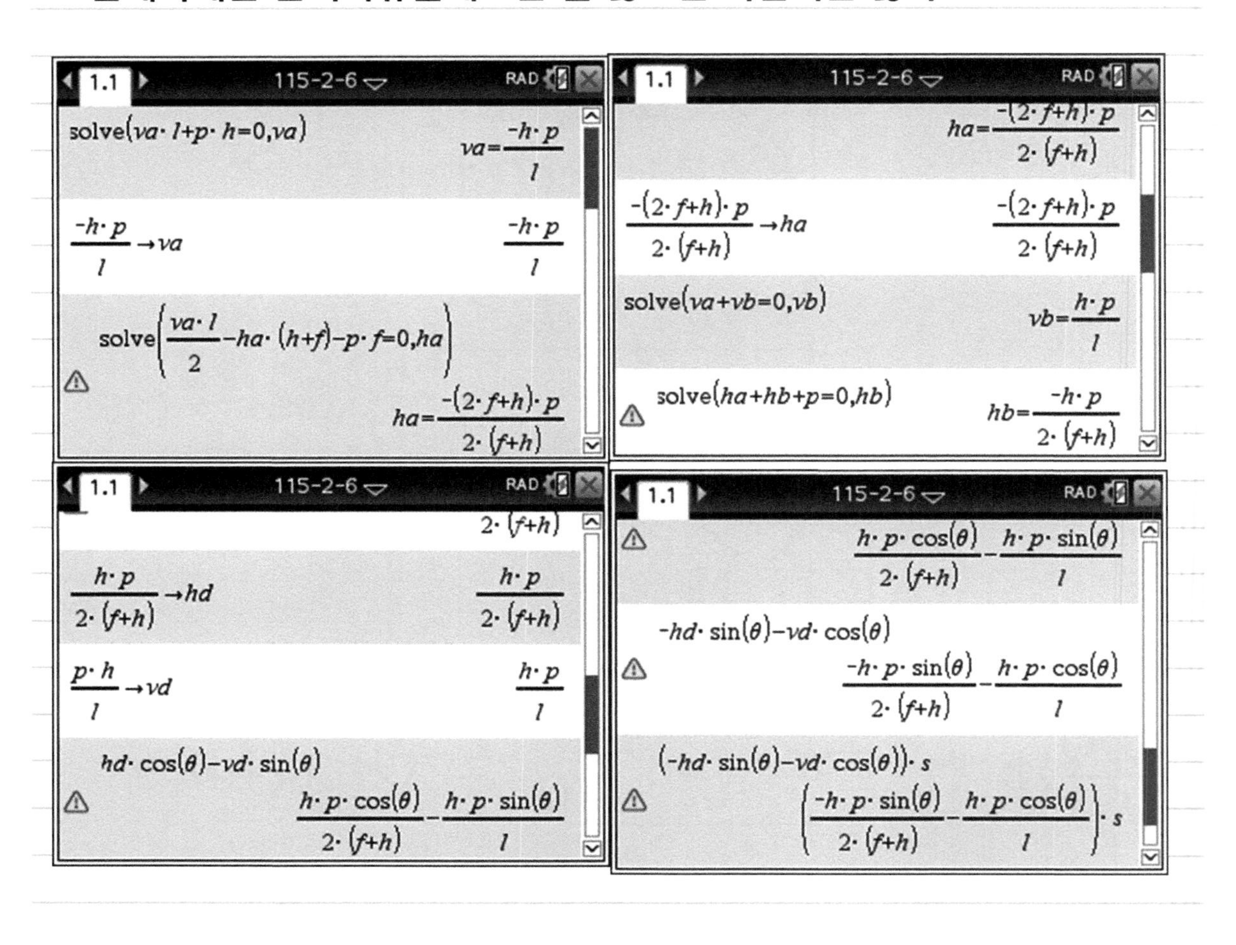

1. 다음 그림과 같은 고력볼트 접합부에서 고력볼트에 발생하는 최대 전단력 크기를 구하시오.

<115회 3교시>

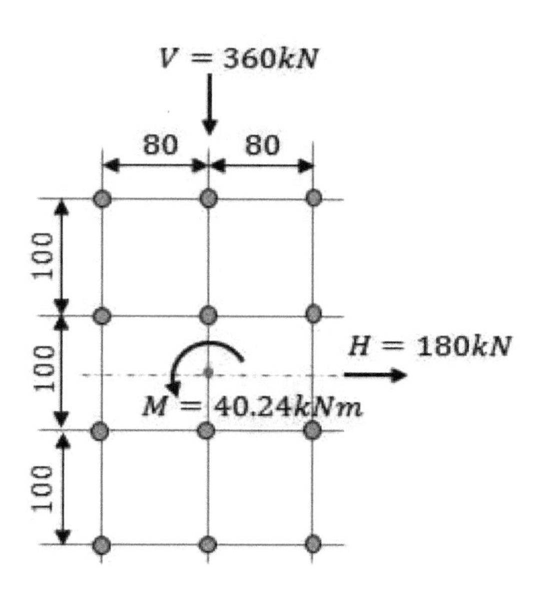

(단위 : mm)

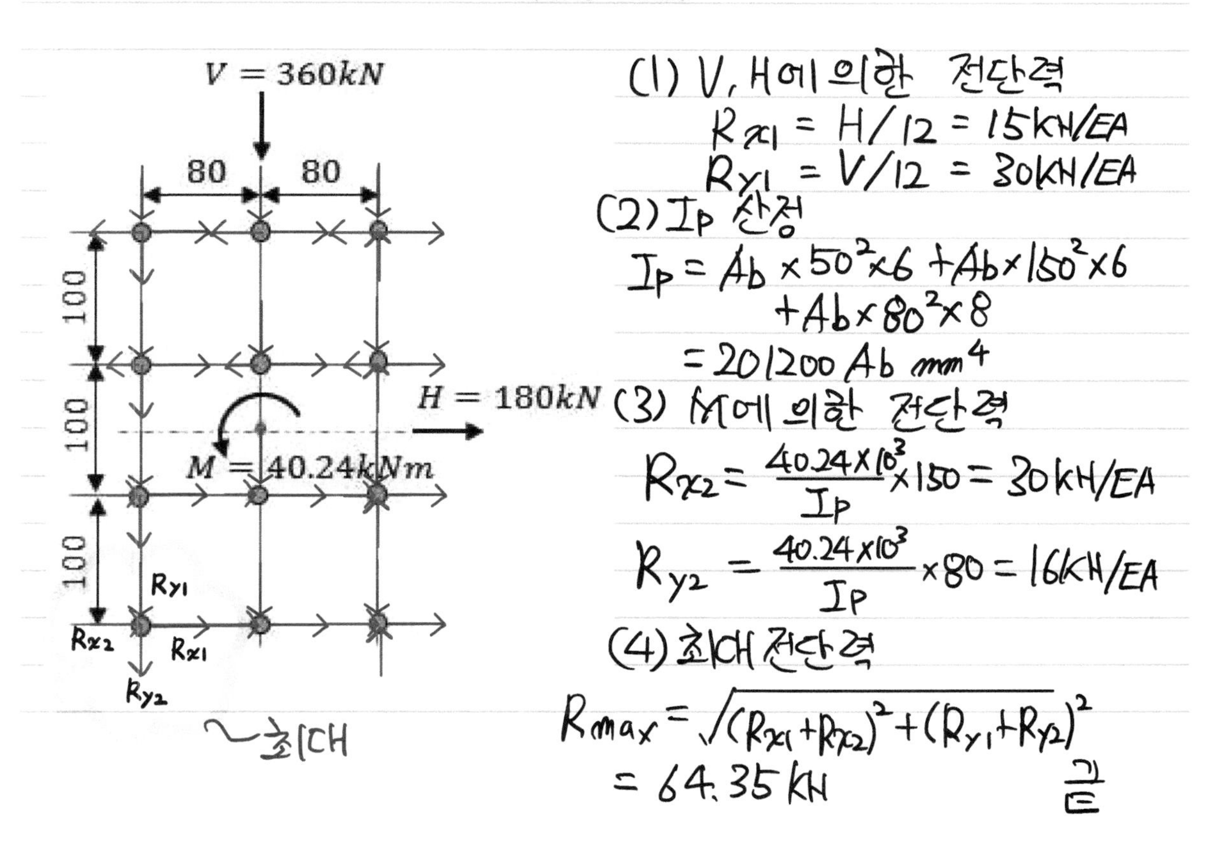

(1) V, H에 의한 전단력

$R_{x1} = H/12 = 15kN/EA$

$R_{y1} = V/12 = 30kN/EA$

(2) I_p 산정

$I_p = A_b \times 50^2 \times 6 + A_b \times 150^2 \times 6 + A_b \times 80^2 \times 8$

$= 201200 A_b \, mm^4$

(3) M에 의한 전단력

$R_{x2} = \frac{40.24 \times 10^3}{I_p} \times 150 = 30kN/EA$

$R_{y2} = \frac{40.24 \times 10^3}{I_p} \times 80 = 16kN/EA$

(4) 최대 전단력

$R_{max} = \sqrt{(R_{x1}+R_{x2})^2 + (R_{y1}+R_{y2})^2}$

$= 64.35 kN$

끝

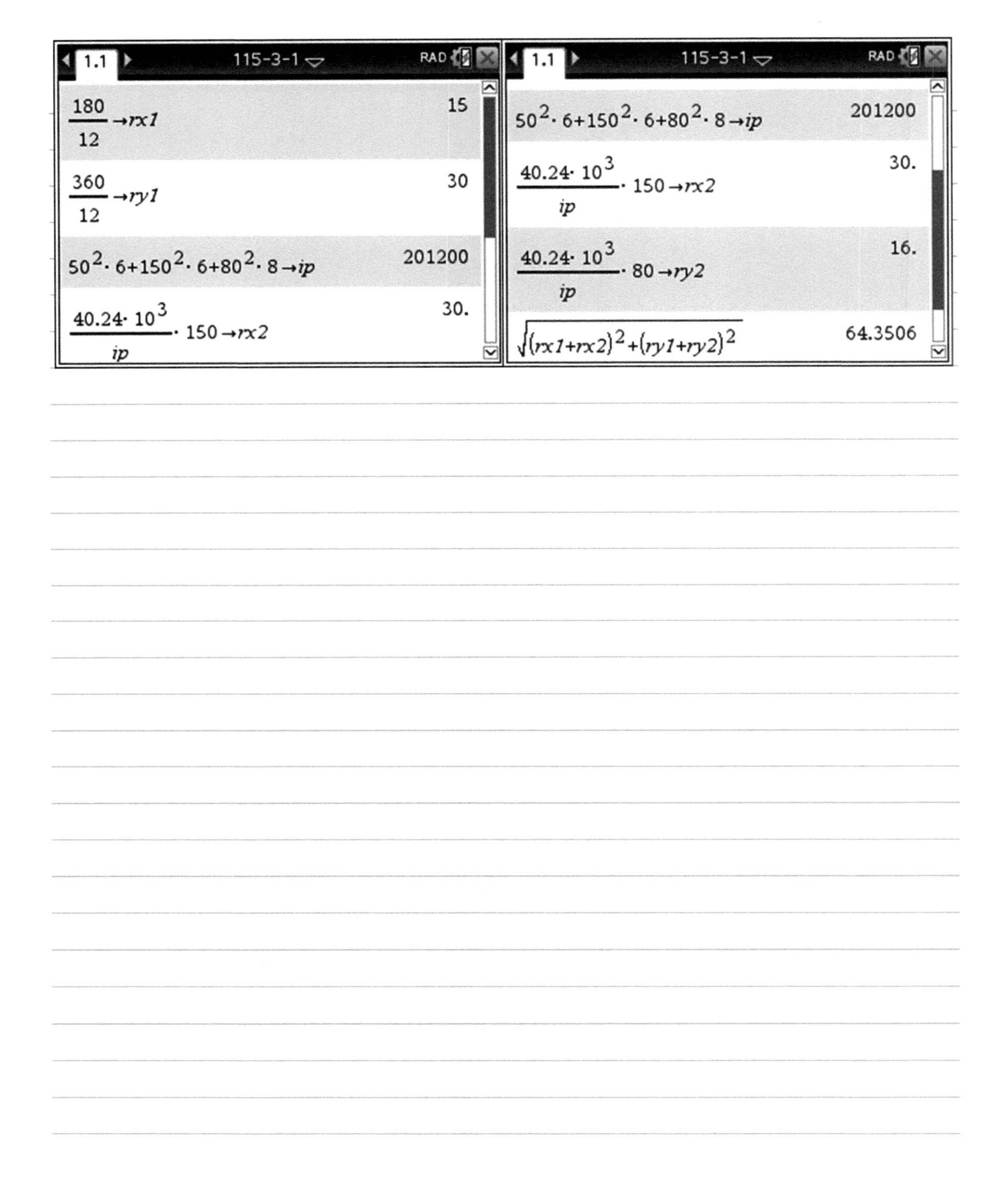

1.1
115-3-1
RAD
180/12 →rx1
15
360/12 →ry1
30
50^2· 6+150^2· 6+80^2· 8→ip
201200
40.24· 10^3/ip · 150→rx2
30.
1.1
115-3-1
RAD
50^2· 6+150^2· 6+80^2· 8→ip
201200
40.24· 10^3/ip · 150→rx2
30.
40.24· 10^3/ip · 80→ry2
16.
√((rx1+rx2)^2+(ry1+ry2)^2)
64.3506

2. 다음 그림과 같이 인장과 전단의 조합력을 받는 접합부에 대하여 검토하시오.

(단, 사용된 M16볼트의 설계전단강도는 60.3kN/ea, 설계인장강도는 113kN/ea, 접합면의 미끄럼강도는 검토를 제외한다.)

<115회 3교시>

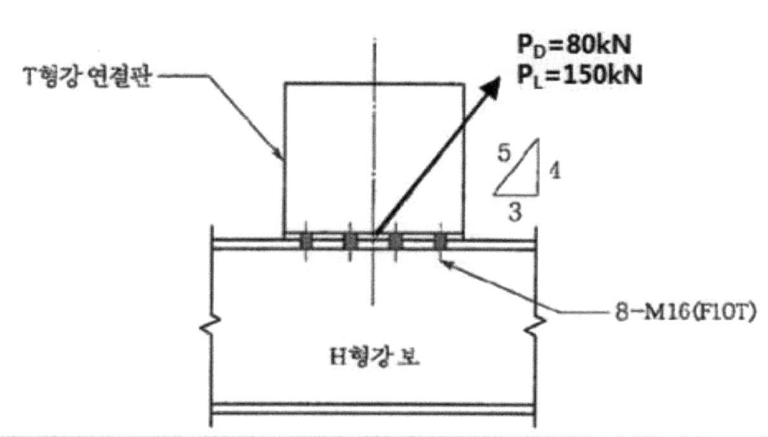

(1) 하중산정

$P_u = 1.2D + 1.6L = 336\,kN$

$P_v = P_u \times \frac{3}{5} = 201.6\,kN$

$P_t = P_u \times \frac{4}{5} = 268.8\,kN$

(2) 전단강도 검토

$P_v / 8EA = f_v = 25.2\,kN/EA < \phi R_v = 60.3\,kN/EA$ O.K

(3) 인장+전단 조합력 검토

$\phi R_{nt} = 113\,kN/EA$, $F_{nt} = 113/\phi \cdot A_b = 150.667\,kN/EA$

$\phi R_{nv} = 60.3\,kN/EA$, $F_{nv} = 60.3/\phi \cdot A_b = 80.4\,kN/EA$

$F_{nt}' = 1.3 \cdot \underset{150.667}{F_{nt}} - \frac{F_{nt}}{0.75\,\underset{80.4}{F_{nv}}} \times \underset{25.2}{f_v} = 132.402\,kN/EA \leq F_{nt}$

$P_t / 8EA = 33.6\,kN/EA \leq \phi R_{nt} = \phi \cdot F_{nt}' = 99.302\,kN/EA$

O.K 끝

M군 : fv 명기 추가
딸기맛호가든 : 반영 완

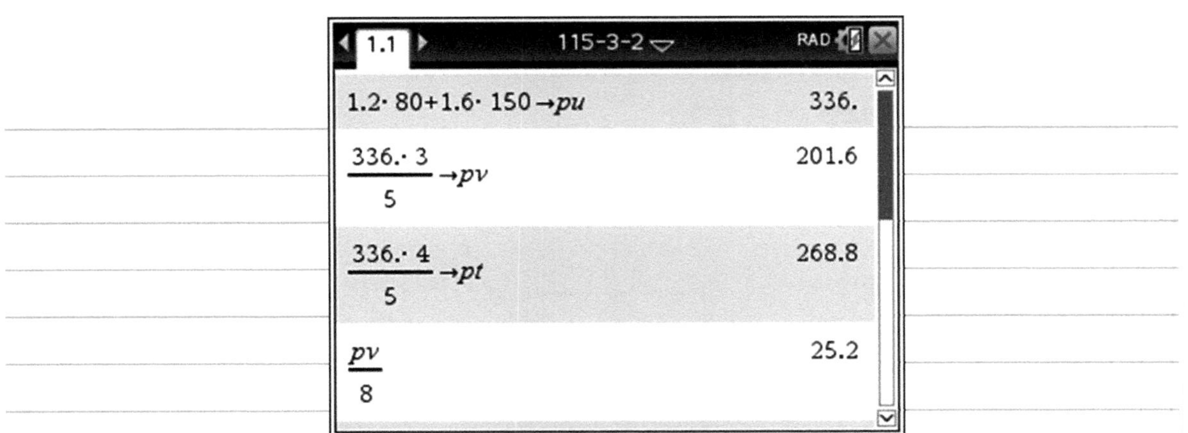
1.1
115-3-2
RAD
1.2· 80+1.6· 150→pu
336.
336.· 3/5 →pv
201.6
336.· 4/5 →pt
268.8
pv/8
25.2

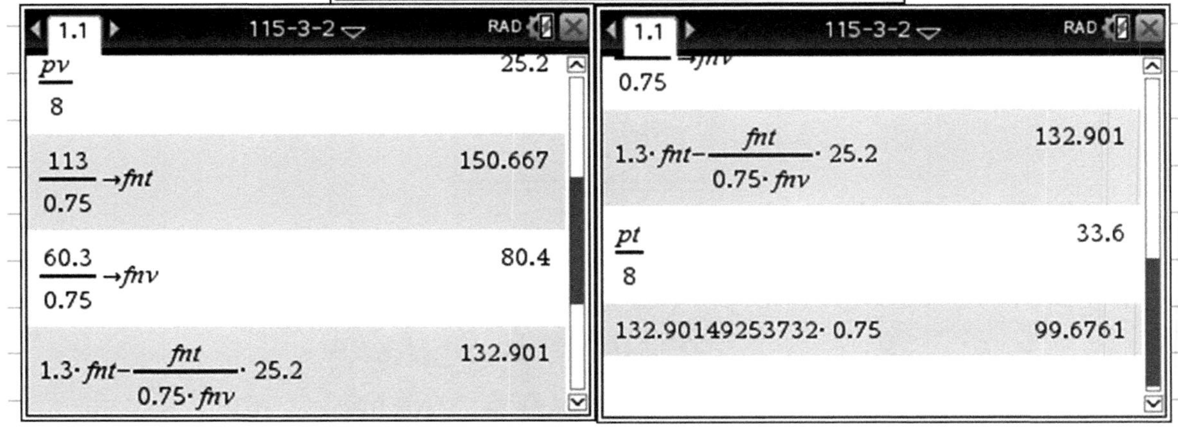
1.1
115-3-2
RAD
pv/8
25.2
113/0.75 →fnt
150.667
60.3/0.75 →fnv
80.4
1.3· fnt−fnt/(0.75· fnv)· 25.2
132.901
1.1
115-3-2
RAD
0.75
1.3· fnt−fnt/(0.75· fnv)· 25.2
132.901
pt/8
33.6
132.90149253732· 0.75
99.6761

3. 다음 그림과 같은 단순지지 철근콘크리트 직사각형 보에서 고정하중만 지속하중으로 작용한다고 가정할 때, 5년 경과후의 전체 처짐을 건축구조기준(KBC 2016)에 따라 산정하시오.

<115회 3교시>

(단, f_{ck}=24MPa, f_y=400MPa이고, 철근 D22(As=387㎟), 보통 중량콘크리트를 사용하였다.)

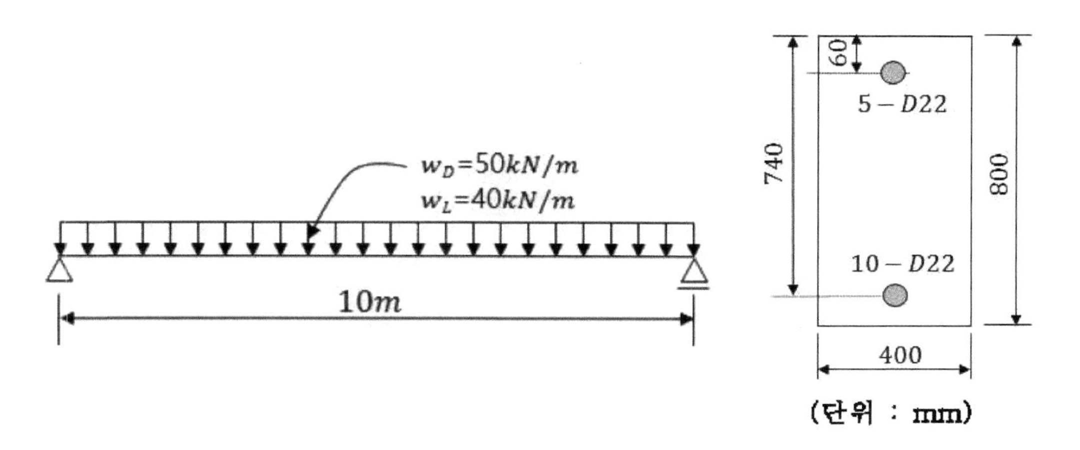

(단위 : mm)

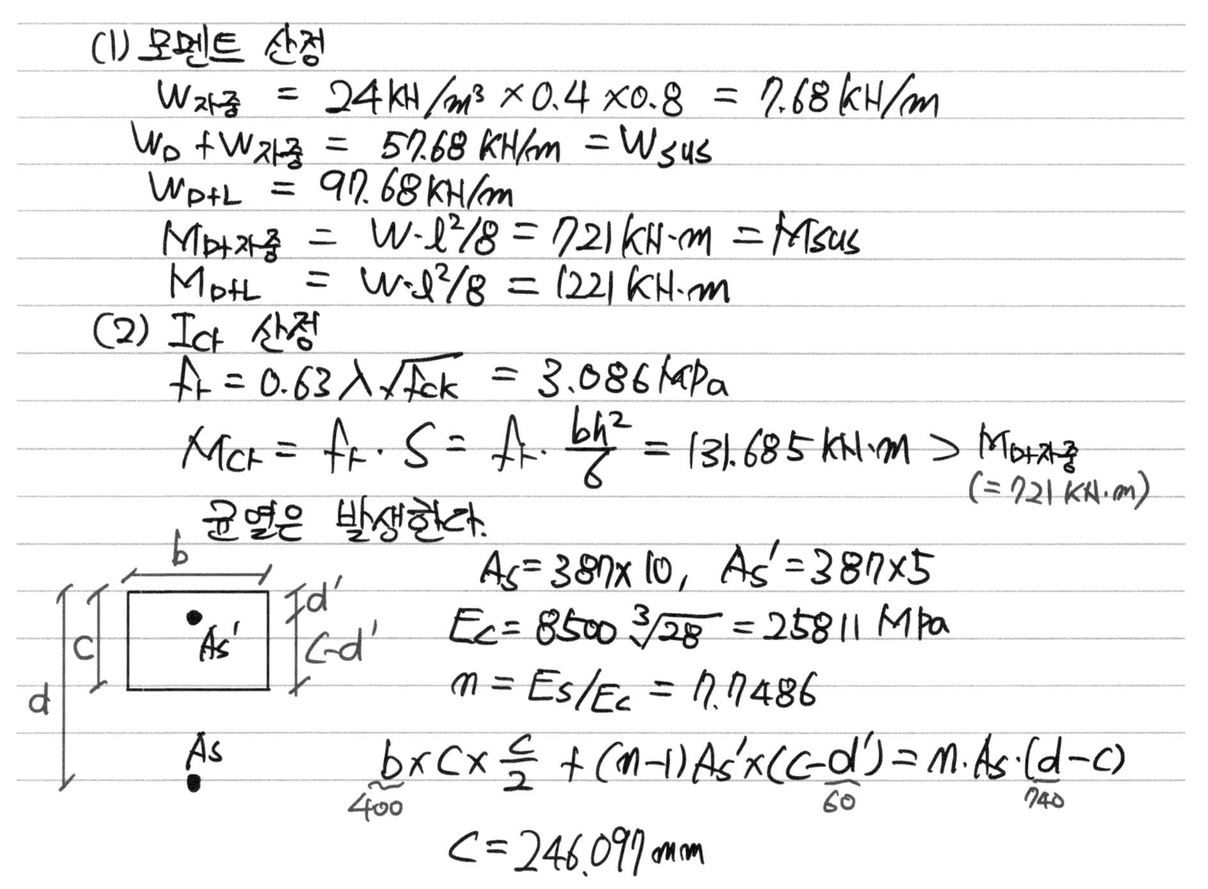

(1) 모멘트 산정

$W_{자중} = 24\,kN/m^3 \times 0.4 \times 0.8 = 7.68\,kN/m$

$W_D + W_{자중} = 57.68\,kN/m = W_{sus}$

$W_{D+L} = 97.68\,kN/m$

$M_{D+자중} = W \cdot l^2/8 = 721\,kN\cdot m = M_{sus}$

$M_{D+L} = W \cdot l^2/8 = 1221\,kN\cdot m$

(2) I_{cr} 산정

$f_r = 0.63\lambda\sqrt{f_{ck}} = 3.086\,MPa$

$M_{cr} = f_r \cdot S = f_r \cdot \frac{bh^2}{6} = 131.685\,kN\cdot m > M_{D+자중}$ $(=721\,kN\cdot m)$

균열은 발생한다.

$A_s = 387 \times 10$, $A_s' = 387 \times 5$

$E_c = 8500\sqrt[3]{28} = 25811\,MPa$

$n = E_s/E_c = 7.7486$

$\underset{400}{b} \times c \times \frac{c}{2} + (n-1)A_s' \times (c - \underset{60}{d'}) = n \cdot A_s \cdot (\underset{740}{d} - c)$

$c = 246.097\,mm$

$$I_{cr} = \frac{b \cdot c^3}{12} + b \cdot c \cdot \left(\frac{c}{2}\right)^2 + (n-1) \cdot A_s' \cdot (c-d')^2 + n \cdot A_s \cdot (d-c)^2$$

$$= 9.62229 \times 10^9 \, mm^4$$

(3) I_e 산정

$$I_g = \frac{b \cdot h^3}{12} = 1.70667 \times 10^{10} \, mm^4$$

$$I_{e,D+자중} = I_{cr} + (I_g - I_{cr}) \left(M_{cr} / M_{D+자중} \right)^3 = 9.66765 \times 10^9 \, mm^4$$

$$I_{e,D+L} = I_{cr} + (I_g - I_{cr}) \left(M_{cr} / M_{D+L} \right)^3 = 9.63163 \times 10^9 \, mm^4$$

$$I_{e,sus} = I_{e,D+자중} = 9.66765 \times 10^9 \, mm^4$$

(4) 즉시 처짐 δ_L 산정

$$\delta_L = \delta_{D+L} - \delta_D = \frac{5 \cdot W_{D+L} \cdot l^4}{384 E_c \cdot I_{e,D+L}} - \frac{5 \cdot W_{D+자중} \cdot l^4}{384 E_c \cdot I_{e,D+자중}}$$

$$= 51.161 - 30.098 = 21.063 \, mm$$

$474.765 / l$, o.k

(5) 장기처짐 산정

$\xi = 2.0$ (5년)

$$\lambda_\Delta = \frac{2.0}{1 + 50\rho'} = 1.507 \quad (\rho' = A_s' / BD = 0.006537)$$

$$\delta_{sus} = \frac{5 \cdot W_{sus} \cdot l^4}{384 E_c \cdot I_{e,sus}} = 30.098 \, mm$$

$$\delta_{장기} = \delta_L + \lambda_\Delta \cdot \delta_{sus} = 66.430 \, mm \quad 150.533 / l, \text{N.G}$$

(6) 전체처짐 산정

$$\delta_{전체} = \delta_D + \delta_L + \lambda_\Delta \cdot \delta_{sus} = 96.529 \, mm$$

끝

M군 : 철골의 경우 처짐 산정시 $\delta_L = \delta_{D+L} - \delta_D$ 절차 없이 바로 처짐을 산정하는데 이는 처짐 산정시 유효강성을 고려하지 않기 때문이다.

딸기맛호가든 : 유효강성을 고려하는 이유는 철근콘크리트는 균열이 발생하기 때문이다.

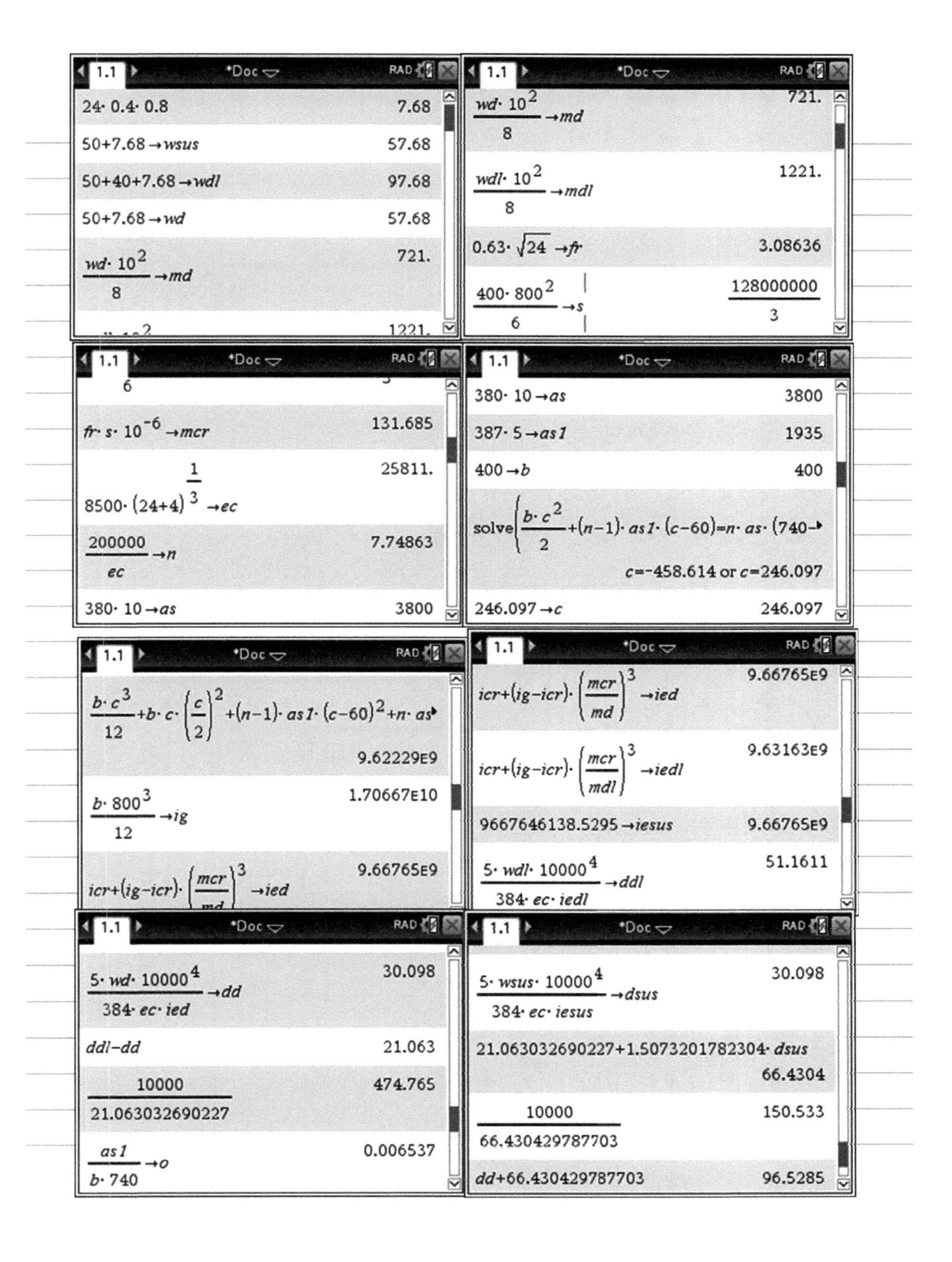

1.1 *Doc RAD
24· 0.4· 0.8 7.68
50+7.68 →wsus 57.68
50+40+7.68 →wdl 97.68
50+7.68 →wd 57.68
wd· 10^2 / 8 →md 721.
1221.
1.1 *Doc RAD
wd· 10^2 / 8 →md 721.
wdl· 10^2 / 8 →mdl 1221.
0.63· √24 →fr 3.08636
400· 800^2 / 6 →s 128000000 / 3
1.1 *Doc RAD
6
fr· s· 10^-6 →mcr 131.685
8500· (24+4)^(1/3) →ec 25811.
200000 / ec →n 7.74863
380· 10 →as 3800
1.1 *Doc RAD
380· 10 →as 3800
387· 5 →as1 1935
400 →b 400
solve(b· c^2 / 2 +(n−1)· as1· (c−60)=n· as· (740−▸
c=-458.614 or c=246.097
246.097 →c 246.097
1.1 *Doc RAD
b· c^3 / 12 +b· c· (c/2)^2 +(n−1)· as1· (c−60)^2+n· as▸
9.62229E9
b· 800^3 / 12 →ig 1.70667E10
icr+(ig−icr)· (mcr / md)^3 →ied 9.66765E9
1.1 *Doc RAD
icr+(ig−icr)· (mcr / md)^3 →ied 9.66765E9
icr+(ig−icr)· (mcr / mdl)^3 →iedl 9.63163E9
9667646138.5295 →iesus 9.66765E9
5· wdl· 10000^4 / 384· ec· iedl →ddl 51.1611
1.1 *Doc RAD
5· wd· 10000^4 / 384· ec· ied →dd 30.098
ddl−dd 21.063
10000 / 21.063032690227 474.765
as1 / b· 740 →o 0.006537
1.1 *Doc RAD
5· wsus· 10000^4 / 384· ec· iesus →dsus 30.098
21.063032690227+1.5073201782304· dsus
66.4304
10000 / 66.430429787703 150.533
dd+66.430429787703 96.5285

4. 다음 보의 최대 하중을 산정하고, 최대하중 도달 시 B점의 처짐을 산정하시오.
(단, 모든 부재의 휨강성은 EI, 소성모멘트는 M_p 이다.)

<115회 3교시>

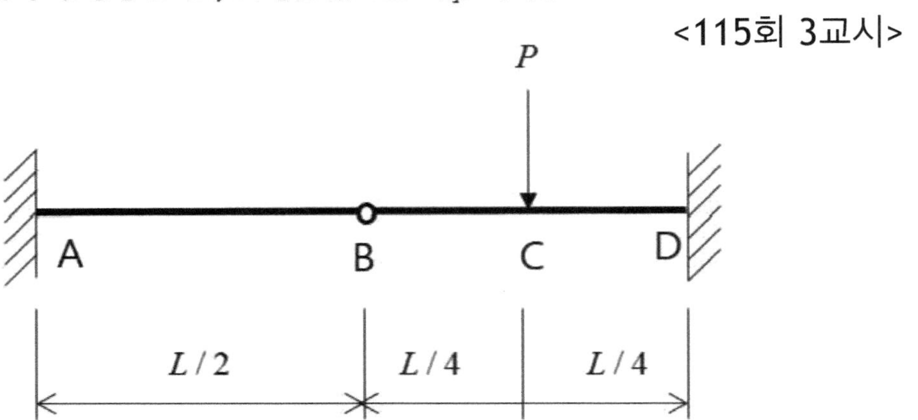

축변형을 무시할시 1차부정정, 소성힌지 2개 발생시 붕괴한다.
완전탄소성 거동을 하는 것으로 가정하였음

(1) 소성힌지 1개 발생시까지의 거동 (P_y)

① 해제보

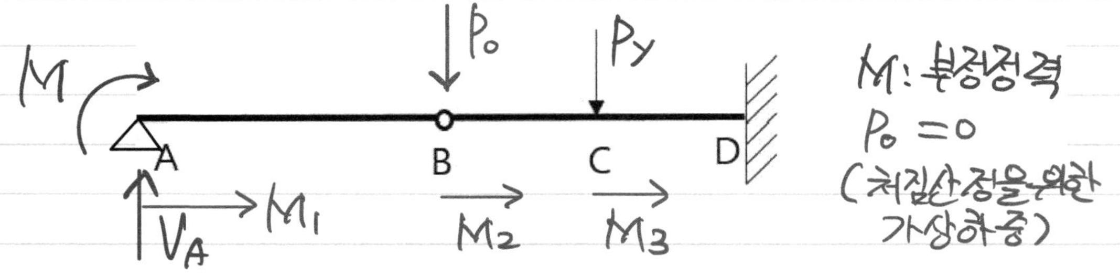

② 반력산정

$\Sigma M_B = 0$; $M + V_A \times L/2 = 0$, $V_A = \frac{-2}{L} \cdot M$

③ 부재력 산정

$M_1 = M + V_A x$

$M_2 = M + V_A \times (L/2 + x) - P_o \times x$

$M_3 = M + V_A \times (3L/4 + x) - P_o \times (\frac{L}{4} + x) - P_y \times x$

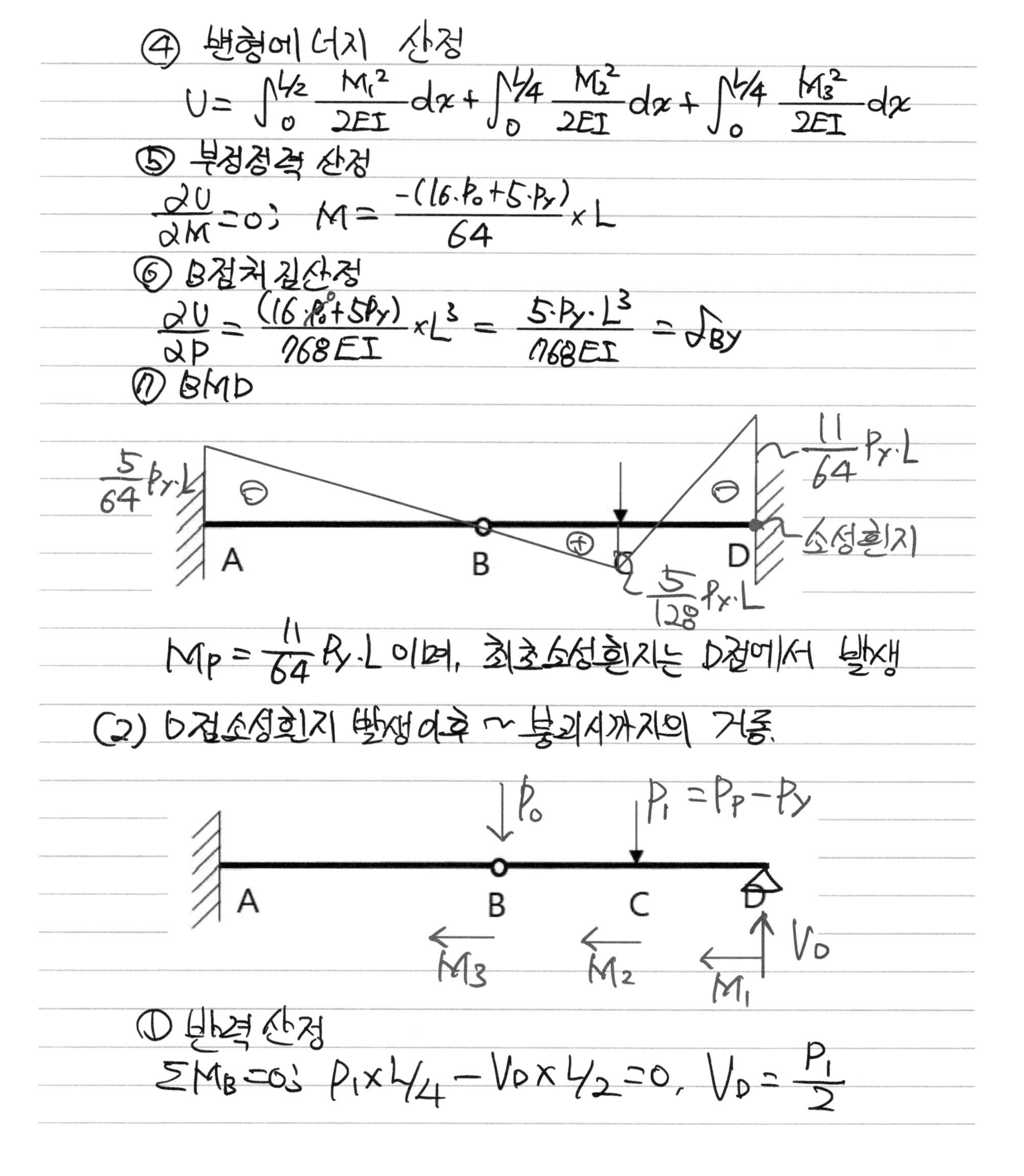

④ 변형에너지 산정

$$U = \int_0^{L/2} \frac{M_1^2}{2EI} dx + \int_0^{L/4} \frac{M_2^2}{2EI} dx + \int_0^{L/4} \frac{M_3^2}{2EI} dx$$

⑤ 부정정력 산정

$$\frac{\partial U}{\partial M} = 0 ; \quad M = \frac{-(16 \cdot P_0 + 5 \cdot P_y)}{64} \times L$$

⑥ B점처짐산정

$$\frac{\partial U}{\partial P} = \frac{(16 \cdot P_0 + 5P_y)}{768EI} \times L^3 = \frac{5 \cdot P_y \cdot L^3}{768EI} = \delta_{BY}$$

⑦ BMD

$M_p = \frac{11}{64} P_y \cdot L$ 이며, 최초소성힌지는 D점에서 발생

(2) D점소성힌지 발생이후 ~ 붕괴시까지의 거동.

① 반력 산정

$$\Sigma M_B = 0 ; \quad P_1 \times L/4 - V_D \times L/2 = 0, \quad V_D = \frac{P_1}{2}$$

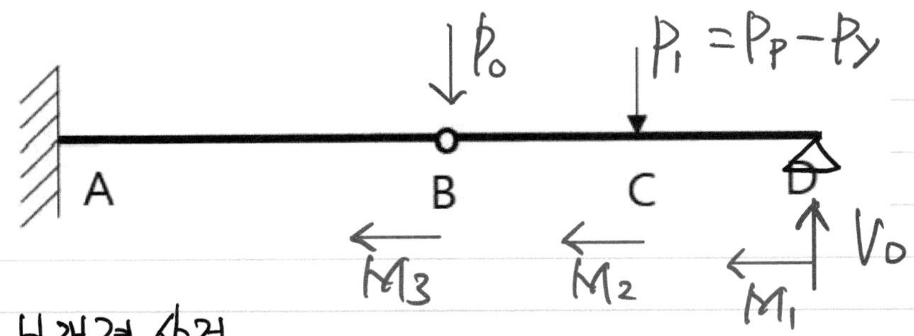

② 부재력 산정

$$M_1 = V_D \times x$$

$$M_2 = V_D \times (L/4 + x) - P_1 \times x$$

$$M_3 = V_D \times (L/2 + x) - P_1 \times (L/4 + x) - P_0 \times x$$

③ 변형에너지 산정

$$U = \int_0^{L/4} \frac{M_1^2}{2EI} dx + \int_0^{L/4} \frac{M_2^2}{2EI} dx + \int_0^{L/2} \frac{M_3^2}{2EI} dx$$

④ B절처짐

$$\frac{\partial U}{\partial P_0} = \frac{(2 \cdot P_0 + P_1)}{48EI} L^3 = \frac{P_1 \cdot L^3}{48EI} = \delta_{B1}$$

⑤ BMD

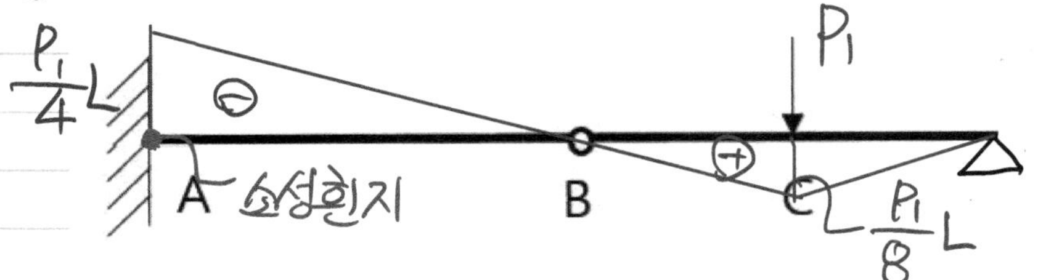

(3) P_p 산정

$$M_p = \frac{11}{64} P_y \cdot L, \qquad P_y = \frac{64M_p}{11L}$$

$$M_p = \frac{5}{64} P_y \cdot L + \frac{P_1}{4} L, \quad P_1 = \frac{24M_p}{11L}$$

$$P_p = P_y + P_1 = \frac{8 \cdot M_p}{L}$$

(4) P_P 발생시 처짐산정

$$\delta_B = \delta_{By} + \delta_{B1} = \frac{M_P}{12EI}\cdot L^2 = \frac{P_P \cdot L^3}{96EI}$$

끝

딸기맛호가든 : 하한계법으로 유일해를 얻기 위하여 붕괴조건이 될때까지 순차해석하였다. 처짐까지 산정하려면 하한계법을 적용할 수 밖에 없다.

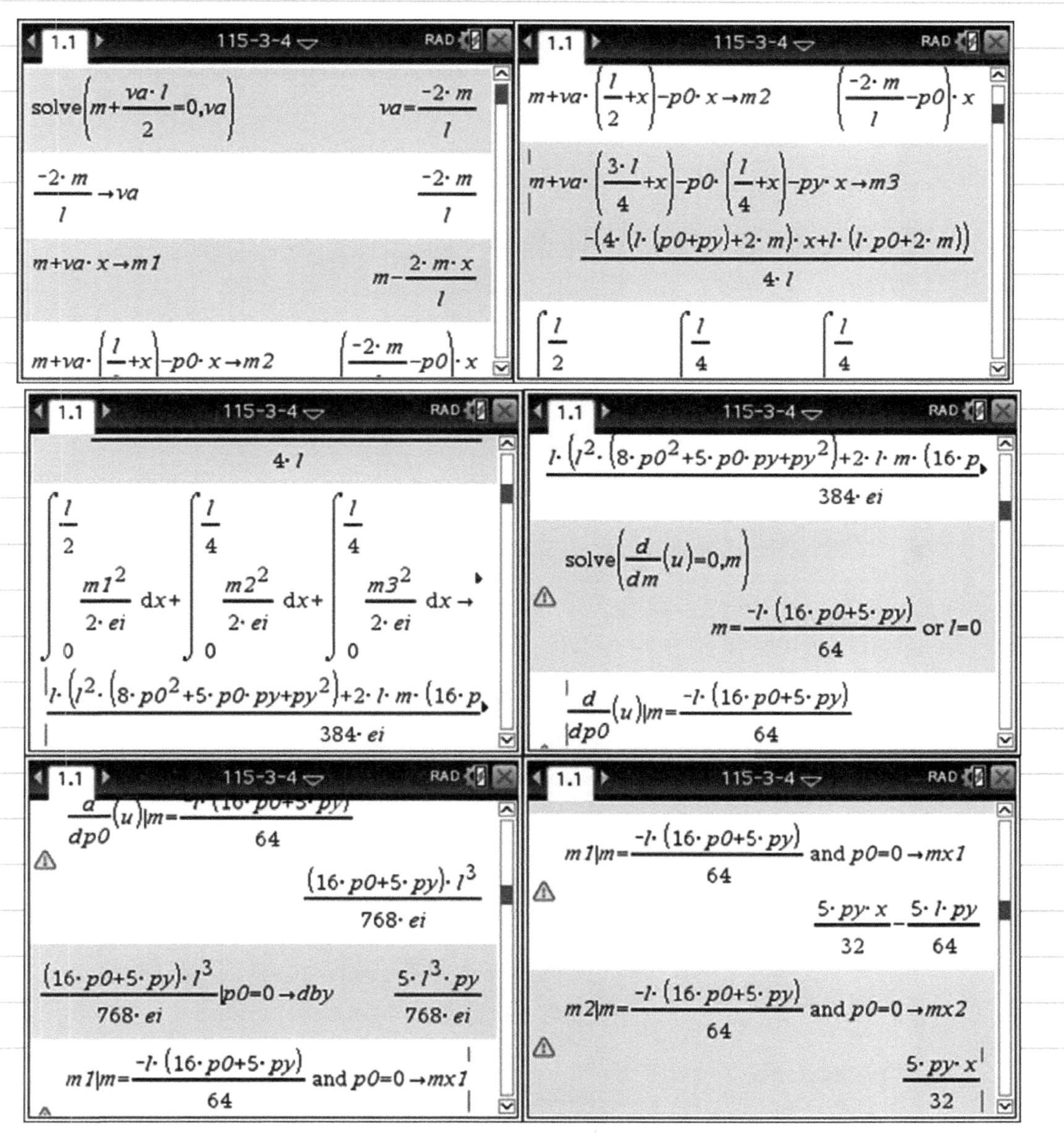

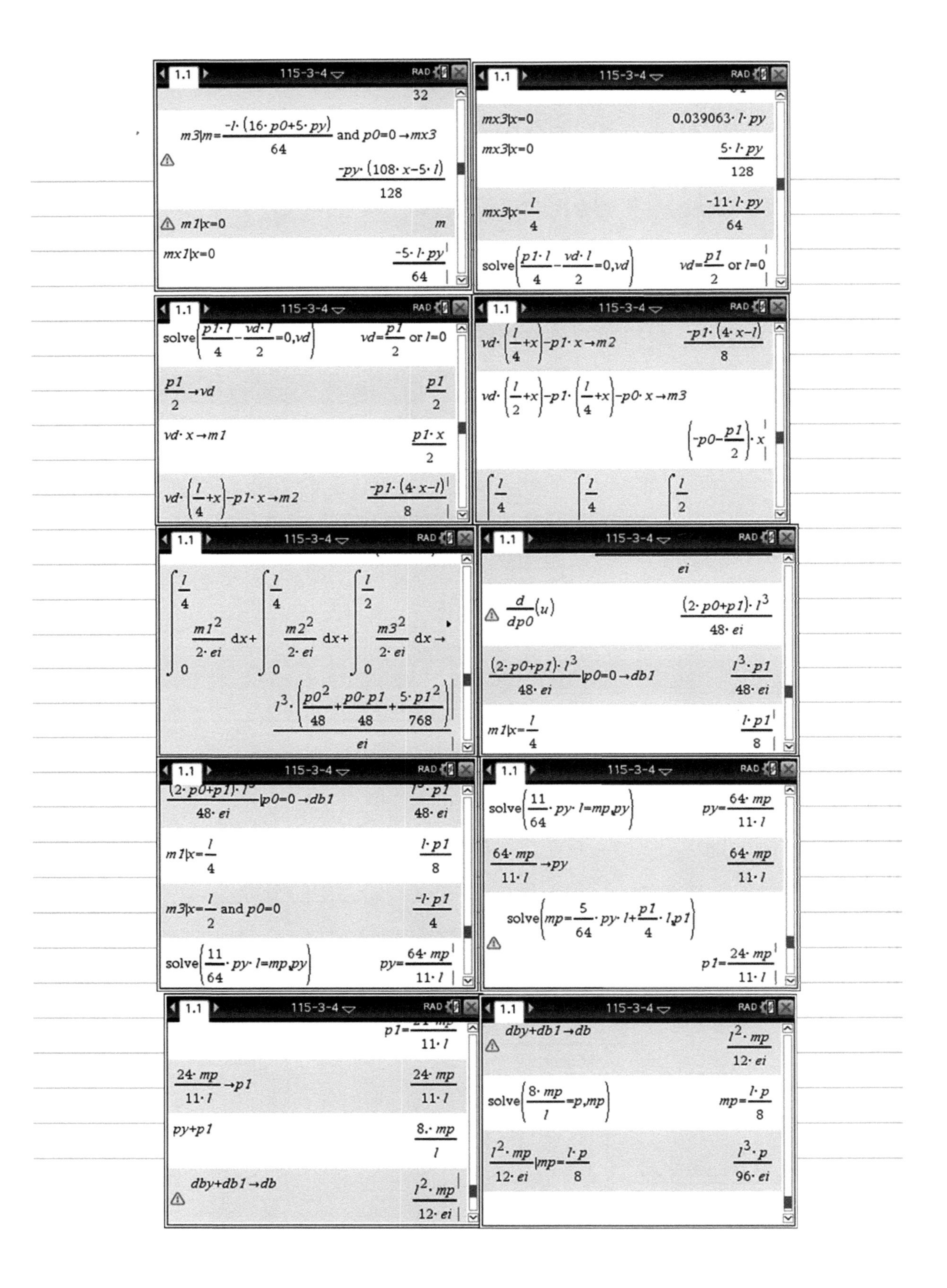

1.1 115-3-4 RAD
32
m3|m=-l·(16·p0+5·py)/64 and p0=0 →mx3
-py·(108·x-5·l)/128
m1|x=0 m
mx1|x=0 -5·l·py/64
mx3|x=0 0.039063·l·py
mx3|x=0 5·l·py/128
mx3|x=l/4 -11·l·py/64
solve(p1·l/4-vd·l/2=0,vd) vd=p1/2 or l=0
p1/2→vd p1/2
vd·x→m1 p1·x/2
vd·(l/4+x)-p1·x→m2 -p1·(4·x-l)/8
vd·(l/2+x)-p1·(l/4+x)-p0·x→m3
(-p0-p1/2)·x
∫(0→l/4) m1²/(2·ei) dx+∫(0→l/4) m2²/(2·ei) dx+∫(0→l/2) m3²/(2·ei) dx→
l³·(p0²/48+p0·p1/48+5·p1²/768)/ei
ei
d/dp0(u) (2·p0+p1)·l³/(48·ei)
(2·p0+p1)·l³/(48·ei)|p0=0→db1 l³·p1/(48·ei)
m1|x=l/4 l·p1/8
m3|x=l/2 and p0=0 -l·p1/4
solve(11/64·py·l=mp,py) py=64·mp/(11·l)
64·mp/(11·l)→py 64·mp/(11·l)
solve(mp=5/64·py·l+p1/4·l,p1) p1=24·mp/(11·l)
24·mp/(11·l)→p1 24·mp/(11·l)
py+p1 8.·mp/l
dby+db1→db l²·mp/(12·ei)
solve(8·mp/l=p,mp) mp=l·p/8
l²·mp/(12·ei)|mp=l·p/8 l³·p/(96·ei)

5. 전체기초가 외부에 노출된 전면(온통)기초의 경우, 기초하부의 동결가능성이 있다. 이에 대한 대책 방안을 설명하시오.

<115회 3교시>

기초가 땅이 어는 지점에 세워질시, 흙속의 공극수가 동결되어 부피가 팽창하면서 지지력 저하, 기초기능의 저하를 가져올수 있다.

(1) 동결심도

땅이 어는 지점까지의 깊이를 동결심도라 한다.

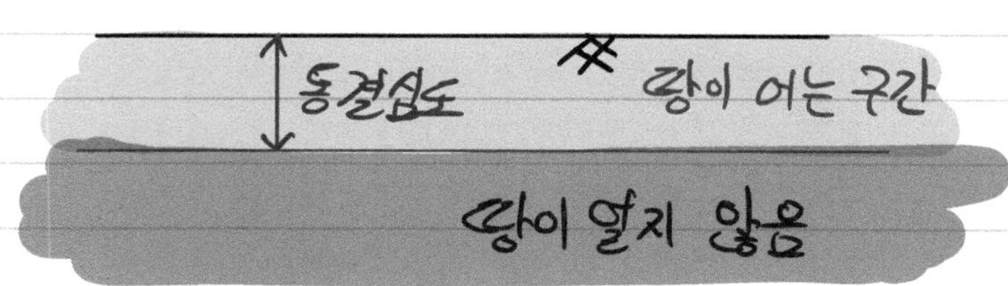

(2) 동결에 대한 대책 방안

① 기초를 동결심도 하부에 설치한다

② 동결심도를 확보할 수 있는 상세를 적용한다.

③ 단열재를 부착한다.

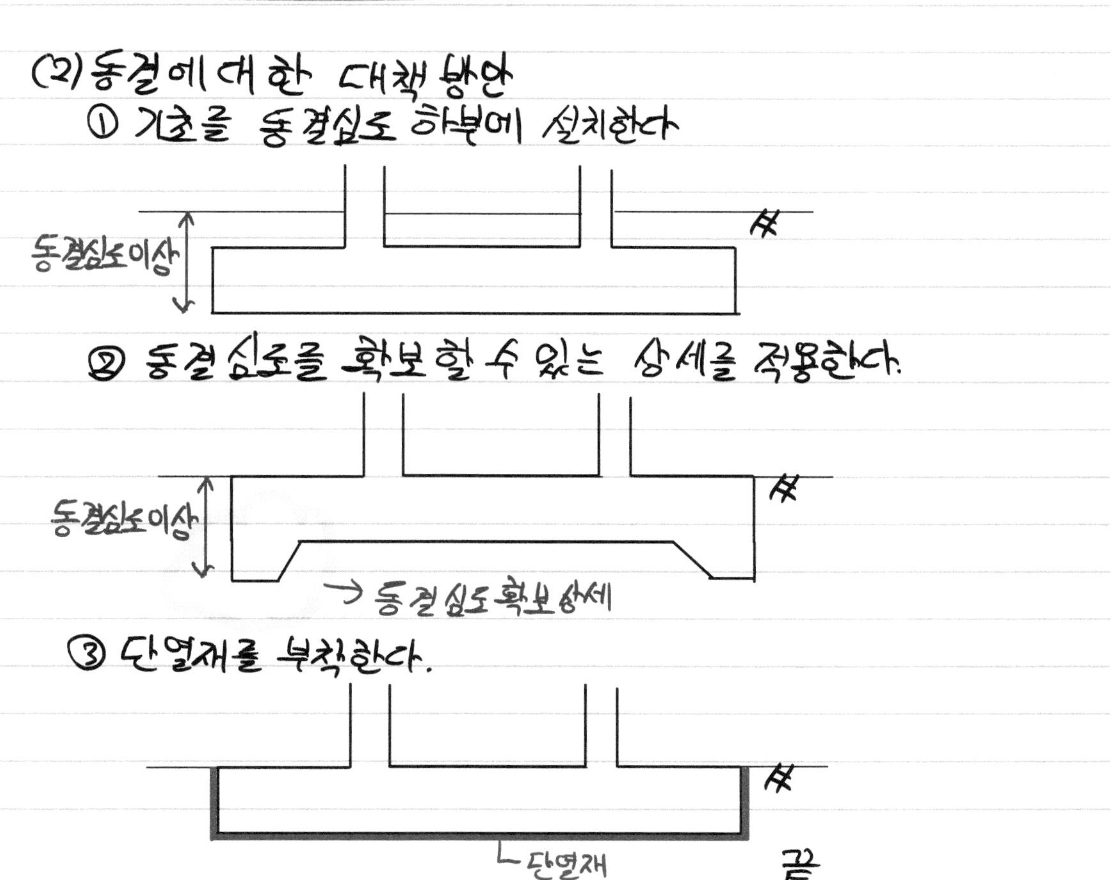

끝

6. 다음 그림과 같은 연속보에서 B지점이 δ 만큼 수직침하 하였을 때 B지점의 반력을 에너지법을 이용하여 구하시오.

<115회 3교시>

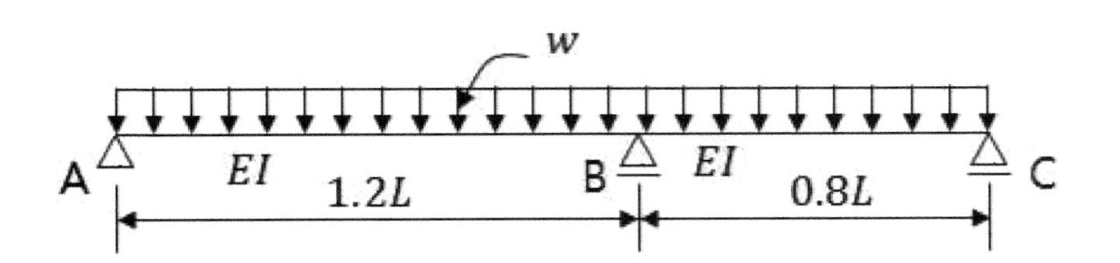

(1) 해제보 (1차 부정정)

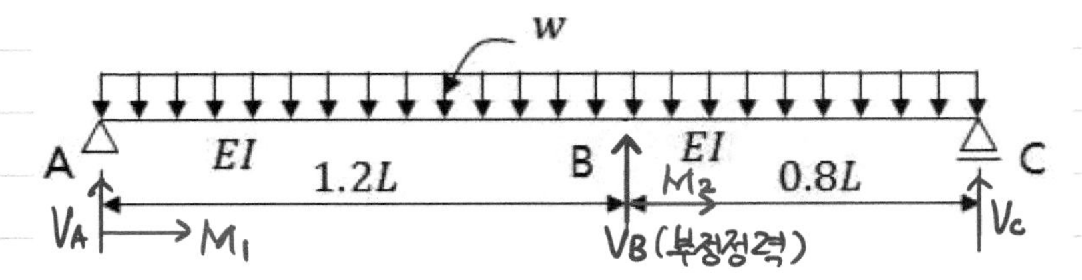

(2) 반력산정

$\Sigma M_C = 0$; $V_A \times 2L - 2WL \times L + V_B \times 0.8L = 0$

$V_A = W \cdot L - 0.4V_B$

(3) 부재력 산정

$M_1 = V_A \times x - \frac{1}{2} \cdot W \cdot x^2$

$M_2 = V_A \times (1.2L + x) - 1.2WL \times (0.6L + x) + V_B \times x - \frac{1}{2} \cdot W \cdot x^2$

(4) 전포텐셜에너지

① 변형에너지 U

$$U = \int_0^{1.2L} \frac{M_1^2}{2EI} dx + \int_0^{0.8L} \frac{M_2^2}{2EI} dx$$

② 위치에너지 V (지점 침하)

$V = \delta \cdot V_B$

③ 전포텐셜에너지 Π

$\Pi = U + V$

(5) 반력 산정 (최소일의 원리)

$$\frac{\partial \Pi}{\partial V_B} = 0, \quad V_B = \frac{1.292 \times (wL^4 - 5.040\,\delta \cdot EI)}{L^3}$$

끝

딸기맛호가든 : 별다른 함정도 없고 지점침하까지 대비 된 상태라면 쉽게 풀 수 있는 문제이다. 다만, CAS계산기가 없는 상태에서 풀고자 한다면 편미분 과정에서 엄청난 짜증을 유발하였을 것이다.

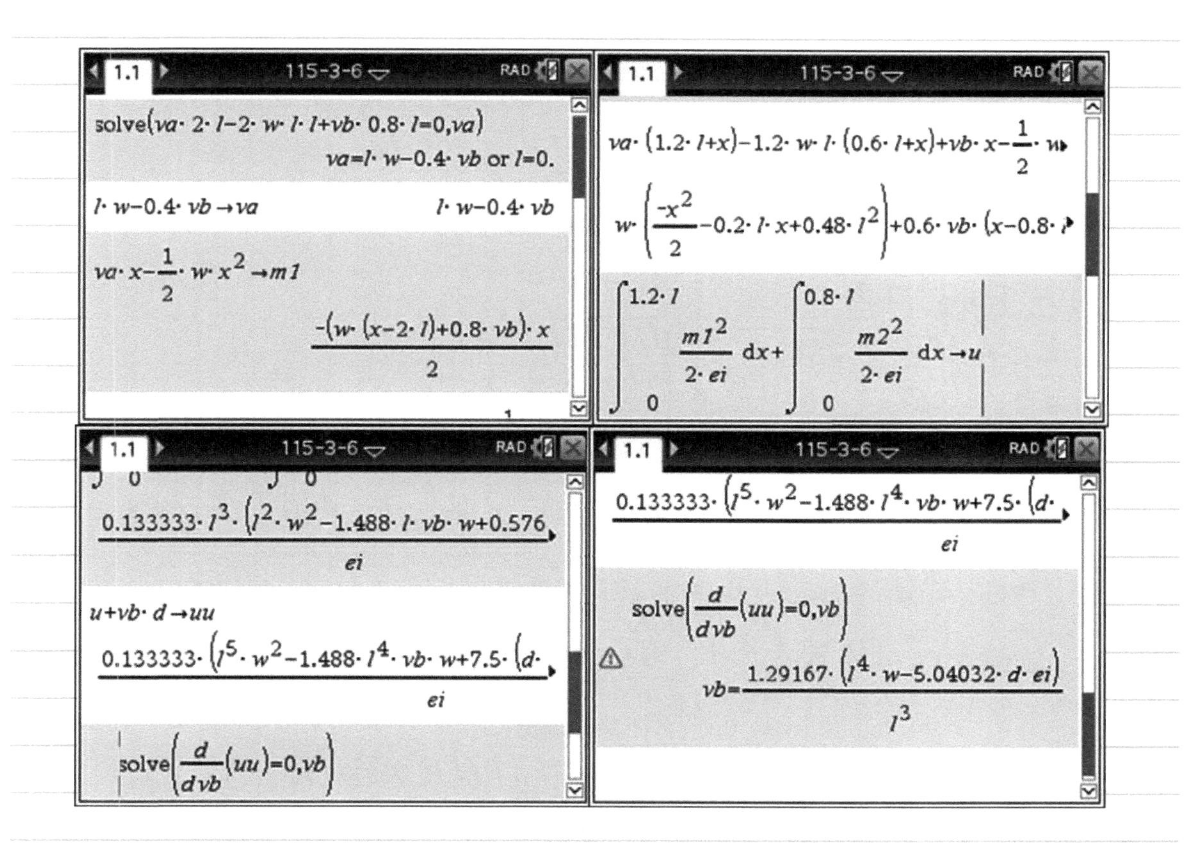

1. 다음 충전형 원형강관기둥(CFT)에서 조건이 다음과 같을 때 설계압축강도(ϕP_n)를 산정하시오.

<115회 4교시>

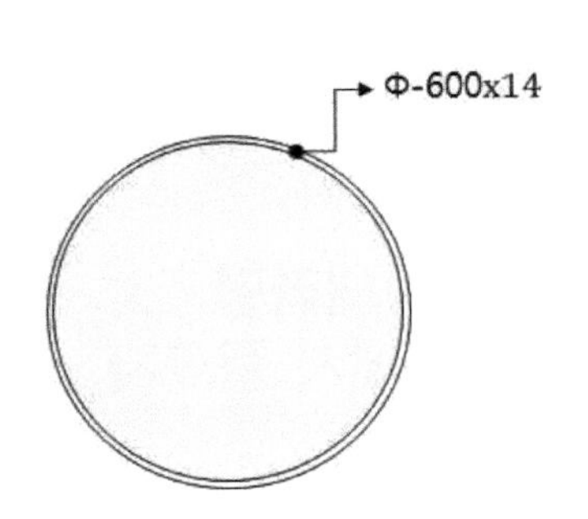

- 원형강관 : F_y=355MPa, A_s=25770mm^2, I_s=1.11x10^{9}mm^4
- 콘크리트 : f_{ck}=30MPa(보통골재 사용)
- 부재의 유효좌굴길이 : KL=7,000mm
- 조밀 및 비조밀단면의 한계

$$\lambda_p = \frac{0.15E}{F_y},\ \lambda_r = \frac{0.19E}{F_y}$$

- 탄성계수 : E=210,000MPa

(1) 단면 검토

$$\frac{D}{t} = \frac{600}{14} = 42.857 \le \lambda_p = 0.15E/F_y = 88.732$$

조밀단면이다.

(2) EI_{eff} 산정

$E_c = 8500\sqrt[3]{30+4} = 27536.7\,MPa$

$I_c = (600-2\times14)^4 \times \pi/64 = 5.255\times10^9\,mm^4$

$C_3 = 0.6 + 2\times A_s/A_g = 0.782 \quad (A_g = \pi\cdot D^2/4)$

$$EI_{eff} = E_s\cdot I_s + C_3\cdot E_c\cdot I_c = 3.46296\times10^{14}\ N\cdot mm^2$$

(3) P_{no} 산정

$$C_2 = 0.85\times\left(1+1.56\frac{F_y\cdot t}{f_{ck}\cdot D_c}\right) = 1.234$$

(D_c = 600−2×14)

$$P_{no} = A_s\cdot F_y + C_2\cdot A_c\cdot f_{ck} = 1.86619\times10^7\,N$$

(4) 설계압축강도 산정

$$P_e = \frac{\pi^2\cdot EI_{eff}}{(KL)^2} = 6.9751\times10^7\,N$$

$P_{no}/P_e = 0.268 \le 2.25$ 이므로, $P_n = P_{no}\times0.658^{P_{no}/P_e} = 1.66848\times10^7\,N$

$\phi P_n = 0.75\cdot P_n = 1.25136\times10^7\,N = 12513.607\,kN$

끝

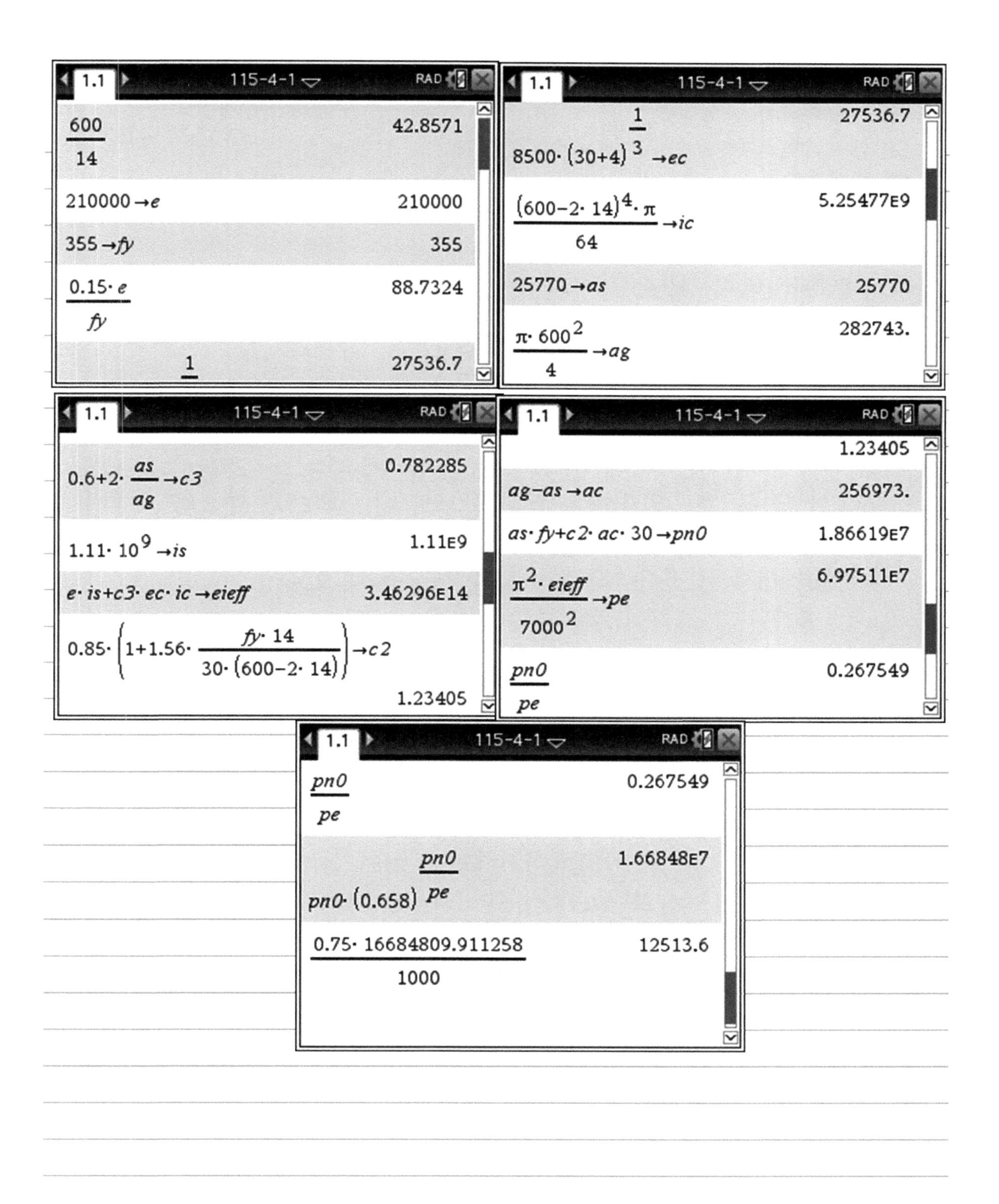
1.1
115-4-1
RAD
600/14
42.8571
210000→e
210000
355→fy
355
0.15·e/fy
88.7324
27536.7
8500·(30+4)^(1/3)→ec
27536.7
(600−2·14)^4·π/64→ic
5.25477E9
25770→as
25770
π·600^2/4→ag
282743.
0.6+2·as/ag→c3
0.782285
1.11·10^9→is
1.11E9
e·is+c3·ec·ic→eieff
3.46296E14
0.85·(1+1.56·fy·14/(30·(600−2·14)))→c2
1.23405
1.23405
ag−as→ac
256973.
as·fy+c2·ac·30→pn0
1.86619E7
π^2·eieff/7000^2→pe
6.97511E7
pn0/pe
0.267549
pn0/pe
0.267549
pn0·(0.658)^(pn0/pe)
1.66848E7
0.75·16684809.911258/1000
12513.6

3. 변형에너지와 관련된 용어에 대해 설명하시오.

(1) 변형에너지 밀도

(2) 레질리언스계수

(3) 인성계수

<115회 4교시>

(1) 변형에너지 밀도

단위체적당 변형에너지를 변형에너지 밀도라 한다.

$$\text{변형에너지 밀도} = \frac{\text{변형에너지}(U)}{\text{체적}(V)}$$

(2) 레질리언스 계수(복원 계수)

재료가 탄성 범위에서 단위 체적당 흡수할 수 있는 변형에너지 밀도. 재료가 변형 후 원상태로 돌아올 때에는 비탄성 변형을 허용한 후에도 탄성범위일 때처럼 거동하므로, 재료가 원상태로 돌아올 시 변형에너지 밀도라 하며 복원 계수라고도 한다.

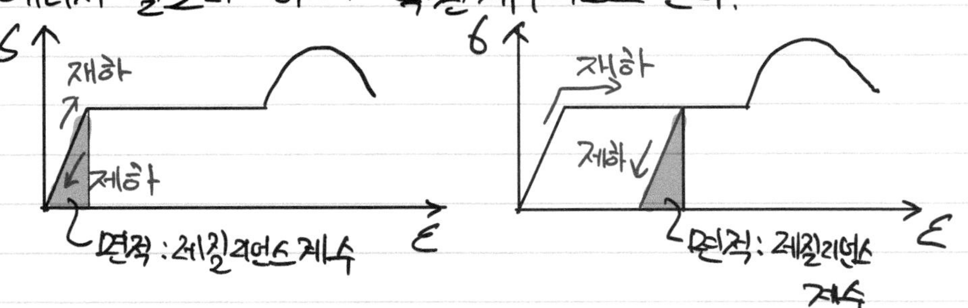

(3) 인성계수(터프니스 계수)

재료가 파단되기 전까지의 단위체적당 에너지 흡수능력. 즉 재료의 비탄성 변형에 대한 변형에너지 밀도를 포함한다.

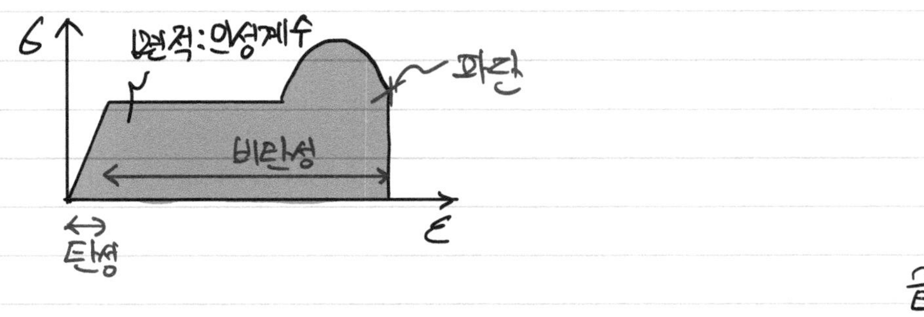

끝

5. 그림과 같이 2가지 전단벽 배열을 하고 있는 구조시스템에 횡하중 F가 작용한다. 각 시스템에 대하여 강한 격막(rigid diaphragm)일 때와 유연한 격막(flexible diaphragm)일 때의 각각의 전단벽에 분담되는 작용력을 구하시오. <115회 4교시>
(단, 횡하중 F는 diaphragm의 중심에 작용한다.)

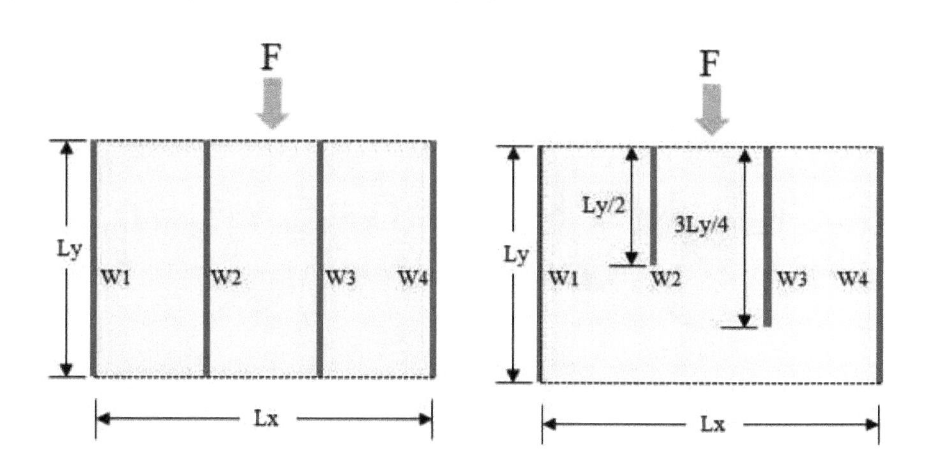

*전단벽의 배치간격은 일정하다.

KDS 41 17 00, 7.2.6.2 및 7.2.6.3

(1) 강한 격막에서의 거동

강한격막에서 층전단력은 횡강성비에 따라 분배된다.

① 벽체의 단면이차모멘트

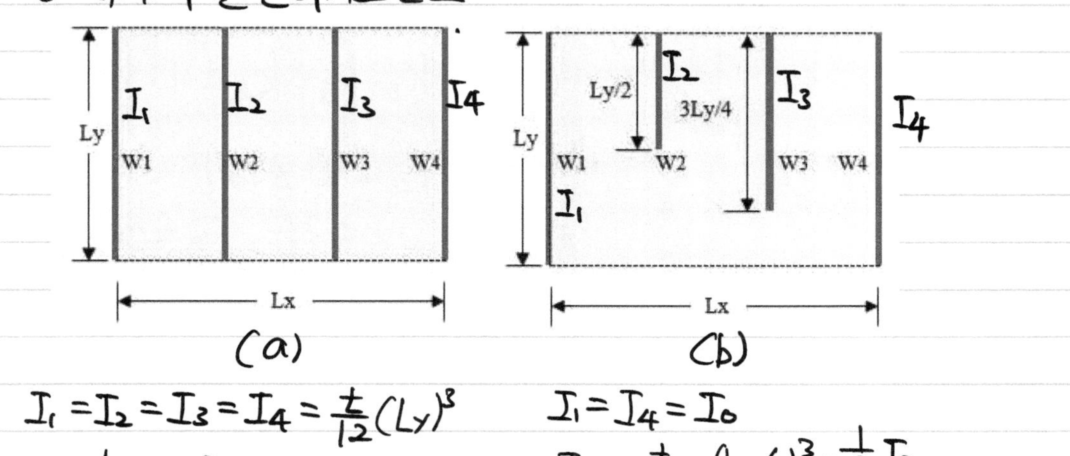

$I_1 = I_2 = I_3 = I_4 = \frac{t}{12}(L_y)^3$

$\frac{t}{12}(L_y)^3 = I_0$ 로 놓는다.

$I_1 = I_4 = I_0$

$I_2 = \frac{t}{12}(L_y/2)^3 = \frac{1}{8}I_0$

$I_3 = \frac{t}{12}\cdot(3L_y/4)^3 = (\frac{3}{4})^3 I_0$

② (a) 시스템의 거동

벽체의 높이와 지점조건이 동일할때, 각벽체의 강성비는 단면이차모멘트에 비례한다.

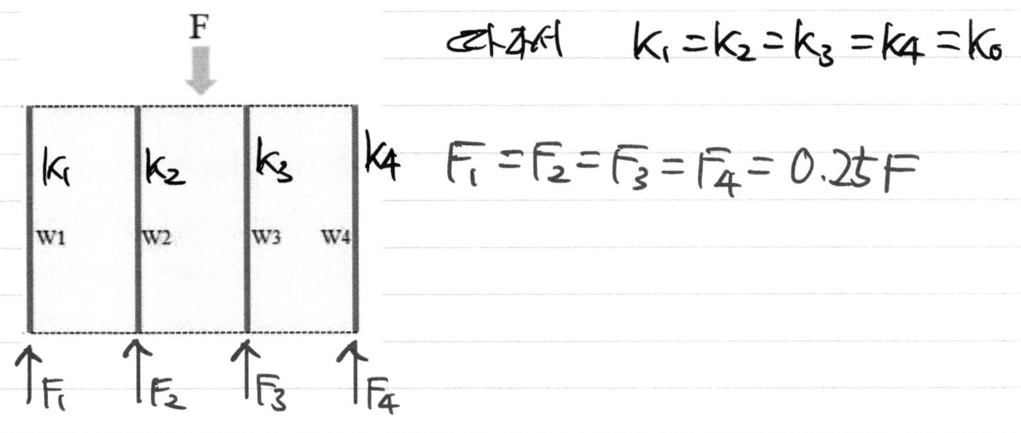

따라서 $k_1 = k_2 = k_3 = k_4 = k_0$

$F_1 = F_2 = F_3 = F_4 = 0.25F$

③ (b) 시스템의 거동

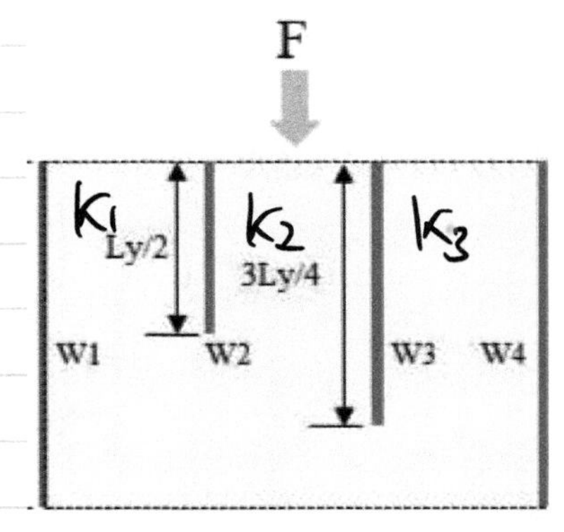

$k_1 = k_4 = k_0$

$k_2 = 1/8\, k_0$

$k_3 = (3/4)^3\, k_0$

$k_1 : k_2 : k_3 : k_4 = 1 : 1/8 : 27/64 : 1$

$F_1 = F_4 = 0.393F$

$F_2 = 0.049F,\ F_3 = 0.166F$

(2) 유연한 격막에서의 거동

유연한 격막에서 층 전단력은 격막의 작용면적을 기초로 분배된다.

① (a) 시스템

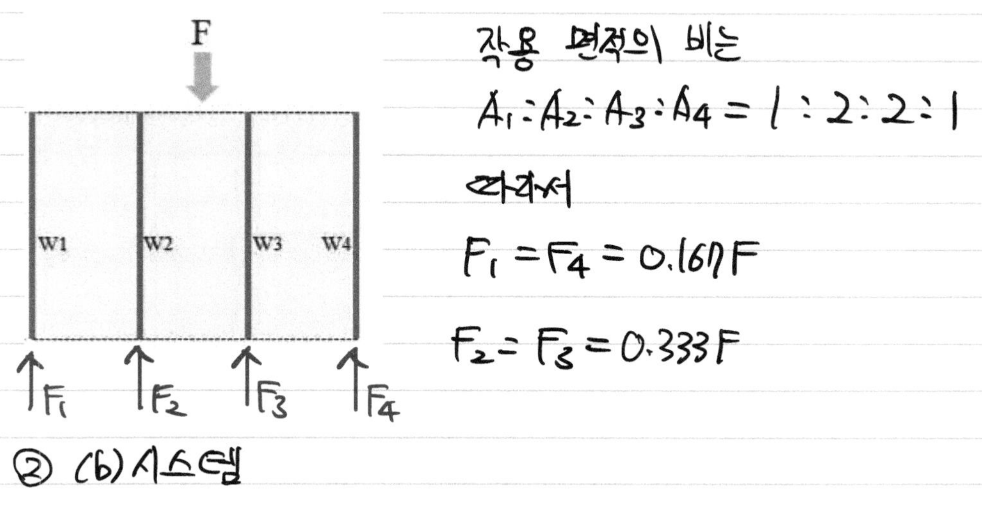

작용 면적의 비는

$A_1 : A_2 : A_3 : A_4 = 1 : 2 : 2 : 1$

따라서

$F_1 = F_4 = 0.167F$

$F_2 = F_3 = 0.333F$

② (b) 시스템

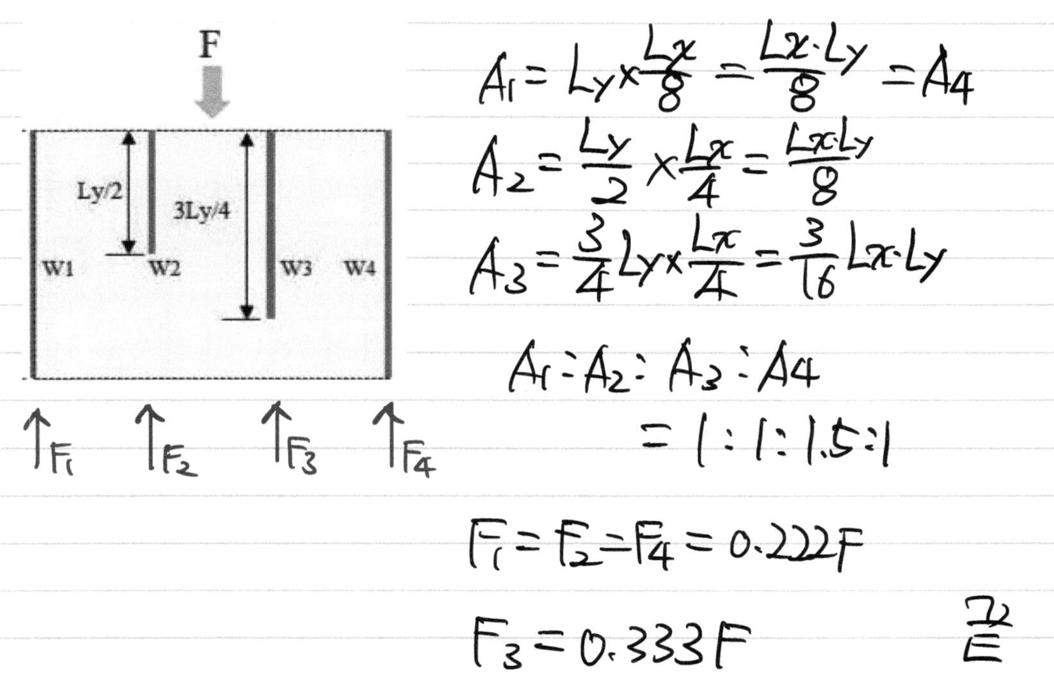

$$A_1 = L_y \times \frac{L_x}{8} = \frac{L_x \cdot L_y}{8} = A_4$$

$$A_2 = \frac{L_y}{2} \times \frac{L_x}{4} = \frac{L_x L_y}{8}$$

$$A_3 = \frac{3}{4} L_y \times \frac{L_x}{4} = \frac{3}{16} L_x \cdot L_y$$

$$A_1 : A_2 : A_3 : A_4 = 1 : 1 : 1.5 : 1$$

$F_1 = F_2 = F_4 = 0.222F$

$F_3 = 0.333F$ 끝

딸기맛호가든 : 생소한 유형의 문제이나, 강한격막과 유연한 격막의 개념을 이해한다면 쉽게 풀수 있는 문제이다.

M군 : 실무에서도 바닥판에 큰 개구부가 있을 경우, 횡력 작용시 바닥판의 강성이 불균일하여 일부 구간에 횡 변위가 크게 발생할 수 있으므로, 이 경우에는 유연한 격막으로 보고 횡강성을 산정해야 한다.

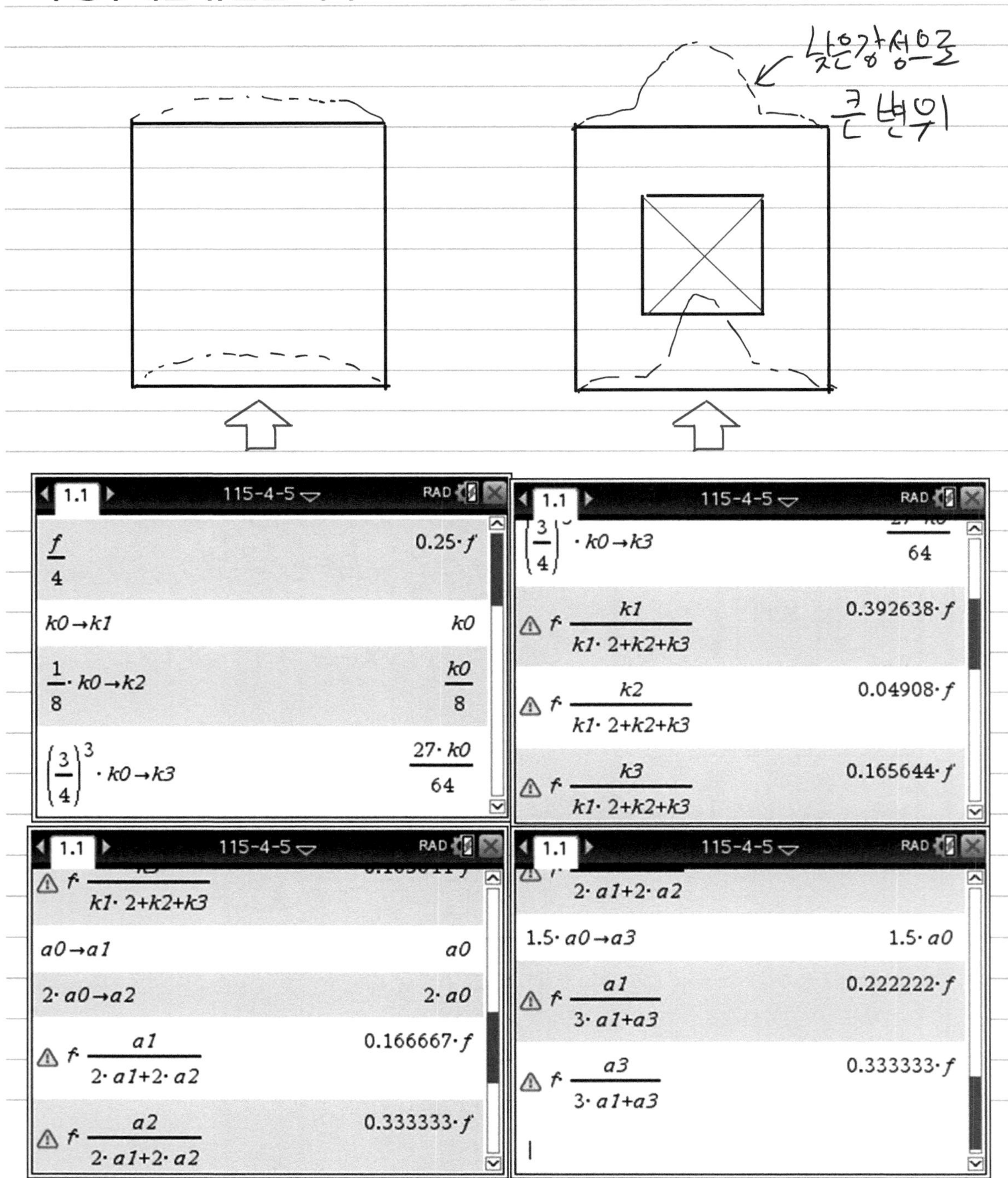

6. 길이 6.0m 강재 보의 좌측 단부는 상하 방향의 수직이동만 가능하고, 우측은 이동단(Roller) 지점조건으로 되어 있다. 항복강도가 250MPa인 동일한 강재를 이용해서 2가지 단면형상(상자형, H-형)의 소성거동을 분석해 보고자 한다. 다음 사항을 구하시오.

(1) 부재력도(축력도, 전단력도, 휨모멘트도)

<115회 4교시>

(2) 각 단면형상계수

- 상자형 단면 : $b=150mm, h=300mm, b_1=110mm, h_1=260mm$
- H-형 단면 : $b=150mm, h=300mm, t_f=20mm, t_w=10mm$

(3) 각 단면형상이 감당할 수 있는 최대 등분포하중의 크기

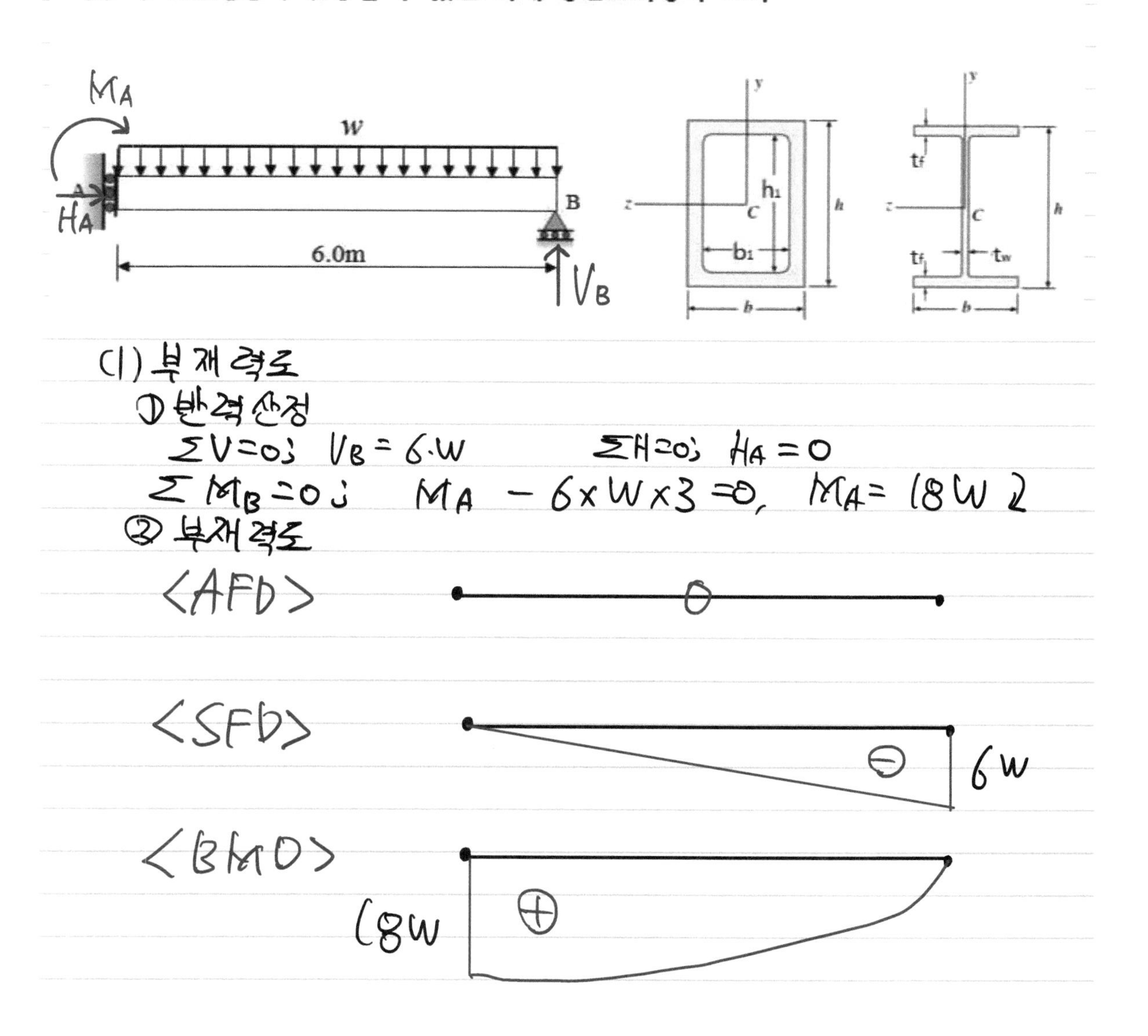

(2) 각단면 형상계수

① 각형단면

$$I_x = \frac{bh^3}{12} - \frac{b_1 \cdot h_1^3}{12} = 1.76387 \times 10^8 mm^4$$

$$S_x = I_x / y_t = I_x / 150 = 1.17591 \times 10^6 mm^3$$

$$Z_x = \frac{b \cdot h^2}{4} - \frac{b_1 \cdot h_1^2}{4} = 1516000 mm^3$$

형상계수 $= Z_x / S_x = 1.289$

② H-형 단면

$$I_x = \frac{b \cdot h^3}{12} - \frac{(b - t_w)}{12} \times (h - 2t_f)^3 = 1.32447 \times 10^8 mm^4$$

$$S_x = I_x / y_t = I_x / 150 = 882978 mm^3$$

$$Z_x = \frac{b \cdot h^2}{4} - \frac{(b - t_w)}{4} \times (h - 2 \cdot t_f)^2 = 1009000 mm^3$$

형상계수 $= Z_x / S_x = 1.143$

(3) 각단면 형상이 감당할수있는 최대 등분포하중

두단면 모두 전단 강도는 충분하므로 휨에 지배된다.

① 각형단면

$F_y \cdot Z_x = 3.79 \times 10^8 N \cdot mm = 379 kN \cdot m = 18W$

$W_{max} = 21.056 kN/m$

② H형단면

$F_y \cdot Z_x = 2.5225 \times 10^8 N \cdot mm = 252.25 kN \cdot m = 18W$

$W_{max} = 14.014 kN/m$

끝

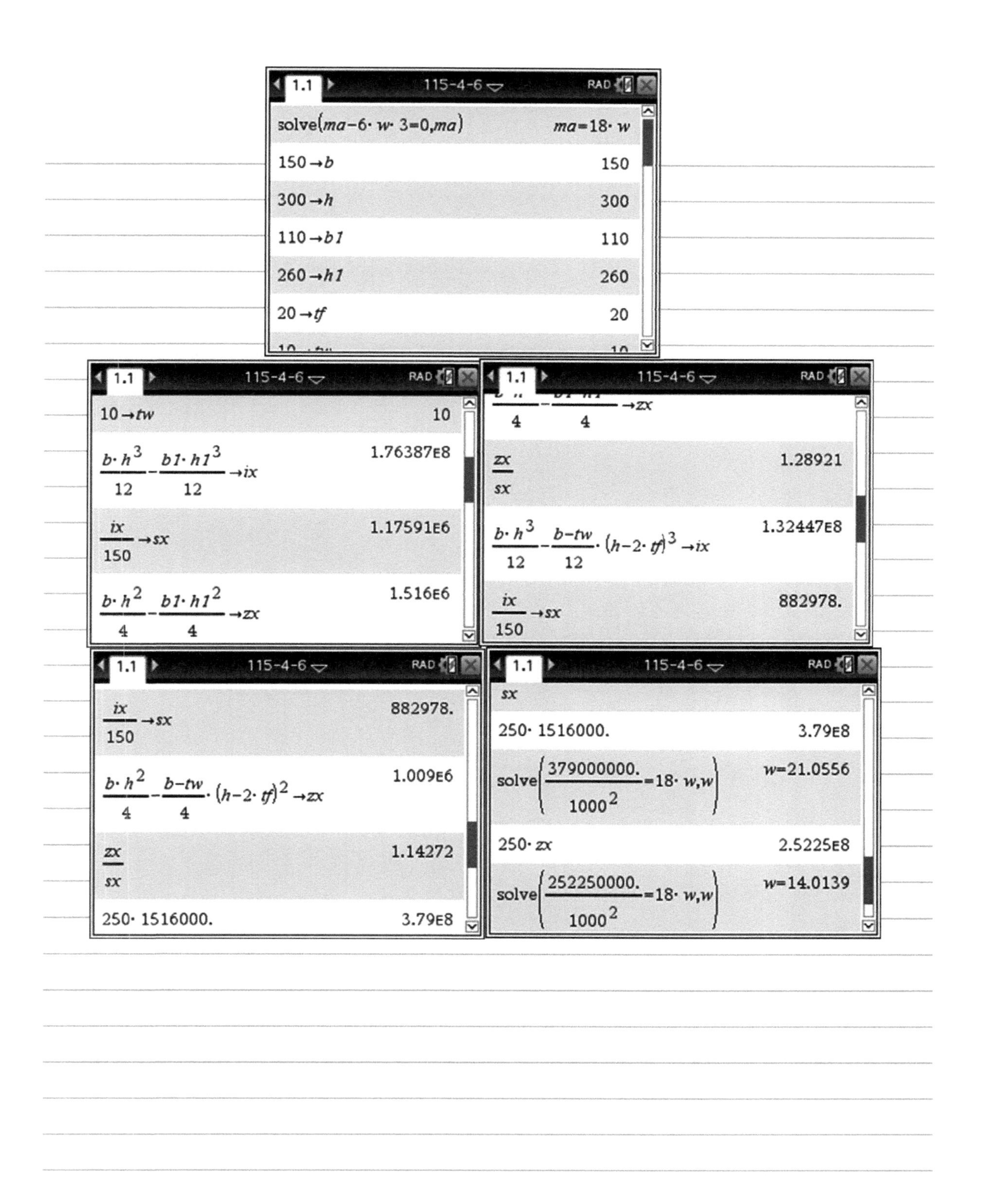
1.1
115-4-6
RAD
solve(ma−6· w· 3=0,ma)
ma=18· w
150→b
150
300→h
300
110→b1
110
260→h1
260
20→tf
20
10→tw
10
b· h^3/12 − b1· h1^3/12 →ix
1.76387E8
ix/150 →sx
1.17591E6
b· h^2/4 − b1· h1^2/4 →zx
1.516E6
zx/sx
1.28921
b· h^3/12 − (b−tw)/12· (h−2· tf)^3 →ix
1.32447E8
ix/150 →sx
882978.
b· h^2/4 − (b−tw)/4· (h−2· tf)^2 →zx
1.009E6
zx/sx
1.14272
250· 1516000.
3.79E8
solve(379000000./1000^2 =18· w,w)
w=21.0556
250· zx
2.5225E8
solve(252250000./1000^2 =18· w,w)
w=14.0139

116회 건축구조기술사

(2018년 8월 11일 시행)

대상	응시	결시	합격자	합격률
287	238	49	32	13.45%

총 평

난이도 하

조금 까다롭다고 할수 있는건 그나마 1교시 정도일것인가, 전체적으로 모두 역대급으로 쉬운 시험이었다. 일정수준 이상의 실력자중에 이 시험에서 떨어진 사람들은 모두 자괴감에 빠졌을거라 생각된다. 실력보다는 실수를 줄이는데 성공한 사람들이 합격했을 거라 판단되는 시험이다. 물론, 몇몇 문제는 여전히 어렵기는 했다.

116회를 특히 더 쉽게 만드는 이유는, 너무 황당할정도로 쉬워서 어이가 없게 만드는 쉬운 계산문제들이 섞여있었다는 점. 10분이면 넉넉하게 풀고도 남을 계산문제가 2교시와 3교시에 있었기 때문에, 실제로 2교시와 3교시는 대부분의 수험생들이 시간압박에서 숨통이 트였을거라 판단된다. (2교시 4번과 3교시 1번은 너무 어이없을정도로 쉬워서 함정이 없는건지 한참동안 쳐다봐야 했다. 그런데 함정조차 없었다고 한다. 아.. 너무쉬운 것이 함정인가?)

116회의 특징은, 고성능 계산기를 필요로 하는 문제가 단하나도 없었다는 점이라고 할수 있다. 115회만 하더라도, CAS 기능이 없는 계산기로는 푸는 것이 상당히 괴로울만한 문제가 몇문제 있었는데, 116회는 신기하게도 이러한 문제가 없었다. 바꿔말하면, 계산능력을 많이 필요로 하는 문제가 별로 없었다는 점도 될 것이다.

실제 합격률도 13.45%로 상당히 높은 편이었다.

국가기술자격 기술사 시험문제

기술사 제 116 회 　　　　　　　　　　　　　　　　　제 1 교시 (시험시간: 100분)

분야	건설	자격종목	건축구조기술사	수험번호		성명	

※ 다음 문제 중 10문제를 선택하여 설명하시오. (각10점)

1. 가설공사 표준시방서에 따른 거푸집 및 동바리 설계 시 고려해야 할 수직하중 및 수평하중에 대하여 설명하시오.
2. 강구조물 용접부 비파괴검사의 종류별 특징과 장단점에 대하여 설명하시오.
3. 건축구조기준(KBC2016)에 따라 성능설계법을 사용하여 설계할 때, 제3자 내진공학 전문가로부터 타당성을 검증받아야 하는 사항들을 설명하시오.
4. 건축구조용 열간 압연 H형강에 대한 KS D 3866 규정 중, 2016년 개정된 주요 내용에 대하여 설명하시오.
5. 강구조의 내진설계에서 특수모멘트골조, 중간모멘트골조, 보통모멘트골조의 적용범위 및 요구조건에 대하여 설명하시오.
6. 강재보와 철근콘크리트 슬래브의 합성보 설계 시 완전합성보와 불완전합성보의 차이점을 제시하고, 불완전합성보로 설계하는 경우에 대하여 설명하시오.
7. 철근콘크리트 벽체설계 시 실용설계법을 적용할 수 있는 범위를 제시하고, 설계 축력강도식(ϕP_{nw})을 구성하는 각 항목들의 의미를 설명하시오.
8. 건축구조물의 내진설계 시 우발편심을 고려해야 하는 이유와 적용 방법에 대하여 설명하시오.

국가기술자격 기술사 시험문제

기술사 제 116 회 제 1 교시 (시험시간: 100분)

분야	건설	자격종목	건축구조기술사	수험번호		성명	

9. 고강도 콘크리트에서 발생할 수 있는 폭열 현상 및 방지대책에 대하여 설명하시오.
10. 건축구조기준(KBC2016)에 의한 철근콘크리트 구조의 플랫 슬래브 지판크기에 대한 규정을 설명하시오.
11. 건축구조기준(KBC2016)에 의한 풍하중의 지표면조도구분에 대하여 설명하시오.
12. 건축구조기준(KBC2016)에 제시되어 있는 철골특수강판전단벽의 주요 구성요소 3가지를 열거하고, 기본 내진설계개념에 대하여 설명하시오.
13. 건축구조기준(KBC2016)에 의한 조적조 문화재의 구조안전성 평가 항목을 설명하시오.

국가기술자격 기술사 시험문제

기술사 제 116 회						제 2 교시 (시험시간: 100분)	
분야	건설	자격종목	건축구조기술사	수험번호		성명	

※ 다음 문제 중 4문제를 선택하여 설명하시오. (각25점)

1. 감쇠장치(Damper)와 부속장치로 보강된 구조물을 그림과 같이 모델링하였다. 구조물의 기둥은 상하부 모두 강절로 강체보와 기초에 연결되어 있다. 감쇠계수(Damping Coefficient)가 300 kN·sec/m일 때 구조물의 주기를 산정하시오.
(단, 보강 전 지진력 저항시스템의 감쇠와 감쇠시스템의 수평강성은 고려하지 않는다.)

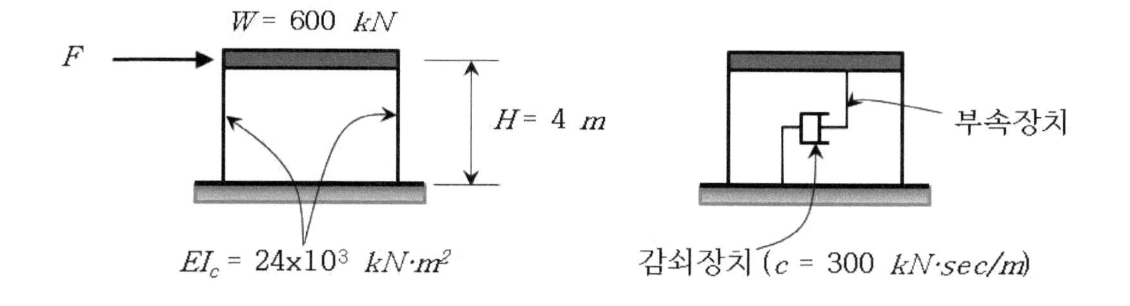

국가기술자격 기술사 시험문제

기술사 제 116 회 제 2 교시 (시험시간: 100분)

분야	건설	자격종목	건축구조기술사	수험번호		성명	

2. 그림과 같이 집중하중이 작용하는 모멘트 골조의 변형 형상을 그리고 변곡점이 있는 경우 그 위치를 표시하시오.

   (단, 보와 기둥의 길이는 같으며, 축방향 변형과 전단변형은 무시하고, 모든 부재의 휨강성 EI는 동일한 것으로 가정한다. 또한 하중은 절점 또는 부재의 중앙부에 작용하고 있다.)

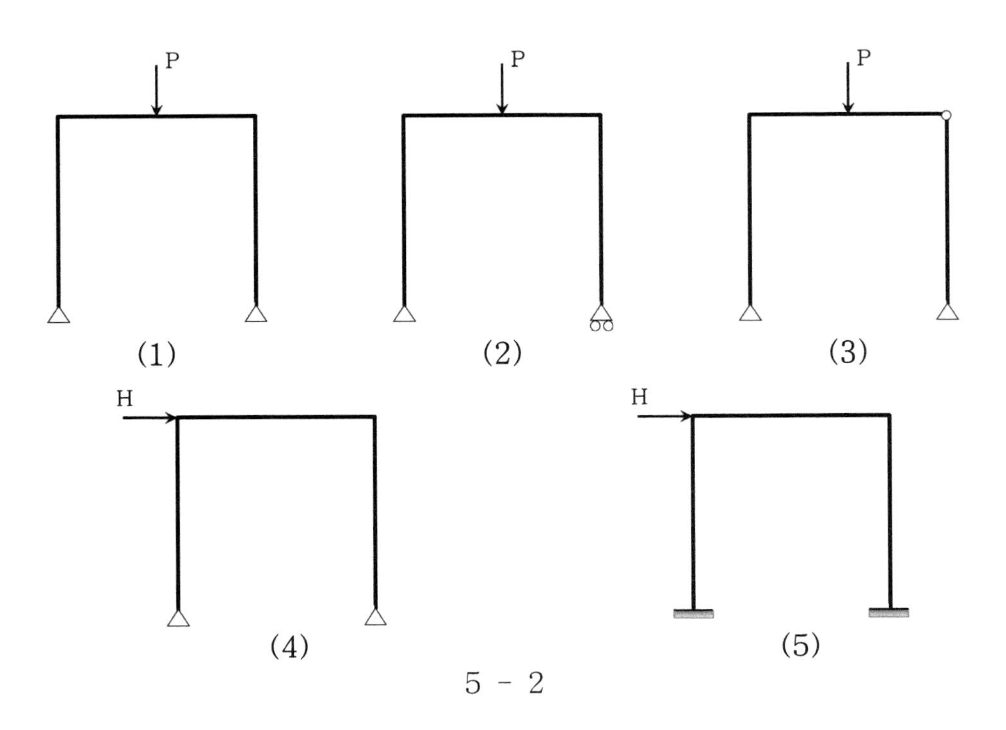

5 - 2

국가기술자격 기술사 시험문제

기술사 제 116 회 제 2 교시 (시험시간: 100분)

분야	건설	자격종목	건축구조기술사	수험번호		성명	

3. 계수하중에 의한 부재력 M_u=400kN·m, V_u=280kN을 받는 기둥과 보 강접합부를 설계하시오.
(단, 플레이트 재질은 보부재와 동일하며 그림의 단위는 mm이다.)

(1) 보플랜지 용접부 검토

(2) 웨브접합부 플레이트 검토

(3) 집중하중을 받는 웨브 및 플랜지강도 산정

(4) 기둥과 보 접합부를 도시하시오.

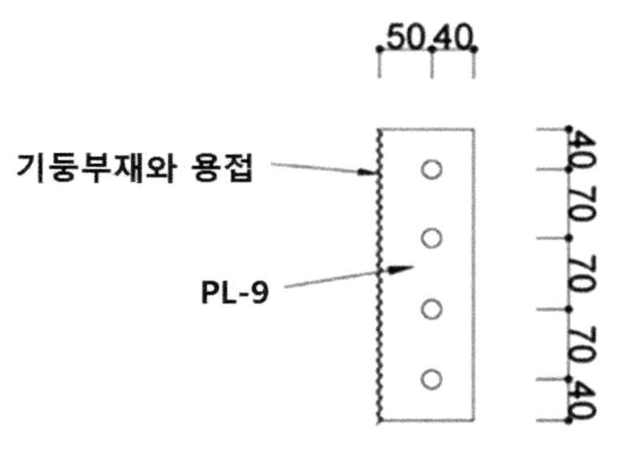

<설계조건>

- 기둥부재 H-400×408×21×21 (r=22 mm) SM355 (F_u = 490 MPa, F_y = 345 MPa)
- 보부재 H-588×300×12×20 (r=28 mm) SN275 (F_u = 410 MPa, F_y = 275 MPa)
- 고장력볼트 F10T M20 사용, 설계볼트장력 = 165 kN/ea
- 설계미끄럼강도($\varnothing R_n$) = 82.5 kN/ea
- 용접봉인장강도 F_{uw}=490 MPa
- 기둥과 웨브 접합 플레이트 용접사이즈 6 mm
- 기둥웨브의 크리플링강도

$$\phi R_n = 0.75 \times 0.8 t_w{}^2 [1 + 3\frac{l_c}{d}(\frac{t_w}{t_f})^{1.5}]\sqrt{\frac{EF_{yw}t_f}{t_w}}$$

- E = 205000 MPa

5 - 3

국가기술자격 기술사 시험문제

기술사 제 116 회 제 2 교시 (시험시간: 100분)

분야	건설	자격종목	건축구조기술사	수험번호		성명	

4. 그림과 같은 부재에 축력이 작용할 경우 D위치에서의 변위 값을 구하시오.

- 부재의 자중은 무시함
- AC 부재의 단면적 : 600 mm^2
- CD 부재의 단면적 : 200 mm^2
- 탄성계수(E) = 2×10^5 MPa
- P_1 = 500 kN, P_2 = 300 kN, P_3 = 200 kN

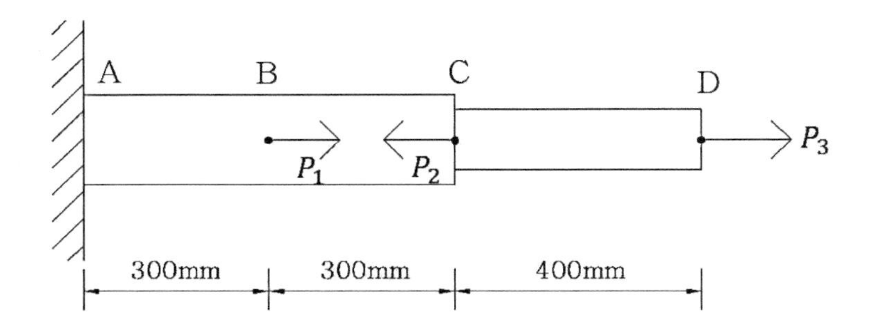

5. 건축물의 규모와 용도에 따른 중요도를 분류하고, 책임구조기술자의 자격, 책무 및 서명·날인에 대하여 설명하시오.
   (단, KBC2016을 기준으로 한다.)

국가기술자격 기술사 시험문제

5 - 4

기술사 제 116 회 제 2 교시 (시험시간: 100분)

분야	건설	자격종목	건축구조기술사	수험번호		성명	

6. 계수고정하중과 계수풍하중이 작용할 때 1차 구조해석을 수행하여 건축물 3층 바닥이 2층 바닥에 비해 12.2 mm 횡방향 변위가 발생하였다. 해석에 의해서 구한 절점하중들이 그림과 같이 주어질 때 다음을 구하시오.

1) 횡구속골조(Braced, Non-sway Frame)와 비횡구속골조(Unbraced, Sway Frame)의 판단 방법에 대하여 설명하시오.

2) 층 안정성 지수를 이용하여 횡구속 골조인지 아니면 비횡구속 골조인지를 판단하시오.

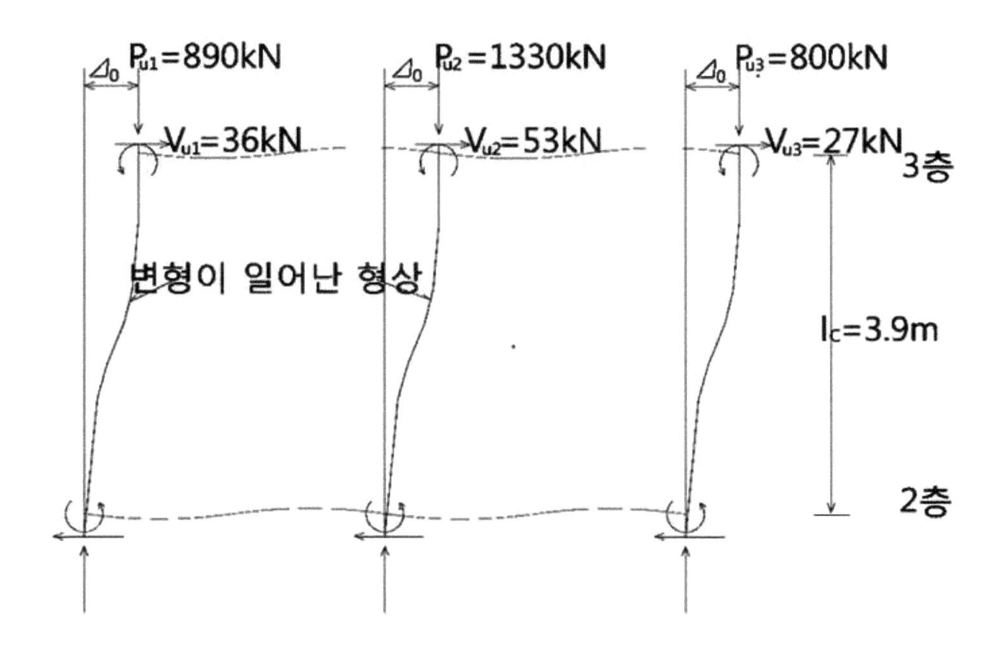

국가기술자격 기술사 시험문제

기술사 제 116 회 　　　　　　　　　　　　　　　　제 3 교시 (시험시간: 100분)

분야	건설	자격종목	건축구조기술사	수험번호		성명	

※ 다음 문제 중 4문제를 선택하여 설명하시오. (각25점)

1. 스팬 $L=8\,\mathrm{m}$의 단순지지된 보에 등분포하중 $\omega=30\,\mathrm{kN/m}$이 작용하고 있다. 이 보의 단면이 그림과 같을 때 다음 사항을 검토하시오.

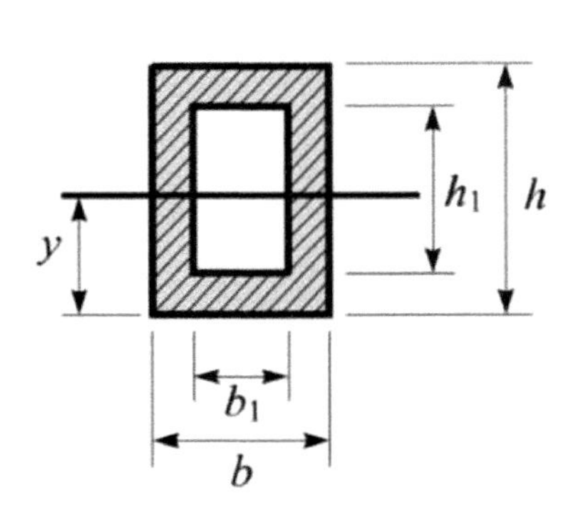

<조건>

- h = 500 mm
- h_1 = 460 mm
- y = 250 mm
- b = 200 mm
- b_1 = 180 mm
- 탄성계수 E = 210000 N/mm^2
- 항복강도 F_y = 325 N/mm^2

(1) 최대휨모멘트와 최대휨응력의 크기를 산정한 후 단면의 항복여부를 검토하시오.

(2) 보의 최대처짐의 크기를 구한 후 보의 처짐에 대하여 검토하시오.
(단, 보의 처짐 제한은 $L/300$이다.)

국가기술자격 기술사 시험문제

6 - 1

기술사 제 116 회　　　　　　　　　　　　　　　　제 3 교시 (시험시간: 100분)

분야	건설	자격종목	건축구조기술사	수험번호		성명	

2. 그림과 같이 외부벽체만 선시공으로 수평보가 누락되어 상세 A 와 같이 수평지지보를 보강하였을 경우 벽체와 합성으로 작용한다고 가정할 때, 다음을 구하시오.

(1) 휨보강철근량을 산정하시오.
(단, 보의 유효춤 d=600 mm, 단근장방형보로 가정한다.)

(2) 전단보강근 간격을 산정하시오.

(3) 보강상세를 도시하시오.

<조건>

- 수평부 전단연결 철근(SD300)은 외부벽체 시공 시 충분한 내력을 확보하도록 매입되어 있음
- 벽체는 상부, 하부 Pin 조건으로 설계
- 수평보의 지지길이는 8 m 이고 수평보는 양단 Pin으로 검토(B×D = 400 mm×700 mm)
- 수평보의 휨 주철근 D22, 전단철근 D10사용
- 정지토압 = 1 - sin∅
- 흙의 내부마찰각 ∅ = 30°
- 철근 항복강도 f_y = 400 MPa (단, 전단보강근 f_y = 300 MPa)
- 콘크리트 압축강도 f_{ck} = 24 MPa
- 흙의 단위중량 r = 17 kN/m^3

국가기술자격 기술사 시험문제

기술사 제 116 회 제 3 교시 (시험시간: 100분)

분야	건설	자격종목	건축구조기술사	수험번호		성명	

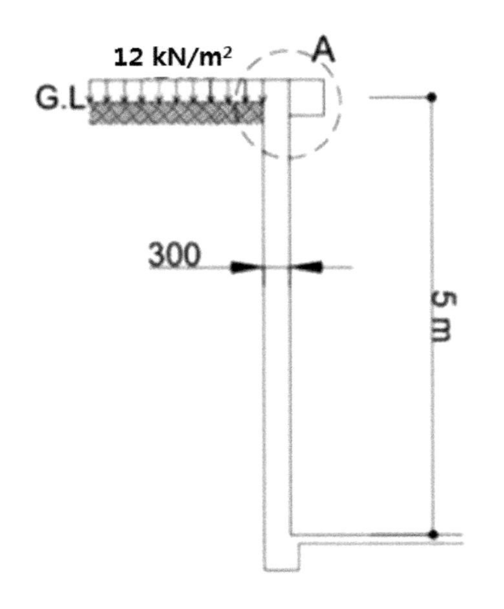

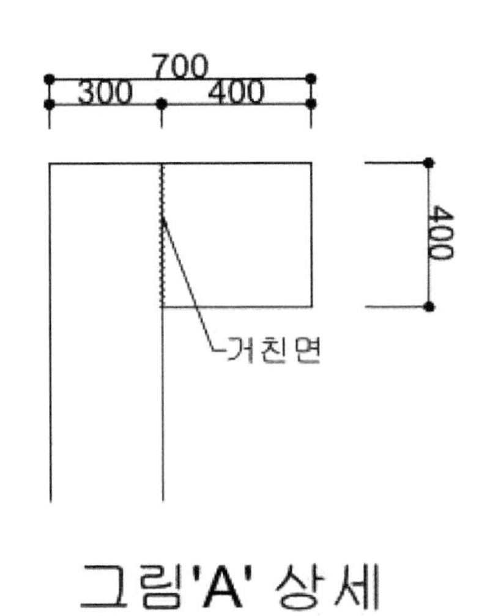

그림'A' 상세

국가기술자격 기술사 시험문제

기술사 제 116 회 제 3 교시 (시험시간: 100분)

분야	건설	자격종목	건축구조기술사	수험번호		성명	

3. 그림과 같은 중심축하중을 받는 양단 핀지지의 압축재에 대해 다음을 검토하시오.

(1) 탄성좌굴하중 P_{cr}을 유도하시오.

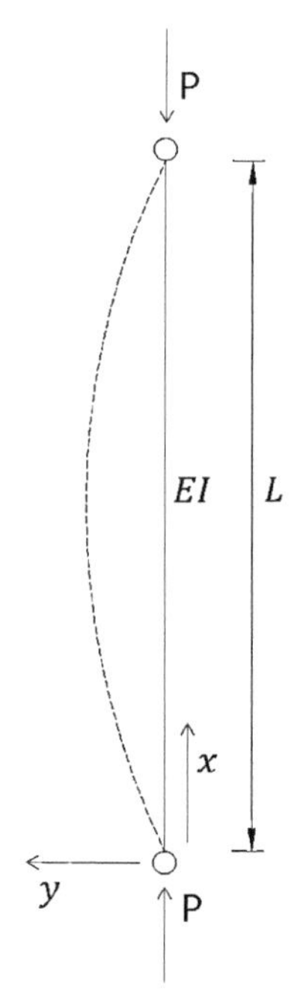

(2) 좌굴응력을 산정하고 세장비에 따른 탄성좌굴과 비탄성좌굴을 구분하여 설명하시오.

6 - 4

국가기술자격 기술사 시험문제

기술사 제 116 회 | 제 3 교시 (시험시간: 100분)

분야	건설	자격종목	건축구조기술사	수험번호		성명	

4. 그림과 같이 점 a는 힌지지점이고, 점 b는 자유단인 강체수평부재가 부재 1과 부재 2의 수직부재로 지지되고 있다. 수직하중 P가 점 b에 작용할 경우 다음을 검토하시오.
   (1) 항복하중과 이에 대응하는 점 b의 항복변위를 구하시오.
   (2) 소성하중과 이에 대응하는 점 b의 소성변위를 구하시오.
   (3) 구조물의 하중-변위 거동을 그림으로 표현하시오.

- 부재 1의 길이 : L, 단면적 : 2A
- 부재 2의 길이 : $\frac{3}{4}$L, 단면적 : A
- 재료의 항복응력 : σ_y , 항복변형률 : ε_y
- 재료의 탄성계수 : E

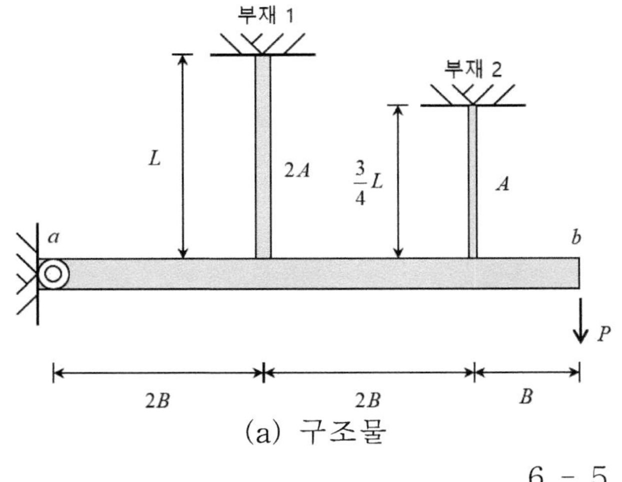

(a) 구조물

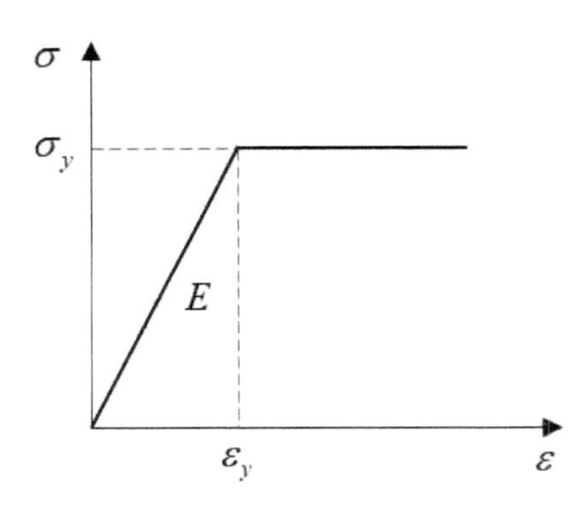

(b) 부재 1, 2의 재료모델

6 - 5

국가기술자격 기술사 시험문제

기술사 제 116 회　　　　　　　　　　　　　　　　제 3 교시 (시험시간: 100분)

분야	건설	자격종목	건축구조기술사	수험번호		성명	

5. 그림과 같은 강체보를 가진 5층 건물이 $\ddot{u}_g(t)$의 지반가속도를 받고 있다. 모든 층의 질량은 m이며, 모든 층은 동일한 층 높이 h와 동일한 강성 k를 갖는다. 변위가 밑면에서부터 높이에 따라 선형적으로 증가한다고 가정하고, 시스템의 운동방정식을 유도한 후 고유진동수를 구하시오.

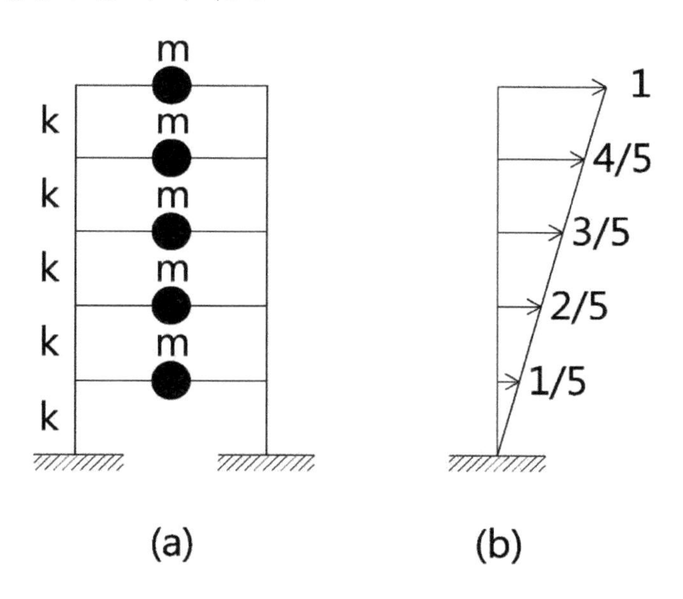

6. 건축구조기준(KBC2016)에 제시된 특수철근콘크리트 구조벽체 경계요소의 설계 및 요구사항에 대하여 설명하시오.

6 - 6

국가기술자격 기술사 시험문제

기술사 제 116 회 제 4 교시 (시험시간: 100분)

분야	건설	자격종목	건축구조기술사	수험번호		성명	

※ 다음 문제 중 4문제를 선택하여 설명하시오. (각25점)

1. 2017년 11월 15일 포항에서 발생한 강진에 의한 비구조요소의 주요 피해유형을 제시하고, 비구조요소의 설계범주인 NE(Non-Engineered), PR(Prescript), ER(Engineering Required)에 대하여 설명하시오.

국가기술자격 기술사 시험문제

기술사 제 116 회 제 4 교시 (시험시간: 100분)

분야	건설	자격종목	건축구조기술사	수험번호		성명	

2. 양단이 핀지지이고 길이가 12 m인 보의 중앙부 A(철골 상부면), B(케이싱 콘크리트 상부면), C(케이싱 콘크리트 하부면)점에서 시공 시 응력상태와 균열등급을 확인하시오.

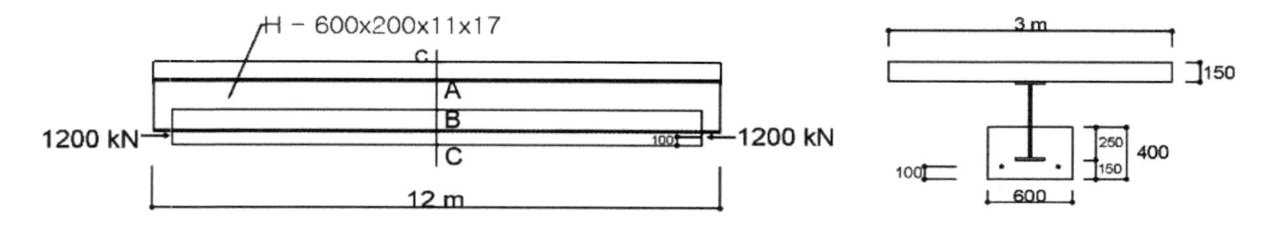

<조건>

- 합성보철골부재 H-600×200×11×17 (SN355)
  (A_s=13440 mm^2, I_x=776.2×10^6 mm^4)
- 철골부재와 콘크리트 변형은 동일함
- 합성보의 자중은 무시
- 강재 탄성계수(E_S) = 205000 MPa, 콘크리트 탄성계수(E_C) = 26800 MPa
- 하부 케이싱 콘크리트에 프리스트레스 1200 kN으로 부재 제작
- 하부 케이싱 콘크리트강도 45 MPa
- 시공 시 활하중 1.5 kN/m^2
- 철골의 허용압축응력 237 N/mm^2

7 - 2

국가기술자격 기술사 시험문제

기술사 제 116 회 제 4 교시 (시험시간: 100분)

분야	건설	자격종목	건축구조기술사	수험번호		성명	

3. 그림과 같이 300mm X 300mm 기둥에서 브래킷이 300mm 돌출되어 있다. 기둥면에서 a_v = 180 mm 위치에 V_u = 540 kN의 전단력이 작용할 때 브래킷의 철근보강을 설계하시오.
(단, f_{ck} = 27 MPa, f_y = 400 MPa이며, 유효깊이 d = 450 mm 이다.)

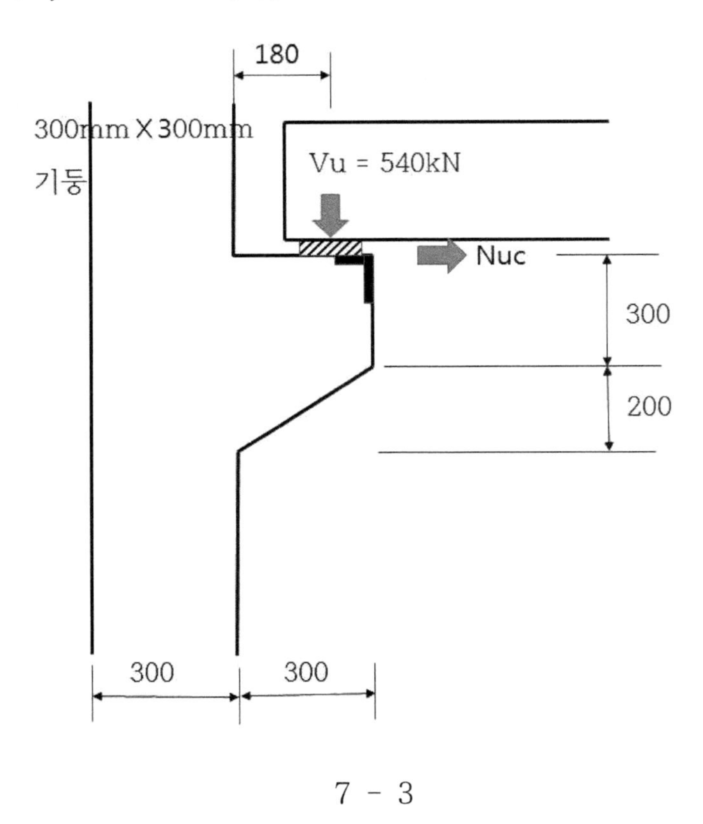

7 - 3

국가기술자격 기술사 시험문제

기술사 제 116 회 　　　　　　　　　　　　　　　　　　　　제 4 교시 (시험시간: 100분)

분야	건설	자격 종목	건축구조기술사	수험 번호		성명	

4. 인장재($L-120\times120\times8$)에 고정하중 P_D=100 kN, 활하중 P_L=200 kN이 작용할 때 건축구조기준(KBC2016)에 따른 설계인장강도를 구하고 인장재의 안전성을 검토하시오.

- $L-120\times120\times8$
  단면적 A_g =1876 mm^2
  도심위치 $C_x = C_y$ = 32.4 mm
  강재 : SM355 (F_y = 355 N/mm^2, F_u = 490 N/mm^2)
- 고장력볼트 : M22(F10T)
- 설계블록전단강도를 고려할 것 (단, 인장응력은 균일하다.)
- 거셋 플레이트는 인장에 충분히 안전한 것으로 가정한다.

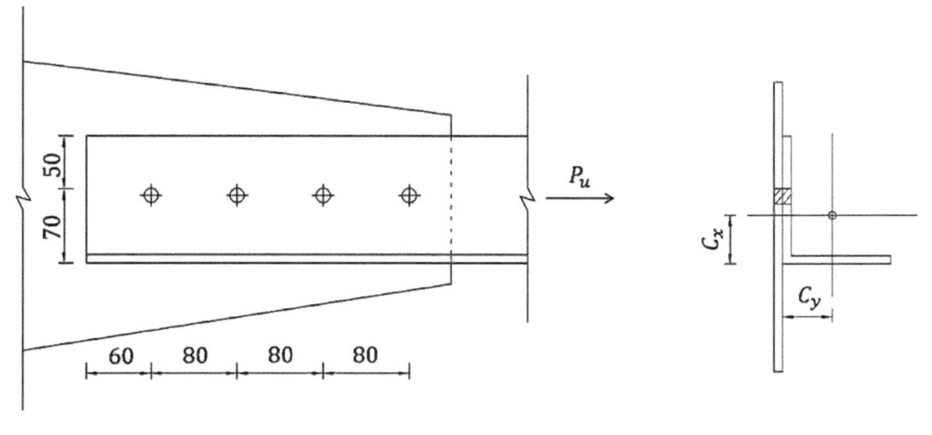

7 - 4

국가기술자격 기술사 시험문제

기술사 제 116 회 제 4 교시 (시험시간: 100분)

분야	건설	자격종목	건축구조기술사	수험번호		성명	

5. 단순보는 H-300×300×10×15(I_x=2.04×10^8 mm^4, E=2.1×10^5 N/mm^2)로 다음 그림과 같다. 스팬 중앙점 C에 $M = 120\,kN \cdot m$가 작용할 때, 다음을 검토하시오.
(단, 횡좌굴에 대하여는 충분히 안전하다고 가정한다.)
   (1) 지점 A의 처짐각 θ_A를 구하시오.
   (2) 점 C의 처짐각 θ_C를 구하시오.
   (3) 구간 A-C의 최대 처짐 Δ_{max}를 구하시오.

7 - 5

국가기술자격 기술사 시험문제

기술사 제 116 회 　　　　　　　　　　　　　　　　　제 4 교시 (시험시간: 100분)

분야	건설	자격종목	건축구조기술사	수험번호		성명	

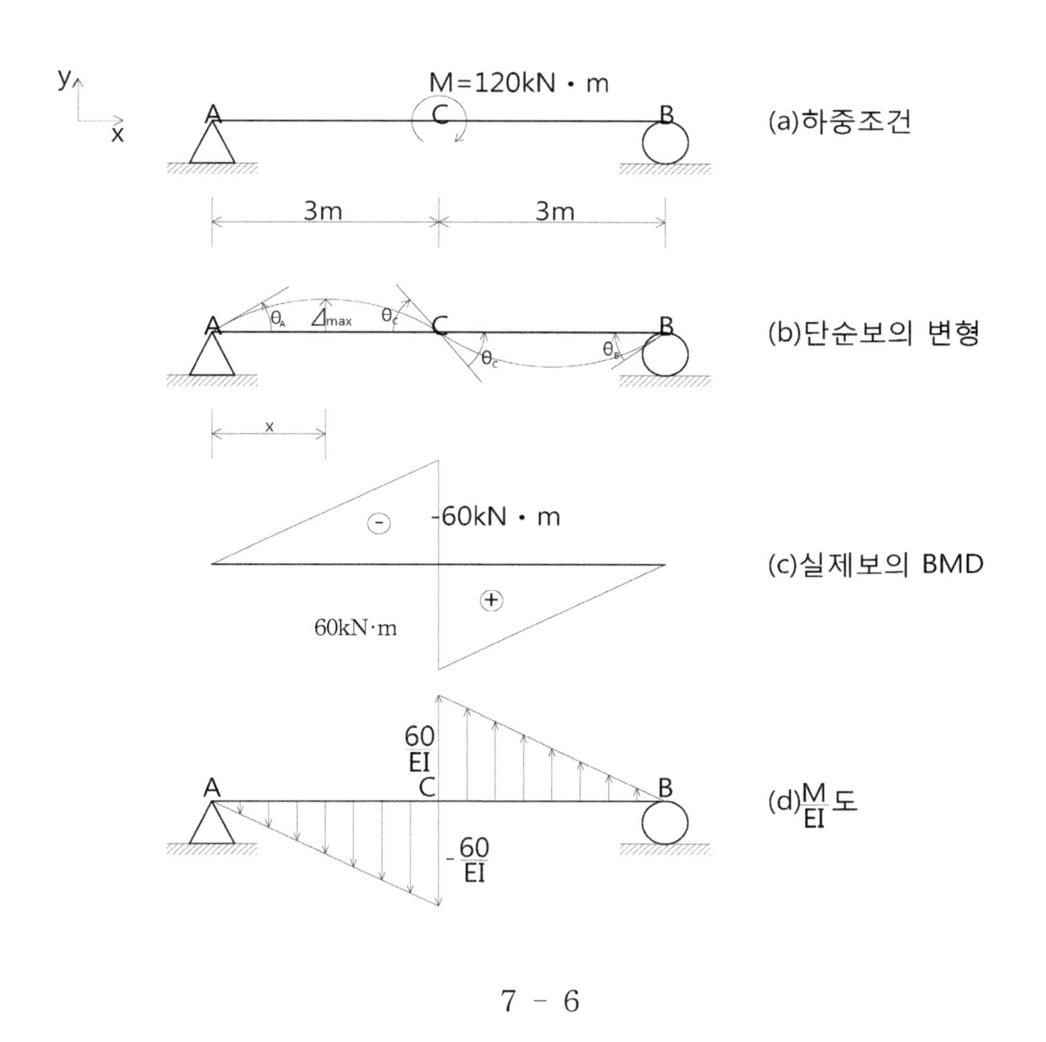

국가기술자격 기술사 시험문제

기술사 제 116 회　　　　　　　　　　　　　　　　　제 4 교시 (시험시간: 100분)

분야	건설	자격종목	건축구조기술사	수험번호		성명	

6. 다음과 같은 트러스에서 중앙 절점 C의 수직처짐을 구하시오.

<조건>

- 양단은 단순지지이다.
- 상현재 및 하현재는 각각 2 Ls-90×90×6 ($A=2\times10.55\ cm^2=21.1\ cm^2$)이다.
- 기타 부재는 Ls-90×90×6 ($A=10.55\ cm^2$)이다.
- $E = 2.1\times10^5\ N/mm^2$
- <　>안의 숫자는 부재번호이다.

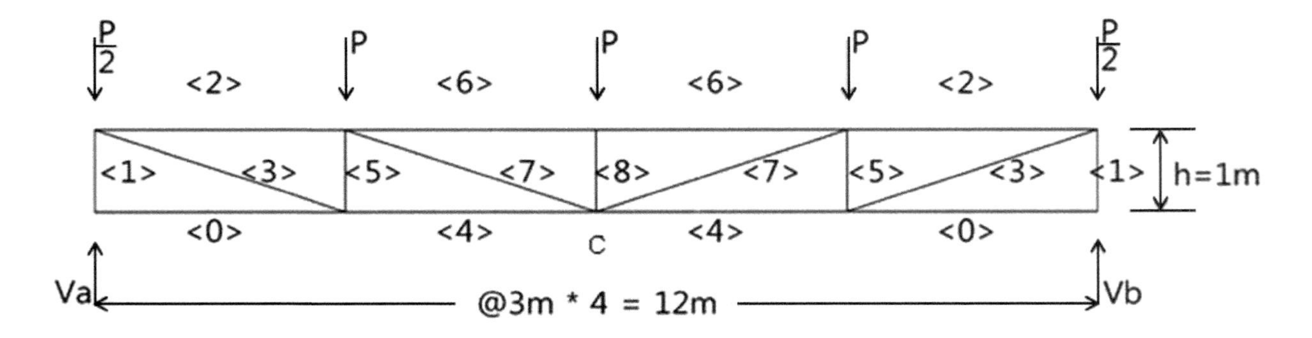

7 - 7

116회 기출문제 풀이

1. 가설공사 표준시방서에 따른 거푸집 및 동바리 설계 시 고려해야 할 수직하중 및 수평하중에 대하여 설명하시오.

<116회 1교시>

KDS 21 50 00, 1.6

(1) 수직하중 : 고정하중 및 공사중 발생하는 작업하중(활하중)

① 고정하중 - 철근콘크리트 자중 + 거푸집 무게

콘크리트 : 보통(24kN/m³), 제1종 경량(20kN/m³), 제2종경량(17kN/m³)

거푸집 : 최소 0.4kN/m², 특수거푸집 사용시 실제무게 고려

② 작업하중 - 작업원, 경량의 장비하중 + 자재 및 공구 시공하중 + 충격하중

타설높이	0.5m 미만	0.5m ~ 1.0m	1.0m 이상
적용작업하중	2.5kN/m² 이상	3.5kN/m² 이상	5.0kN/m² 이상

* 특수장비 이용시 실제의 장비하중 고려

③ 적설하중 - KDS 41에 따른 적설하중의 크기가 작업하중을 초과할 시 적용

④ 고정하중 + 작업하중은 최소 5.0kN/m² 이상 적용

(2) 수평하중 : 풍하중, 측압, 최소수평하중

① 풍하중 - KDS 41(건축구조기준)의 풍하중 적용, 단 I_w는 다음값 적용

1년이하 존치시 $I_w = 0.6$

이외기간 존치시 $I_w = 0.56 + 0.1\ln(t_w)$, $t_w = 1/(1-P^{(1/N)})$

여기서 N: 존치기간, P: 비초과확률, t_w: 재현기간(년)

② 콘크리트 측압 - 콘크리트 타설시 작용하는 수평하중

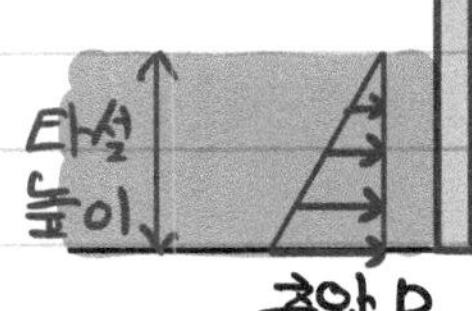

$P = W \times H$

측압 / (m단위 중량) / 타설높이

③ 최소수평하중

동바리 : Max[고정하중 2%, 1.5kN/m] 동바리 최상단에 적용

거푸집(벽체 및 기둥) : 투영면적당 0.5kN/m² 추가적용

④ 가설작업중 특수하게 작업시 발생하는 수평하중 별도고려

⑤ 전도에 대한 안전성 검토 필요

끝

2. 강구조물 용접부 비파괴검사의 종류별 특징과 장단점에 대하여 설명하시오.

용접후에는 갈라짐, 언더컷, 오버랩 피트 등의 용접결함에 대해 육안으로 검사하고, 육안으로 판단이 어려운 표면결함이나 비드 내부결함에 대해서는 비파괴 검사방법에 따라 검사한다.

(1) 비파괴 검사 종류별 특징

① 방사선 투과법(R.T)

X-선 또는 감마선을 물체에 투과하여 물체 내부의 이미지를 얻고, 이를 통해 결함 또는 경계면의 위치와 용접부의 결함을 검출한다.

② 초음파 탐상법(U.T)

기계진동형태의 초음파를 시험할 부분에 주사하여 반사된 신호를 분석하여 결함 또는 경계면의 위치와 형태를 파악한다

③ 침투 탐상법(P.T)

물체 표면을 청소 후 침투액을 분사하여 결함부에 스며들게 하고, 현상제를 분사하여 결함부위에 스며든 침투액과 현상제의 반응을 통해 결함부위를 확인한다.

④ 자분탐상법(M.T)

조사할 물체 표면에 자기장을 발생시키고, 미세한 분말상태의 자분을 뿌리거나 불어내어 자기장의 변화에 따라 결함을 검출한다.

구분	장점	단점
방사선투과법	내부결함 크기및형태, 성질판단쉬움 이미지로 얻음, 영구보관 가능	결함깊이 측정 않음, 방향성이 좋지않은 2차원 결함검출 어려움, 느리고 비용고가
초음파탐상법	휴대성, 민감성이 높고 균열의위치 또는 결함의 공간정보파악가능, 경제적	표면결함을 찾기어려움
침투탐상법	적용범위가 넓고 경제적이며 전문적인 기술이 불필요	결함에 대한 공간적 정보획득 어려움
자분탐상법	복잡한 형상 구조물 검사가능, 작은 결함 및 균열 검출가능, 경제적	고압의 전류필요(자기장), 물체 의 표면 아래에 있는 작은결함 검출어려움

끝

3. 건축구조기준(~~KBC2016~~ KDS 41)에 따라 성능설계법을 사용하여 설계할 때, 제3자 내진공학 전문가로부터 타당성을 검증받아야 하는 사항들을 설명하시오. <116회 1교시>

 # KDS 41 17 00, 15.7

성능기반 설계법을 사용하여 설계할 때는 그 절차와 근거를 명확히 제시해야 하며, 전반적인 설계과정 및 결과는 설계자를 제외한 2인이상의 내진공학 전문가로부터 타당성을 검증받아야 한다.

(1) 성능목표, 성능설계 전략, 예상파괴 메커니즘

(2) 부재와 장치의 비탄성변형능력 및 관련연성상세

(3) 비선형 해석방법 및 프로그램의 선택, 해석모델, 입력자료, 결과분석의 적절성

(4) 구조물 및 각 부재의 비탄성거동의 적절성, 강도, 변형능력, 초과강도 검증

(5) 안전성, 경제성의 검증, 최소강도규정 준수

(6) 지반 지진력 선정, 지반에 의한 지진력증폭을 고려하기 위한 부지응답해석

(7) 주기, 최대 밑면 전단력, 주요횡력 저항요소의 횡하중분담비율 및 파괴모드, 최대층간변위의 수직분포형상, 최상층 최대변위 등에 대한 선형해석결과와 비교평가

끝

4. 건축구조용 열간 압연 H형강에 대한 KS D 3866 규정 중, 2016년 개정된 주요 내용에 대하여 설명하시오. <116회 1교시>

(1) 종류의 기호를 인장강도에서 항복강도로 변경

개정전		개정후
SHN400	⇒	SHN275
SHN490		SHN355
SHN520		SHN420
SHN570		SHN460

(2) 화학적 성분기준, 시험기준의 변경, 이로인한 물성치의 소폭변경

SHN275 (SHN400) F_y = 275 MPa (개정전 235 MPa) F_u = 410 MPa (개정전 400 MPa)

SHN355 (SHN490) F_y = 355 MPa (개정전 325 MPa) F_u = 490 MPa (개정전 490 MPa)

탄성계수 E : 210000 MPa (개정전 205000 MPa)

(3) 용접균열 감수성 기준 신설

끝

5. 강구조의 내진설계에서 특수모멘트골조, 중간모멘트골조, 보통모멘트골조의 적용범위 및 요구조건에 대하여 설명하시오. <116회 1교시>

KDS 41 30 00, 4.10.9 ~ 4.10.11

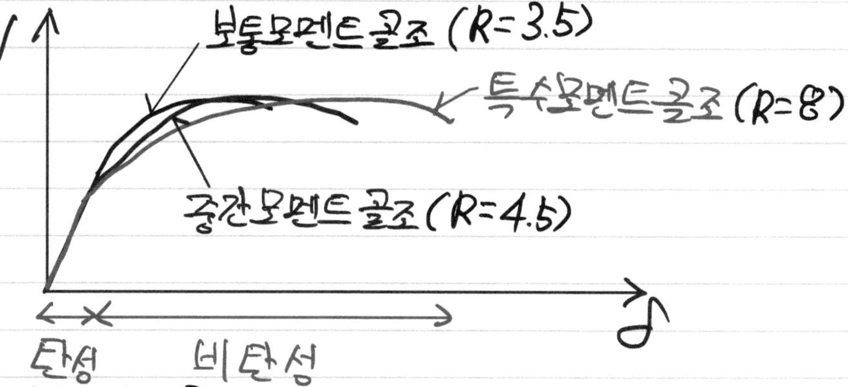

(1) 특수모멘트골조

① 적용범위 : 강진 발생시, 상당한 비탄성 변형을 요구하는 경우 적용

② 요구사항

- 접합부는 0.04 rad 이상의 층간변위각 발휘
- 기둥외주면 접합부의 계측휨강도는 0.04 rad에서 0.8Mp 이상
- 접합부 소요전단강도는 다음 지진하중 E에 의해 산정

$E = 2 \cdot [1.1 R_y \cdot M_p] / L_h$

(R_y: 예상항복응력비, L_h: 보소성힌지 사이의 거리)

- 보의 상하 플랜지는 모두 횡지지, $L_b \le 0.086 r_y \cdot E/F_y$
- 보와 기둥부재는 내진콤팩트 단면규정 만족

(2) 중간모멘트골조

① 적용범위 : 강진 발생시 중간정도의 비탄성변형을 요구하는 경우 적용

② 요구사항

- 접합부는 0.02 rad 이상의 층간변위각 발휘
- 기둥외주면 접합부의 계측휨강도는 0.02 rad에서 0.8Mp 이상
- 접합부 소요전단강도는 다음 지진하중 E에 의해 산정

$E = 2 \cdot [1.1 R_y \cdot M_p] / L_h$

단 해석에 의해 입증시 해석값 적용가능

- 보의 상하 플랜지는 모두 횡지지, $L_b \le 0.17 r_y \cdot E/F_y$
- 보와 기둥부재는 콤팩트단면 또는 내진콤팩트 단면규정 만족

(3) 보통모멘트 골조

① 적용범위 : 설계지진력에 대해 최소한의 비탄성변형만을 요구할때

② 요구사항

접합부는 0.01 rad 이상의 층간변위각 발휘

끝

M군 : 중간모멘트 골조에서

- 중간모멘트 골조의 요구사항을 충족하더라도, 보의 높이가 750mm 를 초과하게 되는 경우에는 보통모멘트 골조로 분류한다. (KDS 14 31 60 - 부록 C.1.3)

- 지진하중 저항시스템의 보-기둥 접합부 성능요건은 강구조 내진성능 접합부 인증지침에 따른다 (KDS 14 31 60 - 부록 C.1.2.1.2)

 # SS, SM, SN 강재의 경우
깊이 **750mm** 이하인 형강만 중간모멘트골조 가능
SHN 강재의 경우
깊이 **900mm** 이하인 형강만 중간모멘트 골조 가능
(현대제철에서 접합부 인증 취득)

6. 강재보와 철근콘크리트 슬래브의 합성보 설계 시 완전합성보와 불완전합성보의 차이점을 제시하고, 불완전합성보로 설계하는 경우에 대하여 설명하시오.

<116회 1교시>

(1) 완전 합성보와 불완전 합성보의 차이점

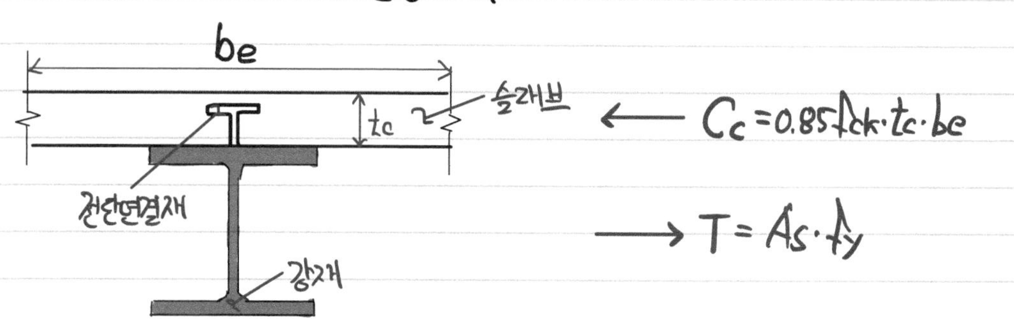

콘크리트 전체 단면이 받을 수 있는 힘의 크기를 Cc,
강재 전체 단면이 받을 수 있는 힘의 크기를 T 라고 할때,
중립축(및 응력블록 깊이)과 상관없이 어떤 경우에도 강재와
콘크리트 사이에 발생가능한 최대 전단력 Min(Cc,T)를 전단연결재가
전달할 수 있는 경우 완전합성보, 전단연결재가 Min(Cc,T)를 온전히
전달할 수 없는 경우가 불완전 합성보가 된다.

(2) 불완전합성보로 설계하는 경우

① 시공하중(콘크리트 타설)을 고려한 단면이 콘크리트 타설후 응력비에
여유가 생겨 불완전합성보로 설계하여도 내력이 확보되는 경우
(시공하중 지배로 단면이 커진경우)

② 데크플레이트의 리브와 직각으로 리브간격에 맞춰야 하는 경우

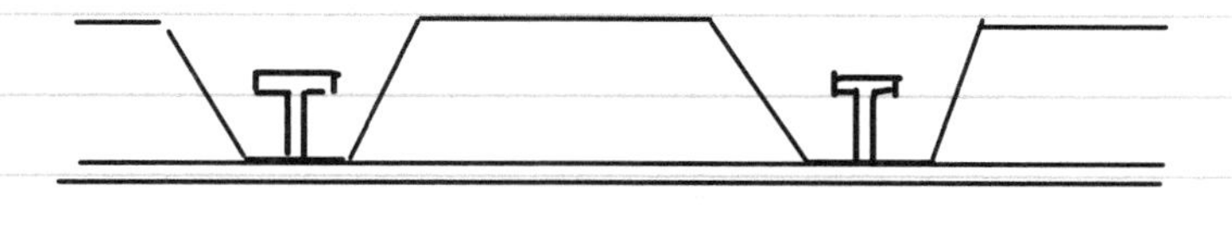

③ 전단연결재 2열배치를 피하고자 하는 경우 끝

딸기맛호가든 : 이보다 약간 부족한 답안으로 7.67/10점을 취득하였다.

7. 철근콘크리트 벽체설계 시 실용설계법을 적용할 수 있는 범위를 제시하고, 설계 축력강도식(ϕP_{nw})을 구성하는 각 항목들의 의미를 설명하시오. <116회 1교시>

KDS 14 20 72, 4.3.2

(1) 실용설계법 적용가능 범위

① 직사각형 단면, 계수하중 합력이 벽두께의 중앙 1/3 이내에 작용

② 각 집중하중에 대한 벽체의 유효수평길이는 다음값 이내
Min [하중사이의 중심길이, 하중지지폭 + 벽체두께 4배]

③ 수직철근은 다음이상(철근비)

0.0012 ($F_y \geq 400MPa$, D16이하인 이형철근일시
지름 16이하 용접철망일시

0.0015 : 기타의 이형철근일시

④ 수평철근은 다음이상(철근비)

0.002 ($F_y \geq 400MPa$, D16이하인 이형철근일시
지름 16이하 용접철망일시

0.0025 : 기타의 이형철근일시

⑤ 수직 및 수평철근 간격은 벽두께 3배이하, 450mm 이하

⑥ 기타 벽체일반사항 및 최소철근비 규정 만족

①~⑥ 을 모두 만족할시, 실용설계법을 적용 가능하다.

(2) ϕP_{nw} 구성항목

$$\phi P_{nw} = 0.55 \cdot \phi \cdot f_{ck} \cdot A_g \left[1 - \left(\frac{k l_c}{32h} \right)^2 \right]$$

여기서, ϕ : 강도 감소계수
f_{ck} : 콘크리트 압축강도
A_g : 총단면적
h : 벽체의 두께
l_c : 벽체의 높이
k : 유효길이계수 (상하 양단중 한쪽이상 회전구속 : 0.8
" " 양쪽모두 회전불구속 : 1.0
비횡구속 벽체 : 2.0

끝

8. 건축구조물의 내진설계 시 우발편심을 고려해야 하는 이유와 적용 방법에 대하여 설명하시오.

<116회 1교시>

KDS 41 17 00, 7.2.6.4

(1) 우발편심 고려이유

기준에서 명확하게 고려하지 못한 다음요인들을 고려하기 위함이다.

① 수직축에 대한 지반운동의 회전요소

② 산정된 강성과 실제 강성값의 차이

③ 항복강도와 고정하중 질량의 불확실성

④ 고정하중과 활하중 질량분배의 불확실성

(2) 적용방법

① 우발 비틀림모멘트 M_{ta}

$$M_{ta} = \text{층전단력} \times \text{우발편심}$$

이때, 지진력 직각방향 구조물 평면치수 5%에 해당하는 우발편심을 적용한다.

② 비틀림 비정형이 있을시

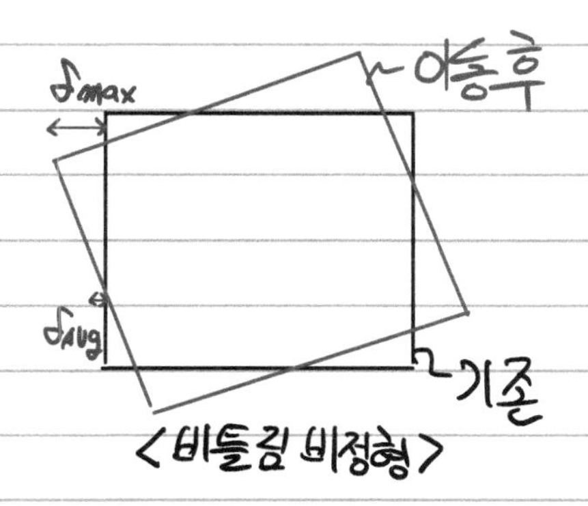

<비틀림 비정형>

$\delta_{max}/\delta_{AVG} > 1.2$에 해당하는 비틀림 비정형이 있을시, M_{ta}에 비틀림증폭계수 A_x를 곱해준다.

$$A_x = (\delta_{max}/1.2\delta_{AVG})^2 \leq 3.0$$

끝

M군 : 비틀림 비정형에서 증폭계수 산정시 사용하는 δ 는 층간변위가 아닌 층변위값 적용.

9. 고강도 콘크리트에서 발생할 수 있는 폭열 현상 및 방지대책에 대하여 설명하시오.
<116회 1교시>

(1) 폭렬 발생원인

고강도 콘크리트 : 제조시 미세립 혼화재 사용 → 내부공극 메움
→ 내부조직 치밀

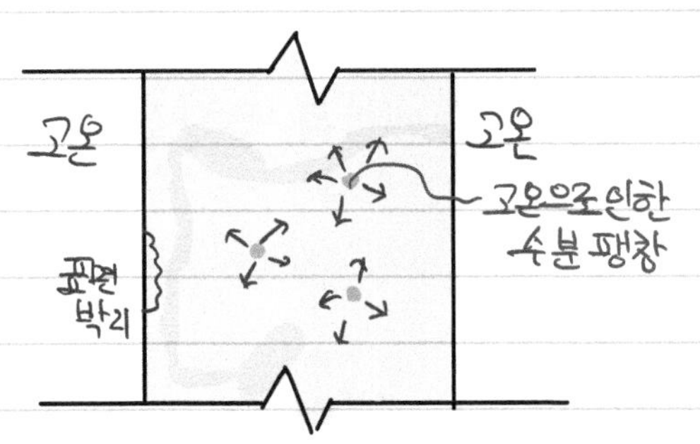

고온발생 → 수분팽창 → 수증기 배출X → 표면박리, 탈락 발생
(기화하여 수증기) (내부조직이 치밀하여 배출X) (미배출 수증기가 압력을 가함)

(2) 폭렬 저감 방안

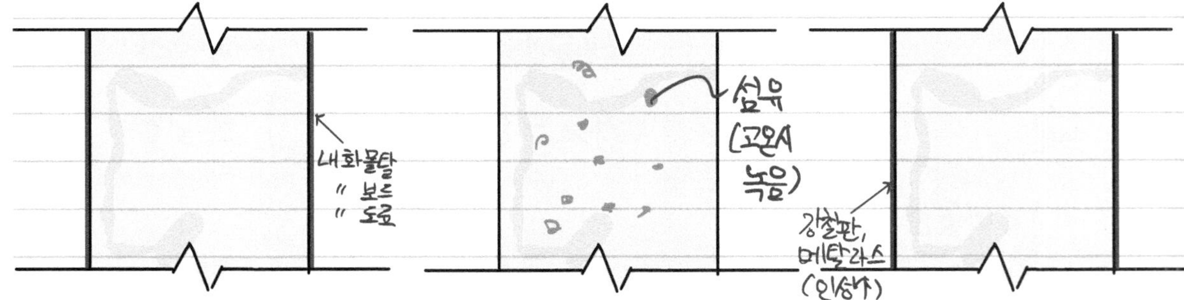

① 표층부의 온도상승 및 온도구배를 저감 (열전달 ↓)
② 콘크리트에 섬유를 혼합 (섬유가 녹아 수증기 배출 통로 형성)
③ 인성이 강한 재료를 측면에 부착 (압력에 직접 저항)

끝

10. 건축구조기준(~~KBC2016~~ KDS14)에 의한 철근콘크리트 구조의 플랫 슬래브 지판크기에 대한 규정을 설명하시오. <116회 1교시>

KDS 14 20 70, 4.1.2.4

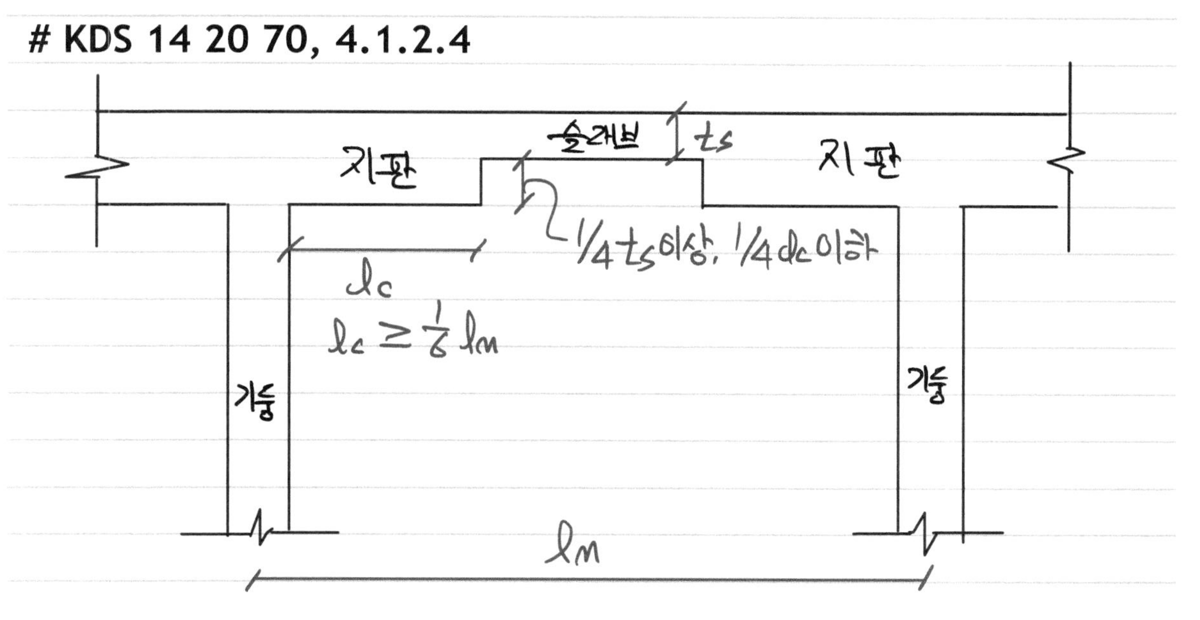

(1) 지판은 받침부중심선에서 각 받침부 중심간 경간의 1/6 이상 연장

(2) 지판의 슬래브 아래로 돌출된 두께는 슬래브 두께의 1/4 이상

(3) 지판부위의 슬래브 철근량 산정시 슬래브 아래로 돌출한 지판의 유효두께는 지판의 외단부에서 기둥이나 기둥머리면까지 거리의 1/4 이하 (유효두께만 설계에 고려)

끝

KDS 41

11. 건축구조기준(~~KBC2016~~)에 의한 풍하중의 지표면조도구분에 대하여 설명하시오.

<116회 1교시>

KDS 41 10 15, 5.5.3의 표 5.5-2

(1) 지표면 조도구분의 정의

지표면의 건물밀집도에 따라 달라지는 풍속의 크기를 산정하기 위한 구분방법.

지표면조도구분	주변지역의 지표면 상태
A	대도시 중심부에서 고층건축물(10층이상)이 밀집
B	수목·3.5m 정도의 주택이 밀집 또는 중층건물(4~9층) 산재
C	높이 1.5~10m 정도의 장애물산재 또는 수목·저층건물 산재
D	장애물이 거의없고, 장애물 평균높이 1.5m 이하, 해안·초원·비행장

(2) 지표면 조도구분별 풍속고도분포계수 K_{zr} 산정

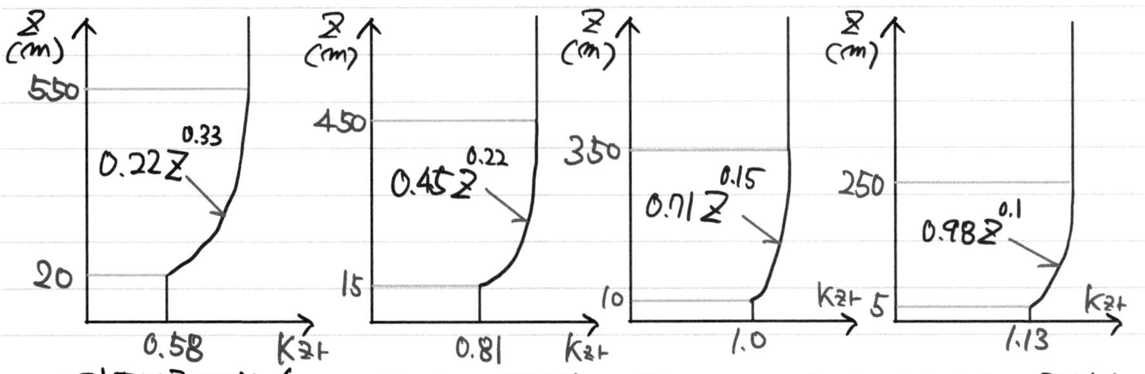

<지표면조도구분 A> <지표면 조도구분 B> <지표면조도구분 C> <지표면조도구분 D>

(3) 지표면조도구분의 선정

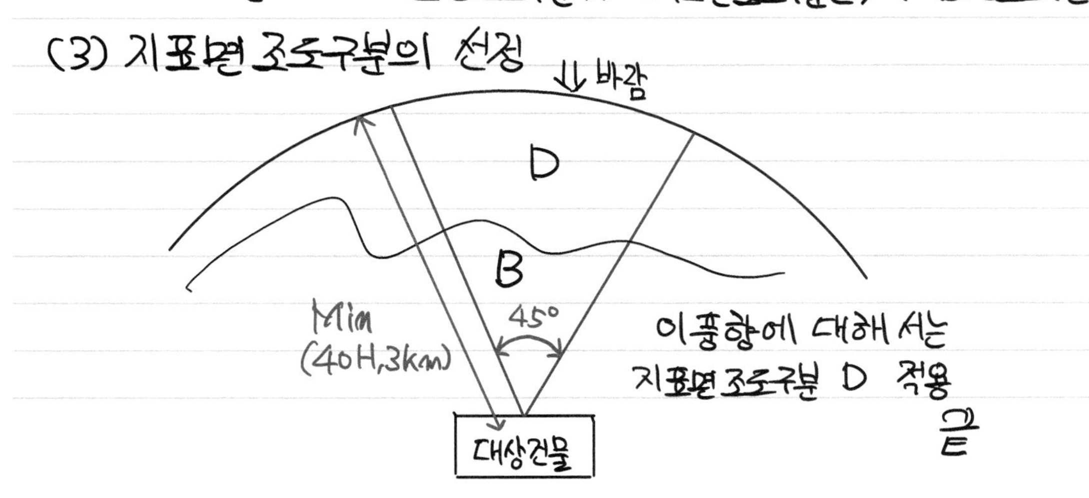

끝

KDS 41

12. 건축구조기준(~~KBC2016~~)에 제시되어 있는 철골특수강판전단벽의 주요 구성요소 3가지를 열거하고, 기본 내진설계개념에 대하여 설명하시오. <116회 1교시>

KDS 41 31 00, 4.10.16

(1) 주요구성요소

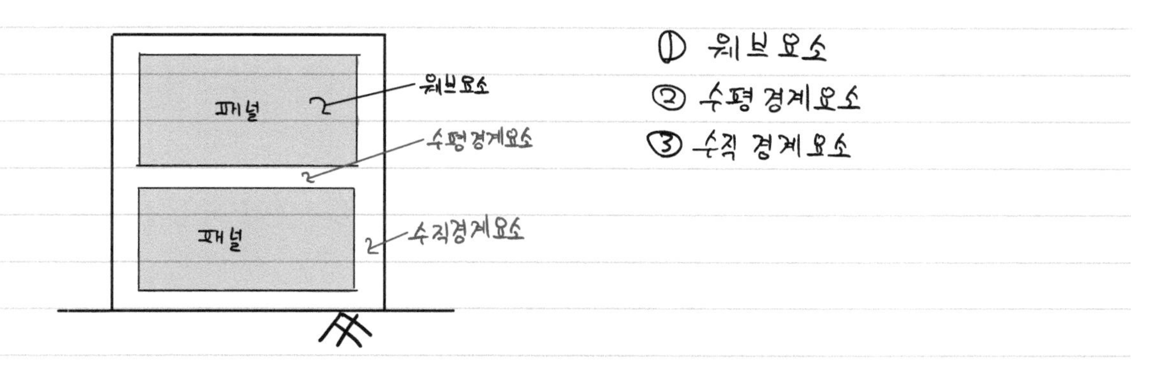

(2) 내진설계 개념

경계요소(수직·수평)에 둘러싸인 세장한 강판의 항복을 통해 연성이력 거동을 확보

① 모든 웨브는 경계요소에 둘러싸여야 한다

② 웨브가 완전히 항복하여 변형경화 상태에 도달하여도 수평 경계요소 양단부에 소성힌지가 생기는 것 이외에는 수직·수평 경계요소가 탄성상태를 유지해야 한다.

끝

13. 건축구조기준(~~KBC2016~~ KDS41)에 의한 조적조 문화재의 구조안전성 평가 항목을 설명하시오.

<116회 1교시>

 # KDS 41 34 07, 1.5

(1) 부재 치수 측정(힘의 흐름에 영향을 주는 벽체, 인방보, 기둥 등)
(2) 쌓기 방법 (마구리 및 접합부위 포함)
(3) 개체와 모르타르 상태
(4) 균열조사
(5) 박리, 탈락 현상
(6) 인위적 손상
(7) 구조해석(현장조사 결과를 근거로 구조계산)

끝

딸기맛호가든 : 자주 안나올 문제는 고득점이 나올수준까지 대비하기 보단 적당히 부분점수를 받을 정도로만 대비하자.

1. 감쇠장치(Damper)와 부속장치로 보강된 구조물을 그림과 같이 모델링하였다. 구조물의 기둥은 상하부 모두 강절로 강체보와 기초에 연결되어 있다. 감쇠계수(Damping Coefficient)가 300 kN·sec/m일 때 구조물의 주기를 산정하시오.

(단, 보강 전 지진력 저항시스템의 감쇠와 감쇠시스템의 수평강성은 고려하지 않는다.)

<116회 2교시>

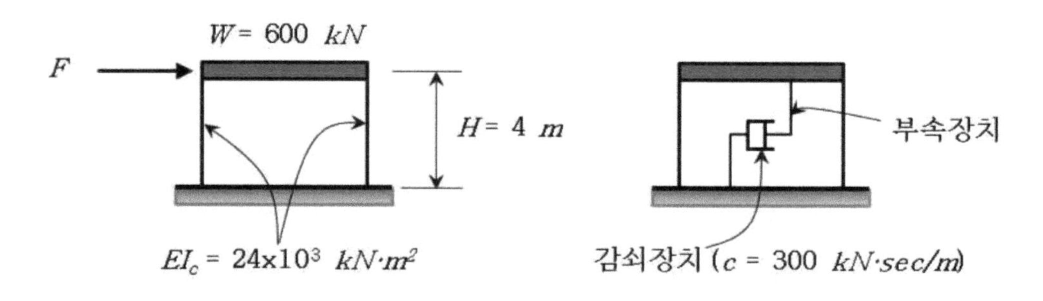

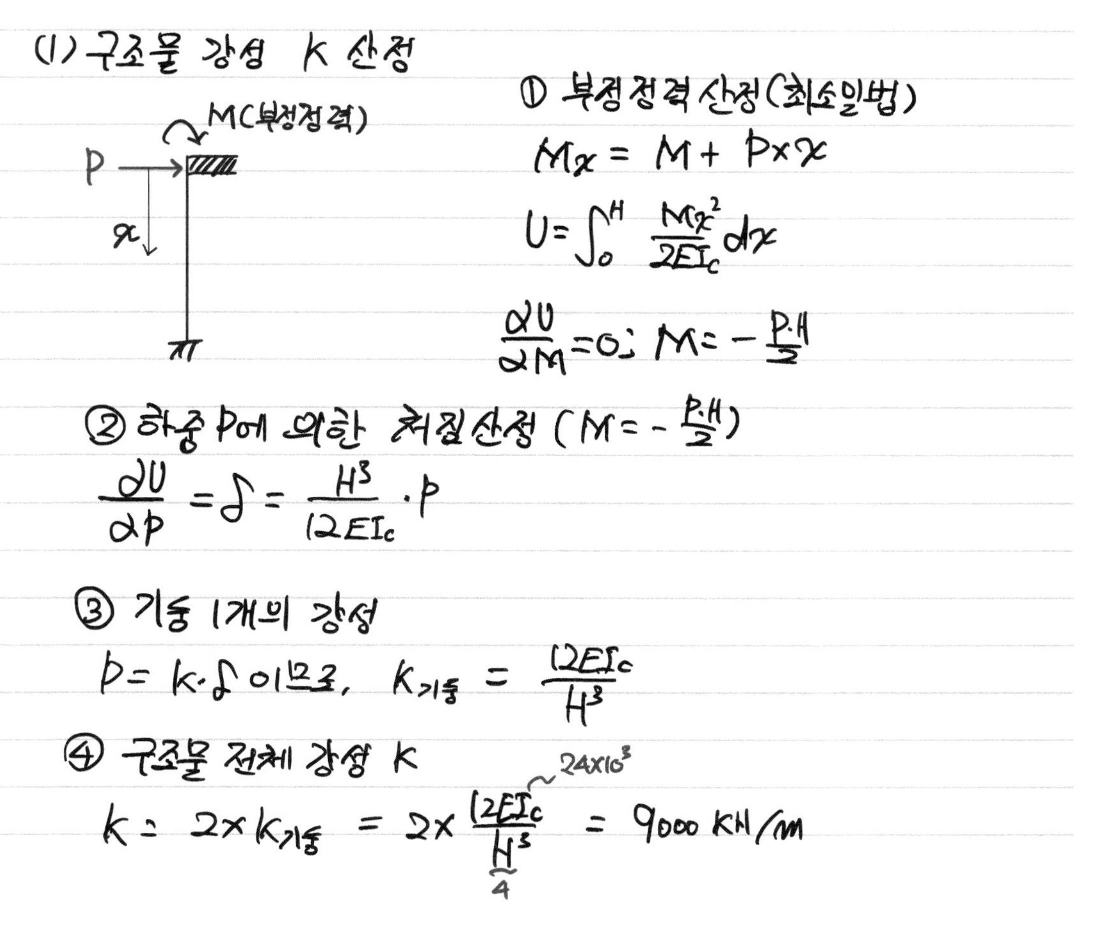

(1) 구조물 강성 K 산정

① 부정정력 산정(최소일법)

$M_x = M + P \times x$

$U = \int_0^H \frac{M_x^2}{2EI_c} dx$

$\frac{\partial U}{\partial M} = 0 ; M = -\frac{P \cdot H}{2}$

② 하중 P에 의한 처짐산정 ($M = -\frac{P \cdot H}{2}$)

$\frac{\partial U}{\partial P} = \delta = \frac{H^3}{12EI_c} \cdot P$

③ 기둥 1개의 강성

$P = k \cdot \delta$ 이므로, $k_{기둥} = \frac{12EI_c}{H^3}$

④ 구조물 전체 강성 K

$K = 2 \times k_{기둥} = 2 \times \frac{12EI_c}{H^3} = 9000\ kN/m$ ($EI_c = 24 \times 10^3$, $H = 4$)

(2) 구조물의 주기 산정 (운동방정식)

$m \cdot \ddot{u}$ ← , $c \cdot \dot{u}$ ← (m), $k \cdot u$ ←

$m \cdot \ddot{u} + c \cdot \dot{u} + k \cdot u = 0$ ~ (1)

(m = 600/9.81, c = 300, k = 9000)

식(1)의 운동방정식을 풀면

$$u(t) = C_1 \cdot 0.0861^t \times \cos(11.88 \cdot t) + C_2 \cdot 0.0861^t \times \sin(11.88t)$$

따라서 $W_d = 11.88$ rad/sec

$T = 2\pi / W_d = 0.529$ sec

(3) 감쇄율을 이용하여 검산

임계감쇄일때 $C_{cr}^2 - 4 \cdot k m = 0$ 이므로,

$C_{cr} = \sqrt{4 \cdot k \cdot m} = 1483.86$ kN·sec/m

$\xi = \dfrac{C}{C_{cr}} = 0.202$

$W = \sqrt{\dfrac{k}{m}} = 12.131$ rad/sec

$W_d = W \times \sqrt{1-\xi^2} = 11.88$ rad/sec

$T = 2\pi / W_d = 0.529$ sec 값 일치 끝

딸기맛호가든 : c값이 주어져 있으므로, 강성K만 구한다면 운동방정식을 세울 수 있는 상태가 된다. 운동방정식은 미분방정식이므로, 계산기로 풀어낼 수 있다.

- 필자는 실제 시험에서도 계산기의 미분방정식 풀이기능을 이용하여 풀이하였다. 즉 본 풀이의 (1)~(2) 까지만 사용하였고, 그밖의 사항은 4~5줄분량의 이론적인 내용 서술로 대체하였다.
그렇게 풀고 받은 점수는 25/25점

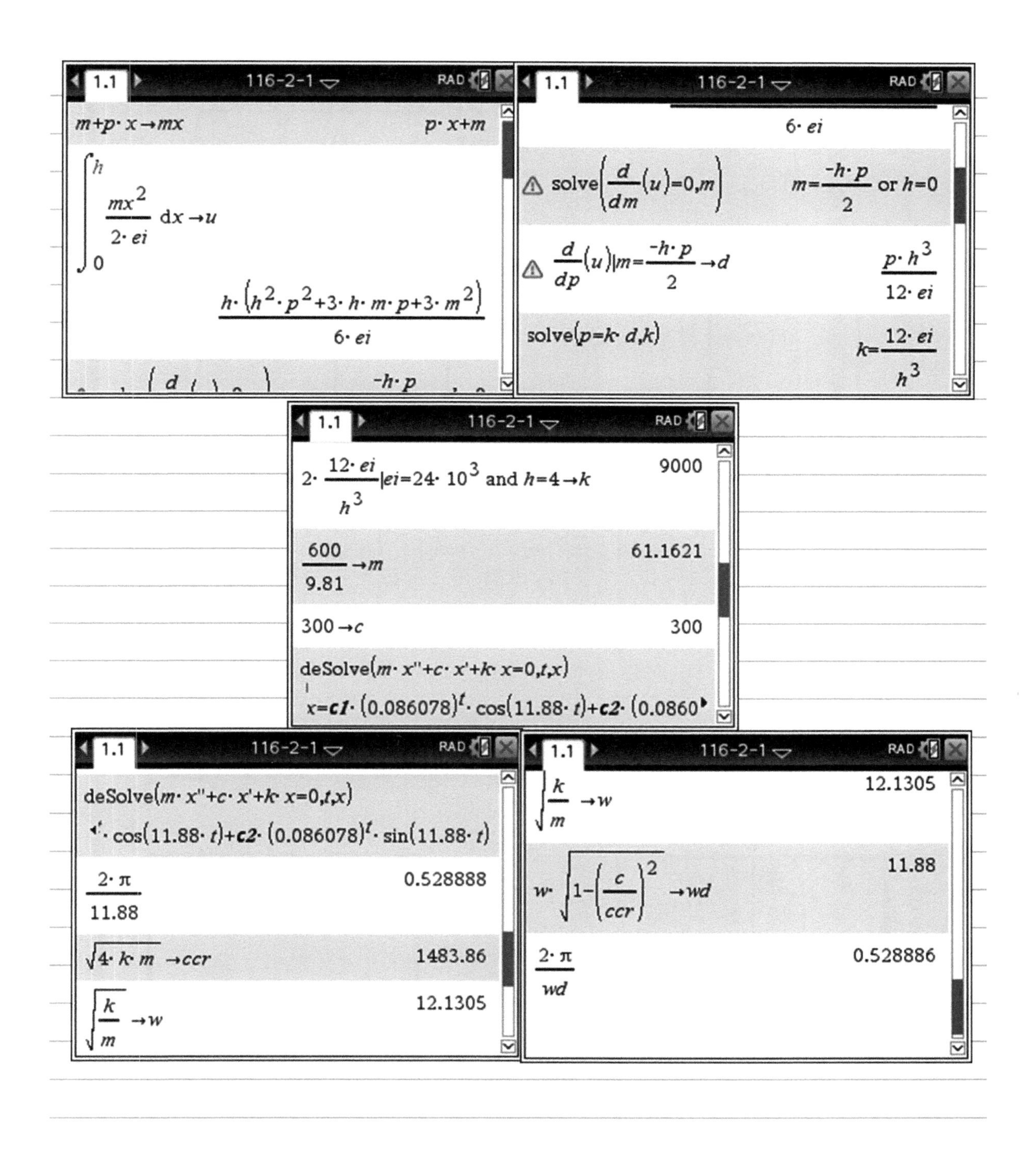
1.1
116-2-1
RAD
m+p· x→mx
p· x+m
∫_0^h mx^2/(2· ei) dx →u
h·(h^2·p^2+3·h·m·p+3·m^2)/(6· ei)
6· ei
solve(d/dm(u)=0,m)
m=-h·p/2 or h=0
d/dp(u)|m=-h·p/2 →d
p·h^3/(12· ei)
solve(p=k· d,k)
k=12· ei/h^3
2· 12· ei/h^3|ei=24· 10^3 and h=4→k
9000
600/9.81 →m
61.1621
300→c
300
deSolve(m· x''+c· x'+k· x=0,t,x)
x=c1· (0.086078)^t· cos(11.88· t)+c2· (0.0860
cos(11.88· t)+c2· (0.086078)^t· sin(11.88· t)
2· π/11.88
0.528888
√(4· k· m) →ccr
1483.86
√(k/m) →w
12.1305
w· √(1-(c/ccr)^2) →wd
11.88
2· π/wd
0.528886

2. 그림과 같이 집중하중이 작용하는 모멘트 골조의 변형 형상을 그리고 변곡점이 있는 경우 그 위치를 표시하시오.

(단, 보와 기둥의 길이는 같으며, 축방향 변형과 전단변형은 무시하고, 모든 부재의 휨강성 EI는 동일한 것으로 가정한다. 또한 하중은 절점 또는 부재의 중앙부에 작용하고 있다.)

<116회 2교시>

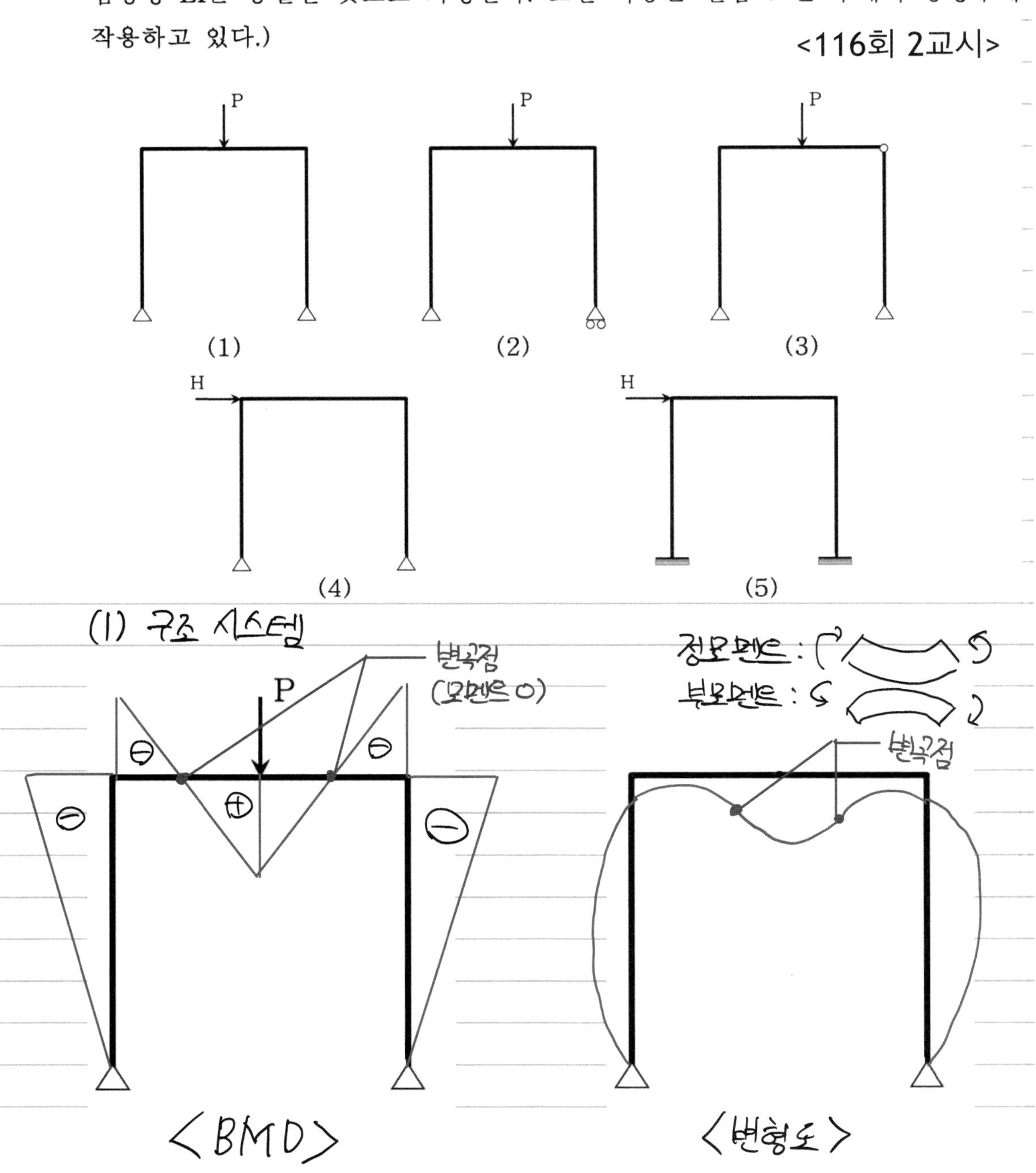

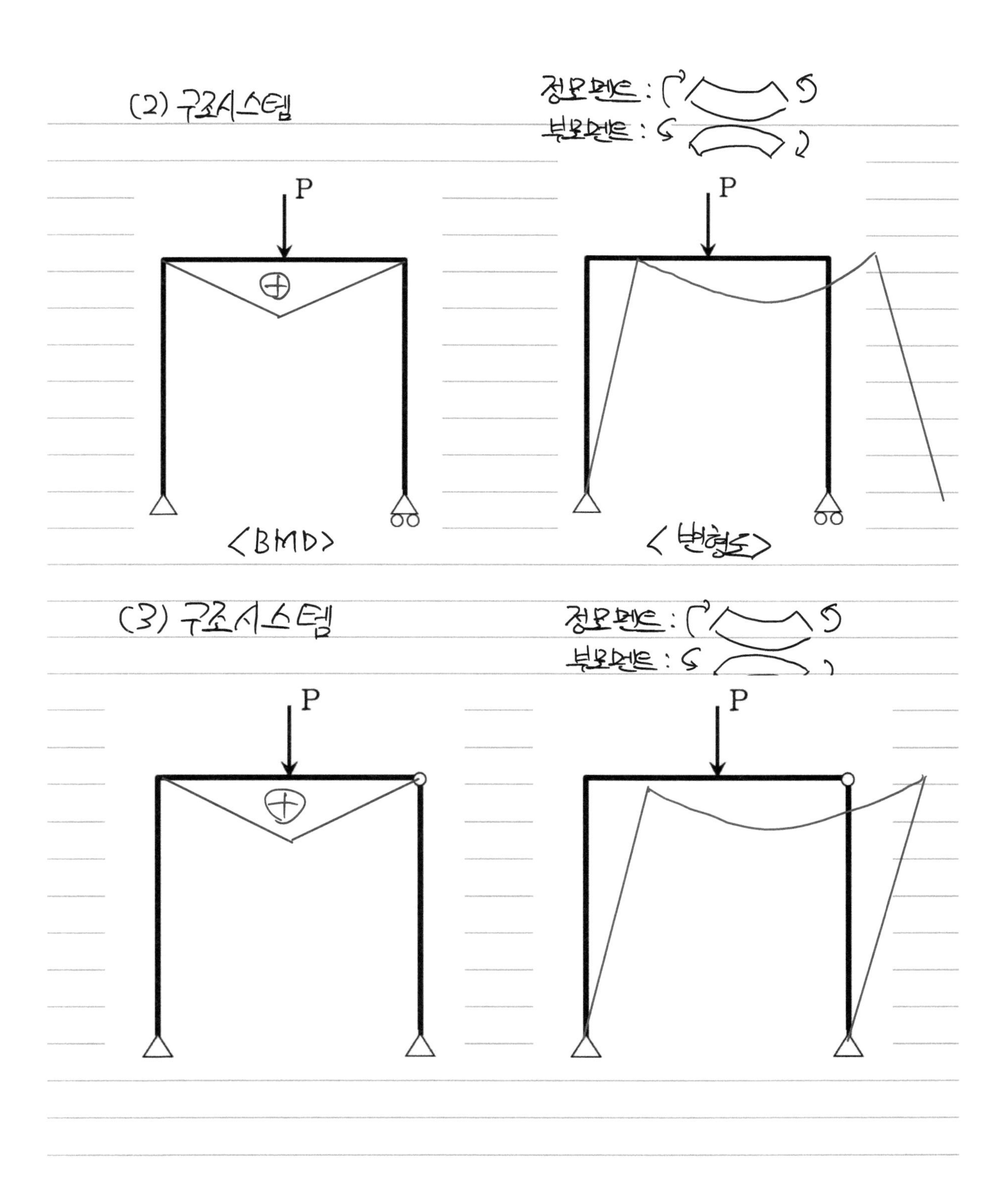

(2) 구조시스템
정모멘트 :
부모멘트 :
P
P
⊕
<BMD>
<변형도>
(3) 구조시스템
정모멘트 :
부모멘트 :
P
P
⊕

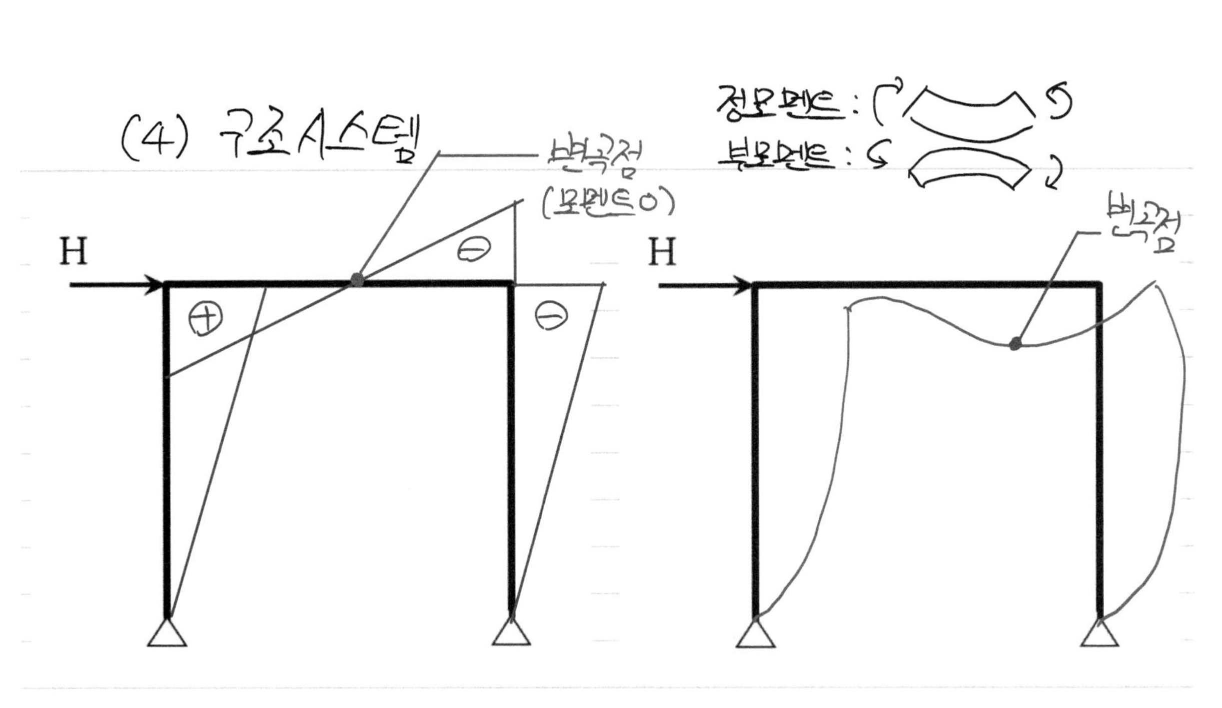
(4) 구조시스템
변곡점
(모멘트 0)
정모멘트 :
부모멘트 :
H
H
변곡점

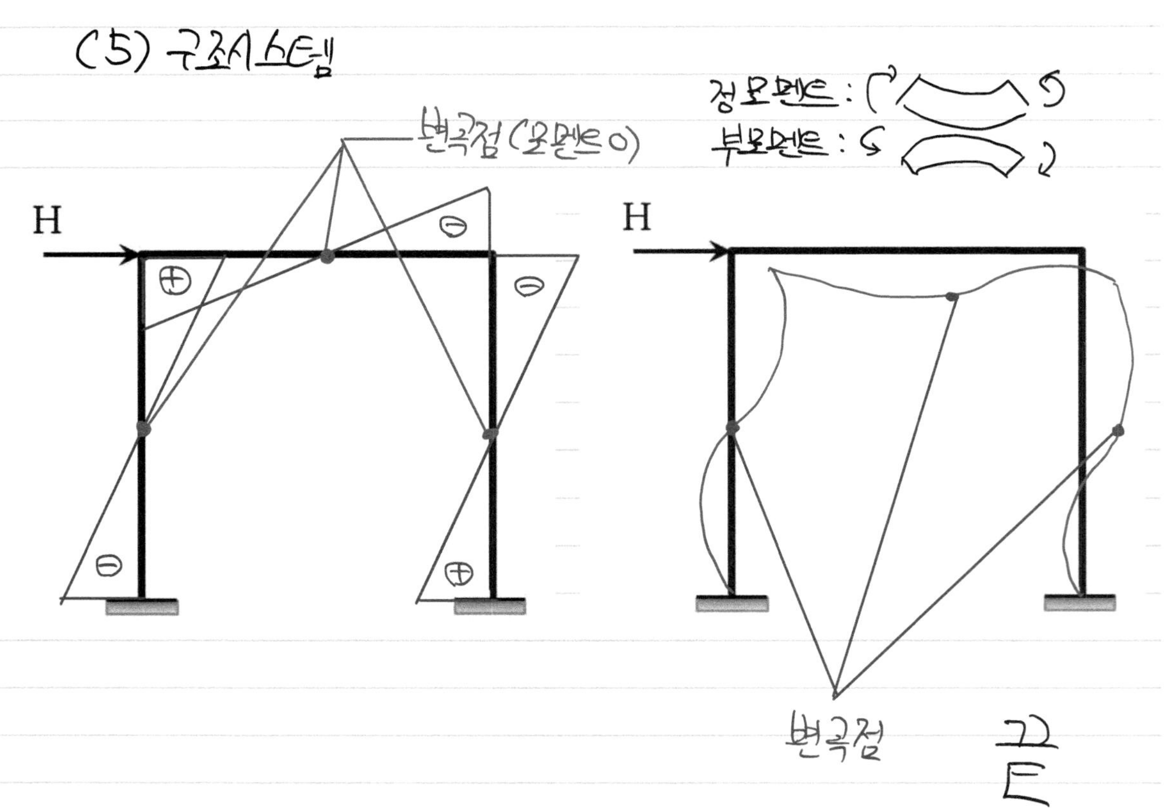
(5) 구조시스템
변곡점 (모멘트 0)
정모멘트 :
부모멘트 :
H
H
변곡점
끝

3. 계수하중에 의한 부재력 M_u=400kN·m, V_u=280kN을 받는 기둥과 보 강접합부를 설계하시오.
(단, 플레이트 재질은 보부재와 동일하며 그림의 단위는 mm이다.) <116회 2교시>

(1) 보플랜지 용접부 검토

(2) 웨브접합부 플레이트 검토

(3) 집중하중을 받는 웨브 및 플랜지강도 산정

(4) 기둥과 보 접합부를 도시하시오.

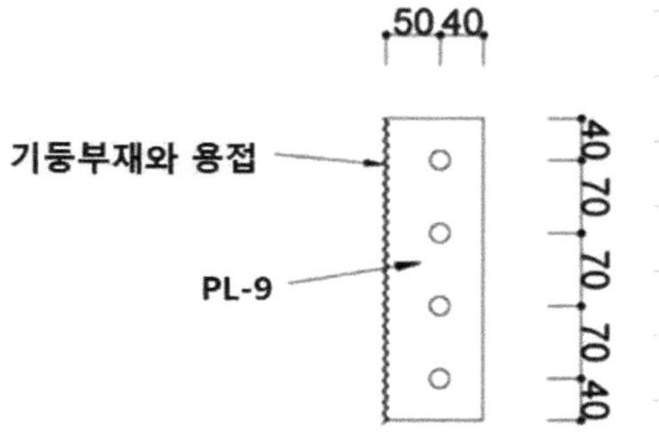

<설계조건>
- 기둥부재 H-400×408×21×21 (r=22 mm) SM355 (F_u = 490 MPa, F_y = 345 MPa)
- 보부재 H-588×300×12×20 (r=28 mm) SN275 (F_u = 410 MPa, F_y = 275 MPa)
- 고장력볼트 F10T M20 사용, 설계볼트장력 = 165 kN/ea
- 설계미끄럼강도(ϕR_n) = 82.5 kN/ea
- 용접봉인장강도 F_{uw}=490 MPa
- 기둥과 웨브 접합 플레이트 용접사이즈 6 mm
- 기둥웨브의 크리플링강도

$$\phi R_n = 0.75 \times 0.8 t_w{}^2 [1 + 3\frac{l_c}{d}(\frac{t_w}{t_f})^{1.5}] \sqrt{\frac{EF_{yw}t_f}{t_w}}$$

- E = 205000 MPa

(1) 보플랜지 용접부 검토
완전용입 용접으로 플랜지 내력을 100% 전달

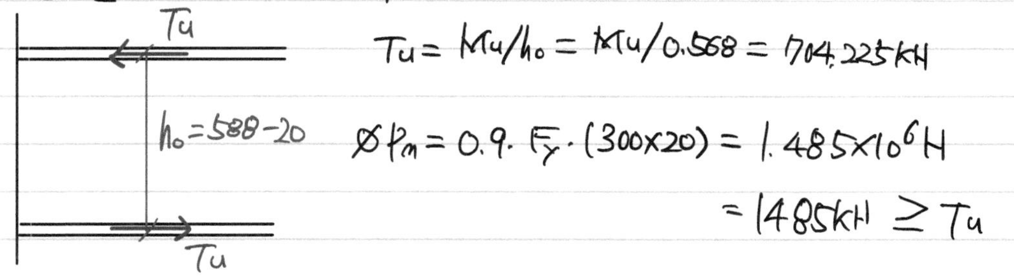

Tu
h_o=588-20
Tu
$T_u = M_u/h_o = M_u/0.568 = 704.225$ kN
$\phi P_n = 0.9 \cdot F_y \cdot (300 \times 20) = 1.485 \times 10^6$ N
$= 1485$ kN $\geq T_u$

완전용입 용접시 보플랜지는 안전하다.

(2) 웨브접합부 플레이트 검토

① 볼트의 설계 미끄럼 강도 (표준구멍, 필러계수는 1.0으로 가정)

$\phi R_n = \underset{1.0}{\phi} \cdot \underset{1.0}{h_f} \cdot \underset{0.5}{\mu} \cdot T_o = 82.5kN/EA \geq 280/4 = 70kN/EA$

O.K

② 웨브 플레이트 검토

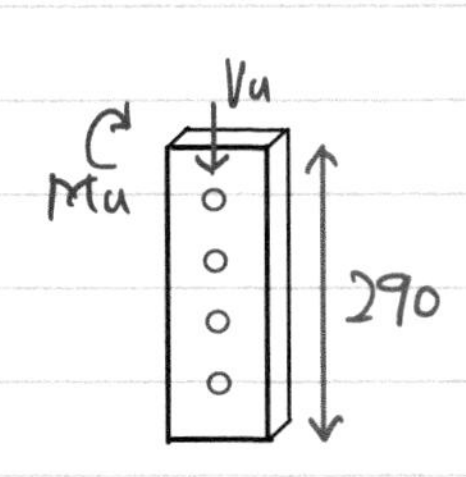

$V_u = 280kN,\ M_u = V_u \times 0.05 = 14kN \cdot m$

a. 총단면적 항복

$\phi R_n = \underset{0.9}{\phi} \cdot 0.6 \cdot F_y \cdot 290 \times 9 = 387585N$

$= 387.585kN \geq V_u$

O.K

b. 순단면적 파단

$\phi R_n = \underset{0.75}{\phi} \cdot 0.6 \cdot F_u \cdot (290 - 4 \times 22) \times 9 = 335421N$

$= 335.421kN \geq V_u$

O.K

C. 조합응력 검토

$A = 290 \times 9 = 2910mm^2$ $\quad S = 9 \times 290^2/6 = 126150mm^3$

$\tau = V_u/A = 107.280MPa$

$\sigma = M_u/S = 110.979MPa$

$\sqrt{\sigma^2 + 3\tau^2} = 216.433MPa \leq \phi \cdot F_y = 247.5MPa$ O.K

③ 웨브 용접부 검토

$A_w = 2 \times 0.7 \times \underset{6}{S} \times (\underset{290}{l_w} - 2S) = 2335mm^2$

$S = 0.7 \times S \times (l_w - 2S)^2/6 = 54098.8mm^3$

$\tau = V_u/A_w = 119.914MPa$

$\sigma = \underset{14 \times 10^6}{M_u}/S = 258.786MPa$

$\sqrt{\tau^2 + \sigma^2} = 285.218MPa \leq \phi R_n = 0.75 \times \underset{490}{F_{uw}} = 367.5MPa$

O.K

(3) 집중하중을 받는 웨브 및 플랜지

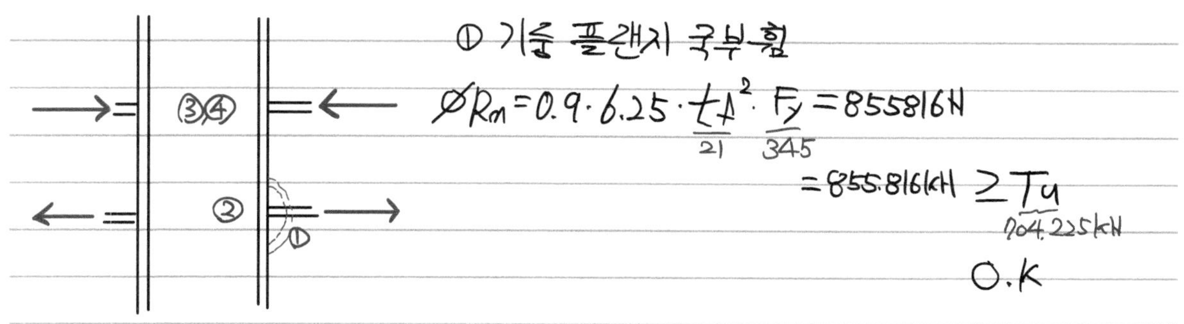

① 기둥 플랜지 국부휨

$\phi R_n = 0.9 \cdot 6.25 \cdot t_f^2 \cdot F_y = 855816N$ (t_f: 21, F_y: 345)

$= 855.816kN \geq T_u$ (704.225kN)

O.K

② 기둥웨브의 국부항복

$\phi R_n = 1.0 \times (5k + l_c) \cdot t_w \cdot F_y = 1702575N$ (k: 21+22, l_c: 20, t_w: 21, F_y: 345)

$= 1702.575kN \geq T_u$ O.k

③ 기둥 웨브의 크립플링강도

$\phi R_n = 0.75 \times 0.8 t_w^2 \left[1 + 3\frac{l_c}{d}\left(\frac{t_w}{t_f}\right)^{1.5}\right] \times \sqrt{\frac{E \cdot F_y \cdot t_f}{t_w}} = 2.55248 \times 10^6 N$ (t_w: 21, l_c: 20, d: 408, t_f: 21)

$= 2552.48kN \geq T_u$

④ 기둥 웨브의 압축좌굴강도

$\phi R_n = 0.9 \times \frac{24 \cdot t_w^3 \cdot \sqrt{E/F_y}}{h} = 5.22447 \times 10^6 N = 5224.47kN \geq T_u$ (h: 408−2×21−2×22=322)

(4) 보-기둥 접합부 도시

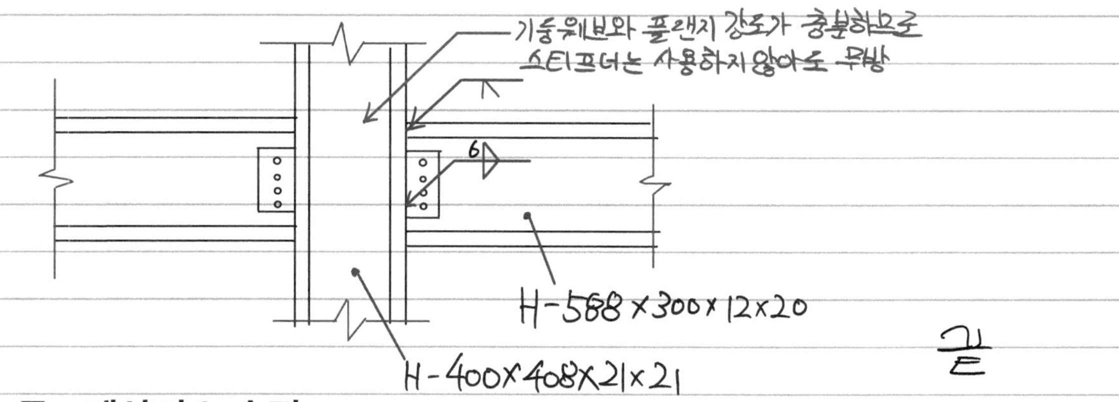

기둥웨브와 플랜지 강도가 충분하므로
스티프너는 사용하지 않아도 무방
6
H-588×300×12×20
H-400×408×21×21

끝

M군 : 계산미스 수정

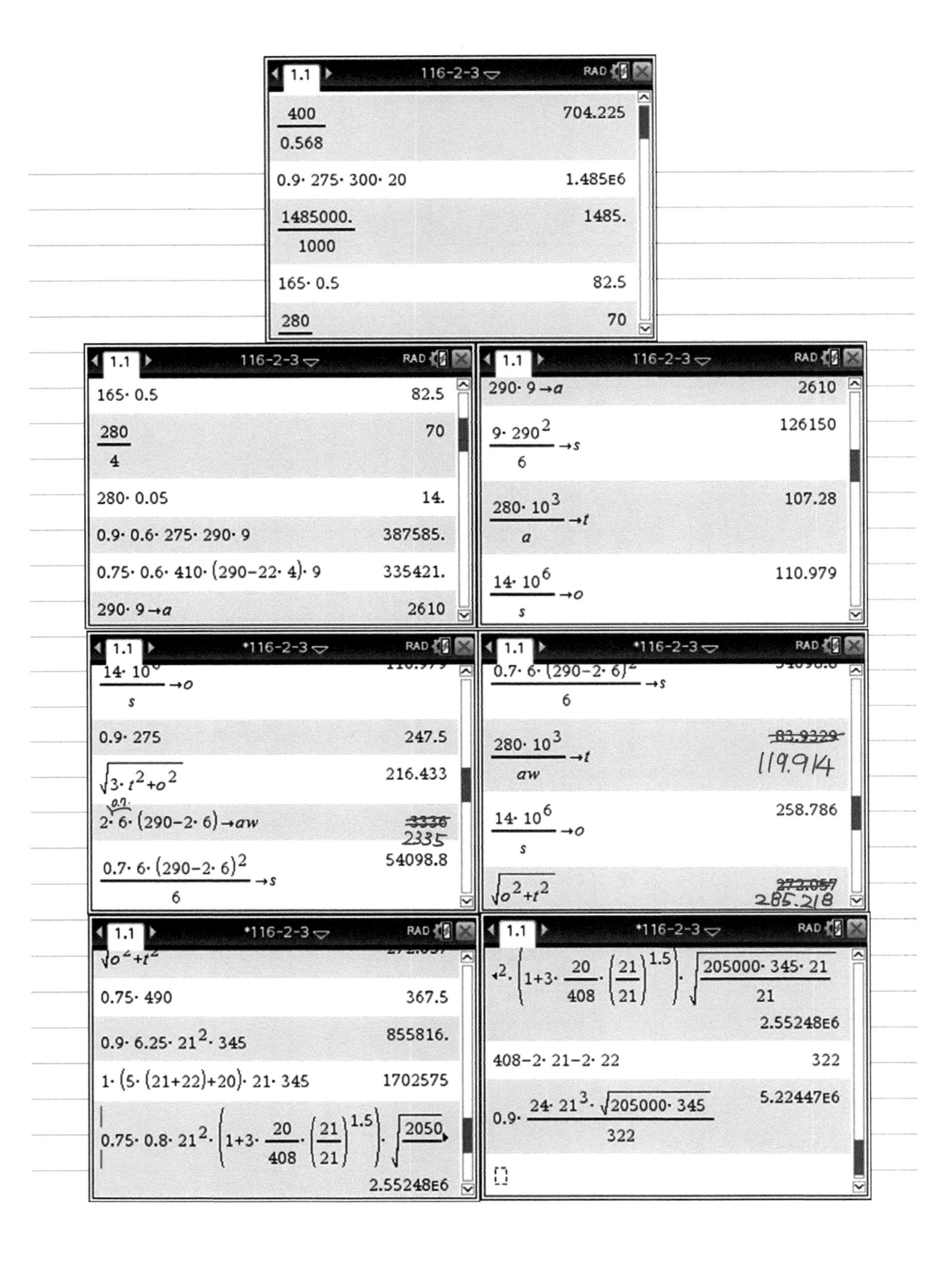
1.1
116-2-3
RAD
400 / 0.568 704.225
0.9· 275· 300· 20 1.485E6
1485000. / 1000 1485.
165· 0.5 82.5
280 70
165· 0.5 82.5
280 / 4 70
280· 0.05 14.
0.9· 0.6· 275· 290· 9 387585.
0.75· 0.6· 410· (290−22· 4)· 9 335421.
290· 9→a 2610
290· 9→a 2610
9· 290^2 / 6 →s 126150
280· 10^3 / a →t 107.28
14· 10^6 / s →o 110.979
*116-2-3
14· 10^6 / s →o
0.9· 275 247.5
√(3· t^2+o^2) 216.433
2· 6· (290−2· 6)→aw 3336 2335
0.7.
0.7· 6· (290−2· 6)^2 / 6 →s 54098.8
0.7· 6· (290−2· 6)^2 / 6 →s
280· 10^3 / aw →t 83.9329 119.914
14· 10^6 / s →o 258.786
√(o^2+t^2) 273.057 285.218
0.75· 490 367.5
0.9· 6.25· 21^2· 345 855816.
1· (5· (21+22)+20)· 21· 345 1702575
0.75· 0.8· 21^2· (1+3· 20/408 · (21/21)^1.5)· √(2050 2.55248E6
2.· (1+3· 20/408 · (21/21)^1.5)· √(205000· 345· 21 / 21) 2.55248E6
408−2· 21−2· 22 322
0.9· 24· 21^3· √(205000· 345) / 322 5.22447E6

4. 그림과 같은 부재에 축력이 작용할 경우 D위치에서의 변위 값을 구하시오.

<116회 2교시>

- 부재의 자중은 무시함
- AC 부재의 단면적 : 600 mm^2
- CD 부재의 단면적 : 200 mm^2
- 탄성계수(E) = 2×10^5 MPa
- P_1 = 500 kN, P_2 = 300 kN, P_3 = 200 kN

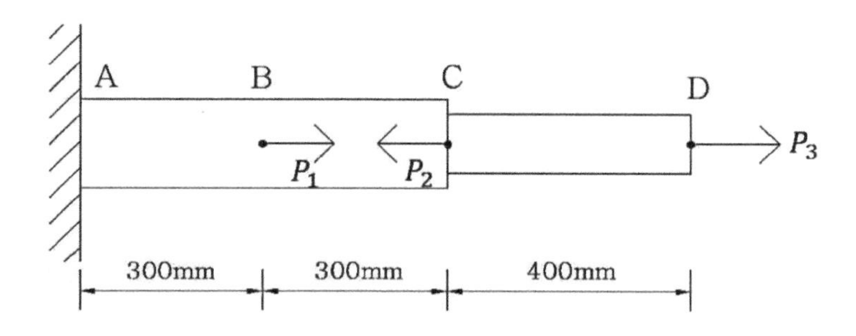

(1) 자유물체도

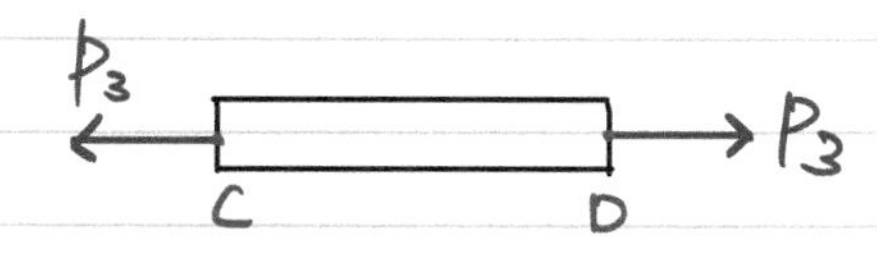

$P_3 - P_2$ ← B — C → $P_3 - P_2$

$P_3 - P_2 + P_1$ ← A — B → $P_3 - P_2 + P_1$

(2) 변위 산정

① C-D부재

$$P_3 = 200\,kN,\ \delta_{CD} = \frac{P \cdot L}{EA} = \frac{200\times10^3\times400}{2\times10^5\times200} = 2.0\,mm$$

② B-C 부재

$$P_3 - P_2 = -100\,kN,\ \delta_{BC} = \frac{P \cdot L}{EA} = \frac{-100\times10^3\times300}{2\times10^5\times600} = -0.25\,mm$$

③ A-B 부재

$P_3 - P_2 + P_1 = 400kN$, $\delta_{AB} = \frac{PL}{EA} = \frac{400\times10^3\times300}{2\times10^5\times600} = 1.0mm$

(3) 전체 변위

$$\delta_D = \delta_{CD} + \delta_{BC} + \delta_{AB} = 2.75mm$$

끝

딸기맛호가든 : 이상할정도로 너무 쉬운 문제라 함정있는게 아닌지 한참동안 고민했다고 한다.

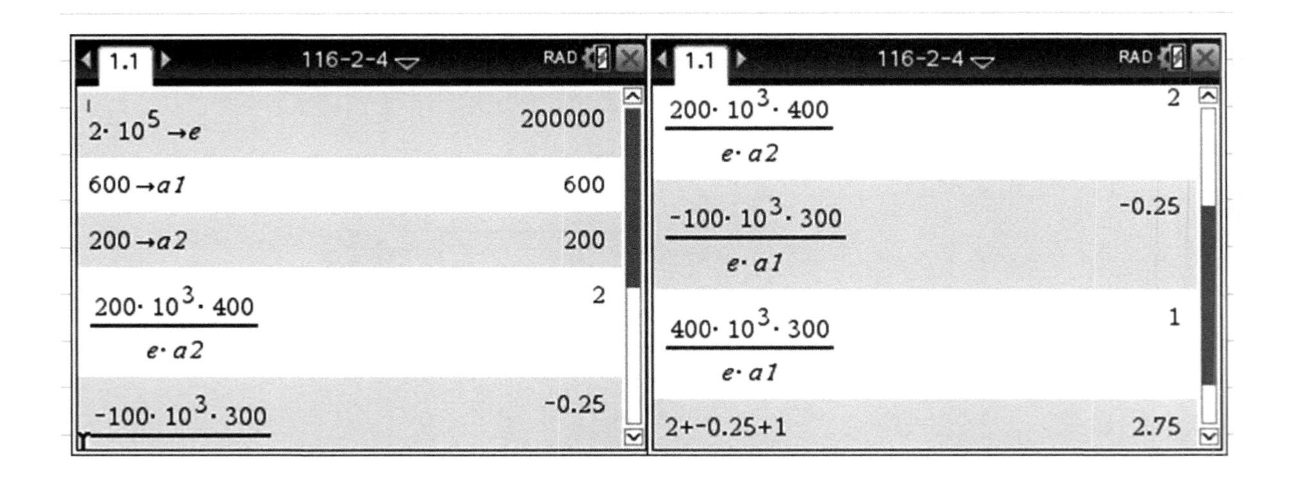

5. 건축물의 규모와 용도에 따른 중요도를 분류하고, 책임구조기술자의 자격, 책무 및 서명·날인에 대하여 설명하시오.

(단, ~~KBC2016을~~ 기준으로 한다.) <116회 2교시>

KDS41

KDS 41 10 05, 3.1~3.3 및 7.1~7.3

(1) 건축물 규모와 용도에 따른 중요도

① 중요도(특)

- 연면적 1000 m^2 이상의 위험물 저장 및 처리시설
- 〃 〃 〃 국가 또는 지방자치단체의 청사, 외국공관, 소방서, 발전소, 방송국, 전신전화국
- 종합병원, 수술시설이나 응급시설이 있는 병원
- 지진과 태풍 또는 다른 비상시의 긴급대피 시설로 지정한 건축물

② 중요도(1)

- 중요도(특)에 해당하지 않는 위험물 저장 및 처리시설, 병원
- 〃 〃 〃 〃 국가 또는 지방자치 단체의 청사, 외국공관, 소방서, 발전소, 방송국, 전신전화국
- 연면적 5000 m^2 이상의 공연장, 집회장, 관람장, 전시장, 운동시설, 판매시설, 운수시설(화물터미널, 집배송시설 제외)
- 아동관련시설, 노인복지 시설, 사회복지시설, 근로복지시설, 학교
- 5층 이상인 숙박시설, 오피스텔, 기숙사, 아파트
- 연면적 1000 m^2 인 의료시설

③ 중요도 (2)

- 중요도 (특), (1), (3)에 해당하지 않는 건축물

④ 중요도 (3)

- 농업시설물, 소규모 창고, 가설구조물

(2) 책임구조기술자의 자격, 책무, 서명, 날인

① 자격

건축구조물의 구조에 대한 설계, 시공, 감리, 안전진단 등의 관련업무를 각각 책임지고 수행하는 기술자로서 자격은 관계법령을 따른다.

② 책무

구조에 대한 설계도서의 작성, 시공, 시공상세도의 구조적합성 검토, 공사단계 에서의 구조적합성과 구조안전의 확인, 유지단계에서의 구조안전확인, 구조감리 및 안전진단 등은 당해 업무별 책임구조 기술자의 책임하에 수행

③ 서명·날인

- 구조설계도서, 구조상세도서, 감리보고서 및 안전진단 보고서 등은 해당 업무별 책임구조 기술자의 서명·날인이 있어야 유효하다.
- 건축주와 시공자 및 감리자는 서명·날인한 설계도서와 시공상세도서등으로 각종 인허가 행위 및 시공감리를 하여야 한다.

끝

6. 계수고정하중과 계수풍하중이 작용할 때 1차 구조해석을 수행하여 건축물 3층 바닥이 2층 바닥에 비해 12.2 mm 횡방향 변위가 발생하였다. 해석에 의해서 구한 절점하중들이 그림과 같이 주어질 때 다음을 구하시오. <116회 2교시>

1) 횡구속골조(Braced, Non-sway Frame)와 비횡구속골조(Unbraced, Sway Frame)의 판단 방법에 대하여 설명하시오.

2) 층 안정성 지수를 이용하여 횡구속 골조인지 아니면 비횡구속 골조인지를 판단하시오.

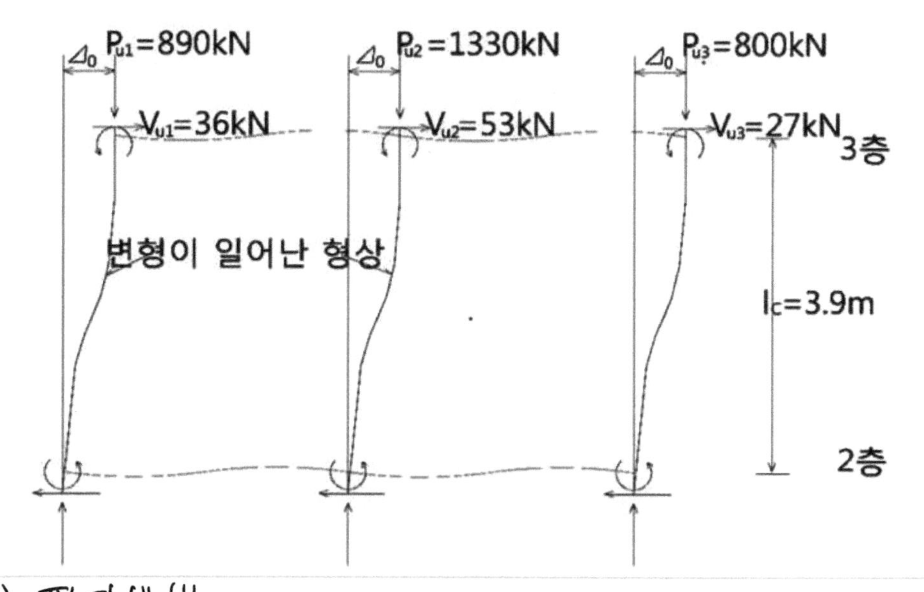

(1) 판단방법

① 육안으로 또는 도면으로 판단가능한 전단벽

전단벽이 충분 ⟶ 횡구속 골조

〃 부족 ⟶ 비횡구속골조

단 이 방법은 주관적인 판단을 포함하는 방법이다.

② 2차해석에 의한 기둥단부 휨모멘트 증가량 비교

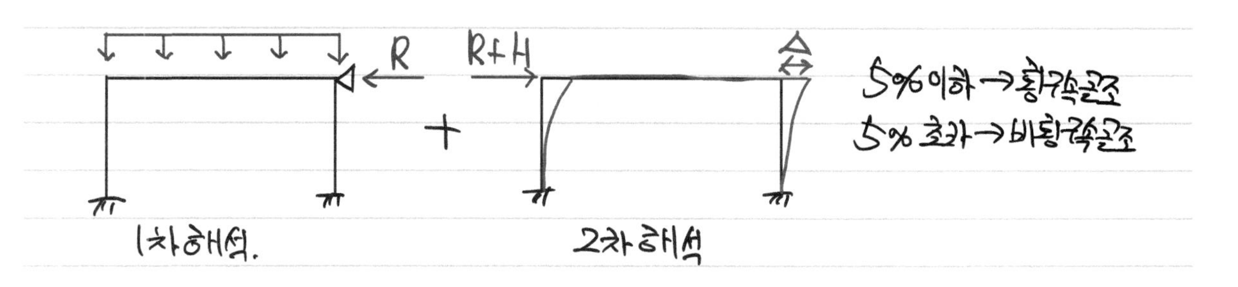

③ 횡변위에 저항하는 구조요소의 강성비교

기둥을 제외한 구조요소 전체의 강성 > 12 × 해당층 기둥의 강성 → 횡구속골조

" " " " " ≤ " " → 비횡구속골조

④ 층안정지수의 비교

$$Q = \frac{\Sigma P_u \cdot \Delta_o}{V_u \cdot l_o} \quad \begin{matrix} \le 0.05 \rightarrow \text{횡구속골조} \\ > 0.05 \rightarrow \text{비횡구속골조} \end{matrix}$$

(2) 주어진 구조물이 횡구속골조인지 비횡구속 골조인지 판단

$$Q = \frac{\Sigma P_u \cdot \Delta_o}{V_u \cdot l_o} = \frac{(890+1330+800) \times 12.2}{(36+53+27) \times 3900} = 0.081 > 0.05$$

이 구조물은 비횡구속골조이다.

끝

딸기맛호가든 : 민창식 저 철근콘크리트공학 책에 같은 문제가 있다.

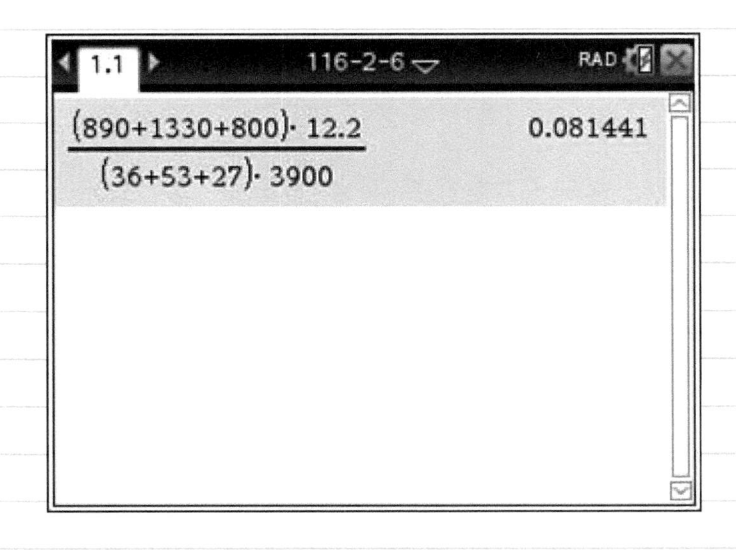

1. 스팬 $L = 8\,\text{m}$의 단순지지된 보에 등분포하중 $\omega = 30\,\text{kN/m}$이 작용하고 있다. 이 보의 단면이 그림과 같을 때 다음 사항을 검토하시오. <116회 3교시>

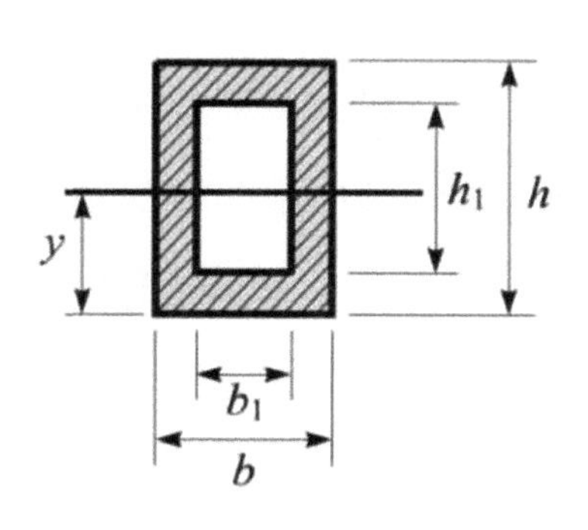

<조건>

- h = 500 mm
- h_1 = 460 mm
- y = 250 mm
- b = 200 mm
- b_1 = 180 mm
- 탄성계수 E = 210000 N/mm^2
- 항복강도 F_y = 325 N/mm^2

(1) 최대휨모멘트와 최대휨응력의 크기를 산정한 후 단면의 항복여부를 검토하시오.

(2) 보의 최대처짐의 크기를 구한 후 보의 처짐에 대하여 검토하시오.

(단, 보의 처짐 제한은 $L/300$이다.)

(1) 단면 항복여부 검토

① 최대휨모멘트

$$M_{max} = w \cdot l^2/8 = 240\ \text{kN}\cdot\text{m}$$

② 최대 휨응력

$$I_x = b \cdot h^3/12 - b_1 \cdot h_1^3/12 = 6.2329 \times 10^8\ \text{mm}^4$$

$$\sigma_{max} = \frac{M_{max}}{I_x} \cdot y = \frac{240 \times 10^6}{6.2329 \times 10^8} \times 250 = 96.263\ \text{MPa} < F_y = 325\ \text{MPa}$$

이 단면은 항복하지 않는다.

(2) 최대처짐 산정 및 처짐검토

$$\delta_{max} = \frac{5 \cdot w \cdot l^4}{384 \cdot EI} = 12.224\ \text{mm} \le L/300 = 26.667\ \text{mm}$$

처짐제한 이내의 처짐발생 끝

딸기맛호가든 : 이정도의 쉬운문제가 나오는 일은 매우매우 드물다.

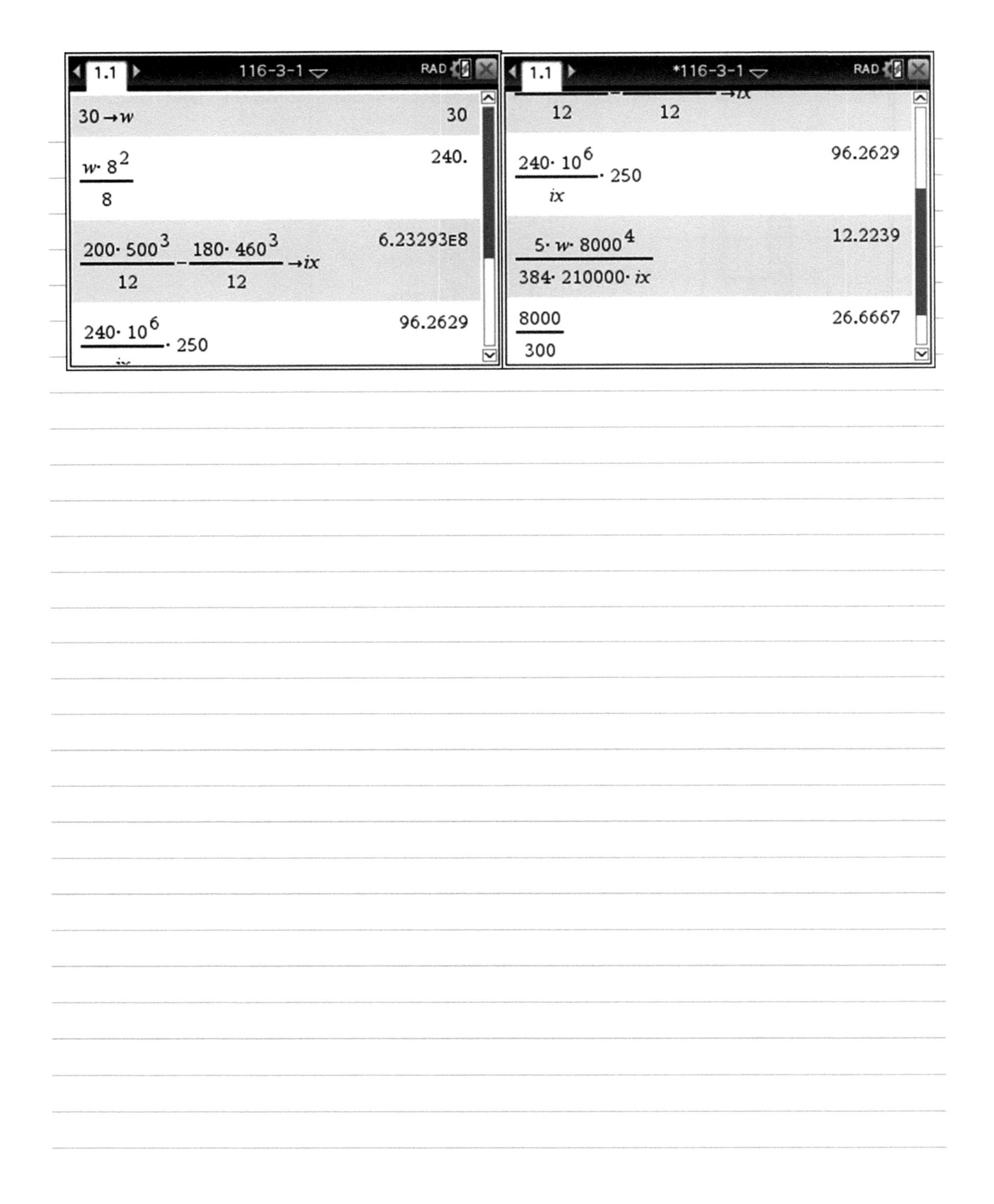

1.1
116-3-1
RAD
30 →w 30
w· 8^2 / 8 240.
200· 500^3 / 12 − 180· 460^3 / 12 →ix 6.23293E8
240· 10^6 / ix · 250 96.2629
1.1
*116-3-1
RAD
240· 10^6 / ix · 250 96.2629
5· w· 8000^4 / 384· 210000· ix 12.2239
8000 / 300 26.6667

3. 그림과 같은 중심축하중을 받는 양단 핀지지의 압축재에 대해 다음을 검토하시오.

<116회 3교시>

(1) 탄성좌굴하중 P_{cr}을 유도하시오.

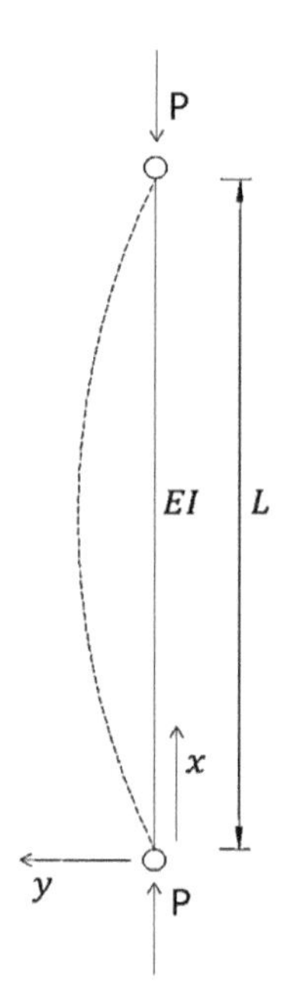

(2) 좌굴응력을 산정하고 세장비에 따른 탄성좌굴과 비탄성좌굴을 구분하여 설명하시오.

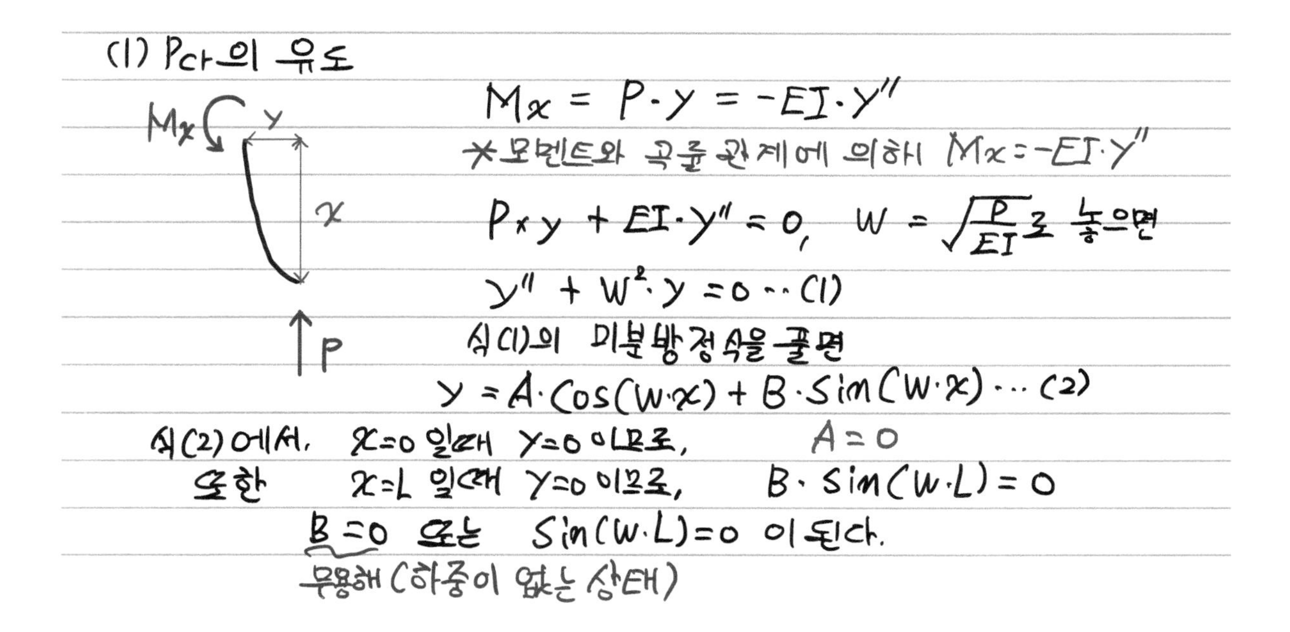

우리가 구하고자 하는 경우는 $\sin(w \cdot L)=0$ 일때 이다.

$w=\sqrt{\frac{P}{EI}}$ 를 대입하고, $\sin(w \cdot L)=0$을 P에대해 풀면

$$P=\frac{n^2 \cdot \pi^2 \cdot EI}{L^2}, \quad n=1,2,3,\cdots$$

$n=1$ $n=2$ $n=3$

이때 가장 불리한 경우는 $n=1$ 일때이므로(가장 작음),
특별한 경우가 아니라면 이 경우가 지배한다.
즉 우리가 구하고자 하는 탄성좌굴하중 P_{cr}은

$$P_{cr}=\frac{\pi^2 \cdot EI}{L^2}$$

단, 이경우의 유효좌굴길이 계수 $k=1.0$ 이었으며,
모든경우를 포함한 P_{cr}은

$$P_{cr}=\frac{\pi^2 \cdot EI}{(k \cdot L)^2} \cdots (3)$$

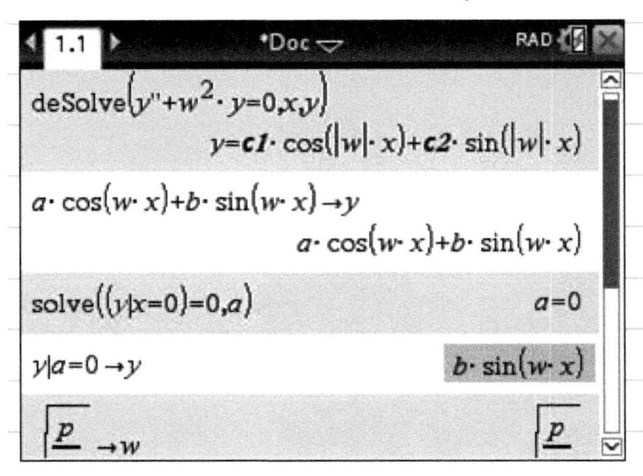

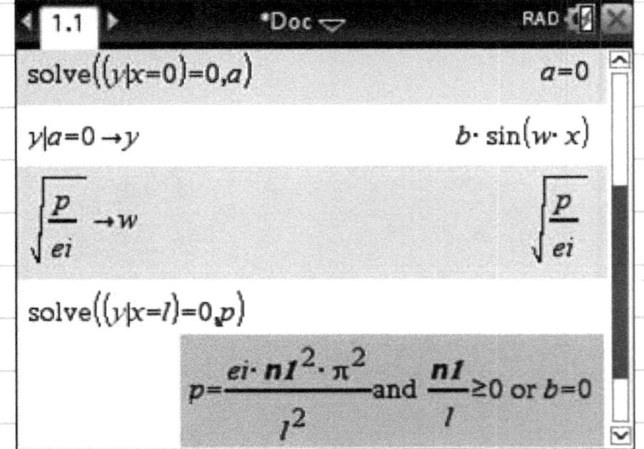

(2) 좌굴응력의 산정
축하중을 받는 경우 응력은 $\sigma=P/A$ 이므로, 식(3)으로부터

$$F_e(\text{좌굴응력})=P_{cr}/A=\frac{\pi^2 \cdot E}{(k \cdot L)^2} \times \frac{I}{A}=\frac{\pi^2 \cdot E}{(k \cdot L/r)^2}, \quad \left(r=\sqrt{\frac{A}{I}}\right)$$

(3) 세장비에 따른 탄성좌굴과 비탄성 좌굴

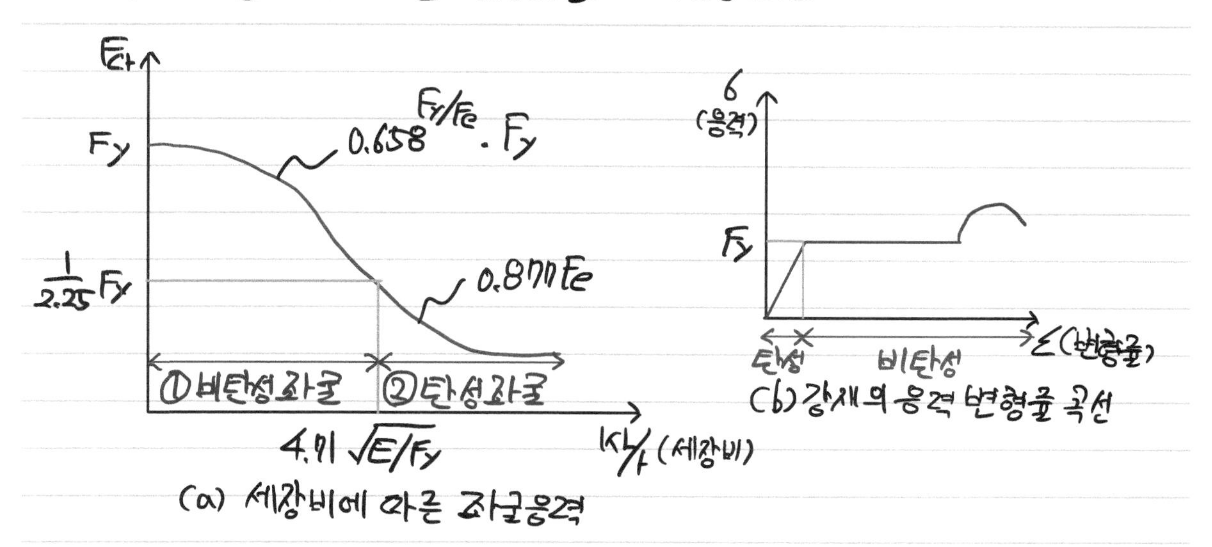

(a) 세장비에 따른 좌굴응력

(b) 강재의 응력 변형율 곡선

① 비탄성 좌굴 (강재가 비탄성 상태에 있음)

세장비가 작을 경우 (세장비 ≤ $4.71\sqrt{E/Fy}$) 강재가 어느정도 힘을 발휘한 후 좌굴이 발생하므로, 강재가 비탄성 구간에 도달한 후 발생하는 좌굴로서 비탄성좌굴이라 한다.

이때의 휨좌굴응력 Fcr은

$$F_{cr} = 0.658^{F_y/F_e} \times F_y$$

② 탄성좌굴 (강재가 탄성상태에 있음)

세장비가 클 경우 (세장비 > $4.71\sqrt{E/Fy}$), 강재가 어느정도 힘을 발휘하기 전에 좌굴이 발생하므로, 강재가 탄성구간에 머물러 있을때 발생하는 좌굴로서 탄성좌굴이라 한다.

이때의 휨좌굴응력 Fcr은

$$F_{cr} = 0.877\ F_e$$

③ 기둥의 설계 압축강도

$$\phi P_n = 0.9 \cdot F_{cr} \cdot A_g$$

끝

4. 그림과 같이 점 a는 힌지지점이고, 점 b는 자유단인 강체수평부재가 부재 1과 부재 2의 수직부재로 지지되고 있다. 수직하중 P가 점 b에 작용할 경우 다음을 검토하시오.

(1) 항복하중과 이에 대응하는 점 b의 항복변위를 구하시오. <116회 3교시>

(2) 소성하중과 이에 대응하는 점 b의 소성변위를 구하시오.

(3) 구조물의 하중-변위 거동을 그림으로 표현하시오.

• 부재 1의 길이 : L, 단면적 : 2A
• 부재 2의 길이 : $\frac{3}{4}$L, 단면적 : A
• 재료의 항복응력 : σ_y , 항복변형률 : ε_y
• 재료의 탄성계수 : E

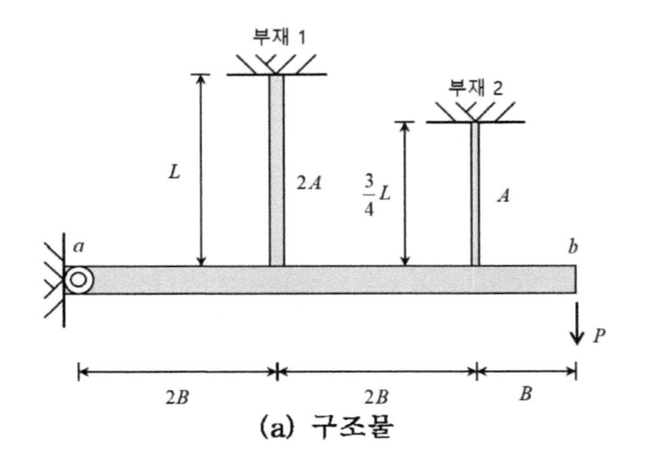

(a) 구조물

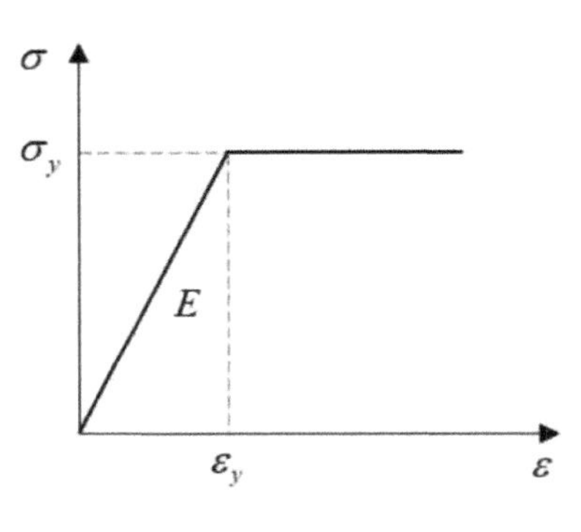

(b) 부재 1, 2의 재료모델

(1) 항복하중, B점 항복변위

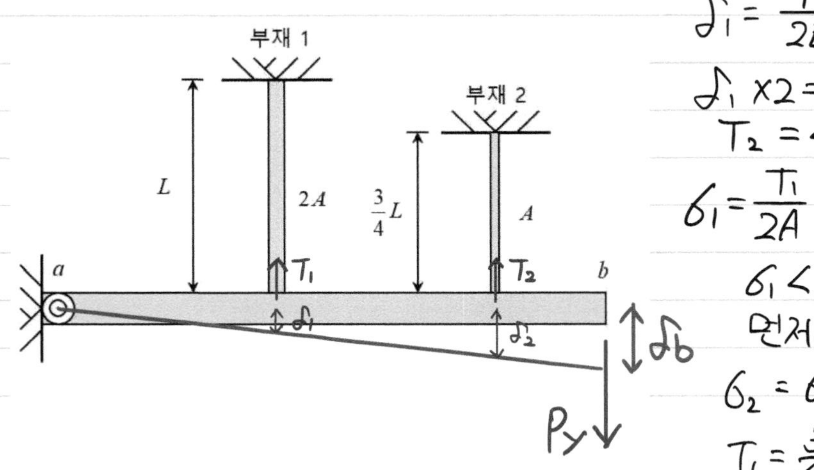

$\delta_1 = \frac{T_1 \cdot L}{2EA}$, $\delta_2 = \frac{T_2}{EA} \cdot \frac{3}{4}L$

$\delta_1 \times 2 = \delta_2$ 이므로,

$T_2 = 4/3\ T_1$

$\sigma_1 = \frac{T_1}{2A}$, $\sigma_2 = \frac{T_2}{A} = \frac{T_1}{A} \times \frac{4}{3}$

$\sigma_1 < \sigma_2$ 이므로, 부재2가 먼저 항복한다.

$\sigma_2 = \sigma_y = \frac{4}{3}\frac{T_1}{A}$ 이므로,

$T_1 = \frac{3}{4}\sigma_y \cdot A$

$\Sigma M_a = 0;\quad P_y \times 5B - T_1 \times 2B - T_2 \times 4B = 0$

$$P_y = \frac{11}{10} \cdot A \cdot \sigma_y \;(\text{항복시 하중}), \quad \delta_b = \delta_2 \times \frac{5}{4} = \frac{15\sigma_y}{16E} \cdot L \;(\text{항복시 b점변위})$$

(2) 소성하중과 b점 소성변위

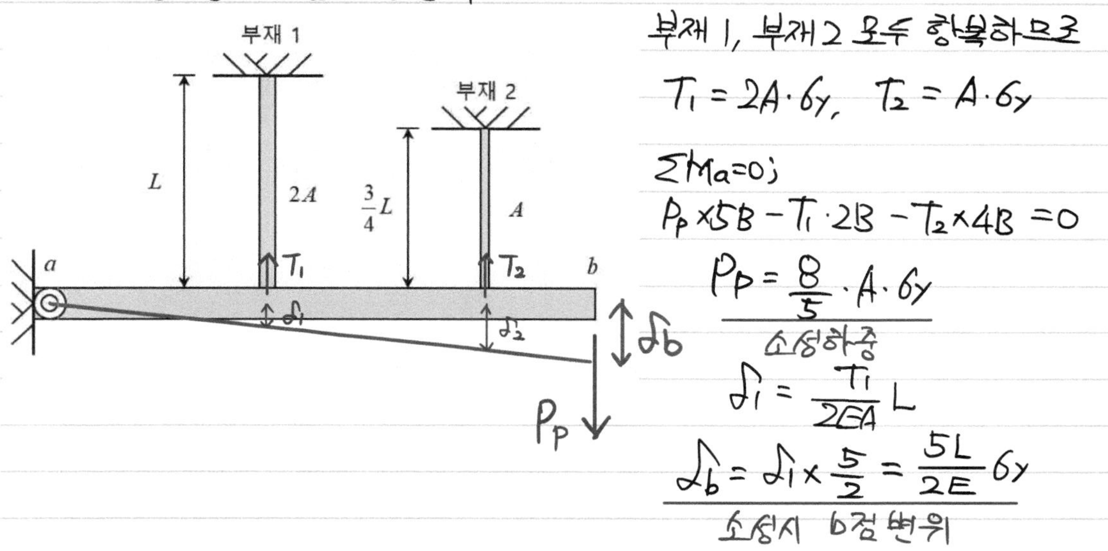

(3) 구조물의 하중-변위 거동

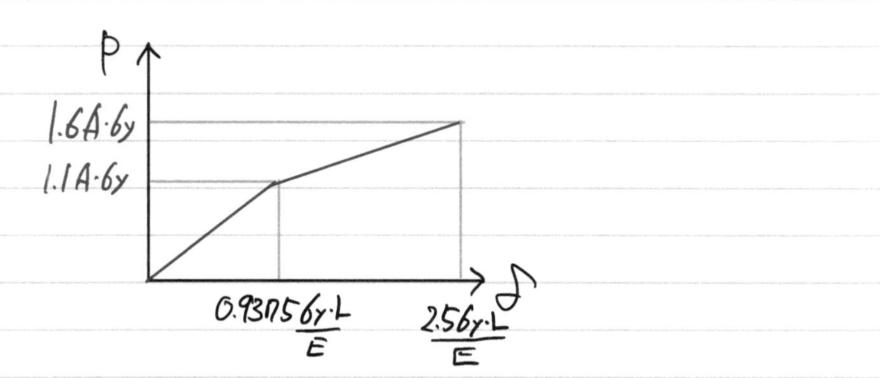

끝

딸기맛호가든 : 계산자체는 단순하지만, 개념적으로 그렇게 쉽지 않은 문제이다.

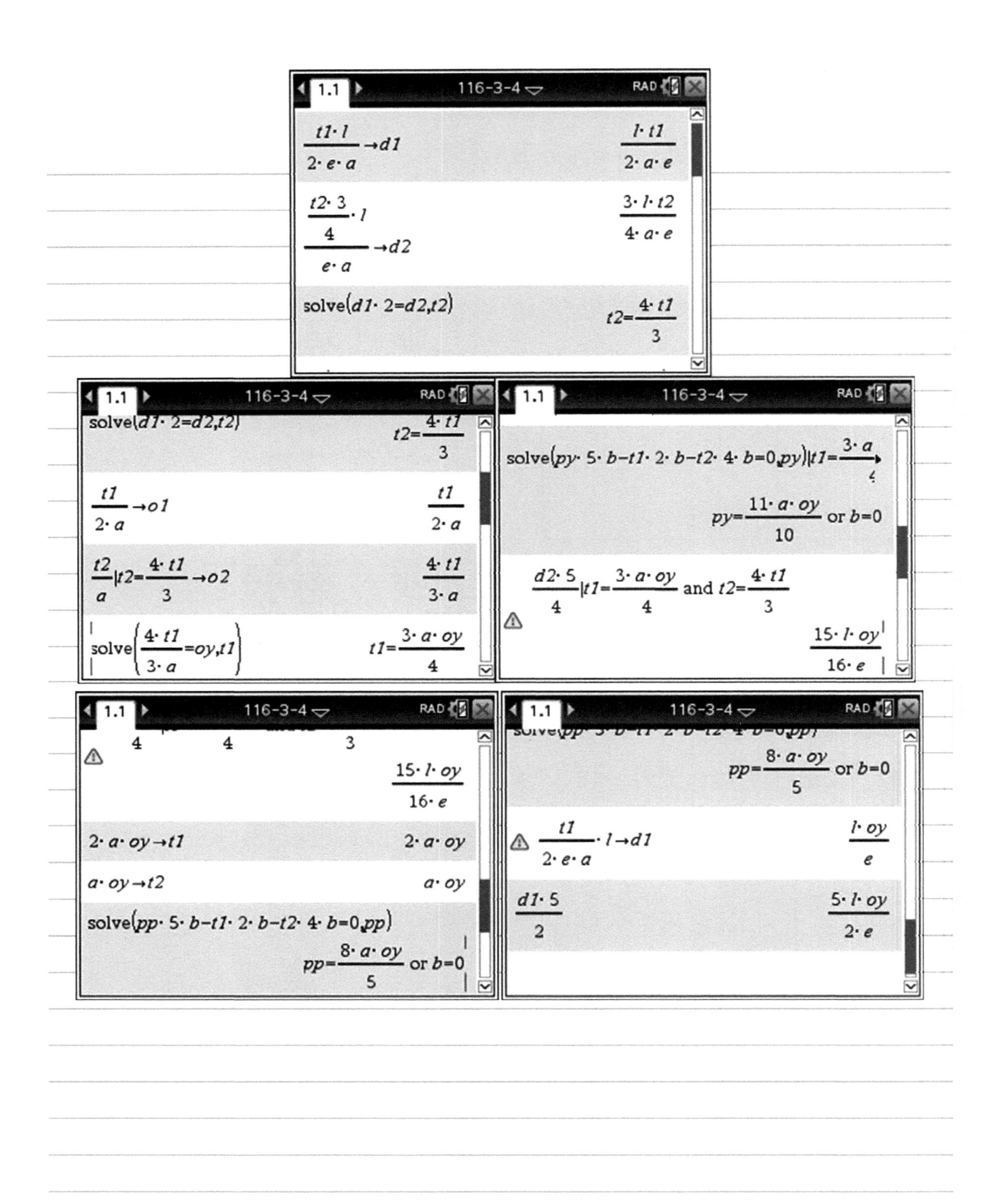
1.1
116-3-4
RAD
t1·l/(2·e·a) → d1   l·t1/(2·a·e)
((t2·3/4)·l)/(e·a) → d2   3·l·t2/(4·a·e)
solve(d1·2=d2,t2)   t2=4·t1/3
solve(d1·2=d2,t2)   t2=4·t1/3
t1/(2·a) → o1   t1/(2·a)
t2/a|t2=4·t1/3 → o2   4·t1/(3·a)
solve(4·t1/(3·a)=oy,t1)   t1=3·a·oy/4
solve(py·5·b−t1·2·b−t2·4·b=0,py)|t1=3·a/4
py=11·a·oy/10 or b=0
d2·5/4|t1=3·a·oy/4 and t2=4·t1/3
15·l·oy/(16·e)
15·l·oy/(16·e)
2·a·oy → t1   2·a·oy
a·oy → t2   a·oy
solve(pp·5·b−t1·2·b−t2·4·b=0,pp)
pp=8·a·oy/5 or b=0
pp=8·a·oy/5 or b=0
t1/(2·e·a)·l → d1   l·oy/e
d1·5/2   5·l·oy/(2·e)

5. 그림과 같은 강체보를 가진 5층 건물이 $\ddot{u}_g(t)$의 지반가속도를 받고 있다. 모든 층의 질량은 m이며, 모든 층은 동일한 층 높이 h와 동일한 강성 k를 갖는다. 변위가 밑면에서부터 높이에 따라 선형적으로 증가한다고 가정하고, 시스템의 운동방정식을 유도한 후 고유진동수를 구하시오. <116회 3교시>

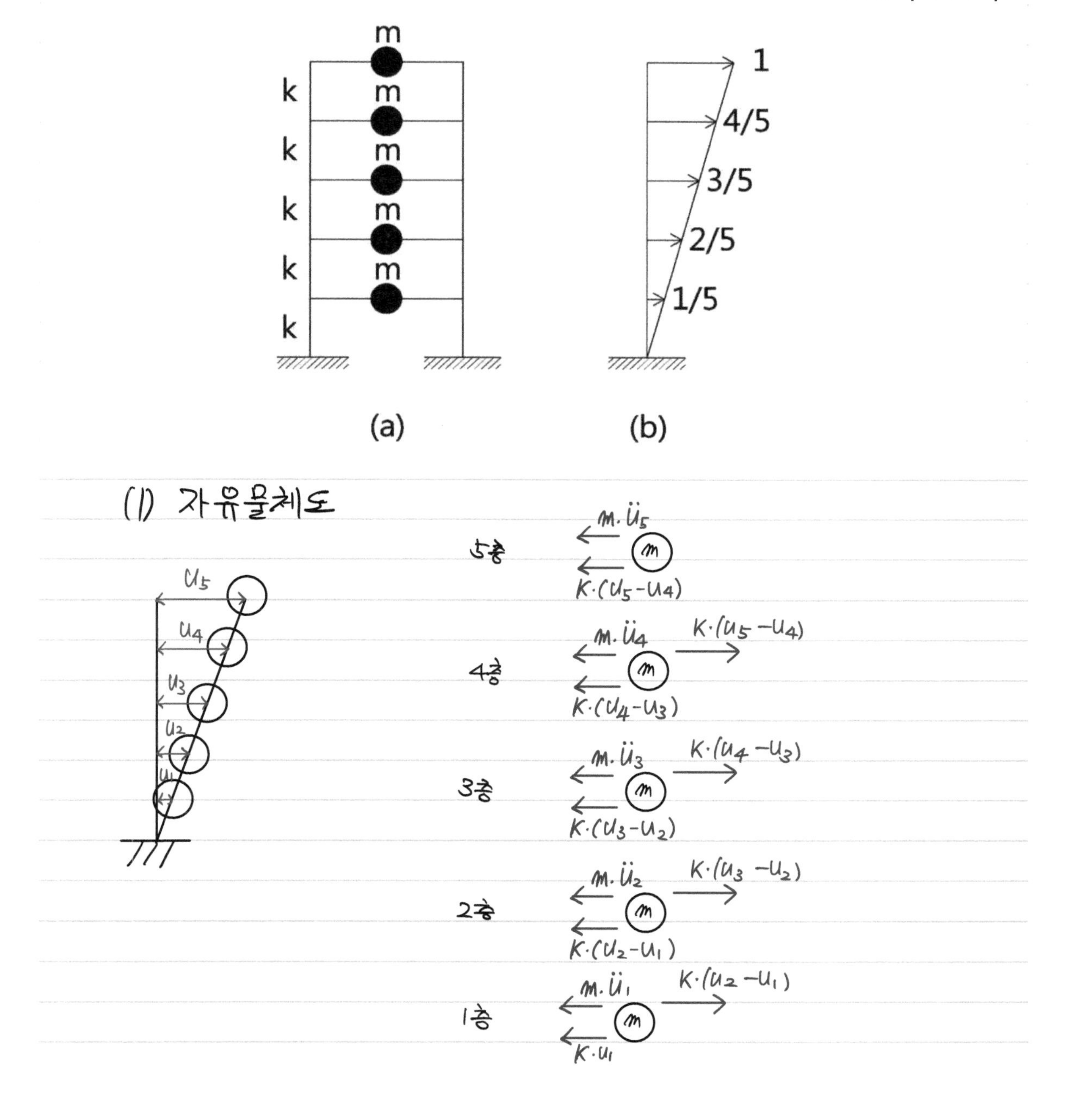

(2) 운동방정식

5층 $m \cdot \ddot{u}_5 + k(u_5 - u_4) = 0 \quad \cdots (1)$

4층 $m \cdot \ddot{u}_4 - k(u_5 - u_4) + k(u_4 - u_3) = 0 \quad \cdots (2)$

3층 $m \cdot \ddot{u}_3 - k(u_4 - u_3) + k(u_3 - u_2) = 0 \quad \cdots (3)$

2층 $m \cdot \ddot{u}_2 - k(u_3 - u_2) + k(u_2 - u_1) = 0 \quad \cdots (4)$

1층 $m \cdot \ddot{u}_1 - k(u_2 - u_1) + k \cdot u_1 = 0 \quad \cdots (5)$

(3) 식 (1) ~ (5)를 행렬식으로 정리

$$\underbrace{\begin{bmatrix} m & & & & \\ & m & & & \\ & & m & & \\ & & & m & \\ & & & & m \end{bmatrix}}_{[M]} \begin{bmatrix} \ddot{u}_5 \\ \ddot{u}_4 \\ \ddot{u}_3 \\ \ddot{u}_2 \\ \ddot{u}_1 \end{bmatrix} + \underbrace{\begin{bmatrix} k & -k & & & \\ -k & 2k & -k & & \\ & -k & 2k & -k & \\ & & -k & 2k & -k \\ & & & -k & 2k \end{bmatrix}}_{[K]} \begin{bmatrix} u_5 \\ u_4 \\ u_3 \\ u_2 \\ u_1 \end{bmatrix} = 0$$

$\ddot{u}_i = -\omega^2 \cdot u_i$ 이므로

$([K] - \omega_1^2 \cdot [M]) \{\phi_1\} = 0 \quad \cdots (6)$

식(6) $\times \{\phi_1\}^T = \{\phi_1\}^T [K] \{\phi_1\} - \omega_1^2 \cdot \{\phi_1\}^T \cdot [M] \cdot \{\phi_1\} = 0 \quad \cdots (7)$

$\{\phi_1\} = \begin{bmatrix} 1 \\ 4/5 \\ 3/5 \\ 2/5 \\ 1/5 \end{bmatrix}$ 이므로, 식(7)에 대입하여 ω_1^2을 구하면

$$\omega_1^2 = \frac{k}{11 \cdot m}, \quad \omega_1 = \sqrt{\frac{k}{11 \cdot m}} = 0.3015\sqrt{\frac{k}{m}}$$

끝

딸기맛호가든 : CHOPRA 구조동역학책에 동일한 문제가 있다.

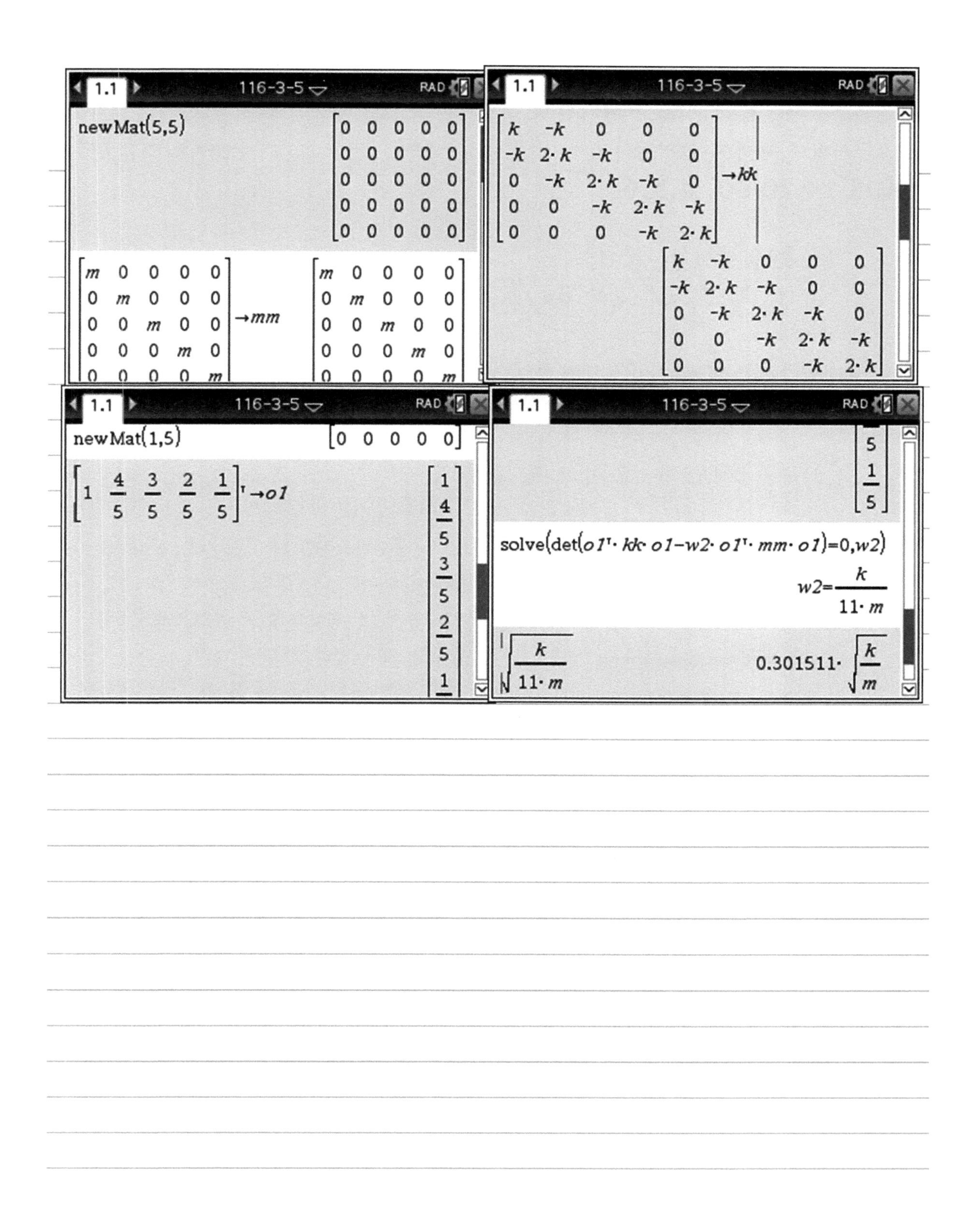

1.1
116-3-5
RAD
newMat(5,5)
→mm
→kk
newMat(1,5)
→o1
solve(det(o1ᵀ· kk· o1−w2· o1ᵀ· mm· o1)=0,w2)
w2=k/(11· m)
0.301511· √(k/m)

6. 건축구조기준(~~KBC2016~~ KDS14)에 제시된 특수철근콘크리트 구조벽체 경계요소의 설계 및 요구사항에 대하여 설명하시오. <116회 3교시>

KDS 14 20 80, 4.5.6

(1) 특수경계요소 설계

$c \geq l_w / (600 \cdot \delta_u / h_w)$ 에 해당시 (c: 중립축, $\delta_u/h_w \geq 0.007$)

→ $Max[l_w, M_u/4V_u]$ 까지 특수경계요소 보강

$c < l_w / (600 \cdot \delta_u / h_w)$ 에 해당시

→ 벽체 경계부근 혹은 개구부 연단에서 $0.2f_{ck}$ 이상응력 발생시, 해당 부위로부터 압축응력 $0.15f_{ck}$ 까지 특수경계요소 보강

(2) 특수경계요소의 요구상세 및 요구사항

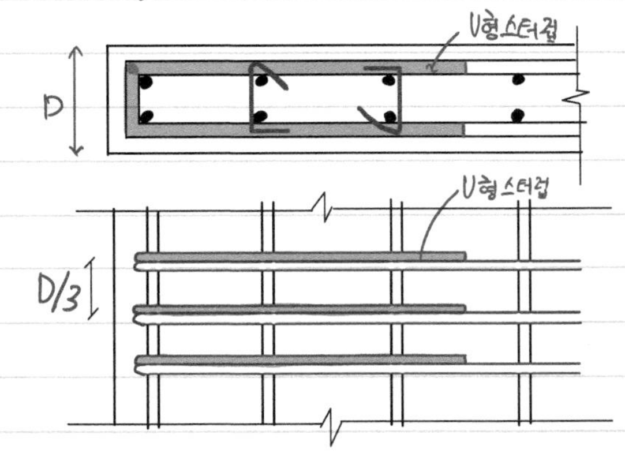

a. 경계요소 범위는 압축단부에서 ($c-0.1l_w$, $c/2$) 중 큰값 이상

b. 플랜지를 가진 벽체인 경우 경계요소는 압축을 받는 플랜지 뿐만 아니라 복부쪽으로 300mm 이상 포함

c. 특수경계요소 횡방향 철근은 특수모멘트 골조의 횡방향 철근규정을 만족하여야 함

d. 경계요소에 있는 가장 큰 주철근의 인장정착길이만큼 횡방향철근이 받침대 내부로 배치, 기초판과 만날 시 그 안쪽으로 300mm 이상 정착

e. 벽체 복부의 수평철근은 항복강도 f_y 까지 도달할 수 있도록 경계요소의 코어 내부에 정착

(3) 대각선 다발철근의 요구상세

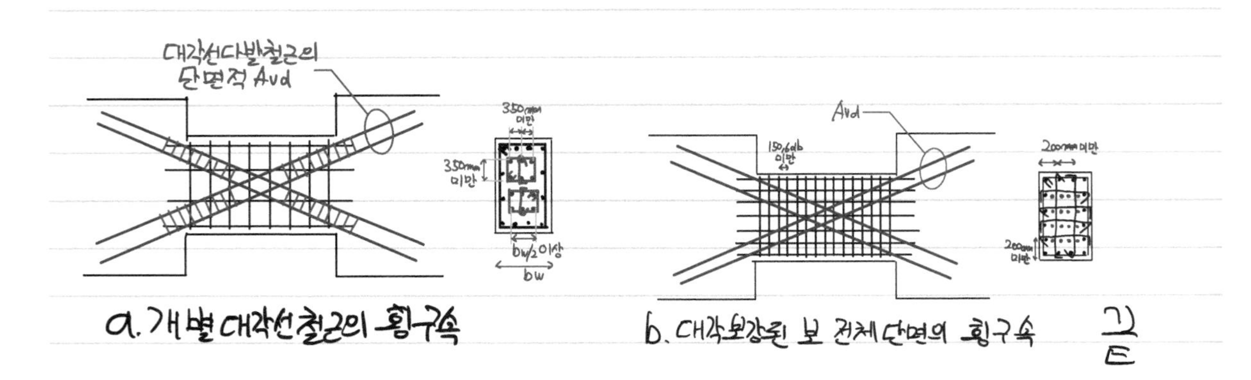

a. 개별 대각선철근의 횡구속

b. 대각보강된 보 전체 단면의 횡구속

끝

1. 2017년 11월 15일 포항에서 발생한 강진에 의한 비구조요소의 주요 피해유형을 제시하고, 비구조요소의 설계범주인 NE(Non-Engineered), PR(Prescript), ER(Engineering Required)에 대하여 설명하시오. <116회 4교시>

비구조요소 내진설계 예제집(대한건축학회)

(1) 비구조요소의 주요 피해유형 (포항지진)

① 내부 비구조벽체 ┌ 횡방향 변형, 벽체 전도 발생
　　　　　　　　　└ 구조체와의 이음부 균열발생

② 외부 비구조벽체 및 접합부 ┌ 외벽 균열 (전도우려)
　　　　　　　　　　　　　└ 경사균열

③ 외부마감재 - 치장벽돌 탈락 (시공불량)

④ 내부표면 마감재 - 탈락

⑤ 천장 - 파손 및 변형, 탈락

⑥ 물탱크 파괴

⑦ 승강기 작동중지

(2) 비구조요소의 설계범주

① NE(Non-Engineered) : 일반적인 시공자나 건축주가 별도의 구조엔지니어 없이 적용할 수 있는 방법

② PR(Prescriptive) : 미리 표준 등에 의해 결정된 규정을 적용하는 방법 (표준내진상세 적용)

③ ER(Engineering Required) : 비구조요소별로 내진설계기준에 의한 내진설계가 수행되는 경우 (내진설계기준 적용)

끝

딸기맛호가든 : 비구조요소는 상당히 중요한 사항이므로, 관련사항중에 많은 내용을 커버할 수 있도록 대비하자.

2. 양단이 핀지지이고 길이가 12 m인 보의 중앙부 A(철골 상부면), B(케이싱 콘크리트 상부면), C(케이싱 콘크리트 하부면)점에서 시공 시 응력상태와 균열등급을 확인하시오.

<116회 4교시>

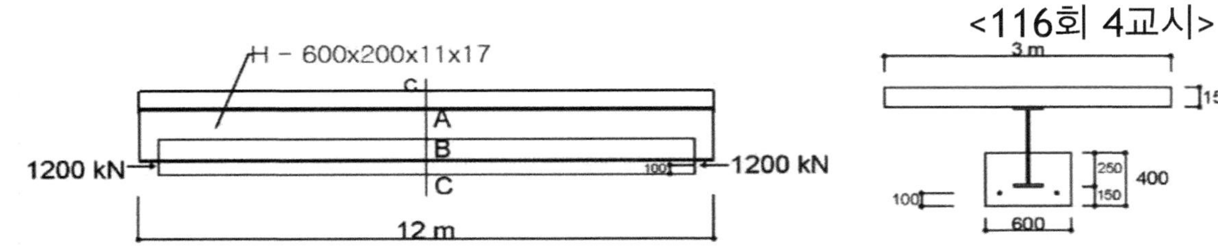

<조건>
• 합성보철골부재 H−600×200×11×17 (SN355) (A_s=13440 mm², I_x=776.2×10⁶ mm⁴)
• 철골부재와 콘크리트 변형은 동일함
• 합성보의 자중은 무시
• 강재 탄성계수(E_S) = 205000 MPa, 콘크리트 탄성계수(E_C) = 26800 MPa
• 하부 케이싱 콘크리트에 프리스트레스 1200 kN으로 부재 제작
• 하부 케이싱 콘크리트강도 45 MPa
• 시공 시 활하중 1.5 kN/m²
• 철골의 허용압축응력 237 N/mm²

(1) 중립축 산정

균열은 발생하지 않는 것으로 가정

중립축 위치가 콘크리트 내부에 있는것으로 가정, 철근은 무시

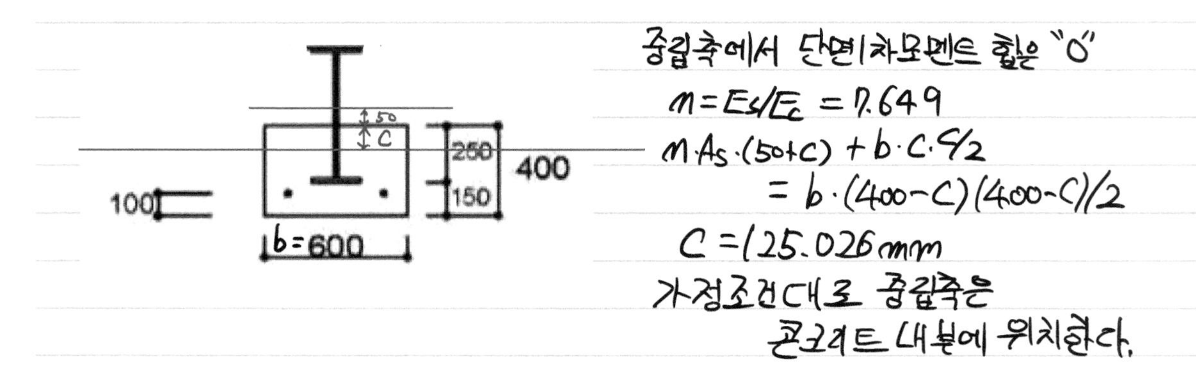

중립축에서 단면1차모멘트 합은 "0"

$n = E_s/E_c = 7.649$

$n \cdot A_s \cdot (50+c) + b \cdot c \cdot c/2 = b \cdot (400-c)(400-c)/2$

$c = 125.026\,mm$

가정조건대로 중립축은 콘크리트 내부에 위치한다.

(2) 환산단면 고려 단면이차모멘트 (균열×)

$$I_g = n \times (I_s + A_s \cdot (50+c)^2) + \frac{b}{12} \cdot 400^3 + b \times 400 \times (200-c)^2$$

$$= 1.3559 \times 10^{10}\ mm^4$$

(3) 단면계수 산정

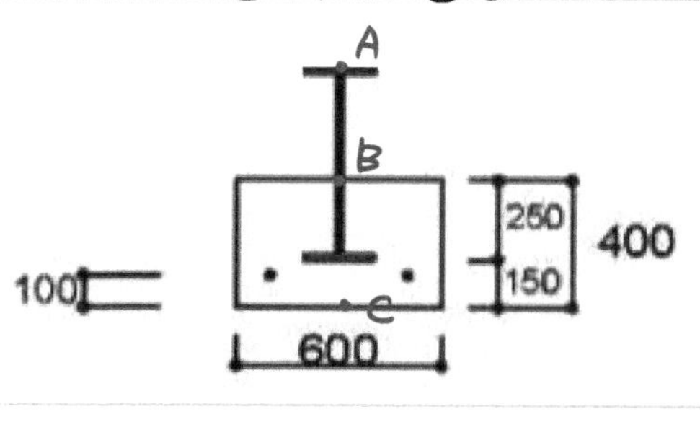

A위치에서

$$S_A = \frac{I_g}{C+350} = 2.87053 \times 10^7\ mm^3$$

$$S_B = \frac{I_g}{C} = 1.09064 \times 10^8\ mm^3$$

$$S_C = \frac{I_g}{400-C} = 4.9589 \times 10^7\ mm^3$$

(4) 응력상태 산정

① 압축력 1200kN 작용시

$$\sigma_{A,B,C} = P/(n \cdot A_s + A_c) = \frac{1200 \times 10^3}{n \cdot A_s + \underset{600 \times 400}{A_c}} = 3.5\ MPa\ (압축)$$

콘크리트 : 3.5 MPa(압축) 철골: $n \cdot 3.5\ MPa = 26.776\ MPa$(압축)

② 시공하중 작용시

$$W_D = 24 \times 3 \times 0.15 = 10.8\ kN/m$$

$$W_L = 1.5 \times 3 = 4.5\ kN/m$$ (시공시 활하중 $1.5\ kN/m^2$)

$$W_a = W_D + W_L = 15.3\ kN/m$$

$$M_a = \frac{W_a}{8} \times l^2 = 275.4\ kN \cdot m$$

A위치일때, $\sigma_A = M_a / S_A = 9.594\ MPa$ (압축)

철골단면일시 $n \times 9.594 = 73.387\ MPa$ (압축)

B위치일때, $\sigma_B = M_a / S_B = 2.525\ MPa$ (압축)

C위치일때, $\sigma_C = M_a / S_C = 5.554\ MPa$ (인장)

③ 압축력 1200kN × 편심거리 작용시

$M = P \cdot e = P \times (400 - c - 100) \times 10^{-3}$

$= 209.969\ kN \cdot m$

A위치일때 $\sigma_A = M/S_A = 7.314\ MPa$ (인장)

철골단면일시 $n \times 7.314 = 55.951\ MPa$ (인장)

B위치일때 $\sigma_B = M/S_B = 1.925\ MPa$ (인장)

C위치일때 $\sigma_c = M/S_c = 4.234\ MPa$ (압축)

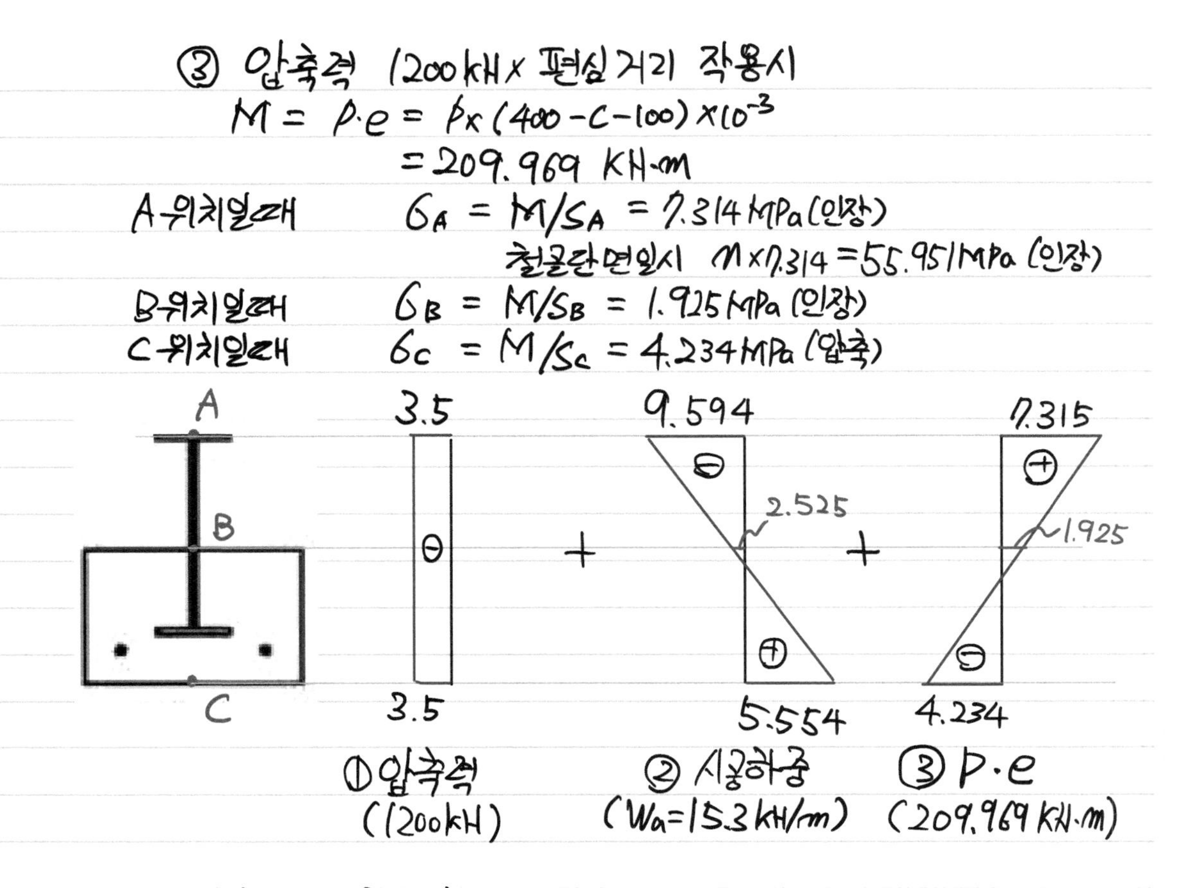

④ 위치별 응력산정

A위치응력

$\Sigma \sigma_A = n \times (-3.5 - 9.594 + 7.315) = -44.205\ MPa$ (압축)

B위치응력

$\Sigma \sigma_B = -3.5 - 2.525 + 1.925 = -4.100\ MPa$ (압축)

C위치응력

$\Sigma \sigma_c = -3.5 + 5.554 - 4.234 = -2.180\ MPa$ (압축)

전단면이 압축상태에 있으므로, 균열은 발생하지 않는다.
따라서 비균열등급

끝

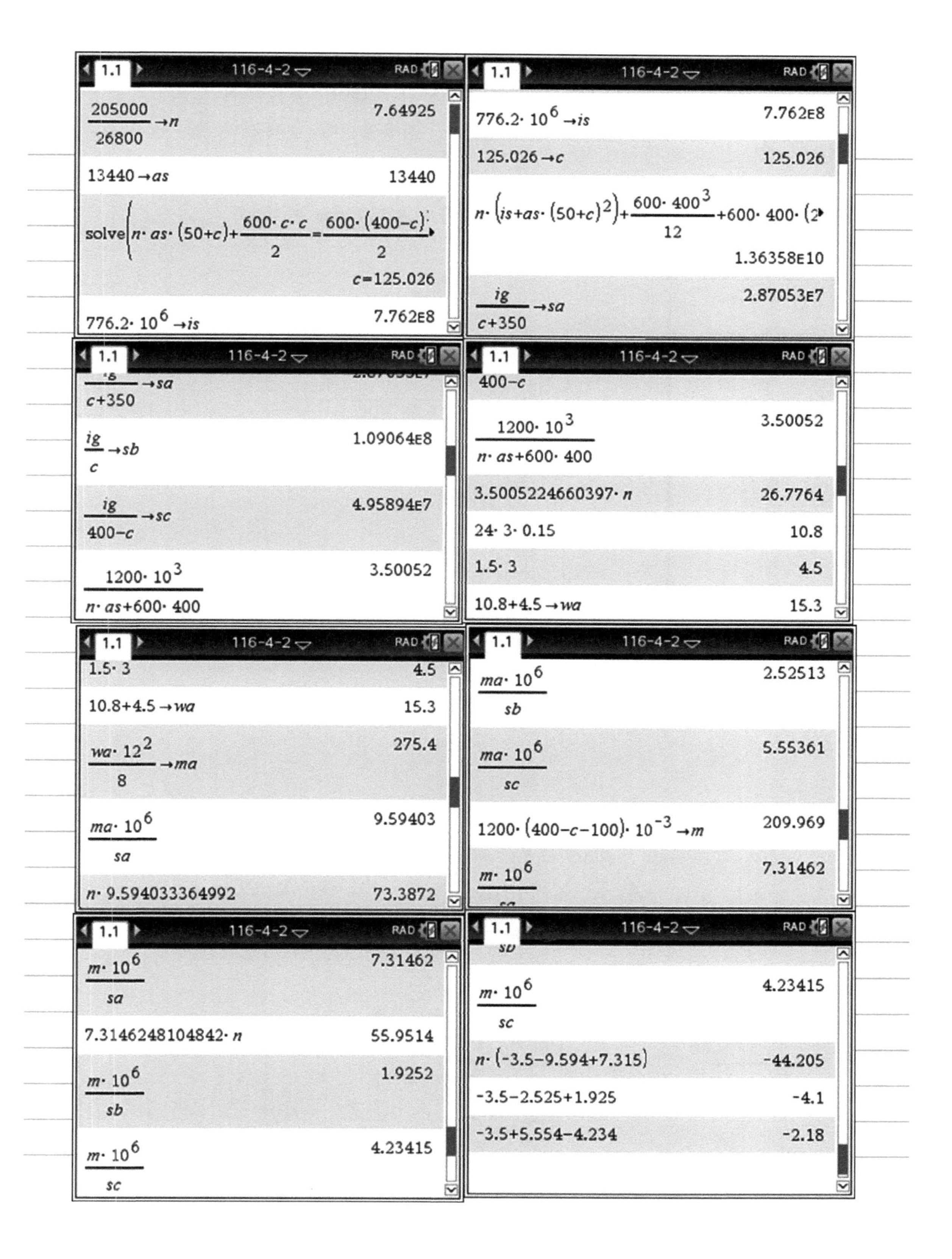
1.1
116-4-2
RAD
205000/26800 →n
7.64925
13440 →as
13440
solve(n· as· (50+c)+600· c· c/2=600· (400−c)
c=125.026
776.2· 10^6 →is
7.762E8
1.1
116-4-2
RAD
776.2· 10^6 →is
7.762E8
125.026 →c
125.026
n· (is+as· (50+c)^2)+600· 400^3/12+600· 400· (2
1.36358E10
ig/c+350 →sa
2.87053E7
1.1
116-4-2
RAD
c+350
ig/c →sb
1.09064E8
ig/400−c →sc
4.95894E7
1200· 10^3/n· as+600· 400
3.50052
1.1
116-4-2
RAD
400−c
1200· 10^3/n· as+600· 400
3.50052
3.5005224660397· n
26.7764
24· 3· 0.15
10.8
1.5· 3
4.5
10.8+4.5 →wa
15.3
1.1
116-4-2
RAD
1.5· 3
4.5
10.8+4.5 →wa
15.3
wa· 12^2/8 →ma
275.4
ma· 10^6/sa
9.59403
n· 9.594033364992
73.3872
1.1
116-4-2
RAD
ma· 10^6/sb
2.52513
ma· 10^6/sc
5.55361
1200· (400−c−100)· 10^-3 →m
209.969
m· 10^6
7.31462
1.1
116-4-2
RAD
m· 10^6/sa
7.31462
7.3146248104842· n
55.9514
m· 10^6/sb
1.9252
m· 10^6/sc
4.23415
1.1
116-4-2
RAD
m· 10^6/sc
4.23415
n· (-3.5−9.594+7.315)
-44.205
-3.5−2.525+1.925
-4.1
-3.5+5.554−4.234
-2.18

3. 그림과 같이 300mm×300mm 기둥에서 브래킷이 300mm 돌출되어 있다. 기둥면에서 $a_v = 180$ mm 위치에 $V_u = 540$ kN의 전단력이 작용할 때 브래킷의 철근보강을 설계하시오. <116회 4교시>

(단, $f_{ck} = 27$ MPa, $f_y = 400$ MPa이며, 유효깊이 d = 450 mm 이다.)

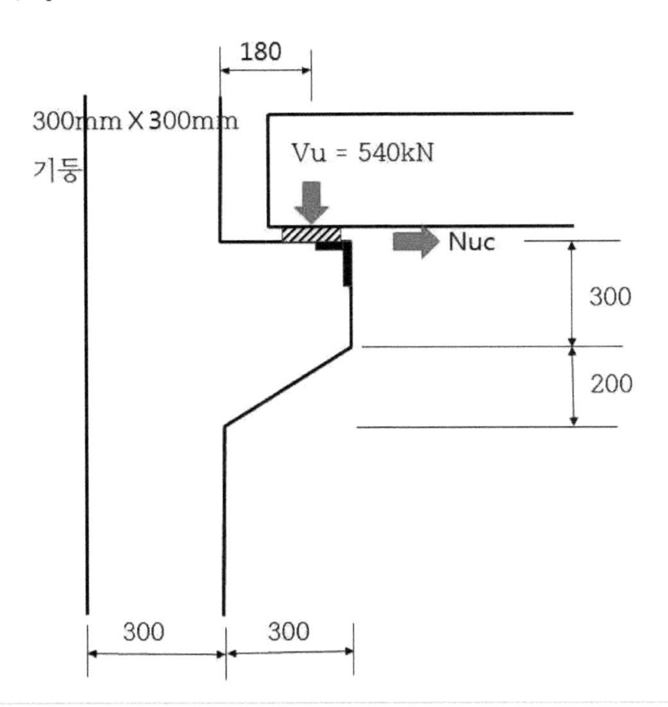

(1) 지압판 설계

$V_u \le \phi P_{nb} = 0.65 \cdot 0.85 \cdot f_{ck} \cdot A_1$

$A_1 \ge 36199.1mm$ $\sqrt{A_1} = 190.261mm$

지압판 크기는 200mm × 200mm 로 한다.

(2) 전단마찰 설계

↓Vu

ϕV_n ↑

$V_n = \mu \cdot A_{vf} \cdot f_y$

μ = 1.4 (일체타설)

$V_u \le \phi V_n$ 이므로, $A_{vf} \ge 1285.714mm^2$

ϕ = 0.75

(3) 인장력 검토 ($N_u \geq 0.2V_u$ 이므로)

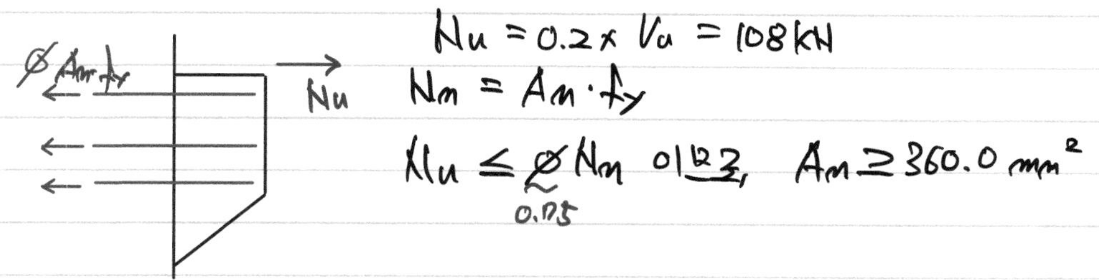

$N_u = 0.2 \times V_u = 108\,kN$

$N_n = A_n \cdot f_y$

$N_u \leq \phi N_n$ 이므로, $A_n \geq 360.0\,mm^2$

(ϕ = 0.75)

(4) 휨모멘트 검토 (V_u와 N_u에 의해 모멘트 발생)

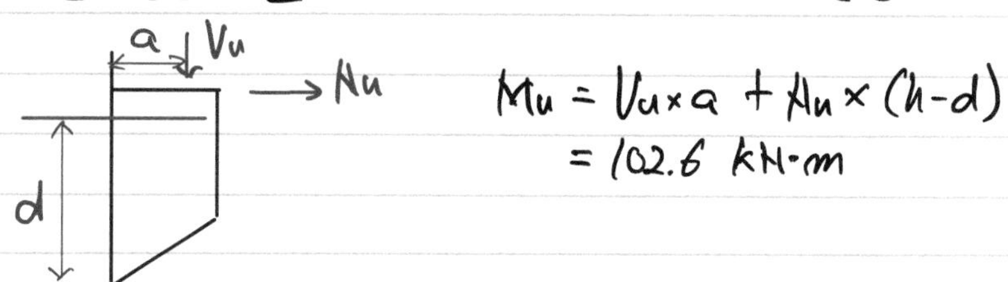

$M_u = V_u \times a + N_u \times (h-d)$

$= 102.6\,kN\cdot m$

$C_c = 0.85 f_{ck} \cdot a \cdot 300$

$T = A_f \cdot f_y$

$C_c = T \cdots (1)$

$M_n = C_c \times (d - a/2)$

$M_u = \phi M_n \cdots (2)$ (ϕ = 0.75)

식(1)과 식(2) 연립 (a, A_f 산정)

$a = 46.563\,mm$, $A_{f,req} = 801.465\,mm^2$

(5) 보강량 산정

① A_s 산정

$A_s = [A_f + A_n,\ 2/3 A_{vf} + A_n]_{max} = 1217.147\,mm^2$

(A_f = 801.465, A_n = 360, A_{vf} = 1285.714, A_n = 360)

5-D19 사용 ($A_s = 1435\,mm^2$)

$A_{s,min} = [0.25\sqrt{f_{ck}}/f_y,\ 1.4/f_y]_{max} \times b_w \cdot d = 472.5\,mm < A_s$ o.k

$0.002 \times b \times d = 270\,mm^2 < A_s$ o.k

인장최소철근과 최소철근비를 만족한다.

② A_v 산정

$A_v \geq 0.5(A_s - A_n) = 537.5\,mm^2$

4−D10 사용 ($A_v = 568\,mm^2$)

(6) 배근도 작성

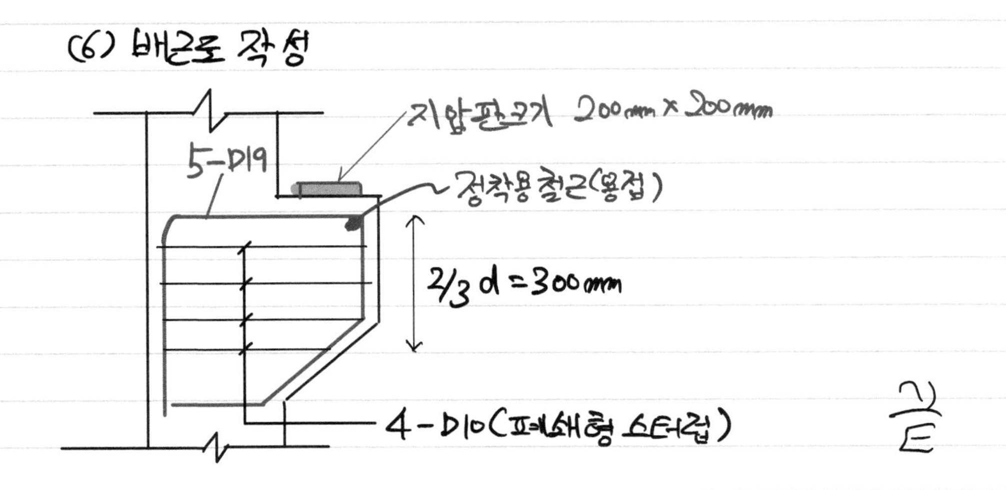

1.1 *Doc RAD	
$540 \cdot 10^3 \rightarrow vu$	540000
$0.85 \cdot 27 \cdot a1 \rightarrow pnb$	$22.95 \cdot a1$
solve($vu \leq 0.65 \cdot pnb, a1$)	$a1 \geq 36199.1$
$(36199.095)^{0.5}$	190.261
$450 \rightarrow d$	450
$0.2 \cdot vu \rightarrow nu$	108000.

1.1 *Doc RAD	
$0.2 \cdot vu \rightarrow nu$	108000.
$\frac{180}{d}$	$\frac{2}{5}$
$1.4 \cdot avf \cdot 400 \rightarrow vn$	$560. \cdot avf$
solve($vu \leq 0.75 \cdot vn, avf$)	$avf \geq 1285.71$
$an \cdot 400 \rightarrow nn$	$400 \cdot an$
solve($nu \leq 0.75 \cdot nn, an$)	$an \geq 360.$

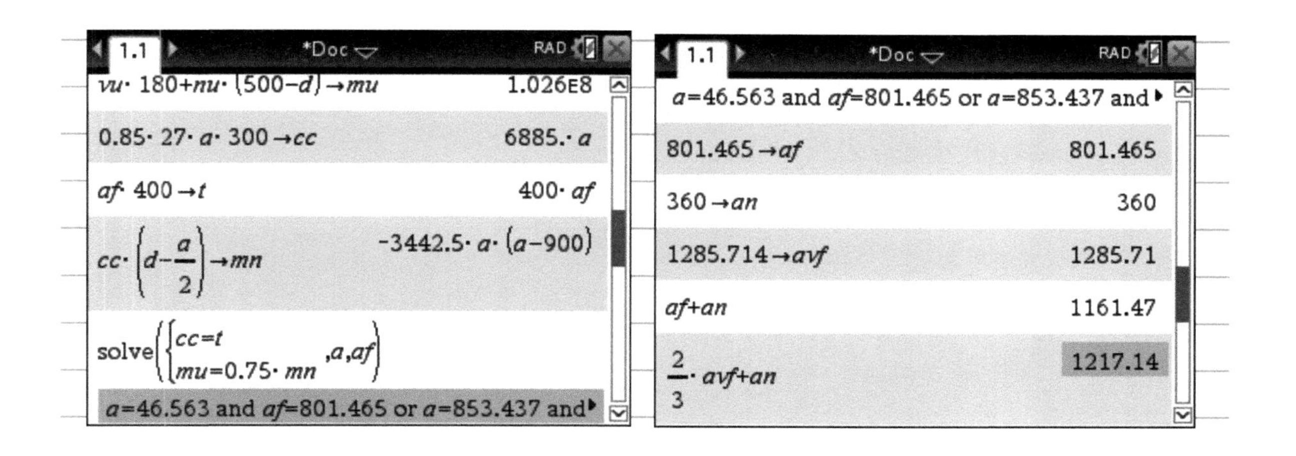
1.1
*Doc
RAD
vu· 180+nu· (500−d)→mu
1.026E8
0.85· 27· a· 300→cc
6885.· a
af· 400→t
400· af
cc· (d−a/2)→mn
-3442.5· a· (a−900)
solve({cc=t, mu=0.75· mn},a,af)
a=46.563 and af=801.465 or a=853.437 and
1.1
*Doc
RAD
a=46.563 and af=801.465 or a=853.437 and
801.465→af
801.465
360→an
360
1285.714→avf
1285.71
af+an
1161.47
2/3· avf+an
1217.14

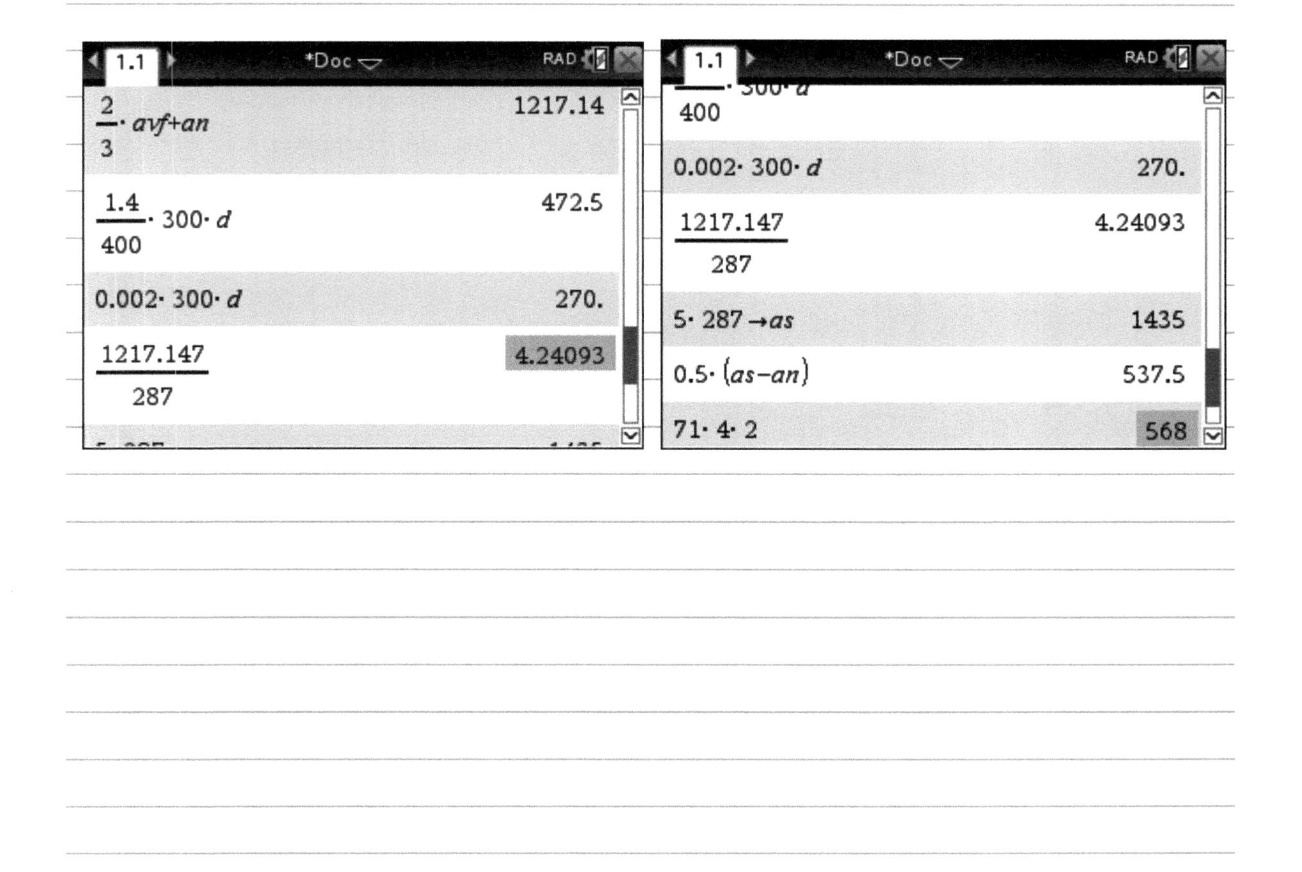
1.1
*Doc
RAD
2/3· avf+an
1217.14
1.4/400· 300· d
472.5
0.002· 300· d
270.
1217.147/287
4.24093
1.1
*Doc
RAD
400
0.002· 300· d
270.
1217.147/287
4.24093
5· 287→as
1435
0.5· (as−an)
537.5
71· 4· 2
568

4. 인장재($L-120\times120\times8$)에 고정하중 P_D=100 kN, 활하중 P_L=200 kN이 작용할 때 건축구조기준(KBC2016)에 따른 설계인장강도를 구하고 인장재의 안전성을 검토하시오.

<116회 4교시>

- $L-120\times120\times8$

  단면적 A_g =1876 mm^2

  도심위치 $C_x = C_y$ = 32.4 mm

  강재 : SM355 (F_y = 355 N/mm^2, F_u = 490 N/mm^2)

- 고장력볼트 : M22(F10T)
- 설계블록전단강도를 고려할 것 (단, 인장응력은 균일하다.)
- 거셋 플레이트는 인장에 충분히 안전한 것으로 가정한다.

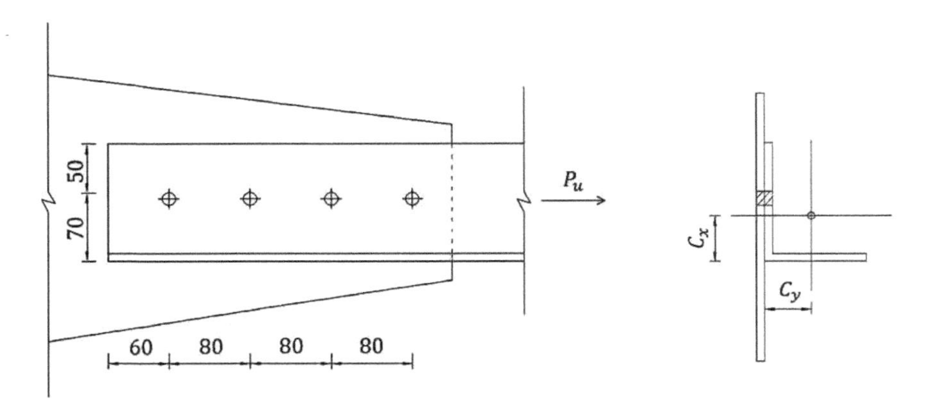

(1) 설계 인장강도 산정

① 총단면적 항복

$$\phi P_n = 0.9 \cdot \underset{355}{F_y} \cdot \underset{1876}{A_g} = 599382N = 599.382 kN$$

② 유효순단면적 파단

$$\phi P_n = 0.75 \cdot \underset{490}{F_u} \cdot \underset{U\cdot A_n}{A_e} = 521.914N = 521.914 kN$$

$$A_n = A_g - 1\times(22+2)\times8 = 1684 mm^2$$

$$U = 1 - \frac{\bar{x}}{L} = 1 - \frac{37.6}{240} = 0.843$$

③ 블록전단파단

$A_{nt} = (50 - 24/2) \times 8 = 304\,mm^2$

$A_{gv} = (60 + 80 \times 3) \times 8 = 2400\,mm^2$

$A_{nv} = A_{gv} - 3.5 \times 24 \times 8 = 1728\,mm^2$

$0.6 \cdot F_y \cdot A_{gv} = 511.200\,kN > 0.6 \cdot F_u \cdot A_{nv} = 508.032\,kN$ (지배)

$\phi R_n = 0.75 \cdot (0.6 \cdot F_u \cdot A_{nv} + U_{bs} \cdot F_u \cdot A_{nt}) = 492.744\,kN$ (U_{bs} = 1.0)

블록 전단 파단이 지배, 설계인장강도 $(\phi P_n) = 492.744\,kN$

(2) 인장재의 안전성 검토

① 소요하중

$P_u = 1.2P_D + 1.6P_L = 440\,kN \leq \phi P_n = 492.744\,kN$

소요하중에 대해 안전하다.

③ 볼트구멍의 지압검토 (볼트구멍의 변형 설계에 고려된 것으로 가정)

$\phi R_n = \phi \cdot 1.2 \cdot L_c \cdot t \cdot F_u \leq \phi \cdot 2.4 \cdot d \cdot t \cdot F_u$ (L_c = 48, d = 22)

$169.344\,kN \leq 155.232\,kN$ (지배)

$\phi R_n = 155.232\,kN/EA > P_u/4 = 110\,kN/EA$

볼트구멍지압에 대해 안전하다.

따라서 이 인장재는 총단면적항복, 유효순단면적 파단, 블록전단, 볼트구멍지압에 대해 안전하다.

끝

딸기맛호가든 : 실제로 이풀이대로 답안을 작성하고 21.67/25점을 받았으며, 이문제의 만점을 받은 합격자로부터 볼트검토까지 포함하였다는 제보를 받았다. 따라서 시간여유가 있다면 볼트검토까지 하는 것을 권장한다.

M군 : 답을 맞게 쓰더라도 내용을 추가한 사람이 있을 경우 점수의 차등을 두기 위해 점수가 낮아질 수 있다.

딸기맛호가든 : 필자같은 경우는 그래서 애초의 전략자체를 역학이외의 문제에서는 만점이 아닌 20~22/25점사이를 받는 것으로 세웠었다. 물론.. 20~22/25점 또한 계산문제에서나 가능한 점수이다.

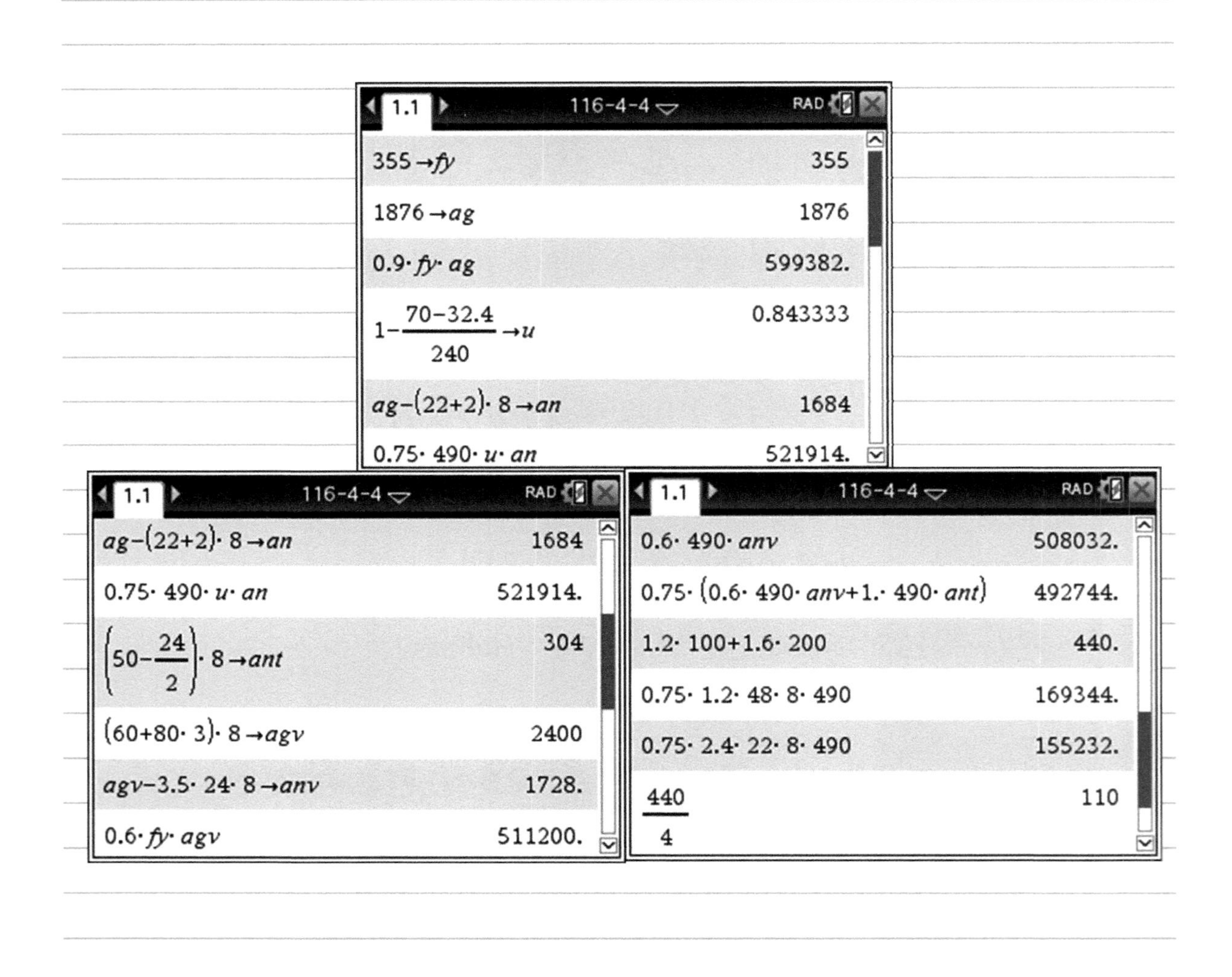

5. 단순보는 H-300×300×10×15(I_x=2.04×10^8 mm^4, E=2.1×10^5 N/mm^2)로 다음 그림과 같다. 스팬 중앙점 C에 $M = 120\ kN \cdot m$가 작용할 때, 다음을 검토하시오.
(단, 횡좌굴에 대하여는 충분히 안전하다고 가정한다.)

<116회 4교시>

(1) 지점 A의 처짐각 θ_A를 구하시오.

(2) 점 C의 처짐각 θ_C를 구하시오.

(3) 구간 A-C의 최대 처짐 Δ_{max}를 구하시오.

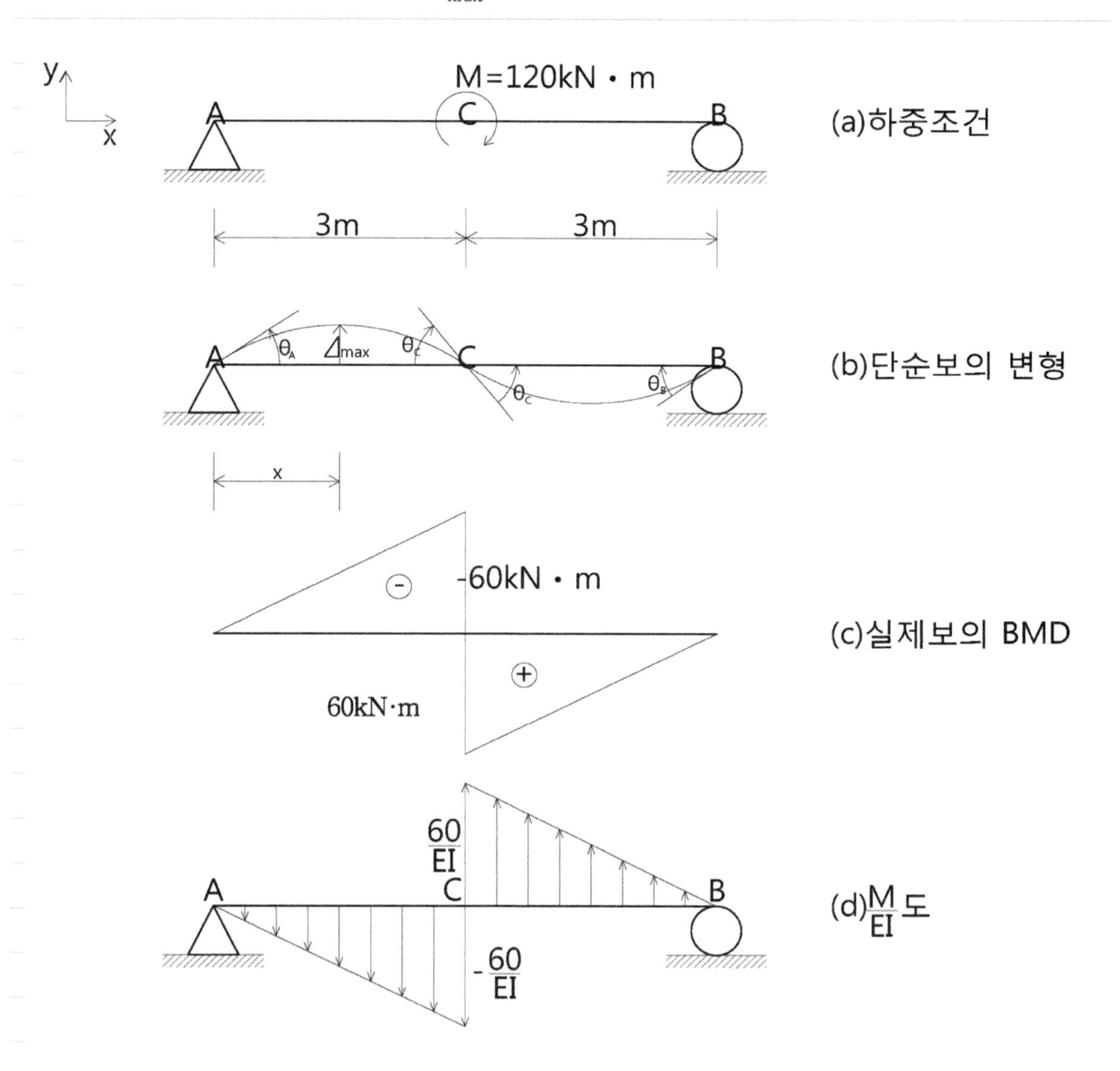

(1) 지점 A의 처짐각 θ_A

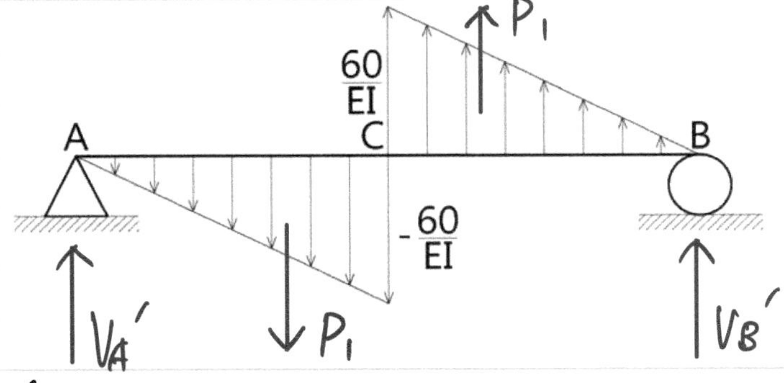

$$P_1 = \frac{60}{EI} \times 3 \times \frac{1}{2} = \frac{90}{EI}$$

$\Sigma M_B = 0$; $V_A' \times 6 - P_1 \times 4 + P_1 \times 2 = 0$, $V_A' = 30/EI$

$$\theta_A = V_A' = \frac{30}{EI} = 0.0007 rad \circlearrowright \quad (EI = 42840\ kN \cdot m^2)$$

(2) 점 C의 처짐각 θ_C

$$\theta_C = V_C' = V_A' - P_1 = -\frac{60}{EI} = -0.0014 rad \circlearrowleft$$

(3) 구간 A-C 최대처짐

$-\frac{60}{EI} \times \frac{x}{3}$ $\qquad P_2 = \frac{20}{EI} \cdot x \cdot \frac{x}{2}$

V_A', P_2, x

$V_x = V_A' - \frac{20}{EI} x \times \frac{x}{2} = 0$, $\quad x = \sqrt{3}$ 일때 최대처짐

$$\delta_{max} = M_x' = V_A' \times \sqrt{3} - P_2 \times \sqrt{3}/3$$

$$= \frac{20\sqrt{3}}{EI} = 0.809\ mm$$

끝

딸기맛호가든 : M/EI 도까지 주어진 상황에서 굳이 다른 풀이법을 사용할 이유는 없다. 그러나 본 문제처럼 **M/EI** 도 까지 주어진 문제는 이전에 출제된 적은 없다.

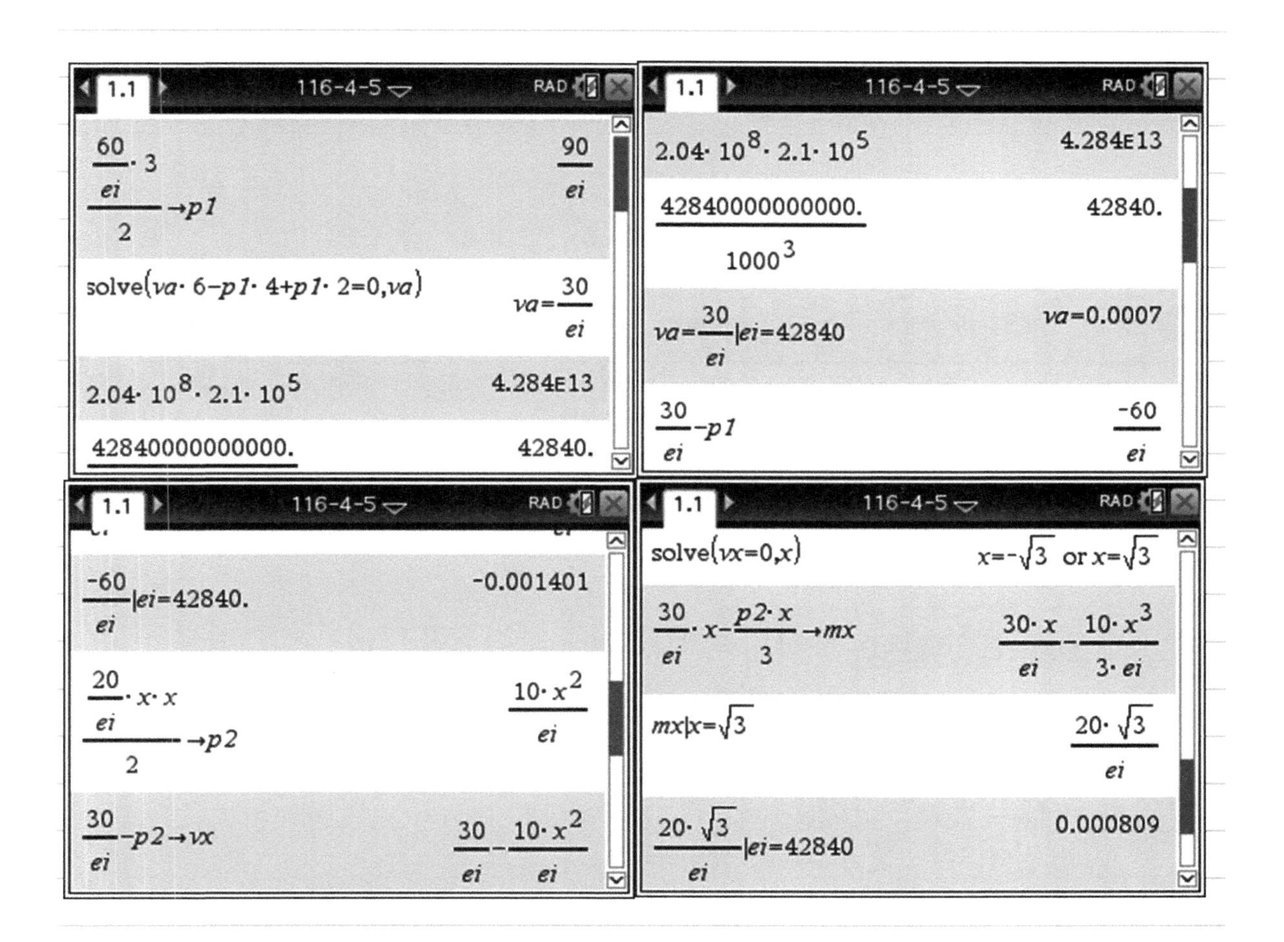

6. 다음과 같은 트러스에서 중앙 절점 C의 수직처짐을 구하시오.

<조건> <116회 4교시>

- 양단은 단순지지이다.
- 상현재 및 하현재는 각각 2 Ls−90×90×6 ($A=2\times10.55\ cm^2=21.1\ cm^2$)이다.
- 기타 부재는 Ls−90×90×6 ($A=10.55\ cm^2$)이다.
- $E = 2.1\times10^5\ N/mm^2$
- < >안의 숫자는 부재번호이다.

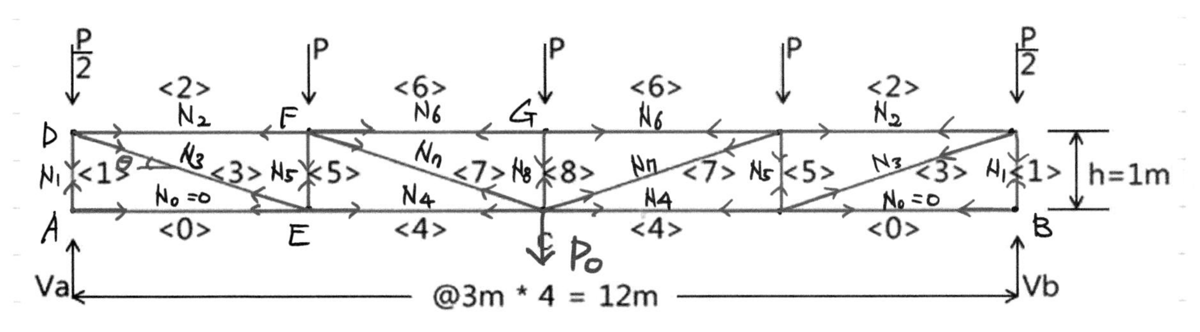

P_0 : C점 수직처짐을 산정하기 위한 가상하중

(1) 반력 산정

좌우대칭이므로, $V_a = V_b = \left(\frac{P}{2}\times2 + P\times3 + P_0\right)/2$

$= 2P + P_0/2$

(2) 부재력 산정

$\theta = \tan^{-1}(1/3)$

A절점에서, $\Sigma H = 0;\ N_0 = 0$

$\Sigma V = 0;\ V_A + N_1 = 0,\ N_1 = -2P - P_0/2$

D절점에서, $\Sigma H = 0;\ N_2 + N_3\cdot\cos\theta = 0$) 연립

$\Sigma V = 0;\ -N_1 - N_3\cdot\sin\theta - P/2 = 0$

$N_2 = -3(3P+P_0)/2,\ N_3 = (3P+P_0)\cdot\sqrt{10}/2$

E절점에서, $\Sigma H = 0;\ -N_3\cdot\cos\theta + N_4 = 0$) 연립

$\Sigma V = 0;\ N_3\cdot\sin\theta + N_5 = 0$

$N_4 = 3\cdot(3P+P_0),\ N_5 = -(3P+P_0)/2$

F절점에서, $\Sigma H = 0;\ -N_2 + N_6 + N_7 \cdot \cos\theta = 0$
$\Sigma V = 0;\ -N_5 - N_7 \cdot \sin\theta - P = 0$) 연립

$N_6 = -3 \cdot (2P + P_0)$ $N_7 = (P + P_0)\sqrt{10}/2$

G절점에서, $\Sigma V = 0;$ $N_8 = -P$

(3) 변형에너지 산정

$EA_1 = 443100\,kN$ (상·하현재), $EA_2 = 221550\,kN$ (수직재, 사재)

$$U = \frac{1}{2EA_1} \times 2 \times (N_4^2 + N_2^2 + N_6^2) \times 3 + \frac{1}{2EA_2} \times (2 \cdot N_1^2 + 2 \cdot N_5^2 + N_8^2) \times 1 + \frac{1}{2EA_2} \times 2 \times (N_3^2 + N_7^2) \times \sqrt{10}$$

(4) C점 수직처짐 산정 (카스틸리아노 제정리)

$$\frac{\partial U}{\partial P_{0=0}} = \delta_C = 0.000728P\,(m) = 0.728P\,(mm)\ \downarrow$$

C점에서, 처짐은 0.728P mm 만큼 아래방향으로 발생

이때, 하중P의 단위는 kN 이다.

끝

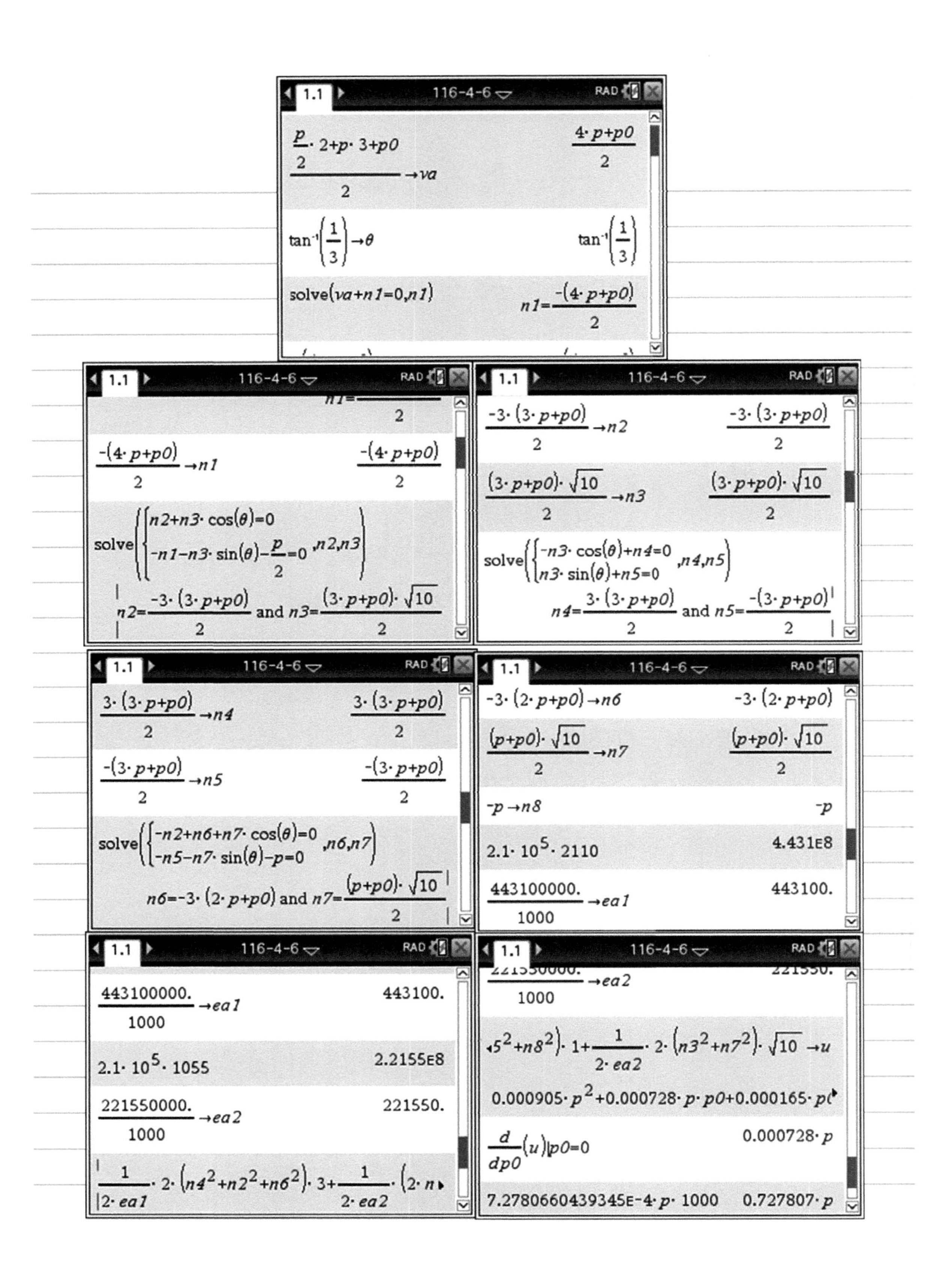
1.1
116-4-6
RAD
(p/2·2+p·3+p0)/2 →va
(4·p+p0)/2
tan⁻¹(1/3)→θ
tan⁻¹(1/3)
solve(va+n1=0,n1)
n1=-(4·p+p0)/2
-(4·p+p0)/2 →n1
-(4·p+p0)/2
solve({n2+n3·cos(θ)=0, -n1-n3·sin(θ)-p/2=0},n2,n3)
n2=-3·(3·p+p0)/2 and n3=(3·p+p0)·√10/2
-3·(3·p+p0)/2 →n2
-3·(3·p+p0)/2
(3·p+p0)·√10/2 →n3
(3·p+p0)·√10/2
solve({-n3·cos(θ)+n4=0, n3·sin(θ)+n5=0},n4,n5)
n4=3·(3·p+p0)/2 and n5=-(3·p+p0)/2
3·(3·p+p0)/2 →n4
3·(3·p+p0)/2
-(3·p+p0)/2 →n5
-(3·p+p0)/2
solve({-n2+n6+n7·cos(θ)=0, -n5-n7·sin(θ)-p=0},n6,n7)
n6=-3·(2·p+p0) and n7=(p+p0)·√10/2
-3·(2·p+p0)→n6
-3·(2·p+p0)
(p+p0)·√10/2 →n7
(p+p0)·√10/2
-p→n8
-p
2.1·10^5·2110
4.431E8
443100000./1000 →ea1
443100.
443100000./1000 →ea1
443100.
2.1·10^5·1055
2.2155E8
221550000./1000 →ea2
221550.
1/(2·ea1)·2·(n4²+n2²+n6²)·3+1/(2·ea2)·(2·n
221550000./1000 →ea2
221550.
5²+n8²)·1+1/(2·ea2)·2·(n3²+n7²)·√10 →u
0.000905·p²+0.000728·p·p0+0.000165·p
d/dp0(u)|p0=0
0.000728·p
7.2780660439345E-4·p·1000
0.727807·p

117회 건축구조기술사

(2019년 1월 27일 시행)

대상	응시	결시	합격자	합격률
340	293	47	11	3.75%

총 평

난이도 상

역대급으로 쉬웠던 116회와 다르게, 117회는 역대급으로 어려운 시험이었다. 실제로 시험장에서 한숨소리가 여러군데서 터져나오는 시험이었다.

1교시는 비교적 무난하였고, 2교시는 어려운 편이었고 그나마 비교적 숨통이 트일만한 2개의 역학문제가 있었지만, 둘다 함정요소가 있어 실제 일정이상의 실력인 수험자중에도 이문제들을 틀린 사람이 상당히 많았다. 이 두문제를 제외하면 그나마 어떤문제를 건드릴지부터 상당히 고민스러운 문제들밖에 없었다.

3~4교시는 애초에 답이 맞건 틀렸건 4문제를 골라 풀수 있기만 해도 다행이라는 생각이 들 정도로.. 건드릴 문제가 없다. 다른시험같으면 어려운 문제취급을 받았을 소성해석으로 처짐구하는 문제가 숨통이 트이는 문제였을 정도이니.. 다만 동역학이 강한 분들은 2개의 어렵지만 계산자체는 쉬운 동역학문제로 인해 약간은 숨통이 트였으려나..

117회의 특징은, 자주 출제되지 않는 유형이거나, 혹은 푸는에 오래 걸릴 것이 명백한 문제들이 많았다는 점. 시험시간내내 숨쉴틈이 하나도 없었을 것이다. 물론.. 시험이 아무리 어려워도 합격자는 나오기 마련이다. 어려운 만큼 부분점수를 잘줬을 테니까..

실제 합격률도 3.75%로 낮은 편이지만, 시험의 난이도를 감안하면 그렇게 낮은편도 아니었다고 할 수 있다.

국가기술자격 기술사 시험문제

기술사 제 117 회 제 1 교시 (시험시간: 100분)

분야	건설	종목	건축구조기술사	수험번호		성명	

※ 다음 문제 중 10문제를 선택하여 설명하시오. (각10점)

1. 콘크리트구조의 기존 구조물 안전성 평가시 평가를 위한 강도감소계수를 설명하시오.
2. 목구조의 주요구조부 내화성능기준을 설명하시오.
3. 철근콘크리트 기둥의 횡방향 띠철근의 전형적 내진상세를 그리시오.
4. 구조설계의 원칙 4가지를 설명하시오.(KBC 2016)
5. 바람의 난동과 건축물의 후면에서 방출되는 와류로 인하여 건축물에 발생하는 대표적인 4가지 진동에 대하여 설명하시오.(KBC 2016)
6. 우리나라에서 사용하고 있는 구조설계기준(Design Code), 시방서(Specification), 한국산업표준(KS)에 대하여 각각 설명하시오.
7. 그루브용접과 필릿용접의 용접기호 표기방법을 도시하고 유효면적을 설명하시오.
8. 중량차량 활하중에 대하여 설명하시오.(KBC 2016)
9. 내진설계범주 D에 대한 시스템 제한 이외에 고려할 사항을 설명하시오.(KBC 2016)
10. 철근콘크리트구조의 부착에 의한 파괴형태를 설명하시오.
11. 구조설계도의 작성에 포함해야 할 내용을 설명하시오.(KBC 2016)
12. 건축, 기계 및 전기 비구조요소의 내진설계에서 등가정적하중을 산정하는 방법을 설명하시오.(KBC 2016)
13. 철근콘크리트구조의 응력교란영역에 사용하는 스트럿-타이모델의 경우 타이의 정착설계에 대하여 설명하시오.(KDS 2016)

1 - 1

국가기술자격 기술사 시험문제

기술사 제 117 회							제 2 교시 (시험시간: 100분)
분야	건설	종목	건축구조기술사	수험번호		성명	

※ 다음 문제 중 4문제를 선택하여 설명하시오. (각25점)

1. 지형적인 이유로 구조물의 지점조건의 높이차가 발생하였다. 이 구조물에 작용하는 하중이 주어진 경우, 순수 압축력만을 받는 구조시스템이 되도록 B와 D 위치에서 높이 h_B와 h_D를 구하시오.

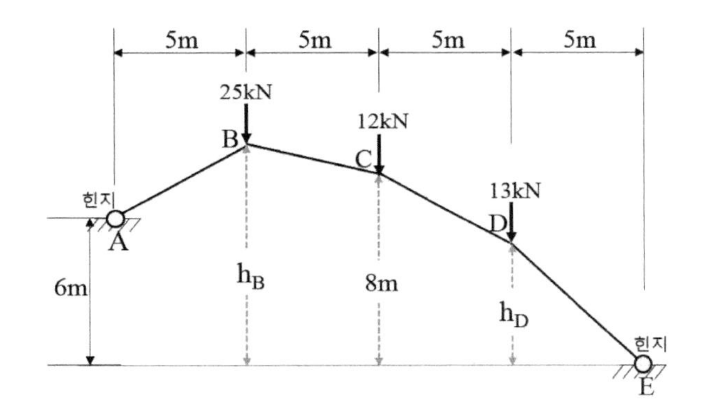

국가기술자격 기술사 시험문제

기술사 제 117 회 제 2 교시 (시험시간: 100분)

분야	건설	종목	건축구조기술사	수험번호		성명	

2. 2경간 연속보의 지점 B 바로 앞에 전단력의 구속을 풀어주는 장치를 도입하였다. 연속보의 부재력도(축력도, 전단력도, 휨모멘트도)를 작성하시오.

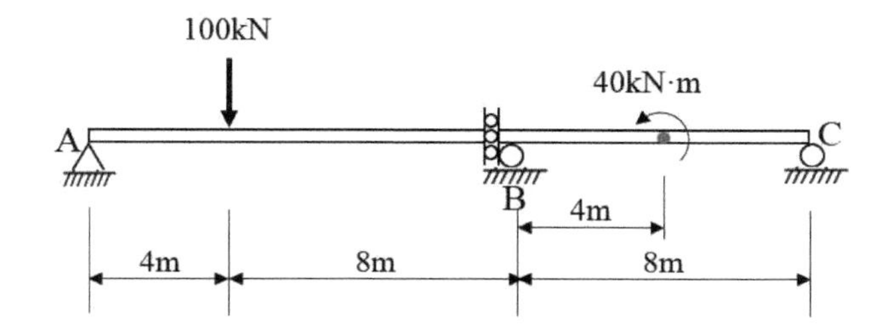

3. 아래 그림은 완전탄소성 거동을 하는 비선형구조물의 성능점이 A → B → C로 형성되는 과정을 그린 것이다. 그림에서 표시된 $\triangle A_1$과 $\triangle A_2$가 의미하는 바를 설명하시오.

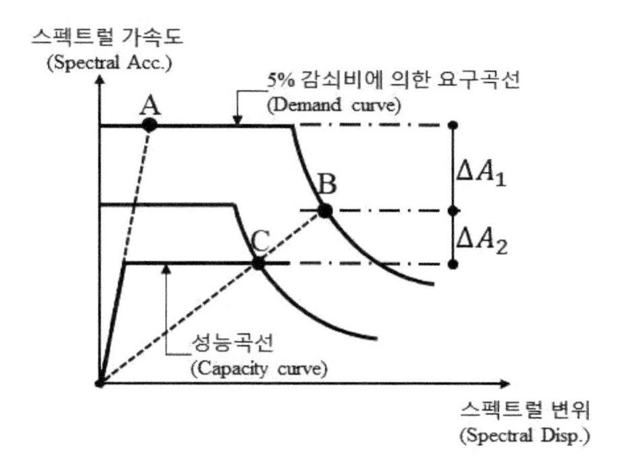

5 - 2

국가기술자격 기술사 시험문제

기술사 제 117 회 제 2 교시 (시험시간: 100분)

분야	건설	종목	건축구조기술사	수험번호		성명	

4. 아래 그림과 같이 속빈단면에 계수전단력 $V_u = 200\text{kN}$ 과 계수비틀림모멘트 $T_u = 50\text{kN} \cdot \text{m}$ 가 작용할 때 보의 안전성을 검토하시오.

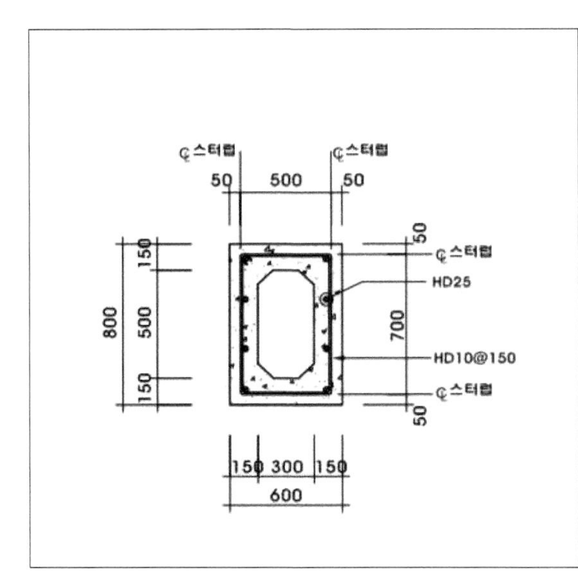

[설계 조건]

· f_{ck} = 24MPa
· f_y = 400MPa,
· 보의 유효깊이 d = 730mm
· 압축경사각 θ = 45°
· 보 외측에서 스터럽 중심까지의 거리 : 50mm
· 단위 : mm

국가기술자격 기술사 시험문제

기술사 제 117 회　　　　　　　　　　　　　　　　　　제 2 교시 (시험시간: 100분)

분야	건설	종목	건축구조기술사	수험번호		성명	

5. 타워크레인 지지부(좌대)가 철골보인 경우에 지지부 설계순서와 설계고려사항을 설명하고 구조평면도를 그리시오.
   (단, 철골기둥 간격 : 8.0m×10.0m, 마스트 간격 : 2.0m×2.0m)

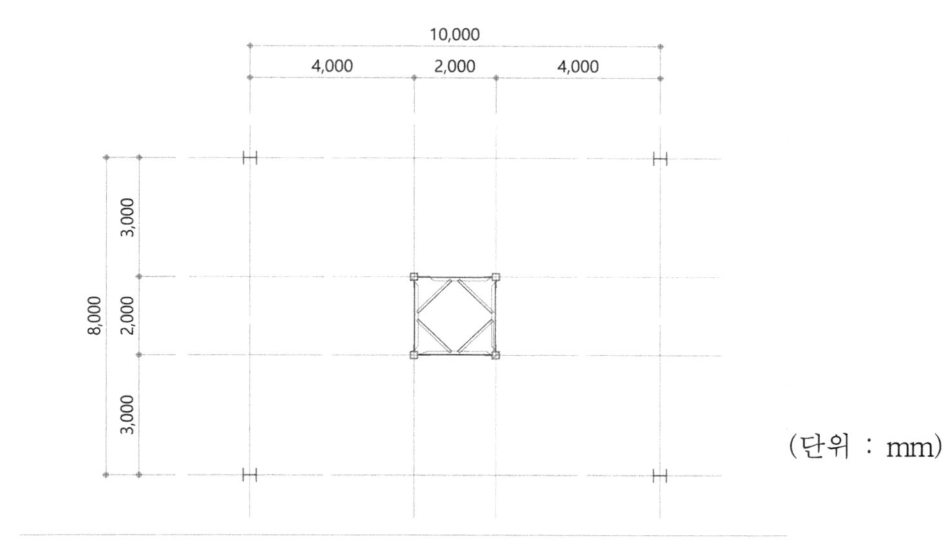

국가기술자격 기술사 시험문제

기술사 제 117 회 　　　　　　　　　　　　　　　　　　　　제 2 교시 (시험시간: 100분)

분야	건설	종목	건축구조기술사	수험번호		성명	

6. 계수축하중 P_u = 1,480kN이 강재단면에 직접 가해진다. 합성기둥의 하중도입부를 스터드앵커(F_u = 400MPa, 직경 19mm)로 사용해서 설계하고 상세도를 그리시오.

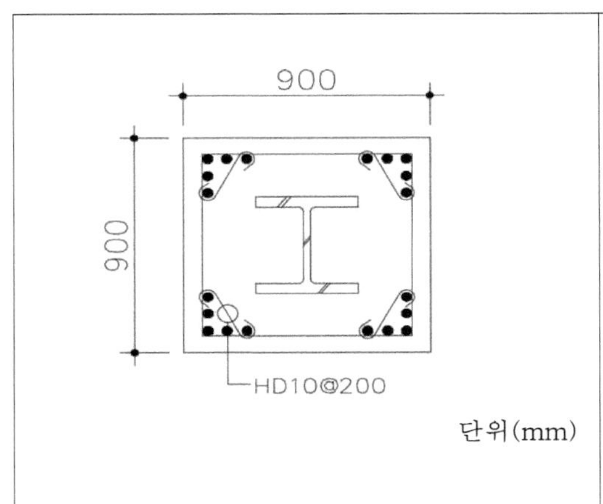

[설계 조건]

- H형강 : H-428×407×20×35 (SHN325, A_s = 36,100mm²)
- SRC 기둥 : 900×900 (mm), f_{ck} = 40MPa
- 주철근 : 20-D32 (SD400, A_{sr}= 15,900mm²)
- 띠철근 : D10@200 (mm)
- 유효좌굴길이 : 5.0m

5 - 5

국가기술자격 기술사 시험문제

기술사 제 117 회 제 3 교시 (시험시간: 100분)

분야	건설	종목	건축구조기술사	수험번호		성명	

※ 다음 문제 중 4문제를 선택하여 설명하시오. (각25점)

1. 레일리 감쇠모델(Rayleigh damping model)을 구조물 해석모델에 사용하였다. 2.0초와 1.0초 주기의 감쇠비를 5%로 가정할 때, 0.5초 주기의 감쇠비를 구하시오.

2. 아래 그림과 같은 길이가 L이며, 집중하중 P를 받는 완전탄소성거동의 보가 있다. 보 부재에 최초 항복모멘트가 발생했을 때와 붕괴기구가 형성되었을 때 c점의 처짐의 비를 구하시오.
   (단, E : 보의 탄성계수, I : 단면이차모멘트)

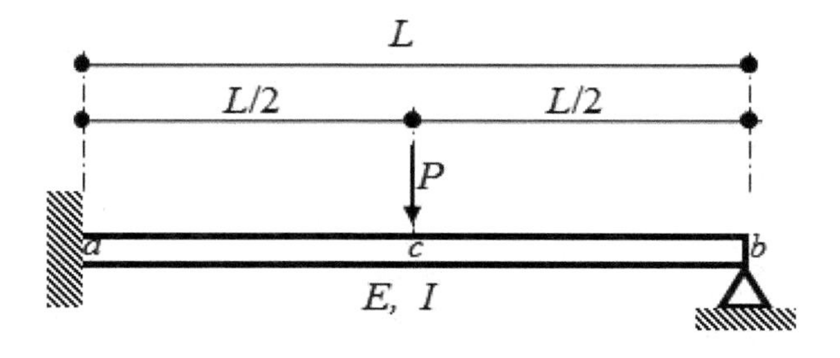

5 - 1

국가기술자격 기술사 시험문제

기술사 제 117 회 제 3 교시 (시험시간: 100분)

분야	건설	종목	건축구조기술사	수험번호		성명	

3. 길이 5m의 보가 지점 C에서 2 개의 축부재와 함께 핀접합으로 연결되어 있고 지점 D는 힌지로 되어 있다. 부재 AC와 부재 BC의 부재력 및 지점 D의 반력을 구하시오.

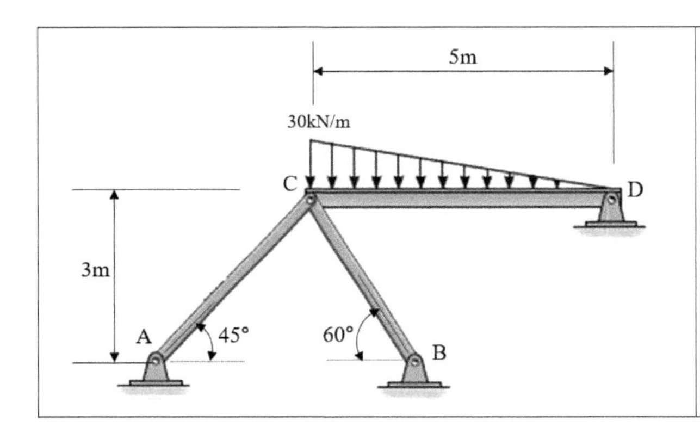

[조건]
- 재료의 탄성계수 2.1×10^5MPa
- 보의 단면적 $25cm^2$
- 단면2차모멘트 $4\times10^4cm^4$

국가기술자격 기술사 시험문제

기술사 제 117 회 제 3 교시 (시험시간: 100분)

분야	건설	종목	건축구조기술사	수험번호		성명	

4. 아래 그림과 같이 하중(P_D = 150kN, P_L = 180kN)을 받는 H형강보가 콘크리트 벽체(두께 250mm)에 의해 지지되고 있다.

1) H형강보의 안전성(그림1)을 검토하시오.

2) 지압판을 PL-250×200(B×D)으로 가정할 때(그림2) 필요두께를 결정하시오.

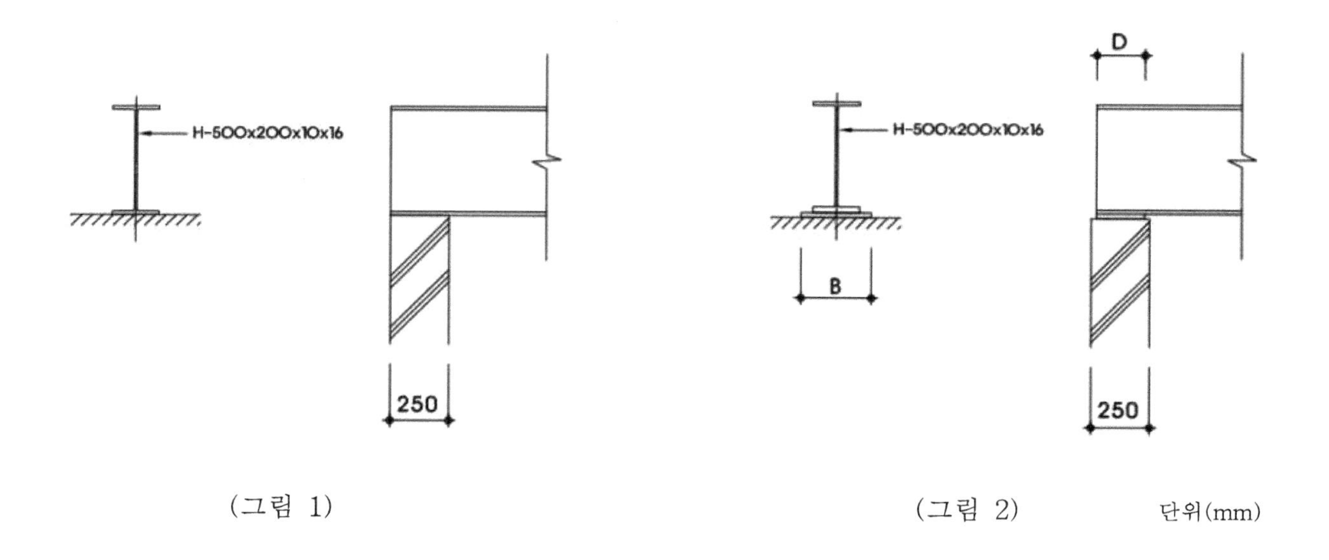

(그림 1) (그림 2) 단위(mm)

국가기술자격 기술사 시험문제

기술사 제 117 회 　　　　　　　　　　　　　　　　　　제 3 교시 (시험시간: 100분)

분야	건설	종목	건축구조기술사	수험번호		성명	

[설계 조건]

- 보: H-500×200×10×16(r=20mm)
- 강재의 항복강도: F_y = 275MPa(SS275)
- 강재의 탄성계수: 205,000MPa
- 콘크리트 벽체두께 : 250mm
- 콘크리트 강도 : f_{ck} = 24MPa
- 웨브크리플링공칭강도 R_n은 다음 중 검토조건에 해당되는 수식 적용

① $R_n = 0.8t_w^2[1+3(\frac{N}{d})(\frac{t_w}{t_f})^{1.5}]\sqrt{\frac{EF_{yw}t_f}{t_w}}$

② $R_n = 0.40t_w^2[1+3(\frac{N}{d})(\frac{t_w}{t_f})^{1.5}]\sqrt{\frac{EF_{yw}t_f}{t_w}}$

③ $R_n = 0.40t_w^2[1+(\frac{4N}{d}-0.2)(\frac{t_w}{t_f})^{1.5}]\sqrt{\frac{EF_{yw}t_f}{t_w}}$

국가기술자격 기술사 시험문제

기술사 제 117 회 | 제 3 교시 (시험시간: 100분)

분야	건설	종목	건축구조기술사	수험번호		성명	

5. 아래 그림과 같이 지하5층 건물의 흙막이 공법은 현장타설 콘크리트 지하연속벽 (Slurry Wall, Diaphragm Wall)이고 지하연속벽 저면이 지하 4층 슬래브 Level -2.0m이며 지하 4층 지하연속벽 하부에 Counter Wall이 있다.

1) 현장타설 콘크리트 지하연속벽에 대하여 설명하시오.

2) 지하 5층의 지하연속벽 지지 방안과 흙막이 공법에 대하여 설명하시오.

3) 지하연속벽과 지상 1층(A), 지하 2층(B), Counter Wall(C)의 접합부 상세를 그리시오.

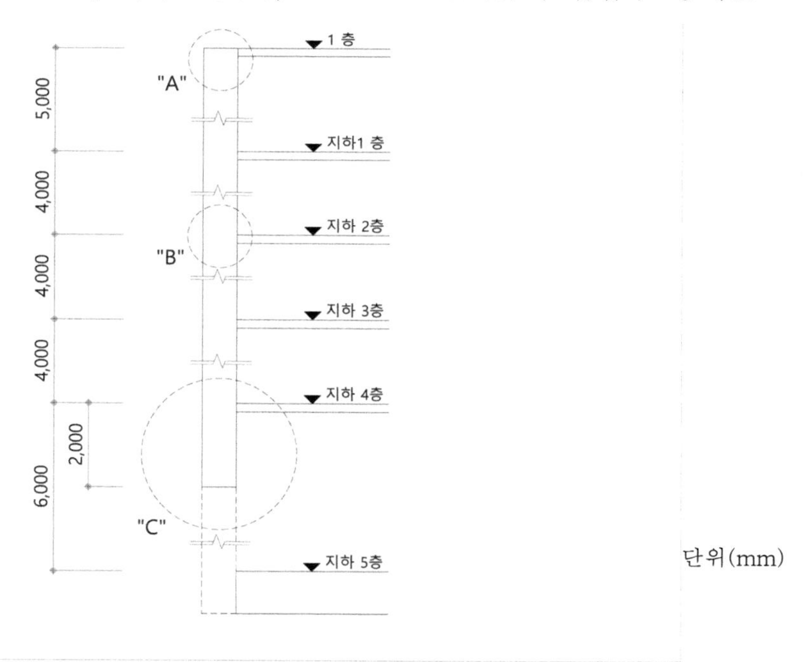

6. 현장치기콘크리트 구조에서 일체성을 확보하기 위한 조건을 설명하시오.

5 - 5

국가기술자격 기술사 시험문제

기술사 제 117 회　　　　　　　　　　　　　　　　　제 4 교시 (시험시간: 100분)

분야	건설	종목	건축구조기술사	수험번호		성명	

※ 다음 문제 중 4문제를 선택하여 설명하시오. (각25점)

1. 질량이 m이고 x방향 강성이 k인 (그림 1)과 같은 단자유도 구조물(고유주기 : 1.0초)이 있다. (그림 1)의 구조물을 x방향 강성이 a·k인 면진장치와 질량 0.1m이 추가된 (그림 2)와 같은 면진구조물로 변경하였다. 면진구조물의 목표고유주기가 3.0초 일 때 a값을 구하시오. (단, 면진장치는 탄성거동하고, x방향의 변위는 면진장치에 집중되는 것으로 가정한다.)

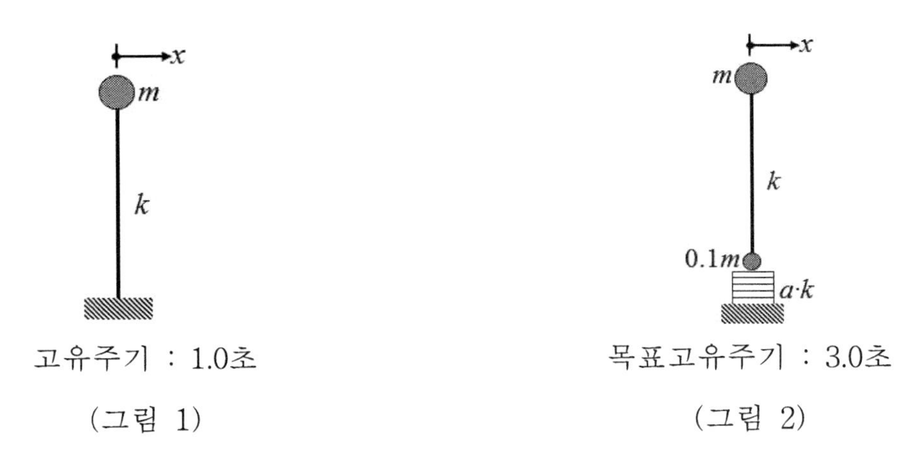

고유주기 : 1.0초　　　　　　　　목표고유주기 : 3.0초

(그림 1)　　　　　　　　　　　　(그림 2)

국가기술자격 기술사 시험문제

기술사 제 117 회　　　　　　　　　　　　　　제 4 교시 (시험시간: 100분)

분야	건설	종목	건축구조기술사	수험번호		성명	

2. 콘크리트 재료의 강도를 나타내는 설계기준압축강도 f_{ck}, 실제압축강도 f_{cu}, 배합강도 f_{cr}에 대하여 설명하고, 다음과 같은 조건일 때 A, B회사의 배합강도 f_{cr}을 구하시오.

[설계 조건]
- 설계기준압축강도 f_{ck} = 27MPa
- 레미콘회사 A : 설계기준압축강도를 기준으로 ±7MPa 이내의 콘크리트를 30회 이상 생산한 실적이 있으며 표준편차가 3MPa임
- 레미콘회사 B : 생산실적이 없음

3. 200kN의 외력을 받는 케이블 트러스 구조시스템에서 케이블 구조의 안정성과 강성을 확보하기 위해서 초기 긴장력 40kN을 도입한다. 케이블 트러스 구조시스템의 부재력을 구하시오.

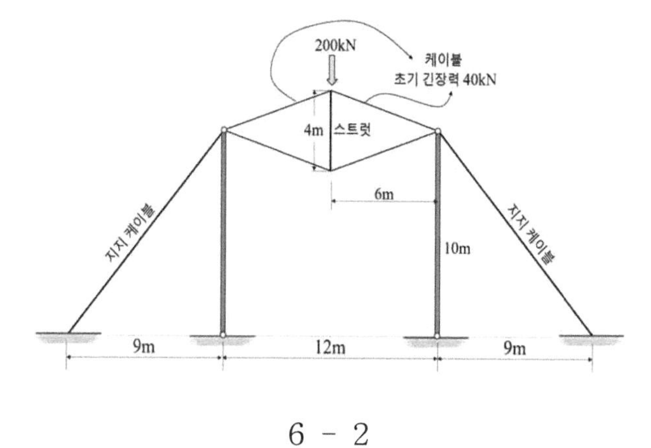

6 - 2

국가기술자격 기술사 시험문제

기술사 제 117 회 　　　　　　　　　　　　　　　　　　제 4 교시 (시험시간: 100분)

분야	건설	종목	건축구조기술사	수험번호		성명	

4. 다음 그림과 같이 보의 상부플랜지를 따낸 보의 단부 반력이 R_u(P_D = 180kN, P_L = 210kN)일 때 따낸보 단면의 안전성을 검토하시오

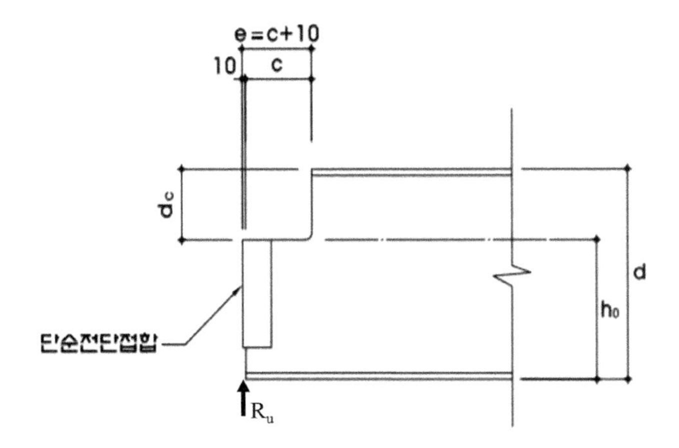

국가기술자격 기술사 시험문제

기술사 제 117 회 제 4 교시 (시험시간: 100분)

분야	건설	종목	건축구조기술사	수험번호		성명	

[설계 조건]

· 사용 부재 : H-596×199×10×15

· 따낸 H형강 보의 탄성단면계수 : S_{net}=406×10^3 mm^3

· 강재의 강종 : SM355 (F_y = 355MPa, F_u=490MPa)

· 따낸치수 : d_c = 200mm, c = 215mm

· 편심거리 : e = 215+10 = 225 mm

· h_o : $d-d_c$

상부플랜지만 따낸 보의 치수가 $c \le 2d$, $d_c \le d/2$일 때 설계좌굴응력 $\varnothing F_{cr}$은 아래 식을 이용한다.

· $\varnothing$ =0.9

· $F_{cr}=\dfrac{\pi^2 E}{12(1-\nu^2)}(\dfrac{t_w}{h_0})^2 fk$

여기서, E : 205,000MPa, ν : 푸아송 비, f : 판 좌굴모델 조정계수

$c/d \le 1.0$ 일 때 : $f=\dfrac{2c}{d}$, $c/d>1.0$ 일 때 : $f=1+\dfrac{c}{d}$

t_w : 보 웨브두께, k : 판 좌굴계수

$c/h_o \le 1.0$ 일 때 : $k=2.2(\dfrac{h_o}{c})^{1.65}$, $c/h_o>1.0$ 일 때 : $k=\dfrac{2.2h_o}{c}$

6 - 4

국가기술자격 기술사 시험문제

기술사 제 117 회 제 4 교시 (시험시간: 100분)

분야	건설	종목	건축구조기술사	수험번호		성명	

5. 기존 건물의 철근콘크리트 지하외벽의 내력이 부족하여 철근콘크리트 벽체를 150mm 증타 보강한다. 보강전과 보강후의 지하외벽의 안전성을 검토하고 보강 상세도를 그리시오.

[설계 조건]
- 지하외벽의 부재력은 아래 그림에서 주어진 M_u, V_u를 반영해야 한다.
- 콘크리트의 설계기준압축강도 f_{ck} = 24MPa
- 철근의 설계기준항복강도 f_y = 400MPa
- 철근피복두께 : 50mm로 가정

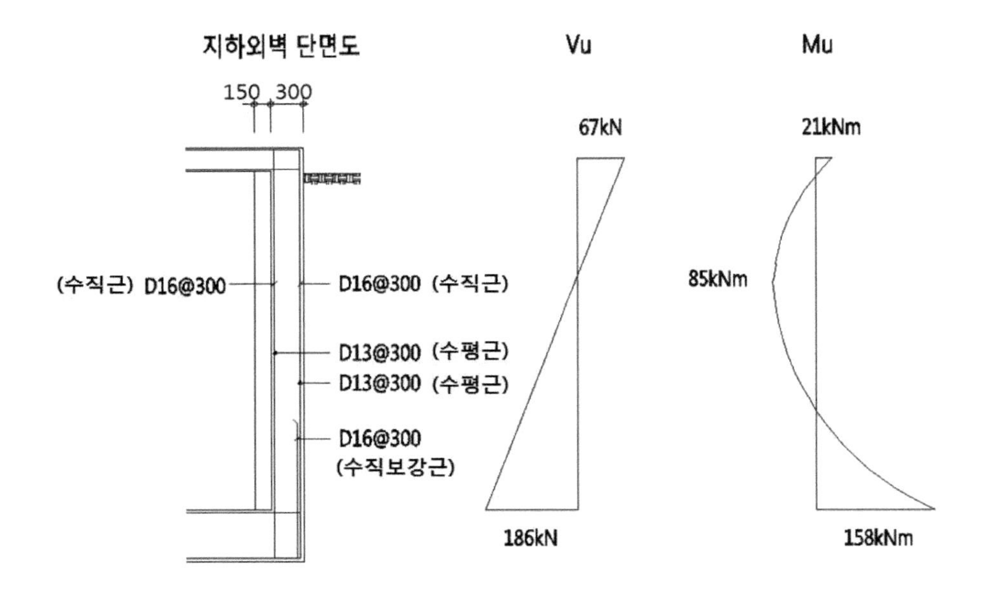

6 - 5

국가기술자격 기술사 시험문제

기술사 제 117 회 제 4 교시 (시험시간: 100분)

분야	건설	종목	건축구조기술사	수험번호		성명	

6. 아래 그림과 같은 구조물의 부재력을 근사해석법을 이용하여 구하시오.

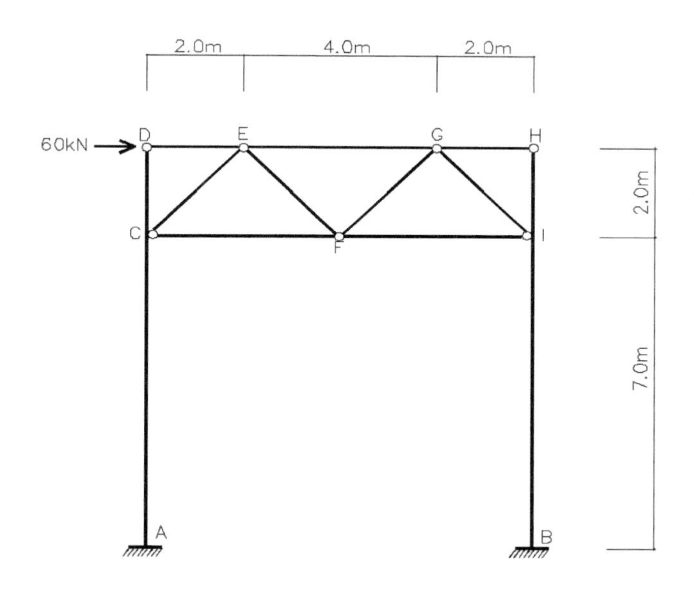

117회 기출문제 풀이

1. 콘크리트구조의 기존 구조물 안전성 평가시 평가를 위한 강도감소계수를 설명하시오.

 # KDS 14 20 90, 4.2.4

평가를 위한 강도감소계수

기존의 건축물을 평가 할 시, 시공오차, 제작오차 등에 대한 불확실성이 제거되었으므로, 강도감소계수를 설계 시보다 상향 적용 가능하다.

① 인장지배단면 : 0.85 → 1.0

② 압축지배단면 - 나선철근보강부재 : 0.7 → 0.85
- 기타의 경우 : 0.65 → 0.8

③ 전단력 및 비틀림모멘트 : 0.75 → 0.8

④ 콘크리트 지압력 : 0.65 → 0.8

끝

딸기맛호가든 : 여기에 약간의 살만 더 붙인 답안으로 6.33/10점을 취득 고득점을 노리겠다면 실제 적용사례와 관련된 추가적인 서술이 필요하다

2. 목구조의 주요구조부 내화성능기준을 설명하시오. <117회 1교시>

KDS 41 33 09, 1.2

(1) 벽, 기둥, 바닥, 보, 지붕은 다음이상의 내화성능을 가진 내화구조 적용
(국토교통부령 건축물의 피난, 방화구조 등의 기준에 관한규칙 별표1)

- 벽
  - 외벽
    - 내력벽 : 내화시간 1~3시간
    - 연소우려있는 비내력벽 : 〃 1~1.5시간
    - 〃 없는 〃 : 〃 0.5시간
  - 내 벽 : 내화시간 1~3시간
  - 보·기둥 : 〃 1~3시간
  - 바닥 : 〃 1~2 시간
  - 지붕틀 : 〃 0.5~1시간

(2) 경골목 구조의 주요구조부
벽과 바닥 구조 : 내화시간 1시간 (KS F 1611-1)
구조용집성재 보 및 기둥 : 〃 1시간 (KSF 1611-3)

(3) 목재 계단을 구성하는 주요목재(디딤판, 계단옆판)
화재시 일정시간 이상 피난통로 활용을 위해 다음단면 이상
① 두께 60mm 이상
② 두께 38mm 이상 60mm 미만일시 계단이면과 계단옆판 외측에 두께 12.5mm 이상의 방화석고보드
③ 기타 동등이상의 내화성능 보유

(4) 기타 목조건축물의 벽, 바닥, 천장
① 목재 피복 방화 재료의 접합부분, 이음부분은 화염을 막을수있는 덧댐구조
② 내화구조 이외의 주요구조부인 벽은 피복방화재료 내부에서의 화염전파를 방지할 수 있는 화염막이가 3m 이내 마다 설치
③ 내화구조이외의 주요구조부인 벽과 바닥 및 지붕의 접합부와 계단과 바닥의 접합부 등은 피복방화재료 내부에서의 화염전파를 방지하는 화염막이 설치
④ 피복 방화 재료에 조명기구, 천장 환기구, 콘센트 박스, 기타 이와 유사한 설비가 설치되어 있는 경우 방화상 지장이 없도록 보강한 구조적용
⑤ 접합철물 사용시 충분한 방화피복 설치 또는 철물을 목재내부에 삽입

끝

3. 철근콘크리트 기둥의 횡방향 띠철근의 전형적 내진상세를 그리시오.

KBC 2016 기준 및 해설 해그림 0520.5.4

(1) 중간모멘트 골조에서의 띠철근 내진상세

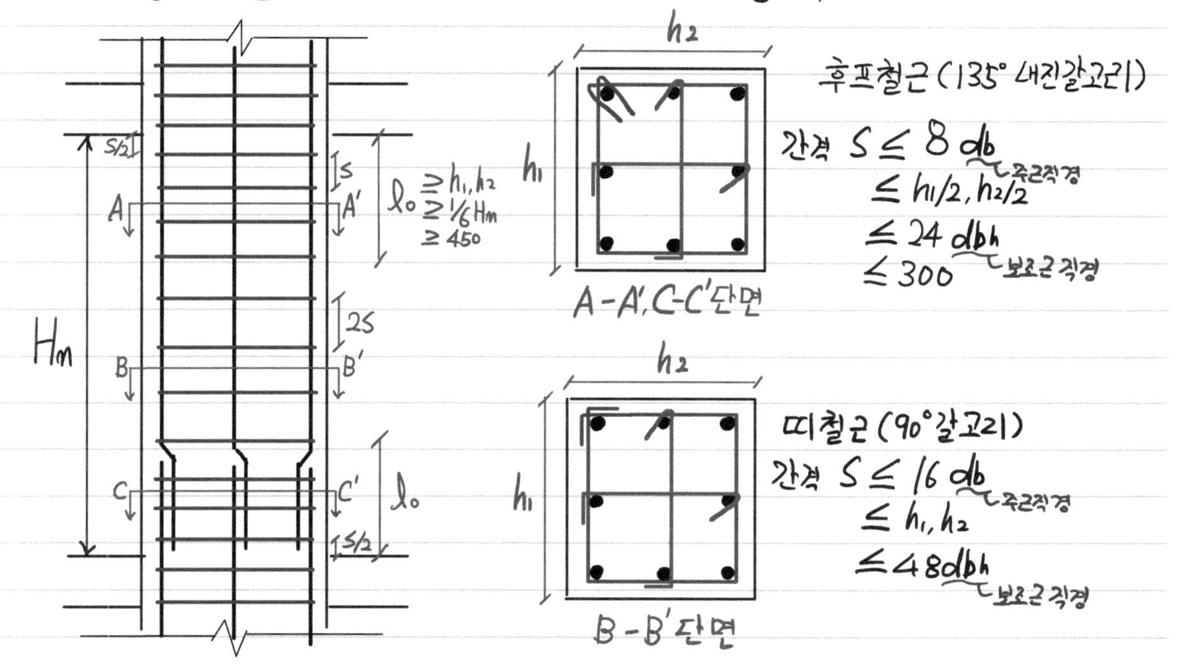

(2) 보통모멘트 골조일시
A-A' 단면, B-B' 단면 모두 띠철근(90° 갈고리) 적용

(3) 특수모멘트 골조일시
A-A' 단면, B-B' 단면 모두 후프철근(135° 갈고리) 적용

끝

4. 구조설계의 원칙 4가지를 설명하시오.(KBC 2016) <117회 1교시>

 # KBC 2016, 0104.1 또는 KDS 41 10 05, 4.1을 기본으로 하고 구조 엔지니어 관점에서의 추가적인 의견을 기술한다.

건축구조물은 안전성, 사용성, 내구성을 확보하고 친환경성을 고려하여야 한다.

(1) 안전성

건축구조물은 유효적절한 구조계획을 통하여 건축구조물 전체가 건축구조기준에 따른 각종하중에 대하여 구조적으로 안전하도록 한다.
안전성확보의 기준은 건축구조기준을 기본으로 하며, 기준에 명시되지 아니한 부분은 책임구조기술자의 판단을 따른다.

(2) 사용성

건축구조물은 사용에 지장이 되는 변형이나 진동이 생기지 아니하도록 충분한 강성과 인성의 확보를 고려한다.
과도한 변형이나 진동이 발생할 경우 외장재나 마감 등이 손상될우려가 있으며, 또한 거주자가 불안이나 불쾌감을 느낄 수 있으므로 이를 방지해야 한다.

(3) 내구성

구조부재로서 특히 부식이나 마모훼손의 우려가 있는 것에 대해서는 모재나 마감재에 이를 방지할 수 있는 재료를 사용하는 등 필요한조치를 취한다.
철근 또는 강재의 부식이 발생하거나 마모·훼손으로 인한 단면결손이 발생하면 구조부재의 성능저하로 이어지며, 이로인해 구조안전성에 문제가 발생할 수 있으므로 이를 방지한다.

(4) 친환경성

건축구조물은 저탄소 및 자원순환 구조부재를 사용하고, 피로저항성능, 내화성능, 복원가능성 등 친환경성의 확보를 고려한다.
건축물을 신축 및 철거하는 과정은 많은 폐기물을 발생시키며 이는 자연환경에 큰 부담을 줄수밖에 없다. 따라서 저탄소 및 자원순환 구조부재를 사용하는것도 중요하지만, 구조물의 내구성을 확보하고 사고발생시 복원가능성을 높여 종국적으로는 사용수명을 늘리는 것이 매우 중요하다.

끝

딸기맛호가든 : 유사한 답안으로 7.67/10점을 취득하였다. 기준에 있는 내용만 작성하였다면 이보다 낮은 점수였을것이다.

5. 바람의 난동과 건축물의 후면에서 방출되는 와류로 인하여 건축물에 발생하는 대표적인 4가지 진동에 대하여 설명하시오.~~(KBC 2016)~~ <117회 1교시>

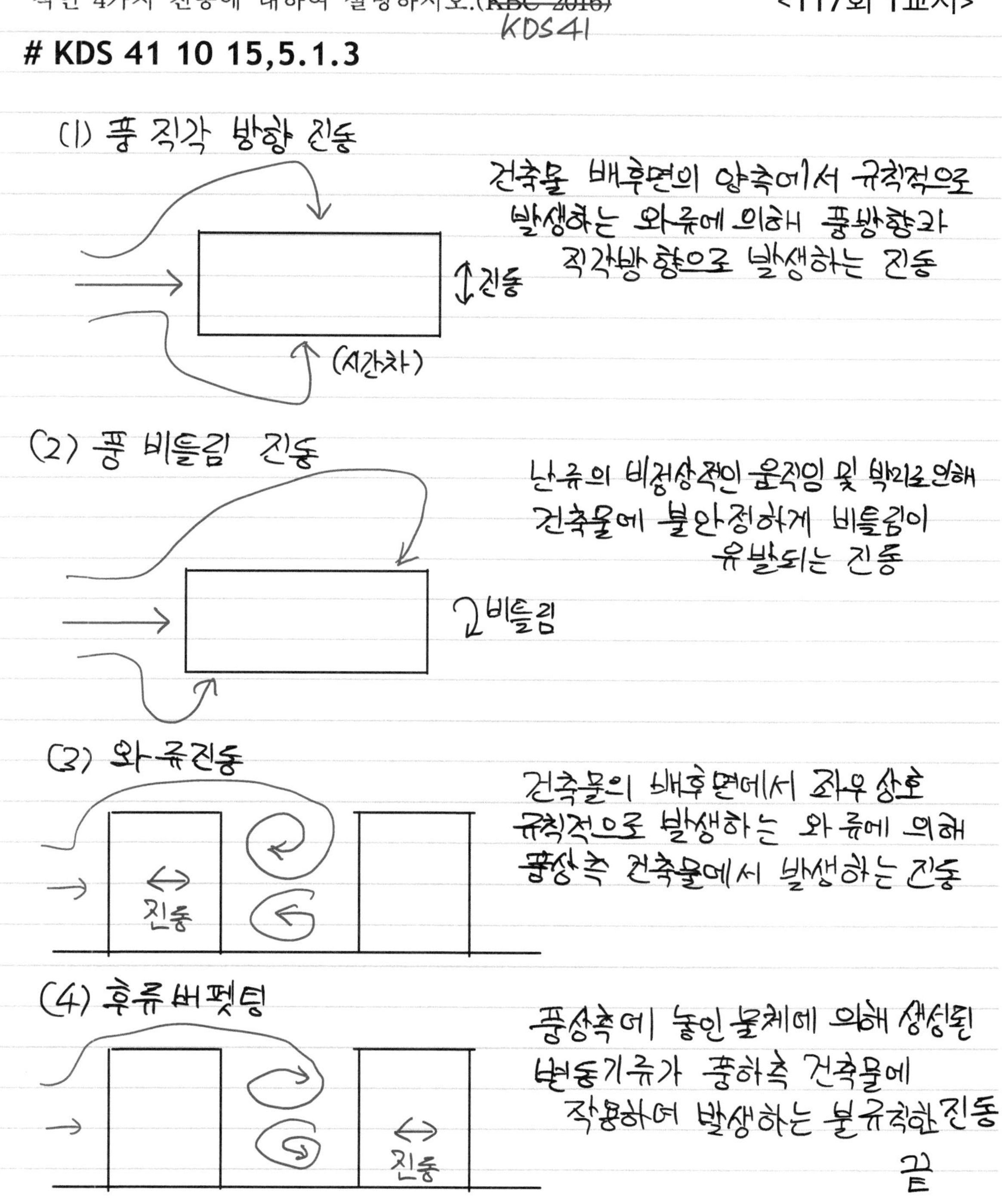

KDS41
KDS 41 10 15,5.1.3
(1) 풍 직각 방향 진동
건축물 배후면의 양측에서 규칙적으로
발생하는 와류에 의해 풍방향과
직각방향으로 발생하는 진동
진동
(시간차)
(2) 풍 비틀림 진동
난류의 비정상적인 움직임 및 박리로 인해
건축물에 불안정하게 비틀림이
유발되는 진동
비틀림
(3) 와류진동
건축물의 배후면에서 좌우 상호
규칙적으로 발생하는 와류에 의해
풍상측 건축물에서 발생하는 진동
진동
(4) 후류버페팅
풍상측에 놓인 물체에 의해 생성된
변동기류가 풍하측 건축물에
작용하여 발생하는 불규칙한 진동
진동
끝

6. 우리나라에서 사용하고 있는 구조설계기준(Design Code), 시방서(Specification), 한국산업표준(KS)에 대하여 각각 설명하시오.

<117회 1교시>

(1) 구조설계기준

건설분야에서 철근콘크리트 및 강구조 구조물을 설계, 시공 및 유지관리 단계에서 필요한 기술적 사항을 기술함으로써 구조물의 안전성, 사용성, 내구성을 확보하기 위한 기준.

건축분야에만 적용되는 건축구조기준과 달리 건축 및 토목분야 등에 적용 가능한 기준이다. (ASD, LRFD 모두 포함)

KDS 14 00 00 부터 KDS 14 31 00 까지가 여기에 해당한다.

(2) 시방서

건설공사에서 공사시 법령 및 규정의 준수, 수급인의 기본의무, 현장확인 및 설계도서 검토, 책임한계, 착수 전 환경조사, 시공전 협의, 공사수행, 야간공사, 동절기 공사, 하도급관리, 공사협의 및 조정에 대해 적용하는 기준

KCS 20 00 00 표준시방서가 여기에 해당한다.

(3) 한국산업표준 KS

건설분야 뿐만 아니라 산업 전분야에 대해 적용되는 표준.

다음 각목의 사항을 통일하고 단순화 하기위해 적용한다.

① 광공업품의 종류·형상·치수·구조·장비·품질·등급·성분·기능·내구도·안전도

② 〃 의 생산방법·설계방법·사용방법 등

③ 〃 또는 광공업 기술과 관련되는 시험·분석·감정·검사 등

끝

딸기맛호가든 : 제시된 답안만큼 정확하게 작성하지 못하고 전반적으로 어떤경우에 기준, 시방서, KS를 적용하는지에 대한 설명위주로 작성하고 7/10점을 취득하였다. 내용을 정확하게 외울려고 할 필요는 없다.

7. 그루브용접과 필릿용접의 용접기호 표기방법을 도시하고 유효면적을 설명하시오.

<117회 1교시>

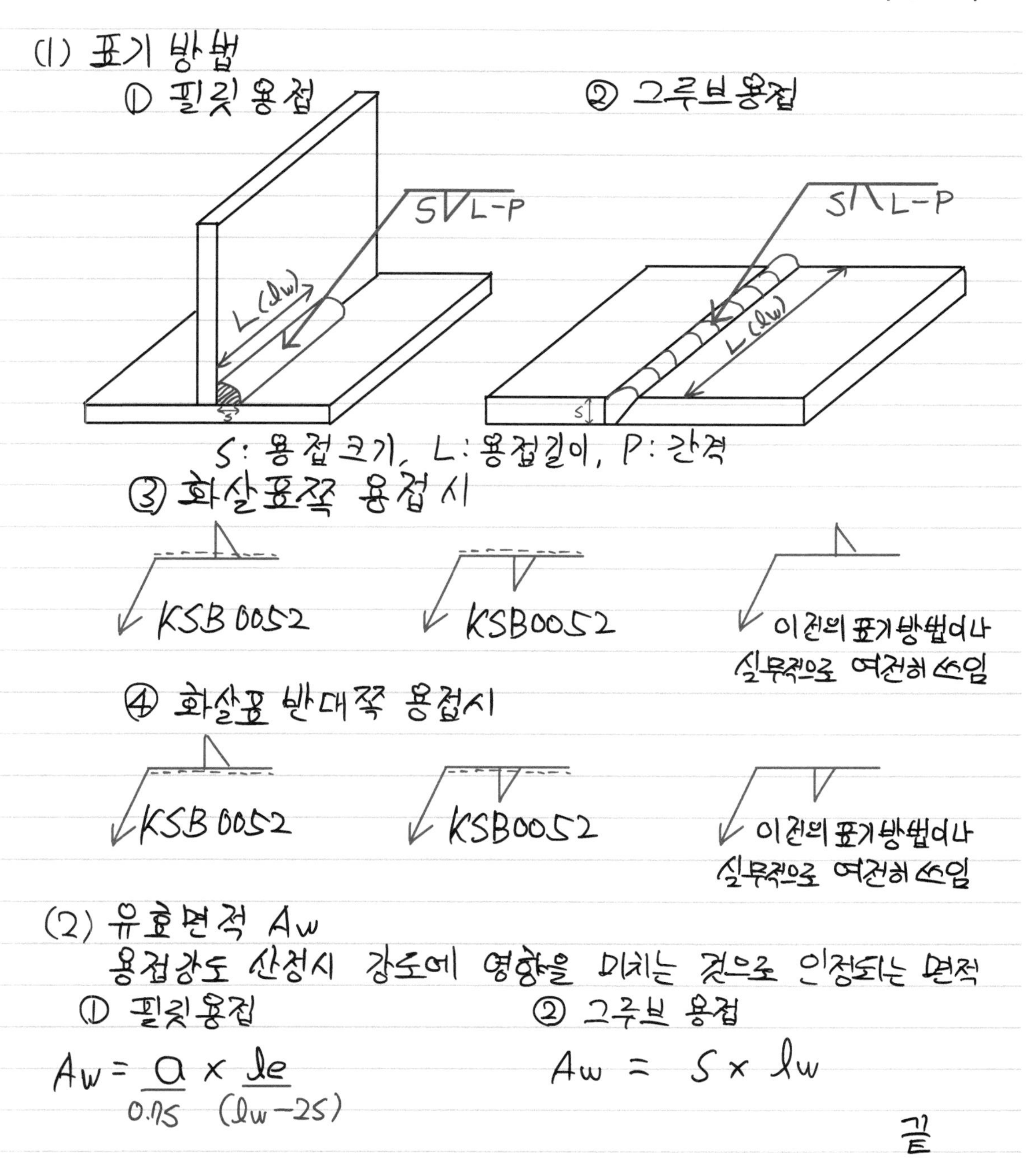

(1) 표기 방법
① 필릿 용접
② 그루브용접
S L-P
L(lw)
S L-P
L(lw)
S
S
S: 용접크기, L: 용접길이, P: 간격
③ 화살표쪽 용접시
KSB 0052
KSB0052
이전의 표기방법이나
실무적으로 여전히 쓰임
④ 화살표 반대쪽 용접시
KSB 0052
KSB0052
이전의 표기방법이나
실무적으로 여전히 쓰임
(2) 유효면적 Aw
용접강도 산정시 강도에 영향을 미치는 것으로 인정되는 면적
① 필릿용접
② 그루브 용접
Aw = a × le
0.7S (lw−2S)
Aw = S × lw
끝

M군 : 이전의 표기방법이 실무적으로 여전히 쓰이는데에 대한 첨언

- **KDS 14 30 25 - 4.1.1.1-(5)**에서 "건축구조물 접합부는 '건축 강구조 표준접합 상세 지침'에 따른다" 라고 명기되어 있어, 표기방법에 변동이 없음.
  추후에 '건축 강구조 표준접합 상세 지침'의 용접기호가 **KS B 0052**로 개선이 필요하다는 말을 명기

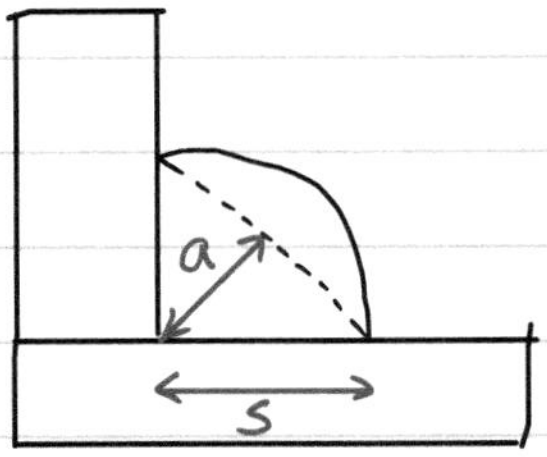

$a = \sqrt{2}/2 \cdot S \fallingdotseq 0.7S$

딸기맛호가든 : 오.. 기준에도 명기되어 있을줄이야...

KDS41

8. 중량차량 활하중에 대하여 설명하시오.(~~KBC 2016~~) <117회 1교시>

KDS 41 10 15

(1) 표준트럭하중

180kN 초과 중량차량 통행 바닥 활하중

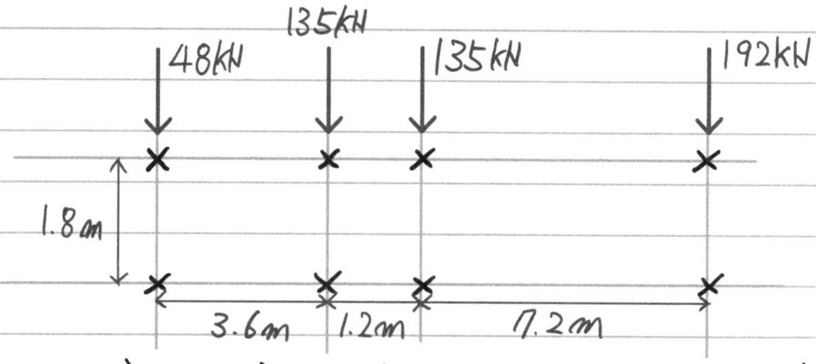

피로의 영향을 고려하는 경우 표준트럭하중의 80%에 충격계수 적용

(2) 소방차량과 응급차량의 활하중

차량의 작용하중이 더 클 경우 이를 고려

(3) 중량차량 주차장의 활하중

충격 및 피로 고려 X, 차량의 실제하중 크기와 배치를 합리적으로 고려하여 산정하여 적용가능 (단 5.0kN/m² 이상, 활하중 저감불가)

(4) 지게차 및 이동장비의 활하중

이동하중의 전체하중과 바퀴하중에 대해 설계, 충격과 피로고려,
충격하중은 전체하중 또는 바퀴하중의 30% 고려

끝

M군

(1) 중량차량 활하중 = 표준차로하중 + 표준트럭하중 75%

(2) 표준차로하중 = w=12.7 kN/m (L<60m 일때 기준)

L: 지간

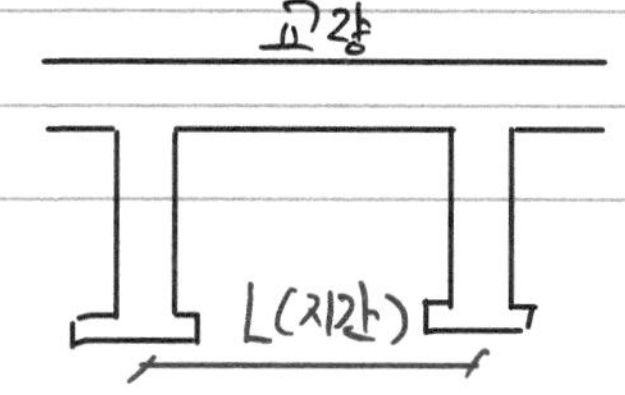

(3) 표준트럭하중의 총중량은 510 kN

(4) 중량차량 활하중 산정시 이동하중은 영향선으로 고려

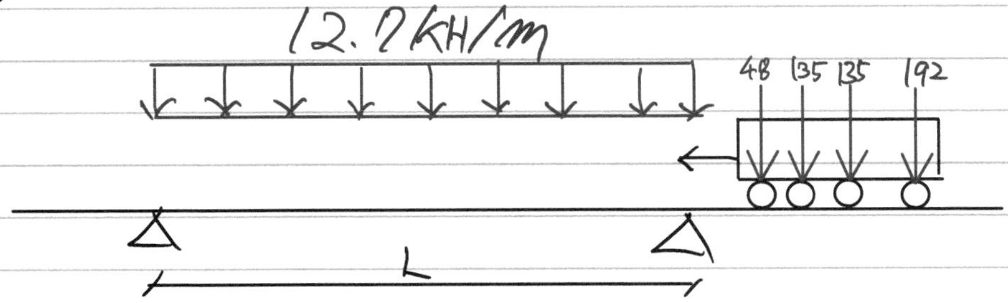

12.7kN/m

48 135 135 192

L

스팬 L의 연속보에 12.7kN/m 등분포하중 + 이동하중(트럭) 75%

9. 내진설계범주 D에 대한 시스템 제한 이외에 고려할 사항을 설명하시오.(~~KBC 2016~~) KDS 41

KDS 41 17 00, 6.6.1~2, 8.1.3.3, 8.1.4, 8.2.4

(1) 상호작용효과

비구조요소가 구조시스템의 강성 및 강도에 영향을 미치는 것으로 판단될시 비구조요소를 분리하여 영향을 배제하거나 비구조요소를 구조요소로 전환하여 그영향을 설계에 반영

(2) 변형의 적합성

지진력 저항시스템에 포함되지 않은 모든 구조요소는 설계층간변위 Δ에 의해 발생하는 모멘트와 전단력 뿐만 아니라 수직하중에 저항할 수 있는 연성능력을 발휘하도록 설계한다.

(3) 내진설계범주 D의 설계부재력 결정방법

다음두가지중 하나 적용

① 한 방향 지진하중 100%와 그에 직교하는 방향의 지진하중 30%에 대한 하중효과의 절대값을 더하되, 두조합중 큰값 적용

② 직교하는 두방향의 하중효과 100%를 SRSS 방법으로 조합

SRSS: 제곱합제곱근

(4) 내진설계범주 D인 구조물의 수직지진력

수평대민보와 프리스트레스를 받는 수평요소는 해당하중조합에 추가하여 고정하중 20% 이상의 수직지진력에 저항하도록 설계

(5) 내진설계범주 D인 구조물의 건물간의 거리

이웃한 구조물과 일정한 거리 유지 필요

두건물의 최대변위는 동시에 발생할 확률이 거의 없으므로 SRSS로 조합한다.

$$\delta_{MT} = \sqrt{(\delta_{M1})^2 + (\delta_{M2})^2}$$

여기서 δ_{M1}, δ_{M2}는 각 건축물의 횡변위이다.

끝

M군

(6) 내진설계범주 D에 의한 해석법

- 등가정적해석 : 3층이하인 경량골조와 각층에서 유연한 격막을 갖는 2층 이하의 구조로서 내진등급II의 구조물 또는 높이 70m 미만의 정형 구조물
- 동적해석 : 높이 70m 이상의 정형구조물(정형이어도 고층건물이면 고유치 해석시 고차지배거동을 하므로 정적해석 불가능) 또는 평면 수직 비정형 구조물

(7) 층간변위의 결정

- 해당층의 상 하단 모서리 변위간 차이(상대변위)중 최대값으로 층간변위를 결정한다.(원래는 질량 중심변위간 차이로 층간변위 결정)

10. 철근콘크리트구조의 부착에 의한 파괴형태를 설명하시오. <117회 1교시>

철근콘크리트 구조의 부착 파괴는 뽑힘 파괴와 쪼개짐이 있다.

(1) 뽑힘 부착 파괴 : 이형철근 마디 사이의 콘크리트가 지압파괴되어 철근이 뽑힘

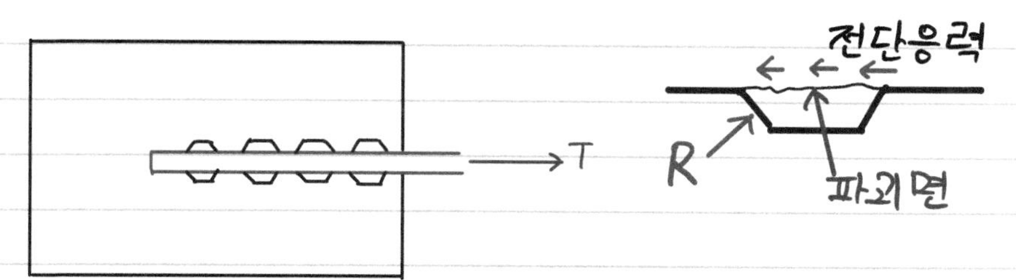

뽑힘 부착 파괴는 다음의 경우 발생한다

① 피복두께가 두껍고 철근사이 간격이 넓은 경우

② 나선철근이나 띠철근에 의해 횡구속된 경우

(2) 쪼갬 부착 파괴 : 철근의 리브와 마디로부터 표면까지 균열이 파급되어 발생

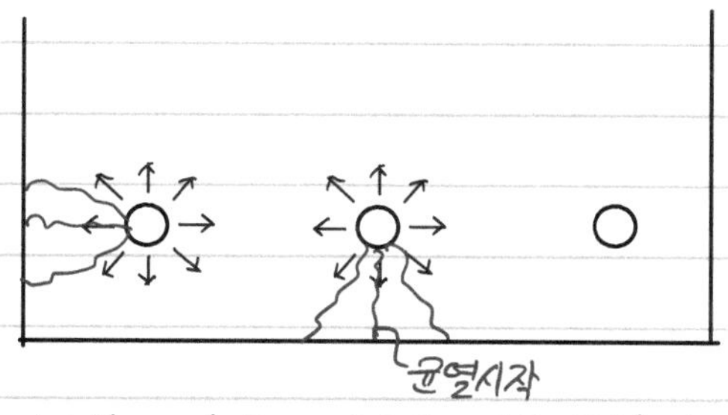

쪼갬 부착파괴는 다음의 경우 발생한다.

① 피복두께가 얇은 경우

② 철근의 간격이 좁은 경우

끝

M군

(1) 쪼갬 부착 파괴

- **SD600** 철근에 대한 $\frac{K_{tr}+C}{d_b} \geq 2.25$, $\frac{K_{tr}}{d_b} \geq 0.25$ 규정이 쪼갬 부착파괴를 방지하기 위한 규정
- 발생원인 : 피복두께가 두껍고 철근사이 간격 좁은 경우(**c**값 감소)
  나선철근이나 띠철근량이 적은 경우(**Ktr** 감소)
  철근직경이 큰 경우(**db**값 상승)
  (콘크리트 마찰면적 증가)

(2) 뽑힘 부착 파괴

- 콘크리트는 취성 부재이므로 뽑힘 부착 파괴가 발생하기 전에 쪼갬 부착 파괴가 보통 먼저 발생한다(철근이 뽑히기 전에 콘크리트가 쪼개짐)
- 철근의 피복두께가 두껍거나 철근 직경이 작을 경우, 철근에 과하중 재하 시 쪼갬 부착 파괴가 발생하지 않아 뽑힘 부착 파괴가 발생

11. 구조설계도의 작성에 포함해야 할 내용을 설명하시오.(KBC 2016)

<117회 1교시>

KDS 41 10 05, 4.5.3 구조설계도의 작성

(1) 구조설계도에 포함될 내용

① 구조기준

② 활하중 등 주요설계하중

③ 구조재료강도

④ 구조부재의 크기 및 위치

⑤ 철근과 앵커의 규격, 설치위치

⑥ 철근 정착길이, 이음의 위치 및 길이

⑦ 강부재의 제작·설치와 접합부 설계에 필요한 전단력, 모멘트, 축력 등의 접합부 소요강도

⑧ 기둥중심선과 오프셋, 워킹포인트

⑨ 접합의 유형

⑩ 치올림이 필요할 경우 위치, 방향 및 크기

⑪ 부구조체의 시공상세도 작성에 필요한 경우 상세기준

⑫ 기타 구조시공상세도 작성에 필요한 상세와 자료

⑬ 책임구조기술자, 자격명 및 소속회사명, 연락처

⑭ 구조설계 연월일

(2) 설계단계별 포함 내용

계획설계시 : ①, ③, ④, ⑨, ⑬, ⑭ 포함

기본설계시 : ①, ②, ③, ④, ⑤, ⑥, ⑧, ⑨, ⑬, ⑭ 포함

실시설계시 : 모두 포함

끝

딸기맛호가든 : 실제 시험에서 포함될 항목중 11개가량을 작성하고, 약간의 살을 더붙였는데 4.33/10점을 취득하였다. 따라서 이문제를 고득점이 가능할 정도로 대비하겠다면 각 내용에 대한 세부설명이 추가로 필요하다. 이는 생각보다 힘들 것이므로, 실무자로서 아는 내용으로 서술하고 부분점수만 챙기는게 나을수도 있다.

12. 건축, 기계 및 전기 비구조요소의 내진설계에서 등가정적하중을 산정하는 방법을 설명하시오.(KDS 41 ~~KBC 2016~~)

<117회 1교시>

KDS 41 17 00, 18. 비구조요소

등가정적하중에 의한 수평설계지진력 산정식

① 등가정적하중 F_p

$$F_p = \frac{0.4\,\alpha_p \cdot S_{DS} \cdot W_p}{R_p / I_p}\left(1 + 2\frac{z}{h}\right)$$

여기서, α_p : 1.0~2.5의 값을 갖는 증폭계수

R_p : 비구조요소의 반응수정계수 (1 ~ 3.5)

S_{DS} : 단주기 설계스펙트럼 가속도

W_p : 비구조요소의 가동중량

h : 구조물 높이

z : 비구조요소 부착높이(단, $0 \le z \le h$)

I_p : 비구조요소의 중요도 계수

* 인명 피해우려가 있거나 지진후 작동필요시

$I_p = 1.5$

* 기타의 경우

$I_p = 1.0$

② 최대, 최소값 제한

$$0.3 S_{DS} \cdot I_p \cdot W_p \le F_p \le 1.6 \cdot S_{DS} \cdot I_p \cdot W_p$$

끝

딸기맛호가든 : 비슷한 수준의 답안으로 7.67/10점을 취득하였다.

13. 철근콘크리트구조의 응력교란영역에 사용하는 스트럿-타이모델의 경우 타이의 정착 설계에 대하여 설명하시오.(KDS 2016) <117회 1교시>

KDS 14 20 24, 4.3.3

타이가 인장력을 효과적으로 발휘하기 위하여 다음에 따라 기계적장치, 포스트텐션 장치, 표준갈고리 또는 철근의 연장등에 의해 정착

(1) 절점을 기준으로 서로 맞은편에 있는 타이의 단면적 변화량 크기만큼 절점영역에서 정착

(2) 하나의 타이가 연결된 절점영역에서, 타이의 단면적을 확장절점영역의 경계면과 철근타이의 도심이 교차하는 곳부터 확장절점 내측에서 정착

(3) 두개 이상의 타이가 연결된 절점영역에서, 각방향의 타이 단면적은 확장절점영역의 경계면과 철근타이의 도심이 교차하는 곳부터 각각 확장절점영역 내측으로 정착

(4) 설계상세로 인해 필요한 복부철근은 복부철근의 정착에 관한 규정에 따라 정착

끝

1. 지형적인 이유로 구조물의 지점조건의 높이차가 발생하였다. 이 구조물에 작용하는 하중이 주어진 경우, 순수 압축력만을 받는 구조시스템이 되도록 B와 D 위치에서 높이 h_B와 h_D를 구하시오.

<117회 2교시>

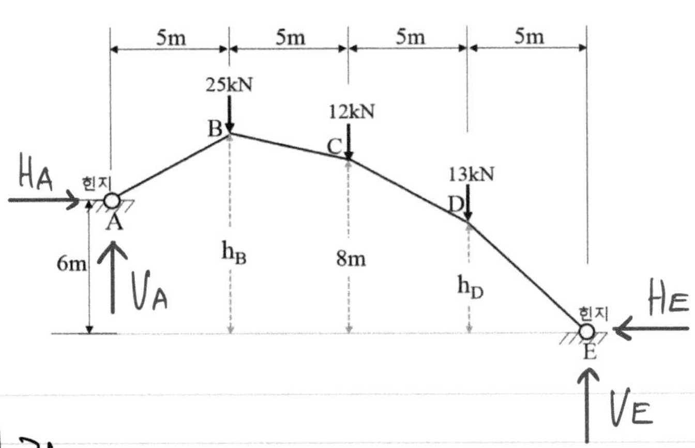

(1) 반력산정

$$\sum M_E = 0;\ V_A \times 20 + H_A \times 6 - 25 \times 15 - 12 \times 10 - 13 \times 5 = 0 \cdots (1)$$

↓25, C↓12

H_A A, B, C, 2

5, 5

↑V_A

A-B-C 구조물에서

$$\sum M_C = 0;$$

$$V_A \times 10 - H_A \times 2 - 25 \times 5 = 0 \cdots (2)$$

식 (1), (2) 연립, $V_A = \frac{187}{10}$ kN, $H_A = 31$ kN

전체 구조물에서

$$\sum V = 0;\ V_A + V_E - 25 - 12 - 13 = 0,\ V_E = \frac{313}{10}\ \text{kN}$$

$$\sum H = 0;\ H_A - H_E = 0,\quad H_E = 31\ \text{kN}$$

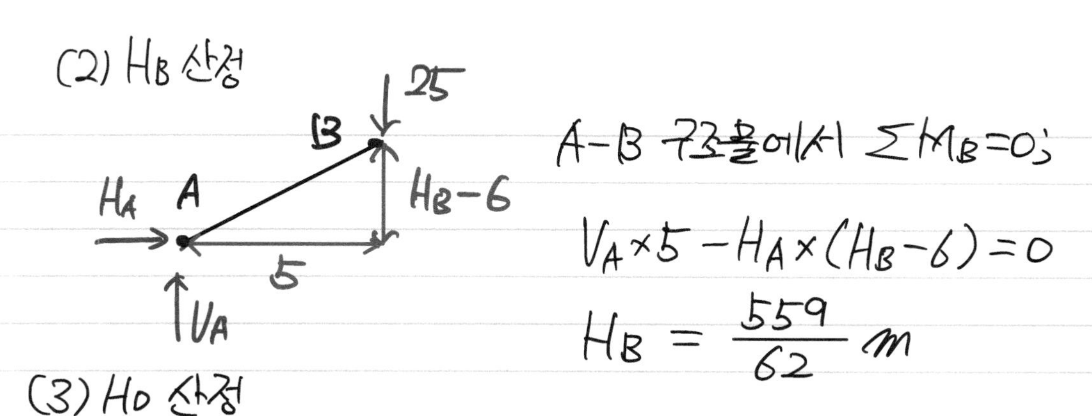

(3) H_D 산정

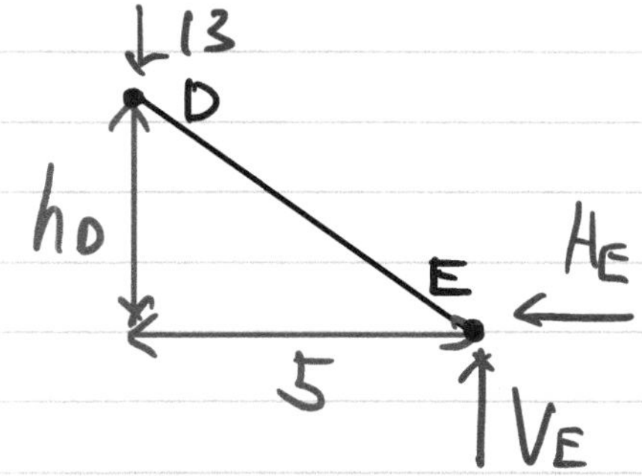

D-E 구조물에서 $\Sigma M_D=0$;

$V_E \times 5 - H_E \times H_D = 0$

$H_D = \frac{313}{62}$ m

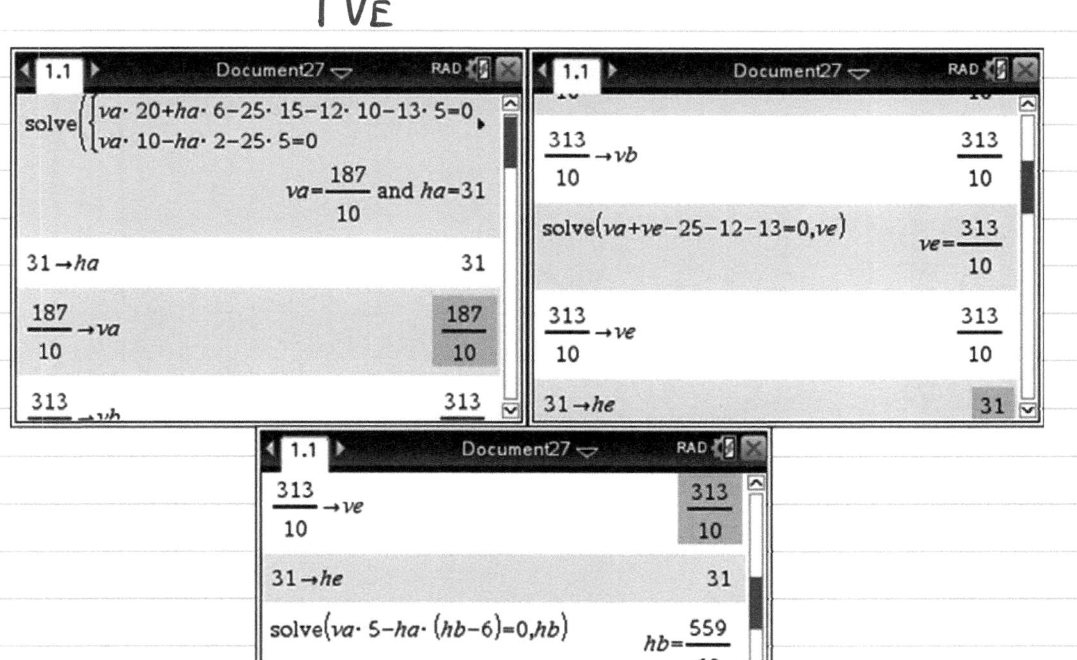

직접매트릭스법 풀이시

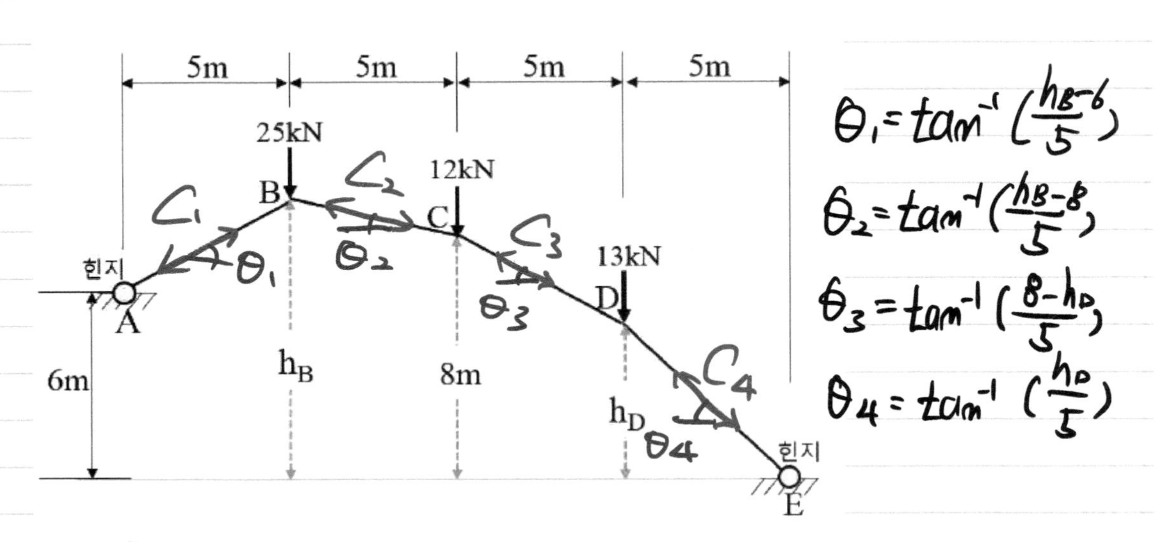

$\theta_1 = \tan^{-1}\left(\frac{h_B - 6}{5}\right)$

$\theta_2 = \tan^{-1}\left(\frac{h_B - 8}{5}\right)$

$\theta_3 = \tan^{-1}\left(\frac{8 - h_D}{5}\right)$

$\theta_4 = \tan^{-1}\left(\frac{h_D}{5}\right)$

B 절점에서

$\Sigma H = 0;\ C_1 \cdot \cos\theta_1 - C_2 \cdot \cos\theta_2 = 0 \cdots (1)$

$\Sigma V = 0;\ C_1 \cdot \sin\theta_1 + C_2 \cdot \sin\theta_2 - 25 = 0 \cdots (2)$

C 절점에서

$\Sigma H = 0;\ C_2 \cdot \cos\theta_2 - C_3 \cdot \cos\theta_3 = 0 \cdots (3)$

$\Sigma V = 0;\ -C_2 \cdot \sin\theta_2 + C_3 \cdot \sin\theta_3 - 12 = 0 \cdots (4)$

D 절점에서

$\Sigma H = 0;\ C_3 \cdot \cos\theta_3 - C_4 \cdot \cos\theta_4 = 0 \cdots (5)$

$\Sigma V = 0;\ -C_3 \cdot \sin\theta_3 + C_4 \cdot \sin\theta_4 - 13 = 0 \cdots (6)$

식(1)~식(6) 연립

(미지수 : C_1, C_2, C_3, C_4, H_B, H_D)

$C_1 = 36.204\,kN$, $C_2 = 31.634\,kN$

$C_3 = 35.999\,kN$, $C_4 = 44.053\,kN$

C_1, C_2, C_3, C_4는 모두 압축력이다.

$H_B = \dfrac{559}{62}\,m$ $\quad H_D = \dfrac{313}{62}\,m$

끝

딸기맛호가든 : 순수 압축력만 받는 구조물이므로, 위아래를 뒤집으면 순수 인장력만 받는 케이블 구조물과 동일하다. 물론, 케이블의 정리를 굳이 쓸 필요는 없이 분리자유물체도만 끊으면 답은 나온다. 필자는 시험장에서 최초의 풀이법으로 풀어서 긴장한탓에 답이 계속 틀렸으나, 2번째 풀이법인 직접매트릭스법으로 풀어 24/25점을 취득

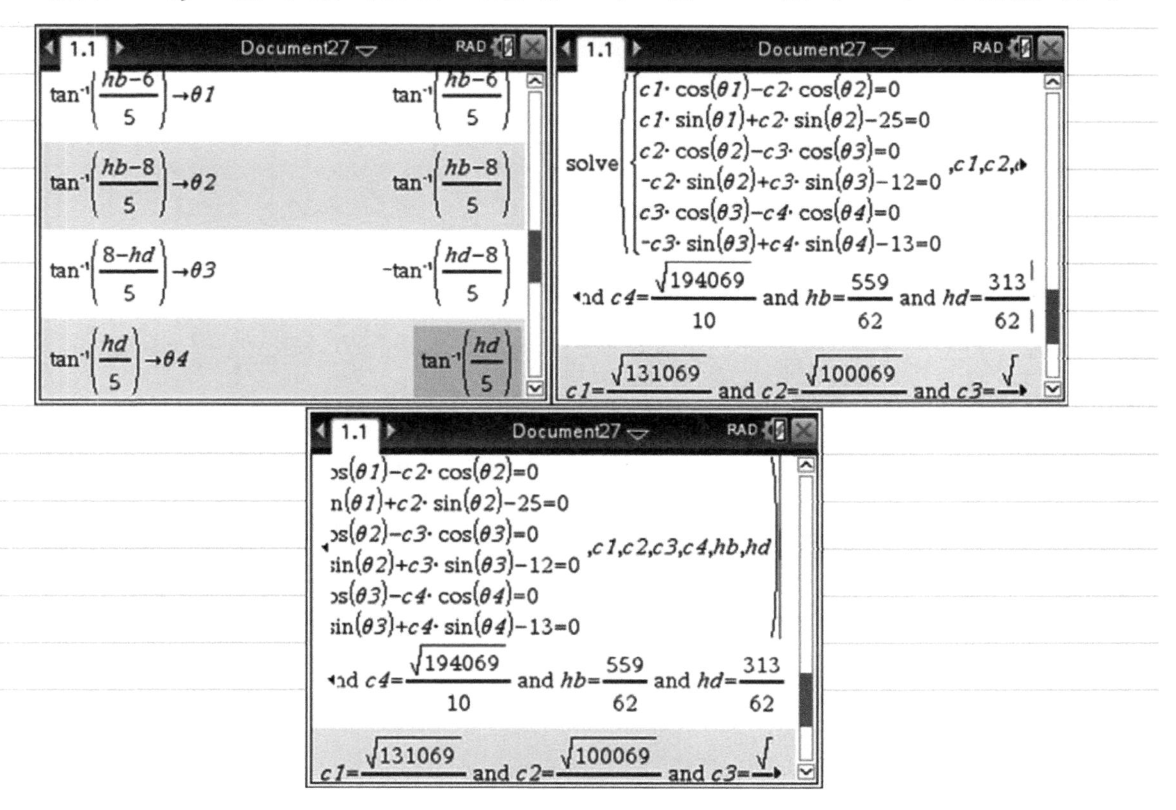

2. 2경간 연속보의 지점 B 바로 앞에 전단력의 구속을 풀어주는 장치를 도입하였다. 연속보의 부재력도(축력도, 전단력도, 휨모멘트도)를 작성하시오.

<117회 2교시>

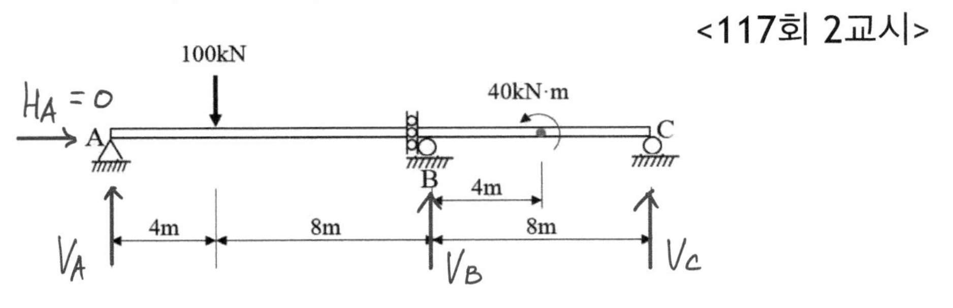

(1) 반력산정

전단힌지는 전단력을 전달하지 않으므로

100 kN

V_A

$\Sigma V = 0;\ V_A = 100\ kN$

전체 구조에서

$\Sigma M_C = 0;\ V_A \times 20 - 100 \times 16 + V_B \times 8 - 40 = 0$

$V_B = 45\ kN$

$\Sigma V = 0;\ V_A + V_B + V_C = 100,\ V_C = 45\ kN$

(2) 축력도

모든 구간에서 축력은 "0"이다.

따라서 축력도 생략

(3) SFD (단위: kN)

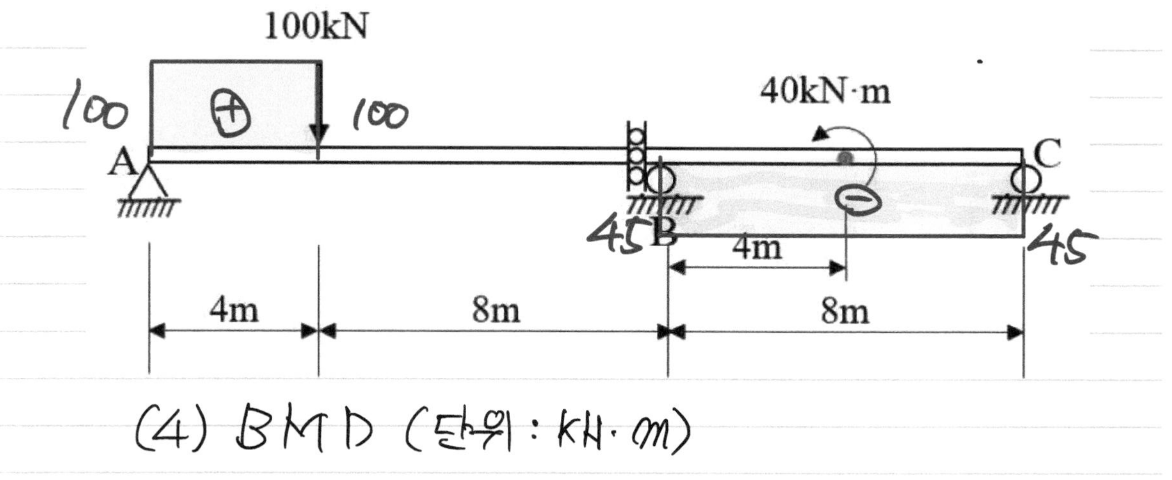

(4) BMD (단위: kN·m)

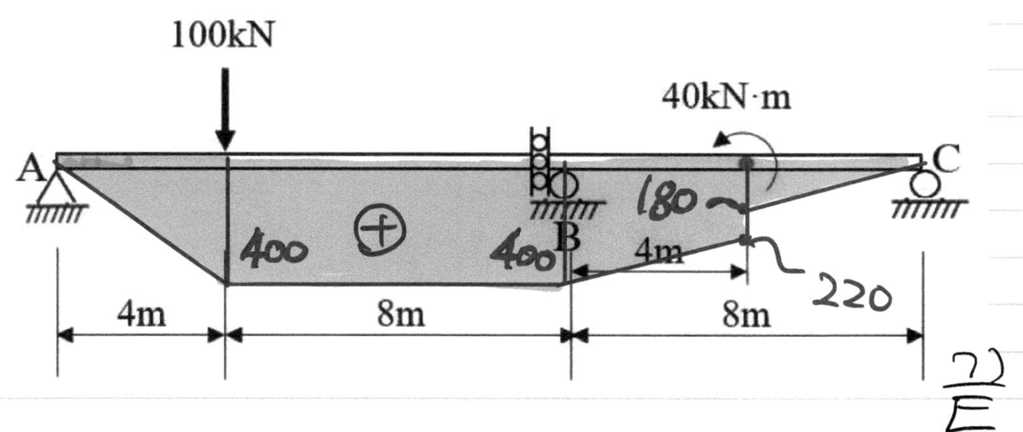

끝

딸기맛호가든 : 전단흰지에서 헤메지만 않는다면 매우 쉬운 문제이다.

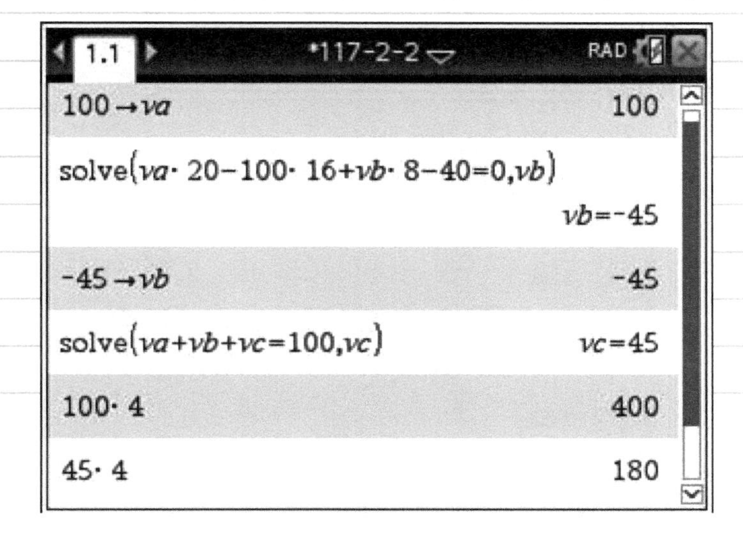

4. 아래 그림과 같이 속빈단면에 계수전단력 $V_u = 200\text{kN}$과 계수비틀림모멘트 $T_u = 50\text{kN}\cdot\text{m}$가 작용할 때 보의 안전성을 검토하시오.

<117회 2교시>

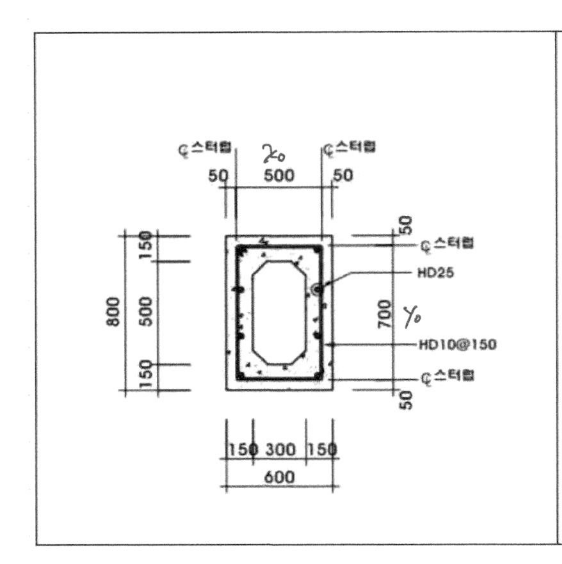

[설계 조건]

- f_{ck} = 24MPa
- f_y = 400MPa,
- 보의 유효깊이 d = 730mm
- 압축경사각 θ = 45°
- 보 외측에서 스터럽 중심까지의 거리 : 50mm
- 단위 : mm

(1) 기본값 산정

$d = 730\,mm$, $b_w = 300\,mm$, $b = 600\,mm$

$P_{cp} = 2\times(b+h) = 2800\,mm$, $A_{cp} = b\times h = 480000\,mm^2$

$A_g = A_{cp} - 300\times 500 = 330000\,mm^2$

$A_g / A_{cp} = 0.6875 < 0.95$

따라서 A_{cp} 대신 A_g를 사용한다.

$P_h = 2\times(x_0 + y_0) = 2400\,mm$

$A_{oh} = x_0 \times y_0 = 500\times 700 = 350000\,mm^2$

$A_o = 0.85\cdot A_{oh} = 297500\,mm^2$

(2) 내부벽면 피복두께 검토

$0.5\,A_{oh}/P_h = 72.917\,mm < 150-50 = 100\,mm$

플랜지 및 복부의 두께가 최소두께기준과 폐쇄스터럽의 비틀림에 의한 콘크리트 피복의 박리에 대해서 만족한다.

(3) 단면의 크기 검토

$$V_u + V_{tu} = \underbrace{V_u/b_w\cdot d + T_u\cdot P_h/1.7\cdot A_{oh}^2}_{1.489\,MPa} \le \underbrace{\phi\,5/6\sqrt{f_{ck}}}_{3.062\,MPa}$$

(ϕ = 0.75, f_{ck} = 24)

단면의 크기는 적당하다.

(4) 비틀림 모멘트 고려여부 검토

$$\frac{\lambda \cdot \sqrt{f_{ck}}}{12} \cdot \left(\frac{A_g^2}{P_{cp}}\right) = 1.58779 \times 10^7 N \cdot mm = 15.878 kN \cdot m$$

$T_u/\phi = 66.667 kN \cdot m$

비틀림 모멘트에 대한 설계를 고려해야 한다.

(5) 연직 전단에 요구되는 스터럽

$V_c = 1/6 \sqrt{f_{ck}} \cdot b_w \cdot d = 173813N = 173.813 kN$ (f_{ck} = 24, b_w = 300, d = 730)

$$\phi V_s = V_u - \phi V_c = 65.890 kN$$

$$V_s = 65.890 \times 10^3 / \phi = \frac{A_v \cdot f_{yt} \cdot d}{S_{v소요}}, \quad A_v = 2 \times 71 = 142 mm^2$$

$S_{v소요} = 471.968 mm$

(6) 비틀림에 의한 소요스터럽 ($\theta = 45°$)

$$T_u = \phi \cdot \frac{2 \cdot A_o \cdot f_{yt} \cdot \cot\theta}{S_{t소요}} \cdot A_t, \quad S_{t소요} = 253.470 mm$$

(T_u = 50×10^6, ϕ = 0.75, A_t = 71)

(7) 수직전단 + 비틀림 작용시 소요간격

$$S_{소요} = \frac{471.968 \times 253.470}{471.968 + 253.470} = 164.907 mm$$

D10@150 이 배근되어 있으므로 소요간격 만족

(8) 스터럽 최대간격

① 비틀림

$S_{max} = \min[P_h/8, 300] = 300 mm \geq 150 mm$

② 전단

$S_{max} = \min[d/2, 600] = 365 mm \geq 150 mm$

스터럽 최대간격을 만족한다.

(9) 최소 축방향 철근량 검토

$$A_{l,min} = \frac{0.42\sqrt{f_{ck}}}{F_y} \cdot A_{cp} - \frac{A_t}{S_t} \cdot P_h \cdot \frac{f_{yt}}{f_y} = 1796.82 mm^2$$

$< 507 \times 8 = 4056 mm^2$

최소 축방향철근을 만족한다.

끝

딸기맛호가든 : 필자의 경우, 비틀림과 관련된 계산문제는 전략적으로 포기하였다.

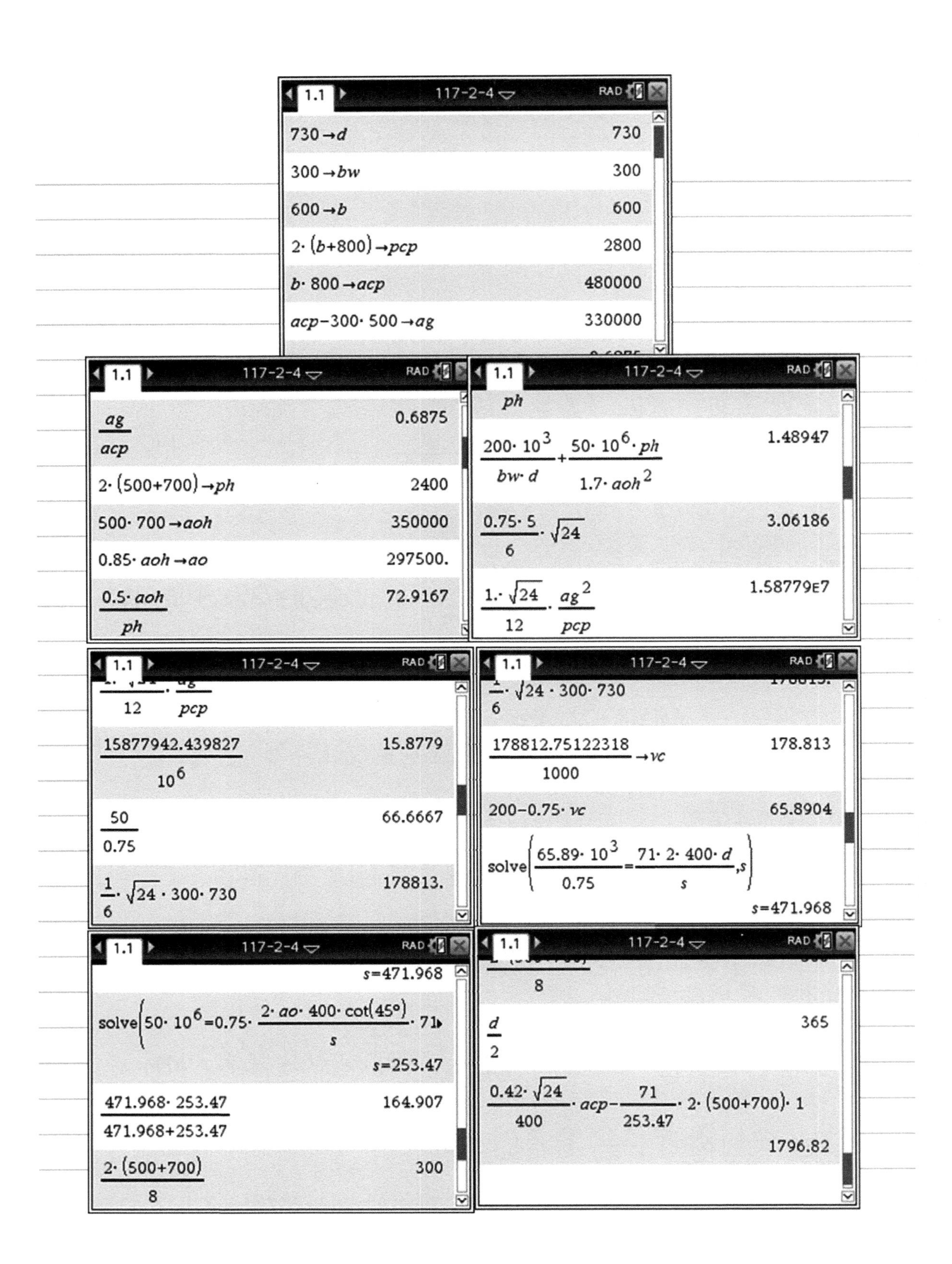
1.1
117-2-4
RAD
730→d 730
300→bw 300
600→b 600
2·(b+800)→pcp 2800
b·800→acp 480000
acp−300·500→ag 330000
ag/acp 0.6875
2·(500+700)→ph 2400
500·700→aoh 350000
0.85·aoh→ao 297500.
0.5·aoh/ph 72.9167
200·10^3/(bw·d)+50·10^6·ph/(1.7·aoh^2) 1.48947
0.75·5/6·√24 3.06186
1.·√24/12·ag^2/pcp 1.58779E7
15877942.439827/10^6 15.8779
50/0.75 66.6667
1/6·√24·300·730 178813.
178812.75122318/1000→vc 178.813
200−0.75·vc 65.8904
solve(65.89·10^3/0.75=71·2·400·d/s,s)
s=471.968
solve(50·10^6=0.75·2·ao·400·cot(45°)/s·71
s=253.47
471.968·253.47/(471.968+253.47) 164.907
2·(500+700)/8 300
d/2 365
0.42·√24/400·acp−71/253.47·2·(500+700)·1
1796.82

6. 계수축하중 P_u = 1,480kN이 강재단면에 직접 가해진다. 합성기둥의 하중도입부를 스터드앵커(F_u = 400MPa, 직경 19mm)로 사용해서 설계하고 상세도를 그리시오.

<117회 2교시>

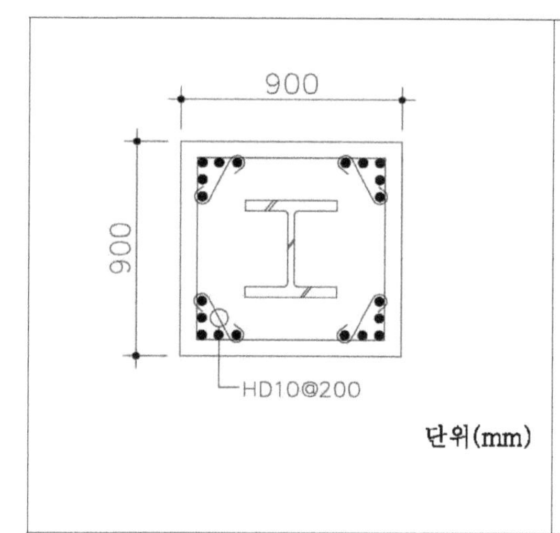

[설계 조건]

- H형강 : H-428×407×20×35 (SHN325, A_s = 36,100mm²)
- SRC 기둥 : 900×900 (mm), f_{ck} = 40MPa
- 주철근 : 20-D32 (SD400, A_{sr}= 15,900mm²)
- 띠철근 : D10@200 (mm)
- 유효좌굴길이 : 5.0m

(1) 강재와 콘크리트의 전달 전단력 산정

외력의 분배조건에 의해 강재항복후 나머지 힘 전달

$P_{no} = A_s \cdot F_y + A_{sr} \cdot F_{yr} + 0.85 f_{ck} \cdot A_c = 4.38645 \times 10^7 N = 43864.5 kN$

$A_s \cdot F_y = 1.17325 \times 10^7 N = 11732.5 kN$

$$V_r' = P_r \times \left(1 - \frac{A_s \cdot F_y}{P_{no}}\right) = 1084.14 kN$$

스터드(전단연결재)로 전달해야 하는 힘의 크기는 1084.14 kN이다.

(2) 전단연결재 설계

$\phi Q_{nv} = 0.65 \times \underset{283.529}{\underline{A_{sa}}} \times F_u = 73717.5 N = 73.718 kN/EA$

$V_r' / \phi Q_{nv} = 14.7 \longrightarrow \phi 19 - 16EA$

(3) 하중도입부의 길이

① 기둥의 최소폭 2배 : $2 \times 900 = 1800 mm$

② 기둥길이의 1/3 : $5000/3 = 1666.67 mm$

하중도입부의 길이는 1666.67mm 이하로 한다.

(4) 스터드 배치 상세

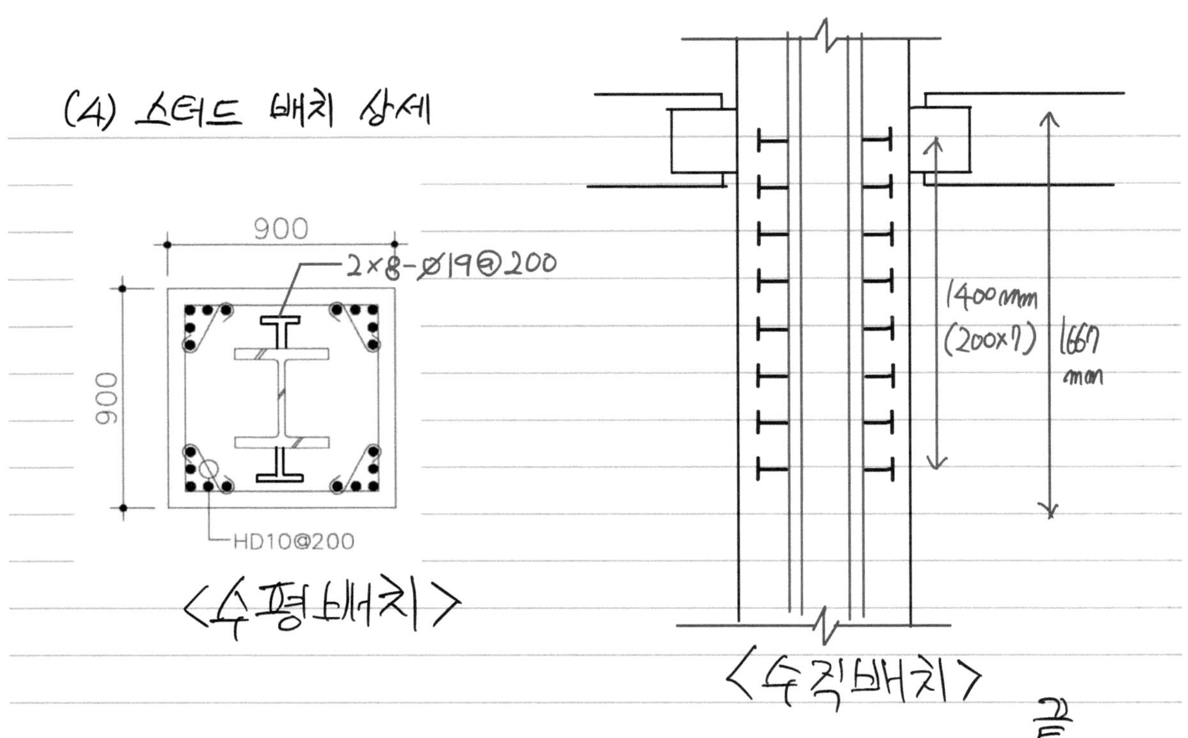

M군 : 계수축하중이 합성기둥의 강재단면에 직접 가해지려면 RC보가 아닌 강재보가 합성기둥 내부의 강재보에 접합되야 함.

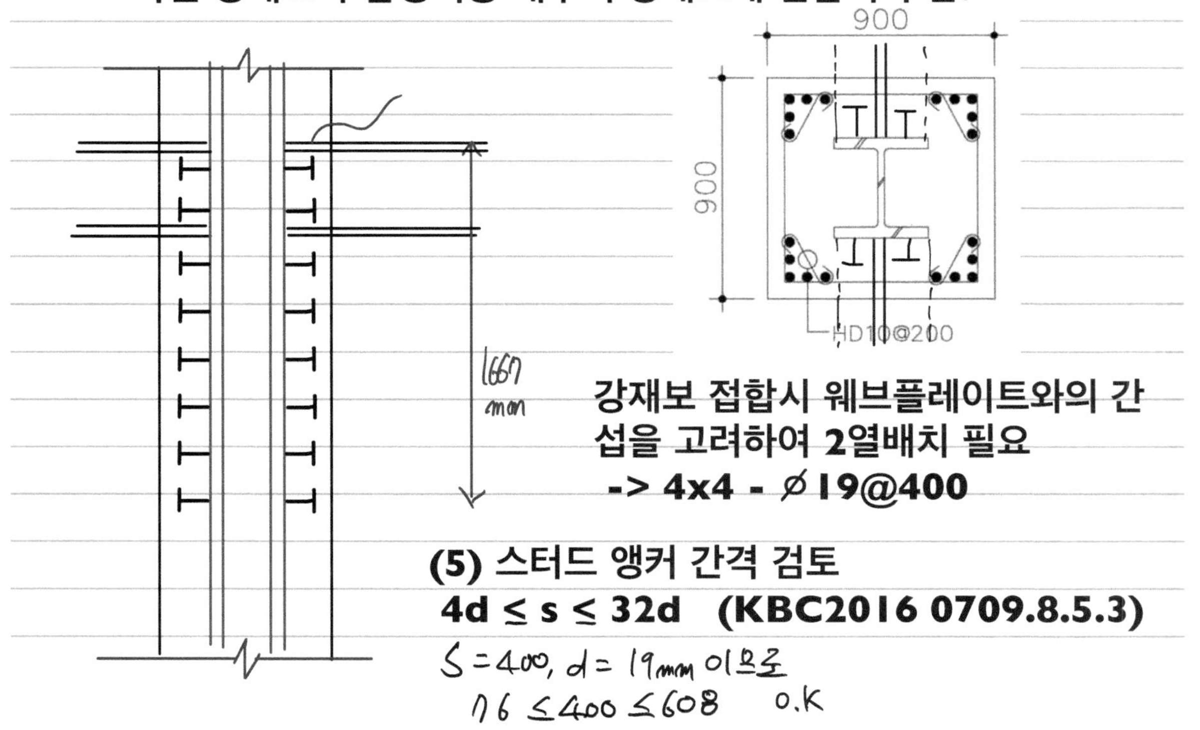

강재보 접합시 웨브플레이트와의 간섭을 고려하여 2열배치 필요
-> 4x4 - Ø19@400

(5) 스터드 앵커 간격 검토

$4d \le s \le 32d$ (KBC2016 0709.8.5.3)

S=400, d=19mm 이므로
76 ≤ 400 ≤ 608 O.K

딸기맛호가든 : 생각보다도 더 귀찮은 문제잖아 ㅠㅠ

M군 : KBC2009에서 KBC2016으로 변경될 때 아예 바뀐 내용이다. 이전의 방법으로 스터드 앵커를 설계할 경우 물량차이가 상당히 크므로 주의해야 한다.

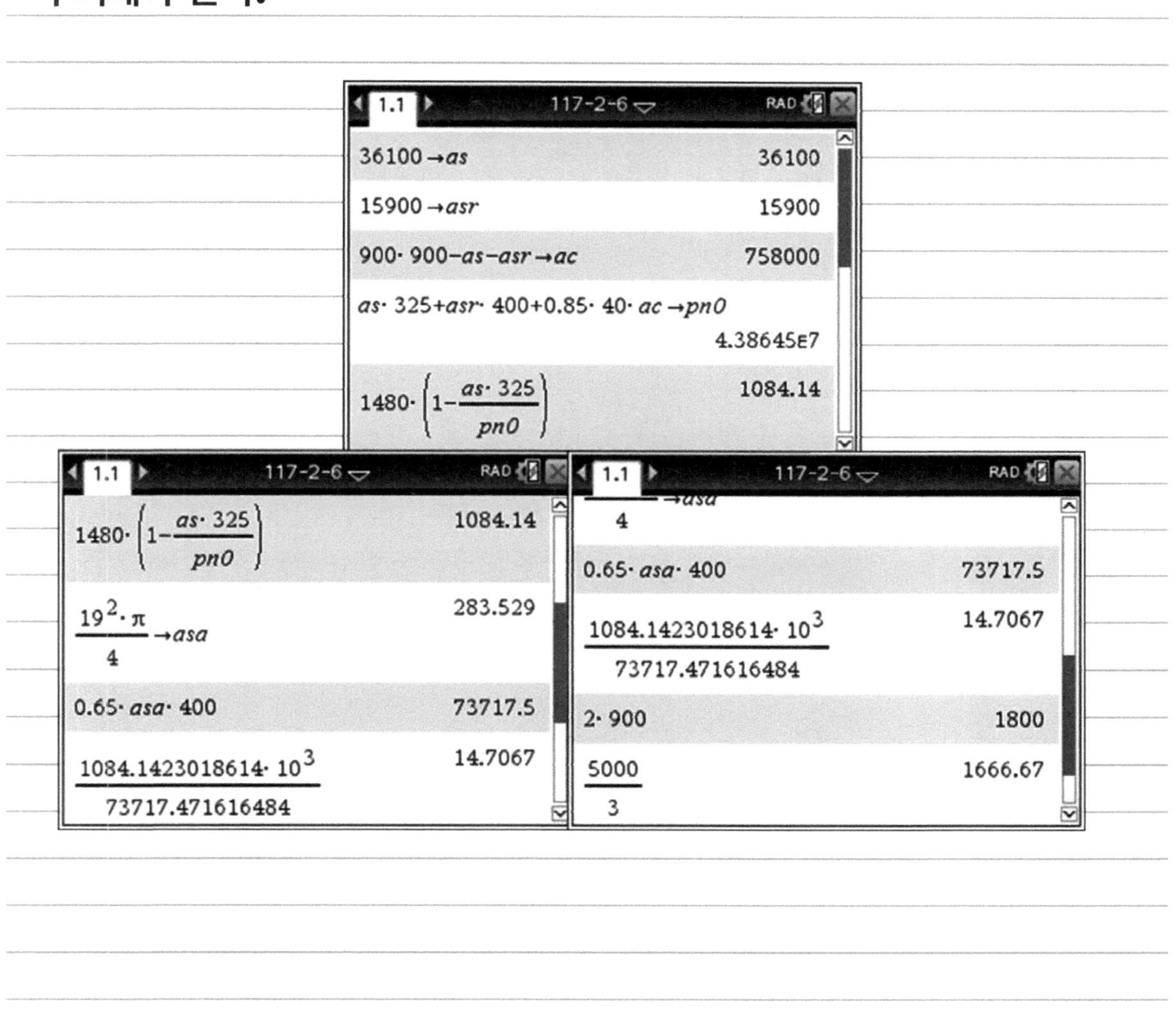

1. 레일리 감쇠모델(Rayleigh damping model)을 구조물 해석모델에 사용하였다. 2.0초와 1.0초 주기의 감쇠비를 5%로 가정할 때, 0.5초 주기의 감쇠비를 구하시오.

<117회 3교시>

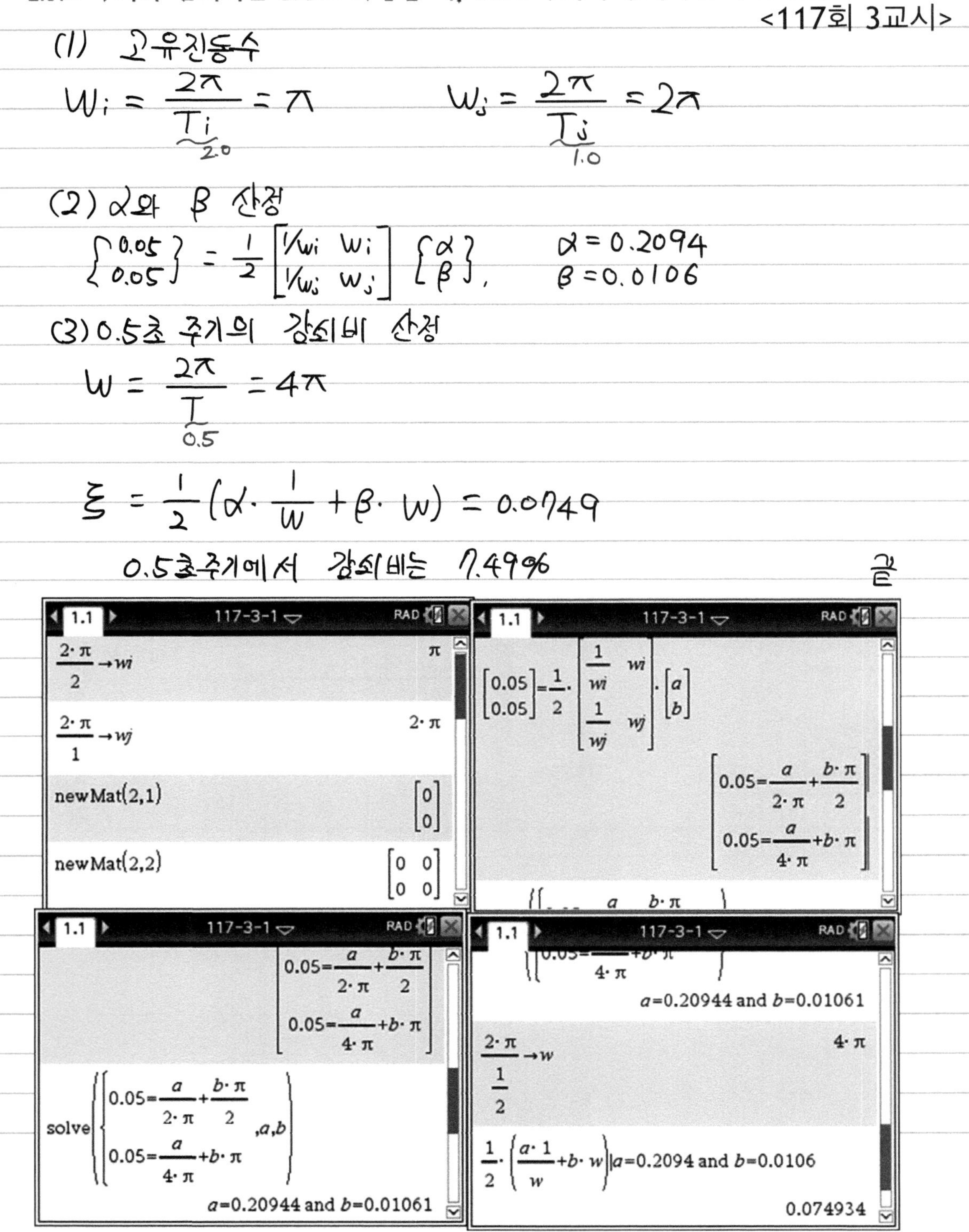

(1) 고유진동수

$$W_i = \frac{2\pi}{T_i} = \pi \qquad W_j = \frac{2\pi}{T_j} = 2\pi$$

(T_i: 2.0, T_j: 1.0)

(2) α와 β 산정

$$\begin{Bmatrix} 0.05 \\ 0.05 \end{Bmatrix} = \frac{1}{2}\begin{bmatrix} 1/w_i & w_i \\ 1/w_j & w_j \end{bmatrix}\begin{Bmatrix} \alpha \\ \beta \end{Bmatrix}, \quad \alpha = 0.2094, \ \beta = 0.0106$$

(3) 0.5초 주기의 감쇠비 산정

$$W = \frac{2\pi}{T} = 4\pi$$

(T: 0.5)

$$\xi = \frac{1}{2}\left(\alpha \cdot \frac{1}{W} + \beta \cdot W\right) = 0.0749$$

0.5초 주기에서 감쇠비는 7.49%

끝

2. 아래 그림과 같은 길이가 L이며, 집중하중 P를 받는 완전탄소성거동의 보가 있다. 보 부재에 최초 항복모멘트가 발생했을 때와 붕괴기구가 형성되었을 때 c점의 처짐의 비를 구하시오.

(단, E : 보의 탄성계수, I : 단면이차모멘트)

<117회 3교시>

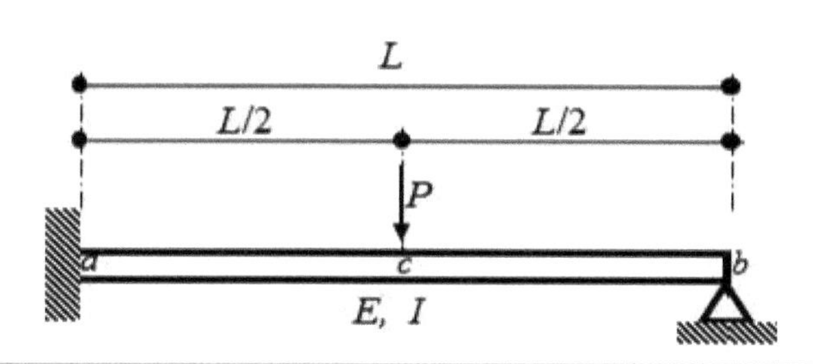

1차 부정정이므로, 소성힌지 2개 발생시 붕괴

(1) 항복모멘트 발생시

① 부정정력 산정

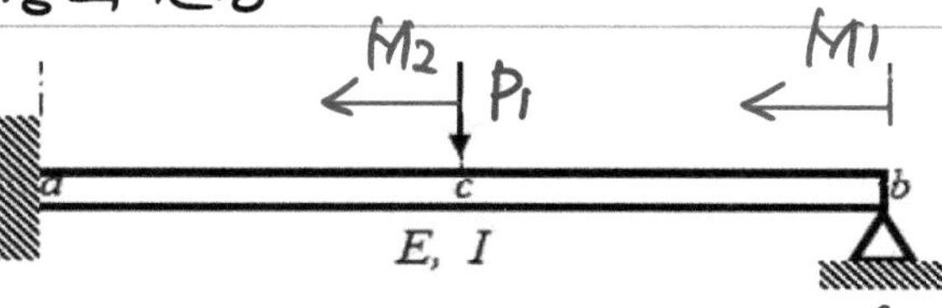

② 부재력 산정

$M_1 = V \cdot x$

$M_2 = V \cdot (L/2 + x) - P_1 \times x$

③ 구조물 변형에너지 산정

$$U = \int_0^{L/2} \frac{M_1^2}{2EI} dx + \int_0^{L/2} \frac{M_2^2}{2EI} dx$$

④ 부정정력 산정

$\frac{\partial U}{\partial V} = 0 ;\quad V = \frac{5}{16} \cdot P_1$

⑤ C점처짐, BMD

$$\delta_{C1} = \frac{\partial U}{\partial P_1} = \frac{17 \cdot P_1 \cdot L^3}{768EI}$$

(2) a점 소성힌지 발생이후 붕괴시까지의 거동

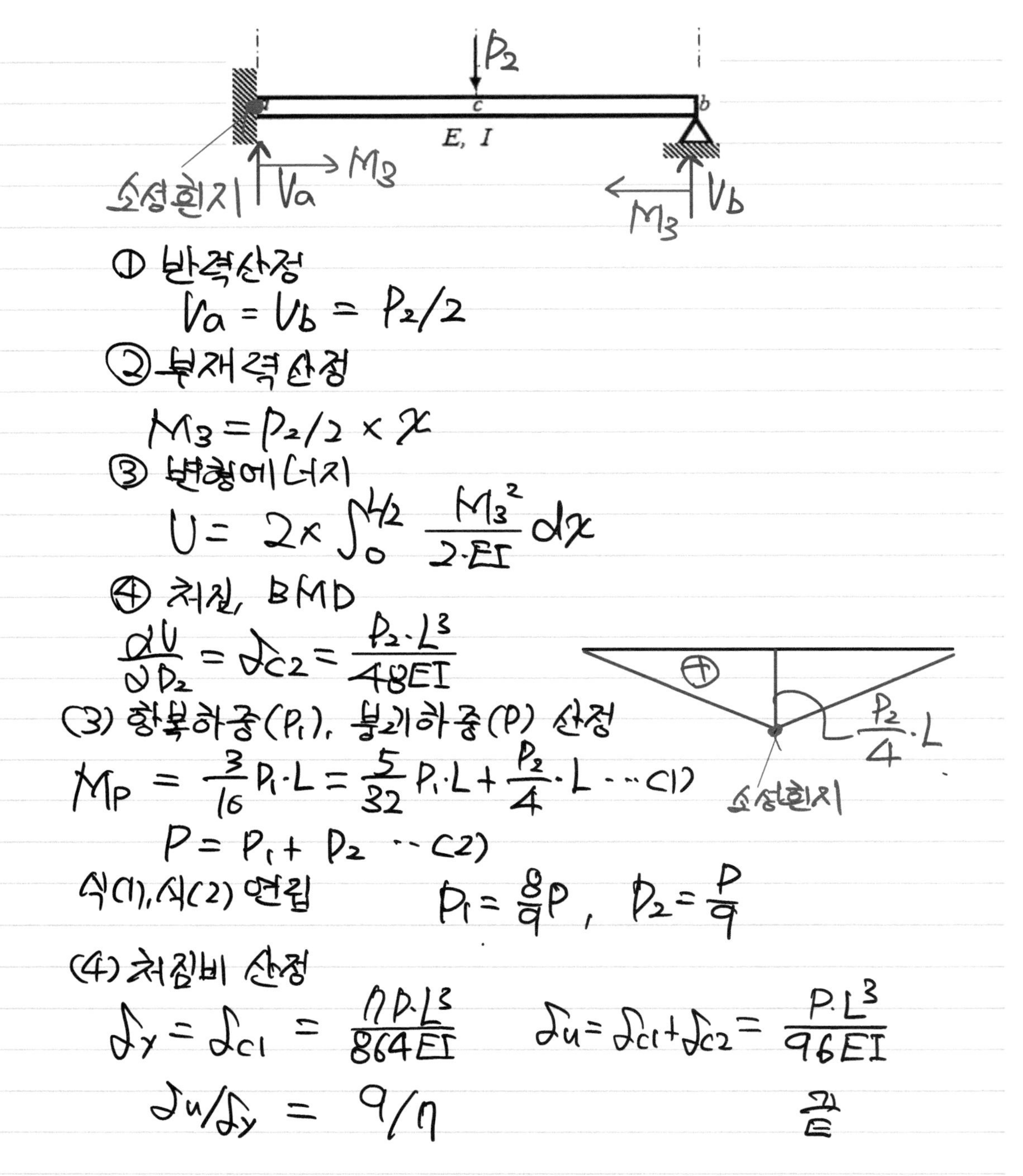

① 반력산정

$$V_a = V_b = P_2/2$$

② 부재력산정

$$M_3 = P_2/2 \times x$$

③ 변형에너지

$$U = 2\times\int_0^{L/2} \frac{M_3^2}{2\cdot EI}dx$$

④ 처짐, BMD

$$\frac{\partial U}{\partial P_2} = \delta_{c2} = \frac{P_2\cdot L^3}{48EI}$$

(3) 항복하중(P_1), 붕괴하중(P) 산정

$$M_P = \frac{3}{16}P_1\cdot L = \frac{5}{32}P_1\cdot L + \frac{P_2}{4}\cdot L \cdots (1)$$

$$P = P_1 + P_2 \cdots (2)$$

식(1), 식(2) 연립 $\quad P_1 = \frac{8}{9}P, \quad P_2 = \frac{P}{9}$

(4) 처짐비 산정

$$\delta_y = \delta_{c1} = \frac{17P\cdot L^3}{864EI} \qquad \delta_u = \delta_{c1} + \delta_{c2} = \frac{P\cdot L^3}{96EI}$$

$$\delta_u/\delta_y = 9/17$$

끝

딸기맛호가든 : 형상계수가 주어지지 않았으므로 완전소성을 가정하였다.
실제 시험에서 같은 풀이로 25/25점을 취득하였다.

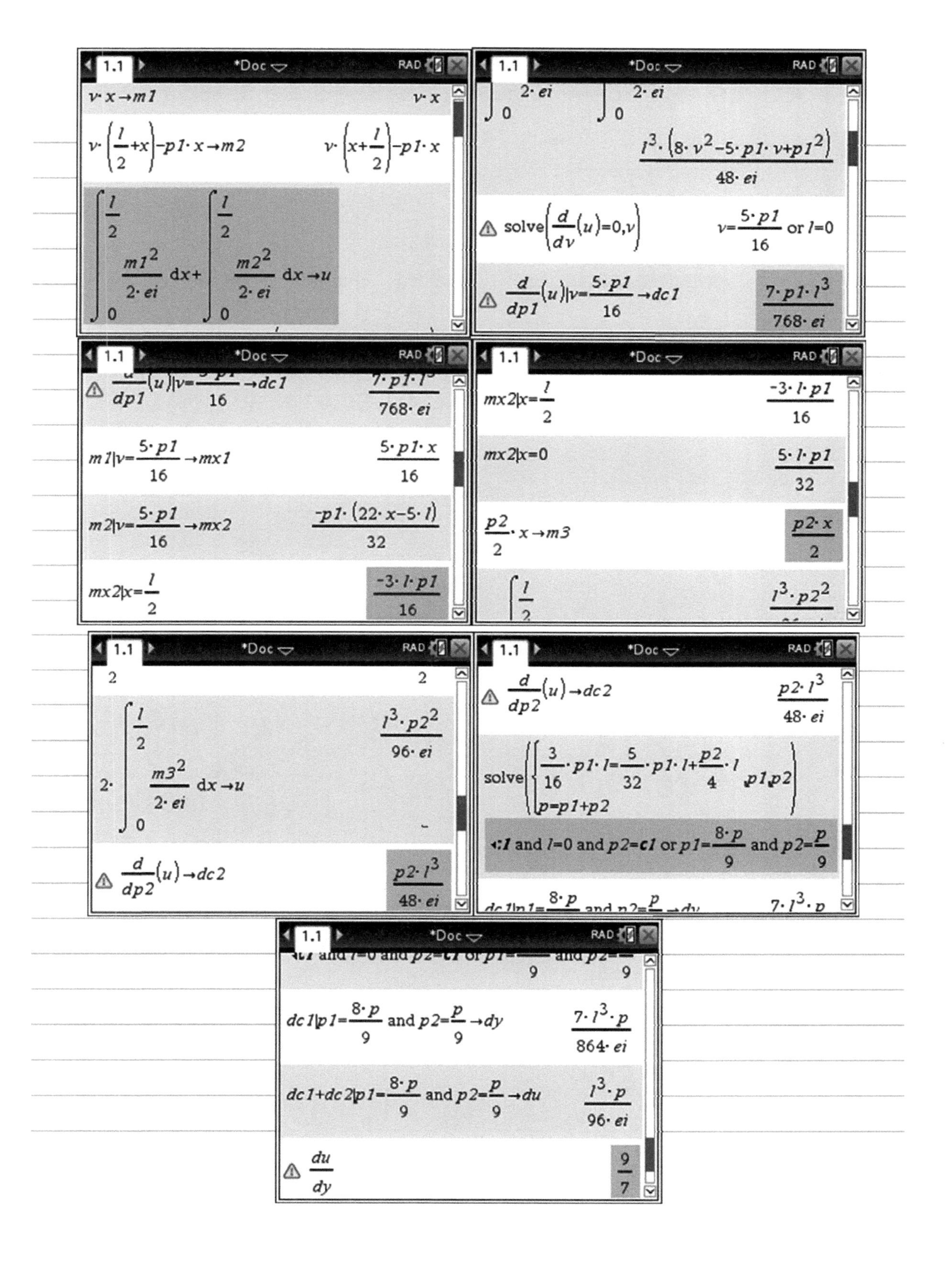
1.1
*Doc
RAD
v·x→m1
v·x
v·(l/2+x)−p1·x→m2
v·(x+l/2)−p1·x
∫_0^(l/2) m1²/(2·ei) dx+∫_0^(l/2) m2²/(2·ei) dx→u
l³·(8·v²−5·p1·v+p1²)/(48·ei)
solve(d/dv(u)=0,v)
v=5·p1/16 or l=0
d/dp1(u)|v=5·p1/16→dc1
7·p1·l³/(768·ei)
m1|v=5·p1/16→mx1
5·p1·x/16
m2|v=5·p1/16→mx2
−p1·(22·x−5·l)/32
mx2|x=l/2
−3·l·p1/16
mx2|x=0
5·l·p1/32
p2/2·x→m3
p2·x/2
2·∫_0^(l/2) m3²/(2·ei) dx→u
l³·p2²/(96·ei)
d/dp2(u)→dc2
p2·l³/(48·ei)
solve({3/16·p1·l=5/32·p1·l+p2/4·l, p=p1+p2},p1,p2)
and l=0 and p2=c1 or p1=8·p/9 and p2=p/9
dc1|p1=8·p/9 and p2=p/9→dy
7·l³·p/(864·ei)
dc1+dc2|p1=8·p/9 and p2=p/9→du
l³·p/(96·ei)
du/dy
9/7

3. 길이 5m의 보가 지점 C에서 2 개의 축부재와 함께 핀접합으로 연결되어 있고 지점 D는 힌지로 되어 있다. 부재 AC와 부재 BC의 부재력 및 지점 D의 반력을 구하시오.

<117회 3교시>

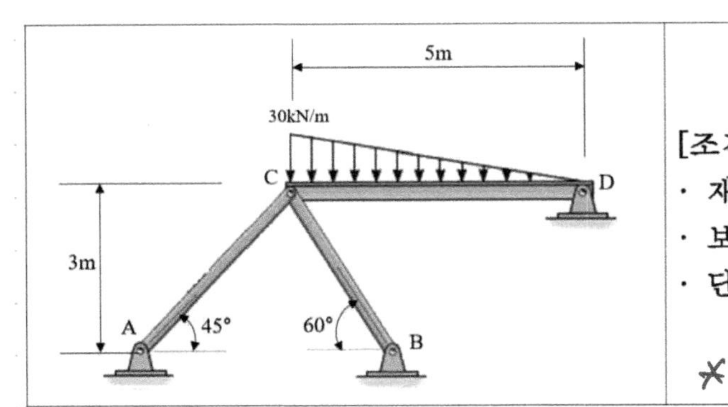

[조건]

· 재료의 탄성계수 2.1×10^5MPa

· 보의 단면적 $25cm^2$

· 단면2차모멘트 $4\times10^4cm^4$

※ AC, BC부재의 단면적은 $25cm^2$으로 가정

(1) 자유물체도

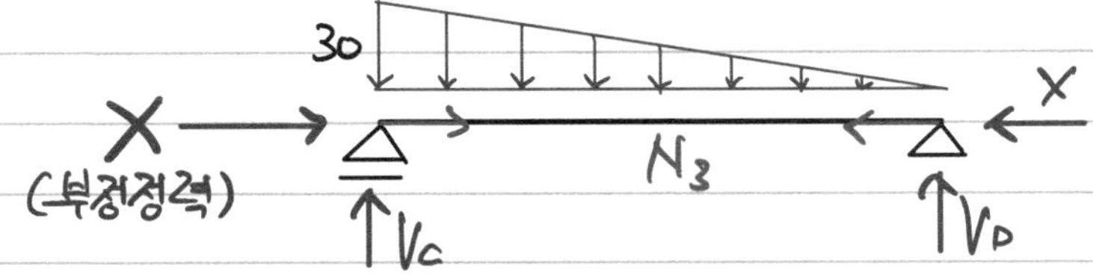

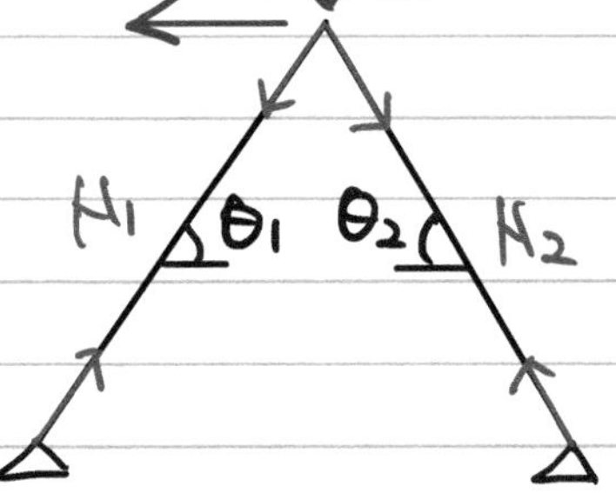

$\theta_1 = 45°$

$\theta_2 = 60°$

$l_{AC} \cdot \sin\theta_1 = 3$

$l_{AC} = 3\sqrt{2}$

$l_{BC} \cdot \sin\theta_2 = 3$

$l_{BC} = 2\sqrt{3}$

(2) 반력 산정

보의 자유물체도에서,

$\Sigma M_D = 0;\ V_C \times 5 - 30 \times 5/2 \times \frac{2}{3} \times 5 = 0$

$V_C = 50kN$

$\Sigma V = 0;\ V_C + V_D = 75kN,\quad V_D = 25kN$

(3) 부재력 산정

① 보의 부재력

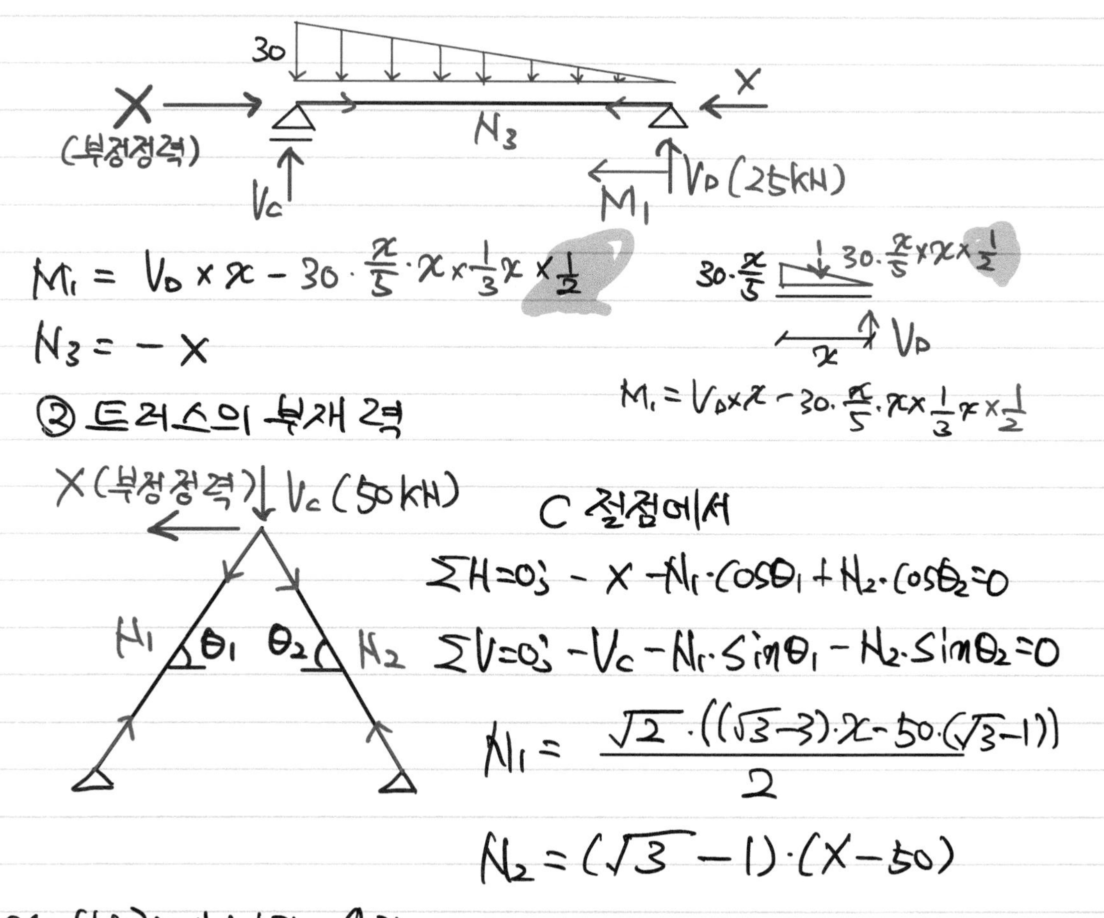

(4) 변형에너지 산정

$EA = 2.1 \times 10^5 \times 2500 = 5.25 \times 10^8\ N = 525000\ kN$

$EI = 2.1 \times 10^5 \times 4 \times 10^8 = 8.4 \times 10^{13}\ N \cdot mm^2 = 84000\ kN \cdot m^2$

$$U = \underbrace{\int_0^5 \frac{M_1^2}{2EI} dx + \frac{N_3^2}{2EA} \cdot 5}_{\text{보의 변형에너지}} + \underbrace{\frac{N_1^2}{2EA} \cdot 3\sqrt{2} + \frac{N_2^2}{2EA} \cdot 2\sqrt{3}}_{\text{트러스의 변형에너지}}$$

(5) 부정정력 산정

$\frac{dU}{dX}=0$; $X=-0.548$ kN

(6) 부재력, 반력

$N_{AC}=-25.390$ kN (압축) $V_D=25$ kN

$N_{BC}=-37.004$ kN (압축)   끝

딸기맛호가든 : 수직반력을 부정정력으로 선정해서는 안된다.

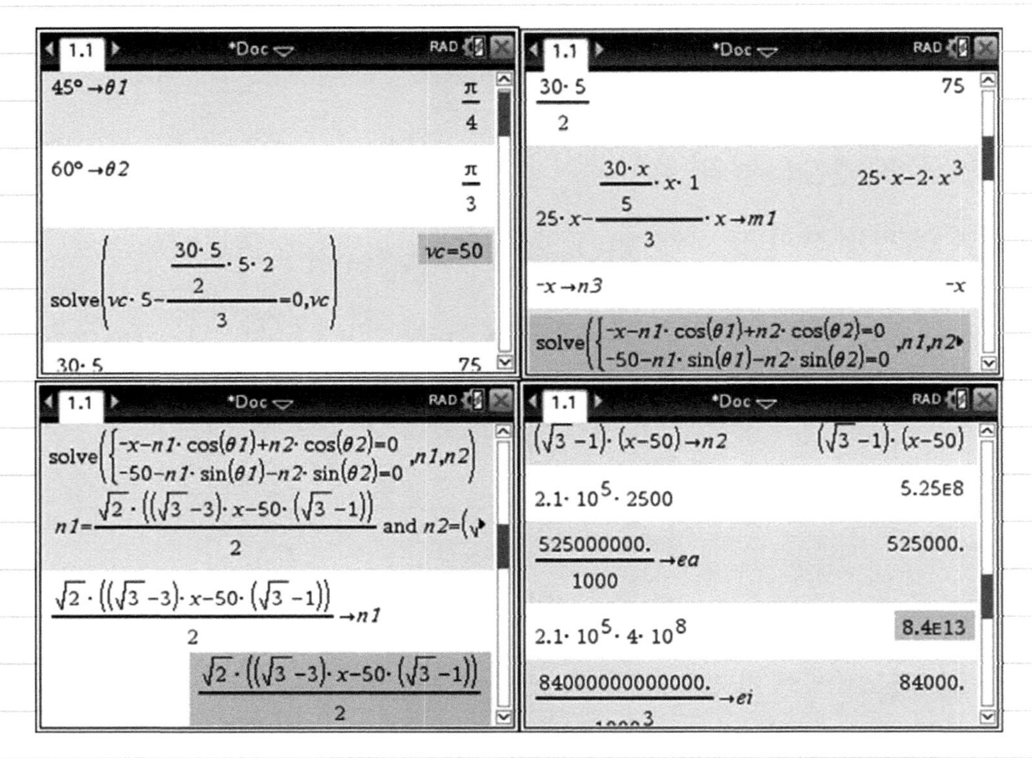

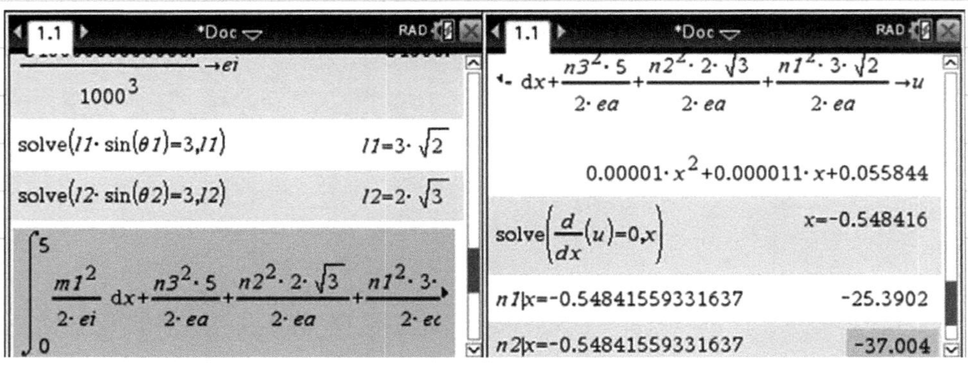

<117회 3교시>

6. 현장치기콘크리트 구조에서 일체성을 확보하기 위한 조건을 설명하시오.

KDS 14 20 50, 4.7.1

(1) 현장에서 적어도 하나의 하부철근은 연속되거나 받침부를 지나 B급 인장이음 또는 기계적이음, 용접이음으로 이어져야 하고, 불연속받침부에서 항복강도를 발휘할 수 있도록 표준갈고리나 확대머리 이형철근으로 정착

(2) 구조물의 테두리 보에는 다음으로 구성되는 연속철근을 기둥의 축방향 철근으로 둘러싸인 부분을 지나서 전 경간에 배치하여야 한다. 그리고 불연속 받침부에서는 ①, ②의 철근이 받침부 면에서 항복강도를 발휘할 수 있도록 표준갈고리나 확대머리 이형철근으로 정착.
① 적어도 받침부에서 요구되는 부모멘트 철근의 1/6 이상이며 두개이상인 인장철근
② 적어도 경간중앙부에서 요구되는 정모멘트 철근의 1/4 이상이며 〃 〃

(3) (2)에서 요구되는 연속철근은 기준에서 제시된 형태의 횡방향 철근에 의하여 둘러싸여야 하며, 횡방향 철근은 정착요구조건을 만족하여야한다. 이때 횡방향 철근을 접합부 내 까지 연속시켜 배치할 필요는 없다.

(4) 연속성을 확보하기 위해서 이음이 필요할 때 상부철근의 이음은 경간 중앙 또는 그부근에서, 하부철근은 받침부 또는 그부근에서, B급 인장겹침이음 또는 기계적이음이나 용접이음으로 이어져야 한다.

(5) 테두리보 이외의 부재로서 기준에 규정된 횡방향 철근이 배치되지않은경우
① 경간 중앙부에서 요구되는 정모멘트 철근의 1/4 이상이며 두개이상인 인장 철근이 기둥의 축방향 철근으로 둘러싸인 부분을 지나야 한다.
② ①의 철근은 연속되거나 받침부 주변에서 B급인장 겹침이음 또는 기계적이음이나 용접이음으로 이어져야 한다
③ ①의 철근은 불연속 받침부 면에서 항복강도를 발휘할수 있도록 표준갈고리나 확대머리 이형철근으로 정착 되어야 한다.

끝

1. 질량이 m이고 x방향 강성이 k인 (그림 1)과 같은 단자유도 구조물(고유주기 : 1.0초)이 있다. (그림 1)의 구조물을 x방향 강성이 a·k인 면진장치와 질량 0.1m이 추가된 (그림 2)와 같은 면진구조물로 변경하였다. 면진구조물의 목표고유주기가 3.0초 일 때 a값을 구하시오. (단, 면진장치는 탄성거동하고, x방향의 변위는 면진장치에 집중되는 것으로 가정한다.)

<117회 4교시>

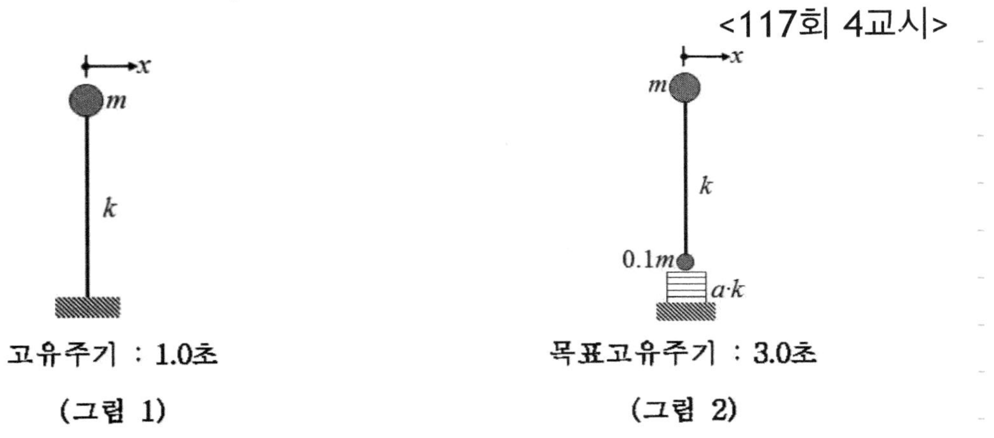

고유주기 : 1.0초 (그림 1)

목표고유주기 : 3.0초 (그림 2)

변위가 면진장치에 집중되므로, 그림(2) 구조물의 상부구조물 거동은 무시한다.

(1) 그림(1)의 시스템에서

$$W_1 = \sqrt{\frac{k}{m}},\quad T_1 = \frac{2\pi}{W_1} = 1.0,\quad k = 4\cdot m\cdot \pi^2 \cdots (1)$$

(2) 그림(2)의 시스템에서

$$W_2 = \sqrt{\frac{a\cdot k}{1.1m}},\quad T_2 = \frac{2\pi}{W_2} = 3.0 \cdots (2)$$

식(2)에 식(1) 대입, $a = 0.1222$ 끝

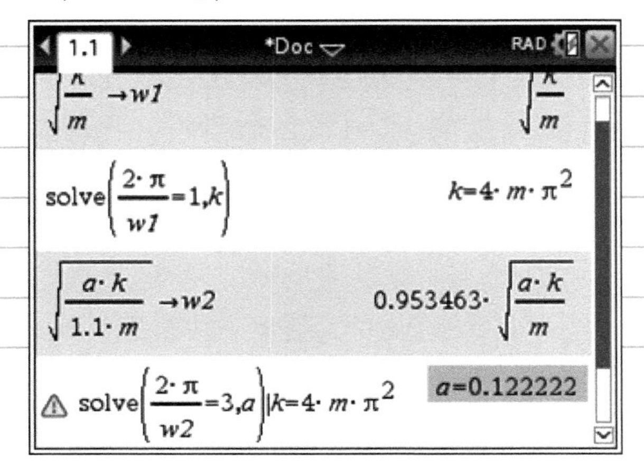

2. 콘크리트 재료의 강도를 나타내는 설계기준압축강도 f_{ck}, 실제압축강도 f_{cu}, 배합강도 f_{cr}에 대하여 설명하고, 다음과 같은 조건일 때 A, B회사의 배합강도 f_{cr}을 구하시오.

<117회 4교시>

[설계 조건]
- 설계기준압축강도 f_{ck} = 27MPa
- 레미콘회사 A : 설계기준압축강도를 기준으로 ±7MPa 이내의 콘크리트를 30회 이상 생산한 실적이 있으며 표준편차가 3MPa임
- 레미콘회사 B : 생산실적이 없음

(1) f_{ck}, f_{cu}, f_{cr} 설명

① 설계기준 압축강도 f_{ck}

구조설계시 기준이 되는 콘크리트 압축강도. 안전측의 값 적용

② 실제 압축강도 f_{cu}

콘크리트 압축강도 산정 및 사용성에 영향을 미치는 크리프 평가시 사용하는 실제의 콘크리트 압축강도

설계 단계에서는 실제 콘크리트 압축강도를 미리 알수 없으므로 f_{ck}에 일정값을 더한 다음값으로 미리 예측한다.

$f_{cu} = f_{ck} + 4$ ($f_{ck} \le 40$MPa)

$f_{cu} = 1.1 f_{ck}$ (40MPa $< f_{ck} <$ 60MPa)

$f_{cu} = f_{ck} + 6$ (60MPa $\le f_{ck}$)

③ 배합강도 f_{cr}

콘크리트 배합설계시 사용하는 콘크리트 배합강도

불균질 재료인 콘크리트는 강도에 대한 편차가 크므로, 설계기준압축강도인 f_{ck} 이상의 강도에 대한 신뢰성을 확보하기 위해 표준편차를 고려하여 f_{ck}보다 높은 값 사용.

콘크리트 생산설비 시험기록이 있는 경우 (± 7MPa, 30회 이상)

$f_{cr} = Max[f_{ck} + 1.34S, (f_{ck} - 3.5) + 2.33S]$ ($f_{ck} \le 35$MPa)

$f_{cr} = Max[f_{ck} + 1.34S, 0.9f_{ck} + 2.33S]$ ($f_{ck} > 35$MPa)

시험횟수가 14회 이하이거나 없는 경우

$f_{cr} = f_{ck} + 7$ ($f_{ck} < 21$MPa), $f_{cr} = f_{ck} + 8.5$ (21MPa $\le f_{ck} \le 35$MPa)

$f_{ck} = 1.1f_{ck} + 5$ ($f_{ck} > 35$MPa)

(2) A, B회사의 f_{ck} 산정

① 레미콘회사 A

$f_{cr} = Max[\underbrace{f_{ck}+1.34S}_{31.0},\ \underbrace{f_{ck}-3.5+2.33S}_{30.5}] = 31.0MPa$

② 레미콘회사 B

$f_{cr} = f_{ck} + 8.5 = 35.5MPa$

* 생산 실적이 많고 표준편차가 낮은 레미콘회사 A의 경우, 배합강도 f_{cr}과 실제강도 f_{cu}가 유사

생산 실적이 없는 레미콘회사 B는 $f_{cr} > f_{cu}$로 나타나 신뢰도 부족에 따른 추가적인 안전율 확보 필요

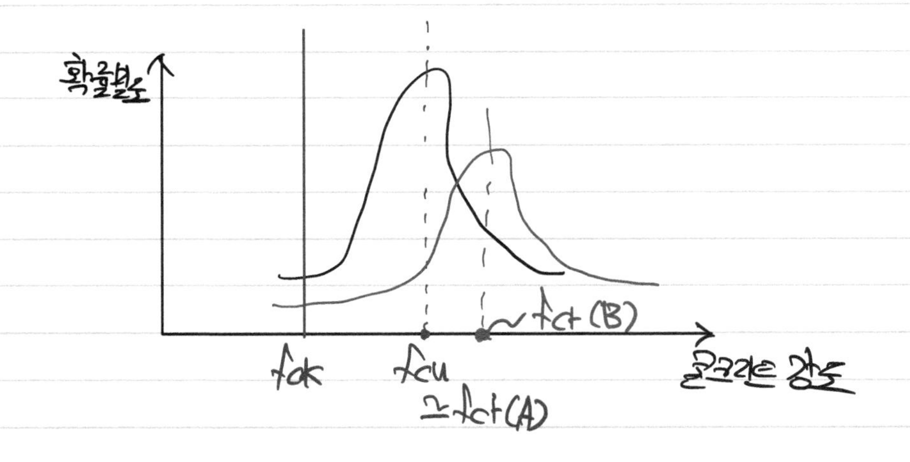

끝

딸기맛호가든 : 실제 시험에서 배합강도 산정 수식이 생각나지 않아, 관련서술은 어느정도 비슷하게 하였으나 계산은 틀렸다. 그럼에도 17.67/25점이라는 생각보다 높은 점수를 취득하였다. 이는, 수식자체를 기억하는 것 보다 각각의 개념차이를 이해했는지가 더 중요했다는 것으로 판단된다.

5. 기존 건물의 철근콘크리트 지하외벽의 내력이 부족하여 철근콘크리트 벽체를 150mm 증타 보강한다. 보강전과 보강후의 지하외벽의 안전성을 검토하고 보강 상세도를 그리시오.

[설계 조건]

<117회 4교시>

- 지하외벽의 부재력은 아래 그림에서 주어진 M_u, V_u를 반영해야 한다.
- 콘크리트의 설계기준압축강도 f_{ck} = 24MPa
- 철근의 설계기준항복강도 f_y = 400MPa
- 철근피복두께 : 50mm로 가정

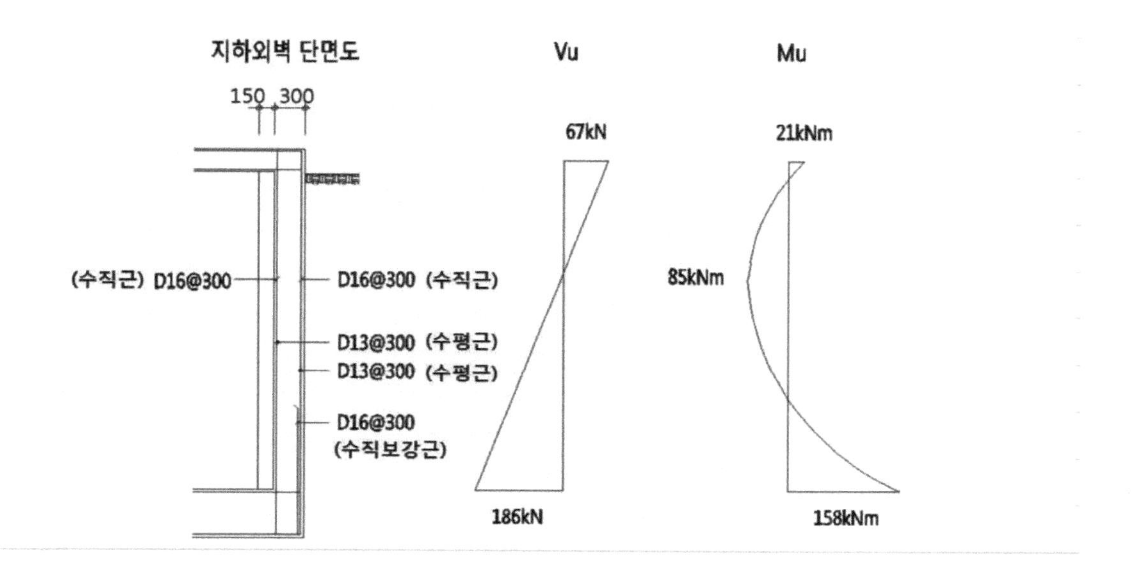

(1) 보강전 중앙부 휨내력 (계산 편의상 압축철근 무시)

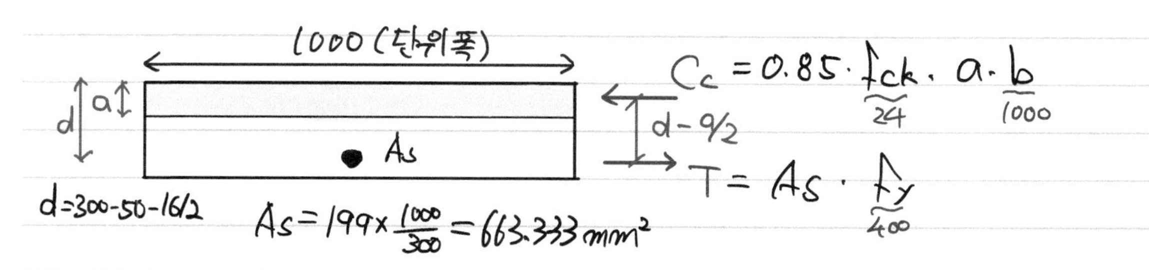

$C_c = 0.85 \cdot f_{ck} \cdot a \cdot b$ (f_{ck} = 24, b = 1000)

$T = A_s \cdot f_y$ (f_y = 400)

$A_s = 199 \times \frac{1000}{300} = 663.333\,mm^2$

$C_c = T$ 이므로, $a = 13.007\,mm$ < 0.318d, 인장지배 단면

0.0033
c
d-c
0.005

$0.0033 : c = 0.005 : d - c$ (d = 242), $c = 0.39759d$

$a = \beta_1 \cdot c = 0.318d$ (β_1 = 0.8)

$M_n = C_c \times (d - a/2) = 6.2485 \times 10^7 N \cdot mm$
$= 62.485 kN \cdot m$

$\phi M_n = 0.85 M_n = 55.112 kN \cdot m < M_u = 85 kN \cdot m$

중앙부에서 휨내력이 부족하다.

(2) 보강전 하부 벽체 휨내력 (압축철근 무시)

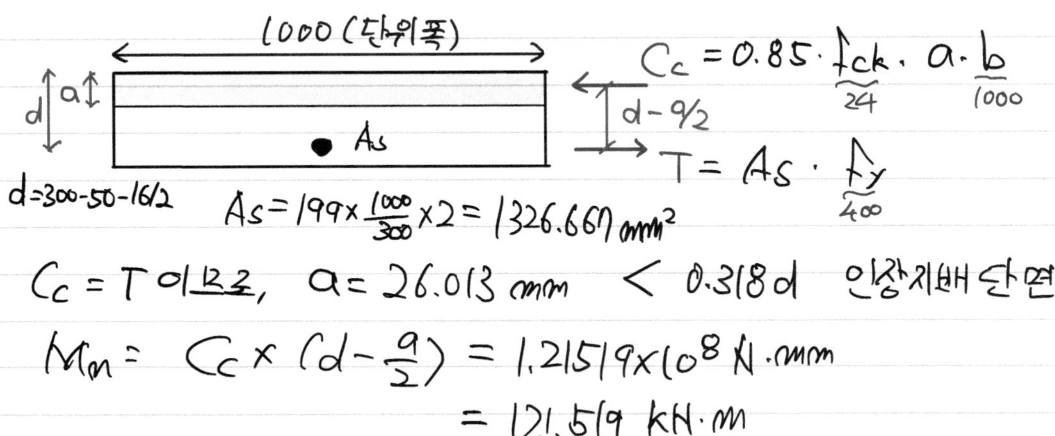

$A_s = 199 \times \frac{1000}{300} \times 2 = 1326.667 mm^2$

$C_c = T$ 이므로, $a = 26.013 mm < 0.318d$ 인장지배 단면

$M_n = C_c \times (d - \frac{a}{2}) = 1.21519 \times 10^8 N \cdot mm$
$= 121.519 kN \cdot m$

$\phi M_n = 0.85 \cdot M_n = 103.219 kN \cdot m < M_u = 158 kN \cdot m$

하부에서 휨내력이 부족하다.

(3) 보강전 전단력 검토

$\phi V_c = \phi \cdot 1/6 \cdot \lambda \cdot \sqrt{f_{ck}} \cdot b \cdot d = 148194 N$
$= 148.194 kN < V_u = 186 kN$

전단력이 부족하다.

보강전 중앙부 휨모멘트, 하부 휨모멘트, 전단력이 모두 부족하다.

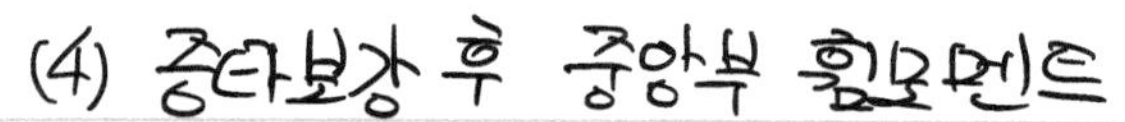

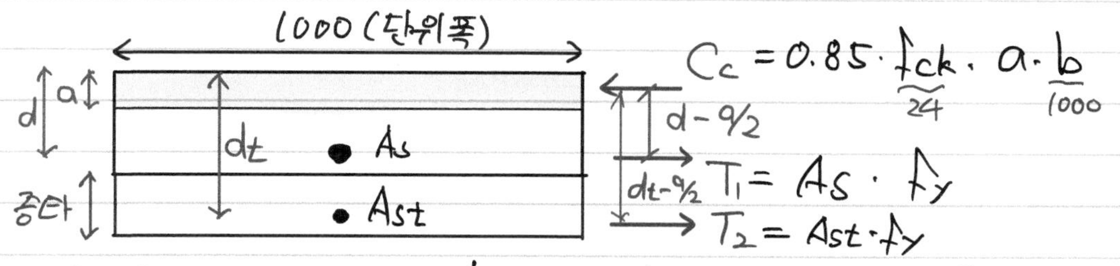

$d_t = 450-50-13/2 = 393.5$, $A_{st} = 127 \times 1000/300 = 423.333\ mm^2$ (D13@300 보강시)

$C_c = T_1 + T_2$, $a = 21.307\ mm < 0.318d$ 인장지배단면

$M_n = T_1 \times (d - a/2) + T_2 \times (d_t - a/2) = 1.26213 \times 10^8\ N \cdot mm$

$= 126.213\ kN \cdot m$

$\phi M_n = 0.85\ M_n = 107.281\ kN \cdot m > M_u = 85\ kN \cdot m$ O.K

(5) 증타보강 후 하부 휨모멘트

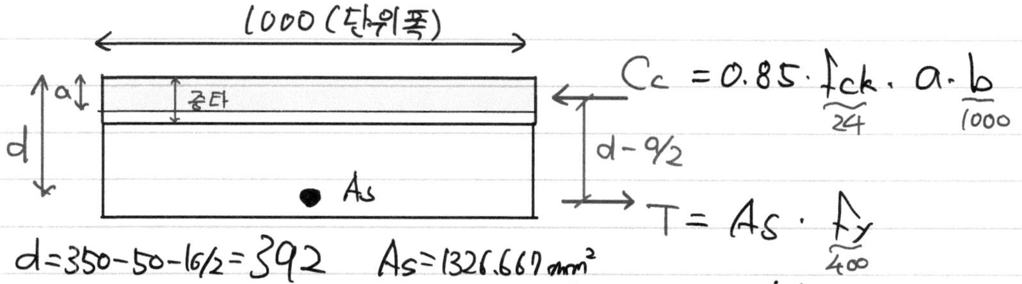

$d = 350-50-16/2 = 392$ $A_s = 1326.667\ mm^2$

$C_c = T$, $a = 26.013\ mm < 0.318d$, 인장지배단면

$M_n = C_c \times (d - a/2) = 2.01119 \times 10^8\ N \cdot mm$

$= 201.119\ kN \cdot m$

$\phi M_n = 0.85 \cdot M_n = 170.951\ kN \cdot m > M_u = 158\ kN \cdot m$ O.K

(6) 증타보강 후 전단력

$$\phi V_c = \underset{0.75}{\phi} \cdot 1/6 \cdot \underset{1.0}{\lambda} \cdot \sqrt{\underset{24}{f_{ck}}} \cdot \underset{1000}{b} \cdot \underset{392}{d} = 240050\ N$$

$$= 240.050\ kN > V_u = 186\ kN$$

O.K

150 mm 증타 보강 후, 휨모멘트와 전단력 모두 안전하다.

(7) 증타 단면의 수평전단 검토

$\phi \cdot 0.56 \cdot b_v \cdot d = 164640N/m = 164.640kN/m < V_u = 186kN/m$
(ϕ = 0.75, b_v = 1000, d = 392)

수평전단에 대해 보강필요.

$\phi \cdot 3.5 \cdot b_v \cdot d = 1.029 \times 10^6 N/m = 1029 kN/m > V_u$

전단마찰에 대한 설계기준을 따를 필요는 없다.

$$\rho_v = \frac{A_v}{b_v \cdot s} = \frac{71 \times 1000/300}{1000 \times 300} = 0.000789 \text{ (D10@300×300 보강 기준)}$$

$$\phi V_{nh} = \phi(1.8 + 0.6 \cdot \rho_v \cdot f_y) \cdot b_v \cdot d = 584872N/m$$
(ρ_v = 0.000789)

$$= 584.872kN/m > V_u = 186kN/m \quad O.K$$

$$\rho_{v,min} = \left[\frac{0.0625\sqrt{f_{ck}}}{F_{yt}} \geq \frac{0.35}{F_{yt}}\right] = 0.000815 > 0.000789$$

전단최소철근을 만족시켜야 하므로 D13@300×300 적용

(8) 보강상세도

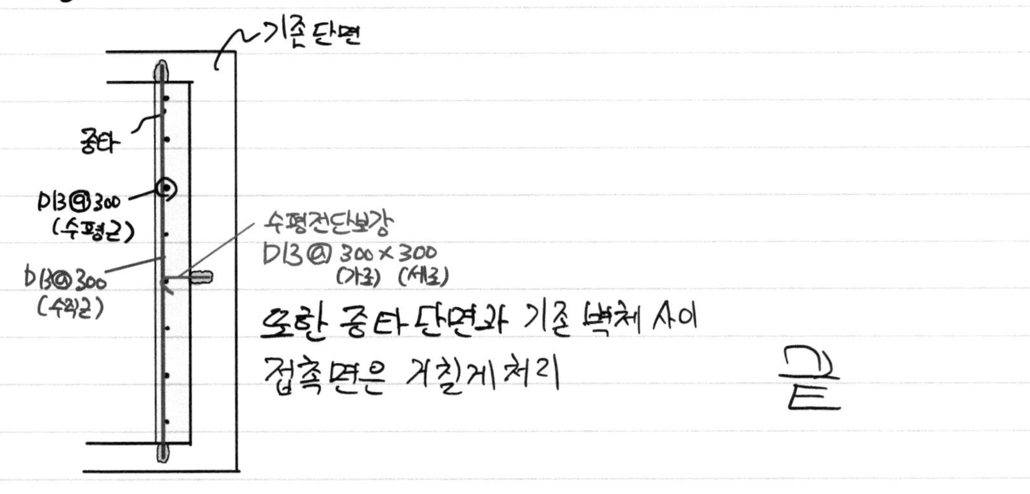

M군

- **단위폭당이므로단위에 /m 표기**
- **전단최소철근을 만족시켜야 하므로 D13@300x300 적용**
- **접촉면 거칠게 처리 필요사항 명기**

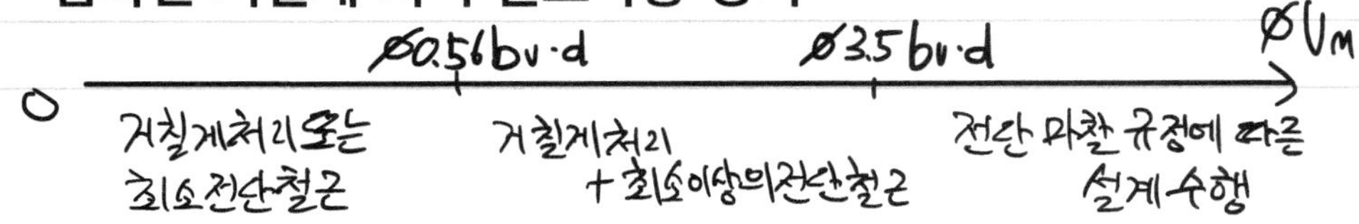

딸기맛호가든 : 반영하여 수정하였음
실제 시험에서 이문제를 전단마찰검토를 제외하고 풀었음에도 **40**분이 소요되었다. 정말 풀게 없다고 판단되지 않는다면 포기해야 할 문제이다. **KDS 14** 개정예정사항을 선반영하였다. ($\beta_1=0.8$, $\varepsilon_{cu}=0.0033$)

M군 : 이문제는 단위길이 표기에 주의를 해야 하는 문제이다.
휨모멘트에서 **50 kN·m** 와 **50 kN·m / m, 50 kN·m / m²**을 구분해야 한다. 단위구분이 명확하지 않을 시, 보강근 산정시 헷갈릴 우려가 있다.

딸기맛호가든 : 필자는 지하외벽은 전략적으로 포기해야 할 문제라고 판단한다. 통상 지하외벽은 계산이 복잡한 형태로 나오기 때문이다.

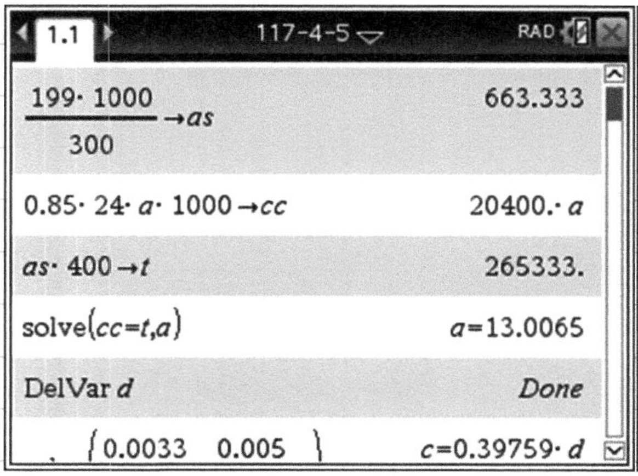

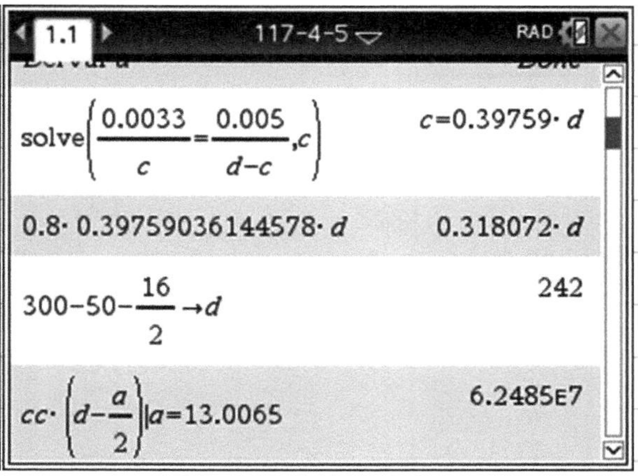

1.1 117-4-5 RAD

입력	결과
$\frac{199\cdot 1000}{300} \to as$	663.333
$0.85\cdot 24\cdot a\cdot 1000 \to cc$	$20400.\cdot a$
$as\cdot 400 \to t$	265333.
solve$(cc=t,a)$	$a=13.0065$
DelVar d	Done
solve$\left(\frac{0.0033}{c}=\frac{0.005}{d-c},c\right)$	$c=0.39759\cdot d$

1.1 117-4-5 RAD

입력	결과
DelVar d	Done
solve$\left(\frac{0.0033}{c}=\frac{0.005}{d-c},c\right)$	$c=0.39759\cdot d$
$0.8\cdot 0.39759036144578\cdot d$	$0.318072\cdot d$
$300-50-\frac{16}{2} \to d$	242
$cc\cdot\left(d-\frac{a}{2}\right)\vert a=13.0065$	6.2485E7

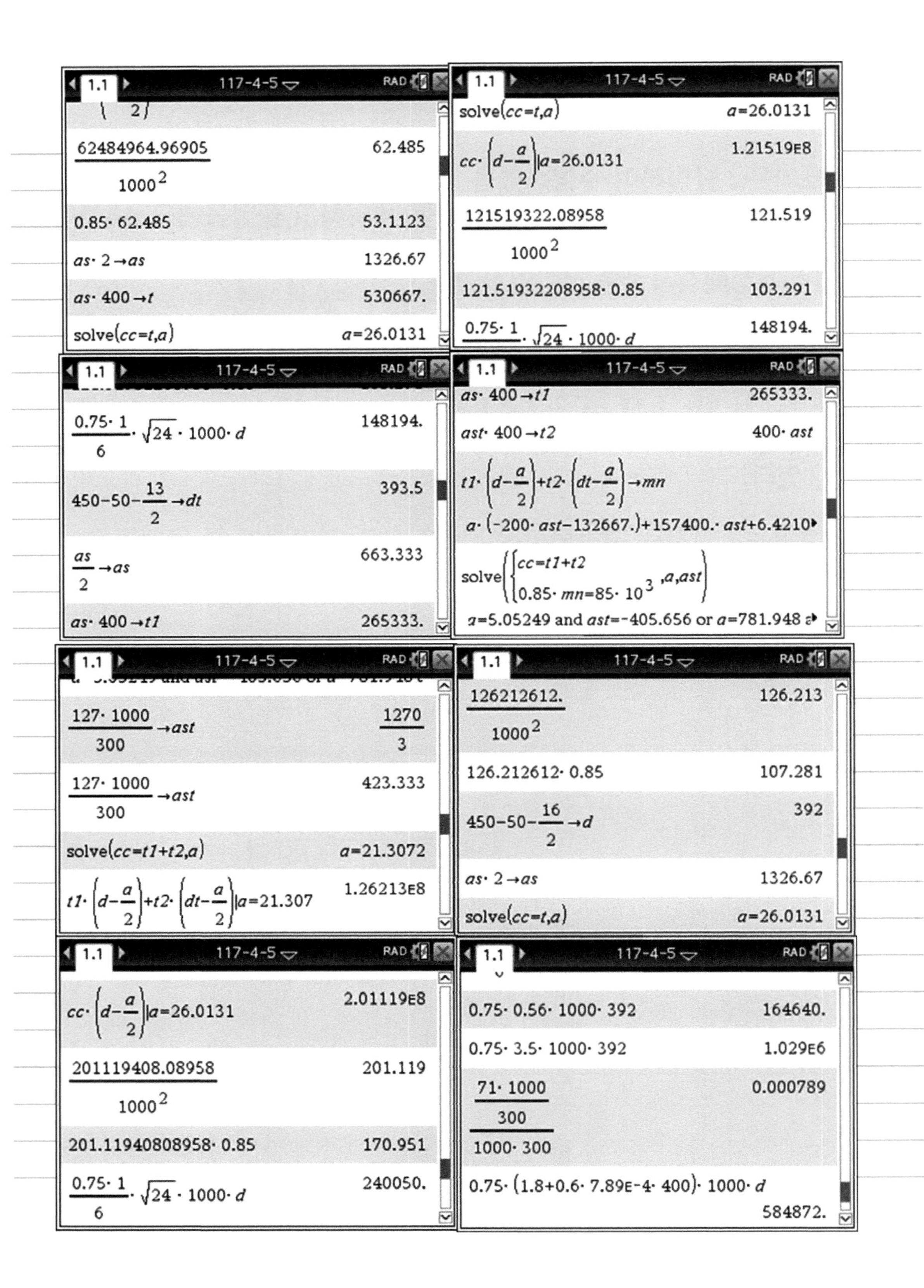

1.1 117-4-5 RAD
62484964.96905 / 1000^2 62.485
0.85· 62.485 53.1123
as· 2→as 1326.67
as· 400→t 530667.
solve(cc=t,a) a=26.0131
1.1 117-4-5 RAD
solve(cc=t,a) a=26.0131
cc·(d−a/2)|a=26.0131 1.21519E8
121519322.08958 / 1000^2 121.519
121.51932208958· 0.85 103.291
0.75· 1 / 6 · √24 · 1000· d 148194.
1.1 117-4-5 RAD
0.75· 1 / 6 · √24 · 1000· d 148194.
450−50−13/2→dt 393.5
as/2→as 663.333
as· 400→t1 265333.
1.1 117-4-5 RAD
as· 400→t1 265333.
ast· 400→t2 400· ast
t1·(d−a/2)+t2·(dt−a/2)→mn
a·(-200· ast−132667.)+157400.· ast+6.4210
solve({cc=t1+t2, 0.85· mn=85· 10^3},a,ast)
a=5.05249 and ast=-405.656 or a=781.948
1.1 117-4-5 RAD
127· 1000 / 300 →ast 1270/3
127· 1000 / 300 →ast 423.333
solve(cc=t1+t2,a) a=21.3072
t1·(d−a/2)+t2·(dt−a/2)|a=21.307 1.26213E8
1.1 117-4-5 RAD
126212612. / 1000^2 126.213
126.212612· 0.85 107.281
450−50−16/2→d 392
as· 2→as 1326.67
solve(cc=t,a) a=26.0131
1.1 117-4-5 RAD
cc·(d−a/2)|a=26.0131 2.01119E8
201119408.08958 / 1000^2 201.119
201.11940808958· 0.85 170.951
0.75· 1 / 6 · √24 · 1000· d 240050.
1.1 117-4-5 RAD
0.75· 0.56· 1000· 392 164640.
0.75· 3.5· 1000· 392 1.029E6
(71· 1000 / 300) / (1000· 300) 0.000789
0.75·(1.8+0.6· 7.89E−4· 400)· 1000· d
584872.

6. 아래 그림과 같은 구조물의 부재력을 근사해석법을 이용하여 구하시오.

<117회 4교시>

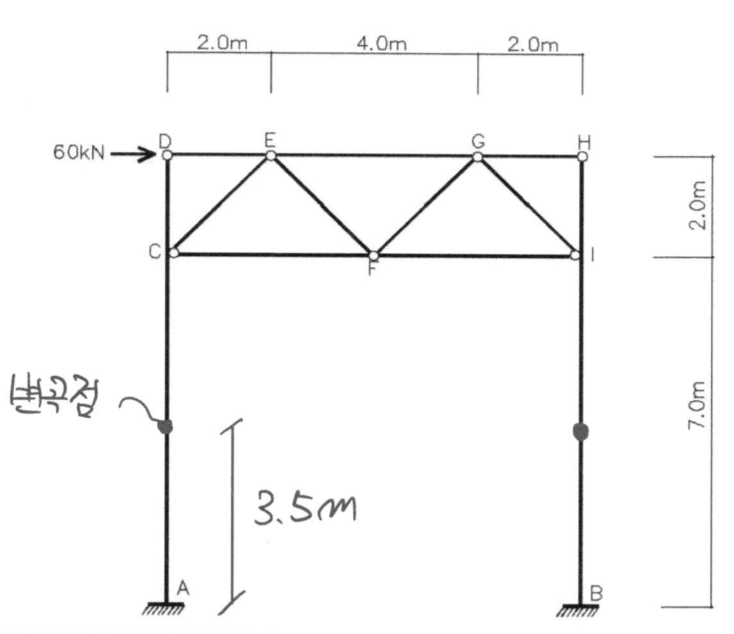

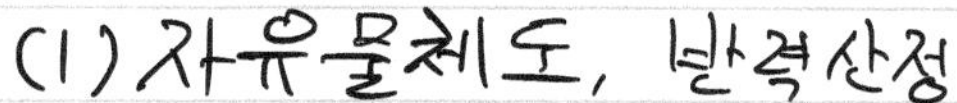

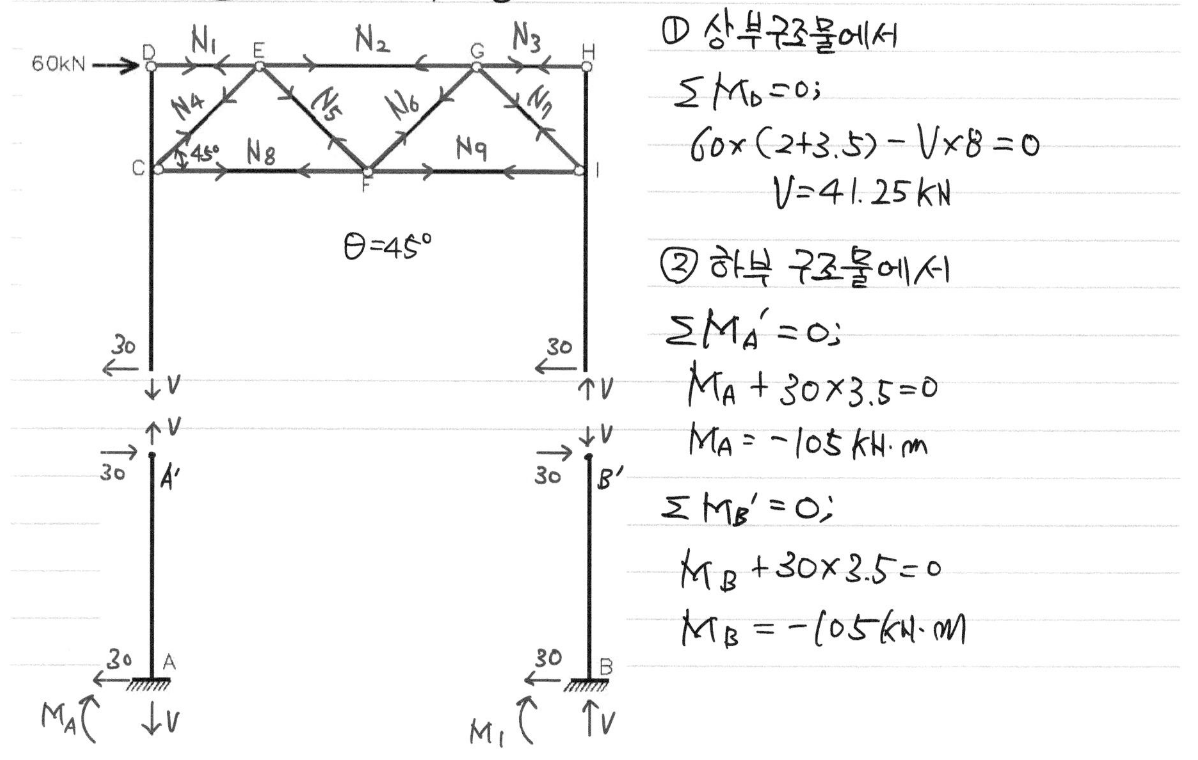

(2) 부재력 산정

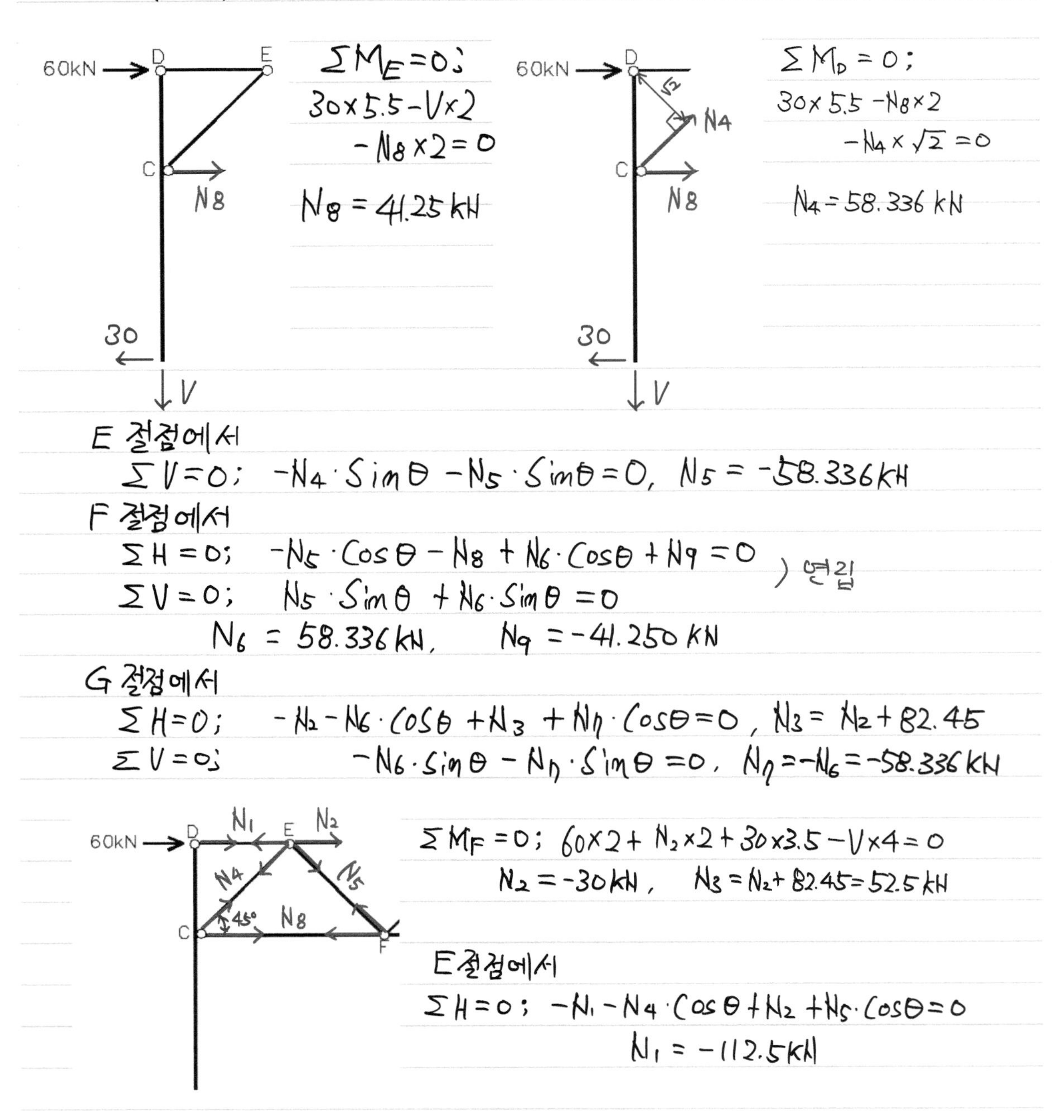
60kN
D
E
C
N8
30
V
ΣM_E=0;
30×5.5−V×2
−N8×2=0
N8=41.25kN
60kN
D
√2
N4
C
N8
30
V
ΣM_D=0;
30×5.5−N8×2
−N4×√2=0
N4=58.336kN
E 절점에서
ΣV=0; −N4·Sinθ−N5·Sinθ=0, N5=−58.336kN
F 절점에서
ΣH=0; −N5·Cosθ−N8+N6·Cosθ+N9=0
ΣV=0; N5·Sinθ+N6·Sinθ=0
) 연립
N6=58.336kN, N9=−41.250kN
G 절점에서
ΣH=0; −N2−N6·Cosθ+N3+N7·Cosθ=0, N3=N2+82.45
ΣV=0; −N6·Sinθ−N7·Sinθ=0, N7=−N6=−58.336kN
60kN
D
N1
E
N2
N4
N5
45°
N8
C
F
ΣM_F=0; 60×2+N2×2+30×3.5−V×4=0
N2=−30kN, N3=N2+82.45=52.5kN
E절점에서
ΣH=0; −N1−N4·Cosθ+N2+N5·Cosθ=0
N1=−112.5kN

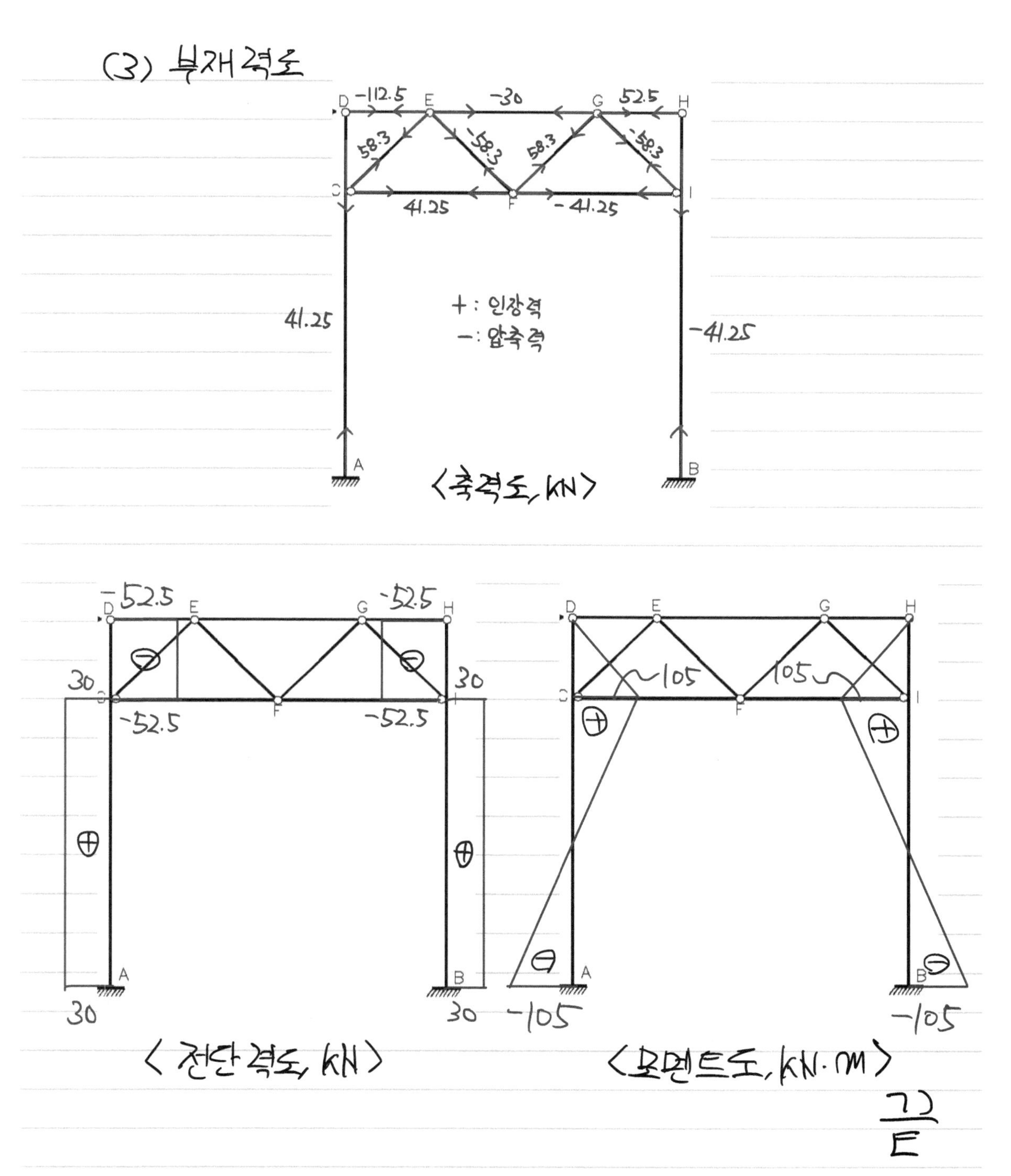

딸기맛호가든 : 87회인가에 거의 같은 문제가 출제된 바가 있다.

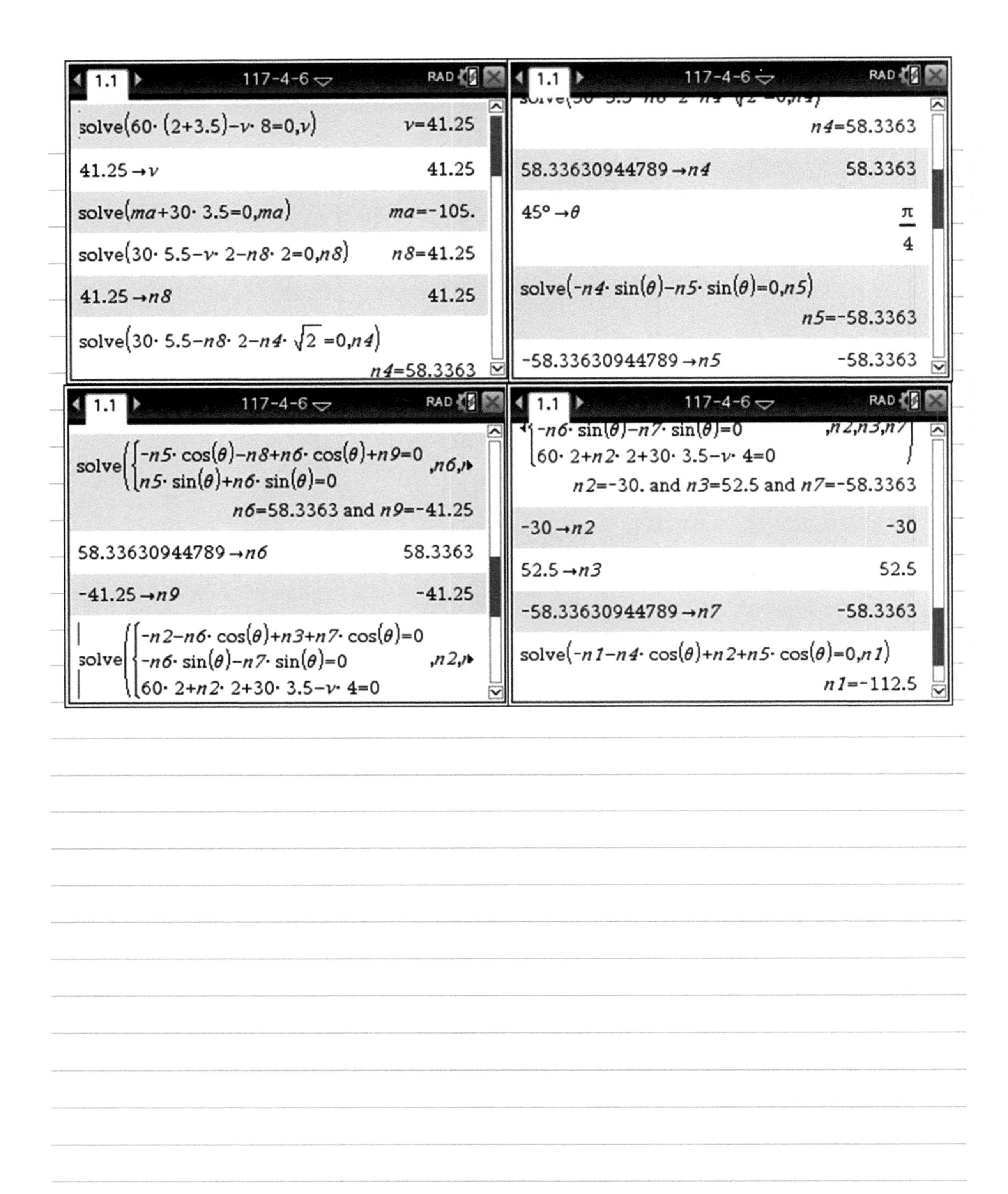
1.1
117-4-6
RAD
solve(60· (2+3.5)−v· 8=0,v)
v=41.25
41.25→v
41.25
solve(ma+30· 3.5=0,ma)
ma=−105.
solve(30· 5.5−v· 2−n8· 2=0,n8)
n8=41.25
41.25→n8
41.25
solve(30· 5.5−n8· 2−n4· √2 =0,n4)
n4=58.3363
1.1
117-4-6
RAD
n4=58.3363
58.33630944789→n4
58.3363
45°→θ
π/4
solve(−n4· sin(θ)−n5· sin(θ)=0,n5)
n5=−58.3363
−58.33630944789→n5
−58.3363
1.1
117-4-6
RAD
solve({−n5· cos(θ)−n8+n6· cos(θ)+n9=0, n5· sin(θ)+n6· sin(θ)=0 ,n6,▸
n6=58.3363 and n9=−41.25
58.33630944789→n6
58.3363
−41.25→n9
−41.25
solve({−n2−n6· cos(θ)+n3+n7· cos(θ)=0, −n6· sin(θ)−n7· sin(θ)=0, 60· 2+n2· 2+30· 3.5−v· 4=0 ,n2,▸
1.1
117-4-6
RAD
−n6· sin(θ)−n7· sin(θ)=0 ,n2,n3,n7
60· 2+n2· 2+30· 3.5−v· 4=0
n2=−30. and n3=52.5 and n7=−58.3363
−30→n2
−30
52.5→n3
52.5
−58.33630944789→n7
−58.3363
solve(−n1−n4· cos(θ)+n2+n5· cos(θ)=0,n1)
n1=−112.5

118회 건축구조기술사

(2019년 5월 5일 시행)

대상	응시	결시	합격자	합격률
353	310	43	7	2.26%

총 평

난이도 중

전체적으로 무난한 난이도로 느껴지지만, 쉽다고 하기엔 까다롭고 생소한 문제가 은근히 섞여있었던 시험이었다.

1~2교시는 비교적 무난하였으며, 3교시까지도 그렇게 쉽지는 않지만 그래도 풀만한 문제들이 적당히 섞여있어서 할만한 시험이었다. 다만 4교시만큼은.. 매우 괴로운 시험이었다. 4교시의 어려움이 이시험을 쉽다고 할수 없게 만들었다고 할 수 있다.

특히 4교시의 동역학 문제는 최근에 나온 동역학 문제중 가장 어려운 문제이자 생소한 유형이었으며, 강성중심문제는 어려운 것은 아니지만 한편으론 생소해서 많이 헤멜만한 문제였다. 그나마 RC보의 전단문제인 3번문제 하나정도 안도의 한숨을 쉬면서 풀수 있는 쉬운문제였다고 해야하나.. 그렇다고 서술형이 쉬운 문제가 있었던 것도 아니고..

118회 시험에서 눈여겨 봐야 할 것은 4교시 4번이다. 내진설계기준이 개정된 직후였음에도 불구하고, 바로 시험문제에 출제된 것이 인상적이었다. 이는 앞으로 내진설계기준과 관련된 문제가 매우 많이 나올 것을 예고하였다고도 할수 있으며, 실제 119회와 120회에 내진설계기준과 관련된 문제가 매우 많이 출제되었다.

합격률은 2.26%로, 시험난이도에 비하면 상당히 낮은 편이었다. 4교시에 고득점자가 적었을 거라는 점을 감안해도 이는 너무 낮은 편인데, 점수를 상당히 짜게 준편이었을 것이라 생각된다.

국가기술자격 기술사 시험문제

기술사 제 118 회 제 1 교시 (시험시간: 100분)

분야	건설	종목	건축구조기술사	수험번호		성명	

※ 다음 문제 중 10문제를 선택하여 설명하시오. (각10점)

1. 지진하중 고려 시 수직 비정형성 유형 중에서 강성분포의 비정형, 중량분포의 비정형, 기하학적 비정형에 대하여 각각 설명하시오. (단, KBC2016 기준)

2. 지진하중을 고려한 동적해석법에서 시간이력해석을 실시할 때, 설계지진파 선정에 대하여 설명하시오. (단, KBC2016 기준)

3. 말뚝기초와 관련하여 다음 용어에 대하여 각각 설명하시오.

   (1) 부마찰력 (2) 중립점 (3) 재항타시험(Restrike)

4. 초고층건물에서 기둥의 부등축소로 인한 문제점을 설명하고 건축계획적, 구조적, 시공적 측면에서 해결방안에 대하여 설명하시오.

5. 정정구조물과 부정정구조물의 장단점을 다음과 같은 조건으로 비교하여 설명하시오.

   (1) 안정성 (2) 사용성 (3) 경제성

6. 고온 및 저온에서의 온도변화에 따른 강재의 인장강도 및 항복강도에 대하여 설명하시오.

2 - 1

국가기술자격 기술사 시험문제

기술사 제 118 회 제 1 교시 (시험시간: 100분)

분야	건설	종목	건축구조기술사	수험번호		성명	

7. 다음의 철근배근 규정에 대하여 설명하시오. (단, KBC2016 기준)

   (1) 보의 깊이가 900 mm를 초과할 경우, 종방향 표피철근 간격규정

   (2) 기둥 연결부에서 단면치수가 변하는 경우, 옵셋굽힘철근의 배근규정

8. 고장력볼트의 지레작용(Prying Action)에 대하여 설명하시오.

9. H형강 압축재의 좌굴현상과 H형강 휨재의 횡좌굴현상의 주요 차이점을 설명하시오.

10. 유한요소해석에서 평면응력요소(Plane Stress Element)와 평면변형요소(Plane Strain Element)의 특징과 적용방안을 비교하여 설명하시오.

11. 강재 트러스 압축부재의 면내좌굴과 면외좌굴에 대하여 설명하고, 각각의 경우에 대한 유효좌굴길이 산정방안을 도식화하여 설명하시오.

12. 현장에서 구조물의 안전성 평가를 위해 재하시험을 수행할 때, 재하시험의 방법, 재하기준 및 허용기준에 대하여 설명하시오. (단, KBC2016 기준)

13. 연약지반의 문제점을 제시하고, 연약지반을 이용하기 위한 대응방법을 설명하시오.

2 - 2

국가기술자격 기술사 시험문제

기술사 제 118 회 제 2 교시 (시험시간: 100분)

분야	건설	종목	건축구조기술사	수험번호		성명	

※ 다음 문제 중 4문제를 선택하여 설명하시오. (각25점)

1. 그림과 같은 브라켓 이음부를 필릿용접으로 할 경우 접합부의 안전성을 각각 검토하시오.
(단, SM355, F_{uw} = 490MPa, 모재강도는 안전한 것으로 가정하고 용접재강도만 고려할 것)

(1) 중심축하중 P_1 = 600kN이 작용할 경우

(2) 편심하중 P_2 = 200kN이 작용할 경우

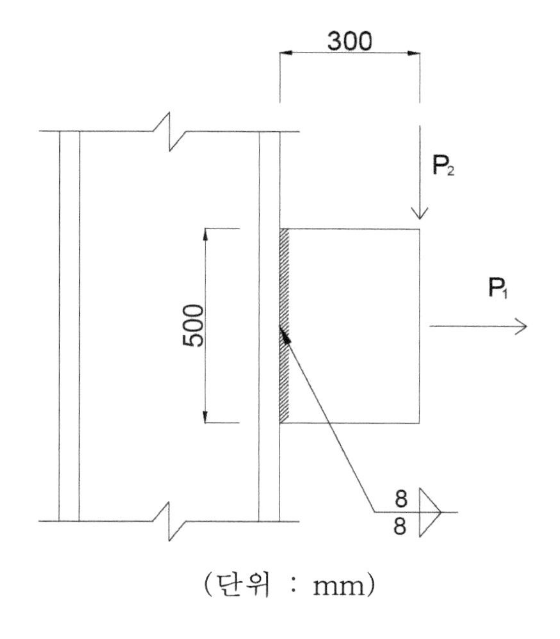

(단위 : mm)

국가기술자격 기술사 시험문제

기술사 제 118 회 　　　　　　　　　　　　　　　　　　　　제 2 교시 (시험시간: 100분)

분야	건설	종목	건축구조기술사	수험번호		성명	

2. 그림과 같은 복근직사각형보가 옥외에 설치되어 사용하중상태에서 M = 430 kN · m의 휨모멘트를 받을 때 인장철근의 배근상태가 균열제한에 적합한가를 검토하시오.

- 주근 D25($a_1 = 506.7\text{mm}^2$, d_b=25.0mm), 스터럽 D10(d_b=10.0mm)
- 피복두께 40mm, $f_{ck} = 24\text{MPa}$, $f_y = 400\text{MPa}$, $E_s = 200000\text{MPa}$
- 최외단 인장철근 응력 f_s는 약산식 대신 정밀계산 할 것

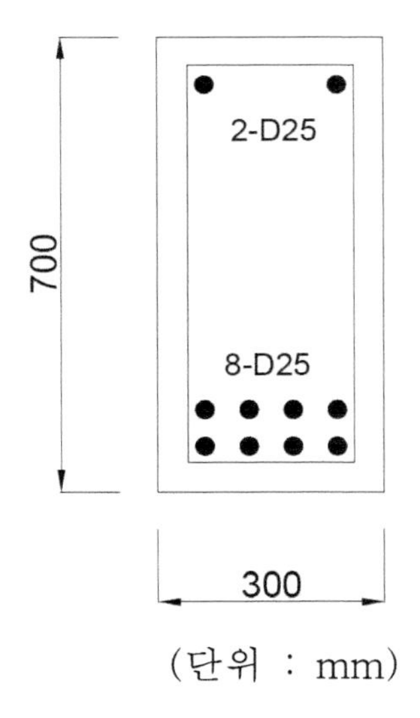

(단위 : mm)

6 - 2

국가기술자격 기술사 시험문제

기술사 제 118 회 　　　　　　　　　　제 2 교시 (시험시간: 100분)

분야	건설	종목	건축구조기술사	수험번호		성명	

3. 그림과 같은 보-기둥 접합부의 보 상단철근에 대한 다음 요구사항을 각각 구하시오.

- 계산된 보 상단부의 부모멘트에 대한 소요철근량은 1860mm^2, 사용된 4-D25의 철근량은 2026.8mm^{2}이며 D10@300 스터럽으로 횡보강되어 있다.
- f_y=400MPa, f_{ck}=24MPa, 피복두께 40mm, D25(d_b=25.0mm), D10(a_1=71.3mm^2, d_b=10.0mm)
- 기둥단면 : 400mm×400mm

(1) 횡방향철근지수를 이용하여 기둥면에서 보 쪽으로 묻히는 정착길이 ①

(2) 표준갈고리가 있는 인장 이형철근의 정착길이 ②

(단, 갈고리 평면에 수직방향인 측면 피복두께는 70mm이상이며, 갈고리를 넘어선 부분의 철근피복두께는 50mm이상 확보함)

(3) 표준갈고리의 자유단의 길이 ③

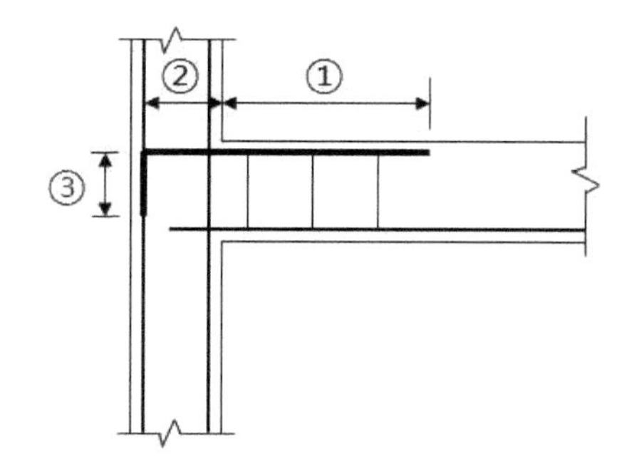

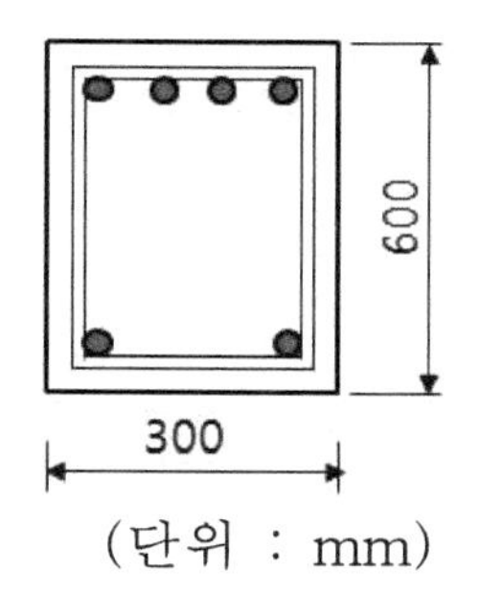

(단위 : mm)

6 - 3

국가기술자격 기술사 시험문제

기술사 제 118 회 제 2 교시 (시험시간: 100분)

분야	건설	종목	건축구조기술사	수험번호		성명	

4. 그림과 같이 반지름이 r 이고 두께가 t 인 얇은 반원형 단면이 있다. 원형 호의 중심 O 로부터 전단중심 S 까지의 거리 e를 구하시오.

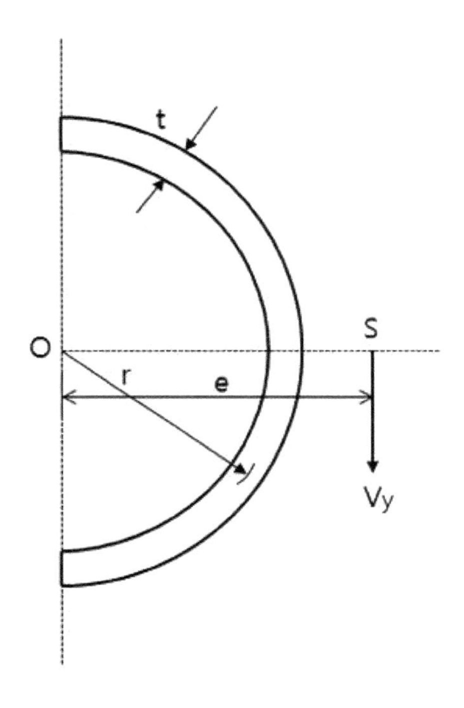

6 - 4

국가기술자격 기술사 시험문제

기술사 제 118 회 제 2 교시 (시험시간: 100분)

분야	건설	종목	건축구조기술사	수험번호		성명	

5. 그림과 같이 횡력을 받는 골조에서 기둥에 작용하는 축력, 전단력 및 휨모멘트를 구하고, 각각을 도시하시오.

(단, 포탈법(Portal method)을 적용하며, 기둥이 부담하는 전단력은 좌측기둥으로부터 1:2:2:1로 분담하는 것으로 가정함)

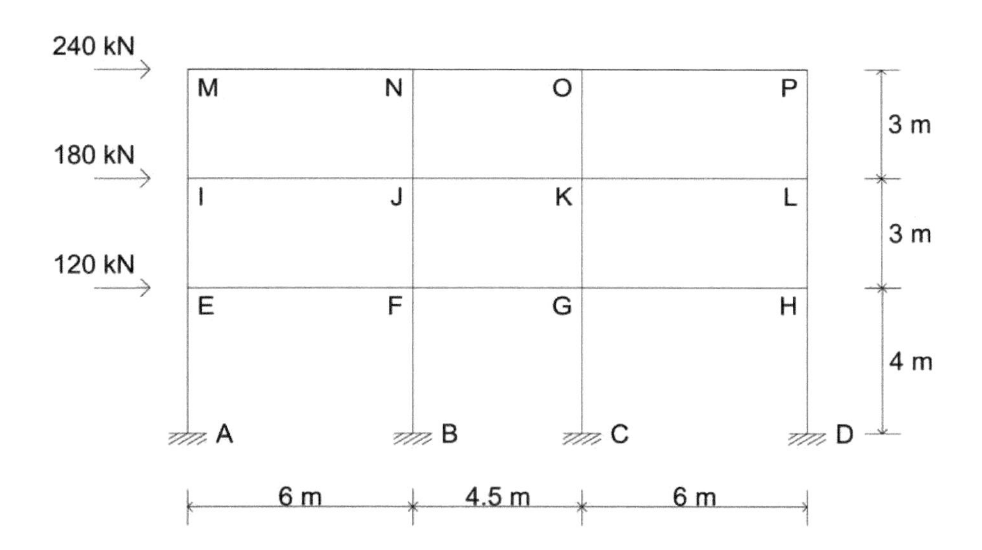

6 - 5

국가기술자격 기술사 시험문제

기술사 제 118 회　　　　　　　　　　　　　　　　제 2 교시 (시험시간: 100분)

분야	건설	종목	건축구조기술사	수험번호		성명	

6. 세계 각지에서 대형 화재사고가 빈번히 발생하고 있다. 콘크리트가 화재를 입었을 때 화재온도의 육안추정방법과 콘크리트 구조물의 화재피해 시 중성화 조사를 하는 이유, 중성화 측정 방법, 온도에 따른 콘크리트의 물리적, 화학적 특성을 설명하시오.

6 - 6

국가기술자격 기술사 시험문제

기술사 제 118 회 　　　　　　　　　　　　　　　　제 3 교시 (시험시간: 100분)

분야	건설	종목	건축구조기술사	수험번호		성명	

※ 다음 문제 중 4문제를 선택하여 설명하시오. (각25점)

1. 그림과 같은 트러스 부재 BD, BE와 보 부재 AC의 합성구조물에 대하여 트러스의 부재력(N_{BD}, N_{BE})을 구하고, 보의 휨모멘트도 및 전단력도를 도시하시오.

   (단, 트러스의 길이는 각각 7m이며, EA = 1000kN, EI = 6000kN·m^2 이다.)

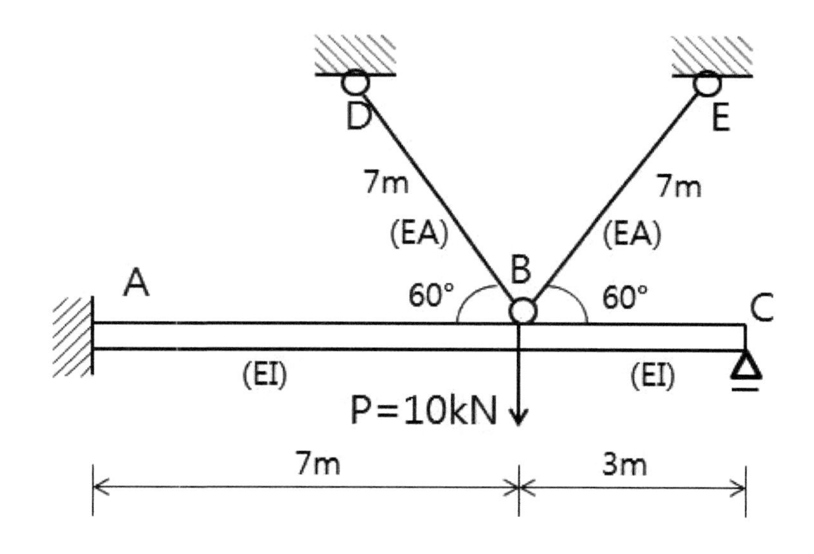

(참고) 집중하중을 받는 양단고정보의 휨모멘트

$$M_A = \frac{Pab^2}{(a+b)^2}$$

국가기술자격 기술사 시험문제

기술사 제 118 회						제 3 교시 (시험시간: 100분)	
분야	건설	종목	건축구조기술사	수험번호		성명	

2. 그림과 같은 단면에 대하여 다음을 구하시오.

(1) 점 O를 중심으로 x축과 y축에 대한 단면2차모멘트

(2) xy축에 대한 단면상승모멘트

(3) (1)과 (2)의 결과를 이용한 주축의 단면2차모멘트 및 방향

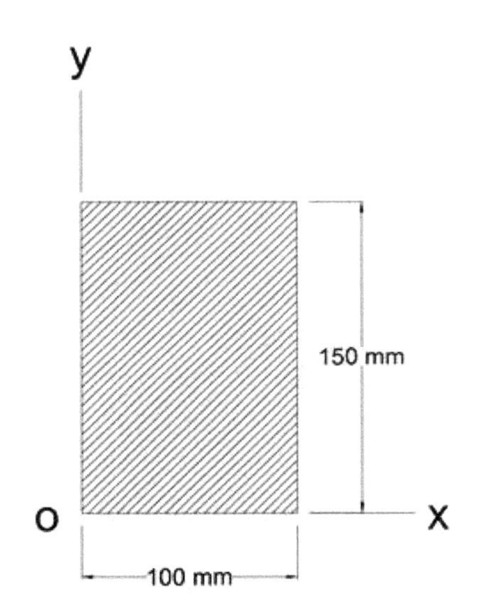

4 - 2

국가기술자격 기술사 시험문제

기술사 제 118 회 제 3 교시 (시험시간: 100분)

분야	건설	종목	건축구조기술사	수험번호		성명	

3. 그림과 같이 $P_u = 120\,kN$의 편심하중이 작용하는 접합부의 설계미끄럼강도에 따른 안전성을 검토하시오.

(단, 고장력볼트 10-M22(F10T), 1면전단, 설계볼트장력 $T_0 = 200\,kN$, 강도감소계수 $\varnothing = 1.0$, 미끄럼계수 $\mu = 0.5$, 필러계수 $h_f = 1.0$)

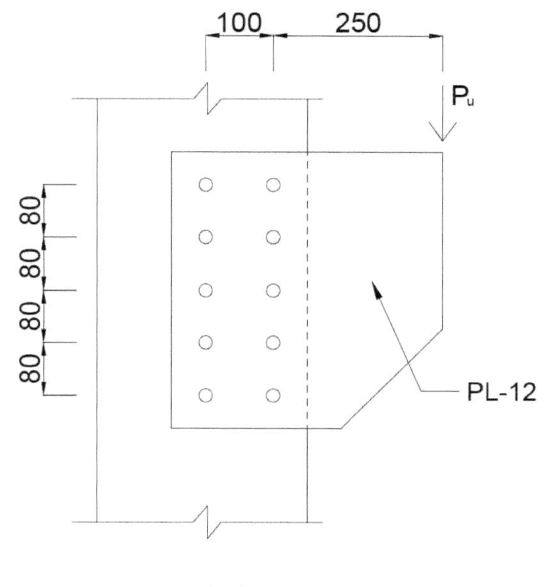

(단위 : mm)

4 - 3

국가기술자격 기술사 시험문제

기술사 제 118 회 제 3 교시 (시험시간: 100분)

분야	건설	종목	건축구조기술사	수험번호		성명	

4. Ax = λx 식을 이용한 고유치 문제에 대하여 다음을 답하시오.

(1) 고유값(Eigenvalue) λ 및 고유벡터(Eigenvector) x의 개념

(2) $A = \begin{bmatrix} -5 & 2 \\ 2 & -2 \end{bmatrix}$의 고유값과 고유벡터의 산정

5. '건축물 내진설계기준(KDS 41 17 00 : 2019)'에서 중연성도와 고연성도가 요구되는 구조형식의 구조물에 사용하는 재료에 대한 요구사항 및 보와 기둥에 대한 요구사항에 대하여 설명하시오.

6. '시설물의 안전 및 유지관리 실시 등에 관한 지침'에서 건축물에 대한 제3종 시설물의 범위를 설명하시오.

4 - 4

국가기술자격 기술사 시험문제

기술사 제 118 회 제 4 교시 (시험시간: 100분)

분야	건설	종목	건축구조기술사	수험번호		성명	

※ 다음 문제 중 4문제를 선택하여 설명하시오. (각25점)

1. 그림과 같은 시스템에 대해 u_1과 θ를 자유도로 하는 운동방정식, 고유진동수(Natural frequency) 및 이에 해당하는 모드형상을 구하시오.
   (단, 단위와 자중은 무시하며 단진자의 길이 L = 3이다. 또한, $m_1 = 2$, $m_2 = 1$, $k_1 = 6$, $k_2 = 2$이며, $\sin\theta \approx \theta$인 선형시스템으로 가정한다.)

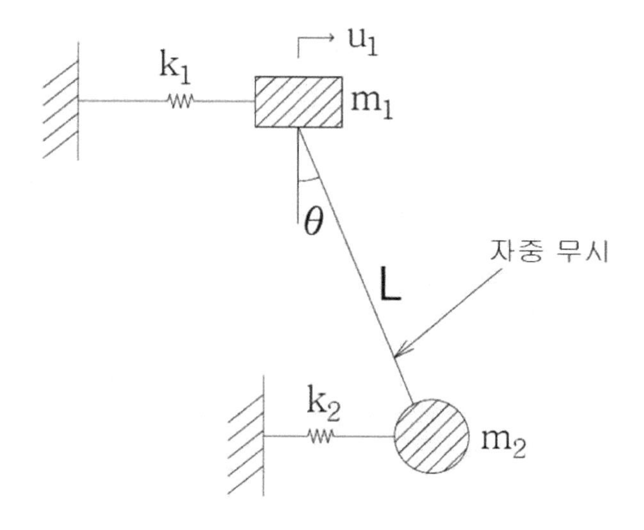

5 - 1

국가기술자격 기술사 시험문제

기술사 제 118 회 　　　　　　　　　　　　　　　　　　　　　　제 4 교시 (시험시간: 100분)

분야	건설	종목	건축구조기술사	수험번호		성명	

2. 그림과 같은 평면에서 강성 중심 (Center of Rigidity)인 e_x와 e_y를 구하시오.

(단, 기둥의 단면은 250 mm×500 mm이며, 모든 기둥의 높이 L과 탄성계수 E는 동일한 것으로 가정하고, 기둥의 강성 $k = \dfrac{12EI}{L^3}$ 이다.)

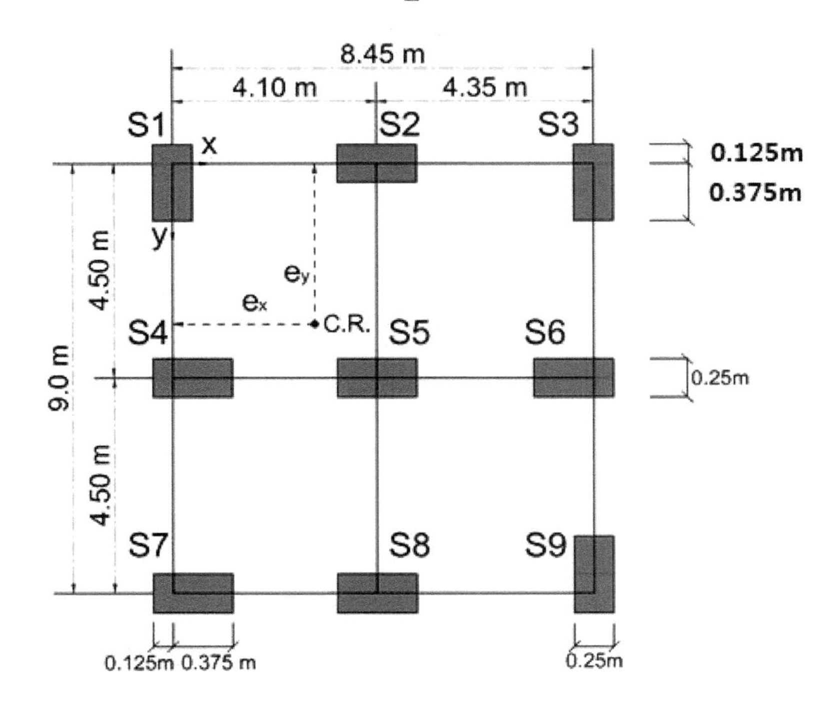

5 - 2

국가기술자격 기술사 시험문제

기술사 제 118 회 제 4 교시 (시험시간: 100분)

분야	건설	종목	건축구조기술사	수험번호		성명	

3. 그림과 같은 철근콘크리트 단순보에 대하여 전단설계하시오.

(단, f_{ck}=24MPa, 스터럽은 SD300 D10(a_1=71.3mm^2)이고, 보통콘크리트를 사용하며, 고정하중 ω_D=35kN/m, 활하중 ω_L=25kN/m이다.)

1) 스터럽이 필요 없는 구간 및 최소 스터럽을 배치하는 구간

2) 전단 위험단면 구간 및 $\frac{L}{4}(=1.5m)$ 구간에서의 스터럽 간격 설계

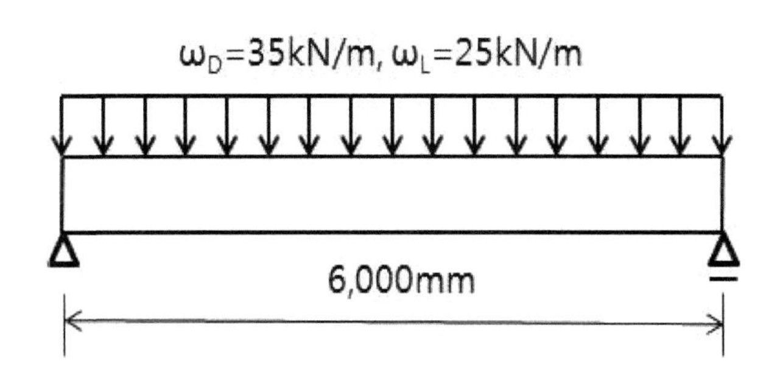

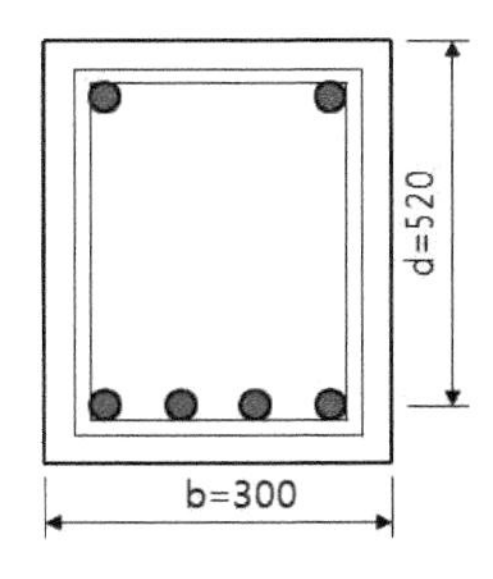

(단위 : mm)

국가기술자격 기술사 시험문제

기술사 제 118 회　　　　　　　　　　　　　　　　　　제 4 교시 (시험시간: 100분)

분야	건설	종목	건축구조기술사	수험번호		성명	

4. 그림과 같은 지하 4층, 지상 45층의 주상 복합건물에 대하여 풍하중 및 지진하중에 대한 구조해석 방법을 설명하시오.
   (단, 건축물 내진설계기준 KDS 41 17 00 : 2019)

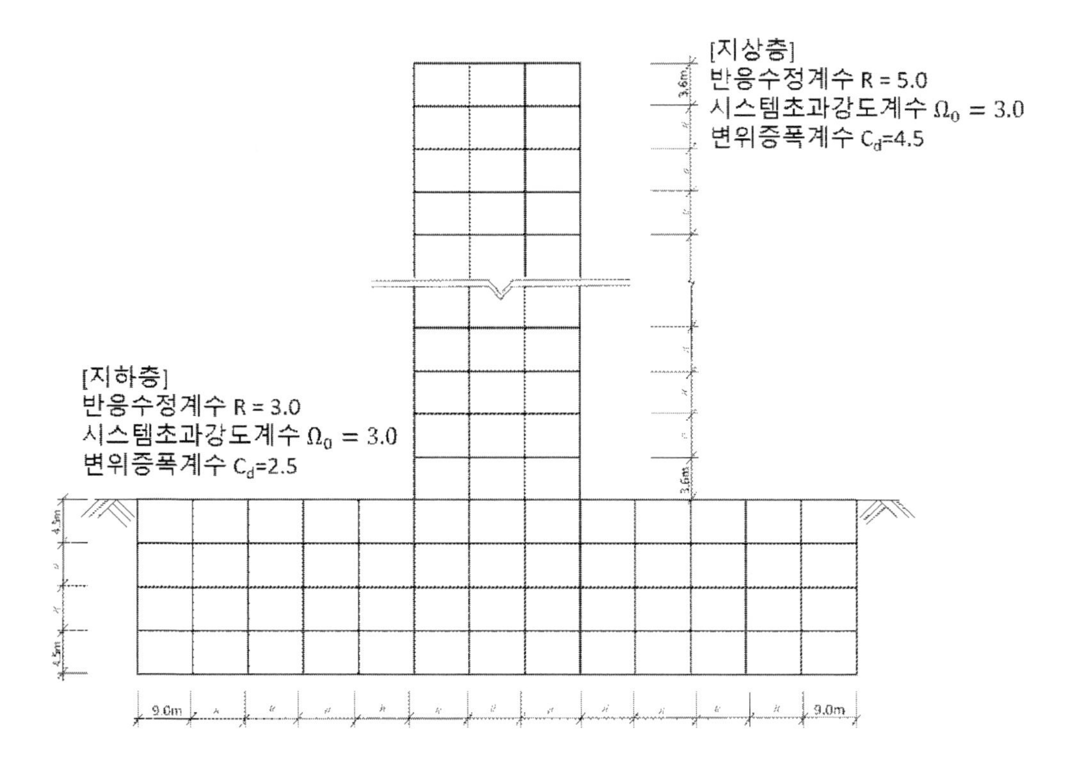

국가기술자격 기술사 시험문제

기술사 제 118 회 제 4 교시 (시험시간: 100분)

분야	건설	종목	건축구조기술사	수험번호		성명	

5. 내구성 설계기준에서 구조용 콘크리트 부재에 대해 예측되는 노출정도를 고려하여 다음과 같은 노출 범주에 대한 노출등급을 구분하고, 내구성 허용기준(최소 설계기준 압축강도)에 대하여 설명하시오. (단, KBC2016 기준)
   (1) 동결융해 (2) 황산염 (3) 철근부식

6. 고층 건축구조물의 기초공법으로 많이 쓰이는 현장타설콘크리트말뚝의 구조세칙을 설명하고, 현장타설콘크리트말뚝 공법 중 PRD공법과 RCD공법의 개요 및 특징을 비교하여 설명하시오.

118회 기출문제 풀이

1. 지진하중 고려 시 수직 비정형성 유형 중에서 강성분포의 비정형, 중량분포의 비정형, 기하학적 비정형에 대하여 각각 설명하시오. (단, ~~KBC2016~~ KDS41 기준)

<118회 1교시>

KDS 41 17 00, 5.3.2 건물의 비정형성

(1) 강성분포의 비정형

m, m, m, m, m

K_5, K_4, K_3(연층), K_2, K_1(연층)

① 층강성이 상부층강성 70% 미만 ($K_3 < 0.7K_4$)

② 층강성이 상부3개층 평균강성의 80% 미만

$$\left(K_1 < \frac{K_2+K_3+K_4}{3} \times 0.8\right)$$

①, ② 중 하나이상에 해당하는 연층이 있을시 강성분포의 비정형에 해당

고려사항 : 내진설계범주 D에 해당시 해석법 제한 (동적해석법 적용)

(2) 중량분포의 비정형

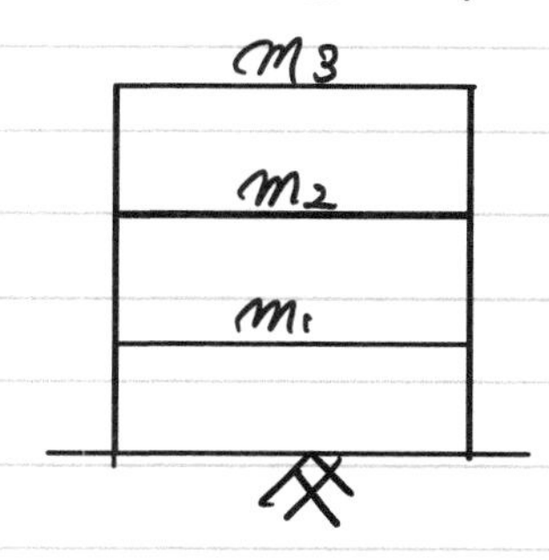

인접층 유효중량 1.5배를 초과하는 층이 있는 경우 중량분포의 비정형에 해당 ($m_2 > 1.5m_1$, $m_2 > 1.5m_3$)

* 지붕층이 하부층보다 가벼울시 예외

고려사항 : 내진설계범주 D에 해당시 해석법 제한 (동적해석법 적용)

* 강성분포 비정형과 중량분포 비정형은 2층이하일시 적용 X

(3) 기하학적 비정형

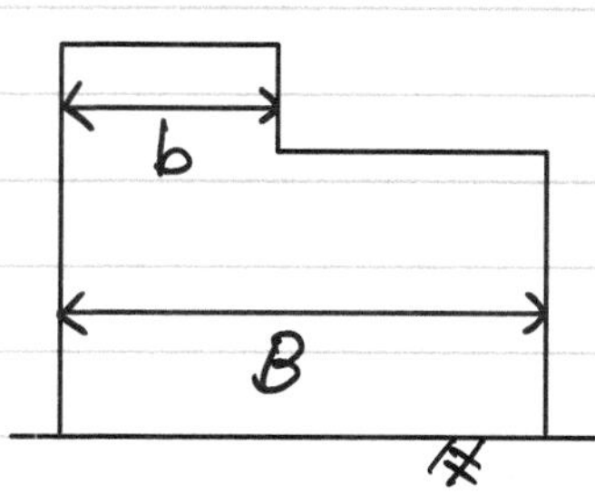

임의층 횡력저항 수평치수가 인접층의 수평치수 1.3배 초과시 기하학적 비정형에 해당

($b > 1.3B$ 또는 $B > 1.3b$)

고려사항 : 내진설계범주 D에 해당시 해석법 제한 (동적해석법 적용)

끝

2. 지진하중을 고려한 동적해석법에서 시간이력해석을 실시할 때, 설계지진파 선정에 대하여 설명하시오. (단, ~~KBC2016~~ KDS41 기준) <118회 1교시>

KDS 41 17 00, 7.3.4.1 설계지진파

(1) 지반조건에 상응하는 3개 이상의 지반운동기록을 사용

3개의 지반 운동 사용시 ⟶ 최대응답 사용

7개 이상의 지반운동 사용시 ⟶ 평균응답 사용가능

(2) 3차원 해석 수행시

- 각각의 지반운동은 평면상에서 직교하는 2성분의 쌍으로 구성되며, 2방향의 성분이 대상 구조물의 평면상에 교대로 2회해석
- 5% 감쇠비가 적용된 개별 지반운동은 SRSS에 의해 조합
- SRSS에 의해 조합된 스펙트럼 평균값은 해당주기(구조물 기본진동주기의 0.2~1.5배)에서 설계스펙트럼 1.3배의 90% 이상

(3) 2차원 해석 수행시

5% 감쇠비가 적용된 응답스펙트럼 평균값이 해당주기(구조물 기본진동주기의 0.2~1.5배)에서 설계스펙트럼 1.0배 이상

끝

딸기맛호가든 : 최대응답보다는 평균응답이 당연히 작을 것이므로, 실제 실무에서는 가급적 7개의 지반운동의 평균응답을 사용한다.

3. 말뚝기초와 관련하여 다음 용어에 대하여 각각 설명하시오. <118회 1교시>

(1) 부마찰력 (2) 중립점 (3) 재항타시험(Restrike)

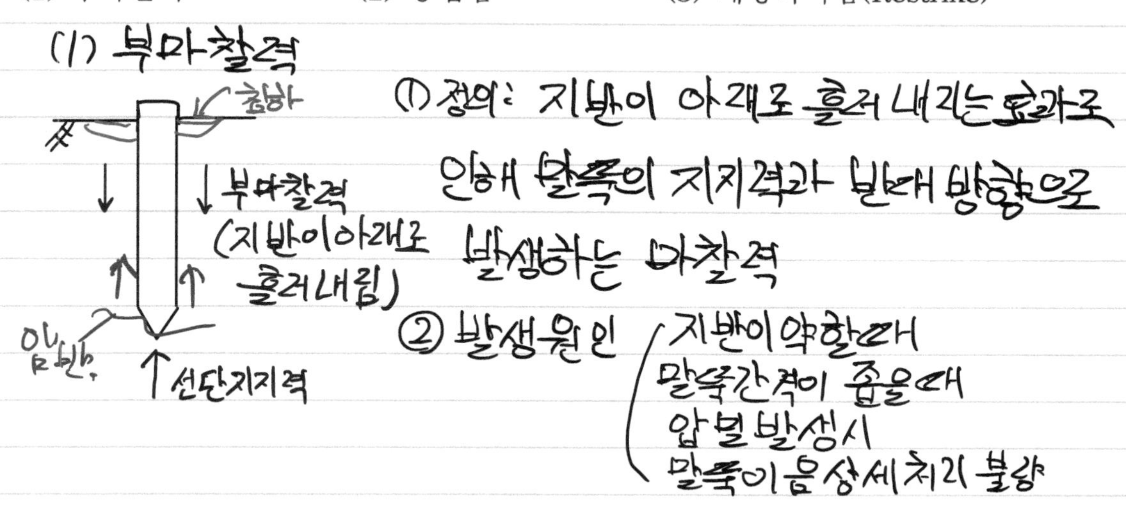

(1) 부마찰력
침하
부마찰력
(지반이 아래로 흘러내림)
암반
선단지지력
① 정의: 지반이 아래로 흘러 내리는 효과로 인해 말뚝의 지지력과 반대 방향으로 발생하는 마찰력
② 발생원인
지반이 약할 때
말뚝간격이 좁을 때
압밀 발생시
말뚝이음상세 처리 불량

(2) 중립점

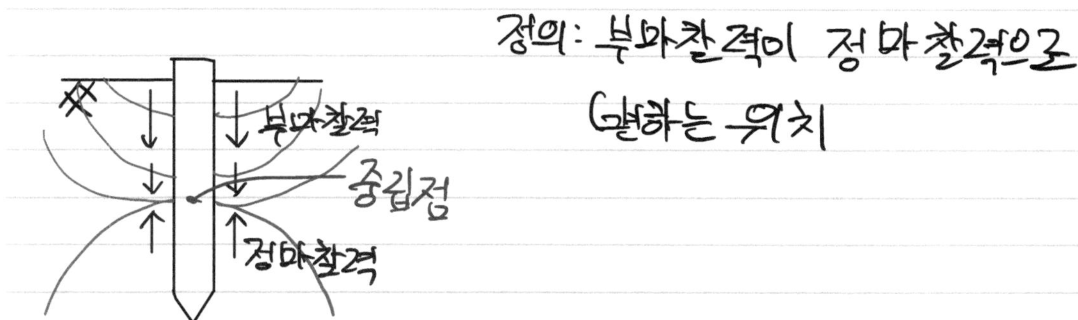

(3) 재항타시험(Restrike)

Set-up 이나 relaxation 에 의한 지지력 변화를 확인하기 위한 시험. 동적재하시험중 하나

말뚝의 지지력 및 손상여부 확인가능

끝

4. 초고층건물에서 기둥의 부등축소로 인한 문제점을 설명하고 건축계획적, 구조적, 시공적 측면에서 해결방안에 대하여 설명하시오. <118회 1교시>

(1) 부등축소의 정의

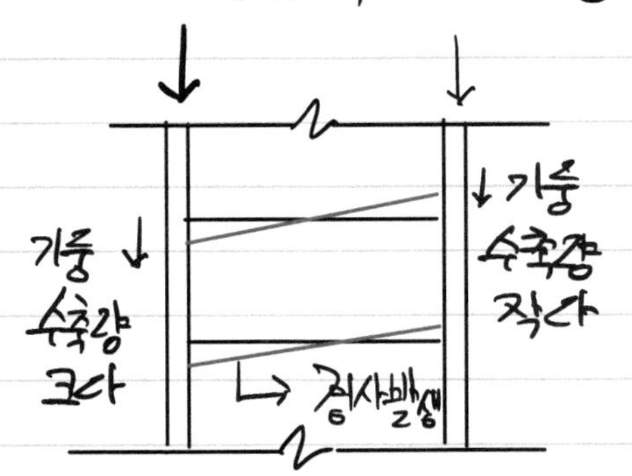

초고층 건물에서 발생하는 Column shortening 현상이 기둥별로 발생량차이가 크거나 (하중차 등에 의해), 시공오차 등에 의해 기둥별 높이차이 발생

(2) 부등축소로 인한 문제점

① 바닥구조(슬래브, 보)에서 경사 및 균열 발생

② 마감재 손상

③ 설비 배관, 덕트의 기능이상 발생가능

(3) 해결 방안

① 건축계획적 방안
- 기둥의 등간격 배치 및 일정크기 사용

② 구조적 방안
- 초기 설계단계에서 기둥의 축소량을 예측하고, 이를 반영한 설계 (축소량 고려하여 부재 제작)
- 변위차이를 흡수할 수 있는 상세 사용

③ 시공적 방안
- 시공시 계측관리로 변형량 측정
- 거푸집 높이조정, shim plate 사용 등으로 변위차 제거

끝

5. 정정구조물과 부정정구조물의 장단점을 다음과 같은 조건으로 비교하여 설명하시오.

(1) 안정성 (2) 사용성 (3) 경제성 <118회 1교시>

(1) 안정성

구분	장점	단점
정정 구조물	온도하중, 지점침하 등에 의해 추가적인 응력발생 X	소성힌지 발생을 허용하지 않고 바로 붕괴발생
부정정 구조물	소성힌지 발생을 허용하며 이로인한 붕괴지연 가능	온도하중, 지점침하 등에 의해 추가응력이 발생

(2) 사용성

구분	장점	단점
정정 구조물	변형발생에 대한 해석이 단순하다.	동일하중발생시 변형발생이 크다
부정정 구조물	동일하중 발생시 변형 발생이 작다.	변형발생에대한 해석이 복잡하다.

(3) 경제성

구분	장점	단점
정정 구조물	접합이 단순해지며 이로인한 비용감소	부재의 단면크기 및 배근량 증가로 인한 비용증가
부정정 구조물	부재의 단면크기가 감소되며 배근량도 줄어든다. (비용감소)	접합이 복잡해지며 이로인한 비용증가

끝

6. 고온 및 저온에서의 온도변화에 따른 강재의 인장강도 및 항복강도에 대하여 설명하시오.

<118회 1교시>

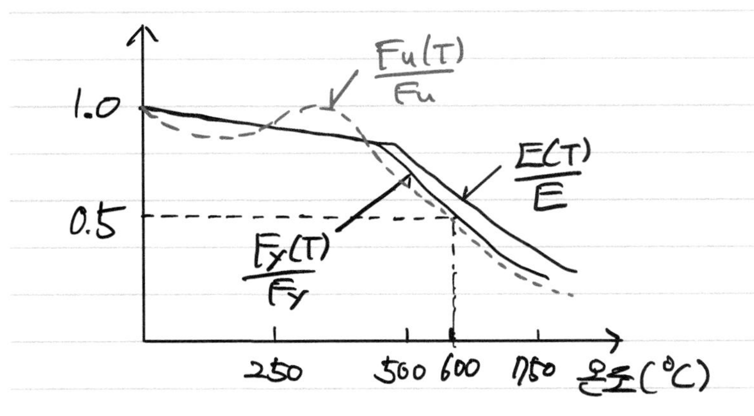

(1) 고온에서의 거동

- 약 200℃까지는 큰 변화를 보이지 않으나, 200℃를 초과하면 비선형적 특성이 나타난다. 온도가 증가함에 따라 강도와 강성이 저하되며, 500℃ 이후 급격한 저하가 나타난다.
- 100℃ ~ 300℃ 구간 변형도 노화현상에 의한 인장강도 소폭상승
- 600℃에서 인장강도 및 항복강도 약 50%, 탄성계수 약 60%
- 250°~300℃에서 강재의 크리프 현상 증가

(2) 저온에서의 거동

- 온도가 낮아짐에 따라 인장강도, 항복점, 탄성계수는 증가, 연성 및 인성의 급격한 감소 (강도 및 강성은 증가하나 즉 (취성적으로 변함)
- 천이온도 이하에서 물리적 성질이 바뀌어 노치나 균열이 있는 부재에 충격을 가할시 취성파괴 발생

끝

딸기맛호가든 : 강구조설계(강구조학회) 책 앞부분에 나오는 내용이다.

7. 다음의 철근배근 규정에 대하여 설명하시오. (단, ~~KBC2016~~ KDS14 기준) <118회 1교시>

(1) 보의 깊이가 900 mm를 초과할 경우, 종방향 표피철근 간격규정

(2) 기둥 연결부에서 단면치수가 변하는 경우, 옵셋굽힘철근의 배근규정

KDS 14 20 20, 4.2.3 및 KDS 14 20 50, 4.5.1

(1) 보의 깊이가 900mm 초과시 표피철근 간격규정

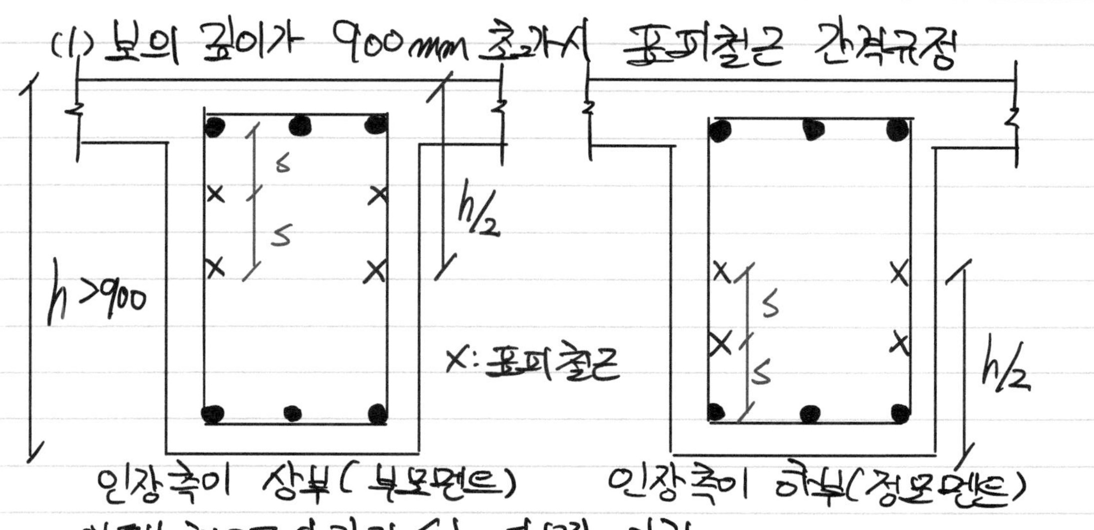

이때 철근중심간격 s는 다음값 이하

$s \le \min[375\times(k_{cr}/f_s)-2.5c_c,\ 300\times(k_{cr}/f_s)]$

여기서 k_{cr} = 280 (건조환경), 210 (기타환경)

f_s : 사용하중시 철근응력, 근사적으로 $2/3 f_y$ 사용가능

(2) 기둥연결부에서 단면치수가 변하는 경우 옵셋굽힘철근 배근규정

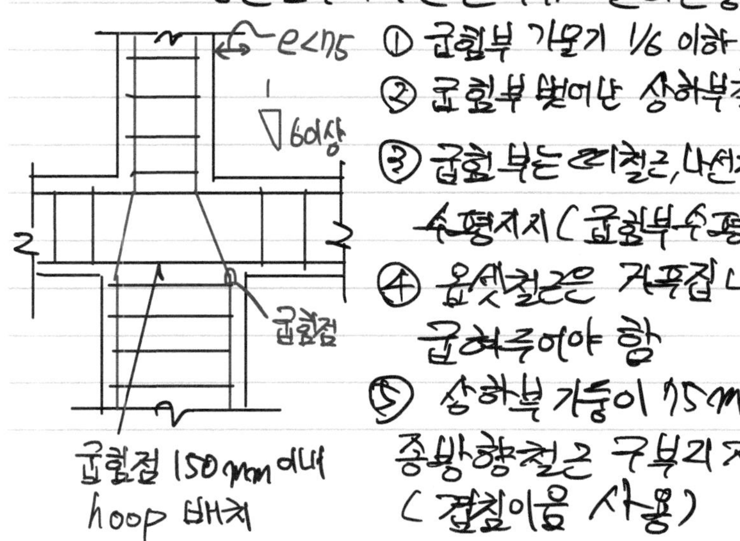

① 굽힘부 기울기 1/6 이하

② 굽힘부 벗어난 상하부철근은 기둥축에 평행

③ 굽힘부는 띠철근, 나선철근 또는 바닥구조에 의해 수평지지 (굽힘부 수평분력 1.5배 지지)

④ 옵셋철근은 거푸집 내에 배치하기 전에 굽혀주어야 함

⑤ 상하부 기둥이 75mm 이상 차이날 시 종방향철근 구부리지 않아야 한다. (겹침이음 사용)

끝

M군 : (I)에 대한 첨언

- 휨 부재 단면의 인장을 받는 구간 중 인장철근이 없는 콘크리트 부분의 외부면은 건조수축이 발생할 경우 외부면에 추가 인장응력이 생겨 균열이 발생할 수 있으므로 이 추가 인장 응력에 저항하기 위해 인장 구간 외부면에 한해서 표피철근을 배치한다.
- 상기 식에서 **fs** 는 최외단 인장철근에 재하되는 사용하중 응력을 의미 응력이 클수록 표피철근 간격을 촘촘히 하여 인장을 받는 콘크리트 구간 외부면에 발생할 수 있는 인장 균열에 저항할 수 있어야 한다.

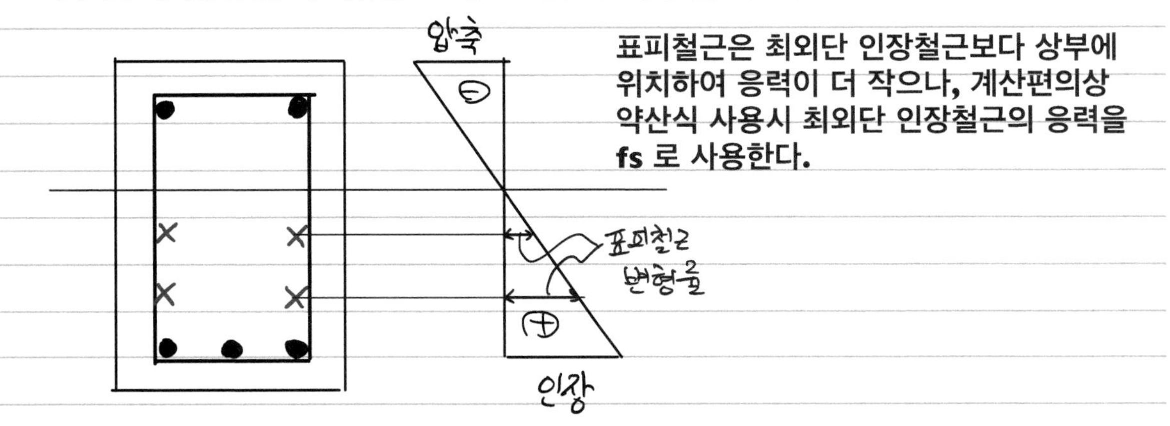

압축
인장
표피철근 변형률
표피철근은 최외단 인장철근보다 상부에 위치하여 응력이 더 작으나, 계산편의상 약산식 사용시 최외단 인장철근의 응력을 fs 로 사용한다.

- 철근중심간격 **S** 산정식에서, **Kcr**은 부재 주변의 환경에 따른 건조수축 정도를 고려한 값이다. 즉 주변 환경이 건조 습윤이 반복되는 환경일 경우, 건조수축량이 크므로 **Kcr**값을 줄여 중심간격 **S**값을 줄여야 한다. (ex 비맞는 외부측의 콘크리트 벽체)
- 철근중심간격 **S** 산정식에서 **Cc**값은 피복두께가 지나치게 클 경우 인장구간에 발생하는 콘크리트 균열에 대해 표피 철근이 분담하는 응력이 너무 과해져서 먼저 항복할 수 있으므로 철근 간격을 촘촘히 하여 표피철근에 재하되는 응력을 줄이기 위한 규정이다.

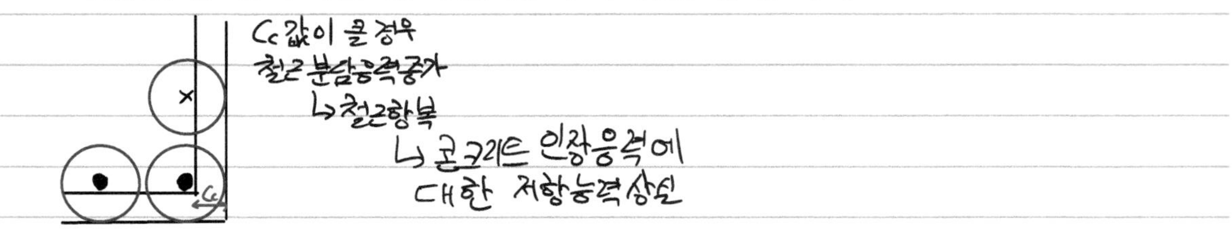

딸기맛호가든 : **fs** 값을 인장철근 최외단 사용하중 응력으로 사용할 경우 표피철근 배치가 필요이상으로 촘촘해질 우려가 있다. 그렇다고 하더라도 매 설계시마다 표피철근의 실제 응력을 고려하는 것은 매우 번거롭다.

M군 : 지하외벽에서 휨 철근의 중심간격규정 적용시 **SD600**철근을 사용한다면, 반드시 **fs** 값을 실제 응력으로 산정하여야 한다. 피복두께 **50mm**에 **UHD22** 철근(**SD600**)을 사용한다면, **fs**를 **2/3 Fy**로 사용하여 중심간격 산정시 **s = 71mm**로 나타나게되어 **C/db ≥ 2.5** 규정을 만족시키지 못하게 된다.

8. 고장력볼트의 지레작용(Prying Action)에 대하여 설명하시오. <118회 1교시>

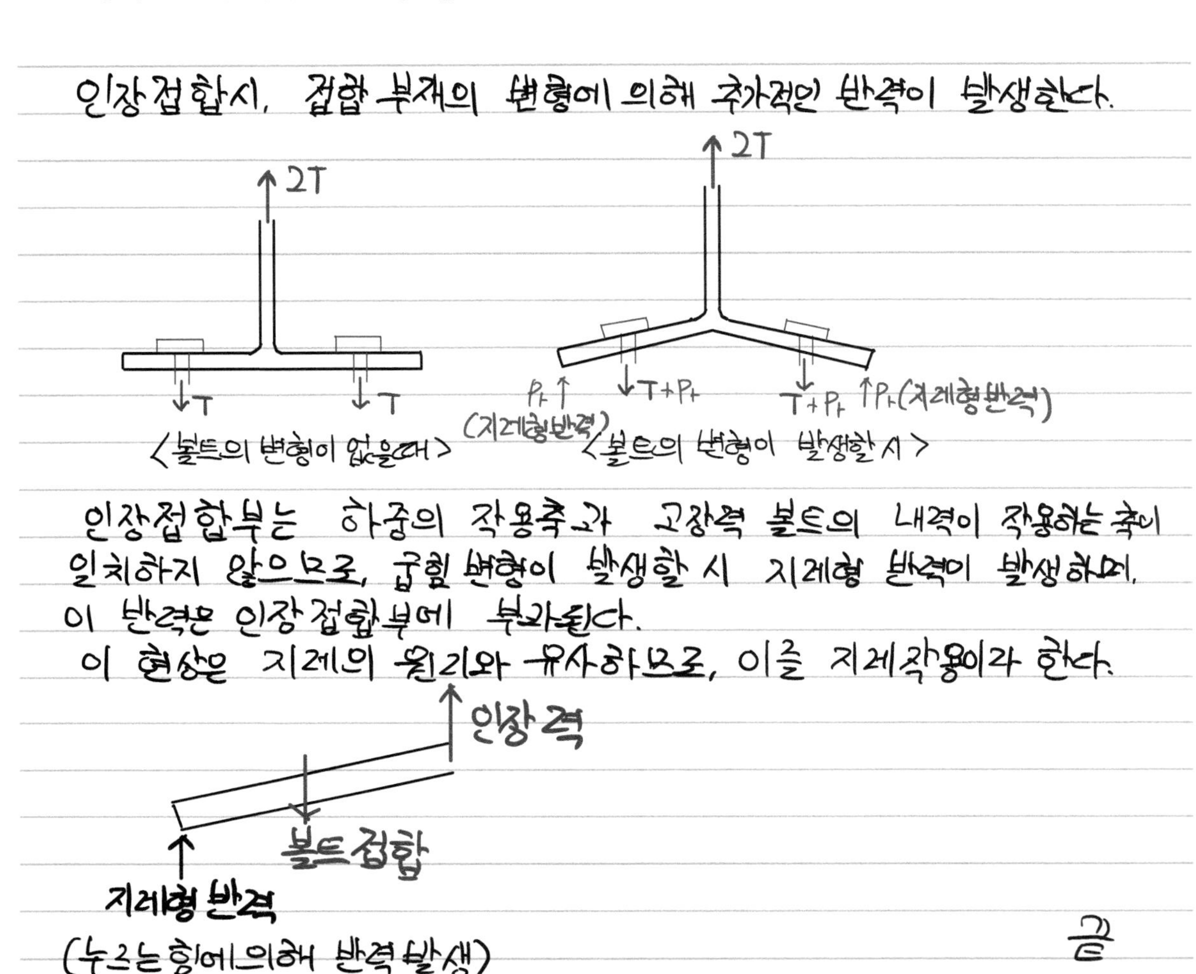

인장접합시, 접합 부재의 변형에 의해 추가적인 반력이 발생한다.
2T
2T
T
T
P_t
T+P_t
T+P_t
P_t(지레형반력)
(지레형반력)
〈볼트의 변형이 없을때〉
〈볼트의 변형이 발생할 시〉
인장접합부는 하중의 작용축과 고장력 볼트의 내력이 작용하는 축이
일치하지 않으므로, 굽힘 변형이 발생할 시 지레형 반력이 발생하며,
이 반력은 인장접합부에 부과된다.
이 현상은 지레의 원리와 유사하므로, 이를 지레작용이라 한다.
인장력
볼트접합
지레형 반력
(누르는힘에의해 반력발생)
끝

M군 : 지레작용으로 인해 발생할 수 있는 문제점

고력볼트 인장접합 검토시 기존 인장력에 추가적으로 발생하는 인장력을 더하여 더 안전측으로 검토 필요

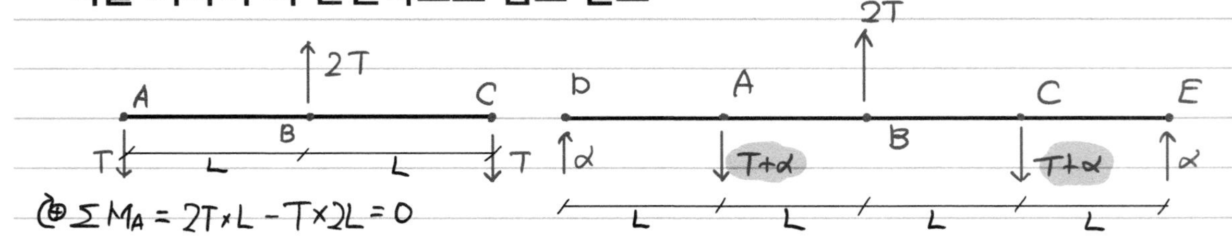

2T
A
B
C
T
T
L
L
2T
D
A
B
C
E
α
T+α
T+α
α
L
L
L
L

$\circlearrowright\oplus \Sigma M_A = 2T \times L - T \times 2L = 0$

$\circlearrowright\oplus \Sigma M_D = -(T+\alpha)\cdot L + 2T\cdot 2L - (T+\alpha)\cdot 3L + \alpha\cdot 4L$
$= -(T+\alpha)\cdot 4L + (T+\alpha)\cdot 4L = 0$

<118회 1교시>

9. H형강 압축재의 좌굴현상과 H형강 휨재의 횡좌굴현상의 주요 차이점을 설명하시오.

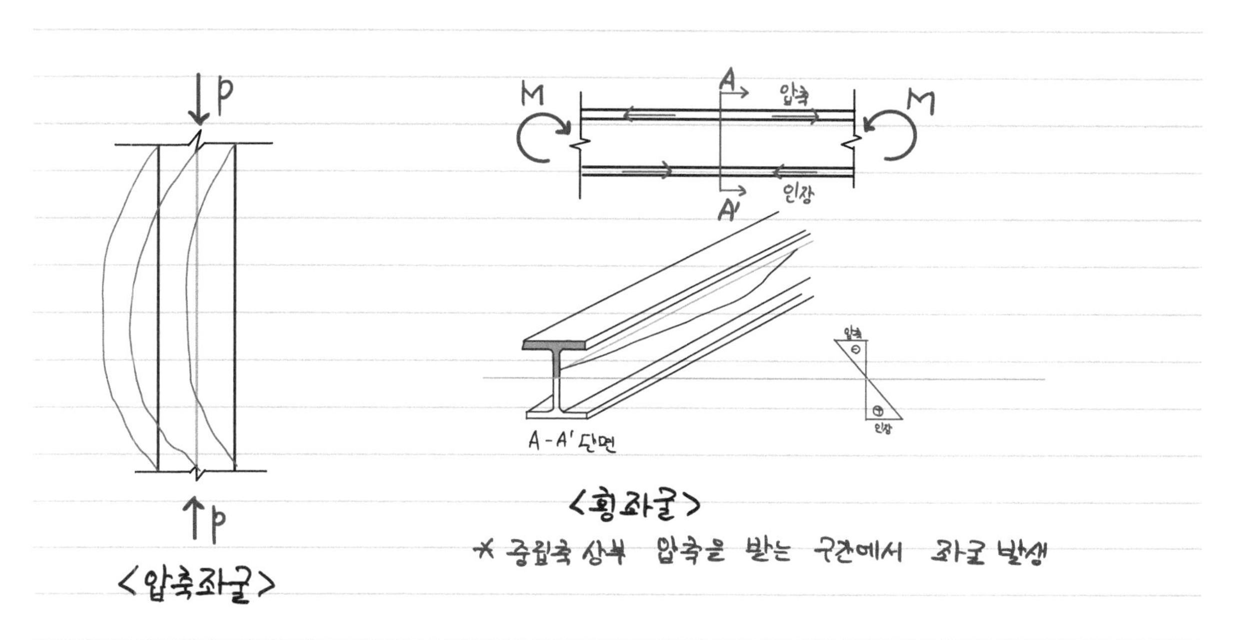

구 분	압 축 좌 굴	횡 좌 굴
대상부재	축력을 받는 부재(기둥)	휨을 받는 부재(보)
좌굴단면	전체 단면(전단면 압축)	중립축 상부 웨브단면(중립축상부 압축)
좌굴강도 산정	$P_{cr} = \frac{\pi^2 \cdot E \cdot I}{(K \cdot L)^2}$	$M_n = C_b \cdot [M_p - (M_p - 0.7F_y S_x) \times (\frac{L_b - L_p}{L_r - L_p})] \le M_p$

($L_r < L_b \le L_p$ 일시)

끝

딸기맛호가든 : 좌굴은 어떤종류의 좌굴이건 기본적으로 압축을 받아야 발생한다. 휨을 받는 부재라고 하더라도, 중립축 상부는 압축을 받게 되므로 좌굴은 발생하는데, 이것이 횡좌굴과 국부좌굴이다.

11. 강재 트러스 압축부재의 면내좌굴과 면외좌굴에 대하여 설명하고, 각각의 경우에 대한 유효좌굴길이 산정방안을 도식화하여 설명하시오. <118회 1교시>

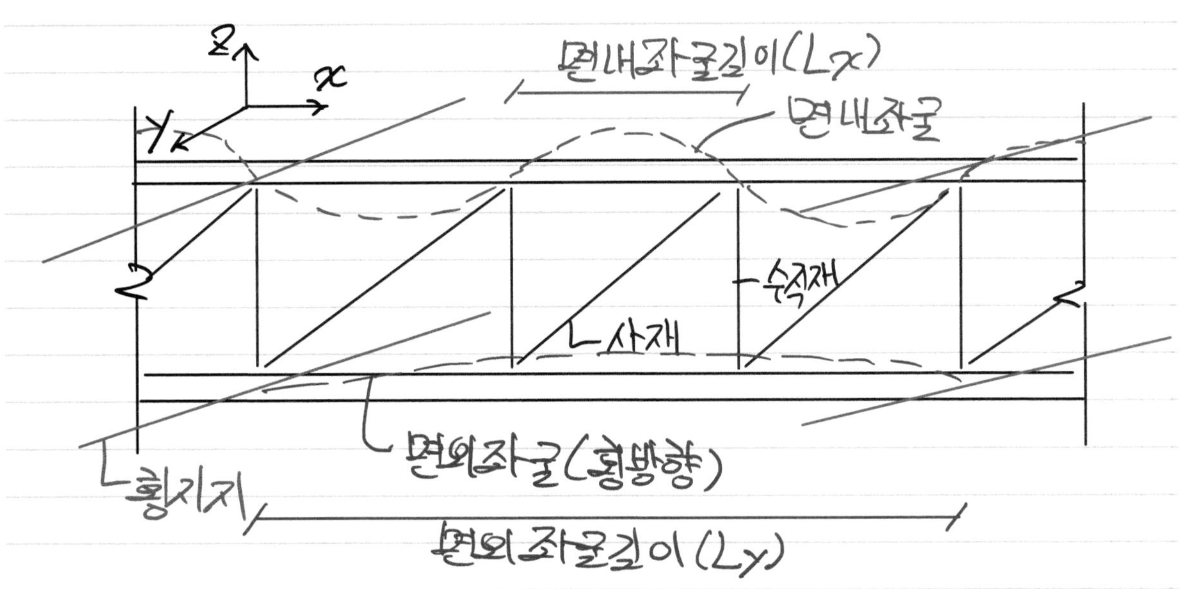

(1) 면내좌굴과 면외좌굴

면내좌굴: 트러스내의 수직재와 사재에 의해 지지되어 면내방향으로 발생하는 좌굴

면외좌굴: 트러스 외의 횡지지 부재에 의해 지지되어 면외방향(횡방향)으로 발생하는 좌굴.

(2) 유효좌굴길이 산정 방안

면내 유효좌굴길이 : $K \cdot Lx$, $K = 1.0$

면외 유효좌굴길이 : $K \cdot Ly$, $K = 1.0$

끝

12. 현장에서 구조물의 안전성 평가를 위해 재하시험을 수행할 때, 재하시험의 방법, 재하 기준 및 허용기준에 대하여 설명하시오. (단, ~~KBC2016~~ KDS41 기준) <118회 1교시>

KDS 41 10 10, 10.3 및 10.4, 10.5

(1) 콘크리트 구조의 재하시험

① 재하 실험 방법

- 재하할 보나 슬래브 수와 하중배치는 강도가 의심스러운 구조부재의 위험단면에서 최대응력과 처짐이 발생하도록 결정
- 하나의 하중배열로 구조물의 적합성을 나타내는데 필요한 효과들의 최대값을 나타내지 못한다면 2종류 이상의 실험하중 배열 사용
- 재하할 실험하중은 해당 구조부분에 작용하고 있는 고정하중을 포함하여 설계하중의 85% [0.85×(1.2D+1.6L)] 이상이어야 하며, 설계기준의 활하중 저감 등을 적용가능하다.

② 재하기준

- 처짐, 회전각, 변형률, 미끄러짐, 균열폭 등 측정값의 기준이 되는 영점확인은 재하 직전 1시간 이내에 최초읽기, 또한 최대응답이 예상되는 위치에서 측정
- 등분포 실험하중은 부재에 등분포하중을 충분히 전달할 수 있도록 적용
- 실험하중은 4회이상 균등하게 나누어 적용, 각 하중단계에서 하중이 가해진 직후 응답측정
- 전체 실험하중은 최종단계의 모든 측정값을 얻은 직후 제거, 24시간 경과후 최종 잔류측정값 확인

③ 재하 실험 허용기준

- 실험할 구조물은 파괴의 징후인 균열·박리 혹은 과대한 처짐이 없어야 함
- 측정된 최대처짐은 다음조건중 하나 만족

$\Delta_{max} \le l_t^2/20000h$ ···(1) $\Delta_{rmax} \le \Delta_{max}/4$ ···(2)

측정된 최대처짐과 잔류 처짐이 (1) 이나 (2)를 만족하지 못할 시, 실험하중제거후 72시간 경과시 반복실험 수행 가능, 재실험한 구조물의 해당부분의 회복이 다음 만족시 수용 $\Delta_{rmax} \le \Delta_{fmax}/6$

- 실험할 구조부재는 갑작스러운 전단파괴를 예시하는 균열이 없어야 함
  부착균열, 사인장균열 등

(2) 강구조의 재하시험

① 재하실험방법

- 실험하중은 책임구조기술사의 계획에 따라 점진적으로 증가, 각 하중단계마다 구조물의 손상 정도와 붕괴 가능성에 대하여 정밀하게 외관조사수행
- 실험강도는 최대재하하중에 현장에서 확인된 고정하중을 더한값 적용
- 바닥구조 활하중에 대한 내하력은 실험강도를 1.2D+1.6L에 등치시켜산정

② 재하기준 및 측정

- 사용하중수준을 초과하는 구조물의 비탄성거동이 나타나면 주기적으로 재하하여 영구변형과 비탄성 변형의 크기를 기록
- 최대 실험하중이 1시간 유지되는 동안 변형은 초기값보다 10% 이상 증가되지 않음을 입증
- 영구변형 크기를 결정하기 위해 실험하중을 제거한 후 24시간 동안 구조물의 변형기록
- 재하 실험으로 사용성 평가시 점진적 재하를 통해 사용하중에 이르게 하고, 1시간 동안 변형을 기록한 후, 하중을 제거하고 변형을 기록

끝

13. 연약지반의 문제점을 제시하고, 연약지반을 이용하기 위한 대응방법을 설명하시오.

<118회 1교시>

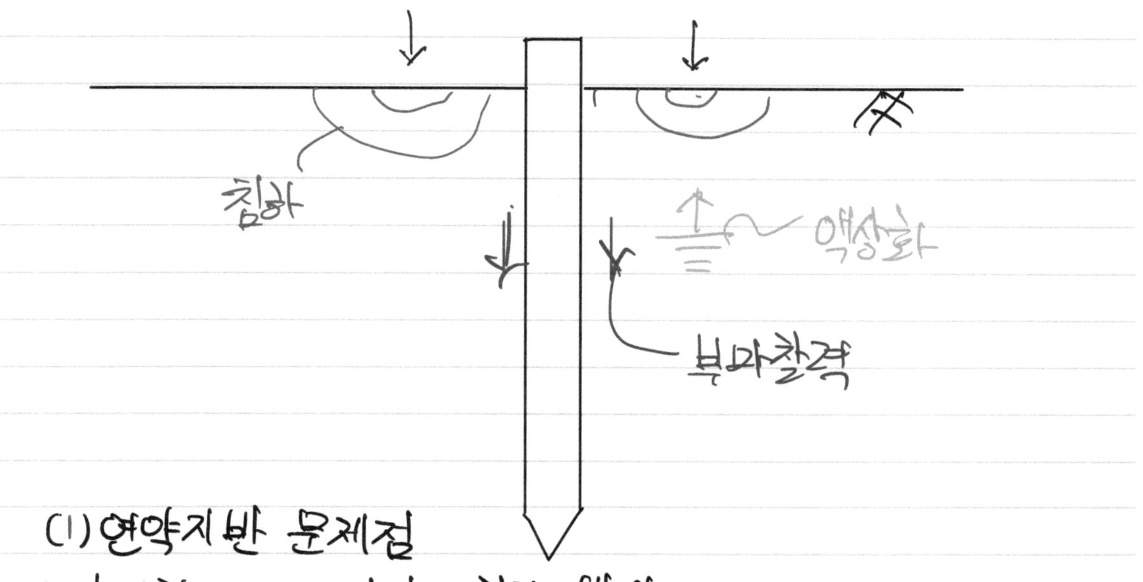

(1) 연약지반 문제점

① 상재하중으로 인한 침하 발생

② 포화 사질토에 가해진 순간진동충격에 의해 간극수압이 상승하고, 유효응력이 감소하여 지반이 액체처럼 되는 액상화 발생

③ 말뚝주변 침하가 말뚝의 침하보다 커져 부마찰력발생 (파일지지력 저하)

(2) 대응방법

① 지반개량

② 배수에 의한 지하수위 저하

③ 지표에 과적재하중 제거

④ 이중관 말뚝 사용으로 부마찰력 발생 방지

끝

1. 그림과 같은 브라켓 이음부를 필릿용접으로 할 경우 접합부의 안전성을 각각 검토하시오.

(단, SM355, $F_{uw} = 490\text{MPa}$, 모재강도는 안전한 것으로 가정하고 용접재강도만 고려할 것)

(1) 중심축하중 $P_1 = 600\text{kN}$이 작용할 경우 <118회 2교시>

(2) 편심하중 $P_2 = 200\text{kN}$이 작용할 경우

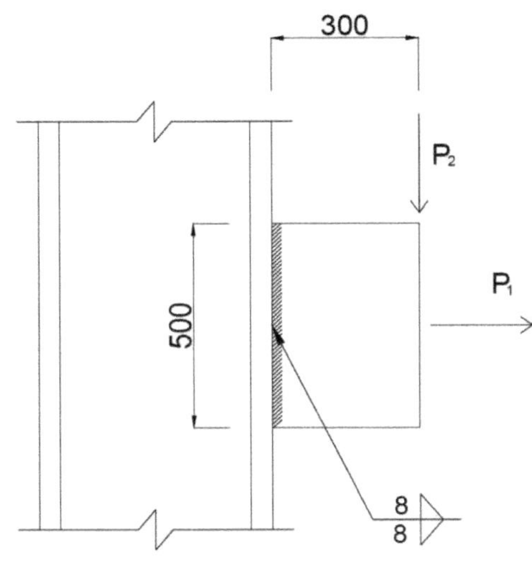

(단위 : mm)

(1) P_1 작용시 안전성

$A_w = \underset{양면}{2} \times 0.7 \cdot \underset{8}{S} \times (500 - 2 \cdot \underset{8}{S}) = 5420.8\ mm^2$

$\phi R_n = 0.75 \times 0.6 \times \underset{490}{F_{uw}} \times A_w = 1.1953 \times 10^6\ N = 1195.29\ kN > P_1$

P_1 작용시 이 접합부는 안전하다.

(2) P_2 작용시 안전성

① 전단응력

σ_{max}

$\tau = P_2 / A_w = 200 \times 1000 / 5420.8 = 36.895\ MPa$

② 휨응력

$\beta = 1.2 - 0.002 \cdot l/s$, $0.6 \le \beta \le 1.0$

$1.075 \rightarrow 1.0$ 적용

l_e

$l_e = (l - 2s) \cdot \beta = 484\ mm$

0.75

$I_x = \frac{0.75}{12} \cdot l_e^3 \times 2 = 1.05821 \times 10^8\ mm^4$

$$\sigma = \frac{M}{I_x} y = \frac{200 \times 300 \times 10^3}{1.0582 \times 10^8} \times 242 = 137.21 \text{ MPa}$$

③ 조합응력 검토

$$\sqrt{\tau^2 + \sigma^2} = 142.09 \text{ MPa} < \phi R_n = 0.75 \cdot 0.6 \cdot 490 = 220.5 \text{ MPa}$$

P_2 작용시 이 접합부는 안전하다. 끝

M군 : 휨응력 산정시 KDS 14 31 25,4.1.2.2(5) 고려, ymax 수정

β　　250→242

딸기맛호가든 : 반영하여 수정하였음

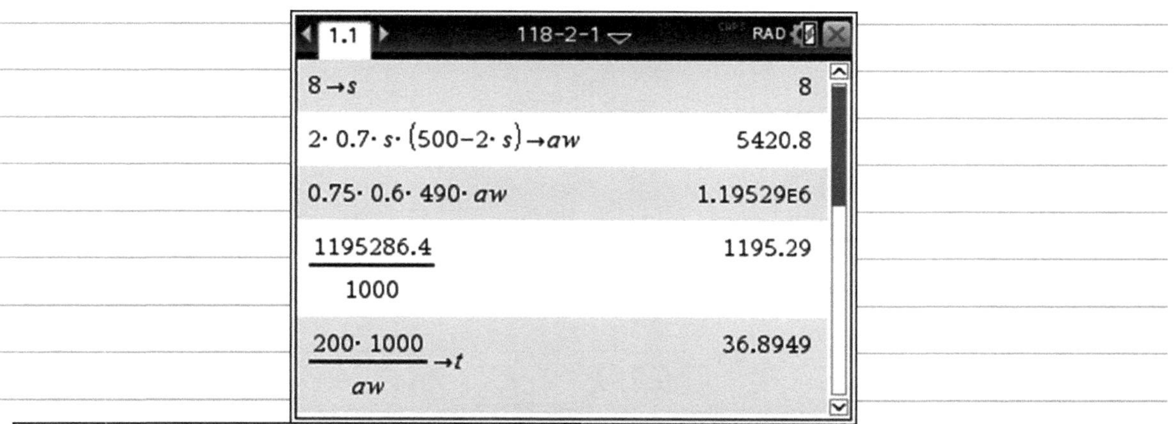

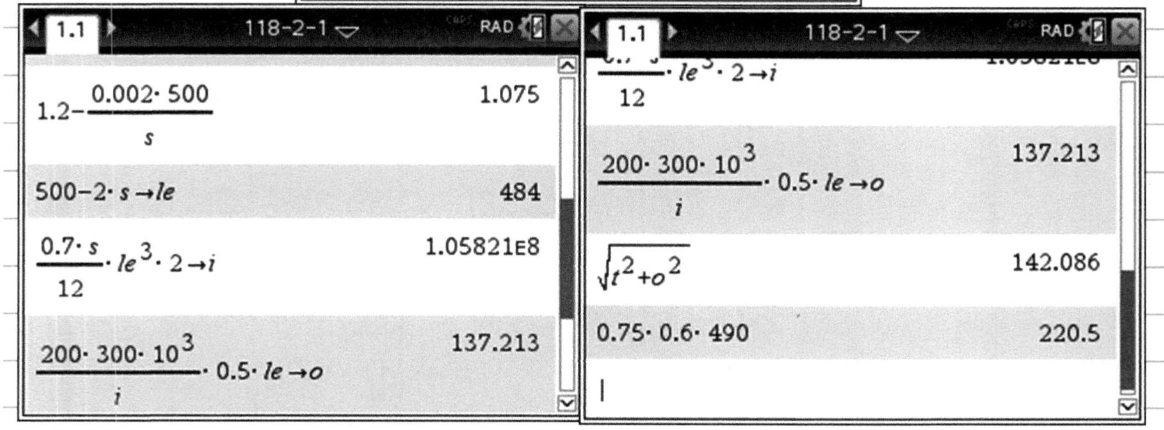

2. 그림과 같은 복근직사각형보가 옥외에 설치되어 사용하중상태에서 M = 430 kN · m의 휨모멘트를 받을 때 인장철근의 배근상태가 균열제한에 적합한가를 검토하시오.

<118회 2교시>

- 주근 D25(a_1 = 506.7mm^2, d_b=25.0mm), 스터럽 D10(d_b=10.0mm)
- 피복두께 40mm, f_{ck} = 24MPa, f_y = 400MPa, E_s = 200000MPa
- 최외단 인장철근 응력 f_s는 약산식 대신 정밀계산 할 것

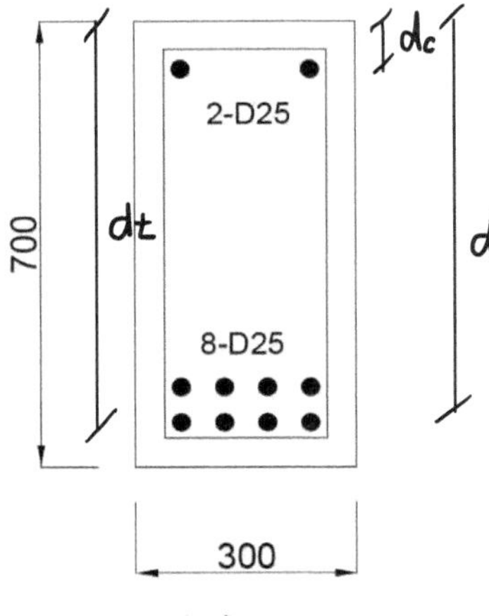

dc
2-D25
700
dt
d
8-D25
300

(단위 : mm)

(1) d, dt, dc 산정

$d = 700 - (40 + 10 + 25/2 + 25) = 612.5$ mm

$d_t = 700 - (40 + 10 + 25/2) = 637.5$ mm $d_c = 40 + 10 + 25/2 = 62.5$ mm

(2) I_{cr} 산정

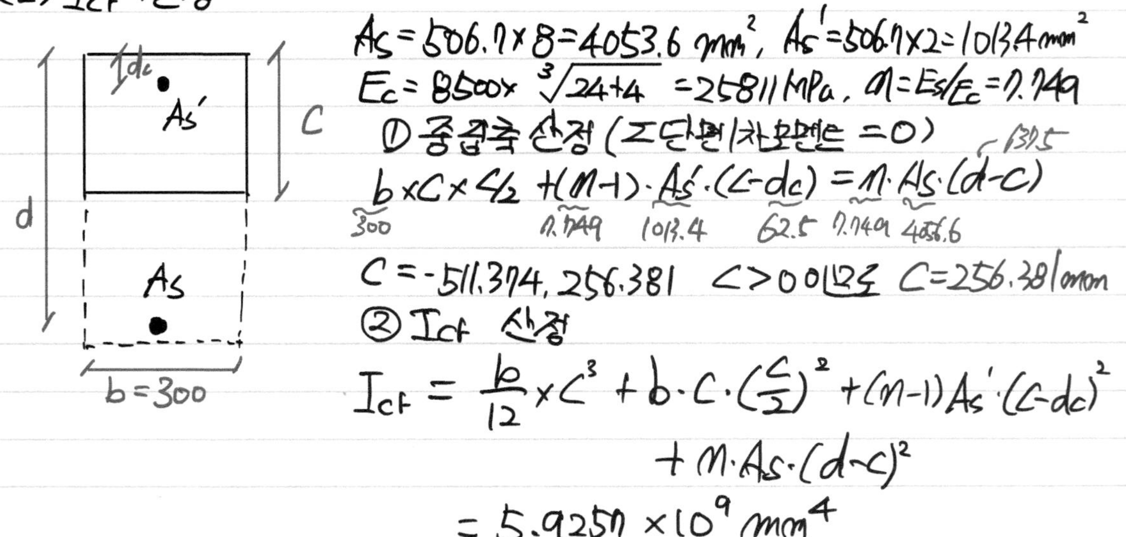

dc
As'
C
d
As
b=300
$A_s = 506.7 \times 8 = 4053.6$ mm^2, $A_s' = 506.7 \times 2 = 1013.4$ mm^2
$E_c = 8500 \times \sqrt[3]{24+4} = 25811$ MPa, $n = E_s/E_c = 7.749$
① 중립축 산정 (Σ단면1차모멘트 = 0)
$b \times C \times C/2 + (n-1) \cdot A_s' \cdot (C - d_c) = n \cdot A_s \cdot (d - C)$
300   7.749   1013.4   62.5   7.749   4053.6   612.5
C = -511.374, 256.381   C>0이므로 C=256.381 mm
② I_{cr} 산정
$I_{cr} = \frac{b}{12} \times C^3 + b \cdot C \cdot (\frac{C}{2})^2 + (n-1) A_s' \cdot (C - d_c)^2 + n \cdot A_s \cdot (d - C)^2$
$= 5.9257 \times 10^9$ mm^4

(3) f_s 산정

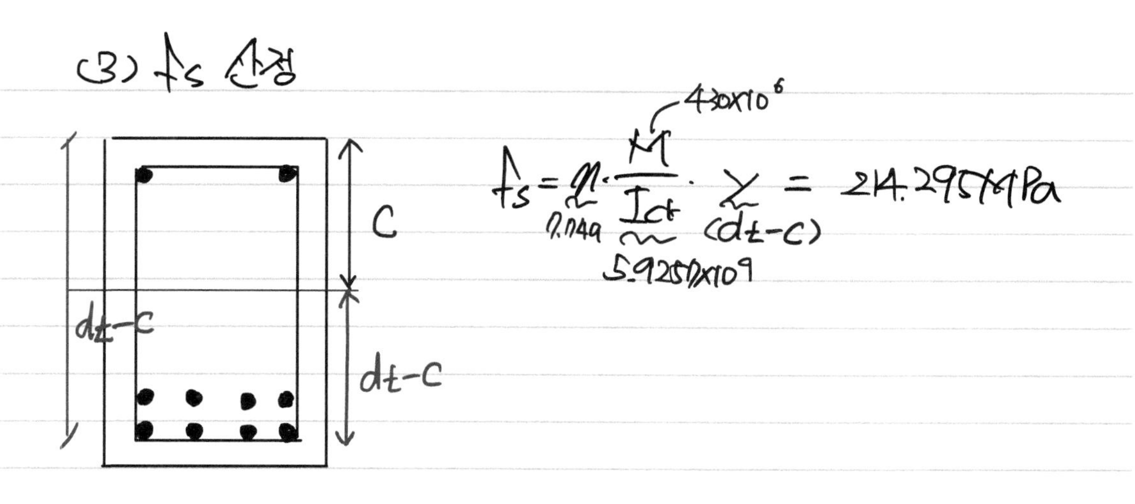

$$f_s = n \cdot \frac{M}{I_{cr}} \cdot y = 214.2957\,\text{MPa}$$

($n = 7.1449$, $M = 430\times10^6$, $I_{cr} = 5.9257\times10^9$, $y = (d_t - c)$)

(4) 균열제한 검토 (옥외이므로 $k_{cr} = 210$)

$$s_1 = 375\times\frac{k_{cr}}{f_s} - 2.5C_c = 242.48\,\text{mm} \quad (C_c = 50)$$

$$s_2 = 300\times\frac{k_{cr}}{f_s} = 293.99\,\text{mm}$$

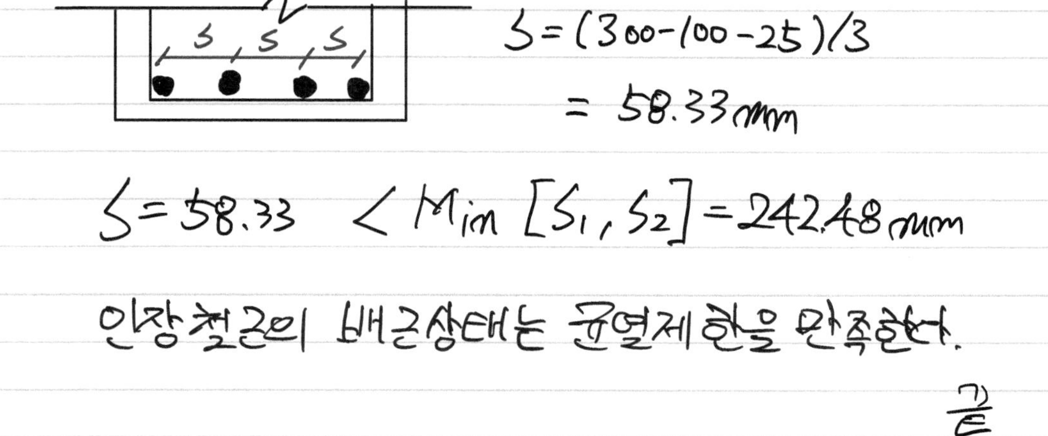

$$s = (300-100-25)/3 = 58.33\,\text{mm}$$

$$s = 58.33 < \text{Min}[s_1, s_2] = 242.48\,\text{mm}$$

인장철근의 배근상태는 균열제한을 만족한다.

끝

딸기맛호가든 : Icr만 산정할 수 있다면, 그다음부터는 쉬운 문제이다.

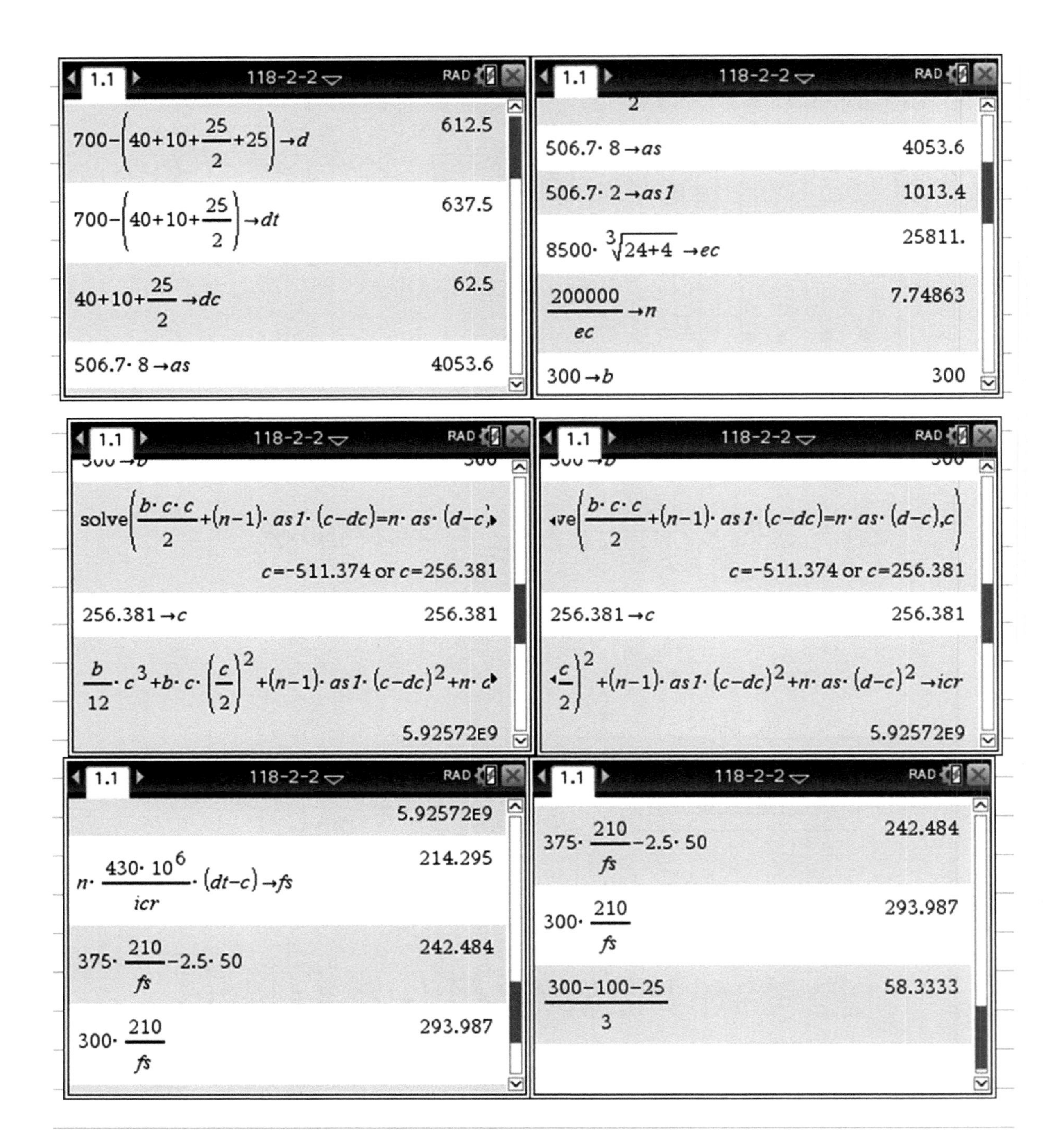

1.1
118-2-2
RAD
700-(40+10+25/2+25)→d
612.5
700-(40+10+25/2)→dt
637.5
40+10+25/2→dc
62.5
506.7· 8→as
4053.6
506.7· 2→as1
1013.4
8500· ∛(24+4)→ec
25811.
200000/ec→n
7.74863
300→b
300
solve((b· c· c)/2+(n−1)· as1· (c−dc)=n· as· (d−c),c)
c=-511.374 or c=256.381
256.381→c
256.381
b/12· c^3+b· c· (c/2)^2+(n−1)· as1· (c−dc)^2+n· as· (d−c)^2→icr
5.92572E9
n· (430· 10^6)/icr· (dt−c)→fs
214.295
375· 210/fs−2.5· 50
242.484
300· 210/fs
293.987
(300−100−25)/3
58.3333

3. 그림과 같은 보-기둥 접합부의 보 상단철근에 대한 다음 요구사항을 각각 구하시오.

- 계산된 보 상단부의 부모멘트에 대한 소요철근량은 1860mm², 사용된 4-D25의 철근량은 2026.8mm²이며 D10@300 스터럽으로 횡보강되어 있다.
- f_y=400MPa, f_{ck}=24MPa, 피복두께 40mm, D25(d_b=25.0mm), D10(a_1=71.3mm², d_b=10.0mm)
- 기둥단면 : 400mm×400mm

<118회 2교시>

(1) 횡방향철근지수를 이용하여 기둥면에서 보 쪽으로 묻히는 정착길이 ①

(2) 표준갈고리가 있는 인장 이형철근의 정착길이 ②

(단, 갈고리 평면에 수직방향인 측면 피복두께는 70mm이상이며, 갈고리를 넘어선 부분의 철근피복두께는 50mm이상 확보함)

(3) 표준갈고리의 자유단의 길이 ③

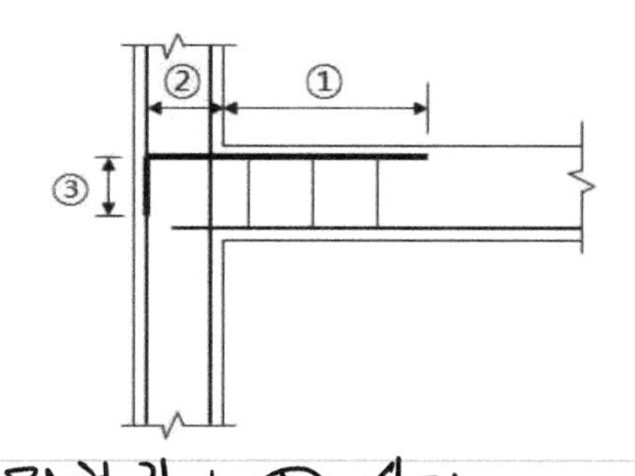

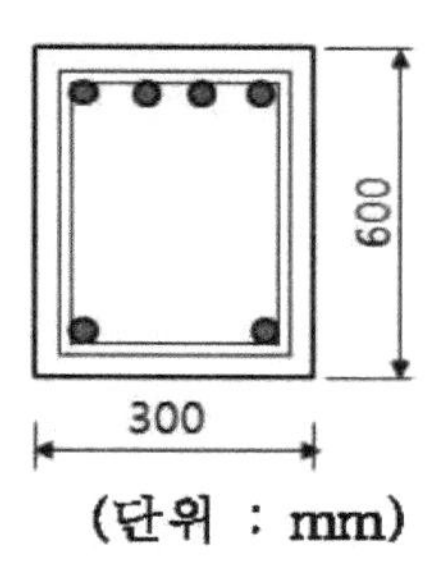

(단위 : mm)

(1) 정착길이 ① 산정

$A_{tr} = 71.3 \times 2 = 142.6\,mm^2$ $\quad K_{tr} = \dfrac{40 \times 142.6}{300 \times 4} = 4.753$

$C_1 = 40 + 10 + 25/2 = 62.5$

$C_2 = (300 - 100 - 25)/3 \times \frac{1}{2} = 29.167$

$C = Min[C_1, C_2] = 29.167\,mm$

$\dfrac{C + K_{tr}}{d_b} = 1.357 < 2.5$

$l_d = \dfrac{0.9 \cdot f_y \cdot d_b}{\lambda \cdot \sqrt{f_{ck}}} \times \dfrac{\alpha \cdot \beta \cdot \gamma}{(C + K_{tr})/d_b} = 1759.95\,mm$

$l_{d(\text{소요})} = 1759.95\,mm \times \dfrac{1860}{2026.8} = 1615.11\,mm > 300\,mm$

(2) 정착길이 ② 산정

갈고리 평면에 수직방향인 측면 피복두께 70mm 이상,
갈고리 넘어선 부분 피복두께 50mm 이상이므로 보정계수 0.7 적용

$$l_{dh} = \frac{0.24 \cdot \beta \cdot f_y}{\lambda \cdot \sqrt{f_{ck}}} \times d_b \times \underset{0.7}{\text{보정계수}} = 19.6 \times 25 \times 0.7 = 342.93\text{mm}$$

$$l_{dh\,소요} = 342.93 \times \frac{1860}{2026.8} = 314.71\text{mm} \geq 8d_b,\ 150\text{mm}$$

(3) 표준 갈고리 자유단 길이 ③ 산정

$12 \times d_b = 300$ mm

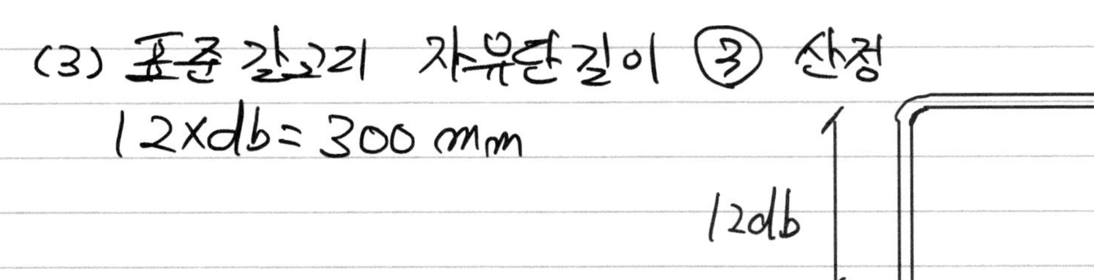

①: 1620mm, ②: 320mm, ③ 300mm

* 시공성을 위해 1의자리에서 올림처리 하였음. 끝

1.1 118-2-3 RAD

$71.3 \cdot 2 \rightarrow atr$ 142.6

$\frac{40 \cdot atr}{300 \cdot 4} \rightarrow ktr$ 4.75333

$40+10+\frac{25}{2}$ 62.5

$\frac{\frac{1}{2} \cdot (300-100-25)}{3} \rightarrow c$ 29.1667

$\frac{c+ktr}{25} \rightarrow k1$ 1.3568

$\frac{0.9 \cdot 400 \cdot 25}{\sqrt{24}} \cdot \frac{1.3}{1.357}$ 1759.95

$\frac{1759.95 \cdot 1860}{2026.8}$ 1615.11

$\frac{0.24 \cdot 400}{\sqrt{24}} \cdot 25 \cdot 0.7$ 342.929

$\frac{342.929 \cdot 1860}{2026.8}$ 314.707

4. 그림과 같이 반지름이 r이고 두께가 t인 얇은 반원형 단면이 있다. 원형 호의 중심 O로부터 전단중심 S까지의 거리 e를 구하시오.

<118회 2교시>

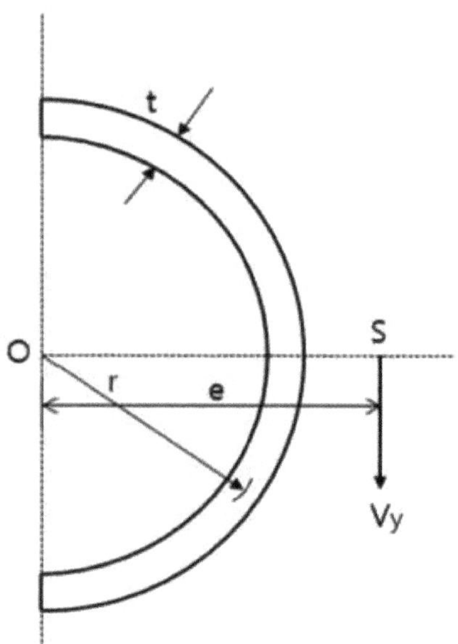

(1) 전단응력

$dA = t \times r \cdot d\theta$

$ds = r \cdot d\theta$

$Q = \int y \cdot dA = \int_0^{\theta} r \cdot \cos\theta \cdot t \cdot r \cdot d\theta$

$= r^2 \cdot t \cdot \sin\theta$

$I = \int y^2 \cdot dA = 2 \times \int_0^{\frac{\pi}{2}} (r \cdot \cos\theta)^2 \cdot t \cdot r \cdot d\theta$

$= \frac{\pi}{2} \cdot r^3 \cdot t$

$f = \frac{VQ}{I} = \frac{V_y \times 2 \cdot r^2 \cdot t}{\pi/2 \cdot r^3 \cdot t \times t} = \frac{2 \cdot V_y}{\pi \cdot r} \cdot \sin\theta$

(2) 전단중심e 산정

$\Sigma M_o = 0; \int_0^{\pi} f \cdot r \cdot ds - V_y \times e = 0$

$V_y \times e = \int_0^{\pi} f \cdot r \cdot ds = \int_0^{\pi} \frac{2 \cdot V_y \cdot \sin\theta}{\pi \cdot r} \times r \times r \cdot d\theta$

$e = \frac{4r}{\pi}$

끝

딸기맛호가든 : 계산자체는 쉬운 문제지만, 개념이 애매하게 잡혀있는 부분이 있었다면 상당히 고전했을 문제이다.

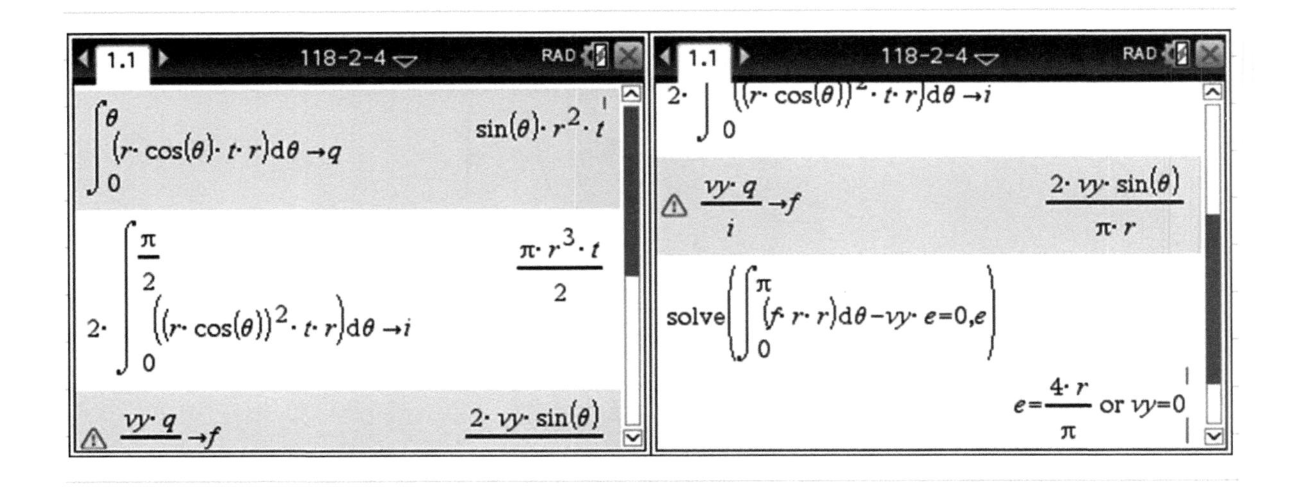

5. 그림과 같이 횡력을 받는 골조에서 기둥에 작용하는 축력, 전단력 및 휨모멘트를 구하고, 각각을 도시하시오.

(단, 포탈법(Portal method)을 적용하며, 기둥이 부담하는 전단력은 좌측기둥으로부터 1:2:2:1로 분담하는 것으로 가정함) <118회 2교시>

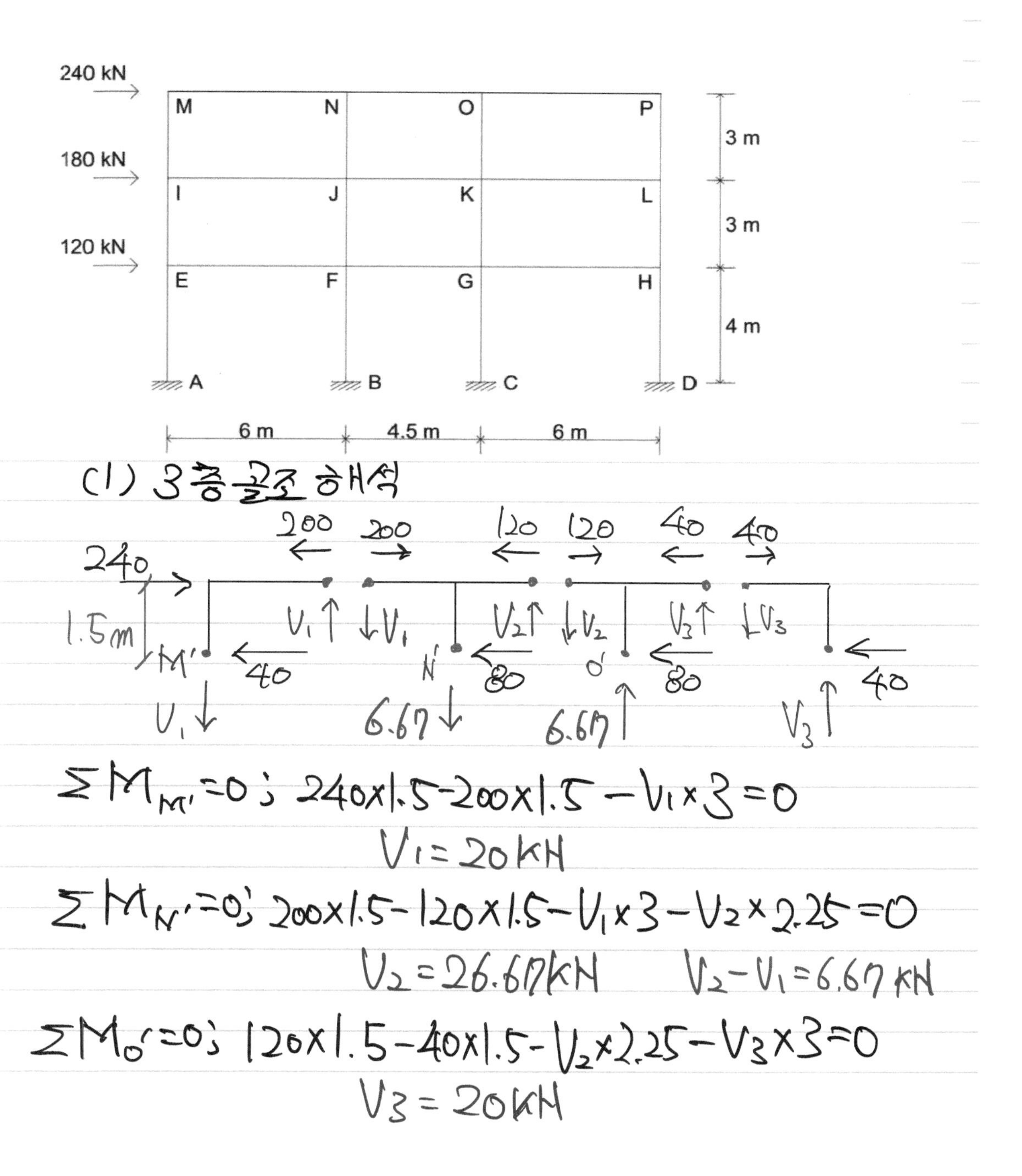

(2) 2층골조해석

$$\Sigma M_{I'}=0;\ 40\times3+180\times1.5-150\times1.5-V_4\times3=0$$

$V_4=55\text{kN}$　　$55+20=75\text{kN}$

$$\Sigma M_{J'}=0;\ 80\times3+150\times1.5-90\times1.5-V_4\times3-V_5\times2.25=0$$

$V_5=73.33\text{kN}$　　$V_5-V_4+6.67=25\text{kN}$

$$\Sigma M_{K'}=0;\ 80\times3+90\times1.5-30\times1.5-V_5\times2.25-V_6\times3=0$$

$V_6=55\text{kN}$

(3) 1층골조해석

$$\Sigma M_{E'}=0;\ 70\times3.5+120\times2-100\times2-V_7\times3=0$$

$V_7=95\text{kN}$, $95+75=170\text{kN}$

$$\Sigma M_{F'}=0;\ 140\times3.5+100\times2-60\times2-V_7\times3-V_8\times2.25=0$$

$V_8=126.67\text{kN}$,　$V_8-V_7+25=56.67\text{kN}$

$$\Sigma M_{G'}=0;\ 140\times3.5+60\times2-20\times2-V_8\times2.25-V_9\times3=0$$

$V_9=95\text{kN}$

(4) 기둥 AFD, SFD, BMD

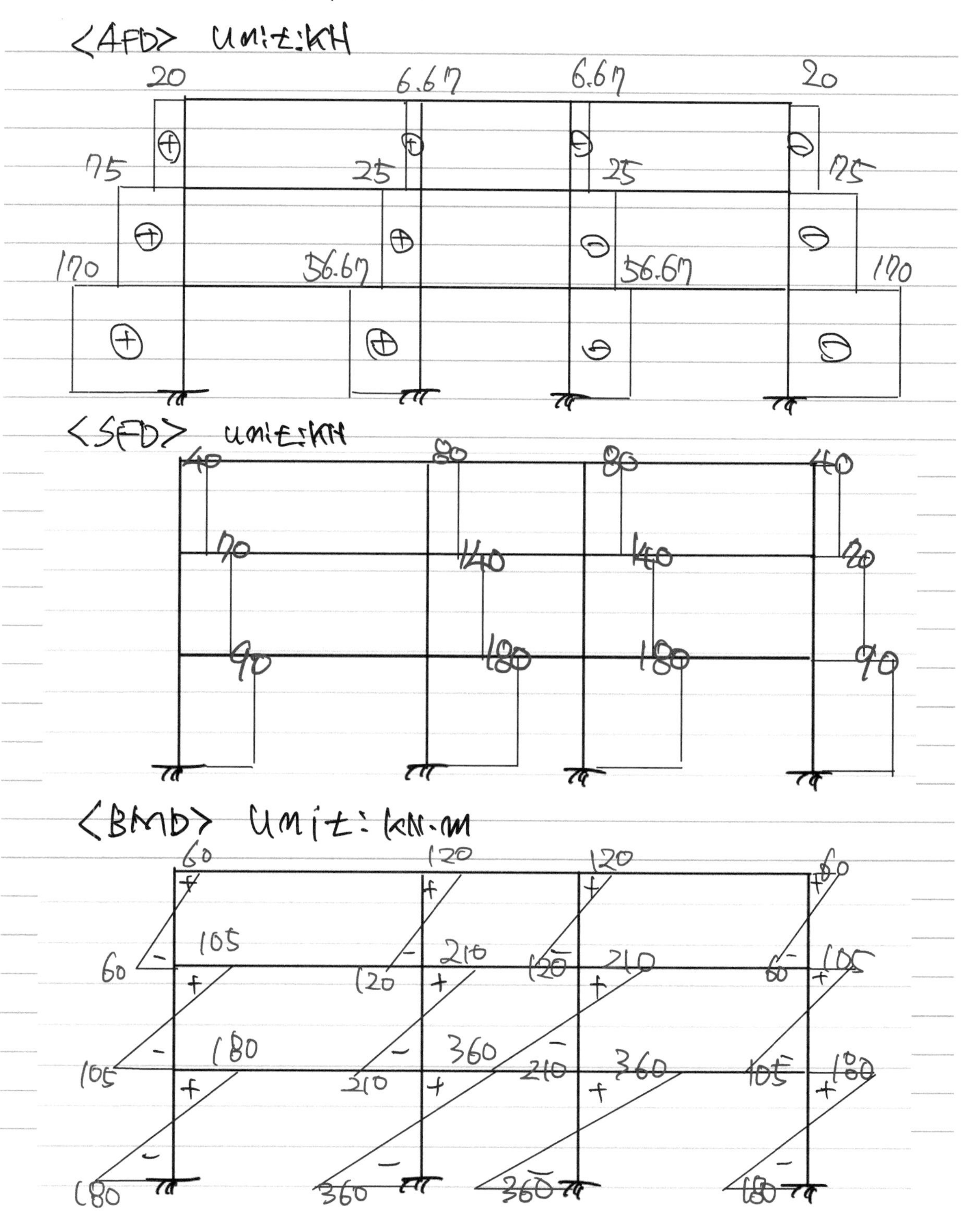

딸기맛호가든 : 일부 교재에서 포탈법 사용시 내부기둥 축력이 "0"이라는 가정사항이 포함된걸 본적이 있는데, 이는 기둥이 3열일때만 성립하는 사항이다. 본 구조물처럼 기둥이 4열이라면, 내부기둥의 축력은 0이 아니다.

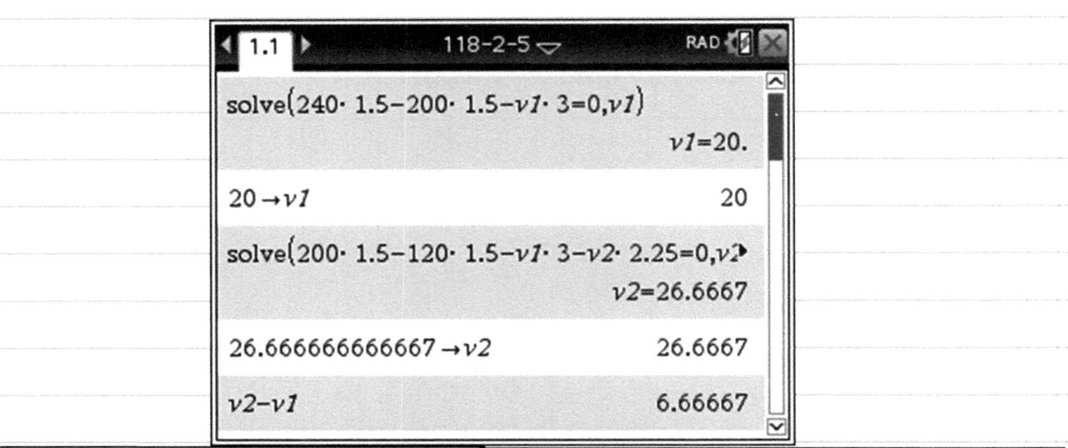

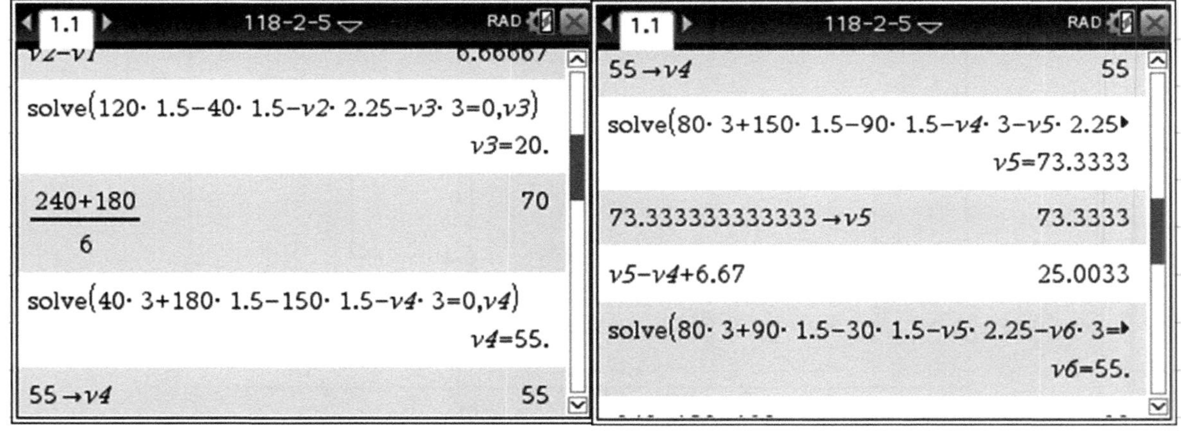

6. 세계 각지에서 대형 화재사고가 빈번히 발생하고 있다. 콘크리트가 화재를 입었을 때 화재온도의 육안추정방법과 콘크리트 구조물의 화재피해 시 중성화 조사를 하는 이유, 중성화 측정 방법, 온도에 따른 콘크리트의 물리적, 화학적 특성을 설명하시오.

<118회 2교시>

(1) 화재온도 육안추정 방법

콘크리트 변색을 확인하여 화재온도 추정가능

표면그을림 : 500℃ 이하

복숭아색 변색 : 600~800℃

회백색 변색 : 800~1000℃

담황색 변색 : 1000℃ 이상

(2) 화재 피해시 중성화 조사이유

화재 피해를 입은 콘크리트는 500~580℃ 온도에서 $Ca(OH)_2$ 가 열분해하여 알칼리성이 감소하는 중성화 발생. 이로 인해 철근부식 및 성능저하로 이어진다.

(3) 중성화 측정방법

수열온도 500℃를 초과하는 부분을 판단하기 위해 페놀프탈레인 용액을 침투시켜 중성화 깊이 평가

중성화 깊이에 따라 잔존 내구성을 평가한다.

(4) 온도에 따른 물리적, 화학적 특성

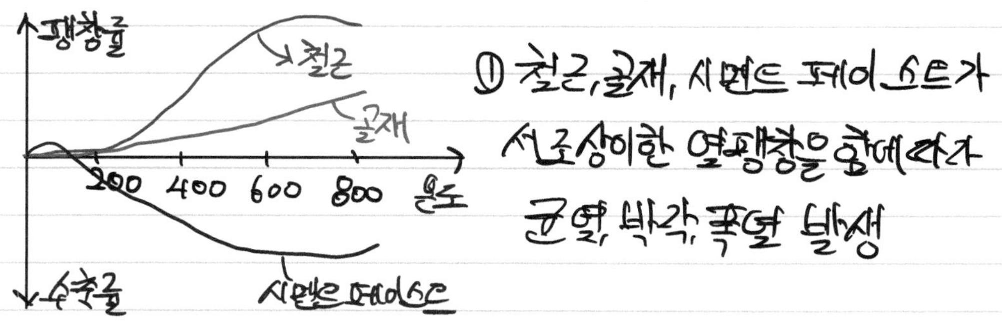

① 철근, 골재, 시멘트 페이스트가 서로 상이한 열팽창을 함에 따라 균열, 박락, 폭렬 발생

② 화재직후 콘크리트 강도, 탄성계수 저하,
시간흐름에 따라 상당히 자연회복

③ 철근은 300°C 이상에서 인장강도 급격히
저하, 냉각후 거의 회복

④ 1000°C 이상일시 회복불능(사용불가)

끝

딸기맛호가든 : 정밀안전진단교육시 받은 자료를 참고하였다.

1. 그림과 같은 트러스 부재 BD, BE와 보 부재 AC의 합성구조물에 대하여 트러스의 부재력(N_{BD}, N_{BE})을 구하고, 보의 휨모멘트도 및 전단력도를 도시하시오.

(단, 트러스의 길이는 각각 7m이며, EA = 1000kN, EI = 6000kN·m^2 이다.)

<118회 3교시>

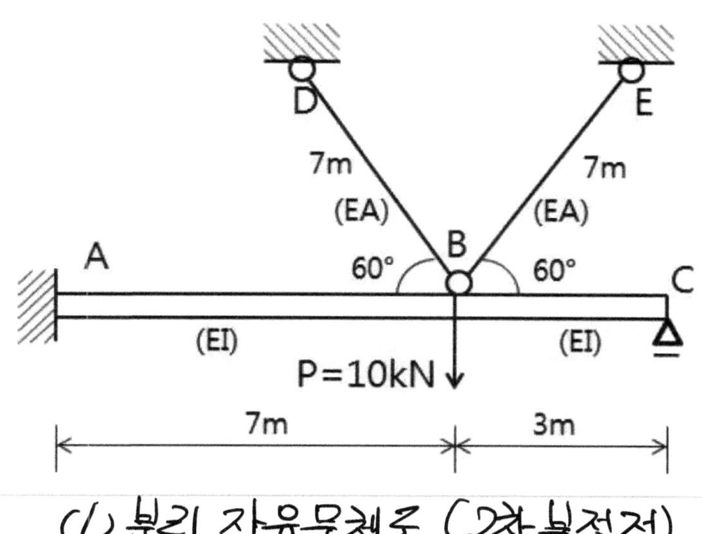

(참고) 집중하중을 받는 양단고정보의 휨모멘트

$$M_A = \frac{Pab^2}{(a+b)^2}$$

P
A
B
a
b

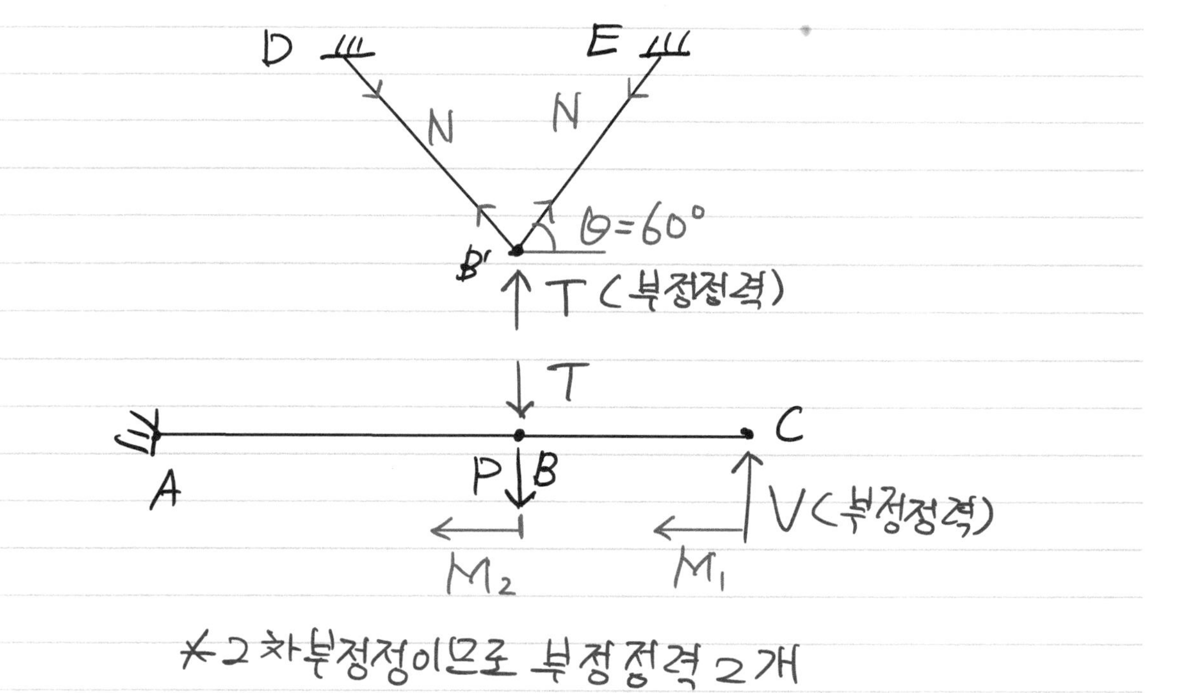

(2) 부재력 산정

① B'DE 구조물의 B'절점에서

$\Sigma V=0$; $2\times N\times\sin\theta+T=0$, $N=-\frac{\sqrt{3}}{3}T$

② A-C 구조물에서

$M_1=V\times x$

$M_2=V\times(3+x)-T\times x-\underset{10kN}{P}\times x$

(3) 변형에너지 산정

① B'DE 구조물

$U_1=\left(\frac{1}{2EA}\times N^2\times 7\right)\times 2$

② A-C 구조물

$U_2=\int_0^3\frac{M_1^2}{2EI}\cdot dx+\int_0^7\frac{M_2^2}{2EI}\cdot dx$

③ 전체 구조물에서

$U=U_1+U_2$

(4) 부정정력 산정 (최소일의 원리)

$\frac{\partial U}{\partial T}=0$, $\frac{\partial U}{\partial V}=0$ 이므로

$T=-2.327kN$, $V=4.324kN$

(5) 트러스 부재력

$$N = -\frac{\sqrt{3}}{3}T = 1.343\ kN\ (인장)$$

(6) BMD, SFD

<SFD> Unit : kN

3.349
3.349
B
A
C
-4.324
-4.324

<BMD> Unit : kN·m

-10.474
M_2
M_1
C
A
B
12.972

$$M_1 = 4.324 \cdot x$$

$$M_2 = 12.972 - 3.349x$$

끝

딸기맛호가든 : 3차부정정이지만, 축변형을 무시할 시 2차부정정이 된다.

딸기맛호가든 : 문제에서 고정단모멘트 값을 제시하였는데, 이는 강성도법(처짐각법, 모멘트분배법 등)으로 풀라는 것을 암시한것으로 보인다. 다만, 이문제를 에너지법으로 풀고 고득점을 받은 사례가 있으므로, 무리해서 강성도법으로 풀려고 할 이유는 없을 것으로 보인다.

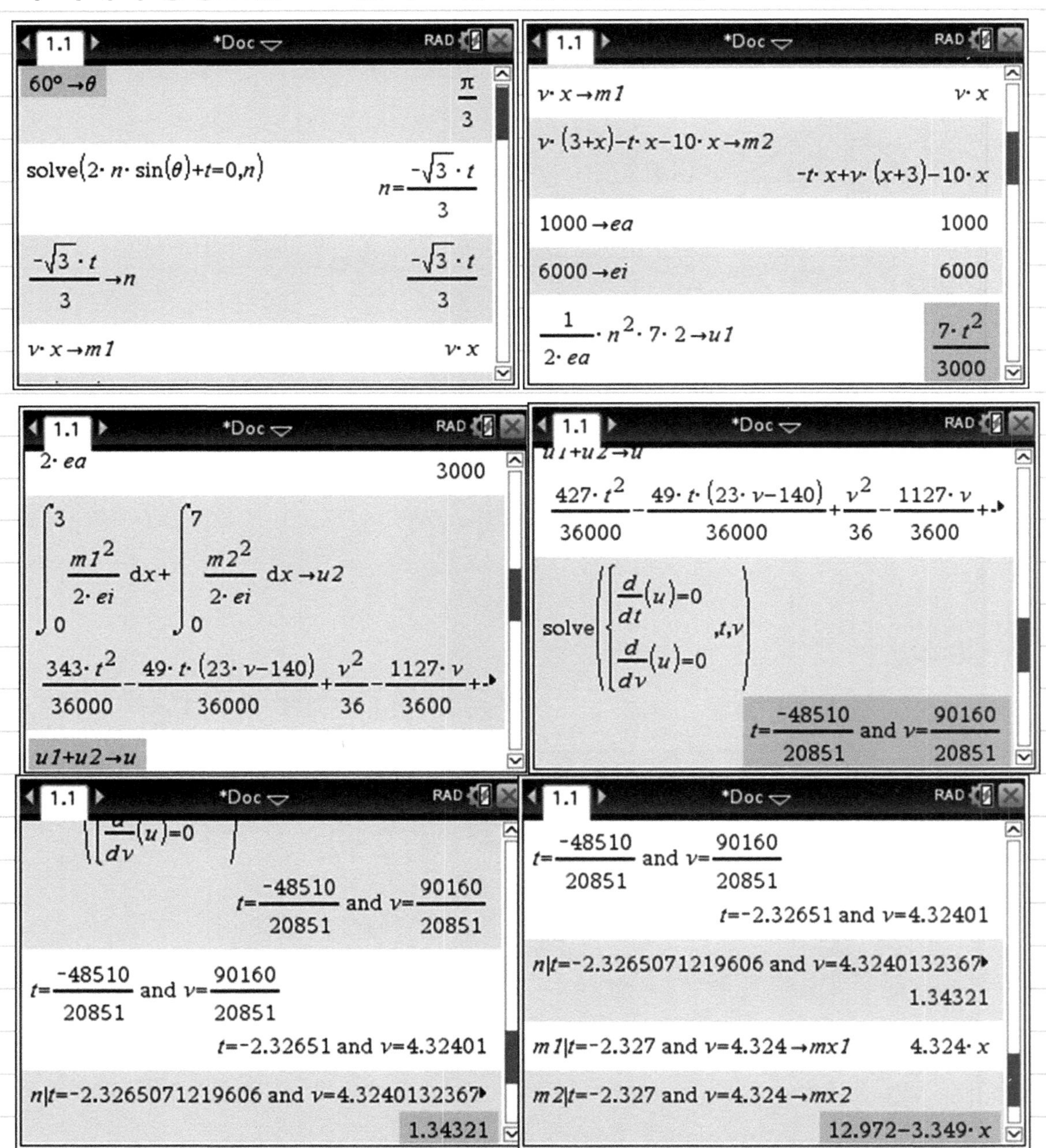

2. 그림과 같은 단면에 대하여 다음을 구하시오.

(1) 점 O를 중심으로 x축과 y축에 대한 단면2차모멘트 <118회 3교시>

(2) xy축에 대한 단면상승모멘트

(3) (1)과 (2)의 결과를 이용한 주축의 단면2차모멘트 및 방향

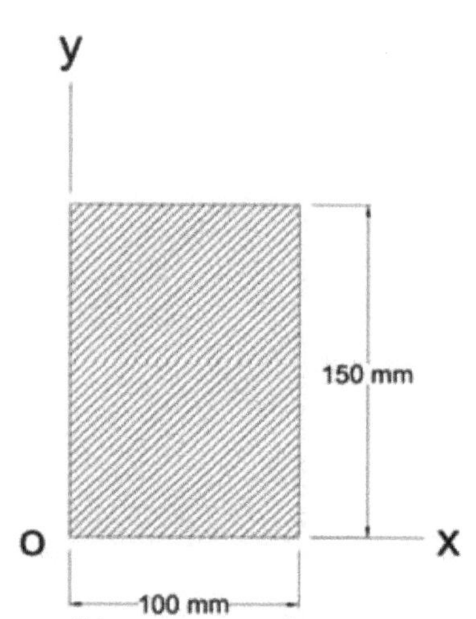

(1) 단면 2차모멘트 ($b=100,\ h=150$)

$$I_x = \frac{b \cdot h^3}{12} + b \cdot h \cdot \left(\frac{h}{2}\right)^2 = 1.125 \times 10^8\ mm^4$$

$$I_y = \frac{h \cdot b^3}{12} + b \cdot h \cdot \left(\frac{b}{2}\right)^2 = 5.00 \times 10^7\ mm^4$$

(2) 단면 상승모멘트

$$I_{xy} = b \times h \times \frac{b}{2} \times \frac{h}{2} = 5.625 \times 10^7\ mm^4$$

(3) 주축의 단면 2차모멘트 및 방향

$$I_{X,Y} = \frac{I_x + I_y}{2} \pm \sqrt{\left(\frac{I_x - I_y}{2}\right)^2 + I_{xy}^2}$$

$-I_{xy}$, $2\theta p$, $(I_x - I_y)/2$

$I_{max} = 1.456 \times 10^8\ mm^4\ (\theta_p = -30.47°)$

$I_{min} = 1.690 \times 10^7\ mm^4\ (\theta_p = 59.53°)$

$$2\theta_p = \tan^{-1}\left(\frac{-I_{xy}}{\frac{I_x - I_y}{2}}\right)$$

(4) 고유치해석으로 검산

$$\det \left| \begin{bmatrix} I_x & -I_{xy} \\ -I_{xy} & I_y \end{bmatrix} - \lambda \cdot I \right| = 0,$$

$\lambda_1 = 1.690 \times 10^7\ mm^4$

$\lambda_2 = 1.456 \times 10^8\ mm^4$

끝

딸기맛호가든 : 주응력과 주단면2차모멘트 계산문제를 풀 때, 고유치해석을 이용하는 편이 계산도 더 수월하다. 물론 모아원을 이용한 풀이법도 훌륭한 풀이법이다.

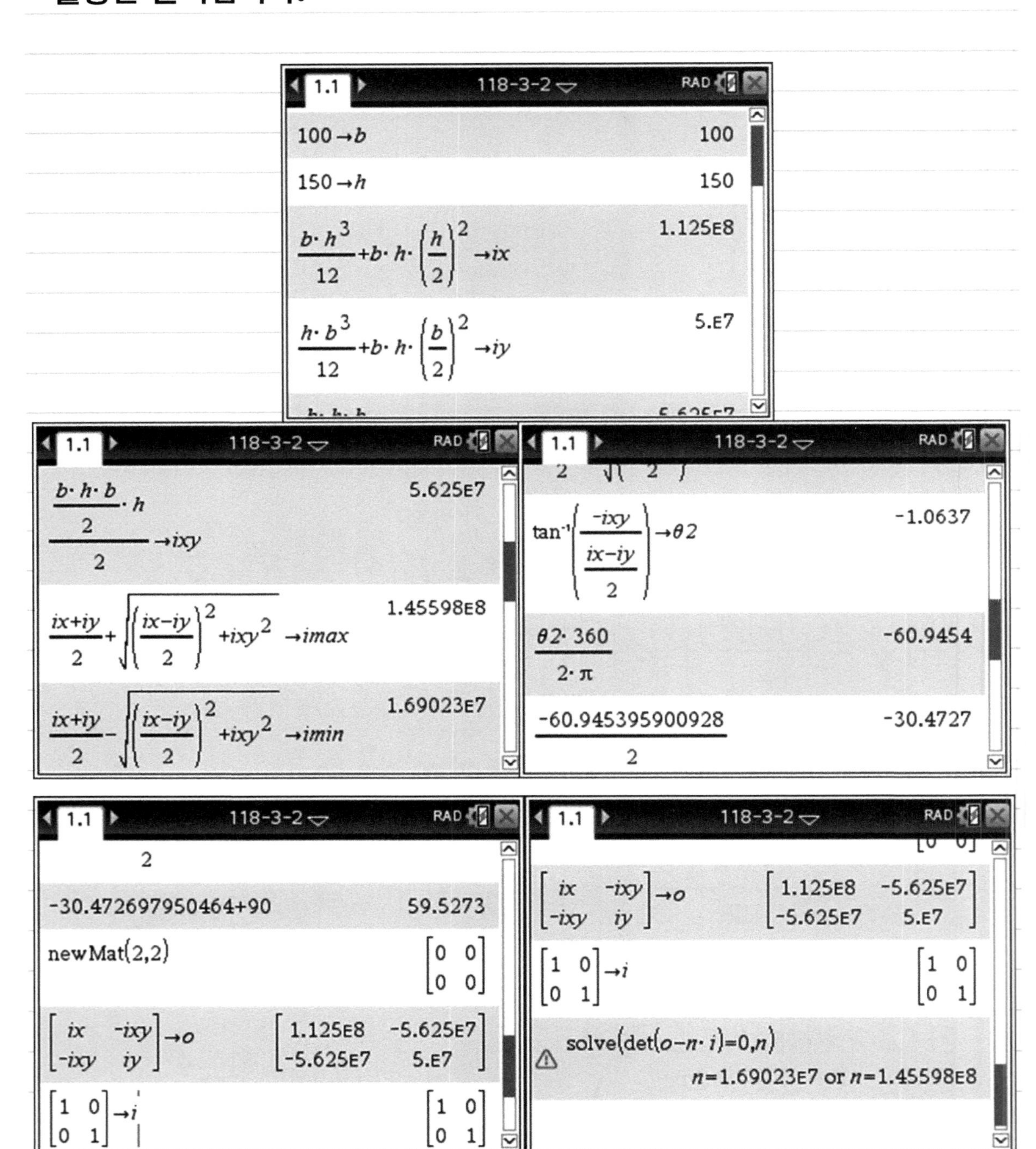

3. 그림과 같이 $P_u = 120\text{kN}$의 편심하중이 작용하는 접합부의 설계미끄럼강도에 따른 안전성을 검토하시오.

(단, 고장력볼트 10-M22(F10T), 1면전단, 설계볼트장력 $T_0 = 200\text{kN}$, 강도감소계수 $\varnothing = 1.0$, 미끄럼계수 $\mu = 0.5$, 필러계수 $h_f = 1.0$)

<118회 3교시>

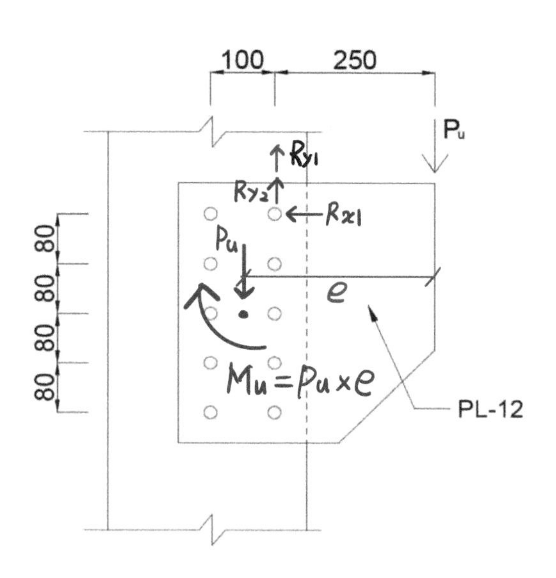

(단위 : mm)

(1) 볼트의 최대 전단력 산정

① 수직하중 $P_u = 120\text{kN}$ 작용시

$R_{y1} = P_u/10 = 12\text{kN/EA}$

② 편심모멘트 $M_u = P_u \cdot e = 36000\text{kN}\cdot\text{mm}$ 작용시

$I_p = I_x + I_y = A_b \times 80^2 \times 4 + A_b \times 160^2 \times 4 + A_b \times 50^2 \times 10 = 153000 A_b\,\text{mm}^4$ (볼트 1개 단면적)

$R_{x1} = \dfrac{M_u}{I_p} \times 160 = 37.647\text{kN/EA}$, $R_{y2} = \dfrac{M_u}{I_p} \times 50 = 11.765\text{kN/EA}$

③ 최대전단력

$R_u = \sqrt{R_{x1}^2 + (R_{y1} + R_{y2})^2} = 44.521\text{kN/EA}$

(2) 설계 미끄럼 강도

$\varnothing R_n = \underset{1.0}{\varnothing} \cdot \underset{0.5}{\mu} \cdot \underset{1.0}{h_f} \cdot \underset{200}{T_o} \cdot \underset{1}{N_s} = 100\text{kN/EA} > R_u = 44.521\text{kN/EA}$

이 접합부는 안전하다. 끝

딸기맛호가든 : 모멘트 하중 산정시 팔길이가 볼트의 도심축이라는 점만 잊지 않는다면 비교적 쉬운 문제이다.

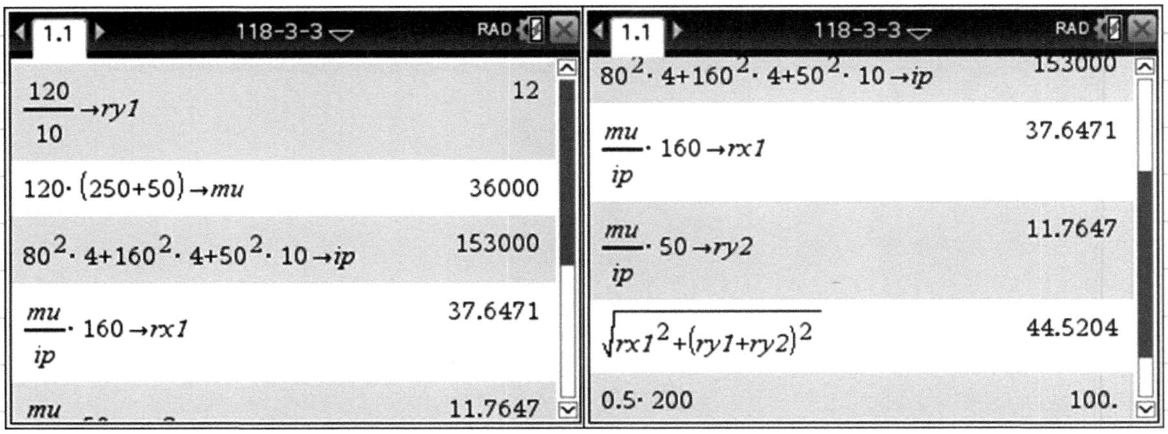

1.1 118-3-3 RAD

입력	결과
$\frac{120}{10} \rightarrow ry1$	12
$120 \cdot (250+50) \rightarrow mu$	36000
$80^2 \cdot 4+160^2 \cdot 4+50^2 \cdot 10 \rightarrow ip$	153000
$\frac{mu}{ip} \cdot 160 \rightarrow rx1$	37.6471
mu ...	11.7647

1.1 118-3-3 RAD

입력	결과
$80^2 \cdot 4+160^2 \cdot 4+50^2 \cdot 10 \rightarrow ip$	153000
$\frac{mu}{ip} \cdot 160 \rightarrow rx1$	37.6471
$\frac{mu}{ip} \cdot 50 \rightarrow ry2$	11.7647
$\sqrt{rx1^2+(ry1+ry2)^2}$	44.5204
$0.5 \cdot 200$	100.

4. $Ax = \lambda x$ 식을 이용한 고유치 문제에 대하여 다음을 답하시오.

(1) 고유값(Eigenvalue) λ 및 고유벡터(Eigenvector) x의 개념

(2) $A = \begin{bmatrix} -5 & 2 \\ 2 & -2 \end{bmatrix}$의 고유값과 고유벡터의 산정

<118회 3교시>

(1) 고유값, 고유벡터의 개념

정방행렬 A에 의해 벡터 x가 벡터 X로 변환할때, $X = \lambda \cdot x$ 를 만족시키는 상수 λ를 고유값, 이때의 벡터 x를 고유벡터

즉 정방행렬 A의 변환에 대한 값의 크기가 고유값이 되며,

A변환에 대한 방향이 고유벡터가 된다

(2) $A = \begin{bmatrix} -5 & 2 \\ 2 & -2 \end{bmatrix}$의 고유값과 고유벡터의 산정

① 고유값 산정

$\det|A - \lambda \cdot I| = \det\left|\begin{bmatrix} -5 & 2 \\ 2 & -2 \end{bmatrix} - \lambda \cdot \begin{bmatrix} 1 & 0 \\ 0 & 1 \end{bmatrix}\right| = 0$ 이므로

λ (고유값) $= -6, -1$

② 고유벡터 산정

$A - (-6) \cdot I = \begin{bmatrix} 1 & 2 \\ 2 & 4 \end{bmatrix}$, $\phi_1 = \begin{bmatrix} 1 \\ -0.5 \end{bmatrix}$ (고유값이 −6일때 고유벡터)

$A - (-1) \cdot I = \begin{bmatrix} -4 & 2 \\ 2 & -1 \end{bmatrix}$, $\phi_2 = \begin{bmatrix} 1 \\ 2 \end{bmatrix}$ (고유값이 −1일때 고유벡터)

(3) 고유치 문제의 적용

① 다자유도 구조물의 모드해석

② 응력텐서를 이용한 주응력 및 방향

③ 주축과 주단면2차모멘트의 산정 끝

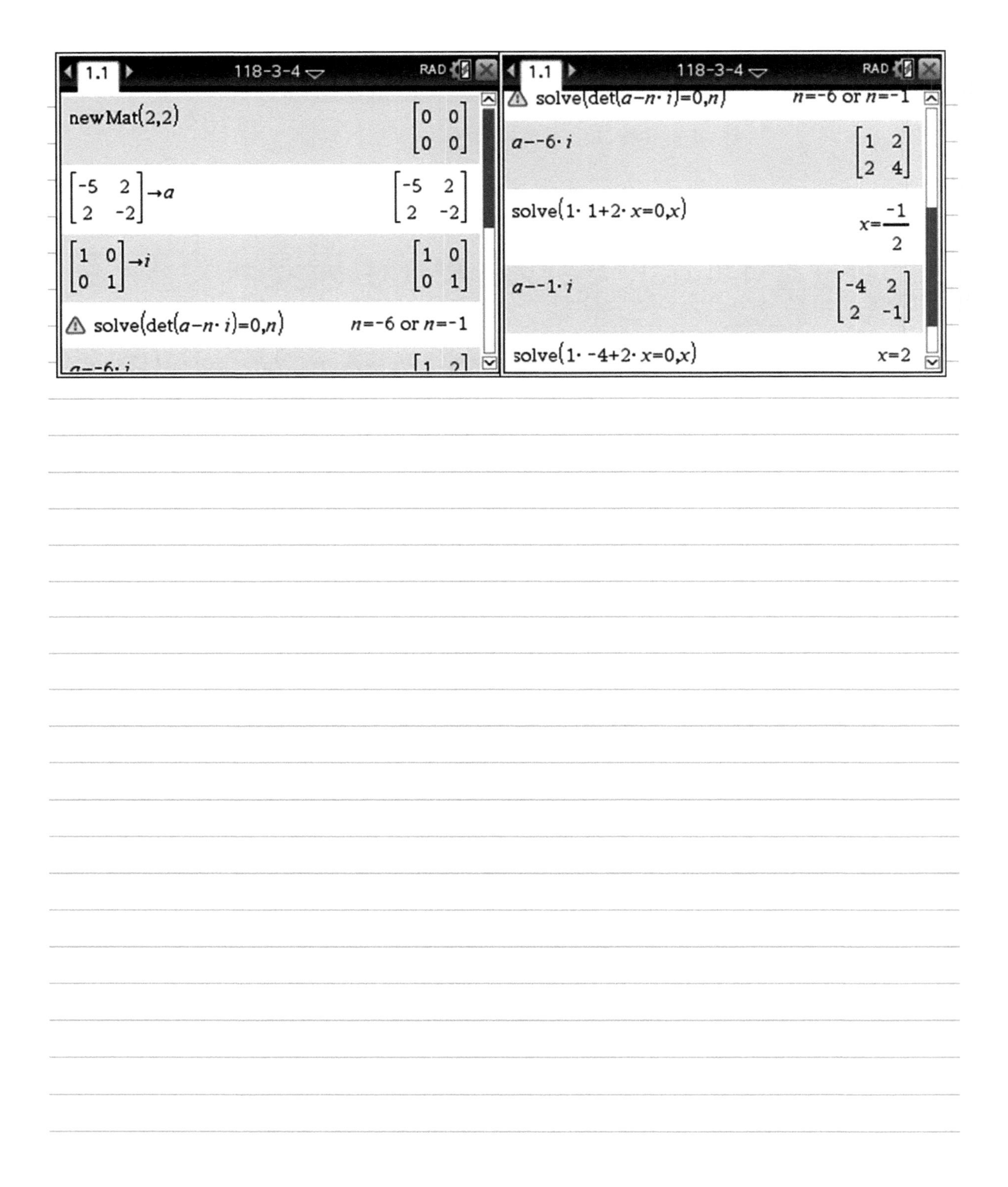
1.1
118-3-4
RAD
newMat(2,2)
[0 0; 0 0]
[-5 2; 2 -2]→a
[-5 2; 2 -2]
[1 0; 0 1]→i
[1 0; 0 1]
solve(det(a−n· i)=0,n)
n=-6 or n=-1
a−-6· i
[1 2; 2 4]
solve(1· 1+2· x=0,x)
x=-1/2
a−-1· i
[-4 2; 2 -1]
solve(1· -4+2· x=0,x)
x=2

5. '건축물 내진설계기준(KDS 41 17 00 : 2019)'에서 중연성도와 고연성도가 요구되는 구조형식의 구조물에 사용하는 재료에 대한 요구사항 및 보와 기둥에 대한 요구사항에 대하여 설명하시오. <118회 3교시>

KDS 41 17 00, 9.3 및 9.4

(1) 재료요구사항

모멘트골조 부재, 벽체의 경계요소, 연결보에 사용되는 주철근은 내진용 철근 (SD400S, SD500S, SD600S) 사용

내진용 철근은 다음의 성능을 가진다.

① 철근의 인장강도는 항복강도를 일정이상 초과.

② 철근의 실제 항복강도는 설계 기준항복강도 대비 과도한 강도를 나타내서는 안된다.

③ 충분한 신장률 필요

(2) 보와 기둥의 요구사항

① 보와 기둥단부의 소성힌지에서 충분한 비탄성변형 발생 가능해야 함 (단부를 충분히 횡보강하여 콘크리트 취성파괴 및 철근의 국부좌굴 방지)

② 고연성도 구조일시 비탄성변형 증가에 따른 콘크리트 전단강도 저하 고려

③ 소성힌지 구간에서 보·기둥 횡보강근 간격은 부재춤 1/4 이하

(3) 보-기둥 접합부 요구사항

① 모멘트골조의 모든접합부에서
상하기둥 휨강도합 > 좌우보 휨강도 합

② ①을 만족하지 못할시 (기둥)
횡보강근 간격 부재춤 1/4 이하(전길이), 각방향 1개이상 크로스타이 설치 끝

6. '시설물의 안전 및 유지관리 실시 등에 관한 지침'에서 건축물에 대한 제3종 시설물의 범위를 설명하시오. <118회 3교시>

(1) 공동주택

① 준공후 15년 경과 5~15층이하 아파트

② 〃 〃 〃 연면적 600m^2초과, 4층이하 연립주택

(2) 공동주택 외

① 준공후 15년 경과 연면적 1000m^2이상 5000m^2 미만의 판매시설, 숙박시설, 운수시설, 문화 및 집회시설, 의료시설, 장례식장, 종교시설, 위락시설, 관광휴게 시설, 수련시설, 노유자 시설, 운동시설, 교육시설

② 준공후 15년 경과 연면적 500m^2 이상 ~1000m^2 미만의 문화및 집회시설, 공연장, 집회장, 종교시설, 운동시설

③ 〃 〃 〃 연면적 300m^2이상 1000m^2 미만의 위락시설, 관광휴게 시설

④ 〃 〃 〃 11층이상~16층미만 또는 연면적 5000m^2이상 30000m^2 미만

⑤ 〃 〃 〃 연면적 1000m^2이상의 공공청사

⑥ 5000m^2 미만의 상가가 설치된 지하도상가 (지하보도면적포함)

(3) 기타

중앙행정기관의 장 또는 지방자치단체의 장이 재난예방을 위하여 안전관리가 필요한 것으로 인정하는 시설물

끝

1. 그림과 같은 시스템에 대해 u_1과 θ를 자유도로 하는 운동방정식, 고유진동수(Natural frequency) 및 이에 해당하는 모드형상을 구하시오.

(단, 단위와 자중은 무시하며 단진자의 길이 $L=3$이다. 또한, $m_1=2$, $m_2=1$, $k_1=6$, $k_2=2$이며, $\sin\theta \approx \theta$인 선형시스템으로 가정한다.) <118회 4교시>

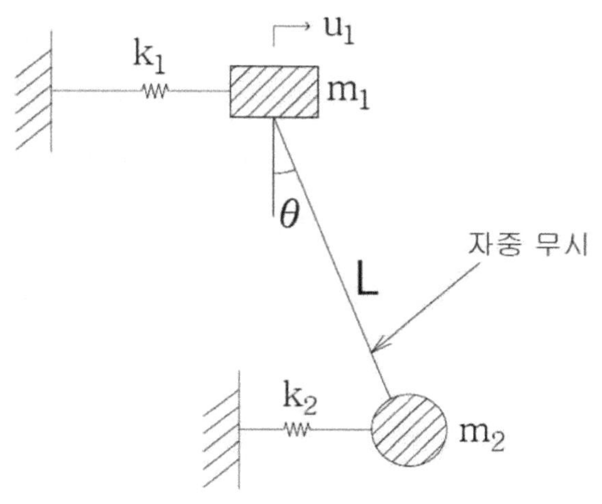

(1) 자유물체도

$\leftarrow m_1 \cdot \ddot{u}_1$

$\leftarrow k_1 u_1$ [m_1] $\rightarrow k_2(u_2-u_1)$

$\leftarrow k_2 \cdot (u_2-u_1)$

$\leftarrow m_2 \cdot u_2$

$\leftarrow k_2 \cdot u_2$ (m_2)

(2) 운동 방정식

$$m_1 \cdot \ddot{u}_1 + k_1 \cdot u_1 - k_2 \cdot (u_2-u_1) = 0 \cdots (1)$$

$$m_2 \cdot \ddot{u}_2 + k_2 \cdot u_2 + k_2 (u_2-u_1) = 0 \cdots (2)$$

이때 $u_2 = u_1 + L\cdot\theta$ 이므로,

$u_2 - u_1 = L\cdot\theta$

$\ddot{u}_2 = \ddot{u}_1 + L\cdot\ddot{\theta}$

식(1), (2)에 대입

$m_1\cdot\ddot{u}_1 + k_1\cdot u_1 - k_2\cdot L\theta = 0$ ...(3)

$m_2\cdot(\ddot{u}_1 + L\ddot{\theta}) + k_2(u_1 + L\theta) + k_2 L\theta = 0$ ...(4)

식(3), 식(4)를 행렬로 표현

$$\underbrace{\begin{bmatrix} m_1 & 0 \\ m_2 & m_2\cdot L \end{bmatrix}}_{M} \begin{bmatrix} \ddot{u}_1 \\ \ddot{\theta} \end{bmatrix} + \underbrace{\begin{bmatrix} k_1 & -k_2 L \\ k_2 & 2\cdot k_2 L \end{bmatrix}}_{K} \cdot \begin{bmatrix} u_1 \\ \theta \end{bmatrix} = \begin{bmatrix} 0 \\ 0 \end{bmatrix}$$

(3) 고유치 해석

$\det|K - w^2\cdot M| = 0$ 이므로,

$w_1 = \sqrt{4-\sqrt{2}} = 1.608$, $w_2 = \sqrt{4+\sqrt{2}} = 2.327$

(4) 모드형상

1차모드일때

$$(K - w_1^2\cdot M)(\phi_1) = \begin{bmatrix} 2\sqrt{2}-2 & -6 \\ 2-\sqrt{2} & 3\sqrt{2} \end{bmatrix} \begin{bmatrix} \phi_{11} \\ \phi_{12} \end{bmatrix} = 0, \quad \begin{bmatrix} \phi_{11} \\ \phi_{12} \end{bmatrix} = \begin{bmatrix} 1 \\ 0.138 \end{bmatrix}$$

2차모드일때

$$(K - w_2^2\cdot M)(\phi_2) = \begin{bmatrix} -2\sqrt{2}-2 & -6 \\ -2-\sqrt{2} & -3\sqrt{2} \end{bmatrix} \begin{bmatrix} \phi_{21} \\ \phi_{22} \end{bmatrix} = 0, \quad \begin{bmatrix} \phi_{21} \\ \phi_{22} \end{bmatrix} = \begin{bmatrix} 1 \\ 0.805 \end{bmatrix}$$

끝

딸기맛호가든 : 시험장에서 만나면 욕했을 정도의 난이도의 동역학문제..
이 문제를 풀수 없다고 해서 너무 좌절하지는 말자.

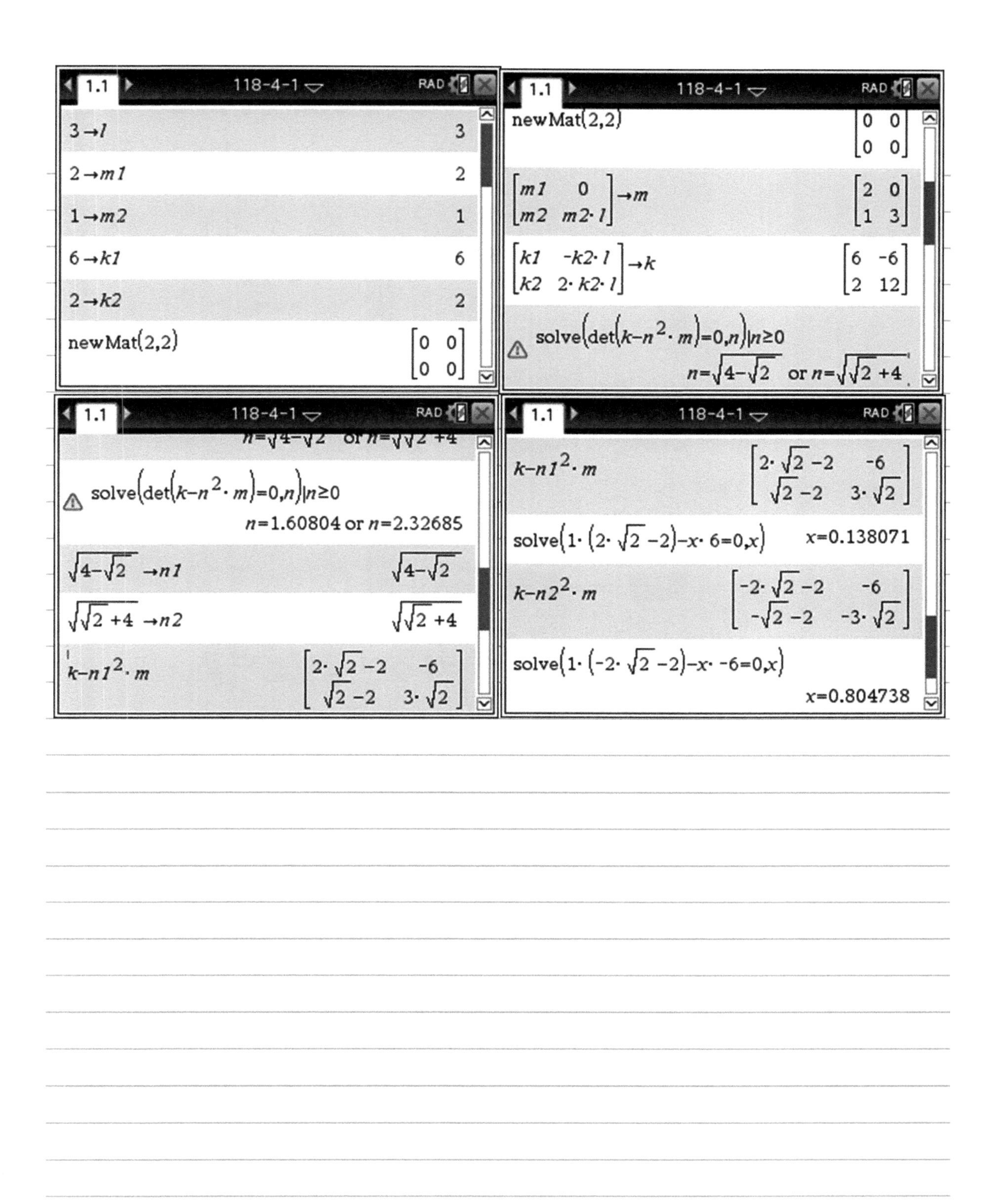
1.1 118-4-1 RAD
3→l 3
2→m1 2
1→m2 1
6→k1 6
2→k2 2
newMat(2,2) [0 0; 0 0]
[m1 0; m2 m2·l]→m [2 0; 1 3]
[k1 -k2·l; k2 2·k2·l]→k [6 -6; 2 12]
solve(det(k−n2·m)=0,n)|n≥0
n=√(4−√2) or n=√(√2+4)
n=1.60804 or n=2.32685
√(4−√2)→n1 √(4−√2)
√(√2+4)→n2 √(√2+4)
k−n12·m [2·√2−2 -6; √2−2 3·√2]
solve(1·(2·√2−2)−x·6=0,x) x=0.138071
k−n22·m [-2·√2−2 -6; -√2−2 -3·√2]
solve(1·(-2·√2−2)−x·-6=0,x) x=0.804738

2. 그림과 같은 평면에서 강성 중심 (Center of Rigidity)인 e_x와 e_y를 구하시오.

(단, 기둥의 단면은 $250\,\text{mm} \times 500\,\text{mm}$이며, 모든 기둥의 높이 L과 탄성계수 E는 동일한 것으로 가정하고, 기둥의 강성 $k=\frac{12EI}{L^3}$ 이다.) <118회 4교시>

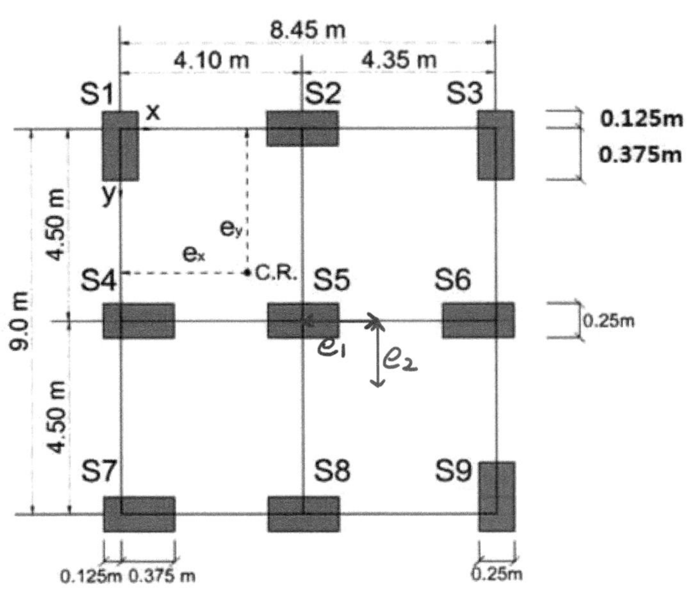

* S5 기둥을 중심으로 구해 대칭인 부분은 이용.

(1) I_1, I_2 산정

$$I_1 = \frac{250}{12} \times 500^3 = 2.604 \times 10^9\ \text{mm}^4$$

$$I_2 = \frac{500}{12} \times 250^3 = 6.510 \times 10^8\ \text{mm}^4$$

I_1 I_2

(2) e_1, e_2 산정

$$e_1 = \frac{\Sigma I_i e_i}{\Sigma I} = \frac{-I_1 \times 4.1 - 2I_2 \times 3.975 + 2I_1 \times 4.35 + I_2 \times 4.225}{3I_1 + 6I_2} = 0.815$$

S_2, S_5, S_8에서 거리는 "0" 이다.

$$e_2 = \frac{\Sigma I_i e_i}{\Sigma I} = \frac{-I_2 \times 4.375 + I_1 \times 4.5}{6 \times I_1 + 3 \times I_2} = 0.505$$

위아래 대칭은 상쇄된다.

$$e_x = 4.1 + e_1 = 4.915\,\text{m},\ e_y = 4.5 + e_2 = 5.005\,\text{m}$$

끝

딸기맛호가든 : 계산자체는 단순하고 쉽지만, 처음 나온 유형으로 많은 수험생들이 혼란에 빠지게 한 문제이다.

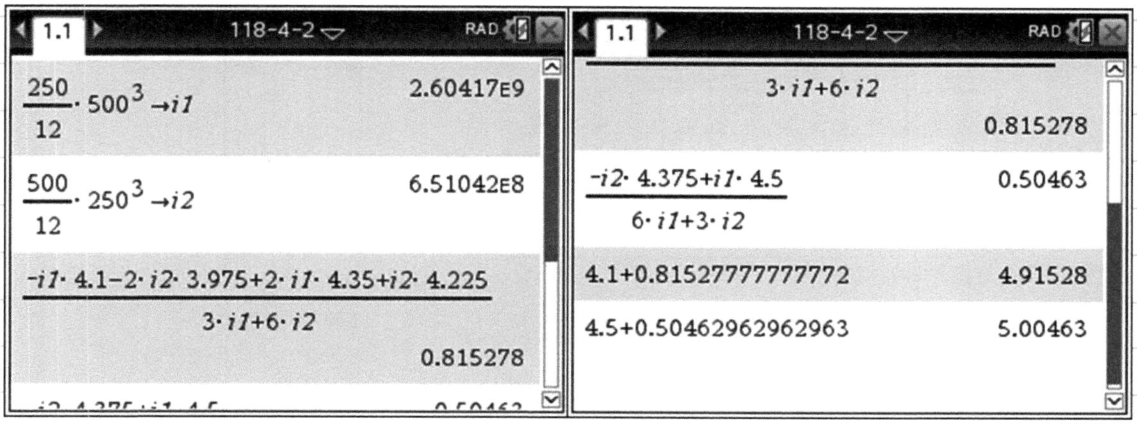

1.1 118-4-2 RAD

$\frac{250}{12} \cdot 500^3 \rightarrow i1$ 2.60417E9

$\frac{500}{12} \cdot 250^3 \rightarrow i2$ 6.51042E8

$\frac{-i1 \cdot 4.1 - 2 \cdot i2 \cdot 3.975 + 2 \cdot i1 \cdot 4.35 + i2 \cdot 4.225}{3 \cdot i1 + 6 \cdot i2}$ 0.815278

$\frac{-i2 \cdot 4.375 + i1 \cdot 4.5}{6 \cdot i1 + 3 \cdot i2}$ 0.50463

4.1+0.81527777777772 4.91528

4.5+0.50462962962963 5.00463

3. 그림과 같은 철근콘크리트 단순보에 대하여 전단설계하시오.

(단, f_{ck}=24MPa, 스터럽은 SD300 D10(a_1=71.3mm^2)이고, 보통콘크리트를 사용하며, 고정하중 ω_D=35kN/m, 활하중 ω_L=25kN/m이다.) <118회 4교시>

1) 스터럽이 필요 없는 구간 및 최소 스터럽을 배치하는 구간

2) 전단 위험단면 구간 및 $\frac{L}{4}(=1.5m)$ 구간에서의 스터럽 간격 설계

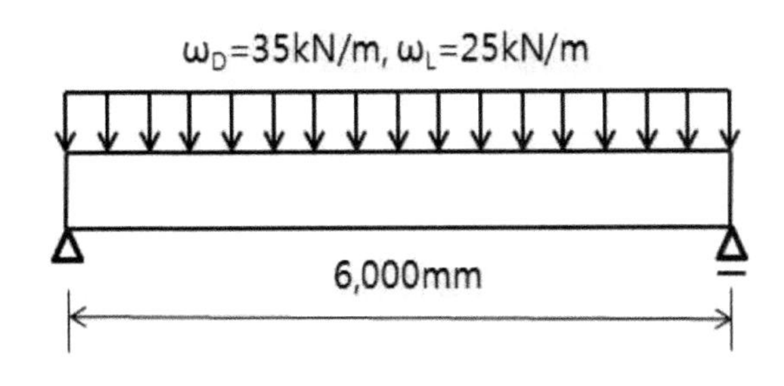

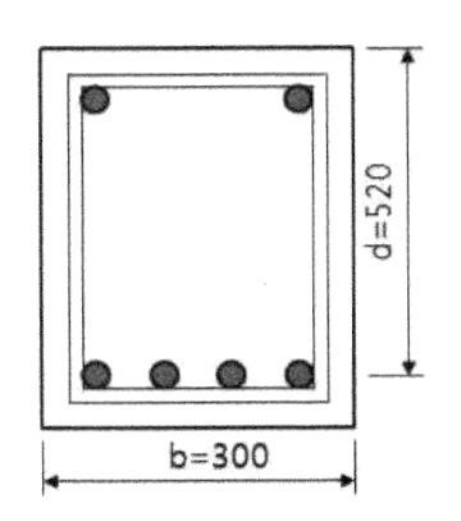

(단위 : mm)

(1) 자중산정

$W_{D,자중} = 24 \times 0.3 \times 0.6 = 4.32$ kN/m (보의 춤 600mm로 가정)

(2) 전단력 산정

$W_u = 1.2 \times (35 + 4.32) + 1.6 \times 25 = 87.184$ kN/m

$W_u \times 6 \times \frac{1}{2} = 261.55$ kN

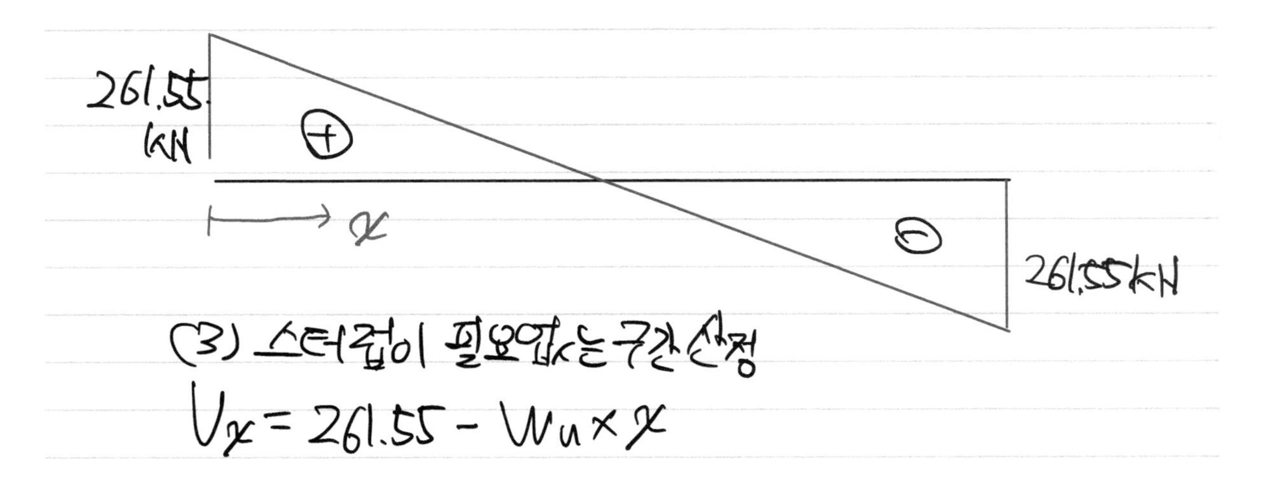

(3) 스터럽이 필요없는 구간 산정

$V_x = 261.55 - W_u \times x$

$$\phi V_c = 0.75 \cdot \frac{1}{6} \times \underset{1.0}{\lambda} \cdot \sqrt{\underset{24}{f_{ck}}} \times \underset{300}{b} \cdot \underset{520}{d} = 95.53\text{kN}$$

$V_x \leq 0.5 \times \phi V_c$ 일때 스터럽 필요X이므로,

$261.55 - W_u \cdot x \leq 0.5 \times 95.53$, $x \geq 2.45\text{m}$

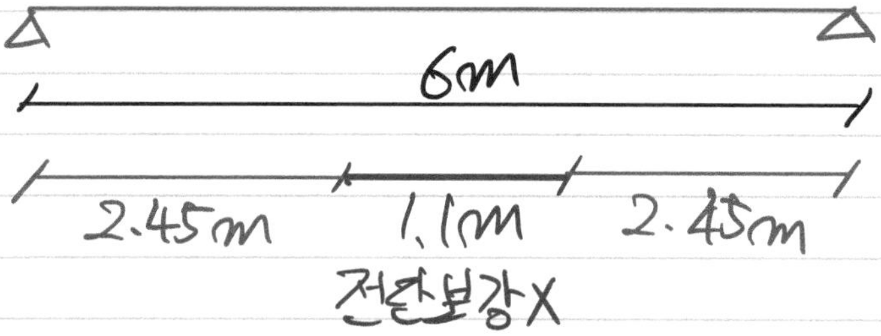

6m

2.45m　1.1m　2.45m

전단보강X

(4) 최소 스터럽 설치구간

$0.5\phi V_c < V_x \leq \phi V_c$ 일때 스터럽 설치

$261.55 - W_u \cdot x \leq 1.0 \times 95.53$, $x \geq 1.90\text{m}$

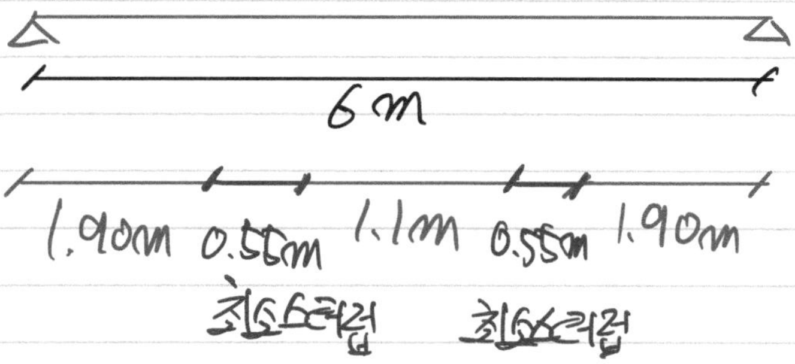

6m

1.90m　0.55m　1.1m　0.55m　1.90m

최소스터럽　최소스터럽

(5) 전단위험구간, L/4 (1.5m)에서 스터럽간격 설계

① 전단위험구간 ($V_{x=0.52}$)

$V_{x=0.52} = 261.55 - 87.184 \times 0.52 = 216.22\,kN = V_u$

$\phi V_c + \phi V_s = V_u$ 이므로

$\phi V_{s,소요} = V_u - \phi V_c = 120.68\,kN \le 2 \cdot \phi V_c = 191.06\,kN$

$V_{s,소요} = 120.68 / 0.75 = 160.91\,kN$

HD10 배근시, $A_v = 71.3 \times 2 = 142.6$

$V_{s,소요} = \underbrace{A_v}_{142.6} \cdot \underbrace{f_y}_{300} \cdot \frac{d^{\sim 520}}{s} = 160.91\,kN$

$s = 138.25\,mm \le 600,\ d/2$

HD10@125 적용

② L/4 구간 ($V_{x=1.5}$)

$V_{x=1.5} = 261.55 - 87.184 \times 1.5 = 130.77\,kN = V_u$

$\phi V_{s,소요} = V_u - \phi V_c = 35.24\,kN \le 2.0 \phi V_c$

$V_{s,소요} = 35.24 / 0.75 = 46.99\,kN$

$V_{s,소요} = A_v \cdot f_y \cdot \frac{d}{s} = 46.99\,kN$

$s = 473.41\,mm \le 600,\ d/2 = 260$

HD10@250 적용.

끝

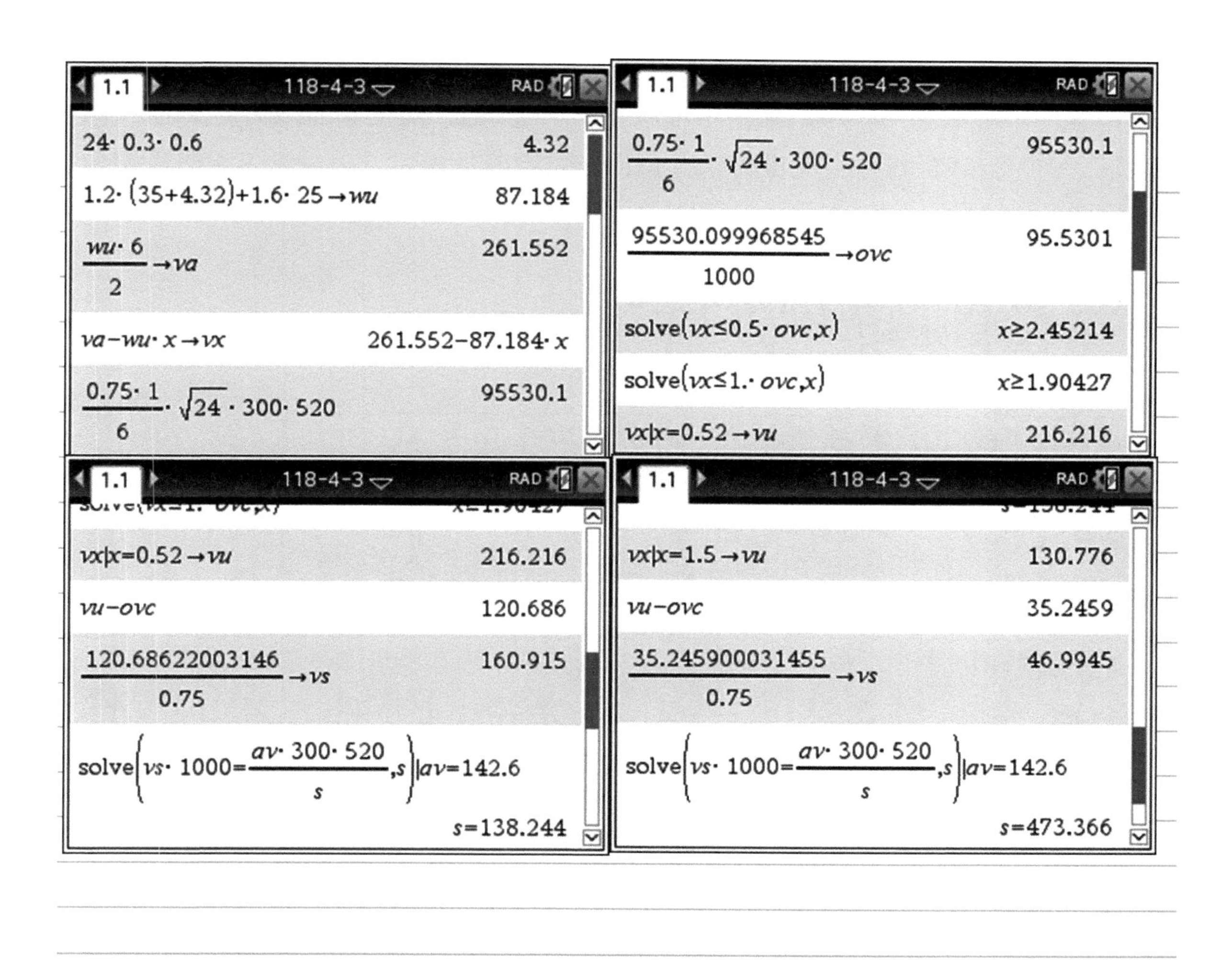
1.1 118-4-3 RAD
24· 0.3· 0.6 4.32
1.2· (35+4.32)+1.6· 25 →wu 87.184
wu· 6 / 2 →va 261.552
va−wu· x →vx 261.552−87.184· x
0.75· 1 / 6 · √24 · 300· 520 95530.1
1.1 118-4-3 RAD
0.75· 1 / 6 · √24 · 300· 520 95530.1
95530.099968545 / 1000 →ovc 95.5301
solve(vx≤0.5· ovc,x) x≥2.45214
solve(vx≤1.· ovc,x) x≥1.90427
vx|x=0.52 →vu 216.216
1.1 118-4-3 RAD
vx|x=0.52 →vu 216.216
vu−ovc 120.686
120.68622003146 / 0.75 →vs 160.915
solve(vs· 1000=av· 300· 520 / s,s)|av=142.6
s=138.244
1.1 118-4-3 RAD
vx|x=1.5 →vu 130.776
vu−ovc 35.2459
35.245900031455 / 0.75 →vs 46.9945
solve(vs· 1000=av· 300· 520 / s,s)|av=142.6
s=473.366

5. 내구성 설계기준에서 구조용 콘크리트 부재에 대해 예측되는 노출정도를 고려하여 다음과 같은 노출 범주에 대한 노출등급을 구분하고, 내구성 허용기준(최소 설계기준 압축강도)에 대하여 설명하시오. (단, ~~KBC2016~~ KDS14 기준) <118회 4교시>

(1) 동결융해 (2) 황산염 (3) 철근부식

KDS 14 20 40, 4.1.3 및 4.1.4

(1) 동결융해

등급	조건	최소설계기준 압축강도
무시(F0)	동결융해의 반복작용에 노출 X	21MPa
보통(F1)	간혹 수분에 노출, 동결융해에 노출	30MPa
심함(F2)	지속적 수분노출, " "	30MPa
매우심함(F3)	제빙화학제에 노출, 지속적 수분노출, 동결융해의 반복작용에 노출	30MPa

(2) 황산염

등급	토양내 수용성 황산염의 질량비(%)	물속에 용해된 황산염(PPM)	최소설계기준 압축강도
무시(S0)	$SO_4 < 0.1$	$SO_4 < 150$	21MPa
보통(S1)	$0.1 \leq SO_4 < 0.2$	$150 \leq SO_4 < 1500$, 해수	27MPa
심함(S2)	$0.2 \leq SO_4 \leq 2.0$	$1500 \leq SO_4 \leq 10000$	30MPa
매우심함(S3)	$2.0 < SO_4$	$10000 < SO_4$	30MPa

(3) 철근부식

등급	조건	최소설계기준 압축강도
무시(C0)	건조하거나 수분으로부터 보호	21MPa
보통(C1)	수분에 노출되지만, 외부의 염화물 노출 X	21MPa
심함(C2)	제빙화학제, 소금, 염수, 해수 또는 해수물보라 등 염화물에 직접노출	35MPa

끝

딸기맛호가든 : KDS 14의 개정예정사항을 반영할 시 노출범위 및 등급이 대폭 달라진다.

탄산화 (ECb)
- ECb1
- ECb2
- ECb3
- ECb4

해양환경, 제빙화학제등 염화물 (EC)
- EC1
- EC2
- EC3
- EC4

동결융해 (EF)
- EF1
- EF2
- EF3
- EF4

황산염 (ES)
- ES1
- ES2
- ES3

6. 고층 건축구조물의 기초공법으로 많이 쓰이는 현장타설콘크리트말뚝의 구조세칙을 설명하고, 현장타설콘크리트말뚝 공법 중 PRD공법과 RCD공법의 개요 및 특징을 비교하여 설명하시오. <118회 4교시>

KDS 41 20 20, 4.4.10.6 현장타설콘크리트말뚝

(1) 현장타설 콘크리트 말뚝 구조세칙

① 시공시 공벽의 붕괴, 보링 및 굴착기계를 뺄 때의 흡인현상 등에 따라 지지층이 교란되지 않도록 충분한 고려, 공저 슬라임에 대한 제거대책을 강구

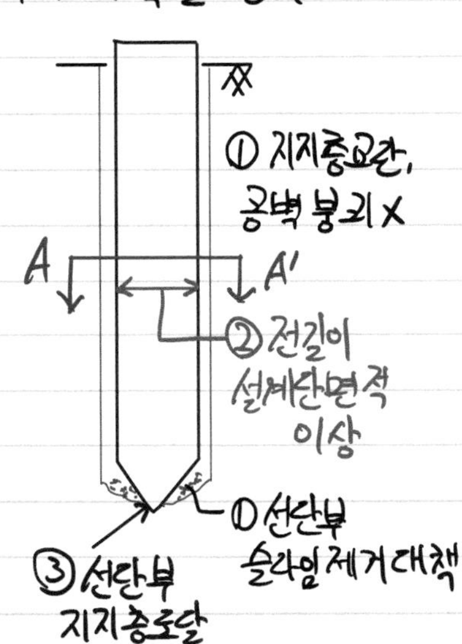

② 말뚝의 단면적 전체 길이에 걸쳐 설계 단면적 이상

③ 선단부는 지지층에 도달

④ 주근은 4개이상, 설계 단면적 0.25% 이상 띠철근 또는 나선철근 보강, 피복 60mm 이상

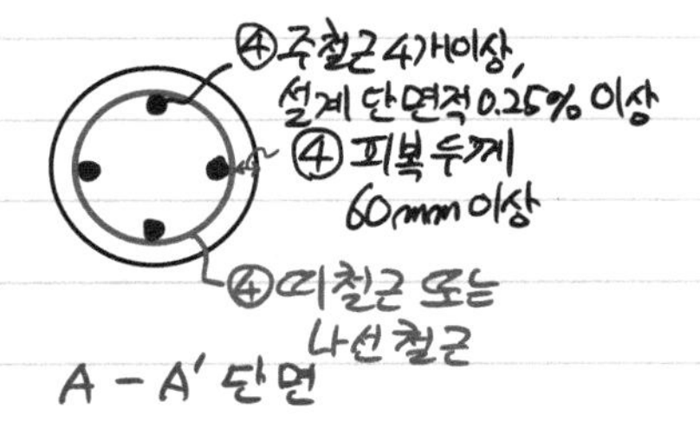

⑤ 저부의 단면을 확대한 말뚝의 측면경사가 수직면과 이루는 각은 30° 이하, 전단력 검토

⑥ 말뚝 중심간격은 (말뚝머리지름 2배이상
" " " + 1000mm 이상

⑦ 케이싱이 없는 경우,

$$\underline{\phi M_n} = 0.25\sqrt{f_{ck}} \times \underline{S_m}$$

설계균열모멘트 / 철근 및 케이싱을 무시한 단면계수

(2) PRD, RCD 공법 개요

① PRD(Percussion Rotary Drill)

저압의 Air를 사용하여 주위구조물의 피해를 없애고, Pipe Driver에 장착된 Hammer Bit를 압축공기에 의해 타격하면서 회전시켜 굴착, 압축공기로 굴착토 배출

② RCD(Reverse Circulation Drill)

물이나 안정액으로 정수압을 유지하여 붕괴를 방지하며, 파쇄록과 물을 배출하며 말뚝을 형성

③ PRD, RCD 공법 특징 비교

	P.R.D 공법	R.C.D 공법
장점	굴착속도 빠름 조정 및 수직도 유지 용이 건식이므로 현장이 깨끗 토질조건과 무관하게 적용 붕괴우려 없음	소음 및 진동이 적음 토사층에서 작업효율 ↑ 깊은 심도까지 시공가능 연·경암층도 굴진 가능 지지력이 크다
단점	토사층 공사시 공사비 고가 Casing 인발시 별도의 장비 필요	공벽유지 어려움 대형의 장비 필요 암반일시 작업효율 ↓

끝

119회 건축구조기술사

(2019년 8월 10일 시행)

대상	응시	결시	합격자	합격률
359	311	48	42	13.50%

총 평

난이도 중

118회와 비슷한 난이도로, 전체적으로 무난한 난이도로 느껴지지만, 쉽다고 하기엔 까다롭고 생소한 문제가 은근히 섞여있었던 시험이었다.

1~3교시는 비교적 무난하였으나, 119회도 4교시만큼은.. 매우 괴로운 시험이었다. 4교시의 어려움이 이시험을 쉽다고 할수 없게 만들었다고 할 수 있다.

4교시의 계산문제는 2개였는데, 2개모두 비틀림검토문제나 2차해석이 필요한 강구조 기둥계산문제나 둘다 만만한 문제가 아니었다. 그렇다고 이문제를 포기해버리면, 서술형에서 승부를 봐야 하는데 4교시는 서술형조차 그렇게 만만한 문제가 없었으니...

119회 시험의 특징은 계산형 문제의 출제비율이 낮았고 서술형 문제 출제비율이 유난히 높았다는 점이다. 대부분의 서술형인 1교시문제를 제외하고 판단했을 때, 일반적인 시험에서 계산형:서술형이 4:2 정도로 출제되었단 반면, 119회시험에서는 계산형:서술형 이 2:4 비율로 출제되었다. 따라서 서술형 문제 답안을 작성하는 데에 훈련이 되지 않은 수험생들은 매우 고전했을거라 판단된다.

합격률은 13.50%로, 시험난이도에 비하면 상당히 높은 합격률이었다. 가장 쉬웠던 116회보다도 살짝 높은 합격률일 정도이니.. 최근들어 가장 높은 합격률이었다. 이는 서술형 문제 출제비율이 높았고, 이에 대한 체점이 후했기 때문이 아닐가 하고 조심스레 추측해본다.

국가기술자격 기술사 시험문제

기술사 제 119 회　　　　　　　　　　　　제 1 교시 (시험시간: 100분)

분야	건설	종목	건축구조기술사	수험번호		성명	

※ 다음 문제 중 10문제를 선택하여 설명하시오. (각10점)

1. 그림과 같은 부정정보 해법을 최소일의 방법을 적용하여 설명하시오.

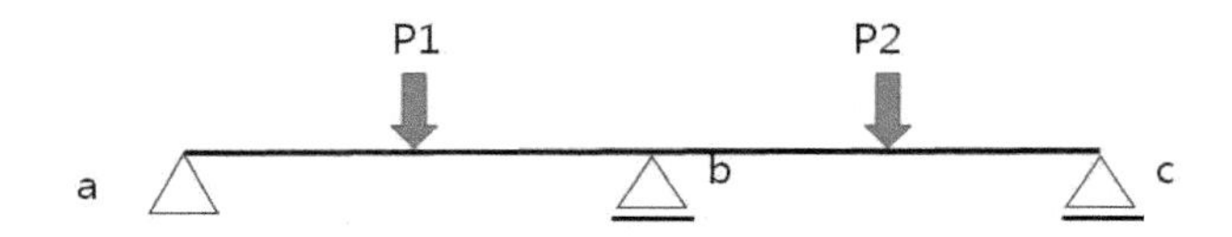

2. 동적해석 시 구조물의 최대응답은 각 모드별 최대응답의 합으로 구할 수 없다. 최대응답을 산정하기 위한 모드합성법에 대하여 설명하시오.
3. 타입말뚝의 허용지지력 산정에 관하여 재하시험을 할 경우와 하지 않을 경우를 구분하여 설명하시오.
4. 아래 철근의 5가지 표기에 대한 의미를 쓰시오.

5. 지하구조물에 대한 내진설계 적용이 국토교통부고시(2019. 3. 14)로 시행되었다. 지하구조물 내진설계 시 면밀한 방법으로 검토해야 할 건축 계획안과 지하구조물 내진설계 제외대상에 대하여 설명하시오.

국가기술자격 기술사 시험문제

기술사 제 119 회 제 1 교시 (시험시간: 100분)

분야	건설	종목	건축구조기술사	수험번호		성명	

6. RC조 건축물 안전진단 시 공칭강도가 부족한 경우, 평가를 위한 강도감소계수와 하중계수의 조정에 대하여 설명하고, 보강 시 안전성 확보를 위한 보강설계의 원칙에 대하여 설명하시오.

7. 철근콘크리트 골조의 횡방향구속 여부의 판단기준과 안정성지수(stability index)에 대하여 설명하시오.

8. 철근콘크리트 건물의 안전진단 시 사용되는 초음파속도시험법의 활용에 대하여 설명하시오.

9. 다음과 같은 고장력볼트의 접합방법에 대하여 설명하고, 각각의 경우에 검토하여야 할 전단강도의 종류를 쓰시오.

   (1) 밀착조임

   (2) 마찰접합

   (3) 전인장조임

10. 용접조립 H형강에서 플랜지와 웨브를 연속 필릿용접(fillet welding)으로 접합할 때 필릿용접의 사이즈를 산정하는 방법을 설명하시오.

11. 공동주택에서 지하주차장 슬래브와 만나는 아파트 지하층 내부벽체에 위해한 수직균열이 발생되었다. 수직균열의 발생원인, 시공 및 구조설계 시 대책, 보수·보강방안에 대하여 설명하시오.

국가기술자격 기술사 시험문제

기술사 제 119 회 제 1 교시 (시험시간: 100분)

분야	건설	종목	건축구조기술사	수험번호		성명	

12. 목구조설계에서 고려하여야 할 4가지 하중조합에 대하여 설명하시오.

13. 철근콘크리트의 최소철근비와 최소변형률에 대하여 설명하시오.

3 - 3

국가기술자격 기술사 시험문제

기술사 제 119 회 제 2 교시 (시험시간: 100분)

분야	건설	종목	건축구조기술사	수험번호		성명	

※ 다음 문제 중 4문제를 선택하여 설명하시오. (각25점)

1. 그림과 같은 트러스의 부재력을 구하시오.

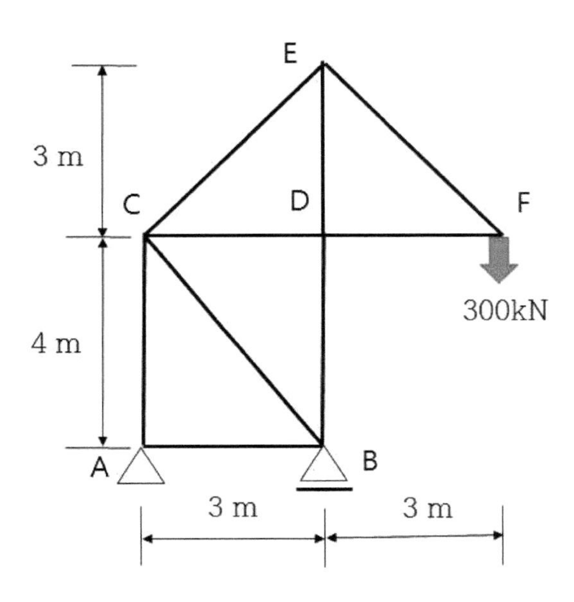

2. 건축물 내진설계기준에 따른 지반의 분류(KDS 17 10 00의 4.2.1.2)에 대하여 설명하시오.

6 - 1

국가기술자격 기술사 시험문제

기술사 제 119 회 제 2 교시 (시험시간: 100분)

분야	건설	종목	건축구조기술사	수험번호		성명	

3. 다음 조건에 따라 강구조 공장건물의 지붕을 구조계획하고자 한다. 다음 질문에 대하여 설명하시오.
   (단, 그림은 다음(페이지)를 참고)

[조건]		
■ 층수 1개층	■ H-형강 철골기둥	■ 풍하중 30m/sec
■ 지표면 조도 C	■ 우레탄패널지붕	■ 지붕적설하중 $0.5kN/m^2$
■ 완경사 지붕	■ 지붕위 태양열집열판	■ 천장설비하중 $0.5kN/m^2$

(1) 지붕 구조도(ROOF FRAMING PLAN) 구조계획

(2) 지붕 설계하중(고정하중 + 적설하중) 산정

(3) 지붕의 외압가스트영향계수의 판단기준 및 방법

(4) 중도리, 가새, 작은보, 큰보 개략 가정단면 산정

국가기술자격 기술사 시험문제

기술사 제 119 회 제 2 교시 (시험시간: 100분)

분야	건설	종목	건축구조기술사	수험번호		성명	

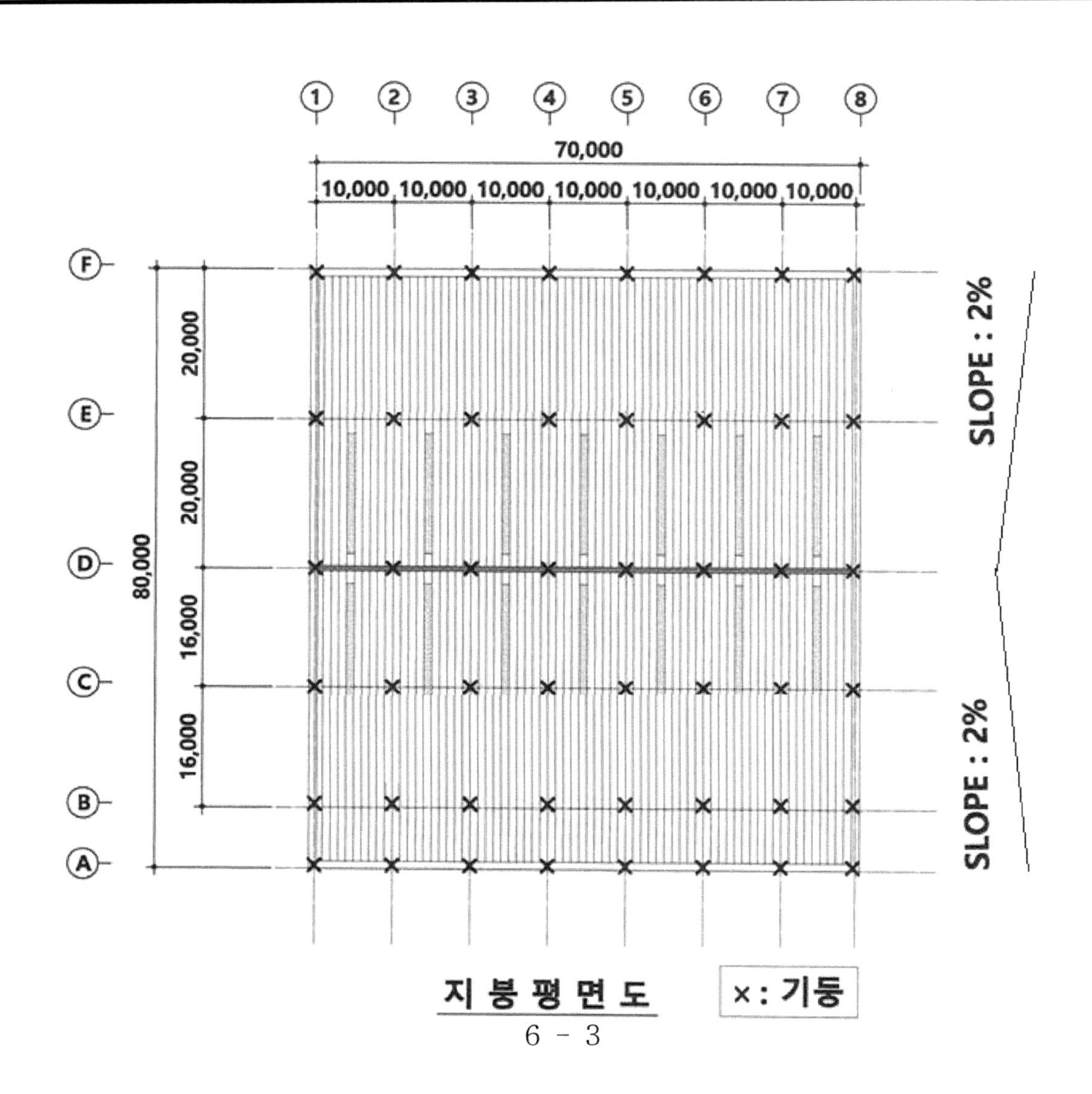

지 붕 평 면 도

6 - 3

국가기술자격 기술사 시험문제

기술사 제 119 회 제 2 교시 (시험시간: 100분)

분야	건설	종목	건축구조기술사	수험번호		성명	

4. 보 길이 L=10m, 단면 b × h = 300 mm × 600 mm, 보의 중심 간격 3.5 m, 슬래브 두께 h = 150 mm인 슬래브에 고정하중 $\omega_D = 7\ \text{kN/m}^2$, 적재하중 $\omega_L = 5\ \text{kN/m}^2$이 작용하는 1방향슬래브 중 외단부(S1)를 설계하시오.
   (단, $f_{ck} = 24\ \text{MPa}$, $f_y = 400\ \text{MPa}$)

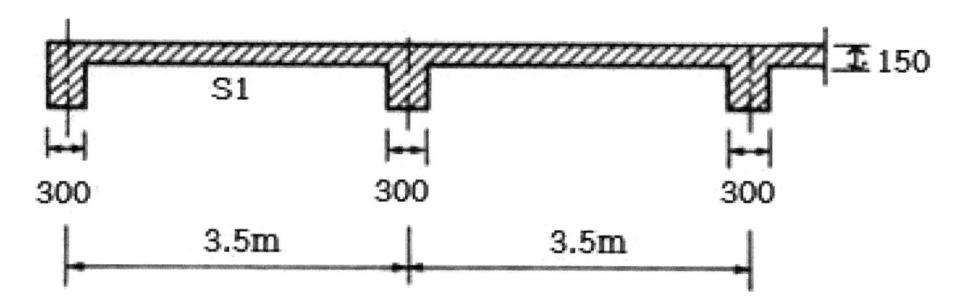

국가기술자격 기술사 시험문제

기술사 제 119 회   제 2 교시 (시험시간: 100분)

분야	건설	종목	건축구조기술사	수험번호		성명	

5. 그림과 같이 양단부를 고장력볼트로 접합한 H형강의 설계인장강도를 다음의 건축물 강구조 설계기준 표를 사용하여 산정하시오.
(단, 접합부의 강도 한계상태는 고려하지 않는다.)
$H-194\times150\times6\times9$, $F_y=275\text{MPa}$, $F_u=410\text{MPa}$, $A_g=3.90\times10^3\text{mm}^2$
$CT-97\times150\times6\times9$, $c_y=17.9\text{mm}$ (CT형강의 중심거리)

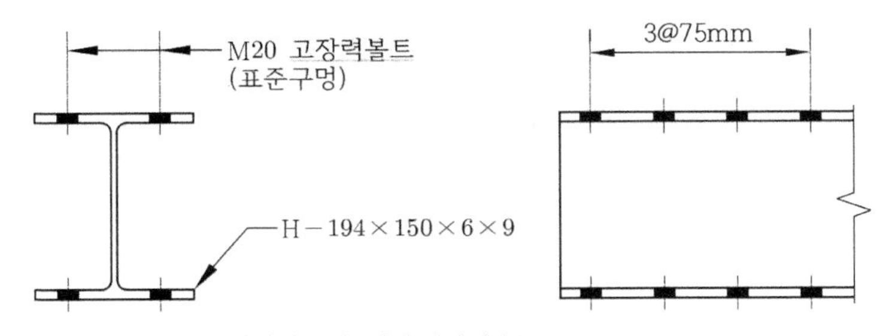

건축물 강구조 설계기준 표 (인장재접합부의 전단지연계수)

사례	요소 설명		전단지연계수, U	예
2	인장력이 길이방향 용접이나 파스너를 통해 단면요소의 일부에 전달되는, 판재와 강관을 제외한 모든 인장재(H형강은 사례 7을 적용할 수도 있다.)		$U=1-\bar{x}/l$	$\bar{x}$
7	H형강 또는 T형강 (사례 2와 비교하여 큰 값의 U를 사용할 수 있다.)	하중방향으로 1열에 3개 이상의 파스너로 접합한 플랜지의 경우	$B\geq2/3H$ ⋯ $U=0.90$ $B<2/3H$ ⋯ $U=0.85$	B, H
		하중방향으로 1열에 4개 이상의 파스너로 접합한 웨브의 경우	$U=0.70$	-

주) l = 접합길이(mm) ; w = 판재의 폭 ; $\bar{x}$ = 접합부편심(mm)

6 - 5

국가기술자격 기술사 시험문제

기술사 제 119 회 제 2 교시 (시험시간: 100분)

분야	건설	종목	건축구조기술사	수험번호		성명	

6. 건축물 안전진단 시, 비파괴검사방법인 콘크리트 반발경도시험에 있어서 고려해야 할 사항, 압축강도추정식의 종류 및 보정계수에 대하여 설명하시오.

6 - 6

국가기술자격 기술사 시험문제

기술사 제 119 회 제 3 교시 (시험시간: 100분)

분야	건설	종목	건축구조기술사	수험번호		성명	

※ 다음 문제 중 4문제를 선택하여 설명하시오. (각25점)

1. 그림과 같은 3연속 보에 등분포 고정하중(w_D)이 작용하고 있을 때, 등분포 활하중 배치에 따라 각 지점(A, B, C, D)과 각 구간(AB구간, BC구간, CD구간)의 최대 휨 모멘트가 달라지게 된다. 활하중의 배치에 따른 7개의 휨모멘트도를 그리고, 최대 휨모멘트(정 또는 부모멘트)가 생기는 지점 또는 구간을 표기하시오.

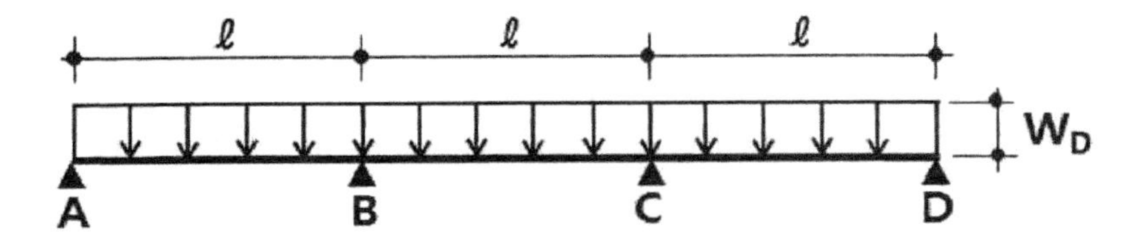

2. 바람으로 인하여 건축구조물에 발생하는 특수한 영향들을 고려하기 위해 풍동실험에 의한 특별풍하중을 산정하여야 하는 경우에 대하여 설명하시오.

7 - 1

국가기술자격 기술사 시험문제

기술사 제 119 회 제 3 교시 (시험시간: 100분)

분야	건설	종목	건축구조기술사	수험번호		성명	

3. 지상 10층 규모의 강구조 업무용 건축물에 대해 구조계획을 하고 다음을 설명하시오. (단, 그림은 다음(페이지)을 참고하시오.)

[조건]
- 철골보를 오픈하여 설비를 설치함, 설비 DUCT D = 400 mm
- 이중바닥(Raised Floor) T=150 mm, 천장고 2500 mm, 불확실한 칸막이 고려

(1) 기준층 ⑤~⑦열 2 Span에 대하여 구조계획하고, 구조계획의 근거 및 가정단면을 설명

(2) 슬래브형식 결정 및 슬래브 두께 가정, 일반사무실 등분포활하중 및 불확실한 칸막이하중 제시

(3) 층고계획 제시

7 - 2

국가기술자격 기술사 시험문제

기술사 제 119 회　　　　　　　　　　　　　　　　제 3 교시 (시험시간: 100분)

분야	건설	종목	건축구조기술사	수험번호		성명	

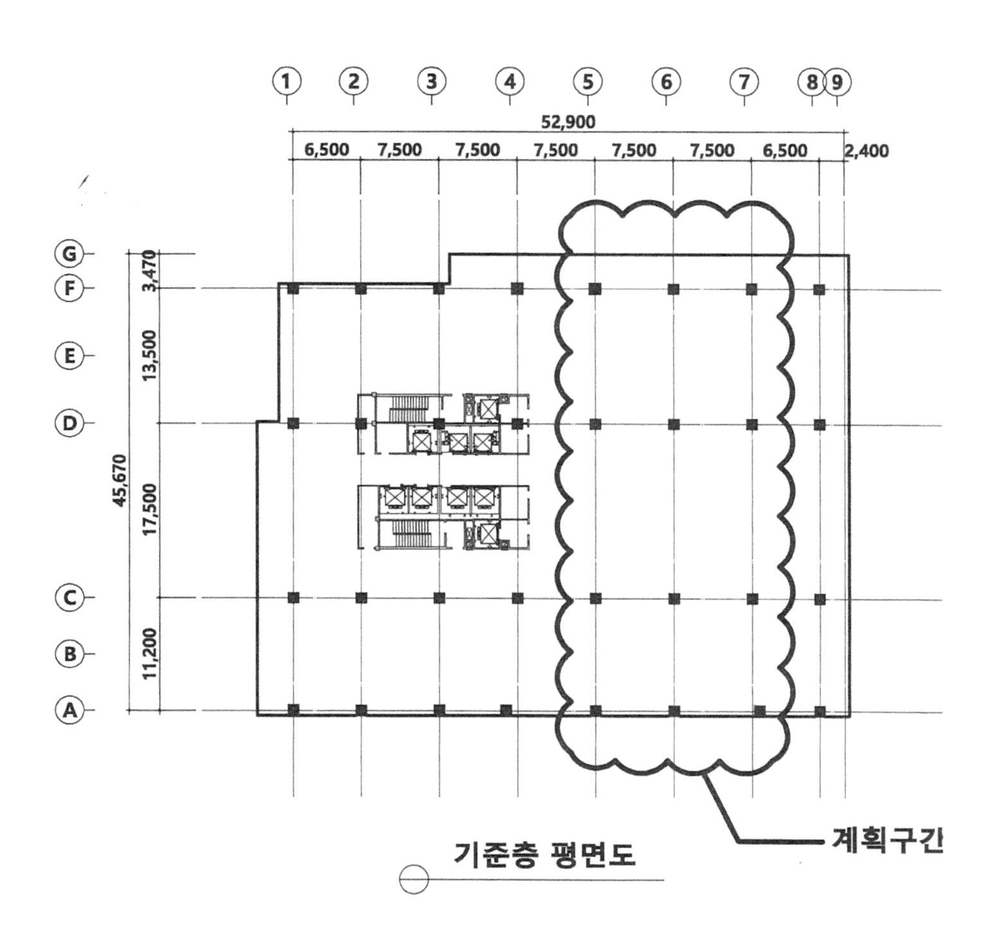

7 - 3

국가기술자격 기술사 시험문제

기술사 제 119 회 제 3 교시 (시험시간: 100분)

분야	건설	종목	건축구조기술사	수험번호		성명	

4. 기둥의 상하단이 그림과 같이 횡변위가 구속된 경우, 이 기둥의 세장효과 여부를 판단하여 설계용 휨모멘트를 구하시오.

[조건]
- 기둥 $B \times D = 450 \times 450$
- 기둥에 작용하는 하중은 고정하중 $P_D = 1000\,\text{kN}$, 적재하중 $P_L = 600\,\text{kN}$
- 기둥 길이방향으로 등분포 계수하중 $w_u = 15\,\text{kN/m}$ 이 동시에 작용
- 사용된 재료 $f_{ck} = 27\,\text{MPa}$, $f_y = 400\,\text{MPa}$

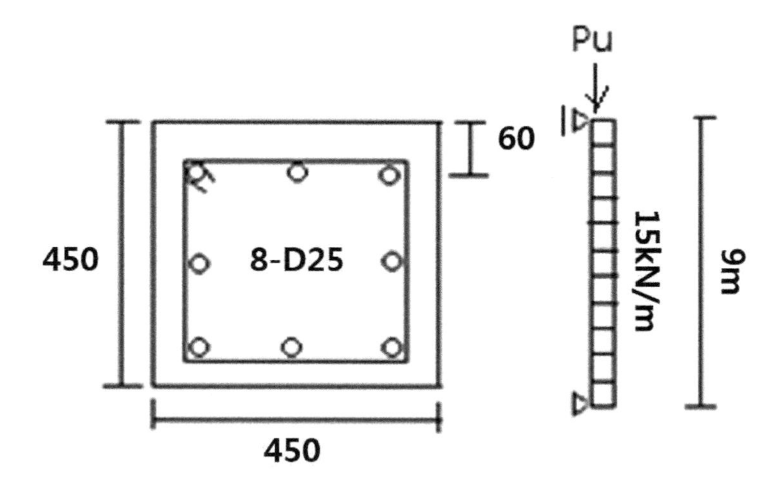

7 - 4

국가기술자격 기술사 시험문제

기술사 제 119 회 제 3 교시 (시험시간: 100분)

분야	건설	종목	건축구조기술사	수험번호		성명	

5. 그림과 같은 H형강 기둥 주각부에서 베이스플레이트의 면적과 두께의 적합성을 건축물 강구조 설계기준과 다음 페이지의 베이스플레이트 설계지침에 따라 검토하시오.
(단, 페데스탈의 단면적은 베이스플레이트의 면적과 동일한 것으로 간주하며, 앵커볼트는 평가 목적상 표시하지 않았음)

[조건]
- H형강 기둥 : H－300×300×11×12
- 기둥의 축력 : $P_D = 1100$kN(고정하중), $P_L = 660$kN(활하중)
- 베이스플레이트 : PL－30×450×420($F_y = 275$MPa)
- 페데스탈 콘크리트의 강도 : $f_{ck} = 24$MPa

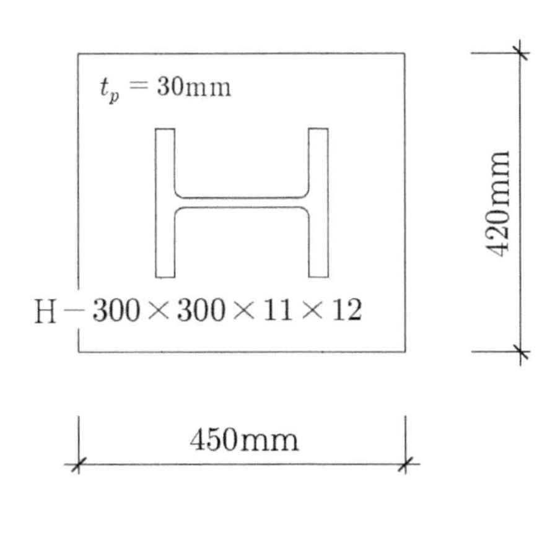

국가기술자격 기술사 시험문제

기술사 제 119 회 제 3 교시 (시험시간: 100분)

분야	건설	종목	건축구조기술사	수험번호		성명	

[베이스플레이트 설계지침]

베이스플레이트의 휨모멘트를 산정하기 위한 기둥 외부 캔틸레버의 위험단면은 다음 그림에 따르며, 항복선 이론에 의한 기둥 플랜지 또는 웨브로 부터의 캔틸레버 경간 $\lambda n'$ 은 다음 식으로 산정한다.

$$\lambda n' = \lambda \frac{\sqrt{db_f}}{4} \qquad \lambda = \frac{2\sqrt{X}}{1+\sqrt{1-X}} \le 1 \qquad X = \left[\frac{4db_f}{(d+b_f)^2}\right]\frac{P_u}{\phi_c P_p}$$

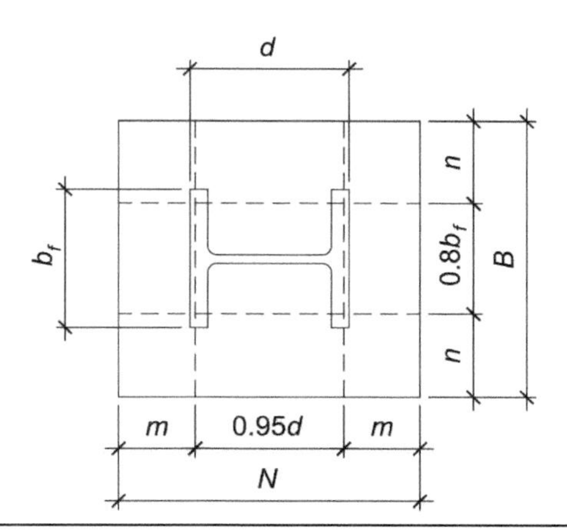

국가기술자격 기술사 시험문제

기술사 제 119 회 제 3 교시 (시험시간: 100분)

분야	건설	종목	건축구조기술사	수험번호		성명	

6. 초고층 건축물 구조계획 시 구조시스템별 적정층수, 형식별 특징 및 장단점에 대하여 설명하시오.
   1) 아웃리거구조시스템
   2) 튜브구조시스템
   3) 가새튜브구조시스템

7 - 7

국가기술자격 기술사 시험문제

기술사 제 119 회　　　　　　　　　　　　　　　　　　　제 4 교시 (시험시간: 100분)

분야	건설	종목	건축구조기술사	수험번호		성명	

※ 다음 문제 중 4문제를 선택하여 설명하시오. (각25점)

1. 다자유도계의 동적해석에 따른 고유치문제에 대하여 설명하시오.

2. 목재기둥의 단부 지지조건에 따른 좌굴형태를 그림으로 나타내고, 각각의 조건에 대한 유효기둥길이 산정 시 사용되는 좌굴길이계수 값을 쓰시오.

국가기술자격 기술사 시험문제

기술사 제 119 회　　　　　　　　　　　　　　　제 4 교시 (시험시간: 100분)

분야	건설	종목	건축구조기술사	수험번호		성명	

3. 벽식구조 공동주택에서 외부벽체(W1A)와 만나는 내부벽체(HW10)에서 시공자가 HW10의 BAR SHOP DWG을 제출한 경우, 구조감리자로서 수직철근 배근원칙과 HW10 벽체의 총 수직철근 개수를 산정하시오.

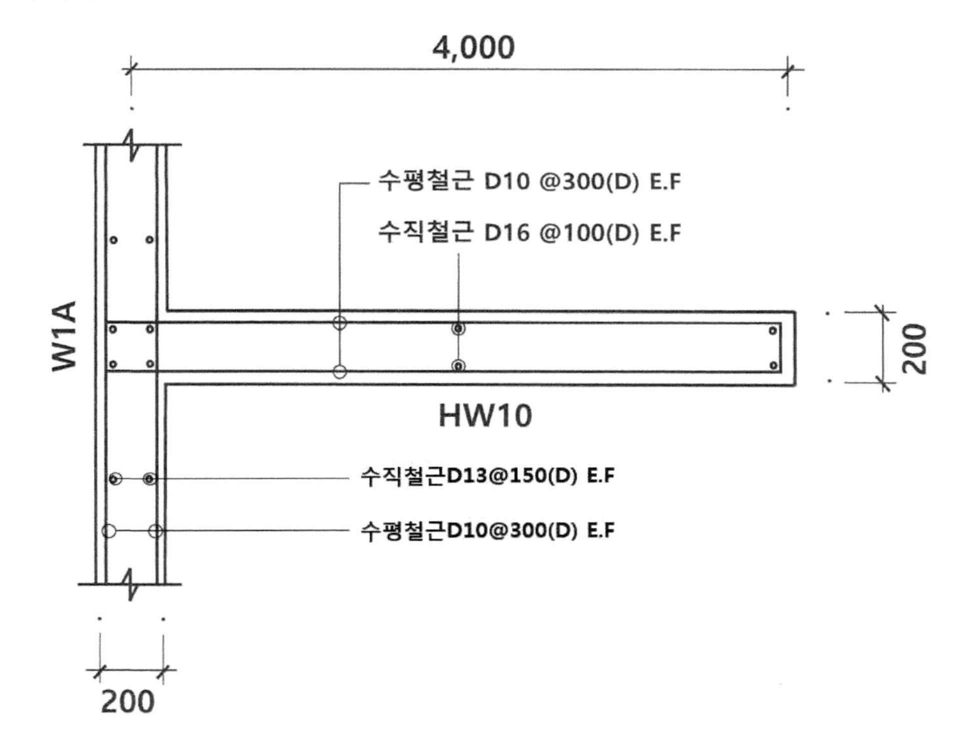

6 - 2

국가기술자격 기술사 시험문제

기술사 제 119 회 　　　　　　　　　　　　　　　　　　　　제 4 교시 (시험시간: 100분)

분야	건설	종목	건축구조기술사	수험번호		성명	

4. 그림과 같이 $b_w \times h = 300\,\text{mm} \times 600\,\text{mm}$ 이며, 경간 6m인 보가 중심선에서 2m 내민 켄틸레버 슬래브(두께 T=150mm)를 지지하고 있을 때, 이 보의 전단과 비틀림에 대한 다음 사항들을 검토하시오.

[조건]
- 보에는 보 중심선을 따라서 $12\,kN/m$의 적재하중이 작용
- 슬래브에는 $2\,kN/m^2$ 적재하중이 작용(보의 외단까지 작용)
- 보의 휨철근 중심까지 유효깊이는 500mm
- 보 표면에서 스터럽 중심까지의 거리는 40mm
- 사용된 재료는 $f_{ck} = 27\,\text{MPa}$, $f_y = 400\,\text{MPa}$

1) 비틀림 효과의 고려 여부

2) 비틀림에 대한 단면의 적정성

3) 폐쇄스터럽 검토

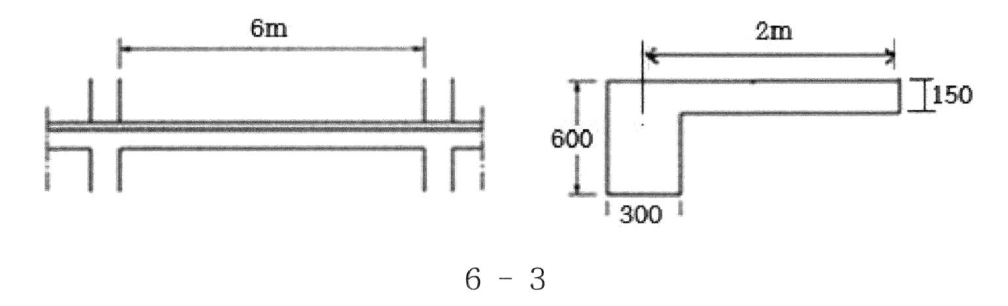

6 - 3

국가기술자격 기술사 시험문제

기술사 제 119 회 제 4 교시 (시험시간: 100분)

분야	건설	종목	건축구조기술사	수험번호		성명	

5. 그림과 같은 강구조 골조를 건축물 강구조 설계기준에 따라 직접해석법으로 해석하여 기둥 C_1과 C_2의 소요강도를 구하시오.

(단, 기둥 C_1과 C_2는 강축방향으로 배치되어 있다. 2차해석은 건축물 강구조 설계기준에 따른 증폭1차탄성해석에 의한 2차해석을 사용한다. 기준에 따른 산정식은 다음 페이지를 참고하시오.)

C_1, C_2 : H $-344\times348\times10\times16$ ($F_y = 355$MPa)

$A_g = 14.6\times10^3\text{mm}^2$ $I_x = 333\times10^6\text{mm}^4$ $E = 210{,}000$MPa

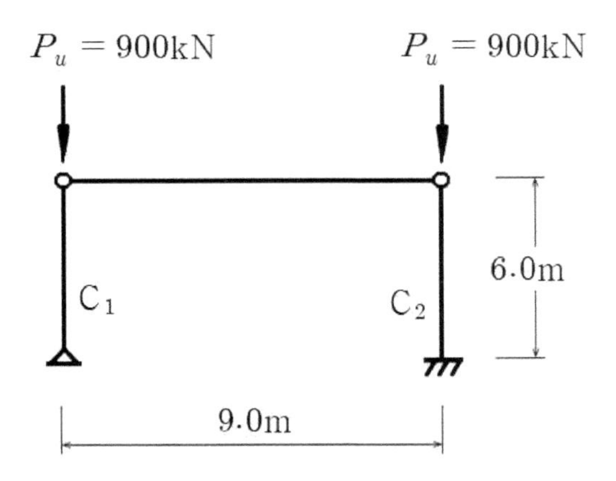

6 - 4

국가기술자격 기술사 시험문제

기술사 제 119 회 제 4 교시 (시험시간: 100분)

분야	건설	종목	건축구조기술사	수험번호		성명	

(기준에 따른 산정식)

- 건축물 강구조 설계기준에 의하면, 직접해석법은 휨강성을 저감한 골조에 가상하중을 횡하중으로 적용하여 2차해석으로 소요강도를 구한다.

  가상횡하중 : $N_i = 0.002\,Y_i$

  저감된 휨강성 : $EI^* = 0.8\tau_b EI$ 여기서는 $\tau_b = 1.0$ 사용

- 건축물 강구조 설계기준에 따른 증폭1차탄성해석에 의한 2차해석 :

  $M_r = B_1 M_{nt} + B_2 M_{lt}$ $P_r = P_{nt} + B_2 P_{lt}$

  $$B_1 = \frac{C_m}{1 - \dfrac{P_r}{P_{e1}}} \geq 1.0 \qquad B_2 = \frac{1}{1 - \dfrac{\Sigma P_{nt}}{\Sigma P_{e2}}} \qquad \Sigma P_{e2} = R_M \frac{\Sigma HL}{\Delta_H}$$

  $R_M = 0.85$(모멘트골조)

- 단부에 집중하중 P가 작용하는 캔틸레버의 최대처짐 : $\Delta = \dfrac{Pl^3}{3EI}$

국가기술자격 기술사 시험문제

기술사 제 119 회 제 4 교시 (시험시간: 100분)

분야	건설	종목	건축구조기술사	수험번호		성명	

6. 기초형식 중 말뚝전면복합기초에 대해 설명하고, 안전성을 확인하기 위하여 검토해야 할 내용 3가지를 설명하시오.

119회 기출문제 풀이

1. 그림과 같은 부정정보 해법을 최소일의 방법을 적용하여 설명하시오.

<119회 1교시>

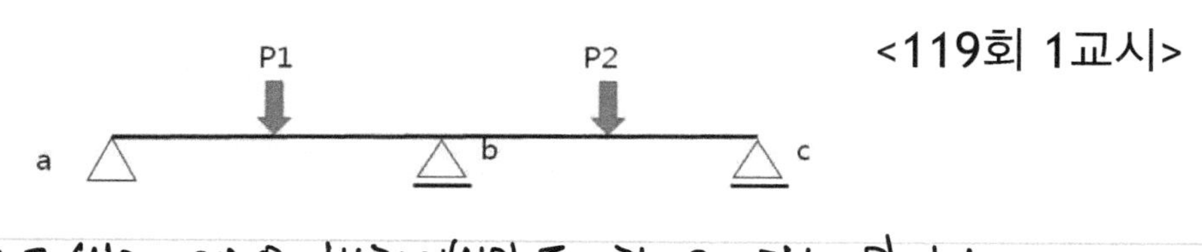

* 잉여력(부정정력)은 변형에너지를 최소로 하는 값이다.

(1) 부정정력 선정

1차 부정정 구조물이므로, 1개의 잉여력(반력)을 선택하여 미지의 부정정력으로 고려한다.

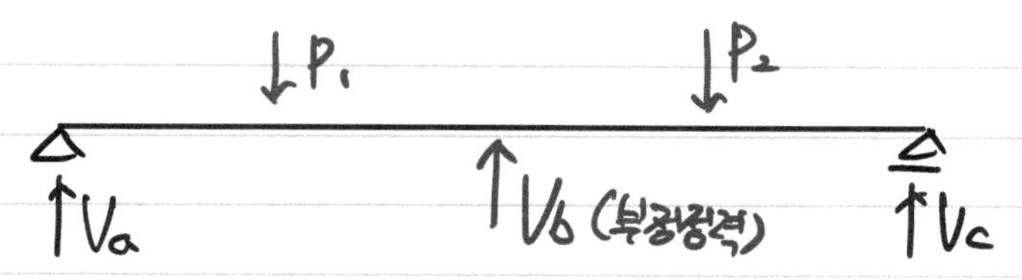

(2) 해제된 정정보의 해석.

부정정력을 하중으로 고려시 정정구조물이 되므로, 정정구조물을 해석한다.

① 반력 산정.

$\Sigma M_c=0$: V_a 산정

$\Sigma V=0$: V_c 산정

② 구간별 부재력 (모멘트 산정)

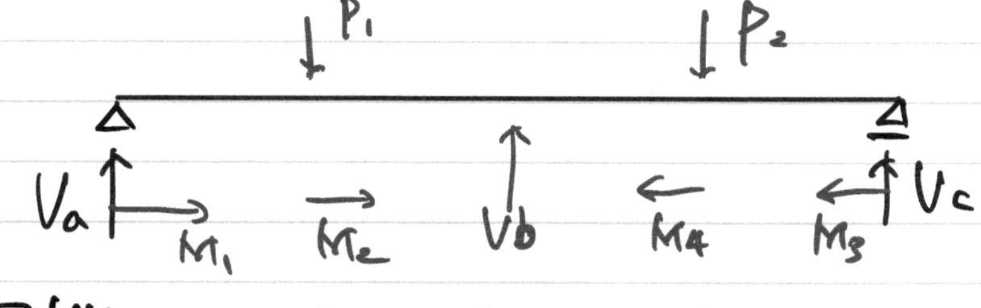

구간별 모멘트 $M_1 \sim M_4$ 를 산정한다.

(3) 변형에너지 산정.

구조물 변형에너지 U를 산정한다.

$$U = \int \frac{M_1^2}{2EI} \cdot dx + \int \frac{M_2^2}{2EI} dx + \int \frac{M_3^2}{2EI} dx + \int \frac{M_4^2}{2EI} dx$$

(4) 부정정력 V_b 산정.

최소일의 원리를 적용하여 부정정력 V_b를 산정한다.

$$\frac{\partial U}{\partial V_b} = 0, \qquad V_b \text{ 산정가능}$$

(5) 구조물의 해석

부정정력 V_b를 (4)에서 산정된 값을 적용하여 부정정보를 해석한다.

끝

2. 동적해석 시 구조물의 최대응답은 각 모드별 최대응답의 합으로 구할 수 없다. 최대응답을 산정하기 위한 모드합성법에 대하여 설명하시오. <119회 1교시>

* 각 모드별 최대응답의 합으로 구조물의 최대응답을 구할 시, 구조물의 응답이 과도하게 큰 값으로 나타나게 되므로, 보다 합리적인 방법으로 구조물의 응답을 평가하기 위해 SRSS 나 CQC법 적용

(1) 고유치 해석에 의한 모드분리

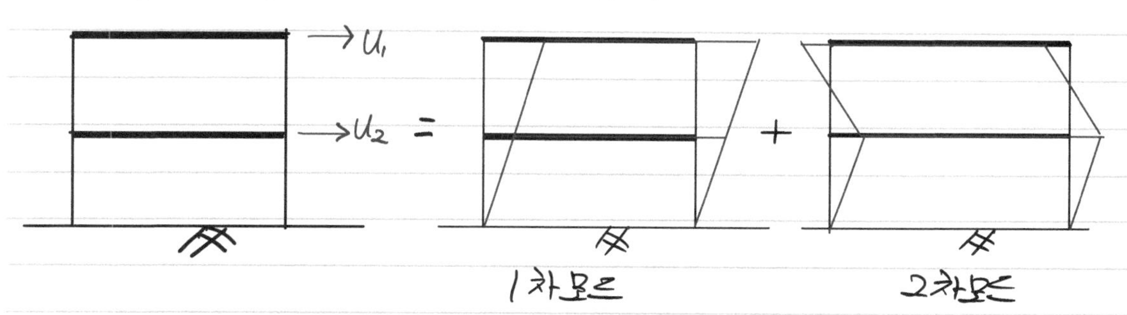

구조물의 응답은 고유치 해석에 의한 각각의 모드로 분리한 뒤, 이에 대한 각각의 모드별 응답으로 분리가능하다.
각각의 모드별 응답을 합성하여 구조물의 최대응답을 확인할수 있다.

(2) 모드합성법

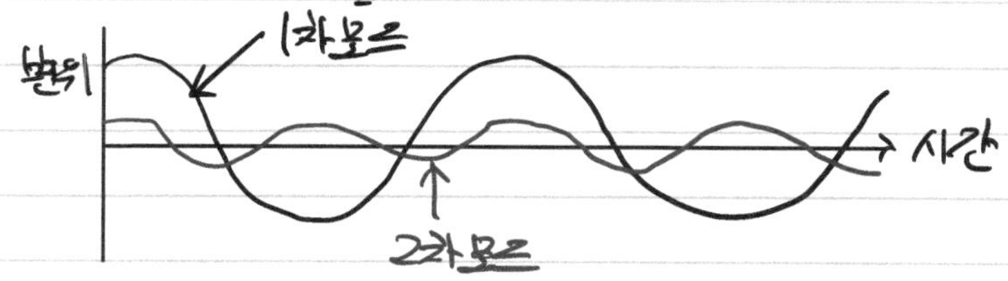

모드별 최대응답은 동시에 발생하지 않으므로, 각각의 모드응답을 단순중첩할 경우 지진하중을 과대평가하게 된다. 이러한 점을 고려하기 위해 각 모드응답을 SRSS(제곱합제곱근법) 또는 CQC(완전2차조합법)을 사용하여 조합한다.

① SRSS (제곱합 제곱근법)

$$r_o \simeq \left(\sum_{m=1}^{n} r_{mo}^2\right)^{\frac{1}{2}}$$

이때 r_o는 최대응답, r_{mo}는 m차모드의 최대응답이다.
계산이 비교적 간단하면서 고유진동수가 잘 분산되어 있는 경우, 매우 좋은 응답 값을 얻을수 있다.

② CQC (완전이차 조합법)

$$r_o \simeq \left(\sum_{i=1}^{m}\sum_{i=1}^{m} \rho_{im} \cdot r_{io} \cdot r_{mo}\right)^{\frac{1}{2}}$$

여기서 ρ_{im}은 두모드에 대한 상관계수이다.
각모드에 대한 상관계수를 고려함으로써 고유진동수가 잘 분산되지않은 경우에도 적용가능하다.

KDS 41 17 00, 7.3.3.5에 따르면 각모드의 주기차이가 25% 이내일 때는 CQC를 사용하여야 한다.

글

M군 : 각 모드의 주기차이가 많이 커지면, $\rho_{im} \fallingdotseq 0$ 이므로,
CQC ≒ SRSS 이다

$$\rho_{im} = \frac{8 \cdot \zeta^2 \cdot (1+r) \cdot r^{1.5}}{(1-r^2)^2 + 4\zeta^2 \cdot r \cdot (1+r)^2}, \quad r = \frac{w_m}{w_i}$$

주기차이가 클 경우 ($w_i >> w_m$) → $r \fallingdotseq 0$, $\rho_{im} = 0$

$$\rightarrow r_o = \left(\sum_{i=1}\sum_{i=1}^{m} \rho_{im} \cdot r_{io} \cdot r_{mo}\right)^{\frac{1}{2}} = \left(\Sigma r_{mo}\right)^{1/2}$$

(ρ_{im} → 0)

CQC = SRSS

주기차이가 거의 없을시 ($W_i \fallingdotseq W_m$) → $r \fallingdotseq 1$, $\rho_{im} = 2$

$$\rightarrow r_o = \left(\sum_{i=1}\sum_{i=1}^{m} \rho_{im} \cdot r_{io} \cdot r_{mo}\right)^{\frac{1}{2}} = \left(\Sigma r_{mo}\right)^{1/2}$$

(ρ_{im} → 2)

CQC ≠ SRSS

3. 타입말뚝의 허용지지력 산정에 관하여 재하시험을 할 경우와 하지 않을 경우를 구분하여 설명하시오.

<119회 1교시>

KDS 41 20 00, 4.4.2.1 및 4.4.2.2

타입말뚝 : 직타 또는 선굴착후 직타를 하는 경우

(1) 재하시험을 하는 경우의 허용지지력

허용지지력은 다음값중 최소값

① 허용압축응력 × 최소단면적

② 항복하중(P_y)의 $\frac{1}{2}$

③ 극한하중(P_u)의 $\frac{1}{2}$

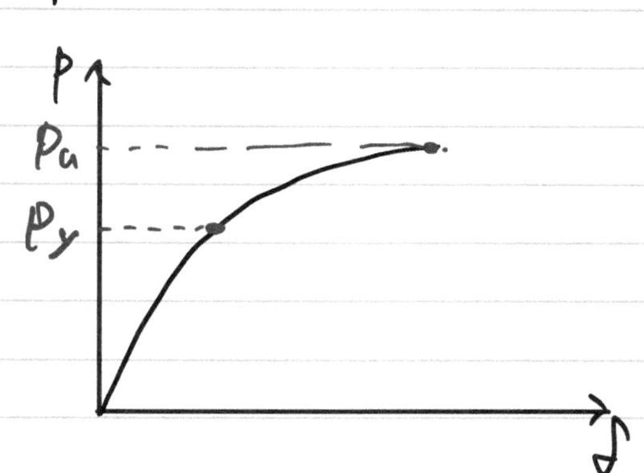

(2) 재하시험을 하지 않는 경우의 허용지지력

허용지지력은 다음값 중 최소값

① 허용압축응력 × 최소단면적

② 지지력 산정식에 의한 극한지지력의 $\frac{1}{3}$

아래 지지력 산정식은 정역학적 지지력산정식 또는 SPT(표준관입시험)의 N값을 이용해 추정한 식 사용.

a. 정역학적 지지력산정식

$$Q_u = Q_p + Q_s = q_p \cdot A_p + \Sigma f_s \cdot A_s$$

b. SPT 이용 추정식

$$Q_u = m \cdot N'_{60} \cdot A_p + n \cdot \overline{N_{60}} \cdot A_s$$

끝

딸기맛호가든 : 지지력 산정식은 구조물기초설계기준을 참조하였다.

4. 아래 철근의 5가지 표기에 대한 의미를 쓰시오. <119회 1교시>

① *: 용접용 철근 (아닐시 미표기)

② K: 원산지 표기 (Korea)

③ AB: 제조사 표기 (제작회사)

④ 19: 철근의 규격 표기 (D19)

⑤ 4S: 강종 표기 (SD400S)
　 S → 내진용 철근 일시

끝

5. 지하구조물에 대한 내진설계 적용이 국토교통부고시(2019. 3. 14)로 시행되었다. 지하구조물 내진설계 시 면밀한 방법으로 검토해야 할 건축 계획안과 지하구조물 내진설계 제외대상에 대하여 설명하시오. <119회 1교시>

KDS 41 17 00 내진설계기준 및 해설 14.1 일반사항의 해설부분

(1) 지하구조물 내진설계시 면밀한 방법으로 검토해야 하는 경우

① 건물이 경사지에 건설되어 충분한 외벽 없이 편심의 지진토압을 지지해야 하는 경우

② 지하구조에 슬래브가 없거나 큰 개구부가 있어 지진토압을 지지하거나 외벽에 전달하기 어려운 구조

③ 지하 구조의 평면 형상비(좁고 긴 평면)가 커서 지하구조의 횡강성과 강도가 작은 경우

④ 지상구조의 주요 수직재가 지하외벽에 면하여 설치되는 경우

⑤ 지하외벽의 붕괴가 직접적으로 상부구조의 붕괴 또는 인명피해를 촉발할 수 있는 경우

(2) 지하구조물 내진설계 제외대상

① 평지 또는 평지에 가까운 대지에 건설되고, 깊지 않은 1개 층의 지하구조를 가지며, 지상층 연면적 500m² 이하인 소규모 건축물

② 건축물과 이격된 옹벽, 지중에 설치되는 터널과 공동구 등의 토목구조물

끝

6. RC조 건축물 안전진단 시 공칭강도가 부족한 경우, 평가를 위한 강도감소계수와 하중계수의 조정에 대하여 설명하고, 보강 시 안전성 확보를 위한 보강설계의 원칙에 대하여 설명하시오. <119회 1교시>

KDS 14 20 90, 4.2.4 및 4.2.5

(1) 평가를 위한 강도감소계수

기존의 건축물을 평가 할 시, 시공오차, 제작오차 등에 대한 불확실성이 제거되었으므로, 강도감소계수를 설계 시보다 상향 적용 가능하다.

① 인장지배단면 : 0.85 → 1.0

② 압축지배단면 - 나선철근보강부재 : 0.7 → 0.85
- 기타의 경우 : 0.65 → 0.8

③ 전단력 및 비틀림모멘트 : 0.75 → 0.8

④ 콘크리트 지압력 : 0.65 → 0.8

(2) 평가를 위한 하중계수

하중조사를 통해 얻은 실제하중 적용가능

① 일반적으로 기설계하중 반영

② 하중조사 수행시 이를 반영가능

③ 설계기준의 하중조합 사용 (하중조사 수행시 수직하중 5% 저감가능)

(3) 보강설계의 원칙

① 내하력 회복 또는 증가시, 타당한 보강설계에 근거하여 수행

② 보강설계시 구조체의 손상원인, 손상정도, 저항내력을 파악하고, 구조물이 처한 환경조건, 하중, 소요내력을 고려하여 보강의 범위와 규모를 정하며 적절한 보강시공법을 검토한다.

③ 보강설계시 보강후의 구조내하력 증가 외에 사용성과 내구성, 성능향상을 고려하여야 한다.

④ 책임구조기술자는 품질확보를 위해 공정별로 품질관리 검사를 시행하여야 한다.

끝

딸기맛호가든 : (1)과 (2)는 자주 나오던 문제인데, 119회에서는 보강설계 원칙이 추가되었다.

7. 철근콘크리트 골조의 횡방향구속 여부의 판단기준과 안정성지수(stability index)에 대하여 설명하시오. <119회 1교시>

(1) 횡방향 구속 여부 판단 기준

① P-Δ 효과로 발생되는 횡하중에 의한 휨모멘트 증가가 1차 해석 휨모멘트의 5% 이하일시 횡구속으로 고려

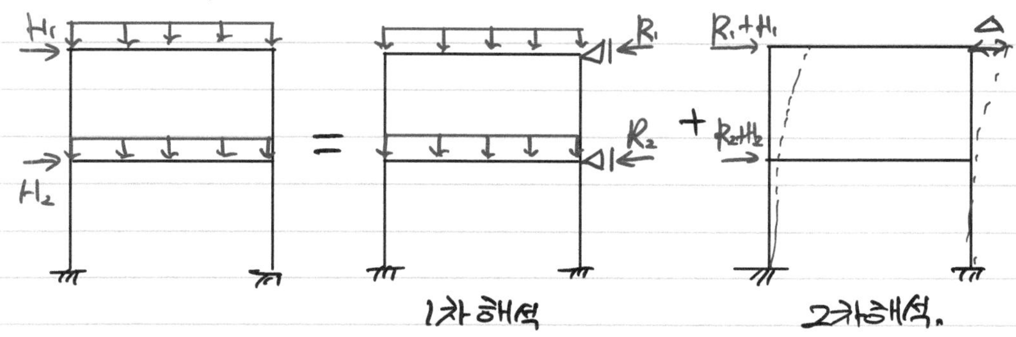

② 층 안정성 지수가 0.05 이하일 경우 횡구속으로 고려

(2) 안정성 지수 Q

$$Q = \frac{\Sigma P_u \cdot \Delta_o}{V_u \cdot l_c}$$

2차효과에 의한 층간휨모멘트 $\Sigma P_u \cdot \Delta_o$ 대 횡력에 의한 층간휨모멘트 $V_u \cdot l_c$의 비 2차 효과에 의한 기여도를 나타내는 근사적 지표로 활용된다.

끝

딸기맛호가든 : 이외에 횡력을 저항하는 탁월한 구조요소(전단벽)이 있다면, 전단벽량이 지나치게 적지 않는 한 보통은 횡구속에 들어갈 것이다.

8. 철근콘크리트 건물의 안전진단 시 사용되는 초음파속도시험법의 활용에 대하여 설명하시오. <119회 1교시>

(1) 초음파 속도 시험법

비파괴 시험법 중 하나로 초음파(50~100KHz)를 측정 부위에 투과 또는 반사시켜 전파속도로부터 상태를 판단하는 시험법
(투과법) (반사법)

(2) 특징

① 부재의 형상과 치수에 제약이 없다.
② 검사속도가 빠르고 간편하다.
③ 배합비, 함수율, 골재에 따라 음속이 상이하게 측정

(3) 활용

① 콘크리트 강도의 추정
② 콘크리트 피복두께의 추정
③ 균열의 위치와 깊이 검사

끝

9. 다음과 같은 고장력볼트의 접합방법에 대하여 설명하고, 각각의 경우에 검토하여야 할 전단강도의 종류를 쓰시오.

<119회 1교시>

(1) 밀착조임

(2) 마찰접합

(3) 전인장조임

KDS 41 31 00, 4.7.3.1 고장력볼트

(1) 밀착조임

① 접합방법

임팩트렌치로 수회 또는 일반렌치로 최대한 조여서 접합면이 견실하게 밀착된 상태.

지압접합 또는 진동·하중변동에 의한 고장력볼트의 풀림이나 피로를 설계에 고려할 필요가 없는 경우 적용.

② 검토해야할 전단강도

지압접합에 의한 설계전단강도를 적용한다.

$\phi R_n = 0.75 \cdot F_{nv} \cdot A_b$

여기서 $F_{nv} = 0.5F_u$ (나사부가 전단면에 포함 X)

$= 0.4F_u$ (나사부가 전단면에 포함)

(2) 마찰접합

① 접합방법

표준볼트장력(설계볼트장력의 1.1배)을 유지하도록 볼트를 조이고, 마찰면처리를 하여 마찰력에 의해 미끄러짐이 발생하지 않도록 하는 접합방법

접합부의 미끄러짐이 과도한 변형을 유발하여 사용성에 영향을 주거나 안정성·강도감소의 원인이 될 경우 구조기술자가 판단하여 마찰접합적용

② 검토해야 할 전단강도

마찰접합에 의한 설계미끄럼강도를 적용한다. $\phi R_n = \phi \cdot \mu \cdot h_f \cdot T_o \cdot N_s$

$\phi = 1.0$ (표준구멍 또는 수직단슬롯구멍)

$\phi = 0.85$ (대형구멍 또는 평행단슬롯구멍)

$\phi = 0.7$ (장슬롯구멍)

h_f: 필러계수, μ: 마찰계수, T_o: 설계볼트장력

N_s: 전단면의 수

(3) 전인장 조임

① 접합방법

주어진 설계볼트 장력으로 조임, 마찰면 처리는 밀착조임과 동일하게 처리한 경우

② 검토해야 할 전단강도

밀착조임과 동일하게 지압접합에 의한 설계전단강도를 고려한다.

(4) 추가 공통고려사항

밀착조임, 마찰접합, 전인장조임 모두 지압한계상태에 대한 볼트구멍의 설계강도를 고려하여야 한다.

끝

10. 용접조립 H형강에서 플랜지와 웨브를 연속 필릿용접(fillet welding)으로 접합할 때 필릿용접의 사이즈를 산정하는 방법을 설명하시오. <119회 1교시>

KDS 14 31 25, 4.1.2.2.2 제한사항

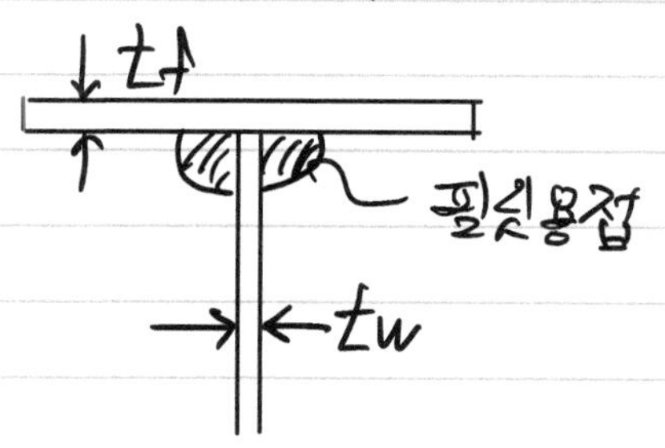

(1) 최소사이즈 S_{min}

필릿 용접의 최소사이즈는 다음을 따른다.

$t = \min(t_f, t_w)$	최소사이즈 S_{min}
$t \le 6mm$	$3mm$
$6mm < t \le 13mm$	$5mm$
$13mm < t \le 19mm$	$6mm$
$19mm < t$	$8mm$

(2) 최대사이즈 S_{max}

필릿용접의 최대사이즈는 다음을 따른다.

$t < 6mm$, $S_{max} = t$

$t \ge 6mm$, $S_{max} = t - 2mm$

(3) 용접사이즈

$S_{min} \le S \le S_{max}$ 인 사이즈로 결정.

끝

11. 공동주택에서 지하주차장 슬래브와 만나는 아파트 지하층 내부벽체에 위해한 수직 균열이 발생되었다. 수직균열의 발생원인, 시공 및 구조설계 시 대책, 보수·보강방안에 대하여 설명하시오. <119회 1교시>

(1) 수직균열 발생원인

① 콘크리트 압축강도 부족에 의한 균열 (구조적균열)

가장 심각한 경우로 부재의 저항가능한 축력보다 실제 작용축력이 클때 발생

② 철근 부식 또는 배관에 의한 균열 (비구조적 균열)

③ 이질 재료에 의한 균열 (비구조적 균열)

콘크리트와 콘크리트 블록부분의 경계 등에 생기는 균열

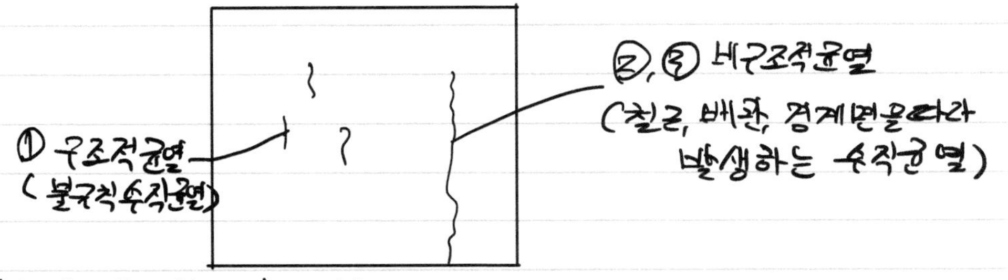

(2) 시공및 구조설계시 대책

① 구조적균열

- 설계오류가 발생하지 않도록 각부재에 작용가능한 하중 검토
- 시공시 콘크리트 품질 확보

② 비구조적 균열

- 콘크리트의 충분한 양생
- 피복두께의 확보

(3) 보수·보강 방안

① 구조적 균열 – 보수·보강필요

구조검토로 소요내하력을 산정하고, 증타 보강을 통해 내하력을 향상

② 비구조적균열 – 보수필요

구조안전성과는 무관하므로, 표면처리공법 또는 주입공법을 통해 균열을 보수한다.

끝

딸기맛호가든 : 아파트와 연결된 주차장의 건조수축으로 인한 균열에 대해 설명하고 고득점을 받았다는 제보가 있었다.

12. 목구조설계에서 고려하여야 할 4가지 하중조합에 대하여 설명하시오.

<119회 1교시>

KDS 41 33 03, 1.1.2 하중과 하중조합

(1) 기본하중조합

① D

② D + L

③ D + L + (Lr or S)

④ D + L + (W or 0.7E) + (Lr or S)

여기서 D: 고정하중, L: 바닥활하중, Lr : 지붕활하중

S: 적설하중, W: 풍하중, E: 지진하중

①~④중 가장 불리한 경우를 적용한다.

(2) 추가고려사항

필요에 따라 시공하중 및 기타 특수한 하중도 고려한다.

끝

딸기맛호가든 : 목구조 관련사항의 출제비율은 낮은 편이니, 필자처럼 과감하게 다 포기하는 것이 속편할 수 있다.

13. 철근콘크리트의 최소철근비와 최소변형률에 대하여 설명하시오.

<119회 1교시>

KDS 14 20 20, 4.1.2, 4.2.2 및 4.3.2

(1) 최소철근비

① 일방향 슬래브의 수축온도철근

$f_y \le 400$ MPa 일 경우 $\rho_{min} = 0.002$

$f_y > 400$ MPa 일 경우 $\rho_{min} = 0.002 \times 400/f_y \ge 0.0014$

② 휨부재의 최소철근량

$$A_{s,min} = \max\left[\frac{0.25\sqrt{f_{ck}}}{f_y}, \frac{1.4}{f_y}\right] \cdot b_w \cdot d$$

③ 압축부재의 철근비 제한

$0.01 \le \rho_g \le 0.08$

또한 주철근 겹침이음시 $\rho_g \le 0.04$

축력비가 작을시 축력비에 따라 $0.005 \le \rho_g$ 까지 저감가능

①~③ 에서와 같이 최소철근비는 부재의 종류·거동에 따라 다르게 적용된다.

(2) 최소변형률

최소변형률은 휨부재에서, 인장측 철근에만 해당되며, 이는 휨부재에서의 연성을 확보하기 위함이다.

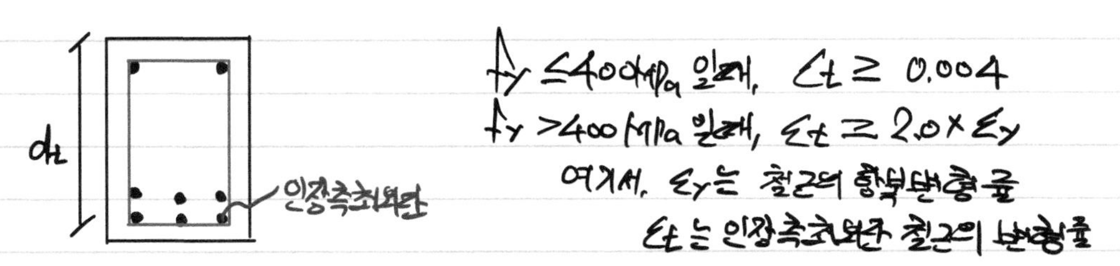

$f_y \le 400$MPa 일때, $\varepsilon_t \ge 0.004$

$f_y > 400$MPa 일때, $\varepsilon_t \ge 2.0 \times \varepsilon_y$

여기서, ε_y는 철근의 항복변형률

ε_t는 인장측최외단 철근의 변형률

압축부재의 경우 최소변형률은 적용하지 않는다.

또한 $2.0\varepsilon_y \le \varepsilon_t < 2.5\varepsilon_y$ 에 해당시, 변화구간단면에 해당하므로 강도감소계수를 인장지배단면의 0.85보다 저감하여야 한다. (선형보간)

끝

M군

(1) 최소철근비 관련 추가사항

- 전단부재의 최소철근비

$$\rho_{v,min} = Max\left[\frac{0.0625\sqrt{f_{ck}}}{f_y}, \frac{0.35}{f_y}\right]$$ ※ 휨부재 최소철근비의 0.25배

- 벽체 부재의 최소철근비

	직경	$V_u \le \frac{1}{2}\phi V_c$	$V_u > \frac{1}{2}\phi V_c$
$\rho_{h,min}$	D16 이하	0.0020	0.0025
	D19 이상	0.0025	0.0025
$\rho_{v,min}$	D16 이하	0.0012	0.0025
	D19 이상	0.0015	0.0025

- 휨부재의 최소철근비를 검토하지 않아도 되는 조건

$A_{s,배근} \ge A_{s,소요}\,4/3$ 또는 $\phi M_n \ge M_u \times 4/3$

(2) 최소변형률 관련 추가사항

- 보 부재의 최외단 인장 변형률의 최소변형률 조건은 부재의 최소 연성능력 확보여부 및 최대 인장 철근비 제한과 관련이 있다.

딸기맛호가든 : 문제에서 질문의 범위를 좀더 제한할 필요가 있었다. 최소철근비와 최소변형률을 같이 물었으니 아마도 휨부재와 관련된 사항을 물은 것이라고 판단되나, 질문의 범위가 모호하였으므로 최대한 많이 서술해야 한다. 물론 10점짜리니 적당히 최대한 많이.(???????)

KDS 14 의 개정예정사항을 반영할 경우, 휨부재 최소철근비는

$\phi M_n = 1.2 M_{cr}$을 만족시키는 철근비

균열 발생시의 모멘트, $M_{cr} = f_r \cdot S$

1. 그림과 같은 트러스의 부재력을 구하시오.

<119회 2교시>

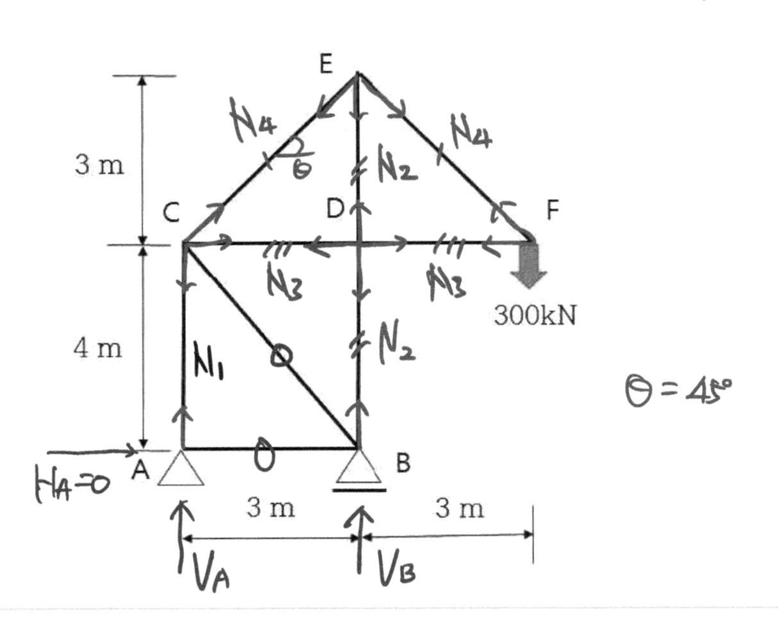

(1) 반력 산정

$\Sigma M_A = 0;\quad 300 \times 6 - V_B \times 3 = 0,\quad V_B = 600\,kN$

$\Sigma V = 0;\quad V_A + V_B - 300 = 0,\quad V_A = -300\,kN$

(2) 부재력 산정

F 절점에서 $\Sigma V = 0;\quad -300 + N_4 \cdot \sin\theta = 0,\quad N_4 = 300\sqrt{2}\,kN$ (인장)

$\Sigma H = 0;\quad -N_3 - N_4 \cdot \cos\theta = 0,\quad N_3 = -300\,kN$ (압축)

E 절점에서 $\Sigma V = 0;\quad -2 \times N_4 \cdot \sin\theta - N_2 = 0,\quad N_2 = -600\,kN$ (압축)

C 절점에서 $\Sigma V = 0;\quad -N_1 + N_4 \cdot \sin\theta = 0,\quad N_1 = 300\,kN$ (인장)

(3) 검산

A절 평형조건에서 $V_A = -N_1$ O.K

B절 평형조건에서 $V_B = -N_2$ O.K

끝

딸기맛호가든 : 반드시 풀어서 만점을 받아야 하는 매우 쉬운 문제.

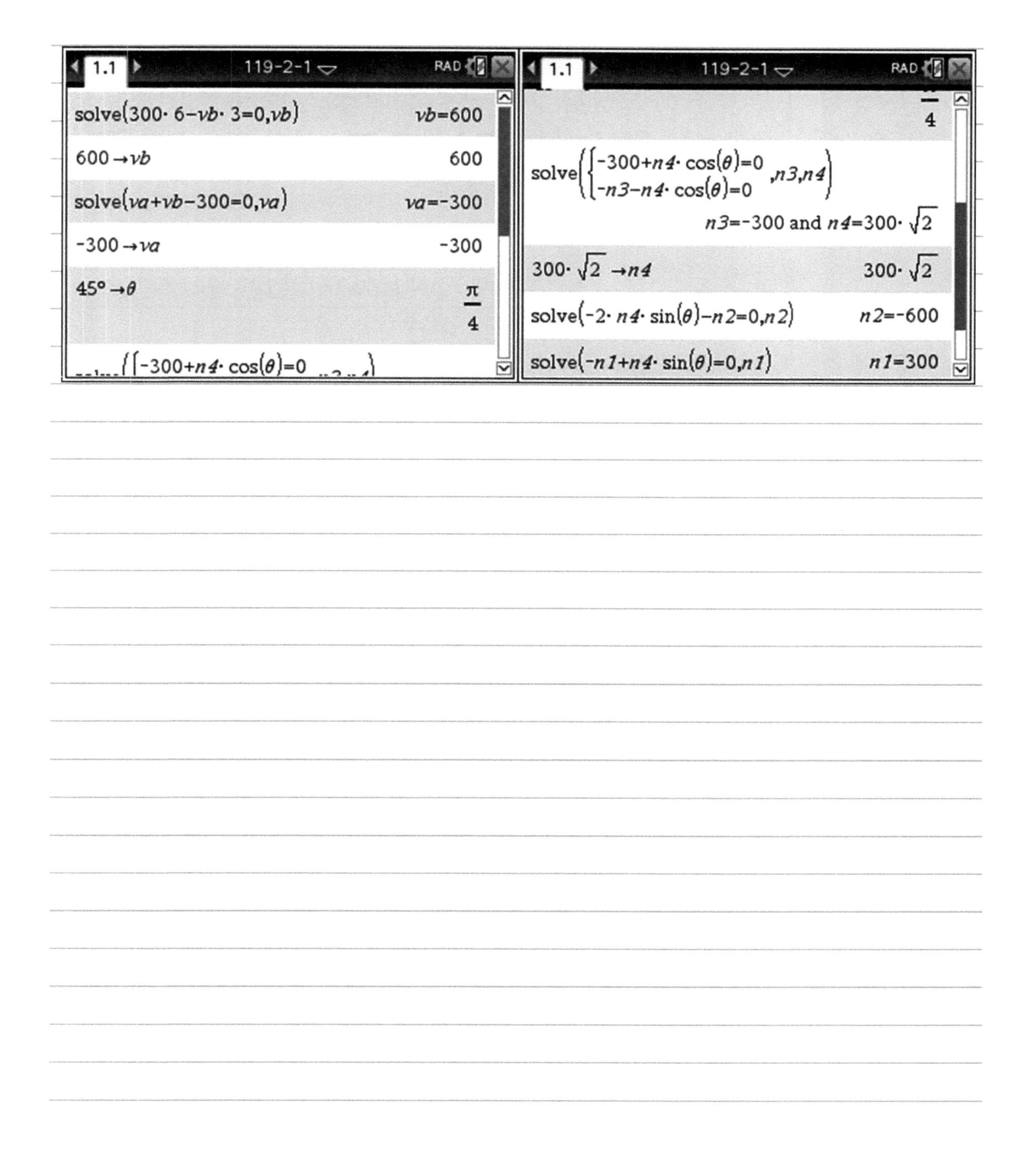
1.1
119-2-1
RAD
solve(300· 6−vb· 3=0,vb)
vb=600
600 →vb
600
solve(va+vb−300=0,va)
va=-300
-300 →va
-300
45° →θ
π/4
solve({-300+n4· cos(θ)=0, -n3−n4· cos(θ)=0},n3,n4)
n3=-300 and n4=300· √2
300· √2 →n4
300· √2
solve(-2· n4· sin(θ)−n2=0,n2)
n2=-600
solve(-n1+n4· sin(θ)=0,n1)
n1=300

2. 건축물 내진설계기준에 따른 지반의 분류(KDS 17 10 00의 4.2.1.2)에 대하여 설명하시오.

KDS 17 10 00, 4.2.1.2 및 KDS 41 17 00, 4.1.1

지반운동의 동적 특성인 주기와 지반강도의 영향을 고려하기 위하여 지반을 S_1 ~ S_6의 6개로 분류하고 있으며, 이에 따른 지반증폭계수 F_a, F_v를 고려하여 이효과를 반영한다.

(1) 지반의 분류

지반 종류	기반암 깊이 H(m)	토층평균 전단파속도(m/s)
S_1 (암반 지반)	3 미만	-
S_2 (얕고 단단한 지반)	3 ~ 20 이하	260 이상
S_3 (얕고 연약한 지반)	3 ~ 20 이하	120 초과 260 미만
S_4 (깊고 단단한 지반)	20 초과 50 미만	180 이상
S_5 (깊고 연약한 지반 또는	20 초과 50 미만	120 초과 180 미만
매우 연약한 지반)	3 이상	120 이하
S_6 (부지 고유 특성 평가 및 지반응답 해석이 요구되는 지반)	-	-

(2) 지반 분류시 고려사항

① 기반암 위치가 30m를 초과하는 경우의 토층평균 전단파속도
- 상부 30m 평균 사용가능
(일반적으로 지반의 심도 증가시 지반의 강도가 증가하므로)

② 지반분류를 위한 자료가 충분하지 않고, S_5 가능성이 없는 경우
- 지반종류 S_4 적용가능
- 이때 지진토압 산정시 국토지반정보 포털 시스템의 인접시추공 자료를 참조 가능하며, 지반 변위 산정시 평균전단파속도 180m/s, 지반 반력 계수를 산정하기 위한 지반의 물성은 평균전단파속도 360m/s 적용

③ 지반분류를 위한 기준면은 지표면으로 한다.
(완공후의 지표면)

끝

딸기맛호가든 : 지반의 분류는 KDS41 에서 주요 개정사항중 하나였다.

4. 보 길이 L=10m, 단면 b × h = 300 mm × 600 mm, 보의 중심 간격 3.5 m, 슬래브 두께 h = 150 mm인 슬래브에 고정하중 ω_D = 7 kN/m², 적재하중 ω_L = 5 kN/m²이 작용하는 1방향슬래브 중 외단부(S1)를 설계하시오.
<119회 2교시>
(단, f_{ck} = 24 MPa, f_y = 400 MPa)

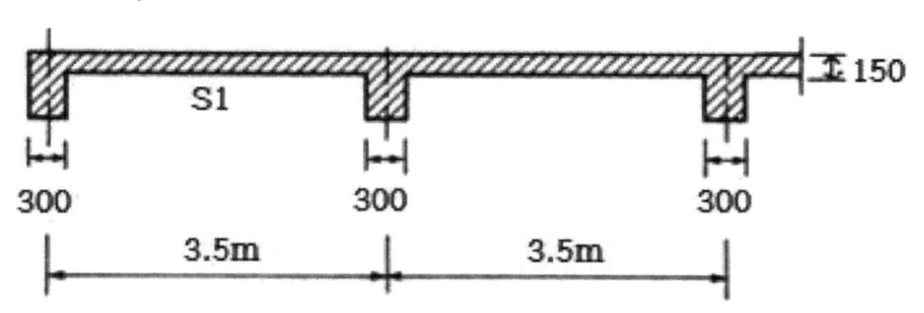

3500/24 = 145.8 < 150mm 처짐계산 X

(1) 소요모멘트 Mu 산정 (근사해법 적용)

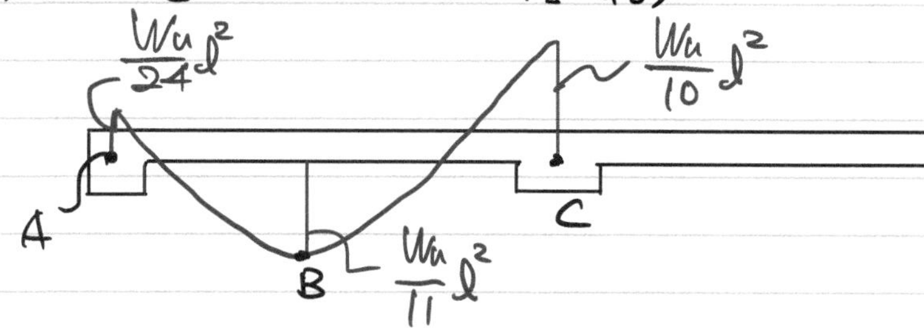

$W_u = 1.2 \times W_D \times 1m + 1.6 \times W_L \times 1m = 16.4\ kN/m$

W_D에 슬래브자중이 포함된 것으로 가정 하였음.

$M_A = \frac{W_u}{24} \cdot 3.5^2 = 8.371\ kN \cdot m/m$

$M_B = \frac{W_u}{11} \cdot 3.5^2 = 18.264\ kN \cdot m/m$

$M_C = \frac{W_u}{10} \cdot 3.5^2 = 20.090\ kN \cdot m/m$

(2) 전단 검토.

$V_u = 1.15 \times \frac{w}{2} l = 33.005\ kN$

$\phi V_c = 0.75 \times \frac{1}{6} \cdot \lambda \cdot \sqrt{f_{ck}} \cdot b_w \cdot d = 76.547 kN > V_u$

전단력에 대해 안전하다.

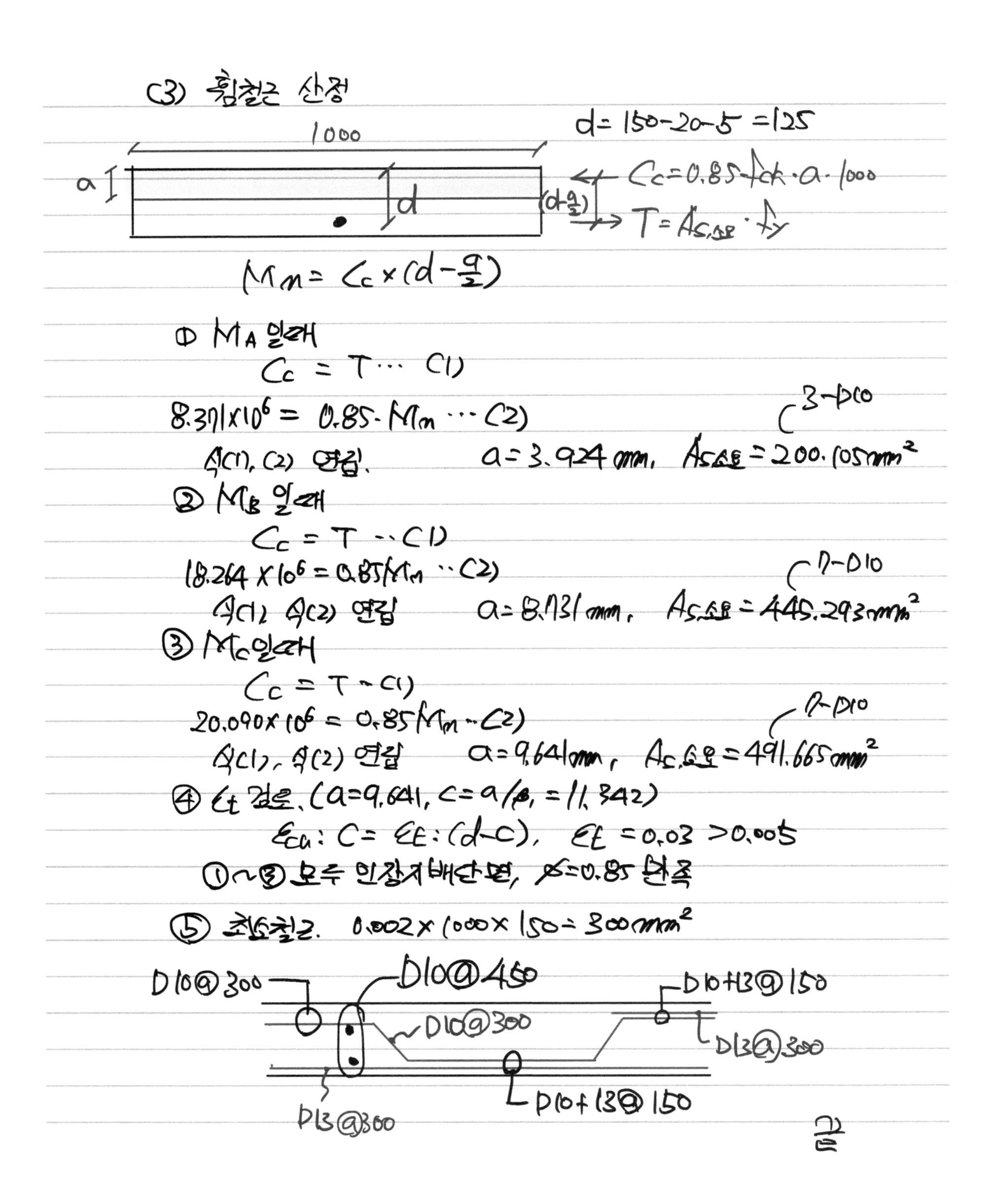

(3) 휨철근 산정

$d = 150 - 20 - 5 = 125$

$C_c = 0.85 \cdot f_{ck} \cdot a \cdot 1000$

$T = A_{s,소요} \cdot f_y$

$M_n = C_c \times (d - \frac{a}{2})$

① M_A 일때

$C_c = T \cdots (1)$

$8.371 \times 10^6 = 0.85 \cdot M_n \cdots (2)$

식(1), (2) 연립.　　$a = 3.924\,mm$, $A_{s,소요} = 200.105\,mm^2$ (3-D10)

② M_B 일때

$C_c = T \cdots (1)$

$18.264 \times 10^6 = 0.85 M_n \cdots (2)$

식(1), 식(2) 연립　　$a = 8.731\,mm$, $A_{s,소요} = 445.293\,mm^2$ (7-D10)

③ M_C 일때

$C_c = T \cdots (1)$

$20.090 \times 10^6 = 0.85 M_n \cdots (2)$

식(1), 식(2) 연립　　$a = 9.641\,mm$, $A_{s,소요} = 491.665\,mm^2$ (7-D10)

④ ε_t 검토. ($a = 9.641$, $c = a/\beta_1 = 11.342$)

$\varepsilon_{cu} : c = \varepsilon_t : (d-c)$, $\varepsilon_t = 0.03 > 0.005$

①~③ 모두 인장지배단면, $\phi = 0.85$ 만족

⑤ 최소철근. $0.002 \times 1000 \times 150 = 300\,mm^2$

끝

M군 : 근사해석법 사용시, 슬래브의 경간을 순스팬으로 적용하면 소요 모멘트 Mu가 줄어드므로, 다음과 같이 배근량이 줄어든다.

$l_n = 3.2m$ (순경간)

$M_A = 6.997\ kN\cdot m/m,\ M_B = 15.267\ kN/m,\ M_C = 16.734\ kN/m$

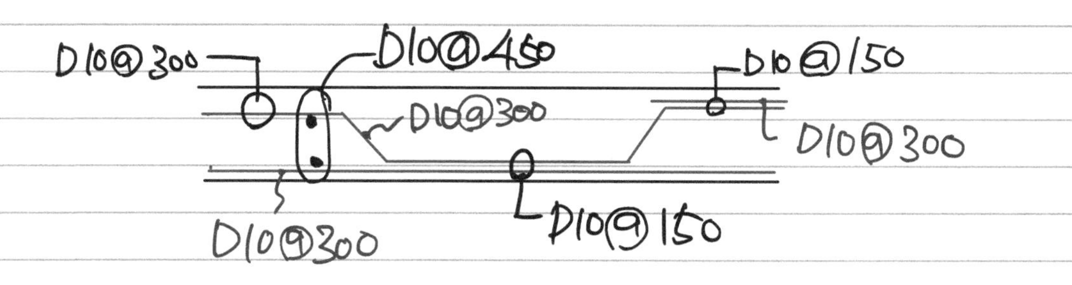

딸기맛호가든 : KDS 14 개정예정사항 반영시

$\varepsilon_{cu} = 0.0033,\ \beta_1 = 0.8$

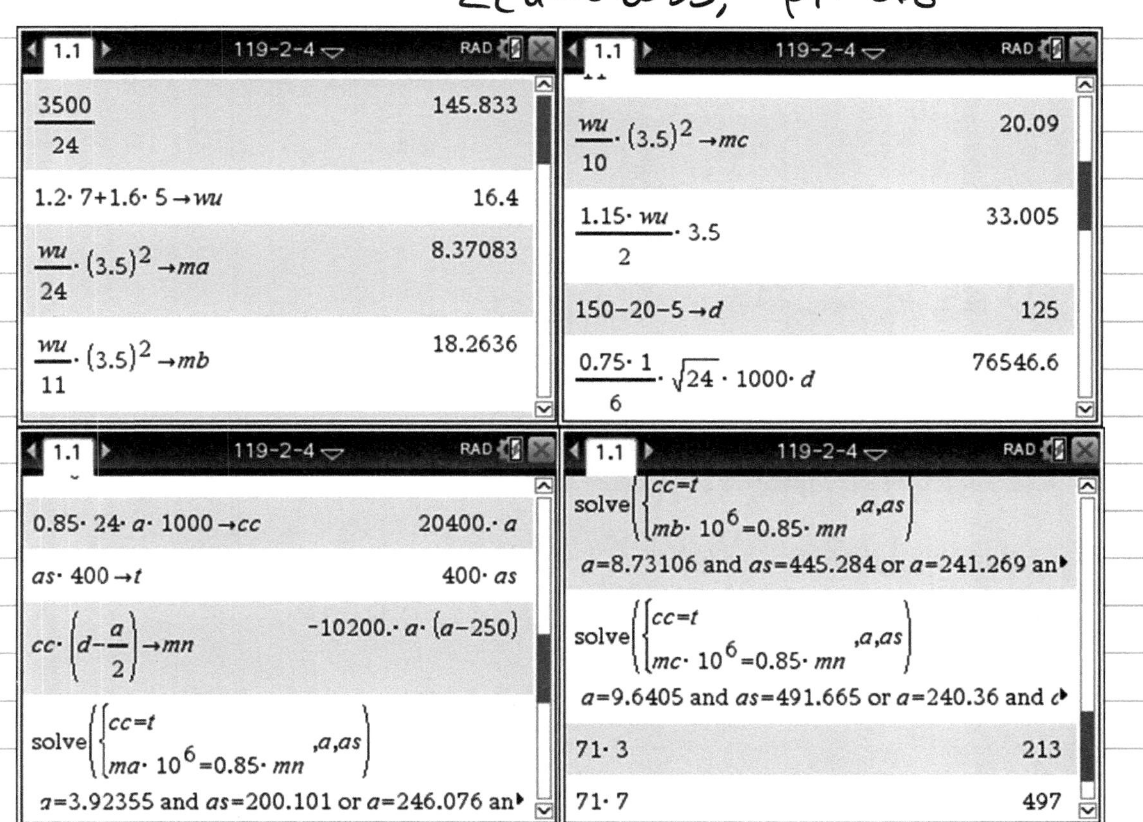

5. 그림과 같이 양단부를 고장력볼트로 접합한 H형강의 설계인장강도를 다음의 건축물 강구조 설계기준 표를 사용하여 산정하시오.
(단, 접합부의 강도 한계상태는 고려하지 않는다.) <119회 2교시>

$H-194\times150\times6\times9$, $F_y=275\text{MPa}$, $F_u=410\text{MPa}$, $A_g=3.90\times10^3\text{mm}^2$

$CT-97\times150\times6\times9$, $c_y=17.9\text{mm}$ (CT형강의 중심거리)

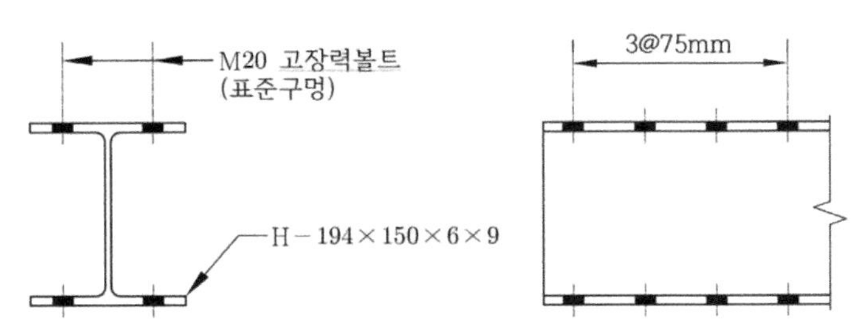

건축물 강구조 설계기준 표 (인장재접합부의 전단지연계수)

사례	요소 설명		전단지연계수, U	예
2	인장력이 길이방향 용접이나 파스너를 통해 단면요소의 일부에 전달되는, 판재와 강관을 제외한 모든 인장재(H형강은 사례 7을 적용할 수도 있다.)		$U=1-\bar{x}/l$	
7	H형강 또는 T형강 (사례 2와 비교하여 큰 값의 U를 사용할 수 있다.)	하중방향으로 1열에 3개 이상의 파스너로 접합한 플랜지의 경우	$B\geq2/3H$ … $U=0.90$ $B<2/3H$ … $U=0.85$	
		하중방향으로 1열에 4개 이상의 파스너로 접합한 웨브의 경우	$U=0.70$	-

주) l = 접합길이(mm) ; w = 판재의 폭 ; $\bar{x}$ = 접합부편심(mm)

(1) 총단면적 항복

$\phi P_n = 0.9\times F_y\cdot A_g = 965250\text{N} = 965.25\text{kN}$

(F_y = 275, A_g = 3.90×10^3)

(2) 유효순단면적 파단

$A_e = U\cdot A_n = 0.90\times(A_g-4\times22\times9) = 2797.2\text{mm}$

$B(150)\geq2/3H(194)$이므로 $U=0.9$ 적용

$\phi P_n = 0.75\times F_u\cdot A_e = 860139\text{N} = 860.139\text{kN}$

유효순단면적파단이 지배, $\phi P_n = 860.139\text{kN}$ 끝

딸기맛호가든 : 전단지연계수 U 값을 U = I - $\bar{x}$/L 로 구한 후, 표에 의한 U값과 비교해서 푼 경우 보다 고득점이 나오는거 같다는 제보가 있었다.

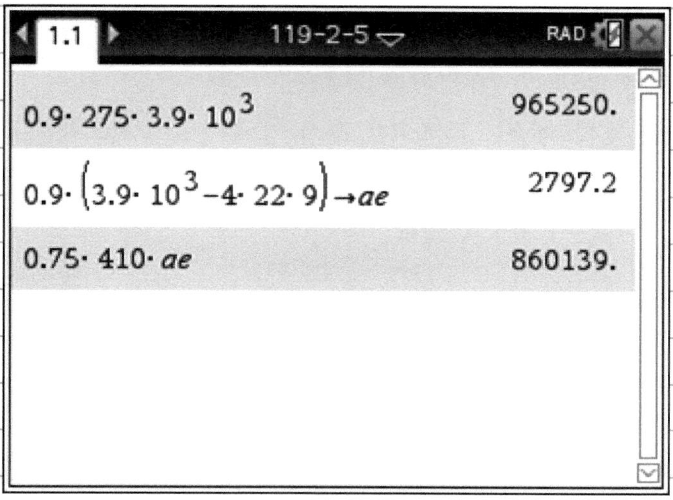

1.1 119-2-5 RAD

$0.9 \cdot 275 \cdot 3.9 \cdot 10^3$	965250.
$0.9 \cdot (3.9 \cdot 10^3 - 4 \cdot 22 \cdot 9) \rightarrow ae$	2797.2
$0.75 \cdot 410 \cdot ae$	860139.

6. 건축물 안전진단 시, 비파괴검사방법인 콘크리트 반발경도시험에 있어서 고려해야 할 사항, 압축강도추정식의 종류 및 보정계수에 대하여 설명하시오.

<119회 2교시>

(1) 콘크리트 반발경도 시험시 고려사항

① 반발경도의 측정

- 측정점 20개의 타격치를 기록하고 평균을 산정
- 평균값으로부터 20% 이상 편차 발생시 제외하고 평균(R) 산정
- " " " 4개 이상시 시험값 무시

② 측정 대상의 제약조건

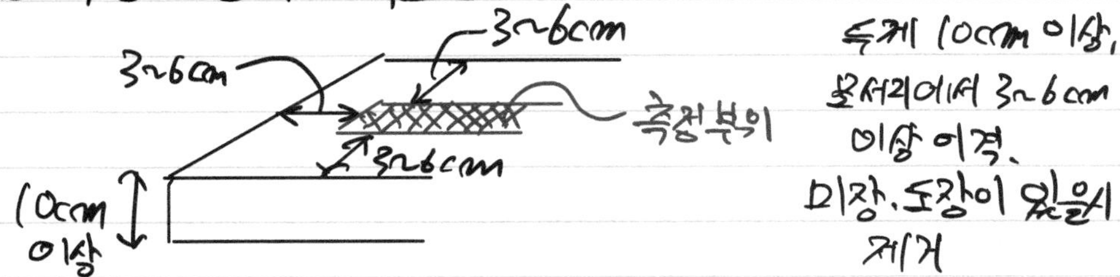

두께 10cm 이상, 모서리에서 3~6cm 이상 이격. 미장, 도장이 있을시 제거

③ 검사 전 기기의 검·교정 철저

④ 동일개소에서 반복시험 X

⑤ 신뢰도가 낮으므로 다른 비파괴 시험법과 병행하는 것이 바람직.

(2) 압축강도 추정식의 종류

① 일본재료학회 $F_c(MPa) = -18 + 1.27 \cdot R_0$

② 동경건축재료검사소 $F_c(MPa) = (10 \cdot R_0 - 110) \times 0.098$

③ 일본 건축학회 $F_c(MPa) = (7.3R_0 + 100) \times 0.098$

④ U.S Army $F_c(MPa) = (-120.6 + 8.0R_0 + 0.0932R_0^2) \times 0.098$

⑤ 국내과학기술부 $F_c(MPa) = (15.2R_0 - 112.8) \times 0.1$

* 코어표본이 있을시 $F_c(MPa) = K_1 \cdot R_0 + C$ 의 제안식 사용가능
즉 코어표본 시험결과의 선형회귀식 사용가능

(3) 보정계수

재령일수, 습윤상태, 탄산화정도, 측정시 타격방향을 고려하여 반발경도값을 보정한다.

① 재령 보정계수 α

콘크리트 탄산화(중성화) 효과는 콘크리트 표면 반발경도를 증가시키므로,
6개월이상의 재령콘크리트의 경우 약 5mm 연마후 시험을 추천.
연마하지 않고 시험시, 28일강도 추정식에 재령보정계수 α를 곱한다.

재령(일)	28	100	300	500	1000	3000
α	1.0	0.78	0.70	0.67	0.65	0.63

$F_{28} = F_c \times \alpha$

② 습윤상태

습하고 타격흔적 보일시 : $R_0 = R+3$
측정위치가 완전히 젖어있을시 : $R_0 = R+5$

③ 측정시 타격방향 보정계수

R \ α	+90°	+45°	−45°	−90°
10	−	−	+2.4	+3.2
20	−5.4	−3.5	+2.5	+3.4
30	−4.7	−3.1	+2.3	+3.1
40	−3.9	−2.6	+2.0	+2.7
50	−3.1	−2.1	+1.5	+2.2
60	−2.3	−1.6	+1.3	+1.7

타격방향(α)

+90° +45°
−45° −90°

끝

딸기맛호가든 : 정밀안전진단 교육시 받았던 자료를 참조하였음.

1. 그림과 같은 3연속 보에 등분포 고정하중(w_D)이 작용하고 있을 때, 등분포 활하중 배치에 따라 각 지점(A, B, C, D)과 각 구간(AB구간, BC구간, CD구간)의 최대 휨모멘트가 달라지게 된다. 활하중의 배치에 따른 7개의 휨모멘트도를 그리고, 최대 휨모멘트(정 또는 부모멘트)가 생기는 지점 또는 구간을 표기하시오.

<119회 3교시>

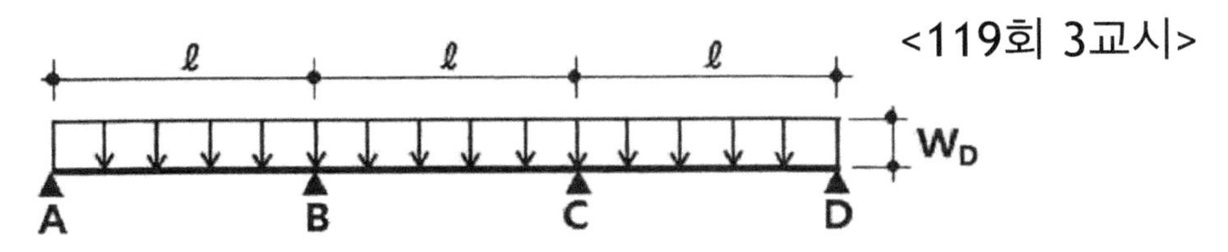

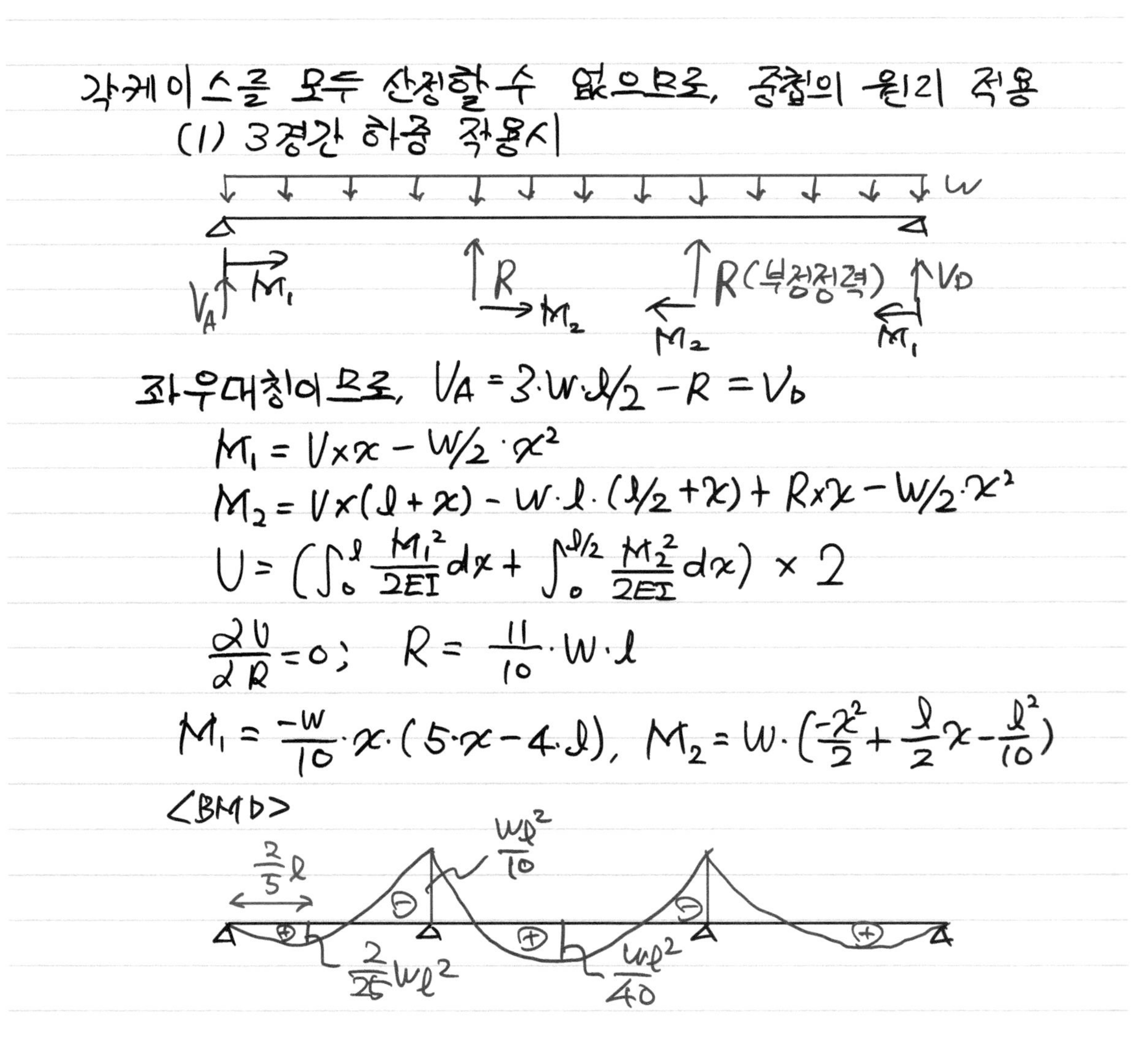

(2) 2경간하중 작용시

w

V_A M_3 R (부정정력) M_3 V_C

좌우대칭이므로, $V_A = w \cdot l - R/2 = V_C$

$$M_3 = V_A \times x - w/2 \cdot x^2$$

$$U = 2 \times \int_0^l \frac{M_3^2}{2EI} dx$$

$$\frac{\partial U}{\partial R} = 0 ; \quad R = \frac{5}{4} \cdot w \cdot l$$

$$M_3 = \frac{-w \cdot x}{8} \cdot (4 \cdot x - 3 \cdot l)$$

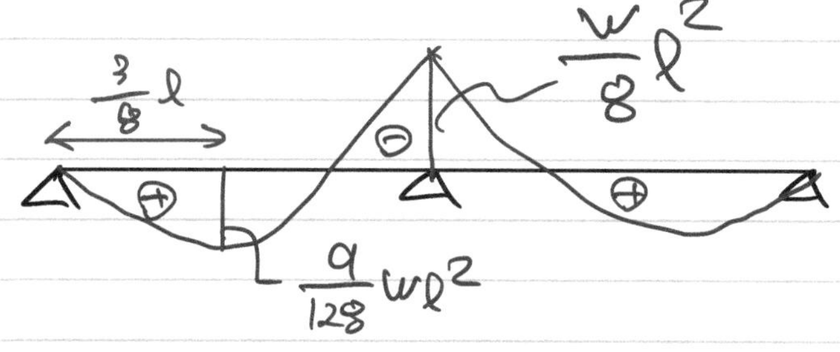

(3) 1경간

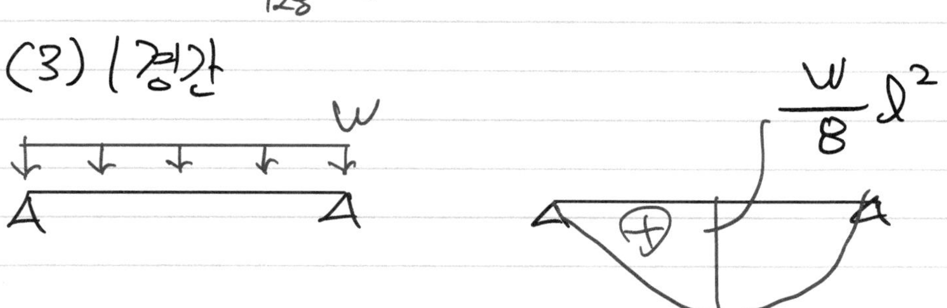

(4) Case별 최대 모멘트 산정

① 전구간 활하중 작용시

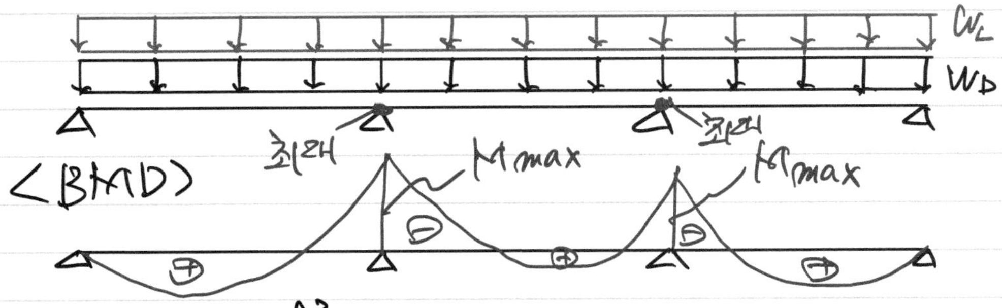

w_L

w_D

최대 최대

<BMD>

최대 M_{max} M_{max}

$\ominus$ $\ominus$ $\oplus$ $\oplus$ $\oplus$

$$M_{max} = \frac{l^2}{10}(w_D + w_L)$$ 부모멘트, B점 및 C점

② A－C구간 또는 B－D구간 활하중 작용시

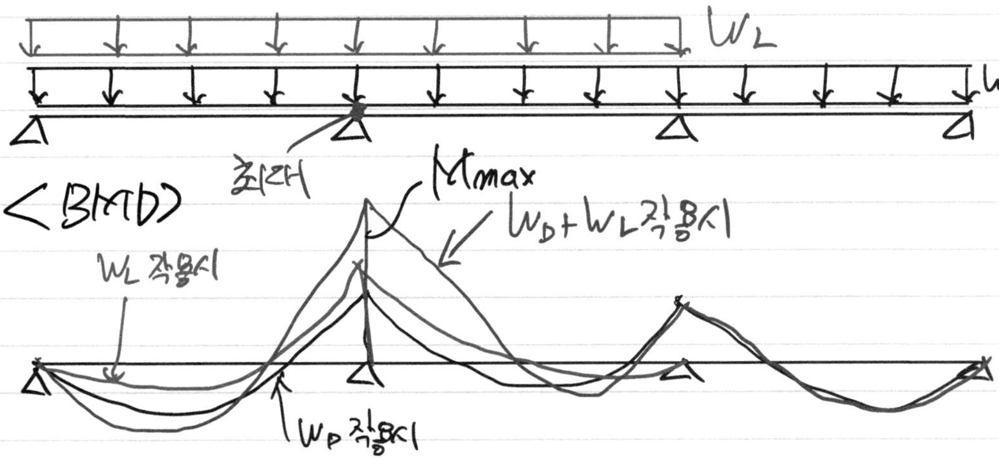

w_L

w_D

최대

<BMD>

M_{max}

$w_D + w_L$ 작용시

w_L 작용시

w_D 작용시

$$M_{max} = \frac{l^2}{10} \cdot w_D + \frac{l^2}{8} \cdot w_L$$, 부모멘트

A－C구간 활하중 작용시 M_{max}는 B지점

B－D구간 〃 〃 〃 C지점

③ A-B구간 또는 C-D구간 활하중 작용시

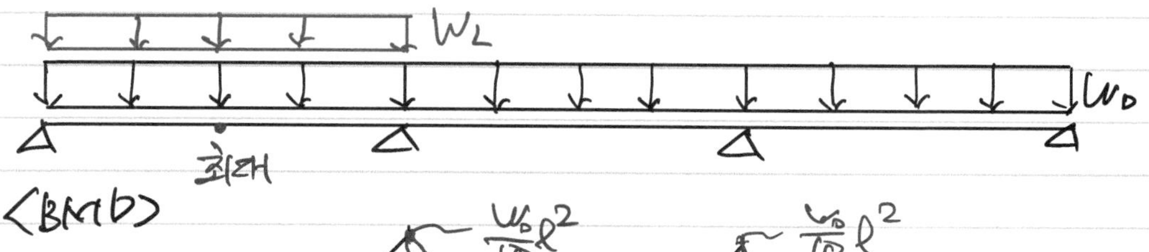

<BMD>

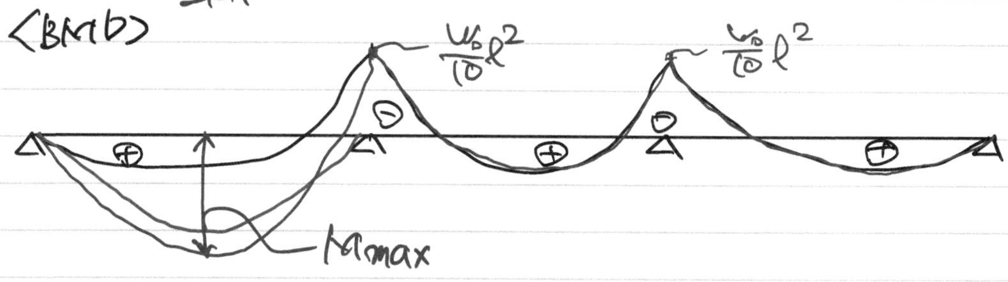

$$M_{max} = \frac{3}{40}W_D \cdot l^2 + \frac{W_L}{8} \cdot l^2$$, 정모멘트

A-B구간 활하중 작용시 M_{max}는 A-B 중앙점

C-D 구간 활하중 작용시 M_{max}는 C-D 중앙점

** 활하중크기가 작을시, $M_{max} = \frac{W_D}{10}l^2$(부모멘트)가 된다.

④ A-B 구간 및 C-D구간 활하중 작용시

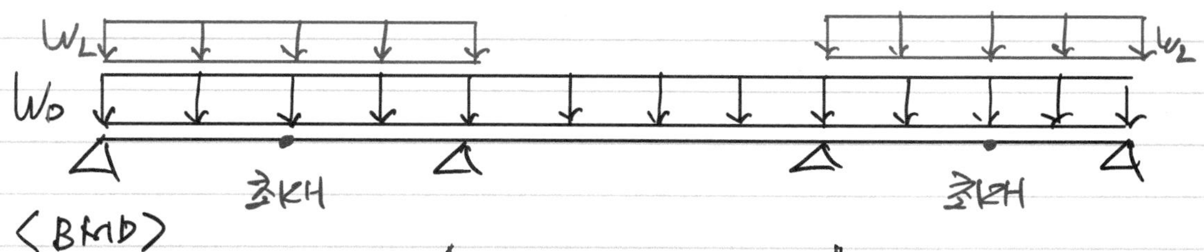

<BMD>

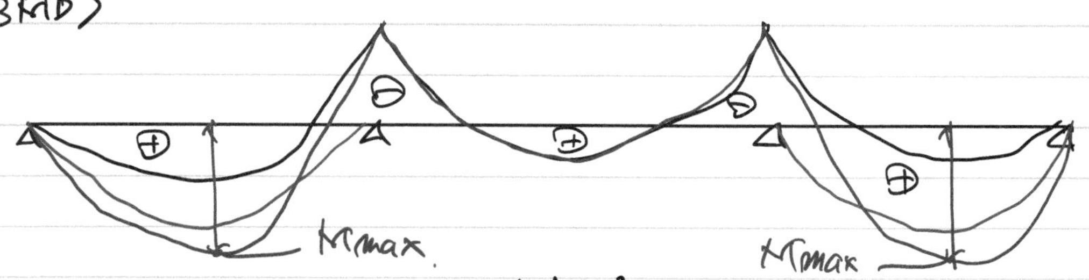

$$M_{max} = \frac{3}{40} \cdot W_D \cdot l^2 + \frac{W_L}{8} \cdot l^2$$, 정모멘트

⑤ B-C구간 활하중 작용시

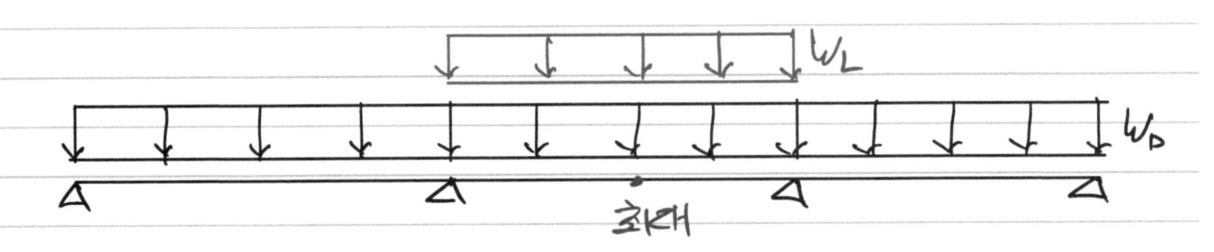

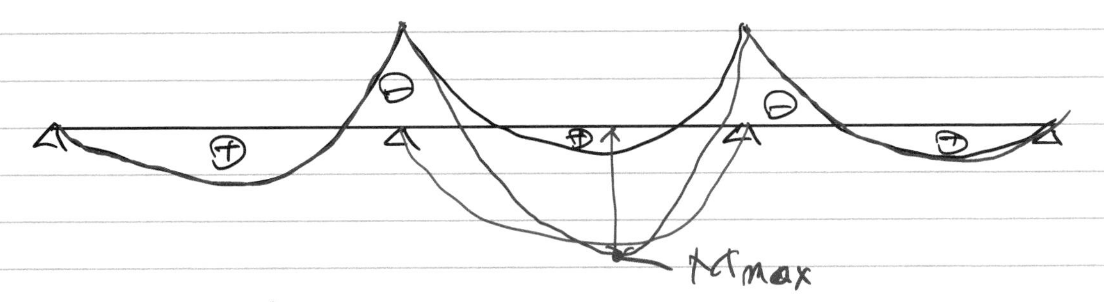

$M_{max} = \frac{W_D}{40} \cdot l^2 + \frac{W_L}{8} \cdot l^2$, 정모멘트, B-C점중앙

* 활하중이 작을 시 $\frac{W_D}{10} l^2$ (부모멘트)가 최대

끝

딸기맛호가든 : 중첩의 원리를 이용하여 모멘트를 산정하였다. 다만, 문제에서 모멘트값을 구하라는 얘기가 없으므로, 모멘트도의 경향과 최대가 되는 위치만 구하여 풀이시간을 단축시키는 편이 현명할것이다.

딸기맛호가든 : 105회 1교시에 거의 같은 문제가 출제되었다.

M군 : 실무에서는 활하중 값이 큰 공동주택 지하주차장 지붕층 같은 경우, 이 문제에서 처럼 활하중의 배치를 고려하여야 한다.

2. 바람으로 인하여 건축구조물에 발생하는 특수한 영향들을 고려하기 위해 풍동실험에 의한 특별풍하중을 산정하여야 하는 경우에 대하여 설명하시오.

<119회 3교시>

KDS 41 10 15, 5.1.3 특별풍하중

(1) 풍동실험을 해야하는 경우(KDS 41 10 15, 5.1.3 특별풍하중)

① 풍진동의 영향을 고려해야 할 건축물

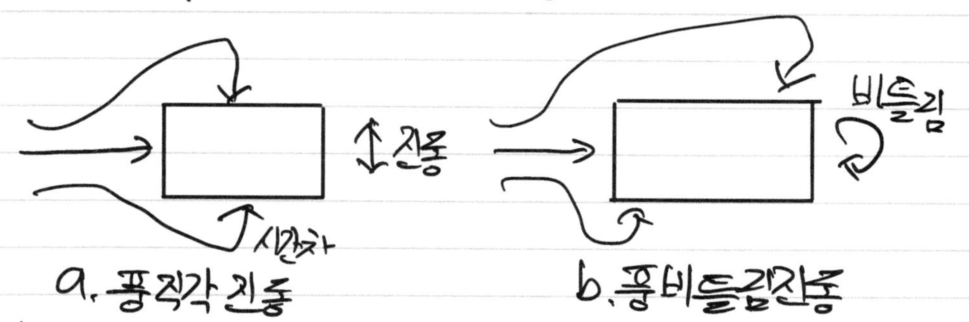

a. 풍직각 진동　　b. 풍비틀림진동

형상비가 크고 유연한 구조물은 다음에 해당시 풍직각진동 및 풍비틀림진동을 고려하여야 한다.

원형이고 $H/d \geq 7$에 해당 (H : 높이, d : 2/3 H에서의 외경)

원형이외 평면이고 $H/\sqrt{BD} \geq 3$ 또는 $H/\sqrt{A_f} \geq 3$에 해당 (B : 건물폭, D : 건물깊이, A_f : 기준층 면적)

* 단, 평면형상이 사각형이고 높이방향으로 일정한 경우중 $H/\sqrt{BD} \leq 6$, $0.2 \leq \frac{D}{B} \leq 5$, $\frac{V_H}{n_L \cdot \sqrt{B \cdot D}} \leq 10$ 을 모두 만족할 경우 풍직각진동및 풍비틀림진동 직접산정 가능

② 특수한 지붕골조

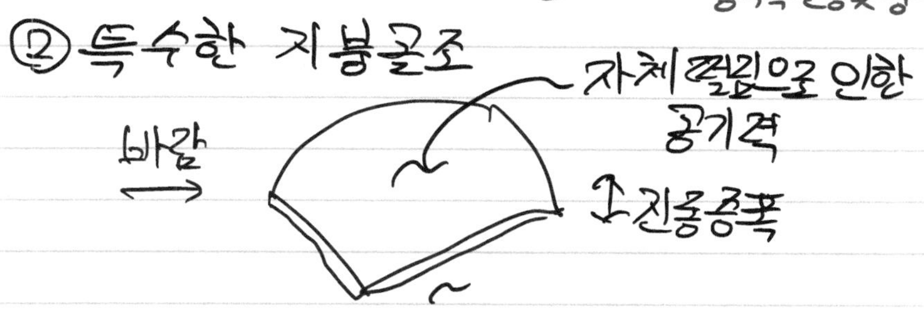

c. 공기력불안정진동

장경간 현수, 사장, 공기막 지붕등 강성이 낮아 공기력 불안정 진동을 하는 지붕골조

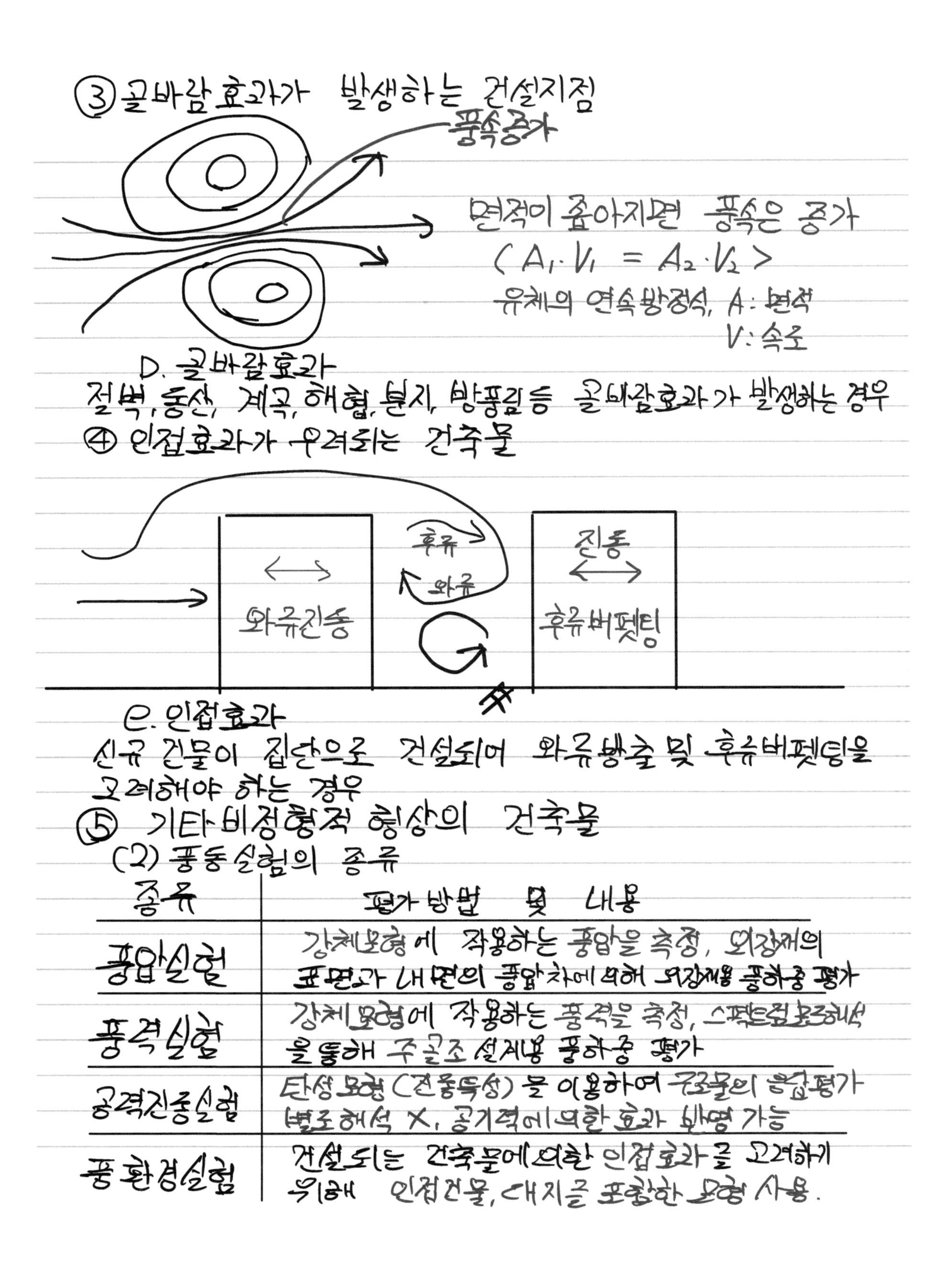

③ 골바람효과가 발생하는 건설지점

풍속증가

면적이 좁아지면 풍속은 증가
$\langle A_1 \cdot V_1 = A_2 \cdot V_2 \rangle$
유체의 연속방정식, A: 면적
V: 속도

D. 골바람효과

절벽, 동산, 계곡, 해협, 분지, 방풍림 등 골바람효과가 발생하는 경우

④ 인접효과가 우려되는 건축물

e. 인접효과

신규 건물이 집단으로 건설되어 와류방출 및 후류버펫팅을 고려해야 하는 경우

⑤ 기타 비정형적 형상의 건축물

(2) 풍동실험의 종류

종류	평가 방법 및 내용
풍압실험	강체모형에 작용하는 풍압을 측정, 외장재의 표면과 내면의 풍압차에 의해 외장재용 풍하중 평가
풍력실험	강체모형에 작용하는 풍력을 측정, 스펙트럼모드해석을 통해 주골조 설계용 풍하중 평가
공력진동실험	탄성모형(건물특성)을 이용하여 구조물의 응답평가 별도해석 X, 공기력에 의한 효과 반영 가능
풍환경실험	건설되는 건축물에 의한 인접효과를 고려하기 위해 인접건물, 대지를 포함한 모형 사용.

(3) 상황별 적용가능 풍동실험

① 풍진동영향을 고려해야 할 건축물
⑤ 비정형 건축물
— 외장재 : 풍압실험
— 주골조 : 풍력실험 또는 공력진동실험

② 특수한 지붕골조 — 공력진동실험

③ 골바람효과가 발생하는 건설지점
④ 인접효과가 우려되는 건축물
) 풍환경실험

끝

딸기맛호가든 : 특별풍하중과 관계된 그림들은 모두 필자의 자의적 해석으로 그린 그림이다. 그림을 그리건 안그리건 해당부분의 설명만 정확하게 하면 고득점이 나오는거 같다는 제보가 있었다. 다만, 기억을 보다 쉽게 하기 위해서는 역시 그림을 이해하는 편이 낫다고 판단한다.

4. 기둥의 상하단이 그림과 같이 횡변위가 구속된 경우, 이 기둥의 세장효과 여부를 판단하여 설계용 휨모멘트를 구하시오. <119회 3교시>

[조건]

- 기둥 $B \times D = 450 \times 450$
- 기둥에 작용하는 하중은 고정하중 $P_D = 1000\,\text{kN}$, 적재하중 $P_L = 600\,\text{kN}$
- 기둥 길이방향으로 등분포 계수하중 $w_u = 15\,\text{kN/m}$ 이 동시에 작용
- 사용된 재료 $f_{ck} = 27\,\text{MPa}$, $f_y = 400\,\text{MPa}$

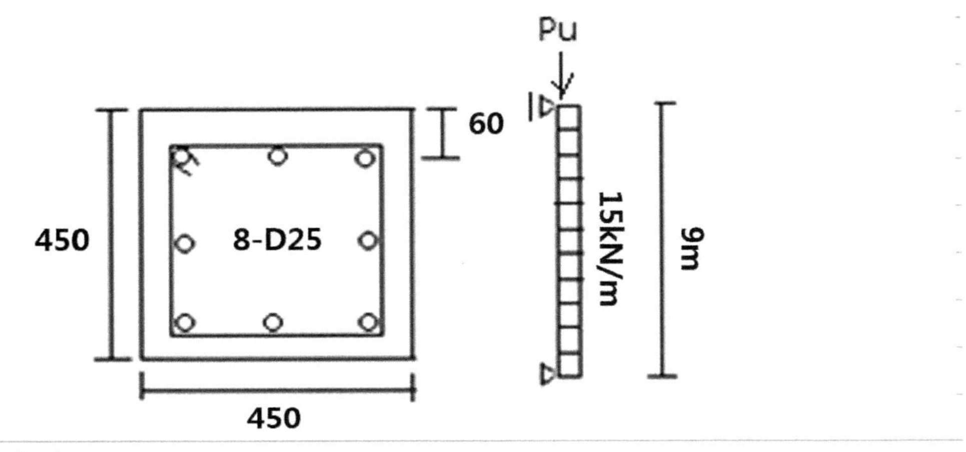

(1) 세장비 검토

$$r = \sqrt{I/A} = \sqrt{\frac{450^4/12}{450^2}} = 129.904$$

$$\frac{KL_u}{r} = \frac{1.0 \times 9000}{129.904} = 69.28 > \left[34 - 12\left(\frac{M_1}{M_2}\right) \le 40\right]$$

세장효과 고려

(2) EI 산정

$$EI = Max\left[\frac{0.2E_c \cdot I_g + E_s \cdot I_s}{1+\beta_d}, \frac{0.4E_c \cdot I_g}{1+\beta_d}\right] = 2.34563 \times 10^{13}\ N \cdot mm^2$$

2.23732×10^{13}, 2.34563×10^{13}

$P_u = 1.2 \times 1000 + 1.6 \times 600 = 2160\text{kN}$, $\beta_d = 1.2 \times 1000 / P_u = 0.556$

$E_c = 8500\sqrt[3]{(27+4)} = 26701.7\text{MPa}$

$I_g = b \cdot h^3/12 = 3.41719 \times 10^9\ mm$

$I_s = (507 \times 3 \times 165^2) \times 2 = 8.28185 \times 10^7\ mm^4$

(3) 모멘트 확대계수 δ_s 산정

$$P_e = \frac{\pi^2 EI}{(kL)^2} = 2.858077 \times 10^6 N = 2858.077 kN$$

(k = 1.0)

$$\delta_s = \frac{C_m}{1 - P_u/(0.75P_e)} = -130.327$$

($C_m = 1.0$)

$P_u > 0.75P_e$에 해당하여 $\delta_s < 0$ 이 되었음. 이는 단면이 지나치게 세장한 것을 의미하므로 단면크기의 증대가 필요하다.

(4) 최대설계 모멘트

$$M_{min} = P_u \times e = P_u \times (15 + 0.03h) = 61.56 kN \cdot m$$

$$M_o = \frac{wl^2}{8} = \frac{15}{8} \times 9^2 = 151.88 kN \cdot m > M_{min}$$

$$M_{max} = \delta_s \times M_o$$

끝

딸기맛호가든 : M1 = M2 = 0 이므로, M1/M2 값은 구할 방법이 없다. 풀이에서 세장비 검토할때는 M1/M2 = 0 으로 고려, 모멘트 모멘트 확대계수산정시 사용되는 Cm값 산정시에 M1/M2 = 1 로 고려하였는데, 0과 1중 상황에 따라 불리한 값을 적용한 결과이다.

1.1 119-3-4 RAD	
$\sqrt{\frac{\frac{450^4}{12}}{450^2}} \to r$	129.904
$\frac{1.\cdot 9000}{r}$	69.282
$1.2\cdot 1000+1.6\cdot 600 \to pu$	2160.
$\frac{1.2\cdot 1000}{pu} \to bd$	0.555556
$8500\cdot \sqrt[3]{27+4} \to ec$	26701.7
$\frac{450\cdot 450^3}{12} \to ig$	3.41719E9
$507\cdot 3\cdot 165^2\cdot 2 \to is$	8.28185E7

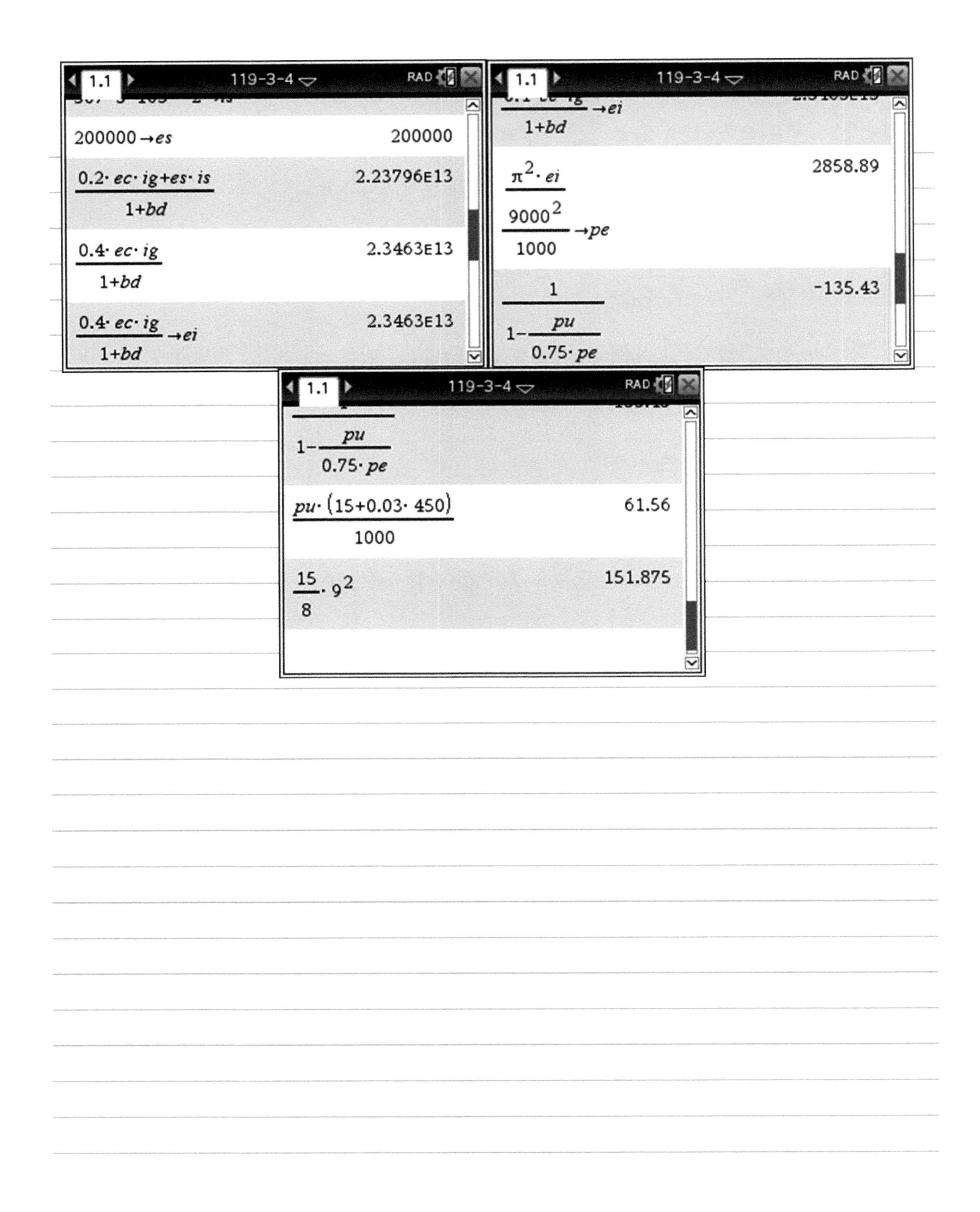
1.1
119-3-4
RAD
200000→es
200000
0.2·ec·ig+es·is / 1+bd
2.23796E13
0.4·ec·ig / 1+bd
2.3463E13
0.4·ec·ig / 1+bd →ei
2.3463E13
1.1
119-3-4
RAD
1+bd
π²·ei / (9000² / 1000) →pe
2858.89
1 / (1−pu / 0.75·pe)
-135.43
1.1
119-3-4
RAD
1−pu / 0.75·pe
pu·(15+0.03·450) / 1000
61.56
15/8·9²
151.875

5. 그림과 같은 H형강 기둥 주각부에서 베이스플레이트의 면적과 두께의 적합성을 건축물 강구조 설계기준과 다음 페이지의 베이스플레이트 설계지침에 따라 검토하시오.

(단, 페데스탈의 단면적은 베이스플레이트의 면적과 동일한 것으로 간주하며, 앵커볼트는 평가 목적상 표시하지 않았음) <119회 3교시>

[조건]

- H형강 기둥 : H－300×300×11×12
- 기둥의 축력 : $P_D = 1100\text{kN}$(고정하중), $P_L = 660\text{kN}$(활하중)
- 베이스플레이트 : PL－30×450×420($F_y = 275\text{MPa}$)
- 페데스탈 콘크리트의 강도 : $f_{ck} = 24\text{MPa}$

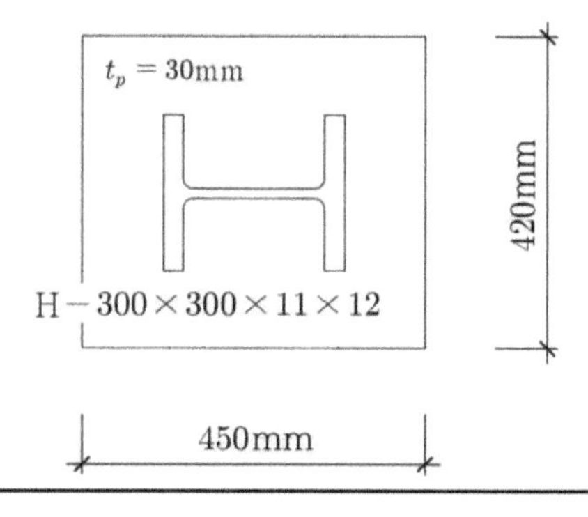

[베이스플레이트 설계지침]

베이스플레이트의 휨모멘트를 산정하기 위한 기둥 외부 캔틸레버의 위험단면은 다음 그림에 따르며, 항복선 이론에 의한 기둥 플랜지 또는 웨브로 부터의 캔틸레버 경간 $\lambda n'$은 다음 식으로 산정한다.

$$\lambda n' = \lambda \frac{\sqrt{db_f}}{4} \qquad \lambda = \frac{2\sqrt{X}}{1+\sqrt{1-X}} \le 1 \qquad X = \left[\frac{4db_f}{(d+b_f)^2}\right]\frac{P_u}{\phi_c P_p}$$

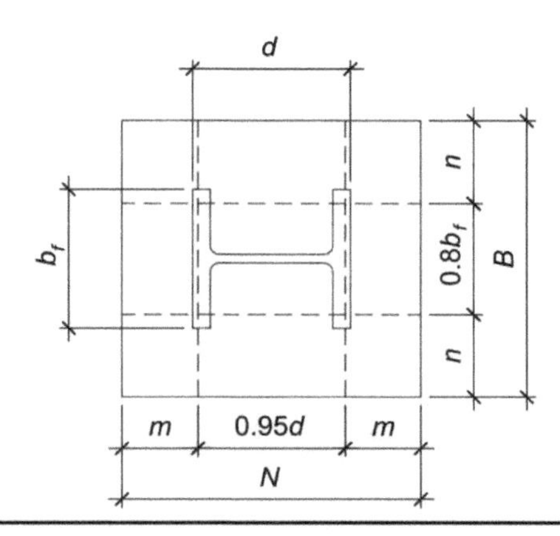

(1) 사이즈 검토.

$P_u = 1.2 \cdot 1100 + 1.6 \cdot 660 = 2376\,kN$

$\phi P_p = 0.65 \times 0.85 \cdot f_{ck} \cdot 450 \times 420$

$= 2.50614 \times 10^6\,N = 2506.14\,kN > P_u$

베이스 플레이트의 사이즈크기는 적정하다.

(2) 두께 검토

① λ_n 산정

$$X = \left[\frac{4 \cdot b_f \cdot d}{(d + b_f)^2}\right] \cdot \frac{P_u}{\phi P_p} = 0.948$$

($d = 300$, $b_f = 300$, $P_u = 2376$, $\phi P_p = 2506.14$)

$$\lambda = \frac{2\sqrt{X}}{1 + \sqrt{1 - X}} = 1.586 \leq 1.0$$

$\lambda = 1.0$ 적용

$$\lambda_n' = \lambda \cdot \frac{\sqrt{b_f \cdot d}}{4} = 75$$

$$l = Max\left[m,\ n,\ \lambda_n'\right] = 90$$

($m = 82.5$, $n = 90$, $\lambda_n' = 75$)

$$t_{bp,req} = l \cdot \sqrt{\frac{2 \cdot P_u}{0.9 \cdot F_y \cdot B \cdot N}} = 28.686\,mm \leq 30\,mm$$

($l = 90$, $P_u = 2376 \times 10^3$, $F_y = 275$, $B = 420$, $N = 450$)

베이스 플레이트의 두께는 적정하다. 끝

딸기맛호가든 : 수식이 주어진 베이스플레이트는, 더이상 어려운 문제가 아니다. 다만, 식이 주어지지 않는 경우가 대부분이다.

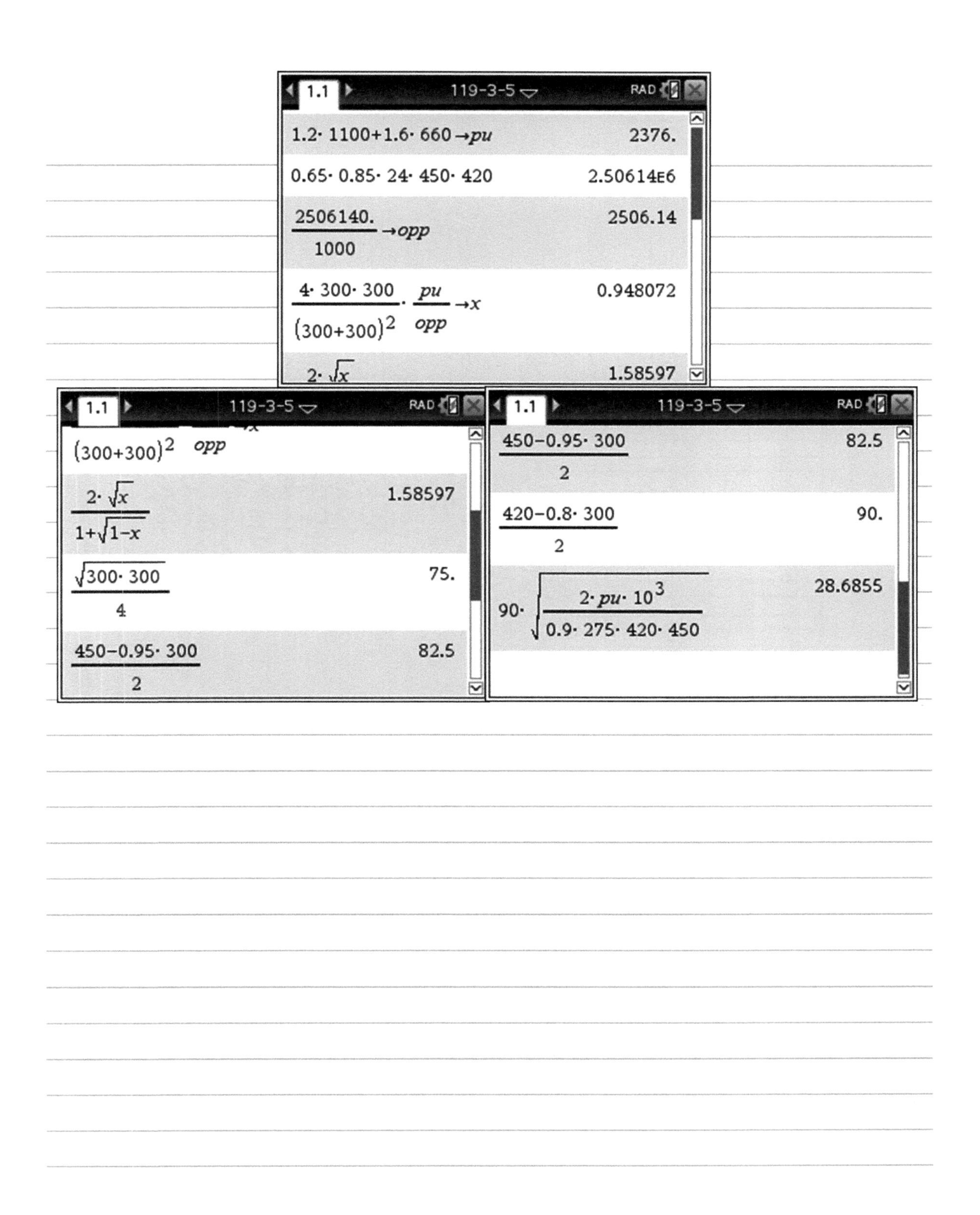
1.1
119-3-5
RAD
1.2· 1100+1.6· 660 →pu
2376.
0.65· 0.85· 24· 450· 420
2.50614E6
2506140. / 1000 →opp
2506.14
4· 300· 300 / (300+300)^2 · pu / opp →x
0.948072
2· √x / 1+√(1−x)
1.58597
√(300· 300) / 4
75.
450−0.95· 300 / 2
82.5
420−0.8· 300 / 2
90.
90· √(2· pu· 10^3 / 0.9· 275· 420· 450)
28.6855

6. 초고층 건축물 구조계획 시 구조시스템별 적정층수, 형식별 특징 및 장단점에 대하여 설명하시오.

<119회 3교시>

1) 아웃리거구조시스템
2) 튜브구조시스템
3) 가새튜브구조시스템

(1) 아웃리거 구조시스템

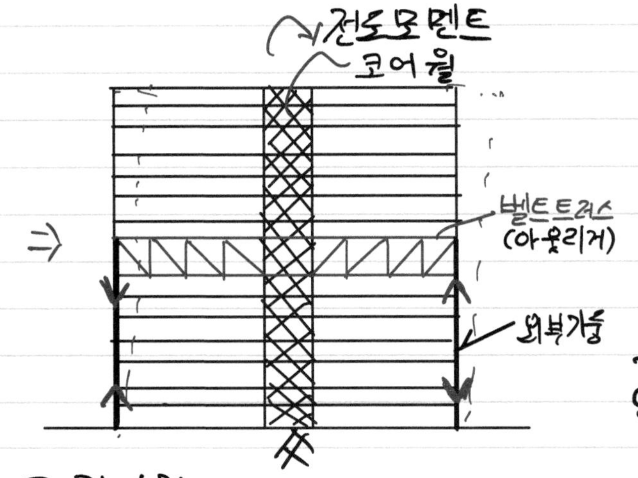

① 적정층수 : 40~60층

② 형식별 특징
구조물이 횡력을 받을시,
전도모멘트의 상당수가
벨트트러스를 통해 외부기둥의
축력으로 전달되고, 이 효과로
인해 횡력저항 성능증가

③ 장단점
아웃리거 적정층 설치시 횡력저항성능증대 및 수평변위 감소효과
코어월의 두께 증가, 아웃리거층의 점유공간 활용방안 필요
(주로 기계설비에 사용)

(2) 튜브 구조시스템

춤이큰보
외부기둥
기둥과
강접

① 적정층수 : 50~80층

② 형식별특징 : 건물의 외부기둥들을
춤이 큰 스팬드럴보로 강접시켜 외부기둥이
구조물의 횡강성을 증대시키도록 하는구조

③ 장단점
외부골조가 횡력에 저항하므로 내부평면
계획 용이
외부기둥 중심과 모서리는 전단지연현상에
의해 축하중 분포가 달라짐 (유효강성저하)

(3) 가새튜브구조시스템

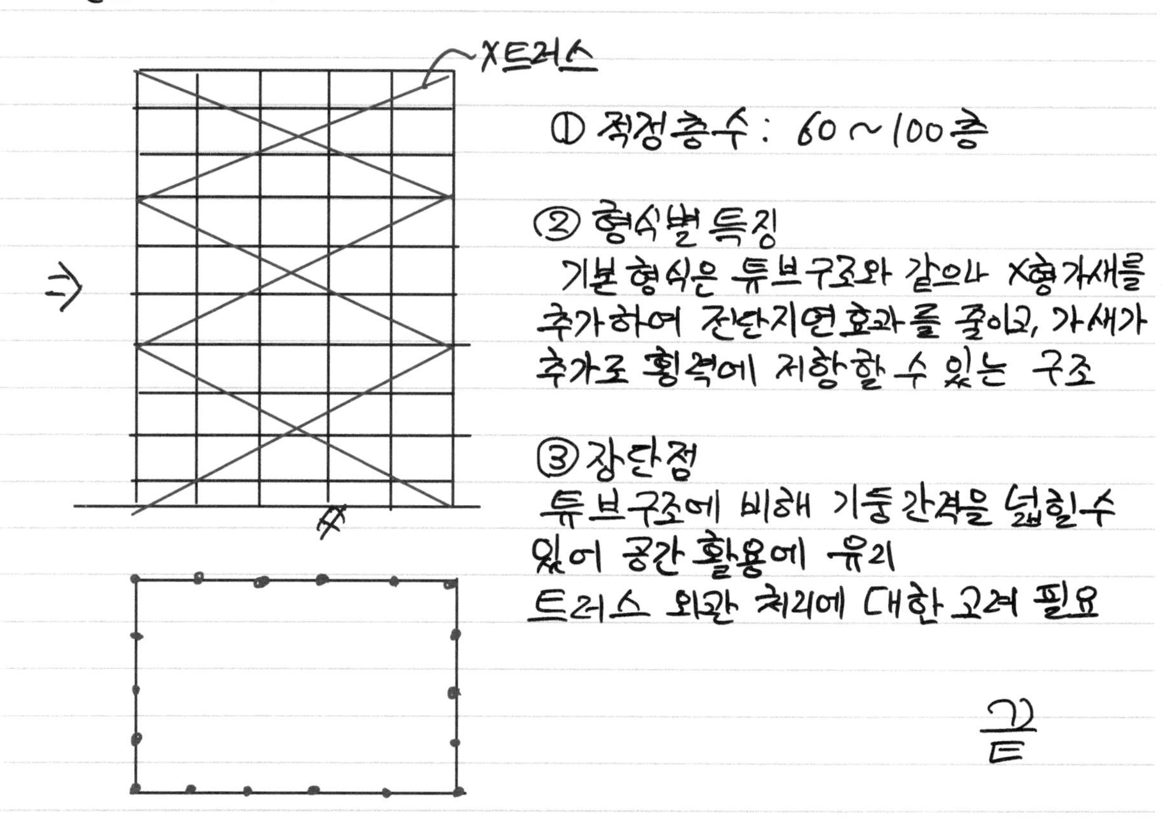

X트러스
① 적정층수 : 60~100층
② 형식별 특징
기본형식은 튜브구조와 같으나 X형가새를 추가하여 전단지연효과를 줄이고, 가새가 추가로 횡력에 저항할 수 있는 구조
③ 장단점
튜브구조에 비해 기둥간격을 넓힐수 있어 공간 활용에 유리
트러스 외관 처리에 대한 고려 필요
끝

딸기맛호가든 : 초고층구조와 관련된 구조시스템 문제는 한때는 꽤 출제되었으나, 최근에는 많이 출제되지 않는다. 다만 그중에서 그래도 가장 많이 출제되는 시스템을 꼽는다면 아웃리거구조시스템이 될것이다.

1. 다자유도계의 동적해석에 따른 고유치문제에 대하여 설명하시오.

<119회 4교시>

다자유도계 구조물에서, 각각의 자유도가 상호독립적일 때 이에 대한 구조물의 동적 특성은 고유치문제를 통해 해석가능

(1) 다자유도해석을 위한 구조물의 이상화

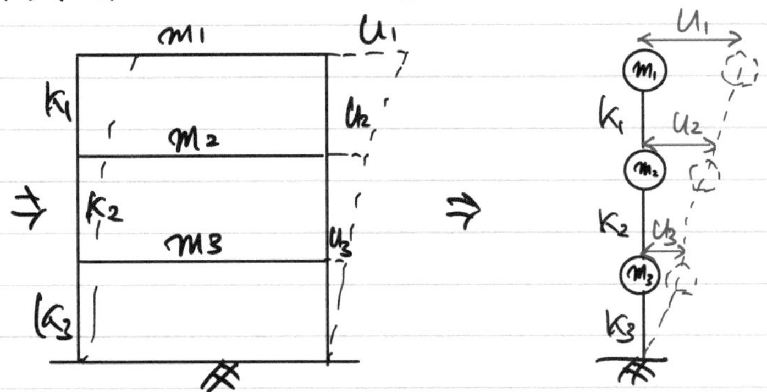

자유도 개수가 많을수록 해석이 복잡해지므로, 구조물을 단순화하고 이를 이상화 한다.

$m_1 \cdot \ddot{u}_1$ ← (m_1) ← $k_1 \cdot (u_1 - u_2)$

$$m_1 \cdot \ddot{u}_1 + k_1(u_1 - u_2) = 0 \quad \cdots (1)$$

$m_2 \cdot \ddot{u}_2$ ← (m_2) → $k_1(u_1 - u_2)$, ← $k_2(u_2 - u_3)$

$$m_2 \cdot \ddot{u}_2 - k_1(u_1 - u_2) + k_2(u_2 - u_3) = 0 \quad \cdots (2)$$

$m_3 \cdot \ddot{u}_3$ ← (m_3) → $k_2(u_2 - u_3)$, ← $k_3 \cdot u_3$

$$m_3 \cdot \ddot{u}_3 - k_2(u_2 - u_3) + k_3 \cdot u_3 = 0 \quad \cdots (3)$$

(3) 고유치 해석

식(1) ~ (3)으로부터

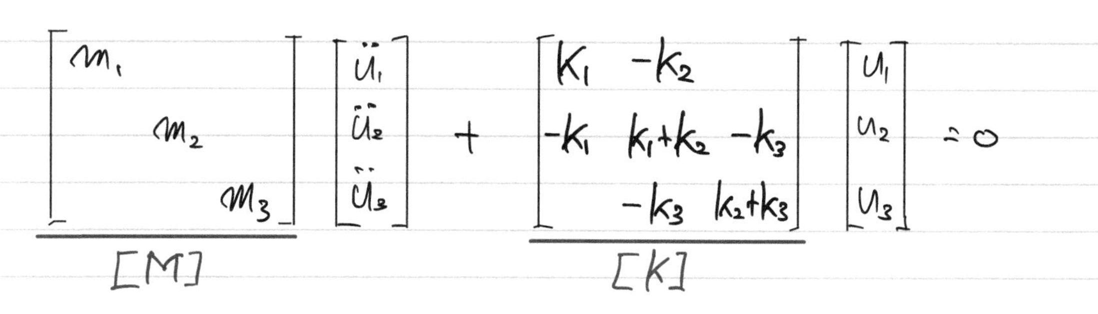

$$\begin{bmatrix} m_1 & & \\ & m_2 & \\ & & m_3 \end{bmatrix} \begin{bmatrix} \ddot{u}_1 \\ \ddot{u}_2 \\ \ddot{u}_3 \end{bmatrix} + \begin{bmatrix} k_1 & -k_2 & \\ -k_1 & k_1+k_2 & -k_3 \\ & -k_3 & k_2+k_3 \end{bmatrix} \begin{bmatrix} u_1 \\ u_2 \\ u_3 \end{bmatrix} = 0$$

$[M]$, $[K]$

유사 변위, 유사 가속도 사이의 관계에 의해

$u_i = \phi_i \cdot \sin wt$ 로 놓으면,

$\ddot{u}_i = -w^2 \phi \cdot \sin wt = -w^2 \cdot u_i$ 가 된다.

따라서 위 식은

$$\left([k] - w^2 \cdot [M]\right) \times \begin{pmatrix} u_1 \\ u_2 \\ u_3 \end{pmatrix} = 0$$ 으로 변환가능하다.

이를 고유치 해석으로 풀면

$\det \left| w \cdot [M] - k \right| = 0$ 을 만족하는 3개의 w를

구할 수 있다.

(4) 모드형상

$\left([k] - w_i \cdot [M]\right) \times (\phi_i) = 0$ 의 수식을 풀어 ϕ_i를 구하면

다자유도 구조물의 동적거동을 각각의 고유주기에 따른

모드형상으로 분리 가능하다.

예시로 한 구조물은 3자유도이므로 1~3차모드의

각각의 거동으로 분리가능하다.

(5) 고유치 해석 결과의 의미

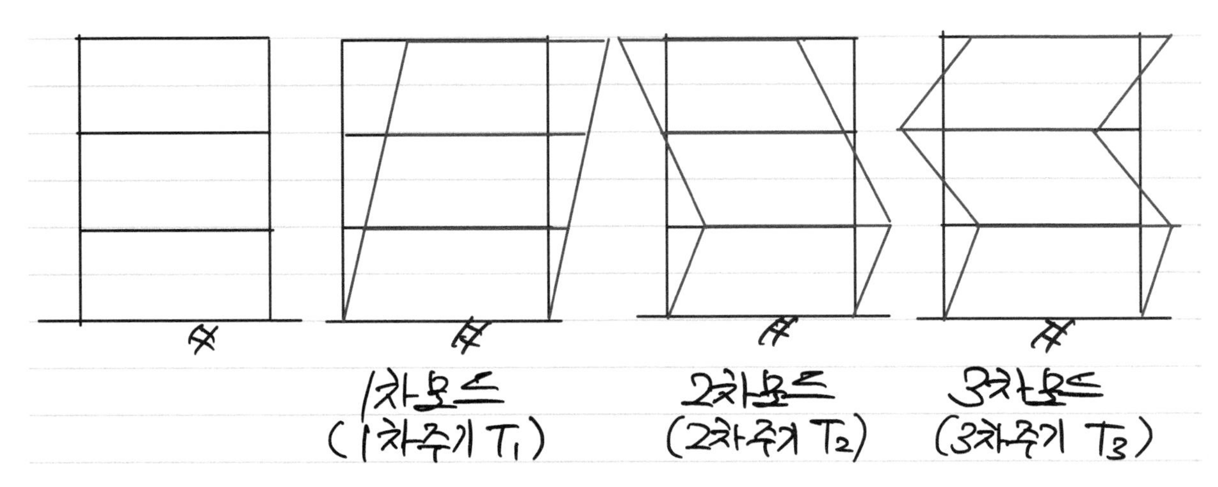

고유치해석을 통해 구조물의 동적거동을 1~3차모드 각각의 거동으로 나타내었다. T_1 마다 한번씩 1차모드 형태로, T_2마다 한번씩 2차모드 형태로, T_3 마다 한번씩 3차모드 형태로 거동하는 것을 의미한다.

실제 구조물의 거동은 1차모드 + 2차모드 + 3차모드의 복합적인 형태로 발생한다. 이때 각각의 모드응답은 동시에 최대값을 가지지 않으므로, SRSS나 CQC 방법을 이용하여 각각의 모드응답을 조합하여 구조물의 최대응답을 얻는다.

끝

2. 목재기둥의 단부 지지조건에 따른 좌굴형태를 그림으로 나타내고, 각각의 조건에 대한 유효기둥길이 산정 시 사용되는 좌굴길이계수 값을 쓰시오. <119회 4교시>

KDS 41 33 04, 1.3.2.1 의 표 1.3-1 좌굴길이계수

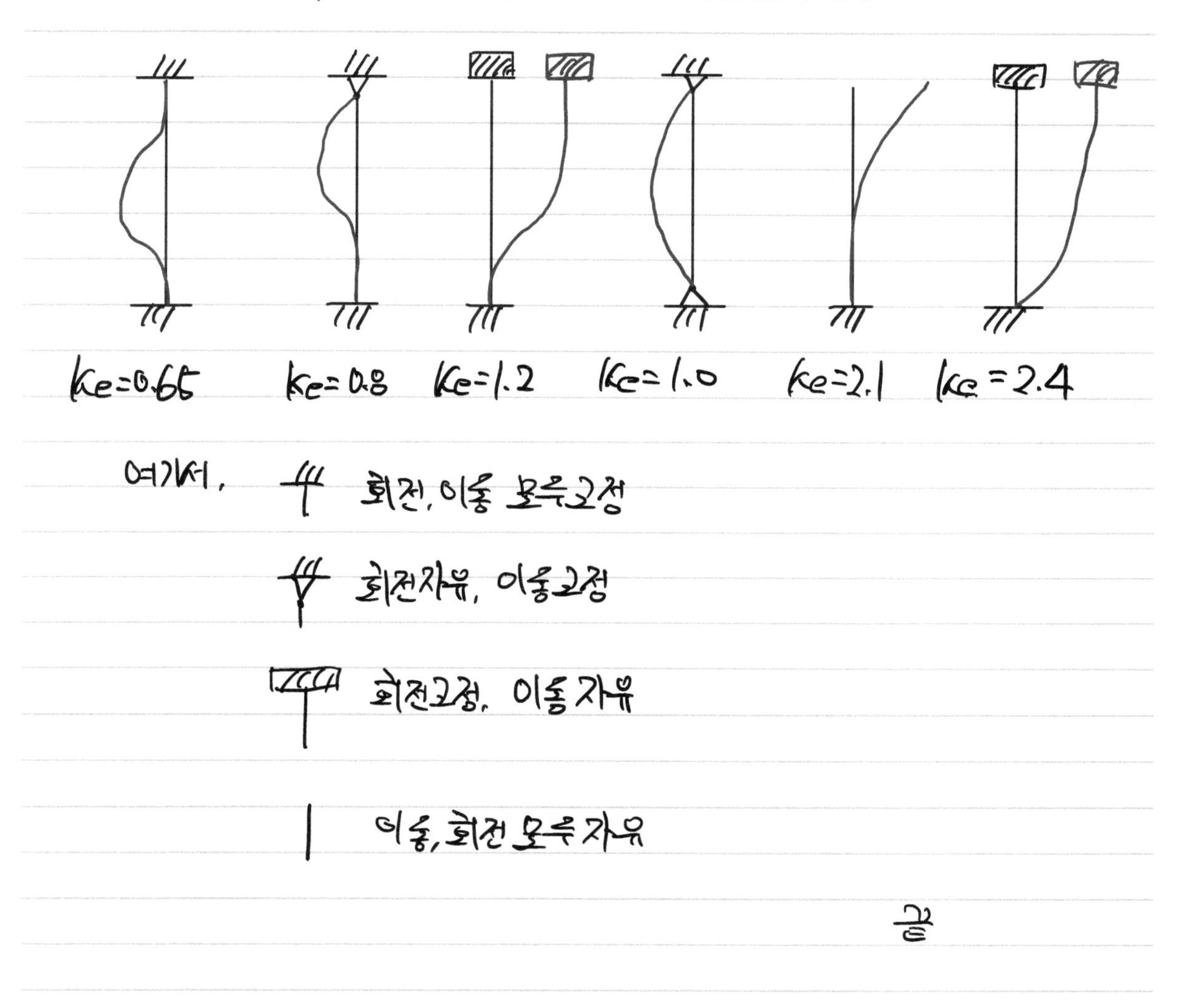

4. 그림과 같이 $b_w \times h = 300\text{ mm} \times 600\text{ mm}$ 이며, 경간 6m인 보가 중심선에서 2m 내민 캔틸레버 슬래브(두께 T=150mm)를 지지하고 있을 때, 이 보의 전단과 비틀림에 대한 다음 사항들을 검토하시오. <119회 4교시>

[조건]
▪ 보에는 보 중심선을 따라서 $12\ kN/m$의 적재하중이 작용
▪ 슬래브에는 $2\ kN/m^2$ 적재하중이 작용(보의 외단까지 작용)
▪ 보의 휨철근 중심까지 유효깊이는 500mm
▪ 보 표면에서 스터럽 중심까지의 거리는 40mm
▪ 사용된 재료는 $f_{ck} = 27$ MPa, $f_y = 400$ MPa

1) 비틀림 효과의 고려 여부

2) 비틀림에 대한 단면의 적정성

3) 폐쇄스터럽 검토

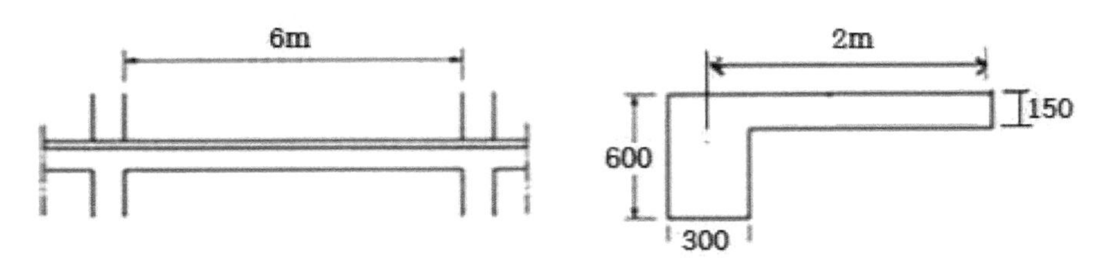

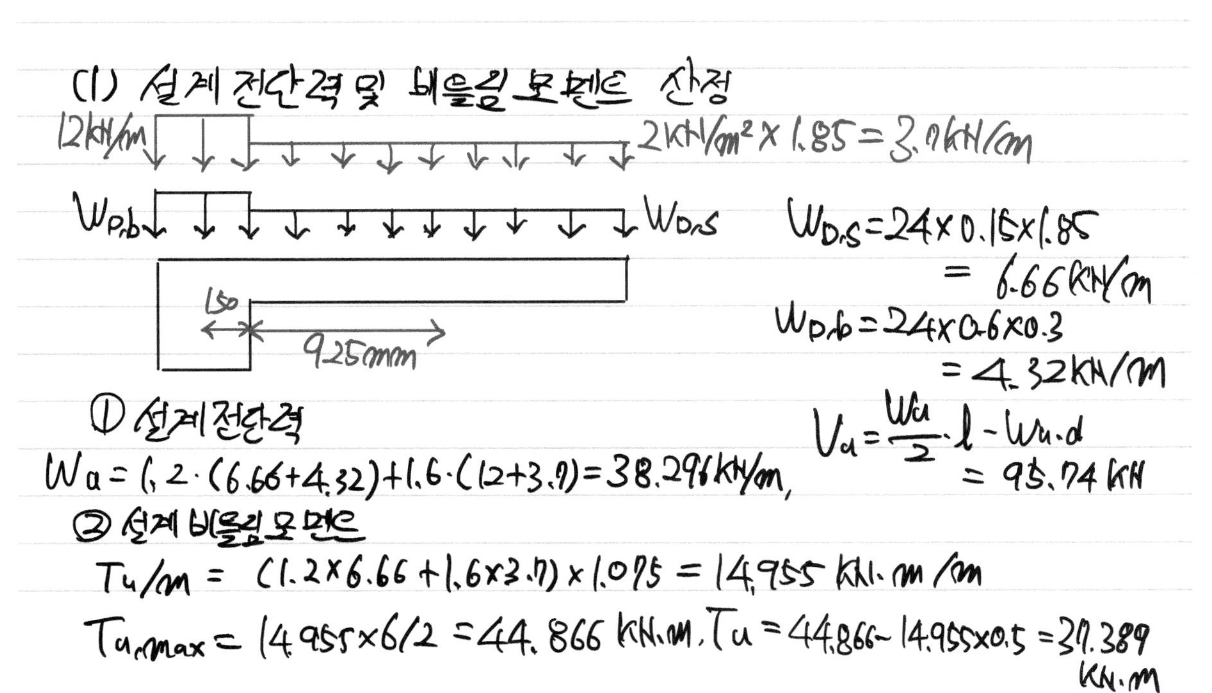

(1) 설계 전단력 및 비틀림 모멘트 산정

$12kN/m$, $2kN/m^2 \times 1.85 = 3.7kN/m$

$W_{D,b}$, $W_{D,s}$, 150, 925mm

$W_{D,s} = 24 \times 0.15 \times 1.85 = 6.66 kN/m$

$W_{D,b} = 24 \times 0.6 \times 0.3 = 4.32 kN/m$

① 설계전단력

$W_u = 1.2 \cdot (6.66 + 4.32) + 1.6 \cdot (12 + 3.7) = 38.296 kN/m$,

$V_u = \frac{W_u}{2} \cdot l - W_u \cdot d = 95.74 kN$

② 설계 비틀림 모멘트

$T_u/m = (1.2 \times 6.66 + 1.6 \times 3.7) \times 1.075 = 14.955\ kN \cdot m/m$

$T_{u,max} = 14.955 \times 6/2 = 44.866\ kN \cdot m$, $T_u = 44.866 - 14.955 \times 0.5 = 37.389\ kN \cdot m$

(2) 비틀림효과 고려여부 검토

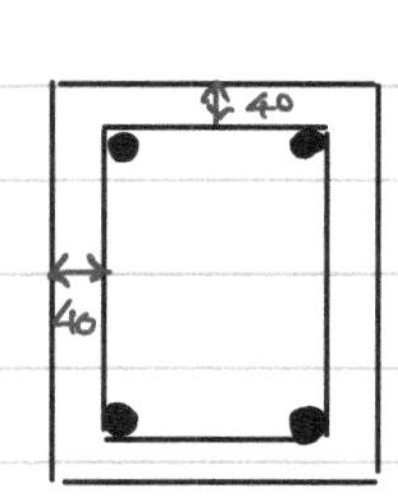

$A_{cp} = 300 \times 600 = 180000\ mm^2$

$P_{cp} = 2 \times (300 + 600) = 1800\ mm$

$\phi \lambda \frac{\sqrt{f_{ck}}}{12} \cdot \frac{A_{cp}^2}{P_{cp}} = 5.8457 \times 10^6\ N \cdot mm$ (ϕ = 0.75, λ = 1.0)

$= 5.846\ kN \cdot m < T_u = 37.389$

비틀림을 고려하여야 한다.

(3) 비틀림에 대한 단면의 적정성

$A_{oh} = (300-90) \times (600-90) = 107100\ mm^2$

$P_h = 2 \times (210 + 510) = 1440\ mm$

$\sqrt{\left(\frac{V_u}{b_w \cdot d}\right)^2 + \left(\frac{T_u \cdot P_h}{1.7 A_{oh}^2}\right)^2} \le \phi \cdot \frac{5}{6} \cdot \lambda \cdot \sqrt{f_{ck}}$

$2.834\ MPa \le 3.248\ MPa$

단면크기는 적정하다.

(4) 폐쇄스터럽 검토 ($\cot\theta = 1$ 가정)

① 비틀림에 대한 스터럽

$\frac{A_t}{s} = \frac{T_u}{\phi \cdot 2 \cdot A_o \cdot f_{yt} \cdot \cot\theta} = \frac{37.389 \times 10^6}{0.75 \cdot 2 \cdot 0.85 \cdot 107100 \cdot 400} = 0.685\ mm^2/mm$ (A_o = 0.85 A_{oh})

② 전단에 대한 스터럽

$V_u = 95.74\ kN \le \phi V_c = 0.75 \frac{1}{6} \sqrt{f_{ck}} \cdot b_w \cdot d = 97.428\ kN$

전단에대한 스터럽은 고려 하지 않는다.

③ 전체 폐쇄 스터럽

D10사용시 $71 = 0.685 \times s$, $s = 103.65$ D10@100 배근

$A_{v,min} = [0.0625\sqrt{f_{ck}} \ge 0.35] \frac{b_w \cdot s}{f_{yt}} = 26.25\ mm^2 \le 142.6\ mm^2$

전단최소철근만족.

끝

M군 : 본 문제에서처럼 RC보에 캔티 슬래브가 하나만 걸려 있다면, 보 검토시 비틀림에 대해 검토해야 한다.
통상의 경우에는 보 양쪽으로 슬래브가 걸려 있는 경우가 대부분이지만 체육관 건물같은 경우 지붕형태에 따라 RC보에 캔티 슬래브만 정착되는 경우가 자주 발생한다.

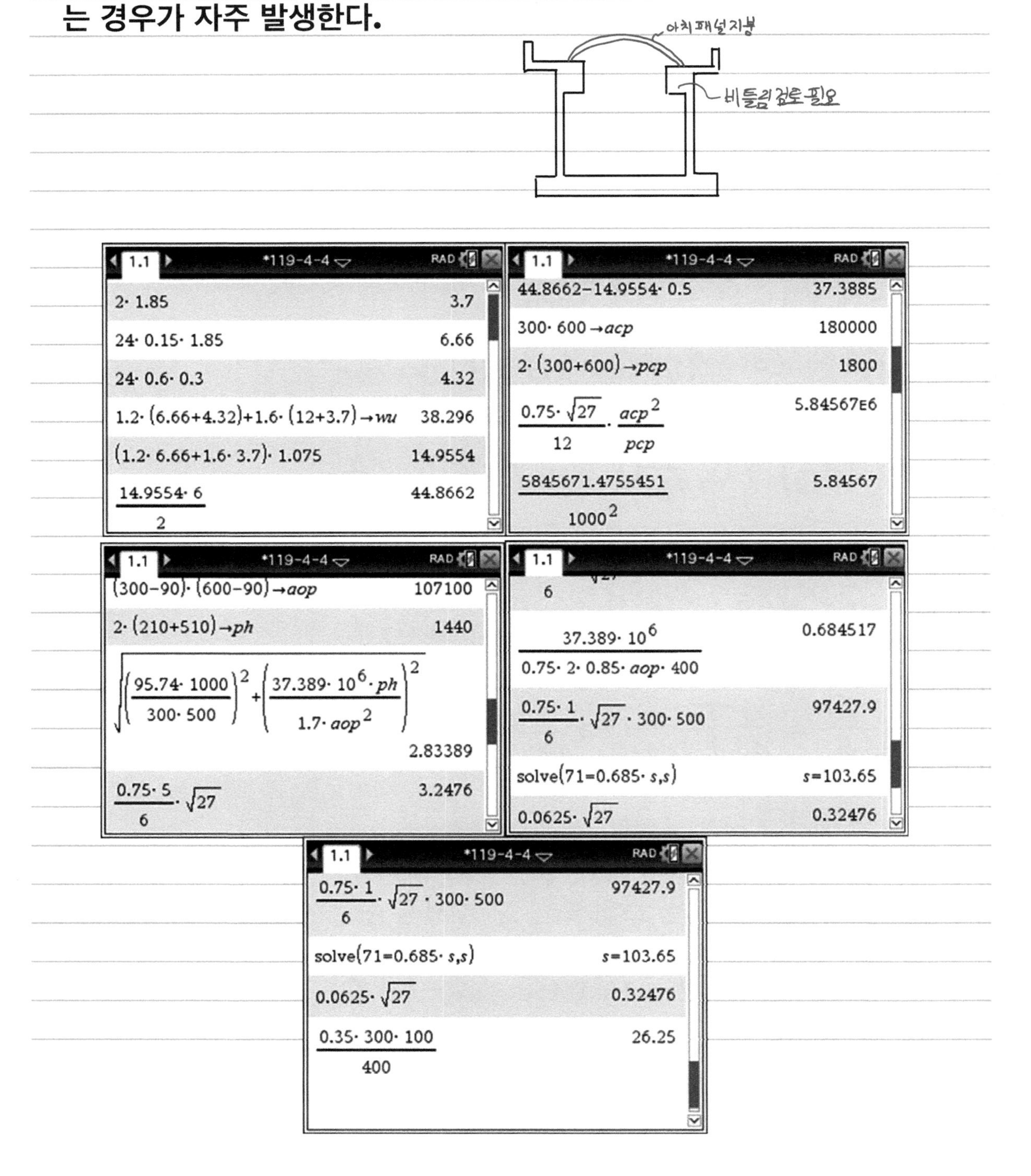

5. 그림과 같은 강구조 골조를 건축물 강구조 설계기준에 따라 직접해석법으로 해석하여 기둥 C_1과 C_2의 소요강도를 구하시오. <119회 4교시>

(단, 기둥 C_1과 C_2는 강축방향으로 배치되어 있다. 2차해석은 건축물 강구조 설계기준에 따른 증폭1차탄성해석에 의한 2차해석을 사용한다. 기준에 따른 산정식은 다음 페이지를 참고하시오.)

C_1, C_2 : $H-344\times348\times10\times16$ ($F_y=355\text{MPa}$)

$A_g=14.6\times10^3\text{mm}^2$ $I_x=333\times10^6\text{mm}^4$ $E=210{,}000\text{MPa}$

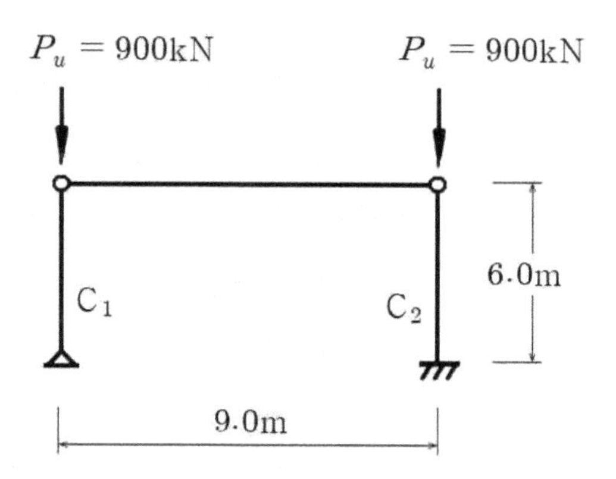

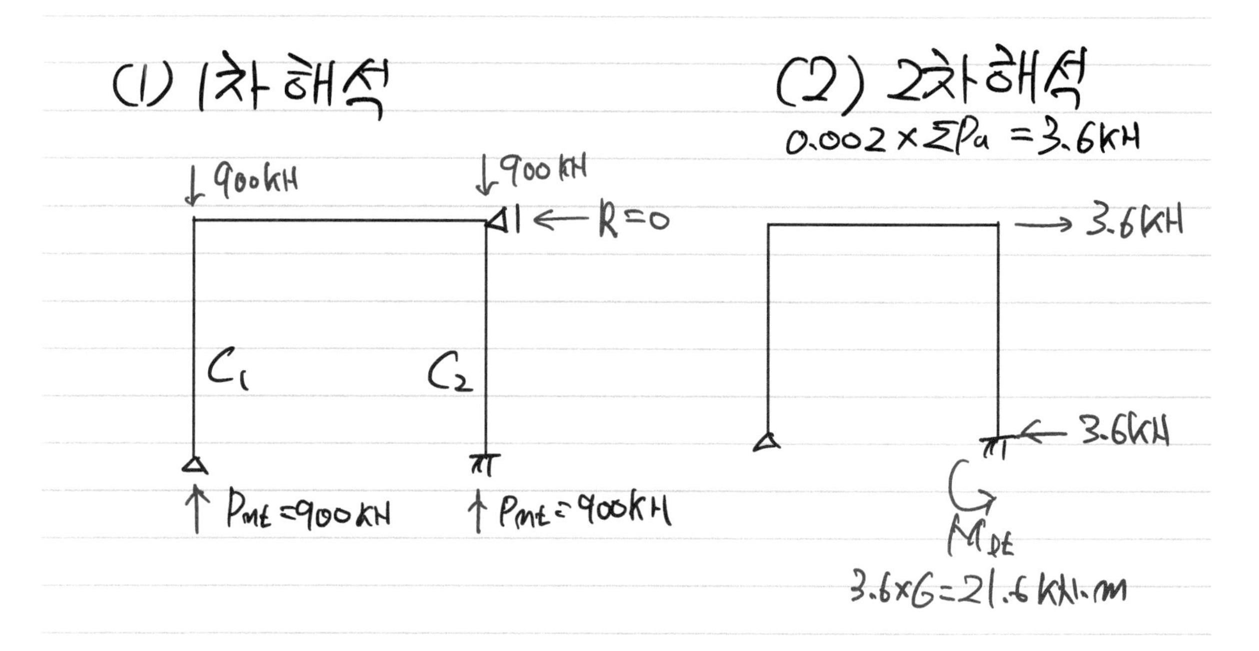

(3) B_1, B_2 산정 $C_m = 0.6 + 0.4\,M_1/M_2 = 0.6$

$$B_1 = \frac{C_m}{1 - P_r/P_{e1}} = 0.630 < 1.0,\ 1.0\ 적용.$$

$C_m \sim 0.6$, P_r: 900

$$P_{e1} = \frac{\pi^2 \cdot EI}{(KL)^2} = 19171.7\text{kN}$$

$$\Delta = \frac{PL^3}{3EI^*} = \frac{3.6 \times 10^3 \times 6000^3}{3 \cdot E \cdot I \times 0.8} = 4.633\text{mm}$$

E: 210000, I: 333×10^6

$$\Sigma P_{e2} = R_m \frac{\Sigma HL}{\Delta_H} = 0.85 \times 3.6 \times 6000/4.633 = 3962.7\text{kN}$$

$$B_2 = \frac{1}{1 - \Sigma P_{nt}/\Sigma P_{e2}} = \frac{1}{1 - 2 \times 900/3962.7} = 1.832$$

(4) 소요강도 산정

C_1기둥. $P_r = P_{nt} + B_2 \times P_{\ell t} = 900\text{kN}$ (P_{nt}: 900, $P_{\ell t}$: 0)

$M_r = B_1 \cdot M_{nt} + B_2 \cdot M_{\ell t} = 0$

C_2기둥 $P_r = P_{nt} + B_2 \cdot P_{\ell t} = 900\text{kN}$

$M_r = B_1 \cdot M_{nt} + B_2 \cdot M_{\ell t} = 39.57\text{kN}\cdot\text{m}$

끝

1.1 119-4-5	RAD
0.002· 900· 2	3.6
3.6· 6	21.6
210000 →e	210000
333· 10^6 →i	333000000
π^2· e· i / 6000^2 →pe1	1.91717E7

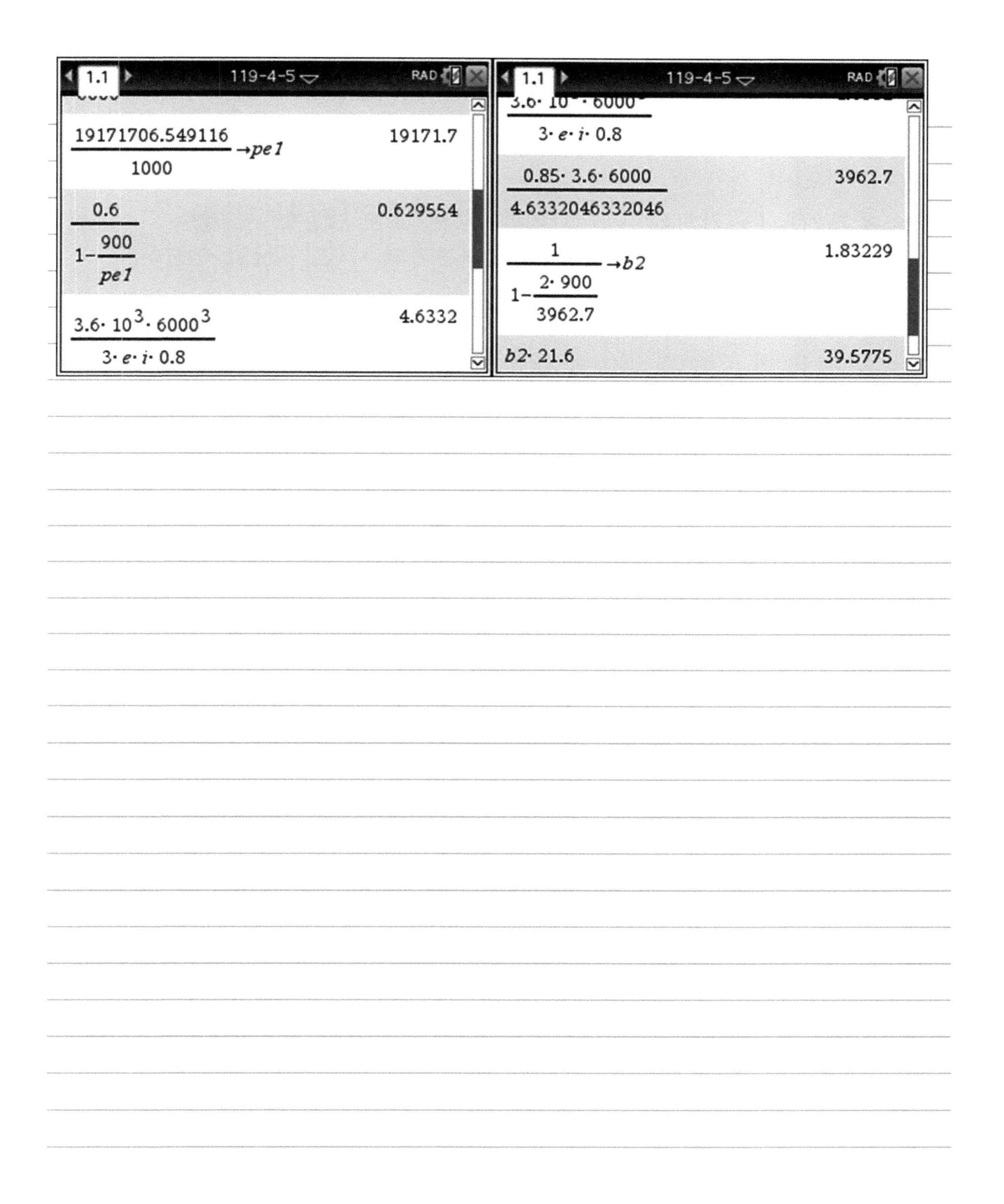
1.1
119-4-5
RAD
19171706.549116 / 1000 →pe1
19171.7
0.6 / (1−900/pe1)
0.629554
3.6·10^3·6000^3 / 3·e·i·0.8
4.6332
1.1
119-4-5
RAD
3·e·i·0.8
0.85·3.6·6000 / 4.6332046332046
3962.7
1 / (1−2·900/3962.7) →b2
1.83229
b2·21.6
39.5775

6. 기초형식 중 말뚝전면복합기초에 대해 설명하고, 안전성을 확인하기 위하여 검토해야 할 내용 3가지를 설명하시오. <119회 4교시>

(1) 정의

줄기초나 매트기초 등의 직접기초와 말뚝기초를 병용한 기초형식.
어느정도 침하를 허용할 때, 말뚝의 지지력 이외에 기초판저면의 지지력을 추가로 고려

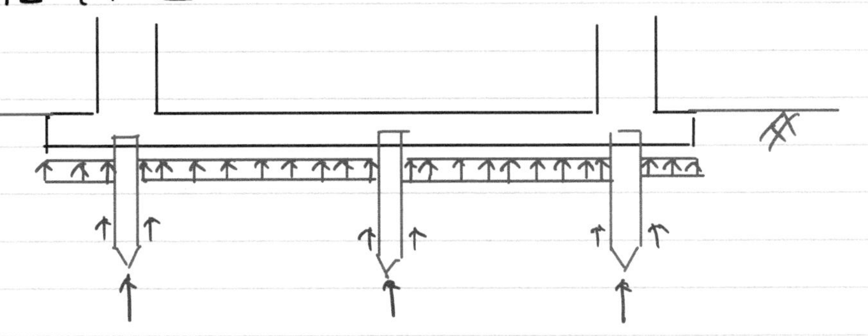

(2) 안전성 확인을 위한 검토사항

① 상부구조에 대한 영향검토
기초의 변형 및 변형각이 상부구조의 구조적인 안전성을 확보할 수 있는 허용치 이내가 되도록 해야한다.

② 기초부재
기초부재에 작용하는 각 부재의 응력, 변형각, 균열폭 등에 대해 검토

③ 기초지반
기초 지반의 연직지지력, 침하량을 검토하고 전면 기초판 하부 지반의 다짐도를 확인해야 한다.
현장 재하실험을 실시하여 말뚝 및 기초지반의 안전성을 확인하여야 한다

끝

딸기맛호가든 : 실제 실무에서 말뚝전면복합기초를 적용하면 파일개수를 줄일 수 있으므로 경제적이다. 다만, 침하에 대한 검토를 위해 토질분야 전문가의 도움이 필요할 것이다.

120회 건축구조기술사

(2019년 8월 10일 시행)

대상	응시	결시	합격자	합격률
380	323	57	11	3.41%

총 평

난이도 상

상당히 어려운 시험이었다. 1교시는 그래도 무난한 편이었지만, 2교시부터는 생소하거나 어렵거나 오래걸리는 문제들의 향연이었다.

시험의 괴로움은 2교시부터 시작되었는데, 2교시에서 유일하게 풀만한 강성매트릭스법은 대비되어 있는 사람이 비교적 적었을 것이며, 그나마 실무경험이 있는 수험생이라면 설계하중문제까지는 수월하게 풀었을 것이다. 그러나 나머지문제는 도대체 뭘 골라 풀어야 하는지부터 난감하다. 3교시에 좀 쉬운 역학문제가 나왔다 했더니 이번엔 무려 처짐각법, 모멘트분배법, 3연모멘트법 3가지 방법으로 풀라고 한다. 시간도 시간이고, 3가지풀이법을 모두 알아야 하니, 쉬운문제임에도 점수를 온전히 받은 사람은 적을 것이다. 이걸 제외하면 만만한 문제는 보이질 않는다. 유일하게 4교시만큼은 쉬운역학문제 2개 + 풀만한 서술문제로 숨통이 트였을 것이다.

120회 시험의 특징은 기승전결 내진설계기준이라고 할 수 있다. 내진설계기준의 최근개정사항에 철저하게 대비한 사람들만 합격에 도달할 수 있었을 것이라 판단된다. 이렇게 많이나와도 되나 싶을 정도로 나왔을 정도이니...

합격률은 3.41%로 상당히 낮은 편이었지만, 난이도를 감안하면 그렇게 낮았다라는 느낌이 들지는 않는다.

국가기술자격 기술사 시험문제

기술사 제 120 회 제 1 교시 (시험시간: 100분)

분야	건설	종목	건축구조기술사	수험번호		성명	

※ 다음 문제 중 10문제를 선택하여 설명하시오. (각10점)

1. 건축법에 의한 내진능력공개의 범위와 최대지반가속도 응답스펙트럼 방식에 따른 산정식을 쓰고 산정식에 포함된 용어 및 계수를 설명하시오.

2. 철근콘크리트 구조에서 연속 휨부재의 모멘트 재분배에 대한 해석기준을 설명하시오.

3. 한쌍의 전단벽이 독립적으로 있는 경우보다 연결보로 연결되어 있는 경우가 지진 등 횡하중 저항에 더 효율적인 이유와 연결보가 가져야 할 성능 및 요구조건에 대하여 설명하시오.

4. 철근콘크리트조 공동주택의 성능기반설계 시 설계기준에서 요구하는 내진성능을 확보하고 있음을 확인해야 하는 조건으로 제3자 검토보고서에 반드시 포함되어야 하는 사항들을 설명하시오.

5. 콘크리트의 취성파괴보다 철근의 연성파괴를 유도하기 위해 기준이 어떻게 변경되었는가에 대하여 설명하시오.

6. 특별풍하중을 적용해야 되는 조건 중 인접효과가 우려되는 건축물에 대하여 검토가 필요한 두 가지 경우를 각각 설명하시오. (단, KDS 41 기준)

7. 소규모건축구조기준(KDS 41 90 05)을 적용할 수 있는 건축물의 규모(층수, 연면적, 높이, 처마높이, 기둥간격)에 대하여 설명하시오.

2 - 1

국가기술자격 기술사 시험문제

기술사 제 120 회 제 1 교시 (시험시간: 100분)

분야	건설	종목	건축구조기술사	수험번호		성명	

8. 지하구조물의 지진하중 산정 시 설계계수와 지상구조와 연결되는 부위의 연성상세에 대하여 설명하시오. (단, KDS 41 기준)

9. 한계상태설계법에 따른 강구조 접합부의 설계인장강도, 설계전단강도 및 블록전단강도 산정방법에 대하여 각각 설명하시오.

10. 5층 이하의 필로티 구조에서 필로티층의 전단벽과 기둥이 지진하중에 저항할 수 있도록 하기 위하여 요구되는 필요조건을 설명하시오.

11. 건축법 제87조의2에 따라 설립하는 지역건축안전센터의 업무 및 이를 수행하는데 필요한 필수 전문인력의 자격에 대하여 설명하시오.

12. 철근콘크리트 구조설계시 f_{ck}=40MPa, f_y=500MPa일 때 최대·최소철근비 ρ_{max}, ρ_{min} 값을 구하시오.

13. KDS 41 30 00 건축물 강구조 설계기준에서 규정하는 매입형합성부재의 압축부재에 대한 구조제한과 상세요구사항을 기술하시오.

국가기술자격 기술사 시험문제

기술사 제 120 회 제 2 교시 (시험시간: 100분)

분야	건설	종목	건축구조기술사	수험번호		성명	

※ 다음 문제 중 4문제를 선택하여 설명하시오. (각25점)

1. 다음 조건에 따라 각각의 항목에 대한 안정성을 검토하시오.

[공통 설계조건]
- 기둥크기 : Cx=0.5m, Cy=0.7m
- SLAB 두께 (Drop pannel 두께 적용) : 450mm
- 재료강도 : f_{ck}=24 MPa, f_y=600MPa(D16이상)
- 설계하중 : V_u=820kN

(1) 내부 기둥에 대한 2면 전단응력 검토

(2) 외부 기둥에 대한 불균형모멘트 검토

[설계조건]
- 설계하중 : M_{ux}=582kN·m, M_{uy}=105kN·m(불균형모멘트)
- 상부배근 HD16@100, 하부배근 없음

7 - 1

국가기술자격 기술사 시험문제

기술사 제 120 회 제 2 교시 (시험시간: 100분)

분야	건설	종목	건축구조기술사	수험번호		성명	

2. 그림과 같은 댑단부(Dapped end)에서 균열발생 후 극한응력상태의 하중전달형태를 스트럿-타이 모델을 이용하여 도식화하시오.

국가기술자격 기술사 시험문제

기술사 제 120 회 　　　　　　　　　　　　　　　　　　　　　제 2 교시 (시험시간: 100분)

분야	건설	종목	건축구조기술사	수험번호		성명	

3. 그림과 같은 연속보에서 Θ_B, R_A, R_{MA}, R_B, R_C, R_{MC}을 강성매트릭스법에 의해 구하고 모멘트도와 전단력도를 그리시오. (단, EI는 일정함.)

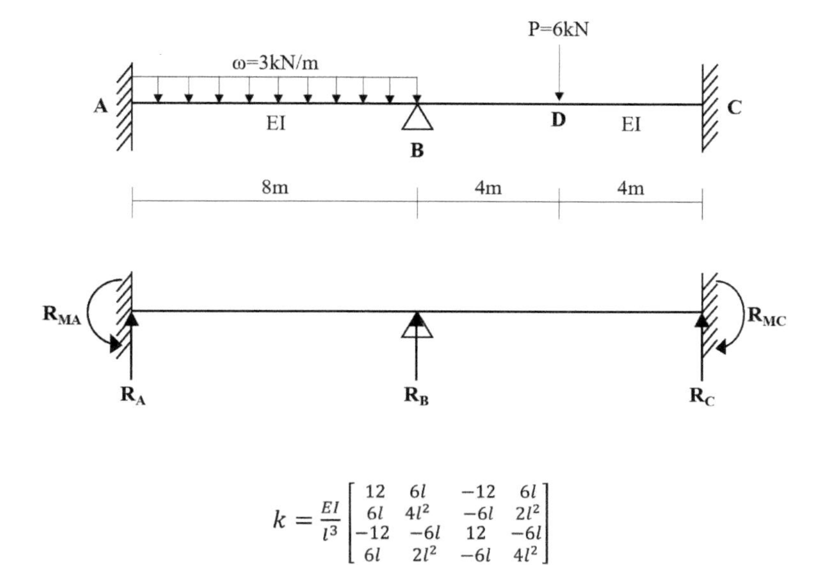

$$k = \frac{EI}{l^3}\begin{bmatrix} 12 & 6l & -12 & 6l \\ 6l & 4l^2 & -6l & 2l^2 \\ -12 & -6l & 12 & -6l \\ 6l & 2l^2 & -6l & 4l^2 \end{bmatrix}$$

국가기술자격 기술사 시험문제

기술사 제 120 회　　　　　　　　　　　　　　　　　　제 2 교시 (시험시간: 100분)

분야	건설	종목	건축구조기술사	수험번호		성명	

4. 질량 M, 강성 K, 비감쇠인 단자유도계의 주구조물에 질량이 m인 단진자가 연결되어 있다. 이 전체 구조물에 대한 (1) 운동방정식, (2) 기본주파수와 (3) 이에 해당하는 모드형상을 구하시오. (단, θ는 매우 작으며, $M=10$, $m=2$, $K=500$, 진자의 길이 $l=6$, 중력가속도 $g=2$임.)

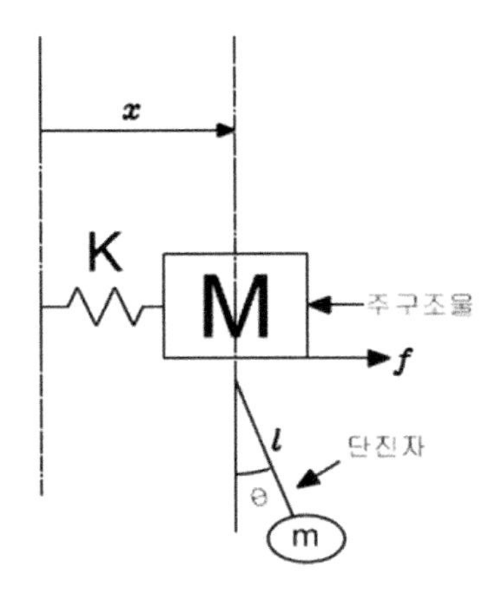

5. 건축비구조요소 내진설계에 관한 다음 항목에 대하여 각각 설명하시오. (단, KDS 41 기준)
   (1) 등가정적하중에 의한 수평설계지진력 산정식
   (2) 동적해석에 의한 수평설계지진력 산정방법(5가지 열거)
   (3) 칸막이벽 규정적용 예외조건
   (4) 매달린 천장 규정적용 예외조건
   (5) 이중바닥의 무게산정

7 - 4

국가기술자격 기술사 시험문제

기술사 제 120 회 제 2 교시 (시험시간: 100분)

분야	건설	종목	건축구조기술사	수험번호		성명	

6. 다음 구조물의 설계하중을 산정하시오. (단, KDS 41 기준)

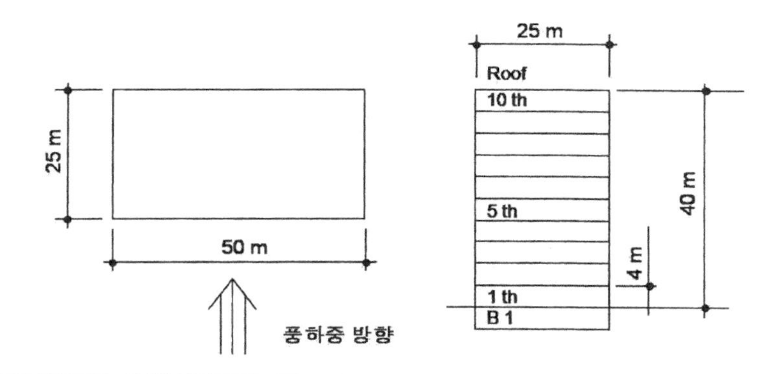

[설계조건]
- 지역 : 서울특별시
- 용도 : 기준층 - 사무실, 1층-로비
- 규모 : 지하 1층, 지상10층(층고 4.0m)
- 마감 : 모든층-인조석 깔기, 천장-석고보드 천장, 슬래브 두께 - 150mm
- 노풍도 B, 중층건물이 산재한 지역, 주위여건 평탄한 지역
- 풍압산정시 가스트 계수 2.2로 적용
- 하중산정시 명시되지 않은 계수들은 상황에 맞게 정하여 산정할 것

(1) 고정하중

(2) 기준층과 1층의 활하중

(3) 적설하중(지붕층)

7 - 5

국가기술자격 기술사 시험문제

기술사 제 120 회 제 2 교시 (시험시간: 100분)

분야	건설	종목	건축구조기술사	수험번호		성명	

(4) 풍하중 방향에 대하여 지붕층에서의 주골조 설계용 설계풍압 및 기준층 한 개층의 설계풍하중

(단, 검토 편의상 지붕층에서의 설계 풍압이 전층에 등분포 되는 것으로 한다.)

평탄한 지역에 대한 풍속고도분포계수 K_{zr}

지표면으로부터의 높이 z(m)	지표면조도구분			
	A	B	C	D
$z \leqq z_b$	0.58	0.81	1.0	1.13
$z_b < z \leqq Z_g$	$0.22z^{\alpha}$	$0.45z^{\alpha}$	$0.71z^{\alpha}$	$0.98z^{\alpha}$

주 1) z : 지표면에서의 높이(m)
2) z_b : 대기경계층시작높이(m)
3) Z_g : 기준경도풍높이(m)
4) α : 풍속고도분포지수

z_b, Z_g, α

지표면조도구분	A	B	C	D
z_b (m)	20 m	15 m	10 m	5.0 m
Z_g (m)	550 m	450 m	350 m	250 m
α	0.33	0.22	0.15	0.10

주 1) z_b : 대기경계층시작높이(m)
2) Z_g : 기준경도풍높이(m)
3) α : 풍속고도분포지수

국가기술자격 기술사 시험문제

기술사 제 120 회 　　　　　　　　　　　　　　　　　제 2 교시 (시험시간: 100분)

분야	건설	종목	건축구조기술사	수험번호		성명	

밀폐형건축물의 벽면 외압계수 C_{pe}

외압계수 C_{pe}

	D/B	C_{pe}
풍상벽 C_{pe1}	모든 값	$0.8k_z+0.03(D/B)$
풍하벽 C_{pe2}	≤ 1	-0.5
	>1	$-0.5+0.25\ln(D/B)^{0.8}$
측벽	모든 값	-0.7

주) B : 건축물의 대표폭 (m), D : 건축물의 깊이(m), C_{pe} : 외압계수

높이방향 압력분포계수 k_z

$z \leq z_b$	$z_b < z < 0.8H$	$z \geq 0.8H$
$(z_b/H)^{2\alpha}$	$(z/H)^{2\alpha}$	$0.8^{2\alpha}$

주) H: 건축물의 기준높이(m), z : 지표면에서의 높이(m)
z_b : 대기경계층시작높이(m)
α : 풍속고도분포지수

국가기술자격 기술사 시험문제

기술사 제 120 회 제 3 교시 (시험시간: 100분)

분야	건설	종목	건축구조기술사	수험번호		성명	

※ 다음 문제 중 4문제를 선택하여 설명하시오. (각25점)

1. 그림과 같은 보를 처짐각법, 모멘트분배법 및 3연모멘트법에 의해 해석하시오. (단, 반력 및 응력은 1회만 구하되 응력도는 반드시 그리시오.)

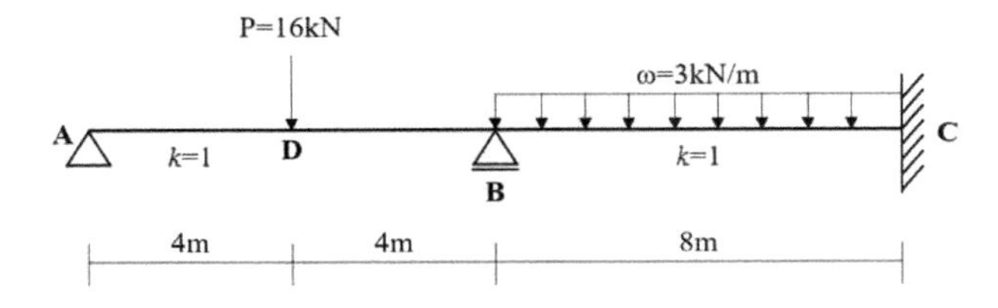

2. 그림과 같은 부재의 단부에 축력 P가 작용할 때, 좌굴하중(buckling load) P_{cr}을 구하시오. (단, k는 회전스프링의 스프링 계수이며, 각 절점에서의 처짐각은 매우 작은 것으로 한다.)

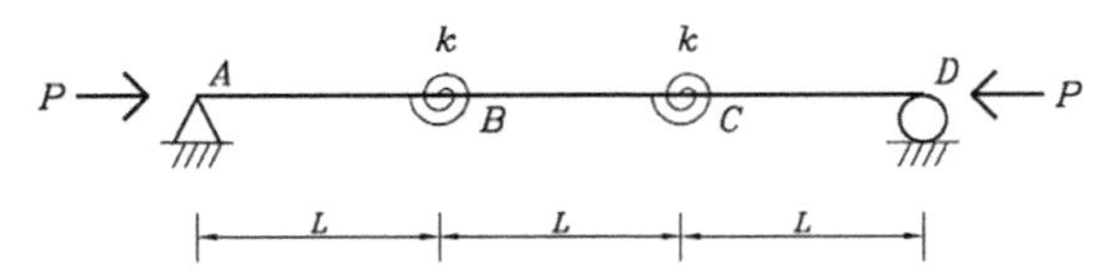

국가기술자격 기술사 시험문제

기술사 제 120 회 제 3 교시 (시험시간: 100분)

분야	건설	종목	건축구조기술사	수험번호		성명	

3. 그림과 같은 기초판에 압축력 P=1,200kN이 e=500mm의 위치에 편심으로 작용하고 있을 때 독립기초를 설계하시오.
   (단, 지반지지력 검토는 생략, f_{ck}=24MPa, f_y=400MPa, 기둥크기 : 0.5m×0.5m
   ρ=0.005, 기초크기 : 2.4m×2.4m, 기초유효두께 : d=0.6m)

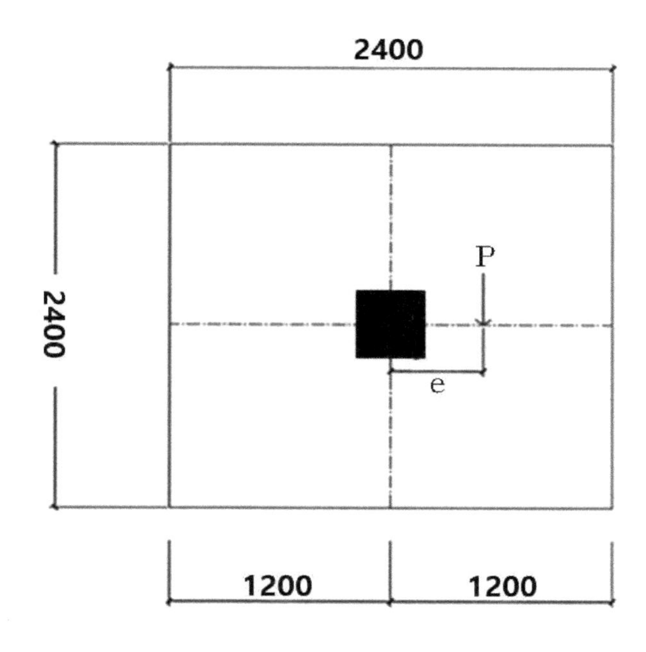

4 - 2

국가기술자격 기술사 시험문제

기술사 제 120 회 제 3 교시 (시험시간: 100분)

분야	건설	종목	건축구조기술사	수험번호		성명	

4. 다음의 조건에 대하여 KBC 2016과 KDS 41에 따라 각각 지반을 분류하고, KDS 41에 따른 단주기 설계스펙트럼가속도(S_{DS})와 1초주기 설계스펙트럼가속도(S_{D1})를 구하시오. (단, 대상지역은 서울이고, 유효지반가속도는 국가지진위험지도를 이용하여 산정할 것)

심도별 전단파속도

심도(m)	V_s(m/sec)	심도(m)	V_s(m/sec)	심도(m)	V_s(m/sec)
1.0	194	11.0	478	21.0	759
2.0	202	12.0	509	22.0	792
3.0	231	13.0	610	23.0	869
4.0	229	14.0	643	24.0	965
5.0	235	15.0	656	25.0	930
6.0	254	16.0	704	26.0	942
7.0	263	17.0	713	27.0	1,034
8.0	439	18.0	710	28.0	1,154
9.0	432	19.0	718	29.0	1,232
10.0	445	20.0	724	30.0	1,214

KDS 41에 따른 단주기 및 1초주기 지반증폭계수

지반종류	단주기 지반증폭계수, F_a			1초주기 지반증폭계수, F_v		
	지진지역			지진지역		
	$s \leqq 0.1$	s=0.2	s=0.3	$s \leqq 0.1$	s=0.2	s=0.3
S_1	1.12	1.12	1.12	0.84	0.84	0.84
S_2	1.4	1.4	1.3	1.5	1.4	1.3
S_3	1.7	1.5	1.3	1.7	1.6	1.5
S_4	1.6	1.4	1.2	2.2	2.0	1.8
S_5	1.8	1.3	1.3	3.0	2.7	2.4

s의 중간값에 대하여는 직선보간한다.

국가기술자격 기술사 시험문제

기술사 제 120 회　　　　　　　　　　　　　　　　제 3 교시 (시험시간: 100분)

분야	건설	종목	건축구조기술사	수험번호		성명	

5. 필로티형식 건축물 구조계획 시 고려해야 할 사항을 5개 이상 기술하고, 현장점검 시 필로티층 기둥과 벽체에서 확인해야 할 배근상세를 그림으로 표현하시오.

6. 그림과 같은 판상형 무량판 아파트에서 장변방향은 전단벽의 양이 적어 일반적으로 모멘트골조의 횡력기여도를 지진력시스템에 고려하여 이중골조시스템을 적용한다. 이 경우에 이중골조시스템의 조건을 만족시키기 위한 해석절차 및 보통 철근 콘크리트 전단벽의 중간모멘트 골조에서 충족시켜야 할 골조에 대한 요구사항(설계전단강도 산정)을 기술하시오.

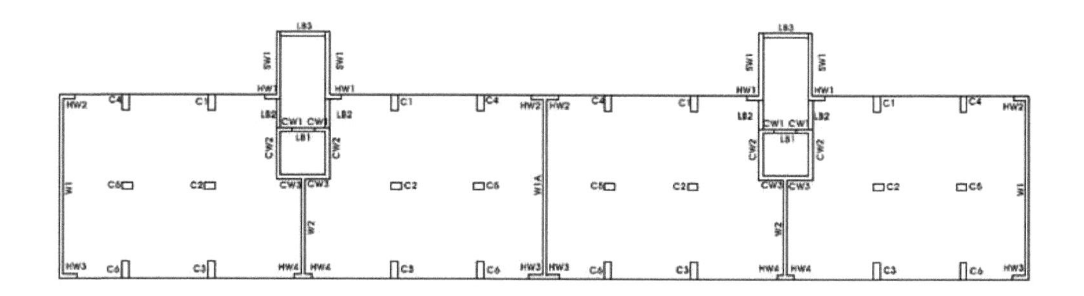

국가기술자격 기술사 시험문제

기술사 제 120 회 제 4 교시 (시험시간: 100분)

분야	건설	종목	건축구조기술사	수험번호		성명	

※ 다음 문제 중 4문제를 선택하여 설명하시오. (각25점)

1. 그림과 같은 단면의 단면계수(section modulus)에 대한 소성계수(plastic modulus)의 비인 형상계수(shape factor)를 구하시오.

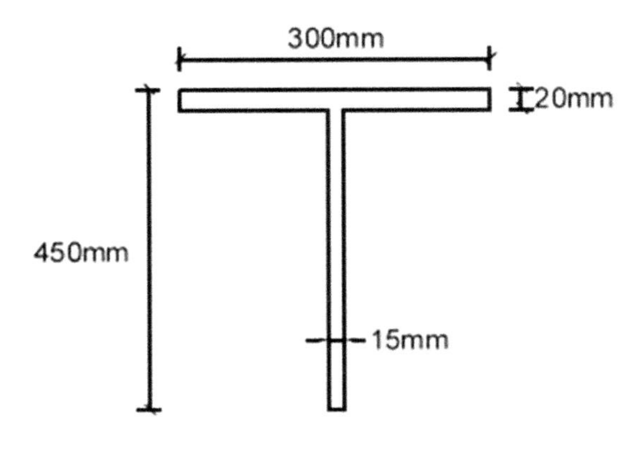

국가기술자격 기술사 시험문제

기술사 제 120 회 제 4 교시 (시험시간: 100분)

분야	건설	종목	건축구조기술사	수험번호		성명	

2. 그림과 같은 단순보(H-600×200×11×17)에서
   (1) 최대휨응력도 $\sigma_{b,max}$와 최대전단응력도 τ_{max}을 구하고 허용값과 비교하시오.
   (2) 지점에서 3m 떨어진 D위치의 단면에서, ① 중립축 E점, ② 중립축에서 150mm 떨어진 F점, ③ 중립축에서 283mm떨어진 G점에서의 휨응력도 σ_E, σ_F, σ_G와 전단응력도 τ_E, τ_F, τ_G를 구하고, 전단응력도를 그림으로 나타내시오.
   (단, f_b=160MPa, f_v=92.4MPa)

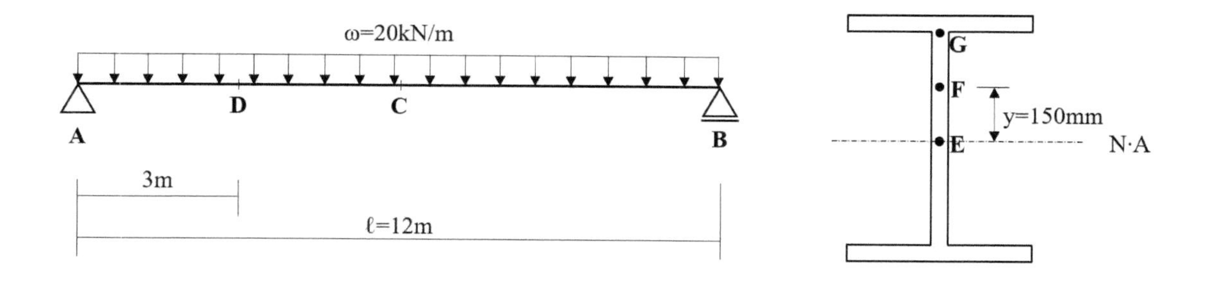

3. 화재 시 고강도 콘크리트의 폭렬현상 및 저감방안을 설명하시오.

4. 내진성능평가 절차를 설명하고, 기존 5층 RC조 학교건물을 기준으로 각 절차별 주요 결정 사항에 대하여 설명하시오.

국가기술자격 기술사 시험문제

기술사 제 120 회 제 4 교시 (시험시간: 100분)

분야	건설	종목	건축구조기술사	수험번호		성명	

5. 아래 대상건축물의 지하구조물 내진설계를 위해 지하외벽에 작용하는 토압분포를 다음 순서에 따라 산정하시오. (단, KDS 41 기준)

   (1) 정적토압분포

   (2) 등가정적법 적용성 검토

   (3) 설계지진토압분포

   (4) 정적토압과 설계지진토압의 조합

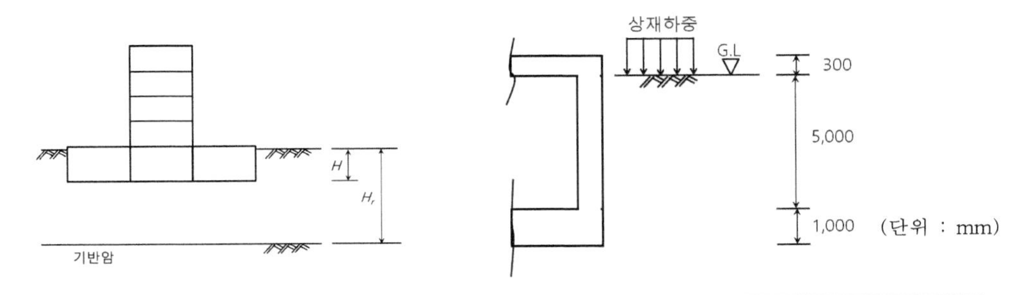

[설계조건]

- 지진구역 1
- 상재하중: $12kN/m^2$
- 유효지반가속도: $0.2g$
- 지반종류 S_2
- H = $6.0m$
- H_r = $15.0m$
- 흙의 내부마찰각: 30°
- 흙의 단위체적 중량: $18kN/m^3$
- 지하외벽의 상부지점은 핀, 하부지점은 고정으로 가정

5 - 3

국가기술자격 기술사 시험문제

기술사 제 120 회　　　　　　　　　　　　　　　　　　제 4 교시 (시험시간: 100분)

분야	건설	종목	건축구조기술사	수험번호		성명	

KDS 41에 따른 단주기 및 1초주기 지반증폭계수

지반종류	단주기 지반증폭계수, F_a			1초주기 지반증폭계수, F_v		
	지진지역			지진지역		
	$s \leqq 0.1$	$s=0.2$	$s=0.3$	$s \leqq 0.1$	$s=0.2$	$s=0.3$
S_1	1.12	1.12	1.12	0.84	0.84	0.84
S_2	1.4	1.4	1.3	1.5	1.4	1.3
S_3	1.7	1.5	1.3	1.7	1.6	1.5
S_4	1.6	1.4	1.2	2.2	2.0	1.8
S_5	1.8	1.3	1.3	3.0	2.7	2.4

(*s의 중간값에 대하여는 직선보간한다.)

6. 그림과 같이 평면이 30.75m×23.7m인 건축물에 2946kN의 밑면전단력이 작용하고 있다. 장변방향 (X방향)과 단변방향 (Y방향)의 각 열에 골조들이 분담하는 전단력과 골조의 위치는 표와 같다. 또한 무게의 중심(center of mass, CM)은 $\overline{x_M}=16.13$ m, $\overline{y_M}=12.02$m에 위치한다. 이 경우에 비틀림의 영향을 포함한 장변방향(X 방향)의 각 골조의 열에 작용하는 횡력을 구하시오.

골조열	장변방향				단변방향					
	X1	X2	X3	X4	Y1	Y2	Y3	Y4	Y5	Y6
분담전단력(kN)	1125.6	593	589	635	602.5	506.9	521.6	520.9	395.9	395.1
위치(m)	0	7.9	15.8	23.7	0	4.88	11.88	18.88	25.88	30.75

5 - 4

국가기술자격 기술사 시험문제

기술사 제 120 회 제 4 교시 (시험시간: 100분)

분야	건설	종목	건축구조기술사	수험번호		성명	

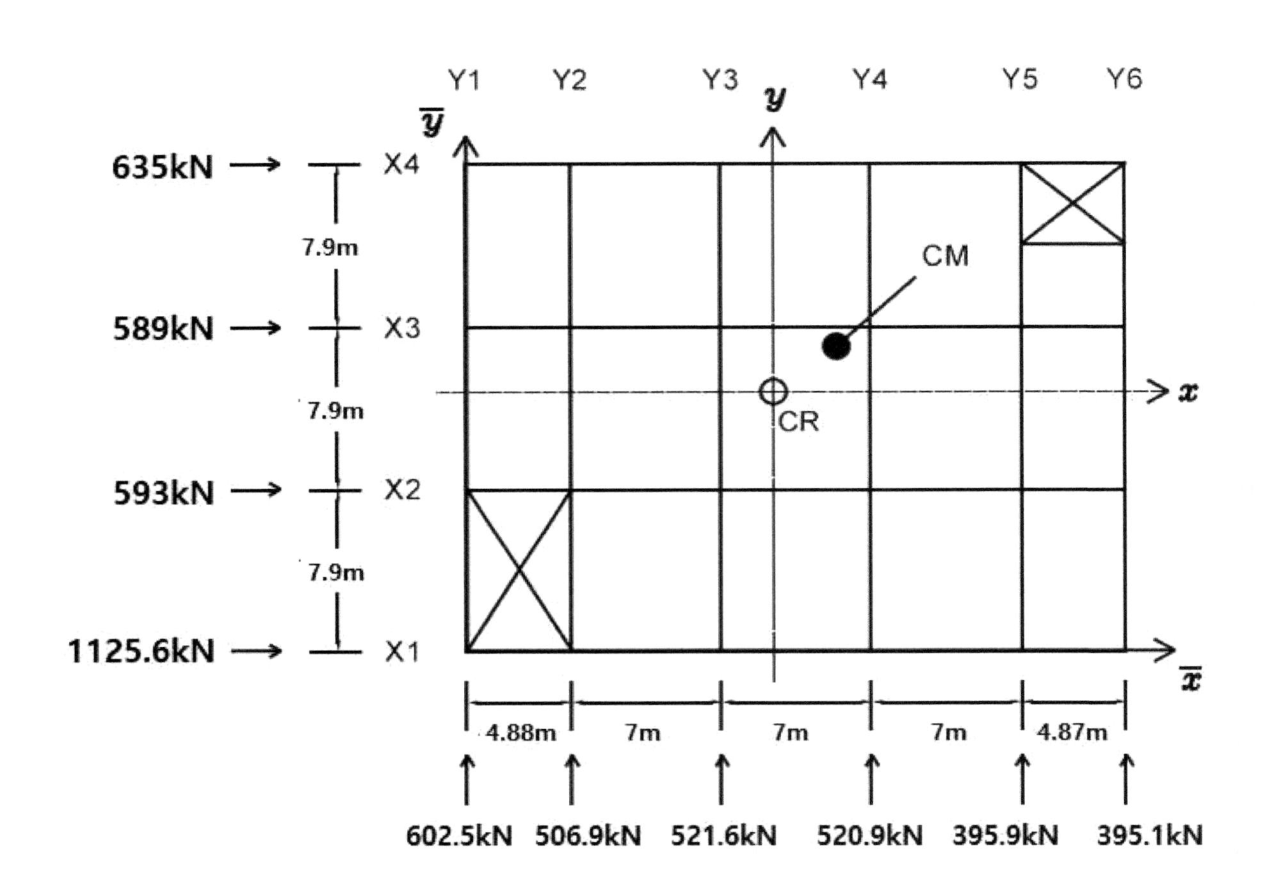

120회 기출문제 풀이

1. 건축법에 의한 내진능력공개의 범위와 최대지반가속도 응답스펙트럼 방식에 따른 산정식을 쓰고 산정식에 포함된 용어 및 계수를 설명하시오. <120회 1교시>

(1) 내진능력 공개범위 (건축법 제48조의 3)

다음중 하나에 해당하는 건축물을 건축할 시, 사용승인을 받는즉시 내진능력 공개

① 2층이상 건축물 (목구조 건축물일 시 3층이상)

② 연면적 200 m^2 이상 건축물 (목구조 건축물일시 500m^2 이상)

③ 그밖의 규모와 중요도를 고려하여 대통령령으로 정하는 건축물

단 구조안전 확인 대상이 아니거나 내진능력 산정이 곤란한 건축물로서 대통령령으로 정하는 건축물은 제외

(2) 최대 지반 가속도 (응답스펙트럼 방식)

$$최대지반가속도(g) = \frac{2}{3} \times S \times I_E \times F_a$$

① S : 지진구역 계수, 2400년 재현주기의 지반가속도를 의미한다.

지진Ⅰ구역일시 0.22 (강원, 제주 제외 전지역)

지진Ⅱ구역일시 0.14 (강원, 제주) 적용.

지진재해지도를 이용해 S값을 저감가능하나 구역별 지진구역계수 80% 이상 적용해야 한다.

② 2/3 S

지진구역계수의 2/3는 1000년 재현주기의 지반가속도를 의미한다.

③ I_E : 중요도 계수

내진등급 특 일시 1.5

〃 Ⅰ 일시 1.2

〃 Ⅱ 일시 1.0

④ Fa : 지반조건에 따라 달라지는 지반증폭계수

끝

M군 : 최대지반가속도 값은 소수점 넷째자리 수에서 반올림하여 소숫점 셋째짜리수까지 명기한다.

2. 철근콘크리트 구조에서 연속 휨부재의 모멘트 재분배에 대한 해석기준을 설명하시오.

KDS 14 20 10, 4.2 연속휨부재 부모멘트 재분배

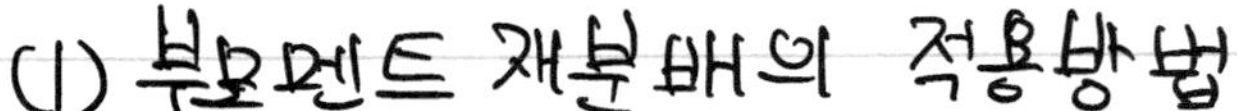

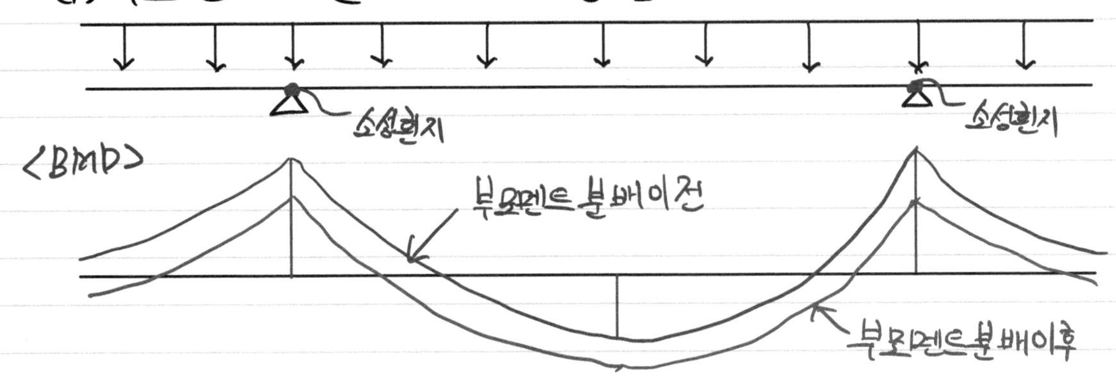

부모멘트는 분배를 통해 저감되었으나, 힘의 정적평형을 이루는 과정에서 정모멘트는 증가하였다.

(2) 적용조건

다음 조건을 만족시 소성힌지 발생을 일부 허용하여 부모멘트 재분배 가능

① 근사해법을 적용하지 않은 경우

② $\varepsilon_t \geq 0.0075$일때 (재분배 이후 연성확보 가능)

③ 프리스트레스가 적용 안된 휨 부재

(3) 해석기준

① $\varepsilon_t \times 1000 \leq 20\%$ 까지만 재분배 가능

② 경간 내의 단면에 대한 휨모멘트 계산은 수정된 휨모멘트를 사용하여야 하며, 재분배 이후에도 힘의 정적평형 유지

끝

4. 철근콘크리트조 공동주택의 성능기반설계 시 설계기준에서 요구하는 내진성능을 확보하고 있음을 확인해야 하는 조건으로 제3자 검토보고서에 반드시 포함되어야 하는 사항들을 설명하시오. <120회 1교시>

KDS 41 17 00, 15.7

성능기반설계법을 사용하여 설계할 때는 그 절차와 근거를 명확히 제시해야 하며, 전반적인 설계과정 및 결과는 설계자를 제외한 2인이상의 내진공학 전문가로부터 타당성을 검증받아야 한다.

(1) 성능목표, 성능설계 전략, 예상파괴 메커니즘

(2) 부재와 장치의 비탄성변형능력 및 관련연성상세

(3) 비선형 해석방법 및 프로그램의 선택, 해석모델, 입력자료, 결과분석의 적절성

(4) 구조물 및 각 부재의 비탄성거동의 적절성, 강도, 변형능력, 초과강도 검증

(5) 안전성, 경제성의 검증, 최소강도규정 준수

(6) 지반지진이력 선정, 지반에 의한 이력증폭을 고려하기 위한 부지응답해석

(7) 주기, 최대 밑면 전단력, 주요횡력 저항요소의 횡하중분담비율 및 파괴모드, 최대층간 변위의 수직분포형상, 최상층 최대변위 등에 대한 선형해석결과와 비교평가

끝

5. 콘크리트의 취성파괴보다 철근의 연성파괴를 유도하기 위해 기준이 어떻게 변경되었는가에 대하여 설명하시오. <120회 1교시>

(1) 개정이전 (KBC 2005 까지 적용)

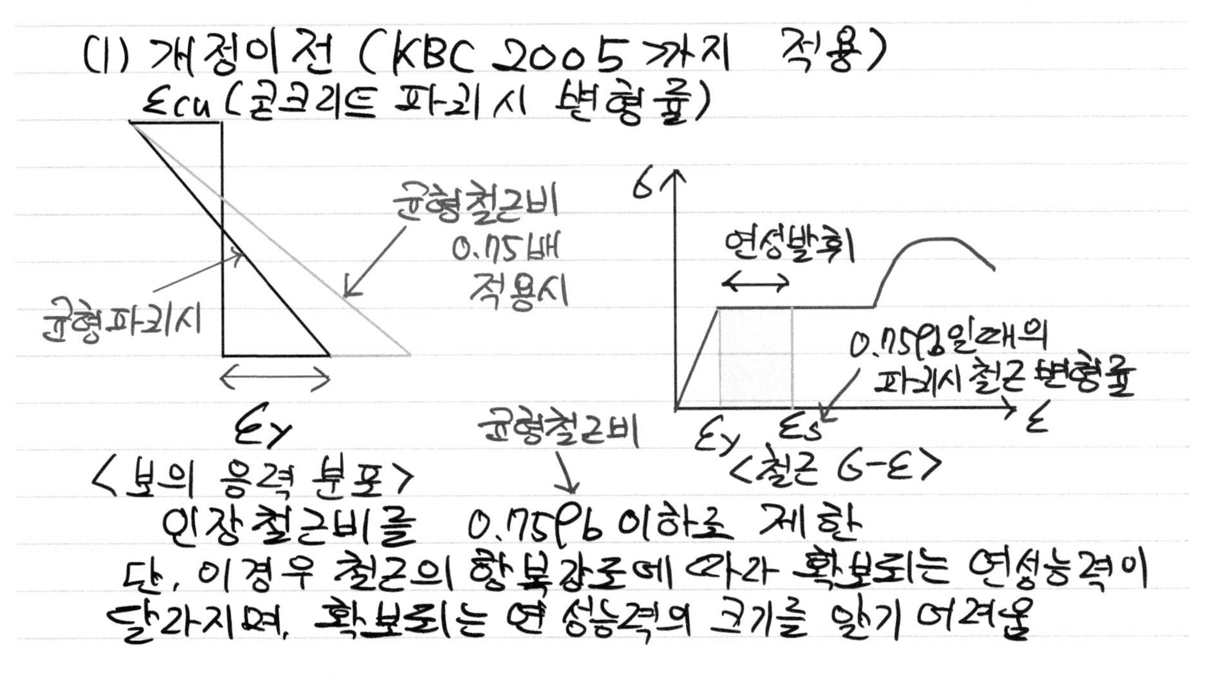

인장철근비를 $0.75\rho_b$ 이하로 제한

단, 이 경우 철근의 항복강도에 따라 확보되는 연성능력이 달라지며, 확보되는 연성능력의 크기를 알기 어려움

(2) 개정이후 (KCI 2007, KBC2009 이후)

εcu (콘크리트 파괴시 변형율)

εt ≥ 2.0εy 이상적용!!

균형파괴시

εy εy 이상

<보의 응력 분포>

σ 연성발휘

εy 2.0εy ε

<철근 σ-ε>

$\varepsilon_t \geq 2.0\varepsilon_y$ 이상으로 제한 (ε_t: 최외단 인장철근 변형율)

대략 2.0 혹은 그 이상의 연성비를 확보가능하며,

철근의 강도와 상관없이 일정수준 연성 확보가능

끝

M군 : 여기서 ε_t 값은 압축 연단의 콘크리트가 박살나는 시점에서의 최외단 인장철근의 변형률을 의미한다는 점을 이해해야 한다.
즉 콘크리트의 변형률이 ε_{cu} 일때, 최외단 철근의 변형률이 ε_t 이다.

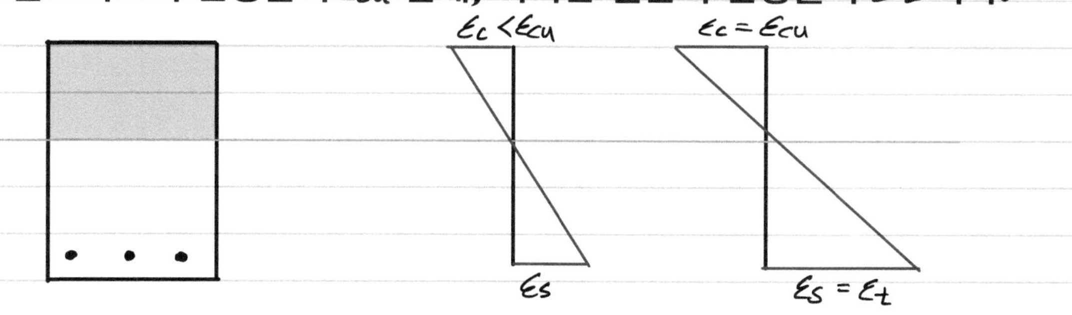

M군 : 그러므로 콘크리트 변형률이 ε_{cu} 에 도달했을 때, 철근의 변형률이 항복변형률 이하이면 바로 취성파괴로 이어지게 되며, 이를 방지하고 연성파괴를 유도하기 위하여 최소변형률 규정이 도입되었다.

딸기맛호가든 : $\varepsilon_t \geq 2.0\varepsilon_y$을 만족할 경우, 약 **2.0** 또는 그이상의 연성비를 확보가능하다.

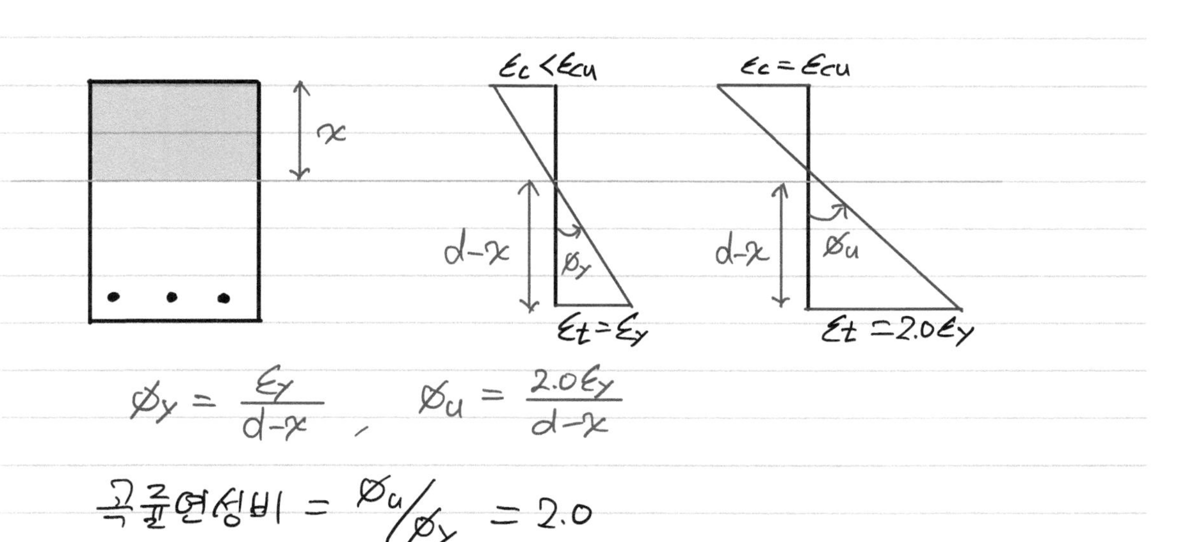

6. 특별풍하중을 적용해야 되는 조건 중 인접효과가 우려되는 건축물에 대하여 검토가 필요한 두 가지 경우를 각각 설명하시오. (단, KDS 41 기준) <120회 1교시>

KDS 41 10 15, 5.1.3 특별풍하중

신축 건축물이 집단으로 지어질 시 인접효과를 고려해야 함

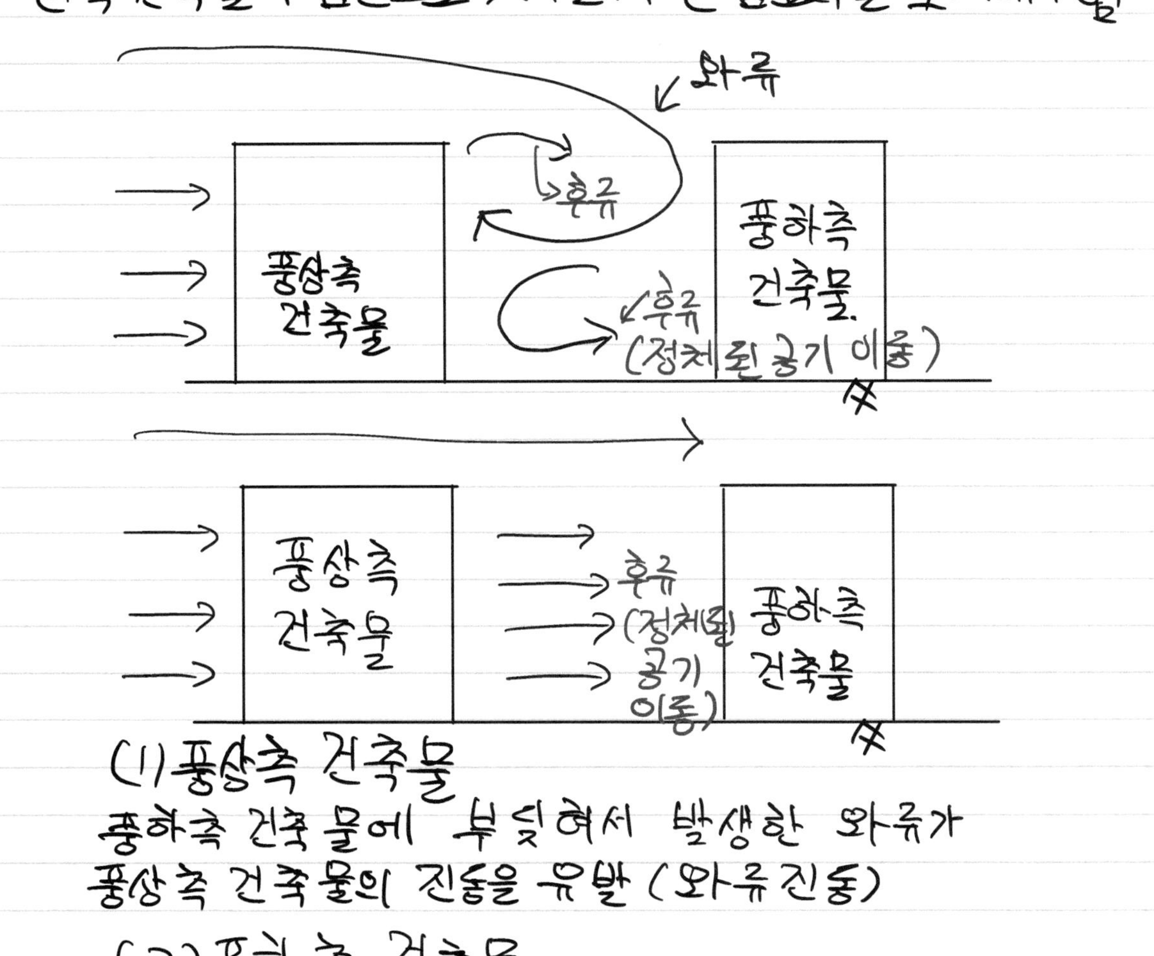

(1) 풍상측 건축물

풍하측 건축물에 부딪혀서 발생한 와류가 풍상측 건축물의 진동을 유발 (와류진동)

(2) 풍하측 건축물

풍상측 건축물로 인한 후류로 인해 풍하측 건축물의 진동을 유발(후류 버페팅)

(3) 인접효과 고려를 위해 풍환경실험 필요

끝

7. 소규모건축구조기준(KDS 41 90 05)을 적용할 수 있는 건축물의 규모(층수, 연면적, 높이, 처마높이, 기둥간격)에 대하여 설명하시오. <120회 1교시>

KDS 41 90 05, 1.2.1 일반사항

건축법등에 따라 건축·대수선·유지관리하는 건축물 중 2층이하이며 다음에 모두 해당하는 경우 소규모 건축기준을 적용가능하다.

① 연면적 200 m^2 미만 (목구조일시 500 m^2 미만)
또는 창고, 축사, 작물재배사
② 높이 13m 미만
③ 처마높이 9m 미만
④ 기둥과 기둥사이 거리 10m 미만
⑤ 중요도가 낮거나 높은 건축물이지만 국토교통부령으로 정해진 건축물에 해당되지 않는 경우
⑥ 국가적 문화유산으로 보존할 가치가 없거나 보존할 가치가 있지만 국토교통부령으로 정해진 건축물에 해당하지 않는 경우
⑦ 특수구조 건축물(건축법시행령 2조 18호)이 아닌경우

끝

8. 지하구조물의 지진하중 산정 시 설계계수와 지상구조와 연결되는 부위의 연성상세에 대하여 설명하시오. (단, KDS 41 기준) <120회 1교시>

KDS 41 17 00, 14. 지하구조물의 내진설계

(1) 중요도 계수 (I_E)

① 기본적으로는 건축구조기준의 건축물의 중요도 분류를 동일하게 따른다.

② 지하층이 지상층에 비해 넓은 평면을 갖는 경우

- 지상층의 하중을 부담하거나 주요한 횡력(토압, 수압)을 지지 → 지상층 중요도계수 적용
- 그 외의 경우 → 지하층 용도에 따른 중요도 계수 적용 가능

(2) 반응수정계수 R, 시스템초과강도계수 Ω_0, 변위증폭계수 C_d

지하구조물은 콘크리트 외벽으로 둘러싸여 있어서 큰 횡강성과 작은 연성능력을 가지고 있으므로, 지상구조물의 설계계수와 별개로 $R=3$, $\Omega_0=3$, $C_d=2.5$를 적용한다.

(3) 지하구조물의 연성상세

지상구조와 연결되는 부위는 지상구조와 동일한 연성상세 사용.

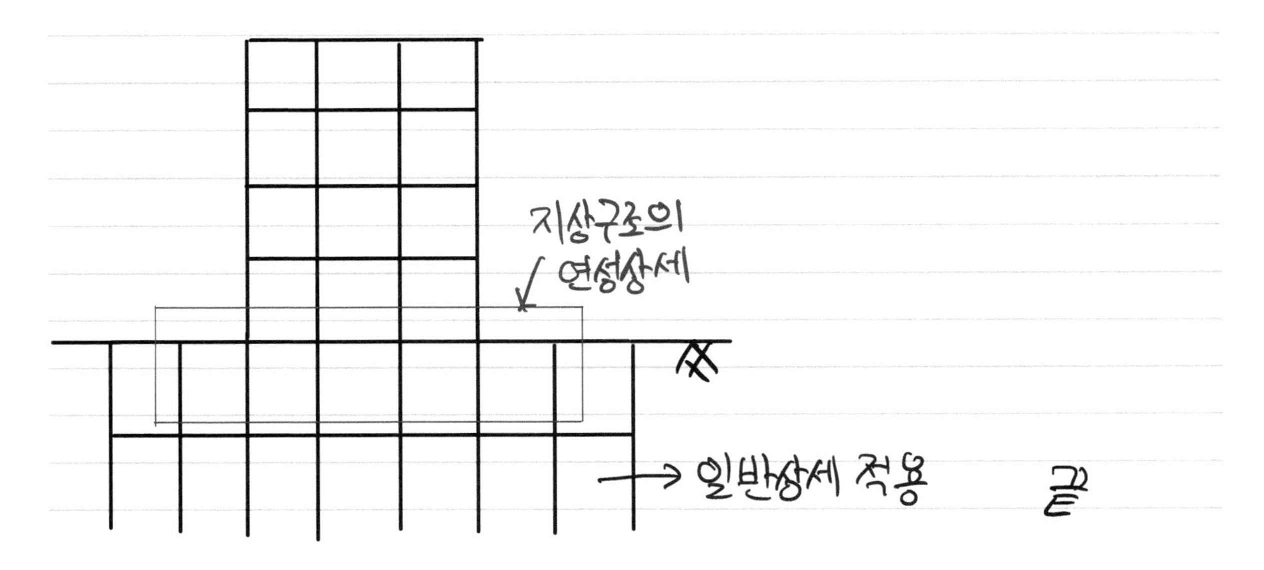

끝

9. 한계상태설계법에 따른 강구조 접합부의 설계인장강도, 설계전단강도 및 블록전단강도 산정방법에 대하여 각각 설명하시오. <120회 1교시>

(1) 접합부 설계인장강도 (지압접합)

$$\phi R_n = \underset{0.75}{\phi} \cdot \underset{0.75F_u}{F_{nt}} \cdot A_t$$

A_t → 나사가 없는부분 공칭단면적

(2) 접합부 설계 전단강도 (지압접합)

$$\phi R_n = \underset{0.75}{\phi} \cdot F_{nv} \cdot A_t$$

A_t → 나사가 없는부분 공칭단면적

F_{nv} → 전단면에 나사부 불포함시 $0.5F_u$
〃 〃 포함시 $0.4F_u$

볼트
전단면
접합부재

(3) 인장과 전단을 동시에 받을 시

$$\phi R_n = \phi \cdot F_{nt}' \cdot A_t$$

$$F_{nt}' = 1.3F_{nt} - \frac{F_{nt}}{\phi F_{nv}} \cdot f_v \le F_{nt}$$

f_v : 소요전단응력

(4) 접합부재의 설계 인장강도

인장항복과 인장 파단의 한계상태에 따라 불리한 값 적용

① 총단면적항복

$$\phi R_n = \underset{0.9}{\phi} \cdot F_y \cdot A_g$$

F_y : 강재항복강도, A_g : 총단면적

② 유효순단면적파단

$$\phi R_n = \underset{0.75}{\phi} \cdot F_u \cdot A_e$$

F_u : 강재의 인장강도

$A_e = U \times A_n$ (A_n : 순단면적)

$$U = 1 - \frac{\bar{x}}{L}$$

U : 전단지연계수

(5) 접합부재의 설계전단강도

전단항복과 전단파단중 불리한 값 적용

① 총단면적 전단항복 $\phi R_n = \underset{1.0}{\phi} \cdot 0.6 \cdot F_y \cdot A_{gt}$ (전단력을 받는 총단면적)

② 유효전단단면적 파단 $\phi R_n = \underset{0.75}{\phi} \cdot 0.6 \cdot F_u \cdot A_{nt}$ (유효전단 단면적)

(6) 접합부재의 블록전단강도

떨어져나감.

인장

전단

→ 블록전단에 대한 두 파괴모드중 불리한 값 적용

$$\phi R_n = \underset{0.75}{\phi} \cdot Min[0.6 \cdot F_u \cdot A_{nv} + U_{bs} \cdot F_u \cdot A_{nt},\ 0.6 \cdot F_y \cdot A_{gv} + U_{bs} \cdot F_u \cdot A_{nt}]$$

U_{bs}: 인장응력균일시 1.0, 〃 불균일시 0.5

A_{nv}: 전단저항 순단면적, A_{nt}: 인장저항 순단면적, A_{gv}: 전단저항 총단면적

끝

딸기맛호가든 : 출제자의 의도는 (4)~(6), 즉 접합부재에 대한 부분을 설명하라는 것으로 추측된다. 다만 문제에 정확히 명시되어 있지 않으므로 시간에 여유가 있고 고득점을 노린다면 (1)~(3)의 볼트접합에 대한 부분까지 작성하는 것을 권장한다.

11. 건축법 제87조의2에 따라 설립하는 지역건축안전센터의 업무 및 이를 수행하는데 필요한 필수 전문인력의 자격에 대하여 설명하시오. <120회 1교시>

(1) 지역건축안전센터의 업무

① 건축 인·허가에 대한 기술적 검토
(건축허가, 건축신고, 허가, 착공신고, 사용승인)
② 노후 건축물 안전관리 및 점검
③ 건축물 안전관리 기술 지원 및 정보제공
④ 철거, 굴토, 크레인 등 위험 공사장 관리

(2) 필요한 필수 전문인력의 자격

① 건축사
② 건축구조기술사 또는 건설기술인 중 건축구조분야 특급
③ 건축시공기술사
④ 건축기계설비기술사 또는 건설기술인중 건축기계설비분야 특급
⑤ 지질및 지반기술사 또는 토질 및 기초 기술사
또는 건설기술인 중 토질·지질분야 특급

끝

12. 철근콘크리트 구조설계시 f_{ck}=40MPa, f_y=500MPa일 때 최대·최소철근비 ρ_{max}, ρ_{min} 값을 구하시오.

<120회 1교시>

(1) 휨부재 일 경우

① ρ_{min}

$$A_{s,min} = \max\left[\frac{0.25\sqrt{f_{ck}}}{f_y}, \frac{1.4}{f_y}\right] b \cdot d$$

(0.00316, 0.0028)

$\rho_{min} = A_{s,min} / b \cdot d = 0.00316$

② ρ_{max}

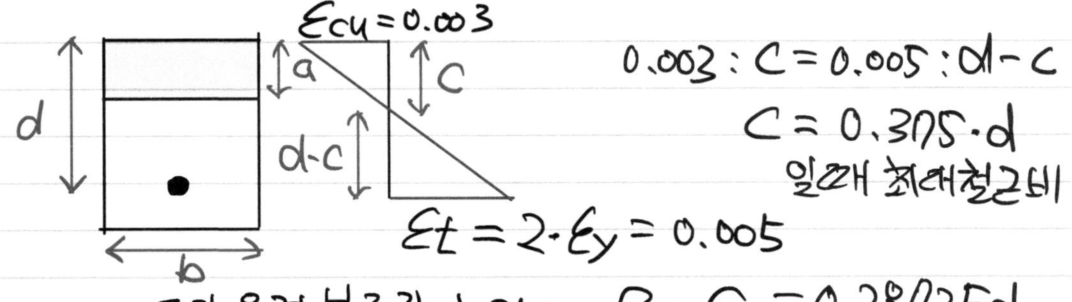

$0.003 : C = 0.005 : d - c$

$C = 0.375 \cdot d$

일 때 최대철근비

$\varepsilon_t = 2 \cdot \varepsilon_y = 0.005$

등가응력 블록깊이 $a = \beta_1 \cdot C = 0.28725d$

$\beta_1 = 0.85 - 0.007 \times (40 - 28) = 0.766$

콘크리트가 받는 압축력 $C_c = 0.85 \cdot f_{ck} \cdot a \cdot b$

철근이 받는 인장력 $T = A_s \cdot f_y$

$C_c = T$ 이므로, $A_s = 0.019533 \cdot b \cdot d$

$$\rho_{max} = \frac{A_s}{b d} = 0.0195$$

단, 이 값은 단근보일 때만 유효하다.

(2) 압축부재

$\rho_{min} = 0.01$ (최소한의 연성확보 및 크리프 감소 목적)

$\rho_{max} =$ 겹침이음일시 0.04, 〃 아닐시 0.08) 시공성 확보 목적

끝

딸기맛호가든 : KDS 14 개정예정사항을 반영할 시,

$\varepsilon_{cu} = 0.0033$, $\beta_1 = 0.8$,

$A_{s,min}$: $\phi M_n = 1.2 M_{cr}$ 을 만족시키는 철근량

13. KDS 41 30 00 건축물 강구조 설계기준에서 규정하는 매입형합성부재의 압축부재에 대한 구조제한과 상세요구사항을 기술하시오. <120회 1교시>

KDS 41 30 10, 4.6.2.1

(1) 구조제한

① 강재코어 단면적은 총단면적 1% 이상

② 띠철근 또는 나선철근 보강 (D10 철근 → 300 이하 간격 / D13 철근 → 400 이하 간격

③ 횡방향 철근 최대간격

강재의 항복강도 ≤ 450 MPa 일시 부재단면 최소크기 0.5배

〃 〃 > 〃 〃 일시 〃 〃 0.25배

④ 연속된 길이방향의 최소철근비 $\rho_{st} \geq 0.004$

$$\rho_{st} = \frac{A_{st}}{A_g}$$

A_{st} → 연속 길이 방향 철근의 단면적

A_g → 합성단면 총단면적

(2) 상세요구사항

① 강재단면 길이방향 철근사이 순간격

Max [철근직경 1.5배, 40mm] 이상

② 플랜지에 대한 순피복두께 플랜지폭 1/6 이상

③ 2개이상 형강재 조립합성단면은 띠판 등과 같은 부재로 연결 필요 (콘크리트 경화전 독립좌굴 방지)

끝

3. 그림과 같은 연속보에서 Θ_B, R_A, R_{MA}, R_B, R_C, R_{MC}을 강성매트릭스법에 의해 구하고 모멘트도와 전단력도를 그리시오. (단, EI는 일정함.)

<120회 2교시>

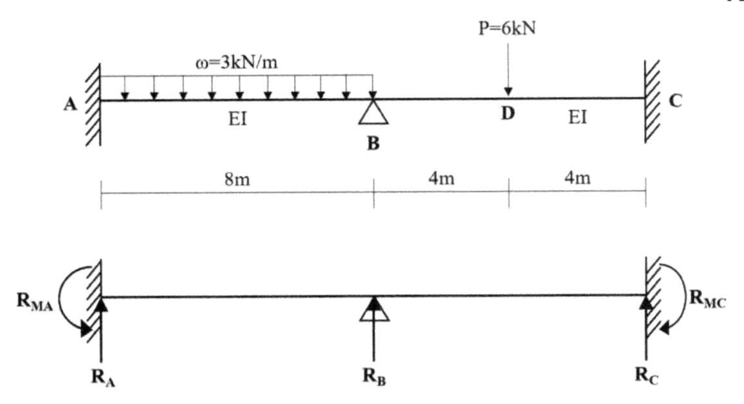

$$k = \frac{EI}{l^3}\begin{bmatrix} 12 & 6l & -12 & 6l \\ 6l & 4l^2 & -6l & 2l^2 \\ -12 & -6l & 12 & -6l \\ 6l & 2l^2 & -6l & 4l^2 \end{bmatrix}$$

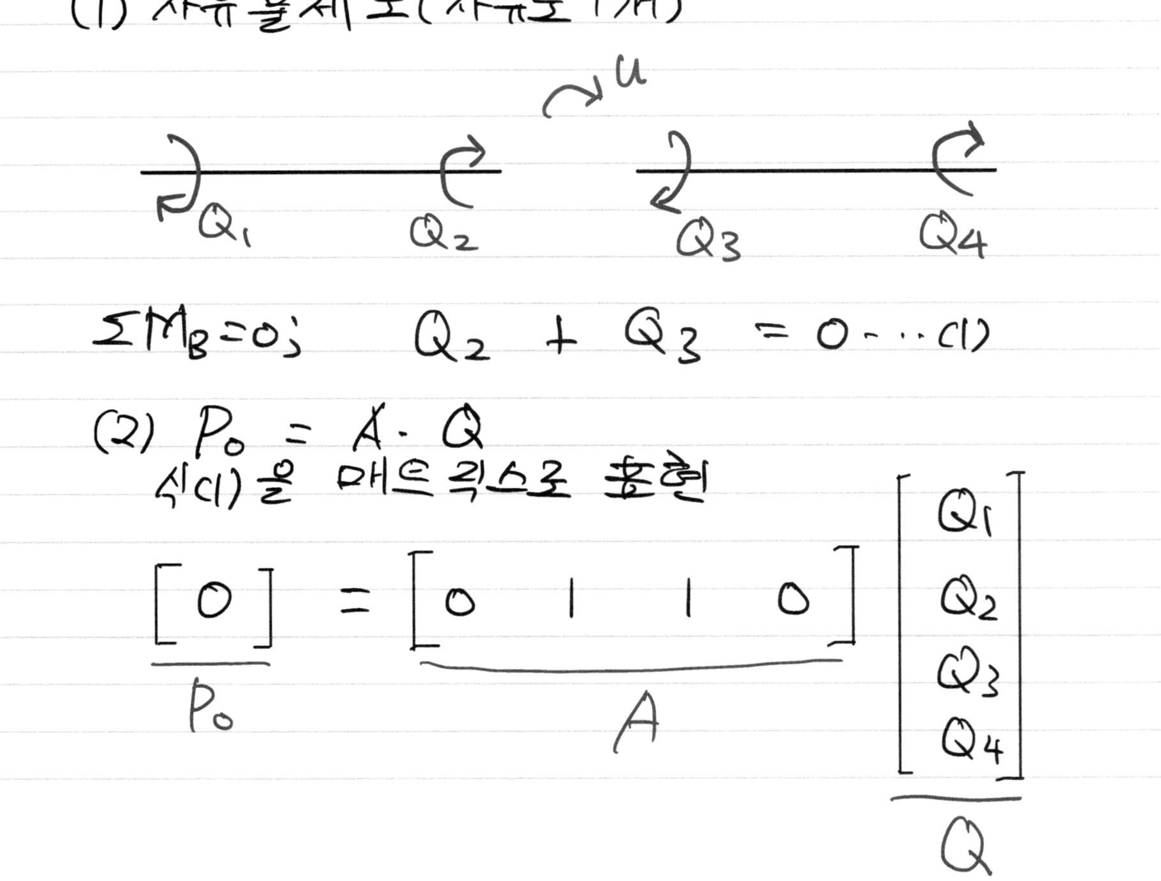

(3) 하중 매트릭스 P

부재 내부 하중을 절점하중으로 치환하여 반영한다.

$$C_1 = -\frac{w}{12} \cdot l^2 = -16\,kN \cdot m \qquad C_2 = 16\,kN \cdot m$$

$$C_3 = -\frac{P}{8} l = -6\,kN \cdot m \qquad C_4 = 6\,kN \cdot m$$

$$q_{FEM}^T = [-16,\ 16,\ -6,\ 6]$$

(고정단모멘트)

$$P = P_o - A \cdot q_{FEM} = [-10]$$

(4) 전부재 강도 매트릭스 S

$$S = \frac{EI}{L} \begin{bmatrix} 4 & 2 & & \\ 2 & 4 & & \\ & & 4 & 2 \\ & & 2 & 4 \end{bmatrix}$$

(5) 구조물 강성 매트릭스

$$k = A \cdot S \cdot A^T = [EI]$$

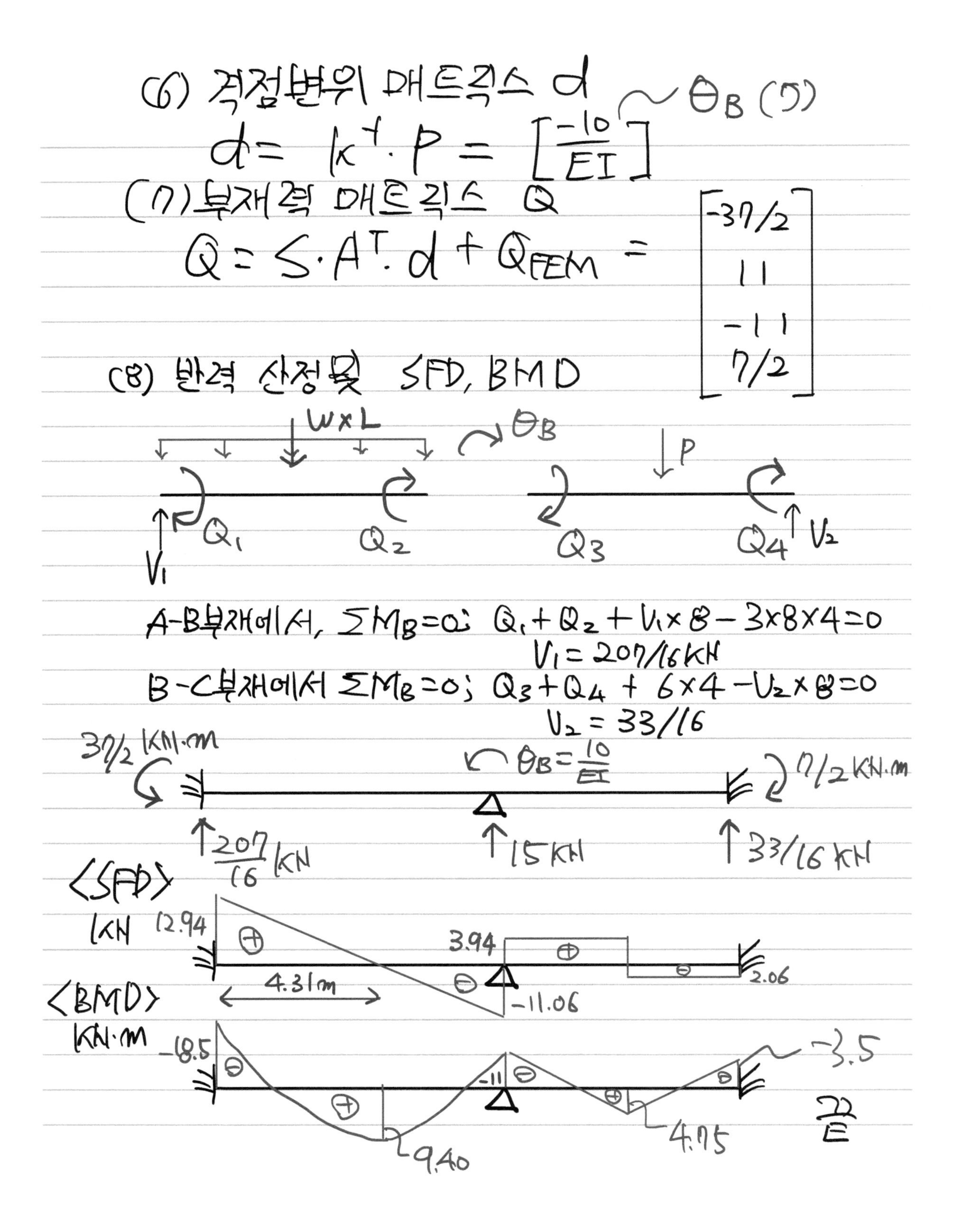
(6) 격점변위 매트릭스 d
~ θB (5)
d = K⁻¹ · P = [-10/EI]
(7) 부재력 매트릭스 Q
Q = S · Aᵀ · d + QFEM = [-37/2, 11, -11, 7/2]
(8) 반력 산정 및 SFD, BMD
w×L
θB
P
Q1
Q2
Q3
Q4
V1
V2
A-B부재에서, ΣMB=0; Q1+Q2+V1×8-3×8×4=0
V1=207/16 KN
B-C부재에서 ΣMB=0; Q3+Q4+6×4-V2×8=0
V2=33/16
37/2 KN·m
θB=10/EI
7/2 KN·m
207/16 KN
15 KN
33/16 KN
<SFD>
KN
12.94
3.94
4.31m
-11.06
2.06
<BMD>
KN·m
-18.5
-11
9.40
4.75
-3.5
끝

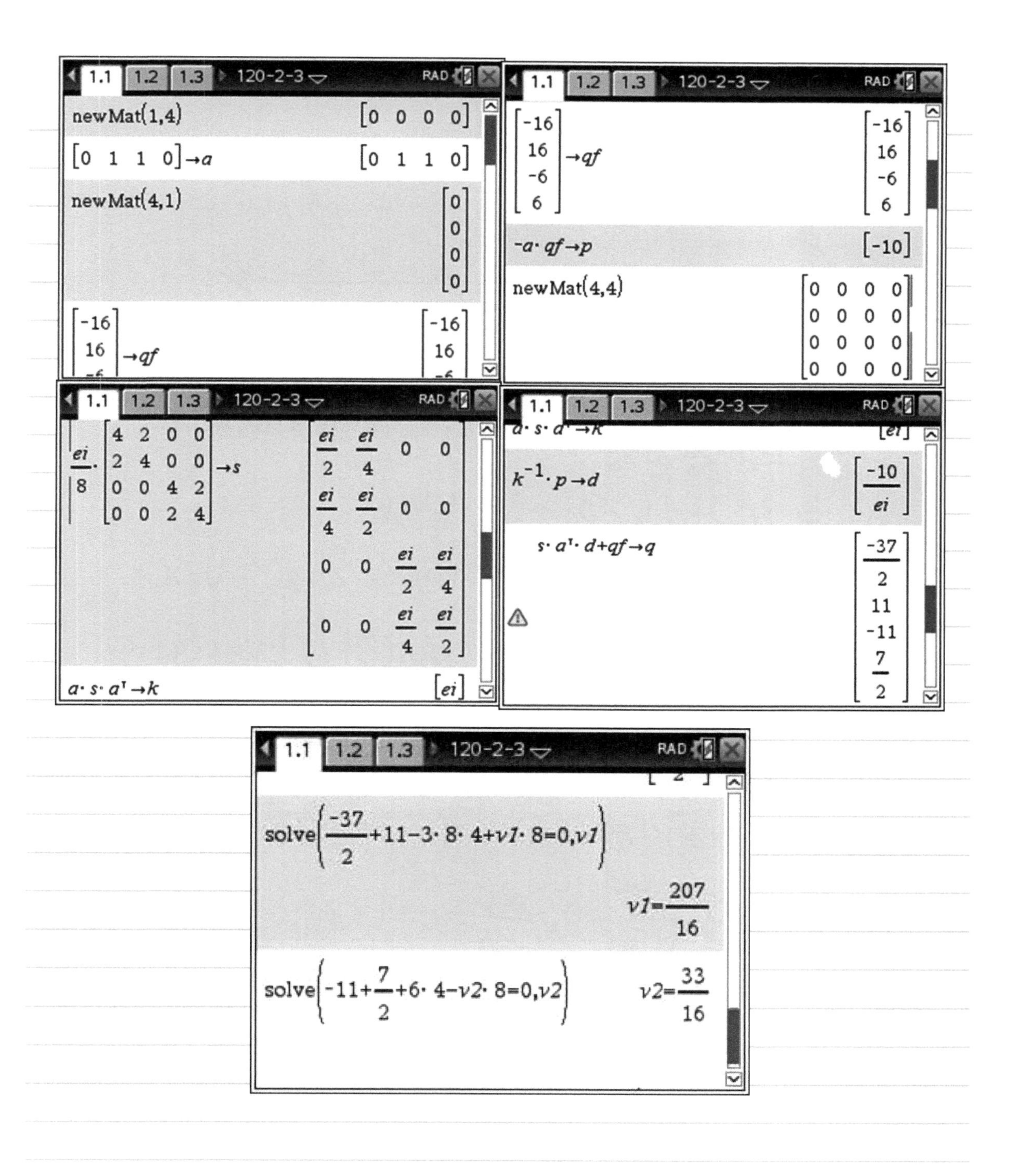

1.1 1.2 1.3 120-2-3 RAD
newMat(1,4) [0 0 0 0]
[0 1 1 0]→a [0 1 1 0]
newMat(4,1)
→qf
-a·qf→p [-10]
newMat(4,4)
→s
a·s·aᵀ→k [ei]
k^-1·p→d
s·aᵀ·d+qf→q
solve(-37/2+11-3·8·4+v1·8=0,v1) v1=207/16
solve(-11+7/2+6·4-v2·8=0,v2) v2=33/16

에너지법으로 검산하기

(1) 해제보

$w = 3kN/m$, $P = 6kN$, M_A, V_A, V_B, M_1, M_2, M_3

M_A, V_A, V_B : 부정정력

(2) 부재력 산정

$$M_1 = M_A + V_A \times x - \frac{1}{2} \cdot w \cdot x^2$$

$$M_2 = M_A + V_A \times (8 + x) - w \times 8 \times (4 + x) + V_B \times x$$

$$M_3 = M_A + V_A \times (12 + x) - w \times 8 \times (8 + x) + V_B \times (4 + x) - P \times x$$

(3) 변형에너지 산정

$$U = \int_0^8 \frac{M_1^2}{2EI} dx + \int_0^4 \frac{M_2^2}{2EI} dx + \int_0^4 \frac{M_3^2}{2EI} dx$$

(4) 부정정력 산정

$\frac{\partial U}{\partial M_A} = 0$, $\frac{\partial U}{\partial V_A} = 0$, $\frac{\partial U}{\partial V_B} = 0$ 이므로,

$M_A = \frac{-37}{2} kN \cdot m$, $V_A = \frac{207}{16} kN$, $V_B = 15 kN$

값 일치 확인

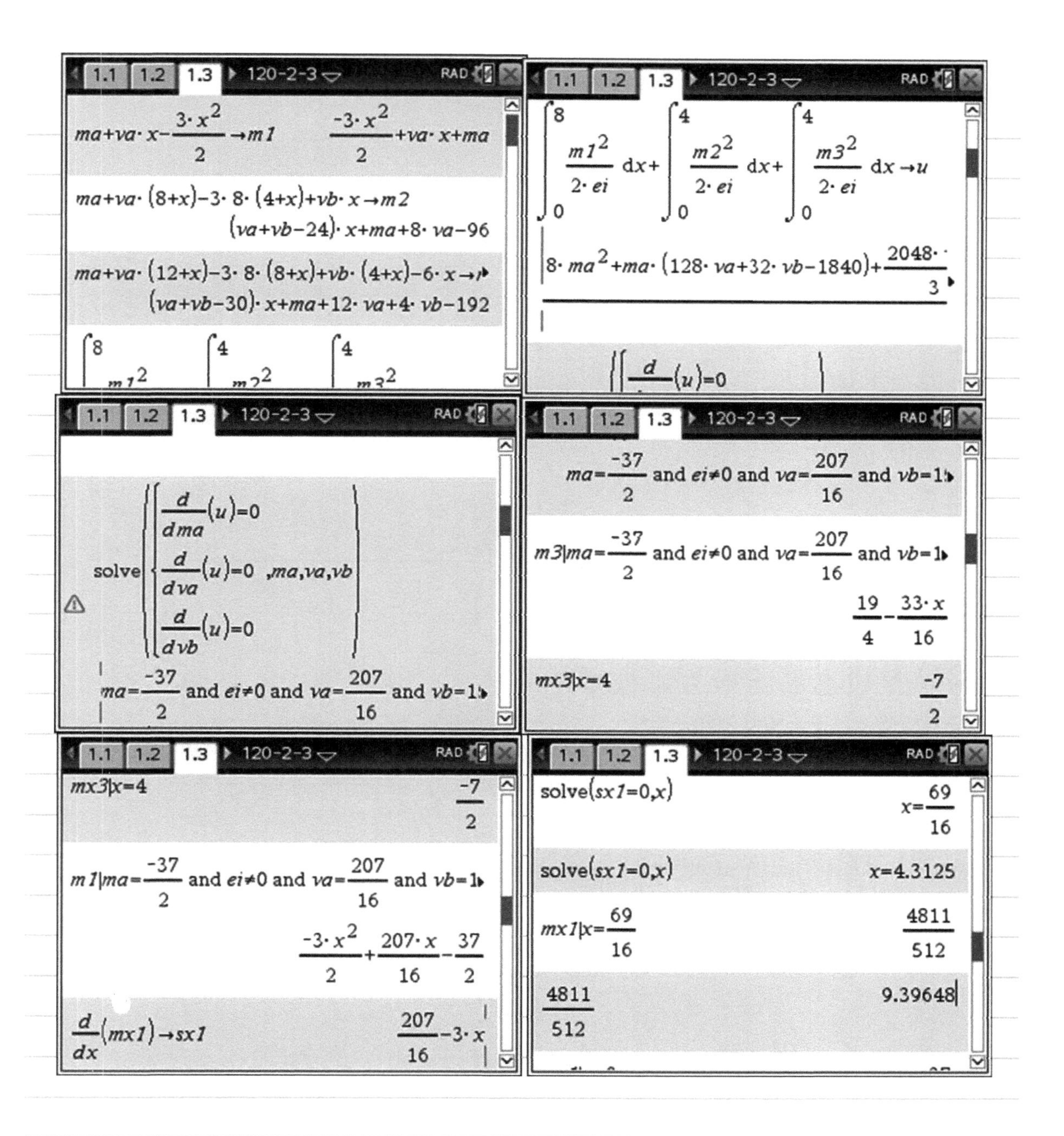
1.1 1.2 1.3 120-2-3 RAD
ma+va· x−3· x^2/2 →m1
−3· x^2/2 +va· x+ma
ma+va· (8+x)−3· 8· (4+x)+vb· x →m2
(va+vb−24)· x+ma+8· va−96
ma+va· (12+x)−3· 8· (8+x)+vb· (4+x)−6· x →
(va+vb−30)· x+ma+12· va+4· vb−192
∫0^8 m1^2/(2· ei) dx+ ∫0^4 m2^2/(2· ei) dx+ ∫0^4 m3^2/(2· ei) dx →u
8· ma^2+ma· (128· va+32· vb−1840)+ 2048·/3
solve(d/dma(u)=0, d/dva(u)=0, d/dvb(u)=0, ma,va,vb)
ma=−37/2 and ei≠0 and va=207/16 and vb=1
m3|ma=−37/2 and ei≠0 and va=207/16 and vb=1
19/4 − 33· x/16
mx3|x=4
−7/2
m1|ma=−37/2 and ei≠0 and va=207/16 and vb=1
−3· x^2/2 + 207· x/16 − 37/2
d/dx(mx1) →sx1
207/16 −3· x
solve(sx1=0,x)
x=69/16
x=4.3125
mx1|x=69/16
4811/512
9.39648

직접강성도 매트릭스법 적용시

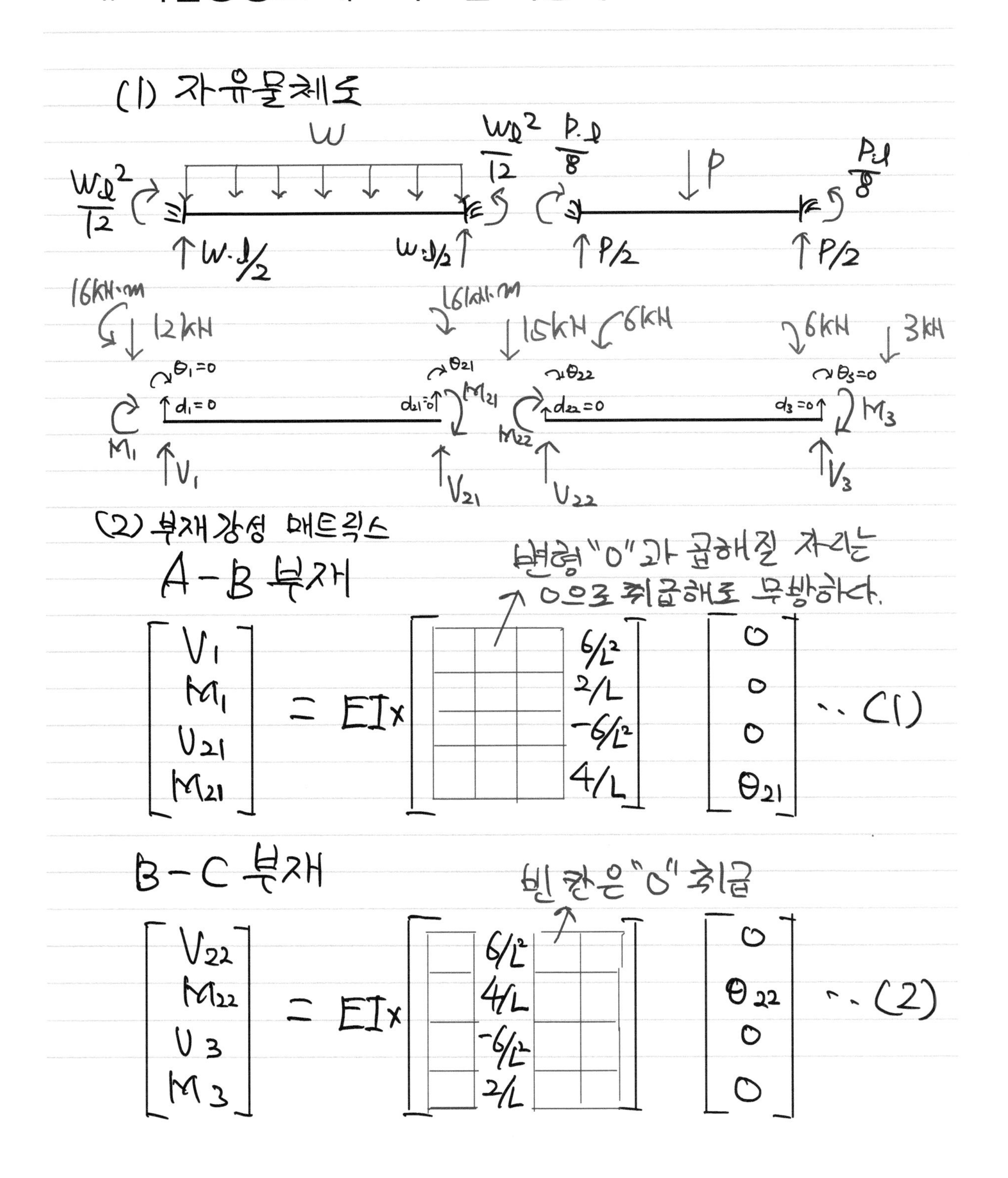

(3) 구조물 강성 매트릭스

$M_2 = M_{21} + M_{22}$, $\theta_2 = \theta_{21} + \theta_{22}$ 이며,

식 (1), (2)에서 관련항만 더해 정리

$$[M_2] = \underline{EI\left[4/L + 4/L\right]} \cdot [\theta_2]$$

$$K = [EI]$$

(4) θ_2 산정

$$K^{-1} \times \underset{-16+6}{[P]} = \left[\frac{-10}{EI}\right]$$

(5) 부재력 산정 (식 (1), 식 (2)에 θ_2 대입)

A-B 부재

$$EI \times \begin{bmatrix} & & & 6/L^2 \\ & & & 2/L \\ & & & -6/L^2 \\ & & & 4/L \end{bmatrix} \times \begin{bmatrix} 0 \\ 0 \\ 0 \\ \theta_{21} \end{bmatrix} = \begin{bmatrix} -15/16 \\ -5/2 \\ 15/16 \\ -5 \end{bmatrix} \begin{matrix} V_1 \\ M_1 \\ V_{21} \\ M_{21} \end{matrix}$$

B-C 부재

$$EI \times \begin{bmatrix} & 6/L^2 & & \\ & 4/L & & \\ & -6/L^2 & & \\ & 2/L & & \end{bmatrix} \times \begin{bmatrix} 0 \\ \theta_{22} \\ 0 \\ 0 \end{bmatrix} = \begin{bmatrix} -15/16 \\ -5 \\ 15/16 \\ -5/2 \end{bmatrix} \begin{matrix} V_{22} \\ M_{22} \\ V_3 \\ M_3 \end{matrix}$$

(6) 반력산정

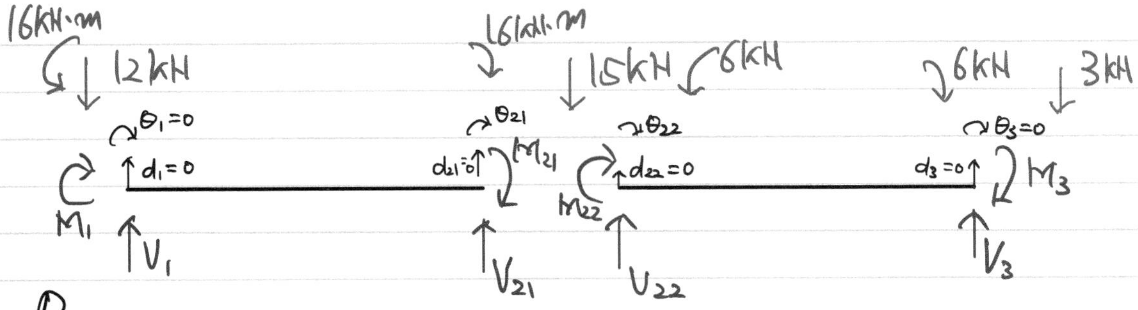

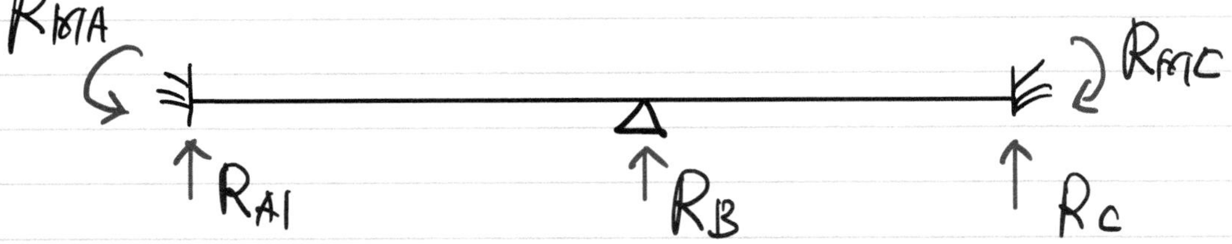

$$R_{A1} + \underset{-15/16}{V_1} - 12 = 0,\ R_{A1} = 207/16\ kN$$

$$R_B + \underset{15/16}{V_{21}} + \underset{-15/16}{V_{22}} - 15 = 0,\ R_B = 15\ kN$$

$$R_C + \underset{15/16}{V_3} - 3 = 0,\ R_C = 33/16\ kN$$

$$-R_{MA} + \underset{-5/2}{M_1} - 16 = 0,\ R_{MA} = 37/2\ kN\cdot m$$

$$-R_{MC} - \underset{-5/2}{M_3} - 6 = 0,\ R_{MC} = 7/2\ kN\cdot m$$

SFD, BMD 생략 (이전풀이와 동일) 끝

딸기맛호가든 : 문제에서 직접강성도매트릭스법 적용시 사용하는 강성행렬이 제시되었으므로, 직접강성도 매트릭스법으로 풀어야 한다고 생각할 수 있다. 그러나, 매트릭스변위법 풀이로 고득점을 받은 사례가 있으므로, 일부러 직접강성도매트릭스법을 사용할 필요는 없다.

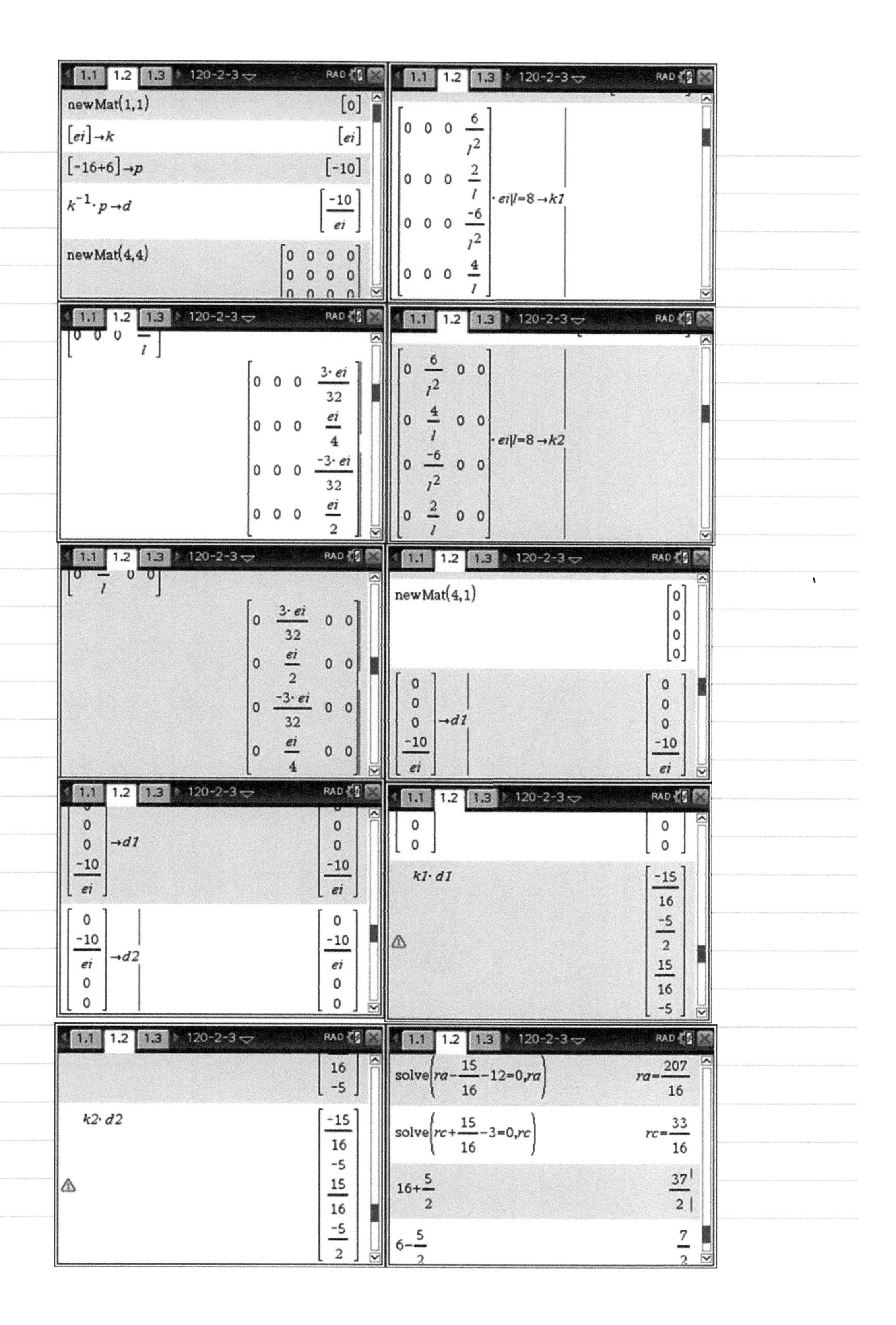
1.1 1.2 1.3 120-2-3
RAD
newMat(1,1) [0]
[ei]→k [ei]
[-16+6]→p [-10]
k^-1·p→d [-10/ei]
newMat(4,4)
·ei|l=8→k1
·ei|l=8→k2
newMat(4,1)
→d1
→d2
k1·d1
k2·d2
solve(ra-15/16-12=0,ra) ra=207/16
solve(rc+15/16-3=0,rc) rc=33/16
16+5/2 37/2
6-5/2 7/2

4. 질량 M, 강성 K, 비감쇠인 단자유도계의 주구조물에 질량이 m인 단진자가 연결되어 있다. 이 전체 구조물에 대한 (1) 운동방정식, (2) 기본주파수와 (3) 이에 해당하는 모드형상을 구하시오. (단, θ는 매우 작으며, $M=10$, $m=2$, $K=500$, 진자의 길이 $l=6$, 중력가속도 $g=2$임.)

<120회 2교시>

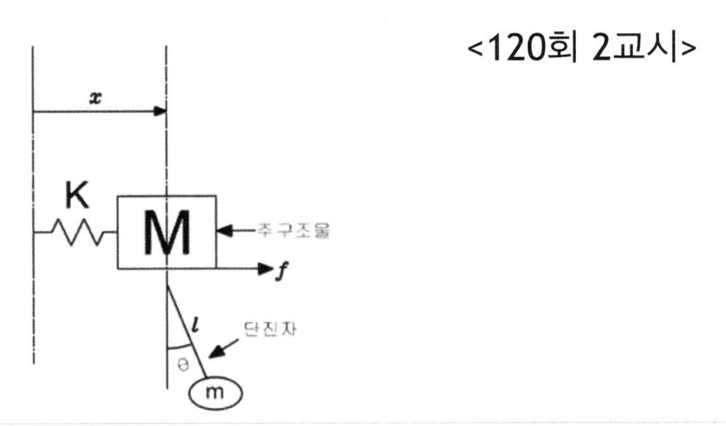

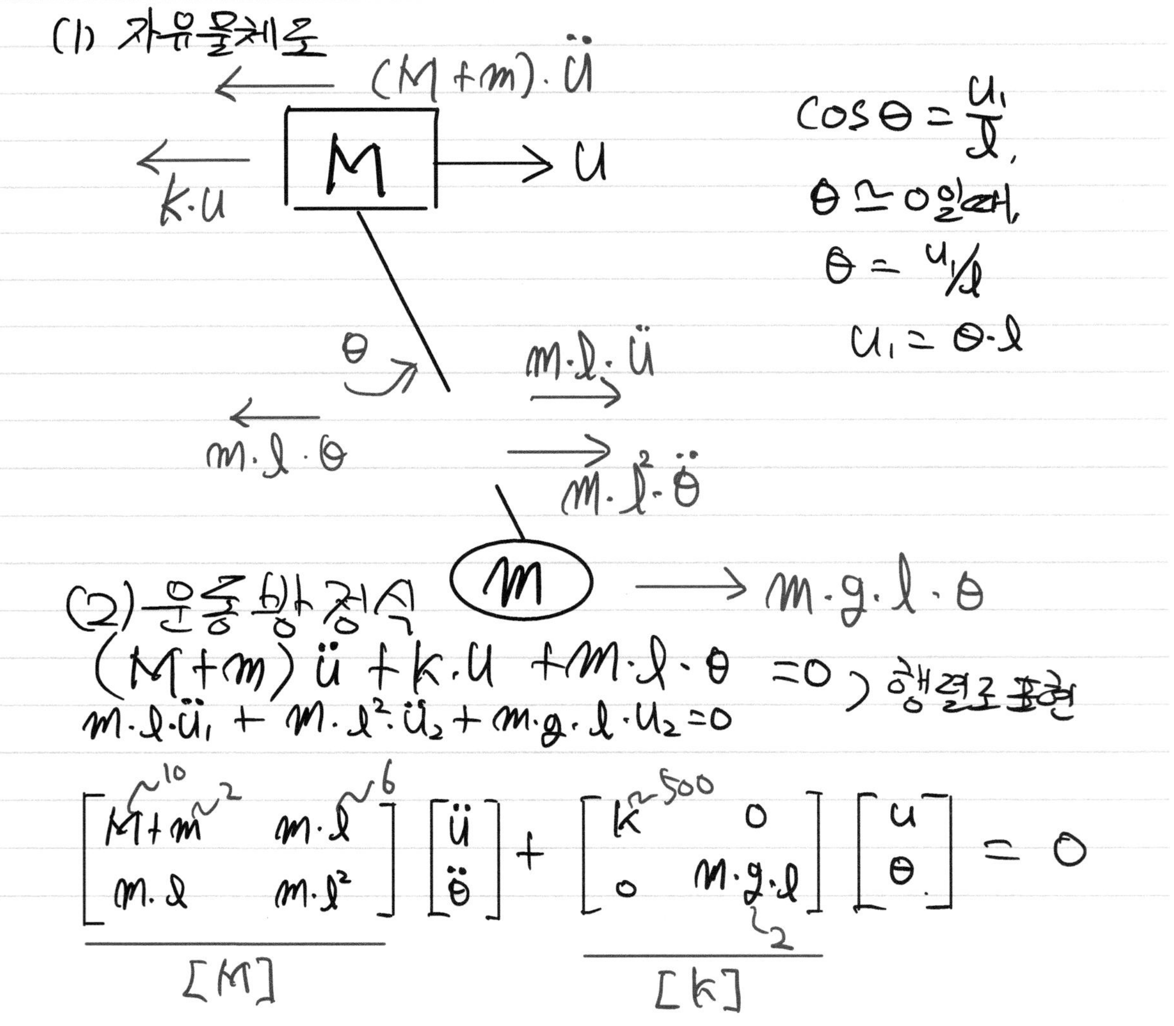

(3) 고유치 해석

$$\det([K] - W^2 \cdot [M]) = 0$$ 이므로,

$W^2 = 0.333,\ 50.067$

$W_1 = \sqrt{50.067} = 7.076$

$W_2 = \sqrt{0.333} = 0.577$

	W (rad/sec)	f (Cycle/sec)	T (sec)
1차모드	7.076	1.126	0.888
2차모드	0.577	0.092	10.890

(4) 모드형상.

① 1차모드

$$([K] - W_1^2 \cdot [M])(\phi) = \begin{bmatrix} -100.805 & -600.805 \\ -600.805 & -3560.83 \end{bmatrix} \begin{bmatrix} \phi_{11} \\ \phi_{12} \end{bmatrix}$$

$\phi_{11} = 1.0$, $\phi_{12} = -0.168$

② 2차모드

$$([K] - W_2^2 [M])(\phi_2) = \begin{bmatrix} 496.005 & -3.995 \\ -3.995 & 0.0321 \end{bmatrix} \begin{bmatrix} \phi_{21} \\ \phi_{22} \end{bmatrix}$$

$\phi_{21} = 1.0$, $\phi_{22} = 124.156$

1.0

-0.168

<1차모드>

1.0

124.156

<2차모드>

끝

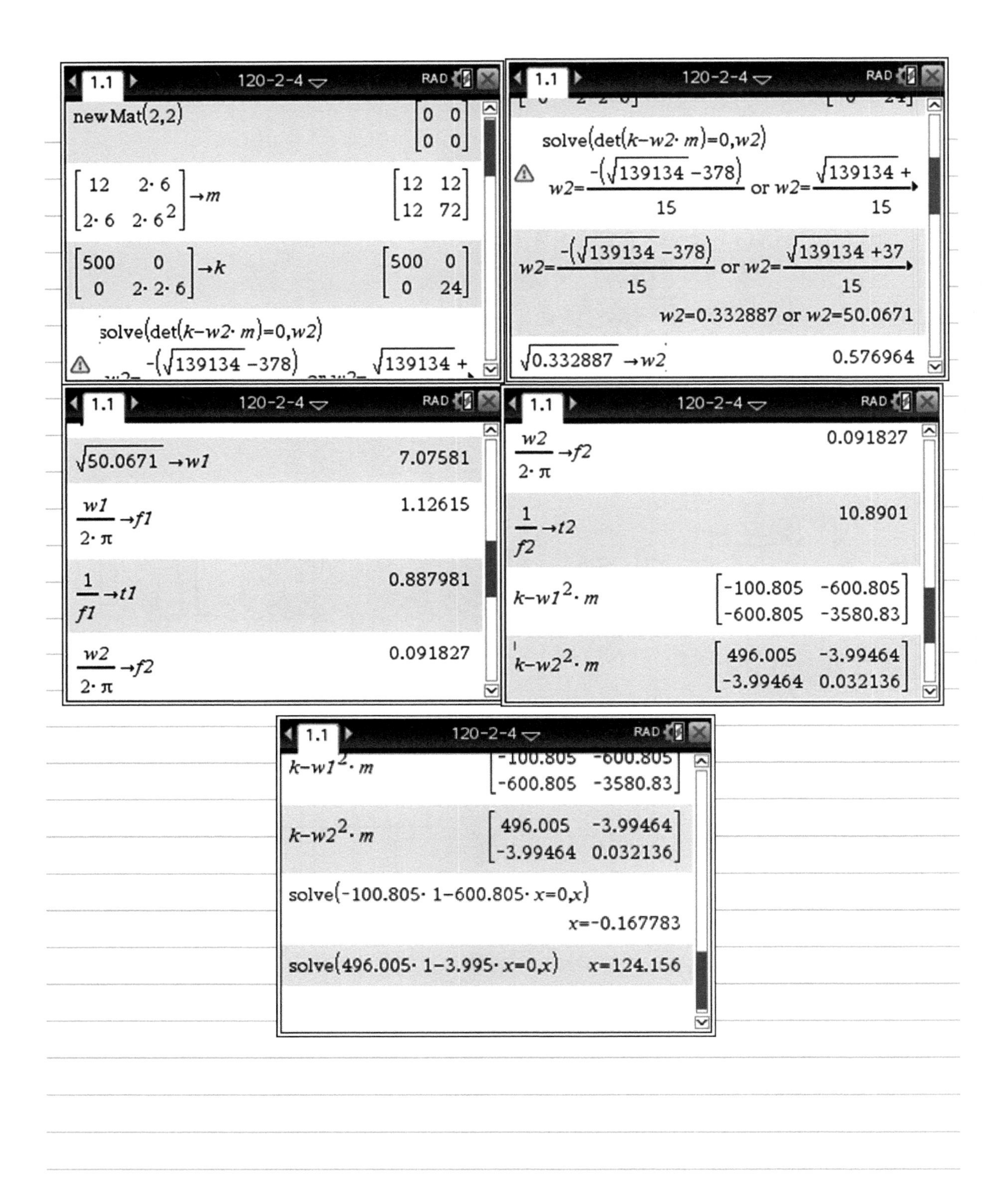
1.1
120-2-4
RAD
newMat(2,2)
12 2·6 2·6 2·6^2 →m
12 12 12 72
500 0 0 2·2·6 →k
500 0 0 24
solve(det(k−w2·m)=0,w2)
w2=-(√139134 −378)/15 or w2=√139134 +37/15
w2=0.332887 or w2=50.0671
√0.332887 →w2
0.576964
√50.0671 →w1
7.07581
w1/(2·π) →f1
1.12615
1/f1 →t1
0.887981
w2/(2·π) →f2
0.091827
1/f2 →t2
10.8901
k−w1^2·m
-100.805 -600.805 -600.805 -3580.83
k−w2^2·m
496.005 -3.99464 -3.99464 0.032136
solve(-100.805·1−600.805·x=0,x)
x=-0.167783
solve(496.005·1−3.995·x=0,x)
x=124.156

5. 건축비구조요소 내진설계에 관한 다음 항목에 대하여 각각 설명하시오. (단, KDS 41 기준)

(1) 등가정적하중에 의한 수평설계지진력 산정식

(2) 동적해석에 의한 수평설계지진력 산정방법(5가지 열거)

(3) 칸막이벽 규정적용 예외조건

(4) 매달린 천장 규정적용 예외조건

(5) 이중바닥의 무게산정

<120회 2교시>

KDS 41 17 00, 18. 비구조요소

(1) 등가정적하중에 의한 수평설계지진력 산정식

① 등가정적하중 F_p

$$F_p = \frac{0.4\,\alpha_p \cdot S_{DS} \cdot W_p}{R_p / I_p}\left(1 + 2\frac{z}{h}\right)$$

여기서, α_p : 1.0~2.5의 값을 갖는 증폭계수

R_p : 비구조요소의 반응수정계수 (1~3.5)

S_{DS} : 단주기 설계스펙트럼 가속도

W_p : 비구조요소의 가동중량

h : 구조물 높이

z : 비구조요소 부착높이 (단, $0 \le z \le h$)

I_p : 비구조요소의 중요도 계수

*인명 피해 우려가 있거나 지진후 작동필요시

$I_p = 1.5$

*기타의 경우

$I_p = 1.0$

② 최대, 최소값 제한

$$0.3 S_{DS} \cdot I_p \cdot W_p \le F_p \le 1.6 \cdot S_{DS} \cdot I_p \cdot W_p$$

(2) 동적해석에 의한 수평 설계지진력 (R =1.0 적용)

① 모드해석을 적용한 응답스펙트럼 해석법
② 선형 시간이력 해석법
③ 비선형 시간이력 해석법
④ 층 응답스펙트럼 해석법
⑤ 간략 층 응답스펙트럼해석법

) 구조요소와 동일한 동적해석법 적용가능

이때, 비구조요소의 설계지진하중 F_p는

$$F_p = \frac{\alpha_i \cdot \alpha_p \cdot W_p}{R_p / I_p} \times A_x$$

또한 등가정적하중과 동일한 최소, 최대값 적용

(3) 칸막이벽 규정적용 예외조건

횡력으로 인해 마감 패널이 탈락하거나 칸막이벽이 전도될시 대피로를 차단하거나 재실자에게 피해를 줄수있으므로 다음을 고려

① 1.8m 이상 칸막이벽 또는 천장재와 연결된 칸막이벽

a. 건물 구조체에 횡지지

b. 칸막이벽 횡지지부재는 천장재 횡지지 부재와 별도설치

② 규정적용 예외조건

- 칸막이벽 높이 2.7m 이하
- 〃 단위면적당 무게 0.48kN/m^2 이하
- 〃 수평지진하중 0.25 kN/m^2 이하

) 모두 만족시 규정적용 X

(4) 매달린 천장 규정적용 예외조건

① 면적이 13m^2 이하, 벽이나 처마등으로 횡지지

② 석고보드 재질의 마감재가 나사나 못으로 부착된 매달린천장으로 전체 천장이 동일한 높이에 설치되며 벽이나 처마 등으로 횡지지

(5) 이중 바닥의 무게 W_p 산정

W_p = (바닥 시스템무게 + 바닥에 고정된 모든 장비무게) ×100%
+ 바닥에 지지 되지만 고정되지 않은 장비 전체 무게 25%

끝

6. 다음 구조물의 설계하중을 산정하시오. (단, KDS 41 기준)

<120회 2교시>

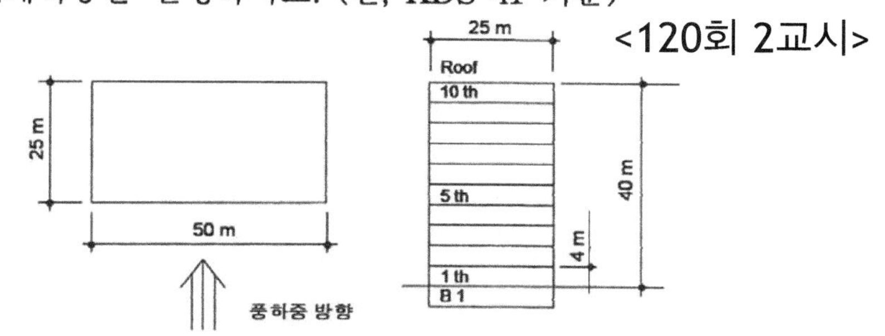

[설계조건]

- 지역 : 서울특별시
- 용도 : 기준층 - 사무실, 1층-로비
- 규모 : 지하 1층, 지상10층(층고 4.0m)
- 마감 : 모든층-인조석 깔기, 천장-석고보드 천장, 슬래브 두께 - 150mm
- 노풍도 B, 중층건물이 산재한 지역, 주위여건 평탄한 지역
- 풍압산정시 가스트 계수 2.2로 적용
- 하중산정시 명시되지 않은 계수들은 상황에 맞게 정하여 산정할 것

(1) 고정하중

(2) 기준층과 1층의 활하중

(3) 적설하중(지붕층)

(4) 풍하중 방향에 대하여 지붕층에서의 주골조 설계용 설계풍압 및 기준층 한 개층의 설계풍하중

(단, 검토 편의상 지붕층에서의 설계 풍압이 전층에 등분포 되는 것으로 한다.)

평탄한 지역에 대한 풍속고도분포계수 K_{zr}

지표면으로부터의 높이 z(m)	지표면조도구분			
	A	B	C	D
$z \le z_b$	0.58	0.81	1.0	1.13
$z_b < z \le Z_g$	$0.22z^{\alpha}$	$0.45z^{\alpha}$	$0.71z^{\alpha}$	$0.98z^{\alpha}$

주 1) z : 지표면에서의 높이(m)
2) z_b : 대기경계층시작높이(m)
3) Z_g : 기준경도풍높이(m)
4) α : 풍속고도분포지수

z_b, Z_g, α

지표면조도구분	A	B	C	D
z_b(m)	20 m	15 m	10 m	5.0 m
Z_g(m)	550 m	450 m	350 m	250 m
α	0.33	0.22	0.15	0.10

주 1) z_b : 대기경계층시작높이(m)
2) Z_g : 기준경도풍높이(m)
3) α : 풍속고도분포지수

밀폐형건축물의 벽면 외압계수 C_{pe}

외압계수 C_{pe}

	D/B	C_{pe}
풍상벽 C_{pe1}	모든 값	$0.8_{k_z}+0.03(D/B)$
풍하벽 C_{pe2}	≤ 1	-0.5
	>1	$-0.5+0.25\ln(D/B)^{0.8}$
측벽	모든 값	-0.7

주) B : 건축물의 대표폭 (m), D : 건축물의 깊이(m), C_{pe} : 외압계수

높이방향 압력분포계수 k_z

$z \le z_b$	$z_b < z < 0.8H$	$z \ge 0.8H$
$(z_b/H)^{2\alpha}$	$(z/H)^{2\alpha}$	$0.8^{2\alpha}$

주) H: 건축물의 기준높이(m), z : 지표면에서의 높이(m)

z_b : 대기경계층시작높이(m)

α : 풍속고도분포지수

(1) 고정하중

① 1층및 기준층 고정하중

RC슬래브(150)	24×0.15 =	3.60 kN/m²
인조석 (40)	27×0.04 =	1.08 kN/m²
석고보드 (10)		0.01 kN/m²
기타마감		0.30 kN/m²
		4.99 kN/m²

② 지붕층 고정하중

RC슬래브(150)	24×0.15 =	3.60 kN/m²
방수및보호몰탈(50)	23×0.05 =	1.15 kN/m²
인조석 (40)	27×0.04 =	1.08 kN/m²
석고보드 (10)		0.01 kN/m²
기타마감		0.30 kN/m²
		6.14 kN/m²

(2) 기준층과 1층의 활하중

① 1층로비 : 5.0 kN/m²

② 기준층 – 사무실 : 2.5 kN/m²

복도 : 4.0 kN/m²

③ 계단 : 5.0 kN/m²

④ 지붕 : 3.0 kN/m² (산책로용도로 가정)

(3) 적설하중 (지붕층)

평지붕으로 가정, 난방구조로 가정

$$S_f = \underset{0.7}{C_b} \cdot \underset{1.0}{C_e} \cdot \underset{1.0}{C_t} \cdot \underset{1.0}{I_s} \cdot \underset{0.5}{S_g} = 0.35 \text{ kN/m}^2$$

중요도 2

최소적설하중 0.5 kN/m² 보다 작으므로 0.5 kN/m² 적용

적설하중크기가 지붕활하중 이하이므로 설계시 고려할 필요는 없다.

(4) 주골조설계용 설계풍압

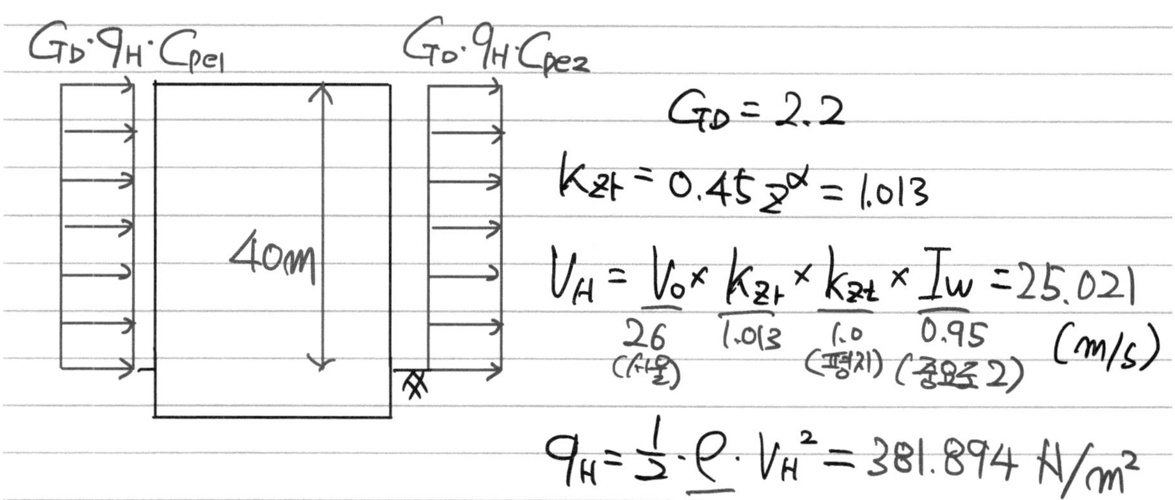

$G_D = 2.2$

$K_{zr} = 0.45 z^{\alpha} = 1.013$

$$V_H = \underset{\substack{26\\(서울)}}{V_0} \times \underset{1.013}{K_{zr}} \times \underset{\substack{1.0\\(평지)}}{K_{zt}} \times \underset{\substack{0.95\\(중요도 2)}}{I_w} = 25.021 \text{ (m/s)}$$

$$q_H = \frac{1}{2} \cdot \underset{1.22}{\rho} \cdot V_H^2 = 381.894 \text{ N/m}^2$$

$K_z = 0.8^{2\alpha} = 0.906$

$C_{pe1} = 0.8 \cdot k_z + 0.03\,(D/B) = 0.740$ (D = 25, B = 50)

$C_{pe2} = -0.5 \quad (D/B \leq 1)$

$P_H = G_D \cdot q_H \cdot (C_{pe1} - C_{pe2}) = 1041.81\ N/m^2$

(G_D = 2.2, q_H = 381.894, C_{pe1} = 0.744, C_{pe2} = 0.5)

최소풍압인 $500\,N/m^2$ 이상이다.

$P_H = 1.042\ kN/m^2$ 끝

M군 : 풍상면의 경우 Cpe1 값의 Kz값으로 인해 하중푼포가 일정하지 않음. 다만, 해당문제에서는 계산편의상 지붕층의 설계풍압을 등분포 시키라는 가정조건이 있었다.

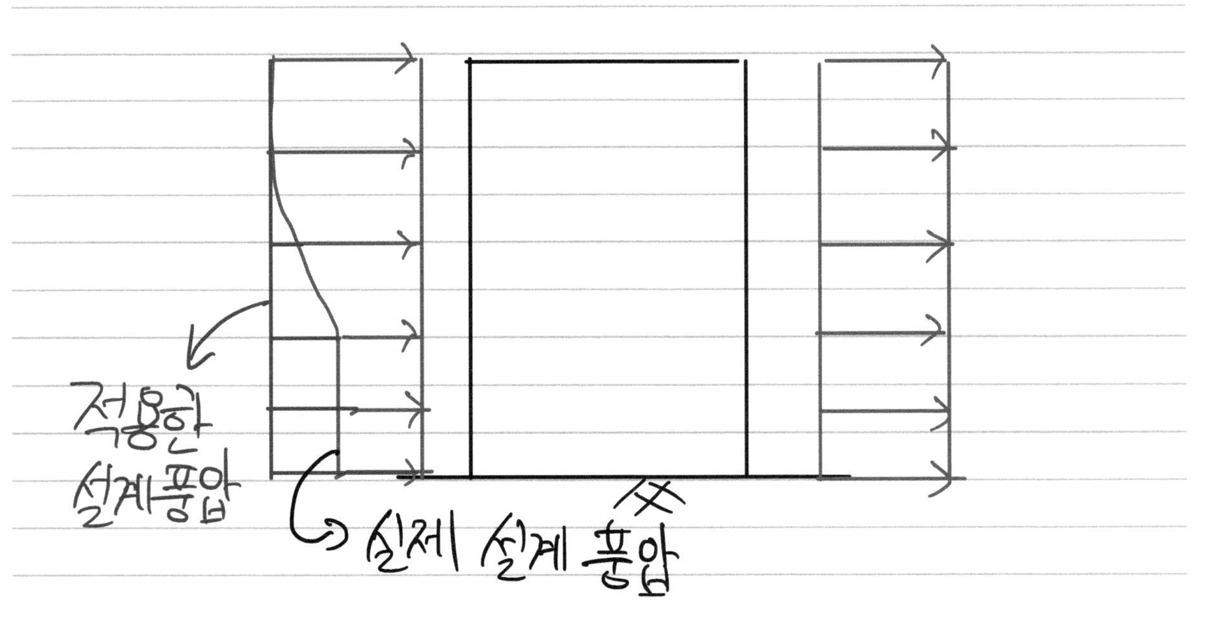

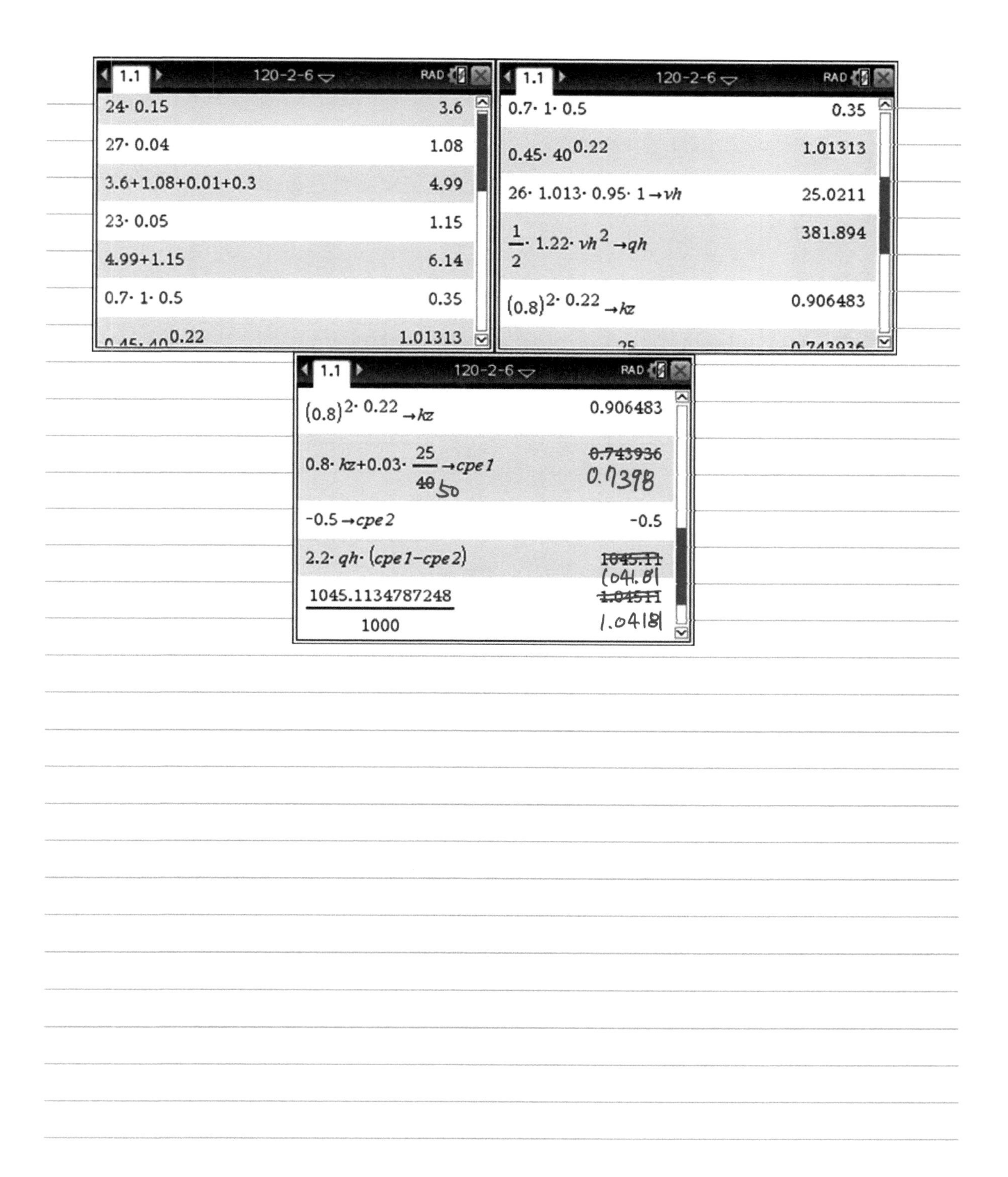
1.1
120-2-6
RAD
24· 0.15 3.6
27· 0.04 1.08
3.6+1.08+0.01+0.3 4.99
23· 0.05 1.15
4.99+1.15 6.14
0.7· 1· 0.5 0.35
0.45· 40^0.22 1.01313
26· 1.013· 0.95· 1→vh 25.0211
1/2· 1.22· vh^2→qh 381.894
(0.8)^2· 0.22→kz 0.906483
0.8· kz+0.03· 25/40→cpe1 0.743936
50
0.7398
-0.5→cpe2 -0.5
2.2· qh· (cpe1-cpe2) 1045.11
1041.81
1045.1134787248/1000 1.04511
1.04181

1. 그림과 같은 보를 처짐각법, 모멘트분배법 및 3연모멘트법에 의해 해석하시오.
(단, 반력 및 응력은 1회만 구하되 응력도는 반드시 그리시오.)

<120회 3교시>

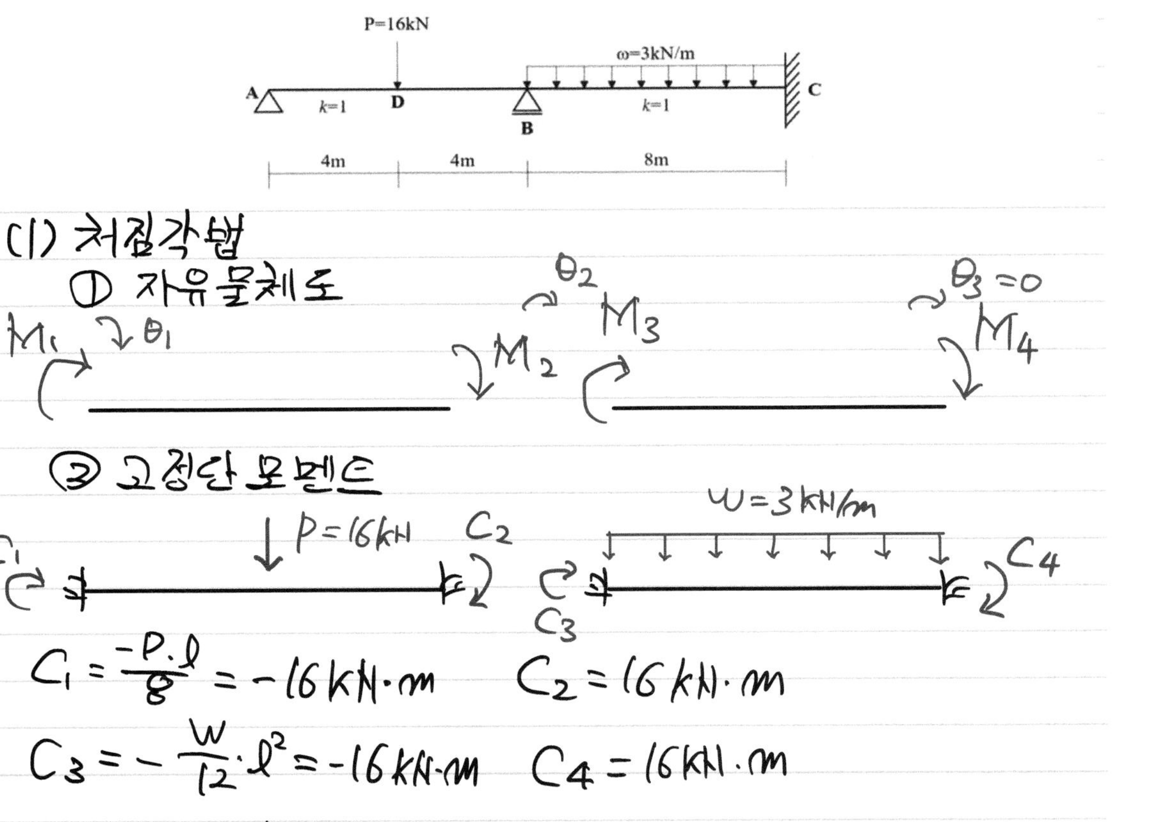

③ 처짐각 방정식

$M_1 = k \cdot (2 \cdot \theta_1 + \theta_2) + C_1$ ($C_1 = -16$)

$M_2 = k \cdot (\theta_1 + 2 \cdot \theta_2) + C_2$ ($C_2 = 16$)

$M_3 = k \cdot (2\theta_2 + \theta_3) + C_3$ ($\theta_3 = 0$, $C_3 = -16$)

$M_4 = k \cdot (\theta_2 + \theta_3) + C_4$ ($\theta_3 = 0$, $C_4 = 16$)

④ 절점평형 방정식

$M_1 = 0 \cdots (1)$ $M_2 + M_3 = 0 \cdots (2)$

식(1), (2) 연립

$\theta_1 = \frac{64}{7k}$, $\theta_2 = -\frac{16}{7 \cdot k}$

⑤ 모멘트 산정

$M_1 = 0$ $M_2 = 144/7\ kN \cdot m$

$M_3 = -144/7\ kN \cdot m$ $M_4 = 96/7\ kN \cdot m$

⑥ 반력 산정

M1, P=16kN, M2, M3, w=3kN/m, M4, V1, V2, V3, V4

A-B 자유물체도에서,

$\Sigma M_B = 0;\ M_1 + M_2 + V_1 \times 8 - P \times 4 = 0,\ V_1 = 38/7\ kN$

$\Sigma V = 0;\ V_1 + V_2 = P,\ V_2 = 74/7\ kN$

B-C 자유물체도에서,

$\Sigma M_B = 0;\ M_3 + M_4 - V_4 \times 8 + w \times 8 \times 4 = 0,\ V_4 = 78/7$

$\Sigma V = 0;\ V_3 + V_4 = w \times 8,\ V_3 = 90/7$

P, w, 96/7 kN·m

38/7 kN   164/7 kN   78/7 kN

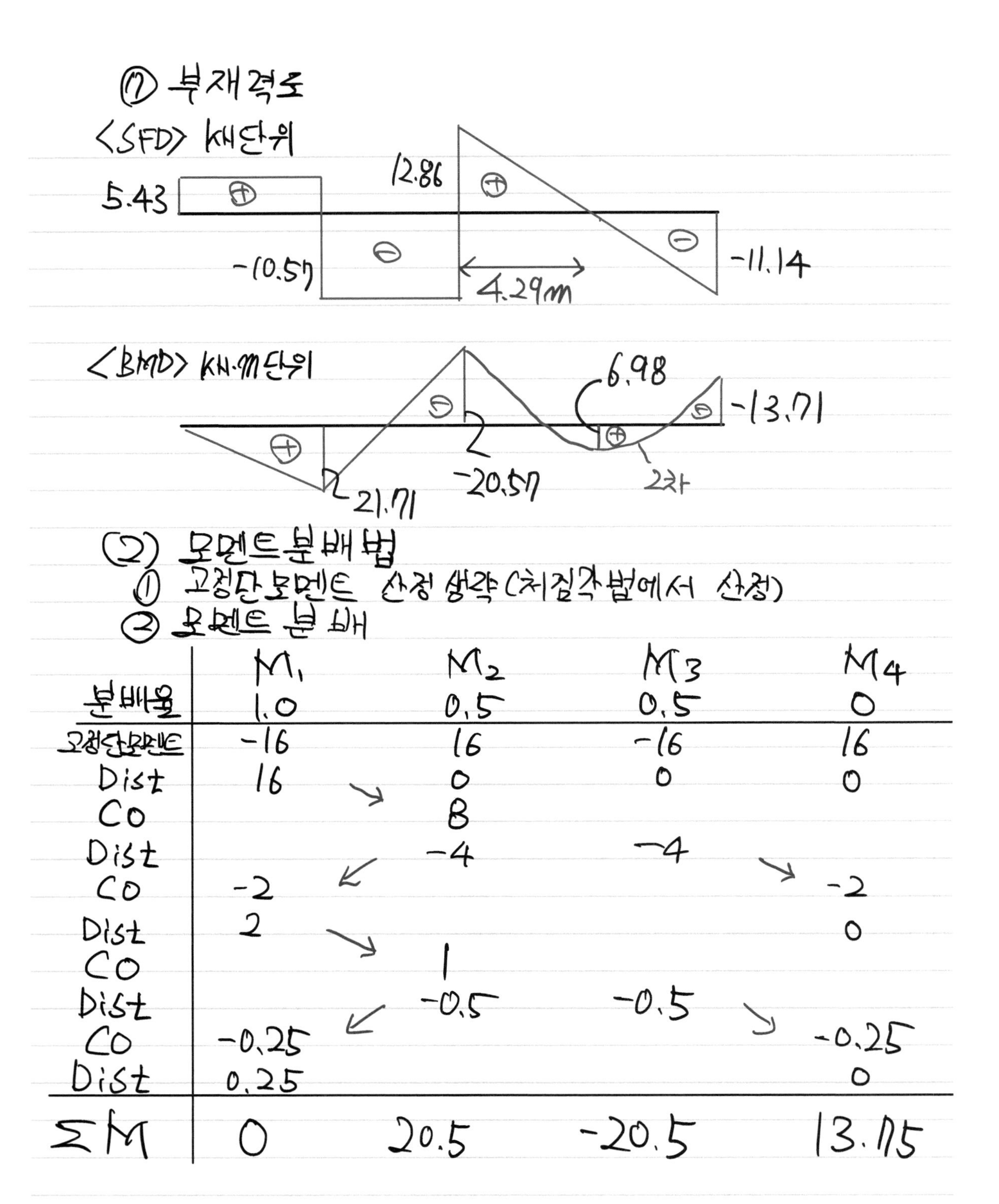

⑦ 부재력도

<SFD> kN단위

<BMD> kN·m단위

(2) 모멘트분배법

① 고정단모멘트 산정 생략(처짐각법에서 산정)

② 모멘트 분배

	M_1	M_2	M_3	M_4
분배율	1.0	0.5	0.5	0
고정단모멘트	-16	16	-16	16
Dist	16	0	0	0
CO		8		
Dist		-4	-4	
CO	-2			-2
Dist	2			0
CO		1		
Dist		-0.5	-0.5	
CO	-0.25			-0.25
Dist	0.25			0
ΣM	0	20.5	-20.5	13.75

반력 및 부재력도 생략 (처짐각법과 동일)

(3) 3연모멘트법

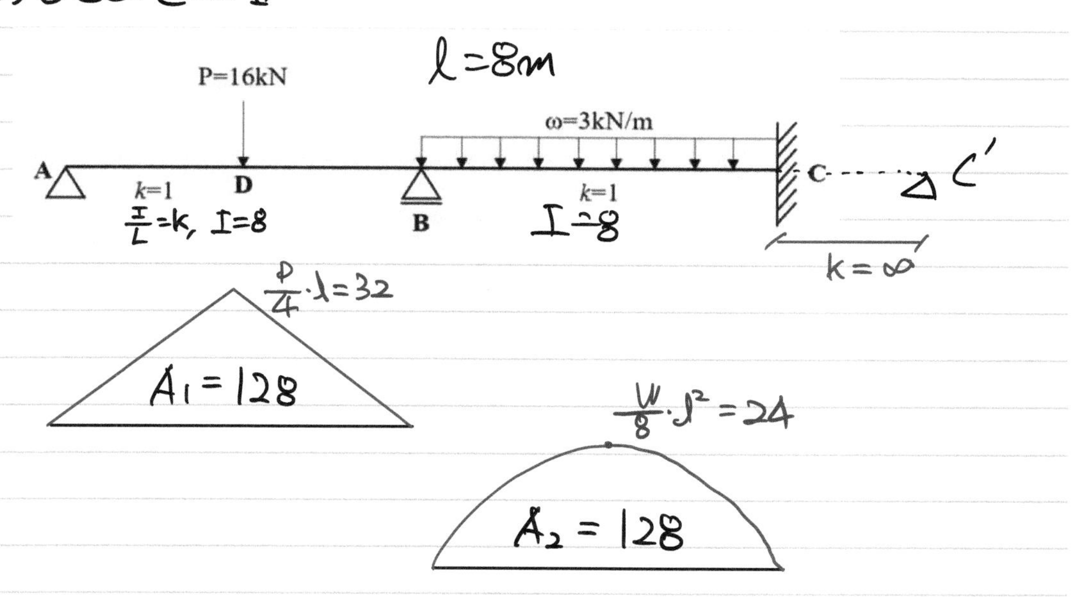

① A-B-C 구조물

$$M_A\times\left(\frac{l}{I}\right)+2\times M_B\times\left(\frac{l}{I}+\frac{l}{I}\right)+M_C\times\left(\frac{l}{I}\right)=-\frac{6\times A_1\times 4}{l\times I}-\frac{6\times A_2\times 4}{l\times I}\ \cdots(1)$$

$M_A=0$ (지점조건)

② B-C-C' 구조물

$$M_B\times\left(\frac{l}{I}\right)+2\times M_C\times\left(\frac{l}{I}+\frac{l}{\infty}\right)+M_C'\times\left(\frac{l}{\infty}\right)=-\frac{6\times A_2\times 4}{l\times I}\ \cdots(2)$$

식(1), 식(2) 연립

$$M_B=-\frac{144}{7}\ \text{kN}\cdot\text{m},\quad M_C=-\frac{96}{7}\ \text{kN}\cdot\text{m}$$

반력산정 및 SFD, BMD 작성 생략 끝

딸기맛호가든 : 3연모멘트법은 편리한 풀이법이지만 적용할 수 있는 범위가 적다. 따라서 이문제 보고 혹해서 3연모멘트법을 공부하지는 말자

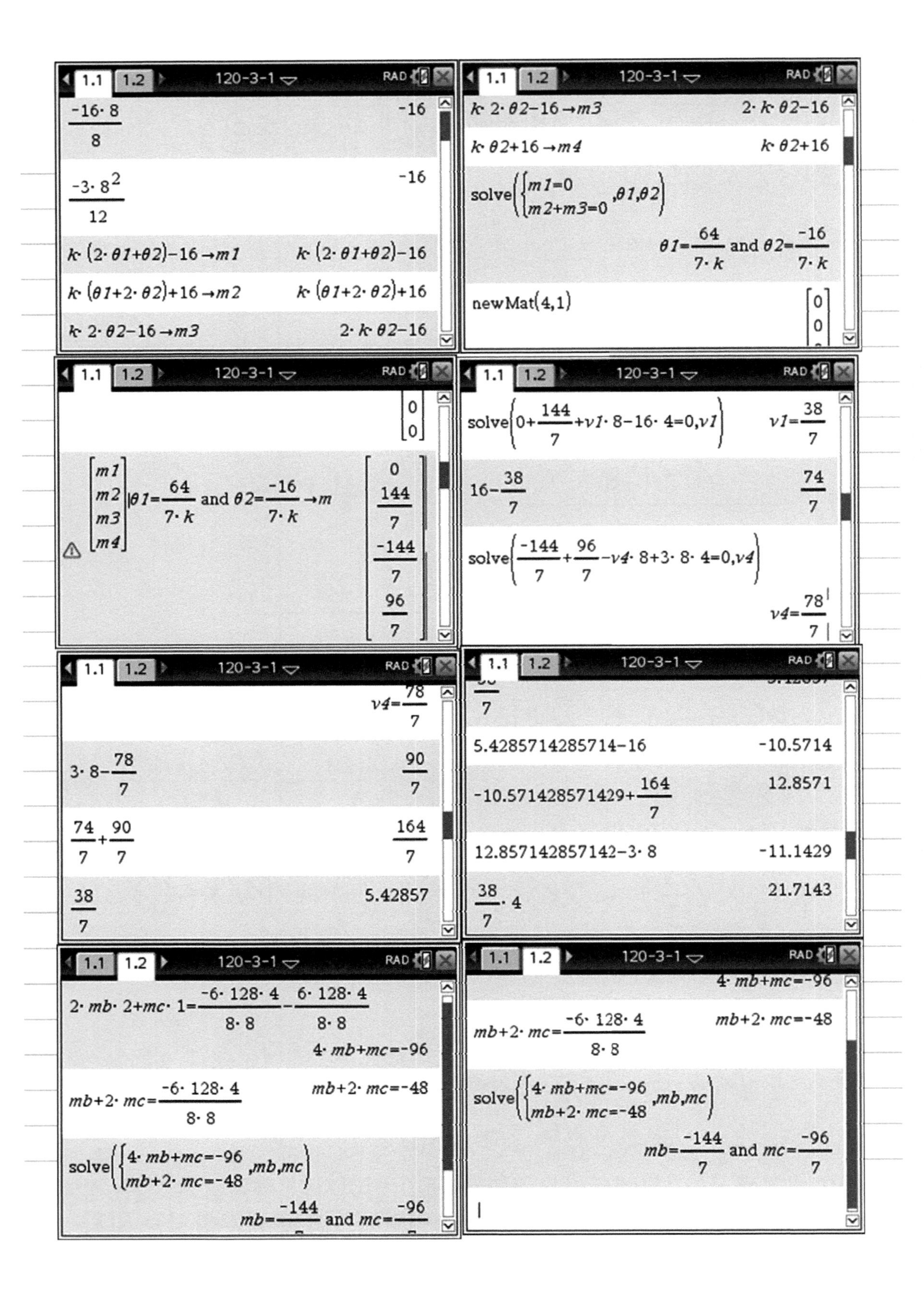
1.1 1.2 120-3-1 RAD
-16· 8 / 8 -16
-3· 8^2 / 12 -16
k· (2· θ1+θ2)-16 →m1 k· (2· θ1+θ2)-16
k· (θ1+2· θ2)+16 →m2 k· (θ1+2· θ2)+16
k· 2· θ2-16 →m3 2· k· θ2-16
k· 2· θ2-16 →m3 2· k· θ2-16
k· θ2+16 →m4 k· θ2+16
solve({m1=0, m2+m3=0 ,θ1,θ2)
θ1=64/(7· k) and θ2=-16/(7· k)
newMat(4,1)
[m1 m2 m3 m4]|θ1=64/(7· k) and θ2=-16/(7· k) →m
[0 144/7 -144/7 96/7]
solve(0+144/7+v1· 8-16· 4=0,v1) v1=38/7
16-38/7 74/7
solve(-144/7+96/7-v4· 8+3· 8· 4=0,v4)
v4=78/7
v4=78/7
3· 8-78/7 90/7
74/7+90/7 164/7
38/7 5.42857
5.4285714285714-16 -10.5714
-10.571428571429+164/7 12.8571
12.857142857142-3· 8 -11.1429
38/7· 4 21.7143
2· mb· 2+mc· 1=-6· 128· 4/(8· 8)-6· 128· 4/(8· 8)
4· mb+mc=-96
mb+2· mc=-6· 128· 4/(8· 8) mb+2· mc=-48
solve({4· mb+mc=-96, mb+2· mc=-48 ,mb,mc)
mb=-144/7 and mc=-96/7
4· mb+mc=-96
mb+2· mc=-6· 128· 4/(8· 8) mb+2· mc=-48
solve({4· mb+mc=-96, mb+2· mc=-48 ,mb,mc)
mb=-144/7 and mc=-96/7

2. 그림과 같은 부재의 단부에 축력 P가 작용할 때, 좌굴하중(buckling load) P_{cr}을 구하시오.
(단, k는 회전스프링의 스프링 계수이며, 각 절점에서의 처짐각은 매우 작은 것으로 한다.)

<120회 3교시>

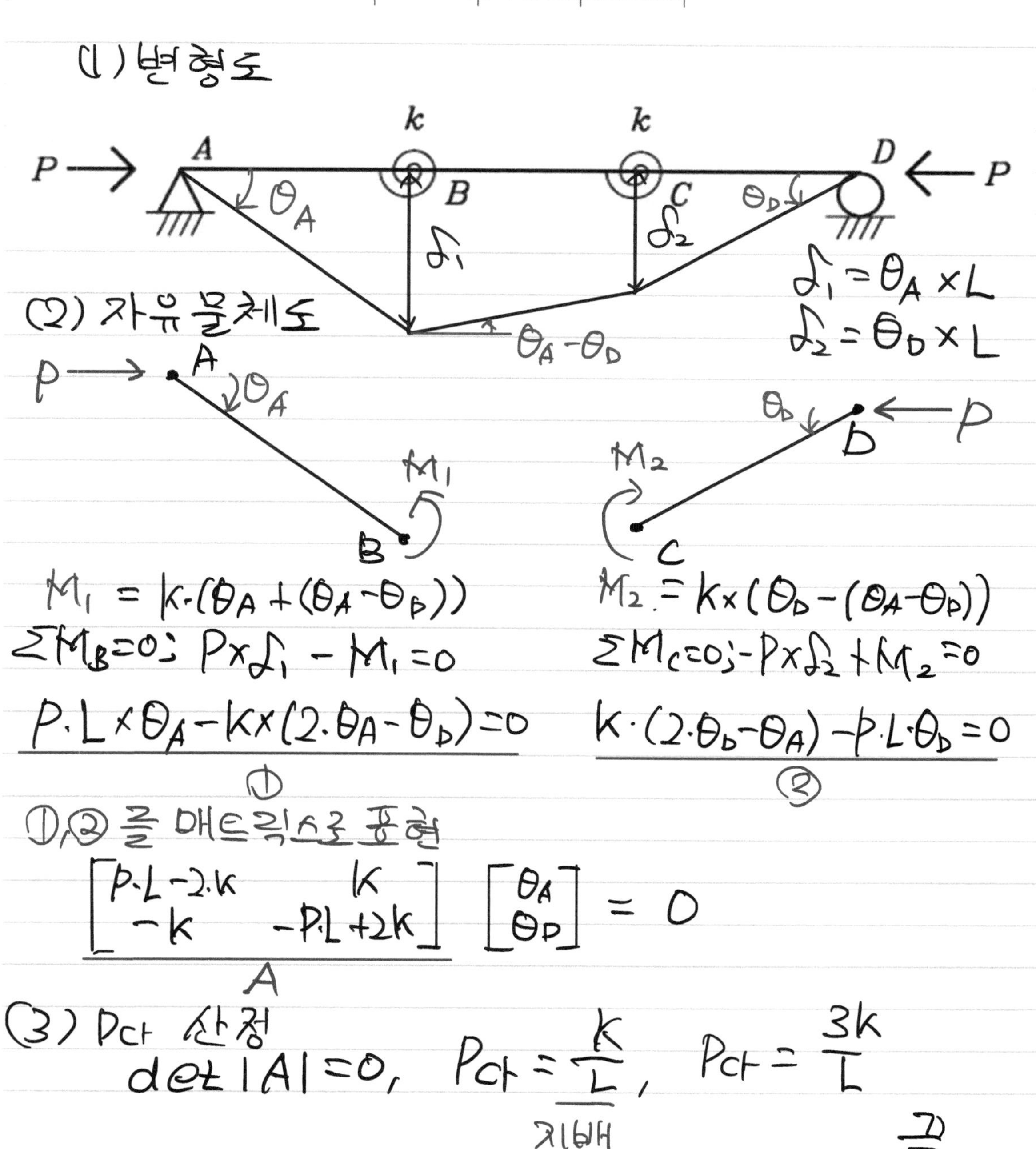

(1) 변형도

$\delta_1 = \theta_A \times L$

$\delta_2 = \theta_D \times L$

(2) 자유물체도

$M_1 = k\cdot(\theta_A + (\theta_A - \theta_D))$

$\Sigma M_B = 0;\ P \times \delta_1 - M_1 = 0$

$P\cdot L \times \theta_A - k \times (2\cdot\theta_A - \theta_D) = 0$ ①

$M_2 = k \times (\theta_D - (\theta_A - \theta_D))$

$\Sigma M_C = 0;\ -P \times \delta_2 + M_2 = 0$

$k\cdot(2\cdot\theta_D - \theta_A) - P\cdot L\cdot\theta_D = 0$ ②

①, ②를 매트릭스로 표현

$$\underbrace{\begin{bmatrix} P\cdot L - 2\cdot k & k \\ -k & -P\cdot L + 2k \end{bmatrix}}_{A} \begin{bmatrix} \theta_A \\ \theta_D \end{bmatrix} = 0$$

(3) P_{cr} 산정

$\det|A| = 0,\quad P_{cr} = \dfrac{k}{L}$ (지배), $\quad P_{cr} = \dfrac{3k}{L}$

끝

딸기맛호가든 : 좌굴하중 산정문제가 오랜만에 출제되었다. 평형법과 에너지법으로풀 수 있으며, 본 풀이는 평형법을 사용하였다.

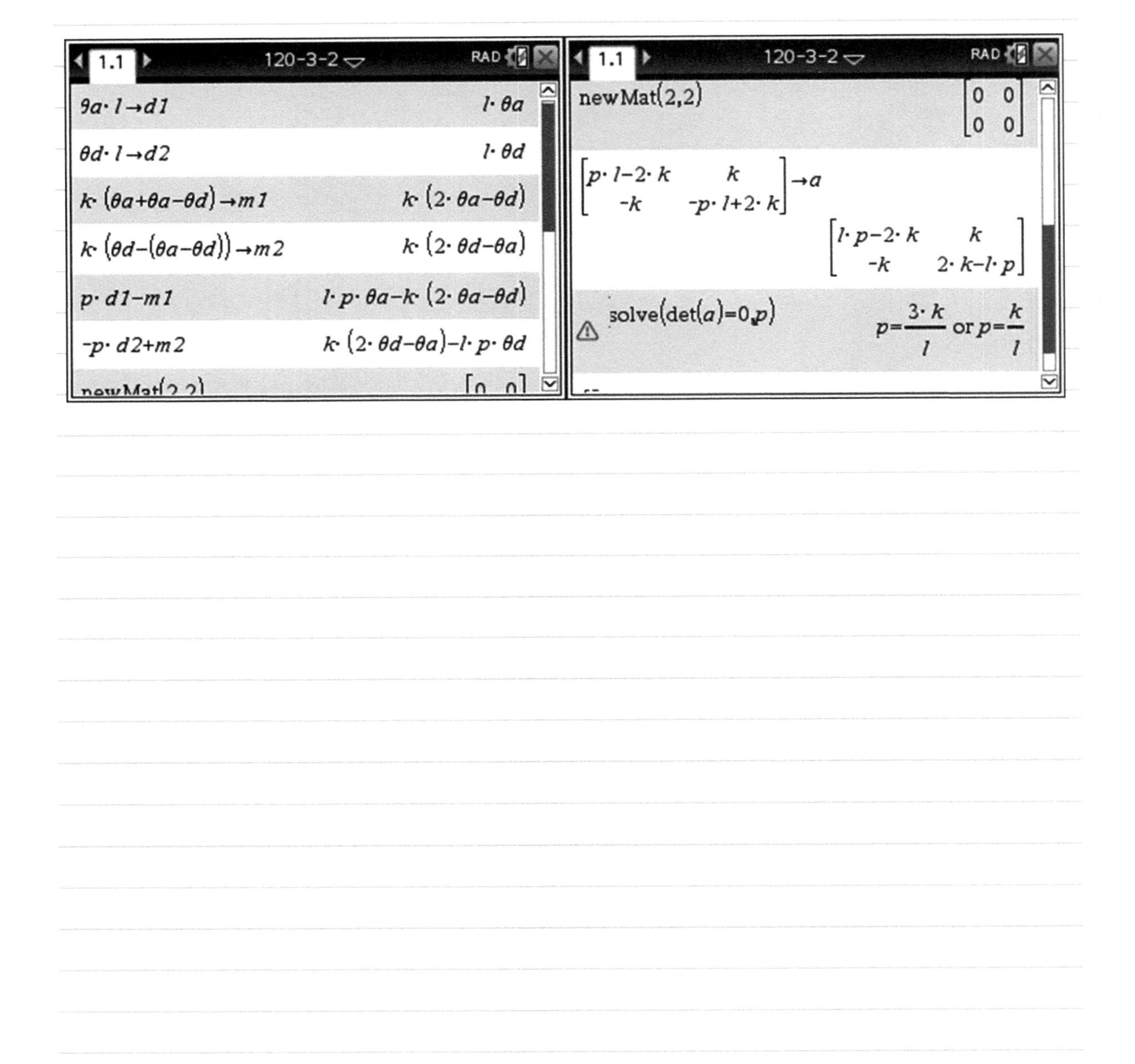

3. 그림과 같은 기초판에 압축력 P=1,200kN이 e=500mm의 위치에 편심으로 작용하고 있을 때 독립기초를 설계하시오.
(단, 지반지지력 검토는 생략, f_{ck}=24MPa, f_y=400MPa, 기둥크기 : 0.5m×0.5m
ρ=0.005, 기초크기 : 2.4m×2.4m, 기초유효두께 : d=0.6m) <120회 3교시>

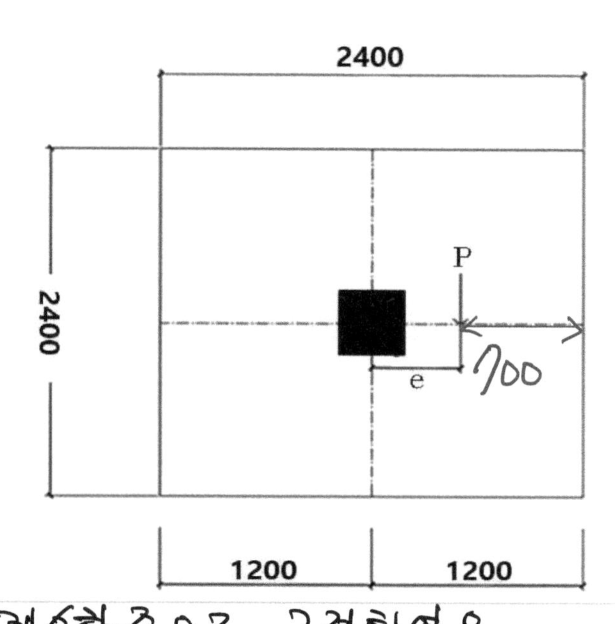

압축력 P는 계수하중으로 고려하였음.

(1) 계수소요지내력 q_u

편심 발생시, 지내력은 삼각형 또는 사다리꼴의 분포하중이다.

지반 반력을 삼각형으로 가정

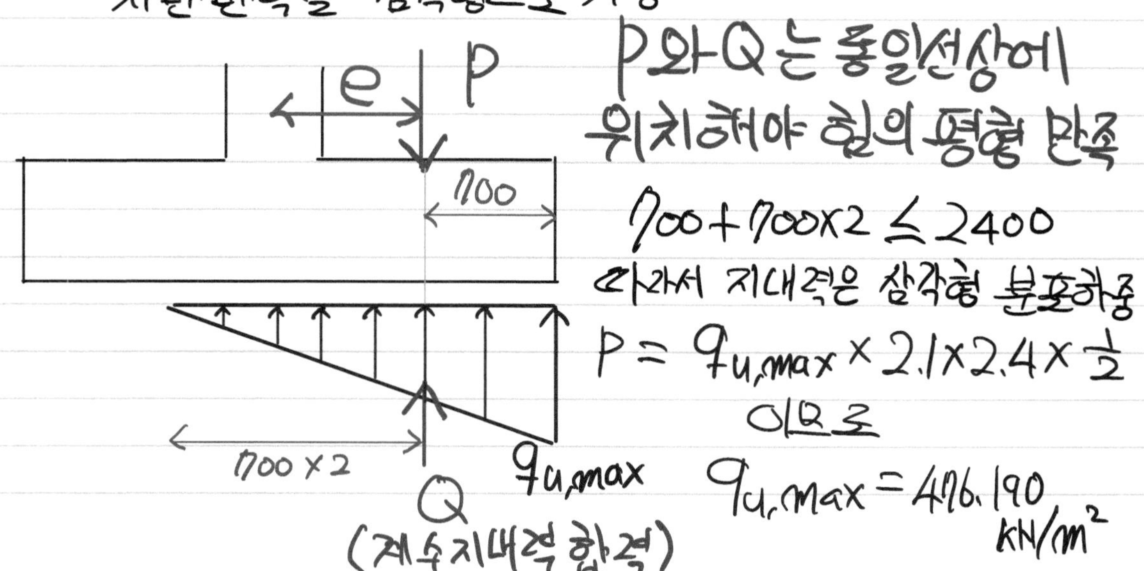

P와 Q는 동일선상에 위치해야 힘의 평형 만족

$700 + 700 \times 2 \leq 2400$

따라서 지내력은 삼각형 분포하중

$P = q_{u,max} \times 2.1 \times 2.4 \times \frac{1}{2}$ 이므로

$q_{u,max} = 476.190\ kN/m^2$

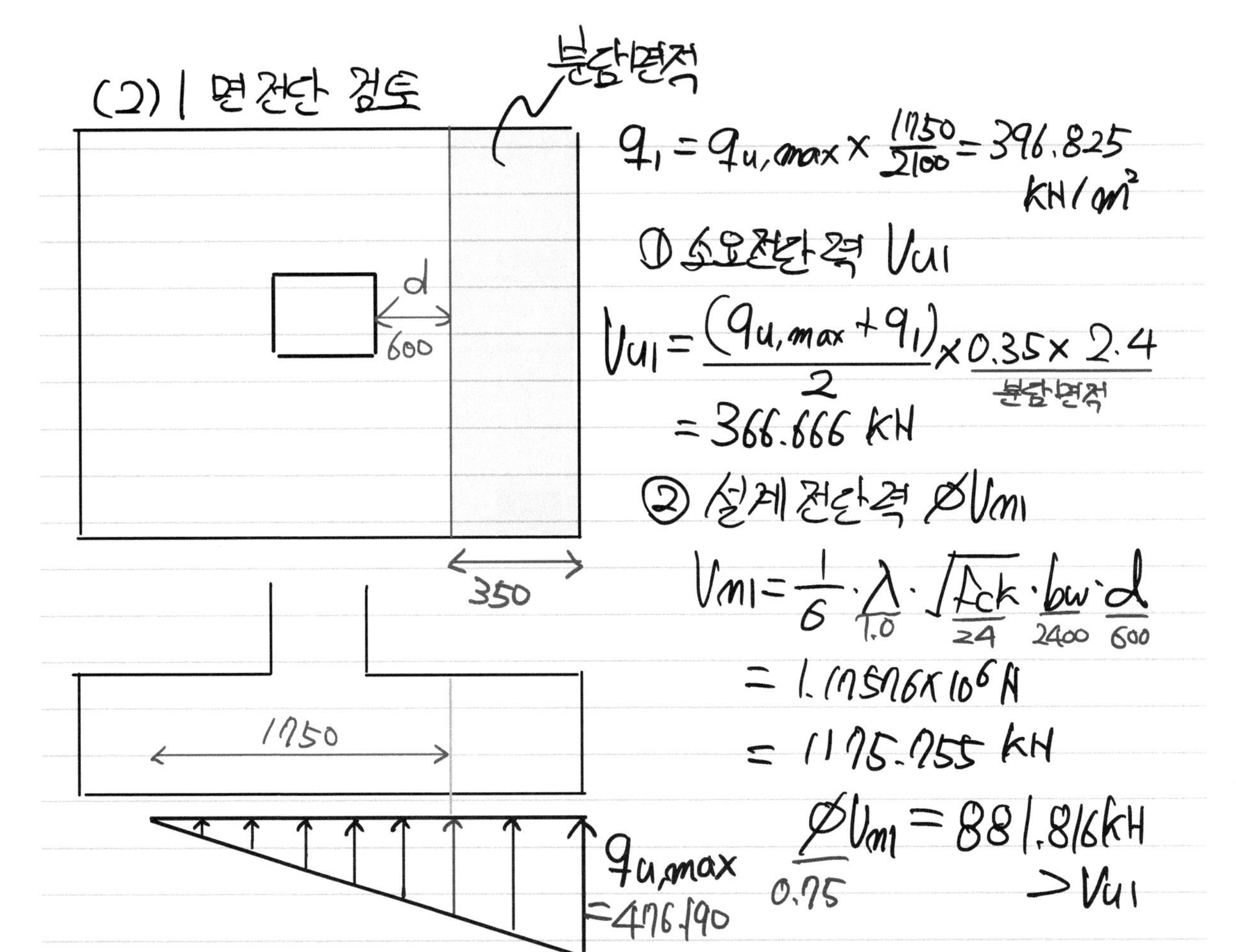

1면전단에 대해 안전하다.

(3) 2면전단 검토

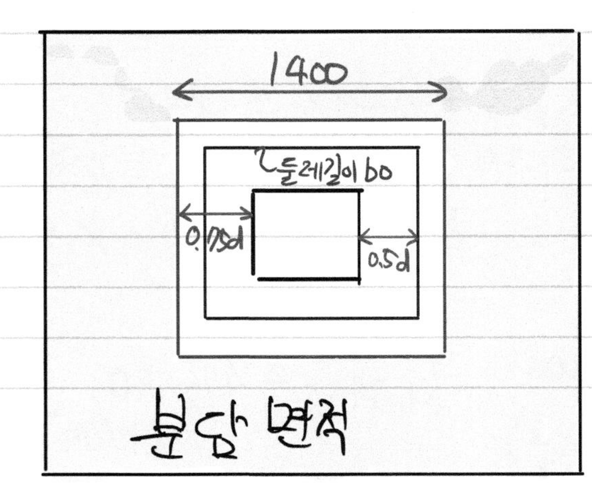

① 소요전단력

$$V_{u2} = P_u / 2.4^2 \times (2.4^2 - 1.4^2)$$

(P_u = 1200, $(2.4^2 - 1.4^2)$: 분담면적)

$= 791.667$ kN

$b_o = (500 + 600) \times 4 = 4400$ mm

② 설계전단강도 ϕV_{n2}

$$\underset{0.75}{\phi} V_{n2} = \underbrace{\phi \cdot \lambda \cdot k_s \cdot k_{bo} \cdot f_{te} \cdot \cot\psi \cdot b_o \cdot C_u}_{2532.614\ kN} \le \underbrace{\phi \cdot 0.58 \cdot f_{ck} \cdot b_o \cdot C_u}_{8222.836\ kN}$$

$\lambda = 1.0$

$k_s = (300/d)^{0.25} = 0.841 < 1.1$

$k_{bo} = 4/\sqrt{\alpha_s \cdot b_o/d} = 1.477 > 1.25$ $\alpha_s = 1.0$(내부기둥으로 가정)

$k_{bo} = 1.25$ 적용.

$f_{te} = 0.2\sqrt{f_{ck}} = 0.980$, $f_{cc} = \frac{2}{3} f_{ck} = 16\ MPa$

$\cot\psi = \sqrt{f_{te} \cdot (f_{te} + f_{cc})} / f_{te} = 4.163$

$C_u = d \cdot [25\sqrt{\rho / f_{ck}} - 300\rho/f_{ck}] = 176.006\ mm$ ($\rho = 0.005$)

$\phi V_{n2} = 2532.614\ kN > V_{u2}$

2면전단에 대해 안전하다.

(4) 휨 검토

0.95×2/3
P_2
P_1
0.475
$q_{u,max}$
q_2
1150
950
최대모멘트

① 소요하중산정

$q_2 = q_{u,max} \times \frac{1150}{2100} = 260.771\ kN/m^2$

$P_1 = q_2 \times 0.95 \times 2.4 = 594.557\ kN$

$P_2 = (q_{u,max} - q_2) \times 0.95 \times 2.4 \times \frac{1}{2}$
$= 245.578\ kN$

$M_u = P_1 \times 0.475 + P_2 \times 0.95 \times \frac{2}{3}$
$= 437.947\ kN \cdot m$

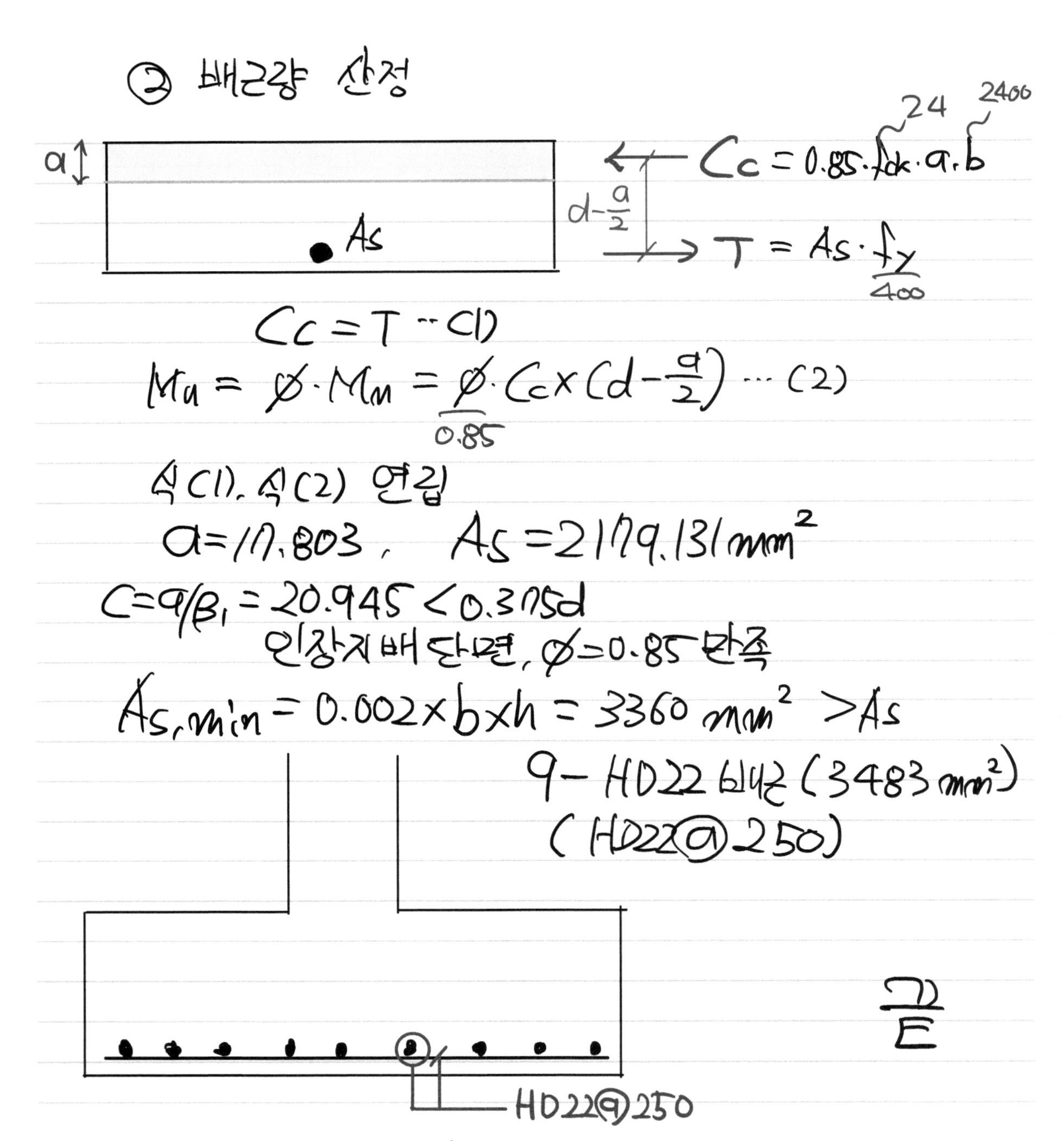

② 배근량 산정
a
As
$C_c = 0.85 \cdot f_{ck} \cdot a \cdot b$
24
2400
$d-\frac{a}{2}$
$T = A_s \cdot f_y$
400
$C_c = T$ ⋯ (1)
$M_u = \phi \cdot M_n = \phi \cdot C_c \times (d-\frac{a}{2})$ ⋯ (2)
0.85
식(1), 식(2) 연립
$a = 17.803$, $A_s = 2179.131 mm^2$
$c = a/\beta_1 = 20.945 < 0.375d$
인장지배 단면, $\phi = 0.85$ 만족
$A_{s,min} = 0.002 \times b \times h = 3360 mm^2 > A_s$
9-HD22 배근 ($3483 mm^2$)
(HD22@250)
끝
HD22@250

딸기맛호가든 : $\varepsilon_{cu}=0.003, \varepsilon_t=0.005$ **일때, 중립축 c=0.375d 이다**
따라서, 중립축 c가 0.375보다 작거나 같다면 항상 인장지배단면이다.
또한, KDS 14 개정예정사항을 반영하면,

$$\varepsilon_{cu}=0.0033, \quad \beta_1=0.8$$

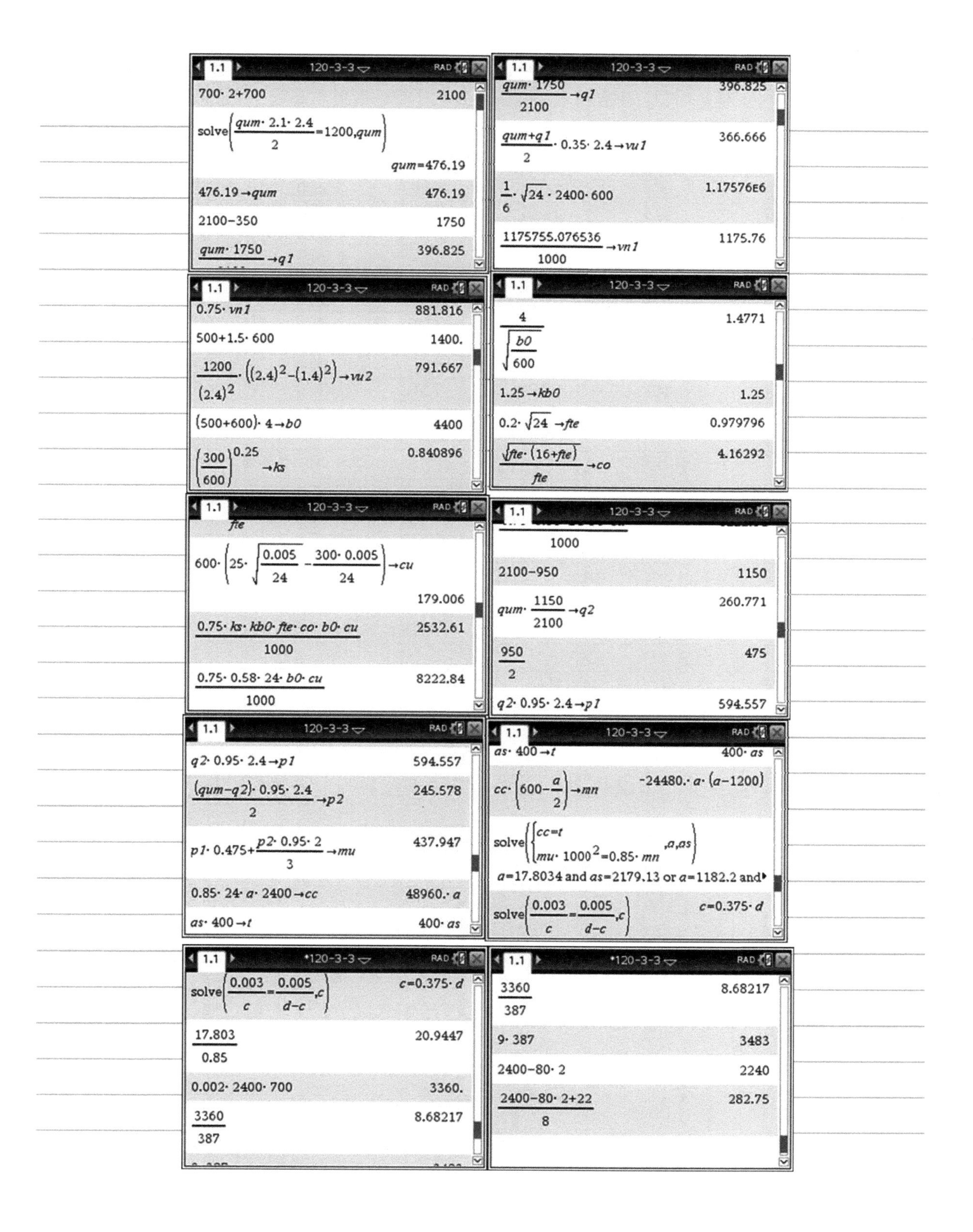
1.1 120-3-3 RAD
700· 2+700 2100
solve(qum· 2.1· 2.4 / 2 =1200,qum)
qum=476.19
476.19→qum 476.19
2100−350 1750
qum· 1750 / 2100 →q1 396.825
qum+q1 / 2 · 0.35· 2.4→vu1 366.666
1/6 · √24 · 2400· 600 1.17576E6
1175755.076536 / 1000 →vn1 1175.76
0.75· vn1 881.816
500+1.5· 600 1400.
1200 / (2.4)^2 · ((2.4)^2−(1.4)^2)→vu2 791.667
(500+600)· 4→b0 4400
(300/600)^0.25 →ks 0.840896
4 / √(b0/600) 1.4771
1.25→kb0 1.25
0.2· √24 →fte 0.979796
√(fte· (16+fte)) / fte →co 4.16292
600· (25· √(0.005/24) − 300· 0.005/24)→cu
179.006
0.75· ks· kb0· fte· co· b0· cu / 1000 2532.61
0.75· 0.58· 24· b0· cu / 1000 8222.84
2100−950 1150
qum· 1150/2100 →q2 260.771
950/2 475
q2· 0.95· 2.4→p1 594.557
q2· 0.95· 2.4→p1 594.557
(qum−q2)· 0.95· 2.4 / 2 →p2 245.578
p1· 0.475+ p2· 0.95· 2 / 3 →mu 437.947
0.85· 24· a· 2400→cc 48960.· a
as· 400→t 400· as
as· 400→t 400· as
cc· (600− a/2)→mn −24480.· a· (a−1200)
solve({cc=t, mu· 1000^2=0.85· mn},a,as)
a=17.8034 and as=2179.13 or a=1182.2 and
solve(0.003/c = 0.005/(d−c),c) c=0.375· d
*120-3-3
solve(0.003/c = 0.005/(d−c),c) c=0.375· d
17.803 / 0.85 20.9447
0.002· 2400· 700 3360.
3360/387 8.68217
3360/387 8.68217
9· 387 3483
2400−80· 2 2240
2400−80· 2+22 / 8 282.75

4. 다음의 조건에 대하여 KBC 2016과 KDS 41에 따라 각각 지반을 분류하고, KDS 41에 따른 단주기 설계스펙트럼가속도(S_{DS})와 1초주기 설계스펙트럼가속도(S_{D1})를 구하시오. (단, 대상지역은 서울이고, 유효지반가속도는 국가지진위험지도를 이용하여 산정할 것)

<120회 3교시>

심도별 전단파속도

심도(m)	V_s(m/sec)	심도(m)	V_s(m/sec)	심도(m)	V_s(m/sec)
1.0	194	11.0	478	21.0	759
2.0	202	12.0	509	22.0	792
3.0	231	13.0	610	23.0	869
4.0	229	14.0	643	24.0	965
5.0	235	15.0	656	25.0	930
6.0	254	16.0	704	26.0	942
7.0	263	17.0	713	27.0	1,034
8.0	439	18.0	710	28.0	1,154
9.0	432	19.0	718	29.0	1,232
10.0	445	20.0	724	30.0	1,214

↓ 기반암

KDS 41에 따른 단주기 및 1초주기 지반증폭계수

지반종류	단주기 지반증폭계수, F_a			1초주기 지반증폭계수, F_v		
	지진지역			지진지역		
	$s \leq 0.1$	$s=0.2$	$s=0.3$	$s \leq 0.1$	$s=0.2$	$s=0.3$
S_1	1.12	1.12	1.12	0.84	0.84	0.84
S_2	1.4	1.4	1.3	1.5	1.4	1.3
S_3	1.7	1.5	1.3	1.7	1.6	1.5
S_4	1.6	1.4	1.2	2.2	2.0	1.8
S_5	1.8	1.3	1.3	3.0	2.7	2.4

s의 중간값에 대하여는 직선보간한다.

(1) 지반의 분류

① 보통암까지의 평균지진파 : 384.563 m/s

$$\left(V_{S,soil} = \frac{\sum_{i=1}^{m} d_i}{\sum_{i=1}^{m} \frac{d_i}{V_{si}}} \right)$$

② KBC2016 지반 분류

S_C (전단파 속도 360 ~ 760)

③ KDS 41 지반분류

S_4 (기반암 깊이 20초과 50미만 전단파 속도 180 이상)

(2) 유효지반 가속도 (서울)

국가 지진위험지도 상으로 0.16이나,

0.22×0.8 = 0.176을 적용한다.

(3) Fa, Fv

$$F_a = 1.4 + 0.2 \times \left(\frac{0.2-0.176}{0.1}\right) = 1.448$$

$$F_v = 2.0 + 0.2 \times \left(\frac{0.2-0.176}{0.1}\right) = 2.048$$

기반암 깊이가 20m를 초과하고, 평균지진파 360m/s 이상이므로 F_v 값은 80%만 적용.

$0.8 F_v = 1.638$

(4) 단주기 설계스펙트럼 가속도 S_{DS}

$$S_{DS} = 2.5 \times \underset{1.448}{F_a} \times S \times \frac{2}{3} = 0.425g$$

(g: 9.806)

$$= 4.168\ m/s^2$$

(5) 1초주기 설계스펙트럼 가속도 S_{D1}

$$S_{D1} = \underset{1.638}{F_v} \times S \times \frac{2}{3} = 0.192g$$

$$= 1.883\ m/s^2$$ 끝

M군 : 평균지진파 산정 수정
단위표기

딸기맛호가든 : 반영하여 수정하였음

M군 : 지반조사보고서에 평균전단파속도 값이 간혹 기반암 깊이가 아닌 30m 깊이로 산정한 경우가 있으므로, 기반암 깊이가 30m 이하일 경우 이사항을 반드시 확인하도록 하자.

5. 필로티형식 건축물 구조계획 시 고려해야 할 사항을 5개 이상 기술하고, 현장점검 시 필로티층 기둥과 벽체에서 확인해야 할 배근상세를 그림으로 표현하시오.
<120회 3교시>

KDS 41 17 00, 9.8.4 필로티 기둥에 대한 고려사항

(1) 계단실 등에 설치되는 콘크리트 코어 벽구조는
① 1개소 이상 ② 전이층에서 기초까지 연속 ③ 가급적 중앙 또는 대칭으로 배치
코어 벽이 없을시 x, y방향 각각에 다음을 만족하는 내력벽 설치
① 각 2개소 이상 ② 전이층에서 기초까지 연속 ③ 각 방향으로 대칭

(2) 전이층에서 필로티 기둥과 내력벽이 연결되는 전이슬래브 또는 전이보 설치

(3) 지진하중 계산시, R(반응수정계수), Ω_0(시스템초과강도계수), C_d(변위증폭계수)는 내력벽구조 값 적용

(4) 필로티 기둥, 전이구조 및 그 연결부는 특별지진하중 적용
상부내력벽과 직접 연결되지 않은 독립된 전단벽 또한 특별지진하중 적용
지진하중을 증폭하여 적용 → 강진시에도 탄성거동

(5) 필로티 기둥의 설계 전단력은 $2M_m / L_n$ 이상
(M_m: 기둥의 해당방향 휨모멘트 강도 (압축력고려), L_n: 기둥순길이)

(6) 필로티층에서 코어 벽은 박스형태의 콘크리트 일체형, 개구부 최소화
각 벽체 충분한 수직·수평 철근 배치, 개구부 주위 보강 철근

(7) 기둥, 코어벽, 전단벽 등 주요구조부재 내부 배관 요소 삽입 불가

(8) 전이보·슬래브 - 필로티기둥 접합부는 필로티 기둥에 사용되는 횡보강근의 간격과 동일한 간격의 횡보강근 배치, 90° 갈고리 후프 사용 허용
단, 90° 갈고리 후프의 갈고리 정착면은 건물 외면에 위치 X

(9) 필로티 배근상세

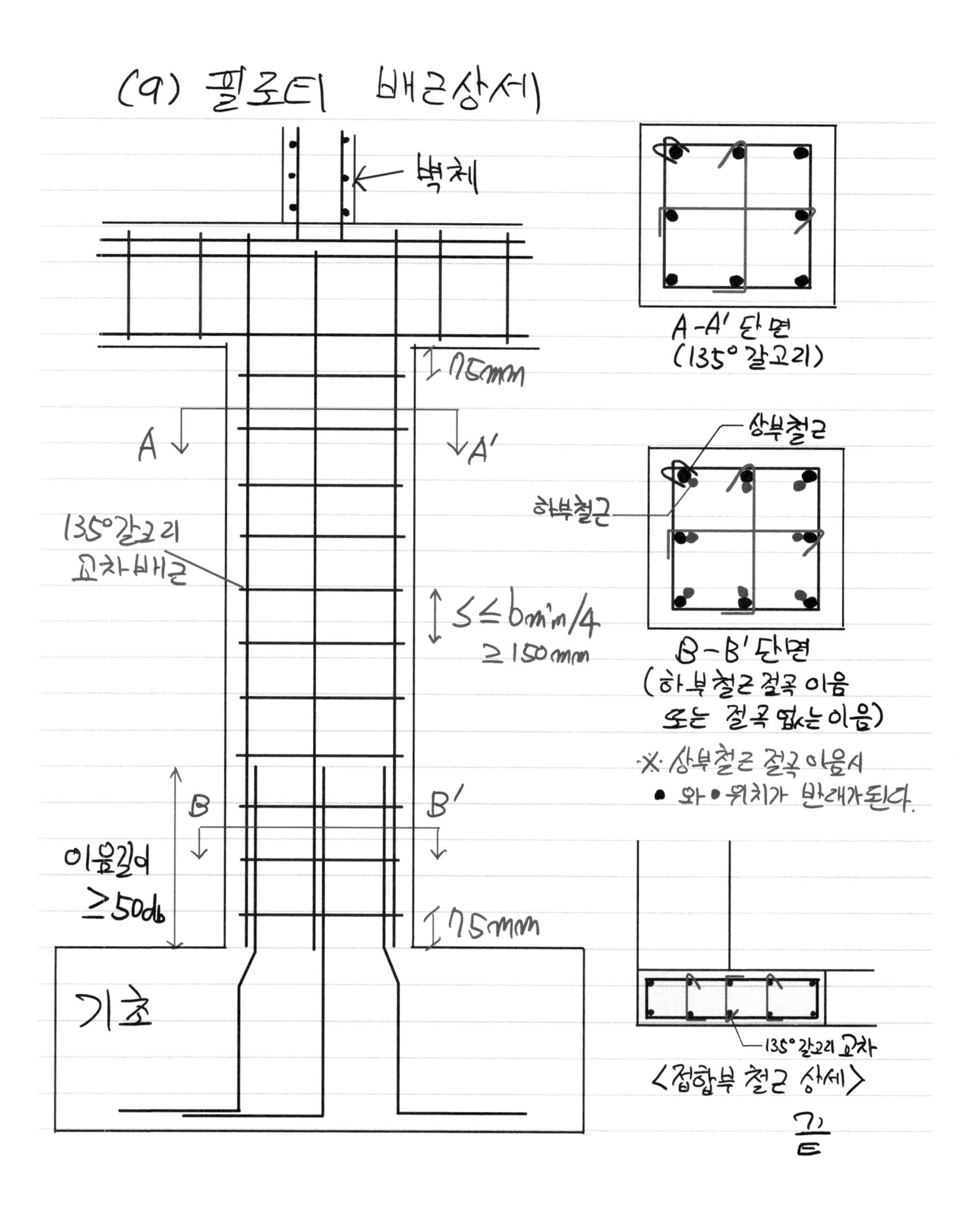

벽체
75mm
A
A'
135°갈고리
교차배근
$S \leq b_{min}/4$
$\geq 150mm$
B
B'
이음길이
$\geq 50d_b$
75mm
기초
A-A' 단면
(135° 갈고리)
상부철근
하부철근
B-B' 단면
(하부철근 절곡 이음
또는 절곡 없는 이음)
※ 상부철근 절곡 이음시
● 와 ● 위치가 반대가 된다.
135° 갈고리 교차
<접합부 철근 상세>
끝

1. 그림과 같은 단면의 단면계수(section modulus)에 대한 소성계수(plastic modulus)의 비인 형상계수(shape factor)를 구하시오. <120회 4교시>

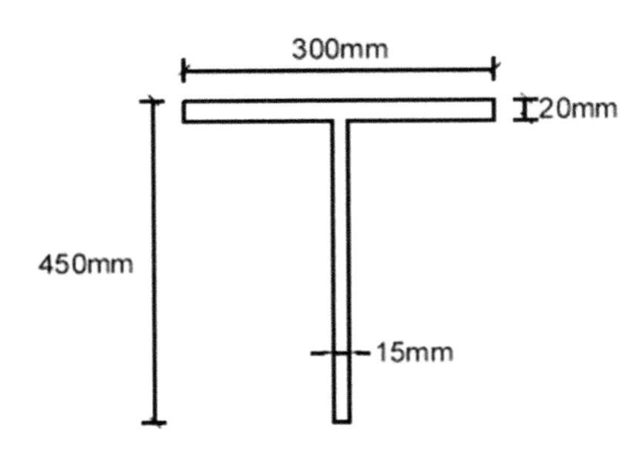

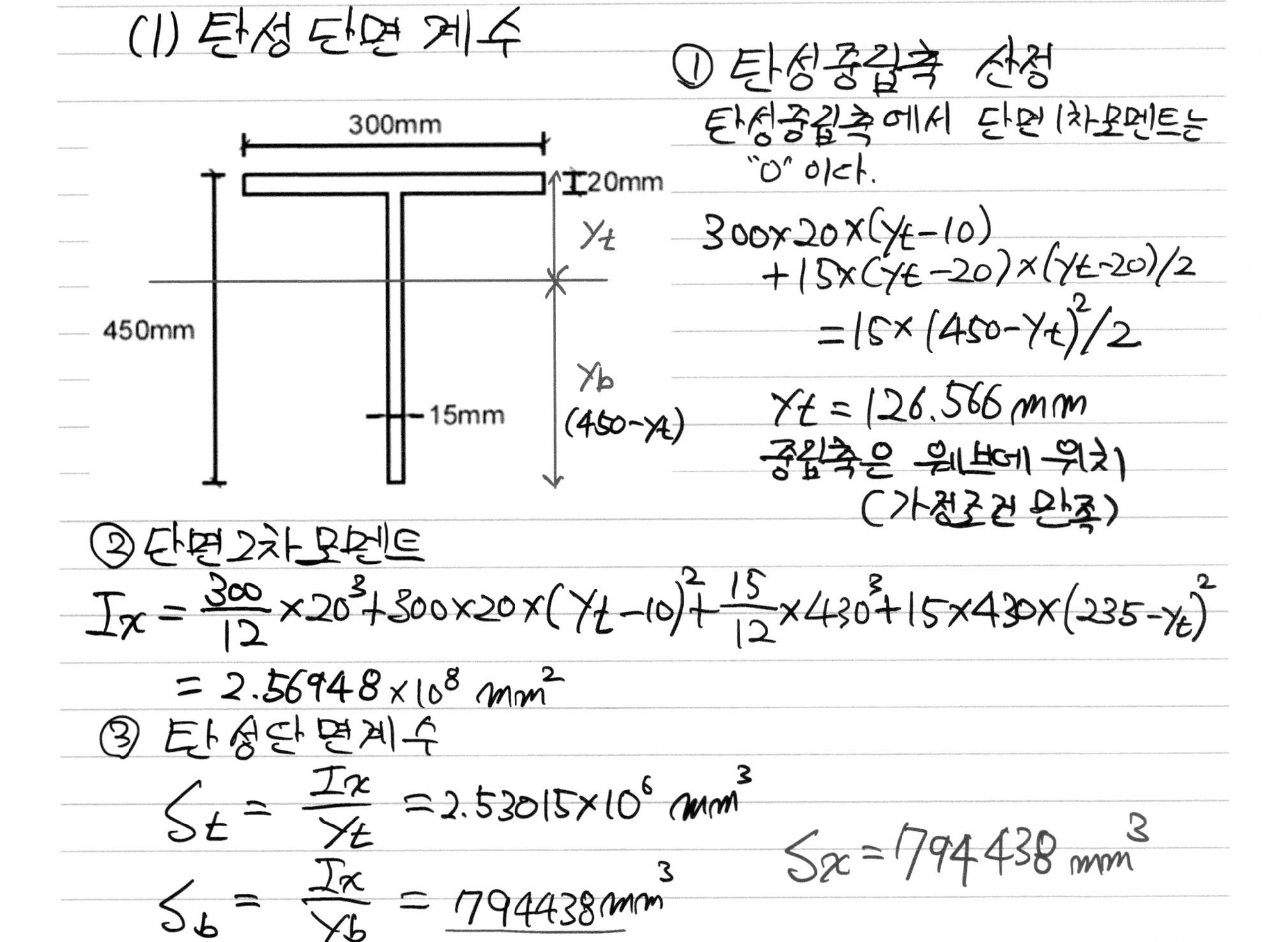

(1) 탄성 단면 계수
① 탄성중립축 산정
탄성중립축에서 단면1차모멘트는 "0" 이다.
300×20×(Yt−10) +15×(Yt−20)×(Yt−20)/2 =15×(450−Yt)²/2
Yt = 126.566 mm
중립축은 웨브에 위치 (가정조건 만족)
300mm
20mm
Yt
450mm
Yb (450−Yt)
15mm
② 단면2차모멘트
Ix = 300/12 ×20³+300×20×(Yt−10)²+ 15/12 ×430³+15×430×(235−Yt)²
= 2.56948×10⁸ mm²
③ 탄성단면계수
St = Ix/Yt =2.53015×10⁶ mm³
Sb = Ix/Yb = 794438mm³
Sx = 794438 mm³

(2) 소성단면계수

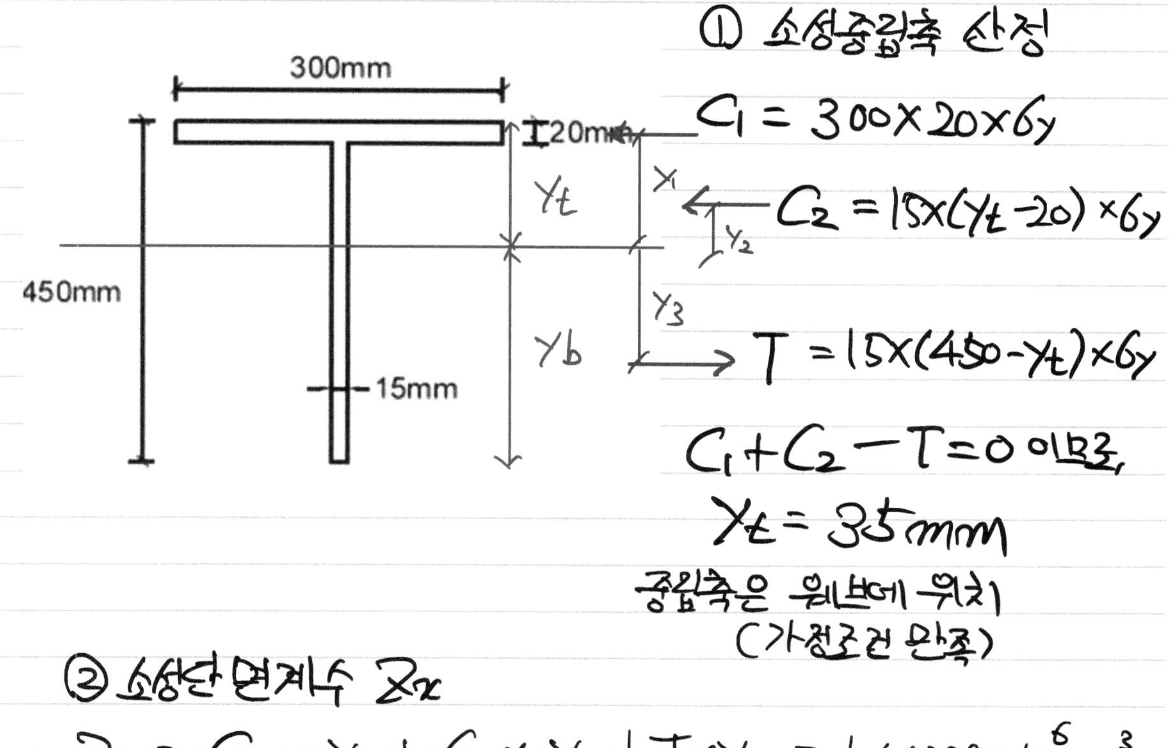

② 소성단면계수 Z_x

$$Z_x = C_1 \times \underset{y_t - 10}{\underline{y_1}} + C_2 \times \underset{\frac{(y_t - 20)}{2}}{\underline{y_2}} + T \times \underset{y_b/2}{\underline{y_3}} = 1.44338 \times 10^6\,mm^3$$

(3) 형상계수

$$Z_x / S_x = 1.817$$

끝

딸기맛호가든 : 탄성과 소성의 개념만 정확히 이해했다면 매우 쉽게 풀수 있는 문제이다.

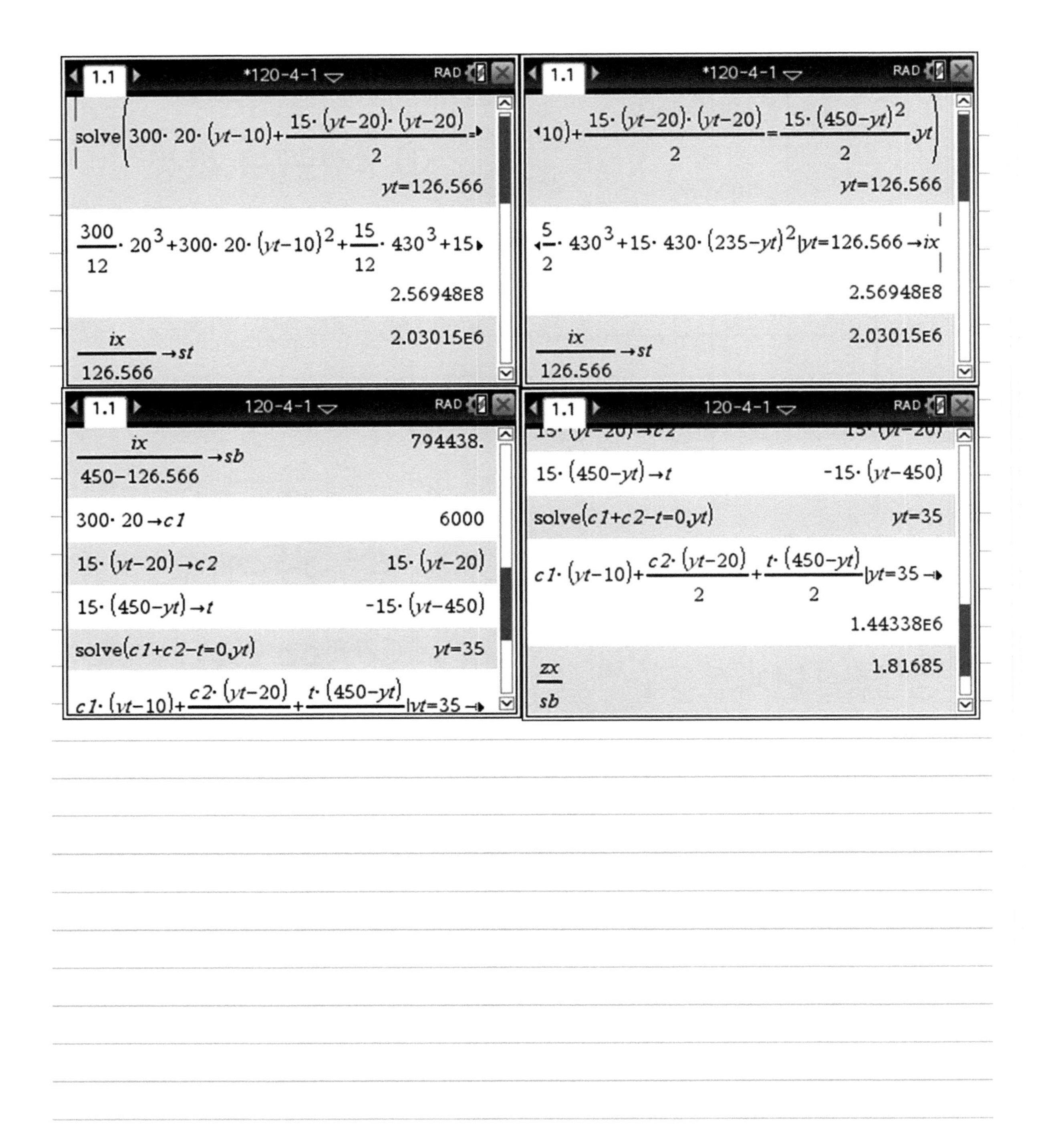
1.1
*120-4-1
RAD
solve(300· 20· (yt−10)+15· (yt−20)· (yt−20)/2=
yt=126.566
300/12· 20^3+300· 20· (yt−10)^2+15/12· 430^3+15
2.56948E8
ix/126.566 →st
2.03015E6
10)+15· (yt−20)· (yt−20)/2=15· (450−yt)^2/2,yt)
yt=126.566
5/2· 430^3+15· 430· (235−yt)^2|yt=126.566 →ix
2.56948E8
ix/126.566 →st
2.03015E6
120-4-1
ix/450−126.566 →sb
794438.
300· 20 →c1
6000
15· (yt−20) →c2
15· (yt−20)
15· (450−yt) →t
-15· (yt−450)
solve(c1+c2−t=0,yt)
yt=35
c1· (yt−10)+c2· (yt−20)/2+t· (450−yt)/2|yt=35 →
1.44338E6
zx/sb
1.81685

2. 그림과 같은 단순보(H-600×200×11×17)에서

(1) 최대휨응력도 $\sigma_{b,max}$와 최대전단응력도 τ_{max}을 구하고 허용값과 비교하시오.

(2) 지점에서 3m 떨어진 D위치의 단면에서, ① 중립축 E점, ② 중립축에서 150mm 떨어진 F점, ③ 중립축에서 283mm떨어진 G점에서의 휨응력도 σ_E, σ_F, σ_G와 전단응력도 τ_E, τ_F, τ_G를 구하고, 전단응력도를 그림으로 나타내시오.

(단, f_b=160MPa, f_v=92.4MPa)

<120회 4교시>

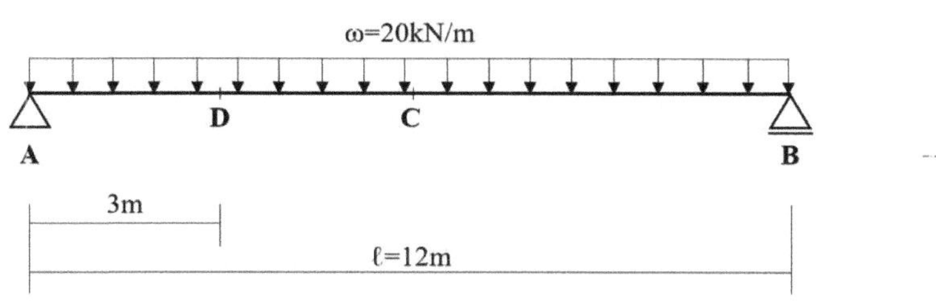

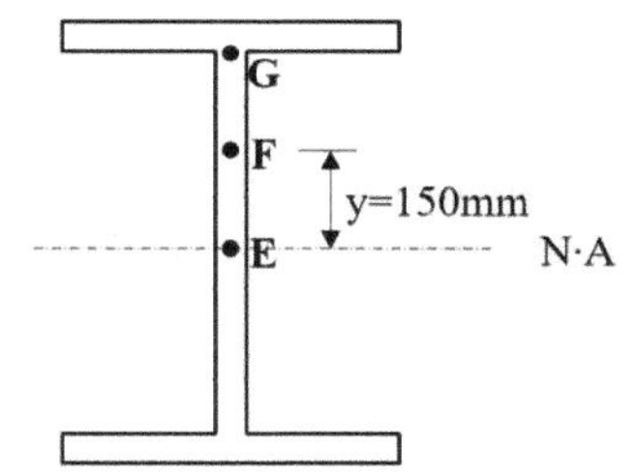

(1) 단면 2차모멘트

h = 600

b1

h1

b = 200

$b_1 = (200-11)/2$

$h_1 = 600 - 2\times 17$

$$I_x = \frac{b\times h^3}{12} - 2\times\left(\frac{b_1}{12}\times h_1^3\right) = 7.44186\times 10^8 \text{ mm}^4$$

(2) 최대응력 산정

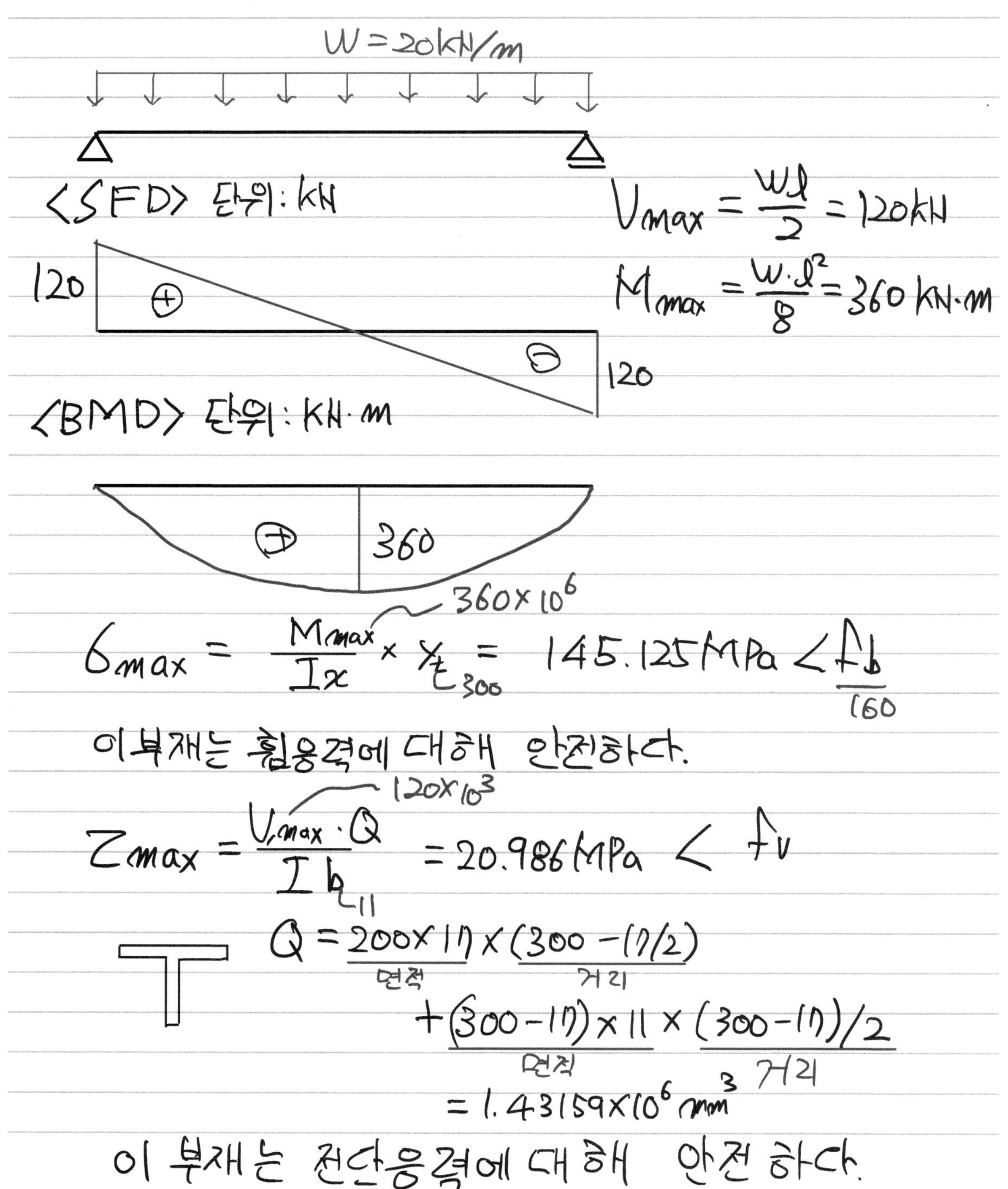

$V_{max} = \frac{wl}{2} = 120kN$

$M_{max} = \frac{w \cdot l^2}{8} = 360\ kN \cdot m$

$\sigma_{max} = \frac{M_{max}}{I_x} \times y_t = 145.125MPa < f_b$

($M_{max} = 360 \times 10^6$, $y_t = 300$, $f_b = 160$)

이 부재는 휨응력에 대해 안전하다.

$\tau_{max} = \frac{V_{max} \cdot Q}{I b} = 20.986MPa < f_v$

($V_{max} = 120 \times 10^3$, $b = 11$)

$Q = \underbrace{200 \times 17}_{면적} \times \underbrace{(300 - 17/2)}_{거리}$

$+ \underbrace{(300 - 17) \times 11}_{면적} \times \underbrace{(300 - 17)/2}_{거리}$

$= 1.43159 \times 10^6\ mm^3$

이 부재는 전단응력에 대해 안전하다.

(3) D점 응력

$V_D = 120 - 20\times3 = 60kN$

$M_D = 120\times3 - 20\times3\times3/2 = 270kN.m$

① 휨응력

$\sigma_E = \frac{M_D}{I_x}\times0 = 0$ (M_D: 270×10^6)

$\sigma_F = \frac{M_D}{I_x}\times150 = 54.422MPa$

$\sigma_G = \frac{M_D}{I_x}\times283 = 102.676MPa$

② 전단응력

$\tau_E = \frac{V_D\cdot Q}{I_x\cdot b} = 10.493MPa$ (V_D: 60×10^3, b: 11)

$\tau_F = \frac{V_D\cdot Q_F}{I_x\cdot b} = 9.586MPa$

$Q_F = 200\times17\times(300-17/2)+(283-150)\times11\times(150+\frac{283-150}{2})$
$= 1.30784\times10^6 mm^3$

$\tau_G = \frac{V_D\times Q_G}{I_x\cdot b} = 7.264MPa$

$Q_G = 200\times17\times(300-17/2) = 991100mm^3$

③ 응력도

끝

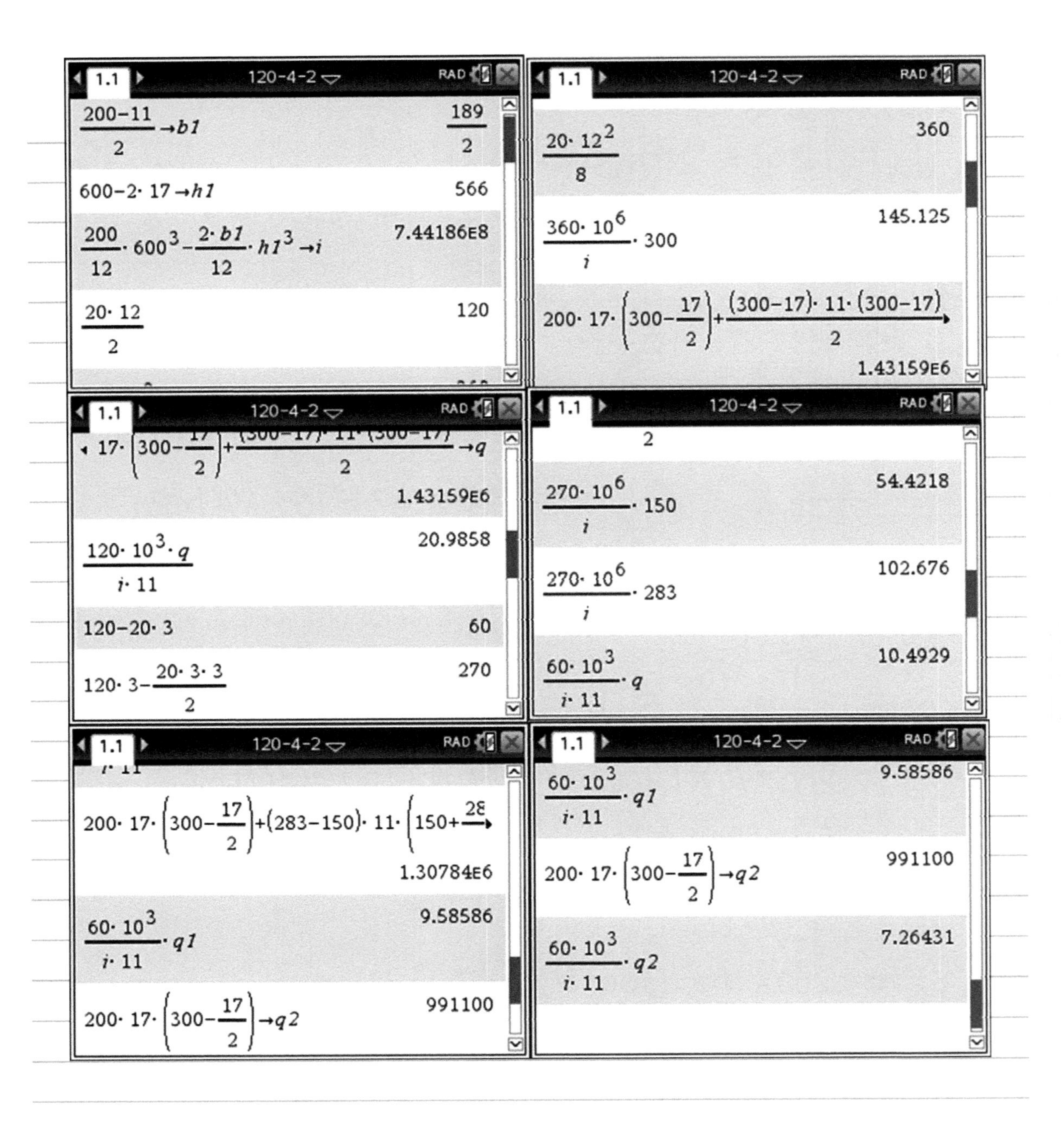
1.1
120-4-2
RAD
200−11 / 2 →b1
189 / 2
600−2· 17 →h1
566
200 / 12 · 600^3 − 2· b1 / 12 · h1^3 →i
7.44186E8
20· 12 / 2
120
20· 12^2 / 8
360
360· 10^6 / i · 300
145.125
200· 17· (300− 17/2)+ (300−17)· 11· (300−17) / 2
1.43159E6
17· (300− 17/2)+ (300−17)· 11· (300−17) / 2 →q
1.43159E6
120· 10^3· q / i· 11
20.9858
120−20· 3
60
120· 3− 20· 3· 3 / 2
270
270· 10^6 / i · 150
54.4218
270· 10^6 / i · 283
102.676
60· 10^3 / i· 11 · q
10.4929
200· 17· (300− 17/2)+(283−150)· 11· (150+28
1.30784E6
60· 10^3 / i· 11 · q1
9.58586
200· 17· (300− 17/2) →q2
991100
60· 10^3 / i· 11 · q2
7.26431

3. 화재 시 고강도 콘크리트의 폭렬현상 및 저감방안을 설명하시오.

<120회 4교시>

(1) 폭렬 발생원인

고강도 콘크리트 : 제조시 미세입 혼화재 사용 → 내부공극 메움
→ 내부조직 치밀

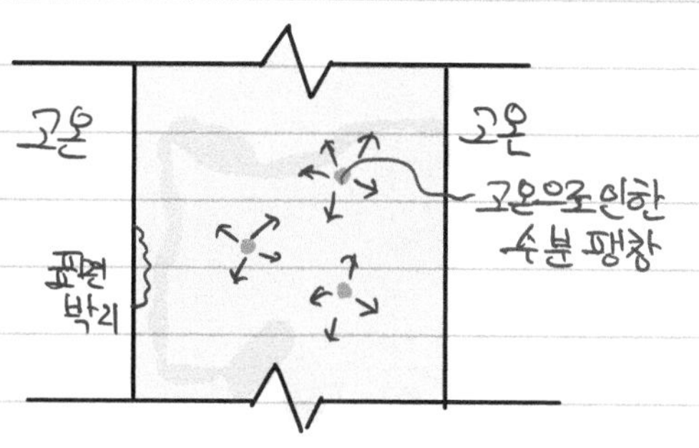

고온발생 → 수분팽창 → 수증기 배출X → 표면박리, 탈락 발생
(기화하여 수증기) (내부조직이 치밀하여 배출X) (미배출 수증기가 압력을 가함)

(2) 폭렬 저감방안

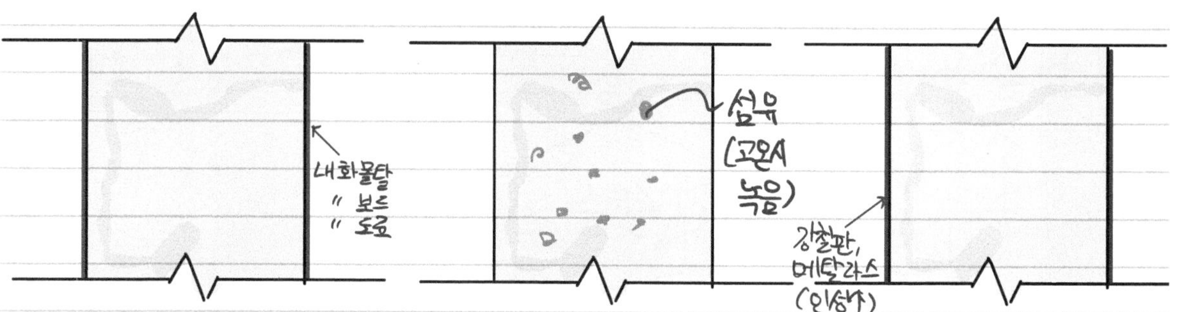

① 표층부의 온도상승 및 온도구배를 저감 (열전달 ↓)

② 콘크리트에 섬유를 혼합 (섬유가 녹아 수증기 배출 통로형성)

③ 인성이 강한 재료를 측면에 부착 (압력에 직접 저항)

끝

4. 내진성능평가 절차를 설명하고, 기존 5층 RC조 학교건물을 기준으로 각 절차별 주요 결정 사항에 대하여 설명하시오. <120회 4교시>

 # 학교시설물 내진성능평가 보강매뉴얼(교육부)를 참조한다

(1) 내진성능평가 절차

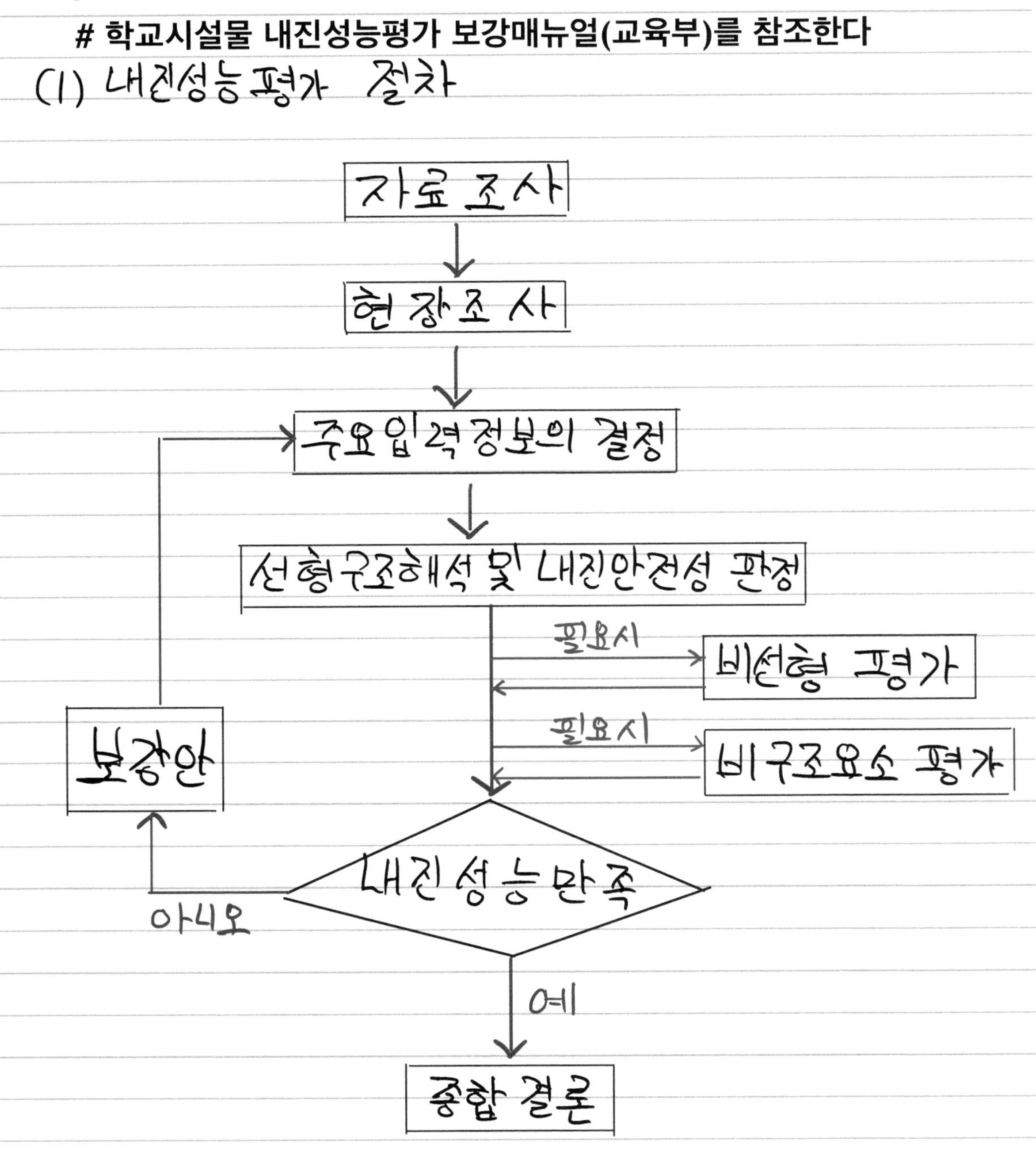

(2) 각 절차별 주요결정사항

① 자료조사
a. 구조설계도가 없을 시 면밀한 현장조사를 통하여 구조도서 작성
b. 지반조사서 : 원칙적으로 지반조사 실시

② 현장조사
a. 재료강도 및 노후도(피복의 탈락, 균열여부), 부재치수 조사
b. 구조변경 사항이나 용도 및 하중 변경사항이 있는지 조사하고 이를 반영
c. 채움벽의 품질과 구조체의 이격여부
채움벽이 구조체에 밀실하게 연결 → 구조요소로 취급
채움벽과 보 사이 이격이 있을시 → 채움벽 강도기여 저감

③ 주요 입력 정보의 결정
a. 재료강도, 지반분류의 결정
b. 횡력저항시스템 및 중요도 계수의 결정
c. 내진성능목표의 결정
d. 설계스펙트럼 가속도와 지진하중의 산정

④ 해석평가 방법의 선정
a. 선형구조해석평가
내진성능평가의 1차평가와 보유성능을 평가하는 방법으로 사용
b. 비선형구조해석평가
선형구조해석결과 재평가가 필요한 경우 또는 보강설계에 대한 검증이 필요한 경우 적용
c. m계수법
선형해석평가법의 일종으로, 비선형구조해석 평가가 적합하지 않을 경우 대안방법으로 적용

끝

M군 : 비선형 해석시 제3자 검토를 필히 수행해야 함.

5. 아래 대상건축물의 지하구조물 내진설계를 위해 지하외벽에 작용하는 토압분포를 다음 순서에 따라 산정하시오. (단, KDS 41 기준)

<120회 4교시>

(1) 정적토압분포

(2) 등가정적법 적용성 검토

(3) 설계지진토압분포

(4) 정적토압과 설계지진토압의 조합

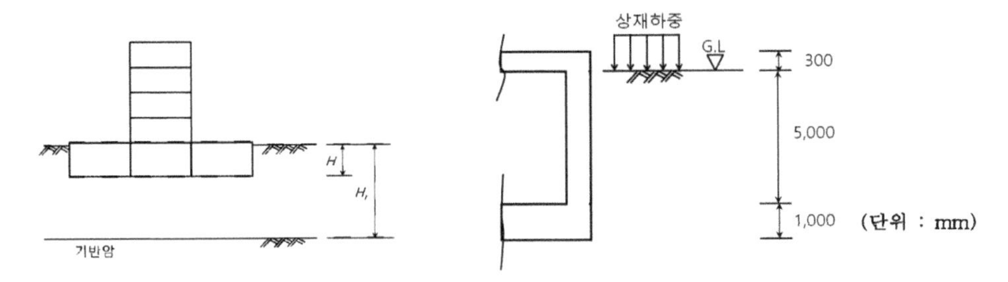

[설계조건]

- 지진구역 1
- 상재하중: $12kN/m^2$
- 유효지반가속도: $0.2g$
- 지반종류 S_2
- H = $6.0m$
- H_r = $15.0m$
- 흙의 내부마찰각: 30°
- 흙의 단위체적 중량: $18kN/m^3$
- 지하외벽의 상부지점은 핀, 하부지점은 고정으로 가정

KDS 41에 따른 단주기 및 1초주기 지반증폭계수

지반종류	단주기 지반증폭계수, F_a			1초주기 지반증폭계수, F_v		
	지진지역			지진지역		
	$s \leq 0.1$	$s=0.2$	$s=0.3$	$s \leq 0.1$	$s=0.2$	$s=0.3$
S_1	1.12	1.12	1.12	0.84	0.84	0.84
S_2	1.4	1.4	1.3	1.5	1.4	1.3
S_3	1.7	1.5	1.3	1.7	1.6	1.5
S_4	1.6	1.4	1.2	2.2	2.0	1.8
S_5	1.8	1.3	1.3	3.0	2.7	2.4

(*s의 중간값에 대하여는 직선보간한다.)

KDS 41 17 00, 14.5 지진토압의 계산

(1) 정적토압분포

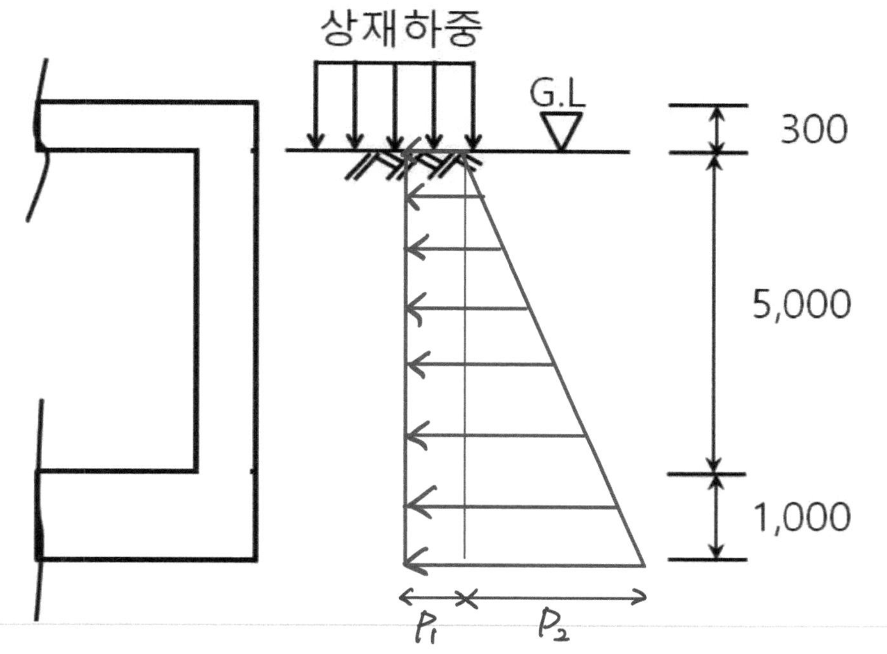

① 정지토압계수 K_0

$$K_0 = 1 - \sin\underset{30^\circ}{\phi} = 0.5$$

② 상재하중에 의한 토압 P_1

$$P_1 = K_0 \times W = 12\,kN/m^2$$

③ 토사에 의한 토압 P_2

$$P_2 = K_0 \times \underset{18}{\gamma} \times \underset{6m}{H} = 54\,kN/m^2$$

하중계수가 적용되지 않은 하중이다.
지하수위의 영향은 무시하였음

(2) 등가정적법 적용성 검토

① 기반암까지 토사의 깊이 15m 이내

$H_r = 15m$ 이므로 만족

② 기초면 저면 깊이가 토사깊이 2/3 이하

$H = 6 \leq H_r \times \frac{2}{3} = 10m$ 만족

이 건축물은 등가정적법 적용이 가능하다.

(3) 설계 지진토압 분포 (등가정적법)

① 단주기 지반증폭계수 Fa

0.2g, S_2 지반이므로 $F_a = 1.4$

지반종류	단주기 지반증폭계수, F_a			1초주기 지반증폭계수, F_v		
	지진지역			지진지역		
	$s \leq 0.1$	$s=0.2$	$s=0.3$	$s \leq 0.1$	$s=0.2$	$s=0.3$
S_1	1.12	1.12	1.12	0.84	0.84	0.84
S_2	1.4	1.4	1.3	1.5	1.4	1.3
S_3	1.7	1.5	1.3	1.7	1.6	1.5
S_4	1.6	1.4	1.2	2.2	2.0	1.8
S_5	1.8	1.3	1.3	3.0	2.7	2.4

(*s의 중간값에 대하여는 직선보간한다.)

② $EPGA_{지표}$ (지표면 최대유효지반가속도)

$EPGA_{지표} = \underset{0.2g}{S} \times F_a \times \frac{2}{3} = 0.187g$

③ P_{ae} (지진토압의 합력)

$P_{ae} = \frac{1}{2} \times \underset{18}{\gamma} \times \underset{6.0}{H}^2 \times \underset{0.187 \times 0.75}{K_{ae}} = 45.441$ kN

④ 토압 분포

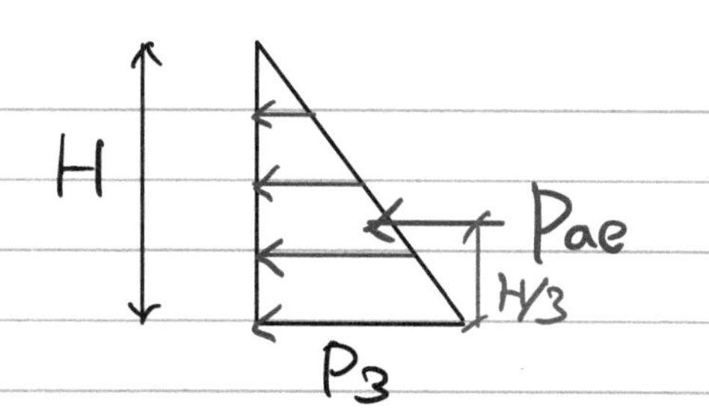

$P_3 \times H \times \frac{1}{2} = P_{ae}$ 이므로,

$P_3 = 15.147 \text{ kN/m}^2$

(4) 정적토압과 설계지진토압의 조합

정적토압 하중계수는 1.6대신 1.0 적용

지진에 대한 하중계수는 1.0

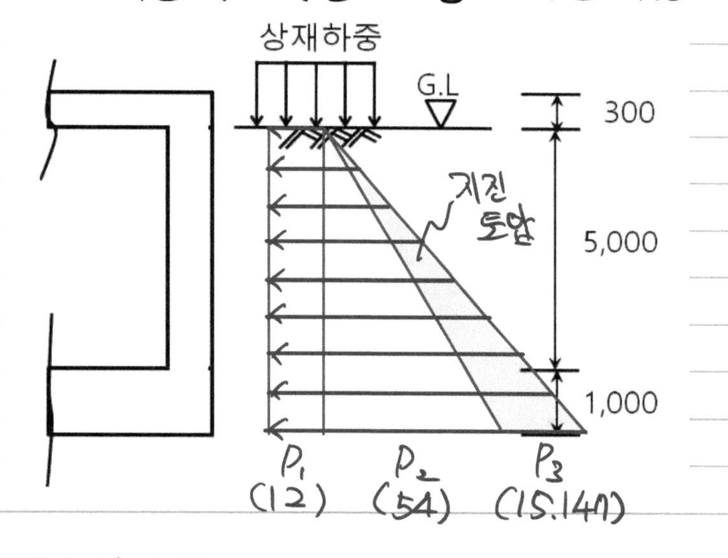

$P_1 + P_2 + P_3 = 81.147 \text{ kN/m}$

끝

1.1 120-4-5 RAD	
$0.5 \cdot 18 \cdot 6$	54.
$\frac{0.2 \cdot 1.4 \cdot 2}{3}$	0.186667
$\frac{1}{2} \cdot 18 \cdot 6^2 \cdot 0.187 \cdot 0.75 \rightarrow pae$	45.441
$\text{solve}\left(\frac{p3 \cdot 6 \cdot 1}{2} = pae, p3\right)$	p3=15.147

1.1 120-4-5 RAD	
$\frac{0.2 \cdot 1.4 \cdot 2}{3}$	0.186667
$\frac{1}{2} \cdot 18 \cdot 6^2 \cdot 0.187 \cdot 0.75 \rightarrow pae$	45.441
$\text{solve}\left(\frac{p3 \cdot 6 \cdot 1}{2} = pae, p3\right)$	p3=15.147
12+54+15.147	81.147

부 록

부록 # 계산기 사용법(Ti-Nspire cx CAS)

(1) 환경설정

My Documents 화면에서
doc + 7 + 2 입력

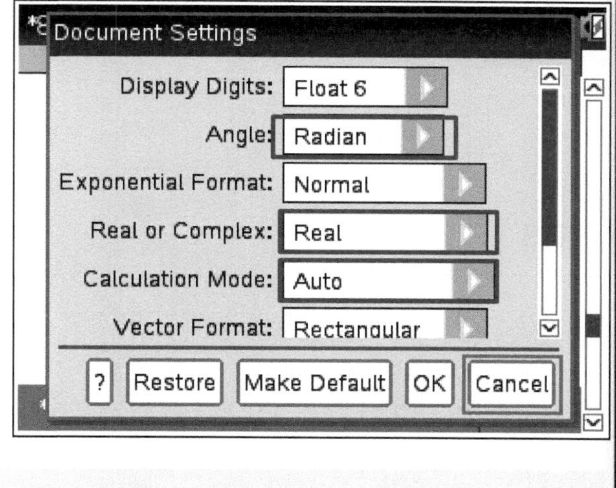

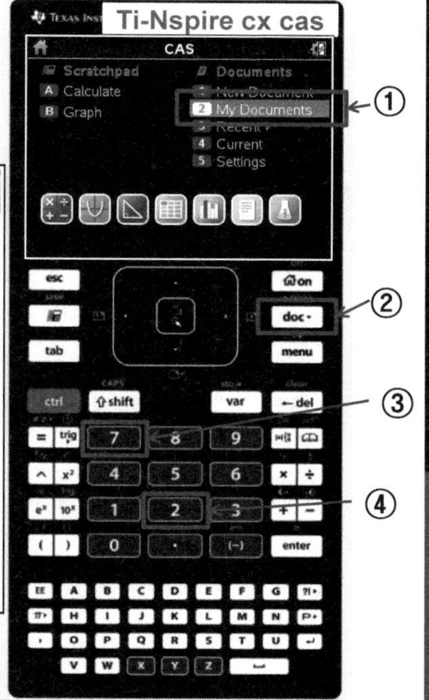

부록 # 계산기 사용법(Ti-Nspire cx CAS)

(2) 문서의 열기

방향키로 New Document 선택
또는 doc + 1 + 1 입력

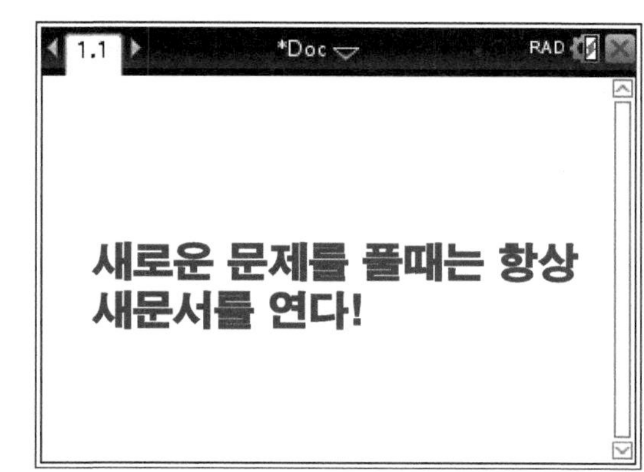

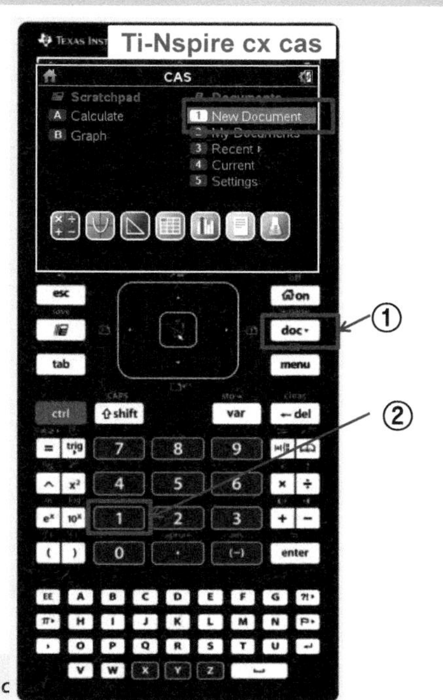

부록 # 계산기 사용법(Ti-Nspire cx CAS)

(3) 문제 열기

doc + 4 + 1 입력

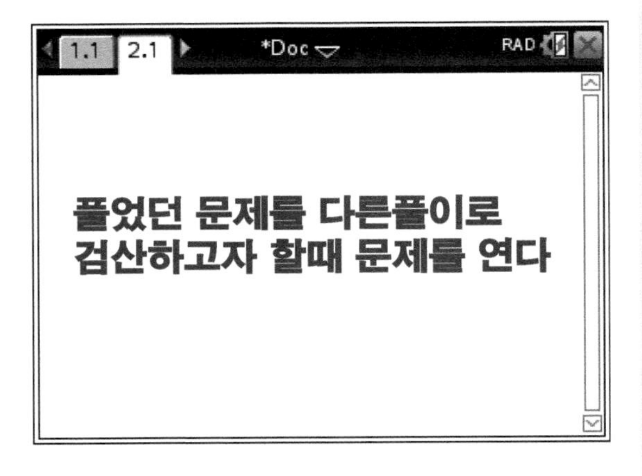

1.1
2.1
*Doc
RAD
풀었던 문제를 다른풀이로
검산하고자 할때 문제를 연다

건축구조기술사 딸기맛호가든 (E-mail : saintload1@nc

부록 # 계산기 사용법(Ti-Nspire cx CAS)

(4) Sto 기능 이용하기

ctrl + Var 입력

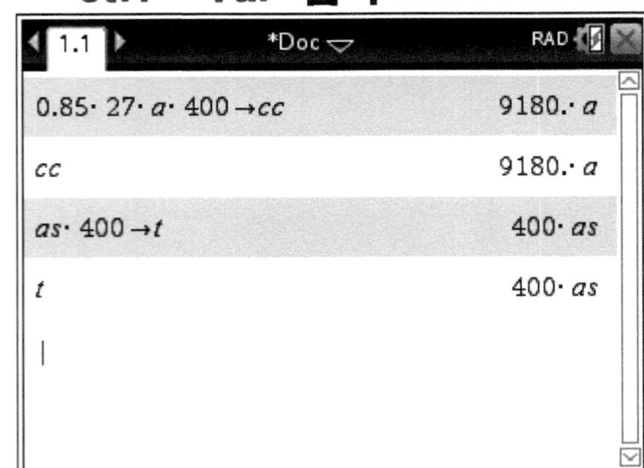

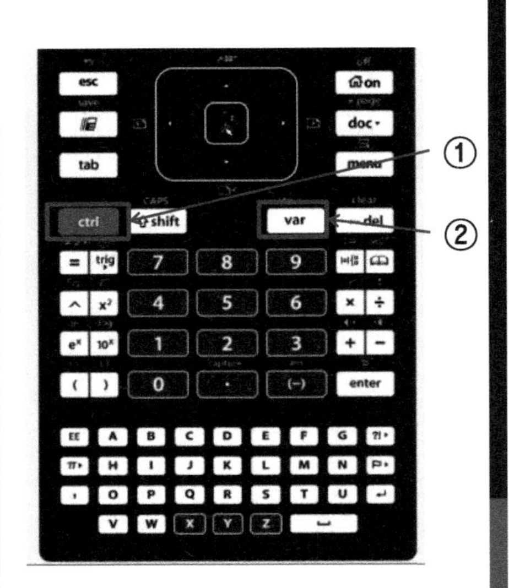

Sto 기능을 이용하여 변수를 지정 계산미스를 줄일 수 있다

건축구조기술사 딸기맛호가든 (E-mail : saintload1@naver.com)

부록 # 계산기 사용법(Ti-Nspire cx CAS)

(5) Solve 기능 이용하기

Menu + 3 + 1 입력

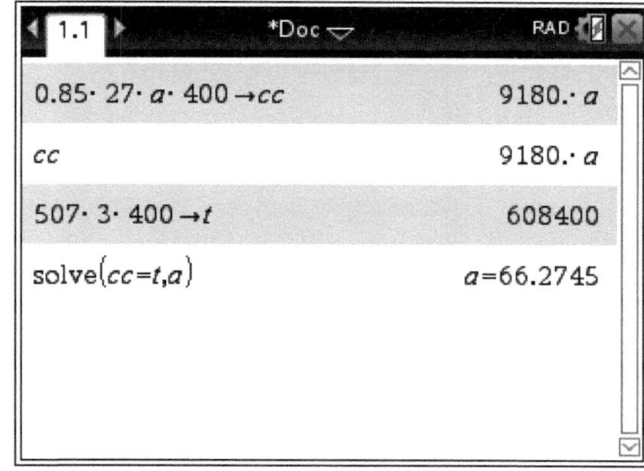

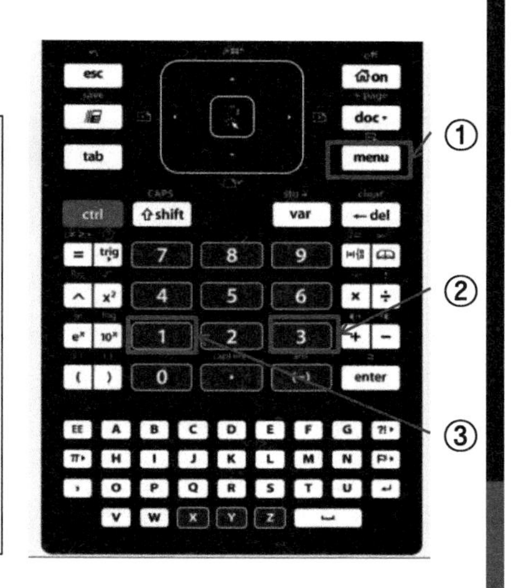

CC = T 임을 이용하여 등가응력블록깊이 a를 구하였다.

건축구조기술사 딸기맛호가든 (E-mail : saintload1@naver.com)

부록 # 계산기 사용법(Ti-Nspire cx CAS)

간단예제 : STO와 Solve 기능 이용, RC단근보 설계

소요철근량 As 산정??

$$b = 400,\ \ d = 540$$
$$fy = 400\ MPa,\ fck = 24\ MPa$$
$$Mu = 380\ kN \cdot m$$

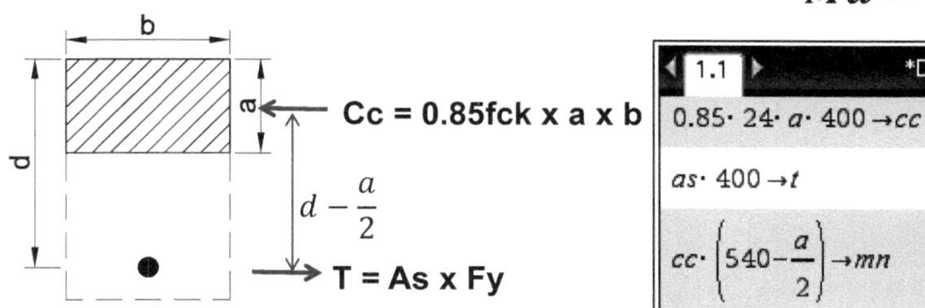

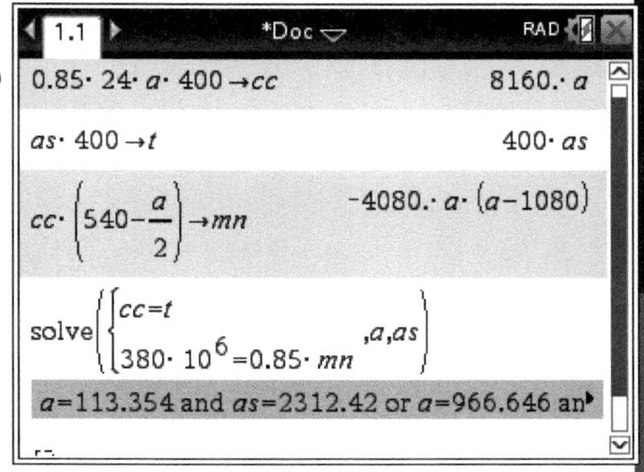

Menu + 3 + 1 입력 후

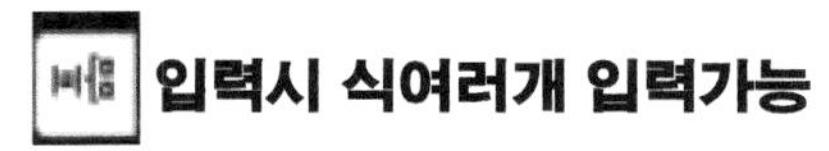

입력시 식여러개 입력가능

건축구조기술사 딸기맛호가든 (E-mail : saintload1@naver.com)

(6) I(대입) 기능 이용하기

Ctrl + = 입력

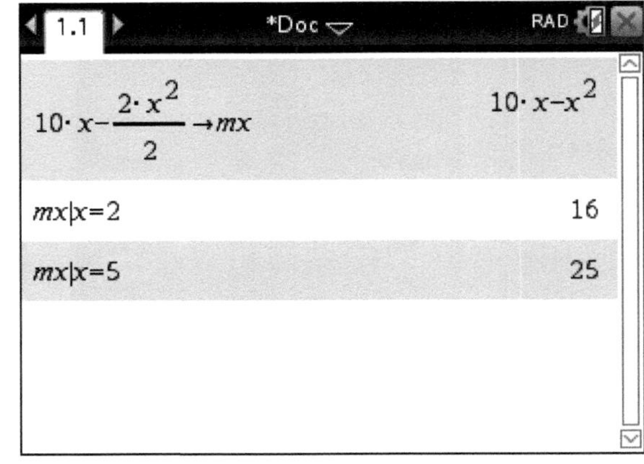

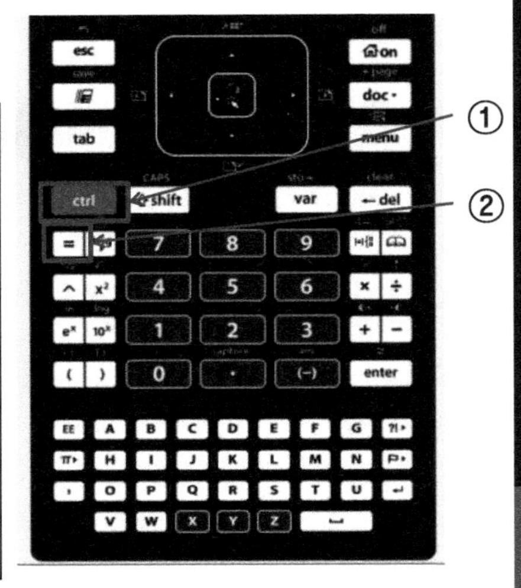

대입키를 이용하여 x=2일때, x=5일때의 모멘트를 각각 구하였다

건축구조기술사 딸기맛호가든 (E-mail : saintload1@naver.com)

부록 # 계산기 사용법(Ti-Nspire cx CAS)

간단예제 I(대입) 기능 이용, 포물선의 방정식 산정

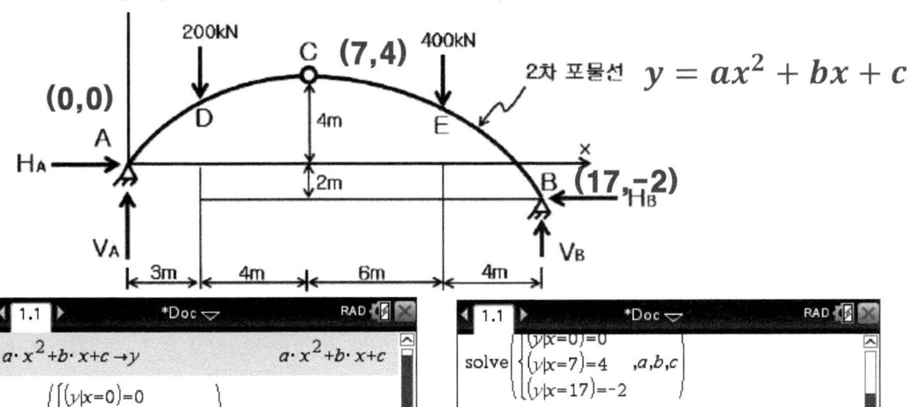

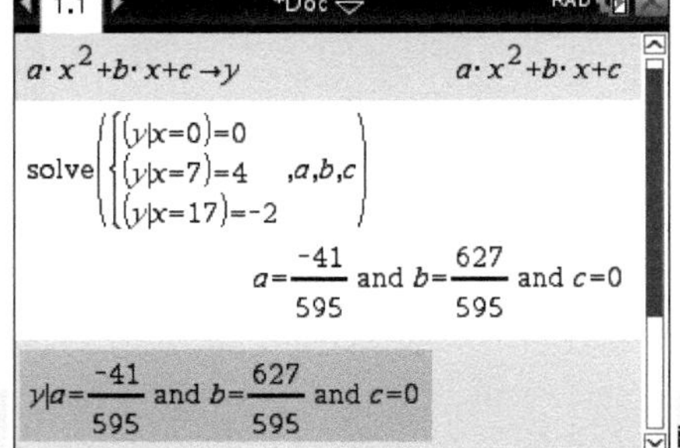

int

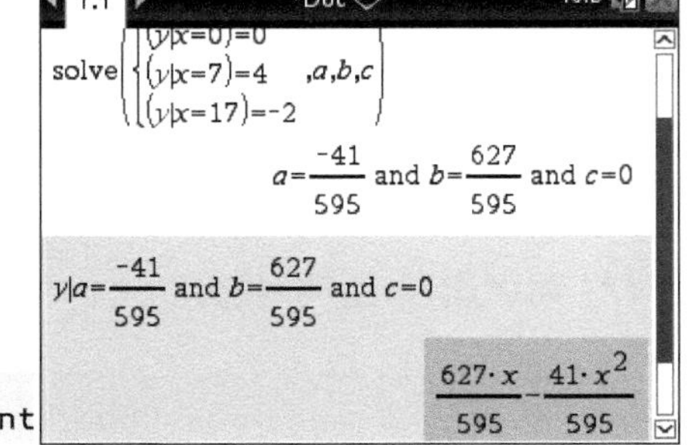

부록 # 계산기 사용법(Ti-Nspire cx CAS)

(7) 미분 및 적분기능 이용하기

Shift + + : 적분, Shift + − : 미분

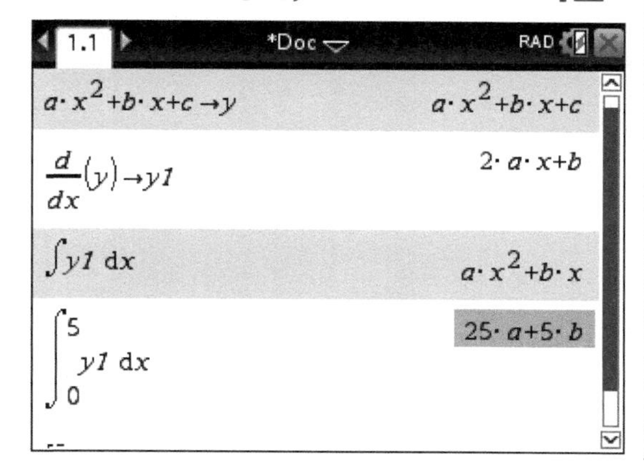

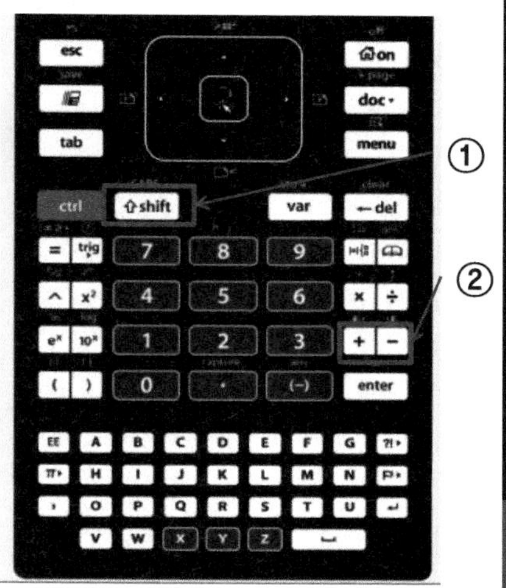

부정적분시 적분상수는 빠진채로 나오므로 주의 요망

건축구조기술사 딸기맛호가든 (E-mail : saintload1@naver.com)

부록 # 계산기 사용법(Ti-Nspire cx CAS)

(8) 미분방정식 풀기

D + E+ menu + 3 + 1

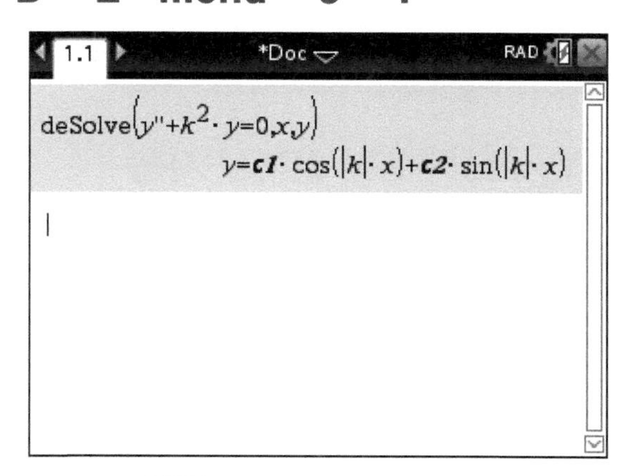

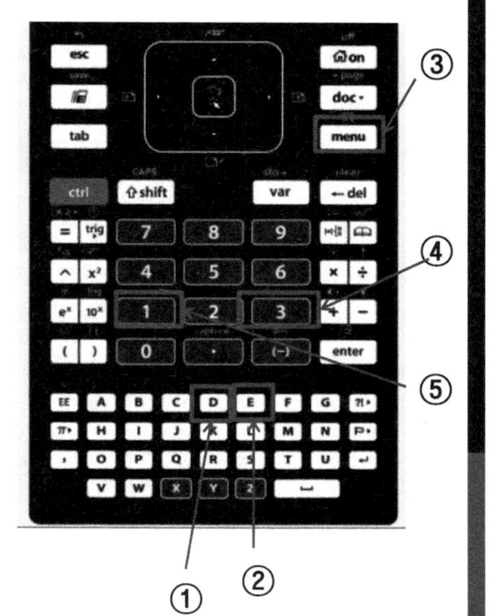

Ctrl + [📖] 입력시 y” 입력가능

건축구조기술사 딸기맛호가든 (E-mail : saintload1@naver.com)

부록 # 계산기 사용법(Ti-Nspire cx CAS)

(9) 매트릭스 입력하기

menu + 7 + 1 + 2

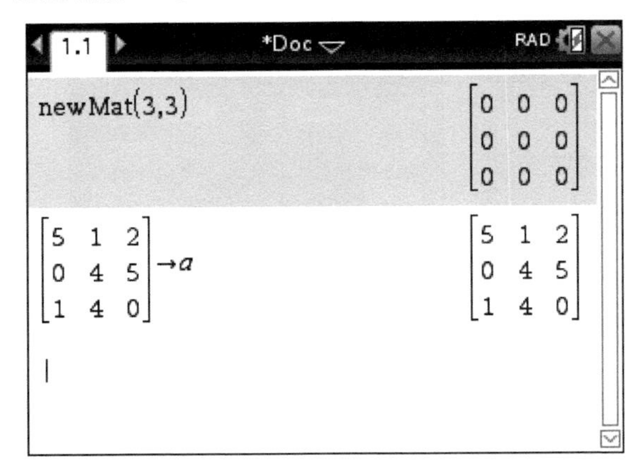

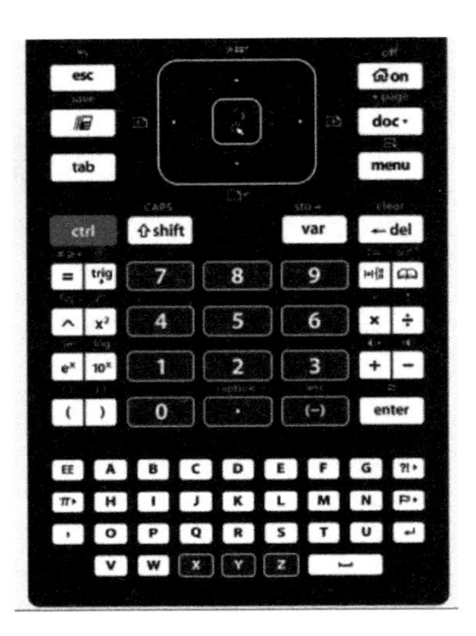

매트릭스 사이즈를 정해준 후,
매트릭스에 원하는 데이터 입력

건축구조기술사 딸기맛호가든 (E-mail : saintload1@naver.com)

부록 # 계산기 사용법(Ti-Nspire cx CAS)

(10) 기타 단축키

menu + 1 + 3 : DelVar (Sto 기능으로 저장된 변수 삭제)

menu + 7 + 2 : 전치행렬

trig : sin, cos, tan, sin^-1, cos^-1 등 입력시 사용

ctrl + enter : 근사값을 알려준다.
ctrl + 7 : 맨앞으로 이동
ctrl + 1 : 맨뒤로 이동
ctrl + C : 복사(shift + 방향키로 범위 선정)
ctrl + V : 붙여넣기 ctrl + x : 잘라내기

※ 모든 단축키는 알파벳 키패드로 직접 입력해도 된다.

건축구조기술사 딸기맛호가든 (E-mail : saintload1@naver.com)

건축구조기술사 기출문제풀이집

초판 발행 | 2020년 6월 10일
저　　자 | 정재천
발 행 처 | 오스틴북스
등록일자 | 2010년 2월 26일
등록번호 | 제369-2010-000009호
주　　소 | 경기도 고양시 일산동구 백석동 1351번지
전　　화 | 070-4123-5716
팩　　스 | 031-902-5716

정　　가 | 48,000원
I S B N | 979-11-88426-21-8